フランス原子力庁
加圧水型炉、高速中性子炉の核燃料工学

The NUCLEAR FUEL of
PRESSURIZED WATER REACTORS and FAST REACTORS
design and behaviour

Henri BAILLY
Denise MÉNESSIER ［監修］
Claude PRUNIER

今野 廣一 ［訳］

丸善プラネット

THE NUCLEAR FUEL OF PRESSURIZED WATER
REACTORS AND FAST NEUTRON REACTORS
Design and behavior

Edited by Henri BAILLY, Denise MÉNESSIER and Claude
PRUNIER

©1999 Commissariat à l'Enérgie Atomique
All rights reserved. This work may not be translated or copied in whole or in part without the written permission except for brief excerpts in connection with reviews or scholarly analysis. Use in connection with any form of information storage and retrieval, electronic adaptation, computer software, or by similar or dissimilar methodology new known or hereafter developed is forbidden.
The use of general descriptive names, trade names, trademarks, etc., in this publication, even if the former are not especially identified, is not to be taken as a sign that such names, as understood by the Trade Marks and Merchandise Marks Act, may accordingly be used freely by anyone.

Japanese language edition published by Maruzen Planet Co., Ltd., © 2012 under translation agreement with Commissariat à l'Enérgie Atomique.

PRINTED IN JAPAN

緒　言

　本書の目的は加圧水型炉 (PWRs) と高速中性子炉 (FRs) の核燃料設計と核燃料挙動に関するおよそ 30 年にわたるフランス国内および外国の研究活動をレビューすることである．
　研究室と原子炉で集められた経験と知見を用いて，核燃料内部で生じている現象理解の進展を示すことが必要と思われた．
　フランス原子力庁 (CEA) と核燃料の主要同僚組織である，EDF, FRAMATOME および COGEMA は，可能な限り最大の協力をもってこの作成作業を行った．
　しかしながら，各部は比較的独立であるため，読者は核燃料製造（第 II 部）から核燃料再処理（第 VIII 部）までの核燃料の性質に関するどの部から読み始めても宜しい．
　本書の計画，著作および出版に携わった全員にたいし，彼ら自身の仕事が有るにもかかわらず忍耐強く本書作成業務を行ったことに謝意を表する．[*1]

Robert DAUTRAY
Haut-Commissaire à l'Énergie Atomique

[*1] 訳註：　フランスの原子力部門で 2001 年以降原子力業界の大再編成が生じたので以下に解説しておく．
　　EDF：フランス電力公社．2004 年 11 月 19 日まで完全な国有公社であったが，株式を公開して民間会社となった．
　　アレバ (AREVA SA)：フランスに本社を置き，フランスとドイツを拠点とする世界最大の原子力産業複合企業．原子炉プラントの製造は民間企業のフラマトム社 (Framatome) が，核燃料製造を CEA 子会社のコジュマ社 (Cogema)：フランス核燃料公社，が担当する分業体制であったが，1980 年代以降の原子炉プラント需要の低迷から，同じく危機を迎えていた，独シーメンス社原子力部門を 2001 年に買収し，社名をフラマトム ANP (Framatome ANP) とした．同年フラマトムは CEA 傘下のコジュマ社と共同持株会社を設立し，傘下に原子力部門 (Areva NP)，原子燃料部門 (Areva NC)，送電設備部門 (Areva T& D) を傘下にもつ複合企業 Areva SA が誕生した．現在，ユーロネクスト・パリ (CEI) に上場する特殊会社である．

序

　核燃料物性と照射環境下での挙動変化を理解することの重要性が，フランス原子力庁 (CEA) と主要同僚組織との協力により本書を作成するにいたった動機である．

　本書の素材のほとんどは，CEA 内から得られたが，Haut-Commissaire à l'Énergie Atomique（原子力最高顧問）が本書作成作業を原子炉研究開発局長 (Reactor Reaserch Directorate) に委ねた．彼はそれを準備し，その中身の品質と整合性に対する責任者である．

　もちろん原子力研究開発局長は CEA の現在の同僚組織である FRAMATOME：原子炉建設，核燃料設計および製造事業者，EDF：原子炉運転事業者および COGEMA：核燃料製造および再処理事業者，に本書作成の協力を要請した．

　本書の当初の目的は原子炉運転中の核燃料挙動を考察することであった．この目的を決定するために，我々は本書の範囲を定義しなければならなかった．

　我々は原子力発電用の核燃料のみを記述することに決定した．

　フランス国内での過去 20 年を超える研究開発のほとんどが加圧水型炉 (PWRs) と高速中性子炉 (FRs) に対して行われたことから，本書の範囲をこれら 2 つの原子炉に限定した．もちろん重要な工業的応用として，これ以外の原子炉システムについてもフランス国内で行われた．たとえば天然ウランを燃料とした黒鉛減速ガス冷却炉であるが，これらは現時点で稼働を停止している．

　これら 2 種類の核燃料開発はフランス国内において 2 つの異なる背景下で行われたことを指摘しておくべきであろう．FR 燃料はゼロから開発が始められたが，PWR 燃料は WESTINGHOUSE 社によって確立された初期の知見に基づいて開発された．

　原子炉内で照射燃料が引き起こす現象およびそのふるまいの解説を本書があまりにも科学的すぎることのないように心がけて記述した．

　基礎的な学問分野については簡潔に述べただけなので，読者は関連する異なる分野の専門書（原子炉物理学，固体物理学など）を参考にしなければならないかもしれない．

　記述における統一性を失う危険をおかしてでも，多くの専門家達に記載を依頼したのは，本書で取り扱う分野が広範囲なことから，それぞれ異なる分野の専門家の能力を得たいがためである．

謝 辞

査読検討委員会は A. BEKIARIAN, A. BERTHET および R. TRACCUCCI に感謝する．彼らはそれぞれ COGEMA, EDF および FRAMATOME で査読をしていただいた．著者達は FRAMATOME の P. BLANPAIN と J. JOSEPH および CEA の M. CHAGROT, D. DAMIEN, B. LINET と M. MANSON が行った第 V 部作成寄与に対して謝意を表する．

能力を整え結果を得た有能な指導者達の指示の下，著名な研究機関の技術者や技術員の徹頭徹尾果断で創造的研究無しには本書の作成は不可能であったろう．本書はそれらの成果の総合報告書である．

読者へ

本書はフランス原子力庁 (French Atomic Energy Commission) の Série Synthéses（総括シリーズ）として 1997 年にフランス語版：Le combustible nucléaire des réacteurs à eau sous pression et des réacteurs à neutrons rapides: conception et comportement として出版され，それを英語に翻訳したものである．本書で記述されているものは，その当時のものである．英語版の作成時において改訂を行ってはいない．

従って本書に含まれる情報の幾つかには最新の情報が反映されていない．例えば，Creys-Malville に在る SUPERPHENIX 炉の稼働停止の決定に伴う照射試験計画の中止について述べてはいない．[*2]

主要著者

BAILLY Henri (CEA)	KRYGER Bernard (CEA)
BERTHET André (EDF)	LEMAIGNAN Clément (CEA)
BREDEL Thierry (CEA)	LÉVY Viviane (CEA)
CHAUVIN Nathalie (CEA)	MILLET Pierre (CEA)
GIANNETTO Bruno (CEA)	PRUNIER Claude (CEA)
GUÉRIN Yannick (CEA)	ROUAULT Jacques (CEA)
KAPUSTA Bénédicte (CEA)	TRACCUCCI Roland (FRAMATOME)

[*2] 訳註： スーパーフェニクス (SPX) 原子力発電所（電気出力：1200 MWe）：実証炉．フランスの高速増殖炉で本格的に稼働を開始したのは 1986 年である．その後燃料漏れや冷却システムの故障で 1990 年 7 月に一旦稼働を停止した．1994 年に運転を再開したが，その時には増殖炉としてではなく長半減期の核廃棄物を燃焼させる実験炉として再開した．フランス政府は 1998 年 2 月に閉鎖を正式決定し，同年 12 月 31 日に運転を終了した．

フランスではラプソディ (Rapsodie) 実験炉（熱出力：40 MWt）が 1967 年に臨界を達成，1983 年に閉鎖された．引き続きフェニクス (Phenix) 原型炉（電気出力：250 MWe）が 1973 年に臨界達成，1974 年 2 月より運転を開始した．SPX が閉鎖された後も，長半減期の放射性核種を核変換する技術開発のための実験炉および照射試験炉として運転が継続された．2010 年 2 月 1 日に運転終了した．

本書（英語翻訳版）の出版は 1999 年 7 月である．

共著者および協力者

BAILLIF Laurence (NUSYS)
COMBETTE Patrick (CEA)
COUVREUR François (CEA)
DELAPLACE Jean (CEA)
ESCLEINE Jean-Michel (CEA)
GOUAILLARDOU Dominique (CEA)
LEROUX Jean-Claude (FRAMATOME)

RATIER Jean-Louis (CEA)
RAVENET Alain (CEA)
ROYER Jacques (CEA)
SÉRAN Jean-Louis (CEA)
TROTABAS Maria (CEA)
TRUFFERT Jacques (CEA)

査読検討委員会

BAILLY Henri (CEA)
COMBETTE Patrick (CEA)
MANSON Marcel (CEA)
MARIN Jean-François (CEA)

MÉNESSIER Denise (CEA)
PAGÈS Jean-Paul (CEA)
PRUNIER Claude (CEA)
RATIER Jean-Louis (CEA)

英語翻訳

Henri BAILLY，Viviane LÉVY および Claude PRUNIER の監督の下に，本書は American Translators Association に属する Shawn SIMPSON，CEA Cadarache の教師 Mark SULLIVAN および ELTRA の Jean-Louis AVRIL により英語に翻訳された．

はじめに

　本書の主題と目的については序にて既に定義されているが，その目次と内容をここで述べよう．

　本書は加圧水型原子炉 (PWR) と高速中性子原子炉 (FR) 燃料に関する専門書であるが，第Ⅰ部で様々な種類の燃料に関する一般的な情報を加えた．さらに将来の燃料として使用されるであろうものの設計概念についても触れている．

　それらの燃料に加え，原子炉心を構成する基本的な要素であり，原子炉を制御している中性子吸収要素材についても取り扱う必要性を感じている．

　高速炉の場合では，炉心のブランケット (blanket) 部分についても簡単に触れた．

　原子炉用燃料設計の初期段階における安全性の考慮について本書で考察しているものの，運転中の異常な過渡変化事象 (incidents) を含み，事故条件を除く通常運転条件 (normal operating conditions) を検討することのみを選択することとした．

　実際，設計の初期段階において原子炉の通常運転範囲は，燃料挙動の摂動と原子炉の安全性に影響を与えることが可能なものを含む，通常運転条件に対し大きな余裕代 (margins) を有するように定められている．しかし事故条件を話す時には，燃料挙動を原子炉全体のふるまいから切り離すことが不可能であり，それらの炉心制御や冷却機器さらに決定的な役割を演じている明確に異なる部分間の相互作用から切り離すことはできない．従って燃料研究のみではなく，たとえば炉物理の性質，水力学の性質，熱的な性質などのもろもろの物性の相互作用を研究しなければならない．それらは，燃料を中心として取り扱った本書とは，異なる仕事と言えよう．これが，事故時の燃料挙動に関する概略の説明の後に，安全解析原理の大まかな要約しか本書では記載していないことの理由である．

　「安全」研究がフランス国内と同様諸外国においても実験炉で多くの開発や実験が行われていることについて，読者が思い起こすことを希望する．

　本書は炉内燃料挙動に関するものであり，燃料サイクルに関するものでは無いものの，短い2つの項目を加えた．その1つは燃料製造であり，もう1つは使用済燃料管理である．

　実際，一方で燃料製造方法は，原子炉内燃料と燃料構成部材の挙動および燃料サイクルの様々なバックエンド段階を通じて大きな影響を与えることと定義づけることになる．他

方，燃料設計ではバックエンド操業での両立性を考慮しなければならない，より特定するならば，それらの貯蔵性と再処理の可能性の適合性を考慮しなければならない．さらに，核廃棄物管理は使用済燃料を炉から取り出したとたんに関与しなければならない我々にとって大変重要な題材である．

さて，本書の概要を目次に沿って示そう．

第Ⅰ部で様々な種類の燃料と燃料研究に関する標準的な情報を与える．

第Ⅱ部で燃料製造を記載する．

PWRとFR燃料集合体の挙動について述べる前に，それらの構成要素に関する2項目を追加した．第Ⅲ部が燃料材料で第Ⅳ部が構造材料（燃料要素被覆材および集合体部材）である．

第Ⅴ部はPWR燃料集合体挙動，第Ⅵ部はFR燃料集合体挙動を記載する．

第Ⅶ部は中性子吸収材についてである．第Ⅷ部は使用済燃料管理である．

本書の最後に3つの付録を加えた．第Ⅸ部・付録のⅠで燃料要素の設計基礎および運転性能を確定するために使用される基礎計算手法を述べる．第Ⅹ部・付録のⅡで照射後燃料試験に用いられている主要な方法を紹介する．第ⅩⅠ部・付録のⅢで核分裂性ガスの放出モデルを取り扱う．

引用文献名を記載していない写真はCEA報告書から採択したものである．

記号表

数学記号

$A := B$ 定義コロン：B により A が定義される．

$a = b$ 等号 (equality)：a は b と等しい．

$a < b$ 不等号 (inequality)：a は b より小さい．

$a \leq b$ 等号又は不等号：a は b より小さいか等しい．

$a \ll b$ 大不等号：a は b より大変小さい．

$\sum_{i=1}^{n} a_i := a_1 + a_2 + \cdots + a_n$ $a_1, a_2, \ldots, a_n$ の和．

$\prod_{i=1}^{n} a_i := a_1 \cdot a_2 \cdots a_n$ $a_1, a_2, \ldots, a_n$ の積．

$y = f(x)$ 関数：従属変数 y は独立変数 x の関数．

$f'(x) := \dfrac{df(x)}{dx}$ 関数 $f(x)$ の微分．

$\dfrac{\partial f(x, y)}{\partial x}$ 関数 $f(x, y)$ の偏微分．

$\int_a^b f(x)dx$ 関数 $f(x)$ の定積分 (integral)．

$\exp(x) = e^x := \sum_i \dfrac{x^i}{i!}$ 指数関数 (exponential function)．

$i! := 1 \cdot 2 \cdot 3 \cdots i, \quad 0! = 1! = 1$ 階乗 (fractorial)．

$\ln(x)$ 自然対数 (natural logarithm)．

$\ln 1 = 0, \quad e^0 = 1, \quad e = 2.718\ldots$

$\dbinom{i}{j} := \dfrac{i!}{j!(i-j)!}$ 2 項係数 (binomial coefficient)．

$\boldsymbol{a} \cdot \boldsymbol{b} = a_x b_x + a_y b_y + a_z b_z = ab\cos\theta$ スカラー積 (scalar product)（内積）．

$\boldsymbol{a} \times \boldsymbol{b}$ ベクトル積 (vector product)．$ab|\sin\theta|$ の大きさで $\boldsymbol{a}$ から $\boldsymbol{b}$ に回す右ねじの進行方向．

$(\boldsymbol{a} \times \boldsymbol{b})_z = a_x b_y - a_y b_x$

$(\boldsymbol{a} \times \boldsymbol{b})_x = a_y b_x - a_z b_y$

$(\boldsymbol{a} \times \boldsymbol{b})_y = a_z b_x - a_x b_z$

$$\nabla = \left(\frac{\partial}{\partial x}, \frac{\partial}{\partial y}, \frac{\partial}{\partial z}\right)$$ ベクトル微分演算子．

$\mathrm{grad}\, A := \nabla A$ グラジエント（勾配：gradient），ベクトル量．

$\mathrm{div}\, \boldsymbol{A} := \nabla \cdot \boldsymbol{A}$ ダイバージェンス（発散：divergence），微分演算子 ∇ と $\boldsymbol{A}$ の内積．スカラー量．

$\mathrm{curl}\, \boldsymbol{A} = \mathrm{rot}\, \boldsymbol{A} := \nabla \times \boldsymbol{A}$ カール（回転：curl），ベクトル量．

$\Delta = \nabla^2 = \dfrac{\partial^2}{\partial x^2} + \dfrac{\partial^2}{\partial y^2} + \dfrac{\partial^2}{\partial z^2}$ ラプラス演算子；直交座標．

$\Delta = \dfrac{1}{r}\dfrac{\partial}{\partial r}\left(r\dfrac{\partial}{\partial r}\right) + \dfrac{1}{r^2}\dfrac{\partial^2}{\partial \theta^2} + \dfrac{\partial^2}{\partial z^2}$ ラプラス演算子；円柱座標．

$\Delta = \dfrac{1}{r^2}\dfrac{\partial}{\partial r}\left(r^2\dfrac{\partial}{\partial r}\right) + \dfrac{1}{r^2 \sin\theta}\cdot\dfrac{\partial}{\partial \theta}\left(\sin\theta\dfrac{\partial}{\partial \theta}\right) + \dfrac{1}{r^2 \sin^2\theta}\dfrac{\partial^2}{\partial \varphi^2}$ ラプラス演算子；球座標．

熱力学・伝熱工学記号

T	絶対（ケルビン）温度 [K]．
λ	熱伝導率 (thermal conductivity) [Wm^{-1}K^{-1}]．
h	熱伝達率 (heat transfer coefficient) [Wm^{-2}K^{-1}]．
σ	ステファン・ボルツマン係数 [5.669×10^8 Wm^{-2}K^{-4}]．
R	気体定数 (gas constant) [8.315 J mol^{-1}K^{-1}]．
k	ボルツマン定数：気体定数をアボガドロ数で割ったもの [13.81×10^{-24} JK^{-1}]．
E	内部エネルギー [J = Nm = Ws]．
$\mu_i = \left(\dfrac{\partial G}{\partial n_i}\right)_{T,P,n_j}$	化学ポテンシャル [J mol^{-1}]．
$C_P = \left(\dfrac{\partial H}{\partial T}\right)_P$	定圧熱容量 (heat capacity) [JK^{-1}]．
$C_V = \left(\dfrac{\partial H}{\partial T}\right)_V$	定容熱容量 (heat capacity) [JK^{-1}]．
$S = -\left(\dfrac{\partial G}{\partial T}\right)_P = -\left(\dfrac{\partial F}{\partial T}\right)_V$	エントロピー (entropy) [JK^{-1}]．
$S = k \ln \Omega = k \ln\left(\dfrac{N!}{n!(N-n)!}\right)$	エントロピーの統計的解釈 [JK^{-1}]．
$H = E + PV$	エンタルピー (enthalpy)，熱含量 [J]．
$G = H - ST = E + PV - ST$	Gibbs の自由エネルギー [J]．
$F = E - ST$	Helmuholtz の自由エネルギー [J]．

$dE = TdS - PdV + \sum \mu_i dn_i$ 熱力学第1法則の有用な形.

$dH = TdS + VdP + \sum \mu_i dn_i$

$dG = -SdT + VdP + \sum \mu_i dn_i$

$dF = -SdT - PdV + \sum \mu_i dn_i$

$\Delta G(O_2) = RT \ln(p(O_2))$ 酸素ポテンシャル (oxygen potential) [J mol^{-1}].

J 流束 (flux)；単位時間, 単位面積当たり流量.

$J = -D\nabla C = -D\,\mathrm{grad}\,C$ フィックの拡散第1法則 [mol m^{-2}s^{-1}].

$\dfrac{\partial C}{\partial t} = D\nabla^2 C = D\,\mathrm{div}\cdot\mathrm{grad}\,C$ フィックの拡散第2法則.

力学・機械工学記号

$\dot{\varepsilon}$	クリープ速度 (creep rate) [s^{-1}].
P	空洞率 (porosity).
σ	応力 (stress) [Nm^{-2}].
ε_i	i方向歪み (deformation, strain).
α	熱膨張率 [K^{-1}].
E	ヤング率 (Young's modulus) [Nm^{-2}].
ν	ポアソン比 (Poisson's ratio).
$\dfrac{\Delta V}{V}$	体積スエリング (swelling).

単位換算表

$1\,\text{Å} = 10^{-10}$ m	長さ（オングストローム）.
1 kgf = 9.807 N	力；重量 kg. 1 N = 1 kg·m·s^{-2}.
1 atm = 101,325 Pa	1気圧.
1 hPa = 1 mbar	1 Pa = 1 N·m^{-2} = 1.019×10^{-5} kgf·cm^{-2}.
1 MPa = 0.1019 kgf·mm^{-2}	応力.
1 J = 2.78×10^{-7} kW·h	エネルギー, 仕事.
1 cal = 4.186 J	エネルギー, 熱.
1 eV = 1.602×10^{-19} J	エネルギー.
1 Gal = 0.01 m·s^{-2}	加速度（ガル）.
1 G = 9.807 m·s^{-2}	加速度（ジー）.
1 Ci = 3.7×10^{10} Bq	ラジウム約1 gに等しい. 1 Bq = 1 s^{-1}.
1 Sv = 10^2 rem	線量当量（シーベルト）.
1 rad = 10^{-2} Gy	吸収線量（ラド）. 1 Gy = 1 J·kg^{-1}.
1 R = 2.58×10^{-4} C·kg^{-1}	照射線量（レントゲン）.

SI 単位の接頭語

10^{15}	peta	P		10^{-1}	deci	d
10^{12}	tera	T		10^{-2}	centi	c
10^{9}	giga	G		10^{-3}	milli	m
10^{6}	mega	M		10^{-6}	micro	μ
10^{3}	kilo	k		10^{-9}	nano	n
10^{2}	hecto	h		10^{-12}	pico	p

目　次

緒　言　iii

序　v

はじめに　ix

記号表　xi

第I部　燃料および燃料研究　1

第1章　燃料および原子炉の概念　3
1.1　燃料の役割 …………………………………………………………… 3
1.2　原子炉概要 …………………………………………………………… 5
1.3　原子炉の種類 ………………………………………………………… 8
　　1.3.1　原子炉の機能別区分 ………………………………………… 8
　　1.3.2　動力炉の種類 ………………………………………………… 9
1.4　核燃料サイクル ……………………………………………………… 14

第2章　核燃料の性質　19
2.1　材料選択基準 ………………………………………………………… 19
2.2　現行動力炉の燃料要素材料 ………………………………………… 20
2.3　現行動力炉燃料集合体設計と概念 ………………………………… 22
2.4　他のタイプの燃料 …………………………………………………… 25

第3章　加圧水型炉および高速炉の概要　29
3.1　加圧水型炉の燃料 …………………………………………………… 29
　　3.1.1　燃料集合体について ………………………………………… 29
　　3.1.2　運転条件 ……………………………………………………… 31
3.2　高速炉の燃料 ………………………………………………………… 32

3.2.1	原子炉心	33
3.2.2	燃料集合体	34
3.2.3	燃料ピン	36
3.2.4	ブランケット集合体	37
3.2.5	原子炉心の特徴	37
3.2.6	運転条件	39

第4章　核燃料の研究　41
4.1　原子炉内で発生する燃料集合体の応力 ································ 41
4.2　燃料研究 ·· 45

第5章　核燃料研究の基礎実験　47
5.1　炉外研究と炉外試験 ·· 47
5.2　炉内試験 ·· 48
5.3　照射後試験と実験 ·· 53

参考文献　57

第II部　燃料製造　59

第6章　燃料製造序論　61
6.1　要求事項 ·· 61
6.2　品質 ·· 63
6.3　燃料製造工場の特徴 ·· 64

第7章　燃料製造　67
7.1　加圧水型原子炉用ウラン酸化物 ···································· 67
　　7.1.1　参照工程 ·· 67
　　7.1.2　その他の工程 ·· 71
7.2　ウラン・プルトニウム混合酸化物燃料 ······························ 73
　　7.2.1　参照工程 ·· 74
　　7.2.2　その他の工程 ·· 77
7.3　その他の燃料物質 ·· 78

第8章　被覆材製造　81
8.1　軽水炉用被覆材 ·· 81
8.2　高速中性子炉用被覆材 ·· 83

第 9 章	燃料集合体部材の製造　85	
9.1	加圧水型炉	85
9.2	高速中性子炉	85

第 10 章	燃料棒または燃料ピンの製造　87	

第 11 章	集合体の製造　89	
11.1	加圧水型炉	89
11.2	高速中性子炉	89

参考文献　91

第Ⅲ部　燃料物質の炉内でのふるまい　95

第 12 章	熱生成と熱除去　99	
12.1	核分裂スパイク	99
12.2	燃料温度の計算	100
	12.2.1　燃料ペレット中の温度	100
	12.2.2　燃料と被覆管の間の熱伝達	102
12.3	熱伝導率	104
	12.3.1　化学量論的高密度酸化物の熱伝導率	104
	12.3.2　空洞率，O/M比，プルトニウム含有率と照射の効果	106

第 13 章	温度の効果　109	
13.1	温度の幾何学的効果	109
	13.1.1　熱膨張	109
	13.1.2　燃料の割れ	110
	13.1.3　熱弾性歪	112
13.2	組織変化	113
	13.2.1　柱状晶と中心空孔の形成	114
	13.2.2　粒成長	116
	13.2.3　ギャップ閉塞	118
13.3	燃料構成物の径方向再分布	119
	13.3.1　酸素の熱拡散	119
	13.3.2　プルトニウムの再分布	120

第 14 章　照射効果　123

- 14.1　拡散 ·· 123
  - 14.1.1　炉内焼締り ·· 126
  - 14.1.2　クリープ ·· 126
- 14.2　核分裂ガスのふるまい ·· 128
  - 14.2.1　核分裂ガスの形成 ·· 128
  - 14.2.2　無熱機構 ·· 129
  - 14.2.3　熱励起機構 ·· 131
- 14.3　核分裂ガスの放出 ·· 135
  - 14.3.1　PWR 燃料棒からの累積放出率 ··· 136
  - 14.3.2　FR 燃料ピンからの放出率 ·· 137
- 14.4　ウランからプルトニウムへの核変換 ··· 138
  - 14.4.1　PWR ペレット内でのプルトニウムの生成 ·································· 139
  - 14.4.2　FR ペレット内でのプルトニウムの生成 ····································· 139
  - 14.4.3　PWR 燃料のリム効果 ·· 140

第 15 章　核分裂生成物効果　143

- 15.1　核分裂生成物の形成 ·· 143
- 15.2　固体核分裂生成物 ·· 144
  - 15.2.1　金属介在物となる核分裂生成物 ·· 146
  - 15.2.2　燃料母相中に固溶している核分裂生成酸化物 ···························· 147
  - 15.2.3　酸化介在物となる核分裂生成物 ·· 150
  - 15.2.4　モリブデン ·· 150
  - 15.2.5　セシウム ·· 150
  - 15.2.6　ヨウ素 ·· 151
  - 15.2.7　テルル ·· 153
- 15.3　核分裂生成物の移動 ·· 153
  - 15.3.1　径方向移動：燃料の縁で発生する現象 ······································· 153
  - 15.3.2　軸方向移動 ·· 155
- 15.4　核分裂生成物によるスエリング ·· 155
  - 15.4.1　格子定数の変化 ··· 155
  - 15.4.2　燃料体積の変化 ··· 156

第 16 章　酸化物の化学　159

- 16.1　状態図 ··· 159
- 16.2　酸素ポテンシャル ·· 162

	16.2.1 照射下でのFR酸化物の酸素ポテンシャルの変動	165
	16.2.2 PWR燃料の酸素ポテンシャル	166
16.3	冷却材との反応	167
	16.3.1 PWR燃料棒内へ浸水した場合の事象	167
	16.3.2 $(U,Pu)O_2$-ナトリウム反応	167

第17章　先進FR燃料　　171

17.1	炭化物燃料および窒化物燃料	172
17.2	金属燃料	173

参考文献　175

第IV部　被覆管および構造材料　　181

第18章　照射効果序論　　185

18.1	金属の構造	185
18.2	1次損傷——照射欠陥	187
	18.2.1 原子変位による1次損傷——損傷単位	187
	18.2.2 照射中に生成される他の原子	189
18.3	照射に伴う2次損傷	189
	18.3.1 点欠陥の発生	190
	18.3.2 添加合金の効果	191
	18.3.3 変性生成物の発生	193
18.4	巨視的照射効果	194
	18.4.1 寸法変化	194
	18.4.2 照射クリープ	199
	18.4.3 機械的性質への照射効果	202

第19章　加圧型水炉のジルコニウム合金　　205

19.1	ジルコニウムの選択	205
	19.1.1 歴史	205
	19.1.2 ジルコニウムの物理的性質	206
	19.1.3 合金の開発	207
19.2	合金および部材の工程	212
	19.2.1 合金化	212
	19.2.2 配向	214
	19.2.3 金属学的構造	215

19.3　未照射ジルコニウムの性質 ………………………………………… 216
　　19.3.1　機械的強度 …………………………………………………… 216
　　19.3.2　水腐蝕 ………………………………………………………… 219
19.4　炉内でのふるまい …………………………………………………… 222
　　19.4.1　部材および荷重 ……………………………………………… 222
　　19.4.2　照射下での構造変化 ………………………………………… 223
　　19.4.3　機械的性質 …………………………………………………… 225
　　19.4.4　成長 …………………………………………………………… 228
　　19.4.5　腐蝕挙動 ……………………………………………………… 229
　　19.4.6　ペレット・被覆管相互作用 ………………………………… 232
19.5　傾向 …………………………………………………………………… 234

第20章　高速中性子炉用被覆管および構造材料　235

20.1　材料選択の基準 ……………………………………………………… 235
20.2　材料およびそれらの発展 …………………………………………… 236
20.3　オーステナイト系鋼 ………………………………………………… 239
　　20.3.1　スエリング …………………………………………………… 240
　　20.3.2　照射クリープ ………………………………………………… 252
　　20.3.3　機械的性質への照射効果 …………………………………… 253
　　20.3.4　結論 …………………………………………………………… 261
20.4　高ニッケル合金 ……………………………………………………… 263
　　20.4.1　スエリング …………………………………………………… 264
　　20.4.2　照射クリープ ………………………………………………… 265
　　20.4.3　機械的性質への照射効果 …………………………………… 266
20.5　フェライト・マルテンサイト系鋼 ………………………………… 269
　　20.5.1　スエリング …………………………………………………… 272
　　20.5.2　照射クリープ ………………………………………………… 275
　　20.5.3　機械的性質への照射効果 …………………………………… 277
　　20.5.4　酸化物分散強化型フェライト系鋼 (ODS) ………………… 278
20.6　燃料ピン被覆管材およびラッパ管材の腐蝕 ……………………… 280
　　20.6.1　ナトリウム腐蝕 ……………………………………………… 280
　　20.6.2　水腐蝕 ………………………………………………………… 281
　　20.6.3　硝酸腐蝕 ……………………………………………………… 283
20.7　結論 …………………………………………………………………… 283

参考文献　285

第 V 部　加圧水型原子炉用燃料集合体　297

第 21 章　燃料集合体概要　299
- 21.1　はじめに …… 299
- 21.2　支持構造部材の説明 …… 302
  - 21.2.1　案内管と計測管 …… 302
  - 21.2.2　支持格子（グリッド）…… 302
  - 21.2.3　ノズル …… 304
- 21.3　燃料棒の説明 …… 305
  - 21.3.1　燃料棒の構成 …… 306
  - 21.3.2　被覆管 …… 306
  - 21.3.3　燃料（UO_2 ペレット）…… 311
  - 21.3.4　スプリング (バネ) と端栓 …… 319
  - 21.3.5　冷間での内圧 …… 320

第 22 章　原子炉の運転　321
- 22.1　燃料の管理 …… 321
  - 22.1.1　燃料管理の目的 …… 321
  - 22.1.2　燃料管理の戦略 …… 323
  - 22.1.3　燃料に要求される品質 …… 326
  - 22.1.4　まとめ …… 327
- 22.2　原子炉運転のクラス …… 327
  - 22.2.1　クラス 1：定格運転 …… 328
  - 22.2.2　クラス 2：中間頻度の前事故（インシデント）…… 330
  - 22.2.3　クラス 3：低頻度の事故 …… 330
  - 22.2.4　クラス 4：重篤および仮想事故 …… 330

第 23 章　設　計　331
- 23.1　燃料集合体の設計 …… 331
  - 23.1.1　集合体設計の基礎 …… 331
  - 23.1.2　押え込みシステム …… 333
  - 23.1.3　支持格子（グリッド）…… 333
  - 23.1.4　案内管 …… 334
  - 23.1.5　上部ノズル …… 334
  - 23.1.6　下部ノズル …… 335
  - 23.1.7　事故の様相 …… 336
- 23.2　燃料棒の設計 …… 339

	23.2.1	燃料棒設計と安全性の基礎	339
	23.2.2	現象論的考察	340
23.3	設計基準		340
23.4	設計正当化手法		343

第24章　燃料棒の原子炉内でのふるまい　345

24.1	ウラン酸化		345
	24.1.1	超ウラン元素の形成	345
	24.1.2	プルトニウムの分布	349
	24.1.3	核分裂生成物	350
	24.1.4	特定の燃焼率または出力によって決定されるFPsの法則	353
	24.1.5	燃料の熱的ふるまい	356
	24.1.6	燃料の幾何学的寸法変化	358
	24.1.7	ガス放出	363
	24.1.8	微視的構造の変化	366
24.2	被覆管		369
	24.2.1	被覆管の法則	369
	24.2.2	照射下での寸法変化	370
	24.2.3	機械的性質	375
	24.2.4	照射下での被覆管腐蝕	380
	24.2.5	漏洩．原因，検出および帰結	390
24.3	ペレット・被覆管相互作用（PCI）		391
	24.3.1	現象の概要	391
	24.3.2	詳細な記述と解説	392
	24.3.3	PCIの技術的な限度	397
	24.3.4	PCIの除去	397
24.4	燃料棒挙動のまとめ		398
	24.4.1	定常出力運転条件	398
	24.4.2	中間出力水準運転	400
24.5	加圧水型原子炉でのMOXのふるまい		401
	24.5.1	はじめに	401
	24.5.2	低富化プルトニウム混合酸化物と二酸化ウランの性質の比較	401
	24.5.3	PWRsでのUO_2とMOX燃料のふるまいの比較	403

第25章　モデル　413

25.1	核分裂ガス放出のモデル化	413

	25.1.1 経験的モデル	413
	25.1.2 物理的および準経験的モデル	415
25.2	腐蝕モデル	420
	25.2.1 物理則	421
	25.2.2 モデルと実験結果の比較	426
25.3	ペレット・被覆管相互作用（PCI）の数値シミュレーション	430
	25.3.1 モデルまたは現象論的表現	430
	25.3.2 METEORプロジェクトのTOUTATIS・3次元コード	437

第26章 事故時条件下での燃料のふるまい 439

26.1	原子炉設計に対応する事故区分	439
	26.1.1 設計想定事故	440
	26.1.2 設計想定を超えた事故	440
26.2	大規模な研究がなされた事故	441
	26.2.1 冷却材喪失事故	441
	26.2.2 反応度起因事故	443
	26.2.3 過酷な炉心崩壊	444
26.3	事故シナリオにおける燃料の役割	445
	26.3.1 冷却材喪失事故	446
	26.3.2 反応度起因事故	448
	26.3.3 過酷な炉心崩壊	449

参考文献　451

第VI部　高速原子炉用燃料集合体　461

第27章　燃料集合体設計　463

27.1	燃料集合体の主な特徴	463
27.2	主な要求事項	465
	27.2.1 炉内挙動の安全と信頼性	468
	27.2.2 サイクル	468
27.3	設計手法	469
	27.3.1 挙動コード	469
	27.3.2 構造部材の機械設計	470
	27.3.3 酸化物の熱的ふるまい	472

第28章　混合酸化物燃料ピン　473

- 28.1　はじめに …………………………………………………………… 473
- 28.2　寿命初期のふるまい ……………………………………………… 476
  - 28.2.1　酸化物の熱的ふるまい ……………………………………… 476
  - 28.2.2　被覆管腐蝕 …………………………………………………… 480
- 28.3　中燃焼率でのふるまい …………………………………………… 484
- 28.4　高燃焼率でのふるまい …………………………………………… 484
  - 28.4.1　被覆管の幾何学的変化 ……………………………………… 486
  - 28.4.2　被覆管内面腐蝕 ……………………………………………… 491
  - 28.4.3　ナトリウムによる外側被覆管腐蝕 ………………………… 497
  - 28.4.4　照射中の被覆管負荷 ………………………………………… 497

第29章　燃料集合体　503

- 29.1　はじめに …………………………………………………………… 503
- 29.2　ラッパ管のふるまい ……………………………………………… 505
  - 29.2.1　伸び …………………………………………………………… 507
  - 29.2.2　対面間距離の増加 …………………………………………… 507
  - 29.2.3　曲がり ………………………………………………………… 509
  - 29.2.4　応力 …………………………………………………………… 509
  - 29.2.5　歪み制限解 …………………………………………………… 509
- 29.3　ピン束のふるまい ………………………………………………… 511
  - 29.3.1　ピンとスペーサ・ワイヤの対 ……………………………… 511
  - 29.3.2　ピン束・ラッパ管相互作用 ………………………………… 513

第30章　被覆管破損　521

- 30.1　はじめに …………………………………………………………… 521
- 30.2　漏洩前のピン状態 T0 ……………………………………………… 523
- 30.3　ガス放出とナトリウム浸入 ……………………………………… 523
- 30.4　酸化物・ナトリウム反応およびその結果 ……………………… 525
  - 30.4.1　熱力学的考察 ………………………………………………… 525
  - 30.4.2　運動論的考察 ………………………………………………… 525
  - 30.4.3　反応の様相 …………………………………………………… 525
  - 30.4.4　潜在的重大性 ………………………………………………… 528
- 30.5　被覆管破損および DND 信号 …………………………………… 529
  - 30.5.1　被覆管破損の発生 …………………………………………… 529
  - 30.5.2　被覆管破損の進展 …………………………………………… 531

第31章　事故時条件下でのふるまい　533

- 31.1　はじめに …………………………………………………………… 533
- 31.2　反応度事故 ………………………………………………………… 536
- 31.3　流量低下または流量喪失事故 …………………………………… 538
- 31.4　地震 ………………………………………………………………… 540

第32章　先進燃料　541

- 32.1　はじめに．何故に先進燃料なのか？ …………………………… 541
- 32.2　窒化物燃料要素 …………………………………………………… 542
  - 32.2.1　ピン設計および炉内ふるまい ………………………… 542
  - 32.2.2　窒化物燃料の製造と再処理 …………………………… 543
- 32.3　金属燃料要素 ……………………………………………………… 543
- 32.4　アクチニド燃焼燃料とターゲット ……………………………… 545
  - 32.4.1　プルトニウムの燃焼（CAPRA計画） ……………… 546
  - 32.4.2　マイナー・アクチニドの燃焼 ………………………… 547

参考文献　549

第VII部　吸収体要素　553

第33章　はじめに　555

第34章　加圧水型炉制御装置　557

- 34.1　制御棒クラスタ …………………………………………………… 557
- 34.2　化学的制御 ………………………………………………………… 560
- 34.3　毒物（ポイズン） ………………………………………………… 561

第35章　高速中性子炉制御装置．SUPERPHENIXの場合　563

- 35.1　制御棒集合体設計 ………………………………………………… 563
- 35.2　吸収体要素設計 …………………………………………………… 564

第36章　吸収材料の選択基準　567

第37章　炭化ホウ素　571

- 37.1　中性子特性 ………………………………………………………… 571
- 37.2　定義と構造 ………………………………………………………… 571
- 37.3　製造 ………………………………………………………………… 574
- 37.4　物理的性質 ………………………………………………………… 574

37.5　化学的性質 …………………………………………………………………… 576

第38章　AIC合金　577

38.1　組成と構造 …………………………………………………………………… 577
38.2　製造 …………………………………………………………………………… 577
38.3　物理的性質 …………………………………………………………………… 577
38.4　化学的性質 …………………………………………………………………… 578

第39章　PWR内でのAIC吸収棒のふるまい　579

39.1　AICの同位体の進展 ………………………………………………………… 579
39.2　スエリング …………………………………………………………………… 579
39.3　機械的ふるまい ……………………………………………………………… 580
39.4　運転経験 ……………………………………………………………………… 580

第40章　FRs内 B_4C 吸収体のふるまい　583

40.1　捕獲反応とホウ素の消費 …………………………………………………… 583
40.2　ヘリウム生成，B_4C のスエリングと割れ ………………………………… 584
40.3　被覆管損傷 …………………………………………………………………… 585
40.4　SUPERPHENIX 吸収ピン設計の発展 …………………………………… 586

第41章　吸収材の将来動向　591

参考文献　593

第VIII部　使用済燃料管理　595

第42章　はじめに　597

第43章　照射集合体の状態　599

43.1　物理学的状態 ………………………………………………………………… 599
43.2　放射化学状態 ………………………………………………………………… 599

第44章　貯蔵サイトへの燃料の取出し　605

44.1　燃料の取出し ………………………………………………………………… 605
　44.1.1　加圧水型原子炉 ………………………………………………………… 605
　44.1.2　高速中性子型原子炉 …………………………………………………… 606
44.2　サイトから他のサイトへの輸送 …………………………………………… 608

第 45 章　中間貯蔵　611

- 45.1　湿式貯蔵 …………………………………………………………………… 611
- 45.2　乾式貯蔵 …………………………………………………………………… 613
  - 45.2.1　空気中での貯蔵 …………………………………………………… 613
  - 45.2.2　不活性ガス中での貯蔵 …………………………………………… 614
  - 45.2.3　乾式貯蔵技術 ……………………………………………………… 614

第 46 章　再処理　617

- 46.1　PUREX 工程を用いた再処理 ……………………………………………… 617
  - 46.1.1　工程の概要 ………………………………………………………… 617
  - 46.1.2　燃料の溶解性 ……………………………………………………… 618
- 46.2　他の燃料および他の再処理工程 …………………………………………… 621

第 47 章　再処理戦略　623

- 47.1　プルトニウムおよびウランの使用 ………………………………………… 623
- 47.2　長寿命廃棄物の燃焼 ………………………………………………………… 626

第 48 章　廃棄物の最終処分　629

参考文献　631

第 49 章　結言　633

第 IX 部　付録のI：燃料要素計算の基礎　635

付録 A　はじめに　637

付録 B　熱的ふるまい　641

- B.1　基礎的関連 …………………………………………………………………… 641
  - B.1.1　フーリエの法則 …………………………………………………… 641
  - B.1.2　熱方程式 …………………………………………………………… 641
  - B.1.3　熱伝導率積分 ……………………………………………………… 642
- B.2　熱的ふるまい関連方程式 …………………………………………………… 643
  - B.2.1　基礎チャンネル内冷却材温度 …………………………………… 643
  - B.2.2　被覆管外側温度 …………………………………………………… 645
  - B.2.3　被覆管内温度 — 径方向の計算 …………………………………… 646
  - B.2.4　被覆管・燃料間ガス層の温度低下 ……………………………… 646
  - B.2.5　燃料内温度 ………………………………………………………… 647

B.3	応用：温度プロフィールの事例		648

付録 C　機械的ふるまい　651

C.1	基礎的関連		651
C.2	基礎応力と基礎歪み計算		652
	C.2.1	弾性項	652
	C.2.2	熱膨張	652
	C.2.3	粘塑性項	653
	C.2.4	スエリング	655
	C.2.5	割れの機械的解釈	655
C.3	問題の一般方程式		656
C.4	境界条件		657
	C.4.1	径方向	657
	C.4.2	軸方向	658
C.5	応用		659

第 X 部　付録の II：燃料棒と燃料ピンの照射後試験　661

付録 D　非破壊試験　663

D.1	PWR 棒または FR ピンの γ 線スペクトルメトリィ	663
D.2	PWR 棒または FR ピンの径測定	663
D.3	渦電流変換器を用いた被覆管検査	664
D.4	PWR 棒被覆管のジルコニア層の測定	664

付録 E　破壊試験　665

E.1	燃料要素の断面金相学	665
E.2	燃料棒の穿孔	665
E.3	燃料中の妨害ガス調査	666
E.4	燃料中の静水圧密度測定	666
E.5	被覆管内の水素調査	666
E.6	電子線プローブ微小分析	667
E.7	走査型電子顕微鏡	667
E.8	X 線結晶学	667

第 XI 部　付録の III：核分裂ガス放出モデルの方程式　669

付録 F　原子拡散に依るガス移動　671

- F.1　単純な拡散モデル ･･ 671
- F.2　母相内での気泡トラッピングと再溶解を伴う拡散モデル ･････････････ 672
  - F.2.1　気泡トラッピング速度 ･･････････････････････････････････････ 672
  - F.2.2　母相内での気泡再溶解速度 ･･････････････････････････････････ 673
  - F.2.3　拡散方程式 ･･ 674
- F.3　拡散係数の影響 ･･ 674
  - F.3.1　実験的条件 ･･ 675
  - F.3.2　試料の物理化学状態 ･･ 676

付録 G　ガス気泡の移動　677

- G.1　熱勾配下で気泡に働く力の計算 ･････････････････････････････････ 677
- G.2　気泡凝結速度の計算 ･･ 678

訳者あとがき　681

参考文献　693

索　引　697

表目次

1.1	動力炉におけるパラメータの組み合わせ	9
1.2	動力用原子炉の種類	11
1.3	フランスにおける原子力発電 kWh 当たりのコスト内訳	14
1.4	フランスにおける各段階での燃料サイクルのコスト内訳	17
2.1	現行動力用原子炉の燃料要素材料	21
3.1	FRAMATOME 社製 PWR 燃料集合体仕様概要	32
3.2	SUPERPHENIX 燃料集合体およびブランケット集合体の仕様	38
3.3	SUPERPHENIX 内側炉心における ^{239}Pu に対する等価係数	38
8.1	ジルカロイの組成	81
13.1	最大中性子束平面での PWR と FR 燃料要素の典型的な被覆管平均温度，燃料平均温度，熱膨張係数およびギャップサイズ	110
15.1	FR と PWR で生成する ^{235}U および ^{239}Pu 核分裂生成物の割合	145
17.1	様々な FR 燃料の性質の比較（Pu/M = 20 %）	172
18.1	様々な原子炉の中性子束	185
19.1	ジルコニウムの主な物理的性質	207
19.2	被覆管用ジルコニウム合金（ASTM Standard B 350.90）	209
20.1	オーステナイト系鋼の代表的化学組成（重量 %）	239
20.2	ニッケル合金の代表的化学組成（重量 %）	239
20.3	研究中のフェライト・マルテンサイト系鋼の代表的化学組成（重量 %）	240
21.1	ジルコニウム放射化生成物	308
21.2	燃料サイクル管理の発展	316

24.1	超ウラン元素の生成	347
24.2	核分裂生成物質量	351
24.3	ガス状核分裂生成物の体積	352
25.1	数値例	427
27.1	覚書：燃料集合体のふるまい，支配的パラメータ	465
27.2	脆化材料に適用される基準	471
27.3	燃料ペレットの中心線温度に適用されるパラメータ例	471
28.1	主な元素の組成（15-15Ti 鋼と PE16 鋼）	474
28.2	短時間照射後のピン中のガス組成比	478
29.1	2 種の鋼の化学組成（wt. %）	504
30.1	ピン破損の可能な状況	524
30.2	幾つかの基準に基づく T2 値分類の例	530
34.1	900 MW と 1300 MW の PWRs 制御棒の機能と配置	558
36.1	吸収材として見なされる元素の核的性質	569
39.1	アメリカ合衆国での AIC 適性試験	581
43.1	900 MW PWR 照射燃料の組成	600
43.2	900 MW PWR 照射取出し 3 年後のウラン同位体組成比	601
43.3	900 MW PWR 照射取出し 3 年後のプルトニウム同位体組成比	601
43.4	幾つかの核分裂生成物およびアクチニドの半減期	601

図目次

1.1	燃料サイクルの図	15
2.1	BWR 燃料集合体	26
2.2	CANDU 燃料集合体	27
2.3	天然ウラン・ガス・黒鉛炉用燃料要素	27
2.4	HTR 燃料粒子	28
2.5	Caramel 燃料．板および集合体	28
3.1	FRAMATOME 社製 PWR 燃料集合体	30
3.2	FR 均質炉心の図解	33
3.3	均質および非均質 FR 炉心燃料ピン	34
3.4	SUPERPHENIX 炉の公称炉心構成図	35
3.5	SUPERPHENIX 燃料集合体	36
4.1	核分裂生成物の原子質量数分布	42
5.1	COLIBRI PLETAN 照射リグ	50
5.2	OSIRIS 炉心周辺部上の IRENE ループ	52
5.3	核分裂生成物分析研究室	53
7.1	PWR ウラン酸化物ペレットの製造工程	68
7.2	グリーンペレット燃料の製造	70
7.3	工業用 UO_2 燃料ペレットの縦断面金相写真	71
7.4	DCI 工程によって製造された UO_2 燃料ペレットの微細構造	73
7.5	混合酸化物ペレット製造の参照工程	75
7.6	MELOX 工場のボールミル	75
7.7	PWR 混合酸化物ペレットのアルファ・オートラジオグラフィー	76
8.1	冷間ロール圧延	83

12.1	PWR と FR ペレットの 2 つの典型的ケースでの径方向温度曲線図の例	102
12.2	ギャップ寸法を関数とした実験的に導かれた熱伝達率の変化	103
12.3	$(U_{0.8}Pu_{0.2})O_2$ の温度と化学量論組成逸脱を関数とした熱伝導率	105
12.4	炉内および炉外測定から得られた熱伝導積分の比較	107
13.1	温度勾配によって引き起こされた酸化物ペレット中の応力	111
13.2	熱勾配によりクラックが入った PWR ペレットの金相写真	112
13.3	熱応力による燃料ペレットの砂時計型化	113
13.4	照射後の初期 FR ペレットの全断面	114
13.5	レンズ状ポアの移動	115
13.6	レンズ状ポアの移動に基づく中心空孔の形成	117
13.7	初期 O/M 比を関数とする半径方向 O/M 比分布	120
13.8	走査型電子顕微鏡で測定されたプルトニウムの径方向分布	121
13.9	2000 °C における $(U_{0.8}Pu_{0.2})O_{2\pm x}$ の上にある平衡なガス状物質の分圧	122
14.1	$(U_{0.8}Pu_{0.2})O_2$ の酸素分圧に対応するプルトニウム自己拡散係数	124
14.2	酸化物燃料中の陰イオンと陽イオンの照射下での拡散および熱拡散	125
14.3	$(U,Pu)O_2$ 混合酸化物の熱的クリープ速度と無熱クリープ速度	127
14.4	Gravelines 原子炉被照射 PWR 棒の燃焼率に対する核分裂ガス放出率	130
14.5	高燃焼率（65 GWd/t）PWR 燃料のマクロ金相写真	132
14.6	高燃焼率（65 GWd/t）PWR 燃料の顕微鏡金相写真	133
14.7	3, 4, 5 サイクル照射 PWR 燃料棒の EPMA によるキセノン径方向分布	134
14.8	1000 °C 以下においてさえ温度効果を示す瞬間 R/B（放出/生成）率	136
14.9	FR 燃料中の核分裂ガスとセシウムの径方向分布	137
14.10	燃焼率 7 から 8 at.% でガス保持量急速低下を示す FR 燃料ガス	138
14.11	燃焼率を関数とした PWR 用 UO_2 燃料の Pu 含有率の変化	139
14.12	外周部で Pu 含有率の急昇を示す照射 PWR ペレットの径方向 Pu 分布	140
15.1	主要核分裂生成物より形成される酸化物の酸素ポテンシャル	146
15.2	白色析出物を示す燃焼率 12 at.% 照射 FR ペレットの半径金相写真	148
15.3	FR ピンの中心空孔内の金属 FP インゴット (1)	149
15.4	照射燃料内に形成される化合物と平衡なセシウム分圧	152
15.5	高燃焼率 FR ピンの JOG 内に観察された化合物の X 線像	154
15.6	照射 FR ピンで観察されたセシウムの軸方向の移動	156
15.7	燃焼率を関数とした FR と PWR 燃料の流体密度の変化	157
16.1	UO_2 近傍の U-O 状態図	160

16.2	室温における3元状態図 U-Pu-O の等温断面	161
16.3	温度と O/M に対応する $UO_{2\pm x}$ の酸素ポテンシャル	163
16.4	温度と O/M に対応する $(U_{0.8}Pu_{0.2})O_{2\pm x}$ の酸素ポテンシャル	164
16.5	燃焼率と温度を関数とした FR 燃料の酸素ポテンシャルの変化	166
16.6	混合酸化物とナトリウムとの反応の例	169
18.1	原子空孔および格子間原子	186
18.2	刃状転位	187
18.3	変位カスケード	188
18.4	転位ループを形成する格子間原子の集合	191
18.5	ボイドまたはループを形成する原子空孔の集合	192
18.6	照射ジルカロイ中の転位ループ	193
18.7	オーステナイト系鋼中のボイドおよびループ	193
18.8	4 at.% Si 含有未飽和 Ni 固溶体中の照射誘起析出	194
18.9	ボイド近傍での照射誘起偏析	194
18.10	点欠陥生成による体積と形状の変化	195
18.11	種々の材料のスエリング頂点位置への温度効果	197
18.12	スエリング要素の温度依存	198
18.13	スエリング要素の照射量依存	199
18.14	スエリングへの転位密度の効果	200
18.15	ジルコニウムの結晶格子	201
19.1	ジルコニウムの主要元素の拡散係数	210
19.2	Zr-O 平衡状態図	211
19.3	Zr-Sn 平衡状態図	212
19.4	Zr-遷移金属 (Fe, Cr, Ni) 平衡状態図	213
19.5	被覆管の典型的な配向：(0002) 面	216
19.6	再結晶ジルカロイ-4 の微細構造を示す透過電子顕微鏡写真	217
19.7	最終熱処理温度と機械的性質との関係	218
19.8	350 ℃ 水中でのジルカロイ腐蝕速度	219
19.9	照射ジルカロイ-4 のアモルファス析出物近傍に位置する c ループ	224
19.10	ジルカロイの機械的性質に及ぼす照射フルエンスの効果	226
19.11	ジルカロイ-4 のクリープに及ぼす中性子束の効果	227
19.12	照射量と温度に対する歪の成長	229
19.13	等温条件，温度勾配下および中性子束下での腐蝕量の比較	230
19.14	ヨウ素存在下におけるジルカロイの応力腐食割れ表面の外観	233

図番号	タイトル	ページ
20.1	被覆材の比較：照射量対径方向歪	237
20.2	ラッパ管材の比較：照射量対対面間寸法増加	237
20.3	Cr と Ni 含有率を関数としたスエリングの変動	238
20.4	PHENIX で照射した CW316Ti 被覆管のスエリング	241
20.5	RAPSODIE で照射した SA 316 被覆管のスエリング	242
20.6	PHENIX の燃料ピン被覆管 CW 316 スエリングの中性子束効果	243
20.7	CW 316 Ti の被覆管とラッパ管の潜伏照射量比較	244
20.8	被覆管内熱勾配を関数とした CW 316 Ti スエリングの変動	244
20.9	90 dpa における PHENIX 被覆管のスエリング	245
20.10	CW 316 Ti スエリングの応力依存	246
20.11	高炭素および低炭素 316 鋼のスエリング挙動の比較	247
20.12	PHENIX 炉照射 SA 316 スエリングの Ti 添加効果	248
20.13	PHENIX 炉照射 CW 316 スエリングの Ti 添加効果	249
20.14	種々のオーステナイト系鋼スエリングの潜伏照射線量	249
20.15	CW 316Ti スエリングにおけるリンの効果	250
20.16	Ti 安定化 316 鋼および 15-15 鋼のスエリング	251
20.17	PHENIX 照射 CW 316 Ti の照射クリープ応力依存	252
20.18	照射クリープとスエリングとの相関	253
20.19	照射 SA 316 鋼と照射 CW 316 鋼の降伏応力の比較	254
20.20	照射後オーステナイト系鋼の引張り強度温度依存	255
20.21	PHENIX 照射オーステナイト系鋼の降伏応力温度依存	256
20.22	PHENIX 照射オーステナイト系鋼の均一伸び温度依存	257
20.23	オーステナイト系ステンレス鋼の破壊のふるまい	258
20.24	照射 CW 316 Ti の破断面写真	259
20.25	PHENIX 燃料ピン被覆管 CW 15-15 Ti の引張り強度温度依存性	260
20.26	PHENIX 照射 CW 316 Ti ラッパ管軸方向最大引張強さと延性の変動	261
20.27	PHENIX 照射 CW 316 Ti ラッパ管延性におよぼすスエリング効果	262
20.28	PHENIX 照射 CW 316 Ti ラッパ管の軸方向シャルピー吸収エネルギー	263
20.29	PHENIX 照射 Ti 安定化オーステナイト系鋼延性の歪速度依存性	264
20.30	PFR 照射溶体化・焼鈍および焼戻し PE16 のスエリング	265
20.31	PHENIX 照射 Inconel 706 のスエリング可変性	266
20.32	PE16 および Inconel 706 の照射クリープ単位	267
20.33	照射 Inconel 706 の 25 °C 試験引張り強度	268
20.34	照射 Inconel 706 燃料ピン被覆管の照射温度試験引張り強度	269
20.35	照射 Inconel 706 破損被覆管の破面写真	270
20.36	照射 Inconel 706 の歪速度依存引張強度	271

20.37	照射安定化 PE16 の高温引張強度	272
20.38	PHENIX 照射安定化 PE16 の全伸びに対するスエリング効果	273
20.39	照射フェライト・マルテンサイト系鋼のスエリングへの温度効果	273
20.40	照射フェライト・マルテンサイト系鋼のスエリングへの照射量効果	274
20.41	HT9 のスエリングへの応力効果	275
20.42	Fe-Cr フェライト系鋼のスエリングへの添加合金元素効果	275
20.43	9Cr1Mo および HT9 合金の応力と温度組合せにおける炉内クリープ	276
20.44	EM10 の降伏応力への照射温度と試験温度の効果	278
20.45	400 °C で照射した EM10 引張り強度の照射量依存	279
20.46	照射 EM10 の DBTT および USE の変動	280
20.47	照射フェライト・マルテンサイト系鋼の DBTTs 比較	281
20.48	照射 12Cr-1Mo 合金の DBTTs と上部棚エネルギーへの添加合金元素効果	282
21.1	17×17 型 PWR 集合体と制御棒クラスタ	300
21.2	AFA 2G 支持格子の組立	303
21.3	AFG 2G 集合体の上部ノズル	305
21.4	900 MWe PWR 燃料棒断面	307
21.5	応力緩和と再結晶ジルカロイ-4 被覆管の熱クリープ	308
21.6	被覆管材のテクスチャー	309
21.7	被照射被覆管の水素濃度と水素化物占有速度間の相関	310
21.8	PWR で照射した水素化物化した被覆管の金相写真	311
21.9	異なるフルエンスでのジルカロイ-4 の引張り応力曲線	312
21.10	燃料ペレットの断面	313
21.11	照射 UO_2 棒の断面金相写真	314
21.12	異なる燃料管理スキームに対する 900 MWe PWR 炉心装荷配置	315
21.13	プルトニウム平均含有率 5.3 % を持つ MOX 集合体中の燃料棒配置図	318
22.1	1995 年 1 月 1 日におけるフランス国内の加圧型軽水炉	322
22.2	フランス原子炉内の MOX 集合体：実績および 1995 年の予測	326
22.3	燃料集合体製造における FRAGEMA の経験実績	328
23.1	燃料棒の押え力解放；実験結果より	332
23.2	下部ノズルの有限要素モデル	335
23.3	900 MWe 原子炉の燃料集合体列の動力学的ふるまいモデル	337
23.4	耐震研究．典型的結果．900 MWe 集合体	338
23.5	1300 MWe 原子炉用燃料集合体の軸方向動力学的ふるまいモデル	338

24.1	超ウラン元素の形成	346
24.2	核分裂性同位体とネオジムの濃度	348
24.3	照射初期および燃焼率に対する UO_2 ペレット径方向出力曲線分布	349
24.4	UO_2 ペレット中の Nd, Pu, Xe, Cs の径方向分布	354
24.5	PWR 燃料棒に沿った ^{137}Cs の放射能プロフィール	356
24.6	PWR 燃料ペレット内の径方向温度分布	357
24.7	PWR で照射された UO_2 燃料のマクロ金相写真：燃料の割れ	359
24.8	安定 UO_2 燃料における燃焼率を関数とした燃料水密度 ρ の相対変動	360
24.9	PWR 燃料棒の燃料カラム伸び	361
24.10	5 サイクル年照射された UO_2 燃料のマクロ金相写真：暗部領域を示す	364
24.11	PWR 燃料棒の自由空間内総ガスに対するガス放出率の照射期間中変化	365
24.12	燃焼率関数総核分裂ガス対燃料棒プレナム内放出核分裂ガス比の変動	367
24.13	PWR の最終照射サイクルにおける核分裂放出ガスの変動	368
24.14	PWR 5 サイクル年照射 UO_2 ペレット周縁部の破断面写真（SEM）	369
24.15	照射ペレットの X 線蛍光分析と EPMA による径方向 Xe 濃度プロフィール	370
24.16	クリープ曲線モデル	371
24.17	短尺燃料棒軸方向の外径測定とセシウム 137 分布	373
24.18	燃料被覆管の最大中性子束領域での計算周応力変化	374
24.19	異なる高速中性子 Φ に対する線出力を関数とする被覆管の平衡応力変化	374
24.20	照射 PWR 燃料棒より再組立した短尺棒軸方向直径プロフィール	374
24.21	照射 UO_2 燃料中の被覆管伸長	376
24.22	PWR 燃料棒ジルカロイ被覆管の応力緩和曲線	378
24.23	2 サイクル年照射ジルカロイの高応力における主クリープ	378
24.24	種々の照射量に対するジルカロイの "Wöhler カーブ"	379
24.25	PWR 5 サイクル年照射燃料棒 4 代の軸方向ジルコニア厚さプロフィール	381
24.26	様々な燃焼率水準における軸方向燃料棒上のジルコニア厚さ	381
24.27	ジルカロイ腐蝕反応速度論	382
24.28	照射ジルカロイ-4 被覆管の剥離破砕領域を示すマクロ金相写真	384
24.29	1 サイクル年照射ジルカロイ-4 被覆管の水素化物の方向性	386
24.30	応力緩和ジルカロイ-4 被覆管の径方向水素化物の分布	387
24.31	5 サイクル年照射 PWR 応力緩和ジルカロイ-4 被覆管のマクロ金相写真：(a) 剥離破砕区域の位置における高濃度水素化物	388
24.32	5 サイクル年照射 PWR 応力緩和ジルカロイ-4 被覆管のマクロ金相写真：(b) 剥離破砕区域の位置における低濃度水素化物	389
24.33	UO_2 棒被覆管の内部酸化	390
24.34	照射中のペレット・被覆管ギャップと 1 次リッジ, 2 次リッジの形状変化	394

24.35	熱勾配下での鼓状 UO_2 ペレットと被覆管の変形量	395
24.36	熱勾配下で径方向に割れ，変形した UO_2 ペレットと被覆管の変形量	396
24.37	出力急昇後の UO_2 棒断面マクロ金相写真	396
24.38	MIMAS 工程で製造した混合酸化物の直径に沿った Pu 分布	402
24.39	Pu 集塊物内および MOX 燃料母相内の Pu/(U+Pu) 比の変動	404
24.40	MOX 燃料母相内のプルトニウム含有量の変動；UO_2 燃料との比較	404
24.41	46.5 GWd/tM 照射 MOX 燃料ペレットのマクロ写真	406
24.42	PWR で 1 サイクル年照射 MOX 燃料の Nd,Cs,Pu の径方向プロフィール	408
24.43	異なる温度運転 MOX ペレットのキセノン径方向濃度プロフィール	409
24.44	異なる温度運転 MOX ペレットのセシウム径方向濃度プロフィール	410
24.45	最終照射サイクルにおける線出力対核分裂ガス放出率	411
25.1	平均燃焼率対最高温度と計算された燃料中心温度	414
25.2	核分裂ガス放出計算用先行経験的 FRAMATOME モデル使用関数	415
25.3	METEOR-TRANSURANUS を用いて計算したガス濃度の時間変動	421
25.4	PWR 運転条件下でのジルカロイ-4 の酸化速度論	422
25.5	PWR のジルカロイ-4 酸化反応論上でのリチウム効果	423
25.6	高含有リチウム冷却水内での後遷移腐蝕反応速度への熱流 Φ の効果	425
25.7	計算されたジルカロイ-4 の酸化反応速度	425
25.8	CEA, EPRI, ABB コードで計算したジルコニア厚さと測定厚さとの比較	428
25.9	ABB, EPRI, COHISE コードで計算した酸化物厚さと測定厚さ比較	429
25.10	CHORT, ABB, EPRI, CEA コードで計算した酸化物厚さと測定厚さ比較	429
25.11	CEA, EPRI, ABB コードで計算した酸化物厚さへの高速中性子束効果	430
25.12	2 つの高速中性子束値に対する酸化物クリープ速度対温度の逆数	432
25.13	400 W/cm で 2 時間の過渡出力を受けた実験棒被覆管の半径方向変位	434
25.14	応力腐食割れに依る被覆管破損：クラックの開始と伝播	436
26.1	PHEBUS-LOCA 試験後のクラスタ断面	442
26.2	被覆管の延性破断	443
26.3	最終状態下の TMI-2 炉心	445
26.4	液相形成温度	447
26.5	液化ジルカロイによる UO_2 の融解	449
27.1	SUPERPHENIX 燃料集合体	466
27.2	FR 燃料集合体の主な照射特性	467
28.1	FR 燃料ピン	473

28.2	燃料と被覆管に生じる現象の推移	475
28.3	寿命初期におけるペレットの熱的ふるまい	477
28.4	GERMINAL コードと実験結果との比較；FP ガスのふるまい	481
28.5	GERMINAL コードと実験結果との比較；CABRI 試験後の熔融断面図	482
28.6	被覆管の寿命初期腐蝕	483
28.7	JOG 出現後の燃料特性の変化	485
28.8	CW 15-15 Ti 鋼被覆管歪み	488
28.9	PHENIX 標準集合体の性能の進展	490
28.10	燃料・被覆管反応によって導入された被覆管腐蝕（ROG）	492
28.11	核分裂性物質・親物質界面反応によって導入された被覆管腐蝕（RIFF）	493
28.12	ROG によって影響を受けた被覆管深さへの照射効果	495
28.13	被覆管外部腐蝕	498
28.14	IMAP タイプ相互作用に依る被覆管内軸方向応力分布と被覆管破損	501
29.1	ラッパ管の幾何学形状変化	506
29.2	ラッパ管湾曲プロフィール	508
29.3	ラッパ管面に沿った応力分布	510
29.4	ラッパ管材に適する鋼の幾何形状変化と脆化	512
29.5	ピン・スペーサワイヤ相互作用	514
29.6	ピン・スペーサワイヤ相互作用のモデル化	515
29.7	ピン束・ラッパ管相互作用の位相	516
29.8	第 2 位相（適度な相互作用）におけるピンの曲がりと扁平化	518
29.9	相互作用下の被照射 PHENIX 燃料集合体の断面	519
30.1	被覆管破損と付随する信号	522
30.2	時間スケールでのガスと DND 信号の進展	523
30.3	酸化物・ナトリウムの熱力学：ΔGO_2 と O/M 変化	526
30.4	酸化物・ナトリウムの熱力学：小漏洩に対する酸化物・ナトリウム反応	527
30.5	酸化物・ナトリウムの熱力学：ナトリウム中の酸素含有率の影響	528
30.6	DND 信号の進展および閾値の撤去	530
31.1	照射された CW 15-15 Ti と CW 316 Ti の均一伸びの比較	535
31.2	未熔融燃料の中心空孔閉塞	537
31.3	熔融領域を伴う燃料金相マクロ写真	538
31.4	CABRI 実験での破損マップ	539
32.1	(U,Pu)N ペレットの製造工程	544

32.2	CAPRA 燃料ピンおよびピン束の模式図	547
34.1	PWR 1300 の制御棒集合体および安全棒集合体の配置	559
34.2	PWR 1300 制御クラスタ内の吸収棒	560
35.1	SUPERPHENIX の主制御集合体と吸収ピン	565
37.1	ホウ素－炭素系相図	572
37.2	炭化ホウ素の菱面体晶系結晶構造透視図	573
38.1	押出および焼鈍 AIC のクリープ応力への結晶粒のサイズ効果	578
39.1	AIC 棒中の銀，カドミウム，インジウム，スズの径方向濃度分布	580
40.1	SUPERPHENIX タイプ炭化ホウ素のヘリウム生成と残留	585
40.2	炭化ホウ素スエリング対初期密度	585
40.3	PHENIX で照射した実験吸収要素の 316 鋼被覆管への炭素の拡散的浸入	586
40.4	第 1 装荷 R_0 吸収ピンと第 1 再装荷 R_1 吸収ピンの推定捕獲密度	588
40.5	SUPERPHENIX タイプ吸収ピンの顕微鏡写真	589
43.1	33 GWd/t 照射 PWR 集合体の放射能量の時間変化	602
43.2	PWR 燃料棒中の放射性元素	603
44.1	PWR からの使用済燃料の取出し	606
44.2	FR 使用済燃料の取出し（内部貯蔵）	607
44.3	FR 使用済燃料の取出し（燃料貯蔵ドラム）	607
45.1	空気中暴露時間対 PWR 欠陥照射燃料破片の重量利得	614
46.1	5N と 10N の沸騰硝酸中 6 時間の $(U,Pu)O_2$ 固溶体の溶解性	620
A.1	燃料と被覆管の表現	637
A.2	FR ピンの一般的ふるまい	638
A.3	PWR 燃料棒の一般的ふるまい	639
B.1	燃料ペレットの径方向断面図	642
B.2	基礎チャンネルの定義	643
B.3	燃料線出力の軸方向プロフィール	644
B.4	被覆管近傍の冷却材温度の上昇	645
B.5	FR の径方向温度プロフィール	649

B.6	PWRの径方向温度プロフィール	649
B.7	軸方向温度プロフィール	650
C.1	典型的応力プロフィール	658
F.1	前照射 UO_2 単結晶内の核分裂ガスの拡散係数の変動	675

第 I 部

燃料および燃料研究

H. BAILLY

第1章

燃料および原子炉の概念

1.1 燃料の役割

燃料は原子炉の他の構成物から容易に区分される．

- 燃料は原子炉の反応部分 (active part) を構成している．燃料内部に原子質量数の大きな元素——例えば質量数 235 のウランや質量数 239 のプルトニウムのような——の原子核が含まれており，それらが核分裂を引き起こし，そのエネルギーの放出が生じる．1 核分裂あたり約 200 MeV のエネルギー（eV: electronvolt; 1 eV = 1.6×10^{-19} J）が放出される：1 kg の U-235 が完全に核分裂する場合に発生するエネルギーは，石炭 2400 トンの燃焼エネルギーに相当する．[*1]
- 燃料は原子炉の消費部分である，このことから幾つかの結論が導かれる．経済的観点から，燃料消費を抑制することは重要であり，したがって炉内滞在期間を可能な限り長期化することで，新燃料に交換するのをできるだけ少なくしている．原子炉内での寿命の期間中，炉型に応じた運転条件下での両立性を可能な限り長期間維持できるなら，その燃料特性の効率性をさらに向上させることができる．
- 核分裂連鎖反応で核分裂生成物 (fission products) とアクチニド (actinides) のような燃料放射性元素が生成する．[*2] 一般的に用いられている「クリーンな原子炉」の概念は，それらの生成物の発散を閉じ込めるための気密性障壁を燃料の周囲にあらかじめ設置しておくことを要求する；この障壁は被覆 (cladding) と呼ばれる．通常運転条件下および異常な過渡変化の場合においても，この第 1 番目の障壁からの漏洩

[*1] 訳註： 核分裂すると，はぼ同一の 2 つの質量に分かれ，その質量合計値と分裂前の質量との差分（質量欠損）が核分裂エネルギーとして放出される（$E = mc^2 = m_0(1/\sqrt{1-(v/c)^2}) \cdot c^2 \cong m_0 c^2 + (1/2) m_0 v^2$：$m_0$ は静止質量，右辺の第 2 項はニュートン力学における運動エネルギー）；アインシュタインの 1905 年の論文：特殊相対性理論からの帰結である．

[*2] 訳註： アクチニド：原子番号 90 の Th 以上の重い同位体．Pa, U, Np, Pu, Am, Cm, Bk, Cf, Es, Fm, Md, No, Lr と続く．Np 以降は人工元素である．

率（被覆破裂：cladding ruptures と時々呼ばれる）を極めて低く維持しなければならない．事故時条件下で燃料は，発散される放射性元素のほとんどの源であり，それらの発散挙動を条件付けるものとして根本的な役割を演じる．

- 燃料中の核分裂連鎖反応で，燃料集合体材料：燃料それ自身，被覆材および構造部材は過酷な損傷を受ける，その損傷はとりわけ中性子によって引き起こされる．照射下で，どのような材料を組み合わせて集合体にするかが，炉内にて高温と腐食に耐える燃料集合体挙動の基本的因子の1つである．

用語集

ここで燃料関連の用語を以下に示すように，明確にしておくことは有意義と思われる．*3

- 燃料は一般的に多数の燃料要素の束から**燃料集合体** (fuel assembly) に組み立てられる．単に**集合体** (assembly)*の用語が使用されるときもあるが，ある種の原子炉では他のタイプの集合体が含まれるため，修飾語として**燃料** (fuel) を付けることが必要となる．例えば高速炉ではブランケット集合体や反応度制御集合体を有している．

  原子炉に携わるかぎりにおいて，燃料集合体が燃料の基本単位である．

- 燃料要素はそれ自身の構造物を有し，幾何学的形状を呼び起こす名称により設計された燃料の最小単位である：もしその断面形状が円であるなら（高い長さ/直径比を有する）**棒** (rod) または**ピン** (pin)，もしその断面形状が長方形なら（通常肉厚の薄い板状）**板** (plate) と呼ばれる．熱中性子炉で用いられている燃料棒と高速中性子炉で用いられている燃料ピン間の差異は歴史的な起因によるものであり，その理由を以下の点から正当化されるものでは無い：当初，高速炉の燃料径は熱中性子炉に比べて大変細かった（このためピンの用語が使用された），しかし直径の差異は減少してしまった．

  燃料要素 (fuel element) は燃料棒，燃料ピンまたは燃料板を引用する表現として用いられるが，時々燃料集合体を指名する場合にも使用される．

  *高速炉の場合，集合体 (assembly) の用語は，通常サブ集合体 (subassembly) の用語に置き換える．

---

*3 訳註：　　裸の燃料：反射材を備えていない燃料．主として臨界計算で燃料の周囲に反射材（水など）が無いとして計算する場合に使われる用語．

> - 用語**燃料束** (fuel bundle) は燃料集合体の全ての棒またはピンの総称に使用される．
>   用語**クラスタ** (cluster) は重水炉で時々燃料集合体の替わりに用いられる．
> - あるケースでは，集合体の用語が不適切である場合が有る．
>   天然ウランおよび金属燃料の原子炉（前期のフランス原子炉システム）では，燃料集合体は存在せずに，燃料要素またはしばしばカートリッジ (cartridge) と呼ばれる単一の要素があるだけである．
>   高温炉の燃料は大変特徴的である．非常に小さい球状粒子をプリズム型の要素または球状ボールに組み上げている．
> - 用語**燃料** (fuel) は通常，被覆管を除く，核分裂を起こす物質を区分するのに用いられる：ウラン酸化物またはウラン合金など．
>   しかしながら，この用語は原子炉の核分裂部分または炉型を区分するのに用いられる．ときどき**裸の燃料** (bare fuel) が燃料物質を話す際に使用される．
> - 燃料として使用される用語が，炉心の他の非核分裂性構成物にも用いられるときがある．例えば高速中性子炉では，ブランケット棒から成るブランケットサブ集合体および吸収棒から成る反応度制御サブ集合体がある．加圧水型炉では吸収棒がクラスタとして組み込まれている．

1.2 原子炉概要 [1-3]

原子炉は核反応 (nuclear reaction) の原理（核分裂または核融合）を使用してエネルギーを生産するシステムである．以下は核分裂炉についてのみの記述である．

原子炉は基本的に以下のもので構成される：

—**燃料**を基礎とした**炉心** (core)，その燃料には**核分裂性**重元素が含まれる．
—高速中性子炉を除いて，一般には中性子を減速させるための**減速材** (moderator)．
—**冷却材** (coolant) と呼ばれる液体またはガスで，それらは燃料内で発生する熱を除去する．

減速材と冷却材が分離しているか，結合しているかは炉型に依存する．黒鉛炉のような固体減速材原子炉では減速材と冷却材は分離している．軽水炉のような他の原子炉では，水が減速材と冷却材の両者のために供用される．

さらに，炉心には核反応を制御し，原子炉を運転するための幾つかの**反応度制御** (reactivity control) 装置が含まれる．

原子炉は常に生産されたエネルギーを取り去りさらに関連する機能を遂行するための非核設備を有する．

もしも原子炉の機能が発電なら，通常，炉心で発生したエネルギーを冷却材にて取出

し，蒸気を作り出すことによって駆動するタービンを含む建屋中の非核部分で発電が行われる．一般に，熱移動は間接的に行われる，その冷却材または 1 次流体は，その熱を蒸気発生器 (steam generator) と呼ばれる熱交換器を有する 2 次系の水に移行させる．沸騰水型原子炉のような直接サイクルでは，燃料およびタービンと直接接する冷却水が蒸気に転換される．

炉物理の基礎は他でも容易に見いだせることより [1, 2]，炉物理の基礎を本書で紹介すべきではないと感じている．従って限定したことのみを紹介しておこう．

重い原子核 (nucleus)（ウランまたはプルトニウム）の核分裂は，ほぼ等しい 2 つの原子質量の破砕破片 (fragments) と 2 ないし 3 個の中性子を作り出す．後者の中性子は，適切に設計された環境において，新たな核分裂を引き起こす．このため核分裂過程はそれ自身で連鎖反応 (chain reaction) を維持することができる．例えば炉心で核分裂により 100 個の中性子が生まれたと考えよう，それらは色々な運命に遭遇するであろう：幾つかは炉心から逃れるであろう，幾つかは炉心内に留まり，最後は炉心構成物の 1 つに捕獲されるだろう．その幾つかは新たな核分裂を引き起こして N 個の新たな中性子を生み出すであろう．もしもこの N が 100 に等しいなら，自己維持連鎖反応 (self-sustaining chain reaction) である．その中性子数，核分裂数およびエネルギー発生量は一定である．

もし k を中性子増倍率 (multiplication constant) とするなら，我々は臨界値のまわりの k の微小変動を評価するための無次元量，反応度 ρ の概念を導入することができる：

$$\rho = \frac{k-1}{k}$$

臨界運転条件（自己維持連鎖反応）下で反応度 (reactivity) はゼロである．もし，反応度が負ならば，連鎖反応は停止する．もし反応度が正ならば，連鎖反応は加速する．[*4]

制御システムを形成するか，減速材 (moderator) か冷却材 (coolant) に設置された中性子吸収材料 (neutron-absorbing materials) は早急に（例えば過渡事象時における炉停止のため）または徐々に（例えば核分裂による核分裂性物質の減少に対する補償のため）反応度を変化させることに用いられる．

ほとんどの原子炉は中性子の速度を低下させる減速材を有する．もし中性子の衝突エネ

[*4] 訳註：　　$\rho > 0$ の場合，ある反応度が挿入されると炉出力は指数関数的に増加する．$\rho > 0$ で温度上昇に伴う負の反応度 $\alpha_T < 0$ が加わり，その絶対値が小さい場合は，炉出力は穏やかに一定値に近かづく．$\alpha_T < 0$ の絶対値が大きい場合は，オーバーシュー後に炉出力は低下して一定値となる ($\rho = \rho_0 + \alpha_T(\theta - \theta_0)$)．

一方，$\rho < 0$ の場合，炉出力は指数関数的に低下する．つまり負の温度係数を持つ原子炉は，出力変化にたいする温度上昇あるいは低下時に，原子炉を一定の出力・温度に落ち着かせる能力を有する．すなわち，自己制御性を持つこととなり原子炉にとって望ましい特性である．同様に蒸気発生による気泡（ボイド）発生が負の反応度を挿入させることも重要である．小型高速炉ではボイド発生により，炉心より中性子の洩れる確率が増すため負の反応度となる．大型高速炉の場合，中性子の漏れよりも中性子のエネルギー硬化から正の反応度となる．このため炉心表面積を大きくした扁平型炉心等の工夫で中性子の漏れの効果を大きくする設計がなされる．

1.2 原子炉概要

ルギーが数 eV の範囲なら，核分裂性核種の核分裂確率は有意なほど大きくなる，と我々は単純化して言うことができる．核分裂で放出される中性子の平均エネルギーが高い（概略 2 MeV 程度）ので，核分裂性物質に捕獲されるまで，その減速材による連続的な衝突によってその中性子を減速させている．減速材は中性子を捕獲せずに減速させなければならないことから，その核種は軽く，中性子吸収が少なければならない．このことから実用上の減速材選択範囲は重水，一般の水または黒鉛（グラファイト）に限られてしまう．減速材を有する原子炉は熱中性子炉（または時々，不適切な表現ではあるが，熱炉 (thermal reactors)）と呼ばれている．なぜならその中性子エネルギー（< 1 eV）が，周囲の熱振動エネルギーと同じ大きさであるためである．

減速材の存在は必須条件では無い．核分裂性物質の密度を増加させると，中性子は減速を必要とせず，核分裂エネルギーに近いエネルギーの状態で使用することができる．

減速材無しの原子炉が高速中性子炉 (FR) である．

その核分裂性元素は基本的には，^{235}U，^{233}U，^{239}Pu とその他のプルトニウム同位体である．

親元素 (fertile elements) と呼ばれる，他の天然元素は中性子の照射を受けて，核分裂性物質を生み出すことができる点で興味有る：^{238}U から ^{239}Pu が，^{232}Th から ^{233}U が作り出される．

上述の核分裂性元素は自然界に全く存在しない．天然ウランのほとんどは ^{238}U からなり，^{235}U はたったの 0.71% 程度にすぎない．しかし同位体濃縮技術がウラン中の ^{235}U 含有量を増加させることを可能にした．天然トリウムは ^{232}Th 同位体である．プルトニウムと ^{233}U は親同位体の照射によってのみ得ることができる．

様々な核分裂性元素および親元素は同じような挙動はしないし，それらは中性子のエネルギーに依存する．熱中性子エネルギーの範囲では，中性子の収支 (neutron balance) は ^{239}Pu よりも ^{235}U が有利である．高速中性子ではウランよりもプルトニウムが中性子の収支上，有利となる．原子炉で形成されるプルトニウムは常に一連の同位体で構成され（基本的には ^{238}Pu から ^{242}Pu まで），そのうち同位体 239 が圧倒的に勝る．[*5] 熱炉では，奇数番号のプルトニウムのみが核分裂する．一方，高速炉では偶数番号のプルトニウムも核分裂する，その程度は劣るものの．

全てのウラン型原子炉において，中性子は核分裂反応と並行して ^{238}U に吸収され，^{239}Pu が生産される．しかしながら熱炉では，^{239}Pu に変換する ^{238}U の量が核分裂によって消費される ^{235}U を補うには不足している．高速炉においては，核反応が高エネルギー中性

[*5] 訳註：　　原子炉内ウランの親核種 ^{238}U が在庫の大部分を占めていることから，この ^{238}U が中性子を捕獲して ^{239}U となり β 崩壊（半減期：23 分）で ^{239}Np に核変換し，続く β 崩壊（半減期：56 時間）で ^{239}Pu に核変換する．この ^{239}Pu が中性子を捕獲すると ^{240}Pu が形成される．引き続き (n, γ) 反応で ^{240}Pu，^{241}Pu，^{242}Pu と一連のプルトニウム同位体が形成される．したがって ^{239}Pu が炉内で形成されるプルトニウム同位体の中で最大の量を占める．

子によって行われることから，不要な中性子の捕獲が非常に少ないのが特徴である．破砕された核分裂性核種の数と生成された核分裂性核種の数の比を転換比 (conversion ratio) という．高速炉ではそれを増殖比 (breeding ratio) という．高速炉でプルトニウムとウラン，天然ウランまたは ^{235}U の劣化ウラン，[*6]が最適に配置された場合，その増殖比を 1 よりも高くすることが可能であり，最大で 1.4 程度まで達することができる．一方，熱炉の転換比は 1 よりも大変低い値である．高速炉で高い増殖比を達成するため，ブランケット (blankets) と呼ぶ親物質のみが含まれる塊が炉心の周囲に配置されている．その結果，炉心内と同様，ブランケット内でもプルトニウムが生産される．しかし，そのようなブランケットを取り除いても，高速炉を燃焼炉として運転することは可能である．[*7]

1.3 原子炉の種類 [1-8]

1.3.1 原子炉の機能別区分

原子炉は原子エネルギーの異なる応用やそれらを開発するための研究によって異なる目的を有する．

研究炉（または実験炉）

これらの原子炉は基礎物理学の研究のためか，通常時または異常時運転条件下での材料および燃料要素の研究用（安全性試験炉）として設計される．これらの安全性試験炉 (safety test reactors) と異なり，研究炉 (reserch reactors) は時々両方の目的で使われる．

放射性核種生産炉

これらの原子炉は民生用（医学，生物学，工業）または軍事用（プルトニウム，トリチウム）の人工放射性核種の製造用として設計されている．実験炉もしばしば民生用人工放射性核種の製造に使われる．

船舶推進用原子炉

これらの原子炉は軍事用船舶（潜水艦，航空母艦）の推進用または民生用船舶（砕氷船，貨物船）に使われるが，民生用の利用は非常に限定されている．

[*6] 訳註： 劣化ウラン (depleted uranium)：濃縮ウラン工場の廃棄材である天然ウラン中の ^{235}U の含有率より低いウランを言う．高速増殖炉でこの劣化ウランの本格的な用途が開かれる．使用済燃料から抽出された劣化ウランは減損ウランと呼ばれることが多い．

[*7] 訳註： 炉心燃料領域とブランケット燃料領域で構成された原子炉は高速増殖炉と呼ばれ，ブランケット領域が無い高速炉は単に高速炉と呼ばれる．

1.3 原子炉の種類

表 1.1 動力炉におけるパラメータの組み合わせ

核分裂性元素	親元素	減速材	冷却材	エネルギー	型
^{235}U ^{233}U ^{239}Pu （他の Pu）	^{238}U ^{232}Th	H$_2$O D$_2$O 黒鉛 （又は無し）	液体 H$_2$O D$_2$O Na NaK 有機性液体 気体 CO$_2$ He	熱中性子 高速中性子	非均質 均質

動力用原子炉（動力炉）

これらの原子炉の目的は発電である．原子力エネルギーの民生への適用で最も重要なものとなっている．本書は基本的にこれらの原子炉の燃料について解説している．

他に使用される可能性

宇宙用原子炉についてしばしば話題となる（プルトニウム-238 のような放射性核種の崩壊に伴うエネルギーを利用する同位体発電と混同しないこと）．

1.3.2 動力炉の種類

表 1.1 に各々の炉の特徴に対する可能解を示す．この表は単純な目録で水平方向の対応関連を無視して列毎に読めば良い．

最終列の定義について説明しよう．非均質 (heterogeneous) 炉または均質 (homogeneous) 炉は熱炉の区分に用いられる．燃料が減速材から物理的に分離している場合に，その原子炉は非均質と呼ばれ，このような炉が一般的である．燃料と冷却材が結合している場合は均質と呼ばれる．混乱発生の可能性を回避するため，高速炉について語られるべきであろう，我々は均質炉心および非均質炉心と言う．均質高速炉心では親物質領域，またはブランケットは，核分裂領域から分離し，核分裂領域の軸方向および半径方向に取り囲んでいる．非均質高速炉心では，親物質領域と核分裂領域が結合し，それらは軸方向または半径方向のいずれか，または軸方向と半径方向の両方ともに交互に交替している．

表 1.1 に記載した各々のパラメータの組み合わせから非常に多種類の原子炉を導くことはできるが，実際は選択項目間の非両立性，技術的または経済的問題から，幾つかの原子

炉の種類の開発のみに限定された．

表1.2に多数の工業的に開発された動力用原子炉の種類を示す．この表からなぜ我々が炉システムについて言及するかを，さらにそれらの主要な技術的選択を行うのかが与えられる（表中の略語は以下の本文を参照せよ）．

実際，HTRs と FRs のいくつかは最近建設されたものである．それらの炉システムを，それらの可能な能力により説明することができる：HTRs についてはその高温の到達度により，FRs についてはウランの有効利用性から．

表以外の他の種類の原子炉について多少の差はあるものの大規模な研究が行われた，しかし研究は技術的または経済的理由により結論に達しないままに終了した．例えば，液体燃料原子炉，特に溶融塩炉——溶融したフッ化物中の UF_4 を使用——が目論見られた．同じようにガス冷却高速中性子炉の構想が提出された．これらの例は網羅的な調査からでは無い．

現在までに開発された動力炉の主な種類を以下に示すことができる：

—軽水型原子炉 (LWRs: Light Water Reactors)，そこでは水が冷却材および減速材の両方に用いられる：

- 加圧水型原子炉 (PWRs: Pressurized Water Reactors)，これらの中で旧 USSR（旧ソ連）で設計された炉は一般的に区分されている．VVERs（ロシア語名のイニシャル）は東欧諸国とフィンランドに設置されている．[*8]
- 沸騰水型原子炉 (BWRs: Boiling Water Reactors)．[*9]

—重水型原子炉 (HWRs: Heavy Water Reactors)，そこでは重水が減速材として用いられる．それらのうち最も広く用いられているシステムは冷却材として加圧した重水を用いるものである (PHWR, ここで P は加圧の意)．日本では冷却材として通常の水を使用したシステムが開発された．[*10]

[*8] 訳註： 米国海軍が原子力潜水艦の設計を WH 社と GE 社に発注した．WH 社は PWR 案を，GE 社は Na 冷却中速中性子炉案であった．海軍は並行開発を行わせ，PWR の建設着工は 1950 年で地上に建設．同じ型の改良炉を実際の潜水艦に設置したのが，世界初の原子力潜水艦「ノーチラス号」である．初めての原子力で航海したのは 1953 年 1 月のことである．その技術を基に開発した発電用原子炉が 1957 年に運転を開始した米国のシッピングポート発電所が実証炉となる．各メーカが建造しており世界の主流機種である．日本では WH 社，三菱重工の昔からの提携関係から WH 社の基本設計の流れをくむ炉のみである．

[*9] 訳註： GE 社は Na 冷却中速中性子炉を搭載した潜水艦「シーウルフ号」を 1956 年に進水させたが，海軍の採用とはならなかった．発電用原子炉として GE 社が設計したのが BWR である．1960 年 7 月に運転開始したドレスデン 1 号 (200 MW) が最初である．GE 社，東芝，日立の昔からの提携関係から BWR は米国および日本でのシェアが比較的高い．

[*10] 訳註： 重水減速沸騰軽水冷却型炉で新型転換炉 (ATR) ともいう．「ふげん：普賢」は熱出力 557 MWt，電気出力 165 MWe で敦賀に建設された．1978 年 5 月臨界，1979 年 3 月定常運転に入り，2003 年に運転を終了した．

1.3 原子炉の種類

表 1.2 動力用原子炉の種類

炉システム	PWR VVER	BWR	PHWR	UNGG MAGNOX	AGR	RHT	RBMK	FR LMFBR
中性子エネルギー	熱	熱	熱	熱	熱	熱	熱	高速
減速材	H_2O	H_2O	D_2O	黒鉛	黒鉛	黒鉛	黒鉛	―
冷却材: ―種類 ―圧力(バール) ―出口温度(℃)	加圧 H_2O 155 320	沸騰 H_2O 70 286	加圧 D_2O 110 310	CO_2 25 400	CO_2 41 630	He 49 770	沸騰 H_2O 70 284	Na 5 550
燃料: ―種類 ―濃縮度 § ―燃料要素形状	UO_2, $(U,Pu)O_2$ 低 棒	UO_2, $(U,Pu)O_2$ 低 棒	UO_2 天然 U 棒	低合金 U 天然 U 中空/中実棒	UO_2 低 棒	UO_2, UC_2 高 粒子	UO_2 低 棒	$(U,Pu)O_2$, UPuZr 中 ピン
被覆材	Zy-4†	Zy-2†	Zy-4†	Mg0.6 % Zr	ステンレス鋼	C, SiC 被覆	Zr 1% Nb	鋼, FeNi 合金
ブランケット: ―種類 ―濃縮度 ―ブランケット形状	―	―	―	―	―	Th (or U)O_2 or Th (or U)C_2 天然 or 劣化 U 粒子	―	UO_2 劣化 U 棒
燃料位置	垂直	垂直	水平	垂直	垂直	垂直	垂直	垂直
正味最大出力(MWe)‡	1 455	1 315	880	590	625	330	1 380	1 200

§ 濃縮度: ―低:<8%, ―中:8-30%, ―高:>30%.
† ジルカロイ 2 (Zy-2) とジルカロイ 4 (Zy-4) は錫を含むジルコニウム合金である. ‡ 現在稼働中および建設中のものを含む.

—黒鉛減速，ガス冷却型原子炉，出口温度の範囲にもとづき3種類の型式がある．*11

- 天然ウラン・ガス・黒鉛型 (UNGG: Natural Uranium Gas-Graphite) 原子炉，英国ではマグノックス (MAGNOX) と呼ばれている（ガス：CO_2）．*12
- 改良型ガス冷却原子炉 (AGRs: Advabced Gas-cooled Reactors)（ガス：CO_2）．
- 高温ガス型原子炉 (HTRs: High-Temperature Reactors)（ガス：ヘリウム）．

—黒鉛減速沸騰軽水冷却型原子炉：RBMKs（ロシア語名のイニシャル）は，1986年のチェルノブイリ (Tchernobyl) 事故で遺憾にも有名となった．*13

—高速中性子型原子炉 (FRs: Fast neutron Reactors) またはナトリウムを冷却材として用

---

*11 訳註： 黒鉛炉は安価で大量に入手でき，中性子の吸収が少なく減速能力も比較的大きな優秀な減速材である．従って濃縮していない天然ウランを燃料として使用できる．亡命イタリア人エンリコ・フェルミ博士の指導のもと，シカゴ大学のフットボール競技場 Stagg Field の観客席下にあったスカッシュ・コートに建設され，1942年12月2日に歴史上初めて臨界に達した原子炉，Chicago Pile 1: CP-1 がこの黒鉛炉である．その後，CP-1 を大型化したプルトニウム生産炉とプルトニウム抽出工場が，ワシントン州リッチランド北部のハンフォードに建設され，そこで生産されたプルトニウムが1945年8月9日に長崎に投下されている．

*12 訳註： マグノックス炉（コルダーホール型炉）：英国で開発した，マグノックスと呼ばれるマグネシュウム合金を燃料被覆材に用いた金属天然ウランを燃料とした炉である．日本に導入した商業用原子力発電の第1号機，日本原子力発電（株）東海発電所1号炉がこのマグノックス炉である．

*13 訳註： 1986年4月26日ソビエト連邦（現：ウクライナ）のチェルノブイリ原子力発電所4号炉が起こした原子力事故．4号炉は炉心溶融ののち爆発・炎上し，放射性降下物がウクライナ，ベラルーシ，ロシアなどを汚染した．事故後のソ連政府の対応の遅れなどが重なり被害が甚大・広範囲化し，史上最悪の原子力事故となった．

　定期保守のために4号炉はシャットダウンが予定されていた．この時を利用して外部電源喪失時に4号炉のタービン発電機によって原子炉の安全システムに十分な給電を行うことができるかどうかについて試験を行うことが決められた．このため標準出力の 3.2 GW から 700 MW へ出力が下げられた．実験予定時刻を過ぎても実験開始の指令がこなかったため，キセノンオーバーライド状態（定格出力でキセノン量は平衡状態であるが，出力低下によって中性子吸収による消滅効果が少なくなり，^{135}I → ^{135}Xe → ^{136}Cs と β 崩壊する．その親核 ^{135}I の半減期が ^{135}Xe の半減期より短いため，キセノン量が一旦増加する現象．キセノンは中性子吸収断面積が大きいため（中性子毒）炉出力を低下させる．）となり出力が自然に低下し始めた．その低下を無理に補うため，挿入されていた制御棒を抜かざるを得ず，実験開始の時点では炉の自動制御棒の殆どが抜かれていたといわれている．このため反応度操作余裕が著しく少ない不安定な運転状態となっていた．

　実験開始で冷却水ポンプへの電気が止められ，ポンプは慣性力で回転しているだけのためその流量は減少した．冷却材が温められるにつれて冷却材配管中に蒸気のポケットができた．この原子炉は設計上，大きな正のボイド反応度を有していた．操作員は「スクラム」を命令．制御棒先端に存在する空洞，その空洞と冷却材が一時的に置き換わることによって，このスクラム操作は反応度を増やす結果となった．さらに増えたエネルギー出力が制御棒ガイドの変形を生じさせ 1/3 差し込まれたところで動かなくなり，原子炉の反応を止めることが不可能となった．

　爆発は2度あり，2度目の爆発によりおよそ1 000 tあった蓋を破壊したとされる．ソ連の事故報告書によれば2度目の爆発はジルカロイと水の高温反応で生成した水素による水素爆発である．高温と大気中の酸素の流入により引き続いて黒鉛火災が生じ，放射性物質の拡散と周辺地域の汚染の大きな一因となった．

　IAEA はソ連に安全文化 (safety culture) が無かったことが事故発生の根源に在ると指摘し，安全文化の醸成を指摘している．

1.3 原子炉の種類

いることから液体金属高速炉 (LMFRs: Liquid Metal Fast Reactors). [*14]

これらの様々な種類の原子炉について非常に不均等な開発が行われてしまった，その選択と開発は米国で行われ（PWRs と BWRs），これが他の諸国に対して強い影響を与えた．

1996 年末において全世界の原子力発電設備正味容量の 86.4% を軽水型原子炉が占めている，その内訳は：

- 55.2% が西欧設計の PWRs.
- 8.5% が旧 USSR 設計の PWRs (VVERs).
- 22.7% が BWRs.

幾つかの原子炉システムが単一国によって開発された（英国における AGR または旧 USSR による RBMK）かまたはほとんど一国によって開発された（カナダにおける PHWR が重水炉のカナダ版システムとして開発された，その名称 CANDU は CANadian Deuterium Uranium から導かれた）．

UNGG/MAGNOX システムは終了し，その新造計画は無い．

FRs の定量的な開発は，供給可能な核分裂性物質が現在十分に存在しているとの理由から，延期になっている．[*15]

[*14] 訳註： 世界における高速炉開発の歴史は古く，米国においては 1946 年に臨界に達した Clementine Research Reactor (25 kWt) から始まり，実験炉として EBR-I, 1963 年 11 月臨界の EBR-II (62.5 MWt, 20 MWe), 1963 年 8 月臨界の E.Fermi 炉 (200 MWt, 67 MWe), 1969 年臨界の混合酸化物燃料の性能試験を目的とした SEFOR (20 MWt) および 1980 年臨界の FFTF (400 MWt) と相次いで稼働させた．E.Fermi 炉は 1966 年にナトリウム整流版が外れ，これが燃料集合体下部ノズルを閉鎖したために，溶融事故を起こして 3 年半停止した．修復後順調に運転が続けられ，1973 年からは混合酸化物燃料により運転するよう計画されたが，資金難から閉鎖された．高速増殖原型炉 CRBR (975 MWt, 380 MWe) については 1977 年にカーター政権による核不拡散政策の強化により計画の無期延期が決定された．レーガン政権で建設計画が復活するも，1983 年の議会で予算が否決され建設計画は中止された．

日本では高速実験炉「常陽」が 1977 年 4 月 24 日に臨界を達成し，Mk-I 炉心 (75 MWt) としてその増殖性能を確認した後，ブランケット燃料をステンレス鋼製の中性子反射体に置き換えて，照射試験炉 (100/140 MWt) として稼働している．発電設備を備えた高速増殖原型炉「もんじゅ：文殊」(714 MWt, 280 MWe) が敦賀に設置され，1994 年 4 月 5 日に臨界を達成している．

[*15] 訳註： FBR, BWR, PWR における電気出力が同規模の動力炉の主要パラメータを以下に示す．

パラメータ	FBR もんじゅ	BWR 敦賀 1 号	PWR 泊 2 号
熱出力 (MWt)	714	1 064	1 650
電気出力 (MWe)	280	357	580
炉心寸法			
直径 (m)	1.8	3.02	2.46
高さ (m)	0.93	3.66	3.66
運転条件			
運転圧 (kg/cm^2)	8	71.3	155
入口温度 (℃)	397	189.1	288
出口温度 (℃)	529		323
炉心燃料	(Pu,U)O$_2$	UO$_2$	UO$_2$
U 濃縮度 (wt.%)	劣化 U	2.50	約 4.1
ペレット径 (mm)	5.4	12.4	約 9.3
被覆管材質	PNC316	ジルカロイ	ジルカロイ

表 1.3　フランスにおける原子力発電 kWh 当たりのコスト内訳—1993 年の評価 [12]

	資　本	運　転	燃料サイクル	研究開発
高仮説 †	52.7%	21.7%	24.0%	1.6%
低仮説 †	56.4%	23.2%	18.7%	1.7%
†燃料コストの仮設に関連した範囲区分である．					

　1996 年末において世界中で 441 の動力型原子炉が稼働し，正味電力量 353.5 GWe を発電した，これは原子炉当たり平均 800 MWe で，1 基当たり 1450 MWe 程度に達するものもある．

　世界中で，原子力の手段によって生み出された電力は全発電量の約 17 % に達し，必要とする第 1 次エネルギーの 7 % を満足している．

　フランスでは，1997 年 1 月 1 日までに，57 基の原子炉，このうち 55 基が PWRs，が 60 GWe の正味電力量を発電した，これは原子炉当たり平均 1053 MWe で，99.2 % が PWRs からのものである．

　1996 年において，全発電量の 77.4% が原子力によるものであった [9]．

　最後に，フランス原子力発電の状況における 2 つの因子を特定化しておこう．

　—原子炉建設事業者　　FRAMATOME，全ての PWRs に対して，

　—原子炉運転事業者　　EDF，全ての動力炉に対して．[*16]

1.4　核燃料サイクル [10, 11]

　燃料サイクル (fuel cycle) は燃料の製造やそれが照射されたものの管理を含む，全ての活動を包含した用語である．

　燃料サイクルは技術的にも経済的にもきわめて重要な意味を持つ：

　—燃料サイクルの全ての面が習得されたときにだけ，その原子炉システムを決定することができる．

　—燃料サイクルのコストは kWh のコストの主要部分を占める，表 1.3 に 1993 年のフランスにおける，その内訳を示す．大きさの程度のみを記憶してほしい，その価格は留保されている仮説に依存するものであるから（特に，インデクセーション比）．[*17]

　燃料サイクルのプラントは大変差のある資本を要求する，ウラン濃縮や使用済燃料の再処理のように運転のための非常に高いものから，燃料製造のように比較的低いものまで

[*16] 訳註：　　　FRAMATOME, EDF の企業の現況については緒言の脚注に解説している．
[*17] 訳註：　　　インデクセーション (indexation)：指数連携とも言う．物価指数に合わせて他の価格，賃金，利子などを動かすこと．

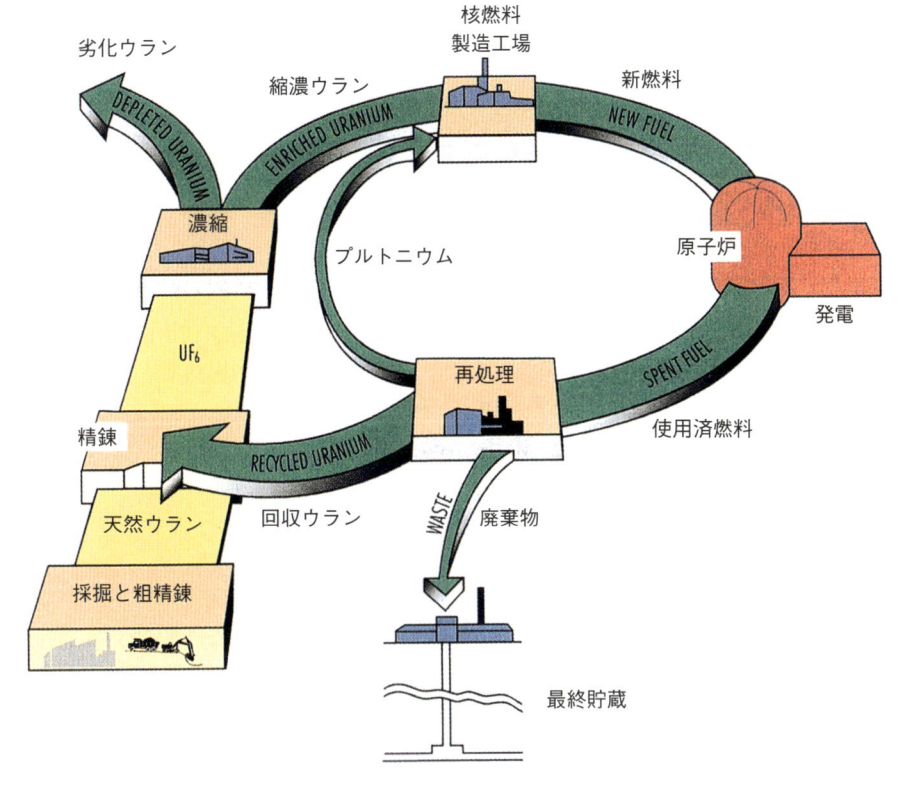

図 1.1　燃料サイクルの図

含む．

以下に示す，燃料サイクルの全体像を図 1.1 に示す．

ウラン（またはトリウム）の精鉱の生産

この工程は，鉱石探査，鉱石採取および有用物質の濃縮を含む．

精鉱の転換

異なる原子炉システムに依存して，精鉱は濃縮ウランの場合には六フッ化ウラン (UF$_6$) に転換され，天然ウランまたは劣化ウランをベースとした燃料 (PHWR, FR) の場合にはウラン酸化物 (UO$_2$) に転換され，金属性ウラン合金をベースとした燃料 (UNGG) の場合には金属ウランに転換される．

濃縮

現行生産技術（ガス拡散法，遠心分離機法）で，幾つかの分離単位からなるカスケードを通過することにより ^{235}U を濃縮した UF_6 が最初の製品である．将来のために研究開発されている SILVA 工程では，ウラン蒸気が使用されるだろう．

燃料製造

燃料製造には，被覆材や他の構造部材の製造，燃料原料の製造（濃縮ウラン酸化物の場合，$UF_6 \rightarrow UO_2$ への転換を含む），燃料棒，燃料ピンまたは燃料板の製造および最終的な燃料集合体への組み込みまでが含まれる．

高温炉 (HTRs) の燃料製造は，これらとは明確に異なる．

燃料再処理

使用済燃料の再処理は，被照射燃料中に含まれているエネルギー的物質 (U, Pu) を取り戻すことと，それらを廃棄物である核分裂生成物とマイナーアクチニドから分離することである．通例，ウランとプルトニウムをウランは硝酸塩として，プルトニウムは酸化物のように分離して回収されるが，分離せずに回収することも可能である．

今日，最も広く採用されているのは PUREX 法である．[*18] この方法は使用済燃料を硝酸で溶解することを基礎としている．

核廃棄物

廃棄物は燃料サイクルのどの段階からも発生するし，原子炉稼働中でも，時代遅れになってしまった施設の廃止措置 (decommissioning) でも発生する．

廃棄物と他の生産物間の区分が使用済燃料の成分に関する限りにおいて，常に明白であるわけでは無いことについて触れておこう．

核分裂生成物とマイナーアクチニド[*19]は廃棄物として区分される（幾つかは利用されているのであるが）．

再処理から発生する他の要素，ウランとプルトニウム——それらは使用済燃料の大部分を構成しているものである——は燃料製造のために使用されることを証明できるエネルギー価値を有する．もしもそれらが使用されないなら，それらは廃棄物と見なさなければ

[*18] 訳註： PUREX: Plutonium Uranium Refining by EXtraction の略．第 VIII 部で詳細な説明がなされる．

[*19] 訳註： マイナーアクチニド (minor actinides)：アクチニドのうち U と Pu を除く元素．主に Np, Am, Cm をさす．

1.4 核燃料サイクル

表 1.4 フランスにおける各段階での燃料サイクルのコスト内訳 [12]

天然ウラン	24%
転換	4%
濃縮	31%
燃料製造	17%
燃料サイクルのバックエンド	24%
燃料サイクルのバックエンドは再処理と再処理から発生する廃棄物管理を含む．	

ならない．再処理を行わない国では使用済燃料集合体全てが廃棄物となる．

原子力立国の全ての国において，燃料サイクルの全ての段階が実用化しているわけでは無い．

濃縮の段階は，天然ウランを使用する原子炉に対して明らかに必要無い．

幾つかの国々では使用済燃料を再処理していない．

再処理が有り，再処理から得られた物質が再回収されて燃料に製造される時，その燃料サイクルは**閉鎖サイクル** (closed cycle) と呼ばれる．高速炉の場合，燃料製造のために使用されるプルトニウムの需要が閉鎖サイクルを強いる．

再処理が無いか再処理から得られた製品を再利用しない時，その燃料サイクルは**開放サイクル** (open cycle) と呼ばれる．高速炉以外の様々な種類の原子炉を用いている多くの国々に当てはまる．

表 1.4 にフランスにおける各段階での燃料サイクルのコスト内訳を示す．

第 2 章

核燃料の性質

本書の主要目的である PWR 燃料および FR 燃料に関する詳細な記述を行う前に，主な燃料の種類について簡単なレビューをしておこう．

2.1 材料選択基準

燃料物質の選択および燃料設計は，その燃料を用いる原子炉の種類と密接に関連している．ある与えられた炉に対して人が相対的に異なる燃料を構想することがたとえ可能であったとしてもである．与えられた炉のシステムは，燃料が直面する項目：温度，冷却材の圧力，中性子束など，のストレスの水準を課することになろう．表 1.2 をふまえて 1 例のみを参考にしよう，冷却材の到達温度が約 300 ℃の水炉，約 600 ℃の改良型ガス炉や高速炉および約 800 ℃の高温ガス炉に依存して，人は適切な機械的性質を有する被覆の必要性から，異なる材料の選択が導かれるであろうと考えることができる．

さて，燃料集合体の種々の部材に対する主要選択基準について説明しよう．

燃料物質 (Fuel material)

—運転中，与件としての温度および照射条件下で，充分なる幾何学的安定性を有すること（核分裂によって引き起こされるふくれ：スエリング (swelling)）．

—運転中，炉心溶融を回避するに充分な熱的性質を有すること．

—性質変化を避けるために，被覆材と許容可能な化学的両立性を有すること．

—重核分裂性原子の密度を有すること：この性質は一般的に燃料物質を否定するものではないが，中性子の収支 (neutron balance) を条件づける，それゆえ照射による反応度および燃料の枯渇を条件づける．

—冷却材との充分なる化学的両立性を有すること．この結果漏洩燃料要素を原子炉から取り出すことができるかまたはその欠陥が原子炉に対して重大な結果（被覆材の破損によ

る燃料粒子の拡散）を及ぼす前に，炉を停止して欠陥燃料を除装するのに十分な時間を有することができる．

——燃料サイクル段階での両立性：経済的に許容可能な製造コスト（一般的に技術的に不可能な製造は無い）であり，再処理可能なこと（PUREX 法の場合，硝酸によって可能な限り完全に溶解すること）．

被覆 (Cladding)

——課せられた運転条件（例えば燃料から放出した核分裂ガス (fission gases) の内圧に対する抵抗）に適合する機械的性質を有すること．

——冷却材と満足しうる化学的両立性を有すること．

——中性子捕獲が少ないこと．この性質は，天然ウラン燃料を使用しようとしている原子炉設置者 (HWR, UNGG) にとって，その他の熱中性子炉で濃縮ウラン燃料を使用しようとしている原子炉設置者にとってとりわけ重要である．FRs の場合は，その性質の重要性は軽減される，なぜならその中性子エネルギーの範囲では捕獲断面積が小さいことによる．しかし，いくつかの元素は非常に高い捕獲断面積を有するため，FRs においても制限される．

——照射効果（脆化，スエリングなど）に対する充分な耐性を有すること．

集合体構造物 (Assembly structures)

——通常時運転条件および事故時運転条件（例えば地震時）下で，冷却材循環を保証し，集合体操作が困難にならない等，集合体構造物は良好な機械的強度を有すること．

——冷却材と両立性を有すること．

——照射効果に対する耐性を有すること．

2.2 現行動力炉の燃料要素材料 [2, 10]

今述べた基準が，原子炉で使用される各々の材料に対するものとして表 1.2 と表 2.1 に示す材料の選択を導く．我々はこれらの表に関してコメントする．

燃料

——水冷却の全ての原子炉に対して，水との非両立性のため以下の物質が排除される：金属ウラン，UPu 合金，炭化物および窒化物．従って酸化物燃料，基本的には UO_2 が世界中で最も利用されているし，さらに最も豊富な経験を利用できる．

——水との高い両立性を有する酸化物はナトリウムと反応するものの，その反応速度は炉

2.2 現行動力炉の燃料要素材料

表 2.1 現行動力用原子炉の燃料要素材料

材 料		原子炉†
燃 料	UO_2	PWR, BWR, HWR, AGR, RBMK
	$(U,Pu)O_2$	FR, PWR, BWR, HWR‡, (AGR), (RBMK)
	低ウラン合金	UNGG
	UPu 合金	FR§
	UPuC	(FR)
	UPuN	(FR)
	UC_2	HTR
	UCO	HTR
被覆材	ジルカロイ-2	BWR
	ジルカロイ-4	PWR, HWR
	Zr 1% Nb	VVER, RBMK
	Mg 0.6% Zr	UNGG
	オーステナイト鋼	AGR, FR
	フェロニッケル合金	FR
	フェライトマルテンサイト鋼	FR
	熱分解炭素	HTR
	窒化珪素	HTR

† 原子炉名がブランケットを有するなら燃料物質は今日利用しないが将来利用される．
‡ 日本で開発された HWR のみ．
§ 米国で開発された EBR-II および IFR プロジェクト．

心欠陥集合体を取り出すのに必要な時間の充分な余裕を与えることから，FRs で酸化物を用いることが許される．金属合金，炭化物および窒化物はナトリウムと反応しない．

幾つかの国々では天然ウラン（例えば最初の原子炉としてカナダ，フランスおよび英国で採用された）が選択されたが，燃料物質（さらに被覆材）としての選択は中性子的考慮からその使用は限定されたものとなっている．

黒鉛が平均的性能の減速材としての黒鉛を有する黒鉛炉では，ウラン金属（重原子密度が高い）の使用が必須となる．良好な減速材である重水では，ウラン酸化物の使用が許容される．

種々の異なる理由から，プルトニウム燃料は現在まで，広範に利用されてはいない．

プルトニウム燃料が必要となる唯一の原子炉は，中性子経済の理由から高速中性子炉（これらの原子炉は高濃縮ウランで運転できるとしても）のみである．これらの高速炉は今日広く利用されてはいない．

^{235}U をプルトニウムで交換する，プルトニウムの再循環 (recycling) は二三の国々で揺籃期としてのみ利用されている．これらの国にはフランスも含まれる．この理由は，1つに再処理が行われているのは世界の中で小さな割合に過ぎないこと（第 VIII 部を参照せ

よ），もう1つは燃料製造としてプルトニウムを用いることがウランを用いて製造することよりも困難であることである（第II部を参照せよ）．[*1]

理論上，いかなる濃縮ウランもプルトニウム燃料で置換することが可能であるから，我々はプルトニウム燃料を利用するある種の原子炉は現時点で全く用いられていない炉を表2.1でカッコでくくり示した．

被覆

—天然ウラン原子炉にとって中性子考慮は本質的なものとなる：UNGG は MgZr を選択，HWR はジルカロイ (Zircaloy) を選択している．軽水炉ではそれらの必要性は減少するものの，経済的水準にて考慮されている．これらの軽水炉では，初期に採用されたステンレス鋼をジルコニウム合金に変えたことにより，より低い濃縮度燃料の製造を可能とした．

—運転温度は基本的因子の1つである．
700°C に達するかまたは超える原子炉 (AGRs, FRs) にとり，適切な機械的性質を得るためにはステンレス鋼またはフェロニッケル (ferronickel) 合金を用いる必要がある．[*2]

1000°C を超える高温炉では，金属材料は熱分解炭素 (pyrolytic carbon) のような耐火材料 (refractory materials) に替えられる．

2.3 現行動力炉燃料集合体設計 [1,3]

燃料要素

—ほとんどの場合（HTRs を例外として），燃料要素は円柱状の固体である．これらの1次圧力による応力に対し被覆管が健全であるためには円断面が最適である：冷却材による外部圧力運転中に燃料の外へ放出される核分裂ガスによる内部圧力．それは対称性を保証することにもなる．

—棒またはピンである燃料要素 (fuel element) は，燃料ペレットまたは燃料バー (bar) を被覆管に収納し，被覆管両端を端栓 (end plugs) で溶接し，気密性 (gastight) を有する集合体として製造される．

燃料棒（またはピン）の上部にはバネ (spring) が有り，燃料柱 (fuel column) を所定の位置で抑え，核分裂ガスの膨張および燃料の膨張のための隙空間（プレナム：plenum）を形

[*1] 訳註： 日本ではウラン・プルトニウム混合酸化物 (MOX) 燃料を用いた原子力発電所（熱中性子炉）での本格的利用（プルサーマル）が開始された段階である．これまで MOX 燃料は新型転換炉「ふげん」で利用されてきた．日本で開発された HWR とはこの「ふげん」のことである．一方，高速炉はプルトニウムの利用が必須であり，高速実験炉「常陽」，高速増殖原型炉「もんじゅ」で使用実績を積み重ねている．

[*2] 訳註： フェロニッケル：フェロアロイは鉄と他の元素との合金で，合金鉄ともいう．フェロニッケルはニッケル・鉄合金である．

2.3 現行動力炉燃料集合体設計と概念

成している．もしも核分裂性ガスの放出体積が非常に高い場合には (FR)，その燃料ピンの下部にもまた大きな隙空間を残しておく．

耐火材料で作られた円板（天然または劣化ウラン酸化物，アルミナ）が燃料の頂部と底部に金属部分（端栓，バネ）との断熱のために設置できる．

高速炉 (FRs) の場合，親物質 (fertile material) で製造された燃料柱を有するピンでブランケットが製作される．

──燃料と被覆管の熱移動を保証するために，燃料要素は大気圧または所定の圧力のヘリウムガスで満たされる．

熱伝導を良くした燃料（金属合金，炭化物，窒化物）の場合および FRs では，燃料と被覆間の熱伝導を非常に良くするためにピンにナトリウムを充填することができ，この結果燃料自身の良好な熱伝導率を有効に利用できる．この場合，1 つの代替解決策はベント (vent) 機構──燃料ピンから連続的に核分裂ガスを放出できるフィルターを備えた開口部──を有する燃料要素かもしれない．

この結果，我々は「クリーンな原子炉」の概念を捨てることになる．しかしこのベント型燃料は英国 Dounreay に在る DFR 高速実験炉を除いて，実際には利用されてこなかった．

──燃料要素は通常，大きな長さ・直径比 (length-to-diameter ratio) を有する．この比は経済的理由から可能な限り大きくすべきである：与えられた燃料質量を製造するために，燃料棒の製造に関連する工数（例えば溶接）は燃料棒当たりの質量（従って燃料の長さと直径の 2 乗）の逆比例で減少する．軽水炉の燃料棒は約 4 m の長さとなる．

天然ウラン原子炉では短尺燃料棒（例えば，CANDU PHWR では約 0.5 m 長さ）が在る：中性子経済の理由からと，その中性子束が軸方向での勾配を有しており，燃料消費を長さ方向の移動（CANDU 炉での連続装荷の場合）で最適化するために，燃料としての滞在時間が制限される．

──ヘリウム雰囲気の高温で運転される，高温炉燃料は大変特異な設計である．それは大変小さな球状粒子（直径は 100 から 800 μm）で厚さ 10 から 100 μm の一連の層で被覆し，粒子の外へ核分裂生成物の拡散を可能な限り小さな値に抑えている．

──冷却流動体が液体の場合，被覆表面は滑らかである．ガス冷却の場合では，大きな高さ (UNGG) または小さな高さ (AGR) のフィンによって熱交換を行うことができる．

燃料集合体

燃料集合体 (fuel assembly) 設計──燃料要素の数，直径と配置に関連する──は主に熱学（本書末の付録を参照せよ），水力学と中性子の考慮によって推し進められる，これらの幾つかの例を以下に示す．

──除去される，与えられた単位長さ当たりの出力（線出力密度，単位：W/cm）にたい

し，その燃料直径の増加に伴い燃料中心温度は上昇する．このことが燃料を幾つかの細径要素に分割して，燃料中心で，その燃料性質との両立性を喪失する温度へ到達することを防いでいる．[*3]

他の制限として冷却材で熱除去できる値として最大表面熱流束（単位：W/cm^2）(maximum surface heat flux) が与えられる．燃料要素から放出される線出力密度が与えられたなら，その熱交換の表面積が増加した時には，従って直径が増加した時にはその表面熱流束が減少する．

単純化し，燃料出力密度を増加させた時には，燃料要素の直径を減少させなければならないと言うことができる．このことから燃料直径が比較的広範な範囲に在ることが導かれる：UNGGs の 43 mm（ϕ43×23 mm 黒鉛チューブ）から FRs（SUPER-PHENIX）の約 7 mm まで存在するが，ほとんどの原子炉では 15 mm 以下の直径である．HTR 粒子については別のところで検討する．

与えられた原子炉システムに対し，余裕代を設定し，収得した経験に依存して燃料要素径は長期間に渡るある種の進化として説明され，単一解が存在するものでは無い．

—低出力密度のため太径燃料を認可された UNGG 原子炉を除いて，ある数の燃料要素により燃料集合体が組み立てられる．異なる条件，特に熱・水力による条件からその燃料要素の配列は変化に富む：

- 正方格子 (square lattice)：西欧の PWRs，BWRs,
- 六方格子 (hexagona lattice)：FRs，VVERs,
- 円形断面 (circular section)：HWRs，AGRs，RBMKs.

燃料棒の数は燃料取扱システムと両立する燃料集合体質量で決められる．FRs では 271 本に達する．

—燃料要素を束ね燃料集合体の全長に亘りそれらの間隔を保証するために異なるタイプの構造部品が使用されている：

- 端部グリッド (end grids)（1 または 2 個),
- 中間グリッド (intermediate grids),
- ピン毎に巻きつけたラッピングワイヤ (spacer wires wrapped around each pin)（フランスの FRs),
- 被覆棒表面上に鑞付された軸方向短尺パッド（HWR).

—燃料集合体周りの構造体の存在が独立な冷却チャンネルを許し，もし望むならば原子炉 (FR) の径方向出力分布を考慮して，除去すべき出力に従って冷却材流量を変化させる

[*3] 訳註：　燃料熔融温度または熔融温近傍に達したために生じる燃料クリープ率の増加，顕著な熱膨張および核分裂生成ガス放出率の顕著な増加等で，設計条件を逸脱した燃料物性の大きな変化を意味している．

ことができる。[*4]

- 黒鉛減速炉において，このチャンネルは黒鉛中（UNGG, AGR および幾つかの HTRs）の円形孔で作られている．UNGG と AGR 燃料もまた取扱いを容易にする黒鉛製スリーブを有する．
- HWR と RBMK 炉はジルカロイ製圧力管を有する．
- BWR 燃料集合体はジルカロイ製正方断面ボックスを有する．FR 集合体は鋼製六方ボックスを有し，VVER 集合体の幾つかも鋼製六方ボックスを有する．
- PWR 燃料集合体は覆いを有さない．

図 2.1 から図 2.4 に幾つかの燃料集合体または燃料要素の写真または図面を提示した（PWRs と FRs の場合は後で参照する）．

2.4 他のタイプの燃料

動力炉または将来の動力炉と目論まれている物のほかに，他のタイプの燃料が使用されている．

しばしば研究炉や船舶推進炉に使用されている板状燃料について触れよう．枠を封じた——通常，拡散接合——2枚の被覆に挿入された板状の燃料要素である．幾つかの燃料物質が利用できる：ウラン合金 (UAl, UZr), UO_2, U_3Si またはサーメット (cermet)（Al または Zr の母相にセラミック燃料を分散させた物）．[*5]

図 2.5 にフランスの概念である「キャラメル」(Caramel) 燃料を示す．それは，2枚のジルカロイ製薄板蓋により，ウラン酸化物焼結体の小さな板の各々が隔離されている．

動力炉では，サーメットまたは"cercer"（セラミックの母相にセラミック燃料を分散させた物）製の円筒状燃料要素を目論むことが可能である．[*6]将来性を予測せずに，cercer 燃料の可能性を有する2つの応用について述べることが出来よう：1つは水炉の燃料——核分裂生成物の保持および水素の危険性（事故時の高温における水の反応）を抑制できるもので，サーメット燃料では不可能なことである．もう1つは FRs のプルトニウム燃焼 (plutonium-burning) 用燃料（第 VIII 部を参照せよ）——ウラン無しのセラミック母相のためウラン-238 からのプルトニウム生成が無い．[*7]

[*4] 訳註： 高速炉 (FR) の場合，径方向の中性子束分布平坦化のために炉心燃料は複数の領域に区分される．例えば内側炉心燃料集合体（Pu 富化度：低）と外側炉心燃料集合体（Pu 富化度：高）である．またその外側にはブランケット集合体や中性子反射体（中性子遮蔽体）が配置される．これらの集合体の外側形状は同一であり，集合体下端の円環状のエントランスノズル部に設置されたオリフィス径とその数でもって各々の集合体内ナトリウム流量をコントロールする設計となっている．

[*5] 訳註： cermet という語は ceramic（陶磁器）と metal（金属）に由来する．

[*6] 訳註： 分散型燃料 (dispersion fuel)：非核分裂性物質の母相（マトリックス）中に微粒子の形で分散された核分裂性物質を含む燃料．

[*7] 訳註： 高速増殖炉の概念はプルトニウムの燃焼で親物質の ^{238}U からプルトニウムを生成させるこ

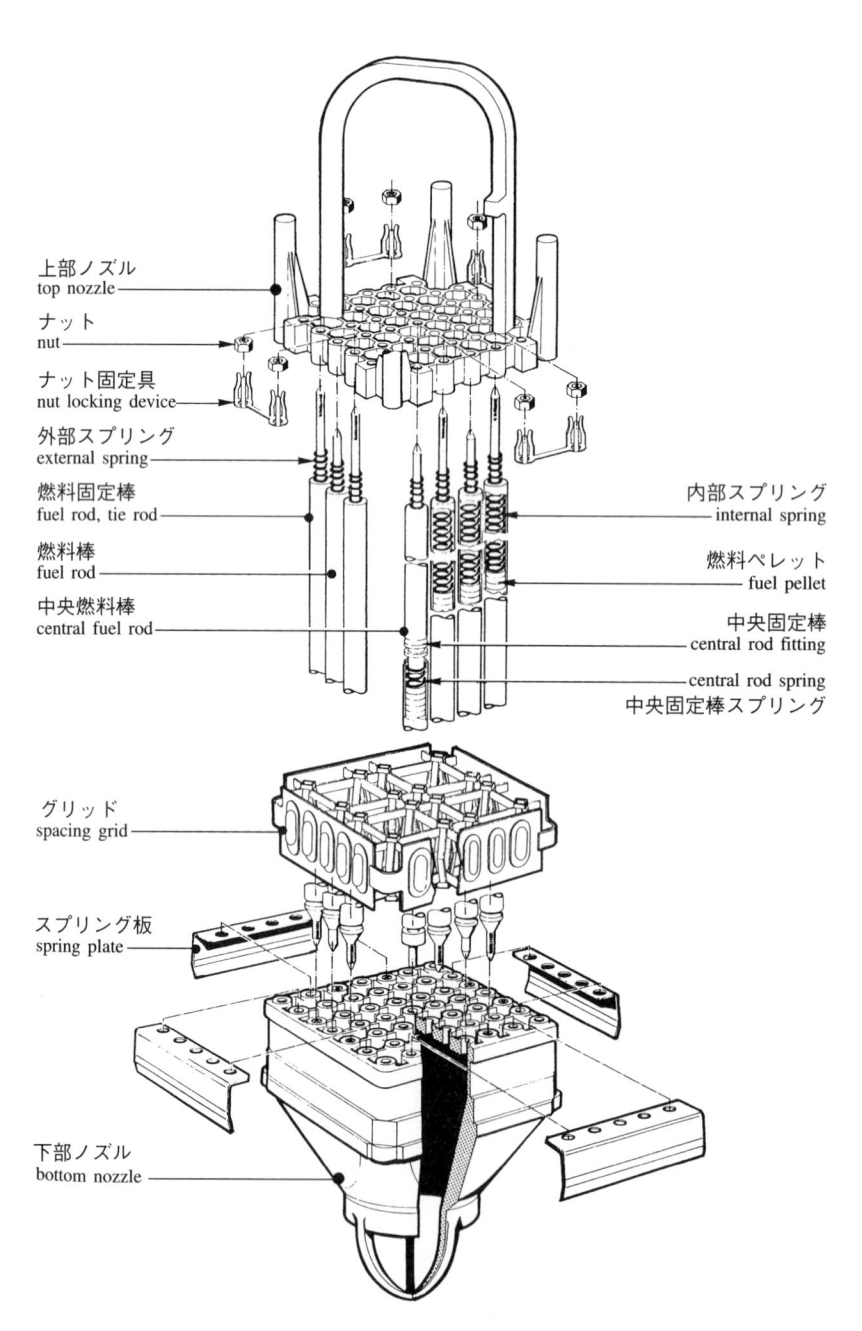

図 2.1　BWR 燃料集合体（GE 社の提供による）

2.4 他のタイプの燃料

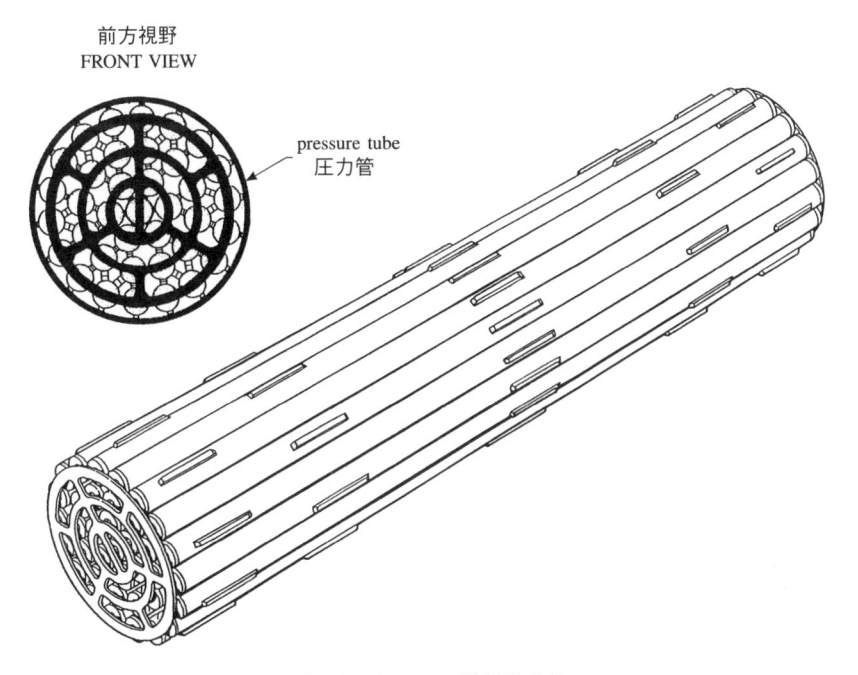

前方視野
FRONT VIEW

pressure tube
圧力管

図 2.2　CANDU 燃料集合体

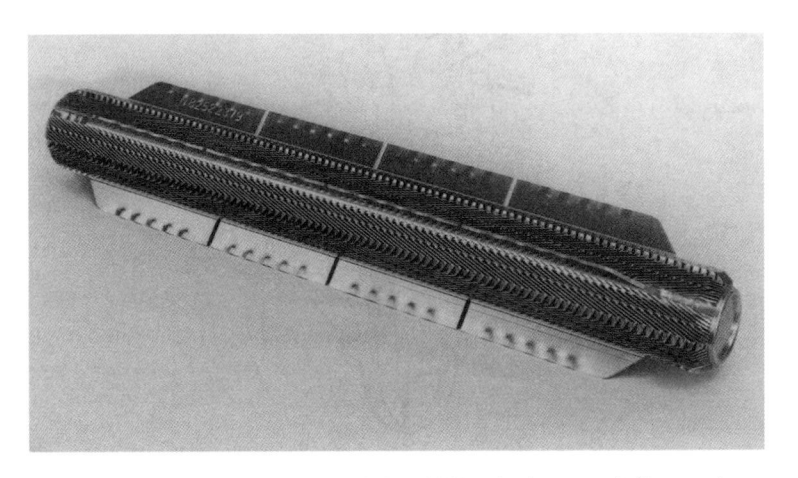

図 2.3　天然ウラン・ガス・黒鉛炉用燃料要素（SICN の提供による）

とで，限りある ^{235}U 資源のみではなくウラン全体の資源の有効利用がコンセプトである．従って高速炉によるプルトニウム専焼炉の概念は邪道であると言えよう．

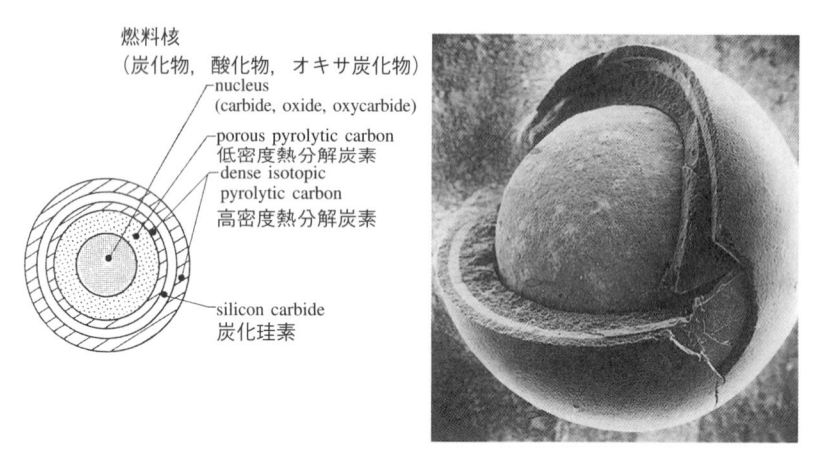

図 2.4　HTR 燃料粒子

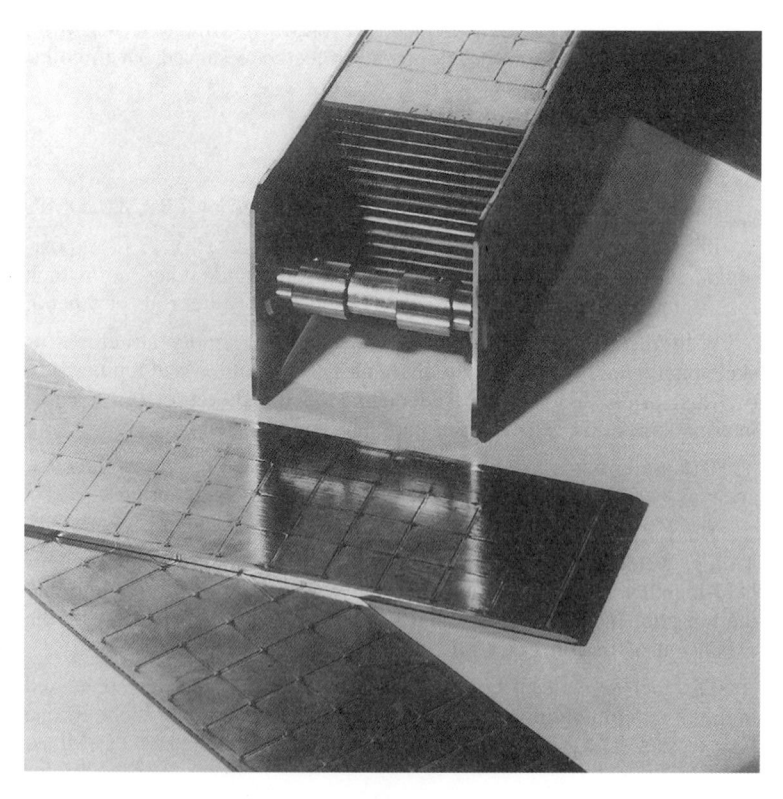

図 2.5　Caramel 燃料，板および集合体

第 3 章

加圧水型炉および高速炉の概要

3.1 加圧水型炉の燃料 [1,3,5,14-17]

ここで述べる燃料は FRAMATOME が設計し，FRAGEMA（FRAMATOME と CO-GEMA の合弁会社の 1 つ）が商業化したものである．この研究開発プロジェクト大部分は，CEA との協力によって遂行された．

3.1.1 燃料集合体について

図 3.1 に FRAMATOME によって開発された PWR 燃料集合体を示す．その燃料集合体は 17 行 17 列 (17×17) 型正方格子（289 配置位置）内の 264 本の燃料棒からなり，1 個の中央計測用案内管と 24 個の案内管 (guide tubes) を有している——それらの案内管に付随の棒群（制御棒およびその他）を挿入することができる．

上述した 25 個の案内管と供に，集合体構造物（または支持骨格集合体）はステンレス鋼製上部および下部ノズル，2 個の端支持格子 (end grids) 並びに 8 または 10 個の中間支持格子 (intermediate grids) で構成される（中間支持格子数は原子炉の出力に依存する）．これらの部品は全て一体化されている．

案内管はジルカロイ-4 製である．初期の格子はインコネル製であったが，現在は基本的にジルカロイ-4 製である，しかし依然としてスプリング（バネ）にインコネルが用いられている．

燃料棒はジルカロイ-4 製被覆管で，その両端をジルカロイ-4 製栓で塞がれ被覆管と溶接されている．燃料棒は燃料ペレット柱（カラム：column）を含み，その上端と上部端栓との間をインコネル製スプリングで保持している．そのスプリングが配置された位置の空間は燃料外部に放出される核分裂ガスの膨張を許容する間隙 (gap) である．

燃料は濃縮ウラン酸化物，UO_2 またはウラン・プルトニウム混合酸化物，$(U, Pu)O_2$ で製造される．燃料集合体は 1 種類の燃料のみからなる．プルトニウムを基礎とした燃料は

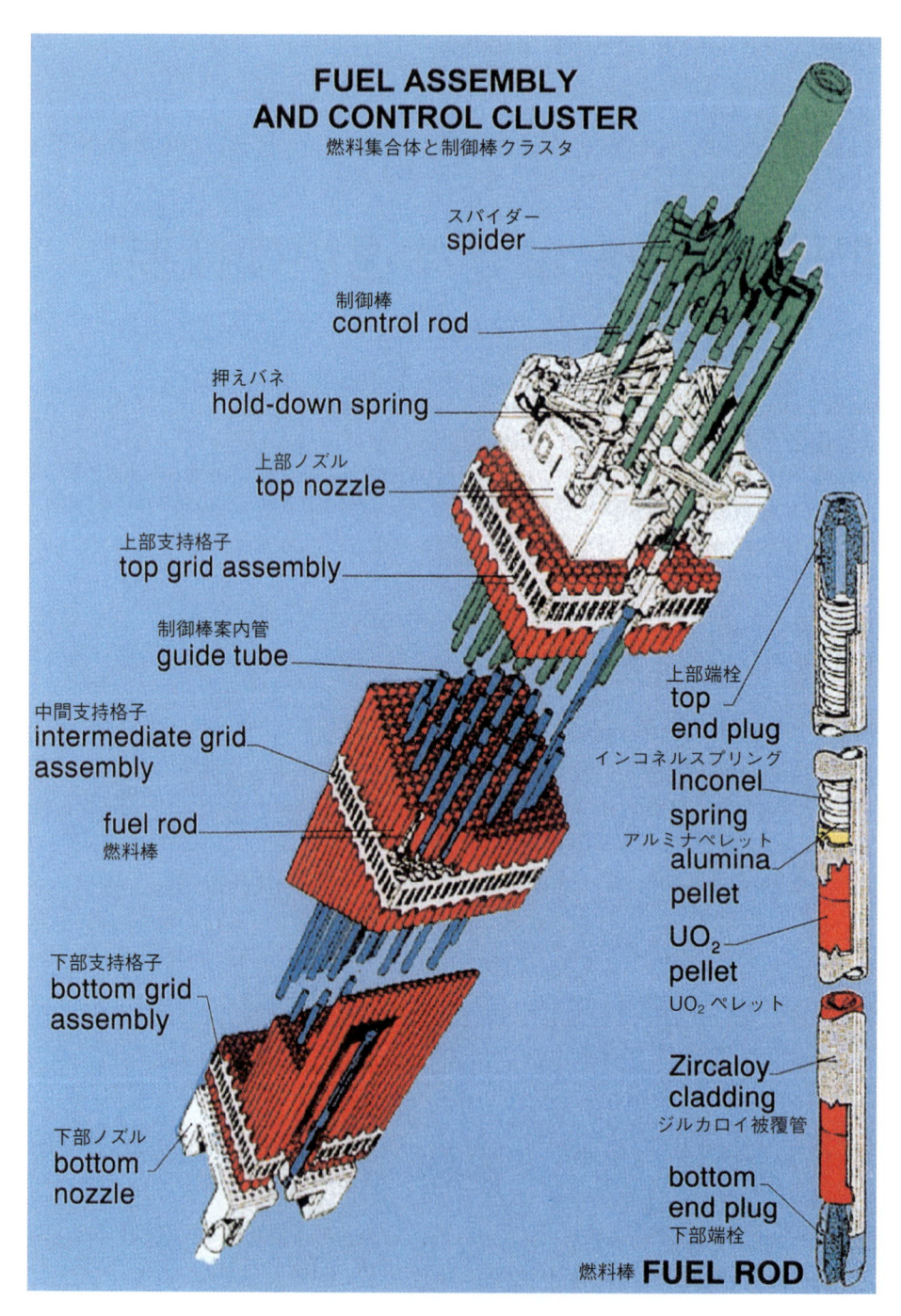

図 3.1　FRAMATOME 社製 PWR 燃料集合体

3.1 加圧水型炉の燃料

一般に MOX (Mixed OXide) 燃料と呼ばれる．核分裂性物質の含有量は，ウラン燃料では ^{235}U で 5% 以下である，MOX 燃料ではプルトニウムが 5% よりも多く含有することができる．

燃料棒は室温で 25 バール (bar) またはそれ以上の高い気圧のヘリウム雰囲気下で密閉する，これは被覆管上にかかる冷却材外部圧力の効果を部分的に相殺するための加圧である．[*1]

FRAMATOME 社製原子炉の出力は様々なもの（900 MWe, 1300 MWe および N4 型の 1450 MWe）を有しているので，燃料棒，従って集合体には 2 種の異なる長さのものが有る．短いほうは 900 MWe の集合体であり，もう一方は 1300 MWe と N4 用の集合体である．

集合体に付随している制御棒クラスタ集合体 (rod control cluster assembly: RCCA) はそれらの案内管に挿入される．その制御棒の上部はスパイダ (spider) と呼ばれる部分と結合している．我々は炉心内に幾つかの種類のクラスタを観察することができる：

—制御棒の除去可能なクラスタ，

—可燃性毒物 (burnable poison) の除去不可能なクラスタ,[*2]

—他の集合体，案内管を集合体に固定する除去不可能な部品類．

表 3.1 に 900 MWe と 1300 MWe 原子炉の燃料集合体仕様概要を示す．

3.1.2 運転条件（900 MWe と 1300 MWe）

PWR 燃料の運転条件については第 V 部で考察する．ここでは第 III 部の燃料材料および第 IV 部の構造材料の理解に必要な項目のみとしよう．

被覆構造および集合体構造にとって，重要な点は：

—冷却材の圧力：155 バール，

—冷却材の温度：900 MWe 原子炉での平均入口温度 286 °C から平均出口温度 323 °C（1300 MWe 原子炉での平均入口温度 288 °C から平均出口温度 325 °C）．

—被覆管外表面最高温度：350 °C．

これらの運転条件が，ジルコニア (zirconia) 層の形成を伴う被覆管外表面での顕著な腐食を導く．そのジルコニア層厚さは滞在時間と伴に増加し，水素を被覆管に吸収する．[*3]

酸化物燃料の平均線出力密度 (linear density power) は 170 から 175 W/cm である．比較的低い被覆管温度のため，その酸化物の中心温度は 1850 °C（定格運転でのホットス

[*1] 訳註： 1 bar = 10^5 N/m^2．標準 1 気圧 = 1 013 mbar．

[*2] 訳註： 可燃性毒物：核燃料に固定または混入して核燃料の燃焼に伴って損耗することにより反応度の補償を行う核毒物．B が代表的なものであるが，この他に Sm, Dy, Hf, Gd などがある．加圧水型炉においては，燃料装荷時の炉心反応度を抑えて制御棒および 1 次冷却材中のホウ素濃度による反応度制御能力の負担を軽減させるための中性子吸収体．

[*3] 訳註： ジルコニア：耐火物の 1 種．主成分は ZrO$_2$ からなる．

表 3.1　FRAMATOME 社製 PWR 燃料集合体仕様概要

原子炉の型	900 MWe	1300 MWe
集合体数	157	193
格子配列	17×17	17×17
集合体当り燃料棒数	264	264
被覆管—外径 (mm)	9.5	9.5
被覆管—肉厚 (mm)	0.57	0.57
ペレット直径 (mm)	8.2	8.2
燃料カラム長さ (mm)	3 658	4 267
燃料棒長さ (mm)	3 852	4 488
集合体長さ (mm)	4 058	4 796
支持格子数	8	10
燃料棒ピッチ (mm)	12.6	12.6
集合体断面寸法 (mm)	214×214	214×214
集合体重量 (kg)	649	760
制御棒クラスタ当りの制御棒数	24	24
UO_2 の濃縮度 ($^{235}U\%$)*	3.7	3.6
MOX 燃料中のプルトニウム含有量 (%)**	5.3	-

* 第 4 装荷燃料の場合．
** ハイブリッド装荷：第 4 装荷 (UO_2) 燃料と第 3 装荷 (MOX) 燃料の場合．

ポットの値）からかなり低くなっており，その結果燃料の再組織化 (restructuring) と核分裂性ガスの放出が低く抑えられる．

　重要な応力は原子炉の出力変化により引き起こされ，その出力増加はペレットと被覆管との機械的相互作用を引き起こす．かつその被覆管は照射効果により脆化している（第 V 部を参照せよ）．

　原子炉は約 1 年のサイクルで運転するが，例えば 18 ヶ月まで延長することができる．燃料集合体は 3 サイクルまたはそれ以上のサイクルの間，炉内に留まるが，2 サイクル間の運転停止期間中毎に炉心の配置変換 (rearrangement)，使用済燃料集合体の炉からの取出しと新燃料集合体の装荷および照射が充分でない燃料集合体の再配置が行われる．集合体の配置変換モードは第 V 部で考察するが，燃料挙動に起因しないということでは無い．[*4]

3.2　高速炉の燃料 [1,2,6,7,8,18,19]

　SUPERPHENIX の現行燃料を参考とする．

[*4] 訳註：　　配置変換：炉心がその寿命末期に燃焼を終えると次の運転に備えて新燃料を装荷するが，通常多領域炉心においては部分的な燃料取替を行う．この際，新燃料と旧燃料の炉心内配置を出力分布や反応度の点から最適となるように決め，配置変換を行う．燃料シャフリングともいう．

3.2.1 原子炉心

燃料集合体 (fuel subassembly) について説明する前に，PWR の炉心に比べ，さらに複雑である高速中性子炉の炉心について手早く述べよう．その炉心には複数の種類の燃料集合体（燃料サブアセンブリー）が含まれる．*5

図 3.2 に示すように，FR 炉心は燃料と親物質 (fertile material)（またはブランケット：blanket) の領域から構築される．炉心中央部は，上部および底部を親物質で囲まれた燃料が含まれる燃料集合体から構成される．この配置は均質炉心 (homogeneous core) のものであり，言い換えるなら燃料とブランケット部分が明確に区分されている：燃料領域が中央部で，ブランケットは燃料の周辺部にある．この配置は現在までに運転した全ての FRs に当てはまる．

一方で，非均質炉心 (heterogeneous core) 概念――そこでは燃料部と親物質部が交互に交換する――を適用することができる．軸方向非均質炉心設計では，――欧州原子炉プロジェクト（欧州高速炉：European Fast Reactor）に対する均質炉心と同時期に目論まれた――ピン毎に 3 個のブランケット柱と 2 個の燃料柱が交互に配置され，1 個のブランケット柱は 2 個の燃料柱の間に置かれる（図 3.3 に示す）．

もしも，FR によるプルトニウム生産の減少を望むのなら（例えば再処理から得られたプルトニウム量の在庫が過剰な場合)，半径方向ブランケット領域（全てのブランケット集合体）を全てステンレス鋼製の集合体によって置き換えることにより，ブランケットの

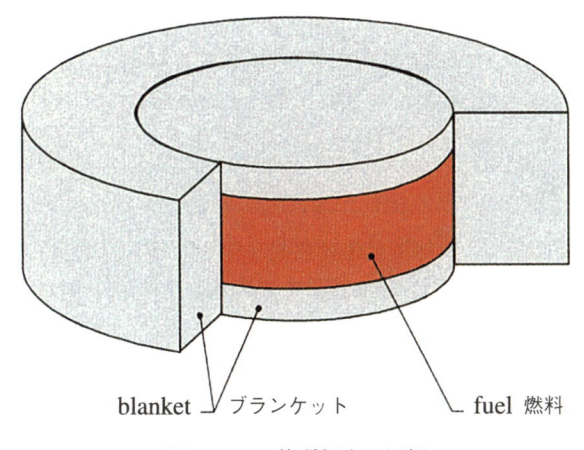

図 3.2 FR 均質炉心の図解

---

*5 訳註： 燃料集合体：原子炉内外への装荷および取出しに際してばらばらにならず，一体となって動く燃料要素（棒）の集合体．一般には燃料アセンブリーと呼ぶが，高速炉では燃料サブアセンブリーと呼ぶことが多い．

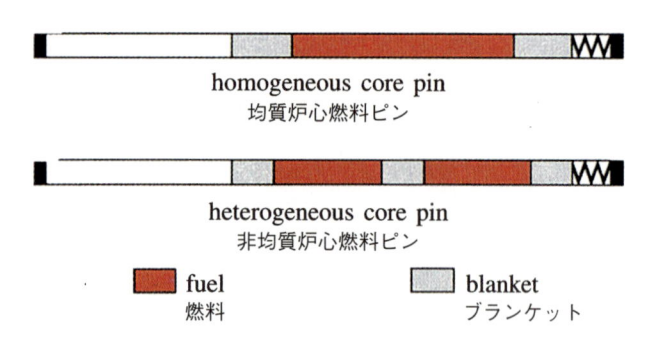

図 3.3　均質および非均質 FR 炉心燃料ピン

全てまたはその一部を無くすことができる.[*6]

図 3.4 に SUPERPHENIX 炉の公称炉心構成の平面図を示す，これで基本を確認することが出来よう：

—内側および外側の 2 領域に区分された総計 364 体の燃料集合体，内側および外側はプルトニウム含有量の違いによるもので，外側領域のプルトニウム含有量がより高い.

—233 体のブランケット集合体.

—ブランケット集合体の外側周囲に中性子反射のためにの鋼製集合体がリング状に配置，その中の 12 箇所が被覆管破損燃料集合体の貯蔵用に確保されている（炉から取出さずに簡単に内部配置変換を行えるよう）.

—炉心の外囲部は，原子炉内部構造体および中間熱交換機が受ける中性子線量 (neutron dose) を減少させるための円筒鋼管で構成された集合体が配置されている.

—吸収集合体 (absorber subassembly)：21 体の主反応度制御集合体に，3 体の炉停止のための後備制御集合体が加わる．これらの 3 体は異なる運転モードを有する.[*7]

3.2.2　燃料集合体

図 3.5 に SUPERPHENIX 燃料集合体と燃料ピンを示す．集合体の下部ノズル(bottom nozzle) は格縁 (diagrid) に置かれ，6 個の半径方向にある 6 個の開口部より冷却ナトリウムの収集と供給元となっている．燃料集合体は半径方向および軸方向の出力分布の変化に

[*6] 訳註：　高速実験炉「常陽」は Mk-I 炉心としてその増殖性能を確認した後，半径方向ブランケット集合体をステンレス鋼製中性子反射体に置き換え，炉心燃料集合体の燃料ピンの上部および下部ブランケット燃料ペレットをステンレス鋼製円柱に変えた炉心構成（Mk-II 炉心）にて高速炉の運転データ蓄積と燃料・材料照射用に用いられている．現在はさらに出力を上げた MK-III 炉心にて燃料・材料の高速中性子照射炉として利用されている．ブランケットをステンレス鋼に変えた理由は炉心における高速中性子束の増加を図ったためだが，非プルトニウム生産炉（非増殖炉）の概念と同じ炉心構成となっている．

[*7] 訳註：　主反応度制御集合体：調整棒．後備制御集合体：安全棒と呼び，調整棒は起動および出力調整等の運転制御のために用いられる．安全棒は勿論原子炉の緊急停止時に用いられる．

3.2 高速炉の燃料

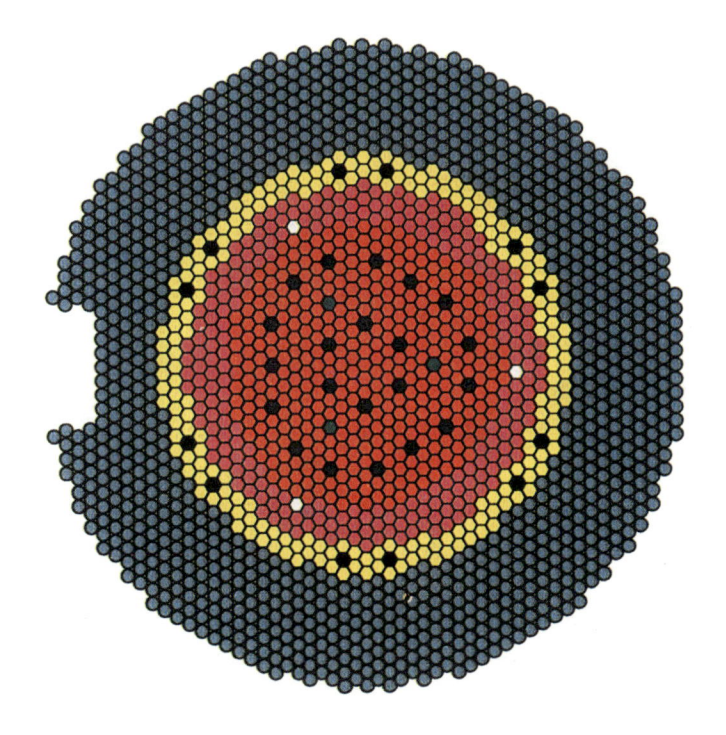

- ● main reactivity control system subassemblies
  主制御棒
- ● additional shutdown system subassemblies
  後備制御棒
- ● fuel subassemblies
  炉心燃料集合体
- ● blanket subassemblies
  ブランケット燃料集合体
- ○ shielding subassemblies
  遮蔽体
- ● storage positions
  貯蔵孔
- ● shielding subassemblies (lateral neutron shielding)
  遮蔽体（側面の中性子遮蔽）

図 3.4 SUPERPHENIX 炉の公称炉心構成図

応じて，幾つかの流量領域に配置されるため，下部ノズルにナトリウム流量を調整するための降圧システムが備わっている．

　六角形ラッパ鋼管(steel hexagonal wrapper tube) 内に 271 本の燃料ピンを有する中央部は 2 つの機能を持つ：流路チャンネルを形成し，ナトリウム流量を合致させる機能と，上部および下部ノズルとの連結部を縁曲げと溶接で一体化し，集合体の機械的構造物としての機能である．

　燃料上部と同じ位置にあるラッパ管各表面 2 個のスペーサパッド (spacer pad)——加圧成型ディンプル——は，冷却条件下で隣接する集合体間の小間隙を保証し，運転時には熱

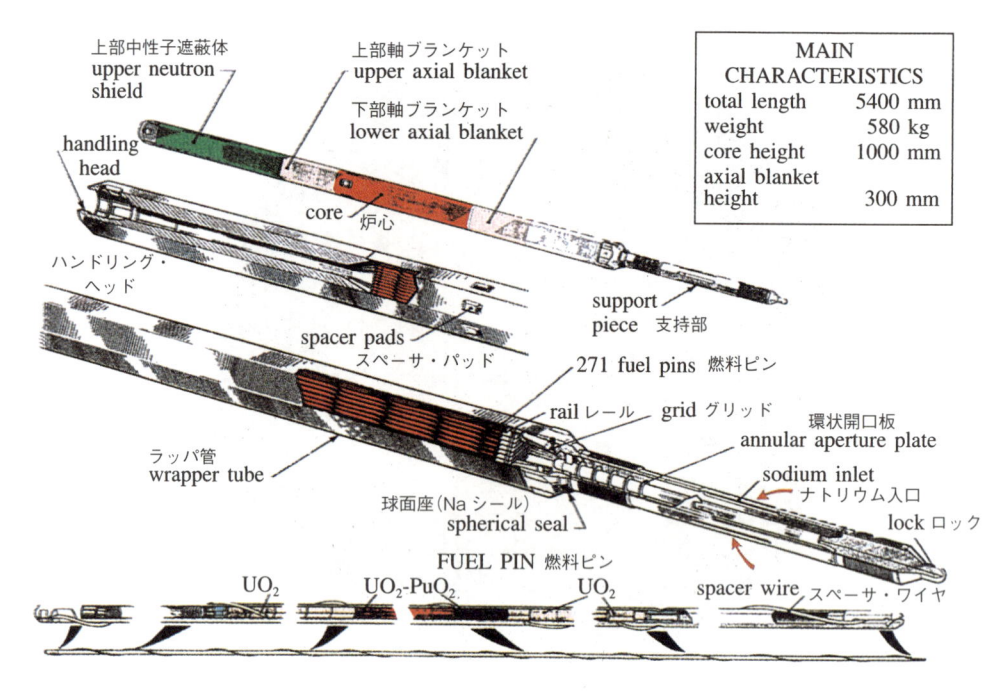

図 3.5 SUPERPHENIX 燃料集合体

膨張効果によって密集炉心を得るために設置されている．[*8]

上部および下部軸方向ブランケットは燃料ピン内側で一体化される．

集合体からのナトリウム流路となる中央円形穴を有する鋼製六角ブロックである上部ノズル (top nozzle) は原子炉上部にある部材の中性子防護と集合体を取扱うグリッパーヘッドとして用いられる．

3.2.3 燃料ピン

オーステナイト鋼製端栓で被覆管の両端を溶接された，同一鋼種の円筒状被覆管内部の下部から上部にわたり以下のことが観察できる：

—非常に長いプレナム (plenum)（燃料ピン全長の約 1/3 を占める），[*9]

—被覆管へ縁曲げ加工された中空穴の小さな鋼製部品，それはペレット柱を支え核分裂性ガスを通す，[*10]

[*8] 訳註： 運転停止時の燃料集合体装荷および取出し時における隣接集合体間のギャップの保証および運転時には半径方向で集合体に拘束力を働かせ，集合体が振動しないように働かせる機能を有する．

[*9] 訳註： プレナム：物質（気体等）が充満した空間．ガス溜めのことである．

[*10] 訳註： ここでの被覆管は薄肉円筒管のことで，燃料被覆管内に挿入され，プレナム領域を確保するためのものである．

3.2 高速炉の燃料

—劣化 UO_2 ペレット柱，下部軸方向ブランケットを形成する，[*11]
—混合酸化物ペレット (pellet) 柱，$(U,Pu)O_2$ が核分裂領域を成す，
—劣化 UO_2 ペレット柱，上部軸方向ブランケットを形成する，
—燃料ペレットに圧を加えるためのステンレス鋼製スプリング (バネ).

混合酸化物ペレットは，中心温度を低くするため中空になっている．ペレット端部は平面でディッシュ (dish) が無い．[*12]

被覆管と同一鋼種で作られたワイヤで燃料ピンを螺旋状に巻きつけ，その両端は端栓に接続している．この機能は：
—ピン全長に渡る正規空間を求めること，
—振動を最小化すること，
—ナトリウムの混合を促すこと，
—ラッパ管との比較において，ピン束の（照射効果により生じる）スエリング (swelling) を，冷却に関するいかなる不安も無しとする程度許容すること．[*13]

上部が無拘束である燃料ピン束は，それらのピン下部端栓が下部格子を形成しているレイルと接続されている．

3.2.4 ブランケット集合体

ブランケット集合体の構成要素は燃料集合体のものとほぼ同一である．特にラッパ管は同一寸法を有する．劣化 UO_2 で構成されたピンの直径は燃料ピンよりも太い．そのピンは集合体当たり 91 本である．螺旋状ワイヤで各々のピンどうしが隔てられている．

3.2.5 原子炉心の特徴

表 3.2 に SUPERPHENIX 燃料集合体およびブランケット集合体の仕様概要を示す．

炉心での中性子計算結果から，そのプルトニウム含有量がプルトニウム-239 に対して決定される．従って真のプルトニウム含有量（富化度）は，^{239}Pu に対する異なるプルトニウム同位体の中性子等価係数を用いて，バッチ毎にその同位体組成とアメリシウム（^{241}Am，^{241}Pu から生成された娘核種）含有量に基づき計算される．例として表 3.3 に SUPERPHENIX 内側炉心に対する等価係数を示す（^{239}Pu と等価なものとして定義された）．

[*11] 訳註： ペレット：高密度に固められた小さな円柱状の物体．一般には酸化物を強い圧力のもとで圧縮し，続いて焼結してセラミック質にしたものをいう．積み重ねて被覆管に挿入すれば，燃料棒になる．
[*12] 訳註： ディッシュ：燃料ペレットの端面に設けられた皿状の凹みのこと．これは燃焼に伴う軸方向の体積増加を吸収する機能を有する．
[*13] 訳註： スエリング：中性子照射によって核変換損傷が起こり，He や H_2 の気泡によってふくれが生じる現象．

表 3.2 SUPERPHENIX 燃料集合体およびブランケット集合体の仕様

仕　　様	炉心燃料	径方向ブランケット
集合体数	内側炉心：193 外側炉心：171 合計：　　364	233
集合体当りのピン数	271	91
ラッパ管―平面間隔 (mm)	173	173
ラッパ管―肉厚 (mm)	4.6	4.6
被覆管―外径 (mm)	8.5	15.8
被覆管―肉厚 (mm)	0.565	0.575
螺旋ワイヤ外径 (mm)	1.2	0.95
ペレット外径/内径 (mm)	燃料：　　7.14/1.8 ブランケット：7.07	- 14.35
燃料カラム長さ (mm)	燃料：　　　1 000 上部ブランケット：300 下部ブランケット：300	1 600
下部プレナム長さ (mm)	852	239
燃料ピン長さ (mm)	2 700	1 950
集合体長さ (mm)	5 400	5 400
^{239}Pu 相当富化度 [Pu/(U+Pu)]	内側：11.90 外側：14.85	- -
集合体重量 (kg)	580	725

　それらの使用されるバッチの同位体組成は，プルトニウムとして再処理から出てくる燃料の燃焼度に依存する，その「^{239}Pu と等価な値」は燃焼度の増加に伴い減少する．例えば，33 GWd/t まで照射された PWR 燃料から取出されたプルトニウムでは，その比 $\frac{\text{等価}^{239}\text{Pu}}{\text{合計 Pu}}$ は約 80 ％ となる．

表 3.3 SUPERPHENIX 内側炉心における ^{239}Pu に対する等価係数

^{239}Pu に対する等価係数					
同位体	^{238}Pu	^{239}Pu	^{240}Pu	^{241}Pu	^{242}Pu	^{241}Am
等価係数	0.43	1	0.13	1.52	0.03	-0.35

　アメリシウムは再処理中に分離されるが ^{241}Pu の崩壊で生成し，再処理後の時間の経過とともにその含有量が増加する．上述した PWR のプルトニウムの場合，3 年間の貯蔵でアメリシウム含有量は 1 ％ に達する．^{241}Pu の減少と ^{241}Am の増加が等価係数の低下を導く．

　フランスの FR 燃料研究における PHENIX 原子炉の重要性の観点から，この原子炉の

3.2 高速炉の燃料

燃料仕様の幾つかを以下に述べる．

その燃料は直径 5.42 mm の中実ペレット (solid pellet) で，燃料長さが 850 mm である．

軸方向上部ブランケットは太径のピン束で作られ，燃料ピン束と分離されている．軸方向下部ブランケットのみ燃料ピンに挿入されている．軸方向上部ブランケットは全長 300 mm の中空ペレット (annular pellet) 柱で作られている．

集合体当り 217 本の燃料ピンで構成されている．

実験炉 RAPSODIE の FORTISSIMO 炉心の燃料は，直径 4.23 mm の中実ペレットで構成されている．

3.2.6 運転条件

燃料集合体（SUPERPHENIX）の主要運転条件について述べよう，これらは第 III 部および第 IV 部を理解するために必要となる知識である．これらの条件は熱中性子炉，とりわけ PWRs，に対するよりもさらに制約的 (constraining) である．

—燃料の出力密度 (power density) が非常に高く，除去すべき熱流束 (heat flux) が水炉用燃料棒よりも大変大きい（2 ないし 3 倍大きく，言い換えれば約 200 W/cm^2 である）．その線出力密度 (linear power density) は 470 W/cm に達する．

—冷却材ナトリウムは高温である，ピン束下部で 400 °C であり，最高温ピン上部では 600 °C を少々超える．PWRs と比べて，冷却材は加圧されていないことを明記しておくべきであろう（数バールにすぎない）．

—中性子束 (neutron flux) は非常に強く，その中性子は高エネルギーを有する．その総中性子束は炉心中央部でおよそ 6×10^{15} n·cm^{-2} s^{-1} に達する．

—燃料サイクルコストを低減化するためと，より高い FRs 投資コストを補うために，高燃焼度化が目論まれる（4.1 節を参照せよ）．

これらの運転条件が燃料集合体にたいして数種類の応力を課する：

—被覆材およびラッパ管材は，高温において充分な機械的性能を有しなければならない：被覆材の平均温度（肉厚中心）はホットスポットで 700 °C に達し，その場所におけるラッパ管の温度はおよそ 550 °C となる．

ピン下部に大きな空隙を有するものの，被覆は核分裂生成ガスの内圧にたいし健全でなければならない．ラッパ管内側と外側間のナトリウム差圧に耐えなければならない，その差圧はピン束入口で約 3.5 バールになる．

—集合体の金属物質（被覆材，スペーサワイヤ，ラッパ管）は高速中性子の大きな中性子束で損傷を受ける，さらにとりわけスリングは，集合体の冷却に必要とする充分な幾何学的安定性を保証するために，適切に抑制されなければならない．

—高表面温度と高線出力密度で運転され，燃料はその中心温度が 2 000 °C を超すことが可能である．この結果，大きな組織再編 (restructuration) と核分裂生成ガスの放出が生

じる.

第4章

核燃料の研究 [20-22]

4.1 原子炉内で発生する燃料集合体の応力

燃料集合体とその構成物にかかる幾つかの応力が原子炉における主要課題であることをこれまでの文節にて既に述べてきた．それらを集めてゴジック体で示そう．

温度効果

—燃料は周縁から中心に向かって増加する高温に曝されている．このことが微細構造 (microstructure) の形態変化 (modification) を引き起こす，高温領域での焼締り (densification) で，それは初期の中実ペレット（FR および PHENIX 燃料）に中心空孔を形成させることができる．

—これらの直接効果の他にも，温度は燃料挙動を支配している：機械的性質の変化，材料間の化学反応等である．

照射効果

核分裂現象の必然的結果である照射は，熱放出のときとは全く異なる効果を引き起こす．

—核分裂生成物，固体または気体，が燃料内部に形成される．それらの原子質量分布を図 4.1 に示す．それらの分布が熱中性子炉と高速中性子炉で異なることおよび核分裂性物質が ^{235}U またはプルトニウムかによってもその分布が変わることに注意しておこう．

核分裂生成物は燃料内部に残留し，幾つかの効果を引き起こす：燃料スエリング並びに燃料の物理的および物理化学的性質の形態変化である，またはこれらの核分裂生成物は，被覆内でガス圧を成す気体放出ができる．それらは被覆表面に析出することも可能で，腐食の原因となる．

—照射，とりわけ高速中性子束下では集合体の金属材料の機械的性質と幾何学的寸法を変化させる：硬化 (hardening), 延性喪失 (ductility loss), スエリング（鋼，FR），成長（ジ

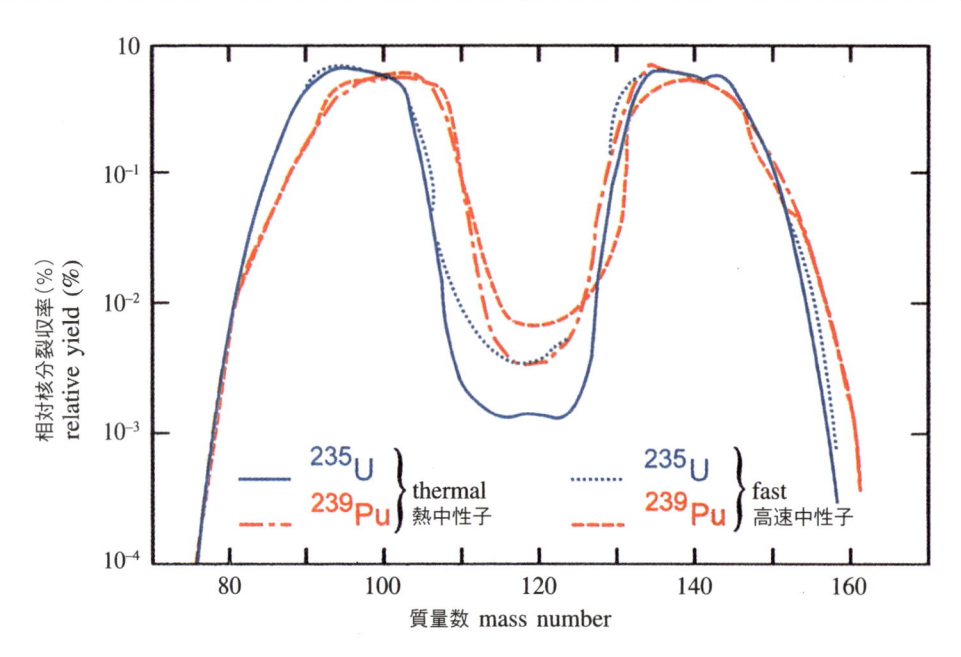

図 4.1 核分裂生成物の原子質量数分布（^{235}U および ^{239}Pu，熱および高速中性子）[8]

ルカロイ，PWR）および照射クリープ (irradiation creep).[*1]

機械的現象

これらの現象は集合体の単一構成物か，接触可能な 2 つまたはそれ以上の構成物に関係する．

— 燃料内の高い温度勾配は，低い熱伝導率（酸化物）を伴うため，燃料にクラックを引

[*1] 訳註： 照射硬化：$10^{10} \sim 10^{11}$ n/cm^2 程度の高速中性子照射を受けるとヤング率に変化が現れ，$10^{17} \sim 10^{18}$ n/cm^2（高速中性子）に達すると引張り強さや降伏応力にも変化が現れる．この照射硬化の機構は，照射によって生じる欠陥が転位の運動に対する障害物となり，転位の運動抵抗を増加させる原因によると考えられている．

スエリング (swelling)：高速中性子の弾性衝突で「はじき出しエネルギー」を受け取った原子は格子点を飛び出して跡に空格子点（空孔）を残し，それ自身は格子間原子となってフレンケル欠陥（空孔と格子間原子の対となった欠陥）を作る．空孔は集合してボイド (void) となり体積膨張（スエリング）を引き起こす．

照射成長：ジルカロイの主要合金元素，Zr は稠密六方晶のため異方性を示す．高速中性子照射を受けると応力が負荷されていなくとも六方晶の c 軸方向に縮まり，a 軸方向に伸びることが照射成長の原因である．圧延板材の c 軸は板厚方向なので，チャンネルの板厚は小さくなり幅および全長は伸びる．また対面する 2 面の照射成長（伸び）に差がある場合には燃料チャンネルボックスに曲がりが生じる．

クリープ：一定応力のもとで，物体の塑性変形が時間とともにしだいに増加する現象．高温クリープが一般に知られている，これは高温における熱力学平衡の原子空孔の応力場での再編によるものである．照射クリープは照射によってはじき出された原子空孔と格子間原子の応力場での再編によって引き起こされる．

4.1 原子炉内で発生する燃料集合体の応力

き起こすことができる．

—被覆は1次応力（PWRs では冷却材の外部圧力，核分裂ガスによる内圧）と被覆内部（FR）の温度勾配とスエリング勾配の結果からの2次応力に曝される，そのスエリングは温度に依存する．

—定出力下または出力変動下で，燃料・被覆管機械的相互作用が生じる．

—ラッパ管（FR）はナトリウム圧と炉心中央から異なる距離の管面間のスエリング勾配の差異による効果（曲り）に曝される．

—集合体構造物は種類の異なる応力に曝される：水力学的押圧力，水力学的振動または機械的振動，機械的相互作用．

化学および物理化学現象

網羅的で無いが，以下のことを述べることができる：

—温度と照射効果下での燃料形態変化：拡散による U と Pu の再分布，プルトニウムと核分裂生成物の形成，酸化物中の $\dfrac{O}{U+Pu}$ 比の進展，[*2]

—被覆と冷却流体間の反応：PWRs 内でのジルカロイの酸化と水素吸収，

—燃料と被覆間での化学反応の可能性，この反応は幾つかの核分裂生成物によって活性化され得る，

—被覆破損下で，燃料と冷却材間での反応（FR）．

異なる現象間の相互作用

燃料研究が困難な理由の1つは，特に燃料要素研究が困難な理由の1つはこれまでに述べた非常に多数の現象間の相互作用に因るからである．

時間と空間の変動

他の工業製品と同様，核燃料は時間と伴におよび局所的な場所が変動する運転条件と物性を有する．原子炉内において，中性子束（およびその燃料出力密度）の分布は均一で無く，炉心中央から外周部に向かって減少している．燃料集合体内で分布が変化している中性子束は，炉心高さで占められ，その炉心半径に比べて厚みを有する分布をしている．さらに数年間の運転を経験する間に，燃料は核分裂による燃料の枯渇から来る出力減損または原子炉の負荷変動による出力のより早い変化，特に迅速な停止（運転中のトラブル：incident）のような緩やかな変化に直面する．

[*2] 訳註： O/M 比：UO_2 および PuO_2 は非化学量論性酸化物でメタル原子数：酸素原子数の比が 1:2 の近傍で広い組成幅をもつ．このわずかの組成変化が熱伝導率，電気伝導度などの物性に大きな影響を及ぼす．従って O/M 比を製造時に厳密に規定しなければならない．この O/M 比が照射環境下で変化する．

従って燃料設計者は様々な場面を想定し，それらを考慮しなければならない．

第 IX 部：付録の I で燃料要素の基礎計算手法について述べよう．

原子炉内での燃料の滞在時間は――その燃焼 (burnup)[*3] で決定される，言い換えれば核分裂性原子の消費――滞在時間の増加と伴に劣化してゆく燃料性能にとり重要な因子の 1 つである，燃料性能の計量単位について以下に示す．[*4]

燃料性能の計測

- 燃料の炉内滞在時間は，中性子によりまたは技術的考慮によって制限される．それは一般的に**燃焼** (burnup) と呼ばれる．
- **燃焼度**は，燃料寿命中に放出した単位質量当りの全エネルギーである．その単位質量は $[UO_2, (U,Pu)O_2]$ または重金属質量 (U または U+Pu) のいずれかを用いる．燃焼度の単位は，MWd/t（酸化物の，または重金属の），GWd/t または MWd/kg で表現される．
  それらが酸化物重量当りなのか，重金属重量当りなのかを明確にしておくべきだが，実際には明確化されていないのが常である．フランスの PWRs では MWd/t メタルが用いられ，FRs では MWd/t 酸化物が用いられている．酸化物とメタルの質量比は：
  1 MWd/t メタル = 0.8815 MWd/t 酸化物．
- 燃焼率の単位は at.% であり，核分裂した重原子 (U+Pu) 数と初期の重原子数との比で表現される．この表現は FRs に対して基本的に使用されている．
- 燃焼度は平均値（バッチ平均か，大部分が劣化ウランウランの燃料集合体平均か）を示すのかまたは最大値（ペレット最大値，ピンまたは棒の中心領域での最大値）を示すのかを常に示さなければならないが，忘れることが時々起きる．一般的には，PWRs ではバッチまたは集合体平均について述べ，FRs では最大値について述べることが多い．

[*3] 訳註： 燃焼：burnup (MWd) 核燃料から放出される全エネルギーの量．燃焼率（燃焼度）：burnup fraction 動力炉の燃焼率には，燃料が取出されるまでの単位重量当たりの発熱量 (MWd/t) が用いられ，研究炉の高濃縮ウラン燃料に対しては，消滅した ^{235}U, ^{239}Pu の百分率 (%) が使われる．

[*4] 訳註： 粒子フルエンス (particle fluence)：単位面積当りの粒子数．中性子物理学で一般に使用されている *nvt* という量と同じである．

4.2 燃料研究

> - 材料の照射期間におけるの積分中性子束 (integrated neutron flux) またはフルエンス (fluence) の単位は n/cm^2 である．
>
>   FRs の構造材料に対する**損傷** (damage) の単位として．dpa (displacements per atom：ターゲット原子当りのはじき出し数) を用いることが好まれる．高速炉において燃料集合体の寿命期間中に，その材料は 100 dpa を超える損傷に耐える，これは材料の全ての原子が平均して 100 回を超すはじき出しを受けたことを意味する．
>
>   積分線量 (integrated dose) または単純に線量 (dose) がフルエンスまたは損傷の表現として時々使用される．

4.2 燃料研究

与えられた原子炉型に対する燃料集合体設計は，様々な要素の形や寸法の決定および集合体構造部材の選択を含む．

燃料集合体は幾つかの要求事項に合致しなければならない：

—燃料要素はその寿命期間を通じて気密性を保持しなければならないし，運転中に発生する気体漏洩は少数の要素のみに限定されなければならないか，それと/または 1 次冷却系の汚染およびその欠陥集合体 (defective assemblies) を引き抜くための原子炉運転停止を行う事態に立ち至るのを避けなければならない．従って PWRs では燃料棒はほぼ毎サイクル 10^{-5} の漏洩率が許容されてきた，このことはほぼ 1 年間の運転サイクルにおいて，燃料の外側の大きな部分が欠乏している欠陥燃料棒ほんの数本に該当する．FRs の場合，ナトリウムと混合酸化物間の非両立性のため，被覆破裂 (cladding rupturing) の最悪事態では炉心からその欠陥集合体を取り出すために炉を停止しなければならないだろう．

—燃料要素および集合体は，冷却条件の悪化，反応度制御システム（吸収材）への妨害および燃料装荷と取出し作業への妨害または危機に陥るのを避けるため，幾何学的歪み制限値を保持しなければならない．

—原子炉事故における燃料集合体の挙動並びにその事故展開と原子炉安全への論理的な帰結を考慮しなければならない．

—サイクル・コスト低減のために，燃料は可能な限りの最大燃焼度に達することが出来なければならない．

—特に材料に関して，その選択は燃料サイクルの稼働において工業的に合理性を有しかつ経済利益を導くものでなければならない．

既に認識されたように（4.1 節を参照せよ），燃料集合体は，研究対象でかつ幾つかの学問研究分野——炉物理，熱・水力学，金属学，力学，化学，熱力学など——の理解を要求する多彩な現象の心臓部に位置づけられる．

燃料研究は異なる分野の専門家を必要とする，その専門家達は燃料集合体の設計チームとして働いている．

燃料設計者は原子炉設計者と緊密な連携を保たなければならない，また燃料サイクル（加工，再処理）担当チームと勿論緊密な連携を保たなければならない．

今日において新燃料の導入は殆んどまれとなり，また既存燃料の改良が共通の事象となってきた．しかしながらこの燃料設計手法を説明するために，新燃料集合体の設計を我々が行わなければならないと想定しよう．我々は以下の段階を定義することができる：

—燃料の応力計算：温度，荷重，運転条件など，

—予知される応力に応じた種々の構造物（燃料，被覆および集合体構造物）に用いる材料の選択，

—燃料開発の実行：材料，寸法，作図，仕様，

—試験用燃料の製作と照射（集合体の一部または集合体全部），

—研究および種々の異なる試験：

- 炉外試験 (out-of-reactor),
- 臨界ゼロ出力炉内試験（中性子），
- 炉内試験 (in-reactor),

—試験の分析，照射後試験 (post-irradiation examinations) と解釈 (interpretation),

—現象の理解および現象のモデル化，

—燃料要素のような集合体部材の全ての現象またはその基礎的現象を網羅する計算コードの開発．

実際上，研究の順序自体は論理的なものでは無い．繰返しの過程が生じる，開発と開発中のコードの正しさを導いた最初の結果が新たな研究の始まりとなる，そのため異なる段階が重なることとなる．

燃料研究の基本的特徴は照射効果（高速炉の金属材料研究について部分的にが実施されているものの）を模擬することの困難性に在る．照射効果の研究は炉内試験を要求する．挙動変化を伴わずにどの様な方法で炉内燃料試験を加速できるのかを良く知らないため，照射試験はしばしば長期間を要する．試験準備期間（部材の調達，製造）を加えさらに照射後試験に要する期間を加えるなら，照射試験の開始からその結論を得るまでの時間は7年またはそれ以上の年月を要する．

フランスにおける PWRs のような工業的原子炉システムに対する，今日における燃料設計者の業務は，定常的な燃料の改良である．それを行うため，稼働原子炉内の燃料の働きに関する実験的フィードバックが基本となる．このフィードバックは燃料の働きの統計的結果と炉停止期間中のサイトでの集合体検査の両方，さらには照射後試験施設での燃料棒数本の詳細試験が基礎となっている．

第 5 章

核燃料研究の基礎実験

燃料研究の基礎実験を次の 3 分野に分類することができる：
—炉外研究および炉外試験，
—炉内試験，
—照射後試験および照射後実験．

燃料研究に直接関連しない 2 種類の試験，中性子試験とわずかにすぎない水力学試験については言及しない．

試験は具体的に以下のことに係わる：
—被覆材および集合体構造部材，
—燃料，
—燃料棒または燃料ピン，
—燃料集合体．

しかし，試験はしばし全体で行われる．例えばもしも研究者がより具体的な燃料物質の研究を望んだにせよ，研究者はその燃料を被覆管に詰め，その燃料挙動は選択された被覆と燃料棒設計に依存することになるだろう．

燃料研究の話題は後の第 III 部から第 VII 部で詳細に触れる．それらの話題は実験方法記述の一部としても説明されているだろう．

5.1 炉外研究と炉外試験

まず第 1 番目の関心事として燃料物質，熱伝導率や機械的性質のような燃料物質の異なる性質，を知るべきである．時には模擬燃料 (simulated fuels) が用いられる，その燃料は核分裂生成物に相当する元素を加えることにより照射された燃料の状態を模擬している．

UO_2 の研究とプルトニウム高含有率 (U, Pu)O_2 の研究（FR）は，ほぼ完了したと考えることが出来よう．軽水炉 MOX 燃料用としてプルトニウム低含有率 (U, Pu)O_2 の研究がまだ続いている．

第2番目の関心事は他の物質についてである，特に金属製の被覆材と集合体構造部材である．最初，種々の部材の分類を可能にするためにあらゆる機械試験が行われ，照射前のそれらの性質が把握される．我々はそれらの材料の幾つかを薄肉管にするため，金属研究室の全ての装置を使用することになる．

　PWRsで使用されているジルコニウム基礎合金において，その腐食試験はとりわけ重要である．それらは以下のように行われる：

　─オートクレーブ (autoclaves) 中で，その中は恒温条件のため被覆管内の温度勾配の模擬および燃料棒壁近傍冷却流体の流れ効果の模擬ができない，[*1]

　─被研究用被覆管を装着した加熱棒からなるループ中で：Cadaracheに在るCEA研究センターのBERTA, CIRENE, REGGAEのループ．

　高速炉 (FRs) の場合，被覆材やラッパ管材への中性子照射の模擬実験を，数時間内に同じような損傷を引き起こすイオン束や電子線束を用いて行っている，それと同様の損傷を与えるのに数年を超す照射期間を要する．我々はSaclayに在るCEAの高電圧電子顕微鏡内で1 MeVの電子線照射を行っている．これらの実験──それは炉内試験と代替できないもの──の目的は，その後原子炉内で試験するために種々の異なる材料の耐スエリング性能の比較である．

　事故時状況を含む運転の全ての範囲を網羅した機械試験が行われる．EDGAR施設が超高温および高歪速におけるジルカロイ被覆（PWR）および鋼製被覆（FR）のふるまいについての研究に使用された．

　第3番目の関心事は集合体部材または集合体全体に対して行われる機械試験である．例えば，PWRsでは支持格子 (spacing grids) の設計と適格性を得るための多くの開発が行われている．

　それらの試験は静的条件下または動的条件下で実施される（摩擦試験，ループ，振動台）．

　新材料や新工程の創生を目的とした製造試験の詳細について触れないが，それらの試験が材料の発展 (evolution) および燃料集合体全体にとって重要であることを強調しておかなければならない．

5.2　炉内試験

　炉内試験を幾つかのグループに分類することができる：

　─燃料無しの材料単独照射，

　─通常試験燃料棒（またはピン）で，時々短尺化し特有現象の研究を目的とした，解析的実験 (analytical experiments)．例えば：燃料熱挙動，燃料外への核分裂ガス放出，出力急昇 (power ramps) 中の燃料棒挙動，[*2]

　[*1] 訳註：　　オートクレーブ：耐圧釜，加圧釜ともいう．加圧の下で加熱する装置．
　[*2] 訳註：　　出力急昇試験：一般に動力炉の燃料はペレット・被覆管相互作用 (PCI) によって破損するこ

5.2 炉内試験

—通常，1集合体で行う包括試験 (global tests)，時々は数本の燃料棒または燃料ピン束で行う．

これに使用される原子炉は：

—研究炉，一般にプール型で，フランスの OSIRIS（Saclay）と SILOE（Grenoble）および海外炉，例えば出力急昇での PWR 燃料棒挙動研究（Studsvik）のような国際プログラムの枠組みの中で使用されている．[*3]

—実用炉に比べ出力と寸法を減じた原型炉．PWRs ではフランス原子炉 CAP (Chaufferie Avancée Prototype)，ベルギー原子炉 BR2 と BR3（現在運転停止），FRs ではフランス原型炉 PHENIX を指摘することができよう．

—動力炉，例えば PWR 原子炉など．

全てのケースにおいて，実際の条件に可能な限り近づいた最も代表的条件の再現と維持が試みられる．

材料照射

照射キャプセル (irradiation capsules) と呼ばれる装置内に材料が設置される．そのキャプセル内は代表温度（最大 1500 °C まで達する）および環境条件を再現することができる．実験炉内に設置した照射キャプセルは種々の応力（引張応力およびフルエンス試験）を負荷する装置を備えることが可能である．一般的にそれらのキャプセルは計装されている：熱電対，圧力検出器，変位計，歪ゲージ，中性子検出器など．[*4]

CHOUCA 施設と COLIBRI 施設（図 5.1 参照）について述べよう，それらは温度調節電

とがある．この破損に及ぼす各種パラメータの効果や PCI 破損メカニズムの研究のため低出力で長時間照射（ベース照射）した燃料棒の出力を急上昇させて，一定時間保持する試験をいう．

[*3] 訳註： プール型炉：減速材，冷却材，生体遮蔽としての水プールに燃料要素が浸されている原子炉．炉心の周囲が広く開いているので，大きな実験装置を炉心の近くに自由に置くことができ，簡単な冷却回路構造，容易な保存などの利点がある．

スウェーデンに在る Studsvik 材料試験炉 R2：50 MW．1960 年～2005 年稼働．国際プロジェクトとしてはこの他に，OECD/NEA 下のハルデン原子炉プロジェクト (OECD Halden Reactor Project) が著名である．ノルウエーのハルデンに作られた Halden Boiling Water Reactor を使用した原子炉計装と燃料に関する国際協力が開始された．日本も原研を国の窓口として 1967 年に同計画に加盟した．地下式の原子炉で圧力容器の蓋が平板で，重水減速・冷却のため照射リグの間隔が大きく取れる特徴を有している．この結果，様々なニーズに対応した試験燃料棒の炉内装荷および変化に富んだ多重計装装置類の使用等が可能な試験研究炉として世界に君臨してきている．国・民間を問わずにハルデン計画の成果は日本の原子力安全性研究に大いに活用されている．

STOR (Studsvik Over Ramp Project)：PWR 燃料のペレット・被覆管相互作用の破損挙動を求めるための国際協力試験計画．1977 年～1980 年実施．

STSR (Studsvik Super Ramp Project)：高燃焼度 PWR 燃料および BWR 燃料のペレット・被覆管相互作用の挙動研究のための国際協力試験計画．1980 年～1983 年実施．

[*4] 訳註： 照射キャプセル：原子炉内での照射実験を行う際，試料の小片を封入する照射用容器をいう．温度調節装置などを取り付けたものを照射リグという．

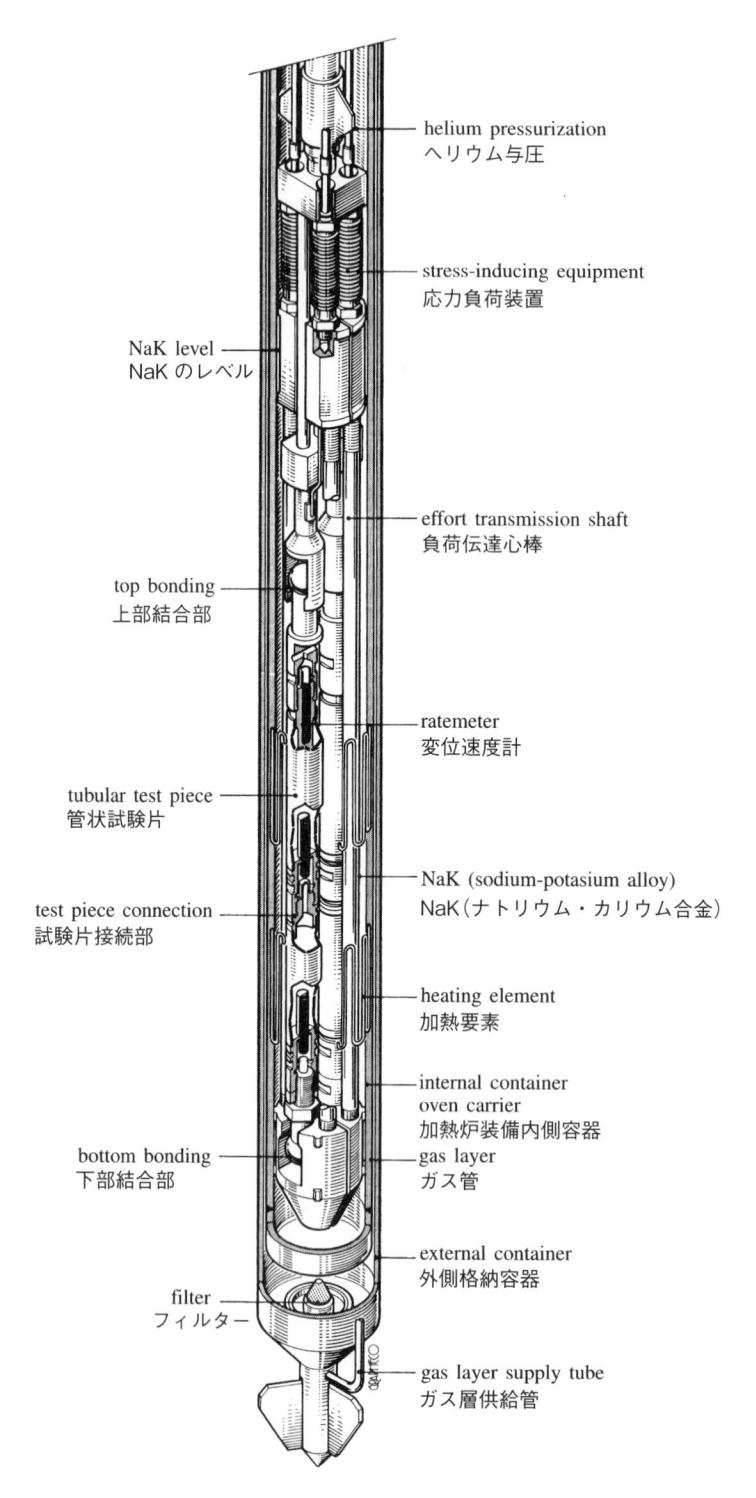

図 5.1 COLIBRI PLETAN 照射リグ

5.2 炉内試験

気炉と Nak またはガスの熱還流により試料片を精度 5°C 以内に制御することができる.[*5]

高速中性子束が要求される FR 材料研究では，特殊燃料集合体が PHENIX に装荷される．その特殊燃料集合体中心部の燃料ピンが抜き取られ，そこえ材料を詰めた照射キャプセルが挿入されている．

解析的実験

これらは計測が許され，大きな融通性を有する実験炉で主に行われている．1 ないし数本の燃料棒が含まれる照射リグ，または冷却材流体——加圧水またはナトリウム——を循環させるループ，のいずれかが使用される（図 5.2 参照）．原子炉心からこれらの装置を離すことおよび時々遮蔽体を挿入することによる距離の変化によって，燃料棒の線出力密度を実験仕様に合致させるか，またはこの線出力密度を出力急昇試験の模擬のために変化させることが可能となる．

フランスの実験炉は幾つかのループを有している．例えば PWRs 用として，OSIRIS に：ISABELLE（1 ないし 4 燃料棒），SILOE に：JET POMPE（4 燃料棒）が有る．FRs 用として，SILOE に：ELISE（3 ないし 7 燃料ピン）および THERMO POMPE（1 燃料ピン）が有り，これらの 2 つのループは被覆管破損研究のために使用されている．

実験炉に設置された装置は計装され原子炉の外に位置する研究室と繋がれる．例えば Grenoble に在る SILOE 炉に隣接した Laboratoire d'Analyse des Produits de Fission du CEA（CEA 核分裂生成物分析研究室）に繋がれ，そこでは燃料棒内部のガス押出しにより核分裂生成ガス放出を連続的にモニタすることができるようになっている（図 5.3 参照）．

実験の種類に依存し，新燃料要素または他の原子炉で予備照射 (pre-irradiated) された燃料要素が使用される，その結果それらはかなりの燃焼度に達した燃料を代表することができ，その実験施設を長期間その他の実験に使用できなくなる長期間の占有を避けている．PWRs では動力炉で照射された長尺燃料棒から短尺燃料棒を再組立して，またはセグメント燃料棒を長尺化し動力炉で照射したものが使われている．

熱中性子実験炉で，FR 下で生ずる材料損傷を引き起こすことが不可能であることにも注意しておく，実験炉で解析的実験対象となら燃料ピンは，PHENIX のような高速炉内での予備照射が要求される．

[*5] 訳註： 照射リグの温度制御（図 5.1）：照射リグの外筒（外側格納容器）と内筒（内側容器）の隙間に充填されたガス層の圧力を制御することでガス濃度を変え，そのガス濃度の関数である熱伝導率を変えることによりリグ内部での発熱（γ 線による部材発熱と加熱炉からの電熱）の放散を通じてリグ内部の温度を制御している．

内筒に充填する NaK は常温で液体でかつ熱伝達性が良いため使用される．冷却材としては高温のもとでも蒸気圧が低いので加圧の必要がないことから NaK を冷却材として使用した原子炉に 1951～1963 年に運転された米国 Idaho の高速実験炉 EBR-I や 1959～1976 年運転の英国 Dounreay の照射用の高速実験炉 DFR などがある．

包括試験

これらの試験は燃料集合体または時々燃料棒のグループに対して実施される，それらは以下の構成が可能である：

—燃料棒または実験集合体，言い換えればその原子炉で照射されている標準燃料とは異なるもの，

—標準集合体，これは監視（サーベィランス）計画 (surveillance programme) 対象のもの．

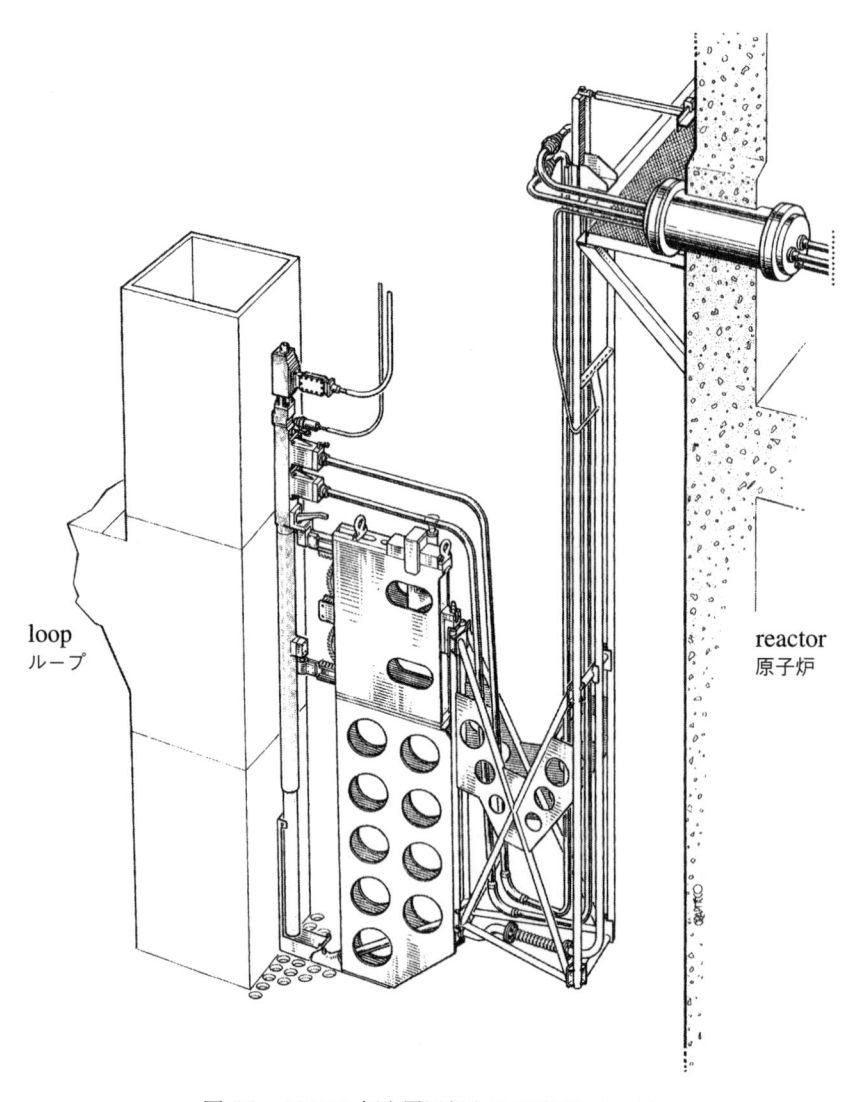

図 5.2　OSIRIS 炉心周辺部上の IRENE ループ

5.3 照射後試験と実験

　高速炉の燃料研究ではフランスにおいて原型炉 PHENIX を所有しており，その原型炉では平均 30 % を超えた実験集合体が在り，それらは標準集合体と幾つかの点で異なる：被覆材，ラッパ管材，燃料物質，ピンまたは集合体の設計と寸法など．材料研究においては，これらの集合体中央部の燃料ピンが取り除かれ，ナトリウム循環を有する照射リグに置き換えられて，その寸法に見合った 7 ないし 19 本の実験用燃料ピンがそのリグ内に装荷されている．

　フランス国内では PWRs 用として同様の装置を有していないので，動力炉内に新しい種類の集合体（実証用集合体または次期世代の集合体）を設置しなければならない．

5.3 照射後試験と実験

　照射中または照射後に被照射燃料の試験が行われる．

　PWR 動力炉では 2 運転サイクルの間に，原子炉の脇で 2 ないし 3 の標準または実証用被照射集合体について種類の異なる非破壊検査が行われる：外観検査，長さ測定，燃料棒間空隙測定および被覆管外周ジルコニア (zirconia) 層の厚さ測定（渦電流によって，外周部の燃料棒表面上を）．さらに数本の特殊燃料棒が除去可能集合体から引き抜かれ，ホッ

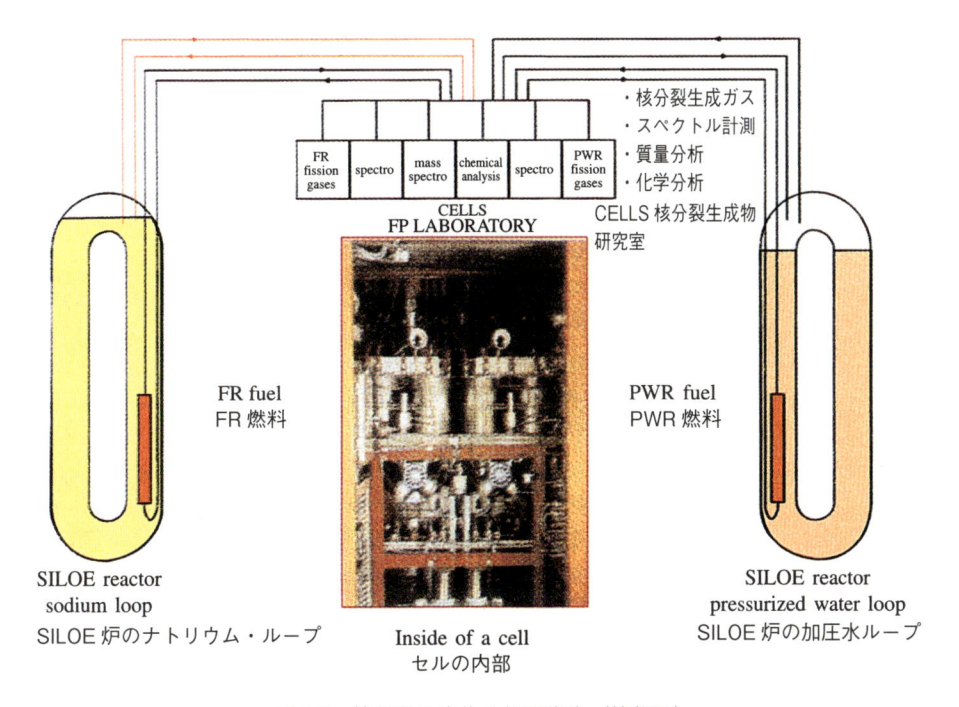

図 5.3 核分裂生成物分析研究室（機能図）

トラボ (hot laboratories) でもっと詳細な研究が行われる．[*6]

これらのホットラボでは PWR 燃料棒と同様に，実験炉内で照射された高速炉標準または実験用集合体から試料として取出されてた燃料ピンまたはブランケット棒も研究される．これらのホットラボでは炉心の他の部材，反応度制御集合体の部材なども試験される．

フランス国内には幾つかの CEA センター内にこれらのホットラボが存在している（Cadarache, Grenoble, Marcoule, Saclay）また EDF は Chinon に 1 箇所保有している．それらの施設は幾つかの機能を有している．

照射後の材料物性測定

燃料無しの材料のみ照射，照射された燃料棒または集合体からの試料を用いて物性測定される．特に被覆管片試料は，その燃料を機械的方法または化学的方法によって除去した試料を用いて物性測定される．

金相試験（電子顕微鏡，画像解析）と同様に，内圧負荷による被覆管バースト（破裂）試験 (burst test) や疲労試験 (fatigue test) のような機械試験がある程度の数で行われる．[*7]

もう 1 つ他の測定について触れよう，被覆管内にガスを留めた試料を 1200°C に加熱してその酸化現象に関連したジルカロイ製被覆管の酸素吸収の研究が行われている．

照射後試験

2 種の試験，非破壊試験 (non-destructive examination) および破壊試験 (destructive examination)，が実施される．

非破壊試験の役割は日増しに増大し，それらの定量的な水準は試験方法として使用できるまでに向上した．この非破壊検査は一般に燃料棒または燃料ピンで行われ，まれに集合体（集合体試験は原子炉に隣接している施設で）について行われる．[*8]

[*6] 訳註： 　　渦電流 (eddy current)：コイルに高周波電圧を印加すると交流磁界が発生し，その磁界の中の金属材料に渦電流が発生する．この渦電流は材料の材質，欠陥，異種金属，形状変化などによってその発生状態が異なるため，検出用コイルに得られた信号成分を解析することにより材料の非破壊検査が可能であり，燃料被覆管や蒸気発生器の非破壊検査法（渦流探傷試験法または電磁誘導試験法と呼ばれる）などに用いられている．
　　ジルコニア (zirconia)：主成分は ZrO_2．ジルカロイ被覆管の酸化物層をなす．
　　ホットラボ (hot laboratories)：放射能の強い物質を安全に取り扱える施設を有する実験室．

[*7] 訳註： 　　バースト（破裂）試験：圧力容器や配管など，あるいは燃料被覆管の破壊限界圧力や破損の様相を知る目的で，これらの設計圧力以上の内圧をかけて破損させる試験をいう．
　　疲労試験：疲労（疲れ）とは繰返し応力あるいは変動応力下において材料が破壊に至る現象．疲労破壊の断面にはストリエーション (striation) と呼ばれる波状の縞模様がみられる．応力のかけ方や駆動方式によって極めて多くの試験法がある．代表的な試験方法としては，回転曲げ疲労試験，ねじり疲労試験，引張圧縮疲労試験などがある．

[*8] 訳註： 　　JAEA 大洗研究開発センター高速実験炉「常陽」に隣接して燃料集合体試験施設 (FMF) が設

5.3 照射後試験と実験

外観検査，全長および直径の測定，燃料棒内部状態評価のためのを中性子ラジオグラフィー (neutronography)，燃焼度軸方向分布曲線と核分裂生成物の分布を知るための軸方向ガンマ線スペクトロメータ (axial gamma-ray spectrometry)，渦電流（PWR, FR）または超音波（FR）による被覆管耐力検査，渦電流による被覆管と燃料の化学反応範囲の検査（FR），渦電流による被覆管外側のジルコニア層の厚さ測定が遂行可能な全ての検査項目である．[*9]

燃料および燃料・被覆管間反応生成物の研究のために，少数の燃料棒が特別に必要な破壊試験対象物となる．放出核分裂生成ガスを捕集するために被覆管に穴あけした後，半径方向または軸方向セグメント（断片）の検査が実行される．この検査では以下の項目ができる：光学顕微鏡か電子顕微鏡，X 線マイクロアナライザー (X-ray microanalysis)，半径方向ガンマ線スペクトロメータ，X 線結晶学および密度測定．[*10]

最も広く使用されている試験方法について第 X 部付録の II で述べる．

照射準備

修正した負荷の下で照射を継続するために，被照射キャプセルの取出しと装荷について述べることができる．

予備照射燃料棒への解析実験を行うため，ホットセル内で PWR 燃料棒のセグメント——そのセグメントは動力炉または原型炉で照射された——から短尺棒を製作するために FABRICE 工程が開発された．

ホットセルでの検査

これらの検査はある運転条件下，特に異常事象 (incidental) 条件または事故時条件下，での照射燃料のふるまいの研究に使用される．以下の項目について述べることができる：

置され，地下通路のキャスクカー 2 台で被照射燃料集合体の受け渡しが行われている．「常陽」施設内で Na 洗浄された集合体は水詰缶されて水プールに保管され，キャスクに装荷された後にトラックにて FMF へ搬入する経路もある．FMF では集合体外観検査，曲り測定，ラッパ管対面間距離測定，X 線 CT（断層撮影）装置による集合体内部燃料ピン観察後，集合体解体機にてラッパ管下部を切断して燃料ピンを取り出し，燃料ピンの外観，重量，曲り，寸法検査および燃料ピンの解体が実施されている．燃料を脱ミートした被覆管は照射材料試験施設 (MMF) に送られ，被覆管付き燃料は照射燃料試験施設 (AGF) に送られ，さらに詳細な照射後試験，物性測定が行われている．

[*9] 訳註： 中性子ラジオグラフィー：中性子を利用して試料の写真をとる方法．試料を通過した中性子はコンバータと呼ばれる物質層で α 線，β 線あるいは γ 線に変換させ，写真フィルムを感光させる．

ガンマ線スペクトロメータ：γ 線のエネルギースペクトルを測定する装置．半導体 γ 線検出器により燃料の軸方向，半径方向のスキャンニング（走査）をすることにより，燃焼度および燃料の密度分布などを知ることができる．この操作を γ スキャンニングという．

[*10] 訳註： X 線マイクロアナライザー（EPMA: Electron Probe Microanalysis ともいう）：細く絞った電子線を試料に照射し，その部分から発生してくる特性 X 線を検出して元素の種類，分布状態，濃度を調べる．一般に走査型電子顕微鏡 (SEM) にエネルギー分散型 X 線分析装置 (EDS) が付属した分析装置となっている．

FRs では照射燃料とナトリウムとの反応研究，燃焼に伴う照射被覆管のふるまいの研究，PWRs では高温下（2100°C-HEVA 計画）での照射燃料からの核分裂生成物放出運動論の研究である．

参考文献

[1] Techniques de l'Ingénieur, Génie Energétique - Génie Nucléaire, Volume B81, B3020 (1991).

[2] M. Gauthron, Neutronique et matériaux. Introduction au génie nucléaire. Tome 1, INSTN, CEA Saclay (1986).

[3] M. Gauthron, Récupération d'énergie et filières. Introduction au génie nucléaire. Tome 2, INSTN, CEA Saclay (1986).

[4] S. Glasstone, A. Sesonske, Nuclear Reactor Engineering. Van Nostrand Reinhold Co. (1981).

[5] Les réacteurs nucléaires à eau ordinaire. Collection CEA, série Synthèses, Eyrolles, Paris (1983).

[6] Les réacteurs. Collection CEA, série Synthèses, Eyrolles, Paris (1986).

[7] G. Vendryes, Les surgénérateurs. Collection «Que sais-je ?», Presses Universitaires de France, Paris (1987).

[8] A.E. Waltar, A.B. Reynolds, Fast Breeder Reactors. Pergamon Press (1981).

[9] Les centrales nucléaires dans le monde. CEA, Paris (1997).

[10] Techniques de l'Ingénieur, Génie Nucléaire, Volume B8II, B3560 (1990).

[11] Le cycle du combustible nucléaire. Annales des Mines, Paris (Fév.-Mars 1983).

[12] Memento sur l'énergie. CEA, Paris (1995, 1996, 1977).

[13] J. Lefévre, Les déchets nucléaires. Collection CEA, série Synthèses, Eyrolles, Paris (1986).

[14] B. Grattier et M. Bourtelle, L'assemblages AFA pour les réacteurs à eau sous pression. *Revue Générale Nucléaire*, n° 6 (Novembre-Décembre 1985).

[15] C. Dehon, B. Grattier, J.P. Quinaux, Fragema offers an advanced assembly. *Nuclear Engineering International* (September 1985).

[16] C. Dehon, B. Grattier, B. Houdaille, M. Manson, G. Ravier, The Advanced Fuel Assembly (AFA), a new Fragema fuel assembly generation. Improvements in Water Reactor Fuel Technology and Utilization. Stochholm, September 15-19, 1986. IAEA, SM-288,

Vienna (1987).

[17] P. Clergue, J. Dodelier, J. Jouan, L'AFA 2G: un assemblage pour une plus grande souplesse d'utilisation. *Revue Générale Nucléaire*, n° 4 (Juillet-Août 1992).

[18] La centrale de Creys-Malville. *Bulletin d'Information Scientifique et Technique* (BIST) 227, CEA (Janvier-Février 1978).

[19] Creys-Malville Nuclear Power Station. *Nuclear Engineering International* (June 1978).

[20] D.R. Olander, Fundamental Aspects of Nuclear Reactor Fuel Elements. Technical Information Center, Energy Reserch and Development Administration, TID-26711, ERDA (1976).

[21] J.T.A. Roberts, Structural Materials in Nuclear Power Systems. Plenum Press, New-York (1981).

[22] B.R.T. Frost, Nuclear Fuel Elements. Design, Fabrication and Performance. Pergamon Press (1982).

[23] La recherche et le développement en France dans le domaine des réacteurs à eau sous pression, $2^{éme}$ Partie: le combustible. *Revue Générale Nucléaire*, n° 3 (Mai-Juin 1988).

[24] P. Chouard, M. Lelion, M. Manson, G. Rousselier, Les moyens d'essai en France en support au développement de la filière REP. *Revue Générale Nucléaire*, n° 3 (Mai-Juin 1990).

[25] J.P. Pagès, M. Chevalier, J.C. Van Craeynest, CEA hot cell facilities devoted to irradiated fuel examinations: status and new developments. ANS, Proceedings, 35th Conference on Remote Systems Technology (1987).

第II部

燃料製造

H. BAILLY

第6章

燃料製造序論

6.1 要求事項

燃料に関する技術的選択が設計者によって行われ，集合体の異なる部材と集合体そのものに関連する仕様書の言葉に言い換えられる．

これらの仕様書要求事項：

—工程の選択を通じて特定化された性質の獲得が許されること，

—製造時瑕疵を最少に導く，高度に標準化された作業場であること．

これらの要求事項は経済性の原則に明らかに従う．これらの仕様書は工業生産に沿うものでなければならないし，可能な限り製造コストを低くする工程を選択しなければならない．

第 V 部と第 VI 部の PWR および FR 集合体の運転条件の記述にて，原子炉を適切に運転するための要求事項が詳細に述べられる．PWR 燃料棒と FR 燃料ピンに関連したこれらの項目の幾つかを以下に示す．

PWR 燃料棒

被覆は，内部ヘリウムの抗圧力 (counter-pressure) によって部分的に相殺される冷却材圧力に曝される．[*1] このことから幾つかの要求事項が導かれる：

[*1] 訳註： 初期の加圧水型原子炉において燃料棒がつぶれる（コラプス：collapse）現象が発生した．これはペレット密度が低い燃料では，照射中のペレット焼締りのため，燃料棒内のペレットスタック中にギャップが発生することがある．加圧水型原子炉用ジルカロイ被覆管の低下圧燃料にこのギャップがあると照射中この部分の被覆管が扁平化することがあり，この現象をコラプスとよぶ．この対策の 1 つとして内部加圧型燃料棒を用いるようになった．PWR では当初 33 気圧であった初期内圧が高燃焼度化や MOX 燃料の使用に伴い 20 気圧後半に下げられているのもある．これは高燃焼度化に伴う寿命末期内圧の増加に対応するものである．一方，BWR においては当初 1 気圧の He を封詰めしていたが高燃焼度化に伴い 3 気圧そして 5 気圧に上げられ，9×9 型では 10 気圧となっている．これはペレット・被覆管の熱伝達を良くするためである．これらの設計アプローチの違いは燃料棒の設計，外圧の差，被覆管のクリープ特性の違いに起因している．

―被覆は充分な力学強度を有すること：ジルカロイの金属学的状態，正規幾何学的寸法（肉厚，真円度），

―狭まく，かつ可能な限り一定の半径方向間隙（ギャップ）を有すること（それは熱通過にとっても良好である）：被覆管とペレット半径の小さな許容公差 (low tolerance)，運転中の燃料焼締り最小，

―ペレット表面に有意な欠陥が無いこと．

水による被覆の化学反応の程度と重大性は，可能な限り限定されなければならない：

―材料の耐食性が良好であること，

―正接方向水素化物 (hydride) を含有する被覆配向組織 (texture)，半径方向配列の場合クラック発生の原因となる．[*2]

酸化物燃料に関するその他の要求事項：

―ペレット・被覆相互作用を制限する，温度および出力急昇時における適度な力学抗力，

―内圧の過剰な上昇を抑えるための，最少の核分裂ガス放出，

―被覆内部の水素化物発生を防ぐための，最少の水分含有量．

最後に，燃料棒の気密を左右する，被覆および被覆管・端栓溶接部に欠陥（健全性検査にて確認できる欠陥）が無いこと．

ペレットの性質と上述した様々な現象との相互関連についての異なる研究が行われてきた [1-3]．

FR 燃料ピン

被覆材は以下の基準 (criteria) にしたがい決定される：

―照射環境下での耐スエリング性，

―核分裂ガスによる内圧への高温抗力性 (hot resistance)，

―（ペレット・被覆力学的相互作用問題に対する）照射環境下での延性 (ductility)．

その材料選択は，材料自身の製作の容易性と被覆管製作要件により決定される：

―様々な材料組成元素にたいする狭い許容範囲の考慮，

―理想的金属学状態を得るための熱・力学的処理．

最後に，PWRs の場合と異なる要求事項は以下の通り：

―ペレットの不純物による内面腐蝕は，ジルカロイ製被覆（PWRs の場合の水のような）に比べて鋼製被覆の敏感性は低い，

―外部圧力の支配を受けない，外部圧力による変形の危険性は無く，大きな半径方向の

[*2] 訳註：　　水素化物：水素と他の元素との二元化合物をいう．ジルカロイの主成分である Zr は，H の溶解度が高く表面における腐蝕反応で生じた H は被覆管内に吸収される．この水素吸収が進むと水素化物が析出し，ジルカロイ結晶の配列に応じて，方向性をもって線状に連なって並ぶ性質がある．この析出配向が被覆管肉厚方向に走ると，被覆管の強さを損なうことになる．

6.2 品質

ギャップを許容する,

——ペレット微細構造は運転中に酸化物のために到達する高温によって再組織化され,その初期の微細構造は核分裂ガス放出のような機構にたいし比較的低い効果しかない.[*3]

プルトニウム燃料

この場合,燃料はウランとプルトニウムの混合酸化物,$(U, Pu)O_2$ である.2つの基本的理由より,ウラン中のプルトニウムの分布は,均一であることが重要である:

——PuO_2 の凝集が大きすぎることにより発生するホット・スポット (hot spots) の危険を避けるために,

——UO_2 に比べて PuO_2 の溶解性が劣るため,再処理での硝酸による被照射燃料の良好な溶解性を得るために.

6.2 品質

燃料品質は大変重要である,技術的および経済的理由から:原子炉の安全性において,燃料が事故を引き起こしてはならない,1次冷却材の放射能を燃料破裂によって増加させてはならない,さらに燃料のふるまいが計画外の炉停止——それは経済的損失となる——を引き起こしてはならない.

良好な品質を達成されるためには幾つかの基礎原理に依存する:

——製品の性質と特性に関する仕様書,

——製品が仕様書通りであることを確認するための検査,

——品質保証 (quality assurance) システム.

仕様書

仕様書 (specifications) とは,異なる製品から燃料集合体を造り上げる設計とその種々の材料の選択を表現したものである.

仕様書は,その解釈に多義性が含まれることを避けるために,正確 (precise) かつ明確 (clear) でなければならない,さらに使用されない要求事項を含ませてはならない.

作業の結果をフィードバックすることにより,その仕様書の厳密さをさらに増加させるか,または緩和するのかを導く.

[*3] 訳註: 軽水炉用酸化物燃料ペレットの場合,核分裂ガス放出率は結晶粒径に反比例する,このため放出率を低くして燃料棒の内圧増加を抑えるためにペレット焼結時に大粒径化するための工夫が行われている.一方高速炉用酸化物燃料ペレットの場合,高温のため核分裂ガス放出率100%で設計され燃料ピン内に大きなガスプレナム部を要し,ピン全長の 1/2〜1/3 を占める.

検査

燃料製造の特徴の 1 つは，製造対象物が大変な数になることである：1 300 MWe の PWR 炉心は約 51 000 本の燃料棒と 16 百万個のペレットから成る．このような数にもかかわらず，検査 (inspections) のほとんどはユニット単位で行われる，例えば被覆管や燃料棒に対して，さらに幾つかのペレットの性質（表面状態）について行われる．他に，燃料バッチの受入れ検査として統計学手法が用いられる．

品質保証

品質保証 (Quality Assurance: QA) と呼ばれる，品質保証システムは製品の品質を保証するために適用した測度によって定義される．

これらの測度は，例えば：

—責任を負うべきものの定義と組織，

—文書体系の確立（製造工程，検査工程，受入工程），

—従業員の訓練 (training) および資格認定 (qualification)．

その一般的な枠組みが確立されたなら，その品質保証システムには，行為に対する連続評価——異常または差異の観察解析を導く特別な注意を伴う——が含まれなければならない．これらが正当な行為を導く結果となる．

このシステムは「たどることができること」(traceability) にある，言い換えれば製品の履歴，製品の使用または製品の場所の由来を明らかにできる能力であり，その能力は運転経験を解釈するためにはとりわけ有用である．

6.3　燃料製造工場の特徴

非核部材製造は，しばしば特定の工場で生産されるとしても（例えばジルカロイ製被覆管製造），材料不純物に関しておよび製造工程と検査工程の定義に関する特別な要求を除いて，通常の工業製品製造と区別されない．

燃料製造工場に関しては，ある放射毒性 (radiotoxicity)——とりわけプルトニウムにおいて強いが——を伴う放射性元素であるウランおよびプルトニウムの使用により以下のような多数の制約が導かれる：

—通常の放射線防護計測，

—臨界 (criticality) 問題，

—工場を清浄 (cleanliness) に保つことおよび環境保護（負圧に制御された換気，閉じ込めおよび廃棄物管理），

6.3 燃料製造工場の特徴

——核分裂性物質の正確な会計（計量管理）．*4

これらの制約はプルトニウム燃料製造工場に対してさらに厳格となる．プルトニウムは核分裂性および放射毒性元素であり，それ自身またはその娘核種（^{241}Am）またはある種の物質の存在により（α, n 反応），X 線，γ 線，中性子線を発する．このため以下の対応が要請される [4]：

——溶接された棒（またはピン）になる段階まで，包蔵性が確実な中（グローブボックス：glove boxes）で操作を行う，*5

——警報と検知システムを伴う室内環境の監視，

——グローブボックスの内側または外側でのガンマ線と中性子線遮蔽材の使用，

——臨界の危険性に対する防護措置，特に PuO$_2$ およびプルトニウムが高含有率である FR 燃料に対して：使用される質量の制限，適切な装置の幾何学的形状，減速性物質の制限，*6

——補修作業のための人の介入制限により，機械化の進展を通じての装置近傍への従業員滞在の抑制または低減．

プルトニウムに付随した危険性はその同位体組成に部分的に依存することを述べておくべきであろう．その危険性は照射燃料の燃焼度に伴い増加する，そこではプルトニウムの生成と増加（第 VIII 部，第 43 章 43.2 節を参照せよ）および質量数が偶数の同位体——それは ^{238}Pu で顕著（α, 中性子の放出）——が増加する生成が行われる．^{241}Am は再処理にて分離されるものの，^{241}Pu の崩壊にて生成される ^{241}Am の含有に伴い，γ 放射線もまた増加する．*7

使用済燃料の再処理から得られたウランの利用可能性は照射中に生成したウラン同位体およびそれらの娘核種——それらの含有率が低くとも（^{232}U による γ 線放射およびその娘核種 ^{241}Tl からがほとんどである γ 線放射，^{234}U からの α 放射能）——の放射能に伴う追加的制約が導入される．

軽水炉用燃料製造工場の年製造能力は，一般的に重金属で 400 トンから 1 000 トン

---

*4 訳註： 核不拡散条約 (NPT) の締結に基づき，国際原子力機関 (IAEA) の保障措置協定にて核物質の核兵器への転用の有無についての検証が行われている．この査察検証の基本に核物質会計（計量管理）報告書の施設側提出と IAEA 査察官による独立検証，独立測定が行われる．計量管理の原理，検定理論とその検証に関する解説は以下の本が詳しい：R. Avenhaus, 物質会計：収支原理，検定理論，データ検認とその応用，今野廣一訳，丸善プラネット，東京，2008.

*5 訳註： グローブボックス：手袋のついた密閉箱で，作業者はゴム製手袋を通して箱の中の放射性物質を取扱う．揮散あるいは飛散しやすい物質を取扱ったり，処理過程での周囲条件を制御する必要のある物質を取扱うのに用いる．

*6 訳註： 臨界安全管理：臨界事故を起こすことがないように安全に管理すること．実際の管理に当たっては，質量制限，濃度制限，形状寸法制限，減速材管理等を単独または組み合わせにて臨界安全を担保する．

*7 訳註： ^{241}Pu は β 崩壊（半減期：14.35 年）して ^{241}Am となる．再処理で得られたプルトニウムを保管していると，Am のパイルアップが生じ，γ 線強度が強くなる．プルトニウム量も減少することから，再処理後のプルトニウムは直ちに MOX 燃料として製造し，炉へ短期間で装荷することが望ましい．

の間またはそれよりわずかに超える程度である．フランスでは軽水炉用燃料は FBFC (Franco-Belge de Fabrication de Combustibles) で製造されている．Romans と Pierrelatte に在る工場およびベルギーの Dessel に在る工場で年間 1 500 トン（重金属）を超える製造能力を有する．

　プルトニウム燃料製造工場は，ウラン燃料製造工場に比べれば世界を通じてはるかに少ない数しかないし，その製造能力もはるかに小さい．軽水炉用 MOX 燃料を製造している主要 3 工場は，フランス Marcoule に在る MELOX 工場，ドイツ Hanau に在る SIEMENS 工場と英国 Sellafield に在る BNFL 工場である．これら 3 工場を合わせた製造能力は年約 120 トン（重金属）となる．MELOX 工場は 1995 年に操業を開始した，BNFL 工場は 1997 年は操業中であろう，さらに SIEMENS 工場は操業を開始しないであろう．[*8]PHENIX 用および SUPERPHENIX 用高速中性子炉燃料は Cadarache 製造複合体（最初は CEA，その後数年の現在まで COGEMA）によって生産されてきた，その製造能力は軽水炉用のため 1995 年に年 30 トン（MOX 燃料）に引き上げられた．Dessel に在るベルギーの BELGONUCLEAIRE 工場は軽水炉用に年 35 トンの MOX 燃料を生産している．

[*8] 訳註：　　SIEMENS の MOX 製造工場：1965-1991 年までの間に 8.5 トンのプルトニウムから MOX 燃料棒 26,000 本が製造されたが，1991 年 6 月に発生した汚染事故を理由に，州規制当局は運転の停止命令を発令し，その後も運転再開はなかった．この工場の廃止措置は 2006 年 9 月に完了し，サイト規制解除を受けている．
　ドイツ SIEMENS 社が所有する 4 つの核燃料サイクル施設（1 ホットラボ，2 ウラン燃料製造施設，1 MOX 燃料製造施設）の閉鎖は，1980 年代後半から 1990 年代半ばにかけて，政治的および経済的な理由によって決定された．

第7章

燃料製造

　動力炉用燃料の大部分は酸化物である：特に PWRs 用としては基本的にウラン酸化物および軽水炉と FR 燃料用としてのウラン酸化物とプルトニウム酸化物を混合した MOX 燃料．酸化物はウラン酸化物の形態で FRs のブランケット部でも使われている．

　酸化物燃料の形状は円柱状ペレットで，その高さは直径に比べてわずかに大きい．

7.1 加圧水型原子炉用ウラン酸化物

7.1.1 参照工程 [5-7]

　フランスで選択された工程を図 7.1 に示す．

粉末製造

　フランスで採用された工程であり，世界中に広まっている工程は乾式転換工程 (dry conversion process) である．この工程は気体・気体または気体・固体反応のみが使われる：

$$UF_6 + 2H_2O \rightarrow UO_2F_2 + 4HF \quad （加水分解：hydrolysis）$$
$$UO_2F_2 + H_2 \rightarrow UO_2 + 2HF \quad （還元：reduction）$$

従って総括的には：

$$UF_6 + 2H_2O + H_2 \rightarrow UO_2 + 2HF$$

　この全体工程には単一の統合施設が用いられる，その施設には第 1 番目の加水分解反応炉，さらに高温加水分解物 (pyrohydrolysis) の還元によって脱フッ素化が行われる回転キルン (rotating kiln) が含まれ，二酸化物粉末を作り出す．

　この工程は沢山の利点を有している：

—単一の設備，

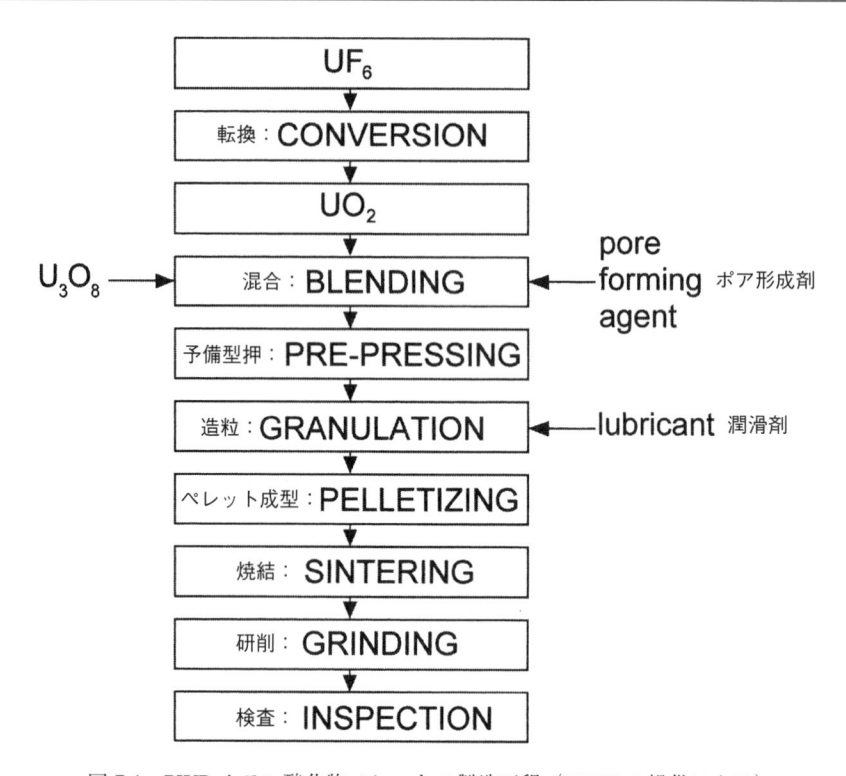

```
            ┌─────────────┐
            │    UF₆      │
            └──────┬──────┘
                   ▼
            ┌─────────────┐
            │転換:CONVERSION│
            └──────┬──────┘
                   ▼
            ┌─────────────┐
            │    UO₂      │
            └──────┬──────┘
                   ▼
   U₃O₈ →  ┌─────────────┐ ←  pore forming agent  ポア形成剤
            │混合:BLENDING │
            └──────┬──────┘
                   ▼
            ┌─────────────────┐
            │予備型押:PRE-PRESSING│
            └──────┬──────────┘
                   ▼
            ┌─────────────────┐ ← lubricant  潤滑剤
            │造粒:GRANULATION  │
            └──────┬──────────┘
                   ▼
            ┌─────────────────┐
            │ペレット成型:PELLETIZING│
            └──────┬──────────┘
                   ▼
            ┌─────────────┐
            │焼結:SINTERING│
            └──────┬──────┘
                   ▼
            ┌─────────────┐
            │研削:GRINDING │
            └──────┬──────┘
                   ▼
            ┌─────────────┐
            │検査:INSPECTION│
            └─────────────┘
```

図 7.1　PWR ウラン酸化物ペレットの製造工程（FBFC の提供による）

―汚染された液体廃棄物の発生が無い，その反応生成物は非常に純粋なフッ化水素酸 (hydrofluoric acid) であり，回収が可能なため再利用される，

―設計で臨界の危険性が宣告されない，これは湿式工程と異なる，

―操業安定性，運転パラメータ数が少ないことの理由による（温度，圧力，流量速）．

粉末特性

粉末が大変純粋であるときには，その粉末は比較的低い比表面積 (specific surface)（その平均値は約 2 m²/g より少々高め）を有する，この低比表面積が自発性酸化 (spontaneous oxidation) の危険性に関連する，すばらしい安定性（長期間ほぼ一定の化学量論 (stoichiometry) を維持）を与えてくれる．[*1]

その基本特性の 1 つは，良好な焼結性 (sinterability) である：この純粋な粉末を，添加剤を加えずにペレット焼結で理論密度の約 98 ％ に等しい結果が得られること．[*2]

[*1] 訳註：　　　非化学量論的化合物（不定比化合物）：成分元素の比率が簡単な整数比にならない化合物．UO₂，PuO₂ およびそれらの混合酸化物 (MOX) は典型的な不定比化合物である．この O/M 比は燃料物性に大きな影響を与える．従ってその O/M 比の安定性は重要な因子となる．

[*2] 訳註：　　　焼結 (sintering)：セラミックス燃料あるいはセラミックス制御材料などを成形するには，こ

7.1 加圧水型原子炉用ウラン酸化物

ペレット製造

DCN: Double Cycle Normal（順二重サイクル）と呼ばれている工程の幾つかの段階についてコメントしよう．

目的とする密度を達成するためにポア形成粉末 (pore-forming powder) と一定比率の U_3O_8 を原料粉末に加える．[*3] U_3O_8 はスクラップと幾つかの汚染されていない廃棄物質を煆焼 (calcination)[*4] して得る．UO_2 粉末を空気雰囲気の中で 350 °C で酸化して得られた，微粉末の U_3O_8 補給物質（サプリメント）はグリーンペレット (green pellet) の力学的強度を高める（UROX 工程 [8]）．

成型機への充填に関し，粉末の流動性が充分でないために，ペレット製造工程は造粒段階工程を含む．造粒段階工程で粉末は低圧で固められ，それら粒子を圧縮してペレットが得られる．「球状化操作：spheroidizing operation」（ミキサーでの混合）は粒状流動性を改善させる．その顆粒 (granules) に潤滑剤 (lubricant)——たとえば 0.2-0.3 % のステアリン酸亜鉛 (zinc stearate)——を加え，加圧して質量密度 5.9〜6.3 g/cm^2 のグリーンペレット (green pellets) を得る．加圧成型は図 7.2.a に示す回転成型機 (rotating presses) または図 7.2.b に示す多軸水力学成型機 (hydraulic multi-punch presses) によって行われる．

モリブデン製皿（ボート）の上に載せ，連続押出型炉内の水素雰囲気下で焼結される，ペレットは 1700 °C の温度で約 4 時間焼結炉内に滞在する．

最後に，センタレス研削機によって仕様直径まで研削される．

れらの粉末をプレス成形してから，さらに高温に加熱すると，主として原子の拡散や，一部蒸発凝縮などによって固体状態のままで粒子間の空隙が減少し（これに伴って寸法は縮小する），内部の結晶も大きくなって強度を増すことができる．このような現象を焼結という．適当な粘結剤および潤滑剤（ルブリカント：ステアリン酸亜鉛，$(C_{17}H_{35}CO_2)_2Zn$ など）を混ぜて粉砕混合したものを数 t/cm^2 の圧力で圧粉成型する．こうして作られた圧粉体は理論密度の 60〜70 % の密度をもちグリーンペレットと呼ばれる．真空または水素（MOX の場合，92% Ar-8% H_2 または 92% N_2-8% H_2）雰囲気での予備焼結を経て，1500〜1750 °C の温度で加熱焼結を行う．

　理論密度 (theoretical density: T.D)：X 線解析で求めれたれた結晶格子構造，原子間隔と原子質量から計算された結晶固体の密度．これはこの物質の取り得る最大密度となる．$\rho_{UO_{2.0}}$ = 10.96 g/cm^3, $\rho_{PuO_{2.0}}$ = 11.46 g/cm^3 である．

[*3] 訳註：　　ポア形成粉末：ペレットのスエリングによるペレット・被覆管力学的相互作用 (PCMI) を避けるため，ペレット焼結密度を下げるための焼結初期段階で熱分解する主にパラフィン，セルロース系の微粒粉末の添加剤をいう．焼結したペレットの金相断面写真で細かいポア（気孔）が分散しているのが観察できる．ちなみに FBR 原型炉もんじゅのペレットは低密度 85 % T.D である（スミア密度では約 80 % T.D となる）．他方，ポア形成粉末を添加せず中空高密度ペレットを用いることで被覆管内のスミア密度——被覆管の内側を燃料体が占める割合——を低下させることにより PCMI を防ぐ設計もある（各国の FBR での燃料使用経験からスミア密度を 85 % 以下に設定すれば良いといわれている）．

[*4] 訳註：　　煆焼（かしょう）：外部から熱を加えて，脱水や分解を起こさせて揮発成分を分離させる操作．
　　　　焙焼：鉱石などを融点以下の高温に加熱して化学的・物理的変化を起こさせる操作．

a) 回転成型機によるペレットの成型（FBFC からの提供）

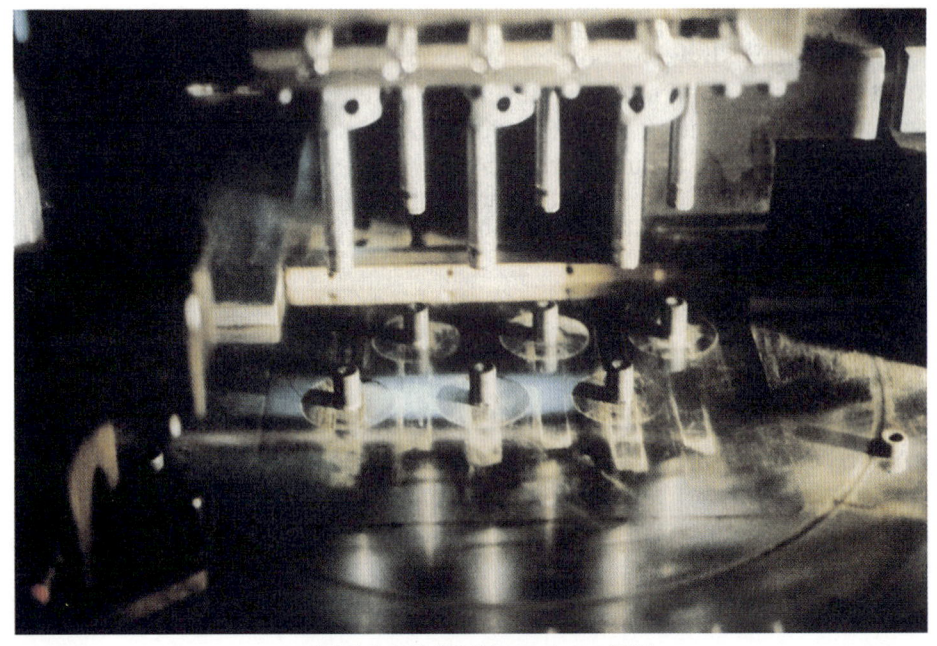

b) 多軸水力学成型機（MFP からの提供）

図 7.2　グリーンペレット燃料の製造

7.1 加圧水型原子炉用ウラン酸化物

図7.3 工業用 UO_2 燃料ペレットの縦断面金相写真（FBFC の提供による）

ペレット特性

ペレットの開口気孔 (open porosity) は 0.1 % 未満である，これは湿気の吸収を防ぐためであり，開口気孔を通過する核分裂ガスの放出を減少させるためでもある．

気孔径 1 μm 以下の低含有率（< 0.8 %）の気孔が焼締りを妨害し，炉内での焼締り (densification) は大変大きなものでは無い．

図 7.3 にそのペレットの微細構造を示す．

7.1.2 その他の工程

粉末またはペレット製造に関するその他の工程が開発されている．

粉末製造

粉末製造のための幾つかの湿式工程が在る．

第 1 番目の工程は，ADU（ammonia di-uranate：重ウラン酸アンモン）プロセスという，アンモニアと UF_6 の反応によりウラン酸アンモンを析出させる最初の段階を含んでいる．

フッ素を依然として含むそのウラン酸は，回転キルンの中で高温加水分解して U_3O_8 となり，その後第2番目の回転キルンで還元されて UO_2 となる．このウラン酸塩 (uranate) パルプはスプレイドライ (spray-drying) によって造粒することができる．[*5]この最終の UO_2 粉末は，40 μm の寸法に近い流動性を有する丸い塊となる．

炭酸ウラン (uranyl carbonate) を伴う第2番目の工程は，UF_6，CO_2 と NH_2 の反応によるウラン塩と炭酸塩アンモニウム (AUC) の析出の第1段階が含まれる．その炭酸塩は流動層 (fluidized bed) 内で還元性熱分解により UO_2 に変化する．ドイツで適用されたこの工程の特性は，流動性が良好な，20 μm の寸法に近い小さい粒子からなる粉末を得られることにある．その結果，中間の造粒段階を必要としない．

湿式工程によって得られた UO_2 の比表面積は，通常 3.5 から 5.5 m^2/g の範囲である．

ペレット製造

—フランス CEA で採用した DCI: Double Cycle Inversé（逆二重サイクル）工程 [9] では，造粒工程と成型工程での圧縮成型圧値が従来の工程と比べて逆になっている．粉末を高圧力（> 600 MPa）で圧縮することによって，高質量密度（6.5 g/cm^3）の抵抗性を有する粒子を得る．それよりも低い圧力（200 MPa）の成型により，その粒子の密度より幾分低めの質量密度を有するグリーンペレットが造られる．

この工程でのポア形成剤の使用は要求されない．

若干目の粗い，このペレットの微細構造は粒子の記憶を保持している（図 7.4 参照）．理論密度が 95 % のもので，1.5 % が閉気孔，3.5 % が開気孔となっている．このペレットは大変優れた熱的安定性を有している，それは気孔が安定であり，熱勾配下でのクラッキングに対する素晴らしく良好な耐性を有していることによるものである．しかしその気孔は核分裂生成物を保持するのに大変優れているわけでは無いし，古典的な DCN 工程で製造されたペレットの熱伝導率値に比べ，その熱伝導率は低い．

—エネルギーの消費を節減するため，また焼結炉の信頼性を増すために，焼結温度を低下させることは興味を引く．フランスを含む数カ国でこの実験が行われた．焼結温度を酸化性雰囲気（CO_2 または混合ガス）での焼結により，または中性雰囲気でも U_3O_8 を加えて O/U 比を増加させることで [10]，ほぼ 1200 °C まで低くなるかもしれない．焼結に引き続いて焼結温度より低温（800/900 °C）の還元性雰囲気で化学量論的酸化物を得るために還元する．単一炉をガス障壁（窒素ガス噴射）で 2 つに区分することでこの 2 つの工程を実施することもできる．[*6]

[*5] 訳註： スプレイドライ：噴霧状で熱にあてて顆粒状にすること．
[*6] 訳註： 焼結炉を還元性雰囲気にするため UO_2 燃料の場合，水素を直接流し未反応水素を細い排気筒で燃焼させる方式が一般的である．一方プルトニウムを含有する MOX 燃料では，爆気濃度未満の水素を含有した N_2 または Ar ガスを焼結炉内に流す方式が採用されている．UO_2 燃料の高燃焼度化のためペレットからの核分裂生成ガス放出の低減が必要となる．このために (1) 燃料温度を低下させる，(2)FP の

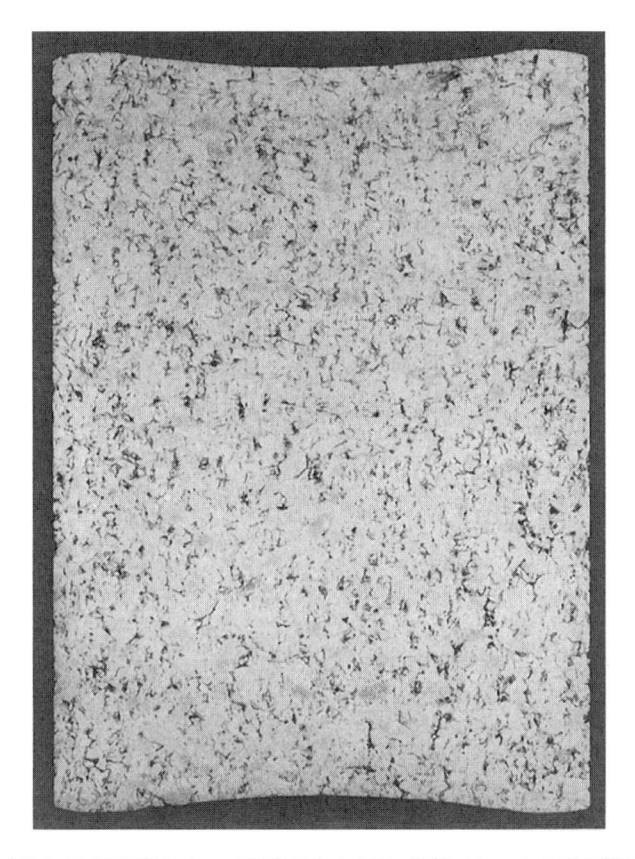

図 7.4 DCI 工程によって製造された UO₂ 燃料ペレットの微細構造

7.2 ウラン・プルトニウム混合酸化物燃料

ウランとプルトニウムの混合酸化物（MOX）は FR 燃料および PWR 燃料の 1 部として使用されている．

両者ともに同じ種類の物質を用いているものの，以下のような差異が存在する：

―前述したように（第 1 章を参照せよ），PWR 燃料棒と FR 燃料ピンとの運転方式の差異からペレット仕様に対する異なった要求が導かれる，

―プルトニウム含有量の差異：ある PWR の場合，原料のプルトニウム同位体組成，目標燃焼度，炉心燃料管理に依存するが，約 5 ％ から 10 ％ をやや超える範囲のプルトニウ

拡散距離を拡大させる（大粒径化）等の開発が行われている．このペレットの大粒径化のため，粉末や焼結条件の改良または各種添加物（Nb₂O₅, TiO₂, Al₂O₃/SiO₂ 等）を加えて焼結する方法が使用されている．一方，FR 用 MOX 燃料では核分裂生成ガス放出率 100 ％ としガスプレナム部をあらかじめ設けているため，このようなペレットの大粒径化対策は行われていない．

ム含有率を取りうる．FRs の場合，非均質炉心概念で，その含有率は 14 % を超え約 30 % に達することができる．プルトニウム専焼炉として使用される FR では 30 % を悠に超えることができる．

7.2.1 参照工程 [11-15]

基礎製品は UO_2 と PuO_2 酸化物である．実際，COGEMA の再処理工場のように，プルトニウムからウランを分離した後，プルトニウムが PuO_2 の形態で供給される．PuO_2 の形態であるのは，それが安定な化合物であり，容易に貯蔵できるためである．このプルトニウム酸化物は，シュウ酸 (oxalic acid) により硝酸プルトニウムからの析出物であるシュウ酸塩 (oxalate) を少なくとも 450 ℃ の温度で焙焼することで得られる．この焙焼操作が，比表面積——焙焼温度の上昇に伴い比表面積は減少する——のような，PuO_2 粉末特性を決定する．PuO_2 粉末の比表面積は通常 6 m^2/g より高く，30 m^2/g に達することも可能である．従って UO_2 粉末の比表面積に比べて PuO_2 粉末のほうが，より大きな比表面積を有する．

混合酸化物の製造において，現在に至るまで UO_2 粉末の殆どは湿式工程で生産されてきた，これは乾式工程で生産された粉末よりも良好な流動性を有するからである．

図 7.5 に FR と PWR の混合酸化物ペレット製造線図を示す．

UO_2 と PuO_2 の単純混合は，U と Pu の良好な均質性を得るのには充分で無い．製造開始の時点で，両方の粉末を相互にミリング (milling) する基本操作を実施する．[*7] この操作は低合金ウランボール (low-alloy uranium balls) を使用して行う．このミル容器（図 7.6 参照）は水平軸のまわりを数時間回転し，ミル効果により粉末密度を増加させる．このミリングは，両方の粉末を直接混合するだけでなく，それらの粉末特性を改善させる，とりわけ UO_2 粉末の流動性に影響を与えて集塊 (agglomerates) 形成を生じさせる．この生産物をペレット成型への供給物として使用することはできない，ミリングの後工程として造粒操作またはその粉末に圧を加えて篩 (sieve) の穴を通す操作が行われる．[*8]

PWRs では，MIMAS (MIcronized MASter blend) 参照工程において——この工程は MELOX 工場で採用され，その後 Dessel に在る BELGONUCLEAIRE 工場で使用されている——UO_2 粉末の 1 部のみ粉砕し，この小部分に等量または 25 % 多めの PuO_2 粉末を加えた種混合物 (master blend) を造り上げる．この種混合物を残りの UO_2 粉末で希釈する．この混合操作で添加 UO_2 粉末特性，特にその流動性の大きな改善は得られないものの，この希釈混合操作を通じて望みのプルトニウム含有率を得る．[*9]

[*7] 訳註： ミリング：ミル (mill) は製粉機，粉砕機のこと．ひき臼，製粉機を使って粉にすることをいう．ウランボールを使用するのは，比重が大きく，ボール表層の摩耗による原料への不純物汚染を避けるためである．

[*8] 訳註： 強制篩分ともいう．

[*9] 訳註： フランスから日本へ供給されるプルサーマル燃料も MIMAS 法で生産されている．六ケ所

7.2 ウラン・プルトニウム混合酸化物燃料

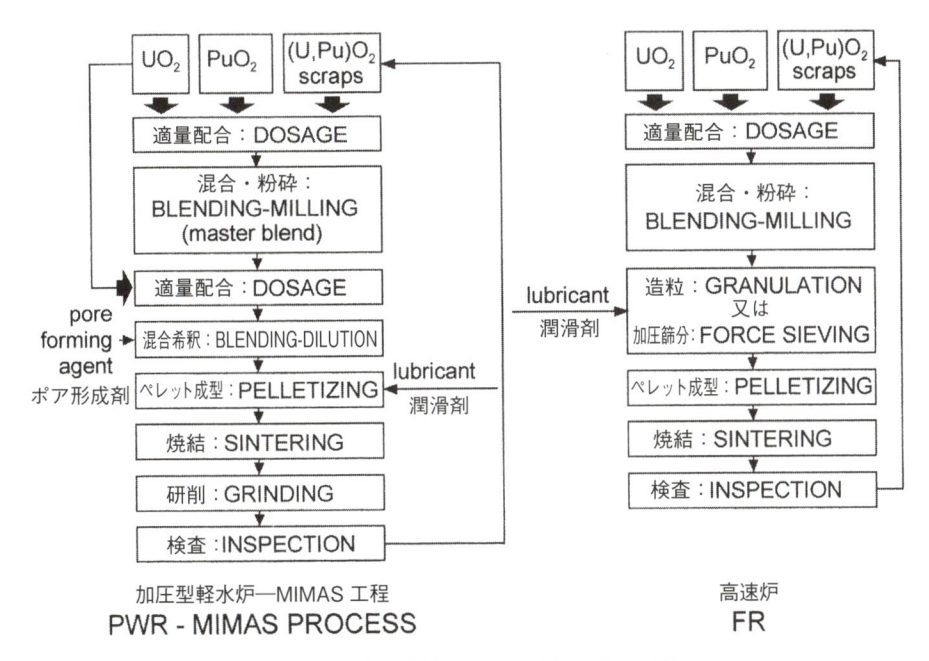

図 7.5 混合酸化物ペレット製造の参照工程

図 7.6 MELOX 工場のボールミル（MELOX の提供による）

MOX 燃料工場（2016 年操業開始予定）でもこの MIMAS 法（二段混合法）が採用された．再処理工場で MH 法により生産された Pu/U = 1 の MOX 粉と UO_2 粉を粉砕混合して Pu 富化度約 30 % の混合粉とし，さらに希釈用 UO_2 粉を加えて粉砕混合し目的のプルサーマル用 Pu 富化度 (4-16 %) の MOX 粉を生産する．

図 7.7　PWR 混合酸化物ペレットのアルファ・オートラジオグラフィー

　Cadarache に在る COGEMA の施設で使用されている COCA 工程では，大変良好な均質性を与えるために全ての UO$_2$ 粉末と PuO$_2$ 粉末を粉砕する．しかし幾つかのケースではミリング（粉砕）の結果である凝集塊の記憶を残すペレット微細構造が得られる．
　焼結の後，PWR ペレットは研磨する．FRs の場合，ペレットは研磨しない，他の仕様を満たしているペレットが直径公差（直径の ±1 ％）で，はじかれるのを無くすためにのみ研削を行う．
　ペレットの均質性はアルファ・オートラジオグラフィー (alpha autoradiography) で管理される．アルファ・オートラジオグラフィーはプルトニウムの多い集塊を示す（図 7.7 参照），さらに詳細な試験では X 線マイクロアナライザーが使用される．溶解試験を用いて評価する溶解性能も均質性評価の助けとなる基準である．[*10]

[*10] 訳註：　　アルファ・オートラジオグラフィー：α 線をその物体に密着させた写真乾板によって記録した写真．比放射能強度の強いプルトニウム集塊により感光させる．この感光したプルトニウム濃度の高い領域をプルトニウム・スポットという．

備考

例えば米国で使用されている予備混合粉末を伴う高速流の窒素ガスジェットで粉砕するジェット・ミル (jet mill) や英国で実験した回転垂直軸に取り付けた水平腕によって鋼製ボールまたはウランボールを押し出しして混合粉を粉砕するアトリション・ミル（歯付円板粉砕機：attrition mill）のように，ミリング（粉砕）操作で，前述したものとは異なる他の種類の装置を用いることができる．[*11]

7.2.2 その他の工程

現時点まで工業的利用はまだであるが，再処理においてウランとプルトニウムを分離しないその他の工程が存在する，そこでは基礎製品として硝酸ウランと硝酸プルトニウムの混合物を使用する．

—ゾルゲル法 (solgel processes) では——幾つかの種類が有る——硝酸塩溶液中にゲル化剤を入れ，ある種の条件下では数 μm から 1 mm 寸法の微小球が得られる．乾燥させた後，これらの球は成型機にて形成され，その製造の最終段階は古典的工程と同一となる．それらの小球を焼結し，振動充填法（バイ・パック法：vibro-compaction）により被覆内へ直接充填することもできる．充分な密度を達成するために被覆管へ適切な充填がなされるよう，寸法の異なる小球の組み合わせを用いることが必要となる．

—ドイツの AUPuC 法のような [16]，共析出法がある，この方法は UO_2 に対するウラン塩と炭酸塩アンモニウム (AUC) の析出工程に対応する．

—直接脱硝工程では，混合硝酸塩溶液から混合酸化物粉末を直接的に得る．硝酸塩溶液は蒸留により濃縮し，熱的に組成変化させる．この後に煆焼と還元が行われる．マイクロ波加熱 (microwave heating) を用いる，フランスの NITROX 法と日本の方法について我々は述べることができる [17,18]．[*12]

[*11] 訳註：　アトリター・ミル (attritor mill) ともいう．英国 BNFL 社で開発した MOX 燃料製造法である．UO_2，PuO_2，回収粉，ステアリン酸亜鉛の混合物をアトリター・ミルで粉砕 (50 kg) して混合機 (blender) に供給，そこで均質化混合 (150 kg) した後ポアフォーマーを添加して，再びアトリター・ミルで粉砕し (50 kg)，スフェロダイザー (spheroidiser) で造粒して造粒 MOX 粉を造る．この一連の工程を SBR 法 (Short Binderless Route) という．製造工程簡略化のため有機物である結合剤 (organic binding solution) の使用廃止，被曝低減化のため粉末取扱い工程の最小化，均質な MOX ペレット製造を目的に開発された．Sellafield の MOX 工場で採用された．日本へ供給するプルサーマル燃料もここで生産されている．

[*12] 訳註：　日本では硝酸ウランと硝酸プルトニウムの混合物を使用した脱硝法が実用化された．マイクロ波加熱直接脱硝法（MH 法）で硝酸ウランと硝酸プルトニウムの 1:1 混合硝酸溶液を盆状の脱硝ボートに供給，脱硝オーブン内でマイクロ波 (2450 MHz, 16 kW, 約 30 分照射) 加熱により直接脱硝し，焙焼還元炉（空気雰囲気，750 ℃）で焙焼し，水素濃度 6 % 未満の窒素水素混合ガス中 750 ℃，4 時間で還元を行い二酸化物を得る．PNC で 1983 年から実証運転と技術開発を安全に行ってきている．この施設で生産された混合二酸化物粉末は新型転換炉ふげん，高速実験炉常陽，高速原型炉もんじゅの炉心燃料の原料として使われている．日本原燃六ヶ所再処理施設でもこの MH 法が採用された：細馬隆，市毛浩次，高橋

これらの工程は，細粒化した粉末を用いる，参照工程の初期操作——その操作は汚染と被曝の大きな危険源である——を省くか削減する．これらの工程は混合酸化物中のウランとプルトニウム間の大変良好な均一分布をも達成しえる．

混合硝酸塩の輸送を避けるためとプルトニウム含有率を合致させるために，その燃料製造施設は再処理施設内に建設されるべきであろう．

7.3 その他の燃料物質

もしも現時点において，PWRs にとってウラン酸化物が唯一の物質であるとしても，窒化物 (nitride)，炭化物 (carbide) またはウラン・プルトニウム合金を使用する興味は依然として残っている．FRs 用燃料としても同様である．

窒化物および炭化物

窒化物と炭化物の製造工程は，かなり似ている．それらの工程には炭素熱還元 (carbothermic reduction) が含まれる，炭化物の場合は真空雰囲気下で，窒化物の場合は N_2+H_2 雰囲気下で行われる．破砕および粉砕を行った後，炭素熱還元を受けた製品は成型してペレットにする．炭化物に対しては不活性ガスの中で焼結し，炭化物に対しては N_2+H_2 雰囲気の中で焼結する [19]．

Karlsruhe に在るユーラトム超ウラン研究所 (Institute of Transuranians of Euratom) が開発した「直接成型」(direct pressing) 法と呼ぶ，この工程の変種の1つでは炭素熱還元された生成物が最終ペレットの前段形態をなしている．この工程では炭素熱還元後の破砕と粉砕が省略されている [20]．

酸素含有量は照射下でのふるまいに影響を与えるため非常に少ない値（1000 から 3000×10^{-6} 以下）でなければならない．窒化物における炭素含有量も同様に少ない値でなければならない，この含有量は再処理での可溶性能 (dissolution capability) に影響をおよぼす．

炭化物および窒化物の製造では，酸素の存在を許さないとの制約が課せられる：粉末の反応性と最終製品の不純物仕様のためである．したがって水分および酸素の無い非常に純粋な雰囲気の中で操業を行い，窒化物にたいして炭素熱還元まで同様の雰囲気で行う．炭化物にたいしてはその後まで同様の雰囲気で行わなければならない，これは炭素熱還元で得た粉末が炭化物の場合大変自燃性 (pyrophoric) が強いためである．

酸化物の場合，ゾルゲル法が炭化物および窒化物を得るために使用することができる．例えば，スイスの PAUL SCHERRER 研究所が開発した工程ではバイ・パック法で混合

芳晴，マイクロ波加熱直接脱硝法による混合転換プロセスの実証20年の歩み，サイクル機構技報，No.24, pp.11-26，2004.9 より．

7.3 その他の燃料物質

炭化物燃料を造り照射することができる [21], さらに現在, フランスの FR 計画枠に窒化物の開発が載っている [22].

ウランおよびプルトニウム合金

FRs において, 照射下で良好なふるまいをするであろうとの観点による唯一の金属合金は 10 % のジルコニウムを有するウラン・プルトニウム合金 (UPu 10 % Zr) である. その合金はアルゴンヌ国立研究所 (ANL: Argonne National Laboratory) が開発し米国の EBR II 原子炉で特別な試験を行った. このデータは IFR (Integral Fast Reactor：一体型高速炉) 設計の基礎として用いられた.

この燃料は金属製棒の形状となっている. その製造はホットセル内で一般的な「再製造」(re-fabrication) 工程を統合し, 坩堝でその合金を熔融し, 石英管に注入して鋳造する.

第 8 章

被覆材製造

8.1 軽水炉用被覆材 [23-26]

　軽水炉用被覆材は，最初ステンレス鋼であったが，現在ジルコニウム (Zr) 合金が使用されている．最も広く用いられているのはジルカロイ (Zircaloys: Zy) であり，機械強度を保証するためにスズ (tin: Sn) と酸素が含まれている．また水への耐腐蝕性を高めるために鉄 (Fe)，クロム (Cr)，ニッケル (Ni) が加えられている，しかしながらこれらは水素吸収——BWRs に比べて PWRs でより多く生ずる——を許す．表 8.1 に示す組成の PWRs ではジルカロイ-4 が，BWRs ではジルカロイ-2 が使用されている．

　ロシア設計の PWRs (VVER) ではその被覆材は 1 % Nb を含有するジルコニウム・ニオブ (ZrNb 1 %) であり，このニオブ (niobium) が機械強度を改善し，水への耐腐蝕性に寄与する．

　被覆製造は 3 つの主要部分から成る（第 IV 部，第 19 章 19.2.1 節参照）：

　—鋳塊（インゴット：ingot）製造において，その基礎製品は合金元素と回収金属元素を加えたジルコニウムスポンジ (zirconium sponge) である．[*1]基礎製品から高圧力をかけて

表 8.1　ジルカロイの組成

合金の種類	含有率 (%)					
	Sn	Fe	Cr	Ni	O	N
ジルカロイ-2	1.20/1.70	0.07/0.20	0.05/0.15	0.03/0.08	0.08/0.15	< 0.008
ジルカロイ-4	1.20/1.70	0.18/0.24	0.07/0.13	< 0.007	0.08/0.15	< 0.008

[*1] 訳註：　ジルコニウムの原料はジルコサンド (ZrSiO$_4$) と呼ばれる．金属ジルコニウムを得る製造工程のポイントはジルコサンドを還元し，Si を除去することである．次に中性子吸収断面積の大きい Hf を除去する点である．精錬工程は Si 除去のための第 1 次塩化工程，次に溶媒抽出法または蒸留法により Hf を除去，この酸化物を再度塩化物にして Mg により還元する Kroll 法が用いられている．こうして得られ

製作した電極は，真空中で消耗電極電気炉 (consumable electrode furnace) 内でのアーク熔融によりインゴットになる．2次熔融（合金に依存して時には3次熔融）が完全な均質性を達成するために必要となる．

このインゴットを約 1040 °C の β 相で鍛造し，凝固の結果生じた結晶化組織を破壊する．引き続き常に β 相で熱処理して，水焼入れ (quenching) を行うことで，均質化と析出物の粒径の微細化が成され，良好な腐蝕抵抗性を得る．

これらの処理の後，この金属を α 相の領域内でのみ変形する，けっして 780-800 °C を超えてはならない．

この段階で直径約 200 mm の円柱ビレット (billet) が得られる．*2

—TREX または SHELL と呼ぶ半加工品管 (tube blank) は，事前に穴あけしたビレットを熱間押出 (hot extrusion) して得る，その後，冷間ロール圧延と約 700 °C での真空焼鈍 (annealing) を数回繰り返す．

—その半加工品を被覆管とするために，冷間ロール圧延と真空または中性雰囲気中で中間焼鈍の一連の工程を繰り返し行う，これらの工程は α 相の温度範囲内で常に行う．

ジルコニウムの典型的特徴である非等方性 (anisotropy) を破壊するため（第 IV 部，第 19 章 19.2.2 節参照），変形条件に依存する配向 (texture) を管に導入する．この配向は機械的性質に影響し，被覆の水素化 (hydridization) の場合にジルコニウム水素化析出物 (zirconium hydride precipitates) の分布と方向を支配する．

使用されるロール・ミル（図 8.1 の pilgrim ロール・ミル参照）*3 の主要な特徴は管厚と直径の同時減少に在る．冷間ロール中に行われる減少は Q 因子で特徴付けされる：

$$Q = \frac{肉厚減少}{直径減少}$$

Q の増加は，水素化物の配向を正接方向 (tangental direction) に向かわせる，それが Q 因子を考えたことの理由である．

半加工品を被覆管とするための工程と熱処理工程の選択が望みの機械的性質と配向（テクスチャー）を得るためになされる．

もしも最終熱処理を 500 °C で行うなら——その温度は再結晶開始温度またはこの温度を超えた場合は再結晶状態——その最終熱処理は管を無応力状態にする．無応力被覆管が通常使用される．

た金属ジルコニウムはポーラスで海綿状の形態からジルコニウムスポンジという．
　　金属・合金の展伸材としてのジルコニウムの用途は原子力以前にはなかった．この金属が高温の純水にたいしてステンレス鋼に匹敵できる耐蝕をもちながらその 1/15 の熱中性子吸収であることから，軽水または重水冷却の動力炉の被覆材として大量に工業生産されるようになった．

*2 訳註：　　ビレット:金属の短く厚い棒状の半製品．インゴットから作られ，円筒状または四角注状をしており，回転ミルなどで成形される．
*3 訳註：　　ビルガー (Pilger) 式圧延機ともいう．

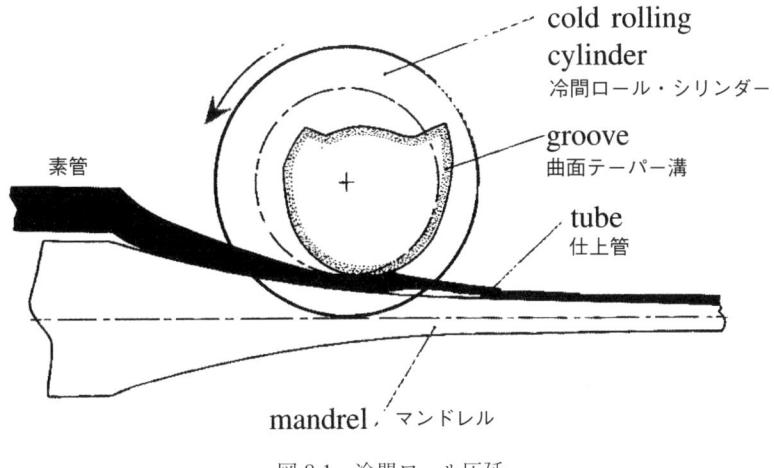

図 8.1 冷間ロール圧延

被覆管は寸法と欠陥管理のために 100 % 超音波 (ultrasonic) で非破壊検査が行われる.[*4] 破壊検査では機械強度試験, 耐腐蝕性試験, 配向(テクスチャー)観察, 化学分析を行う.

8.2 高速中性子炉用被覆材 [27]

将来フェライト鋼またはニッケル高含有インコネル (Inconel) タイプが最終的に選択されるかもしれないにせよ, オーステナイト鋼製被覆管の製造について述べることのみに限定しよう. その製造は 3 段階に分かれる:

—最初のパートはインゴットを用意すること. 供給メーカにより, 鋼を空気中または真空中で造り上げるが, 常に真空中で再熔融する. 熱間鍛造 (hot forging) により, インゴットを直径が 140 から 250 mm の範囲を有する円柱状のビレット (billets) にする, それに慎重な機械加工をほどこす.

—そのビレットから素管 (tubular blank) が用意される. ドリルにより小径の穴あけを行うが, 完全な中心点にそれを行わなければならない. このビレットは穴あけと熱間ガラス押出 (hot glass extrusion) により素管に変わる.

—素管から仕上管を造るには, 冷間ロール圧延とその後での冷間押出から成る冷間変形

[*4] 訳註: 超音波検査:可聴音より高い周波数 20 kHz 以上の音波を超音波という. 音響インピーダンス $Z = \rho \cdot C$ (ρ:密度, C:音速) に差のある物質の境界面で反射する性質(音圧反射率:$r_{12} = (Z_2-Z_1)/(Z_1+Z_2)$ で $Z_2 > Z_1$ のとき $r_{12} > 0$ となり入射波と反射波の位相が同じとなる. 負の場合は反対の位相となる)を利用して被覆管の内面が空気, 水槽の中で被覆管を回転させるか超音波探触子を回転させて被覆管表面(水・金属)と内面(金属・空気)から反射する超音波から被覆管肉厚を計測する. 被覆管内面欠陥(金属・空気)の反射から許容できない大きさの欠陥を探傷する. 金属の場合, 数 MHz の周波数が使用される.

(cold transformations) が必要となる.

　変化する度に通常冷間加工 (cold-worked) されたその金属は，各々の時間に析出を引き起こさずに——約 1050-1100 °C で行う溶体化処理・焼鈍処理 (solution-annealing treatment) によって得られる——再結晶させることが必要となる．最終の溶体化処理・焼鈍処理は温度 1100 と 1150 °C の間の水素雰囲気で行う．要求される最終状態に依存し，この管は引き続き冷間引抜 (cold drawing) 工程を伴うこともできる．

　被覆材単体毎に行う非破壊検査には特別な 2 つの健全性確認が含まれる，その 1 つは超音波であり，もう 1 つは渦電流 (eddy currents) である．これらの方法は相補的であり，同じ種類の欠陥を示さない．[*5]

[*5] 訳註：　　非破壊検査に用いられる手法は多々あるが，全てに万能な検査手法は無い；放射線透過試験 (RT) は放射線の入射方向に厚みのある体積欠陥に適す．超音波探傷 (UT) は音波の伝搬方向に直角な方向に面積を有する欠陥深さの小さな欠陥に適す．渦流探傷 (ET) は電磁誘導原理を用いていることから，検査対象物は金属等の電気伝導体でなければならない．外面と内面きず（表面きず）および管貫通きずの探傷に適す．浸透探傷 (PT) はもちろん表面開口きずでなければ探傷できない．

第 9 章

燃料集合体部材の製造

9.1 加圧水型炉

ステンレス鋼製上部および下部ノズルは，予め超音波検査を受けた板材から機械加工される．

打抜機 (stamping) で成形したジルカロイ-4 製板の集合体からなるジルカロイ製格子の場合に限って述べよう，それには予め再結晶化焼鈍処理した使用する帯金 (strip) に高い機械的強度と打抜能力 (stamping ability) の両方を付与する．

格子（グリッド）製造は，718 個のインコネル製スプリング・クリップを板面に溶接することから始まる．抵抗点溶接 (resistance spot welding) がその繰返し性能と速さから選択された．

ジルカロイ製板の組立には，格子当り 500 箇所を超える溶接点 (welding points) と 200 箇所を超える継合溶接 (welding seams) が必要である．フランスでは，これらの操作は電子線溶接 (electron beam welding) またはレーザ溶接 (laser welding) を使用している，それらを使用する理由は良好な機械強度が得られることと歪み (deformations) を形成することになる熱影響部領域を最小化できることにある．

この格子製造操作は自動化され，さらに格子の幾何学寸法が慎重に確認される [28]．

制御棒案内管は被覆管のように製造されるが，再結晶化したジルカロイが用いられる，一方被覆管は無応力 (stress-free) のジルカロイが通常使用される．その案内管は下部における縮み代 (shrinkage) を含む（落下する制御棒の落下端での衝撃吸収）．

9.2 高速中性子炉

最初はオーステナイト鋼 (austenitic steel) が使用されたラッパ管は現在マルテンサイト鋼 (martensitic steel) が使われている，それはこの種の鋼で照射下のスエリング発生が無

いためである.*¹ この製造は 4 段階から成る.

―この鋼は空気中で製造し真空中で再熔融するか（オーステナイト鋼），または真空中で製造し電気誘導スラグで再熔融するか（マルテンサイト鋼）のいずれかで生産する．そのインゴットを鍛造で大口径（約 300 mm）の棒にし，切断してビレットにする．

―ビレットを穴あけし，約 1200 ℃ の加熱により最初の穴を熱膨張させ，約 1200 ℃ で高出力押出圧延機の押し出しで素管が用意される．素管に大変良好な同心性 (concentricity) が要求される．

―素管をラッパ管に変形するには幾つかの工程を経る．円形断面から六角形断面への変形を最終引抜の前に行う，その最終引抜は最終幾何学寸法と，要求された冷間加工率 (cold-working rate) を与える．この 2 つの引抜の間に熱処理を行う：溶体化焼鈍（オーステナイト鋼）または軟化（マルテンサイト鋼）．

マルテンサイト鋼の場合，望みの性質を得るための最終焼鈍と同様に，焼鈍に引き続き焼きならし (normalizing) を最終引抜前に行う（マルテンサイト組織の軟化）．

―すぐ使えるラッパ管を得るために，スペーサ・パッドを局部変形（刻印法）により成形する．ラッパ管長を寸法取りし，その両端を将来の溶接作業のために準備する．

六角形断面のため，これらの部材を容易に変形することができるため，これらの製造を慎重に行わなければならない．

ピンの構成部材の中で，冷間ロール圧延とワイヤ引抜で得る，スペーサ・ワイヤ (spacer wires) の重要性を強調しておく．

---

*¹ 訳註： ラッパ管材は被覆管に比べて荷重や温度条件がゆるやかであるため，高温クリープ強度はオーステナイト鋼に比べて劣るものの，耐照射性に優れたフェライト系材料が使用され始めている．この機構について種々の説明が在る．フェライト系材料の結晶構造である体心立方晶 (bcc) では，オーステナイト鋼の結晶構造である面心立方晶 (fcc) に比べ，空孔 (vacancy) の拡散速度が速く，また空孔と C や N との結合エネルギーが大きいため，トラップされて空孔の濃度が低く抑えられる効果が大きいとされている．マルテンサイト鋼はオーステナイトから原子の拡散を伴わないで結晶構造が変化したときに現れる中間状態の組織で鋼の組織の中では最も硬い．マルテンサイト変態は無拡散反応と考えられており，炭素原子はそのままフェライト格子間に過飽和の状態で固溶し，フェライトの体心立方晶はゆがめられ，一軸方向に少し伸びて体心正方晶の形に近づき，しかも多数の格子欠陥が導入された構造となっている．ラッパ管材としてのマルテンサイト鋼の開発は主として英国 (FV488) とフランス (EM10) で照射実績を積んだ．フェライト/マルテンサイト鋼の開発は米国 (HT9)，日本 (PNC-FMS)，ロシア (EP450) で行われている．

第 10 章

燃料棒または燃料ピンの製造

燃料棒または燃料ピンの製造とは基本的に以下のことを意味する：

―取り分けプルトニウム燃料の場合に，被覆管外表面の汚染を避けながら，燃料ペレットとブランケットペレット（FRs の場合）の被覆管内への挿入，スプリングの挿入，

―両端栓のアーク溶接．

幾つかの相違が PWRs と FRs 間に在る．

PWRs では，燃料棒は 25 バールまたはそれ以上の圧力のヘリウムで満たされる．これを行うために上部端栓はアーク溶接封 (arc-welded seal) が有る．

FRs の場合は，ヘリウムで満たす前に，下部プレナム頂部のペレット柱を支持するステンレス鋼部品の抑えのために被覆管を変形させる．他の操作としてスペーサ・ワイヤの巻き付けが有る，スペーサ・ワイヤの両端を端栓に溶接またはクランプにより固定する．

製造および検査は可能な限り自動化されている．例えば，端栓溶接検査において年間 1000 トンの PWR 燃料を製造する工場では年間 150 万件の溶接件数となり，古典的な X 線法を使用したとして年間 40 000 枚のフィルム枚数に相当する，この端栓溶接検査は現在，X 線源を用いているものの，フィルムはスクリーンで X 線を光子変換した後のビデオカメラによる画像収集システムへ移行し，デジタル化されてテープに保存するようになった．

第 11 章

集合体の製造

11.1 加圧水型炉

　最初，制御棒案内管と計測管を下部ノズルと支持格子へ組み立てた，骨組集合体(skeleton assembly) を製作する．集合体ベンチ上で燃料棒を牽引装置により引き寄せる．その後，上部ノズルを載せる．

　機械加工で頂部を縁曲げ——このことで回転を防止する——したネジでノズルを案内管上に載せる．そのネジはノズルを分解して取り出せることができる，例えば燃料棒を交換するために．

　集合体検査にはレーザを用いた水通過 (water passages) 検査も含まれている，この検査では棒間隔距離および棒と案内管の間隔距離を計測する．再装荷は新しいネジを用いて行う．

11.2 高速中性子炉

　最初にピン列でもってピン束を造る．その端栓をレールに載せる．

　集合体下部ノズルとラッパ管を適切な組成の金属溶接棒を用いたアーク溶接で連結する．オーステナイト鋼（下部ノズル）とフェライト鋼（ラッパ管）を溶接する場合には，焼鈍処理が必要である，したがってその溶接はピン束を挿入する前に行う．[*1]

　上部ノズル（ハンドリング・ヘッド）とラッパ管（下部ノズルと連結済み）を溶接または機械クランプで組み立てる．

[*1] 訳註：　ラッパ管の上下両端に短尺のオーステナイト鋼を溶接，熱処理後にエントランスノズル部にピン束を固定，ラッパ管を被せてラッパ管とエントランスノズル部を溶接する方法が1例である．

参考文献

[1] M. Bruet, J.C. Janvier, Proccedings of the IAEA Specialist Meeting on Fuel Element Performance Modelling. Blackpool, March 13-17, 1978.

[2] M. Jouan, Incidence des conditions de fabrication sur la densification en pile du combustible Framatome. Fabrication of Water Reactor Fuel Elements. Proceedings of a Symposium. Prague, November 6-10, 1978. IAEA, SM-233, Vienna (1979).

[3] H. Stehle, Performance of oxide nuclear fuel in water-cooled power reactors. *Journal of Nuclear Materials,* n° 153 (April 1988).

[4] H. Bailly, J. Abgrall, A. Milési, Fabrication du combustible à base de plutonium. Techniques de l'Ingénieur, Génie Nucléaire, Vol. B8II (1983).

[5] G. Moneyron, Fabrication du combustible à base d'uranium. Techniques de l'Ingénieur, Génie Nucléaire, Vol. B8II (1983).

[6] J.M. Couturier, B. Lelièvre, Expérience de fabrication de combustible UO_2 acquise par FRAGEMA et FBFC. Improvements in Water Reactor Fuel Technology and Utilization. Proceedings of a Symposium. Stockholm, September 15-19, 1986. IAEA, SM-288/9, Vienna (1987).

[7] A. Chotard, A. Ledac, M. Bernardin, Fabrication, characteristics and in pile performance of pellets prepared from dry route powder. International Symposium on Advanced Ceramics. Bombay, November 26-30, 1990.

[8] M. Pirsoul, Procédé de fabrication de pastilles de combustible nucléaire à base d'oxyde d'uranium. Brevet français n° 2599883 du 10 Juin 1986.

[9] J. Delafosse, G. Lestiboudois, Choix effectué par le CEA pour la fabrication des oxydes d'uranium et ses conséquences sur les performances de son combustible. Fabrication of Water Reactor Fuel Elements. Proceedings of a Symposium. Prague, November 6-10, 1978. IAEA, SM-233, Vienna (1979).

[10] H. Chevrel, P. Dehaudt, B. François, J.F. Baumard, Influence of surface phenomena during sintering of overstoichiometric uranium dioxide UO_{2+x}. *Journal of Nuclear Materials,* n° 189, p. 175-182 (1992).

[11] H. Bailly, M. Ganivet, J. Heyraud, B. Nougues, J. Pajot, J. Boudaille, E. Gonthier, La fabrication en France de coeurs de réacteurs rapides à base de plutonium et d'uranium enrichi. Fuel and Fuel Elements for Fast Reactors. Proceedings of a Symposium. Brussels, July 2-6, 1973. IAEA, SM-173/14, Vienna (1974).

[12] J.L. Vialard, J. Heyraud, J. Pajot, Projet d'ensemble de fabrication des èlèments combustibles de SUPERPHÈNIX. SFEN et ANS. Conf. Nucl. Europ. Paris, 21-25 Avril 1975.

[13] R. Lallement, Fast breeder reactor fuel fabrication. *Nuclear Technology International* (1987).

[14] G. Le Bastard, Fabrication du combustible mixte. Techniques de l'Ingénieur, Génie Nucléaire, Vol B8II, B3635 (1988).

[15] J.M. Leblanc, Plutonium-enriched thermal fuel production experience in Belgium. *Nuclear Technology,* Vol. 61 (June 1983).

[16] H. Roepenack, V. Schneider, W.G. Druckenbrodt, Experience with the AUPuC-Coconversion Process for Mixed Oxide Fuel Fabrication. *Am. Ceram. Soc. Bull,* n° 63, p. 1051 (1984).

[17] R. Romano, NITROX: Process for Mox Production by Thermal Denitration. *Nuclear Europe* (Sept. 1986).

[18] M. Koizumi, K. Ohtsuka, H. Isagawa, H. Akivama, A. Todokoro, Development of a process for the coconversion of Pu-U nitrate mixed solutions to mixed-oxide powder using a microwave heating method. *Nuclear Technology,* Vol. 61 (April 1983).

[19] H. Bernard, P. Bardelle, D. Warin, Mixed nitride fuels fabrication in conventional oxide line. Advanced fuel for fast breeder reactors: fabrication and properties and their optimization. Vienna, November 3-5, 1987. IAEA, TECDOC-466, Vienna (1988).

[20] K. Richter, J. Gueugnon, G. Kramer, C. Sari, P. Werner, Direct pressing: a new method of fabricating MX fuel pellets. *Nuclear Technology,* Vol. 70 (Sept. 1985).

[21] G. Ledergerber, H.P. Alder, F. Ingold, R.W. Stratton, Experience in preparing nuclear fuel by the gelation method. ENC'86. Geneva, June 1-6, 1986, Vol. 4.

[22] C. Prunier, P. Bardelle, J.P. Pagès, K. Richter, R.W. Stratton, G. Ledergerber, Collaboration européenne sur le combustible nitrure mixte. International Conférence on Fast Reactor and its Fuel Cycle. Kyoto, Oct. 28 - Nov. 9, 1991.

[23] R. Tricot, Le zirconium et ses alliages. Métallurgie et application au génie nucléaire. *Revue Générale Nucléaire,* n° 1 (Janvier-Février 1990).

[24] J. Senevat, La métallurgie de transformation des tubes de gainage. *Revue Générale Nucléaire,* n° 1 (Janvier-Février 1990).

[25] J.D. Barbat, Le concepteur et le producteur d'alliages. La filière française du zirconium.

Revue Générale Nucléaire, n° 3 (Mai-Juin 1992).

[26] D. Mailliere, Le tubiste, La filière française du zirconium. *Revue Générale Nucléaire*, n° 3 (Mai-Juin 1992).

[27] J.P. Lallemand, La fabrication des tubes de gaine pour les combustibles des réacteurs rapides. Fuel and Fuel Elements for Fast Reactors, Vol. II. Proceedings of a Symposium. Brussels, July 2-6, 1973. IAEA (1974).

[28] B. Thiebaut, F.P. Roux, Automatisation de la fabrication du combustible pour l'optimisation de la productivité et de la fiabilité. Improvements in Water Reactor Fuel Technology and Utilization. Stockholm, September 15-19, 1986. IAEA, SM-288, Vienna (1987).

第III部

燃料物質の炉内でのふるまい

Y. GUÉRIN

序論

　原子炉内で，燃料は多くの変態・転移に曝される．物理学的，機械的，物理化学的な様々な反応はペレット内を高温かつ急峻な径方向温度勾配と結びつき，核分裂により結晶格子に擾乱を誘起する照射と関連し，増加する核分裂生成物の存在——この核分裂生成物は軸方向および径方向の両方向に移動し，新しい相を形成する——と結びつく [1-6]．

　これらの全ての現象は大きな相互作用を及ぼしあいながら重なり合っている．しかしながら明確化のためにこの第 III 部内では可能な限りそれらの現象が個々に分離して存在しているものとして，それらの現象が観察された年代順に取り扱う．

　加圧水型原子炉 (PWRs) 内および高速中性子原子炉 (FRs) 内で使用されている酸化物燃料での様々な現象について主に述べる．燃料物質のこれら 2 つの種類はそれらの性質において変化している：UO_2 か MOX（PWRs の $(U,Pu)O_2$ のプルトニウム含有率は 3-8 % の範囲であり，FRs の $(U,Pu)O_2$ のプルトニウム含有率は 15-30 % の範囲または 45 % までである）かによって．何よりもこれらの燃料は運転温度が異なる：PWRs の典型的温度は 500 °C から 1100 °C の範囲である．FR 燃料温度は 800 °C から 2200 °C の範囲である．目標燃焼率もまた PWRs 燃料（$\tau_{av} \approx 50 \sim 60$ GWd/t）に比べて FRs 燃料（$\tau_{max} \approx 200$ GWd/t, $\tau_{av} \approx 160$ GWd/t）のほうが大変高く設定されている．

　高速中性子炉の代替燃料（炭化物，窒化物，金属 …）のふるまいに関する大きな差異については本第 III 部の最終章，第 17 章で大まかな考察を行う．

第 12 章

熱生成と熱除去

炉心が臨界 (critical) となって連鎖反応 (chain reaction) が開始されると，ウラン原子とプルトニウム原子の核分裂の最初の帰結は熱生成である．従ってどの様にしてこの熱が生成され，そして除去されるのかについて調べよう．

12.1 核分裂スパイク [7]

ウラン核 (nucleus) またはプルトニウム核が 2 個の核分裂生成 (FP) 核となる核分裂 (fission) では，約 200 MeV のエネルギー放出を伴う．このエネルギーの 80 % が核分裂生成核の運動エネルギーで，ほぼ 65 MeV が重い核分裂生成核，95 MeV が軽い核分裂生成核である．その残りのエネルギーの殆どは β と γ 放射に勘定される．中性微子 (neutrinos) により持ち去られる 10 MeV を除き，このエネルギーの大部分は燃料要素内の熱として回収される．

重いイオン化核分裂片 (ionized fission fragments) は約 8 μm 動いて停止する：このエネルギーの殆どが電子励起を通じて消滅する．「核分裂スパイク」(fission spike) と称される，径約 10 nm のこの長い道筋全体にわたり燃料の原子は非常に大きく励起される：局所的にその温度は融点を超えているかもしれない．核分裂片がその大部分のエネルギーを消滅させるやいなや，その残余のエネルギー（約 7 MeV に等しい）で弾性衝突 (elastic shocks) を引き起こし，原子を当初の位置からはじき出す：1 回の核分裂でウランまたはプルトニウムにほぼ 25 000 の格子間原子と空格子点（空孔）が対 (interstitial/vacancy pairs) となる欠陥，フレンケル対 (Frenkel pairs) を創り出す．これらフレンケル対の大多数はほぼ瞬間的に再結合するが，この事象の末期，約 10^{-11} s 後においておよそ 500 のフレンケル対が残り，少なくとも低温度で，核分裂スパイクの痕跡を残す．

12.2 燃料温度の計算

熱生成は固体中での局所的特性であるものの，むしろ一様な特性で生成されるものとする巨視的な尺度で検討するのが良いだろう．

その熱は被覆管を通過して冷却材へ流れる．被覆管温度は容易に求めることができる．燃料の任意の地点における温度計算は結局以下のようになる：[*1]

— 一様発熱の無限長棒内での伝導による熱流の標準計算，

—および燃料外面と被覆管内面間の熱伝達計算である．

12.2.1 燃料ペレット中の温度

長さ対直径比 (length-to-diameter ratio) が与えられた，核分裂スタック (fissile stacks) は無限長の固体円柱棒（または中空ペレットのときには環状棒）と見なすことができる：したがって熱は純粋に径方向に流れる．

ある環境下において，とりわけ酸化物・被覆管の隙間が残っている寿命初期 (beginning of life) において，その棒の軸対称は達成要件では無い：被覆管壁面に沿って接触しているペレットの反対側では平均隙間 (ギャップ) の 2 倍のギャップを有する．燃料内の円周方向温度勾配 (circumferential temperature gradient) が生じるかもしれないが，径方向温度勾配 (radial temperature gradient) に関連してその勾配は低く留まる．この効果はしたがって脇に置き，温度計算は通常軸対称 (axisymmetrically) で行う．

このケースで用いられる熱方程式を第 IX 部付録の I に示す．熱伝導率 (thermal con-

[*1] 訳註： 伝熱の基本 3 形態は熱伝導，熱伝達および熱放射でありそれぞれ以下の式で表現される．

・熱伝導：物質内部に温度差があれば必ず高温から低温部に向かって熱の流れを生ずる．このような熱移動現象をいう．以下の式はフーリエの法則とよばれる；

$$q = \frac{Q}{A} = -\lambda \frac{dT}{dn}$$

ここで dn は熱の流れる面にとった微小距離．Q W の熱が面積 A m^2 を通過する場合，その通過する物質の温度勾配に比例することを示す．比例定数 λ は熱伝導率 [Wm^{-1}K^{-1}] とよぶ物性値であり，厳密には温度の関数である．

・熱伝達：流動している流体（液体，気体）の熱移動現象をいう．以下の式はニュートンの冷却則とよばれる；

$$q = \frac{Q}{A} = h(T_w - T_\infty)$$

比例定数 h は熱伝達率 [Wm^{-2}K^{-1}] という．これは物性値ではなく，流速，圧力，表面形状により変化する．

・熱放射：電磁波によるエネルギー伝播のうち温度差に基づいて生じる熱移動；

$$q = \frac{Q}{A} = \sigma(T_1^4 - T_2^4)$$

比例定数 σ はステファン・ボルツマン係数 $\sigma = 5.669 \times 10^8$ [Wm^{-2}K^{-4}] である．

12.2 燃料温度の計算

ductivity) λ が一定値であると近似できるとき，中心温度 T_c と表面温度 T_s 間の差は燃料半径と独立であり，線出力 (linear power) 密度 P_l と直接的に比例する．

$$T_c - T_s = \frac{P_l}{4\pi\lambda}$$

もしも金属燃料のケースでその満足度が一層多かったり少なかったりする場合は，一定値 λ 近似が曖昧となる，酸化物の温度依存の伝導率変化を考慮すると酸化物燃料ではそんなことにならないだろう．この近似に頼らないがそれでも，この伝導方程式の積分は伝導積分 (conductivity integral) I_c と線出力密度 P_l 間の単純な関係の確立を常に満たす．固体棒の場合に，径方向流束低下が無視できる時 (FRs)，この関係は以下のように書かれる：

$$I_c = \int_{T_s}^{T_c} \lambda dT = \frac{P_l}{4\pi}$$

燃料の熱伝導積分を決定するため，表面温度 T_s が既知の時に中心温度 T_c を簡単に求める道具としてこの方程式を使うことができる．

図 12.1 に PWR と FR 燃料要素に対応する 2 つの典型的ケースでの径方向温度曲線図の例を示す．高速中性子炉では，表面で 4000 °C/cm の熱勾配を伴う中心温度 2000 °C を超える，より一層の高温が観察される．一方 PWR ペレットの中心温度が定格運転条件下において 1200 °C を超えることはめったにない．[*2]

径方向温度変化はほぼ放物線状である；もしも伝導率が定数でかつ PWR 燃料棒——とりわけ MOX 燃料または高濃縮 UO_2 燃料棒——のように無視できない中性子束低下が現れないならば，完全な放物線となる．実際，熱伝導率は温度に依存するだけでなく，その他の多くのパラメータ（特に空洞 (porosity) や酸素含有率）およびそれらの径方向の変動に依存する．なぜ温度計算が一般に燃料要素挙動コード——これらの量の時間的変化およびそれらの温度による影響を考慮したモデル——の助けをかりて行われているかの説明がこれである．

[*2] 訳註： ほぼ同一の線出力密度 P_l を有する PWR と FR 燃料の中心温度 T_c が大きく異なるのは，(1) ペレット表面温度 T_s の差，(2) 熱伝導度 $\lambda(T)$ がペレット温度の上昇に伴い低下すること，(3)PWR 燃料ペレット内の中性子束の低下：

$$I_c = \int_{T_s}^{T_c} \lambda(T)dT = \frac{P_l}{4\pi} \cdot F(r,e)$$

ここで $F(r,e)$ はペレットの濃縮度や径に依存する中性子減衰因子である．通常 PWR で $F(r,e) = 0.95$ 程度，濃縮度上昇および径増加で減衰因子値が減少する．FR の場合 $F(r,e) = 1.0$ である．これらの 3 因子の影響によりペレット中心温度 T_c は大きく異なる．

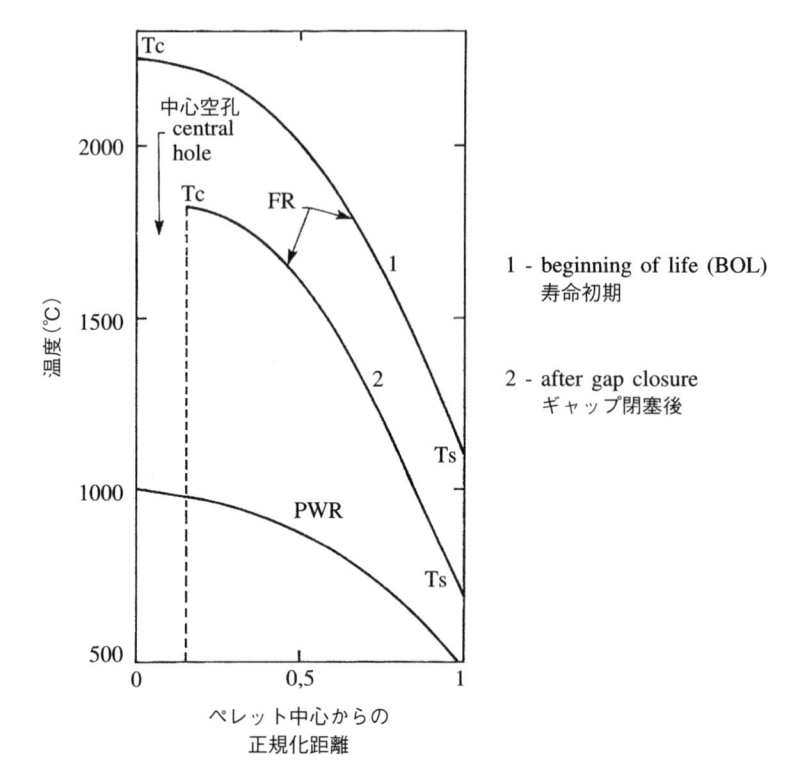

図 12.1　PWR と FR ペレットの 2 つの典型的ケースでの径方向温度曲線図の例

12.2.2　燃料と被覆管の間の熱伝達 [8,9]

燃料から被覆管に流れる熱流束 (heat flux) は被覆管内側温度 T_{ic} と燃料表面温度 T_s 間の差異に比例する，

$$\frac{P_l}{2\pi R} = h(T_{ic} - T_s)$$

被覆管温度が既知であるから，酸化物と被覆管との間の温度低下計算には熱伝達率 (heat transfer coefficient) h の知識が要求される（これらの計算の詳細を第 IX 部付録の I に示す）．計算に用いられるモデルの係数 h は物理学を基礎として求められるものの，その参照する幾つかの量についてはあまり良く知られていないために，経験的に決定しなければならない．例えば燃料カラム内に熱電対を据え付けた計測線付き燃料棒を照射して h を求める，それは炉内で燃料中心温度を測定し，値 h を演繹する（図 12.2 参照）．

ギャップが閉じられないかぎり，ガスを通じての熱伝導 (thermal conduction) と熱放射 (thermal radiation) によって燃料から被覆管へ熱が除去される．そのギャップが狭まると

12.2 燃料温度の計算

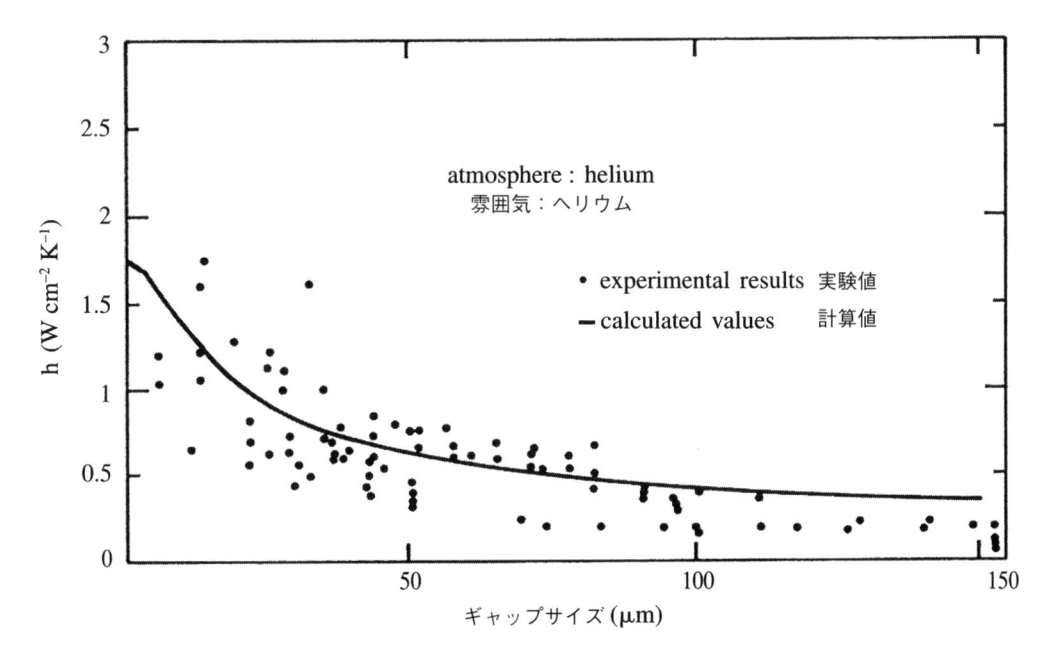

図 12.2 ギャップ寸法を関数とした燃料中心温度の測定から実験的に導かれた熱伝達率 h の変化 [9]

（半径方向で < 100 μm）対流 (convection) 機構が出現する．酸化物・被覆管ギャップが閉じると，固体・固体伝導機構が現れて熱流がさらに増大する．

ギャップが開いているとき，伝導が支配的なふるまいをする；ガス伝導率（ガスの組成に依存する），温度および燃料・被覆管ギャップ寸法の関数として表現される．

この寄与の決定に際して，もちろん燃料・被覆管ギャップ——それは燃料および被覆管の熱膨張に依存する，かつそれ故に燃料温度に依存する——の知識と直結する：それは繰返し (iteration) 計算を行うことによってのみ可能となる．厳密な処置では，ギャップ値への表面粗さ (roughness) 項（通常数ミクロン）の追加およびガス分子の平均自由行程 (mean free path)[*3]に関連し圧力上昇と核分裂ガスでヘリウムガスが汚染されるに従って低下するジャンプ距離 (jump distance) と呼ぶ項（10 μm から 1 μm のオーダ）の追加が成される．

伝導項によるこの伝達は燃料要素の寿命を通じて相当大きな変化をするかもしれない，それは部分的にはギャップ幅の減少とある燃焼度を超えると消失してしまうギャップ幅の進展によるもので，部分的には核分裂ガス（キセノンとクリプトン）放出による．なぜならば核分裂ガスの伝導率（$\lambda_{Xe} = 0.72 \times 10^{-6}$ Wcm^{-1}K^{-1}）がヘリウムの伝導率（$\lambda_{He} = 15.8 \times 10^{-6}$ Wcm^{-1}K^{-1}）に比べて非常に低いためである．

[*3] 訳註： 平均自由行程：一般に，与えられた媒質中において，粒子群が相互作用を多数回経験しているとき，ある粒子が1つの相互作用から次の相互作用を経験するまでに走行する距離の平均値．

項 T^4 が中に入る放射 (radiative) 熱伝達率において（第 IX 部付録の I を参照せよ）：ギャップの熱伝達における放射の寄与は通常運転条件下においてしばしば無視される，しかし燃料表面温度が高い値に達する異常事象では主要な役割を演じるだろう．[*4]

酸化物と被覆管の表面粗さが数ミクロンの径方向の閉じたガス層を形成するために，ギャップが閉じたとき，少なくとも初期においてガスを介在とした伝導による熱伝達が主要な役割を演じ続ける．

一方，高燃焼度において，その粗さを圧壊しかつある核分裂生成物の化合物がギャップを埋めるだろう．したがって固体・固体接触 (solid-solid contact) が燃料から被覆管への熱除去における最大の役割を演じる；固体・固体接触に関連した熱伝達率は，燃料と被覆管間の接触圧力に比例し，かつ粗さや硬さのような物理的変数に依存する．これらの値が，高燃焼度燃料要素において良く知られているわけではない．

12.3 熱伝導率 [10-19]

この性質は燃料要素計算の基礎であるものの，酸化物燃料の大きな精度を有する伝導率を決定するのは困難である，なぜなら伝導率は相当な数のパラメータ——その中の例えば空洞 (porosity) タイプでは，温度と燃焼度の関数として空間および時間により変化する——に依存しているからである．

照射前燃料の熱伝導率 λ は通常，熱拡散率 (thermal diffusivity) a および熱容量 (heat capacity) C_p の測定から求める：

$$\lambda = a\rho C_p, \quad \text{ここで } \rho \text{ は密度}.$$

12.3.1 化学量論的高密度酸化物の熱伝導率

UO_2 と $(U,Pu)O_2$ 酸化物燃料はイオン半導体である．その熱伝導率は図 12.3 に示すように温度の関数であり，約 1500 °C で最小値を示す．

約 1500 °C までの低温において，熱伝導は基本的にフォノン (phonons)[*5]（結晶格子内の原子またはイオンの熱的振動の波を伴う粒子）によって成就される．この**音量子**熱伝導率 λ_{ph}（格子伝導率とも呼ぶ）は以下のように記載される：

$$\lambda_{ph} = \frac{1}{a + bT}$$

ここで：

[*4] 訳註： 熱放射：熱輻射ともいう．
[*5] 訳註： フォノン：音量子ともいう．結晶中の原子は互いに力を及ぼしあって格子振動の波を形成する．その波長 ω の古典的振動数を量子化することによって得られるエネルギー $\hbar\omega$ をもつ量子をいう．

12.3 熱伝導率

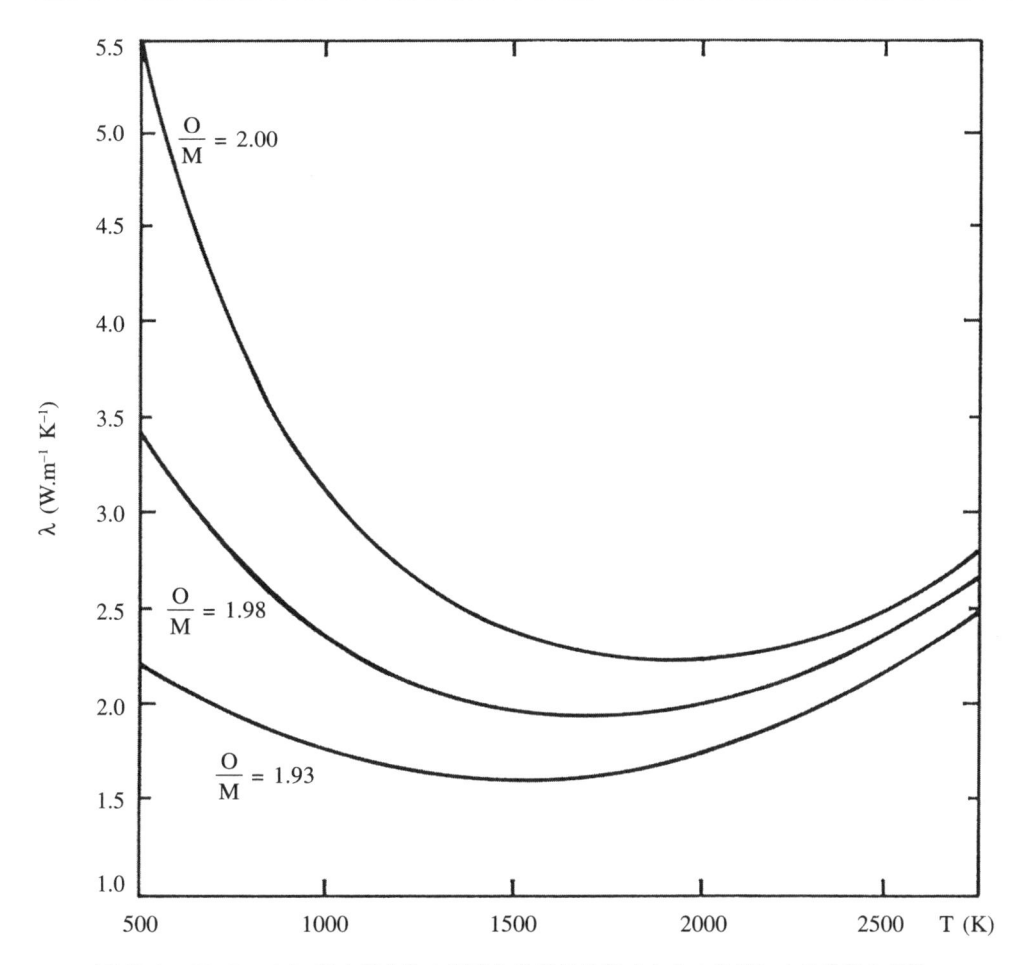

図12.3 (U$_{0.8}$Pu$_{0.2}$)O$_2$ 混合酸化物の温度と化学量論組成からの逸脱による効果を関数とした熱伝導率

—a は結晶格子内の欠陥 (defects) に関連した熱抵抗である．

—bT はフォノン平均自由行程に関連したフォノン間の相互作用によって生じる熱抵抗率である．

温度上昇による熱伝導率の増加は以下に示すものの寄与による：

—**電子伝導率** (electronic conductivity)：UO$_2$ は慣習的に半導体とされているがモット型絶縁体 (Mott insulator) である（それは完全に満たされた価電子帯 (valence band) と空の伝導帯 (conduction band) によって特徴づけられない絶縁体である，しかしながら殻電子 (shell electrons) の存在によりむしろ特徴づけられる：2 個の $5f$ 局在電子が各々 U^{4+} 陽イオンに付随している）．電荷を運ぶ粒子：キャリア (carriers)[*6]の生成はポーラロン

[*6] 訳註： キャリア：電子と正孔．

(polarons)[*7]の形成をもたらす：

$$2U^{4+} \Longleftrightarrow U^{3+} + U^{5+}$$

この電子熱伝導率 λ_{el} は勿論酸化物の電子伝導率に直接関連していて，以下の通り：

$$\lambda_{el} = \frac{d}{T^2} \exp(-Q/T)$$

—放射伝導率 (radiative conductivity) は $\lambda_{rad} = cT^3$ の形となる．電磁放射とその媒体中の平均自由行程に依存した定数 c を通じてこの熱エネルギーの伝達がなされる．

12.3.2 空洞率，O/M 比，プルトニウム含有率と照射の効果

全ての多孔性物質のように，空洞率 (porosity)，p の増加に伴い酸化物の伝導率は減少する．空洞形態学を考慮にいれた試みの種々多数の法則が提案されている：長く伸びた楕円体の空洞 (pores) やマイクロ・クラック (microcracks) 形態の空洞に比べて，大変球形に近く規則的に分布している空洞による熱伝導率への影響は少ない．さらに長く伸びた楕円体やマイクロ・クラック形態の空洞では，熱流束と空洞の方向が大変重要なふるまいを演じる．その空洞が中庸な (moderate) 状態に留まるかぎり，Maxwell-Eucken 関係式が適用できる：[*8]

$$\lambda(p) = \lambda_{100\%} \frac{1-p}{1+\alpha p}$$

係数 α の値は空洞の中のガスの伝導率と同様，空洞の形と方向に依存する．この係数は開空洞において——この種の空洞はしばしばマイクロ・クラックのネットワークを伴う——極めて敏感であることも観察されている．この空洞効果の厳密解は極めて複雑であることが証明されているので，標準燃料の大多数に対して満足できる平均値として設定された，$\alpha = 2$ が最も良く用いられている．

O/M 比の効果

酸化物燃料において，化学量論組成から外れると伝導率の急激な減少を伴う：亜化学量論 (hypostoichiometry) の場合，酸素原子空格子 (oxygen vacancies) が結晶格子内の点欠陥 (point defects)——それはフォノン（音量子）拡散の中心としてふるまう——として勘定される．したがって低温でこの効果が観察される（図 12.3 参照）．

[*7] 訳註： ポーラロン：結晶中の伝導電子がそのまわりの結晶格子の変形を伴って運動している状態をいう．

[*8] 訳註： セラミックの熱的性質および固相と空洞相との混合物の伝導率に関する詳細については以下の専門書を参照のこと：W.D. Kingery, H.K. Bowen, D.R. Uhlmann, セラミックス材料科学入門　応用編，小松和藏ら共訳，内田老鶴圃新社，東京，pp. 567-623, 1981.

12.3 熱伝導率

製造時点での PWR 酸化物は化学量論組成に極めて近いため，この O/M 比効果は無視できる範囲に留まる．しかしながら FRs の $(U,Pu)O_2$ においてこの効果は大きい，製造後の FRs 燃料の O/M 比は通常 1.97 から 1.98 の範囲にある．

プルトニウム含有率の効果

FR 混合酸化物 $(U_{0.8},Pu_{0.2})O_2$ と MOX 燃料の熱伝導率は同様に UO_2 燃料の熱伝導率より若干低い値を有する；その差異は，低温側で最大となるが，せいぜい 10 % 以下に常に留まる．

混合酸化物の全てにたいして，プルトニウム含有率の効果は小さいものと思われるが，プルトニウム専焼炉心 (plutonium-burning cores) で想定される高含有率（45 %）の場合には確認することが必要である．

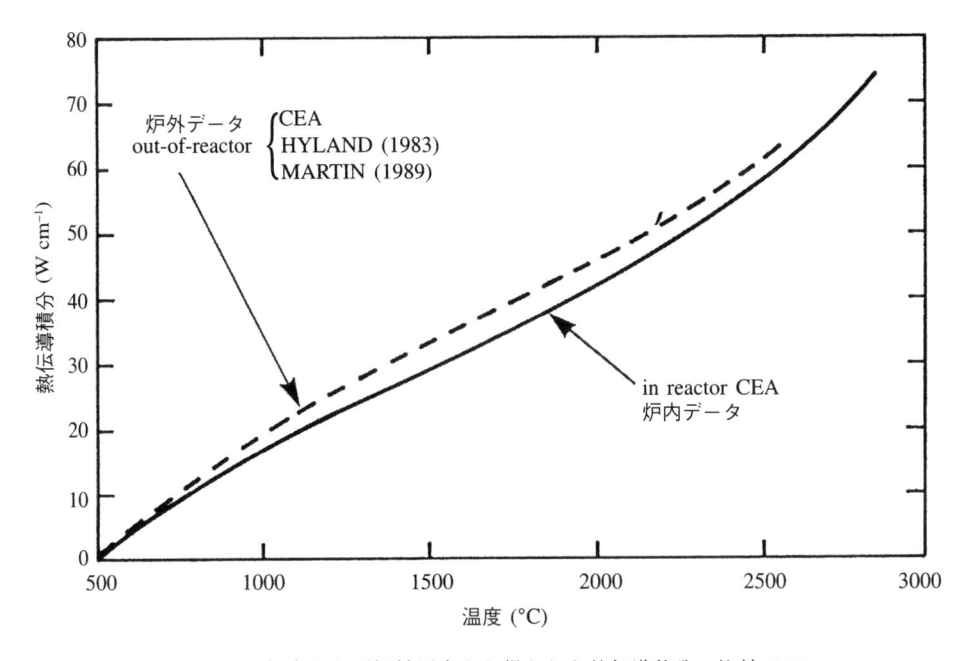

図 12.4　炉内および炉外測定から得られた熱伝導積分の比較 [19]

照射の効果 [16-19]

原子炉内で，熱伝導率の変動を引き起こす多くの変化を燃料はこうむる：

—核分裂スパイクに沿って点欠陥が形成される．これらの欠陥は約 700 °C で焼鈍されるが，非常に低い温度でそれらの欠陥は熱伝導率低下に寄与するであろう．

—ペレットのクラッキング（割れ）形成（第 II 部，第 6 章を参照せよ）．この割れの

ほとんどは径方向であるものの，それにもかかわらず酸化物内に方位角成分 (azimuthal component) が存在し，伝導の障害として振舞い，その物質の有効伝導率を低下させる．

—微細構造の発達，特に空洞．

—分離相を形成することができる，または母相に固溶する FPs の生成．

これらの 2 つの効果（点欠陥とクラッキング）が，なぜ PWR 燃料炉内中心温度測定での伝導積分値が炉外試験での伝導積分値に比べて低いのかを説明している（図 12.4 参照）．

疑いなく後者の効果は支配的に振舞う；析出 FPs（特に金属相の場合）は伝導率に正の寄与をする，しかしながら母相に固溶する FPs は熱伝導率に負の寄与を相当に及ぼす．模擬酸化物 (simulated oxides)（例えば核分裂生成物の添加）での測定から，FPs の存在が熱伝導率の低下を相当強く引き起こすことが示されている．

第 13 章

温度の効果

12.2 節で述べたように，酸化物燃料は非常に高い温度に達する，とりわけ FRs において．それらの温度とそれに付随した温度勾配はペレット幾何学寸法，物質の微細構造および酸化物の局所的組成に関わる多くの結果を導く．

温度単独による燃料変態は急速に生じる：FR ピンにおいて，照射開始の数時間から最初の数週間の範囲に渡る初期照射期間中——「寿命初期」(beginning of life) として良く知られている——に微細構造の大変化が生じる．勿論これらの変化の程度は燃料中心温度の軸方向分布に依存する，その軸方向温度分布は正弦出力分布 (sinusoidal power distribution) に従うものである（最大出力ノードに比べて燃料スタック両端での線出力は約 2 倍低い）（第 VI 部を参照せよ）．

PWR 燃料棒では，もしも依然として温度に支配されているとしても，それらの変化は照射効果または核分裂効果であるため，その多くは大変緩やかに変化する．その軸方向出力分布およびそれゆえの中心温度は，支持格子板 (grid plates) と一致するところでの局所的減少を受けるのみで，大体滑らかである（第 V 部を参照せよ）．

13.1 温度の幾何学的効果

13.1.1 熱膨張 [20]

燃料要素内での昇温は熱膨張 (thermal expansions) を引き起こし，燃料と被覆管でその熱膨張の値は異なる，何故ならばそれらの温度と熱膨張係数が異なるためである．これらの熱膨張の差異が燃料・被覆管ギャップの減少を導き，燃料温度へ影響を与える効果を及ぼす．表 13.1 にこれらの効果を表す幾つかの値を示す：

燃料温度が一層高温となる結果，酸化物の熱膨張は常に被覆管の熱膨張より大きい，鋼製被覆管は高い熱膨張係数を有するがそれでも酸化物の熱膨張は常に被覆管の熱膨張より大きい．高温条件 (hot conditions) 下でのギャップサイズは，それ故に初期ギャップサイ

表 13.1 最大中性子束平面での PWR と FR 燃料要素の典型的な被覆管平均温度 T_{mc}，燃料平均温度 T_{mf}，熱膨張係数および低温と高温条件下でのギャップサイズ

	PWR	FR
被 覆 管	ジルカロイ	鋼
T_{mc}	340 °C	550 °C
α（25 °C から T_{mc} まで）	6.7×10^{-6}	17×10^{-6}
αT_{mc}	2.1×10^{-3}	8.9×10^{-3}
燃 料	UO_2	$(U,Pu)O_2$
T_{mf} *	850 °C	1 700 °C
α（25 °C から T_{mf} まで）	9.7×10^{-6}	10.4×10^{-6}
αT_{mf}	8.3×10^{-3}	19.5×10^{-3}
初期ギャップサイズ	170 μm	230 μm
高温条件下でのギャップサイズ	120 μm	155 μm

* $T_{mf} \approx (2T_c + T_s)/3$

ズに比べて小さい，そのギャップサイズの減少は温度低下と一致している．

13.1.2 燃料の割れ

燃料中心の膨張が周縁部に比べて大きいことから，燃料の径方向温度勾配が内部応力をもたらす．

平面歪近似 (plane strain approximation) において——これは軸に垂直な全ての平面が平面のままであることを意味する——3 個の主要応力を計算することは容易である（第 IX 部付録の I を参照せよ）．図 13.1 に酸化物円柱内の半径に対する応力の変化量を示す．

酸化物表面における周応力と軸応力は等しく，ペレット中の最大引張応力，σ_{max} から構成されている：

$$\sigma_{max} = \frac{E\alpha}{2(1-\nu)}(T_c - T_s)$$

ここで

— E：ヤング率（1000 °C での理論密度 95 % UO_2 は 168 GPa である）
— ν：ポアソン比（≈ 0.31）
— α：熱膨張係数

これらの応力は温度差，$T_c - T_s$ にのみ依存する，それ故に温度勾配とは独立である．

多くのセラミックス (ceramics) と同様，酸化物燃料は融点の約半分以下の温度で力学的脆性の性質 (brittle mechanical behaviour) を示す．したがって破壊応力 (rupture stress)，

13.1 温度の幾何学的効果

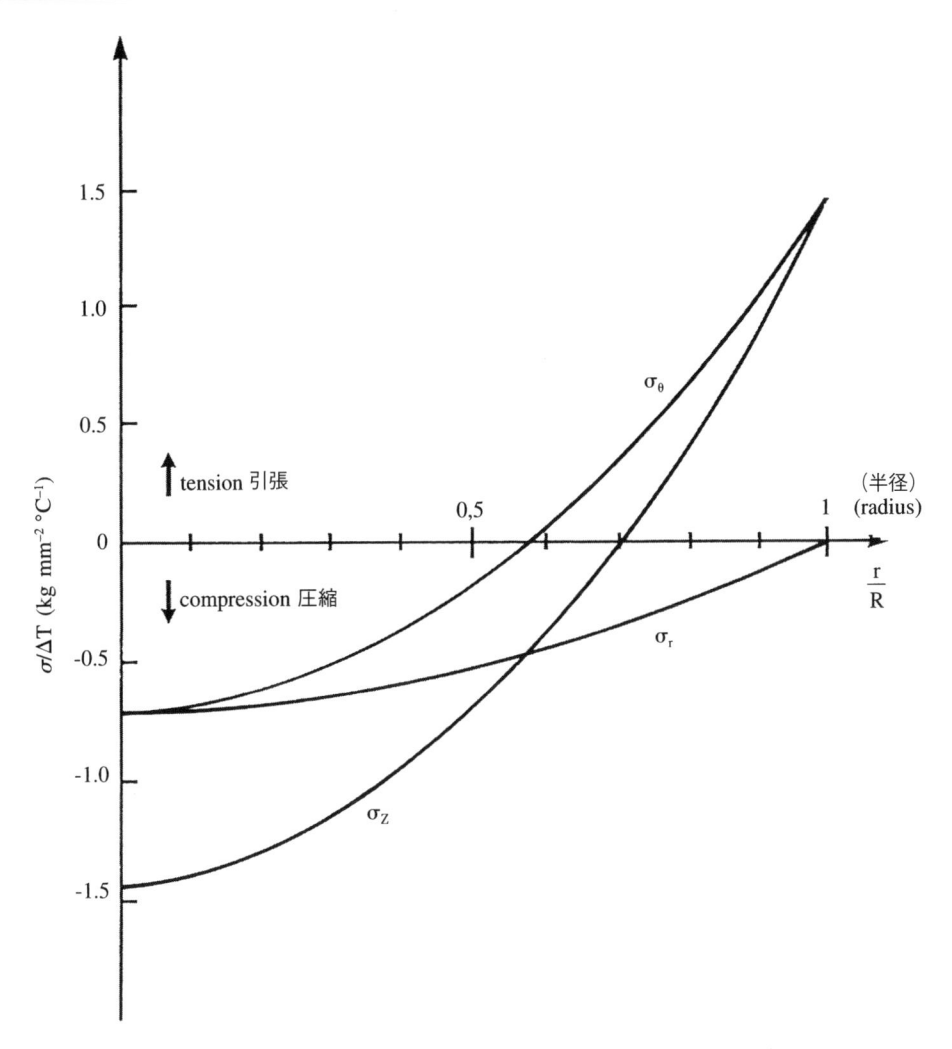

図 13.1 温度勾配によって引き起こされた酸化物ペレット中の応力

σ_{rupt} が σ_{max} を超えた時に，ペレットが割れる（クラック：cracking）．その時は：

$$T_c - T_s > 2\frac{1-\nu}{E\alpha}\sigma_{rupt}$$

曲げ試験に基づいて決定される．この破壊応力は表面状態に依存して有意な変動が可能である．平均値 130 MPa を採用すると，$T_c - T_s$ が 100 ℃ を超えるやいなやペレットのクラックが開始すると計算される．言い換えるなら最初の出力上昇の極初期，線出力がまだたったの 50 W/cm 程度でクラックが開始される．

最初の出力上昇の末期までに，ペレットは規則正しく割れる（図 13.2 参照）．PWR ペレット断面には通常約 10 個のクラックが見られる．このクラックの方向は大部分が径方向であるが，横断クラック（円柱軸に垂直な）もまた生じる．数熱サイクルの後に，円周

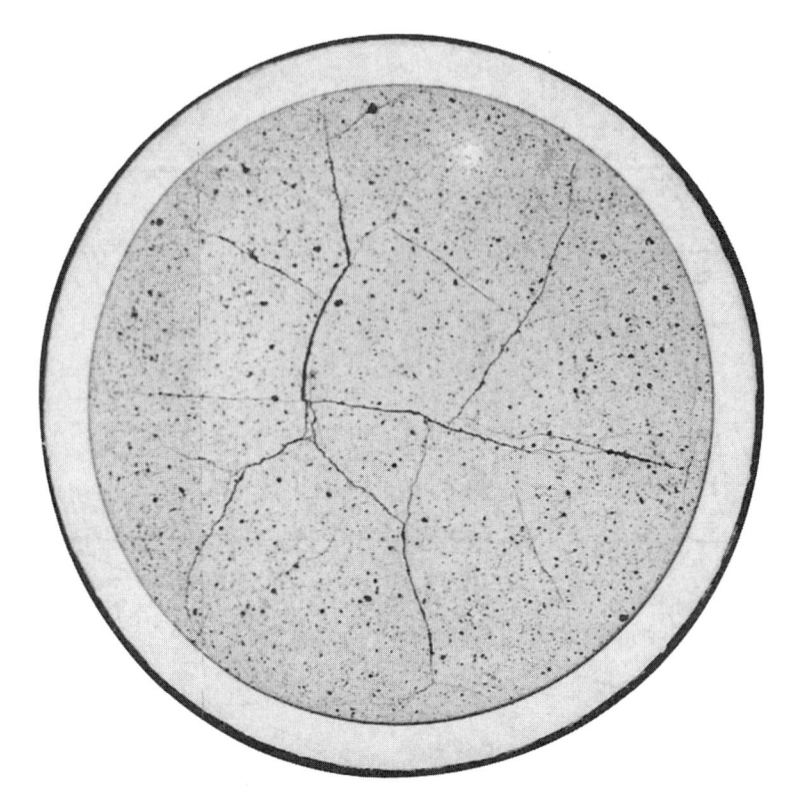

図 13.2 熱勾配によりクラックが入った PWR ペレットの金相写真

方向クラック（高温の時は通常閉塞する）が加わる．

振動の影響下において，この割れの結果である酸化物断片はその他の断片との位置関係を移動させる：これがリロケーション (relocation) 機構で，ペレット平均直径を少々増加させる．[*1]

13.1.3 熱弾性歪

酸化物ペレットは有限長（10 mm から 14 mm）でかつ平面歪近似はペレット上端と下端の近傍でもはや変動しない，なぜなら軸応力はこれらの両端でゼロになるからである．熱弾性 (thermoelastic) 計算は，熱応力効果下で初期の直円柱 (orthocylindrical) ペレットが上部から下部にかけて下に凸の砂時計型 (hourglassing) 形状へ移行する傾向を示す（図

[*1] 訳註： リロケーション（ならびかえ）：燃料ペレットが運転中に割れることなどにより，見かけ上の直径増加を生ずる現象．これによりペレット・被覆管ギャップが減少し，ギャップ熱伝達率が大きくなり，ペレット温度低下をもたらす．重要な燃料照射挙動の 1 つに挙げられている．

13.2 組織変化

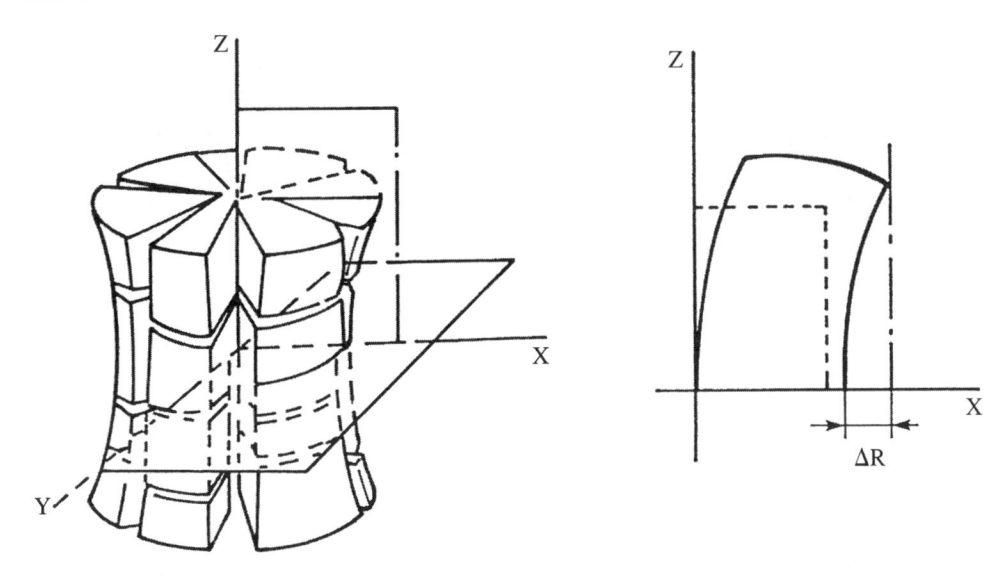

図 13.3 熱応力による燃料ペレットの砂時計型化

13.3 参照).[*2]

この結果，ペレット外側半径が変位しペレット両端で最大値となる：僅かなものであるが（図 13.3 では誇張されている），それでもこの追加的変形は出力変動の期間中にペレットの相互位置と同期した被覆管の応力集中の場所として，好ましくない結果を被覆管強度へ及ぼすことができる．

この砂時計型（鼓型）ペレットは PWR 燃料棒にのみ有意な効果を及ぼす，なぜなら FR 燃料要素内の酸化物温度はその応力を燃料の塑性歪によって緩和するに充分なほど高温であるからだ（14.2 節を参照せよ）．

13.2 組織変化

温度が高いほど，燃料微細構造 (microstructure)——それは結晶粒および燃料空洞の形態 (morphology) である——がより早く，より多く変化する．したがって FR 燃料要素内のこの構造変化——「組織変化」(restructuring) とよぶ——は最も目覚ましい効果を有する．

図 13.4 に示すように，組織変化は明らかに中心空孔 (central hole) の形成を導く，大きく引き伸ばされた結晶粒——柱状晶 (columnar grains) とよぶ——の形成と酸化物結晶粒の成長が熱勾配の方向または等軸方向のいずれかで生じることができる，その成長は場所に依存する．

[*2] 訳註： 砂時計型形状：日本ではつづみ形変形という．ペレットは内部の温度分布によって鼓形に熱弾性変形する．ペレットに割れが発生しても，被覆管によって外部より拘束があれば，全体として鼓形変形をするものと考えられている．このような局所的な変形は有限要素法で計算することができる．

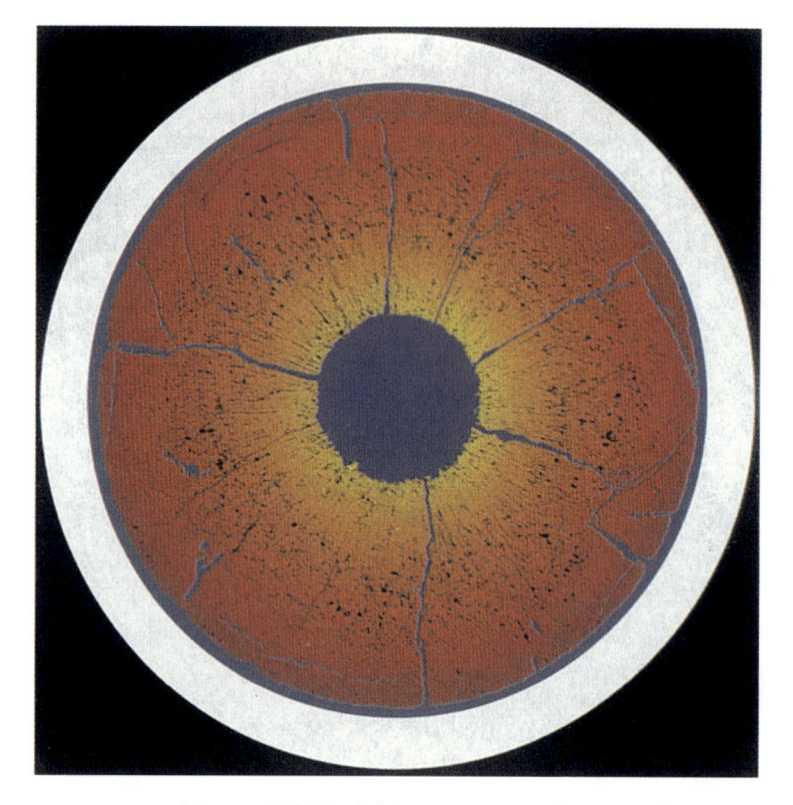

図 13.4　照射後の初期 FR ペレットの全断面

反応機構 (kinetics) を減少させるために，これら様々な現象の調査が現在行われている．

13.2.1　柱状晶と中心空孔の形成

FR ペレット中心の高温リング中で，空洞（ポア：pores）は盤状形態を取る，その軸は熱勾配の方向に向く．用語「レンズ状ポア」(lenticular pores) と呼ばれる，これらの盤は図 13.5 に示すように直径数十ミクロンを有するが，厚さは数ミクロンにすぎない．

レンズ状ポアの高温側壁と低温側壁の間で熱勾配，$(dT/dx)_p$ が生ずる，この熱勾配は近傍の燃料中の熱勾配 $(dT/dx)_f$ に比べて相当大きい：

$$\left(\frac{dT}{dx}\right)_p = \frac{\lambda_f}{\lambda_p}\left(\frac{dT}{dx}\right)_f$$

燃料伝導率とポア内に取り込まれたガス（主に焼結ガスであるアルゴンとヘリウム）伝導率の比，λ_f/λ_p は常に 1 よりも相当大きい．

酸化物中の平衡燃料蒸気圧は，レンズ状ポアの高温側壁上が低温側壁上に比べて一層高

13.2 組織変化

図中ラベル: direction of the thermal gradient 熱勾配の方向 / レンズ状ポア: lenticular pore / 柱状晶: columnar grain

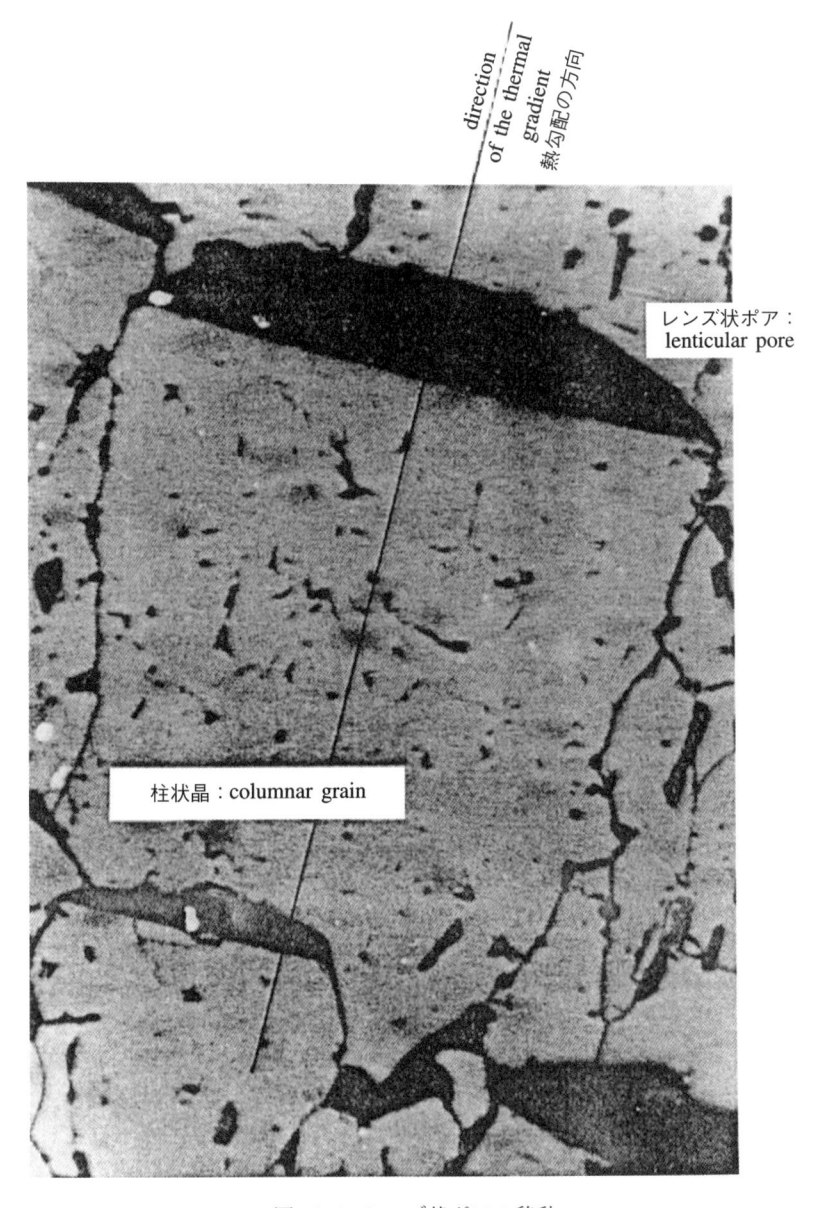

図 13.5 レンズ状ポアの移動

い．この蒸気圧の差異が**蒸発・凝固機構** (evaporation-condensation mechanism) を引き起す：高温壁から蒸発した物質は熱勾配に沿って低温壁に凝固する移動が行われる，このことから熱勾配に逆らってレンズ状ポアがペレット中心へ昇る変位が生ずる．

このポアの変位速度 v_p は温度勾配 $(dT/dx)_p$，酸化物の蒸気圧（したがって温度も）お

よびポア内に取り込まれたガスを通過する酸化物分子の拡散率 D_g の増加関数である：

$$v_p = 定数 \frac{D_g}{T^3} \exp\left(\frac{-\Delta H_v}{kT}\right)\left(\frac{dT}{dx}\right)_p$$

ここで

ΔH_v は蒸発エンタルピーである．[*3]

D_g はガスの圧力と原子質量に伴い減少する．

ポアの低温側壁上で，酸化物はほとんど完全に単結晶配列内に凝固する．ペレットの中心へ移動するとき，レンズ状ポアは燃料の初期構造を破壊し，その後ろに大きく引き伸ばされた結晶粒（数十 μm の幅を持ち，長さは 1 mm から 3 mm）を残す．その結晶粒を**柱状晶** (columnar grains) または「玄武岩結晶粒」(basalt grains) という．これらの粒は金相写真に大変明瞭に現れる，なぜならレンズ状ポアが移動する際，その縁で放出した小気泡の数珠つなぎによって結晶粒界が印されるからである．

ペレット中心において，これらのレンズ状ポアの出現が図 13.6 に示す**中心空孔** (central hole) の生成を導く．この中心空孔は初期空洞 (porosity) と割れ（クラック）に相当する体積の一部で形成される．

レンズ状ポアの変位速度は温度により急速に変化する，さらにその柱状晶は，ほぼ 1800 °C を超える高温でのみ形成する．いかなるピンにおいても，その温度よりさらに高温であればあるほど，中心空孔直径と柱状晶領域の直径はさらに大きくなる．もし用心するならば，温度計測情報推定から柱状晶の外側限界を利用することができる．

13.2.2 粒成長

照射後試験 (post-irradiation examination) は，ある種の PWR 燃料の最も高温の中心部および FR 燃料柱状晶外縁の環状領域の両方で明瞭な粒寸法増加を示した．この粒成長 (grain growth) は，より小さな粒が消滅することがより大きな粒の利得となる傾向による粒界移動の結果である．熱力学の観点から，粒界の表面張力と連関するエネルギーの減少が結晶粒寸法の増加を導くことになる．この機構は勿論，温度が充分に高いところでは，炉心内側でも炉心外側でも同様に直ちに生ずる．

粒成長速度は粒界変位速度の関数である，変位速度自身はこれらの境界に捕獲されるポアの移動性にによって支配されている．

FR ペレットにおいて，粒成長は主に低燃焼度と中燃焼度で温度範囲が 1300 °C から

[*3] 訳註：　　エンタルピー (enthalpy)：熱力学特性関数の 1 種で $H = U + pV$ で定義される．ここで U は内部エネルギー，p は圧力，V は体積である．外界との物質の交換がないような微小変化にたいし，$dH = Q + Vdp$ となるから（Q は外界から与えられた熱量），定圧変化では $dH = Q$ となる．

$\exp(-\Delta H_v/kT)$ の場合，k はボルツマン定数であり，ΔH_v は反応が進行するためのエンタルピー障壁の高さで活性化エネルギーという．

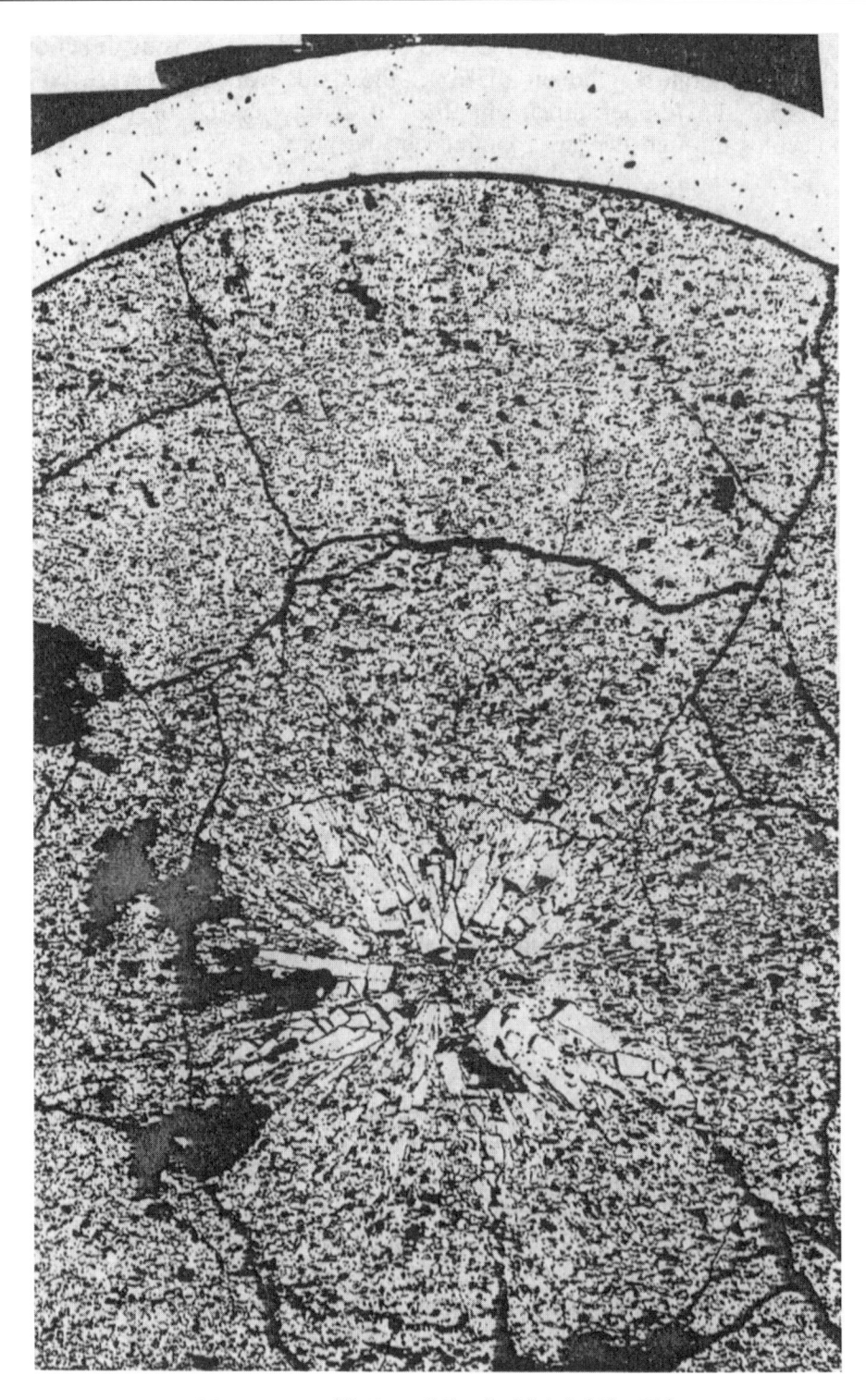

図 13.6 レンズ状ポアの移動に基づく中心空孔の形成

1800 °C で生ずる．大きな製造時ポアは基本的に蒸気相での物質移行によって移動する．高燃焼度において，粒界上に相当集積したガスによってその粒界は妨害される．粒成長速度は以下の式で表現される：

$$\frac{dG^3}{dt} = \frac{定数}{p_p P_b} \exp\left(\frac{-\Delta H_v}{kT}\right) T^{-1/2}$$

ここで

G：粒サイズ

p_p：ポア中の圧力

P_b：粒界に沿った空洞

もう一方の PWR ペレットでは，粒成長が高線出力で照射された燃料棒の最高温中心領域の高燃焼度でのみ観察される．その最高温中心領域では燃焼に伴う熱伝導率の劣化によりその温度がある閾値（1200 °C 近傍，しかし多分燃焼に伴い低下する）を超えてしまうためである．

13.2.3 ギャップ閉塞

寿命最初期の 120 μm (PWR) から 150 μm (FR) オーダーを有する高温条件下の径方向酸化物・被覆管間隙（ギャップ）は，そのギャップが全てなくなるまで減少する．

PWR 燃料棒においてギャップは，酸化物断片のリロケーションを通じて初期閉塞が生ずる．このギャップは引き続き，主に外部圧力下でのジルカロイのクリープ（第 V 部を参照せよ）により減少する．約 15 から 20 GWd/t 以降に，完全にギャップが閉塞する．

FR 燃料ピンにおいて，最大中性子束面で滞在期間中燃料ギャップは減少続ける，それに対応する燃焼率は 1 % のオーダである．割れと断片の移動効果が加わり，主に中心高温領域での酸化物スエリング（膨れ）を通じてギャップの減少が生ずる，ここで中心高温領域とは柱状晶領域内のことを意味する．高温度で少量の核分裂ガス（例えば炭素のような製造時の不純物によって発生するガスでさえ）でも大きなスエリングを引き起すのに充分である．なぜならそのガス気泡 (gas bubbles) が成長し，粗大化（14.2 節参照）およびその結果大きな寸法になることができるからである；しかしながらこれは計測不可能な動的スエリングである．その理由はこれらの気泡は成長中に中心空孔に向かって移動し，その中心空孔で消滅するからである．この機構の帰結を唯一観察できるのは，中心から外側に燃料が全体に変位したことである．この現象に関して高温域はそれよりも低温側の燃料域のクラック領域を押し出し，その結果ギャップ閉塞を生じさせる．燃料スタックの重量効果と挿入したスプリング（バネ）力の環境下で軸方向クリープ (creep) により，ギャップ閉塞への付加的寄与を受ける（第 VI 部を参照せよ）．[*4]

[*4] 訳註： クリープ：一定応力のもとで，物体の塑性変形が時間とともにしだいに増加する現象．

燃料ピンの両端での，燃料スエリングと酸化物断片のリロケーション（出力サイクルに伴う）によるギャップ閉塞はさらに緩やかである．

FRペレット内では中心空孔形成とギャップ閉塞が通例であり，これは燃料ピン中心温度の顕著な減少より明白である（図12.1参照）．

13.3 燃料構成物の径方向再分布

照射初期の最も早い時期に，もしも高温であれば（したがって主にFR燃料）熱勾配効果下で，ある種の燃料構成物が径方向へ移動するにちがいない．これは酸化物組成が化学量論的 (stoichiometric) でなく，ウランとプルトニウムで構成されているときに，酸素の場合顕著となる．

13.3.1 酸素の熱拡散 [21-23]

照射開始時期において，FR燃料のほとんどが亜化学量論的 (hypostoichiometric) である：照射開始時期における平均O/M比は通常1.97から1.99の範囲である．最初の出力上昇において，その酸素は径方向に再分布する：それは熱勾配に沿って下り，その結果縁上で酸化物を化学量論的組成に近づかせる，一方，中心高温領域では，O/M比を大変低くすることができる．酸素拡散速度が大きいため（14.1節を参照せよ），この径方向再分布は出力上昇中に実際，直ちに起きる．

この効果は少し照射し，照射の終わりに焼入れした燃料 (quenched fuel) の径方向O/M比の変動を測定することによって明瞭に示される．図13.7に異なる初期O/M比から得られた，径方向O/M比分布の例を示す．

この再分布を説明するための幾つかのモデルが提案された：

—— CO/CO_2 対（酸化物中の不純物としての炭素の存在による）または H_2/H_2O 対を通じてガス相の熱移動 (thermal migration)，このガスはクラックまたは開口ポアを通じて輸送される．

—— 固相内の熱拡散 (thermal diffusion)，そこでは不可逆過程 (irreversible processes) の熱力学方程式が酸素または酸素と空孔 (vacancy) 組に適用される．

—— ガス相での移動と固相での拡散を考慮した循環流束モデル (cyclic flux models)．

これらのモデルの全てで，輸送熱 (transport heat)，Q^*（実験的に求められる）が再分布機構の大きさを特徴づけるために定義されなければならない．半径方向の各々の場所において，化学量論的組成からの外れ x は以下の式によって温度と関連させることができる：

$$\ln x = \frac{Q^*}{RT} + A$$

ここで Q^* は5から10 cal/molのオーダであり，O/M比の増加に伴い僅かに増加する．A

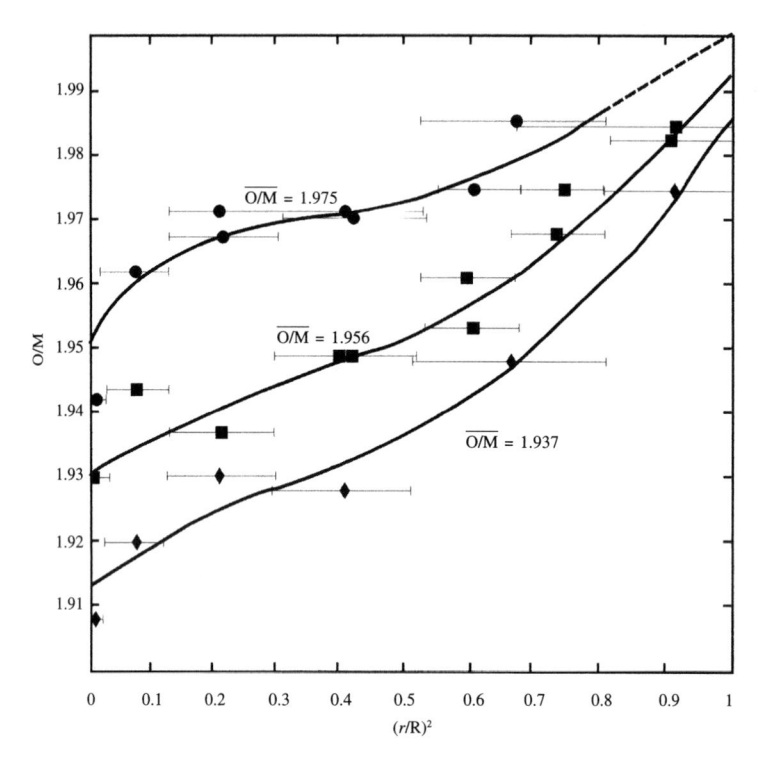

図 13.7 室温焼入れ後の結晶格子測定から得られた，初期 O/M 比を関数とする半径方向 O/M 比の分布 [23]

は定数である．

この酸素再分布もまた燃料温度への好ましい役割を演じる，というのは，O/M 比がペレット周縁部で 2.00 まで達することにより最大熱流束が通過する領域内の伝導率を良くするからである．

超化学量論的 (hyperstoichiometric) 燃料もまた，燃料中心で酸素の径方向再分布を起こすが，この時点では逆方向の再分布となる：酸素は熱勾配に逆らって上昇する，この結果燃料表面を化学量論的組成に近づける．

13.3.2 プルトニウムの再分布

FR 燃料の照射後試験 (post-irradiation examination: PIE) はプルトニウムの径方向再分布を示す，主に柱状晶領域が影響を受ける：図 13.8 に示すように，酸化物は中心空孔の縁でプルトニウムが濃縮し，その部分は最高温度領域である，そのプルトニウムは柱状晶領域の外周部の境付近で減損する．

プルトニウムの径方向再分布のほとんどは，柱状晶と中心空孔形成の発生機構の直接的

13.3 燃料構成物の径方向再分布

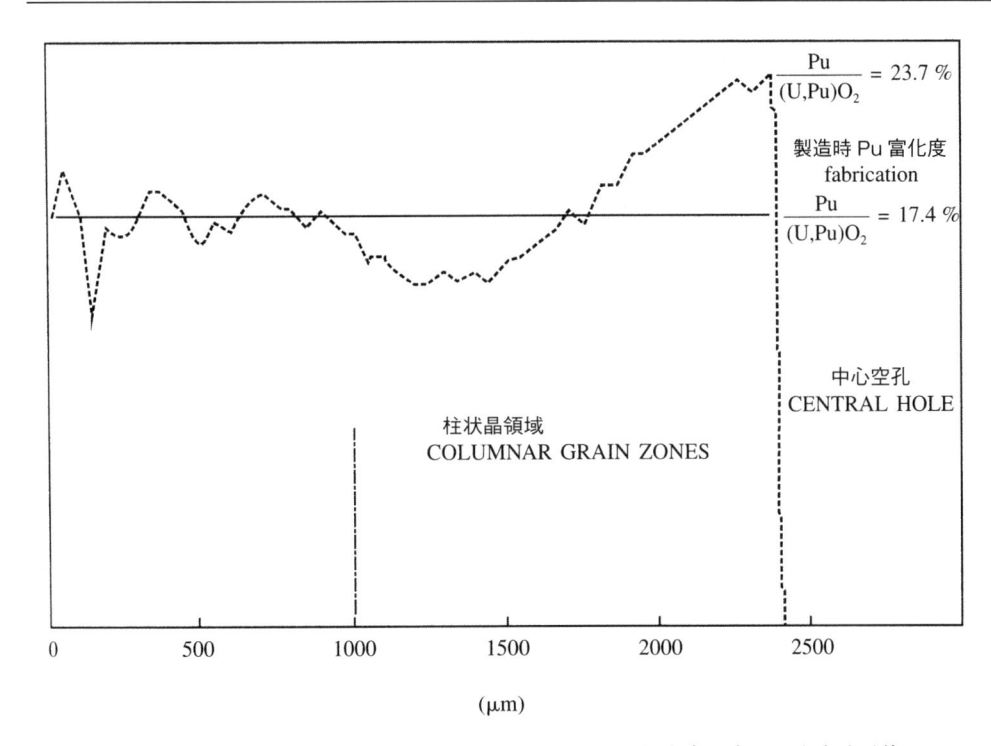

図 13.8　走査型電子顕微鏡で測定されたプルトニウムの径方向分布，中心空孔近傍でのプルトニウム濃縮を示す

帰結によるものである．

　13.2 節で述べたように，ポア高温壁からの物質の蒸発と低温壁上への凝縮によりレンズ状ポアが移動する．しかしながら固相と平衡する蒸気は，酸化物の組成と異なる組成を有する：僅かに亜化学量論的酸化物（$1.96 < O/M < 2.00$）にたいして，その蒸気相の主な組成は図 13.9 に示すように UO_3 である．この蒸発・凝縮機構はしたがってプルトニウムよりウランで有効であり，その結果ポアの高温壁にプルトニウムが濃縮される．

　この結果，中心空孔の縁の最高温領域でプルトニウム含有率の上昇が，蒸発・凝縮機構が観察可能な結果となるための蒸気圧になる温度より低い温度に在る，柱状晶の外側境界でプルトニウム含有率の低下が生ずる，

　このレンズ状ポアはこの機構の唯一のベクトルではない：全ての開気孔 (open pores) と割れ (cracks) が，この再分布におけるガスの滲入と析出を許す．

　中心空孔の縁部でのプルトニウム濃縮の主要帰結は，融点を少々低下させ，局所的燃焼率を上昇させることである．プルトニウム専焼炉心における高富化プルトニウム（$\approx 45\%$）燃料，$(U,Pu)O_2$ 内で，この再分布は燃料のプルトニウム含有率にほぼ比例し，硝酸の溶解性限度（50 % のオーダ）を超えるレベルまで上昇することもできる．

　PWR 燃料の胴回り上に，プルトニウム含有率の有意な径方向変動が生ずる，しかしこ

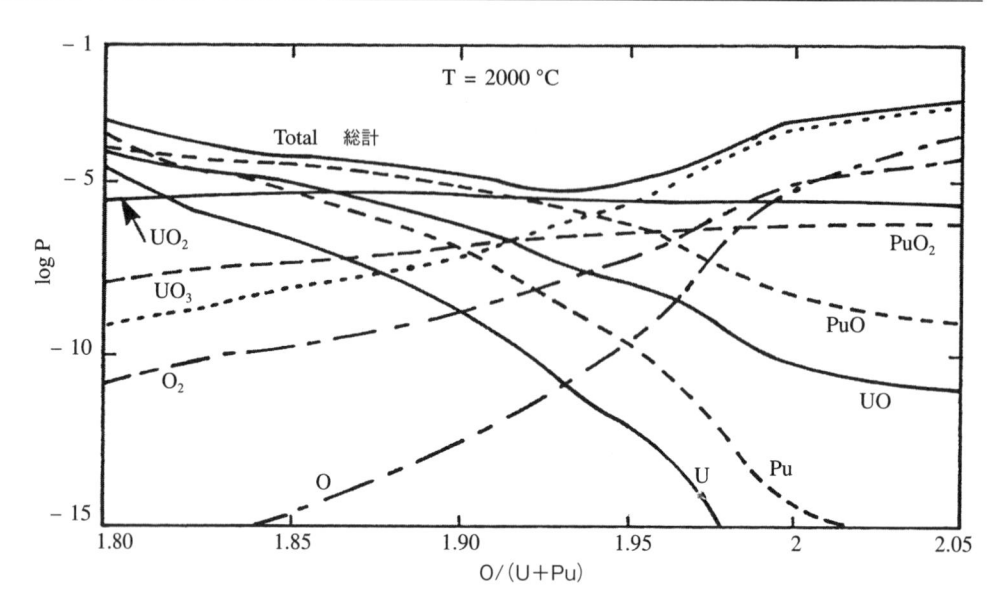

図 13.9　2000 °C における $(U_{0.8}Pu_{0.2})O_{2\pm x}$ の上にある平衡なガス状物質の分圧

の効果は熱に起因しない，このことについては 14.4 節で考察する．

第14章

照射効果

　照射初期の極めて早い時期に——とりわけ高温である FRs で大きい——顕著な変態を受ける燃料を示そう.

　照射それ自身で——これは物質への中性子衝撃 (neutron bombardment) が核分裂スパイク中の核分裂反跳 (fission product recoil) に曝すことを意味する（14.1 節参照）——燃料中に非常に大量の点欠陥を生み出し，それらの点欠陥は熱的動揺 (thermal agitation) による点欠陥とは比例せずに存在する；酸化物燃料の蛍石型構造 (fluorite structure) はこのような大きな損傷にたいし，その健全性を大変良好に維持することを証明した，しかしある種の特性はそれでも変更されるだろう. 最も重要なのは, 熱活性化現象 (thermally activated phenomena)——例えば拡散やクリープのような——が, 炉外ではとうてい維持できない程の低温でも支配的なふるまいを維持できることである.

　ウラン原子とプルトニウム原子の核分裂は, 巨大な数の他の原子を物質中に導入させる，それらのいくつかは希ガス (rare gases) である. これらの核分裂ガスのふるまいを本章で説明する, これは照射効果 (irradiation effects) と密接に関連しているからだ.

　さらに多量のガスが形成される高燃焼率において，熱活性化現象として説明するには低温すぎる温度において，照射は微細構造組織に重大な変化を及ぼすことができる. 用語：リム効果 (rim effect) という, このような変化はとりわけ FR ペレットの外側周部上で，また PWR ペレットでは本当に円周縁部で観察される.[*1]

14.1　拡散 [24,25]

　全ての物質と同様，燃料内での拡散は熱活性化現象であるものの, 照射により大変低い温度でも, その拡散速度は有意な値を維持できる.

　全ての蛍石型酸化物と同様，燃料 UO_2 と $(U,Pu)O_2$ 中において，**陰イオン酸素の熱活**

[*1] 訳註：　　リム (rim)：円形の物体などのへり.

性化拡散 (oxygen anion) は金属イオンに比べて一層速く，化学量論的組成からの逸脱に伴いその拡散速度は増加する．超化学量論的 (hyperstoichiometric) 場において，酸素は格子間 (interstitial) 機構によって拡散する，一方亜化学量論的 (hypostoichiometric) 場において拡散は空格子点 (vacancy) 機構を通して生ずる：それぞれ格子間原子の移動活性化エネルギーは 21 kcal/mol，酸素空格子点の移動活性化エネルギーは 12 kcal/mol に対応する．$UO_{2.00}$ では陰イオン (anion) の拡散はさらに遅く，かつより大きな活性化エネルギーを伴う，なぜならフレンケル対形成エネルギーには空格子点の移動エネルギーを加えなければならないからである．

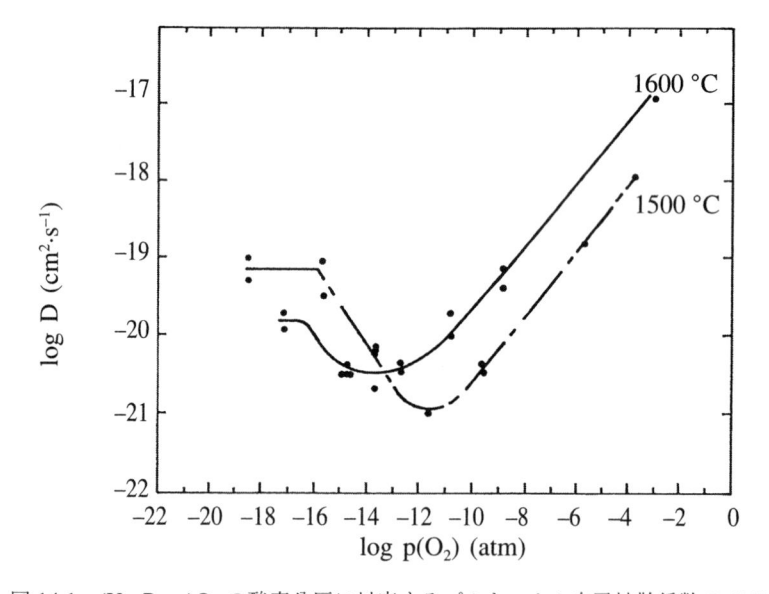

図 14.1 $(U_{0.8}Pu_{0.2})O_2$ の酸素分圧に対応するプルトニウム自己拡散係数 D [25]

U 陽イオンおよび Pu 陽イオンの自己拡散はより一層遅くなる（T = 1600 °C において $D_O/D_U > 10^7$）．この陽イオン (cation) 拡散は，したがってクリープ，焼結焼き締り，結晶粒成長のような異なる機構をコントロールする．さらにこの活性化エネルギーは確かに一層大きなものである（約 90 kcal/mol）．

陰イオンの場合，拡散をつかさどるその部分集合陽イオン欠陥は，原理的には O/M > 2 の場合に格子間であり，O/M < 2 の場合に空格子点である；二重空格子点 (divacancies) またはショットキー三幅対 (Schottky trio)（1 個の金属空格子点と 2 個の酸素空格子点）のような複合体効果もまた支配的なふるまいを演じるかもしれない．[*2] したがって化学量論的組成から外れるや否やその拡散速度は顕著に増加する（図 14.1）．

原子炉内において，ウランとプルトニウムの拡散機構への高温の効果は大きくはない

[*2] 訳註： ショットキー欠陥：等しい数の陰陽両イオン空孔（空格子点）が生成する．一方，フレンケル欠陥はイオンが正規のサイトをはなれて格子間イオンと空孔ができる．

14.1 拡散

が，1000 °C 以下で核分裂密度 (fission density) のみに依存するもう 1 つ他の拡散機構が現れる（図 14.2）．この**照射下での拡散**は核分裂スパイクで生成された点欠陥により行われる．この結果，焼き締りやクリープのような機構が炉外では概ね働かない温度条件で，炉内の場合，それらの機構が介在するであろう．900 °C から 1300 °C の範囲にある中間温度領域では，拡散は照射による熱活性化と加速化の両者による．

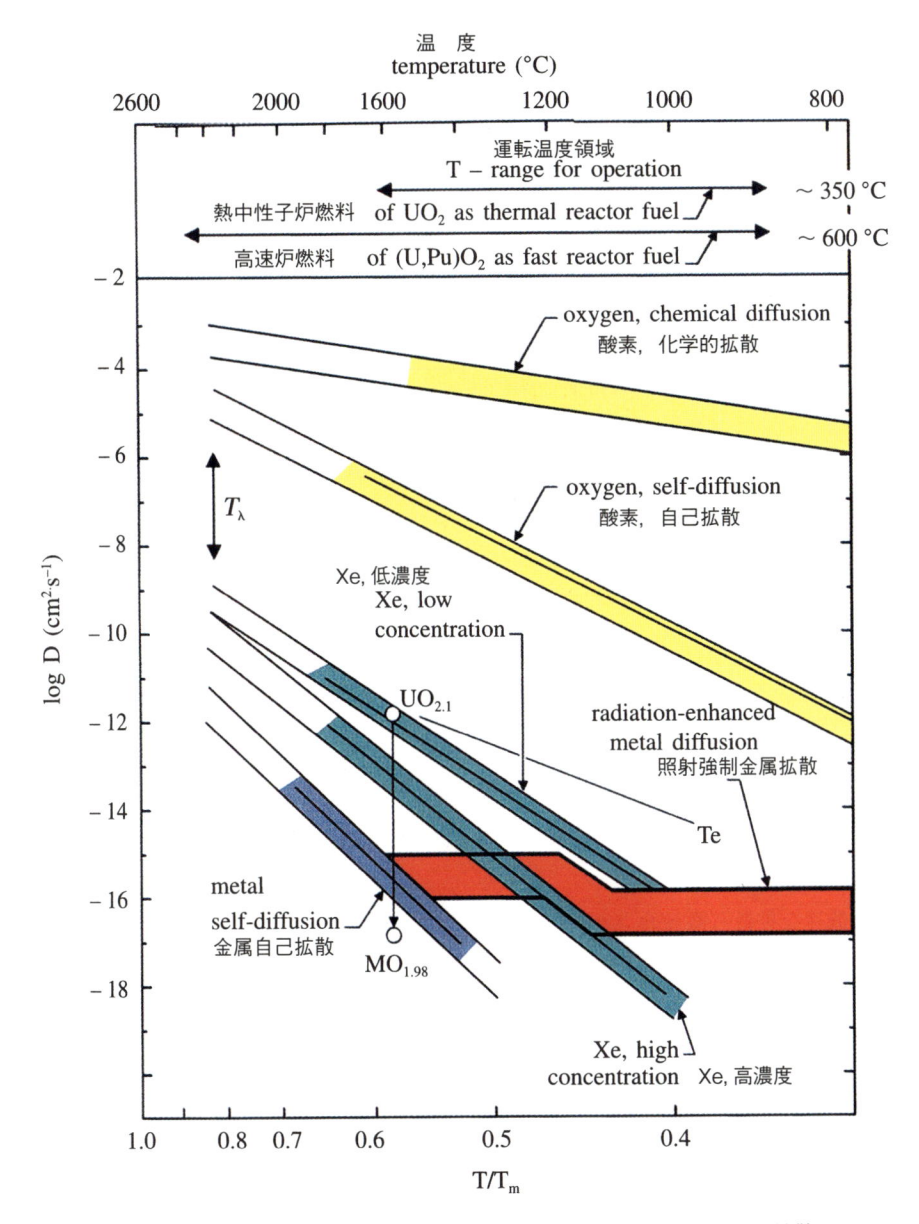

図 14.2　酸化物燃料中の陰イオンと陽イオンの照射下での拡散および熱拡散 [24]

14.1.1 炉内焼締り

酸化物ペレットの場合，その密度は約 95 % であり，その空洞 (porosity) は通常 2 つのモード (bi-modal) を有する分布となる．その最初のピークは小寸法ポア（ミクロンのオーダー）で，それは焼結の自然な残留物である，2 つ目のピークはポア形成剤（最終密度を制御するため，焼結前に有機材製品を添加する）を添加した結果生じた大寸法ポア（> 10 μm）に対応する．

照射下において，焼締り (densification) が生じているペレットに小寸法ポアの持続的消滅が付随している．この消滅は 2 段階で行われる：

—核分裂スパイクと小寸法ポアとの相互作用；小寸法ポアの消滅と，その結果として空格子点（空孔）の母相の隅々にわたる配分；

—結晶粒界，大寸法ポアまたは開口ポアのいずれかに到達することを許すには低すぎる温度においてでも，これらの空孔が消滅する照射下での拡散．

熱的効果によって生成される巨大な量の現象によりその効果がマスクされるため FR ペレットにおいて，この焼締り現象はほとんど影響しない．一方，PWR 燃料棒においてこの焼締りは，燃焼率 5 から 10 GWd/t の範囲で 0.25 % オーダーの核分裂燃料スタック（カラム）の短縮に対応する（第 V 部を参照せよ）．この現象は，その初期の出力に依存するものだが，設計において考慮されている；しかしながらこの焼締りの最大幅を検証するため，PWR 燃料のバッチ——それは製造時に行われる検査での幾つかのペレット——で熱的安定性試験 (thermal stability test) が行われる（1700 °C の温度で 24 時間）．

14.1.2 クリープ [26-28]

UO_2 および $(U,Pu)O_2$ 酸化物では，2 つの熱活性化クリープ機構が現れる（図 14.3）：

—中間温度および相対的な低応力において，クリープ (creep) はナバロ・タイプ (Nabarro type) である，これは粒界を構成している点欠陥発生源 (sources) と消滅点 (sinks) 間でのより一層低速な拡散（陽イオン）を行う種類の拡散の結果生ずるものである．クリープ速度は以下の方程式によってあらわす：

$$\dot{\varepsilon} = \exp(\alpha P) \frac{A}{D_g^2} \sigma \exp\left(-\frac{Q_1}{RT}\right)$$

ここで $\dot{\varepsilon}$：クリープ速度；P：空洞率 (porosity)；σ：応力 (stress)；T：温度；D_g：粒径 (grain diameter) である．A, α, R：定数および Q_1 は体積拡散 (bulk diffusion) の活性化エネルギーである．

—さらに高温でかつ高応力下において，その変形は転位 (dislocations) の滑りによって導入される，この滑り (slip) は障害物 (obstacles) を乗り越えて (climb) 渡る，したがって

14.1 拡散

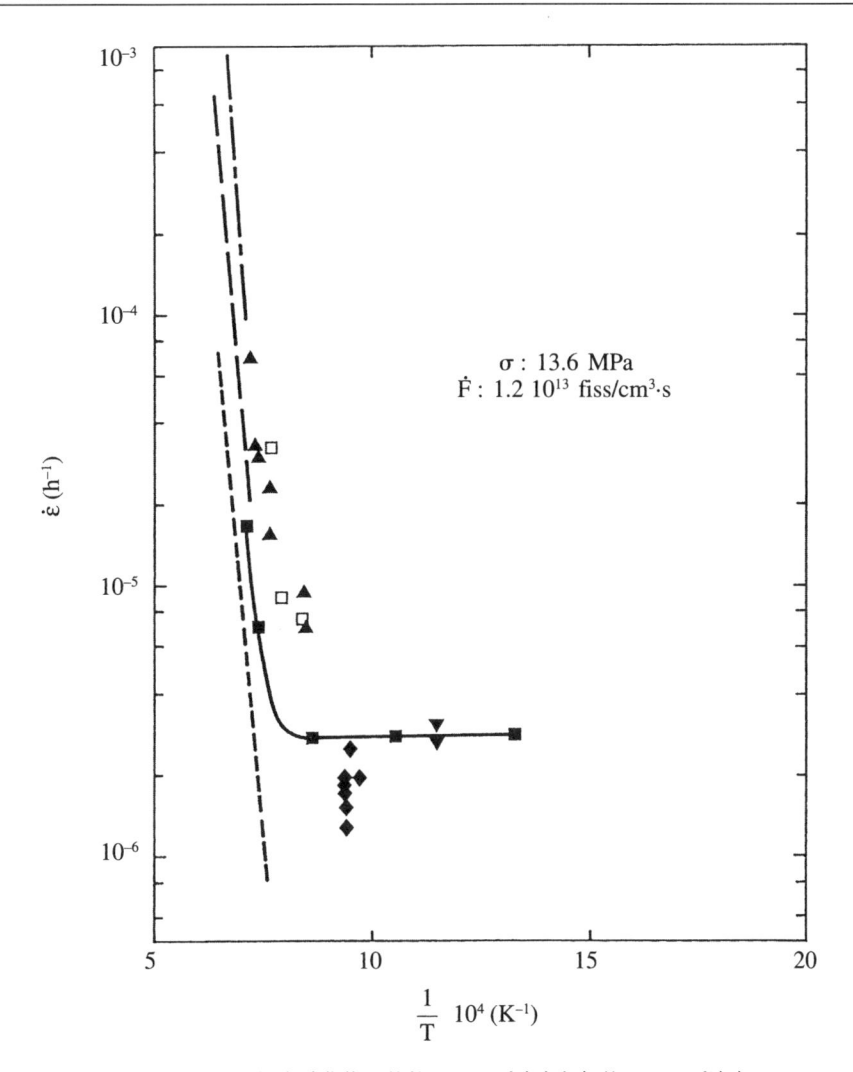

図 14.3 (U, Pu)O$_2$ 混合酸化物の熱的クリープ速度と無熱クリープ速度 [27]

拡散によりコントロールされる．この速度は以下の形である：

$$\dot{\varepsilon} = \exp(\beta P)\, B\, \sigma^{4.4}\, \exp\left(-\frac{Q_2}{RT}\right)$$

ここでβとBは定数である．

　炉内において，ナバロ・クリープが加速されるように見える；これに加えて，照射下において拡散を引き起こす可能性のある，新しいタイプのクリープが出現する：これは無熱拡散機構 (athermal diffusion mechanism) である．この照射クリープの速度はしたがって核分裂密度$\dot{F}$に比例する：

$$\dot{\varepsilon} = C\, \sigma\, \dot{F}$$

ここで C は定数である．

　酸化物中のこれらの高いクリープ速度により，FR 燃料要素は通常，**燃料とその被覆管**との間に生起されえる**力学的相互作用** (mechanical interactions) に耐える．中心空孔は燃料がクリープできる空間として供せられる：

　―ギャップが閉じた後は，核分裂生成物効果のもと酸化物のスエリングにより被覆管は一定の応力を受ける．しかしながら，この機構が緩やかに働くので，被覆管に損傷を与えるような水準に達する前に応力を緩和するには充分な程の照射クリープ速度が通常は与えられる．

　―出力上昇時に生起する示差熱膨張 (differential thermal expansions) は一層速い速度で力学的相互作用応力を引き起す．しかしながら，標準出力で照射される FR 燃料ピンにおいて，高温における熱クリープは，応力が危険な水準に達することを防止するのみ充分なほど高速である．これらの出力上昇幅が非常に大きい時，および酸化物が比較的冷たい出力水準から（例えば，低出力での長時間継続運転の後に）運転開始される時のみ，酸化物の応力，したがって被覆管の応力が被覆管を変形し損傷を与える高水準まで達することができる．

　PWR 燃料において，ディッシュ (dishings)[*3]のみが，燃料をクリープさせることのできる自由空間を供給する；出力急昇 (power ramps) 時にこれらの機構が主要な機能を演ずる（第 V 部参照）．

14.2　核分裂ガスのふるまい [29-38]

14.2.1　核分裂ガスの形成

　全ての核分裂生成物の形成と物理化学状態については，次章 15.1 節および 15.2 節で考察しよう．ここでは核分裂ガスのみを検討する．

　気体状核分裂生成物 (FPs) は主に希ガスである：

　―キセノン (xenon) は以下の同位体を形成する：^{129}Xe，^{131}Xe，^{132}Xe，^{134}Xe，^{136}Xe，

　―クリプトン (krypton)：^{83}Kr，^{84}Kr，^{85}Kr，^{86}Kr，

　―ヘリウム (helium) は，わずかに生起する 3 核分裂 (ternary fissions)，酸素による中性子捕獲および ^{238}Pu，^{241}Am または ^{242}Cm のような同位体の α 崩壊で形成される．

　これらの様々なガスの核分裂収率 (fission yield) は次のことに依存する：中性子束のスペクトル（熱中性子または高速中性子），核分裂性原子の性質（U または Pu），その同位体組成および燃焼率である．

　FR において，これらの収率の近似値：キセノン；毎核分裂 0.23 原子，クリプトン；毎

　　[*3] 訳註：　　ディッシュ：燃料ペレットの端面に設けられた皿状の凹みのこと．これは，燃焼にともなう軸方向の体積増加を吸収する機能を有する．

14.2 核分裂ガスのふるまい

核分裂 0.02 原子, ヘリウム；毎核分裂 0.01 原子の値となるだろう. ^{135}Xe をこの収率では勘定していない, この核種は 9 時間以内に崩壊して ^{135}Cs になるからである.

PWR において ^{135}Xe——熱中性子領域で, 非常に高い捕獲断面積 (capture cross section) を有している——はセシウムへ崩壊する時間以前にその大部分が ^{136}Xe に核変換する. そのためガス収率が増加する：PWR で生成される安定ガス総量は毎核分裂 0.31 原子のオーダーとなるが, 照射中に Pu 核分裂数が増加するために, そのガス発生量は徐々に増加する.

このようにして生成されるガスは相当な量となる：PWR において 60 GWd/t まで照射された燃料は, 毎グラム酸化物 1.5 cm^3 STP を超えるほどのものが吸蔵される.[*4]

あるケースで, とりわけ FR ペレットの中央領域において, ハロゲン (halogens)[*5]のような核分裂生成物——高温ではガス相として観察されるかもしれない——をこれらの希ガスに加えなければならない. この時点でこの FPs は, しばらくの間希ガス類と並列的にふるまうものの, 燃料から放出された後にはより低温の周縁に移動し, そこで安定な化合物を形成する.

実質上の不溶解性ガス (insoluble gases) が結晶格子中へ導入される結果, 以下の事象を引き起す：

——燃料スエリング（これは核分裂に関連した体積の増加である）は, 順繰りに寿命初期に酸化物・被覆管ギャップの閉塞を支配し（したがってそれらの温度も支配する）, 高燃焼率では酸化物・被覆管力学的相互作用に影響を与える, とりわけ出力過渡変化中において（15.4 節参照）；

——これらのガスがプレナム内へ放出される, これが燃料要素内の圧力を条件づける；

——酸化物の幾つかの性質, 特に熱伝導率において, その不溶解性ガス気泡がポアと同様なふるまいをすることにより, このガスによる影響を受けるだろう.

これらのガスの挙動は（核分裂と結びついた）無熱現象 (athermal phenomena) と温度に結びついた拡散機構の両者に支配される.

14.2.2 無熱機構

核分裂片の**反跳** (recoil) 距離は 8 μm 近傍のため, 表面に近いところで放出されたガス原子は燃料から直接逃れることができる. 反跳による逃散で, その原子は核分裂スパイク (fission spike) に含まれる幾つかの原子を外側へ引き連れる：これをノックオン (knockout)

[*4] 訳註： 標準状態 (STP)：状態によって変化する物質の諸性質などを表示するために, 基準として適当に選んだ状態. 最もよく用いられるのは気体に関するもので, 圧力 1 atm, 温度 0 ℃の状態をいう. ただし熱力学では標準状態（1 気圧）で 25 ℃の温度における元素の最も安定な形態を, 習慣上自由エネルギー (ΔG^0_{298}) 零にとる.

[*5] 訳註： ハロゲン：周期表第 VII 族のうちフッ素, 塩素, 臭素, ヨウ素, アスタチンの 5 元素の総称. 希ガス原子より電子数が 1 個少ないため一般に電子親和力が大きく, 1 価の陰イオンとなりやすい.

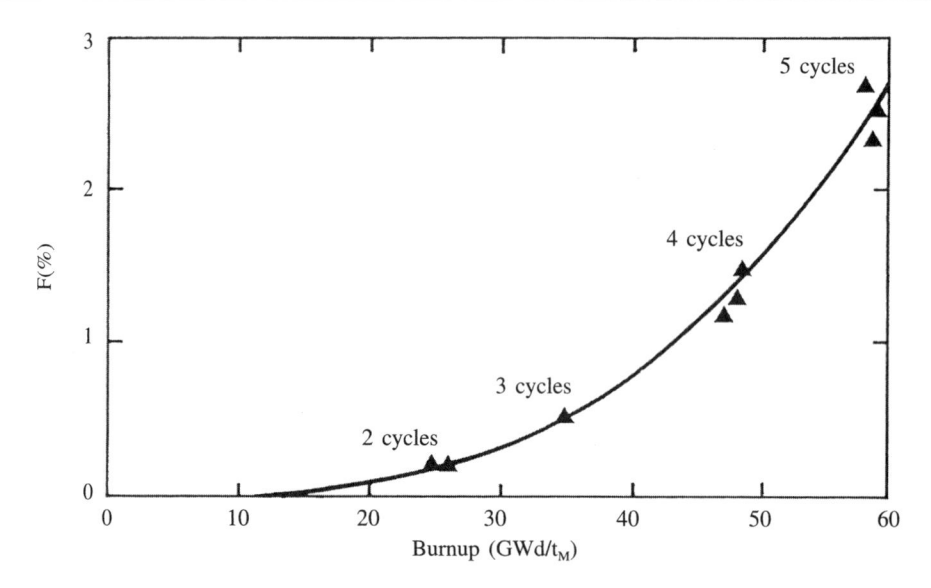

図 14.4 Gravelines 原子炉被照射 PWR 棒の燃焼率に対する核分裂ガス放出率 [35]

という.*6

　これらの反跳とノックオン機構は低温における核分裂ガス放出の主なふるまいを演じる，とりわけ PWRs の UO$_2$ 燃料において，燃焼率が 45 GWd/t に達するまで，大変低い放出率（≤ 1%）を有する（図 14.4）．ノックオンによるガス放出率は比表面積（表面積/体積の比）に依存し，母相（固溶体）中のガス量に伴い上昇する，すなわち燃焼率の増加に伴い上昇する．

　燃料内の核分裂ガスの不溶解性と照射下での拡散は，低温においてさえガス原子の移動をつかさどる．20 GWd/t を超えた PWR 燃料において，粒境界面で進行中のガス偏析 (gas segregation) が，顕微鏡で破面観察 (fractographs) される；幾つかの平面の交差が 3 境界によるごく小さなチャンネル（導管）の姿を導き，そのチャンネル (channels) を通じて低流束核分裂ガスの燃料からの逸散が達成される．

　温度および燃焼率に依存する，ある閾値を超えると，ガス気泡発生 (germination of gas bubbles) が起きる．燃焼率 45 GWd/t の PWR ペレットにおいて，透過型電子顕微鏡写真 (transmission electronmicrography) は，低温域（≈ 500 °C）から高温域（≈ 1000 °C）に移動した時，ほぼ 10 nm から 100 nm の範囲の大きさを有する気泡が粒界に集積している存在を明らかにした．この拡散は基本的に照射下拡散によるものであるが，この機構の全てが，したがって無熱機構となるわけでは無い．非常に小さな気泡の内圧は GPa の境界領域に

[*6] 訳註：　　ノックオン (knock-on)：物質にある値以上のエネルギーを有する粒子が照射されると，物質中の原子は本来の原子位置からはじき出される．この現象をノックオンと呼び，最初にはじき出される原子を 1 次はじき出し原子という．原書では knockout と記載している．

14.2 核分裂ガスのふるまい

至る，巨大な大きさになれる，さらにこれらの気泡内部にガスの超臨界状態 (supercritical state of the gases)[*7]を導く；これらの気泡は酸化物中の過飽和 (supersaturation) ガス原子の枯渇を通じて成長する．しかしながら，気泡の近傍で核分裂が生じる時，核分裂生成物の反跳に伴う弾性衝撃の影響下で気泡中に存在しているガス原子の幾つかは，母相中の溶質へ入り込み戻ってしまうかもしれない：非常に小さな気泡は消滅してしまうかもしれない，それゆえにかなりの量のガスは酸化物中に過飽和の状態で残る．

14.2.3 熱励起機構

高出力（> 200 W/cm）で照射される PWR ペレットにおいて，顕微鏡観察 (micrographic observation) は直ちに判る特有の微細構造 (peculiar microstructure)（図 14.5）を示す，その微細構造は粒界ガス気泡形成および粒界気泡相互連結で特徴づけられている（図 14.6）．電子プローブ微小分析 (electron probe microanalysis)[*8]により，そのような中心領域においてキセノン欠乏が観察される（図 14.7）：実際，この領域からガスが放出された，しかし電子プローブ微小分析では観察不可能な大きな気泡に大部分のガスが包蔵されるとの事実から，図に示されたものよりこの放出は大層少ない．この微細構造の出現とこの加速されたガス放出はしたがって閾値を超えた温度 (temperature threshold overshoot) で結びつく：この温度閾値は低燃焼率で 1200 °C 近傍であり，多分燃焼率増加に伴い低下する．高燃焼率において，閾値を超えた温度は，その低下効果と熱伝導率悪化の結合による．

FR ペレットにおいて，熱励起機構 (thermally activated mechanisms) が勿論主要なふるまいとなる．酸化物の蛍石型結晶格子中に注入された希ガスは，陽イオンと同じ機構で拡散する．高温（$T \geq 1200$ °C）において，熱拡散は照射拡散よりも大きい；気泡の成長はより速く，上記希ガスの全ては，確率的挙動 (stochastic manner) かまたは熱勾配の効果の下で移動できる．体積拡散 (bulk diffusion)，表面拡散 (surface diffusion) または蒸発・凝集 (evaporation-condensation)（高温度における主要機構）により，この気泡**移動**が引き起される．

それらの移動の経路において，これらの気泡は結晶粒内で 2 つづつ合体するかもしれない，それにより気泡の平均寸法を増加させる．実際，体積 v，半径 r の N 個の気泡で占められる体積を Nv とし，閉じ込められたガスの全原子数を n としよう，酸化物の表面張力

[*7] 訳註： 臨界状態 (critical state)：蒸気を等温的に圧縮すると圧力がしだいに増し，飽和蒸気圧に達すれば一般に液化しはじめる．p–v 曲線において，液化しはじめる点から全部が液化し終わるまでの点まで圧力 p は一定となる．この液化開始点と液化終了点の包絡線の頂点を臨界状態という．この点は物質の気相および液相のどちらに属するともいえない状態であり，液体として存在する限界を示す．一般に気体は臨界温度以下にしないかぎり，圧力をどれほど増しても液化できない．

[*8] 訳註： 電子プローブ微小分析 (EPMA)：電子線を絞り微小領域表面に照射，その照射領域表面層原子が電子によって励起され，特性 X 線を放出する．この特性 X 線から元素を分析する．走査型電子顕微鏡 (SEM) に併設されている場合が多い．

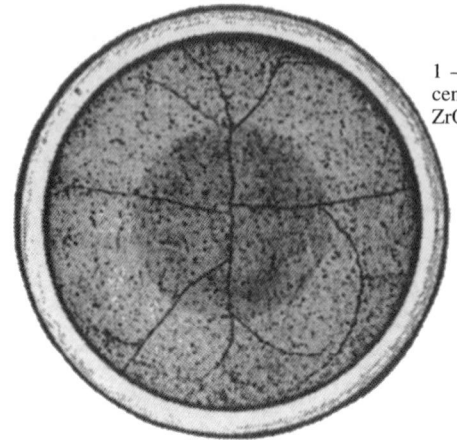

1 – burnup = 64.6 GWd/tU
central area dia./cladding internal dia. = 0.52
ZrO$_2$ thickness = 35 μm
1－燃焼率＝64.6 GWd/tU
中心領域径/被覆管内径＝0.52
ZrO$_2$ 厚さ＝35 μm

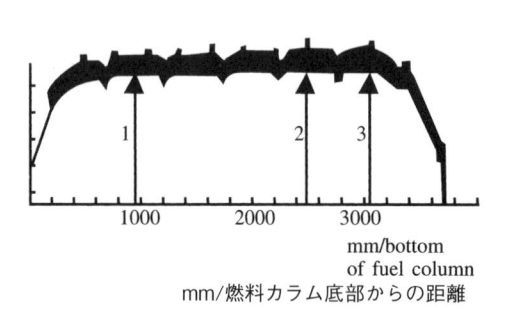

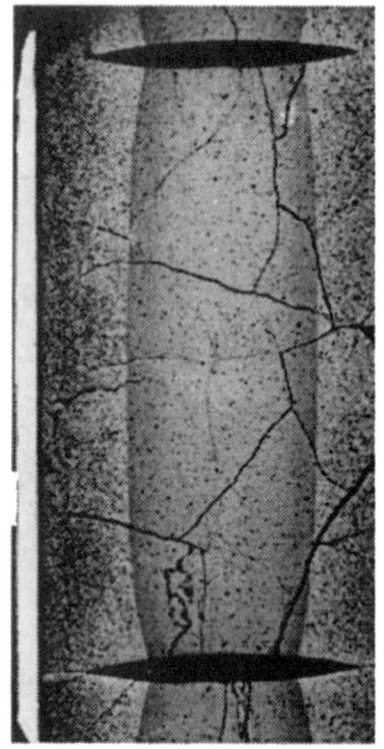

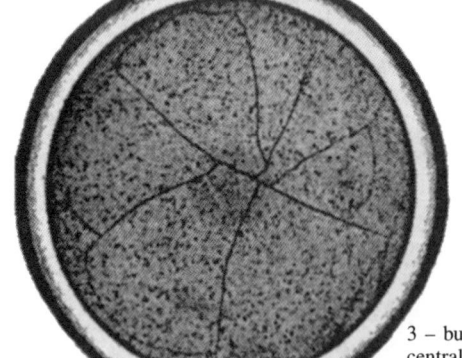

mm/bottom of fuel column
mm/燃料カラム底部からの距離

2 – burnup = 64.3 GWd/tU
2－燃焼率＝64.3 GWd/tU

3 – burnup = 59.3 GWd/tU
central aera dia./cladding internal dia. = 0.23
ZrO$_2$ thickness = 98 μm
3－燃焼率＝59.3 GWd/tU
中心領域径/被覆管内径＝0.23
ZrO$_2$ 厚さ＝98 μm

図 14.5　高燃焼率（65 GWd/t）PWR 燃料のマクロ金相写真 [35]

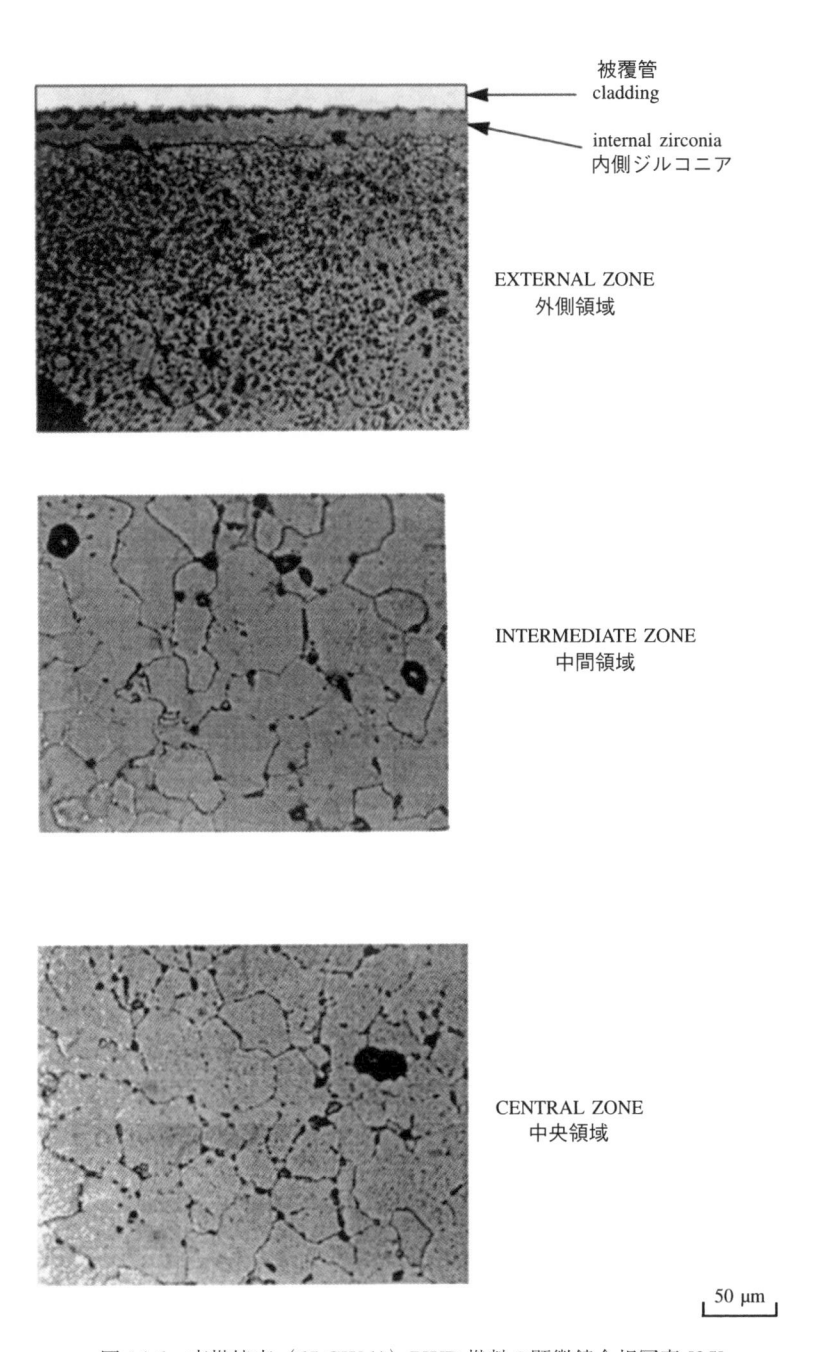

図 14.6 高燃焼率（65 GWd/t）PWR 燃料の顕微鏡金相写真 [35]

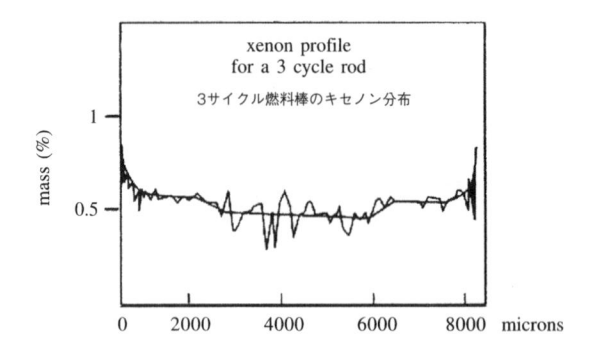

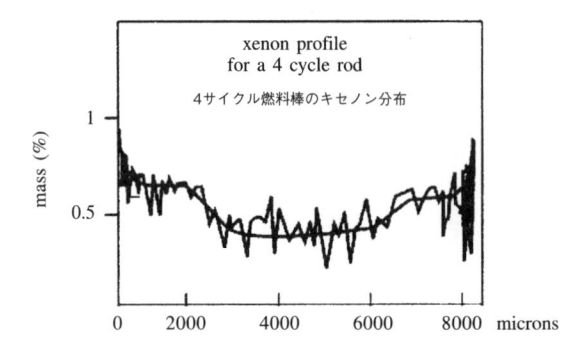

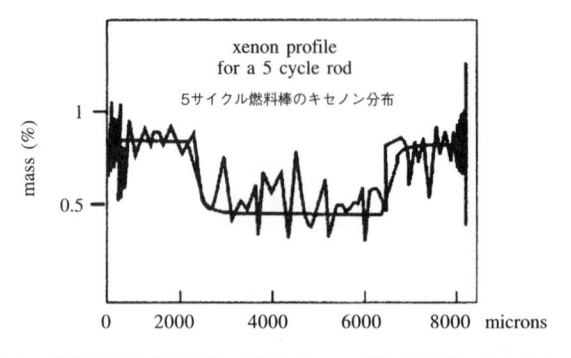

図 14.7　3, 4, 5 サイクル照射 PWR 燃料棒の電子プローブ微小分析によるキセノン径方向分布 [35]

14.3 核分裂ガスの放出　　　　　　　　　　　　　　　　　　　　　　　　　　　135

γ と平衡している気泡の圧力を p とするなら，以下の式を得る：

$$pv = \frac{n}{N}RT = \frac{2\gamma}{r}v$$

したがって，

$$Nv = \frac{nRT}{2\gamma}r$$

となり，ガスに占有された全体積（「ガス・スエリング」と呼ばれる）は，ガス気泡の平均半径に直接比例することになる．凝集を促進させる高温領域域の FR ペレット内において，そのガスの大部分が放出されないとするなら，ガス・スエリング (gas-swelling) は巨大なものになるだろう．

移動途中の幾つかのガスは粒界に集積する；このようにして捕えられた気泡は成長または凝集する．これがチャンネル（導管）の3交差点形成を伴う相互連結を引き起す，そのチャンネルは燃料中の割れ目または開気孔 (open pores) につながり，この粒界ガスがプレナム（ガス溜め）内へ放出することを許す．

14.3　核分裂ガスの放出

放出率（放出ガス量/生成ガス量）の実験から得る情報は，プレナムに放出されたガスと燃料中に吸蔵されたガスの体積測定から求める；これらの測定は酸化物薄片の昇華 (sublimation)（全体測定）によるか，電子プローブ微小分析（局所測定）を用いて行う．

「Contact（接触）」[31] のような解析実験では，照射中ガス放出の連続測定が許容される結果，累積ガス放出率だけでなく，放出・生成比 R/B（R：同位体 i の毎秒放出原子数；B：放射能平衡における同種同位体の毎秒生成原子数）を取得できる．

これらの実験から得られた大きな発見を以下に示す．

—1000 °C を超える，同位体では，燃料中心温度の上昇に伴い，その R/B 比が急激に上昇する．1000 °C 以下であっても，温度の影響が依然としてある（図 14.8）：もし反跳機構が真に無熱 (athermal) であるなら，粉砕を介するノックオン機構は完全な無熱で無い．

—相互関連的に，線出力または環状幾何学形状 (annular geometry) のような温度に影響を及ぼすパラメータがガス放出を直接支配する．

—酸化物の比表面積 (specific surface) 増加，とりわけ開気孔，のいずれにおいても，放出増加傾向をもたらす．

—同一温度では，燃焼率増加に伴い R/B が増大する．

それらの実験は，与えられた体積要素において，毎秒当たりの放出ガス原子数が燃料中の残存原子数に比例し，その比係数が温度のみの関数であるとの基礎仮説として見出された，単純ガス放出モデルの確立を許容する．

このモデルは定常状態で広範囲範温度（> 1000 °C）の PWR 燃料に，および 7 at.% か

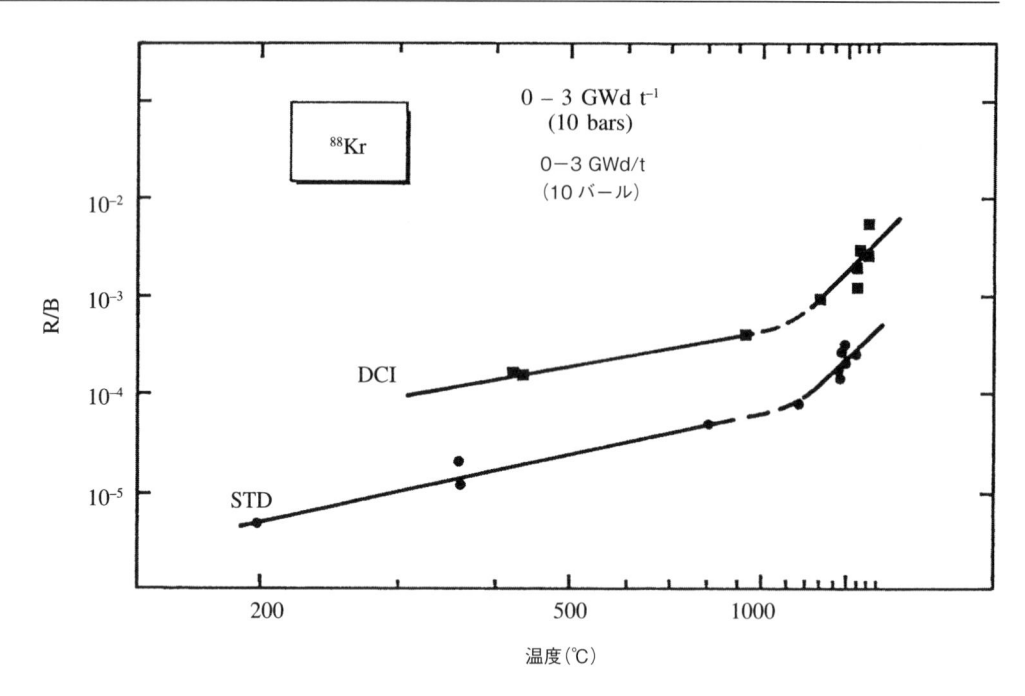

図 14.8　1000 °C 以下においてさえ温度効果を示す瞬間 R/B（放出/生成）率 [31]

ら 8 at.% を超えていない FR 燃料にたいして成功裏に適用されている．

　ガス放出計算を燃料中のどの場所においても，またいかなる照射履歴（特に PWR の出力急昇）にも適用させるには，以下の物理的現象の全てを考慮するさらに精巧なモデルを必要とする：原子移動，気泡発生 (bubble germination)，気泡移動，照射誘起分解 (irradiation-induced resolution)，凝結 (coalescence)，粒界への集積，相互連結 (interconnection) など．

14.3.1　PWR 燃料棒からの累積放出率

　PWR ペレットの全体としてのガス放出率例を図 14.4 に示した．そのペレットは，EDF の原子炉で 5 サイクル照射された濃縮度 4.5 % UO_2 標準燃料である．その燃料棒は高出力（$P_{max} \approx 235$ W/cm）で約 60 GWd/t の平均燃焼率に達するまで運転された．40 GWd/t に達するまで，その放出率は低く留まった（< 1 %）；それでも 60 GWd/t に達した，5 サイクル末期においてガス放出率の明白な上昇が観測された．

　この放出の増加には，上述した中心領域の微細構造を伴う．この領域の広がりが燃焼率と温度の増加に伴い大きくなる．

　同じ燃焼率において，今までに試験した MOX 燃料棒のガス放出は，UO_2 燃料棒に比べて大きい．MOX 燃料棒のガス放出大きさは，熱的ふるまいの差異と部分的関連を持つ：

14.3 核分裂ガスの放出

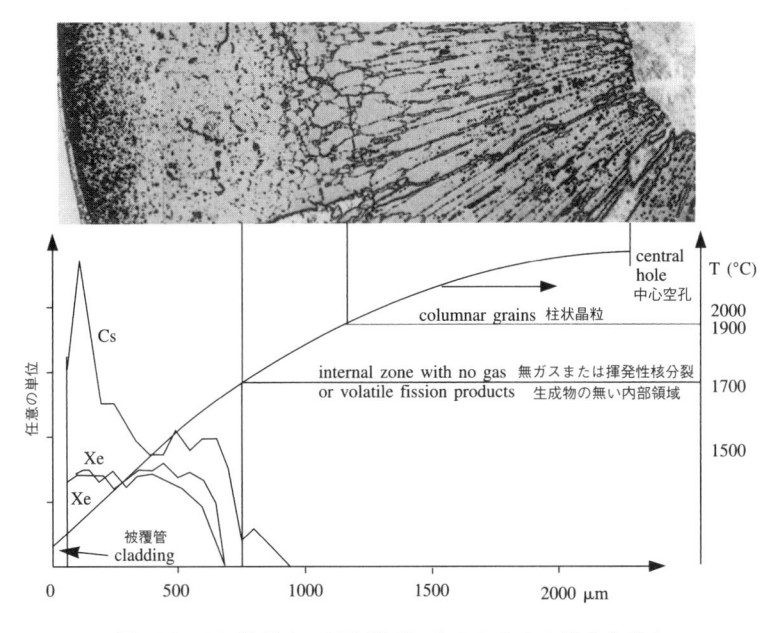

図 14.9 FR 燃料中の核分裂ガスとセシウムの径方向分布

これらの MOX 燃料棒は終わりの照射サイクルを通じ，より高い線出力で照射されるのが一般的である；炉心温度はそれ故に少々高い．しかしながら明らかに他のパラメータがこの放出量加速を支配する：特にプルトニウム富化集塊の局部（図 7.7）は，照射下で非常に高い局所燃焼率を有し，したがってガスを保持することはほとんどできない．少し高めの拡散係数，少し開気孔が多目の初期空洞率 (porosity) またはより大きな核分裂酸化，のような他のパラメータも介在できる．その研究は継続中であり，列挙した各々の効果を定量化することは現時点において困難である，にもかかわらず線出力の役割は大きい．

14.3.2　FR 燃料ピンからの放出率

PWR 燃料よりさらに高温の FR 燃料は，そのガスの大部分を放出する；この目的のために大きな膨張体積が用意された．照射初期において 40 % 近傍であった核分裂放出率は，高燃焼率で約 80 % に達し，さらにスエリング効果により変形した被覆管を有する燃料ピン内では 90 % にも達する（第 VI 部参照）．

約 7 at.% までの，**中燃焼率**において (moderate burnup) 燃料温度が核分裂ガス放出を支配するパラメータである：全体的には 1400 °C 以上で，また 1000 °C より僅かに低いところでの熱的活性化機構が放出を導く．数 at.% 照射された燃料の電子プローブ観察は，外縁部でこれらのガスを全体的に保持し，一方柱状晶の中央部領域において残留ガス量は検出限界よりも低いことを示した（図 14.9）．

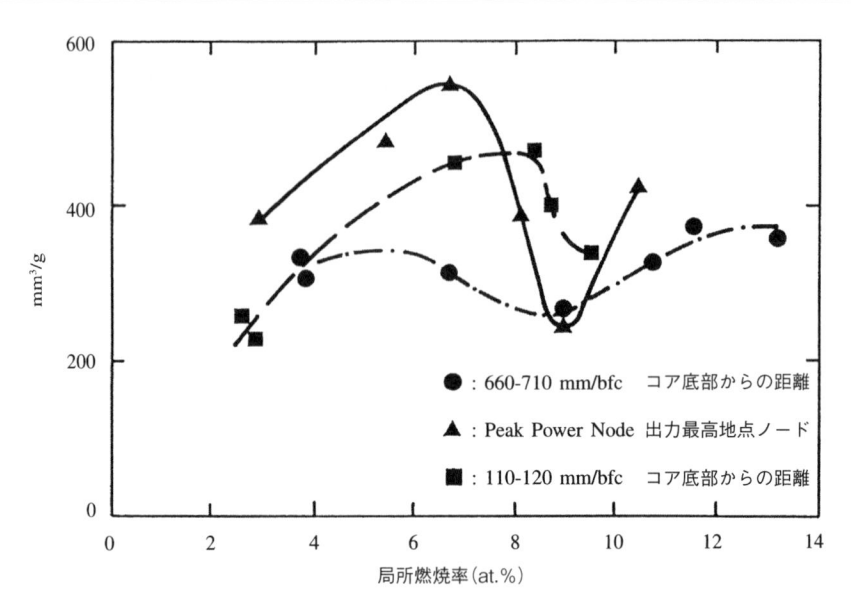

図 14.10　燃焼率 7 から 8 at.% 近傍でガス保持量の急速低下を示す FR 燃料ガス保持量変化 [47]

　この放出率は，酸化物温度をつかさどる異なるパラメータを互いに関連させる：線出力，中実または中空ペレットの幾何寸法，密度および酸化物・被覆管のギャップ熱伝達に影響するあらゆるもの，とりわけ，表面温度の増加に伴い，そのギャップを広げる，被覆管変形である．

　7 から 8 at.% を超えると，外縁部は仮説的温度上昇の可能性に関連させることなしに，相当量のガスを放出させる；結晶粒は微細化し，その結果ガス放出に寄与する．昇華 (sublimation) 法の局所残留測定によると，同じようなピンでかつ同一水準——これは同じ線出力を意味する——において，燃焼率増加に伴い吸蔵ガス量は最初増加し，低温領域内に非常に小さな結晶粒を伴う新微細構造が出現する時に，突然低下する（図 14.10）．

14.4　ウランからプルトニウムへの核変換 [39-41]

　中性子衝撃 (neutron bombardment) の重要な帰結は，中性子の捕獲を通じて ^{238}U が ^{239}Pu へ核変換 (transmutation)[*9] することである．この捕獲 (capture) は PWRs および FRs の両方の原子炉内で生ずる．

[*9] 訳註：　　核変換 (nuclear transmutation)：ある核種がほかの異なる核種に変わる現象．nuclear transformation ともいう．

14.4 ウランからプルトニウムへの核変換

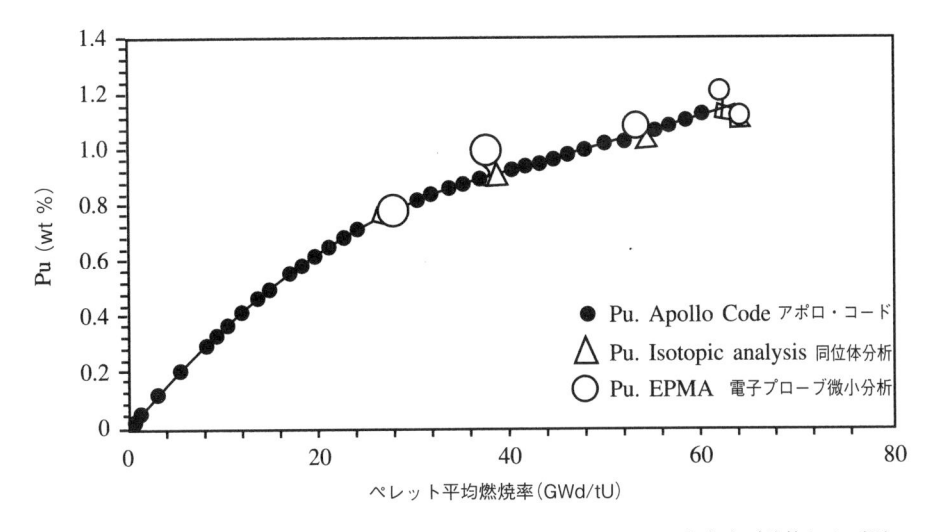

[グラフ: 燃焼率を関数としたPu含有率の変化。縦軸 Pu (wt %) 0〜1.4、横軸 ペレット平均燃焼率(GWd/tU) 0〜80。凡例: ● Pu. Apollo Code アポロ・コード、△ Pu. Isotopic analysis 同位体分析、○ Pu. EPMA 電子プローブ微小分析]

図 14.11　燃焼率を関数とした PWR 用 UO$_2$ 燃料のプルトニウム含有率（計算および測定）の変化 [35]

14.4.1　PWR ペレット内でのプルトニウムの生成

初期に UO$_2$ のみを含む燃料において，ある量のプルトニウムは照射下で生成し，燃焼率の増加に伴い徐々に増え，50 GWd/t で Pu 含有量は約 1.2 % に達する．エネルギー生産に寄与するこのプルトニウムの核分裂は 40 GWd/t を超えると，そのプルトニウムの寄与が支配的にさえなる．このプルトニウムの核分裂は，したがって照射開始期の ^{235}U 濃縮度 4.2 % から 45 GWd/t で 0.9 % に低下するウランの減損 (depletion) を部分的に補償している．

プルトニウム含有率の変化曲線（図 14.11）は，^{238}U 核による中性子捕獲によるプルトニウム生成およびそのプルトニウムの核分裂消滅との間の競争から，平坦域（プラトー：plateau）傾向を示す．

PWR 用 MOX 燃料では，^{238}U 核への中性子捕獲を介したプルトニウム生成の同一現象，および核分裂を介したプルトニウム消滅と結びついた，この場合におけるプルトニウム含有率低下の緩和現象を経験する．

14.4.2　FR ペレット内でのプルトニウムの生成

高速中性子にたいし，^{238}U 核の捕獲断面積は非常に小さい；しかし中性子束が約 100 倍大きい（FRs では 6×10^{15} n cm^{-2} s^{-1} であり，これに対して PWRs では 5×10^{13} である），ウランからプルトニウムへのこの核変換現象もまた大変重要なふるまいを演じる：

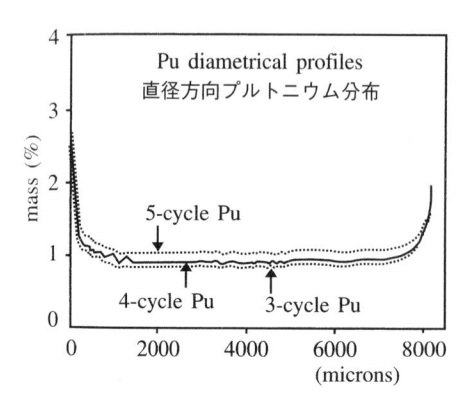

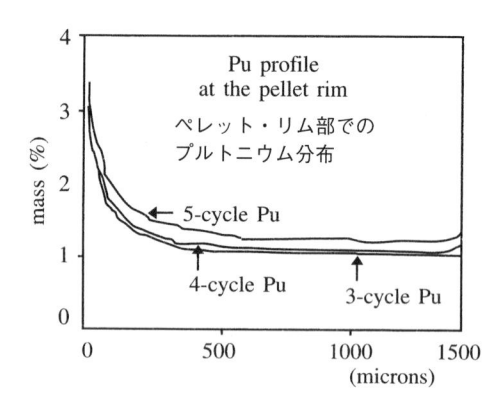

図 14.12　外周部で Pu 含有率の急昇を示す照射 PWR ペレットの径方向プルトニウム分布 [35]

エネルギー生産にはプルトニウム含有量の緩やかな減少だけが伴う．炉心 1 で照射された PHENIX 燃料ピンの出力最大領域において，その Pu/(U+Pu) 比——寿命初期で 21 % 近傍範囲——は燃焼率が 10 at.% に達した時，まだ約 19 % を維持している：初期ウランの 8 % がプルトニウムへ同時核変換し，その結果プルトニウム核分裂の広大な量を補償してくれる．

14.4.3　PWR 燃料のリム効果

^{238}U 吸収断面積は熱外中性子 (epithermal neutron)[*10]場で有意な共鳴を示す事実から，そのような共鳴に対応する中性子（主に 6.67 eV, 20.90 eV および 36.80 eV）は，燃料中に侵入するやいなや，直ちにそのほとんどが吸収される．プルトニウムの形成は，ペレット外縁部（リム）で他の残りの領域に比べて断然大きい（図 14.12），電子プローブ分析によるネオジム濃度測定で明らかにされるた局所燃焼率の上昇が相当大きいことを示している．[*11] 60 GWd/t の平均燃焼率において，ペレット表面のプルトニウム含有率は平均値の 2 倍以上であり，また表面での局所燃焼率の速度は，それゆえに非常に大きなものとなる．

この領域が低温（≈ 500 °C）であるのにもかかわらず，熱力学的平衡（巨大な核分裂密度により導入された欠陥による）で無い，大きな量のガスと核分裂生成物の存在は，完全に微細構造への変態を引き起こす：初期に 5 から 10 μm の範囲であった結晶粒径はサブミクロン化する；45 GWd/t を超えると，ミクロン・オーダーの多数のポア（空洞）が出現する，それはその領域で 10 から 30 % におよぶ高い空洞率 (porosity) を形成する．これらのポアの存在により，この領域での電子プローブ微小分析 (EPMA) はキセノンの有意

[*10] 訳註：　熱外中性子：熱中性子に近く，それよりもやや高いエネルギーをもつ中性子．普通，カドミウム箔で吸収されない，ほぼ 0.5～100 eV のエネルギー範囲のものをいう．

[*11] 訳註：　ネオジム (Nd)：核分裂収率が U と Pu の核種，中性子エネルギーに依存せず，燃料内での移動も少ないために局所的燃焼率分布の指標核種として利用されている．

14.4 ウランからプルトニウムへの核変換

な欠乏を示すように見える；しかしさらに深い領域を調べられる蛍光 X 線微小分析では，このガスの大部分は依然として存在していることを示した．この微細構造の劇的な出現にもかかわらず，この「リム効果」は，50 GWd/t を超すまで核分裂ガス放出を加速する重要な役割を演じることが無い．

この特別な微細構造は，局所燃焼率 60 GWd/t のリム環内に出現する，この場合の平均燃焼率は約 30 から 40 GWd/t である；ペレット平均燃焼率が 60 GWd/t に達した時，この環の幅は約 200 μm になる．

注意：低温での微細構造出現の類似現象が PWR で照射した MOX ペレットでも観察されている：プルトニウム富化の非均一性はペレットの平均燃焼率に比べてその部分の局所燃焼率を非常に高くする．結局，その燃焼率が適度な時でさえ，微細な結晶粒と大きなポア（数ミクロンの，またはペレットの中心部においても）を伴う新しい微細構造が出現する．

第 15 章

核分裂生成物効果

　酸化物中に増え続ける核分裂生成物の存在は，炉内のふるまいを支配する重要な役割を演じる．これらの核分裂生成物 (FPs) の化学状態は燃料の酸素ポテンシャルに依存する，照射期間を通じて変化するこのポテンシャルは FPs により消費される酸素量に依存し，さらにそれゆえに FPs が形成する化学的化合物の性質に依存する．酸化物の熱的，力学的および物理化学的性質は，これらの FPs の存在——FPs は被覆管が破損した場合における冷却材との反応と同様，燃料温度，被覆管腐蝕，酸化物・被覆管相互作用へ直接的に影響を及ぼす——に依存して連続的に変化する．異なる核分裂生成物の物理的および化学的状態は，これらの種とそれゆえスエリング——これは核分裂の結果燃料の体積が増加することである——によって占められる体積により決定される．

15.1 核分裂生成物の形成

　僅かな数の三体核分裂 (ternaly fissions)[*1]（3 個の原子を生み，その 1 つは He または T である）から離れて，各々の核分裂は核分裂生成物 (fission products) と呼ぶ 2 個の原子を生み出す．各々の FP 生成確率は，2 つの突起を有する曲線に従う分布をする（図 4.1）．235 個の原子核を含むウラン原子は，多くの場合その質量数 (mass numbers) が 85 から 105 の範囲および 130 から 140 の範囲内に位置する 2 個の原子を生成する．図 4.1 に示すように，核分裂生成物の出現確率は中性子スペクトルにほとんど影響されないが，核分裂性原子の性質には敏感である：^{239}Pu の核分裂は，^{235}U の最初の突起を右方向に移動させる．

　核分裂のときに生成される FPs の大部分は不安定な短寿命原子核 (short-lived nuclides) である．炉内での燃料照射時間（数年間）において，酸化物のふるまいに有意な影響を及ぼす，数日よりも長い半減期を有する FPs が主体となる．数年を超える半減期の FPs は，

[*1] 訳註：　三体核分裂：普通の核分裂では，ほぼ同程度の大きさの 2 個の原子核に分裂するが，ときには 3 個の原子核に分裂することがある．これを三体核分裂という．T は三重水素 (tritium)．

照射時間尺度において準安定とみなす．

幾つかの短寿命生成物は，しかしながら重要なふるまいをする，特に遅発中性子 (delayed neutron) の放出物質——とりわけヨウ素 (iodine: I) および臭素 (bromine: Br)——の場合である．原子炉内の連鎖反応の制御を可能にし，被覆管破損の早期検知を可能とする，これらの FPs に感謝しよう．

勿論，酸化物の物理化学的ふるまいに影響するのは元素の性質である，しかし単一の元素が，幾つかの崩壊系列 (decay chains) から異なる同位体形態で出現することができる．

燃料要素のふるまいに大きな影響を及ぼすセシウムは 3 種類の同位体形態で存在する：^{133}Cs，^{135}Cs と ^{137}Cs である．^{137}Cs は超短寿命核 ^{137}Xe（3.9 秒）から生じ，したがって ^{137}Cs が形成されたところで発見される．一方，^{133}Cs は，より長い半減期（5.3 日）を有する ^{133}Xe から現れる；燃料高温域（とりわけ FRs の柱状晶域）において，この ^{133}Xe が酸化物を去り，自由空間に到達するには充分な時間を要する．^{133}Cs の部分は，そのためプレナム内で形成され，酸化物燃料柱 (oxide stack) の先端上に凝集する，そこでは続いて起こる中性子照射により ^{134}Cs へ活性化される．これがガンマ線スペクトルにおいてしばしば核分裂燃料柱領域 (fissile column) の両端において ^{134}Cs ピーク——それに対応する ^{137}Cs の集積を伴わないピーク——が示される理由である．

PWRs と FRs で ^{235}U 核分裂および ^{239}Pu 核分裂で生成する割合の例を表 15.1 に示す．この生成割合は，UO_2 で初期 ^{235}U 濃縮度 4.25 % の，MOX で Pu 含有率 7.8 % の燃焼率 45 GWd/t における質量パーセントである．これらの条件下で FPs の総質量は初期燃料質量の 4.6 % に達する．FRs の生成割合は，初期プルトニウム含有率 20 % の PHENIX で燃焼率 10 at.% まで照射された $(U,Pu)O_2$ に対する原子数/分裂 (at./fission) 比で与えられる．

15.2　固体核分裂生成物 [33,42-48]

14.3 節で考察したガス状 FPs の比較的特殊なケースから離れ，大部分の FPs は燃料内に固相 (solid phases) を形成する．形成相の種類によって，これらの FPs は 3 つのグループに分類できる：

—金属析出物を形成する FPs：Mo, Tc, Ru, Rh, Pd, Ag, Cd, In, Sn, Sb, Te.

—酸化析出物を形成する FPs：Rb, Cs, Ba, Zr, Nb, Mo, Te.

—酸化物形態であるが，酸化物母相に固溶している FPs：Sr, Zr, Nb, Y およびランタニド (lanthanides)[*2]：La, Ce, Pr, Nd, Pm, Sm.

酸素ポテンシャル [$\Delta G(O_2)$]（16.2 節参照）が酸化物燃料によって取り込まれた事実が

[*2] 訳註：　　ランタニド：ランタノイドのうち，La を除いた 14 元素の総称．

ランタノイド (lanthanoids)：原子番号 57 の La から 71 の Lu までの 15 の希土類元素の総称．すなわち，La, Ce, Pr, Nd, Pm, Sm, Eu, Gd, Tb, Dy, Ho, Er, Tm, Yb, Lu. これらは互いに性質が類似しており，周期律表ではひとまとめにされる．したがって本文では La が含まれているのでランタノイドが正しい．

15.2 固体核分裂生成物

表 15.1　FR と PWR で生成する ^{235}U および ^{239}Pu 核分裂生成物の割合

種類	元素	PWR UO$_2$ ^{235}U 核分裂 （質量%）	PWR MOX ^{239}Pu 核分裂 （質量%）	FR Pu 核分裂 （原子数/分裂）
希ガス	Xe	12.7	13.3	0.232
	Kr	1.1	0.6	0.020
金属性 介在物	Ru	6.9	8.9	0.218
	Pd	3.6	7.3	0.124
	Rh	1.2	2.2	0.059
	Tc	2.3	2.4	0.057
	Ag	0.3	0.6	0.013
	Cd	0.2	0.5	0.006
	Sn	0.2	0.2	0.006
	Mo	9.6	9.0	0.215
酸化物 介在物	Ba	4.4	4.2	0.066
	Sr	2.6	1.3	0.040
	Zr	10.4	7.4	0.197
酸化物 中固溶	Y	1.4	0.7	0.022
	Ce	7.7	6.9	0.126
	Nd	11.1	9.8	0.149
	La	3.5	3.4	
	Pr	3.2	3.0	
	Pm	0.4	0.5	0.172
	Sm	2.0	2.4	
	Eu	0.5	0.7	
	Cd	0.2	0.3	
揮発性 物 質	Cs	11.0	11.4	0.203
	Rb	1.0	0.5	0.018
	Te	1.4	1.6	0.031
	I	0.6	0.8	0.018

与えられるなら，各々の FPs が金属相なのか，または酸化物相かは，金属・酸化物平衡の酸素ポテンシャルが燃料の $\Delta G(O_2)$（図 15.1）の上か下かによって決まる．モリブデンのような幾つかの FPs では，照射過程で進展した優勢な形成物を伴う金属および酸化物の両形成物が観察される．

　PWR 燃料は FR 燃料よりも低燃焼率，低温度で照射されるため，ほぼ熱力学的に形成される第 2 次相は大変小さなサイズにとどまる．固相 FPs の実験的証明を照射された PWR ペレットから得ることは，一層困難である．したがって以下に示す説明の大部分は FR ペレット観察に基づく．

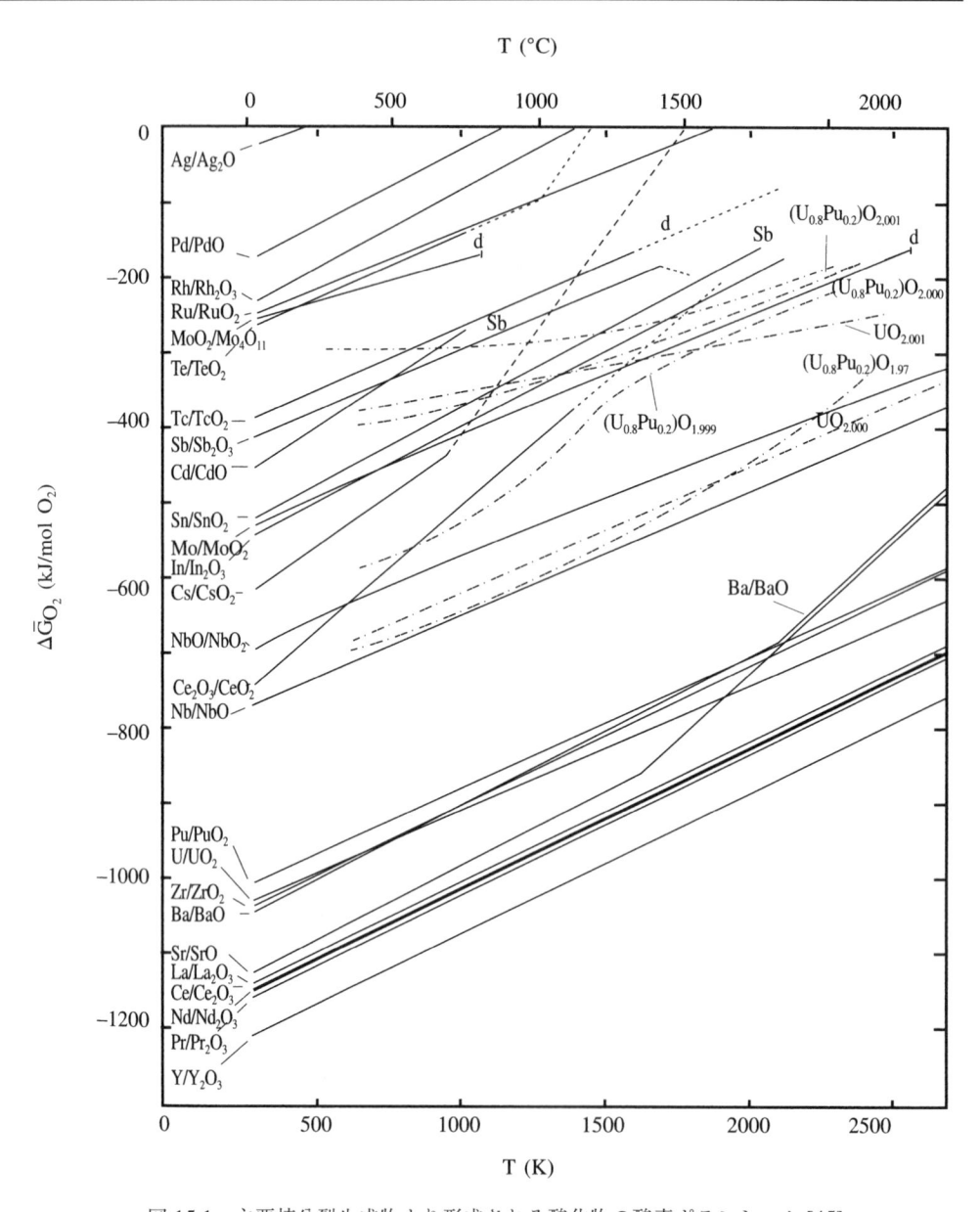

図 15.1 主要核分裂生成物より形成される酸化物の酸素ポテンシャル [45]

15.2.1 金属介在物となる核分裂生成物

平均または高燃焼率において，FR 燃料の系統的な巨大倍率金相試験では白色析出物が特に燃料高温域で観察される（図 15.2）．電子プローブ微小分析 (EPMA) は 2 種類の金属介在物を示す：1 種類は 5 つの貴金属，Mo, Tc, Ru, Rh および Pd であり，もう 1 種類は

15.2 固体核分裂生成物

元素 Pd, Te および Sn の凝結物である.

これらの介在物の大きさは温度に依存する：ペレット外縁部（リム）で，介在物直径はミクロンのオーダーである；柱状晶では，その境界で凝集してこれらの介在物は 5 から 10 ミクロンの大きさになれる；高燃焼率および高出力照射 FR ピンではこれらの介在物の幾つかが中心空孔に流出し，そこで相当大きな塊 (clusters) を形成する（しばしば 1 mm にもなる）（図 15.3），その結果これらの FPs は，燃料内で軸方向および径方向の両方向への移動の可能性を示す. 5 つの金属，Mo, Tc, Ru, Rh および Pd 組成の金属相は，六方晶構造で結晶化し，2000 °C より少々低温で熔解する，したがって FR ペレットの中心空孔の周りおよび中心空孔内では，これらの金属相は液相である.

Tc, Ru および Rh の FPs 形成物の全ては金属析出物として観察される，一方モリブデンとパラジウム FPs の一部――その水準は照射中に変化する――が金属析出物として存在する. 異なる燃焼率で照射された FR PHENIX ピンの Mo/Ru 比測定は，この進展が突然起こることを示している：7 から 8 at.% の燃焼率に達するまでこの介在物の大部分はモリブデンであるが，燃焼率 10 at.% を超えると小さな割合（10 % のオーダー）として残っているだけで，残りは酸化物状態へ変化する. 酸素ポテンシャルの上昇でほとんどが説明される，モリブデン酸化はペレット全体に影響するものの，リム領域内でそれは顕著でない，これは多分反応速度論に起因するのだろう.

パラジウムは非常に高い蒸気圧を有する点で他の金属と異なる；燃焼率に関係無く，Mo, Tc, Ru, Rh および Pd 介在物中に生成した Pd の半分以下が通常観察され，その残りは金属状態中に面心立方晶の介在物を形成して存在している. それらは少量のスズ (tin) とアンチモン (antimony) を伴うパラジウム (palladium) とテルル (tellurium) で主に造られる；これらの介在物は，高燃焼率において実用上の識別がされる. Pd-Ag-Cd の金属介在物もまた観察される.

PWR 燃料でも同じ金属相の析出物が観察される：これらは微細な析出物で，燃焼率 45 GWd/t では 10 から 100 nm の大きさであり，しばしばガス気泡を伴う. リム内で，これらの析出物は数 10 分の 1 ミクロンの大きさに到達し，そのため容易に識別される.

15.2.2 燃料母相中に固溶している核分裂生成酸化物

熱力学的観点から，酸化された FPs は，もしもその FP 酸化物の溶解度が充分なら，UO_2 または $(U,Pu)O_2$ 母相内に固溶しているように見える. その溶解度は温度，Pu 含有率と O/M 比に依存するため，相図研究 (phase diagram studies) に基づき個々の FP の溶解度限を明瞭に決定することは困難である. 同時に存在している多量の FPs は，核分裂生成物を各々独立に決めた溶解度から離れて，最大溶解度をもたらすことができる. 一方，PWR ペレットでは主要な低温度において，母相内に形成された FPs は，直ちに析出はしない，さらに後においてさえその析出は非常に小さなサイズである，それらの析出物は――ガス

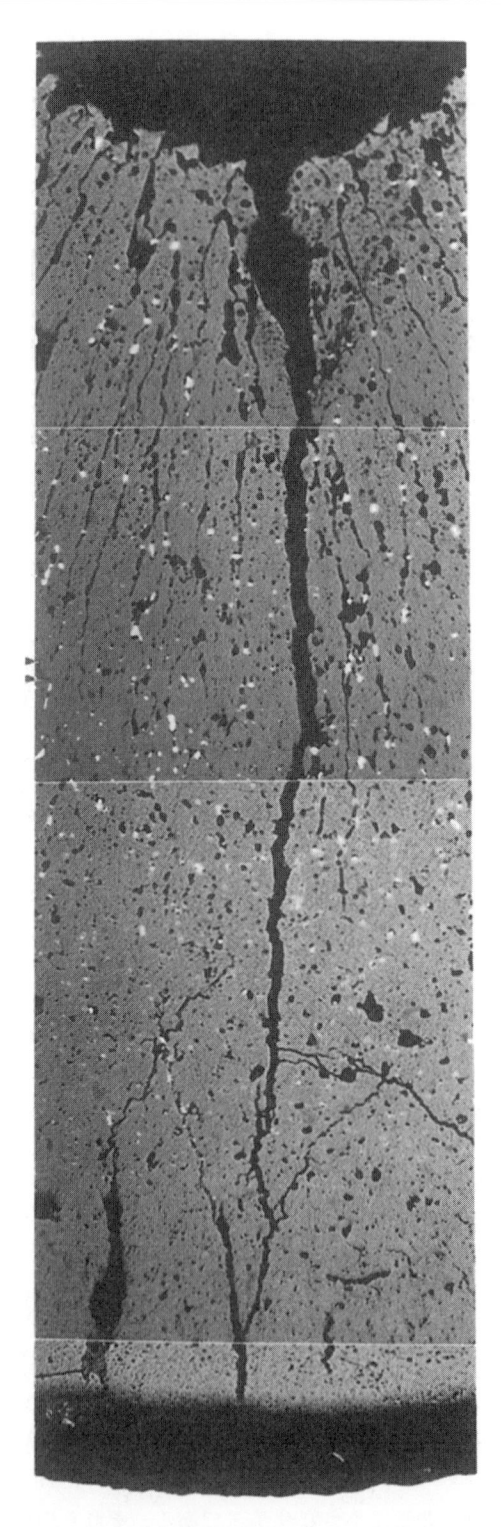

100 μm

図 15.2　白色析出物を示す燃焼率 12 at.% 照射 FR ペレットの半径金相写真

15.2 固体核分裂生成物

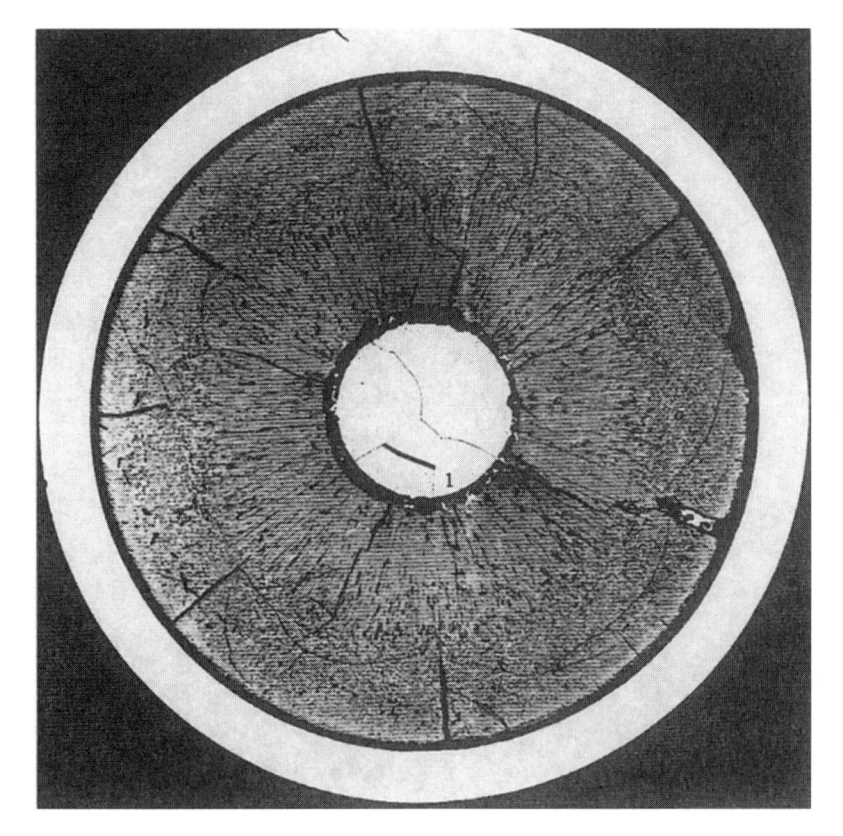

図 15.3 FR ピンの中心空孔内の金属 FP インゴット (1)

微小気泡のケースとして——多分核分裂片 (fission fragments) によって部分的再溶解がなされる．PWR ペレットで，それゆえ FPs は，それらの溶解度限に対し明らかにかなり過飽和になっているように見える．

固溶 (solution) 中の FPs の種は，3 種類に分類できる：

—相図研究から全ての希土類 (rare earth: RE) 酸化物は UO_2 内で大きく混和できる：$(RE)_2O_3$ 三二酸化物 (sesquioxides) と同様 $(RE)O_2$ 二酸化物 (dioxides) に対してこのことは真である．希土類（Y, La, Ce, Pr, Nd, Pm, Sm と Eu）に属する全ての FPs はしたがって酸化物燃料の母相内にほとんど全て溶解している，さらに通常移動しない．非常に高い燃焼率においてのみ，小さな割合のこれらの FPs を酸化物介在物中に観察することができる．

— Zr, Sr および Nb のかなりの量が母相内に溶け込んでいる．ZrO_2 は PuO_2 内で高い溶解度を示す；UO_2 内でのその溶解度はわずかに低いが，温度および希土類の存在に伴って増加する．ジルコニウム (zirconium) とストロンチウム (strontium) の大部分は通常燃料母相内の固溶体である，さらにその残りは第二酸化物相 (second oxide phase) 内に析出

する.

— Ba, Cs と Te は少量のみが溶解するだけだ．このためバリウム (barium) の大部分が，第二酸化物相内で観察される．

15.2.3 酸化介在物となる核分裂生成物

燃焼率 5 at.% を超えた FR ピンには，灰色酸化介在物 (grey oxide inclusion) の析出物が現れる；これらの介在物は電子プローブ微小分析からバリウムとジルコニウムにより主に造られていることが示された．溶解度に限度を有するこれら 2 つの FPs はペロブスカイト型構造 (perovskite-structured) の $BaZrO_3$ 相の形態で析出する．[*3]このペロブスカイト相は，U, Pu, Zr, Mo と幾つかの希土類の固溶と同様に少量のストロンチウムと特にセシウムで形成することができ，結局 (Ba, Sr, Cs)(Zr, U, Pu, Mo, RE)O_3 型の化合物を形成する．

15.2.4 モリブデン

Mo/MoO_2 平衡に対応してる酸素ポテンシャルは，化学量論組成に近い酸化物燃料（PWR または FR）のその範囲以内に位置する：それゆえモリブデン (molybdenum) は金属形態および酸化物形態の両方が観察されるだろう，したがってバッファー (buffer) としての活動が可能である．

低燃焼率 FR ピンにおいては，基本的に Mo, Ru, Rh, Tc, Pd 介在物中に金属形態で観察されるが，燃焼率の上昇に伴い酸素ポテンシャルの上昇を伴い（16.2 節を見よ），大部分のモリブデンは酸化物状態へ移行してしまう．モリブデン酸化物は燃料母相に不溶解であると見なされ，MoO_2 の小析出物を形成すべきであるものの，これらの析出物がかって観察されたことは無い；酸化されたモリブデンの少量部分は，前述した灰色ペロブスカイト相に固溶するが，このモリブデン合金の大部分はセシウムと共に Cs_2MoO_4 モリブデン酸塩 (molybdate) を形成する；FR ピンの中央高温領域で，その分子はガス状態に移行し，より低温の外縁に向かって移動してその場所に Cs_2MoO_4 モリブデン酸塩または $Cs_2Mo_2O_7$ モリブデン酸塩のいずれかの形態で再凝結する．

15.2.5 セシウム

セシウム (caesium) とテルルは，これらの関係の無い元素およびこれらで形成された化合物の一部が，とりわけ FRs において，燃料ペレット内温度でガス状態であることより，

[*3] 訳註： ペロブスカイト型構造：化学式 RMX_3 で示される複酸化物に見られる結晶構造の 1 形式．理想型では立方晶系に属す．単位格子内に化学単位（RMX_3）1 個を含む．4 個の R は単純立方格子をつくり，6 個の X は面心の位置，1 個の M が体心の位置にある．しかし立方晶系に属す理想型は少なく，多くは少し歪んで正方晶系，単斜晶系，斜方晶系，六方晶系になっている．

15.2 固体核分裂生成物

「揮発性」(volatile) FPs と時々呼ばれる．それらは，したがって径方向および軸方向にかなり移動し，いくつかのケースで被覆管と接触した時に集積しがちであり，その集積が FRs と同様 PWR の両者で腐蝕を引き起す．

酸化物母相内でのセシウム溶解度は非常に低いもののゼロではない（1900 °C で 0.1 % モルのオーダー）．ペロブスカイト酸化物相では，さらに高いように思われる；このことは，セシウム化合物が不安定であるかまたはガス相になる温度の FR ペレット中心空孔の縁にあるセシウムの存在から説明できるだろう．

PWR 燃料棒または FR 燃料ピン内の酸素ポテンシャル（図 15.4）により形成されるであろう主要セシウム化合物の熱力学研究は，安定的階層 (hierarchy) の成立を許す：

―$\Delta G(O_2)$ = - 130 kcal/mole（FR ピンの寿命初期における酸素ポテンシャルのオーダー）において，最も安定な化合物，それゆえ最も形成しやすい化合物は増加昇順に：CsI, Cs_2Te, Cs_2UO_4 または Cs_2MoO_4 となる，

―$\Delta G(O_2)$ = - 100 kcal/mole において：CsI, Cs_2MoO_4, Cs_2UO_4, Cs_2Te,

―$\Delta G(O_2)$ = - 70 kcal/mole において：Cs_2MoO_4, CsI, Cs_2UO_4.

セシウム量に比べヨウ素量が非常に少ない（約 9 % 程度）という事実の観点から，いかなる場合でもテルル化セシウム (caesium telluride)（そのテル量は最大でセシウム量の 32 % 消費を許容する）とウラン化セシウム (caesium uranate) の低酸素ポテンシャルでの形成が行われるだろう．そのウラン化物は，さらに高い酸素ポテンシャルでモリブデン化セシウム (caesium molybdate) に置き換わる．後者は飽和蒸気圧 10^{-4} atm，942 °C で熔けるが，ガス相内に安定に留まる．高燃焼率の FR ペレットにおいて，セシウムとモリブデン両者の移動はペレット中央高温領域から温度の低い外縁に向かって Cs_2MoO_4 の形態で生ずる．

PWR 燃料棒において，熱力学計算によって予測された Cs_2MoO_4 相が今までに観察されたことは無い．しかしながら，どこでも見出しがたいもののリム内にそのセシウムが析出相——おおよそ被覆管内面のジルコニア層との反応で生じるジルコニウム化セシウムを除いて同定するには困難である相——として出現することは可能である．

15.2.6 ヨウ素

いずれの $\Delta G(O_2)$ に対しても，セシウム化合物，ヨウ素化合物のいずれのなかでも，ヨウ素化セシウム (caesium iodine) は熱力学的に言って最も安定である．それにもかかわらず，内部放射線（γ, β と FP）による CsI の放射線分解 (radiolysis)[*4]量相当のこの化合物

[*4] 訳註： 放射線分解：電離放射線による物質の分解をいう．放射分析 (radiometric analysis; radiometry)：放射線計測による分析．分析しようとする物質に，これと化学量論的に結合するような放射性同位体の標識化合物またはイオンの過剰を反応させ，反応生成物の放射能測定により目的物質を定量する分析法．

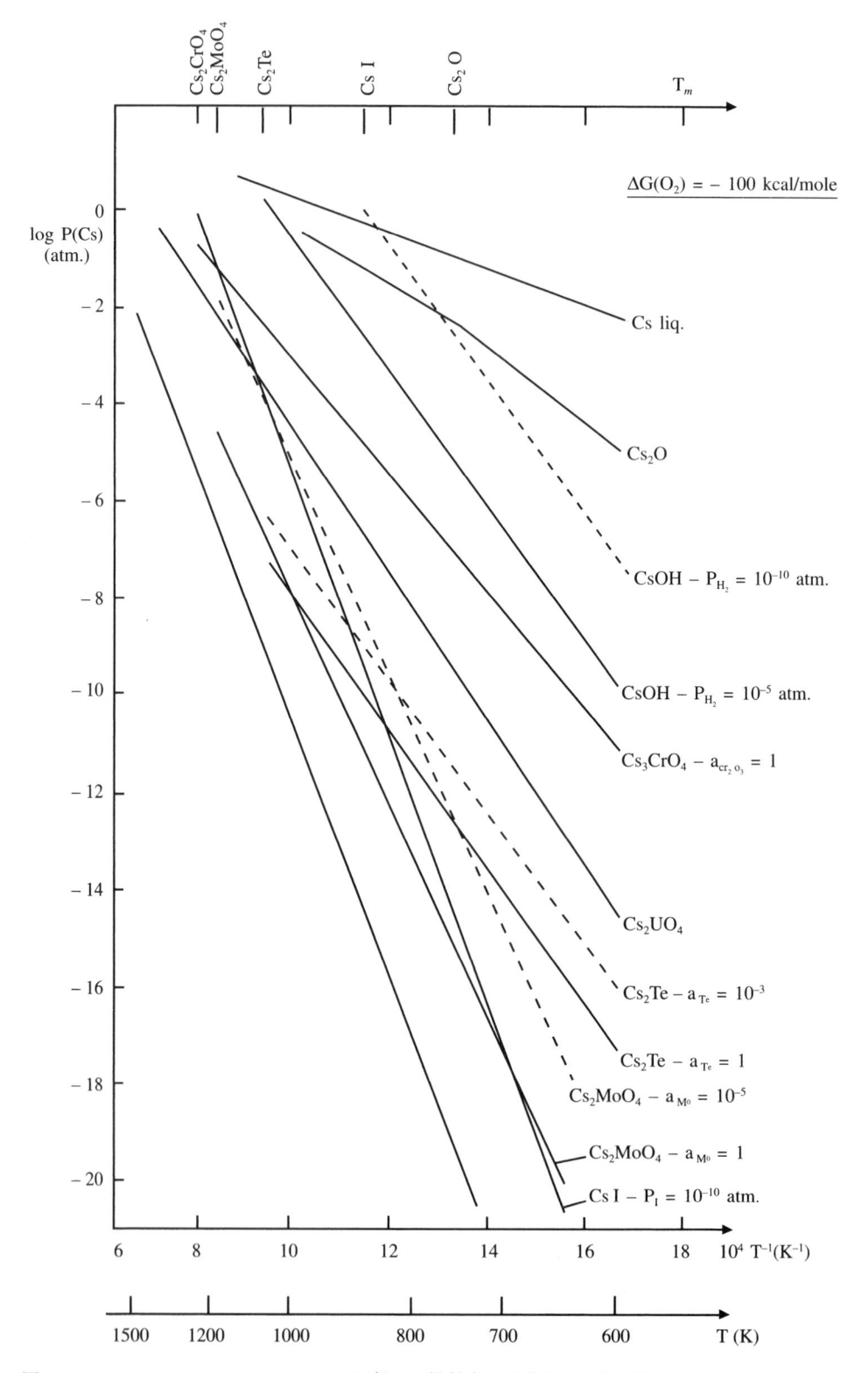

図 15.4 $\Delta G(O_2) = -100$ kcal/mole での照射中の燃料内に形成される化合物と平衡なセシウム分圧

15.3 核分裂生成物の移動　　　　　　　　　　　　　　　　　　　　　　　　　　　　　153

圧力に比べてヨウ素の圧力が相当高いことは明白なようにみえる [49]．この放射線分解によって放出したヨウ素が応力腐食割れ (stress corrosion cracking: SCC) によって引き起こされる破損の基本的役割を多分担っているのだろう（第 V 部を参照せよ）．

15.2.7　テルル

酸化物母相に固溶している小さな割合に加えて，テルル (tellurium) は主に 2 つの形態で観察される：

—前述した Pd-Te 金属性介在物の中および高燃焼率の照射 FR ペレットの高温域に系統的に観察される，

—ペレットの周縁上に Cs_2Te として，しかしながらこの結合は試験中に非常に稀に観察されるのみである．

酸素ポテンシャルが充分高い水準（$\Delta G(O_2) \geq -100$ kcal/mol）に達した時の高燃焼率 FR ピン内で，この Cs_2Te はモリブデン化セシウムまたはウラン化セシウムに比べて不安定となる．さらに，ある条件において被覆管成分と反応することが可能となり，クロム酸セシウム Cs_2CrO_4，テルル化鉄 $FeTe_{0.9}$ およびテルル化ニッケル $NiTe_{1-\gamma}$ を形成し，その結果被覆管腐蝕を引き起す原因となる（第 VI 部を参照せよ）．

15.3　核分裂生成物の移動

15.3.1　径方向移動：燃料の縁で発生する現象

適度な燃料温度の PWR 燃料棒内で，蒸発性核分裂生成物の径方向への移動は非常に稀である．燃焼率 15 GWd/t のオーダーを超えた後，その酸化物被覆管間隙は完全に閉じて，この密接な接触が燃料とジルカロイ製被覆管の間で成立する．熱力学的予測（図 15.1）に合致し，被覆管内面に ZrO_2 層を形成する（次章 16.2 節参照）．

FR 燃料ピン内で，その高温度は，Cs, Te, I および高燃焼率において Cs_2MoO_4 を介しモリブデンさえも蒸発性 FPs として中心高温域から低温外縁へ向かう径方向移動を引き起す．

低燃焼率において，ギャップ (gap) と称される燃料・被覆管空間は，ガスで満たされている（初期のヘリウムはキセノンガスとクリプトンガスにより徐々に汚染される）が燃料スエリング下でその表面粗さが減少するまで次第に縮小してゆく．しかしながら燃焼率 5 at.% を超えると，この空間が再び広がり（被覆管歪が無い場合でさえ），燃焼率 10 at.% を超えると明らかに直径で約 150 μm に急速に達する；そこは，径方向移動形成層——用語ジョグ (**JOG**: Joint Oxyde Gaine) と名付けた——の核分裂生成化合物で満たされる．微小プローブ試験は，このジョグがウランまたはプルトニウムのいずれも含まず，バリウム，パラジウム，カドミウムおよびテルルと同様，大部分がモリブデン化セシウムタイプの酸

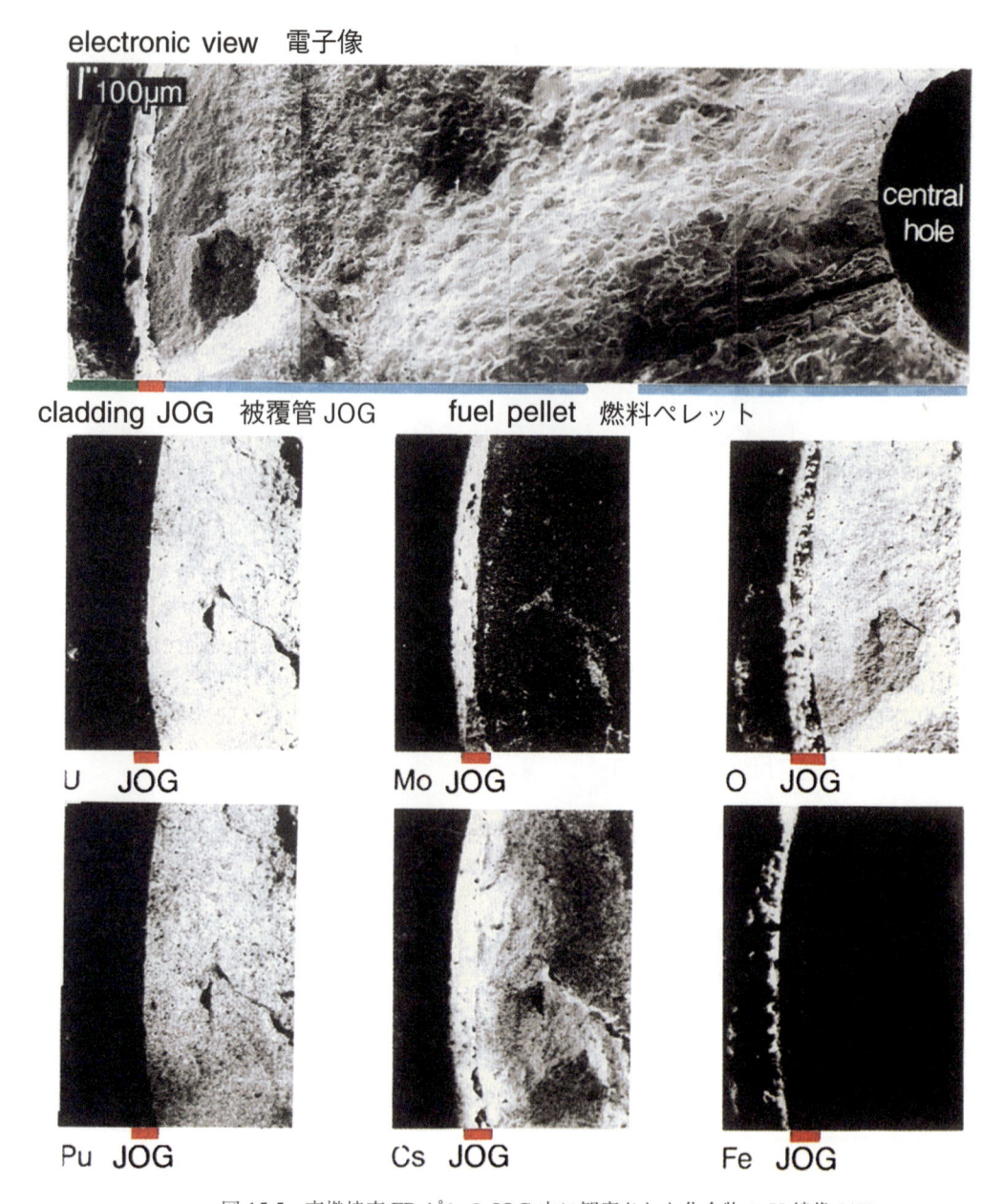

図 15.5　高燃焼率 FR ピンの JOG 内に観察された化合物の X 線像 [47]

化物相（図 15.5）で形成されていることを示す．

15.3.2 軸方向移動

照射開始の大変早い時期から，再組織 (restructuring) 領域から，まだ開いているペレット間 (interpellets) を経由して逃れる確率に対応する，FR ピン内揮発性生成物の小さな割合の軸方向移動は重要な関心事である．

寿命初期に燃料が非常に高い温度に達する時に，これらの揮発性 FPs 移動は損傷を引き起こすことができる．最初の照射日々においてテルルがセシウムに比べて過剰になる事実（それはまだその親と平衡状態では無い）：中心空孔の上端縁に位置するペレット間場所の被覆管上へ自由なテルルが集積し，「寿命初期腐蝕」(beginning-of-life corrosion) と呼ぶ重篤な粒界腐蝕 (intergranular corrosion) を発生させえる．この現象は，幾本かの被覆管破損さえも引き起こした RAPSODIE-FORTISSIMO ピンで最も著しく観察された．

高燃焼率において，そのむしろ不規則的な揮発性 FPs（取り分けガンマ線スペクトルで容易に識別できるセシウムの FPs で）の移動はより系統的となり，最大中性子束面領域から核分裂性カラム端へのセシウムの移行に対応する（図 15.6）．

15.4 核分裂生成物によるスエリング

燃料格子定数 (lattice parameter) の進展および凝縮状またはガス状の第 2 相の寄与による追加体積からの蓄積効果による結果が，核分裂によって引き起こされる体積の変化である．

15.4.1 格子定数の変化 [50,51]

種々の FPs を個別に溶解させた，UO_2 または $(U,Pu)O_2$ 燃料に対する燃料格子定数測定は，ランタン (lanthanum) とセシウムのみ格子定数を膨張させることを示す；他の FPs (Sr, Y, Zr, Ce, Pr, Nd, Sm, Eu, Gd) 全てはその格子の収縮を導く．

照射燃料で行った格子定数測定が，燃焼率の増加に伴い──これは母相中に固溶している FPs の量の増加に伴うことを意味する──格子定数の線形減少を示すことは，したがって極めて論理的なことといえる．化学量論的燃料に対して，その傾斜は以下と等しい：
— RAPSODIE-FORTISSIMO の高 ^{235}U 濃縮度 $(U_{0.7},Pu_{0.3})O_2$ 燃料では 0.08 pm/at.%，
— PHENIX の核分裂は純粋に Pu だけの $(U_{0.8},Pu_{0.2})O_2$ 燃料では 0.39 pm/at.%，
— PWR 燃料では 0.13 pm/at.%．

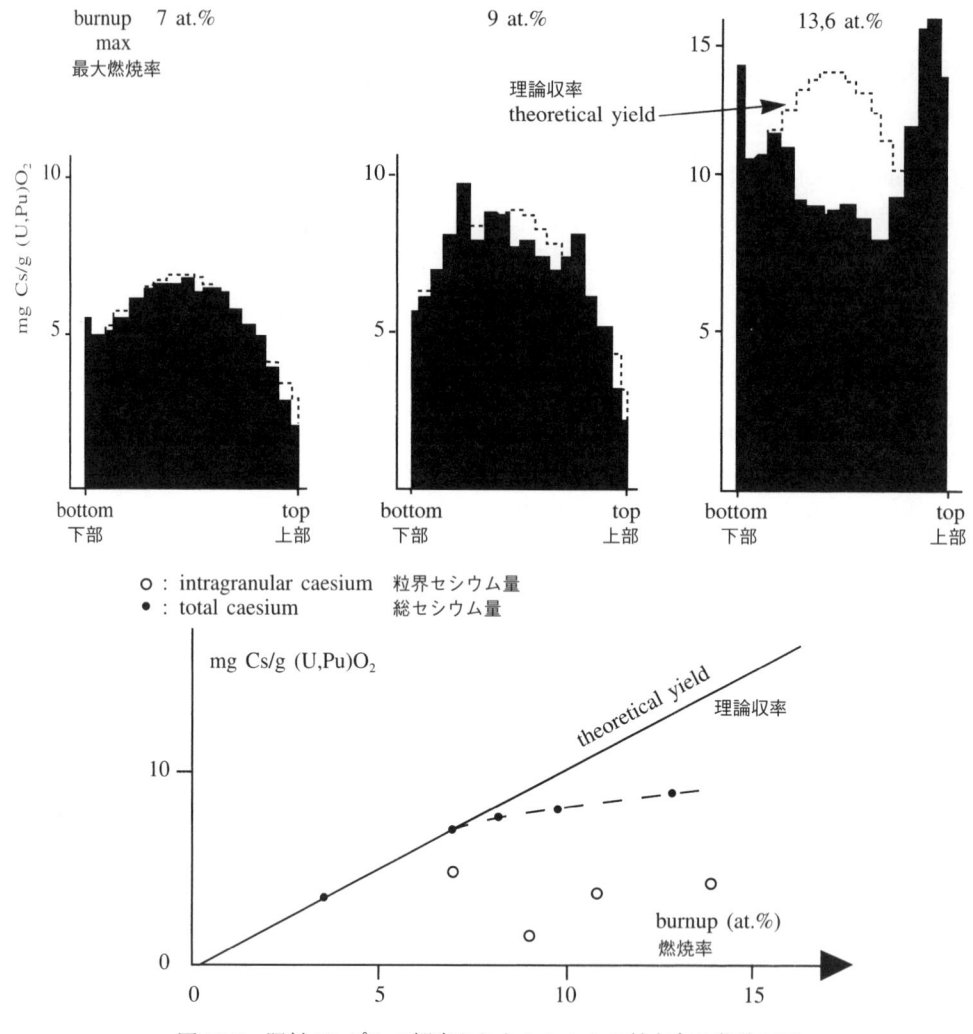

図 15.6　照射 FR ピンで観察されたセシウムの軸方向の移動 [47]

15.4.2　燃料体積の変化

もし固溶体の格子定数が減少するとしても，燃料の全体体積は照射期間を通じて膨張する：この体積膨張を「スエリング」(swelling) と呼び，もちろん原子数の増加により引き起された結果であり，金属相または酸化物相および核分裂ガス気泡の存在と関連づけることができる．

このスエリングの量は，照射後試験として酸化物ペレットに行う密度測定によりまたは PWR 燃料棒のように核分裂カラム長 (fissile column lengthening) の測定によって推論される．

15.4 核分裂生成物によるスエリング

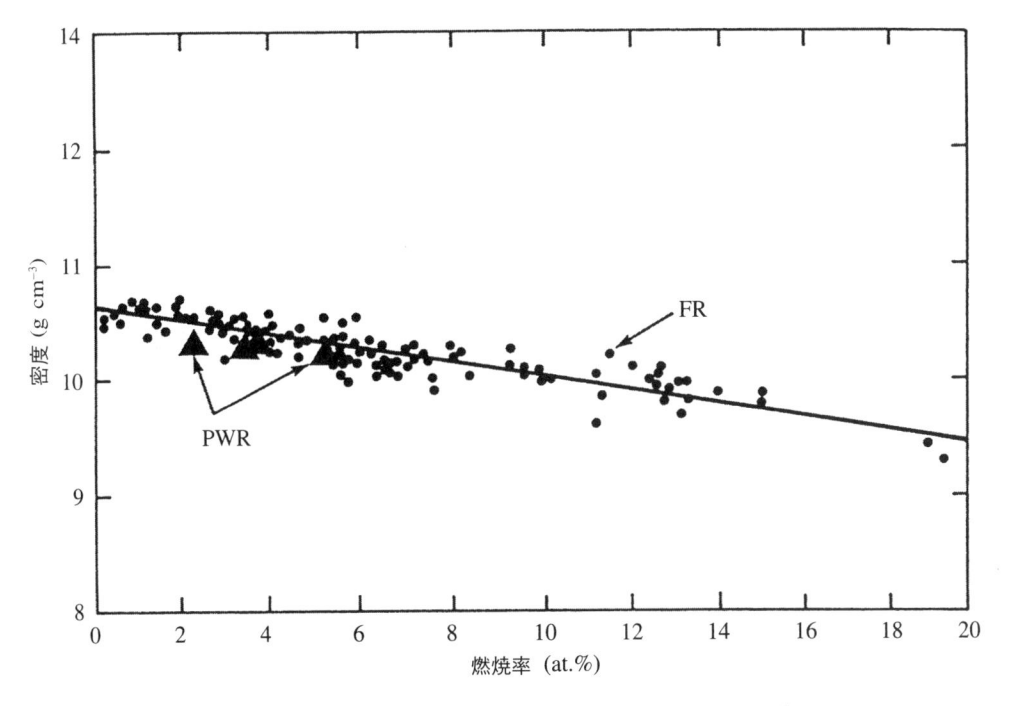

図 15.7 燃焼率を関数とした FR と PWR 燃料の流体密度の変化 [5]

　PWR 燃料棒において，その核分裂カラムの長さはペレットの焼締り (densification) によって減少始める（第 V 部を参照せよ）.[*5]その最小点を通過すると，燃料・被覆管ギャップが閉じるまで 10 GWd/t 当たり 0.2 % をやや上回る傾斜で直線的に成長する．これによって体積スエリング率は 0.6 から 0.7 %/10 GWd/t と推論される．

　照射後試験にて行われた燃料密度測定は，at.% 当たり 0.7 % の傾斜で直線的に密度が減少することを明確に示した（図 15.7）．この図で，PWR 燃料スエリングは，FR 燃料スエリング——PWR 燃料ではそのガスの大部分が燃料内に留まり，他方 FR 燃料ではガスの大部分が放出されるのにも関わらず——に比べはっきりとした見分けがつかないことが観察される；長い間ガス気泡は極めて小さなものとして留まる（数 10 nm）ため，これらの気泡の総体積は極めて低い（14.2 節）．出力過渡試験に供される重照射 PWR ペレットでは，ミクロンオーダーの気泡が中心領域内で粗大化する時に，そのスエリングは加速されるかもしれない．

　FR ペレット測定からのイメージは，燃料から放出されたガス質量の補正後において，at.% 当たり 0.62 %（10 GWd/t に対して ~ 0.73 %）のスエリング率が観測され，このス

[*5] 訳註：　焼締り：二酸化ウランの焼結ペレットの密度が低いとき（例えば理論密度の 92 % 以下），原子炉で照射中軸方向および半径方向に収縮を起こして密度が上昇する現象．1972 年アメリカの Ginna 炉をはじめ多数の加圧水型発電炉で焼締りによる被覆管のつぶれに伴う破損が見られ問題となったが，ペレット製造法の改良や，加圧型燃料棒の採用などによって解決された．

エリング率は高燃焼率（20 at.%）に達するまで一定値を維持するように見える．このことは，実際に全スエリングが燃料母相および含有介在物と第 2 相——高燃焼率ではそれらは JOG を形成させる——の集積した効果であることからの疑問である．この値は従って平均値で構成されており，この平均値に比べて有意な変動が見られる理由は，FP の軸方向の移動により，とりわけセシウム (caesium) の移動により，これらの化合物がこのスエリングに多大な寄与を及ぼすことによるものである．この結果，高燃焼率の最大中性子束平面において，セシウムの量は通常，生成した量より少ない（図 15.6）ため，スエリング値は at.% 当たり 0.62 % の平均値から予想される値よりも低い．

第 16 章

酸化物の化学

16.1 状態図 [52,53]

蛍石型構造 UO_2 結晶の格子定数 $a = 547$ pm で，PuO_2 と完全な固溶体を形成する．U-O 状態図（図 16.1）は，室温で 2 相領域 $UO_2 + U_4O_{9-y}$ を示す．400 °C を超えると，大きな超化学量論 (hyperstoichiometric) 領域が現れる；亜化学量論 (hypostoichiometric) 領域もあるものの，それは非常に高温の場合のみで存在する．

ウランは基本的に 4 またはそれよりも高いイオン価 (valencies) を取ることができる，一方プルトニウムは 3 または 4 のイオン価のみを有することが分かる．その結果，$(U,Pu)O_2$ は亜化学量論領域を示し，その大きさはプルトニウム含有率に依存する（プルトニウム含有率が高いほど，その領域は大きくなる）（図 16.2）．低温でかつプルトニウム含有率が 20 % を超える場合，2 つの酸化物相，$(U,Pu)O_{2-x_1}$ と $(U,Pu)O_{2-x_2}$ とが現れ，共存する．

UO_2 と PuO_2 は各々 2847 °C と 2428 °C で熔ける．中間のプルトニウム含有率において，$(U,Pu)O_2$ の固相線温度 (solidus temperature) および液相線温度 (liquidus temperature) は古典的な固溶体 (classic solid solution) と同じような位置を取る．

照射中，酸化物母相内の溶質である増加 FP 量の存在は，熔融温度を僅か低下させる．100 GWd/t を超えて照射した FR 酸化物 $(U_{0.7}Pu_{0.3})O_2$ で行われた測定から，その熔融温度は燃焼率の増加に伴いほぼ直線的に，約 4 °C/ 10 GWd/t の傾斜割合で減少することが示されている [18]．同時期にこの燃料のプルトニウム含有率が低下する理由により，固溶体中の FP 単独の効果は約 6 °C/ 10 GWd/t の熔融温度低下を導く．UO_2 燃料において，これとは反対に照射に伴い Pu が現れるので，その熔融温度の低下割合は約 8 °C/ 10 GWd/t と評価できる．[*1]

[*1] 訳註： 照射 FR 燃料の熔融温度低下現象につい，O/M 比変化効果，Am 含有率効果，プルトニウム含有率変化効果および燃焼率（FP）効果を関数とした評価および非放射性 FP 元素添加 250 GWd/t 燃焼度模擬燃料の熔融温度測定結果からの総合評価が行われ，前述したパラメータを関数とした固相線温度，液相線温度式が導かれた．その結果，燃焼が進むにつれて固相線温度の温度低下の勾配が小さくなる，燃焼が進むにつれて液相線温度と固相線温度の間隔は広がる，等の知見が得られた：K. Konno, T.

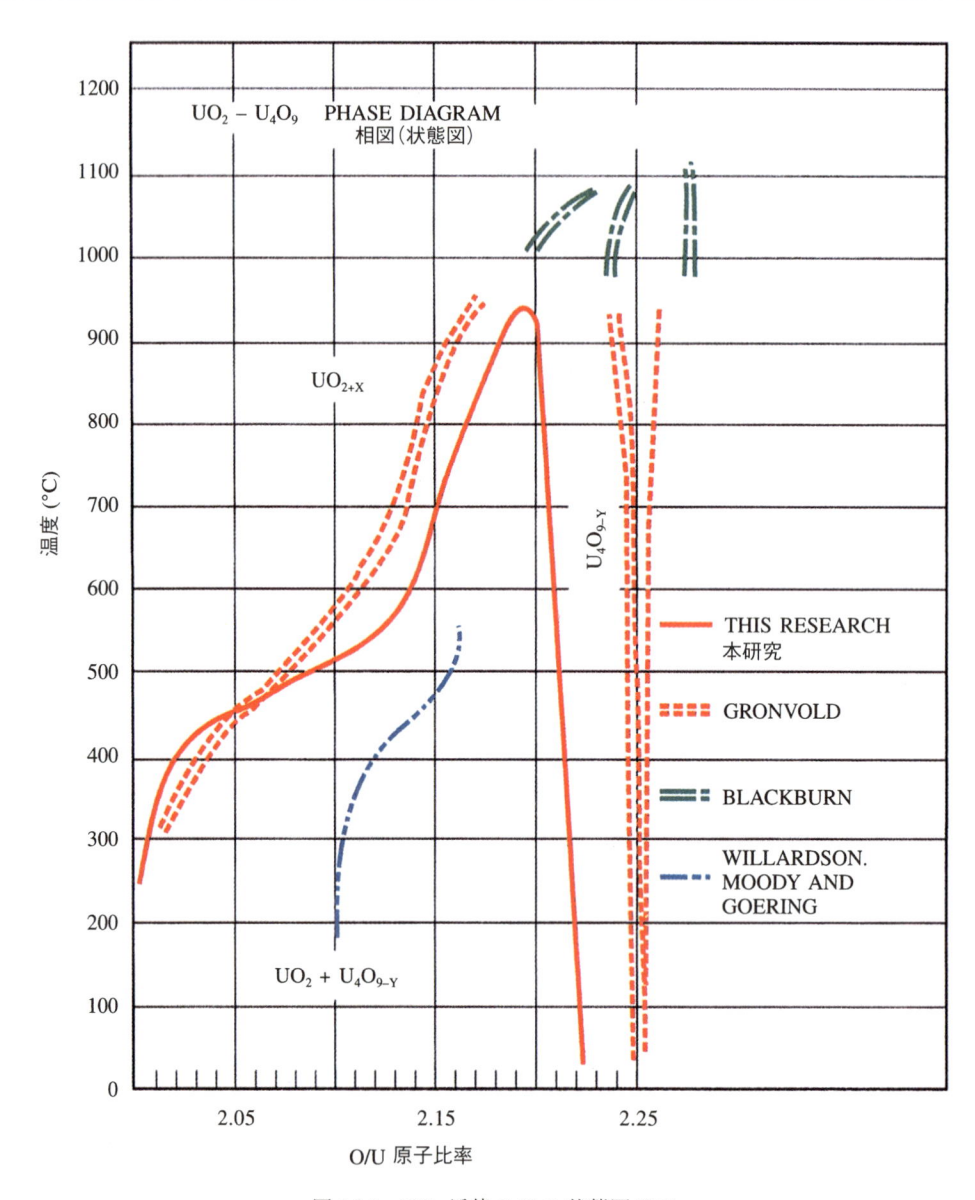

図 16.1 UO$_2$ 近傍の U-O 状態図 [52]

Hirosawa, *J. Nucl. Sci. Technol.*, **35**, 494 (1998) ; K. Konno, T. Hirosawa, *J. Nucl. Sci. Technol.*, **36**, 596 (1999) ; K. Konno, T. Hirosawa, *J. Nucl. Sci. Technol.*, **39**, 771 (2002) ; K. Konno, *J. Nucl. Sci. Technol.*, **39**, 1299 (2002).

16.1 状態図

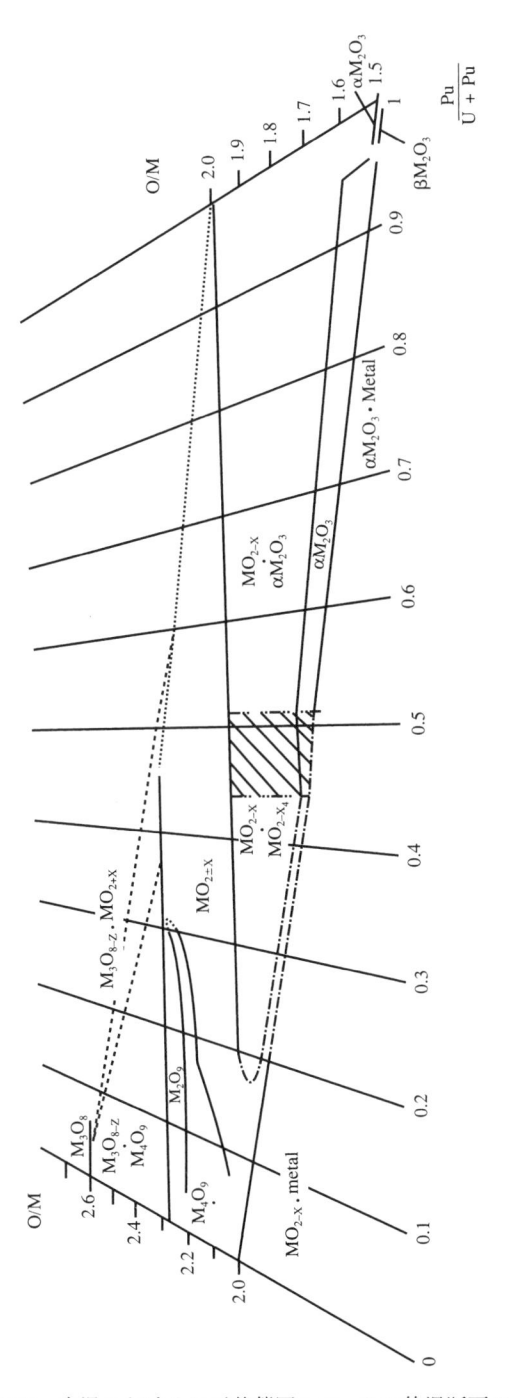

図 16.2 室温における 3 元状態図 U-Pu-O の等温断面 [52]

16.2 酸素ポテンシャル [54-57]

全ての酸化物と同様，UO$_2$ および (U,Pu)O$_2$ は固体と熱力学的平衡である酸素分圧 $p(O_2)$ によって特徴付けられる．FP または被覆管成分とともに形成される他の酸化物と燃料との安定性の比較をこの値で行うことを許す．通常，酸素分圧 (partial pressure of oxygen) は用いられずに，むしろ酸素ポテンシャル (oxygen potential) が用いられる：

$$\Delta G(O_2) = RT \ln(p(O_2))$$

UO$_2$ および (U,Pu)O$_2$ 酸化物の酸素ポテンシャルは，熱重量分析 (thermal graviometric analysis)[*2] と電気化学ガルヴァーニ電池 (electrochemical galvanic cells) を用いてしばしば測定された；$\Delta G(O_2)$ は温度，プルトニウム含有率および O/M 比に依存する．これらの結果を説明しかつ全てのパラメータの値のためにこの変数を計算することができるように幾つかのモデルが提案された；UO$_2$ と (U$_{0.8}$Pu$_{0.2}$)O$_{2\pm x}$ に対して計算された酸素ポテンシャルの例を図 16.3 および図 16.4 に示す．還元雰囲気（Ar + H$_2$）[*3]での焼結 UO$_2$ は化学量論組成酸化物となる，一方混合酸化物において，同一雰囲気ではプルトニウム含有率の増加に伴い O/M 比の減少が生ずる．これがなぜ PWR MOX 燃料（O/M = 2 を達成するため）が少々湿潤雰囲気 (moist atmosphere) で焼結されることの理由である．

これらの同じ図から，燃料要素被覆管が酸化するのかまたは酸化しないのかを演繹できる．PWR 燃料棒において Zr-ZrO$_2$ の $\Delta G(O_2)$ は化学量論の UO$_2$ または MOX の酸素ポテンシャルに比べて大変低いので，ジルカロイ製被覆管は常に酸化されることが可能となる，しかしこの酸化が極めて限定的に留まるのは，特に照射開始時期においてその酸化速度が極めて遅いことおよび UO$_2$ が亜化学量論組成になること（このためには，ジルコニウム酸化に対応している酸素ポテンシャルよりもさらに低い酸素ポテンシャルが要求される）ができないためにその酸素供給量が限られてしまうためである．それ故に燃焼率 50 GWd/t で通常，ジルカロイ被覆管内面上に厚さ 5 から 10 μm の ZrO$_2$ 層が PWR 燃料棒の破壊試験 (destructive examination) で示される．

FR 燃料ピンの鋼製被覆管は主に鉄，クロウムおよびニッケルで造られている．これらの 3 組成のなかでクロウムのみがその酸化閾値に達する見こみがある．このクロマイト (chromite)[*4]の保護皮膜と供給される酸素量の制約が，被覆管の大量酸化から保護する．

[*2] 訳註： 熱重量分析：加熱温度と物質の重量変化との関係を基となして行う分析をいう．物質の温度をしだいに上昇させると熱分解などによって重量が段階的に変化するが，変化を起こす温度は物質に固有であって，この測定には熱天秤が使われる．

[*3] 訳註： 還元 (reduction)：本来は酸化された物質を元に戻すことをいうが，一般に酸化の反対の過程．すなわち広く電子を添加する変化，またはそれにともなう化学反応をさすことが多い．

[*4] 訳註： クロマイト (chromite)：スピネル型構造をもつ亜クロウム酸塩の総称．一般式 M^{II}Cr$_2$O$_4$ で M^{II} が Mg, Mn, Fe, Co, Ni, Cu, Zn などのものがある．

16.2 酸素ポテンシャル

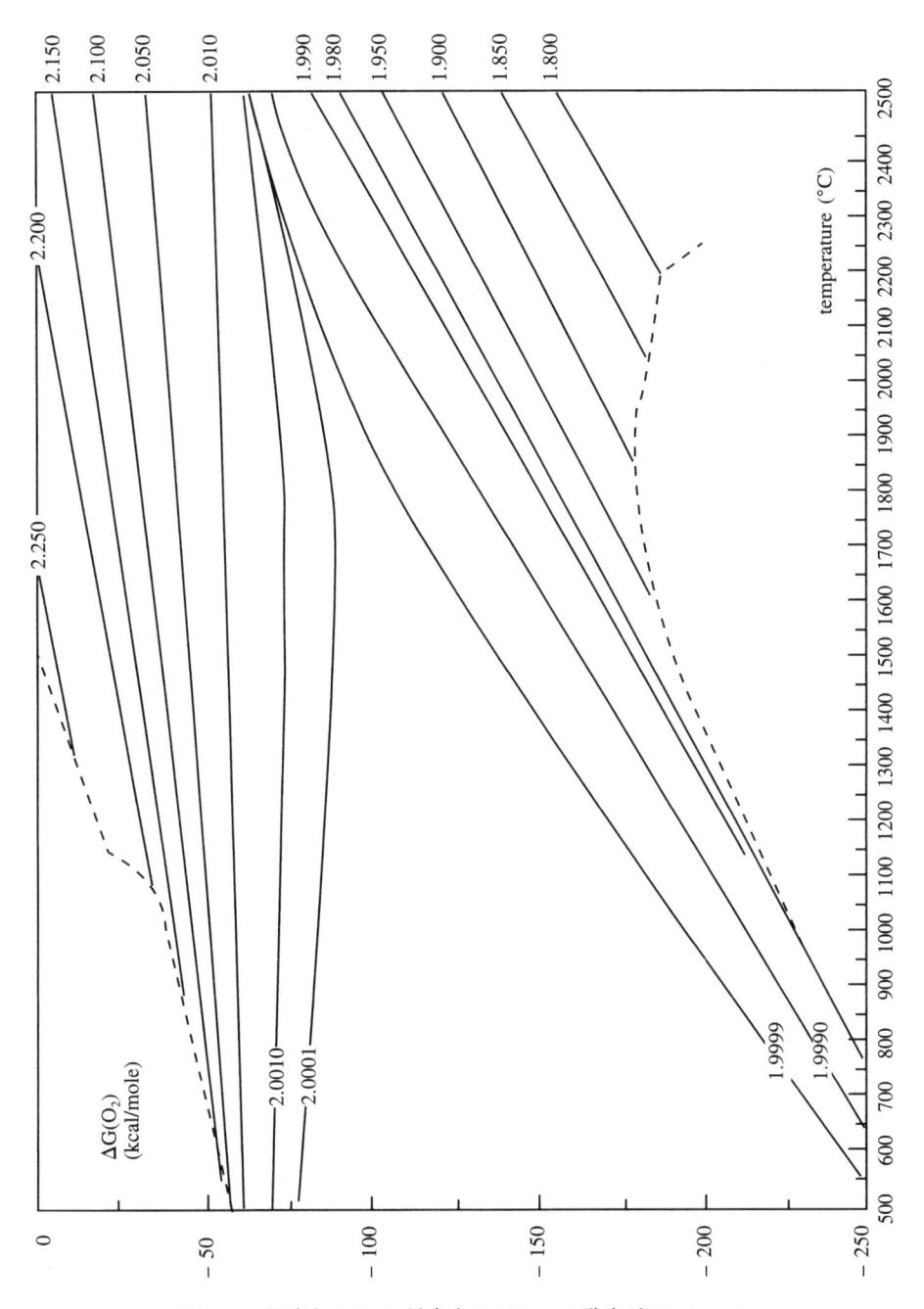

図 16.3 温度と O/M に対応する $UO_{2\pm x}$ の酸素ポテンシャル

これにもかかわらず，高燃焼率においてテルル化ニッケル鉄 (nickel and iron telluride) およびクロム酸セシウム (caesium chromate) のさらに複雑な機構を通して幾つかのピン内に大変大きな被覆管腐蝕（その深さは 100 μm から 200 μm に達することができる）を出現

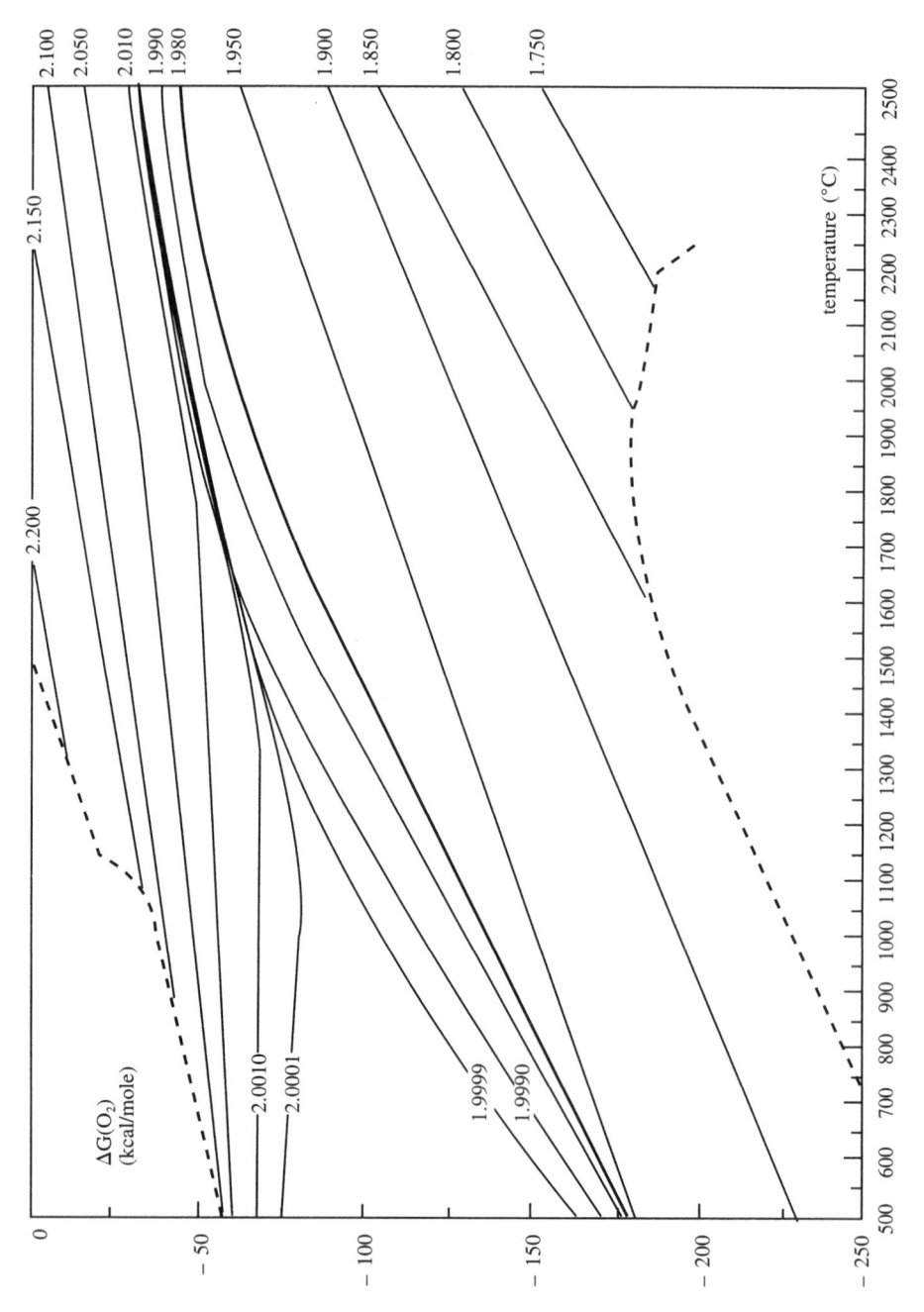

図16.4 温度とO/Mに対応する$(U_{0.8}Pu_{0.2})O_{2\pm x}$の酸素ポテンシャル

させることが可能である（第VI部を参照せよ）.

16.2.1　照射下での FR 酸化物の酸素ポテンシャルの変動

ウランまたはプルトニウムの各々の核分裂では，酸素原子 2 個が放出される（または少々亜化学量論的燃料で 2 - x 個の原子が）．この酸素は，酸化されるための FPs により消費される；したがってその最終結果は FPs の平均価数に依存する，言い換えれば被酸化 FPs 原子の割合とそれらが形成する化合物の酸化度 (degree of oxidation) に依存する．

(U,Pu)O$_2$ FR 燃料は通常，製造後において少々亜化学量論的である（O/M ≈ 1.97-1.98）．照射開始時点でモリブデンのほとんど全部が金属形態であり，ジルコニウムの大部分は酸化物母相内に固溶している（第 15 章参照）．その異なる FPs の核分裂収率（表 15.1）を勘定すると，核分裂当たり 0.6 から 0.7 の FP 原子が母相に固溶しているとの推定値が導かれる，しかしながらいぜんとして，1 核分裂に対して 0.25 の FP 原子は平均価数が 3 に近い分離した酸化物相を形成する．核分裂する Pu 原子（価数が 4 に近い）において，0.9 の FP 原子だけが酸化された状態内でその平均価数は 4 よりかなり低い状態で見出される[*5]：酸素はしたがって自由になり，O/M 比を上昇させ，O/(固溶体中の U + Pu + FPs) 比を定義づける．その核分裂は酸化させるといわれる．上述した値から，低燃焼率において FR 燃料の O/M 比は 0.003/at.% の割合で増加する．

この O/M 比の上昇は，酸素ポテンシャルを増加させることが，被照射 PHENIX 燃料の $\Delta G(O_2)$ 測定により実験的に実証された（図 16.5）．一般的に 5 から 10 at.% の間である中間燃焼率において燃料は化学量論的組成に到達し，その酸素ポテンシャルは- 400 kJ/mol の領域に達する；モリブデンはその時酸化して MoO$_2$（その価数は 4 を持つ）およびモリブデン酸セシウム Cs$_2$MoO$_4$（その価数は 6 を持つ）になることができる．高燃焼率において，平均価数が 4 に近い分離酸化物相を形成する約 0.5 (原子数/核分裂) が存在する．モリブデンによって演じられるバッファー（緩和）作用 (buffer role) によって，平衡段階に達する：核分裂によって解放された全ての酸素は，FPs と化学量論組成に最近接している燃料組成の残りの部分により消費される．

その酸化物の O/M 比が一定値に留まっている時でさえ，母相中の FPs 量の増加は，酸素ポテンシャルを多少上昇させことが，模擬酸化物測定の観察結果から得られた：より低い価数を有するジルコニウムと希土類イオン (rare earth ions) によるアクチニド・イオン (actinide ions) 母相の置換は，残されたアクチニド・イオンの酸化状態を上昇させる結果を導く．

その燃料はピン全体に対する $\Delta G(O_2)$ を決定し，それゆえに被覆管内壁に形成することのできる反応を支配するように，照射下におけるこの酸素ポテンシャルの上昇は，被覆管が腐食されてしまうような環境への根源的影響を及ぼす．詳細は抜きにして，被覆管成分

[*5] 訳註：　0.9 の FP 原子だけが酸化された状態とは，表 15.1 の最右翼欄の FR(原子数/分裂) の数値を参照せよ．

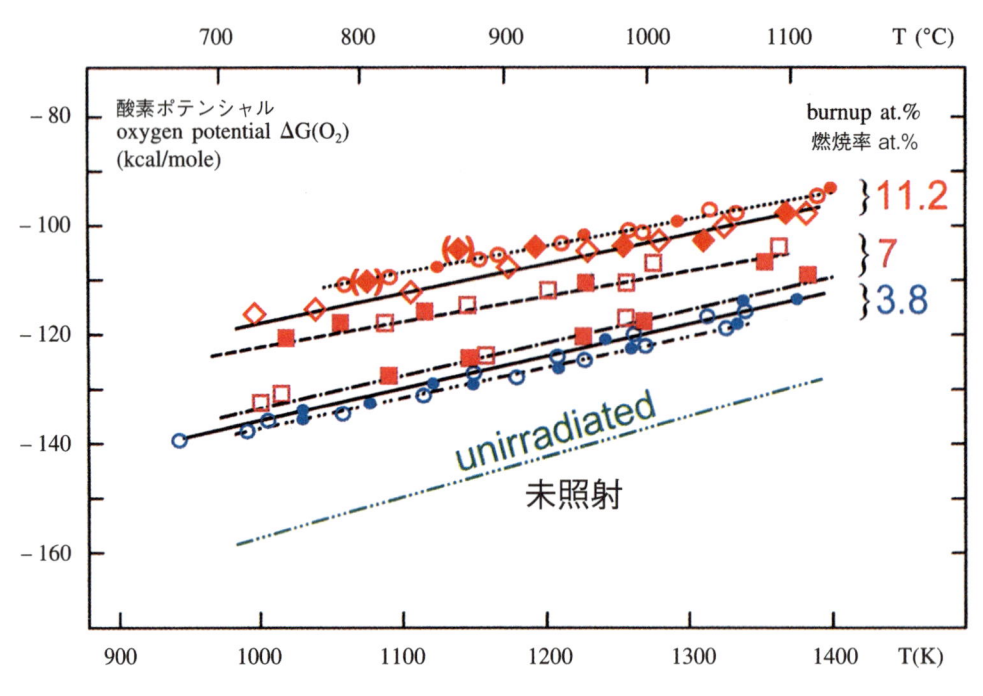

図 16.5 燃焼率と温度を関数とした FR 燃料の酸素ポテンシャルの変化 [56]

とテルル化セシウム (caesium telluride) との反応——それはクロム酸セシウムおよびテルル化ニッケル鉄を形成する反応——には，高酸素ポテンシャル（> - 100 kcal/mol）が要求される；しかしこれより少々高い酸素ポテンシャルでは，FPs の Mo, Pd とでモリブデン酸セシウム（または $Cs_2Mo_2O_7$，二モリブデン酸）と PdTe を伴い，Cs_2Te をも形成できる，その結果，腐蝕は止まる．被覆管腐蝕の程度は，熱的条件（被覆管変形への多大な影響を伴う），熱力学的条件およびこれらの結果を引き起こすことができる FPs と酸素の軸方向移動，等の軸方向展開に大変敏感であることが見出された（第 VI 部を参照せよ）．

16.2.2　PWR 燃料の酸素ポテンシャル

PWR 燃料はさらに低燃焼率で取り分けより低温で照射されるため，O/M 比または酸素ポテンシャルの可能性のある進展を実験的に実証することが一層困難になる．照射開始期において，UO_2 酸化物は化学量論組成に非常に近く，さらに $\Delta G(O_2)$ はモリブデン酸化に対応する値に非常に近い値を有する．

^{235}U の核分裂は ^{239}Pu の核分裂に比べて酸化が劣る，それはより少ない貴金属 (noble metals) を生成するからである（16.1 節参照）．しかしながら，もしもモリブデンが金属状態で残っているならば，燃料の O/M 比と酸素ポテンシャルが上昇すべきであることを上述したのと同様な計算が示している．被照射 PWR 燃料試験は，モリブデンがほとんど金

属状態で残ることを示している．しかしながら，このことは小さな割合の酸化が始まることを除外しているわけではない．

さらに，$UO_{2.01}$ と $UO_{2.00}$ 間の差異に対応する酸素量を厚さ 10 μm の ZrO_2 層の形成で消費することにより，被覆管は燃料の O/M 比を安定化するのに重大な寄与をする．

低温レベルの観点から，分離相の析出は困難であり，熱力学的平衡には多分達しえない．高燃焼率において，リムではしかしながらモリブデンが未確認酸化物相 (unidentified oxide phase) 内に析出を開始する [33]．

照射下における PWR 燃料の O/M 比と酸素ポテンシャルの進展は，結論を導くには大変困難であることのため，研究目的として今なお大変「興味ある」(lively) テーマである．もしも O/M 比が超化学量論値に向かって進展するならば，わずかな温度上昇結果を導く (熱伝導度に連関する O/M 比効果)，しかしもっと重要なことは拡散速度を増加させ，それゆえに加速された核分裂ガス放出のリスクを高めることである．

MOX 燃料において，Pu の核分裂はより多く酸化させるため ZrO_2 層はさらに厚くなる．

16.3 冷却材との反応

被覆管がもはや漏れない (leaktight) 状態で無くなった時，冷却材（PWRs では水，FRs ではナトリウム）がピン中に侵入し，燃料のふるまいにある種の重大な事象を及ぼす結果を導く．

16.3.1　PWR 燃料棒内へ浸水した場合の事象

PWR 燃料棒内への浸水は蒸気となり，UO_2 燃料が支配される酸素ポテンシャルの上昇の結果，部分的に放射線分解 (radiolysis) する．燃料は UO_{2+x} へ酸化され，その結果 $UO_{2+x} + U_4O_9$ になる．この酸化反応は，燃料周縁およびクラックの端から開始し，低速度かつ粒界に沿って (intergranular way) 発達する，この反応は酸化物結晶粒の喪失を導くことが可能である．

O/M 比の上昇は酸化物熱伝導率の低下と拡散速度の増加をもたらす．その結果は粒成長と FPs 放出の加速である：セシウム濃度の低下が破損位置で伴う．

16.3.2　$(U,Pu)O_2$ -ナトリウム反応 [58-62]

混合酸化物 $(U,Pu)O_2$ はナトリウムと反応してウラン・プルトニウム酸ナトリウム (sodium uranoplutonate) を形成する：

$$3Na + (U,Pu)O_2 + O_2 \rightarrow Na_3(U,Pu)O_4 \tag{16.1}$$

この反応は，酸素供給を要求する．原子炉のナトリウムは非常にクリーン（酸素は 1

から 2 ppm）でかつ少なくとも初期破損段階でピンに入り込んだナトリウムは炉のナトリウムから実際的には隔離されているとみなすことができる：これはほぼ閉鎖系 (closed system) といえる．したがって燃料自身は，同時に O/M 比を低めることで，反応を継続するための酸素を供給する；O/M 比は反応 (16.1) が平衡に達するほど充分に低下した時，その反応は停止する．この平衡ポテンシャルはプルトニウム含有率 20 % において 1.96 近傍に局在し，Pu/M 比の上昇に伴い酸素ポテンシャルは低下する．燃料による供給可能な酸素量，したがってその反応の程度は，プルトニウム含有量の増加に伴い増加する．化学量論の UO_2 はクリーンなナトリウムとは反応しない，なぜなら反応に供給される酸素が無いためである．

　実際，半径方向温度勾配のため，その反応には以下のような酸素の半径方向移動を伴う，平衡に達した時，ペレット中心の O/M は平衡 O/M に比べて有意な低さとなる：20 % の Pu/M において約 1.90 に低下する．

　寿命末期破損 (end-of-life ruptures) と呼ばれる標準割れ (standard breaches) において，ここでの割れは高燃焼率で生ずるものを意味する，反応は粒界に沿って進展し，深さ約 500 μm に達する（図 16.6）．この酸化物・ナトリウム反応は 2 つの理由から燃料温度の上昇を引き起こす：1 つめはウラン・プルトニウム酸ナトリウムの低熱伝導率（酸化物熱伝導率の約 1/3），2 つめは O/M の低下に関連した酸化物熱伝導率の低下である（12.3 節参照）．さらに酸化物の半分の密度を有するウラン・プルトニウム酸ナトリウムにおいて，このナトリウムとの反応は（ウラン・プルトニウム酸ナトリウムの形成と O/M の低下とが関連して）体積膨張を引き起こす，この体積膨張は割れ (breach) のさらなる深刻化を引き起す．

　急速に開放割れ (open breaches) を起こさせる実験の場合――言い換えれば，そのシステムが「開放系」(open) とみなせるならば――原子炉ナトリウムは酸化物を還元し，反応 (16.1) 式の平衡閾値に非常に近いか低い値にすることができる，そのためウラン・プルトニウム酸ナトリウムの形成を妨げるかまたは形成を大きく減少させる．

16.3 冷却材との反応

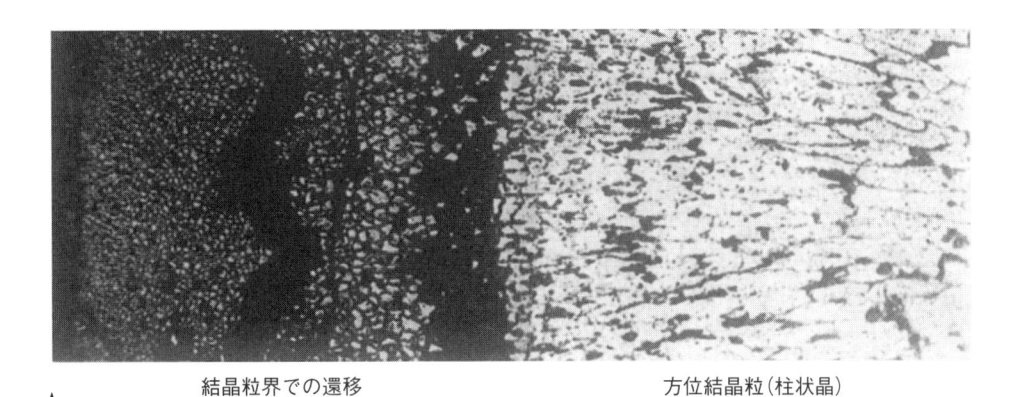

結晶粒界での遷移　　　　　　方位結晶粒（柱状晶）

↑
被覆管

505 mm bfc（中心からの深さ距離）

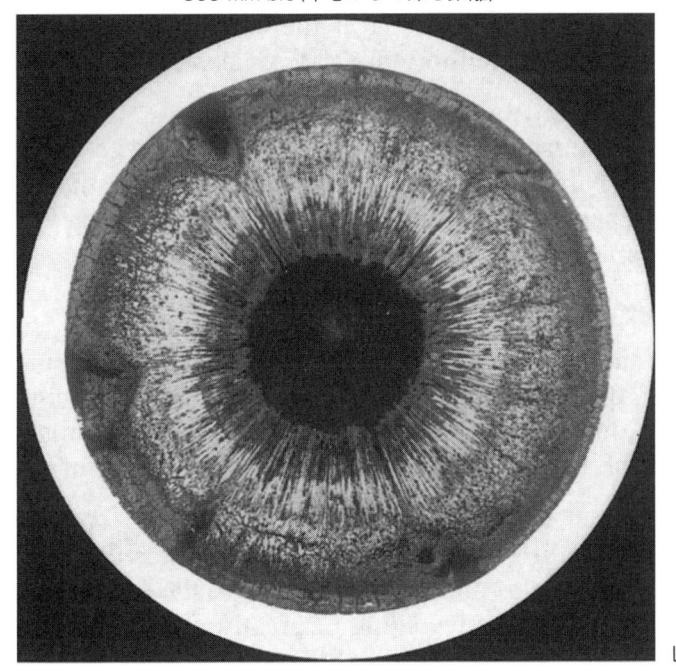

|_1 mm_|

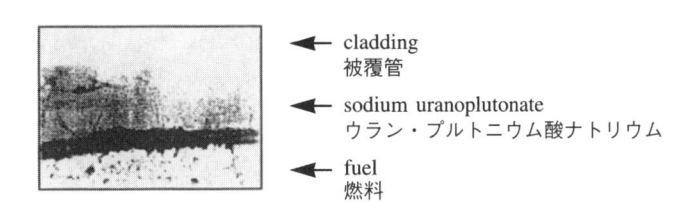

← cladding
　　被覆管
← sodium uranoplutonate
　　ウラン・プルトニウム酸ナトリウム
← fuel
　　燃料

図 16.6　混合酸化物とナトリウムとの反応の例

第 17 章

先進 FR 燃料

　FRs において，酸化物燃料開発には，燃料熔融のマージンを増やすためにより良い熱伝導率を有する代替燃料の研究を伴う．さらに燃料ピンに漏れが生じた時に計画外の原子炉停止を避けるため，その代替燃料はナトリウムと反応してはならない．

　長い間，先進燃料 (advanced fuels) に対しても既定の目的が存在した：それらの燃料は酸化物に比べてさらに高密度を有していた．同一炉心体積に親ウラン原子 (fertile uranium atoms) をさらに多く詰め込むことで，内部増殖 (internal breeding) を増加させ，それによって反応度低下の緩和と燃料サイクルの長期化の両者を許容させ，さらにプルトニウムの生産を増す．今日，プルトニウムの生産増強は，少なくとも近未来において，目的とはならずに，プルトニウムを消費する原子炉の開発が現在試験中である：高プルトニウム含有率（45％）の混合酸化物か，またはウラン無し (uranium-free) 燃料の新概念を使用することにより．これは炉心内のウラン量の減少を導く．これらの燃料研究は現在，予備試験の段階である [63]．

　過去何 10 年間，3 種の燃料物質が深く研究された：**炭化物** (carbide) (U,Pu)C，**窒化物** (nitride) (U,Pu)N および**金属** (metal) (U,Pu,Zr) である．表 17.1 にこれらの異なる燃料の主要な性質を示す．

　炭化物，窒化物および合金は，その全てがナトリウムとの両立性を有している：このため，被覆管破損の場合，その漏洩したピンを取り出すことなく，運転サイクル末期までもたせることができる．

　高密度である外に，これら 3 燃料は酸化物の熱伝導率に比べてより良い熱伝導率で特徴づけられる．絶対値として，それらの運転温度は良熱伝導率ゆえに低い；熔融温度との相対では，炭化物と窒化物のみがそれらの熔融温度との比較から適度のマージンを伴う「冷たい」(cold) 燃料であるとみなすことができる；金属は反対に「熱い」(hot) 燃料としてふるまう．なぜならその熔融温度（1160 °C）は運転温度よりわずかに高いからである．

　炭化物と窒化物において，その高熱伝導率は，より高い線出力での燃料要素の照射としてしばしば利用されてきた：1000 W/cm に達する．

表 17.1 様々な FR 燃料の性質の比較 (Pu/M = 20 %)

燃　料	(U,Pu)O$_2$	(U,Pu)C	(U,Pu)N	UPuZr
密　度 (g/cm^3)	11.0	13.6	14.3	15.6
重原子密度 (g/cm^3)	9.7	12.9	13.5	14
熔融温度 液相線 (°C) 固相線 (°C)	2775 2740	2480 2325	2780 2720	1160
1000 °C*での 熱伝導率 (Wm^{-1}K^{-1})	2.9	19.6	19.8	35
20 °C から 1000 °C*の 熱膨張 (10^{-6}/°C)	12.6	12.4	10.0	16.5
水との両立性	良好	貧弱	平均	悪い
ナトリウムとの両立性	貧弱	良好	良好	良好
HNO$_3$ での溶解性	可	不可	可	不可
* UPuZ の場合は，500 °C				

17.1 炭化物燃料および窒化物燃料 [64-66]

　炭化物は世界中で最も研究された燃料である；しかしフランスにおいて，PUREX 再処理方法との相性の良い唯一の代替燃料として，1980 年代半ばから主に窒化物燃料の研究が行われてきた．これら冷たい燃料の炉内でのふるまいは，主により大きいスエリングの理由から酸化物のふるまいと異なる．

　低燃焼率において**核分裂ガス放出** (fission gas release) は適度に留まる（燃焼率 10 at.% で約 30 %）；しかし高燃焼率（> 15 at.%）において放出は多分 50 % に達する，しかし酸化物の放出率に近づくものの常に酸化物より低めである．

　低温での**スエリング率** (swelling rate) は at.% 当たり 1.1 % から 1.6 % 近傍である；それは，母相中の溶質としての FPs の存在（約 0.5 % /at.% と勘定される）および力学的平衡の小さい気泡とに対応している．臨界温度を超えると，ガス放出と同様に自由なスエリング率は核分裂ガス気泡の合体により突如増幅される．炭化物では約 1200 °C となり窒化物ではそれより僅か高温である，この臨界温度は燃焼率の上昇に伴いゆっくりと低下する，そのふるまいは他の冷たい燃料：PWRs の UO$_2$，のふるまいと類似する．

　この高いスエリング率と燃料と被覆管の間に発生する**力学的相互作用** (mechanical interaction) は，これらの燃料の主要な抑制力として寄与し，それが全てであるため，それらの**燃料塑性** (plasticity) は酸化物の塑性に比べて大変小さい．実際，運転温度において

(標準線出力において通常 1200 °C より低い)，熱クリープ (thermal creep) が生じるにはあまりにも低温すぎる；炭化物と窒化物の照射クリープ (irradiation creep) 速度は酸化物の照射クリープ率の 10 倍も低い（より高い熱伝導率が核分裂スパイクの影響を低減する）．

炭化物燃料要素および窒化物燃料要素の設計では，それゆえにそのスエリングを配慮してピン内の空間 (void) を充分に取っている．この空間導入はペレット空洞率 (pellet porosity) によるか，または大きな燃料・被覆管のギャップを伴うことで可能である，しかしペレット表面での過剰な温度上昇を避けるために被覆管と燃料との間のナトリウム結合 (sodium bond) の使用がその時に必要となる．

スミア密度 (smeared density)（これはピン内部空間に対する燃料体積との比）に対する燃料要素に関する発見は，約 75 % から 84 % へ変化することである．これらの条件下で多くの問題が生じ無いままに燃焼率 10 at.% を超えるまで到達できることが実証された．しかしながらこのタイプの燃料要素でもって燃焼率 20 at.% に達する可能性については，まだ実証されていない．非常に高い燃焼率の目標が増殖 (breeding) の目的と比較して優先されたとき，さらにスミア密度を低くすることができる：すでに大きく膨張している燃料（30 % から 40 %）がさらにその被覆管に高い荷重を加えることが無いように．

燃料・被覆管化学的相互作用 (chemical fuel-cladding interactions) は，鋼製被覆管の**炭化** (carbiding) および**窒化** (nitriding) それ自身としての約束を宣言する．これらの燃料には，一炭化物 monocarbide) または一窒化物 (mononitride) の主要相に加えて，通常第 2 相の三二炭化物 (U,Pu)$_2$C$_3$ または三二窒化物 (U,Pu)$_2$N$_3$ が数パーセント含まれる，それらは炭化クロウムまたは窒化クロウムよりも熱力学的に不安定である．炭化物燃料は，そのため燃料炭素の被覆管への移行が生じ，最終的に内表面に深さ 100 μm から 200 μm の脆化層が形成される．窒化物・被覆管化学的相互作用の有意性は，炭化物よりも劣るように見える．

17.2 金属燃料 [67,68]

金属燃料 (metallic fuel) の最近の研究は，アルゴンヌ国立研究所 (Argonne National Laboratory) の一体型高速炉 (IFR: Integral Fast Reactor) 概念——乾式製錬 (pyrometallurgy) を用いた再処理と原子炉脇のホット・セル内で再燃料製造から成る——の枠組みの中でそのほとんどが実施されている．

鋳造 (casting) 製の燃料棒 (fuel bars) は初期密度 100 % であり，スエリングを収容するために必要な全てのボイドはギャップ内で供給される，そのためガスギャップでは過剰な燃料表面温度上昇を導くとしてそのギャップはナトリウム結合を有する．

金属燃料によって発生する主要な問題は，（炭化物および窒化物の場合のように）非常に高くなることのできるスエリング率および低温で被覆管とともに共晶 (eutectics) を形成することと関連する．プルトニウムは鉄とニッケルで実際に低融点の**共晶**を形成すること

ができる；この**UPuZr**合金（約10％のジルコニウムを含む）は，それらの共晶出現温度の上昇を最も高くする金属の1つであり，それによってその温度を725℃と800℃の範囲に上昇させえる．

温度勾配の観点から，初期に単相（γ相）であった燃料構造は照射によって大きく変わる．燃料棒（バー）中に3つの同心円状領域が出現する：

—未変化のγ-相内の中芯 (central core) は，非常に大きなスエリングをこうむる．この芯の存在が系統だっているわけではない．

—中間の環 (intermediate annulus) は，3相的 (triphasic)，密で熱勾配の方向に大きく伸びた結晶粒で形作られる．この環でジルコニウムの大きな減少が起きている（その温度はジルコニウムの固相線温度よりも低い）．プルトニウム含有率は同じ値に留まる．

—3相的な外側の冠 (external crown) では——その場所で高スエリングが生じている——ジルコニウムが濃縮される，これは共晶温度を上昇させる．

他の燃料に関するものとして，その金属のスエリングは2つの様相の妥協である：

—固体核分裂生成物に起因するスエリング：文献では，そのスエリング率として2％/at.％が与えられているが，高燃焼率に達した金属燃料要素のスエリング率は明らかにその値よりも低いことを示している．

—核分裂ガスに起因するスエリング：高い燃料温度（融点との相対的比較において）はガス気泡の移動と急速な合体を引き起こし，したがって非常に高いスエリング率を許容する．しかしこのガス・スエリングは燃焼率が約30％の値に達する時に飽和する：気泡の集合はポアと連結したネットワークに変化して，核分裂ガスの放出および新たなスエリング・サイクルへの供給を停止させる．

このガス・スエリングの飽和が，スミア密度75％の選択を導き，かつUPuZr燃料要素を燃焼率18 at.％に達するのを許す．核分裂ガス放出率は高燃焼率で80％に迫る，それは$(U,Pu)O_2$燃料と同じ規模である．

参考文献

[1] Génie Atomique, Cours fondamental, Tome I, Bibliothèque des sciences et techniques nucléaires (1967).

[2] D.R. Olander, Fundamental aspects of Nuclear reactor fuel elements. TID 26711-P1 (1976).

[3] B.R.T. Frost, Nuclear fuel elements. Design, Fabrication and Performance. Pergamon Press (1982).

[4] Hj. Matzke, Science of advanced LMFBR fuels. North Holland Physics Publishing (1986).

[5] R. Pascard, Les combustibles nucléaires céramiques. *Annales de Chimie Françaises*, n° 10, p. 579 (1985).

[6] H. Stehle, Performance of oxide nuclear fuel in water-cooled power reactors. *Journal of Nuclear Materials*, n° 153, p. 3 (1988).

[7] Hj. Matzke, Radiation damage in crystaline insulators, oxides and ceramic nuclear fuels. *Radiation Effects*, n° 64, p. 3 (1982).

[8] A.M. Ross, R.L. Stoute, Heat transfert coefficient between UO_2 and zircaloy 2. AECL 1552 (Juin 1952).

[9] M. Charles, M. Bruet, Gap conductance in a fuel rod: modeling of the "Furet" and "Contact" results. IAEA specialists' meeting on water reactor fuel element performance computer modelling. Bowness-on-Windermere, April 9-13, 1984.

[10] A.B.G. Washington, Preferred values for the thermal conductivity of sintered ceramic fuel for fast reactor use. UKAEA TRG report 2236 (1973).

[11] D.G. Martin, A re-appraisal of the thermal conductivity of UO_2 and mixed (U,Pu) oxide fuels. *Journal of Nuclear Materials*, n° 110, p. 73 (1982).

[12] J.G. Hyland, Thermal conductivity of solid UO_2: critique and recommendation. *Journal of Nuclear Materials*, n° 113, p. 125 (1983).

[13] J.M. Bonnerot, Propriétés thermiques des oxydes mixtes d'uranium et de plutonium. Rapport CEA-R-5450 (1988).

[14] D.G. Martin, The thermal expansion of solid UO$_2$ and (U,Pu) mixed oxides, a review and recommendation. *Journal of Nuclear Materials*, n° 152, p. 94 (1988).

[15] H. Elbel, D. Vollath, Experimental correlations between pore structure and thermal conductivity. *Journal of Nuclear Materials*, n° 153, p. 50 (1988).

[16] Y. Philipponneau, Thermal conductivity of (U,Pu)O$_{2-x}$ and mixed oxide fuel. *Journal of Nuclear Materials*, n° 188, p. 194 (1992).

[17] P.G. Lucta, Hj. Matzke, R.A. Verall, H.A. Tasman, Thermal conductivity of simfuel. *Journal of Nuclear Materials*, n° 188, p. 198 (1992).

[18] K. Yamamoto, T. Hirosawa, K. Yoshikawa, K. Morozumi, S. Nomura, Melting temperature and thermal conductivity of irradiated mixed oxide fuel. *Journal of Nuclear Materials*, n° 204, p. 85 (1993).

[19] Y. Barbier, M. Bruet, IAEA specialists' meeting on water reactor fuel element performance computer modelling. Blackpool (1978).

[20] D.G. Martin, Thermal expansion of solid UO$_2$ and (U,Pu)O$_2$ mixed oxides. *Journal of Nuclear Materials*, n° 152, p. 94 (1988).

[21] E.A. Aitken, Thermal diffusion in closed oxide fuel systems. *Journal of Nuclear Materials*, n° 30, p. 62 (1969).

[22] Sari, Schumacher, Oxygen redistribution in fast reactor oxide fuel. *Journal of Nuclear Materials*, n° 61, p. 192 (1976).

[23] M. Conte, J.P. Gatesoupe, M. Trotabas, J.C. Boivineau, G. Cosoli, Study of the thermal behaviour of LMFBR fuel. Proceedings international conference on fast breeder reactor fuel performance. Monterey, p. 301 (1979).

[24] Hj. Matzke, Atomic transport properties in UO$_2$ and mixed oxides (U,Pu)O$_2$. *Journal of Chemical Society*, n° 83, p. 1121 (1987).

[25] Hj. Matzke, *Journal of Less Common Metals*, n° 121, p. 537 (1986).

[26] C. Milet, C. Piconi, Fluage en pile de l'oxyde mixte UO$_2$-PuO$_2$. *Journal of Nuclear Materials*, n° 116, p. 195 (1983).

[27] Y. Guérin, Le comportement mécanique du combustible nucléaire sous irradiation. *Annales de Chimie Françaises*, n° 10, p. 405 (1985).

[28] A. Houch, Compressive creep in nuclear oxides. AERE-R 13232 (1988).

[29] F.A. Nichols, Transport phenomena in nuclear fuels under severe temperature gradients. *Journal of Nuclear Materials*, n° 84, p. 1 (1979).

[30] M. Charles, M. Bruet, P. Chenebault, The development of Sophie code: influence of plutonium production and other parameters upon fission gas formation and release. IAEA specialists' meeting of water reactor fuel element performance computer modelling. Bowness-on-Windermere, April 9-13, 1984.

[31] M. Carles, P. Chenebault, Ph. Melin, Mécanismes de relâchement des gaz de fission dans divers types de crayones combustibles en fonctionnement normal: résultats et analyse des expériences Contact. ANS topical meeting on light water reactor fuel performance. Orlando, Avril 1985.

[32] M. Charles, Formation, migration, précipitation et relâchement des gaz de fission dans l'UO$_2$. *Annales de Chimie Françaises*, n° 10, p. 415 (1985).

[33] L.H. Thomas, C.E. Beyer, L.A. Charlot, Microstructural analysis of LWR spent fuels at high burnup. *Journal of Nuclear Materials,* n° 188, p. 80 (1992).

[34] R. Manzel, R. Eberle, Fission gaz release at high burnup and the influence of the pellet rim. International Topical Meeting on LWR Fuel Performance. Vol. 2, p. 528. Avignon (1991).

[35] P. Guedeney, M. Trotabas, M. Boschiero, C. Forat, P. Blanpain, Caractérisation du combustible FRAGEMA à fort taux de combustion. International Topical Meeting on LWR Fuel Performance. Vol. 2, p. 639. Avigon (1991).

[36] J.C. Melis, J.P. Piron, L. Roche, Fuel modeling at high burn-up: recent development of Germinal code. *Journal of Nuclear Materials,* n° 204, p. 188 (1993).

[37] Ph. Dehaudt, G. Eminet, M. Charles, C. Lemaignan, Microstructure de l'UO$_2$ dans un large domaine de taux de combustion et de température. ANS international topical meeting on LWR fuel performance. Palm-Beach (April 1994).

[38] P. Blanpain, X. Thibault, M. Trotabas, MOX fuel experience in french power plants. ANS international topical meeting on LWR fuel performance. Palm-Beach (April 1994).

[39] J.P. Piron, G. Geoffroy, C. Maunier, B. Bruna, D. Baron, Fuel microstructures and rim effect at high burn-up. ANS international topical meeting on LWR fuel performance. Palm-Beach (April 1994).

[40] C.T. Walker, T. Kameyama, S. Kitajima, M. Kinoshita, Concerning the microstructure changes that occur at the surface of UO$_2$ pellets on irradiation to high burnup. *Journal of Nuclear Materials,* n° 188, p. 73 (1992).

[41] M.E. Cunningham, M.D. Freshley, D.D. Lanning, Development and characteristic of the rim region in high burnup UO$_2$ fuel pellets. *Journal of Nuclear Materials,* n° 188, p. 19 (1992).

[42] D.C. Fee, C.E. Johnson, Cesium-uranium-oxygen chemistry in uranium plutonium oxide fast reactor pins. *Journal of Nuclear Materials,* n° 99, p. 107 (1981).

[43] T.B. Lindemer, T.M. Besmann, C.E. Johnson, Thermodynamic review and calculations. *Journal of Nuclear Materials,* n° 100, p. 178 (1981).

[44] M.G. Adamson, E.A. Aitken, T.B. Lindemer, Chemical thermodynamics of Cs and Te fission product interactions in irradiated LMFBR mixed oxide fuel pins. *Journal of Nu-

clear Materials, n° 130, p. 375 (1985).

[45] H. Kleykamp, The chemical state of the fission products in oxide fuels. *Journal of Nuclear Materials,* n° 131, p. 221 (1985).

[46] H. Kleykamp, The solubility of selected fission products in UO_2 and $(U,Pu)O_2$. *Journal of Nuclear Materials,* n° 206, p. 82 (1993).

[47] M. Tourasse, M. Bodidron, B. Pasquet, Fission product behaviour in PHENIX fuel pins at high burn-up. *Journal of Nuclear Materials,* n° 188, p. 49 (1992).

[48] M. Tourasse, M. Bodidron, B. Pasquet, Effect of clad strain on fission product chemistry in PHENIX pins at high burn-up. Materials chemistry 92, p. 13, Tsukuba (1992).

[49] C. Lemaignan, Impact of β radiolysis and transient products on irradiation-enhanced corrosion of zirconium alloys. *Journal of Nuclear Materials,* n° 187, p. 122 (1992).

[50] M. Trotabas, Proceedings of BNES meeting. Londres (1980).

[51] J.H. Davies, F.T. Ewart, The chemical effect of composition changes in irradiated oxide fuel material. *Journal of Nuclear Materials,* n° 41, p. 143 (1971).

[52] C. Sari, U. Benedict, H. Blank, A study of the ternary system UO_2-PuO_2-Pu_2O_3. *Journal of Nuclear Materials,* n° 35, p. 267 (1970).

[53] M.H. Rand, R.J. Ackermann, F. Gronvold, F.L. Oetting, A. Pattoret, *Revue internationale des hautes températures et réfractaires*, n° 15, p. 355 (1978).

[54] M. de Franco, J.P. Gatesoupe, The thermodynamic properties of $(U,Pu)O_{2\pm x}$ described by a cluster model. Plutonium 1975 and other actinides, p. 133 (1976).

[55] R.E. Woodley, Variation in the oxygen potential of a mixed-oxide fuel with simulated burnup. *Journal of Nuclear Materials,* n° 74, p. 290 (1978).

[56] Hj. Matzke, J. Ottaviani, D. Pellotiero, J. Rouault, Oxygen potential of high burnup fast breeder oxide fuel. *Journal of Nuclear Materials,* n° 160, p. 142 (1988).

[57] Hj. Matzke, Oxygen potential in the rim region of high burnup UO_2 fuel. *Journal of Nuclear Materials,* n° 208, p. 18 (1994).

[58] R. Lorenzelli, T. Athanassiadis, R. Pascard, Chemical reactions between sodium and $(U,Pu)O_2$ mixed oxides. *Journal of Nuclear Materials,* n° 130, p. 298 (1985).

[59] M.A. Mignanelli, P.E. Potter, The reactions between sodium and plutonia, urania-plutonia and urania-plutonia containing fission product simulants. *Journal of Nuclear Materials,* n° 125, p. 182 (1984).

[60] J. Rouault, J. Girardin, J.P. Hairion, B. de Luca, Behaviour of failed oxide fuel pins in FBR peripheral storage positions. Proceedings international conference on reliable fuels for liquid metals reactors. Tucson, USA (1986).

[61] S. Pillon, thèse Université du Languedoc, CEA-R-5489 (1989).

[62] H. Kleykamp, Assessment of the physico-chemical properties of phases in the Na-U-

Pu-O system. KFK 4701 (1990).

[63] J. Rouault, A. Conti, J.C. Garnier, A. Languille, P. Lo Pinto, S. Pillon, Physics of Pu burning in Fast Reactors: impact on burner cores design. Topical meeting on advances in reactor physics. Knoxville, USA (April 1994).

[64] R.B. Matthews, R.J. Herbest, Uranium-plutonium carbide fuel for fast breeder reactors. *Nuclear Technology*, n° 63, p. 9 (1983).

[65] Y. Guérin, J. Rouault, In-pile behaviour of carbide fuel elements designed for low doubling time. Proceedings international conference on reliable fuels for liquid metals reactors. Tucson, USA (1986).

[66] J.L. Faugère, M. Pelletier, J. Rousseau, Y. Guérin, K. Richter, G. Ledergerber, The CEA helium-bonded nitride fuel design. International conference ANP 92. Tokyo (October 1992).

[67] L.C. Walters, B.R. Seidel, J.H. Kittel, Performance of metallic fuels and blankets in liquid-metal fast breeder reactors. *Nuclear Technology*, n° 65, p. 179 (1984).

[68] Y.I. Chang, L.C. Walters, J.E. Battless, D.R. Pedersen, D.C. Wade, M.J. Lineberry, Integral fast reactor program, summary progress report. FY 1985, FY 1989. ANL-IFR-125 (1990).

第 IV 部

被覆管および構造材料

主要著者：V. LEVY, C. LEMAIGNAN
共著者および協力者：J. DELAPLACE, J.-L. SÉRAN

序

　種々の原子炉システムにおいて良好な経済性を得るための高性能化では，しばしば集合体構成物である構造材料強度が制約となる．その考慮すべき物として，PWRs では被覆管，グリッドおよび案内管が，FRs では被覆管およびラッパ管である．

　この第 IV 部では，これらの構造材料がこうむる照射効果並びに PWR および FR システムで使用されている炉心材料の炉内でのふるまいについてレビューしよう．これらについては，既に多くの国際会議および論文にて述べられている [1-29].

第 18 章

照射効果序論

　中性子照射効果は，しばしば様々な原子炉要素を構成する材料の性質の重大な変化を引き起す．これらの変化は，照射により生成される点欠陥 (point defects) の運転条件下での進展および核反応によって生成される異種原子 (foreign atoms) に関連する．

　生成される点欠陥の性質とその数は，中性子束と中性子エネルギーの両方に依存する．これらのエネルギーは原子炉の種類により変化する；FR では中性子の大部分は数 MeV と 10 keV の間に在り，一方熱中性子炉では 0.1 keV の中性子が大きな割合を占める．著名な種々の原子炉における中性子束の値を表 18.1 に示す．

　この章では，点欠陥の生成とそれらの移動の帰結について述べる，同様に性質の変化を引き起す幾つかの構造変化についても述べよう．技術的に大きな帰結を導く照射に伴う現象の幾つかについての概略を説明する．

18.1　金属の構造

　金属は結晶構造を有する．言い換えればそれらは，原子レベルにおいて単位格子 (unit cell) と呼ぶ格子空間要素の周期的配列で造られている．

　しかしながら，実際の結晶では原子の周期的配列中の欠陥を示し，このことがその金属

表 18.1　様々な原子炉の中性子束 (n cm^{-2} s^{-1})

原子炉	熱中性子 E < 0.6 eV	高速中性子 E > 1 MeV
OSIRIS	3×10^{14}	2×10^{14}
PHENIX		6.3×10^{15}
1300 PWR	7.7×10^{13}	9.5×10^{13}

原子空孔
vacancy (V_{fl})

格子間原子
interstitial (V_{fi})

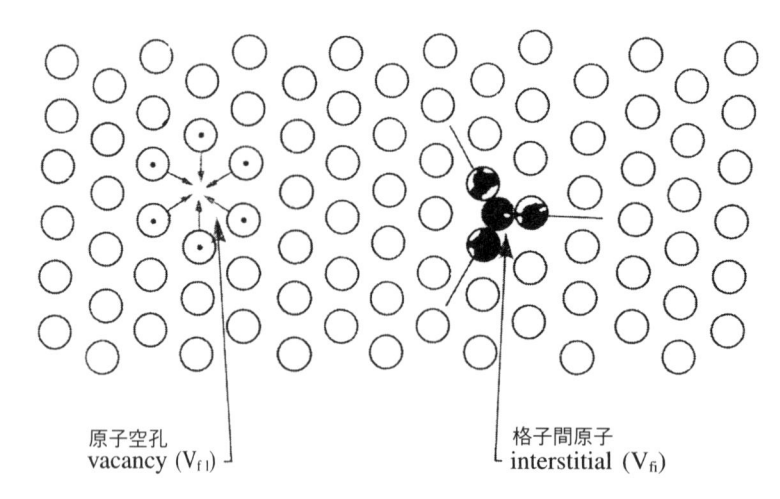

図 18.1　原子空孔および格子間原子

の多くの性質を生みだす．これらは以下の欠陥類である：

—**点欠陥 (point defects)**，**原子空孔 (vacancies)** および**格子間原子 (interstitials)**（図 18.1）．[*1]

　金属が平衡状態の時は，常にこれらの欠陥が存在する，なぜならばそれらの欠陥が結晶のエントロピー (entropy)[*2]を増加させるからである；原子空孔形成エネルギーに比べて格子間原子の形成エネルギーは非常に大きなものであるから，熱平衡の原子空孔濃度に比べて熱平衡の格子間原子濃度は無視できるほど低い．

—**転位 (dislocations)**（図 18.2）．

　これらの欠陥は結晶原子の周期配列が破壊された領域にて定義される．これらの欠陥は熱力学的平衡欠陥で無い；それらの密度は冷間加工 (cold work) 量に依存する．それらは点欠陥の発生源であり消滅源でもある．ある種の転位は，原子空孔よりも一層格子間原子を引き付けることを述べておくことは重要である．

[*1] 訳註：　　格子欠陥 (lattice defect)：結晶内の原子（中性またはイオン）は理想的には規則正しい結晶格子を作って配列すると考えられているが，実際の結晶では多少とも規則性が破れて配列の乱れが存在する．この結晶構造上の乱れを格子欠陥という．最も普通な格子欠陥は，その形状から面欠陥，線欠陥，点欠陥に分類される．面欠陥の例は，結晶の外部表面，および内部表面すなわち結晶粒界，双晶の接合面，積層欠陥など，線欠陥の例は転位，点欠陥の例は不純物原子，原子空孔（空格子点），格子間原子などである．格子欠陥は結晶の物理化学的諸性質に強く影響するばかりでなく，特有の現象や作用を示す．

[*2] 訳註：　　エントロピー：熱力学状態量の1つ．熱力学温度 T での可逆変化で，熱の微小量 dQ を吸収したときの系のエントロピーの増加 dS は，

$$dS = \frac{dQ}{T}$$

で与えられる．単位は JK^{-1}．エントロピーの統計力学的意味づけは L. Boltzmann によって与えられた．ボルツマンの原理によると巨視的条件のもとに可能な微視的状態の数を Ω とすると，$S = k \ln \Omega$ という関係がある．k はボルツマン定数である．

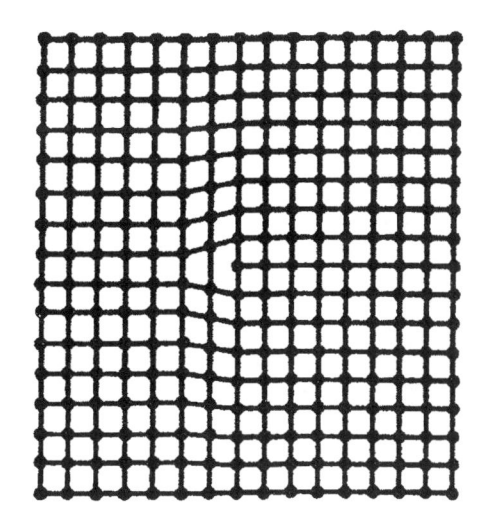

図 18.2　刃状転位

―**結晶粒界** (grain boundaries).

これらは，異なる結晶方位を有する 2 つの結晶に限定される欠陥である．この領域内では，金属性質の多くが変化を受ける（拡散，析出，機械強度）．

18.2　1 次損傷――照射欠陥

18.2.1　原子変位による 1 次損傷――損傷単位

荷電粒子（電子，陽子，イオン）または中性粒子（中性子）を固体に撃ち込んだ時，それらのエネルギーは，固体中の原子との衝突により散逸してしまう．これらの衝突 (collisions) は，電子励起を伴う非弾性的 (inelastic) にも，または標的原子への単純なエネルギー移動を伴う弾性的 (elastic) にもなることができる．

中性子と原子との非弾性衝突 (inelastic collisions) において，中性子は原子核まで拡散し原子核を励起状態と成す．この原子核の励起は直ちに戻り，γ 線を放射する．この反応 $(n, n'\gamma)$ は，無電荷の原子核を残し，金属中に通常形成される欠陥を生じさせない，その断面積 (cross section) は弾性衝突 (elastic collision) の断面積に比べて大変小さく，2 MeV を大きく超えるエネルギーに対してのみ弾性衝突と比較しえる程度となる．[*3]

[*3] 訳註：　　弾性衝突：衝突の前後に全エネルギーと運動量が変化しない衝突．
　非弾性衝突：運動エネルギーの全部，あるいは一部が失われ，内部エネルギーあるいは放射エネルギーに変換されるような衝突．
　断面積：入射放射線とターゲット粒子，または粒子体系との間の特定の相互作用の起こりやすさ（確率）を表すための量．普通，断面積という場合はミクロ断面積をいい，それは特定の過程に対するターゲット粒子当たりの反応率を入射放射線の束密度で割った値である．

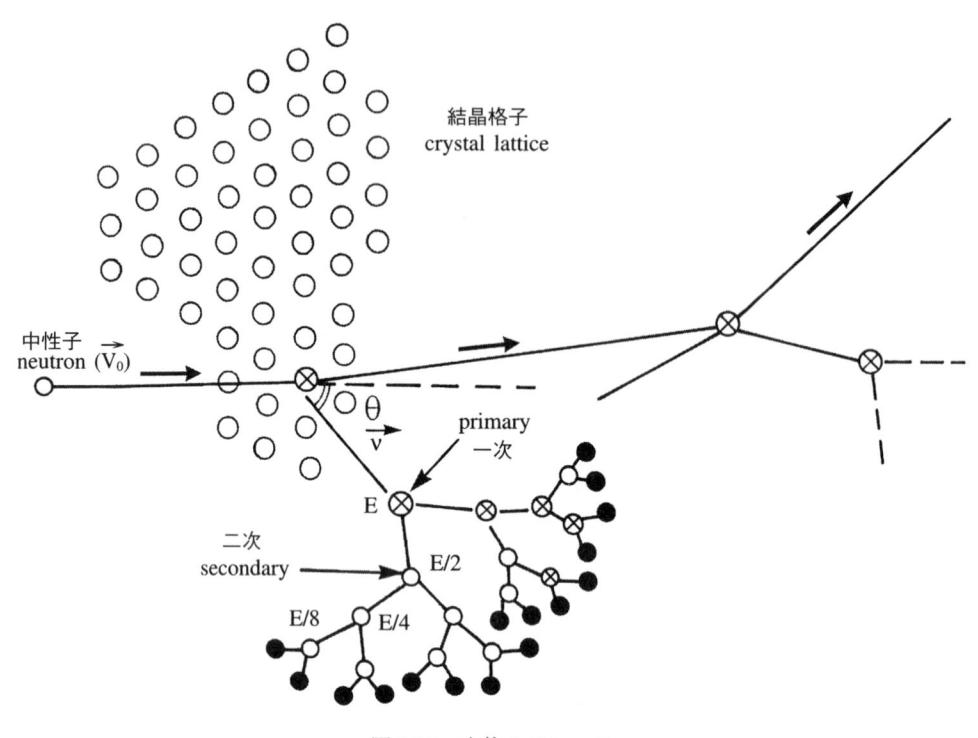

図 18.3　変位カスケード

弾性衝突の間（図 18.3），中性子は原子核にエネルギーを与え，進路を変える．PKA (Primary Knocked-on Atom：一次はじき出し原子) と呼ぶ，最初にはじき出される原子は，もしも変位閾値 (displacement threshold) E_d——この閾値は物質と方向に依存し，およそ数 10 電子ボルトになる——と比べてより高いエネルギーを受け取るならば，その平衡状態位置からはじき出される．ターゲット原子は格子間位置で運動停止するか，衝突を通じて次々と他の原子を変位させて，変位原子の「カスケード」(cascade) を形成させることもできる．その結果は：

——フレンケル対の生成および同数の原子空孔と格子間原子の生成，

——格子位置間での強制的交換（原子置換：atomic replacements）：実際，結晶位置から追い出され，数ピコ秒 (10^{-12} second) 後に格子の他の位置に在る原子は多数にのぼる．

どのような巨視的照射効果の定量的モデルでも，多数の安定欠陥生成と入射 1 次粒子によって置換される多数の原子を仮定していることは既知である．

この評価のために異なるアプローチが用いられた．

最も単純なのは [30]，均質でアモルファス (amorphous) な環境における 2 体衝突モデル (binary collision model) での運動量の移行を基礎とした解析理論である．[*4]この単純化され

[*4] 訳註：　無定形状態 (amorphous state)：原子が結晶のように規則正しい空間格子をつくらずに集合し

18.3 照射に伴う 2 次損傷

たモデルにおいて，PKA エネルギー，E_p により変位された多数の原子の 1 次近似は，以下の式で与えられる：

$$\nu(E_p) = \frac{E_p}{2E_d}$$

ここで，E_d はエネルギー閾値である．

常に 2 体衝突モデルに基づく数値コードは，1970 年代に欠陥形成速度の考慮を認めている [31,32]．これらのコードで PKA エネルギー，E_p により生成されるフレンケル対の数は：

$$n(E_p) = K\frac{E_p - E_{非弾性}}{2E_d}$$

ここで，K はいわゆるカスケード効率 (cascade efficiency) であり，$E_{非弾性}$ は電子励起を起こす非弾性衝突を通じて熱として放出されるエネルギーである．

これらのコード [32] は，工学的研究で最も広く使用されている欠陥単位 (damage unit)：dpaNRT,[*5] の起源である．この欠陥の正確な計算は，物質の方向と中性子スペクトルに依存する．例えば FR 内の鋼では，10^{22} n cm^{-2} が約 5 dpa に相当している．

実際，安定に残るフレンケル対は，カスケードの熱スパイクによって一瞬のうちに再結合するため，$n(E_p)$ の小さい割合でしかない．現在研究中の分子動力学 (molecular dynamics) を基礎としたモデル [33,34] では，この小さい割合は無視できないことを示す．しかしながらこれらの効果は，炉内一次損傷の評価で考慮されてこなかった．

18.2.2 照射中に生成される他の原子

幾つかの元素が中性子を吸収することができて，異なる化学的性質の原子を導く核反応：(n, α), (n, p), $(n, 2n)$ を引き起こすことは良く知られている．これらの異種原子 (foreign atoms) およびとりわけ (n, α) と (n, p) 反応により生成されるヘリウムと水素は，その合金の化学組成の変化のため，またはそれらの後における析出のために，その巨視的性質に多大の影響を及ぼす．この変換原子 (transmutation atoms) の濃度と性質は中性子エネルギーのスペクトルに強く依存する．

18.3 照射に伴う 2 次損傷

次節 18.4 で述べる物質への巨視的照射効果を支配している 2 次損傷は，1 次欠陥：原子空孔，格子間原子および変換生成物，の移動 (migration) および/または密集 (clustering) の結果である．

て生ずる固体物質の状態をいう．構造論的には粘度の非常に大きい液体とみなされることもある．ゴム，ガラス状の固体などは無定形状態である．

[*5] dpa = displacements per atom. 原子当たりの変位．長い間フランスでは dpaF ≈ 0.7 dpaNRT が使用されていた．

この損傷は一般的に温度，瞬時中性子束 (instantaneous flux) および照射速度 (dose rate) に依存する核生成・成長型動力学を示す．

18.3.1 点欠陥の発生

照射が同数の原子空孔と格子間原子を発生させることを示した．これらの欠陥形成の単純な事実は，原子空孔と格子間原子が格子の局所的変形を引き起こすことにより結晶体積を膨張させることである．フレンケル対に対して：

$$\Delta V = V_{fv} + V_{fi} = 1.5\,\Omega$$

ここで，V_{fv} は原子空孔周囲の結晶の応力緩和に基づく正または負の体積変化で，それは原子体積 Ω の小さな割合を占めるにすぎない．V_{fi} は格子間位置に原子が収まることによる体積変化で，それは $\approx 1.5\,\Omega$ である．

しかしながら，照射によって生成されるフレンケル対によって引き起こされる体積増加は，大変低い温度において約 1 ％ の限界を超えることができない．実際，格子間原子と原子空孔が数原子間の距離内に在る時，直ちに再結合が生じる：このことは，結晶内での体積再結合と欠陥濃度の制限として定義づけされる．

もしも充分に高温なら，点欠陥は結晶中を泳動し，他の欠陥と会うことが可能となる；幾つかのケースが生じ得る：

—格子間原子が原子空孔と会う場合：相互再結合になり，付随体積と同様にその対は消滅する．

—格子間原子または原子空孔が消滅場所（シンク：表面，粒界または転位）と会い消滅する場合；欠陥消滅に対応して体積の一部増加を伴う．照射欠陥に所与温度での熱平衡欠陥が加わる．従って過飽和欠陥が存在し，その程度は低温ほど大きくなる．この過飽和 (supersaturation) は，欠陥がシンク (sinks) で消滅するための駆動力である．

さらに，異なるタイプのシンクに欠陥が多かれ少なかれ引き付けられることは可能である：原子空孔に比べ格子間原子は，転位により一層引き付けられる．事実，転位と欠陥の相互エネルギーは，弾性近似において $P\Delta V$ に等しい．ここで P は転位応力場の流体静力学 (hydrostatic) 部分であり，ΔV は欠陥誘起膨張で，この体積膨張は格子間原子のほうがより大きい．

シンクでの欠陥消滅は微細組織の変化を引き起こす：転位網 (dislocation network) の再編，粒界の移動などである．

—最終的に，同種欠陥はクラスタとして集合することができる．

結晶エネルギー最小化のために，ある大きさの格子間原子クラスタ (clusters) はつぶれて転位ループとなる（図 18.4 および図 18.6）．体積膨張の大部分と同等，その格子間原子は消えてしまう．

18.3 照射に伴う2次損傷

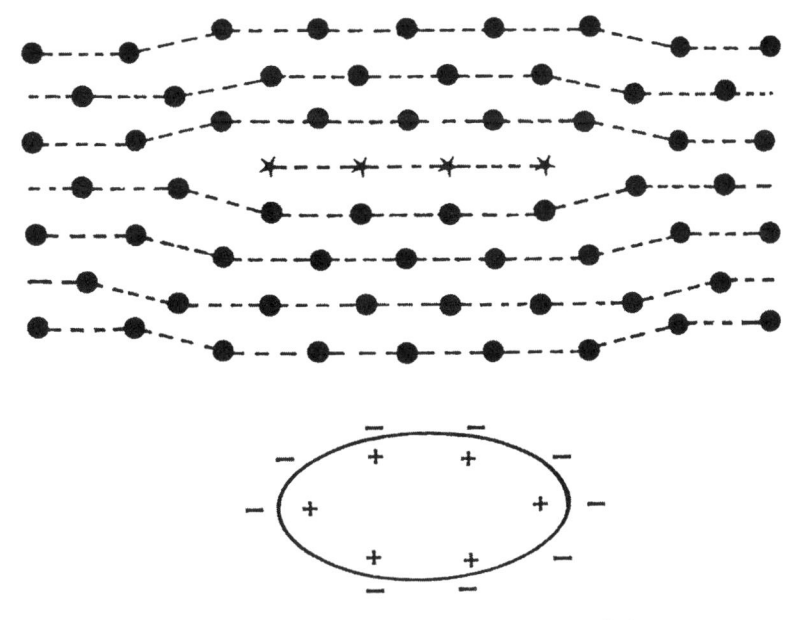

図 18.4 転位ループを形成する格子間原子の集合

原子空孔では，これと異なる配列を起こすことができる：ループまたは空洞（ボイド）である（図 18.5 および図 18.7）．もしもクラスタがつぶれてループ (loop) になるなら，原子空孔とそれに付随していた体積変化は消滅してしまう．しかしながらもし最終的結果がボイドであるなら，結晶中の体積変化は保存される．この過程が蓄積的な体積膨張を導く，その限界値は孤立欠陥の存在による飽和値に比べて非常に大きな値となる．ボイドがループに比べてより安定であるならば，ボイド形成が有利となる．これら2つのタイプの欠陥の相対的安定度を説明するため，種々の異なる仮定からの公式化が行われた [1]．幾つかは除外できるとして，今日において以下のことは明確であるように思われる：ボイド形成にはガスの存在が密接に関連している（金属中の溶解ガスまたは核反応生成ガス）．

18.3.2 添加合金の効果

多くの合金添加物を含んでいる，ほとんどの物質，とりわけ工業用合金は，その添加物の濃度が非常に低い場合でさえ，不純物と欠陥との引力相互作用または反発相互作用によって，その点欠陥の移動性を修正することができる [35]．

さらにこの相互作用は，欠陥移動と不純物移動間の連結 (coupling) を導く．例として寸法小の不純物原子を含んでいる結晶格子中の格子間原子の拡散について考察してみよう．これらの不純物と格子間原子の間に引力相互作用が生ずる．格子間原子の拡散速度は修正され，それらがシンクで消滅するまで不純物を伴う．それらがシンクにて消滅する時，不純物原子を残し，それらの不純物はシンクの周りに集積される．もしも局部的

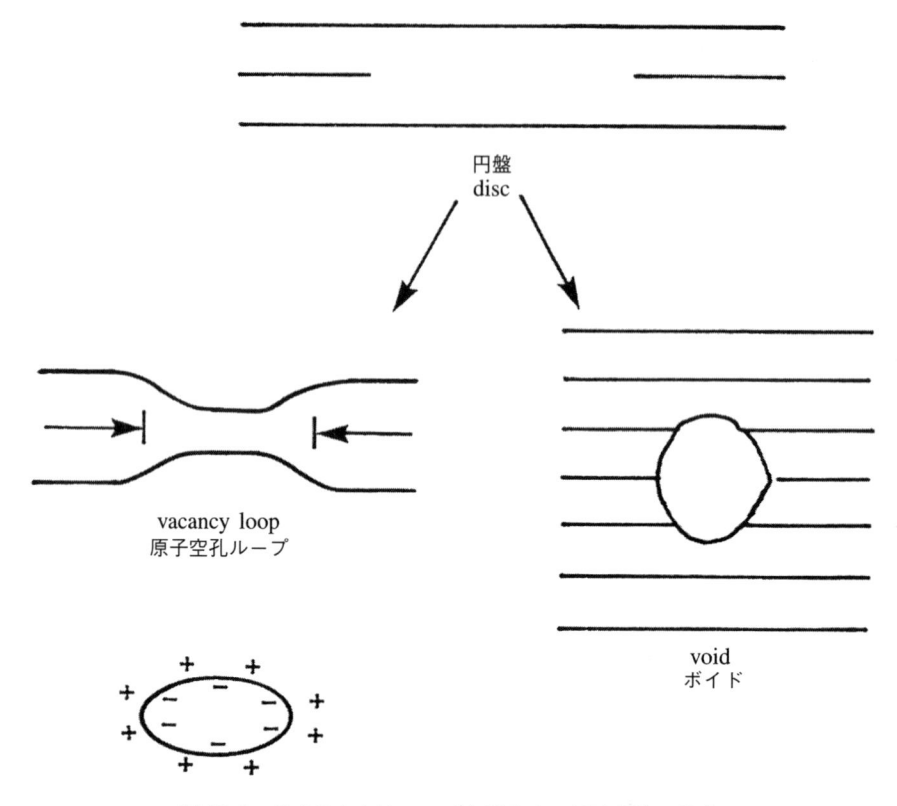

図 18.5　ボイドまたはループを形成する原子空孔の集合

にその不純物濃度が溶解限度を超えるならば，析出するであろう．例を図 18.8 に示す．この機構 1 つのみが可能性のあるものでは無く，鋼中の他に重要な現象は逆カーケンドール効果 (inverse Kirkendall effect)[*6]である．この効果の発見はボイドへのニッケル偏析 (segregation) が最初であり，その例を図 18.9 に示す．誘起偏析と誘起析出に対する異なる仮説は文献 [3 および 3bis] にて考察された．

　これらの照射誘起析出 (irradiation-induced precipitations) は，照射以外で安定ではない，

[*6] 訳註：　　カーケンドール効果：2 種の固体の滑らかな面を密着させ，高温で熱して原子の拡散を行わせるとき，境界面が変動する現象．1947 年に Kirkendall によって発見された．この効果が起こるのは原子拡散が原子空孔や格子間原子を媒介として行われる場合であって，原子の直接交換による場合にはこの効果は起こらない．
　逆カーケンドール効果：原子空孔と位置交換した溶質原子が原子空孔の移動方向とは逆方向に拡散する機構であり，原子空孔の流れとは逆向きの流れが溶質原子に生じる．この原子空孔機構による拡散速度が異なっていると，拡散速度の速い元素は遅い元素よりも逆向き（粒界から離れる方向）の流れが大きくなり，粒界から取り除かれることになる．Fe-Cr-Ni の 3 元系では，元素の大きさ（原子サイズ）が異なるために原子空孔との位置交換の確率がそれぞれ異なり，Cr > Fe > Ni の順で確率は小さくなる．このため Cr が最も原子空孔の流れにより運ばれやすく粒界で欠乏する．これとは逆に，Ni の拡散は遅く粒界近傍に取り残され濃縮する傾向を示す．

18.3 照射に伴う2次損傷

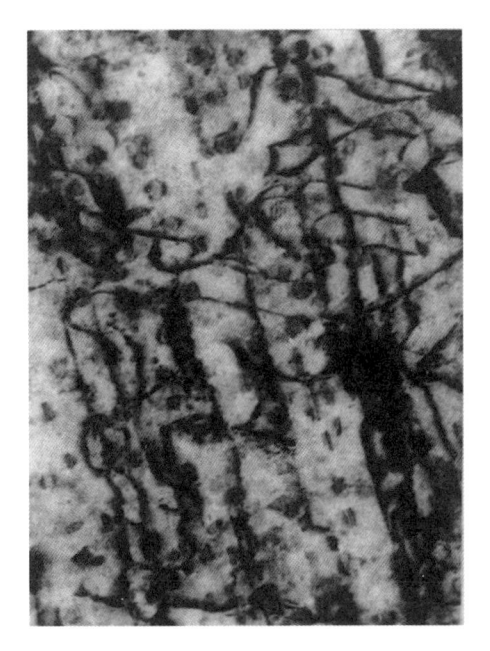

図 18.6　照射ジルカロイ中の転位ループ

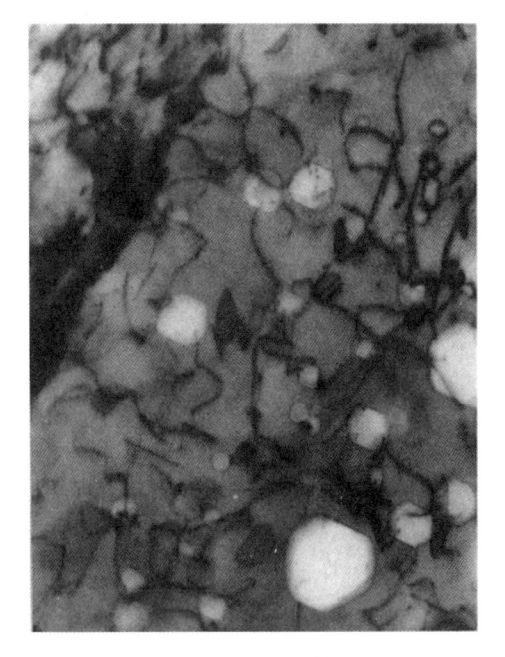

図 18.7　オーステナイト系鋼中のボイドおよびループ

もしもその試料を炉外でじっくりと焼鈍 (anneal) するなら，これらの析出物は徐々に消えることが観察される．原子空孔の過飽和のもとで単純に照射によって加速された析出と照射誘起析出の差異がこれである．

結論として，異なる2次損傷は照射誘起欠陥を伴って生じる：

—原子衝突による原子の乱れ，それは時々結晶をアモルファス化できる，

—微視的構造の複雑な変化，それらの1つは，ループの生成または転位の上昇 (dislocation climb) およびボイドの生成（保存されたフレンケル対生成により体積膨張を伴う）による転位網の修正である，

—微視的化学変化：局所偏析，誘起析出，

—拡散加速，それは過飽和欠陥に由来する．

18.3.3　変性生成物の発生

変換生成物の溶解度が低い時には，それらは温度の効果の下で析出できる．固体変換生成物にたいする重要な事例は，高中性子束原子炉で使用されるアルミニウム合金中のシリコン（珪素）析出物の形成である，それは構造体の硬化と大きな脆化を導く．

ここで記すべき重要事項とは，核反応によるヘリウム生成である．その析出は，材料強度に負の寄与をもたらすうえで特別の役割を演じるからである．実際，金属に不溶解であ

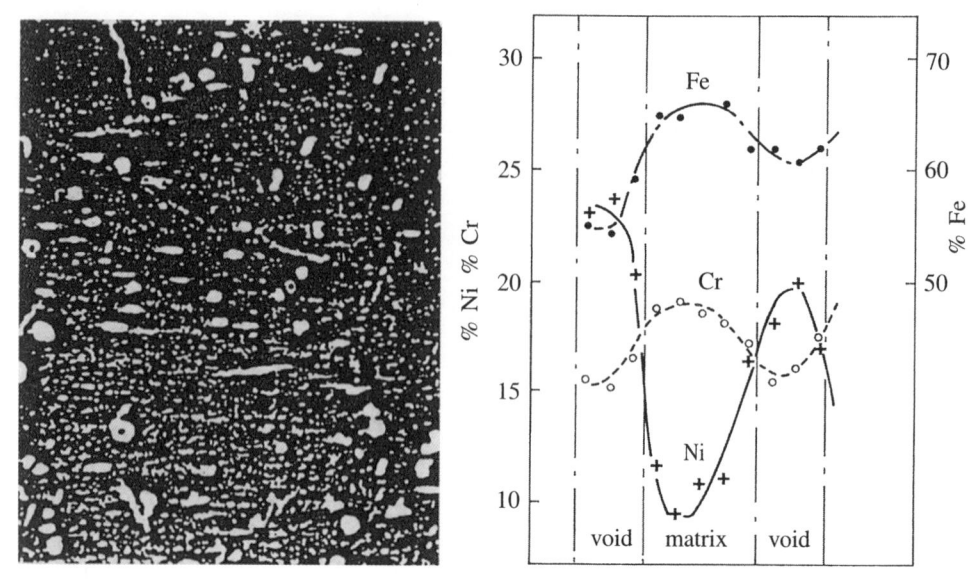

図 18.8 4 at.% Si 含有未飽和 Ni 固溶体中の照射誘起析出

図 18.9 ボイド近傍での照射誘起偏析

るヘリウムは原子空孔に伴う気泡（バブル）内に析出する；これが結晶体積の増加を導く．これらの気泡の核生成は粒界上および転位上で優先的に生じる．粒界上に在る気泡は，機械的強度に影響する弱い場所（粒界劣化の初期段階）になる．最終的結果は，運転条件下での粒界脆化の上昇となる．

18.4 巨視的照射効果

18.4.1 寸法変化

照射誘起点欠陥の集合は，応力が無い中で巨視的な寸法変化を引き起こすことができる（図 18.10）．これらは 3 種類に分類できる：

—ボイド・スエリング (void swelling)，それは体積膨張を生じ通常等方性を有す（図 18.10.d），

—ヘリウム気泡の析出によるスエリング，

—成長 (growth)，それは非等方性物質で誘起する体積一定の形状変化（図 18.10.c）.[*7]

[*7] 訳註：　照射成長：金属ウランの照射効果の 1 つ．外力を加えないで生じる形状変化で，体積変化を伴わないものである．しわ変形，肌荒れもこの種類に属する．α-U 結晶を照射すると，その結晶の異方性のために [010] 方向に著しく伸び，それと同じ割合で [100] 方向には縮むが，[001] 方向には変化がない．すなわち，軸方向に [010] が優先的に発達している集合組織をもつ棒では照射中に軸方向の照射成長が観察される．

18.4 巨視的照射効果

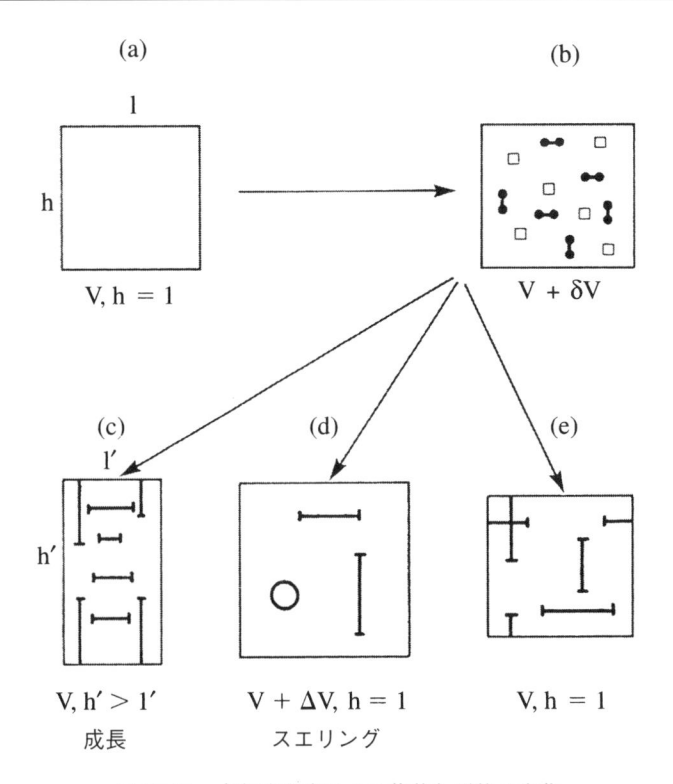

図 18.10 点欠陥生成による体積と形状の変化

これ以降，ボイドによるスエリングと成長のみのケースに限定しよう．これらの寸法変化が PWR 集合体および FR 集合体の構造材使用における大きな技術的問題を引き起す．

スエリング (swelling)

1967 年に DFR 高速中性子炉の燃料集合体で発見された [36]．この現象は FR 燃料集合体の寿命を決めることになる故に，理論開発計画と実験的開発計画の主要課題であった．鋼および純粋金属の両者で行われたこれらの研究はボイド核生成 (void nucleation) 機構とボイド成長機構とを明白にした．

ボイド核生成速度を決定するために異なるモデルが提案されている，しかし古典速度理論を用いた均一核生成モデル (homogeneous nucleation models) のみが実際に開発されただけである．この理論は原子空孔と格子間原子（および幾つかのケースではガス）の共析並びに点欠陥の連続的生成を考慮して修正された．同時に非均一核生成モデル (heterogeneous nucleation models) が 2 つの現象を考慮して開発された：カスケード中心でのボイド核生成および微細ガス気泡上でのボイド核生成である（この件に関する多くの文献を参考文献 [2] 中に見出すことができる）．

スエリングが生じると，小さな原子空孔集合は成長できなければならない，言い換え

ば格子間原子の原子空孔への流れは原子空孔の流れに比べてより小さくなければならない．既に述べたように格子間原子が転位に対して原子空孔よりもさらに引き付けられ，より多くの数が消滅するので，これのみが可能となる．

転位の役割とそれらの偏り（原子空孔と格子間原子の非対称消滅を考慮した因子）は，それ故に本質的である．核生成の場合，ボイド成長と理論的なスエリング評価を記述する多くの理論モデルが刊行された．これらのモデルの多くは速度論の表現形式を用い，さらに異なるタイプのシンク上での欠陥の発生，再結合と消滅を考慮し，同様にある場合において欠陥と不純物間の相互作用を考慮している [2]．

もしもそのようなモデルが，一般的データの大部分が入手できないとの理由から（欠陥の移動エネルギー，転位と欠陥との相互作用と偏り），実用材料 (technological materials) への適用が困難なら，以下にまとめたように種々のパラメータの影響に区分することが許されるだろう：

—温度範囲 0.3 から $0.6\,T_M$ において（T_M：K 単位の熔融絶対温度），**大部分の金属と合金でスエリングが起きる**．0.4 と $0.5\,T_M$ の間で最高となる（図 18.11）．この最高点の存在は以下の方法で説明されている．極低温（$T \ll 0.5\,T_M$）において，欠陥は基本的に相互再結合により消滅し，その材料は膨張しない．スエリングが生じる領域内で，最高点よりも低温であるなら，過飽和度が大きいためにそのボイド核生成速度は高い，しかしその成長速度は低い，なぜなら原子空孔の拡散が遅いためである．このため微細なボイド（体積 V）でボイド密度（N）大となり，そのスエリング $S = N \times V$ は制限される．これとは反対に，最高点を超える温度では拡散係数が高いためにシンクでの消滅が優先して原子空孔の過飽和度は低い，しかしその核生成速度が制限される；大きなボイドがごく少数存在する，しかし実用上の巨視的スエリングは生じない．この2つの間で，積 $N \times V$ は最高値となる，そしてこのことを図 18.12 に図解した．

—**スエリングは照射線量の増加関数である**（図 18.13）．通常，ある照射量（または潜伏期間）の後でのみスエリングは顕著となり，その後は線量に伴いほぼ線形で変化する．この潜伏期間 (incubation period) は一般的に材料の性質，合金元素および照射条件（温度，照射速度）に依存する．

—**最後の重要パラメータは転位密度である**．実際，もしも転位密度があまりにも高すぎるならば，転位上での欠陥消滅が優勢となる．その際，スエリングの減少が生じる（図 18.14）．

しかしながら重要なことを明記するなら，これらの一般的な傾向は材料の微視化学 (microchemical) の発達（偏析，析出）を考慮していない，さらに後者は材料のふるまいをかなり変更することができる．FRs で使用されている多くの鋼に対して特に当てはまる，これらの幾つかの例を第 20 章で示す．

18.4 巨視的照射効果

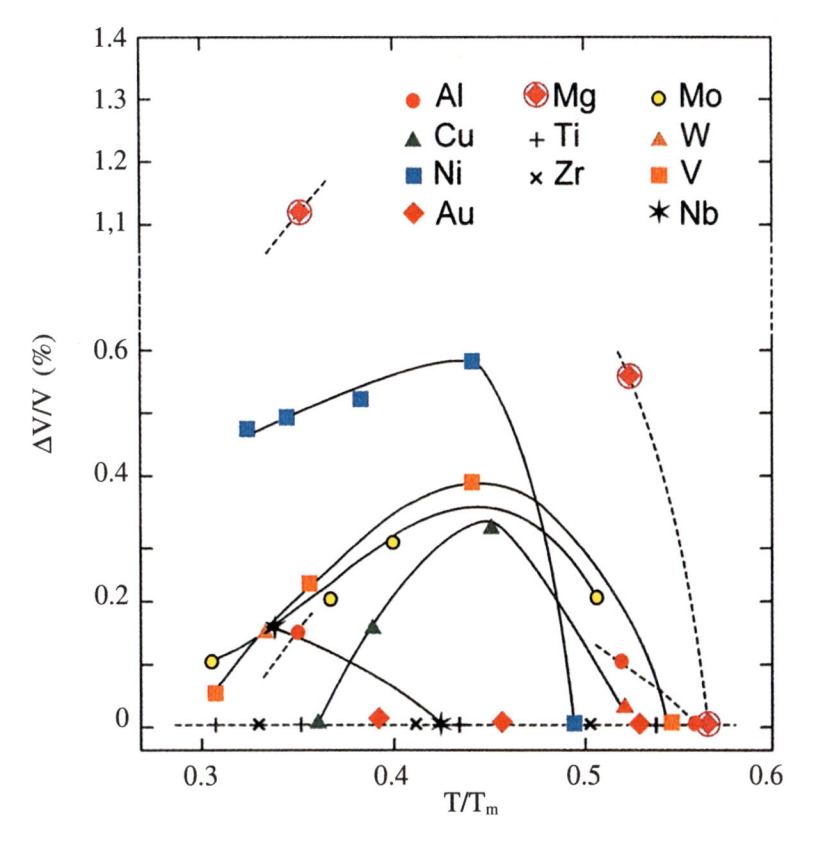

図 18.11 種々の材料のスエリング頂点位置への温度効果

成長 (growth)

　原子空孔と格子間原子が集まって，格子コラプス（扁平化：collapse）を導く平面集合体 (planar clusters)，原子空孔集合体 (vacancy clusters) となる；格子間原子集合体の個々の残余変形が集積し，結晶外部体積の増加を導く．

　もしもクラスタ形成が平均して等方性 (isotropic) を有するなら，格子コラプスは格子間原子クラスタによる体積増加を補償する：結晶体積は一定で，その形状は巨視的尺度では変化しない（図 18.10.e）．

　これと反対に，もしもクラスタ形成が等方性を有しないなら，さらにもしも格子間原子クラスタが結晶方位の一方に形成されがちで，原子空孔クラスタが他方向の結晶方位に形成されがちならば，格子間原子クラスタに基づく膨張が最初の方位で集積し，他の方位ではコラプス（扁平化）が集積されるだろう（図 18.10.c）．その結果，最初の方位で結晶長さの増加，他方位での収縮 (contraction) となり，その体積は一定である．これが照射中の「成長」(growth) 現象である．

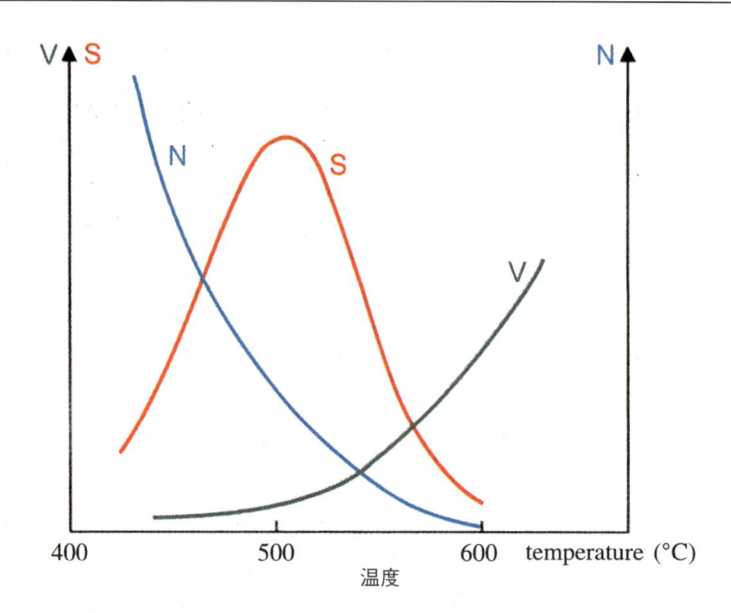

図 18.12　スエリング要素の温度依存

　結晶面のある方位が格子間原子クラスタ形成により多く適している時，この成長現象は非等方性材料（ウラン，ジルコニウム）で生じる．

　PWR 燃料棒の被覆材として使用されるジルコニウム合金，ジルカロイは六方晶系構造 (hexagonal structure) を有する．ジルカロイは照射中に成長現象を引き起す：(0001, c 軸) 方向の収縮および $(11\bar{2}0)$ 方向，言い換えれば六方晶格子の基礎平面に平行な方向の膨張が観察できる（図 18.15）．[*8]冷間加工 (cold-worked) ジルカロイ被覆管は，特徴的な配向 (texture) を有する：$<c>$ 方向は実際的に通常被覆管軸方向になる．この結果，照射中被覆管の全長の増加，および燃料集合体の骨格を形成しているジルカロイ製案内管の全長増加を引き起こし，このことで集合体の変形を引き起すことができる．この件についての詳細を次の第 19 章で述べる．

[*8] 訳註：　　ミラー指数 (Miller indices)：結晶面（の方向）を表示する記号．格子面に対しても用いられる．3 結晶軸の結晶系の場合，軸率を $a:b:c$ とし，任意の方向の結晶面が 3 軸を切る長さを $a/h, b/k, c/l$ と表せば有理指数の法則によって，h, k, l は簡単な有理数（0 を含む）になる．これら h, k, l のおのおのに一定の適当な数を乗じて互いに素な整数としたときに得られる 3 整数 h, k, l をその結晶面のミラー指数といいその組を (h, k, l) と記す．$-h$ は $\bar{h}$ と書かれる．面 (h, k, l) およびそれと結晶学的同価な面の全体を $\{h, k, l\}$ で表す．
　六方晶系では，方向や面を表すミラー指数として，しばしば 4 指数表記の表現が用いられる．a_1, a_2, a_3, c である．すなわち底面の互いに $120°$ の角度をなす方向に 3 つの基本ベクトル a_1, a_2, a_3 を取る．4 指数表記の面 (h, k, i, l) および方向 $<h, k, i, l>$ と 3 指数表記との整合性から $h + k = -i$ の関係を導入する．

18.4 巨視的照射効果

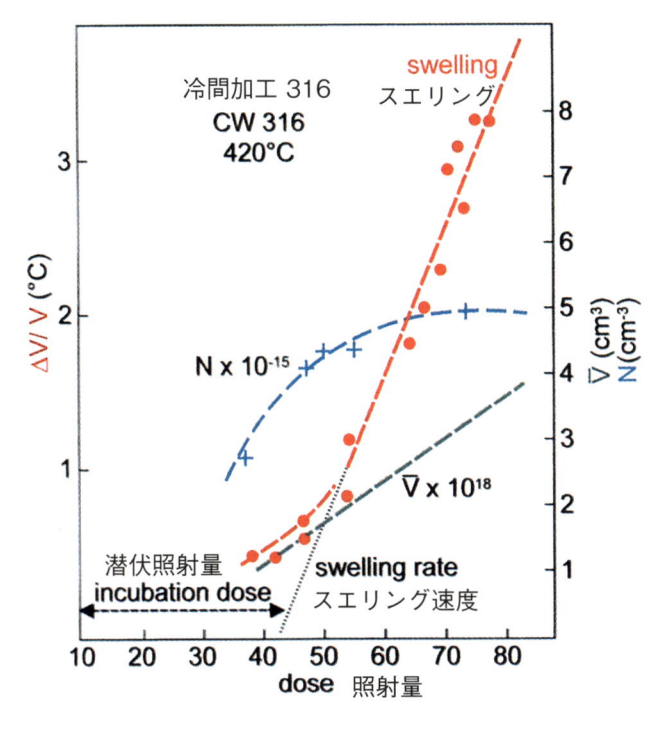

図 18.13 スエリング要素の照射量依存

18.4.2 照射クリープ

　金属に応力がかかっている時，このクリープ速度が非常に遅いとしても，その金属はクリープ (creep) する．中性子束下でこの事象が起きる時，熱クリープが計測できない温度においてさえも，大変大きな歪速度が観測される．

　クリープが重要でない炉外の場所で観測される，熱クリープと照射クリープ間の大きな差異は応力依存にある．熱クリープは，その指数が通常 4 乗と 7 乗の間にある σ^n として変化する，一方照射クリープでは，その応力の指数は 1 乗に近い．

　FRs での鋼および PWRs でのジルカロイについて盛んに研究されたこの現象は，燃料要素設計において大変重要である．実際，ナバロ・クリープ拡散制御 (Nabarro creep diffusion controlled) と考えられている，応力に対して線形なら損傷を受けない，さらにこの事実から応力緩和 (stress relaxation) という利益を得る．しかしながらクリープがあまりにも大きすぎるならば，許容できない変形を引き起す結果を導くことが可能となる．

　照射クリープを説明するために色々な機構が提案され，この主題に対する多くの論文が存在している [2, 37, 38, 39]．現在受け入れられている物理学的機構を以下に要約しよう．これらの機構は FR 燃料要素の場合に記述的方程式 (descriptive equations) を造り出すた

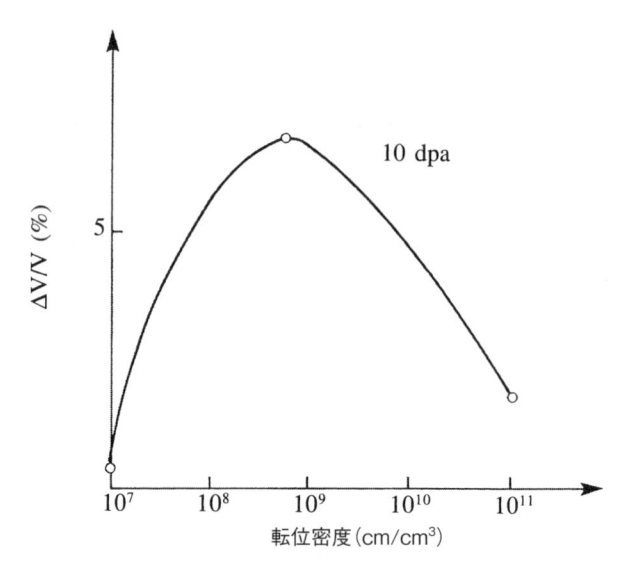

図 18.14　スエリングへの転位密度の効果

めに共通的に使用されている．

――**SIPA**（応力誘起優先吸収：Stress Induced Preferred Absorption）クリープ [40-45] は，転位上昇 (dislocation climb)[*9]を起こすクリープである．応力作用の影響下において，バーガース・ベクトルが応力に一致している転位は格子間原子の消滅がより効果的であり，その結果より大きな上昇速度となる．この機構は応力下における毎 dpa でのクリープ速度項として表現できる：

$$\frac{d\varepsilon}{d(\Phi t)} = K\sigma$$

――他の 2 つの機構は，上昇賦与滑り (climb-enabled glide) に基づいている [46]．それらは，弾性変形を与える応力下で転位がピン止め場所間で湾曲するアイデアに基づく．しかしもしこのピン止めが転位の上昇 (climb) によって解き放たれるなら，これが塑性変形を導く．

Gittus によって提案されたこの機構において [47]，クリープは転位上に在る格子間原子の非対称消滅――偏りを引き起こす――からの帰結である．原子空孔がボイドとして析出することにより金属が膨張（スエル）する時，余剰の格子間原子の全ては転位上で吸収される．この機構――"I"クリープと呼ぶ――は，毎 dpa 当たりのクリープ速度が応力およびスエリング率に比例する：

$$\frac{d\varepsilon}{d(\Phi t)} = \alpha\sigma\dot{S}$$

[*9] 訳註：　　転位上昇：刃状転位は滑り運動のほかに，滑り面に垂直方向に運動し，これを上昇運動と呼ぶ．上昇運動は点欠陥の放出または吸収によって起こる．

18.4 巨視的照射効果

ジルコニウムの六方晶系格子

ジルコニウムのプリズム的面上への滑り

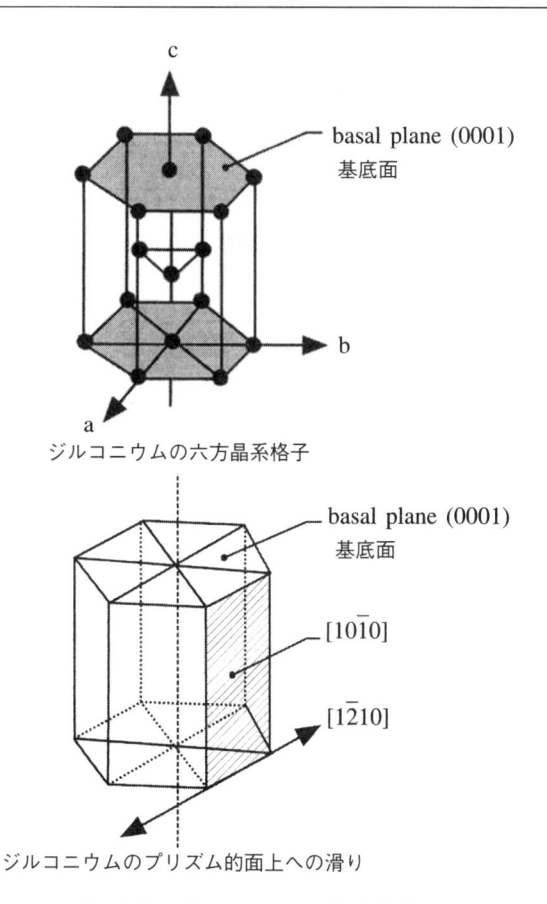

図 18.15 ジルコニウムの結晶格子

しかしながら，Mansur が示唆しているように [48]，上昇賦与滑りによるクリープはスエリング無しに生じることができる．この場合，SIPA 機構として，応力緩和方向に沿う転位の効能とは異なる，格子間原子または原子空孔の流れ（フロー）を伴う．

このことは照射クリープに新たな因子を導入する，**PAG**（優先吸収滑り：Preferred Absorption Glide）クリープである．この著者はこの機構を以下のように示した，毎 dpa 当たりの歪速度は応力の 2 次関数である．

$$\frac{d\varepsilon}{d(\Phi t)} = 2K\alpha\sigma^2$$

スエリング無しで，この主要機構は応力と冷間加工 (cold work) の両者に依存する，なぜなら係数 K および α が区分される時，SIPA 機構では転位密度に比例することが見出され，一方 PAG クリープでは転位密度の平方根のみで変化することによる．応力下での SIPA 機構と PAG 機構の遷移は，オーステナイト系鋼に対し 100 から 300 MPa の間であろう．

実用上，照射クリープの巨視的分析において最も多くの科学者達は，いかなる明確な判定も行わずに，これらの機構は加法的で炉内歪は以下のように記述できると考えている：

$$\frac{d\varepsilon}{d(\Phi t)} = K\sigma + 2K\alpha\sigma^2 + \alpha\sigma\dot{S}$$

異なる技法が照射クリープ測定に用いられた；これらは文献 [49] にて述べられている．固有試験（加圧管破損: deformatioin of pressurized tubes，弾力緩和: spring relaxation）または燃料要素部材の破損計測からの推論のいずれかによって，そのデータのほとんどが得られる；例えば FR 燃料要素の場合，被覆管直径方向歪の変動はクリープとスエリングに基づく変形和の結果と考えられ，ラッパ管の膨張 (bulging) はクリープ係数 (creep modulus) と直接的な関連を有していると考えられている．

18.4.3　機械的性質への照射効果

照射中における材料の機械的性質の変化は，点欠陥の生成，移動および集合化 (クラスタリング：clustering) または照射により生じた転換生成物 (transmutation products) さらに幾つかの特異ケースにおいて環境と材料の相互作用（例えば，水腐蝕によるジルカロイの水素化物: hydrides）の結果による微細構造変化によってコントロールされている．

照射に伴う変化 [50]

低温（$T < 0.3\,T_M$）において，照射中基本的には小さな欠陥クラスタが形成される．同様に転位ループおよび応力の影響で滑ることのできる転位との相互作用を通じて材料硬化を導く傾向を有する時々微細な析出物の分散が形成される．

中間の温度（$0.3\,T_M$ と $0.6\,T_M$ の間）において，さらに複雑な微細構造が形成される；照射条件と材料の性質に依存し，幾つかの欠陥発生が可能となる：転位ループ，誘起または加速析出，ボイド，局所偏析．さらに，冷間加工材料において，材料の初期状態とその材料の性質に応じて，転位上昇による転位網回復を観察することができる，または再結晶さえも観察されえる．この温度範囲で引張強さとクリープ強度は影響を受ける．しかしながら，これらの異なる過程間の競合——そのうちの幾つかは硬化，その他は回復 (recovery) のような軟化——が照射条件（中性子束，温度）と同様，材料の性質（化学的組成および熱・力学的処理 (thermo-mechanical treatment)）に依存して大変大きな変化を引き起す，従ってその変化を予測することは困難である．

$0.6\,T_M$ を超える温度では，生成される欠陥は，転換生成物の析出の結果による欠陥を除いては連続的に焼鈍される．従って冷間加工材料 (cold-worked materials) において軟化 (softening) およびある場合には脆化 (embrittlement) が観察されるであろう．例えば高中性子束炉内での (n, γ) 反応によって生成されるケイ素（シリコン）およびとりわけヘリウム脆化——それは特に鋼の破損モード (fracture mode) に影響する——によるアルミニウ

18.4 巨視的照射効果

ム脆化について言及できる．

照射中の微細構造変化が高線量でかつどのような照射温度でも材料脆化を一般的に引き起すことを明記しておくことは重要である．これらは3種類の脆化に区分されている：

—初期延性材料 (initially ductile materials) の脆化，これは伸びの大きな減少を示す．高照射されたこれらの材料において，新たな割れ口モード (fracture mode) が同定された．このモードは「チャンネル割れ口」(channel fracture) と呼び劈開面近傍の割れ口を与える高応力集中を伴うものである．この現象は，しばしば高スエリング値と関連するように見える．

—延性・脆性遷移を有する材料 (ductile-brittle transition) のケースにおいて，照射は多くの場合，上部棚エネルギー (upper shelf energy)[*10]の激減を伴い，遷移温度の上昇を導く．しかしながら，このケースでは，割れ口モードはほんの少々影響を受けるだけである．

—最後は，**粒界での偏析現象**，とりわけ核変換で生成されるヘリウムの効果が粒界割れ (intergranular fracture) を時々引き起す．ここでもまた，出くわす問題は，化学組成，照射量および照射温度に大きく依存していることである．

環境に伴う変化

材料の機械的ふるまいにおいて，環境と材料との相互作用に伴う変化として経験することができる．それらは勿論冷却材との依存性が大きく異なり，その詳細については対応する章で説明しよう．一例として核分裂生成物，酸化，PWRs でのジルコニウム基礎合金での水素吸蔵 (hydrogen pick-up) および FR 吸収ピンの鋼製被覆管の浸炭化 (carburization) とホウ酸塩化 (boration)，による腐蝕について触れることができる．

関連するこの現象の複雑性の観点から，我々の理解は徐々にしか進まず，さらに合金元素と照射の巨視的効果による未制御不純物との影響の重大性の理由から，予測は困難である．もしも単純な材料における基礎研究が照射中の幾つかの機構についての詳細な情報を示したとするなら，その予測と進歩のほとんどが，技術的目的のために使用される工業生産を遂行するための基礎研究および炉心から得られた結果の詳細分析からの燃料要素材料の根幹を形成することになる．

そのような研究の詳細を以下の節で述べよう，そこでは，異なる種類の炉心材料に対する照射効果の詳細な解析およびこれらの変化の源を定義する試みを行う．

[*10] 訳註： 上部だなエネルギー：鋼材が速中性子照射を受けると，シャルピーVノッチ試験における上部だなエネルギーが激減する．この低下は中性子損傷の現象で，一般に今まで知られているような冷間加工履歴による脆化ではあらわれない現象である．しかしながら高張力鋼の開発が進むにつれて，熱処理を誤った材料や溶接熱影響部には，このような上部棚エネルギーの激減状態があらわれることが知られてきた．このような上部棚エネルギーの激減した鋼材でつくった構造物では，低エネルギー破壊 (low energy tear fracture) が起きている．照射脆化した圧力容器の低エネルギー破壊を防ぐためには，シャルピーVノッチ試験の上部棚エネルギーについて規制することが必要である．

第 19 章

加圧型水炉のジルコニウム合金

19.1 ジルコニウムの選択

19.1.1 歴史

ジルコニウムは 1824 年に Berzelius によって単離された，そして長い間研究室の骨とう品に納まっていた．酸素または窒素との親和性 (affinity) が非常に大きいためにその工程は細心の注意を要する；それはまた，この金属を粉末および火薬とした初期使用の基礎でもある．工業規模の量のジルコニウムを得る方法として認められている 2 つの工程は，つい最近になって開発されたものである：1924 年にヨウ化ジルコニウム (ZrI_4) の高温蒸気の解離 (dissociation) を基礎とする Van Arkel 法および 1944 年に Kroll が述べた塩化ジルコニウム ($ZrCl_4$) の還元を基礎とする現行製法のみである．[*1]

動力炉の燃料被覆管としてジルコニウムとその合金の選択を導いた主要な理由について，本章で詳細に説明しよう．それらの理由は，これを使用するための幾つかの決定的な性質の関連に由来する：熱中性子の吸収が非常に低く，良好な機械的強度および高温水での良好な耐腐食性を有すること．後の 2 つの性質が決定的因子である；実際，他の金属でも低い熱中性子吸収断面積（特に，研究炉で被覆管材として使用されているマグネシウムまたはアルミニウム）を有するが，温度が上昇すると直ちにそれらの金属は耐腐食性を低下させる．したがってそれらは，熱効率のため高い平均温度を要求する原子炉で無いもののみに使用されている．

ステンレス鋼製被覆管に比べてジルコニウムの中性子効率がより優れているとの理由をもって，Rickover 提督が原子力潜水艦開発の枠組みの中でジルコニウム合金使用を決定した時，その 1949 年 12 月以降，この金属だけがなぜ工業的に開発されたかの疑問に対する

[*1] 訳註： Kroll 法：工業的ジルコニウムの製法は $ZrCl_4$ をマグネシウム還元する Kroll 法で，一部にナトリウム還元も行われている．できた地金は塊状で鉄製の反応槽の底にたまっているので，これを砕いて取りだす．これがジルコニウム・スッポンジである．これを消耗電極アーク融解法により熔融してインゴットをつくるのが普通で，雰囲気は真空を用いる．

回答である．その直後「原子力平和利用」(Atom for Peace) 開発が，軍事開発から導かれた動力炉開発を引き出し，その結果経済的に最適であるとしてこの合金が使用されることになった．

19.1.2 ジルコニウムの物理的性質

ジルコニウムは 2 次転移系 (second transition series) の金属である．[*2]周期表の IVA 族のジルコニウムの上下に位置するチタン (titanium) とハフニウム (hafnium) と同様，ジルコニウムは 2 つの同素体的形態 (allotropic forms)[*3]を有する：低温での安定な構造 α は最密六方晶構造 (hexagonal close-packed structure)[*4]であり，一方高温での β 相は体心立方晶 (body-centred cubic) である．純粋なジルコニウムにおいて，$\alpha-\beta$ 転移は 864 °C で起きる，その融点は 1855 °C であり，それは耐火金属 (refractory metals) の限界に位置している．主要な物理的性質を表 19.1 に示す．核的興味の主要性質となる熱中性子吸収断面積 (thermal neutron absorption cross section) の決定は，つい最近まで極めて純粋な試料の測定のみに基づかなければならないことから，長期間にわたり混乱する対象であった．事実，ジルコニウムはメンデレーエフ表 (Mendeleev's table) の下方の隣組，ハフニウムを自然に伴う，このハフニウムは非常に高い熱中性子吸収断面積を有する．

構造および物理異方性

表 19.1 に，ジルコニウムの物理的性質の多くが高い異方性を有することを示す．この六方晶構造の特性もまた，後に論じる変形または拡散機構に対し重要である，実際，ジルコニウム α の単位格子 (elementary cell)，六方最密（図 18.15）は c/a 比 = 1.593 を有する，言い換えれば a 方向の僅かな膨張は理想的積重ね（$2\sqrt{2/3}$）と比較される．しかしながら，c 方向の熱膨張がより大きいため，この物理的異方性の傾向は温度上昇に伴い低下する．

a と c に連なる，この 2 つの主な方向での異なる熱膨張率および弾性率（ヤング率）の重要な帰結は，引き続くいかなる熱処理においても内部応力の発達を促すことである．結晶構造回復と全ての応力を解放させるだろう，550 °C で焼鈍しを行った後においても，周囲条件 (ambient conditions) への回復 (return) は結晶粒・結晶粒間内部応力 (grain-to-grain

---

[*2] 訳註： 2 次転移：自由エネルギーの 1 次微分で表される熱力学的状態量，たとえばエンタルピー，エントロピー，体積などは飛躍的に変わらないが，その 2 次微分で表される熱力学的状態がある温度を境として不連続的に変化するとき，その現象を 2 次転移，その温度を 2 次転移点という．

[*3] 訳註： 同素体 (allotrope)：同一の元素が原子の配列または結合のしかたが異なる種々の単体として存在する場合，これらの単体を同素体という．酸素 O_2 とオゾン O_3，白リンと赤リンは同素体の例である．また結晶における多形の現象も多くは原子配列の相違による同素体の例である．

多形 (polymorphism)：同一の化学組成をもちながら，異なる結晶構造をもち，異なる結晶形を示す現象，またはその現象を示すもの．

[*4] 訳註： 最密六方晶 (hcp)：稠密六方晶ともいう．体心立方晶：bcc．面心立方晶：fcc．

19.1 ジルコニウムの選択

表 19.1 ジルコニウムの主な物理的性質

室温での性質	単位	平均 （又は管当り）	a 方向	c 方向
密度	kgdm^{-3}	6.5		
ヤング率	GPa	軸方向：102 径方向： 92	99	125
熱膨張率	K^{-1}	軸方向：5.6×10^{-6} 径方向：6.8×10^{-6}	5.2×10^{-6}	7.8×10^{-6}
格子定数	nm		0.3233	0.5147
比熱	Jkg^{-1}K^{-1}	276		
熱伝導率	Wm^{-1}K^{-1}	22		
熱中性子吸収断面積	バーン	0.185		

internal stresses) を導くだろう．配向 (texture) がバラバラなら，これらの応力は c 方向へ引張り（約 100 MPa），a 方向での圧縮との競合により内部の力学的平衡を維持しようとする．

19.1.3 合金の開発

主要合金元素

いかなる新金属においても，設計仕様の最適化研究は，純金属の弱点を補償することができる合金化の系統的な研究を導く．機械的性質と耐腐蝕性の要求は，幾つかの主要合金化元素の選択を助ける：

—酸素 (Oxygen) は強化元素として直ちに同定された．この原子は八面体位置 (octahedral sites) の格子間原子固溶体 (interstitial solid solution) であり，α 相を安定にする．酸化物粉末形態で工程に目的を持って添加するため，合金化元素と見なされている（900 から 1600 ppm）．

—スズ (Tin) は合金，ジルカロイの大きなクラスの基礎である．相にある固溶体中のこの元素は，ジルコニウムと置換し，β 領域を縮小させる．これは，主に耐腐蝕性を増すために添加された．この添加で，腐蝕における窒素の有害な影響を補償することに寄与していることが今や判っている．窒素含有率をより良く制御するために，スズは機械的性質の改善に寄与するものであるのにもかかわらず，一般的にスズ含有率を低下させる傾向になっている．

この合金族の開発において，ステンレス鋼製サンプルの電極の偶発的な汚染が，腐蝕に対する有益な特徴に関し，鋼材組成：鉄，クロム，ニッケル，の少量添加というおとぎ話

のような発見を導いた．初期のジルカロイ-1 は，合金元素はスズ 1.7％のみであった，ジルカロイ-2 では Fe, Cr および Ni を添加したものが開発された，それに続いて直ちに酸化中の水素吸蔵を減少させるためニッケルを無としたジルカロイ-4 が開発された．スズ含有率が非常に低いジルカロイ-3 は，この最適化過程において選択されなかった．

——ニオブ (Niobium) は第 2 番目の工業合金クラスの主要元素である．β 相でいかなる濃度でも固溶する，さらに $\beta-\alpha$ 転移 ($\beta-\alpha$ transformation) 制御に関する冶金学の発展を促した．CANDU のような重水炉の構造材としておよびロシアの VVER 原子炉の被覆管材として基礎開発が行われた，これらの合金は PWRs のジルカロイにとって代わる潜在能力があると最近考えられている．

被覆材および構造要素として現在使用されている合金は，おびただしい数にのぼるわけではない：ASTM B 350.90 standard は，ジルカロイ-2，ジルカロイ-4 およびカナダで使用されている Zr 2.5％ Nb 合金を記載しているのみである．主にそれらの中性子のふるまいへの影響の理由ゆえに，大きな制約が多くの不純物に課せられている（表 19.2）．

ジルコニウム中の合金化元素の拡散は多くの実験研究の題材であった．最近のレビューは拡散における元素間の相互作用 (couplings) の重要さが示された．図 19.1 に，ジルコニウム中の溶質元素の拡散係数を示す．置換により，その異種元素のほうが相対的に移動性が高く，それらの異種元素の拡散は結晶方向に大きく依存する．特異なケースは鉄の場合で，鉄の格子間原子移動性は大変高い；格子間原子の鉄と格子間原子のジルコニウム間の相互作用の理由から，平均的に純粋な金属中のジルコニウム自己拡散係数は異常な程高い，しかし非常に純粋なジルコニウムでは，原子移動の古典的なスキームと比較されえる値であることが分かった [51]．

主要状態図

Zr-O 状態図を図 19.2 に示す．固溶体中の酸素の存在が $\alpha-\beta$ 転移温度を上昇させる．α 相の酸素の溶解領域は高温から熔融するまで拡張する．中間酸化物相の存在はこれとは非常に異なる．中間酸化物が X 線で検出された時，規則的な固溶体 Zr(O) として解釈できた．ジルコニウムとの強い酸素親和力 (strong affinity of oxygen for zirconium) が強調されている．この酸化反応は大変大きな発熱を伴う (exothermic)（Zr + O$_2$ ⇒ ZrO$_2$, $\Delta G =$ 1030 KJ mol^{-1}），酸化物形成に対する自由エネルギー状態図の下部の金属・酸化物平衡に位置している (Ellingham diagram)．[*5] ジルコニウムは UO$_2$ を還元できる稀な元素の 1 つ

[*5] 訳註： Ellingham diagram：数々の金属の酸化の熱力学データをグラフ化したもの．縦軸に酸化物生成の標準自由エネルギー（ΔG^0）を，横軸に温度を配置した図に各金属の温度を関数とした標準自由エネルギー（$\Delta G^0 = a + bT \log T + cT$）をプロットしておくと便利である．これを Ellingham diagram という．図の外側に平衡酸素分圧 P_{O_2} の値が記載されており，任意の温度において純粋な金属とその酸化物とが平衡している場合の P_{O_2} を求めることができる．さらに Richardson と Jeffes はこの図の外側に酸素分圧と同じアナロジーで部分平衡な H$_2$/H$_2$O 比および CO/CO$_2$ 比を加えて，多くの金属・蒸気凝縮反応の熱力学データをグラフで解けるように改良した．

19.1 ジルコニウムの選択

表 19.2 被覆管用ジルコニウム合金 (ASTM Standard B 350.90)

ASTM 参照符	R-60802	R-60804	R-60901
一般名称	ジルカロイ-2	ジルカロイ-4	ZrNb
合金元素 (Mass %)			
Sn	1.2-1.7	1.2-1.7	-
Fe	0.07-0.2	0.18-0.24	-
Cr	0.05-0.15	0.07-0.13	-
Ni	0.03-0.018	-	-
Nb	-	-	2.4-2.8
O	発注時仕様決定 通常 1100-1400 ppm		0.009-0.13
不純物 (最大 ppm)			
Al	75	75	75
B	0.5	0.5	0.5
Cd	0.5	0.5	0.5
C	270	270	270
Cr	-	-	200
Co	20	20	20
Cu	50	50	50
Hf	100	100	100
H	25	25	25
Fe	-	-	1500
Mg	20	20	20
Mn	50	50	50
Mo	50	50	50
Ni	-	70	70
N	65	65	65
Si	120	120	120
Sn	-	-	50
Ti	50	50	50
U	3.5	3.5	3.5
W	100	100	100

第 19 章　加圧型水炉のジルコニウム合金

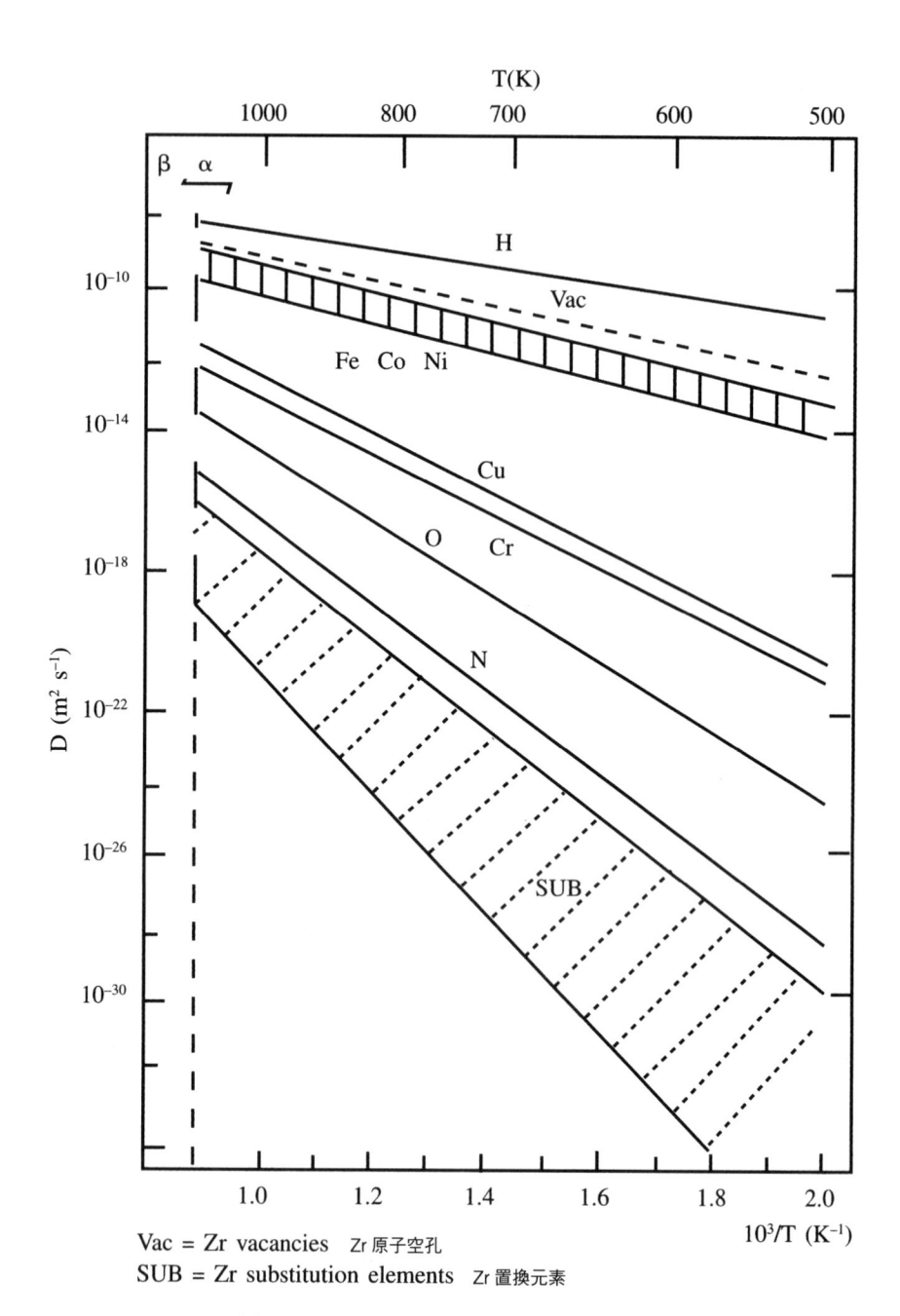

Vac = Zr vacancies　Zr 原子空孔
SUB = Zr substitution elements　Zr 置換元素

図 19.1　ジルコニウムの主要元素の拡散係数

19.1 ジルコニウムの選択

図 19.2 Zr-O 平衡状態図

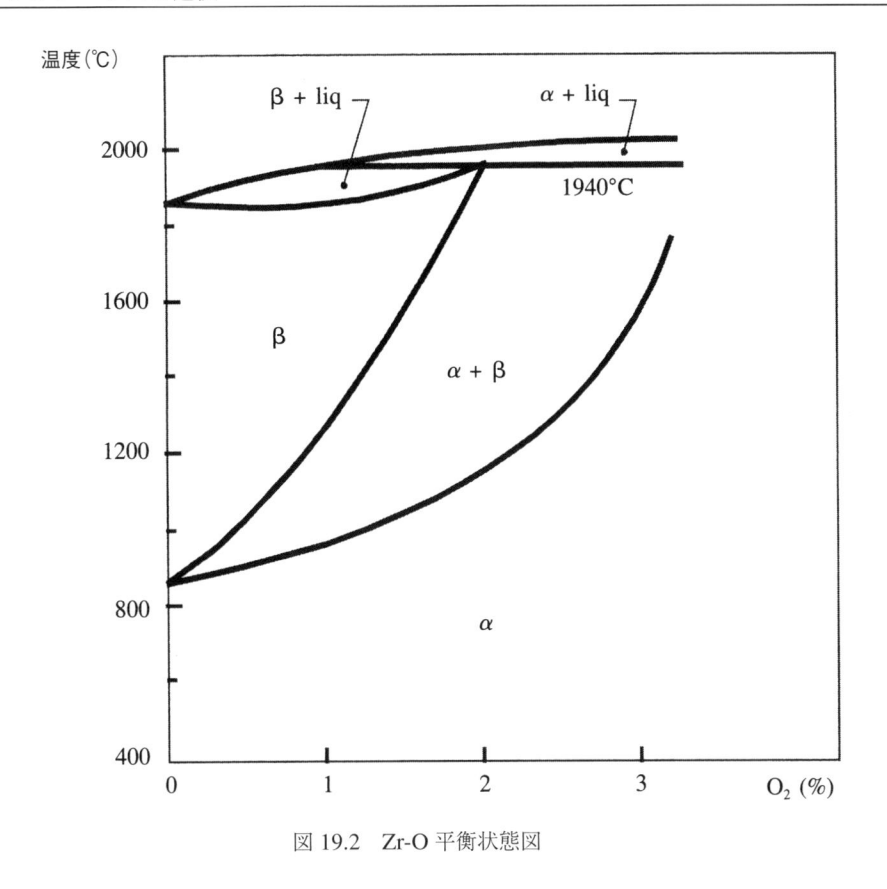

であることもまた明記しておくべきだろう．その結果事故事象では液体ウランを形成させる．

　Zn-Sn 状態図（図 19.3）は，ジルコニウムにスズを容易に溶かし込めることができることを示す．平衡析出相（Zr_4Sn）はまれにしか観察されない，通常は β 領域からの焼入れに伴い生ずる．使用される通常条件下では，スズは常に固溶している．

　Zr-Fe，Zr-Cr および Zr-Ni 状態図は同様に見える（図 19.4）．これらの転移元素のジルコニウム中の溶解度は制限され（周囲環境温度で約 150 ppm），$ZrCr_2$ と Zr_2Ni 化合物から導かれる構造を有する第 2 相の形態で析出する：この $Zr(Cr,Fe)_2$ は，低温で一般に六方晶，高温で体心立方晶である．しかしながら，これら 2 つの構造は，通常かなりよく観察され，しばしば隣接した状態でも観察される．この $Zr(Cr,Fe)_2$ 析出物，ジルカロイ-4 ではむしろ稀だが，は通常体心正方晶構造である．ジルカロイ-4 において，合金化元素の転移温度への影響が精密に決定された [52]．仕様化された平均含有率に対応する組成に対して，$\alpha-\beta$ 転移の開始温度は 805 ℃ であり，析出物の解離は 845 ℃ で終わる，さらに β 相のみが 997 ℃ を超えても残っている．スズまたは酸素の増加がこれらの転移温度を上昇させる，しかし他の合金化元素 (Fe, Cr, Ni) の影響は限定的範囲に留まる．

19.2 合金および部材の工程

19.2.1 合金化

ジルコニウム合金の製造技術はチタン (titanium) の製造技術と類似できる [53]．基礎鉱物はジルコン (zircon)，ジルコニウムとケイ素酸化物 ($ZrSiO_4$) の混合物，でありオーストラリアの砂岩に多量に存在する．それを塩素反応でテトラクロライド ($ZrCl_4$) に変換する．この揮発性化合物はジルコニウム・ハフニウム分離工程の基礎として採用されている，この分離工程は原子力への応用において必須である．このジルコニウムとハフニウムの混合テトラクロライド (tetrachloride)—$(Zr,Hf)Cl_4$—は，カリウム (potassium) とアルミニウムの混合塩化物 (chloride) の液体融剤 (flux) 下における蒸気相で蒸留される [54]．[*6]

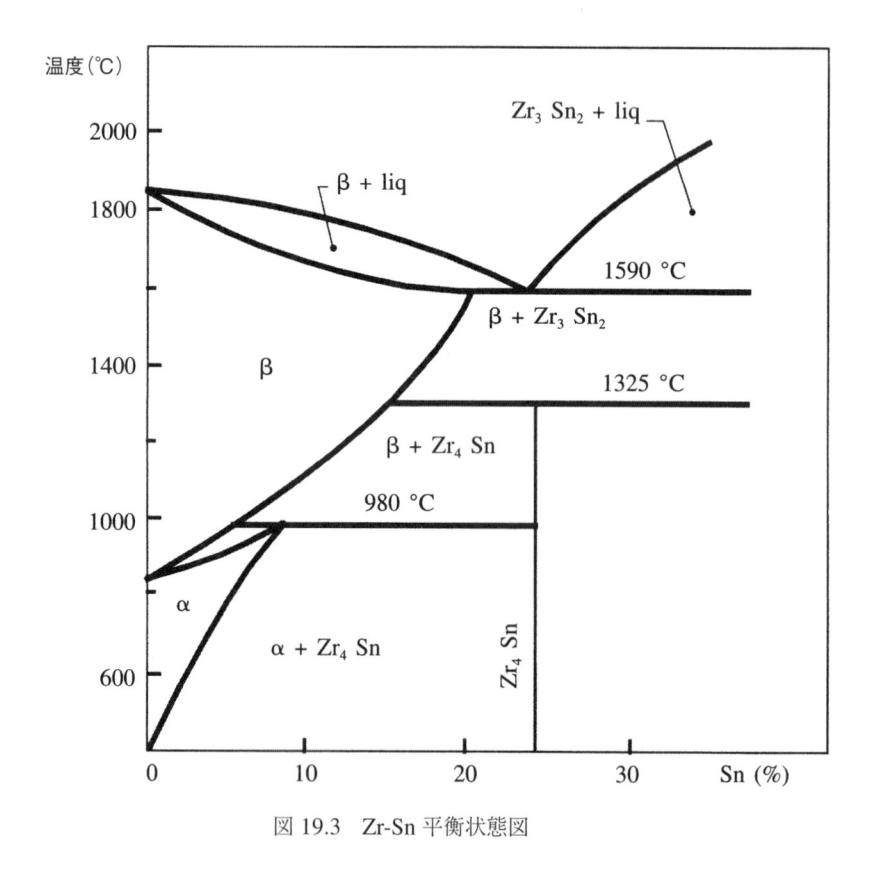

図 19.3 Zr-Sn 平衡状態図

[*6] 訳註： 融剤：フラックスともいう．分析操作で，水または酸などの水溶液に溶けない物質を可溶性塩に変えるために，ある物質と混合して融解するとき，混合する物質を融剤という．塩基性の金属酸化物には融剤として硫酸水素カリウムなどの酸性融剤が使われる．酸性のケイ酸塩などを分解するには炭酸ナトリウムや水酸化カリウムなどの塩基性融剤が使われる．冶金では，熔錬に際し目的にあったスラグを生成させるために加える物質をいう．

19.2 合金および部材の工程

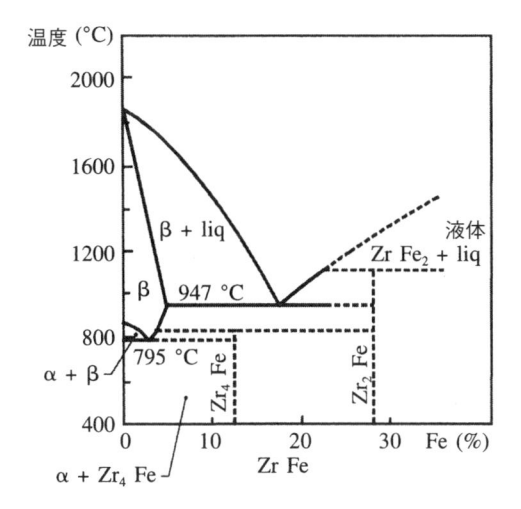

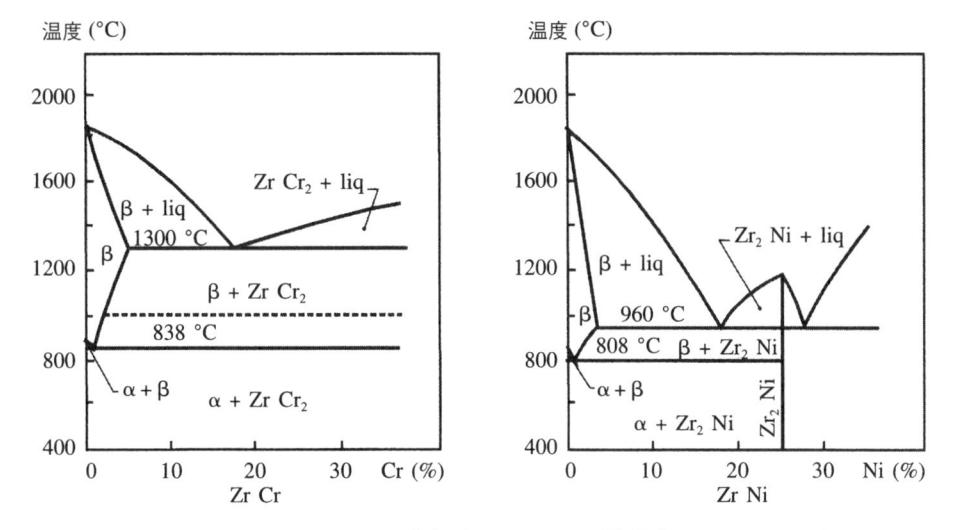

図 19.4 Zr-遷移金属 (Fe, Cr, Ni) 平衡状態図

　ハフニウムを取り除いた塩化物は，温度 850 ℃ でベル形つぼ (bell jars) 中のマグネシウムで還元される．真空アーク熔融 (vacuum arc melting) によるインゴット工程の基礎として，そこで得られたジルコニウム・スポンジ (zirconium sponge) が使用されている．合金化元素を添加した後，5 トンから 10 トンの均質なインゴット（鋳塊）を得るため 2 ないし 3 回の熔融が行われる．

　これらのインゴットは中間製品を得るため，β 相で圧縮鍛造される (are press-forged)：平面製品のためのスラブ (slabs) または被覆管のための管シェル (shells)．この段階で第 2 相の初期寸法の分布が後まで依存し，それらの形状が後の熱処理によって改良され

る，β 焼入れが行われる．これは α 領域内でのみ行われる．製管ではピルガー式圧延機 (pilger-rolling mills) を用いて熱間押出 (hot extrusion) と冷間圧延 (cold rolling) が行われる，平面製品のためには熱間と冷間圧延が使用されている．冷間加工を継続させるために必要とする回復や再結晶を加えた，これらの焼鈍を含む様々な熱的・機械的変態 (theromechanical transformations) は，第 2 相析出物の粒径の発展を導く．腐蝕のふるまいに甚大な影響を及ぼす，これらの析出物の最終的な大きさの分布は一般的に ΣA により特徴づけられる，それは回復過程の熱活性化によって重みづけされた β 焼入れ処理回数の積分である [55]：[*7]

$$\Sigma A = \sum_i t_i e^{-Q/RT_i}$$

各々の i 熱処理の時間 t_i が時単位と活性化エネルギー $Q/R = 18700$ K と等しいとして表現される時，ΣA の古典的な値は 10^{-18} から 10^{-15} h の範囲である．歴史的な理由により，再結晶または腐蝕の運動論 (kinetics) に結びつけられる活性化エネルギーもまた使用されている（$Q/R = 40000$ または 32500 K）[56]．

19.2.2 配向

多くの最密六方晶の金属と同様，ジルコニウムおよびその合金の変形は 2 つの補足的変形モデルによって制御されている [57]：転位滑り (dislocation slip) と双晶化 (twinning). 比較的低温において（500 °C 以下），活性化された滑りシステムは，$1/3 <11\bar{2}0>$ のバーガース・ベクトル (Burgers vector)[*8] を伴う $\{1\bar{1}00\} <11\bar{2}0>$ になり，プリズム的面上へ滑る．この滑りシステムは 2 つの独立な変形モデルを含むのもであり，また c 方向の変形に寄与しないものとして，結晶粒・結晶粒変形の両立性のみを追求すべきではない．したがって双晶化と同様，他の滑りシステム（$c + a$ タイプの滑り，高張力速度で多分活性化される）が発達する可能性を加えることが必要であり，それらの多くのシステムは賦課された変形モデルに従って活性化される．

変形の間，異なる結晶粒方位は安定なシステムを形成する傾向にあり，後の変形で導入される回転処理中に変化することは無い．この全体的な結果は，最終製品で強く表示される結晶学的配向 (crystallographic texture) の発達を導く．

最終段階での製造条件は，獲得された配向（テクスチャー）[*9] に多大の影響を及ぼす．例えば，被覆管への最終冷間ロール圧延において，板厚減少比（$\Delta\delta/\delta$）と直径減少比（$\Delta d/d$）

[*7] 訳註： ΣA：累積焼鈍パラメータといい，金属間化合物の析出粒径に対する，工程中で繰り返される α 相域温度での熱処理の効果を表すパラメータ．ΣA が高いと金属間化合物析出粒径は大きくなる．

[*8] 訳註： バーガース・ベクトル：1 本の転位の運動によって生ずる結晶のすべり量の大きさ（転位の強度）と向きを表すベクトル．転位論発展の初期に活躍したオランダの J.Burgers にちなむ．すべりベクトルともいう．結晶のすべりは一定の結晶軸方向に起こるので，ベクトルの方向は晶帯（1 つの稜が互いに平行になっている結晶面の 1 群）指数で表され，大きさは格子定数を用いて表現される．

[*9] 訳註： テクスチャー：集合組織ともいう．

19.2 合金および部材の工程

間の比 Q の上昇は半径方向の c 軸の引き締め強化を導く（テクスチャーは半径方向であると言われる）[58].[*10]

さらに，最終の熱処理が僅かに改良として加えられる：応力緩和処理 (stress-relieving treatment) は，変形配向（集合組織）に比べれば結晶粒の方位に影響を与えないだろう，しかし再結晶が少々 c 方向の締め付けを導く，同様に c の回り 30° の回転を導く，それは被覆管軸に伴う<11$\bar{2}$0>方向に一致する．応力緩和後の被覆管の典型的な円柱図を図 19.5 に示す．この c 方向は半径方向のたがいのサイドで半径方向正弦面に対して約 35° の対称方向を向いている [59].

19.2.3 金属学的構造

既に述べたように，材料の変形工程に結びついた種々の熱的・機械的処理は第 2 相析出物の大きさとその分布に多大な影響を及ぼす．ジルコニウムの母相に関しその最終構造は，最終製品を得るための最終段階の後に行われる熱処理によってコントロールされている．

原子炉部材として，ジルカロイはこの最終熱処理に依存した 2 つの主要形態が用いられる．500 °C 以下の熱処理で得られる再結晶無しの部分的冷間加工回復構造である，通常応力緩和状態の被覆管が用いられる．その結晶粒は引き伸ばされたまま，転位密度は高いままに維持される，これらはその機械的強度を高い状態にする．550 °C を超えると，完全な再結晶が得られる，そしてこの形態は案内管に用いられる．この時，その結晶粒は図 19.6 に示すように，平均径 5 ないし 7 μm の等軸晶となり，低転位密度がその他の関連するもの，熱クリープ速度または照射クリープ速度を減少させる．

この第 2 相析出物は粒間および粒内の両者で共に均一に分布する．しかしながら，結晶粒界に観察される析出物は粒間析出物としてそこで形成されるのではない，再結晶最前線が進捗する際，それらの析出物によってその境界がピン止めされることによって形成されることを明記しておく．

[*10] 訳註： ジルカロイ管の仕上げ加工中に肉厚減少を充分に行えば水素化物のみみず状体が管の切口内で円周方向に配向するが，実用される時の被覆管での最大応力の方向が円周方向であることを考えると，これはのぞましい配向である．しかしこのためには，冷間加工中の肉厚減少と直径減少の比 Q の調整が重要である．なぜなら径の減少では水素化物のみみず状体が半径方向（放射状）に配向するからである．なお水素化物の析出の方向は最密六方晶の c 軸と垂直となる傾向がある．従って c 軸を半径方向に集積させて水素化物を管表面と直交させないようにしておく．内面の腐食性ガスによる SCC も c 軸方向には進展しにくい特性があるため，同じく集合組織の c 軸を燃料被覆管の半径方向に集積させた方が有利である．比 Q を大きくすると，集合組織の c 軸が半径方向に集積してくる傾向があり，加工度と比 Q が適切に設定される．

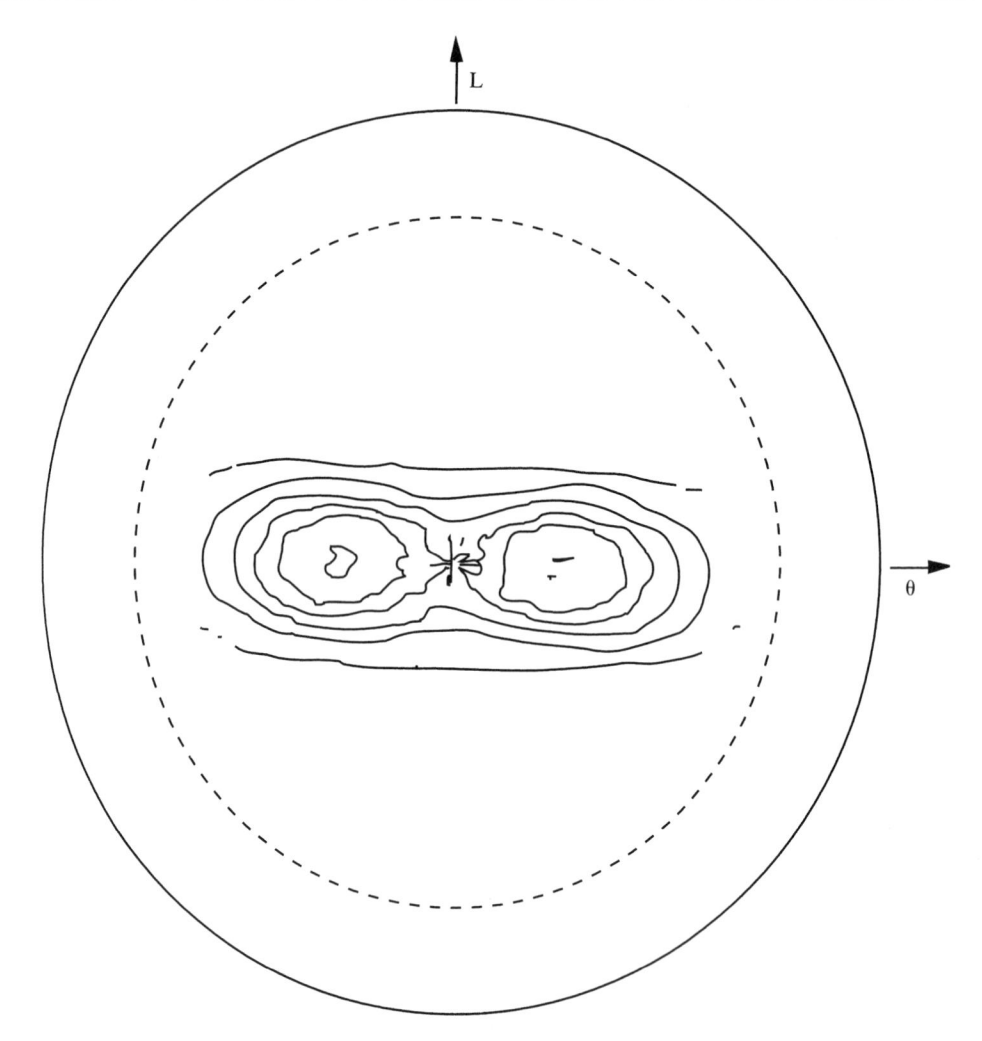

図 19.5　被覆管の典型的な配向：(0002) 面

19.3　未照射ジルコニウムの性質

19.3.1　機械的強度

　これら回復での2水準の存在が機械的性質に大きな変化を与える，その材料を考慮した冶金学的状態に依存したものとして．事実，再結晶の際，その金属が完全に再結晶される時の安定化まで，その機械的強度は連続的に低下する．図 19.7 に最終熱処理温度に伴う引張り強さおよび延性 (ductility) の進展関連を示す．

　再結晶したジルカロイにおいて，その機械的強度は主に結晶粒サイズの微細化および固

19.3 未照射ジルコニウムの性質

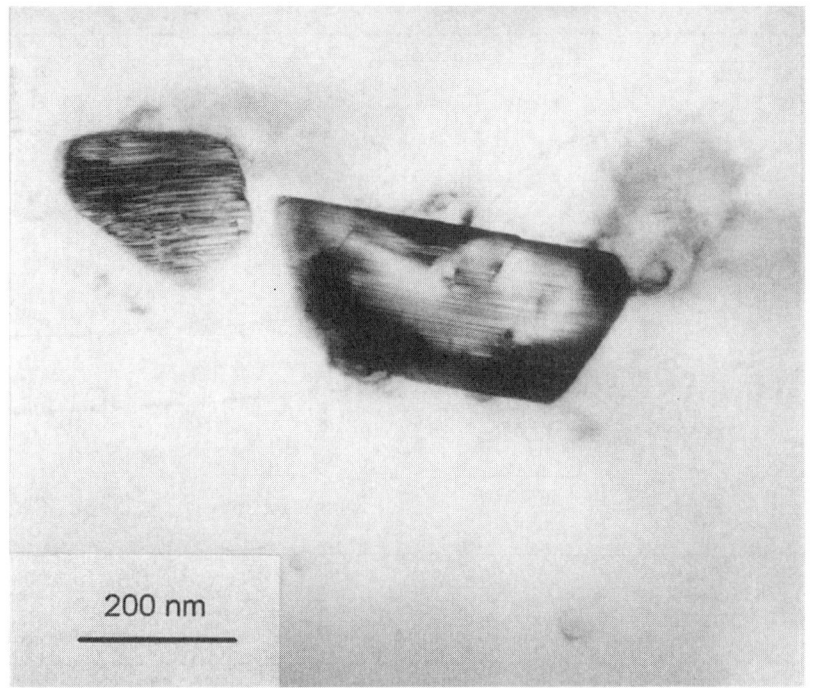

図 19.6 再結晶ジルカロイ-4 の微細構造を示す透過電子顕微鏡写真—（多数の積層欠陥から成る）金属間構造物 Zr(Cr,Fe)$_2$ を示す拡大写真

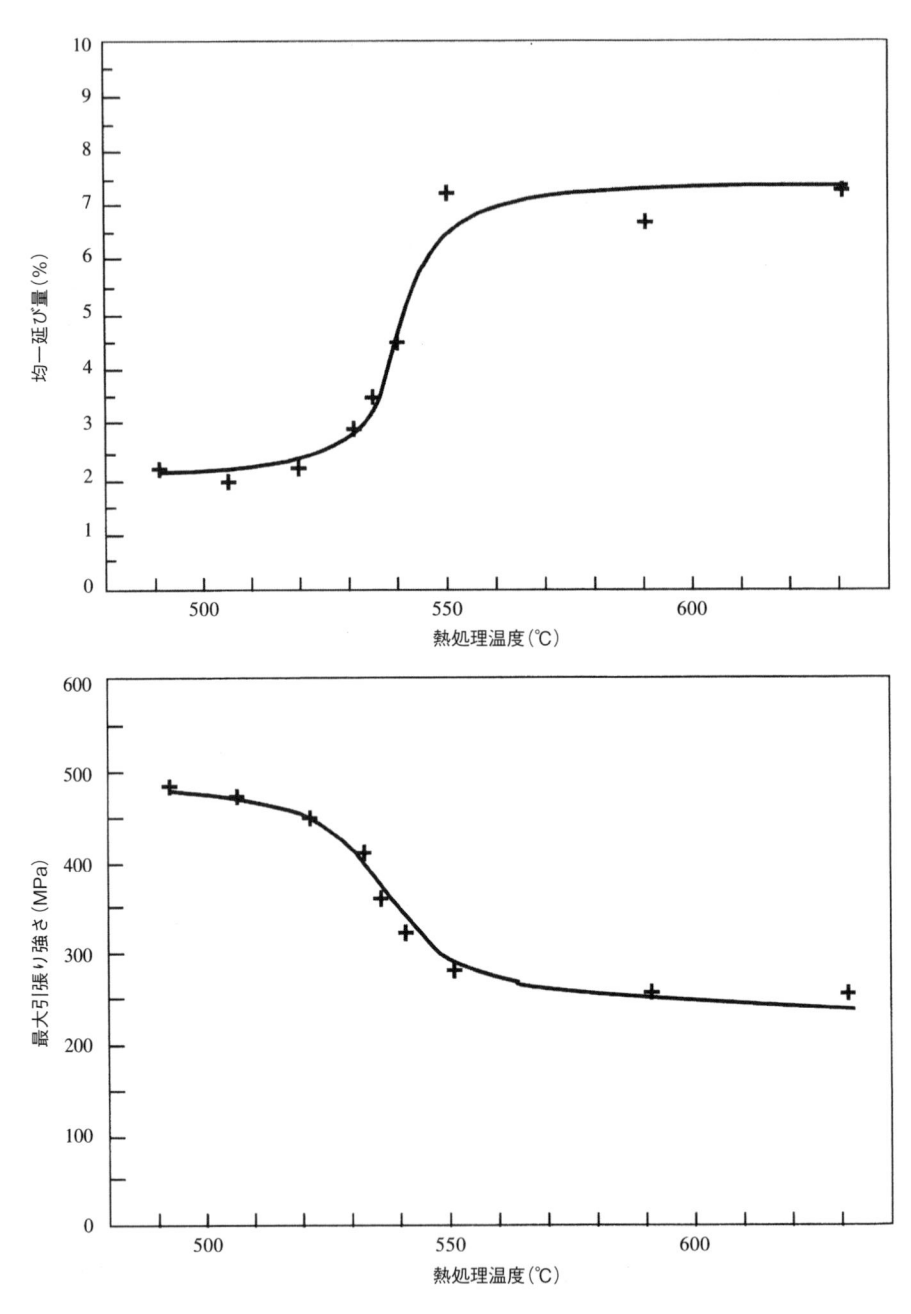

図 19.7　最終熱処理温度と機械的性質との関係

19.3 未照射ジルコニウムの性質

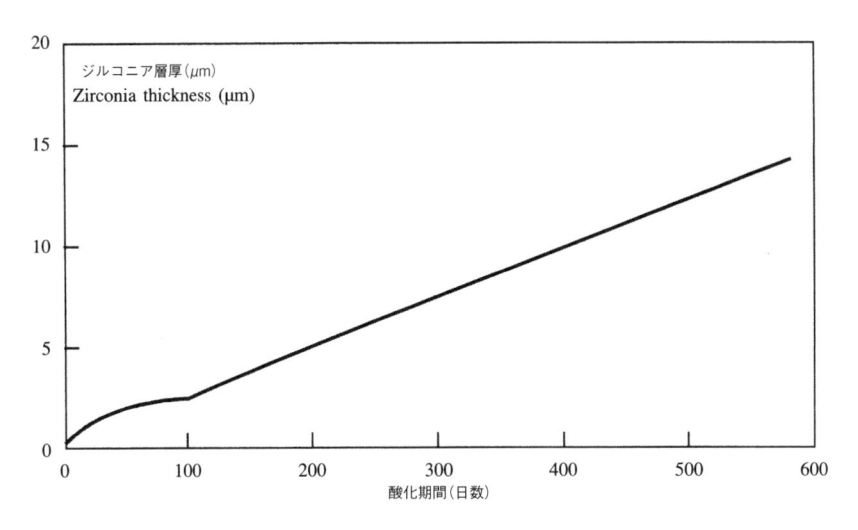

図 19.8 350 ℃水中でのジルカロイ腐食速度

溶体中の酸素の導入による硬化から来る；スズも僅かながらその強度に寄与する．応力緩和状態において，結晶微細構造内の残留転位密度にその強度は由来する．

温度上昇は，これらの合金の機械的強度を徐々に低下させる．その結果，応力緩和状態の合金においてその降伏強さは，室温での 620 MPa に近い値から 350 ℃での約 400 - 420 MPa になる．この結晶学的配向（集合組織）は応力方向に依存する様々な機械的性質を与える．被覆管において軸方向の機械強さは，円周方向に比べて一般的に低い；しかしながらその軸方向の延性はより高い．

19.3.2 水腐食

腐食運動論

ジルコニウムは酸素と活発な反応を起こし，水を還元して酸化物，ジルコニア（ZrO_2）を形成する．周囲温度において，ジルコニア (zirconia) 形成層は密で付着力を有し，もしもそれを細分化するなら自燃性 (pyrophrically) のふるまいをするが，細分化しない場合，その形成層でこの金属を実用的な不錆 (stainless) にする．

原子炉運転温度において，腐食挙動は複雑である．初期の腐食段階はジルコニア保護層の形成に相当する．腐食速度は規則的に減少し，ε 形成層の厚さが時間を関数とする放物線則 (parabolic type law) に従う：$\varepsilon = A t^m e^{-\frac{\Delta H}{RT}}$ で m の指数は 0.3 と 0.5 の間にある．

ある厚さ，約 1.5 から 2.5 μm で，その運動則が変化し，いくらかの振動の後，その腐食速度は実用上一定となる．時間によって変化するジルコニア厚さに対応する全体的なふるまいを図 19.8 に示す．

これらの段階の全てにおいて，腐食速度は，活性化エネルギー ΔH = 130 kJmol^{-1} で

熱的活性化をする，それはジルコニア内の酸素拡散の活性化エネルギーに対応している [10]．事実，ジルコニア・ジルコニウム間で酸化反応が生じ，酸化前線の進展は，水と接している表面（外部表面または割れの底面）から，多分粒界において，そのジルコニア層を通した酸素の原子空孔拡散によって確実に行われる．

ジルコニア形成および進展

腐蝕の運動論的遷移について，最近はジルコニア内の変態相 (transformation phase) の存在により説明されている [60]．ジルコニウム酸化の場合，Pilling-Bedworth 因子（酸素の比体積と基金属の比体積との比）は 1.56 である．[*11]

ジルコニウムに接して初期に形成されるジルコニアは，その膨張に伴う無視できない圧縮応力にさらされる（数 GPa）．このことが高圧力での同素安定相のジルコニア成長を導く，それは正方晶系の相 (tetragonal phase) である．ジルコニアの厚さが小さく留まっている間，この正方晶系構造を安定化させている圧縮応力は，金属性基質 (metallic substrate) の引張り応力とつりあっている，しかしながら臨界厚さにおいては，金属の塑性流動 (plastic flow) が圧縮応力を低下させ，その結果正方晶系の相から単斜晶系の相へ不安定化する．このマルテンサイト型変態 (martensitic type transformation) は，酸化物粒の変形不和性 (deformation incompatibilities) を補う微細気孔（ポロシティ）の発達を伴う．2 層からなるジルコニアができる：酸化物・金属境界近傍では，大部分が正方晶系の薄い（約 1 μm）ジルコニアで保護的性能を有する，残りは単斜晶系の多孔質 (porous) ジルコニアでできている．これがなぜ運動論的遷移の後に，厚さ約 1 ミクロンの保護皮膜層に腐蝕速度が依存するかの理由である．

この酸化物の構造は，内部加熱棒の腐蝕速度およびその熱勾配の測定を通じてその腐蝕運動が金属・酸化物境界温度にコントロールされ，酸化物平均温度によってコントロールされていないことを説明できる [61]．

最終的には厚いジルコニアにおいて（$\varepsilon > 80 \sim 120 \mu m$），その酸化物はその機械的粘着力 (mechanical coherence) を失い剥がれ落ち，剥離 (spalling) を引き起こす．この現象は熱的な観点から好ましいものであるが，原子炉の 1 次循環冷却水中にこの微細なジルコニア粒子の泳動を導くものとして望ましくはない．

ジルコニアの第 2 相酸化物

母相酸化に加え，第 2 相のふるまいがジルカロイの耐腐蝕性を説明するための解析には重要である．実際，微量合金化元素 (Fe, Cr) のほとんどは析出し，かつこれらの元素がジルコニウム・スズ合金の耐腐蝕性の顕著な改善に寄与している．

[*11] 訳註： 比体積 (specific volume)：単位質量の物体の占める体積．比容ともいう．密度の逆数に等しい．

19.3 未照射ジルコニウムの性質

ジルコニア層の微細構造の周到な検査は，析出物 $Zr(Fe,Cr)_2$ は酸化物層中にまったく混合していないことを示した [62]．それらはゆっくりであるが継続的にその密な正方晶系ジルコニア層内の鉄分喪失を進展させる．それらが多孔質層に達した時，それらは立方ジルコニアのナノ結晶子 (nanocrystallites) の形態下で酸化する．

非酸化析出物による正方晶系ジルコニア内の鉄の排除は，化学効果を通じてこの相を安定化するように見える．良好な耐腐蝕性にとり，正方晶系ジルコニア内に，金属・酸化物境界形成相の不安定化を遅らせる化学元素を有することは，それゆえに賢明である．

腐蝕過程中，ジルコニア層の構造は非常に複雑に見え，現在は残念ながら定性的な方法で述べられるのみである．新合金の満足すべき腐蝕速度予測は現在の知識をもってしても不可能であり，発展さすべき広大な領域が残されている．

酸素取り込み

ジルコニウム酸化過程中，水の還元でその反応場所，言い換えるならジルコニア・ポアの底で水素が放出される．この水素のほとんどが水中に放出する，しかし少々（ジルカロイ-4 で 10 から 20 %）が残留ジルコニア層を通じた拡散の後に金属中へ混入する．ジルコニア中の水素拡散速度は約 $D_{\text{H-ZrO}_2} \approx 10^{-16}$ m^{2}s^{-1} と特に遅く，この酸化物は水素混入の障害物として働く．しかしながら，ジルコニア粒界または第 2 相析出物による短絡路拡散の可能性が消えたわけではない [63]．

ジルカロイにおいて，350 °C で水素溶解度は約 100 ppm である．この溶解度限を超えると，水素化板 (hydride plates) 形状で析出する（$ZrH_{1.66}$ と見なされるが，大きな化学量論組成領域を有する）．ジルコニウム格子内の陽子（水素原子核）の大きな移動度の観点から（$D_{\text{H-Zr}} \approx 10^{-10}$ m^{2}s^{-1}），水素化物の析出はそれらの形成エネルギーが最小の場所で起きる．これらの水素化板は引張り応力に対して垂直に方向づけられる，なぜならこの板形成に体積膨張が伴うからまたは力学的な応力がかからない材料基礎面上の配向成長 (epitaxy) のためである．[*12]

40 GWdt^{-1} を超える集積燃焼率を有する燃料棒では，その外側ジルコニア層の厚さは約 50 μm であり，被覆管内水素濃度は約数百 ppm になる．周囲温度で全ての水素が析出した時には，被覆管体積の 3 % 以上に達する．照射中，被覆管の熱勾配は，水素の冷間領域への移動を通じて，言い換えれば被覆管の外側表面に向かう移動を通じて非均質な水素の再分布の原因となる．

照射温度で，水素化物 (hydrides) は延性があり，被覆管の脆化に寄与しない．しかし室温においてその溶解度は 1 ppm よりも低下し，その水素化物は脆い，過剰濃度水素は劇的な被覆管の機械的脆化を導くことができる．この脆化は，お互いの水素化物板（プレー

[*12] 訳註： 配向成長（エピタキシー）：1 つの結晶が他の結晶面上に成長するとき両者の方位の間に一定の関係が見られる現象．

ト）と連結するクラック（割れ）の進展によって得るため，c 軸方向の集合組織（配向）の多くが半径方向（放射状）であることが望まれる [64]．その結果，水素化物プレートはクラックの巨視的な進展方向とは垂直な方向を向く．

　ジルカロイ-2 のニッケルのように，水素取り込み過程で促進させる元素により強制される水素吸蔵に対し，その水素取り込み減少の必要性が，PWR で広く用いられているジルカロイ-4 でニッケルを消滅させた原点である．

19.4　炉内でのふるまい

19.4.1　部材および荷重

格子 (grids)

　格子（グリッド）の目的は，その熱・水力学的性質 (thermal-hydraulic properties) を維持するために集合体の幾何学的形状を健全に保つことである．この障害物を渡る時の圧力低下を減少させるために，1 次冷却水から見た断面積を減少させている．しかしながら，地震による水平加速の場合に炉心の機械的強度は，座屈 (buckling) 抵抗性が要求され，そのため満足すべき厚さが求められる．同じ理由で，付随して起きる水素吸蔵の低温性質の効果のため，あまりにも大きすぎる腐蝕厚さを避けることが必要である．幾何学的健全性に関する最終ポイントは，操作目的のために各々の集合体間に充分な間隙（ギャップ）を維持する必要性である．このため，ジルコニウム合金の照射成長が困難な問題として生じる可能性がある．

案内管 (guide tubes)

　これらは骨組み状 (skeleton) の軸方向部材であり，集合体の剛性 (stiffness) に寄与する．腐蝕について言うなら，グリッドと同様，案内管は同一環境に曝される；しかしながら 1 点異なることがある：照射中常に，上部ノズルに組み込まれたバネ（スプリング）の力により圧縮応力を受ける．この圧縮応力が軸方向クリープを起こし，そのクリープは中性子束誘起成長によって補われる．この骨組み状部材設計での困難な点は，案内管クリープ，案内管成長および上部ノズル集合体スプリング間での良好な両立性の確立である，とりわけ燃料棒の幾何学的な進展がグリッドの軸方向摩擦による集合体の支え (rest) に伝達されることができる時に困難となる．

被覆管 (cladding)

　被覆管は，核分裂生成物の第 1 番目の障壁 (the first barrier) であり，それは全ての状況下において安全を担保しなければならない重要な機能 (critical function) である．この要素が耐えなければならない主要応力は，要素を取り巻く 2 つの環境に関連している．ほぼ

19.4 炉内でのふるまい

320 °C になる 1 次冷却水は，酸化が被覆管断面積を大きく減少させる場合に，寿命を決定する因子となりえる腐蝕速度を律する強力な酸化環境を提供続ける．それと異なる現在の基準では，Zr-ZrO$_2$ 界面温度または被覆管内の水素濃度に基づき，ジルコニア層が 100 ミクロンを超えてはならないと規定している．

また，燃料棒内側と 1 次冷却水間の差圧が，内部間隙（ギャップ）を閉じさせるクリープを引き起す．

ギャップが閉じることは，燃料棒内への核分裂ガスが放出するための自由空間 (free volume) を減少させることにもなる．このことは PWR 被覆管の可能性のあるクリープ速度を減少させるのと同じくらいに，この自由空間減少を減らすことが重要となる．一般的に被覆管による燃料ギャップの閉塞は第 2 回目の照射サイクル中に生じる．

単位長当りの出力（線出力）変動に伴うペレットの幾何学的形状の変化が被覆管に対して統合的に伝えられる．後に詳細に述べるが，これらのペレット・被覆管相互作用現象のむこうに，疲労損傷の可能性という重大な疑問が生ずる．この損傷は多頻度出力変動（グリッド荷重を伴い）によって誘起されるだろう [65]．

燃料棒両端と集合体上下部ノズル間の初期ギャップにより，スエリング，軸成長とクリープの和，は緩和される．この成長克服のため燃料棒全長をさらに長くすることが許されるだろう，さらにこのための炉心の全体的有効性増進（プレナム体積の増大または燃料カラムの長尺化）により燃料棒の長尺化が許される．

詳細は後に論じるが，突発的な出力上昇中に燃料膨張は同一量の被覆管変形を引き起す．ヨウ素のような攻撃的な (aggressive) 核分裂生成物の存在下で，被覆管は応力腐食現象 (stress corrosion phenomenon) に遭遇し，この現象は被覆管損傷を導くことができる．これをペレット・被覆管相互作用 (pellet-cladding interaction: PCI) という [66]．

19.4.2 照射下での構造変化

点欠陥とそれらの進展 (point defects and their evolution)

原子炉の中性子束下において，中性子とジルコニウム原子間の弾性相互作用は空格子点（原子空孔）・格子間原子の対（ペア）を生成さす．これら欠陥の生成速度の進展が，Zr 原子の変位エネルギー閾値 (displacement threshold energy) の知識を要求した．このパラメータを高電圧電子顕微鏡を用いて測定し，等方的には $E_d = 25$ eV に等しいことが判った [67]．これにより高速中性子の積分束と照射損傷とを関連付けることが可能となった．典型的な PWR において，原子当たりの変位 (displacement per atom: dpa) は 5×10^{24} n m^{-2} であり，それは燃料寿命末期——燃焼率約 40 GWdt^{-1} である——において約 20 dpa の照射量を与える値となる．この欠陥は急速に発達し，それらの集合が転位ループの形をした線欠陥を形成する，その合金に任意に加えたガスが無いものではボイドは観察されなかったと報告された．照射初期において，タイプ a のループは多数で細かく ($d \approx 5-10$

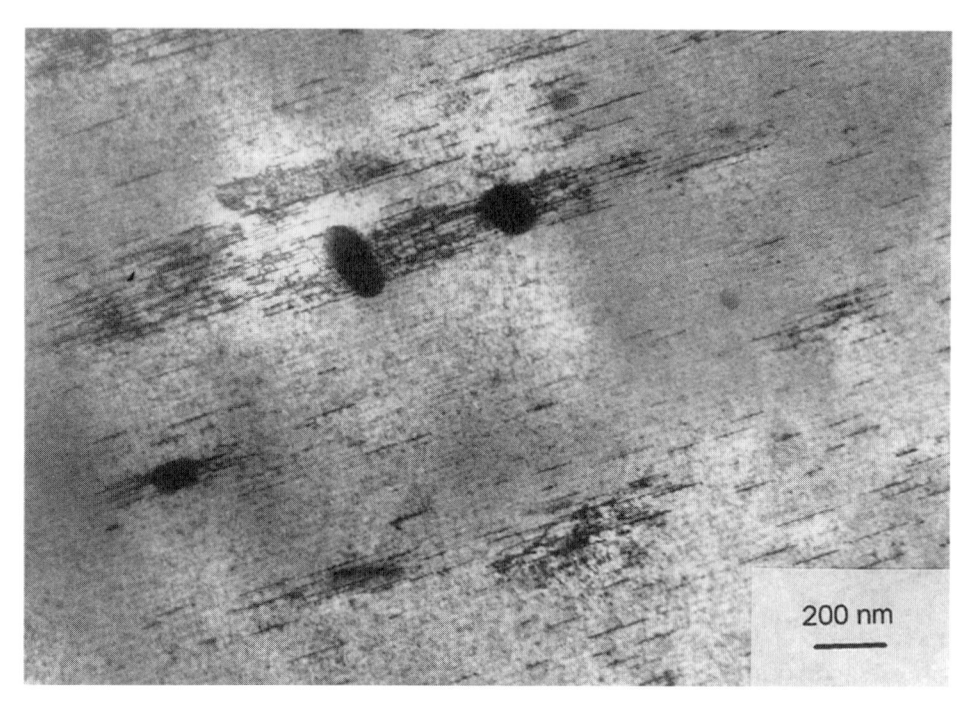

224   第 19 章　加圧型水炉のジルコニウム合金

図 19.9　5×10^{25} n m^{-2} 照射ジルカロイ-4 のアモルファス析出物近傍に位置する c ループ（ループは図平面に垂直であり，かつ多数の a ループを消滅させるように立っていることが観察される）

nm) かつ原子空孔タイプまたは格子間原子タイプなのか判別できない．これらのループ (loops) は三角柱状面に在り，(11$\bar{2}$0) 方向に近接している．フルエンス 10^{24} n m^{-2} に対しその密度は約 10^{14} cm^{-3} になる．[*13]それらは照射硬化に対応し，成長の第 1 段階に寄与する．

さらに高いフルエンス (fluence) では ($\Phi t > 10^{25}$ n m^{-2})，新ループが出現し，析出中に次節で述べる非晶質化 (amorphization) が始まる．これらの原子空孔ループはタイプ c ループで，基本面に在る，しばしば積層欠陥 (stacking fault) になる．非晶質化析出物（図 19.9）からの鉄放出によってそれらの出現が助けられ，それらが現れるまでの線量に達するまでの中性子束下での加速成長の主要部を演じる．

第 2 番目の相 (second phases)

数年間にわたり，照射下での析出物の発達を確認するための観察が行われてきた [68]．ジルカロイ-4 で最も一般的な析出物は Zr(Fe,Cr)$_2$ である．適度な照射温度では，それら

[*13] 訳註：　フルエンス (fluence)：単位面積を通過する放射線の数の時間積分をいう．単位は n m^{-2} である．放射線が中性子であるとき，中性子フルエンスという．

19.4 炉内でのふるまい

析出物はゆっくりと非晶質化し，それは外側表面から始まり析出物の中心に向けて規則的に進展する．[*14] この非晶質化中，鉄およびさらに軽いクロムが析出物から去り，母相に再溶解する．高温原子炉では，照射欠陥生成場所での焼鈍 (annealing) がこの遷移を抑制するようだ [85]．中性子照射下でのこのようなふるまいは，イオン照射または電子線照射によって模擬された；照射損傷の集積によって誘起される非晶質化およびこの非晶質化に伴う鉄とクロムの損失を示した，その析出はそれを取り囲む母相と熱力学的平衡ではもはや無い [69]．この鉄の欠乏により第 2 番目の析出が誘起されえる．これらの現象の結果は顕著であり，成長加速条件と関連し，さらに酸化相を形成するジルコニア層内の鉄の結合に関連する，c ループの安定化について説明する本章内の一節で述べる．

19.4.3 機械的性質

機械強度 (mechanical strength)

照射の結果，a ループに対し主に，欠陥濃度の増加が大きな硬化を引き起す：降伏強度は照射量 10^{26} n cm^{-2} に対する約 600 MPa の飽和値まで照射に伴い上昇する，その照射量の存在自身が照射効果の飽和である．図 19.10 に機械的性質への積分照射量 (integrated dose) の効果を示す．照射硬化の幅から，その硬化は初期状態に大きく依存していることが判る．応力緩和材 (stress-relieved material)——その機械強度は，転位の高い含有量により比較的高い——は照射生成欠陥により僅か増加するのみである．しかしながら実用的には転位が無いとみなせる結晶粒を有する再結晶ジルカロイでは，その照射硬化がさらに顕著となる．

また，照射温度は硬化に多大な影響を与えることが思い起こされる，より高温であれば点欠陥の再結合効率を高め，照射後のループ密度をさらに低める．

同様に，高積分線量において延性 (ductility) はその初期値から 2 % 以下まで連続的に低下する．延性における破損の増加は極度の高線量（ほぼ 10^{26} n cm^{-2} 程度）で観察されたが，系統的では無いようにみえる [70]．この均一伸びの進展——これももまた複雑である——は照射で説明される加工硬化の進展を示す：照射後，ジルコニウム合金は a ループと変形転位間での相互作用により歪緩和の傾向を強く有する [71]．このことが非常に局在化された歪を導き，均一伸びを非常に大変低くする．多くの実験的困難から，これらの現象解析のために開始した研究の結果は一般にバラつき，その再現が困難である．この不確定性は燃料装荷においてそのような歪が導かれないため，燃料のふるまいに関する知識に影響を与えない．

[*14] 訳註： 無定形質 (amorphous substance)：無定形状態にある固体，微結晶の集合体で外形が無定形のものも無定形質とみられることがある．本書では非晶質と訳した．

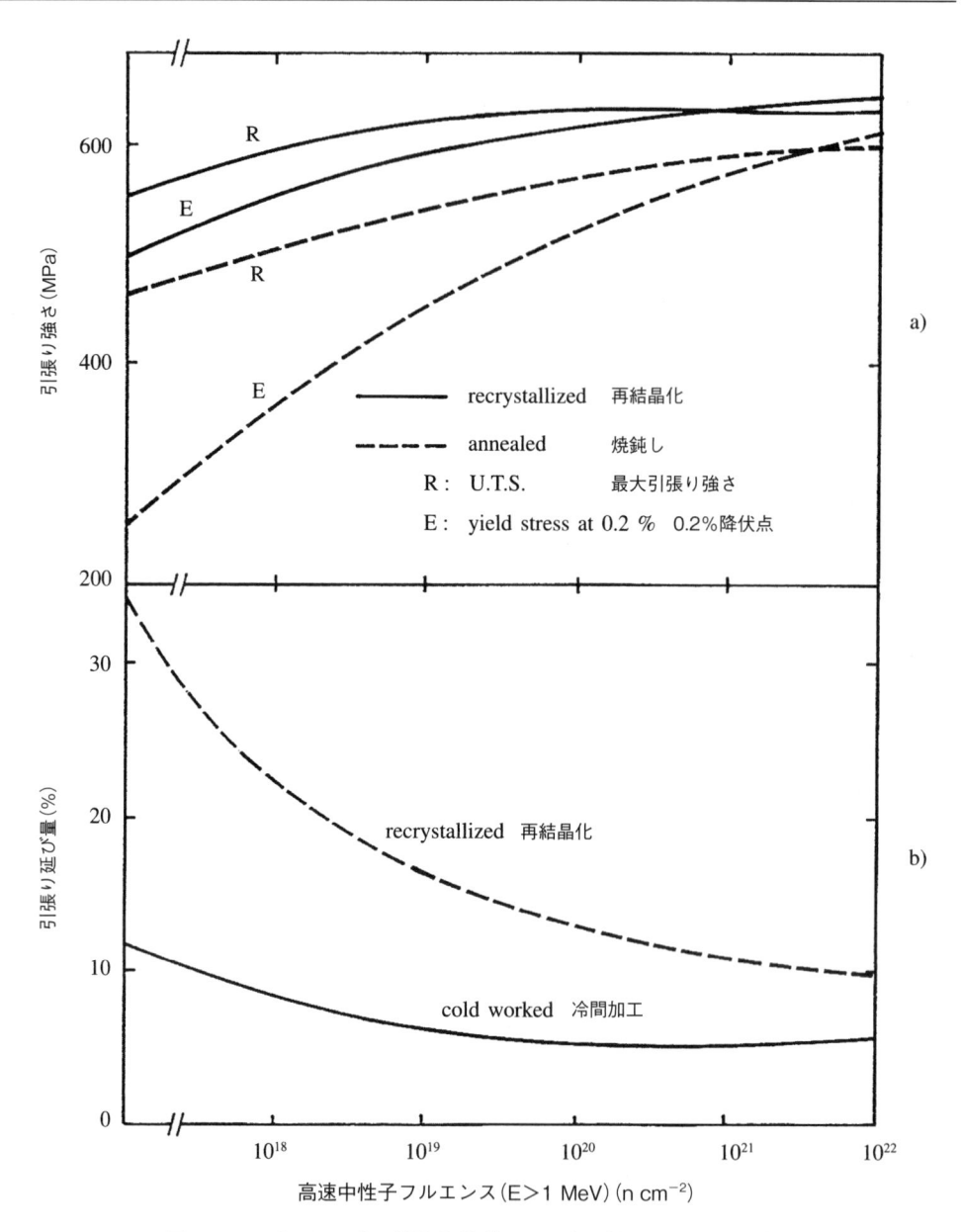

図 19.10　ジルカロイの機械的性質に及ぼす照射フルエンスの効果

クリープ (creep)

燃料集合体のジルカロイ要素のクリープ研究において異なる 2 つの状況を考察する.

――極度の高応力下で, ペレット・被覆管相互作用 (PCI) 誘起変形の場合において, その歪機構は照射硬化材中の熱タイプのクリープに該当する. 未照射材料の場合と比較して,

19.4 炉内でのふるまい

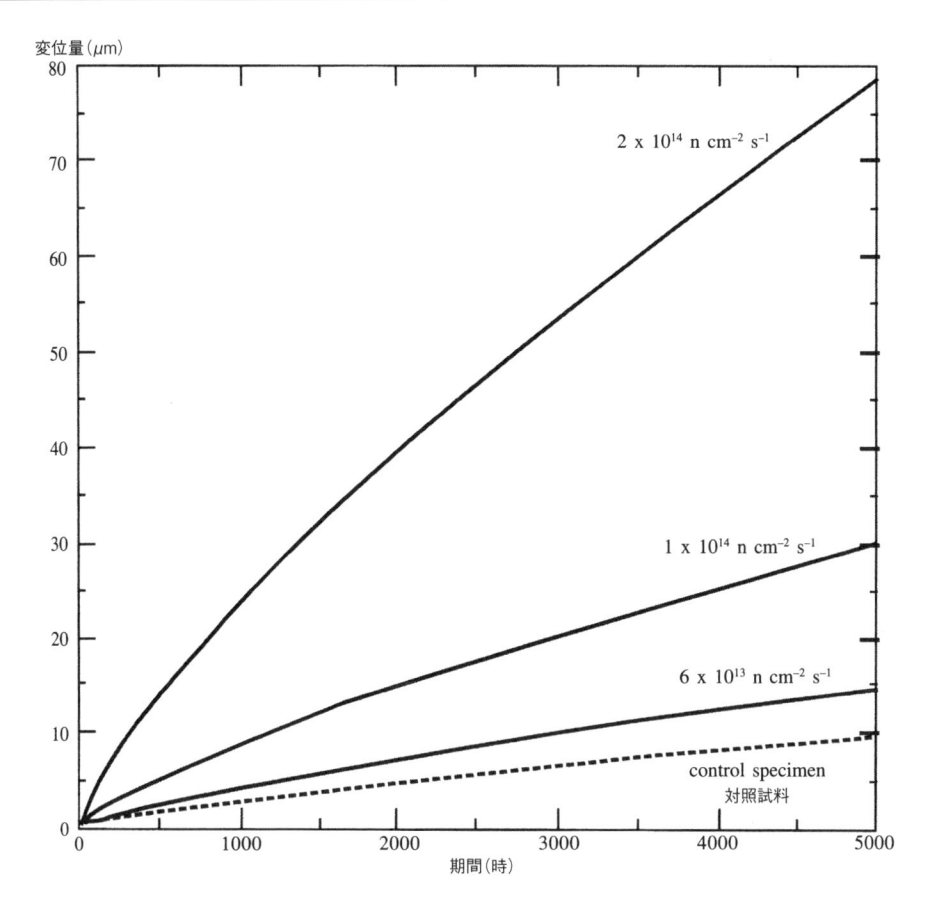

図 19.11 ジルカロイ-4 のクリープに及ぼす中性子束の効果（100 MPa, 600 K）

同じ応力において，その材料の高機械強度は，いっそう低い歪を引き起すのみである．
—しかしながら，その応力は通常低い（外部圧力，ペレットの成長または固体スエリングに関連した軸方向歪），さらにその変形モードは，すべりに伴う僅かな寄与の上昇と結合した基本的に SIPA タイプ（応力依存の優先吸収誘起による転位の上昇——18.4.2 節参照）の照射クリープである．このタイプのクリープを特徴づけるために，中性子束下での加圧閉止管の軸方向および直径方向の歪計測から成る古典的技法が用いられた [72]．そこで得られた第 1 段階クリープでの歪変動の例を図 19.11 に示す．実験データの解析結果により，以下に示すタイプの法則で歪を記述した：

$$\dot{\varepsilon} = A\,(d\,t)^m\,\sigma^n\,e^{-Q/RT}$$

ここで m は 1 よりも低い値であるが積分フルエンスに伴い増加する，n は 1 に近い値であり，活性化エネルギー Q は約 5 から 15 kJ/mol と低い値である．

材料の初期構造は，クリープ挙動にとって重要である：例えば再結晶被覆管と応力緩和被覆管の構造比較からなぜ応力緩和被覆管が再結晶被覆管に比べて照射クリープが高いの

かを説明することが出来るし，それにもかかわらずなぜ機械強度がより高いのかを説明できる．それは実に高い転位密度を有しているからだ，転位密度が高いほど，照射欠陥の有効なシンク (sinks) 密度を高め，クリープに関与する転位上昇率を大きくする結果である．

既に述べたように，ジルコニウムの歪機構における対称性の低さのために，多軸応力に曝される管の実効的な変位は非等方的で配向（集合組織）に大きく依存することになる．応力緩和被覆管の場合，内部圧力による応力下において，そのふるまいは異なる非等方的寄与の競合によって等方的材料に対応するものとして扱うことが出来うる．照射量の増加に伴い，しかしながらクリープ歪の非等方性は減少するようだ [73]．

19.4.4 成長

無応力での中性子束環境下の成長は非等方的変形を明確に示す．それは配向材料または最密六方晶金属のように非等方性が強い材料の特徴である．ジルコニウム金属の場合，成長は a 軸に沿った膨張によるものと競合する c 軸に沿った a 収縮に対応する．多結晶では，その変形は c 軸の空間的な分布に依存することになる，さらにそれゆえに配向（テクスチャー）に依存する [74]．この現象に関わる全ての研究が成長に2段階が在ることを示した（図 19.12）．温度と構造状態に依存する初期では寸法の急速な変化に対応する，照射量 10^{25} n m^{-2} に対し約 10^{-4} 程度変化する．大変小さいジルカロイ変形とその後に続く温度依存性の大きな加速様相（崩壊：breakaway）の速度での成長再開段階が伴う．照射欠陥の構造調査は，最初の成長段階においてバーガーズ・ベクトル (11$\bar{2}$0) を持つタイプ a ループのみが観察できた．300 ℃ で照射した再結晶ジルカロイでは，その成長加速は約 5×10^{25} n m^{-2} で出現する．非晶質変態と鉄の母相中への放出をこうむる析出物 Zr(Fe,Cr)$_2$ に対する照射線量に対応する．c 軸方向に沿ったバーガーズ・ベクトルを有する転位ループがその時に出現する [75]．

エネルギー的には，ジルコニウム中でのタイプ c ループの核生成は有利ではない，なぜならば a ループと比較してより一層大きな線形エネルギーであるからだ．純粋な c ループの場合，そのバーガーズ・ベクトルは (0001) タイプであるが，転位および積層欠陥形成の後にこれらのループはエネルギー的により安定となる [76]．溶解 (dissolution) をこうむる析出物近傍に在るそれらのより高密度がそれらの形成における鉄の支配を示唆している，おそらく積層欠陥面での鉄の凝離 (segregation)[*15]を安定させる鈴木効果 (Suzuki effect)[*16]によるのだろう．これら c ループの遅い出現はしたがってその析出物の非晶質化

[*15] 訳註： 凝離：1つの相から他の相が分離すること．たとえば，蒸気の凝結，母液からの結晶の生成，脂肪の温度が下がったときの融点の高い成分が分離して固化する現象など．

[*16] 訳註： 鈴木効果：転位と溶質原子との相互作用において (1) サイズ効果，(2) 剛性率効果，(3) 電気的効果，(4) 化学的効果（鈴木効果）といったものがある．例えば面心立方晶金属における部分転位間の積層欠陥は六方晶構造であるため，この積層欠陥における溶質原子の濃度は面心立方構造のそれと異なる．このような積層欠陥上の不均一な溶質原子の分布により転位が固着される．これを鈴木効果（化学的

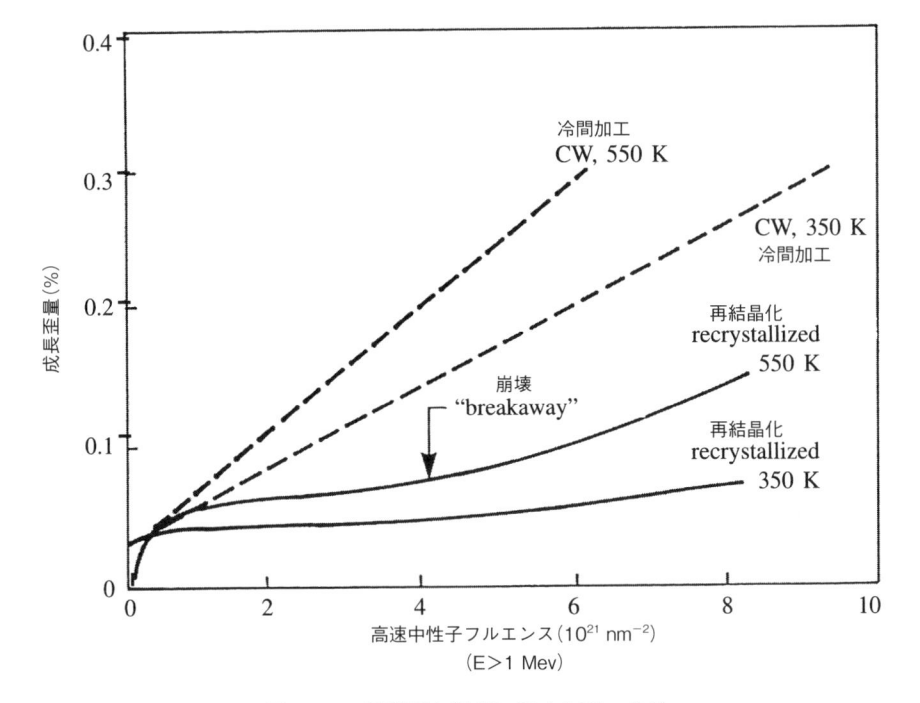

図 19.12 照射量と温度に対する歪の成長

と鉄の溶解——それはこれらのループ安定化に必要である——の引き金となるのに充分な照射損傷に達する必要性による．

19.4.5 腐蝕挙動

中性子束下での加速

　原子炉内でのジルカロイ腐蝕は全体的には炉外試験で決定された法則に従うものの，それらの巨視的運動学ではさらに腐蝕が高まる．

　例えば，図 19.13 が同様に熱勾配を与えた炉外試験と炉内試験における腐蝕速度を比較するための手助けになる [61]．CIRENE ループ（Cadarache に在る）での熱・水力学条件は，動力原子炉の単位長出力で電気加熱棒を用いて PWR の条件を模擬している．等温条件（オートクレーブ）と熱流束下（CIRENE）での比較からはこのパラメータが重要であることを示した．この観測線差異の起源は，熱流束下で (under thermal flux)，ジルコニウム・ジルコニア界面に形成されるジルコニア保護層温度がジルコニアの肉厚増加に伴い規則的に上昇することにある．その界面温度計算および沸騰を生じさせない計算から，熱流束下での腐蝕速度は異なる温度で行ったオートクレーブの等温試験から容易に演繹で

　　効果）という．

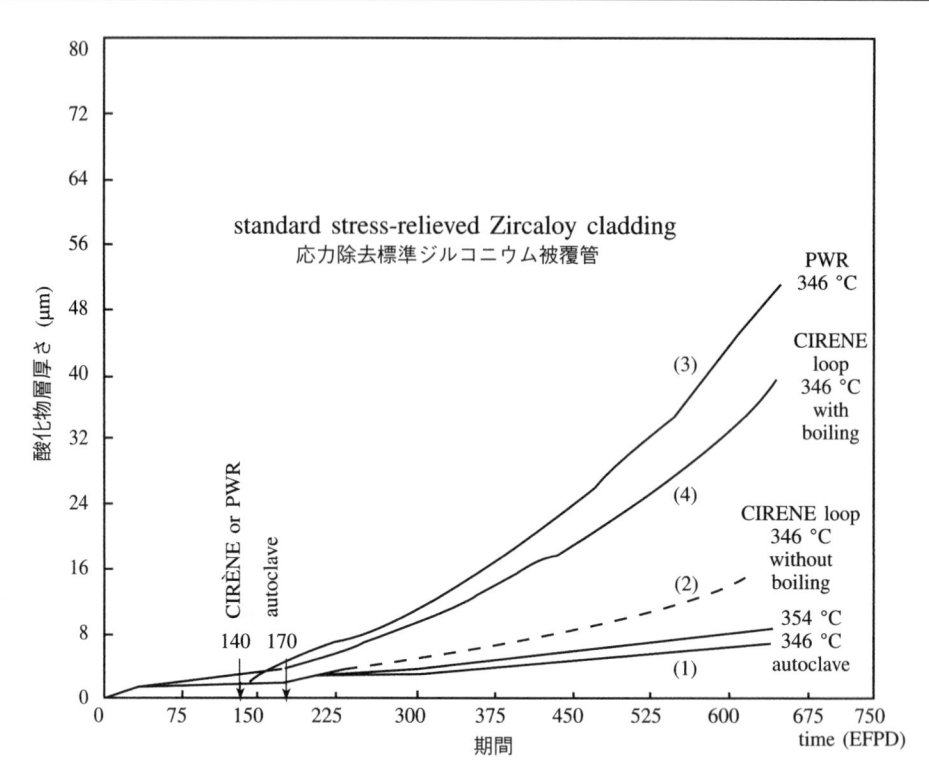

図 19.13 等温条件（オートクレーブ），温度勾配下（CIRENE ループ）および中性子束下での腐蝕量の比較

きる．

　これらの結果を炉内試験で得た腐蝕速度と比較した際，中性子束で特徴づけられる加速現象が観察される．ジルコニア肉厚が 10-15 μm を超える時，検討している原子炉の熱・水力学条件および化学的条件に応じて，その巨視的な腐蝕速度は中性子束下で約 2 から 4 倍増加する [77]．

　この加速に対応して，幾つかの現象が示唆された．以下についての言及ができる：

　―被覆管に吸蔵された水素効果，それは水素化物 (hydrides) を多くする，が耐腐蝕性を劣化させる；しかしこれを原子炉環境の特定機構とみなすことができないし，またこの該当する加速をその現象で説明するには充分では無い；

　―燃料棒表面での水の限定沸騰によるジルコニアのリチウム富化．この元素は 1 次冷却水に添加して pH のホウ素 (boron) 効果を相殺させている．ホウ素自身は炉心の中性子反応度を制御するために 1 次冷却水に添加されている [61]；

　―ジルコニア層のリチウム富化はホウ素の核反応によっても得られる，その反応でリチウムは反跳 (recoil) によってジルコニアに差し込まれる [84]；

$$^{10}B + n \Rightarrow \alpha + {}^{7}Li \quad (+1.1\,\text{MeV})$$

19.4 炉内でのふるまい

——照射誘起による微細構造変化の効果．前述したように Zr(Fe,Cr)$_2$ 析出物は照射下で非晶質化する．この変態の後，鉄は母相中に再固溶でき，もはやその正方晶系相の安定化に寄与しない．実際，酸化最前線の進捗中にそれは放出されて金属相に入り込む，鉄はジルコニア中でそんなに溶け込まない．このアプローチは，製造最終段階での β 焼入れでもって形成させた微細析出物，非晶質化の後の再固溶に最も容易である微細析出物のように，微細析出物を伴う照射下合金の耐腐蝕性の劣化の起源を説明できる [62]；

——次冷却水の酸化水 (oxidizing water) 放射線分解 (radiolysis) の寄与，これについては次節で述べる．

放射線分解機構

既知となっている水冷却原子炉中でジルコニウム合金の腐蝕加速状況と高エネルギーで強度な電子線束の局所的存在との間に強い相関を有することが最近明らかになった [78]．この放射線源は様々である．これらは β 崩壊の電子であり，活発な吸収体によって中性子捕獲の際に放出された高エネルギー・フォトン（光量子）によって物質創生される $\beta^+\beta^-$ 対から得られる電子であり，^{10}B$(n,\alpha)^7$Li 反応の反跳破砕片 (recoil fragments) であり，または炉心内での原子の存在に伴う γ 線との相互作用によって創生されるコンプトン電子 (Compton electrons) である．原子炉内での巨視的加速腐蝕の場合，この寄与は支配的である．この電子線束下で水は放射線分解現象を被る：H$_2$O 分子は解離してラジカル種 (radical species) になる，さらに放射線分解生成物の生成と消滅の動力学に制御される一連の化学反応に従い，それらはお互いに再結合する．この巨視的結果は，自由表面効果無しの大きな体積水内 (within a volume of bulk water) で生じる再結合のケースとして解析できる．酸化が進むジルカロイの場合，多孔質ジルコニアの存在が保護層近傍の自由表面ポア（空洞）を酸化種の捕獲場所として考慮しなければならない，と要求する．ジルコニア・ポアの底における酸素ポテンシャル増加は，腐蝕速度の加速をそれゆえに引き起す．

使用制限：酸化および水素の吸蔵

ジルコニウム合金要素の腐蝕は，高燃焼度を達成しようと試みた時において，このことはいかなる原子炉でもいえるが，現在において燃料集合体設計における主要制限項目の1つである．腐蝕影響より導入されこの制限事項は，被覆管の金属部分の断面積減少により運転中の巨視的な機械的ふるまいに影響を及ぼす．さらに酸化層肉厚が大きいと，剥離現象 (spalling phenomenon) がジルコニアで生じて1次冷却水に流れ込み，運転上の問題を引き起すことになる．

第2番目に敏感な点は，水素化物析出により誘起される低温での脆化に関連している．被覆管または案内管内の水素化物が高濃度すぎる場合，原子炉が運転停止中で温度が低い時に燃料集合体を操作した場合にその脆化が問題を引き起すことが可能となる．

19.4.6　ペレット・被覆管相互作用

被覆管の荷重

　PWR 内での 2 年の後，定格運転出力でのペレットと接触するするだけに充分な程に，被覆管はクリープをする．

　被覆管クリープ速度が核分裂生成物原子生成により誘起された燃料スエリングの速度と等価であることで熱機械平衡 (thermomechanical equilibrium) が成立する．この平衡状態から，局部出力の多大な増加が被覆管の円周応力 (circumferential stresses) を引き起す，その理由は UO_2 と被覆管の膨張の差異によるものである [79]．導入された付加歪は燃料棒のふるまいの記述をし，および計測線付き照射装置を用いその場所 (in-situ) で測定することにより確かめられた熱機械コードを用いて導入された付加歪を決定する．燃料棒が使用されている現状条件下で，いかなる線出力 100 W/cm の局部変動も被覆管を 20 から 30 μm 膨張させる，この膨張は 200 ないし 300 MPa の円周応力に相当する．

　平行して，ウラン核分裂は燃料内に新たな成分を導入する，核分裂生成物 (FPs) である．これらの中で，ヨウ素は被覆管の応力腐蝕割れ現象 (I-SCC) に関連しているものとして同定された．このヨウ素元素は，実に高核分裂収率を持ち，IVB 族の金属工程に関連するハロゲンとして広く知られている．[17]この元素供が欠乏しても応力腐蝕割れを活性化する論拠が発達した，それはセシウムとの親和性である，ヨウ素よりも多量に存在している FP であり，CsI の形成を導くものである．しかしながら，反跳破砕片による強度な放射線分解からの寄与解析は，PWR 燃料棒内のヨウ素の化学的活性度が被覆管中に応力腐食割れを発達させるのに充分であることを示した [80]．

　このような条件下で，局部出力の増加は SCC を誘起できる．燃料を安全に使用するために，燃料の健全性を安全に維持できうるための，局所出力急速変動値が定められた [81]．もう 1 つ他の方法で原子炉の出力変動速度を制御することができるので，その全体の出力変化の期間にそれらの応力は解放されている．

応力腐蝕割れ (stress-corrosion cracking: SCC)

　ジルカロイの SCC 破断表面組織は，割れ (cracking) および最密六方晶系金属変形機構の特徴的様相を持つ．その破断表面は 2 つの区分可能な領域を示す：割れ開始の直近周囲領域はもっぱら粒界 (intergranular) である，それに反して，図 19.14 に示すように，割れ表面の残りは平面領域と大きく波打つ領域との混合である [82]．その平面はジルコニウム

---

[17] 訳註：　　ハロゲン (halogen)：周期表第 VII 族のうち，F, Cl, Br, I, At の 5 元素の総称．金属元素と典型的な塩をつくりやすいので，ギリシア語の HALOS (=塩) と GENNAŌ (=つくる) を合わせてハロゲンと名づけれれた．核分裂生成物中には Br, I などの放射性同位元素が含まれる．これらは蒸発しやすく，原子炉事故の災害評価の際には重視される元素である．

19.4 炉内でのふるまい

図 19.14 ヨウ素存在下におけるジルカロイの応力腐食割れ表面の外観．基礎面上の準劈開に対応する平面領域と多面的平面での変形による延性割れに対応する波状の部分からなる

基底面の準劈開 (pseudo-cleavage) による割れに対応する．脆性タイプのこの割れはその平面上へのヨウ素吸収によって強まる，その吸収は表面エネルギーを低下させる．化学工程により割れた異なる平面間の破断表面の巨視的連結は，塑性変形 (plastic deformation) (fluting：縦溝) によって得られる．これはジルコニウム三角柱面 (prismatic planes) でのみ生じることが可能なので，その準劈開面と延性的破断劈は垂直である．さらに三角柱すべりシステムに従う局部塑性変形は基底面上の引張り応力の減少に寄与できないため，SCC の感受性 (susceptibility) を決めるパラメータは，巨視的割れ伝播を方向づける基底面を有する公算が大となろう．c 方位を伴う被覆管の配向（集合組織）が可能な限り半径方向を求められる所以である．

　被覆管・燃料相互作用による破断感受性制限のために，異なる能力を有する様々な矯正法 (remedies) が開発された．最も頻度よく適用された改良は連続延性層を伴う内部表面のコーティングによるもので，通常高純度のジルコニウムが用いられる [83]．この金属を引抜前の中空殻面に加え，被覆管の熱機械的変態 (thermomechanical transformations) の

全てを行う．この改良法はしばしば局部出力変動が容易に高い値に達することができうるBWR燃料棒に対しても使用されている，そのような大きな局部出力変動ケースはPWRsには無いが．

19.5　傾向

ジルコニウム合金は，熱中性子動力炉用燃料集合体構成材料として最も広範に使用され続けるであろう．もしもジルカロイの性能がこれら原子炉の現状の運転条件下で大変満足すべき燃料運転を保証できるならば，最近の傾向は燃料性能改良により一層の経済性向上に達することである．とりわけ，燃焼率の飛躍的な向上についての開発が進められている．短期目標の1つは60ないし70 GWd/t達成である．この目標に達するためは幾つかの制約項目を克服しなければならない，その幾つかはUO_2燃料（高温での核分裂ガス放出，スエリングなど）に関連し，その他は，例えばジルコニウム合金のような，集合体の被覆管と構造部材に関連している．腐食環境下，成長およびクリープ下またはSCC下で有意に改良されたふるまいを有する新合金または表面条件と同様に，この枠組み内で，新金属構造材料が開発されなければならない．

第 20 章

高速中性子炉用被覆管および構造材料

　FR 燃料集合体 (FR fuel subassemblies) の金属構造材——被覆管およびラッパ管 (wrapper tube)——はとりわけ攻撃的な環境に曝されている，なぜならそれらの部材は古典熱力学負荷と 10^{15} n cm^{-2}s^{-1} を超える中性子束による負荷の両方に耐えなければならないからである．さらにシステムの経済性を確保するため，燃料が要求される燃焼率（20 at.% を超える）に達しえること，およびそれ故に照射量 200 dpa を超えても健全であることがこれらの構造材料に要求される．

20.1　材料選択の基準

　初期に採択された選択基準はナトリウムと燃料間の両立性および機械的挙動の古典的基準であった．非常な速さで出現した新基準は，高速中性子による照射効果に関連している．前述したように（18.4 節），照射は 2 つのタイプの現象を引き起こす：
　—スエリングおよび/またはクリープに伴う寸法変化：直径変化，全長変化，曲がりなど．
　—構造的進展に伴う材料の機械的挙動の変化および脆化：転位網の発達，誘起または加速化された析出，スエリング，ヘリウム効果など．
　被覆管は第 1 番目の障壁である．その役割は燃料閉じ込めである．それは堅牢でなければならない．その寸法変化，言い換えると，その直径増加はナトリウム流路（チャンネル）の寸法減少並びにピン間の相互作用およびピンとラッパ管の相互作用による熱応力と機械応力の原因となる．これらの応力に，連続的増加をする核分裂ガスの圧力に基づく応力が加わる，さらに材料が達することができる温度 700 ℃ で照射硬化およびとりわけ照射脆化が生じる．これがなぜ被覆管材に良好な耐スエリング材を選択することを第 1 番目の基準とすることの理由である．被覆管材は良好な熱クリープ挙動，高い機械的強度および高い延性を備えていなければならない．最後に，応力解放のため材料の照射クリープは

充分でなければならない．スペーサ・ワイヤ (spacer wire) に対しては，その性質は可能な限り被覆管の性質に近くなければならない，というのはそのスエリングが被覆管スエリングに比べてさらに大きかったならワイヤは被覆管から離れ熱的攪乱を引き起す，もしもそのスエリングが小さかったなら周囲のワイヤによって被覆管をねじって (twist) しまう．

ラッパ管 (WT) は一方でナトリウムを流路を通じて流し，他方でピン束の取り扱いを許す．被覆管と同様，そのスエリングは好ましくない，なぜならこの現象に伴う変形がラッパ管同士が接触し，そのバンドル（束）の除去を妨害するからである．これらの変形は対面間距離 (flat-to-flat distance) を変え，全長の増加，曲がりなどを引き起す．被覆管と同じように，ラッパ管は適切な機械的性質を有しなければならないが，取扱中の襲撃に健全であるのに充分な強さを有することも必要である．WT の場合，照射クリープがむしろ有害になる，なぜならクリープが対面間距離を増加させるからである．[*1] 実際，後に述べるように，耐スエリング材料は一般的に脆く，最良の材料はこれらの異なる性質間における最良折衷提案の 1 つになるであろう．

FR 集合体部材は，運転サイクルの要求を満たすのと同様，原子炉内での寿命期間を通じて良好な腐蝕挙動を有していなければならない．とりわけ，原子炉内および内部貯蔵所内のナトリウム中でも，さらに照射後の貯蔵プール内の水中において集合体部材は良好な腐蝕挙動を有しなければならない，または再処理の要件に合致させるために硝酸環境下での被覆管に対して良好な腐蝕挙動を有しなければならない．これらの様相に関しては本章の終わりで全ての材料に対し再吟味することにしよう．

20.2 材料およびそれらの発展

FR 燃料集合体構造材は，燃料要素性能を改善するための継続的な開発が行われた．この節で材料の主要クラスについて吟味し，それらの詳細な性質は次節で述べる．これら材料の選択では，ほとんど耐スエリング性改善が指針となった．

WT 用と同様被覆管用として，頭に浮かぶ第 1 番目の鋼は US（米国）でのタイプ 304，またはフランスでのタイプ 316 オーステナイト系不銹鋼 (austenitic stainless steels) であった．これらの鋼は照射量 50 dpa を超えると許容されないスエリングによってそれらの材料限度に直ちに達してしまう；それらの製造条件（溶体化・焼鈍温度，中間熱処理，冷間加工率）に最大の注意がはらわれるのと同様に，安定化元素の添加，主要元素または微量元素の組成の変更，金属学的構造の修正による様々な改良が行われた．燃料要素変形で得られた改良の例を燃料ピン被覆管に対して図 20.1 に，ラッパ管に対して図 20.2 に示す．これらの改良の全ては，照射後のこれらの材料のふるまいの包括的研究に基づいている，

[*1] 訳註： 対面間距離 (flat-to-flat distance)：FR 燃料集合体のラッパ管は六角柱壁面で構築されている．この六角柱の平行面間距離のこと．

20.2 材料およびそれらの発展

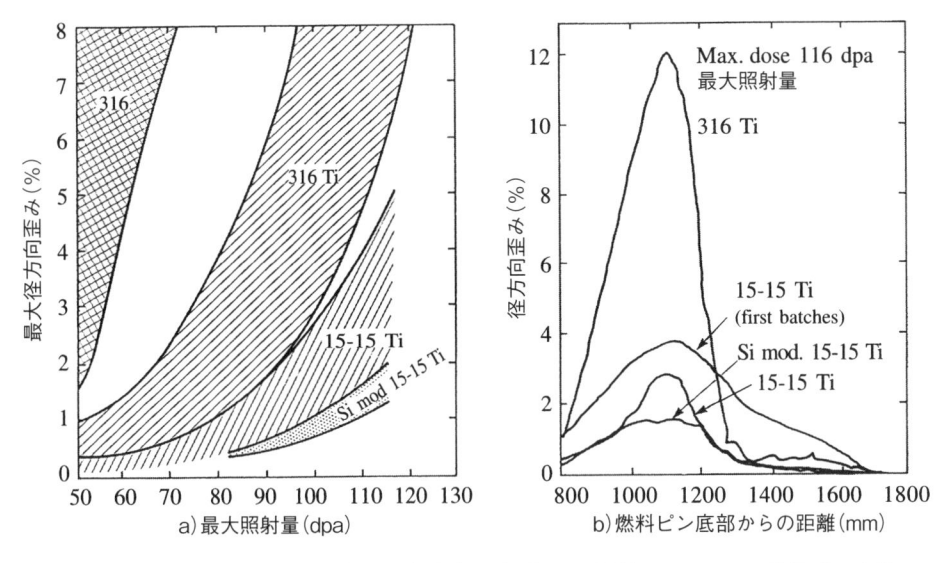

図 20.1 被覆材の比較：a) 照射量対径方向最大歪　b) 照射 116 dpa での燃料ピン底部からの距離対径方向歪 [100]

これについてもっと進んでから詳細な解析を行う．結局，今日では照射量 143 dpa 近傍まで破損無しへ到達し，さらに間違いなく継続的に改良されつつある．これらの種々の鋼の使用はそれらのスエリングのふるまいによって制限されている．

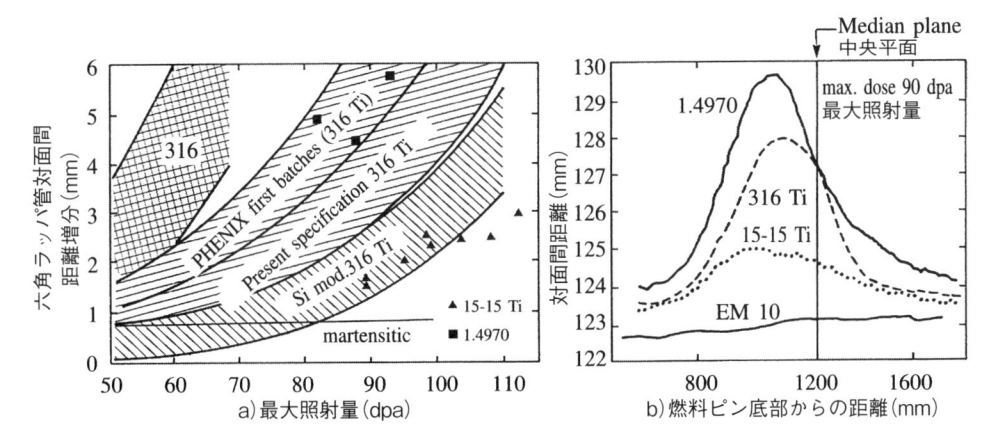

図 20.2 ラッパ管材の比較 [100]：a) 照射量対対面間寸法の増加　b) 照射 90 dpa でのラッパ管長に沿った対面間寸法の変化

合金の第 2 番目のクラスは高ニッケル合金である；系統的照射試験は耐スエリングにニッケルが重要な役割を担うことを示した理由により検討された（図 20.3）．種々の合金

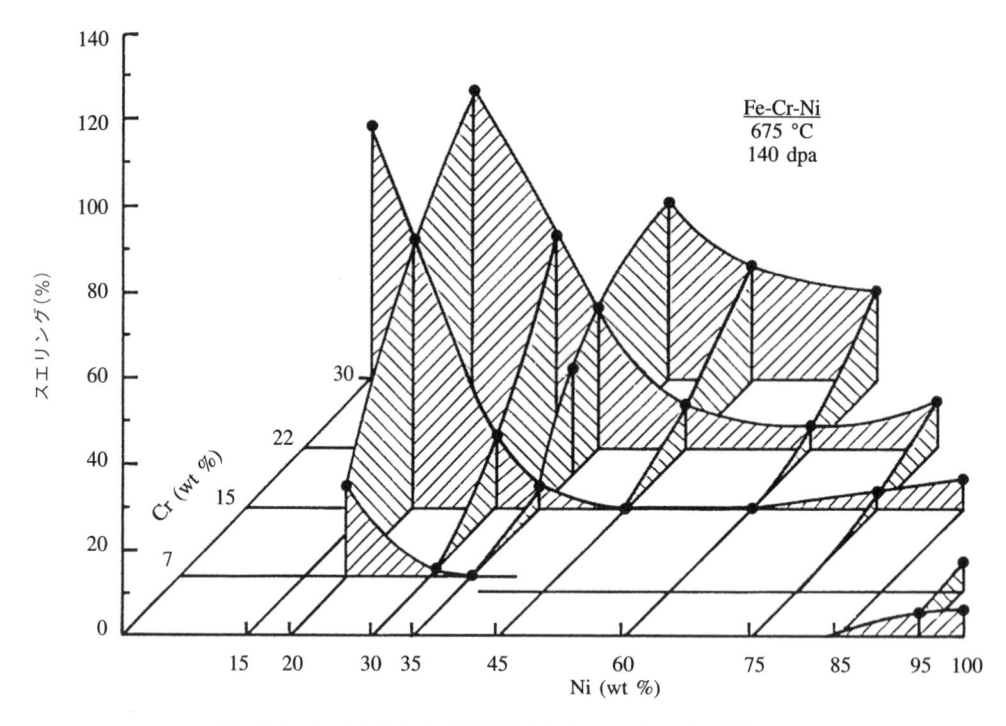

図 20.3　CrとNi含有率を関数としたスエリングの変動 [93]

が研究された．フランスではインコネル 706 INC706, 他の国でも同様に，英国では PE16, アメリカでは PE16, INC706 および様々な組成の合金が研究された．たとえ，これらの研究の多くで，高線量においてこれらの合金の低スエリングが確認されたとしても，その結果は大規模な被覆管破損を導く，照射後の高い脆化を示した．

　多くの研究が行われた材料の最後のクラスは，フェライト・マルテンサイト系鋼 (ferritic martensitic steels) である，今日ラッパ管用として長期的解決策と考えられている．体心立方構造 (body-centred cubic structure) を有する，このクラスの合金において，多くの異なるタイプが得られ，また被試験合金の全てが照射量 200 dpa に達するまで素晴らしい耐スエリング性を示した．しかしながらこれらの合金の多くは約 550 °C の温度を超えるとその耐クリープ性が劇的に減少してしまう．これがそれら材料の第 1 番目の欠点であり，なぜそれらが最初に被覆管材として選択されなかったかの理由である．しかしながら，全ての研究はこれらの鋼が将来のラッパ管材として良好な選択であることを示した，なぜならその運転温度は被覆管の運転温度よりも低いからである．さらに，EM12, HT9 およびとりわけ酸化物分散型鋼 (oxide-dispersion steels) のような改良型耐クリープ鋼の実験は，この合金族が被覆管用として将来の解決策になりえることを示している．これらの材料の試験は様々な国で進行中である．

　研究された主要合金の代表的組成の幾つかを表 20.1, 表 20.2 および表 20.3 に示す．

表 20.1 オーステナイト系鋼の代表的化学組成（重量 %）

元素＼種類	C	Cr	Ni	Mo	Si	Mn	Ti	Nb	P	B (ppm)
304	0.05	18	10	0.3	0.4	1.5				
316	0.05	17	13	2	0.6	1.8				
FV548	0.09	16.5	11.5	1.4	0.3	1		0.7		
316Ti	0.05	16	14	2.5	0.6	1.7	0.4		0.03	
1.4970	0.1	15	15	1.2	0.4	1.5	0.5			50
15-15Ti	0.1	15	15	1.2	0.6	1.5	0.4		0.03	50
15-15Ti$_{opt}$	0.1	15	15	1.2	0.8	1.5	0.4			50

表 20.2 ニッケル合金の代表的化学組成（重量 %）

元素＼種類	C	Cr	Ni	Mo	Si	Mn	Ti	Nb	Al	B (ppm)
PE16	0.13	16.5	43.5	3.3	0.2	0.1	1.3		1.3	
INC706	0.01	16	40	0.02	0.09	0.4	1.5	3		
12RN72HV	0.1	19	25	1.4	0.4	1.8	0.5			65

20.3 オーステナイト系鋼

　この種の材料に関して集積された知識の量は莫大である——とりわけフランスにおいて——ことは明白である，なぜなら世界中の多くの原子炉の被覆管およびラッパ管用の参照材料として用いられてきたし，いまだに使用されているからだ．この知識の大部分は文献 [4] から文献 [14] の中に発見することができる．

　研究の多くは 316 SS で行われた，そしてこの知識の大部分は安定化鋼 (stabilized steels) に外挿することができる．この 316 SS 材が今日使用されなくなってしまったとしても，そのことが本節において観察された効果の多くの事例が 316 SS に関連したもので占められることの理由である．

　前述したように，この種の材料にとって目標照射量を決めるのはこれらの材料のスエリングである，それは体積変化を引き起こし，またこの現象による有害な効果が他の性質を導く（照射クリープ，機械的性質，機械強さ，など）．なぜ我々が第 1 番目に，照射条件，化学組成および構造の解析により，スエリングのふるまいを取り上げるのかの理由がこれで

表 20.3 研究中のフェライト・マルテンサイト系鋼の代表的化学組成（重量％）[91]

種類＼元素	C	Cr	Ni	Mo	V	Nb	Si	Mn	N	B	他
イギリス											
FI	0.15	13.0	0.47	-	-	-	0.30	0.45			
FV607	0.13	11.1	0.59	0.93	0.27	-	0.53	0.80			
CRM-12	0.19	11.8	0.42	0.96	0.30	-	0.45	0.54			
FV448	0.10	10.7	0.64	0.64	0.16	0.30	0.38	0.86			
フランス											
F17	0.05	17.0	0.10	-	-	-	0.30	0.40			
EM10	0.10	9.0	0.20	1.0	-	-	0.30	0.50	0.020		
EM12	0.10	9.0	0.30	2.0	0.40	0.50	0.40	1.00			
T91	0.10	9.0	<0.40	0.95	0.22	0.08	0.35	0.45	0.050		
ドイツ											
1.4923	0.21	11.2	0.42	0.83	0.21	-	0.37	0.50		(ppm)	
1.4914	0.14	11.3	0.70	0.50	0.30	0.25	0.45	0.35	0.029	70	P,S
1.4914mod.	0.16-0.18	10.2-10.7	0.75-0.95	0.45-0.65	0.20-0.30	0.10-0.25	0.25-0.35	0.60-0.80	0.010 max.	15 max.	≦80 ppm
アメリカ											
HT9	0.20	11.9	0.62	0.91	0.30	-	0.38	0.59			W=0.52
AISI 403	0.12	12.0	0.15	-	-	-	0.35	0.48			

ある．これが，それら合金類の多大な改良を導いた集積された知識である．

20.3.1 スエリング

照射因子の効果 (effect of irradiation parameters)

　ある温度で，照射量に伴いスエリングが増加する．オーステナイト系鋼 (austenitic steels) の場合，このスエリング現象には常に閾値が存在する（図 18.13）．スエリング発達の最初に潜伏期間 (incubation period) が現れ，その期間の長さは合金に依存する．この期間中にスエリング速度，ボイドの数および成長速度が増加し，これらの因子の全てが若干変化するのみの定常領域が現れる．温度によって因子が変化する（図 20.4）この種の速度論は，実際に全てのオーステナイト系鋼で観察されている；燃料要素から得られた結果はその潜伏期間が，原子炉内の燃料集合体寿命を決する上で，最も重要な因子であることを示した．事実，潜伏期の末期においておよび定常高スエリング速度により，その照射量の残裕度は僅かである．

　照射量（それと勿論，温度）は材料スエリングの性質を特徴付けるに充分であると長い間考えられてきた．しかしながら，原子炉から集められたデータは，この照射量に到達するまでの照射速度も考慮しなければならないことを示した．物理学は，与えられた温度において，中性子束増加が過飽和欠陥の増加を引き起し，スエリング領域をより高温側に変位させることを示唆する．実際，この問題はさらに複雑である，というのは照射速度はスエリングおよび特に被照射材料の微細構造の発達に影響を及ぼす多くの他因子を修正する

20.3 オーステナイト系鋼

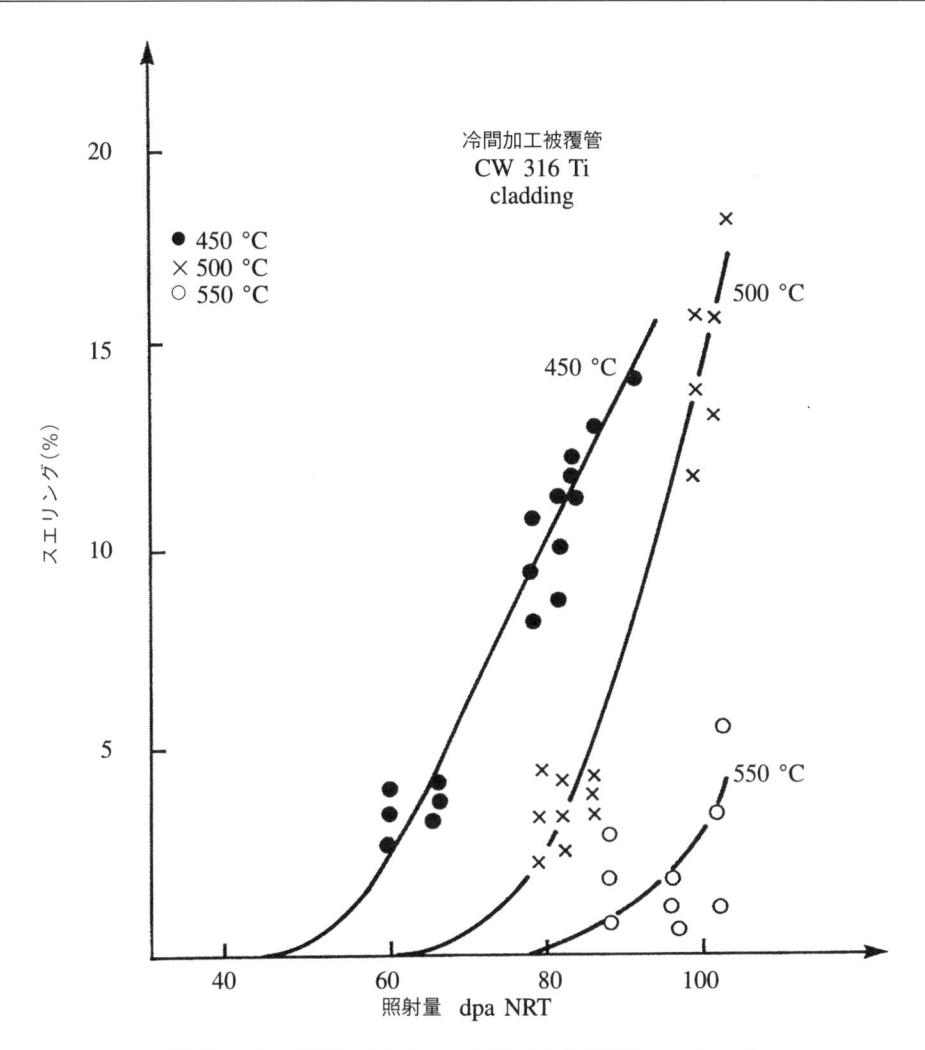

図 20.4 PHENIX で照射した CW316Ti 被覆管のスエリング

ためである [86]．この理由から，照射速度の影響は温度に依存されることができる．図 20.5 に炉心中央部の高中性子束で照射した被覆管と周辺部で照射した被覆管との差異を伴う，溶体化焼鈍 316 RAPSODIE 炉用燃料被覆管のスエリングを示す [87]．潜伏照射量は中性子束に依存し，その依存度が温度の上昇に伴って増加することを明記しておかなければならない．図 20.6 に PHENIX にて 600 °C で異なる中性子束で照射した CW 316 SS スエリングの照射量効果を示す．この材料では，潜伏照射量とスエリング速度が中性子束の上昇に伴い増加する．

触れる価値のあるもう一つの効果は，同一温度および同一照射量において燃料ピン被覆管がラッパ管に比べてより大きなスエル（膨張）をする事実である [88]．これは潜伏照射量がさらに低いことによる；冷間加工 (cold-worked) 316Ti に関して，図 20.7 にこの現

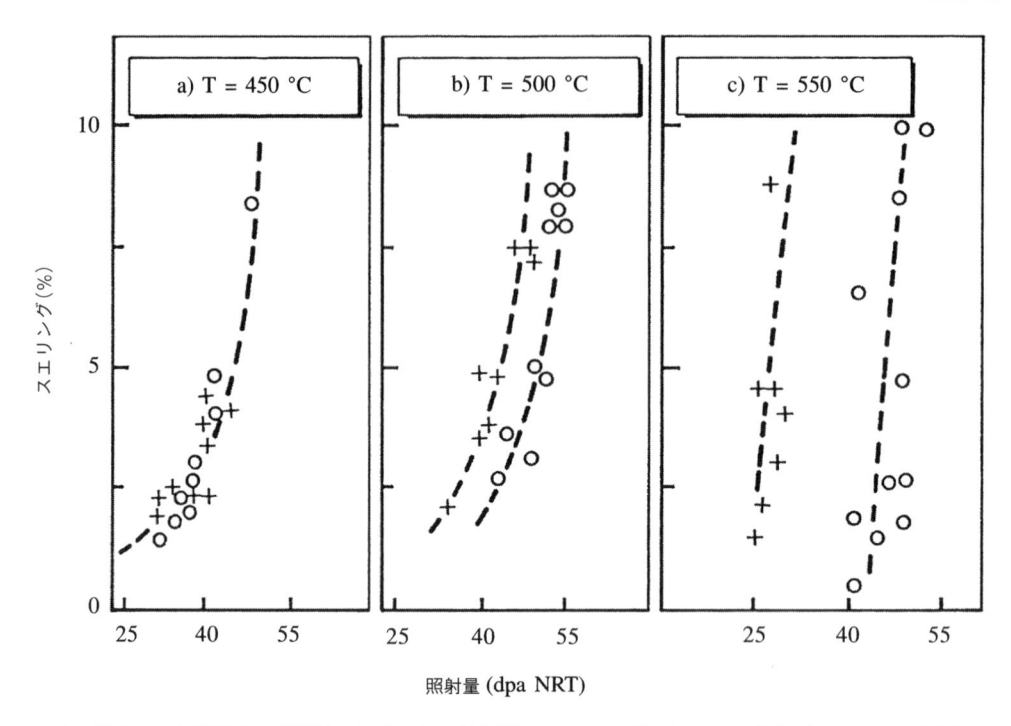

図 20.5　RAPSODIE で照射した SA 316 被覆管のスエリング [87]　＋ 中央ピン　○ 周辺ピン

象を示す．この現象は図 20.8 に示すように被覆管肉厚中の温度勾配の影響を受けている [89]．この因子がスエリング速度に影響を与える理由は未だに充分理解されているとは言えない．

18.4.1 節で温度が重要な因子であり，純金属に対しスエリングが約 $0.4\,T_M$ で最大値に達することを示した．鋼の場合，温度の影響はより複雑である，というのは構造的発展，したがって材料の種類が重要な役割を演じるからである．フランスの原子炉で最初に使用された，溶体化焼鈍処理被覆管用および冷間加工ラッパ管用 316 SS は温度の関数とした 1 峰だけではなく 2 峰のスエリング・ピークを通常示す，最初のピークは 500 °C 近傍（低温スエリング）にあり，第 2 番目のピークは 550 °C を超えたところ（高温スエリング）に在る（図 20.9）（[2] および [87]）．高線量において最初のピークよりも急速に発達する——特に冷間加工 316 SS において——この第 2 番目のピークは，この現象が観察されるやいなや，高温でのこれらの材料に生じる構造的発展に関連付けられた（[86] および [89]）．この基本的考えは単純であった；最初のスエリング・ピークは，スエリング抑制剤 (swelling-inhibitors) 添加固溶体の存在によってスエリングを抑制している初期材料に対応している．鋼が高温に曝された時，これらの元素の幾つかが固溶体から抜け出しさらに転位密度が焼鈍しによって修正されることができてしまう．第 2 番目のピークはしたがって他のより少ない耐スエリング物質に対応する．この種の現象は多数の著者たちによって

20.3 オーステナイト系鋼

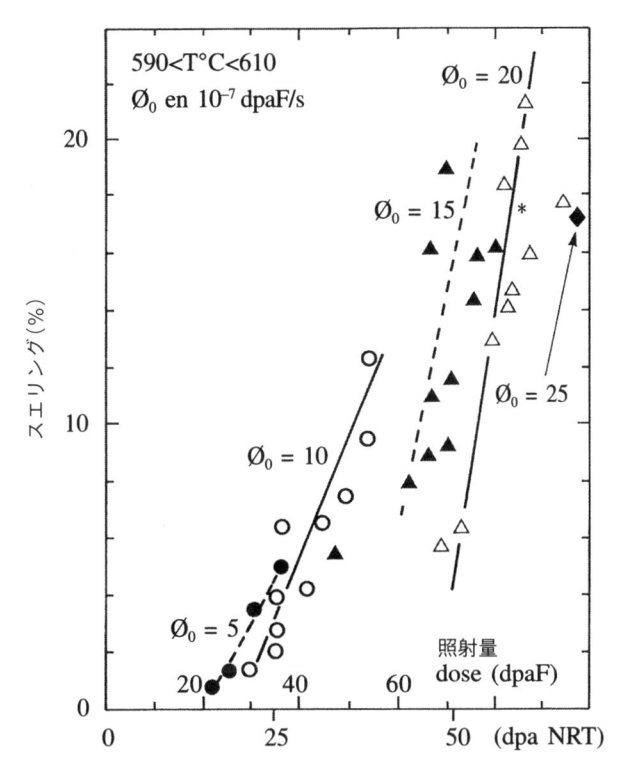

図 20.6 PHENIX の燃料ピン被覆管として照射した CW 316 スエリングの中性子束効果 [91]

明確に述べられている（[86], [89] および [90]）．これから述べるように，オーステナイト系鋼の化学組成と金属学的構造は，スエリング・温度曲線の形状において実際非常に重要な役割を演ずる，というのはこれらの曲線は欠陥過飽和のみでなく，照射中に生じる欠陥・溶質相互作用 (defect-solute interactions) および析出連鎖に影響を受けているためである．スエリングに影響する最後の因子は，材料が被る応力である．一般的に，スエリングは応力の上昇に伴い増加する．図 20.10 に PHENIX で照射した冷間加工 316Ti 加圧管の場合におけるこの現象を示す．

材料関連因子の効果 (effect of material-related parameters)
　—化学組成 (chemical composition)
　純粋さがより劣る材料はよりスエル（膨張）しないことが，直ちに観察された．事実，この問題は複雑であり化学組成効果に関する文献は大変豊富にある．本節で，炉内で得られた最も重要な結果の要約を行う，それらの結果はフランスまたは諸外国の原子炉の実験照射で得られたか，フランス原子炉の標準燃料集合体の構成部材（被覆管，ラッパ管，ワイヤ）のバッチ効果の詳細解析から導かれた．
　最初の研究は合金中の主要元素について実施された：Fe, Ni, Cr. どんな温度でも，そ

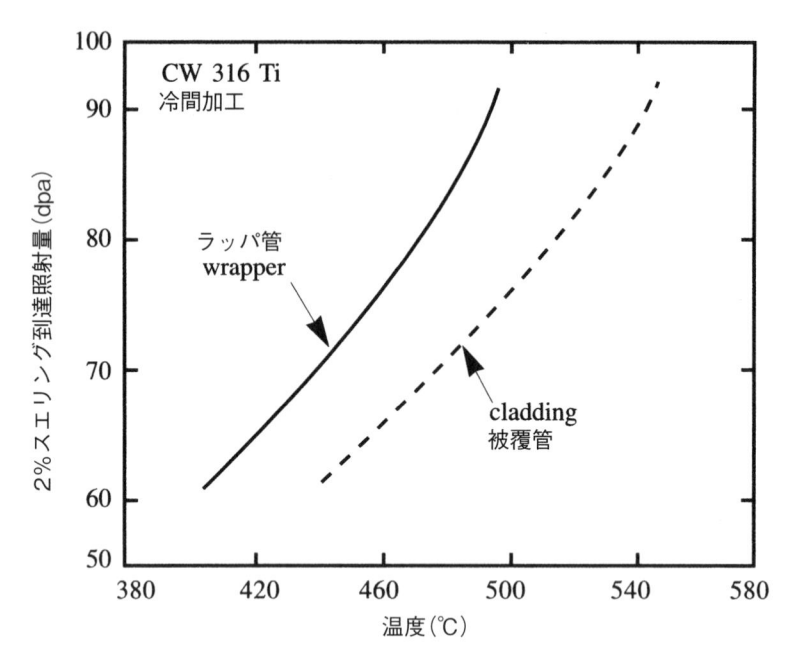

図 20.7　CW 316 Ti の被覆管とラッパ管の潜伏照射量比較 [88]

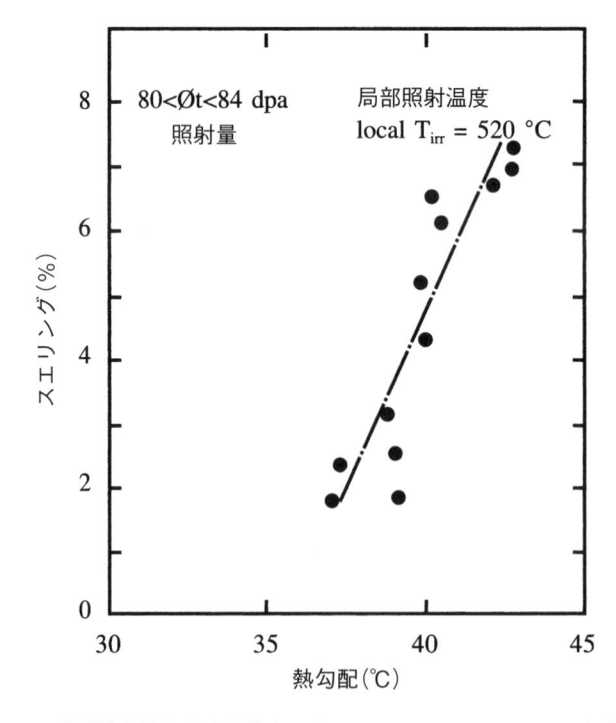

図 20.8　被覆管内熱勾配を関数とした CW 316 Ti スエリングの変動 [89]

20.3 オーステナイト系鋼

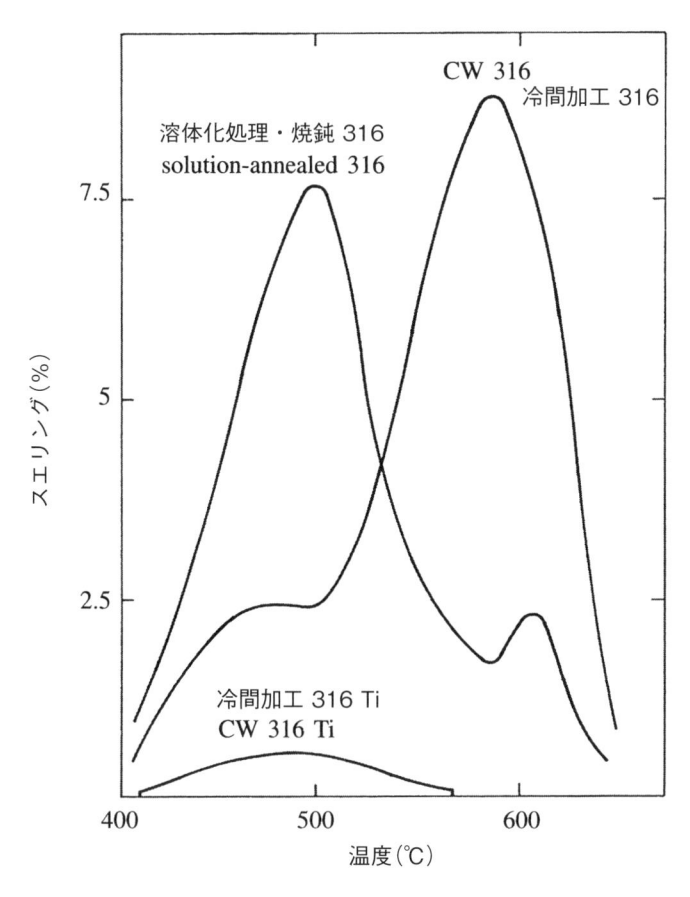

図 20.9 90 dpa における PHENIX 被覆管のスエリング

れらは，ニッケル含有率タイプ 316 鋼に要求する水準よりも常に上回るべきであることを示した ([92] から [96])．この説明が高ニッケル含有合金の興味を引いた．クロムに対して，それは逆になる；しかしながらこの含有率はナトリウムによって生じる腐蝕問題を避けるに充分な水準に維持されていなければならない．

これらの効果の源について，現在において非常に明確な理解が得られているわけではない，さらに自己拡散速度，転位構造，$\gamma-$ 安定化，熱力学的安定性などの関係する多くの仮説が提案されている ([12], [89])．

実際，研究の多くは少量合金化元素および制御されていない不純物に対して行われた．これらの研究の最初に C, Si, Ti, Mo, P, N 含有率の微小変動がオーステナイト系鋼の耐スエリング性を明確に改善できることおよびこれらの元素が潜伏照射量増加のふるまいによる改善を示した．

それらの元素は，鋼の初期の熱・機械処理 (thermo-mechanical treatment) と同様にこれらの元素含有率，照射温度に依存する，これらの現象，観察された効果の複雑性もまた示

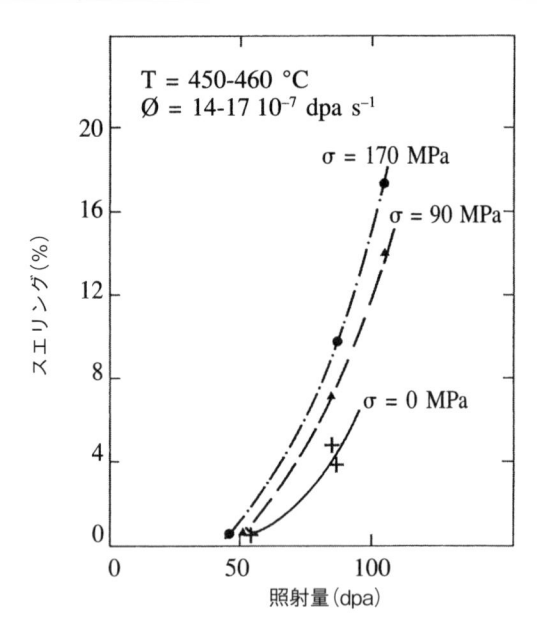

図 20.10　CW 316 Ti スエリングの応力依存

した．

　さらに異なる元素の効果は他の元素に対して加法的ではなく，元素間の共に働く効果 (synergetic effects) が重要である．

　これらの異なる様相を示す最も有意な事実の幾つかを以下に要約し，発生機構の情報を提供しよう．

　全てのオーステナイト系鋼において，炭素とケイ素は低温潜伏照射量を増加させるものの，高温潜伏照射量を増加させない．図 20.11 に溶体化焼鈍処理 316 ステンレス系鋼のスエリングに対する，炭素の場合のこのケースについて示す．このことは今日では適切に理解されている．実際，これらの元素は固溶体内で効果が有るだけではない，なぜならば格子欠陥との相互作用を通じてそれらの元素は活動するからである．[*2] この観点から，適度な溶解度を有するその溶質含有率を超過することはできない，なぜなら Si および C 富裕相の析出が観察されるからである，そのことはこれらの元素が固溶体から取り除かれることであり，したがって特に高温においてスエリングを加速させる．

　チタンの効果は温度と冷間加工の両方に依存している．チタン添加溶体化焼鈍 (SA) 鋼の低温度 ($T < 500\,°C$) では明確な改善効果は見られないが，高温スエリング ($T \geq 500\,°C$) を減少させる（図 20.12）．この添加は一方で冷間加工 (CW) 鋼において全温度範囲で

[*2] 訳註：　　PNC-316 鋼：SUS316 相当鋼と呼び，ステンレス鋼の JIS 規格範囲内で P, B, Ti, Nb 等の目標値を定めた 20 % 冷間加工オーステナイト・ステンレス鋼．「もんじゅ」および常陽 Mk-II, Mk-III 炉心のドライバー燃料被覆管に用いられている．

20.3 オーステナイト系鋼

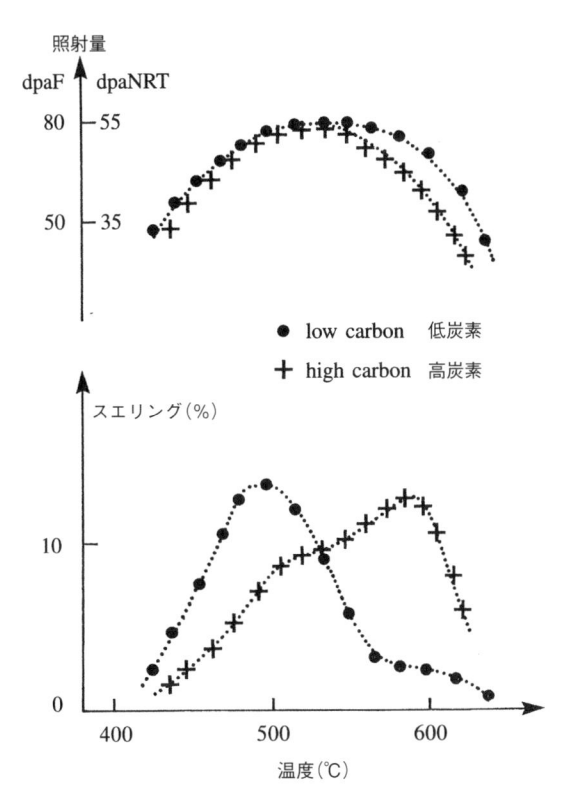

図 20.11 高炭素および低炭素 316 鋼のスエリング挙動の比較 [87]

有益である（図 20.13），しかし特に高温度で有効である．これとは反対に非安定化鋼（溶体化焼鈍または冷間加工），Ti 添加安定化鋼の潜伏照射量は 520 °C を超える温度の増加関数として維持される（図 20.14）．このケースでは溶質効果は転位構造と密接に関連することを窺うことができる．

幾つかの仮説がこれらの効果を説明するために提案された：シンクへのチタン偏析，これは積層欠陥エネルギーを改変し，チタン炭化物の微細析出によって転位網を安定化するバイアスをかける [97]．

さらにケイ素と/または炭素とこの元素の共に働く効果 (synergetic effects) が述べられた，それは照射誘起 G 相の析出を伴う．[*3]固溶体外へスエリング抑制剤 (swelling inhibitors) を流出させるこの相は，スエリング加速を導く．これらの元素の有効性を保持するためにそれらの含有率を制限するだけでなく，その安定比率および Ti/Si 比を適切に制御するこ

[*3] 訳註： G 相：金属とケイ素との金属間化合物．複雑な結晶構造を持つ．
　γ' 相（ガンマプライム相）：Ni$_3$Al を基本組成とする金属間化合物．温度の上昇に伴い強度も上昇する特異な性質を有する．多くの Ni 基超合金ではこの相を母材中に整合析出させることにより，高温で優れた強度特性を発現させている．

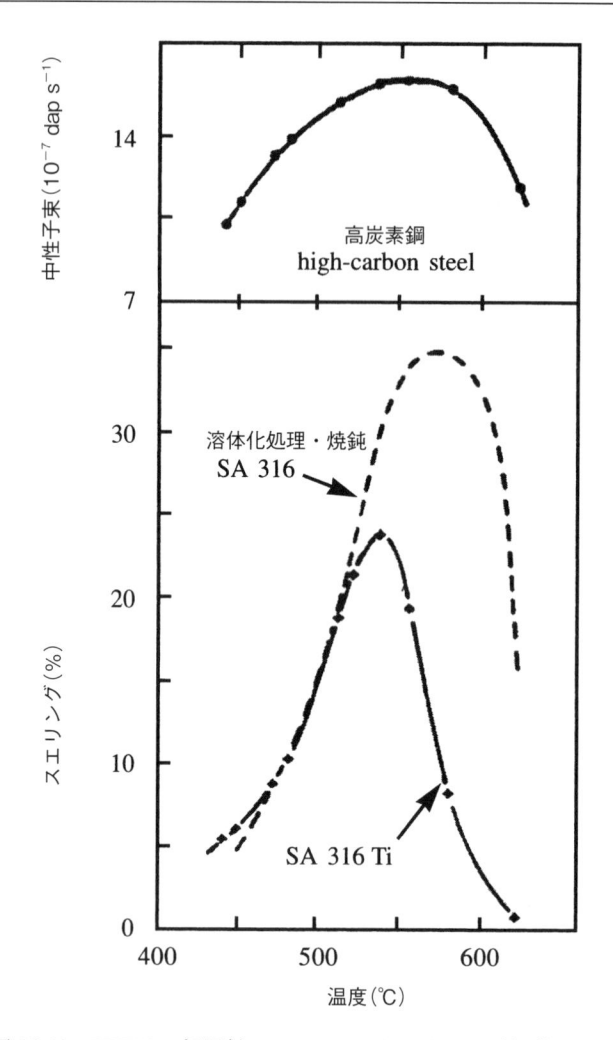

図 20.12　PHENIX 炉照射 SA 316 スエリングの Ti 添加効果 [97]

とが必要である．

　リン (phosphorus) の場合はさらに複雑である．この元素の有益な効果を図 20.15 に示す，さらに文献 [98] で解析された．リン原子空孔と相互作用をすることから部分的な役割をするが，リンがシンク密度を増加させ，したがってボイド密度を減少させるリン化物 (phosphides) の微細析出物を導くことで主要な役割を演じる．さらに，あるケースでリンは析出過程を修正してそのスエリング抑制剤を固溶体内に残す．

　結論として，オーステナイト系鋼スエリングの得られた全ての結果の解析は以下の通り：

・同一鋼で異なるバッチのスエリングに大きな変動がしばしば観察される，そしてこれは化学組成の小さな変化によるものである．

20.3 オーステナイト系鋼

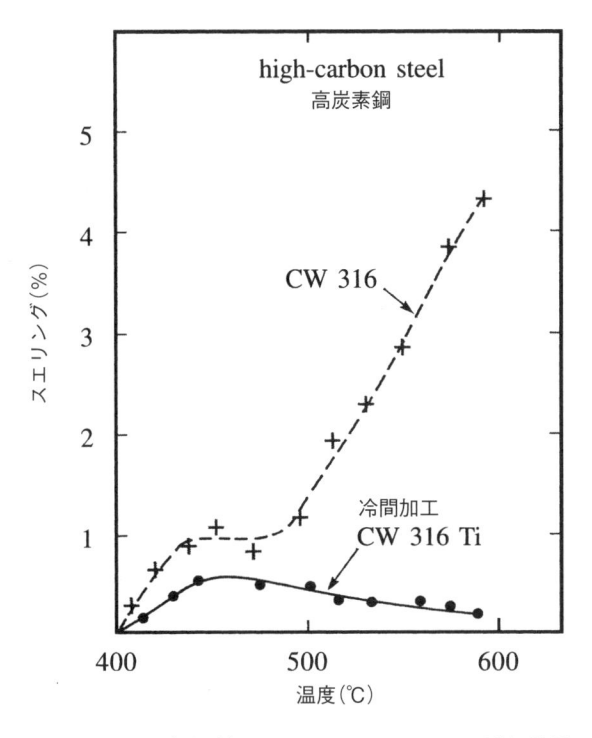

図 20.13　PHENIX 炉照射 CW 316 スエリングの Ti 添加効果 [97]

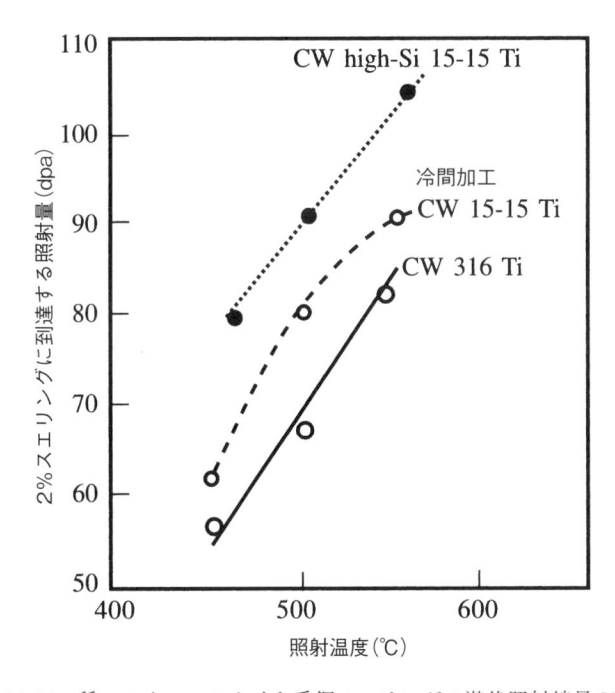

図 20.14　種々のオーステナイト系鋼スエリングの潜伏照射線量 [100]

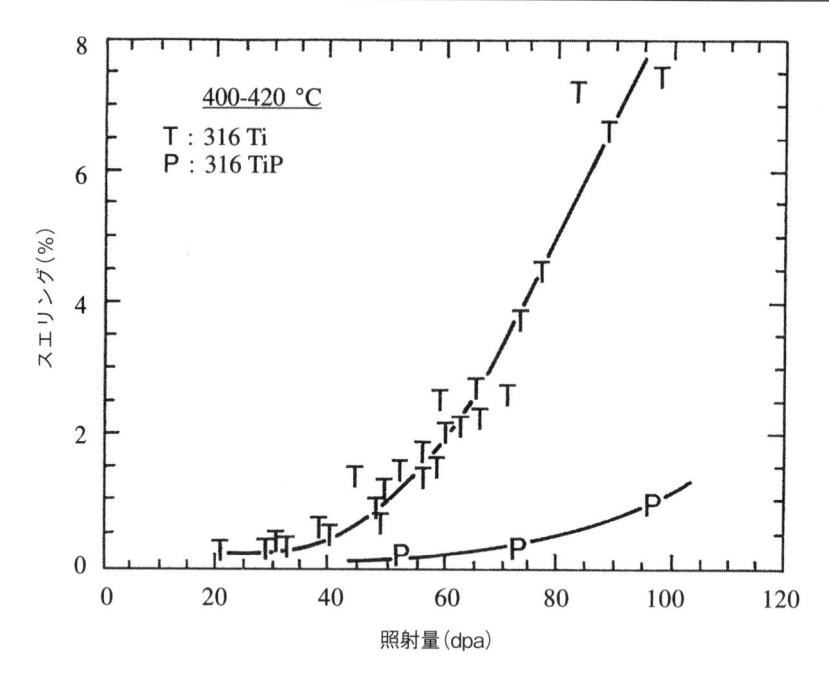

図 20.15　CW 316Ti スエリングにおけるリンの効果 [98]

・スエリング抑制剤は一般的にそれらが固溶体内に存在するときにだけ役目を演じる．その主要な役割は潜伏照射量を増加させることである．Si 高添加 15-15Ti 冷間加工鋼のようにスエリング抑制材料では，潜伏照射量が最も高いものになる（図 20.14）．

　スエリングの潜伏照射量の起源が依然として明確にならないとしても，異なる機構でいくつかの添加合金元素の有益な効果の説明についての推定をすることは出来る．固溶体内のその元素と格子欠陥（原子空孔，格子間原子または転位）の相互作用を通じて，この効果を簡潔に相互作用にむすびつけることができる，その相互作用は再結合を導き，結局過飽和原子空孔を減少させる．中性子束下での析出過程の変更を通じて，この影響はまた間接的にも働くことができる；この析出は固溶体内の他の適切な元素によって留まるか，または冷間加工転位網を安定にすることが出来る．

・スエリングにおける異なる元素の効果は加法的ではない，異なる合金化元素間の共に働く効果が大変重要である．特に安定化元素，炭素およびケイ素の場合である，窒化炭酸チタン (titanium carbonitrides) および/または Ni と Si 富裕化合物の多量の析出が生じることに対しては，固溶体からスエリング抑制剤を奪う結末となる．従ってこれらの濃度を制限する必要がある．さらに，アルミニウムの有害効果が Ni_3Al の析出リスクを伴う可能性がある．

　―金属学的状態 (metallurgical state)
　図 20.16 で観察できるように――溶体化・焼鈍 (SA)，冷間加工 (CW) および焼きもど

20.3 オーステナイト系鋼

し (tempered) 条件での Ti 安定化鋼のスエリング比較をしている [99]*4——材料の初期金属学的状態は非常に重要である.

CW: cold-worked 冷間加工
SA: solution-annealed 溶体化・焼鈍
SAT: solution annealed and tempered 溶体化・焼鈍・焼戻

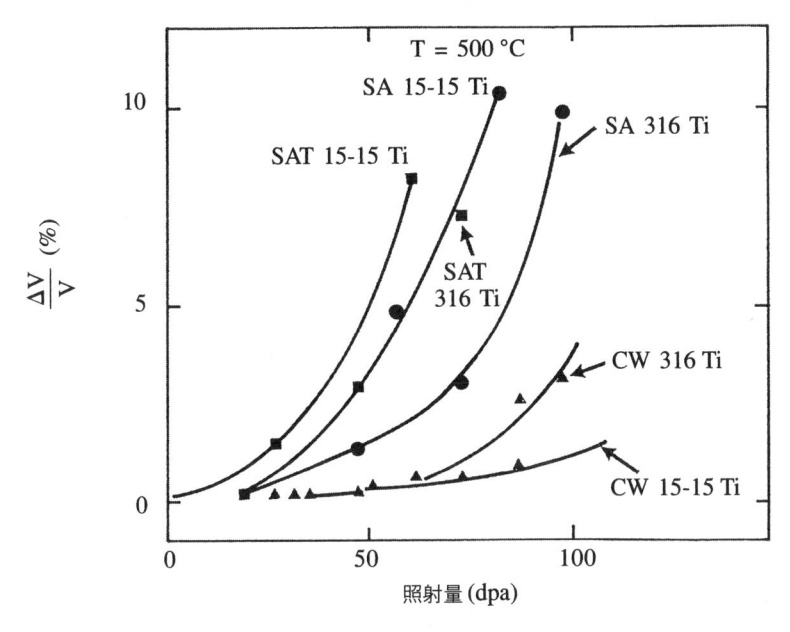

図 20.16 Ti 安定化 316 鋼および 15-15 鋼のスエリング [99]

冷間加工 (cold work) は,低温スエリングに対して常に有益である,さらに安定化鋼の場合,全温度範囲で有益である.この場合,照射中の再結晶化を防ぐためには冷間加工速度とモードの制御が重要となる.再結晶化の負の効果は,特にニオブ (niobium) 安定化オーステナイト系鋼で明瞭に実証された.

大部分の元素は固溶体内でのみ活動するため,溶体化焼鈍温度 (solution-annealing temperature) が大変重要となる.同一化学組成を有する溶体化焼鈍が最も適切に行われた鋼は,スエリング最小の 1 つになる.この結果は古典的で多くの著者たちがこれにふれている.さらに製造中全ての工程での熱処理の制御,および最終溶体化焼鈍温度ばかりでなく最終溶体化焼鈍処理——許容結晶粒寸法によって温度と時間が制限されている——によって溶け込ませることのできない相内のいかなる析出をも避けることが重要である.

---

*4 訳註: 焼きもどし (tempering):焼入れした金属材料を,焼入れ温度より低い中間温度に加熱して調質する操作をいう.鋼の場合は,マルテンサイトを変化させて靭性の増加した状態にし,焼入れによる残留応力を除くなどの効果がある.また時効硬化性合金には,焼きもどしによる人工時効を必要とするものが多い.

20.3.2 照射クリープ

照射クリープ (irradiation creep) は被覆管およびラッパ管の変形に有意に寄与し，この主題について多くの論文が投稿された．この集積された知識は，異なる種類の鋼（304, 316），溶体化焼鈍または冷間加工条件の，チタンまたはニオブ添加安定化鋼を網羅している；この知識は，原子炉内の被覆管またはラッパ管のふるまいの解析から得るか，または一定温度で照射した加圧管の変形測定から得た．さらに歪の炉内連続測定に関する幾つかの実験結果が出版されている [145]．

これらの研究は，150 MPa 下の荷重において，照射クリープ誘起歪はほとんどその荷重と伴に線形の変化をすることを示した（図 20.17）．その材料がスエル（膨張）しない範囲において，それはほとんど照射量に比例する．これらの材料に対する SIPA (Stress Induced Preferred Absorption) 機構は，ほぼ数 10^{-6} dpa^{-1}MPa^{-1} の値を有する K 係数を伴って同定されている．さらに，クリープ歪とスエリングとの相関関係が明確に実証された（図 20.18），それは I クリープを示唆するモデルとつじつまが合うように見える，その測定した α 係数は約 10^{-3} である．しかしながら，得られた実験の観点において，150 MPa を超えるところで応力との線形則からの逸脱があるとしても，PAG (Preferred Absorption Glide) クリープ機構の存在を明確に同定されなかったし解析もされなかった．[*5]

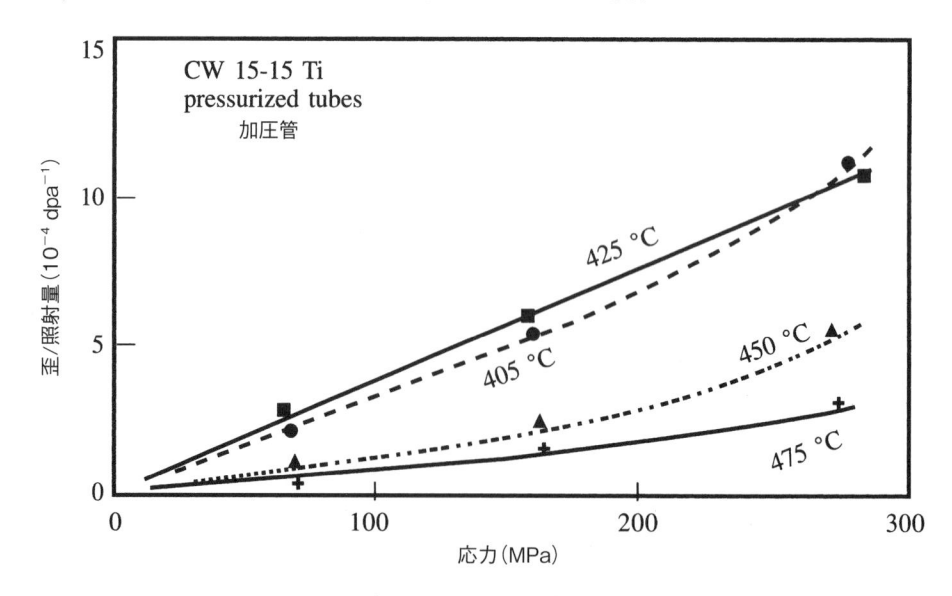

図 20.17　PHENIX 照射 CW 316 Ti の照射クリープ応力依存 [100]

多くの結果が正確でないために，K 係数と α 係数の温度依存性は未だに良く確定され

[*5] 訳註：　K 係数および α 係数については 18.4.2 節を参照せよ．

20.3 オーステナイト系鋼

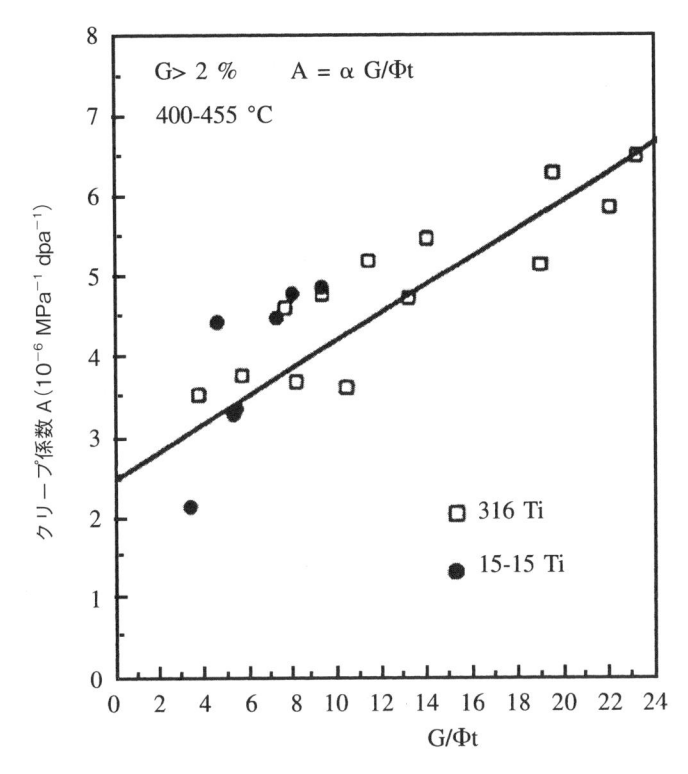

図 20.18 照射クリープとスエリングとの相関 [100]

てはいない.

さらに次のことを指摘しておくことが重要である，もしも一般的に加圧管の実験から推測した K 値と α 値がラッパ管で観察された「ふくれ」(bulging) 変形と矛盾しないとしても（第 VI 部），それらは被覆管上に観察された変形を説明するものではない．これは他の被覆管変形機構の存在によるか，またはこの解析で用いた応力の間違った評価値のいずれかによるものである．

20.3.3 機械的性質への照射効果

オーステナイト系鋼の機械的性質への照射効果に関する膨大な結果が存在している．これらの結果は，溶体化焼鈍 (solution-annealed) 状態または冷間加工 (cold-worked) 状態の多くの合金を網羅し，基本的に比較的引張り強さの性質を網羅している．さらに熱クリープのふるまいまたは強靭性 (toughness) に関する幾つかのデータがある．ほとんどの試験はその照射温度で，定格運転条件下でまたは軽微な前事故条件 (incidental condition) または重大な事故時条件 (accidental condition) 下での燃料要素のふるまいを記述するために行った．

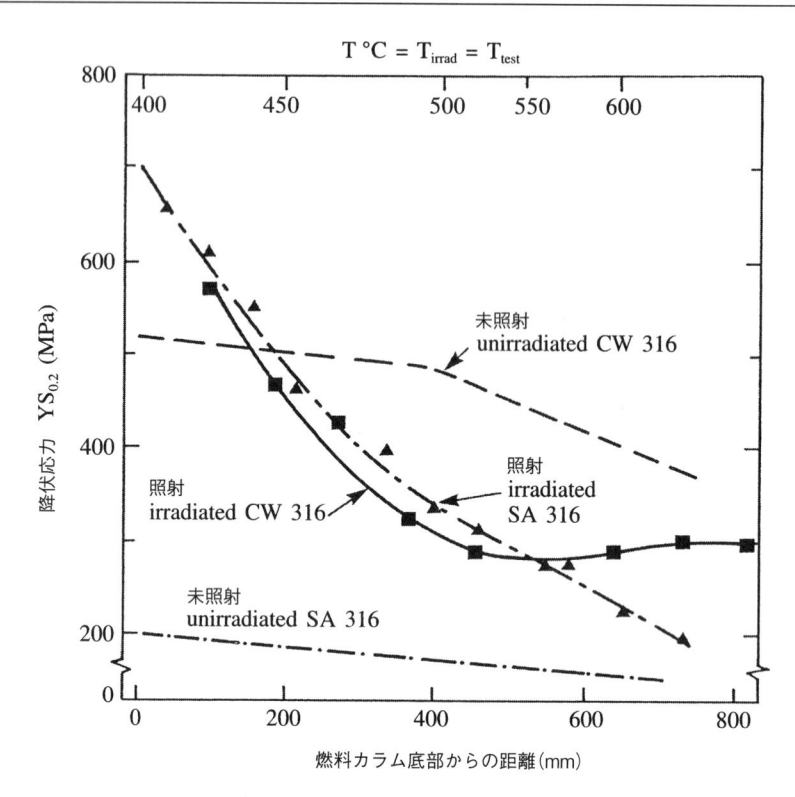

図 20.19　照射 SA 316 鋼と照射 CW 316 鋼の降伏応力の比較 [101]

次は主要傾向の要約である．

　一般的に照射は，オーステナイト系鋼の機械強さと延性の両方を修正する．溶体化焼鈍 (SA) 鋼の場合，照射は照射温度と試験温度に伴って変化する材料硬化を生じさせ，降伏応力と引張り強さの上昇を，さらに伸びの低下を導く．冷間加工 (CW) 鋼の場合，低温での硬化（$T \leq 450\ °C$），高温で軟化が観察される，それは照射条件に依存して，通常延性の様々な損失を伴って観察される．降伏応力の温度依存性を図 20.19 に示す；この図は PHENIX 炉で同じ照射量照射し，照射温度で試験した溶体化焼鈍 316 SS と冷間加工 316 SS の 2 つの燃料ピン被覆管の降伏応力を示している [101]．以下の節では冷間加工鋼について焦点をあてる，なぜなら溶体化焼鈍鋼は，許容できないスエリングのために今日では使用されていないためである．

照射量効果 (effect of dose)

　室温，硬化温度および照射温度で測定した引張り強度に対する照射量効果の研究をする時，図 20.20 のような 3 段階を観察することができる．

　―第 1 の段階，その機械的性質は急速に変化し，飽和に近付く．約 480 から 500 °C よ

20.3 オーステナイト系鋼

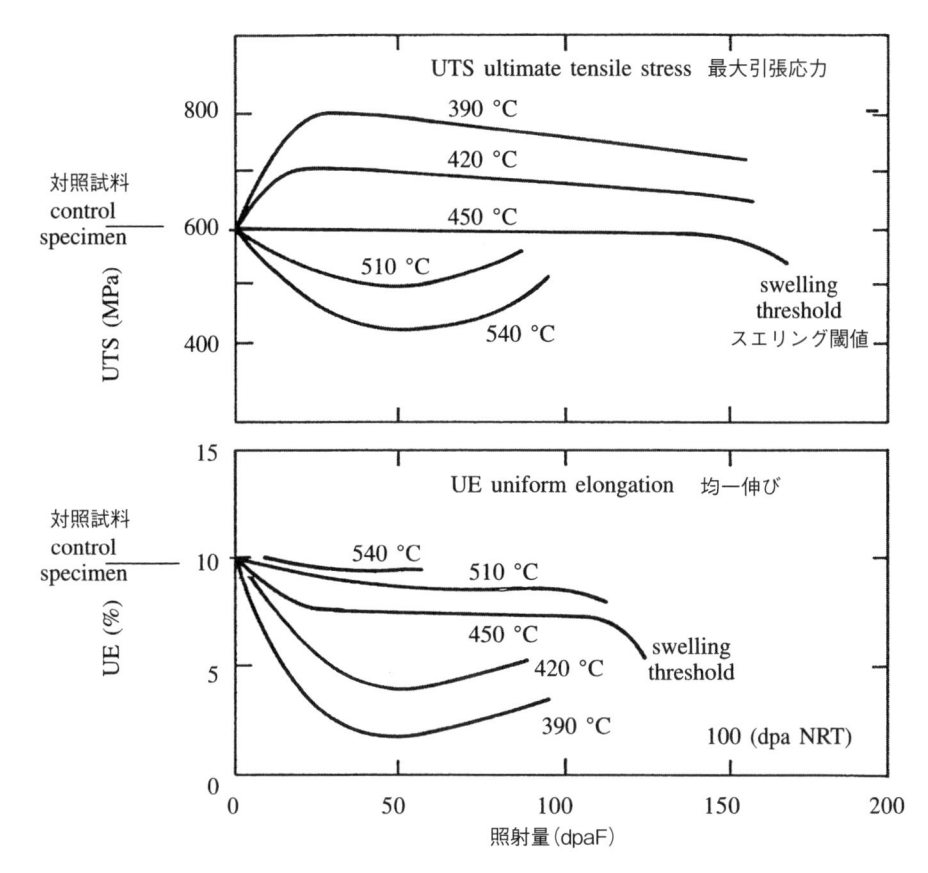

図 20.20 照射後オーステナイト系鋼の引張り強度温度依存

り低温で，この進展は全ての冷間加工鋼において硬化（降伏応力と最大引張強さの上昇，延性の喪失）に対応している，一方その温度より高温では軟化 (softoning) に対応している．その飽和照射量は材料に依存し，照射温度の増加関数のように見える；その飽和照射量は 10 から 50 dpa の間にある．

—第 2 の段階，それらの性質は照射量に伴い穏やかに変化する．いかなる温度においても，おおよそ強度と延性は低下する．この領域において，最大引張り応力は降伏応力に比べてさらに速く減少する．

—第 3 の段階，一般的に材料に依存する照射量の閾値において，スエリング最大領域内で引張り強度の急速な変化，それは減少であるが，を観測することができる．この照射量において，最大引張応力と降伏応力が接近し，延性が低くなる．破断がくびれ (necking) 無しに生じる．

図 20.21 で，試験温度を等しくした照射温度を関数として，安定化または無安定化された，飽和領域に近接する領域まで同一の最大照射量まで照射された，冷間加工オーステナ

イト系鋼被覆管の降伏応力の進展を観察できる．この図の中で，強度が温度の上昇に伴い低下すると明記できる．この進展は基本的には転位網の回復によるものである，温度上昇に伴いこの転位網密度は低下する．もしも安定化鋼の曲線と冷間加工 316 SS の曲線とを比べるならば，非安定化鋼の降伏応力低下がより急速であることを明記することができる，このことはチタンの存在が Ti 炭化物の微細析出を誘起し，転位網を安定にする事実によって説明できる．

均一伸び (uniform elongation) の進展に関しては，この効果はさらに複雑であり，図 20.22 に示すようにこの進展の一般的様相でさえ，鋼種が重要な役割を担う．このことは，この変数が多くのパラメータに支配されている事実によるということである．

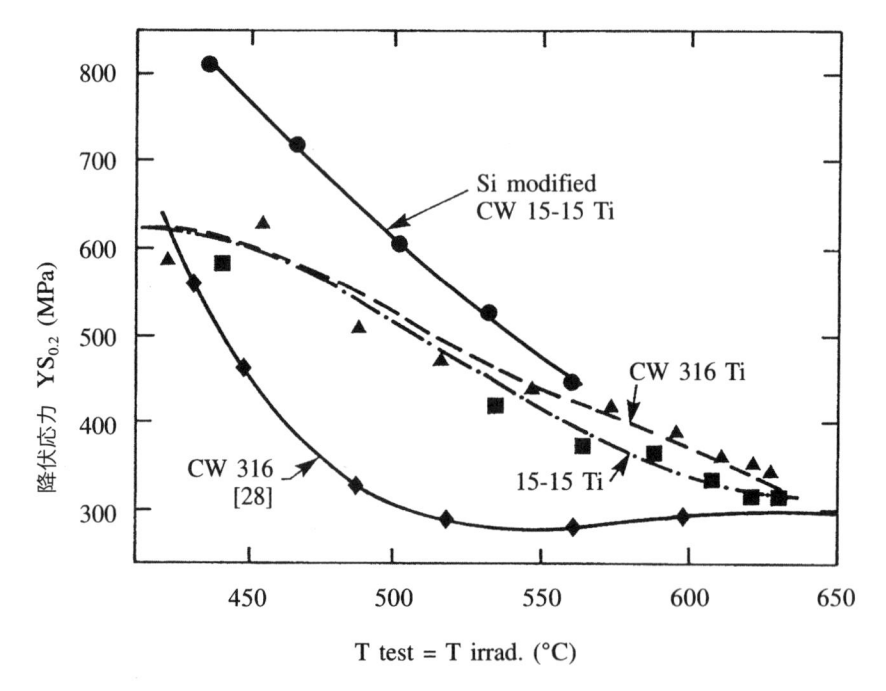

図 20.21　PHENIX 照射オーステナイト系鋼の降伏応力温度依存 [102]

温度効果 (effect of temperature)

応力と同様に試験温度は未照射オーステナイト系鋼の破壊モード (fracture mode) の重要な部分を演じることは既知の事実である [50]．このことは，照射条件に対しても真実である，ここで我々は応力と温度によって，異なる種類の破壊を認めることができる．これらは 304 SS に対する図 20.23 の図式 (diagram) で要約している．316 Ti の幾つかの対応破断面写真 (fractographs) を図 20.24 に示す．このような図式は照射量と材料の種類に依存していることを明記しておくことは重要である．実際，材料，照射量および照射温度に勿論依存するある所与された微細構造に対して，その変形機構は試験温度に伴い変化

20.3 オーステナイト系鋼

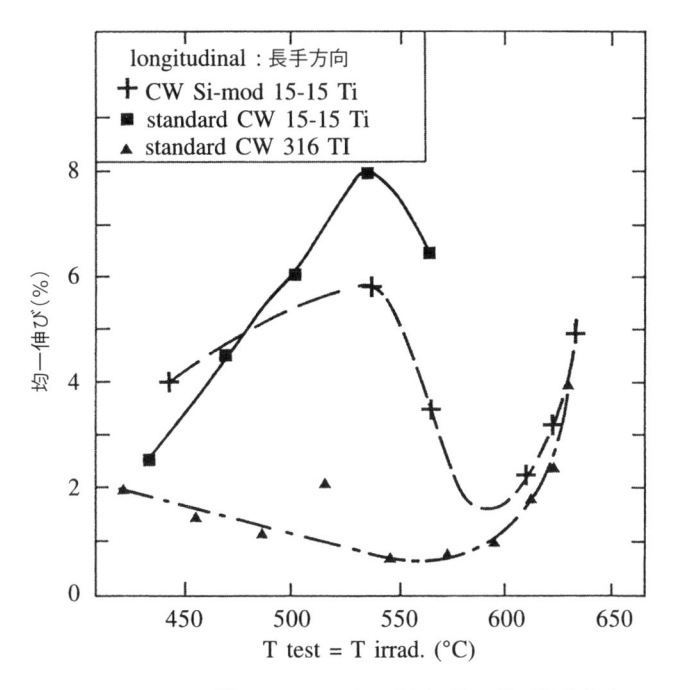

図 20.22 PHENIX 照射オーステナイト系鋼の均一伸び温度依存 [102]

する．最初のアプローチとして，閾値温度より低温で，その延性損失は結晶粒損傷 (grain damage) に関連する，一方閾値温度より高温で粒界損傷 (grain boundary damage)（析出または粒間ボイド）に対して敏感である．照射温度での被覆管またはラッパ管 (WT) の試験により，異なる微細構造を比較できる，それは異なる機構に従って変形したものであり，とりわけ異常事象および事故時条件での損傷評価において重要であるとの事実を比較できる．

この意味を考えると，これらの現象をより良く解析するためには照射温度と試験温度の影響を分離することがそれ故に必要である．これら 2 つのパラメータ分離のため，核分裂ピン (fissile pin) の被覆管上の所与温度で試験が行われた，そこでは照射温度が連続的に変化しているため，異なる試験温度になる．

スエリングが中庸な領域の照射量まで PHENIX で照射したタイプ 1.4970 被覆管，冷間加工 15Cr15NiTi 被覆管の結果（表 20.1 参照）を図 20.25 に示す．

照射最低温度より試験温度が低い時，燃料ピンの下端部で最大脆性を観察し，それより高温の時にはスエリング最大領域で脆性が最大に達することを我々は観察できる．この領域内で，低温で生成された欠陥の一部が温度上昇中に焼鈍しされ，スエリングが基本パラメータになるとものと考えることができる．最後に，$T \approx 600$ °C で測定された低延性は照射温度に比べて試験温度に由来するほうが大きい．さらにこの温度範囲において，破損はしばしば粒界 (intergranular) であり，この場合熱クリープ機構が生じがちである．

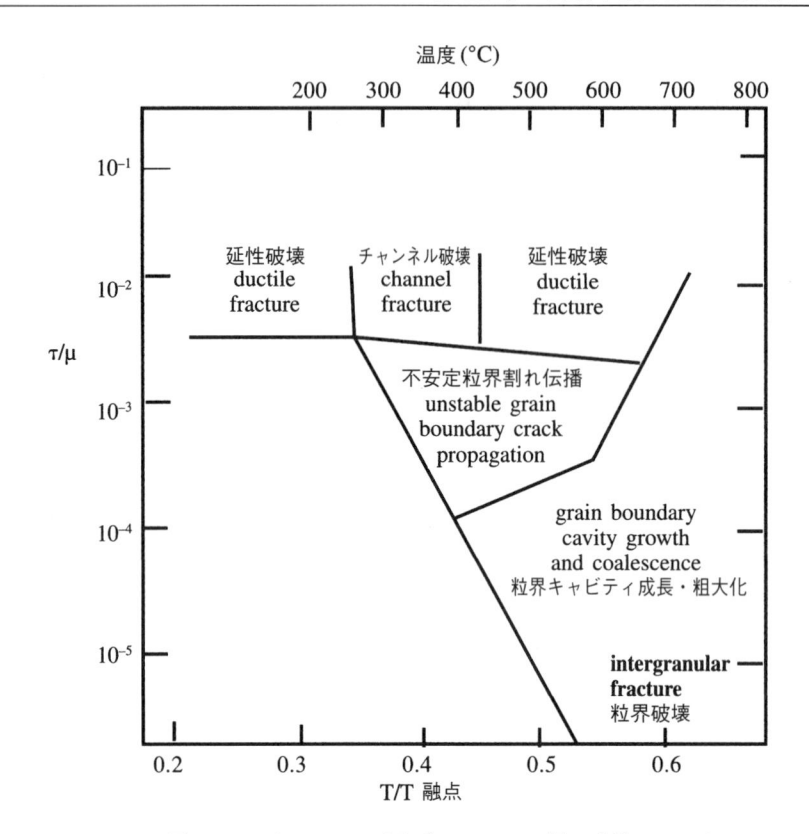

図 20.23　オーステナイト系ステンレス鋼の破壊のふるまい [50]

照射温度効果 (effect of irradiation temperature)

　照射温度を関数としたこの現象の詳細解析は材料に生じる損傷 (damage) の良き理解を与え，それらの到達された性質に影響を及ぼす主要因子を区分する．

　—照射温度が低くスエリングは限定される燃料集合体の下部において，照射温度と同じまたは低い温度で試験された材料は硬化を示す，照射温度の上昇する時にその硬化は低下する．照射量に伴い進展は転位ループの生成を伴うことができ，その密度は低照射量で飽和してしまう．この照射量を超えると，ループは成長し粗大化する；このことが降伏応力の緩慢な減少を導く．この領域では，硬化がループ密度に伴い変動し，その結果照射温度の上昇に伴い硬化度が低下する．

　—スエリング最大領域に対応する照射温度範囲において，転位網の発達が定常状態に達した後，材料の脆化はもはや照射量のみではなく，誘起析出物と同様ボイドの数と大きさにも依存することを明記しておこう．このことを図 20.26 に示す，この図に同一照射量照射された異なる耐スエリング性を示す 2 つの CW 316 Ti ラッパ管の機械的強度をプロットした．それら材料の機械的性質は非常に大きな影響を受け，そのなかでスエリングが最

20.3 オーステナイト系鋼

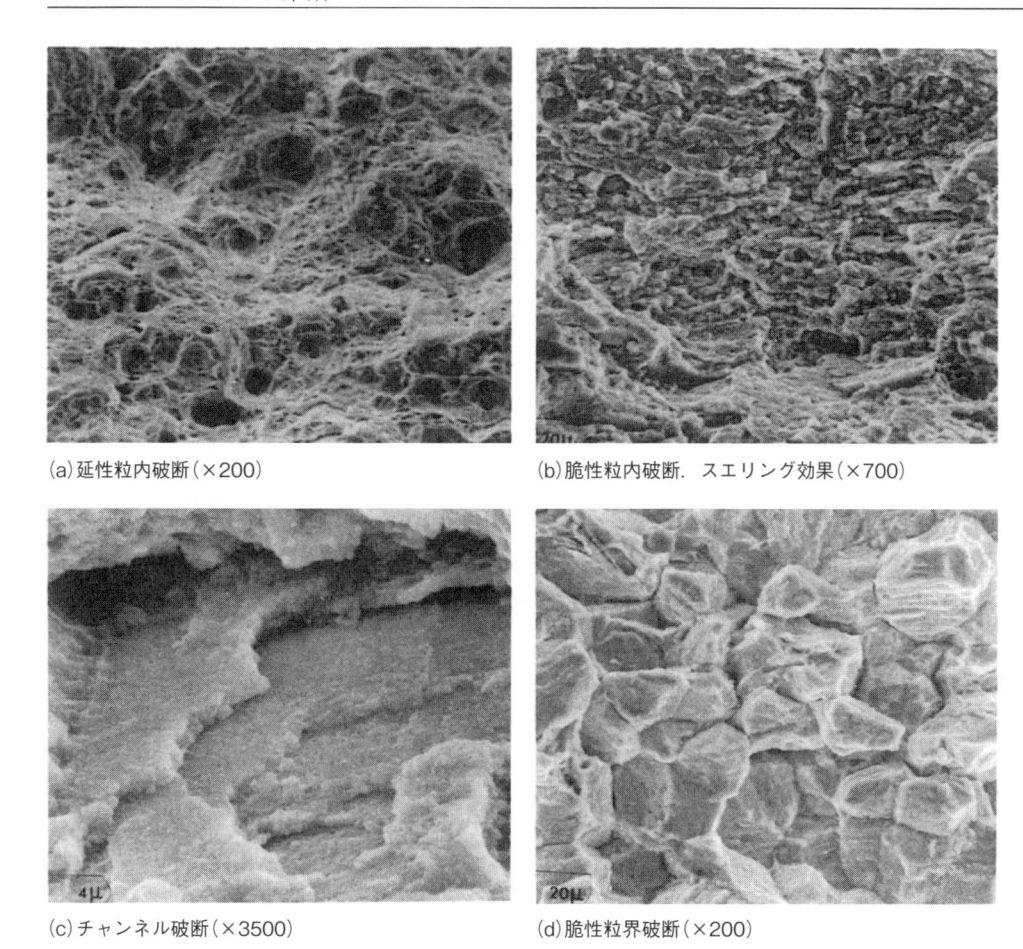

(a) 延性粒内破断 (×200)   (b) 脆性粒内破断．スエリング効果 (×700)

(c) チャンネル破断 (×3500)   (d) 脆性粒界破断 (×200)

図 20.24　照射 CW 316 Ti の破断面写真 [104]

も影響を受けることを明記しておく．

　この温度範囲で，異種オーステナイト系鋼は，材料および試験温度に依存して観察される重要な効果に対し大変に似たふるまいをする．スエリングが増加する時，その伸びの低下は最初にのみ観察されるだけで，その全体の伸び (total elongation) は均一伸び (uniform elongation) に比べて一層急速に変化する，他の変数は有意に変化しない．鋼種に依存しそのスエリング値の範囲が体積の 5 から 10 % であるのに対して，くびれ (necking) 無しの破損が生じ，それはしばしば典型的なチャンネル破断になる．この値を超えると，機械強度の崩壊 (degradation) および均一伸びの減少が存在している．図 20.27 に 316 Ti ラッパ管の操作温度で試験したものを示す．

　一方低スエリング領域では，機械的強度はそんなに大きく変動しない，これら性質が最も大きく変化するのはスエリングが脆化される領域で図 20.28 に示す観察がなされて

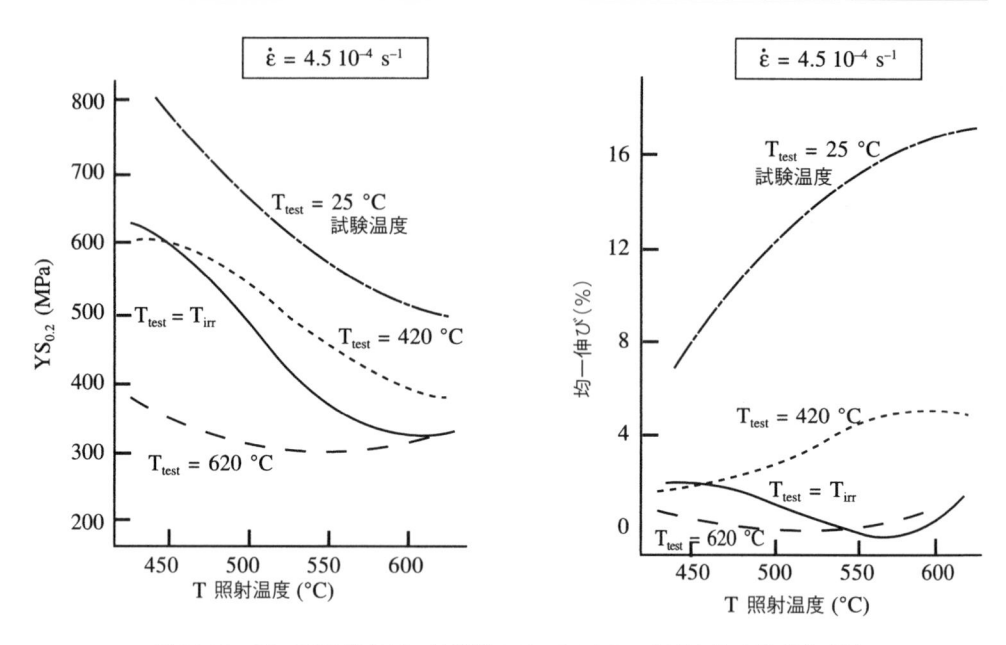

図 20.25 PHENIX 燃料ピン被覆管 CW 15-15 Ti の引張り強度温度依存性

いる．

—燃料集合体の上部で，そこでは照射温度が最高でスエリングは制限される，観測された効果は試験温度と歪速度の両者に依存している．一般的には均一伸びは歪速度の上昇に伴い増加する（図 20.29）．さらに，歪速度の増加に伴い上昇させた試験温度を超えると，粒界破断である．この閾値温度以下で観察された効果は結晶粒の微視構造によって決定され，その温度より上では結晶粒界の性質によって決定されると考察することができよう．

従って，粒内 (transgranular) 破断の試験温度および歪速度領域では，温度上昇に伴い均一伸びの増加が見られる，それは転位密度減少と相関させることができる．この進展は，誘起析出が生じる時を除いて，観察されている．

低歪速度および高い試験温度に対して，そこでは粒界破断が観察されている，スエリング発生と相関された脆化より低い照射量で脆化が出現する．この脆化を説明するための異なる仮説が提案された：粒界での相析出，核反応生成ヘリウム脆化である．この脆化は確かに熱クリープ機構の出現を伴っている．この仮説は異なる材料に対する炉内引張り挙動と熱クリープとを比較する時に確証されるように思える．高温延性がより小さい 316 Ti（図 20.22）および 15-15 Ti に比べて粒内破断 → 粒界破断の遷移温度がより低い 316 Ti は，このため最も短い炉内クリープ破断時間 (in-reactor creep-rupture time) を有す．これが多分 15-15 Ti へのホウ素添加の所以である，このホウ素添加がクリープ挙動および結晶粒界強さを改善している．

20.3 オーステナイト系鋼

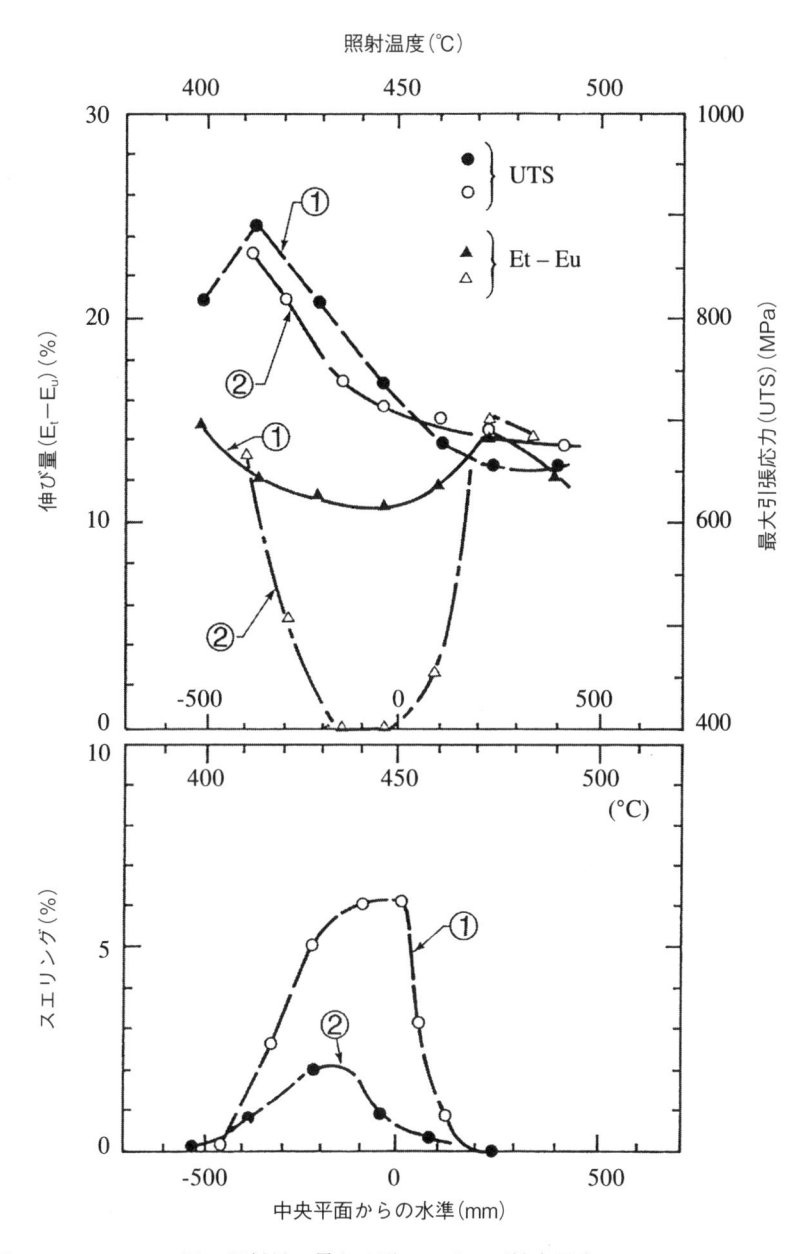

図 20.26 PHENIX 同一照射量で異なる耐スエリング性を示す 2 つの CW 316 Ti ラッパ管軸方向最大引張強さと延性の変動 [103]

20.3.4 結論

オーステナイト系鋼の照射挙動で得られた全ての結果は，この種の材料においてさらに良好な耐スエリング性を導く改良は機械的性質にも有益な効果を及ぼすことを示し

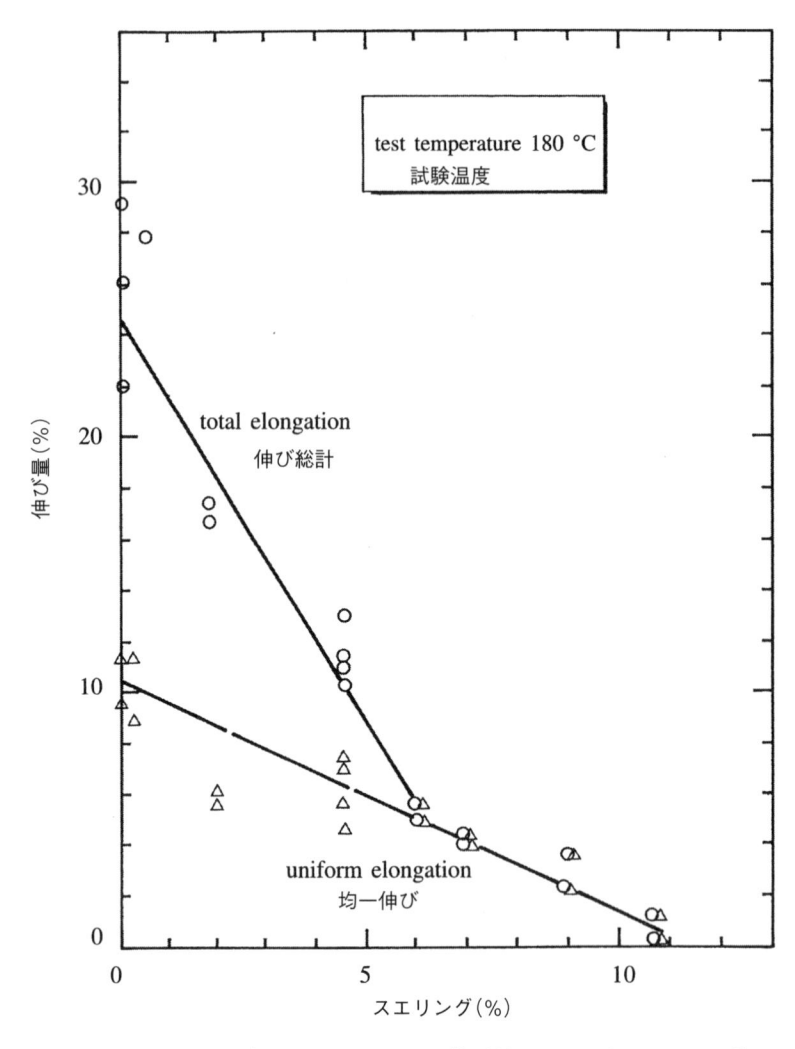

図20.27　PHENIX照射CW 316 Tiラッパ管延性におよぼすスエリング効果

ている．チタンによる安定化はニオブによる安定化に比べて良好であることもそれらの結果が示す．フランスが選択したPHENIXおよびSUPERPHENIX被覆管用基準材としての冷間加工改良15-15 Ti (AIM1)のスエリング挙動がそれ故に主なものになる．この材料は約160 dpaの照射量を許容しなければならない．仕様の改良によりこの制限値を200 dpaに増加することが確実にできることを継続中の研究が示している．この場合，熱クリープ抵抗性をさらに有効に制御しなければならない，なぜならそれは設計関連特性(design-relevant characteristic)であるからだ．

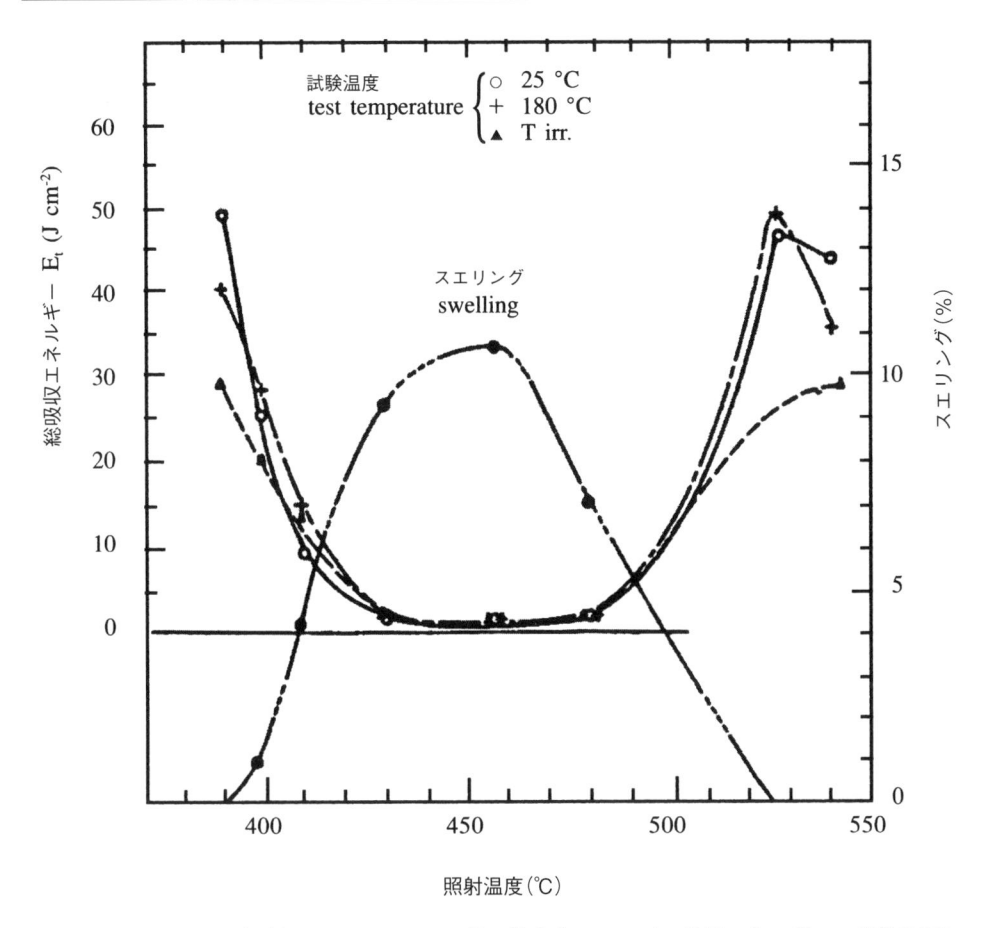

図 20.28 PHENIX 照射 CW 316 Ti ラッパ管の軸方向シャルピー吸収エネルギーの変動 [103]

20.4 高ニッケル合金

これらの材料は，FR 燃料集合体のピン被覆管およびラッパ管用として開発された．しかしながら，それらは多くの国々で照射脆化の理由から採用されなかった．

この合金研究のほとんどは時効硬化合金 (age-hardened alloys) に対して行われた，その合金は素晴らしい炉外熱クリープ抵抗性を有していた．PE16 のみが今まで使用された，PFR の燃料ピン被覆管およびラッパ管 (WT) 材として特にイギリスにおいて用いられた．

これらの合金は一般的に温度 950 と 1050 °C の間での溶体化・焼鈍条件 (solution-annealed condition) 下で，または 700 から 750 °C での熱的時効 (thermal ageing) 後のいずれかで使用される；これは硬化相（γ' または $\gamma' + \gamma''$）の微細析出物を導く．

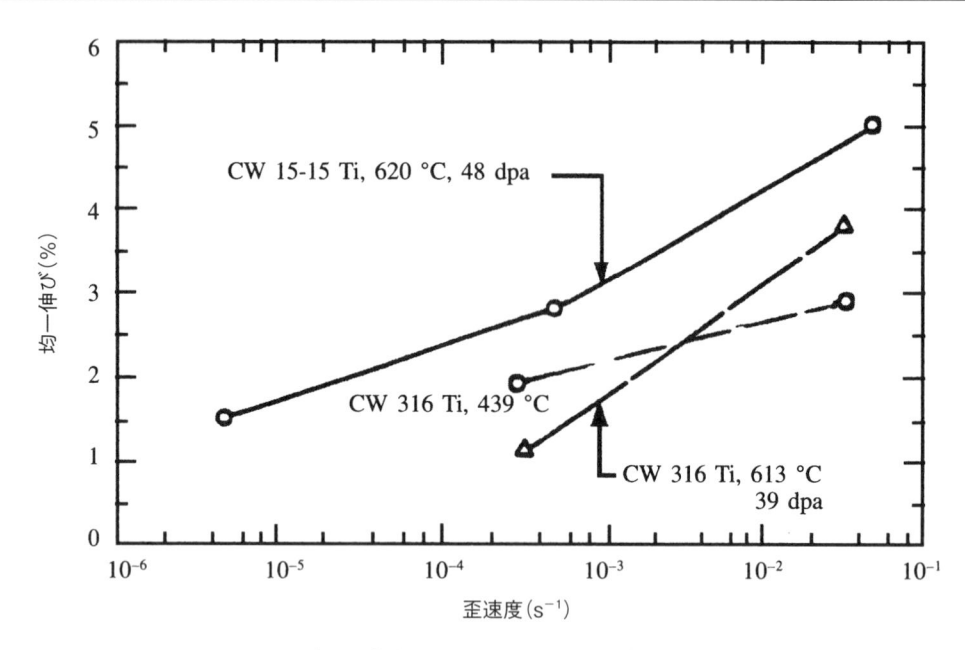

図 20.29 PHENIX 照射 Ti 安定化オーステナイト系鋼延性の歪速度依存性 [104]

20.4.1 スエリング

化学組成の異なる多くの工業材料が試験に供された（表 20.2）．それらは基本的にニッケル含有量が異なり，その含有率の変動幅は 25 から 65 % である，またその硬化相の性質が異なっている（[92] から [95] および [105] から [109]）．

Fe-Ni-Cr 合金で行われた系統的研究で合意された（[93],[94] および [95]），これらの合金のスエリングは 40 % ニッケルで最小であった（図 20.3）[110]，かつさらにニッケル含有率が高いところのスエリングは低い状態に維持された．しかしながら，ナトリウム腐食に関連するニッケル移動によって引き起こされる問題の観点から，燃料ピン被覆管材またはラッパ管材として選択された材料のニッケル含有率は 25 から 45 % の間であった．

照射条件効果 (effect of irradiation conditions)

この種の材料において，スエリングは多くの場合に低スエリング速度を伴う低潜伏照射量で特徴付けられている．とりわけ高ボイド密度（約 10^{16} cm^{-3}）の観察下において，それら直径の照射量に伴う変化は非常に遅い．さらにそのスエリング最高頂は，400 から 450 °C の温度範囲に位置する．図 20.30 に，PE16 の場合におけるこの進展を示す．

さらに，PE16 のスエリングが，照射条件と特に照射中の温度の進展によって非常に大きな影響をこうむることが実証されている [110]．これは，成長速度の変化にほとんど影

20.4 高ニッケル合金

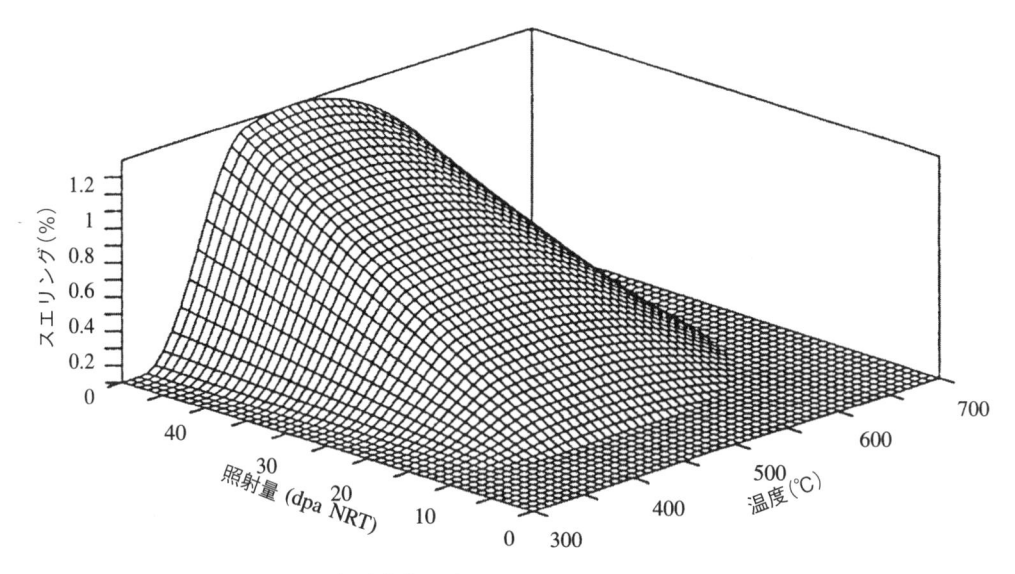

図 20.30 PFR 照射溶体化・焼鈍および焼戻し PE16 のスエリング [139]

響しないボイド密度の明白な変化の結果である.

材料関連因子効果 (effect of material-related parameters)

オーステナイト系鋼については，事実かなりの程度のスエリングをするいくつかのそれらの合金において ([111] および [112])，スエリング可変性 (swelling variability) は顕著である．これらの材料において，可変性は通常初期構造または照射誘起析出物に伴われ，また起こりうる相変化を伴なう．それで，Harries [112] および Bramman [89] は次のように考察した．Fc-Ni-Cr の相図で，これらの合金のスエリング最大は 3 相領域（cfc + cc + σ 相），中間は 2 相領域（cfc + cc, cfc + σ 相）および最小は単相であると考えた．さらに INC706 のようなある種合金において，高温スエリングが高照射量で観察されている（図 20.31）[113]．この作用の結果は耐照射性の劣る，とりわけ高温で急速に成長するボイドの核生成を導く新たな母相微細構造の確立である．

20.4.2 照射クリープ

この種の材料に関連するデータは，オーステナイト系鋼の場合に比べれば限定されている，また PE16 および INC706 に基本的に関係している ([113] から [116])．PE16 に対しては，その結果のほとんどがイギリスでの応力緩和試験から推論されている，INC706 に対しては，加圧管直径変化のフランスの試験から推論されている．

温度範囲 450 から 600 °C でオーステナイト系鋼に比べ，これら材料のクリープが低い

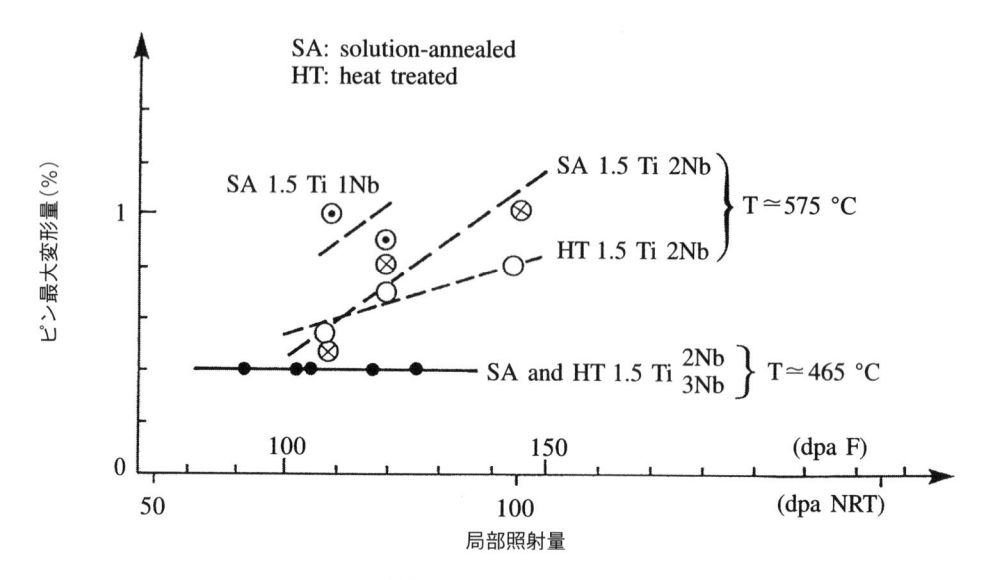

図 20.31　PHENIX 照射 Inconel 706 のスエリング可変性 [113]

ことが観察できる．このクリープ単位 (creep modulus) は以下の式で定義され，

$$A = \frac{\varepsilon}{\sigma \Phi t}$$

(式中の ε は照射量 Φt と応力 σ から得られる照射クリープ変形である)，そのクリープ単位はこの温度範囲においては大きく変動しないし，10^{-6} MPa^{-1}dpaF^{-1} 以下である．

さらに，PHENIX での INC706 で得られた結果 [113] および PFR での PE16 で得られた結果は，450 ℃ 以下で，温度低下の時このクリープ単位は減少する（図 20.32）さらにこの値は CW 316 SS（冷間加工 316 ステンレス鋼）の値に近付く．

これらの実験から推論されるクリープ単位の値が，燃料ピン被覆管で観察される変形と非常に良く一致するわけではないことを明記しておくことが重要である．

20.4.3　機械的性質への照射効果

前述で示したように，その照射下での機械的性質の進展が多分それらの材料に対する許容照射量をコントロールするのだろう．実際，PHENIX 炉内と同様 EBR2 炉内で，酸化物・被覆管機械的相互作用 (oxide-cladding mechanical interaction) に因って，これら合金種の脆化は大々的破損誘起を有する．

既存結果は比較的，ニッケル含有率 30 から 45 ％ の僅かな実験用合金および PE16，INC706 製のサンプルと燃料ピン被覆管である．それらは比較的広い範囲の照射温度と試験温度をカバーし，同様に 10^{-2} から 10^{-6} s^{-1} の歪速度をカバーしている．その基本的傾向について以下で要約する．

20.4 高ニッケル合金

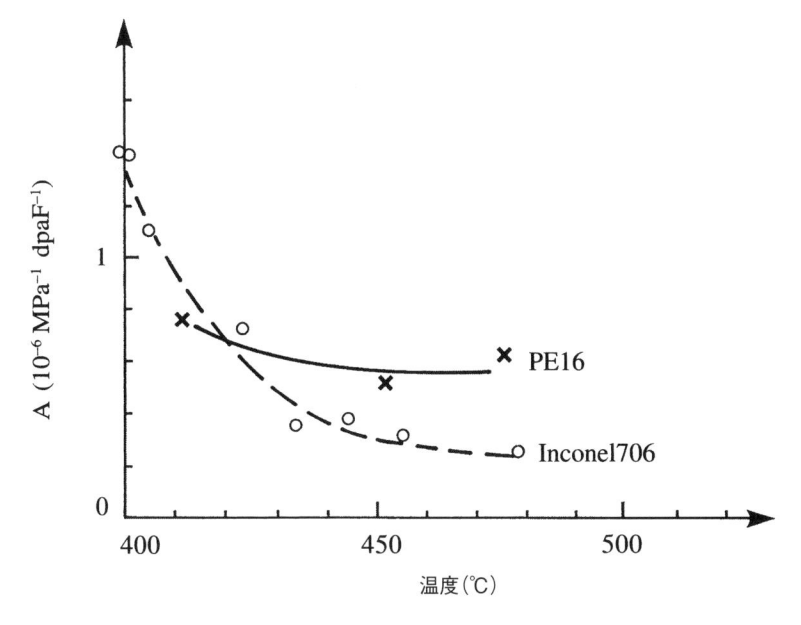

図 20.32　PE16 および Inconel 706 の照射クリープ単位

照射条件および試験条件効果 (effect of irradiation and test conditions)

室温で試験した燃料ピン被覆管の性質に対する主要照射効果は硬化である（降伏応力増加と延性低下）．延性は照射量増加に伴い低下し，照射量約 100 dpa でその値は 1 ％ を下回るまでに達する．PHENIX で照射した INC706 製燃料ピン被覆管の機械強度の進展例を図 20.33 に示す．照射温度 [117] または照射温度を超えて（[119] および [124]）試験が行われるなら，その機械強度の重要な変化が観察される．多くの場合，最大引張応力 (ultimate tensile stress) の減少を伴った被覆管高温領域での延性の有意な低下が観察される．図 20.34 に図 20.33 と同じ被覆管を照射温度で試験して得られた結果を示す．この脆性は被覆管高温領域でとりわけ重要であることが認識できる，そこでの最大引張応力は 1000 から 300 MPa へ減少し，その延性はゼロ近傍の値まで低下する．オーステナイト系鋼の場合そのことは実証されてしまったが，INC706 の場合その効果は照射温度に比べて試験温度に因ることが大きかった．破面観察（図 20.35）は，試験温度上昇した時に，任意温度でのディンプルを伴う粒内破断から粒界破断——そこでの粒界でもまた非常に小さい非常に密なディンプルが存在する——への移行が生じる．粒界様相の出現は延性の損失と一致する．これらの結果はオーステナイト系鋼に対するように，高温クリープ型機構への遷移によって説明できる．高ニッケル合金の場合，その遷移はさらに低温で生じ，オーステナイト系鋼に比べてより高い歪速度で生じる（図 20.36）．図 20.37 に示すように，同じような効果が PE16 で観察された，そこでは均一伸びと最大引張応力の変動が，2 つの照射量に対して温度の関数としてプロットされている [119]．

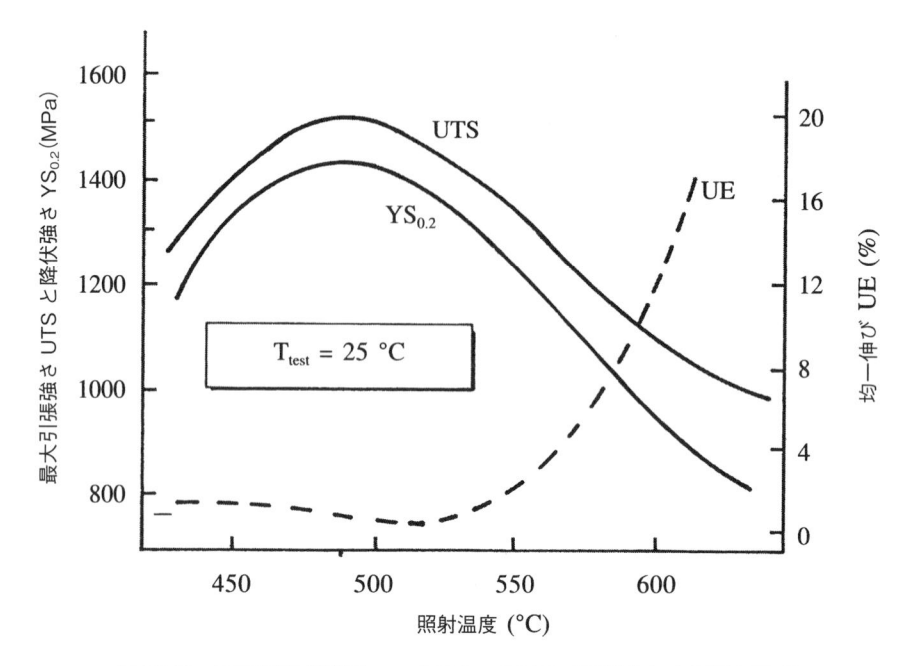

図 20.33　PHENIX 照射 Inconel 706 の 25 °C で試験された引張り強度

これは重大な結晶粒界崩壊 (grain boundary degradation) を伴う結晶粒の大きな硬化に因るものであろう．その崩壊はオーステナイト系鋼に比べて一層多量となる照射誘起ヘリウムの存在によるものか [121]，または粒界脆化を導く相の析出——INC706 での η 相 ([94] と [118]) または PE16 の γ 相のような [125]——のいずれかによる．

材料関連因子効果 (effect of material-related parameters)

通常，全ての高ニッケル歪硬化合金 (strain-hardened alloys) は照射下でそれらの機械的性質の強度な崩壊を示すように見える．この崩壊は靭性 (toughness) にも影響する，被照射 PE16 で約 20 MPa $\sqrt{m}$ の値まで低下する．[*6] しかしながら，この崩壊が有意に生じる照射量は合金に依存する；この効果はスエリングに部分的に伴われることがある（図 20.38）．これら合金に対し，靭性へのスエリング効果はオーステナイト系鋼の場合に比べてさらに大きいように見える．

[*6] 訳註：　破壊靭性値 (K_C)：欠陥内蔵材で応力拡大係数 K がある一定の臨界値 K_C に達すると破壊が生ずる．即ち，破壊の条件は，$K \geq K_C$ となる．ここで，一般的に亀裂長さ $2a$ を有する無限板で，負荷応力 σ のとき，応力拡大係数 K は $K = \sigma(\pi a)^{1/2}$ で定義される．K の次元は Pa·$\sqrt{m}$ または kgf/mm$^{3/2}$ である．材料固有のこの定数 K_C を破壊靭性と呼ぶ．

20.5 フェライト・マルテンサイト系鋼

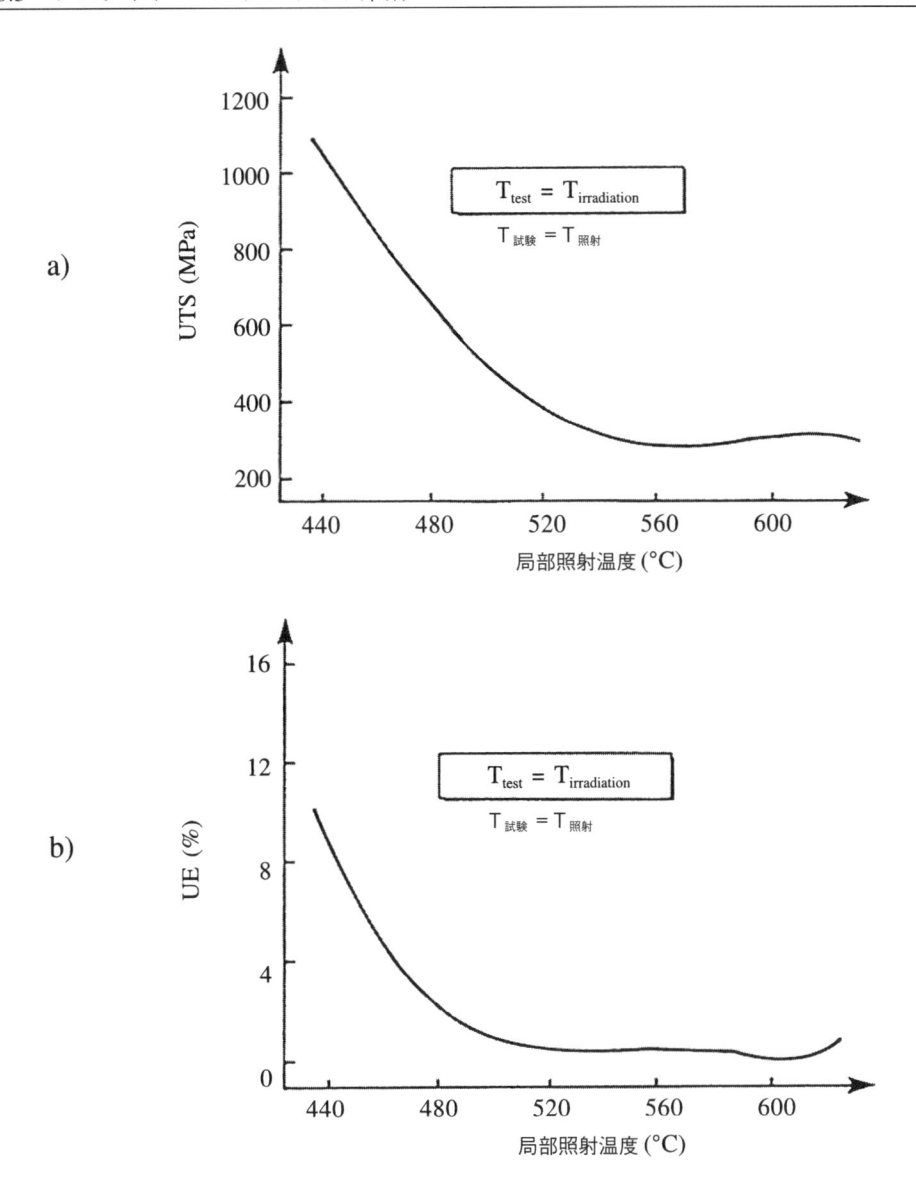

図 20.34 PHENIX 照射 Inconel 706 燃料ピン被覆管の照射温度で試験された引張り強度

20.5 フェライト・マルテンサイト系鋼

初期の選択では考慮されなかった，これらの鋼はしかしながら，ここ 10 年間で耐スエリング性の理由からラッパ管材料として急速な開発が行われた．

現在，それらの幾つか（焼戻しマルテンサイト系鋼：tempered martensitic steels）は，この部材としての FRs 到達点と考えられているところへ達したと考えられる．

x3500　　　　　　　　　　　　　　x700

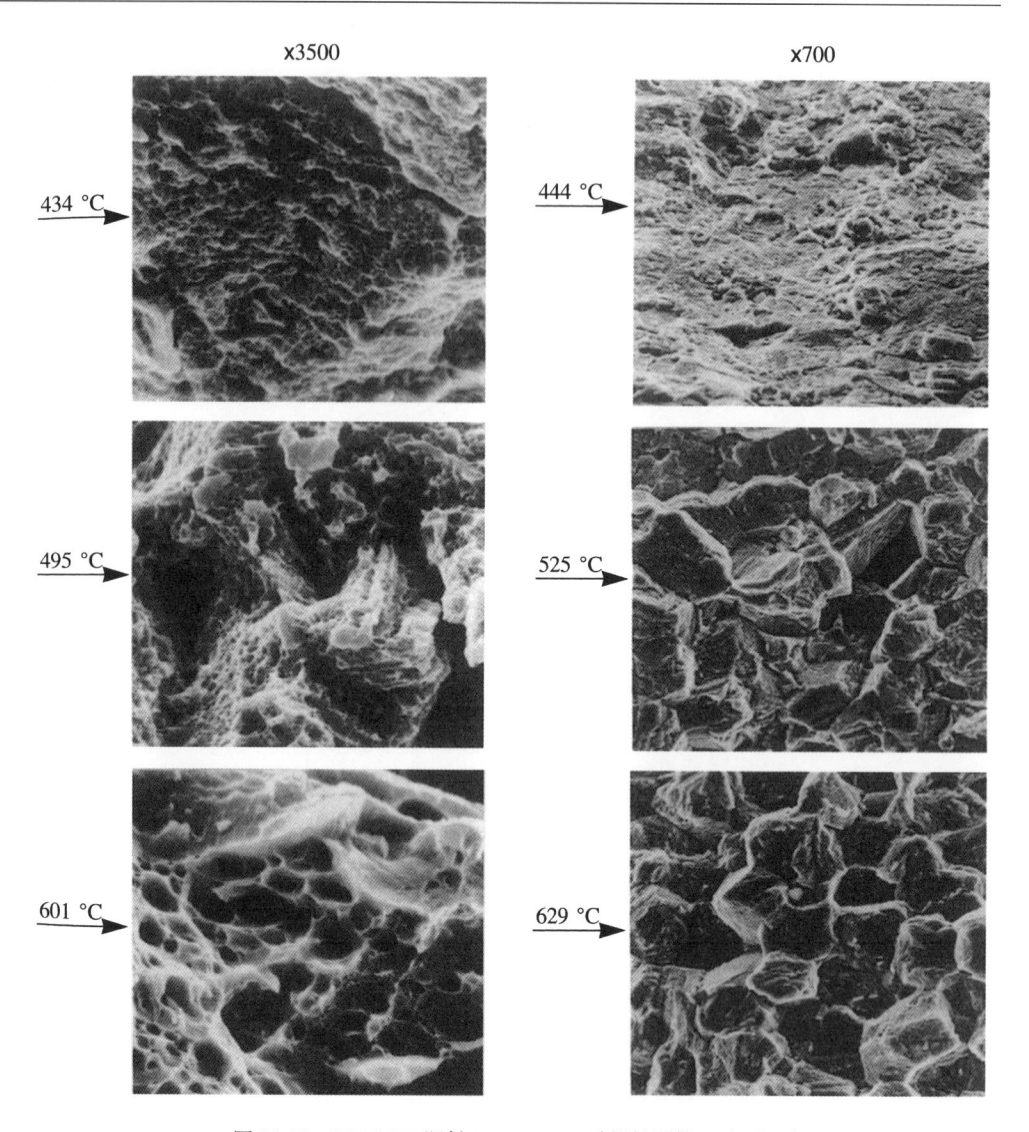

→ 434 °C　　　　　　　　　　　　→ 444 °C

→ 495 °C　　　　　　　　　　　　→ 525 °C

→ 601 °C　　　　　　　　　　　　→ 629 °C

図 20.35　PHENIX 照射 Inconel 706 破損被覆管の破面写真

　ピン被覆管材に関して，異なる種類のものが研究されてきた；しかしながら，FFTF の HT9 で行われた場合と同じようにもしも被覆管最高温度の低下または肉厚の増加が想定できる場合を除けば，これらの合金の耐クリープ性向上のためにさらなる改良が必要である．
　オーステナイト系鋼のように，大変多くの鋼研究が行われた．ラッパ管材に対して，これらの鋼材は初期の蒸気発生器研究が起源であり，機械強度の改善と延性・脆性遷移温度の減少のために改良（化学組成，熱機械的処理）されている．これらの研究は相対的に異なる構造に行われている：フェライト，フェライト・マルテンサイト 2 重型 (duplex)，焼

20.5 フェライト・マルテンサイト系鋼

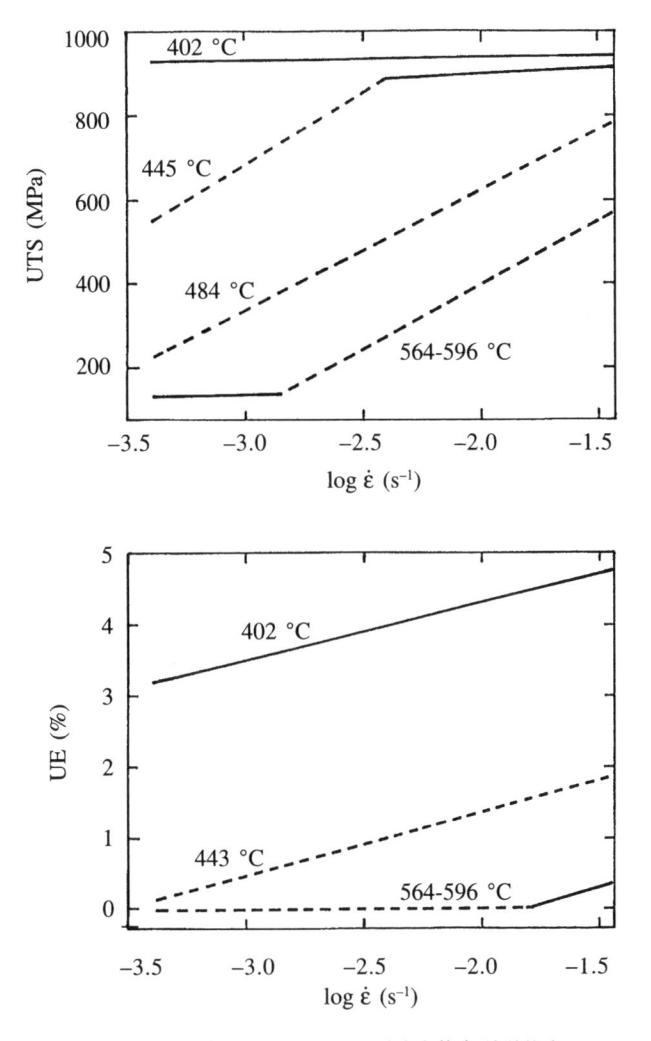

図 20.36 照射 Inconel 706 の歪速度依存引張強度

戻しマルテンサイト，フェライト・ベイナイトおよび安定化または非安定化鋼.[*7]

完全フェライト系鋼は冷間加工と再結晶の条件で使用されている．950 と 1100 °C 間でオーステナイト化処理 (austenitizing treatment) し引き続き 700 と 780 °C 間での焼鈍しを経たマルテンサイト系鋼は，ラッパ管材として使用するための安定な機械的性質を伴う焼戻しマルテンサイト構造を得る．表 20.3 に研究された種々の合金を示す．

被覆管に対して，わずか 3 種類が燃料集合体として照射されたにすぎない：EM12, HT9 および酸化物分散型鋼 (oxide-dispersed steels) である．照射で得られた主な結果を以下に

[*7] 訳註： ベイナイト (bainite)：オーステナイトに定温変態を行わせたときに生成する組織の一種で，針状のフェライトと針状のセメンタイトからなりたっている．マルテンサイトとトルースタイトとの中間的性質をもつ．

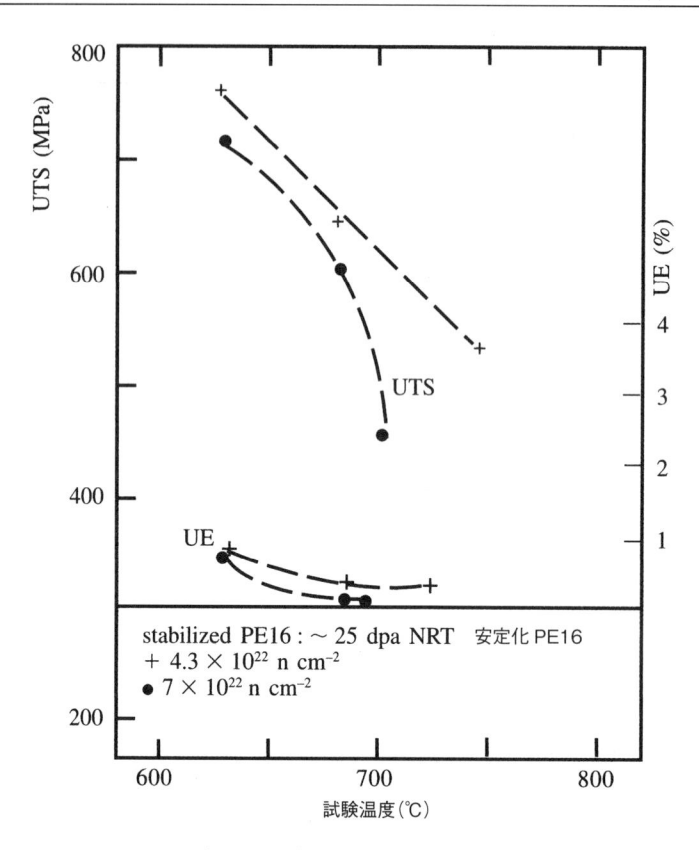

図 20.37 照射された安定化 PE16 の高温引張強度 [119]

まとめよう，酸化物分散型鋼については特別に節をもうけて述べる．

20.5.1 スエリング

多くの鋼が，試料またはラッパ管のいずれかにより，照射量 150 dpa に達することが出来るよう照射された [127]．これらの照射は，この種の鋼が計画した照射量まで低スエリングであることを確認した．体心立方晶鋼の耐スエリング性の起源について多くの著者たちによって考察され，レビューされている（[128], [129] および [130]）．込み入ったこの主な機構は，以下のバイアス（性癖：bias）を減ずることができるその転位構造である．格子間不純物による欠陥捕捉 (defect-trapping) に依る再結合の増加，低ヘリウム生成速度またはシンク（消滅場：sinks）として働くこの種の合金の非常に膨大な界面の支配である．

照射条件効果 (effect of irradiation conditions)

体心立方晶鋼 (body-centred cubic steels) において，そのスエリング最大は低温度（400 ℃またはそれ以下）に局在している．EM10, F17 と EM12 に対するこの点を図解するた

20.5 フェライト・マルテンサイト系鋼

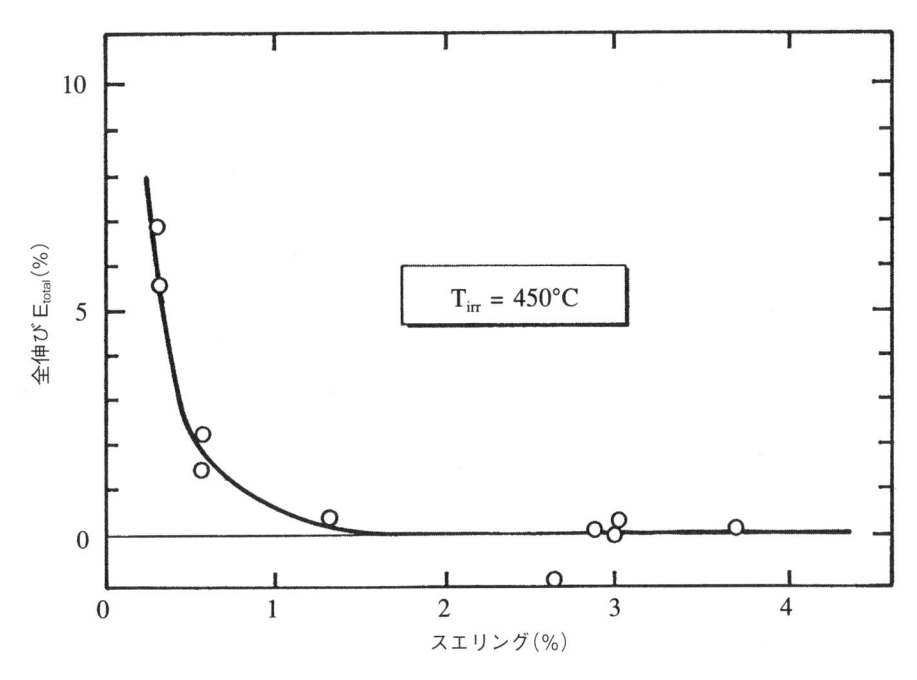

図 20.38 PHENIX 照射された安定化 PE16 の全伸びに対するスエリング効果

め，図 20.39 に 100 dpa におけるスエリングを温度の関数として示す．

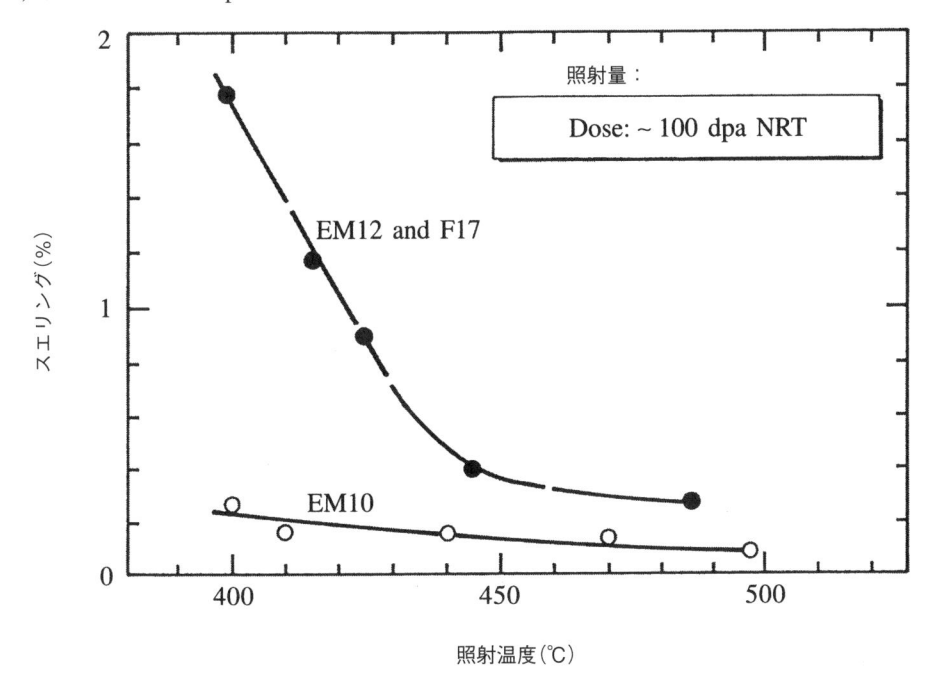

図 20.39 PHENIX 照射されたフェライト・マルテンサイト系鋼のスエリングに対する温度効果

これら鋼のほとんどは，照射量に伴うスエリングの進展は緩やかであり（図20.40），そのスエリング速度はオーステナイト系鋼のスエリング速度に比べて大変小さい（図20.2）．

最後に，応力増加はこれらの鋼の潜伏照射量を減少させることが出来ることを明記しておかなければならない（図20.41）[134]．

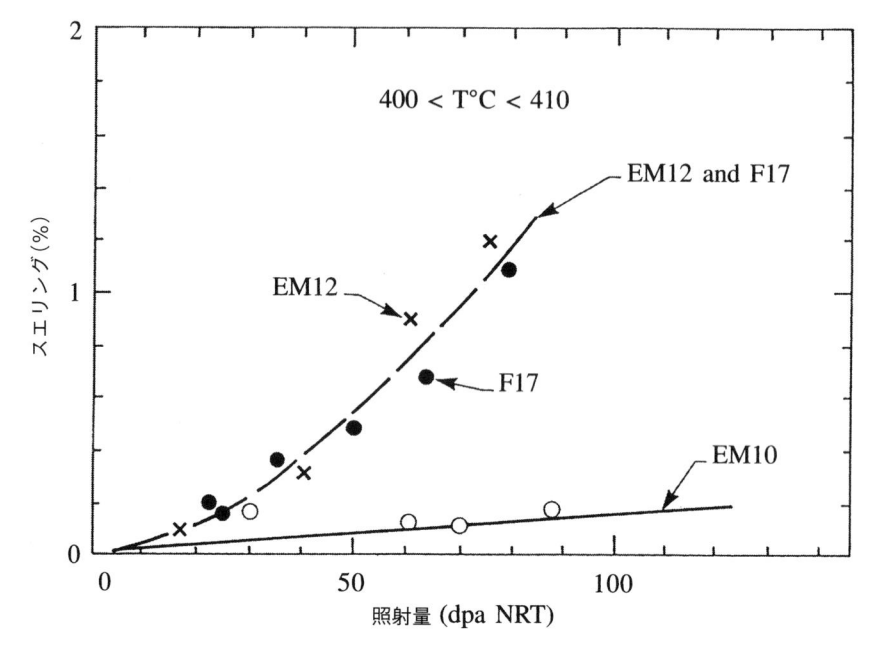

図20.40　PHENIX照射フェライト・マルテンサイト系鋼のスエリングに対する照射量効果

材料関連因子効果 (effect of material-related parameters)

体心立方晶鋼スエリングは常に限定されているものの，他の合金に対するのと同様，化学組成と微視的構造に基づくスエリング変動の存在が観察される．

オーステナイト系鋼の場合のように，純粋金属から製造したFe-Cr鋼中の主要元素および少量元素の影響に関する系統的研究が行われてきた[131]．図20.42に，一例として幾つかの添加合金元素の影響を示す[131]．

さらに焼戻しマルテンサイト系鋼に比べてフェライト系鋼のスエリングが大きいことおよび全ての温度でこのことが言えることが実証された（[132]と[133]）．結局，マルテンサイトEM10鋼は，2重型(duplex)EM12鋼[*8]またはフェライトF17鋼に比べてスエリングが小さい（図20.39と図20.40）．この効果はボイド寸法よりもボイド密度に因るものと思われる[132]．

[*8] 訳註：　2重型(duplex)鋼：ここではフェライト・マルテンサイト系鋼のこと．

20.5 フェライト・マルテンサイト系鋼

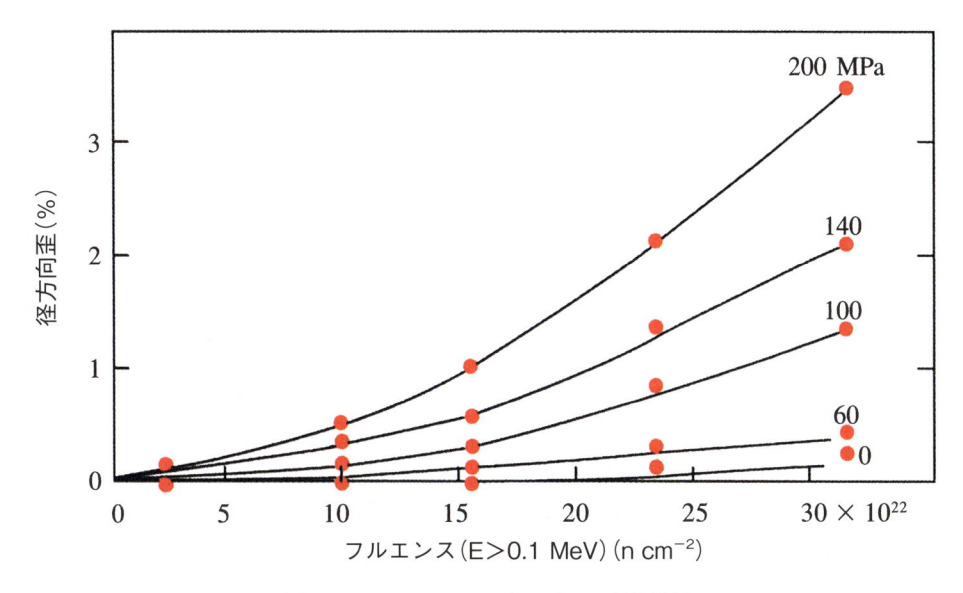

図 20.41 HT9 のスエリングへの応力効果

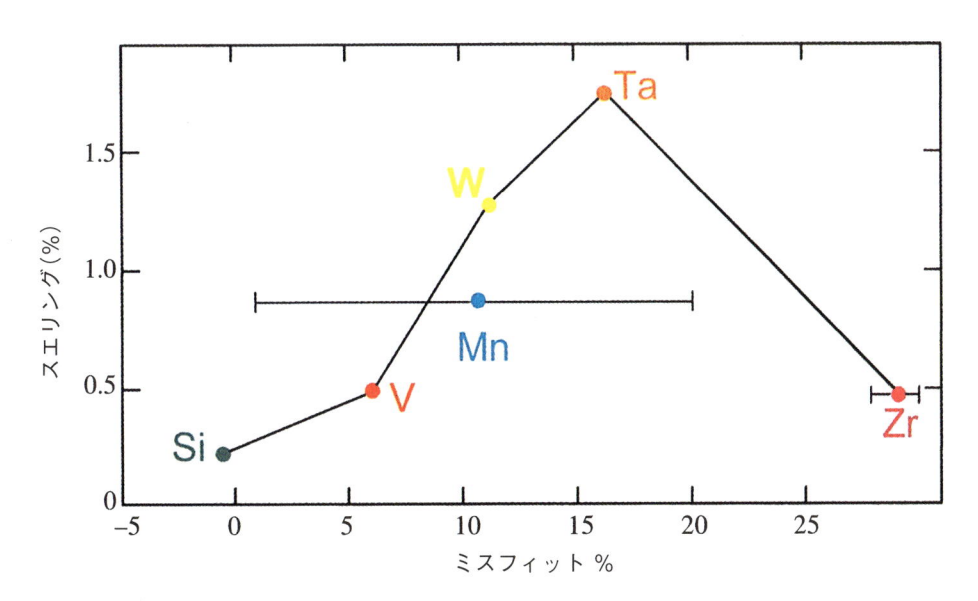

図 20.42 Fe-Cr フェライト系鋼のスエリングへの添加合金元素効果 [131]

20.5.2 照射クリープ

獲得された知識は，400 と 650 ℃ の間で照射量 170 dpa まで照射した相対的に異なる鋼に関連している．このデータは基本的に PHENIX, PFR, EBR2 または FFTF で照射した加圧管の挙動解析から導き出された，幾つかのケースでは高線量まで照射したラッパ管の

挙動から導き出された．

図 20.43 に示すように，得られた結果は，多くの場合（高温または高応力）にその寸法変化は応力に対し線形には変化しないことを示している（[136] と [137]）．B.A. Chin [153] は，HT9 の場合において炉内クリープ速度と熱 2 次クリープ速度が同一であり，さかし炉内において 1 次クリープが存在しなかったことを示した．そのことは従って，この温度および/または応力領域において熱クリープが寸法変化に大きく寄与しているようだ．このことが異なるフェライト・マルテンサイト系鋼の熱クリープ抵抗を相関させたクリープ挙動の差異の事実から実証されている．

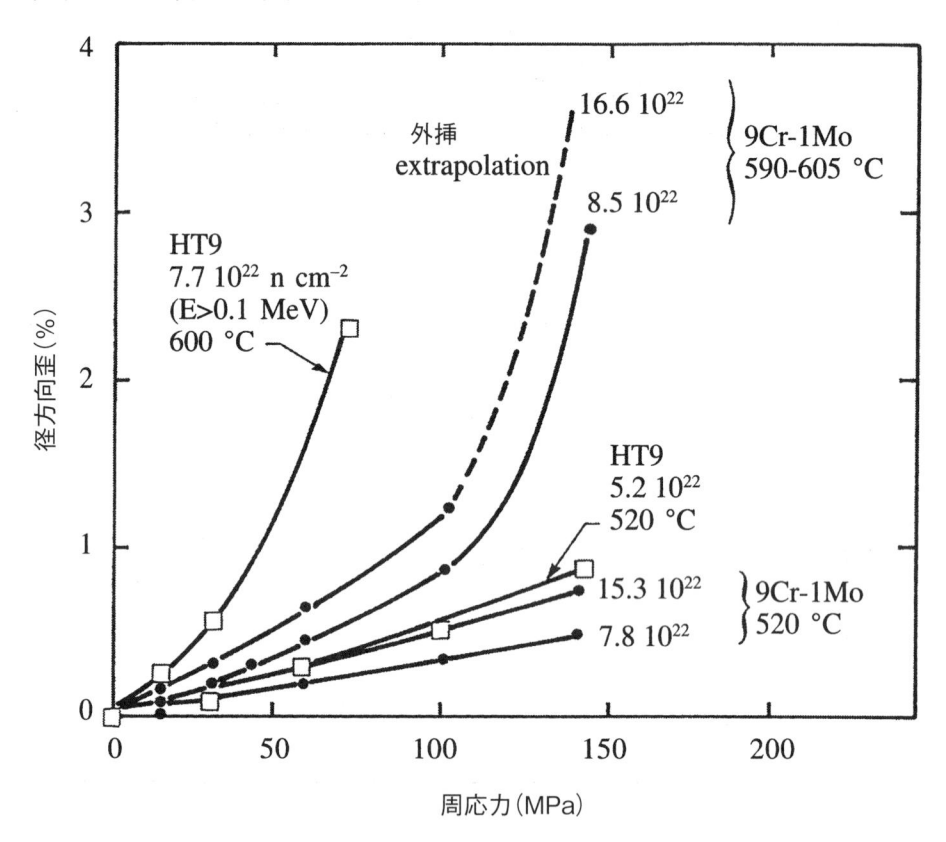

図 20.43　9Cr1Mo および HT9 合金の応力と温度の様々な組合せにおける炉内クリープ [134]

測定された炉内変形が応力に伴い線形に変化する時，A と呼ぶクリープ単位 (creep modulus) を以下の関係から決定することが出来た：

$\varepsilon = A\sigma\Phi t$，ここで応力 σ および中性子束 Φ 下で照射時間 t 後に測定された歪が ε である．

オーステナイト系鋼においても，その加圧管とラッパ管は同じふるまいをする．しかしながら，この種の照射クリープ単位（モジュール）は，オーステナイト系鋼の照射クリー

プ単位に比べて小さく，研究した温度範囲で僅かに変動するだけである．

最後に，これら鋼のスエリング制限の観点においてその照射クリープ・スエリング相関関係は，明確には確立されていないことを明記しておくことが重要だ．しかし HT9 で得られた結果の解析は，その相関係数 (correlation factor) α がオーステナイト系鋼で得た値から大きく異ならないことを示すようだ [134]．

20.5.3 機械的性質への照射効果

入手できる結果は，試料またはラッパ管として照射した，異なる構造と化学組成を有する非常に多数の鋼より得られている [6-15]．これらの試料は室温で，照射温度で，操作温度 (handling temperature) でおよび事故時条件下の幾つかのケースで試験された．

引張り強度 (tensile properties)

照射マルテンサイト系鋼の引張り特性はサンプリング方向に僅かに依存するのみである．それらは低温域で硬化し，それが降伏応力と最大引張り応力の増加および延性低下を帰着させる，しかしながらその硬化はほとんどの場合 1 % 強に留まる（図 20.44）．オーステナイト系鋼に対するように，この効果は低照射量で飽和する（図 20.45）．この硬化は照射ループ形成に因るものであるが，α' 相のような脆性相の析出にも因る．それがなぜこの硬化が高クロム含有のフェライト系鋼よりも大きいのかという理由である．400-500 ℃ を超える温度で，熱的効果（回復，ある相の析出）に因る材料軟化が通常観察できる．例えば EM10 の場合のように（図 20.44），幾つかのケースにおいて炉外試験 (out-of-reactor) よりも照射下のほうがさらに遅く材料が回復することを明記しておかなければならない．

熱過渡下 (during thermal transients) での機械的性質について HT9 に対してのみ研究された [140]．それらの研究は，もしも被覆管として使用されたとして，この材料が 316 に比べてさらに良いふるまいをすることを示している．

シャルピーと靭性 (Charpy and toughness properties)

これらは最も研究された物性である，とりわけラッパ管において研究された，なぜなら延性・脆性遷移温度 (ductile-brittle transition temperatures：DBTTs)，上部棚エネルギー (upper shelf energy) および靭性の知識が全ての運転条件下での，とりわけ操作中における，破損リスクを評価するために必要であるからだ．

これら物性への照射効果は延性・脆性遷移温度の上昇と上部棚エネルギーの低下を導く（図 20.46），さらに重要なのは照射温度が低い時である．引張り強度では，これらの効果は 10 dpa で飽和する，しかしここで試験試料方向の影響が観察できる．一般的に割れの進展が圧延方向の時にその物性は悪化する（図 20.47）．これらの研究は，最良のふるまいを有する 9Cr マルテンサイト系鋼としてと最悪のふるまいを有するフェライト系鋼と

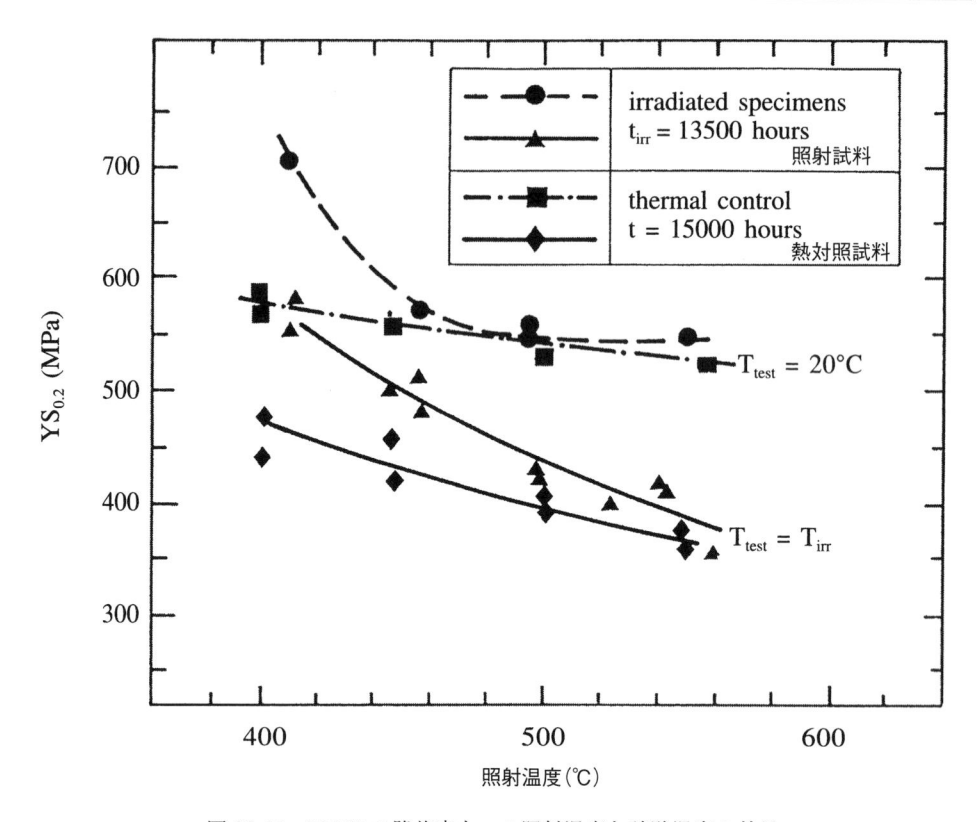

図 20.44　EM10 の降伏応力への照射温度と試験温度の効果

しての性質をを示した．これを図 20.47 に図解した，その図中に異なる合金の照射に伴う DBTT（延性・脆性遷移温度）変化をプロットしている．F17 の DBTT は低温操作中に生じる温度を超えた温度に達する，一方 EM10 の値は室温よりも低い．さらに，幾つかの少量添加合金元素は，12Cr1Mo 鋼のシャルピー強度への S, P と Si 含有率効果を与える図 20.48 に示すように [141]，これらの物性を有意に劣化させえることが観測された．

20.5.4　酸化物分散強化型フェライト系鋼 (ODS)

この種の鋼は，FR 燃料集合体の目標燃焼率に達することが許容される被覆管材を得るため，オーステナイト系鋼の耐高温クリープ性と少なくとも等しい耐高温クリープ性をフェライト系鋼の耐スエリング性と結合させるため開発された．

クリープ抵抗性向上は，フェライト母相内への細かな酸化物粒子（TiO_2, Y_2O_3）の分散によって達成された．これは機械合金工程 (mechanical alloying process)（粉末粉砕混合を用いた合金製法であり，その合金粉末を密に成型し整形する）を用いて製造している．しかしながら，満足すべき金属学的性質（結晶粒径，機械性質の異方性など）を得るために

20.5 フェライト・マルテンサイト系鋼

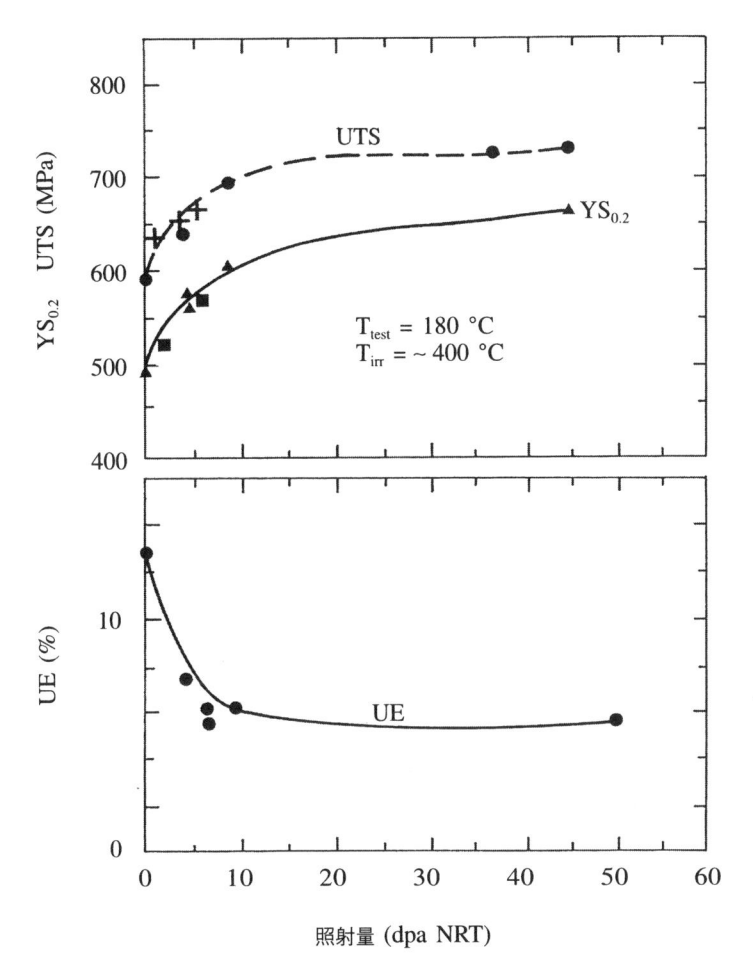

図 20.45 400 °C で照射した EM10 引張り強度の照射量依存

別の問題を解くことを，これら材料開発にて要求された（[143] と [144]）．

ベルギーで開発され PHENIX で照射した燃料ピン集合体である [142]，第 1 世代材料はこれらの燃料ピン被覆管の良好な寸法安定性が実証されたとしても，残念ながら失望に終わった，なぜなら照射後の脆性がその理由である．後者の脆性は，脆化相（χ 相）析出を誘起する，これら合金化学組成の寄与による．

現在，これらの問題を解決するために新合金が開発中である．しかしながら，この開発は製造問題の理由から長期間を要するだろう．

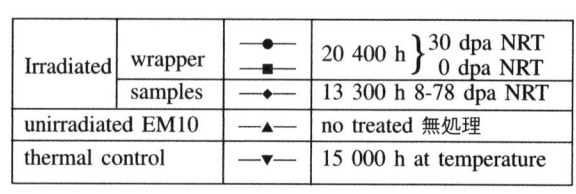

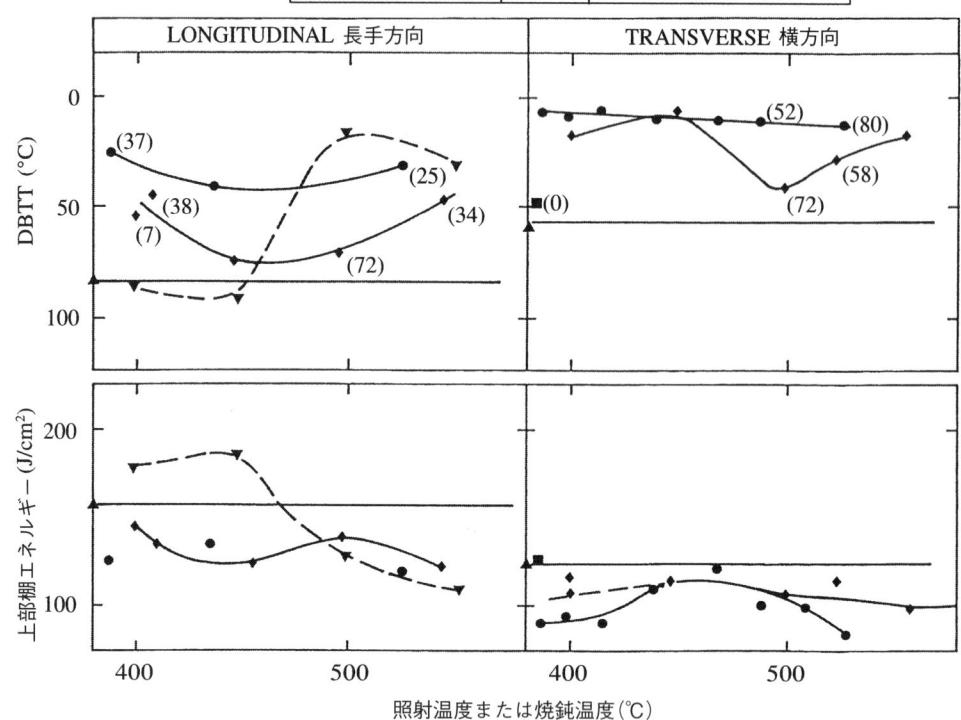

図 20.46　PHENIX 照射 EM10 の DBTT および USE（上部棚のエネルギー）の変動．熱制御試料と未照射材との比較

20.6　燃料ピン被覆管材およびラッパ管材の腐蝕

20.6.1　ナトリウム腐蝕

　ナトリウム腐蝕が検討された様々な種類の鋼に対して大きな問題になることは無い．現時点での我々の知見では以下の点が重要：

　—炉外で，オーステナイト系鋼の腐蝕は，清浄な1次系ナトリウム下で550 °C より低い場合に実用的な意味では存在しない (nill)．それ以外の場合および550 °C を超えた照射下ではその腐蝕は有意になる，しかし全てのケースにおいて腐蝕量は限定されると言える．それは被溶解層とフェライトに変化した表面層との和，総腐蝕厚に帰する．この厚さは予想運転時間に対し約20から30 μm である．

20.6 燃料ピン被覆管材およびラッパ管材の腐蝕

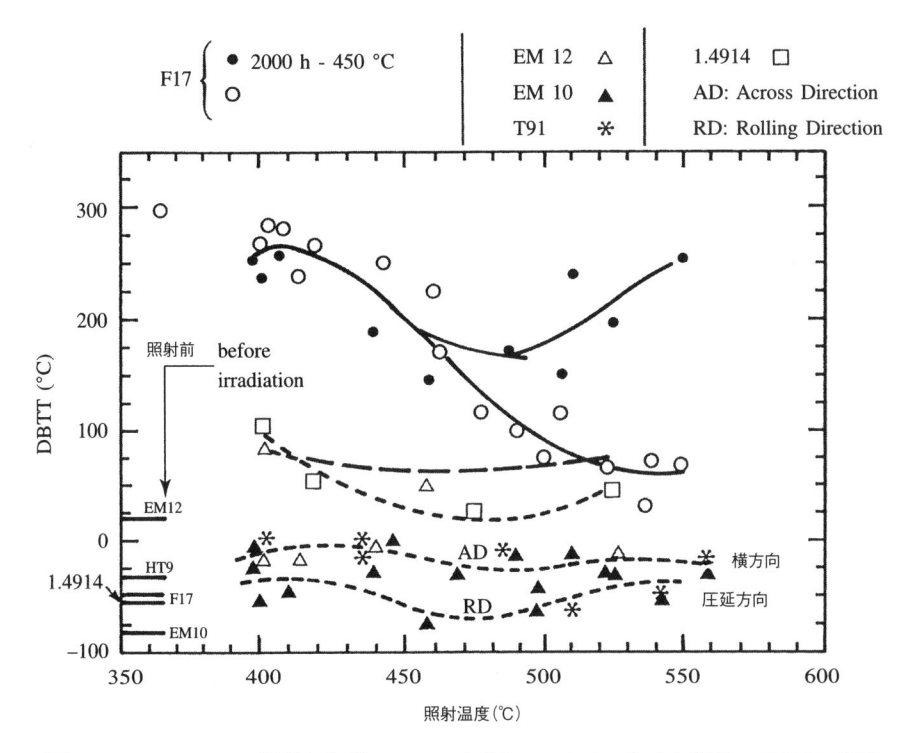

図 20.47 PHENIX で照射した種々のフェライト・マルテンサイト系鋼の DBTTs 比較

——ニッケル合金に関し，その腐蝕層は 40 % ニッケル含有合金でオーステナイト系鋼の約 2 倍である，しかしナトリウム酸素含有率による影響はさらに大きい．ニッケル濃度が高ければ高いほどこの値は増加し，50 % ニッケルで許容出来ない値に達する．

——フェライト系鋼では，それらの腐蝕は無視できる．

20.6.2 水腐蝕

水腐蝕の問題は基本的には燃料サイクルのバック・エンド (back-end) 部分に影響する，その理由は再処理前の FR 燃料集合体の貯蔵と冷却に対する解として水貯蔵 (water storage) が予想されているからである．プール貯蔵中，集合体が容易に操作出来るべきで，包蔵性が担保され，かつプールを汚染する又はイオン交換樹脂の再生 (renewal) を妨害する，許容されない量の放射性生成物漏洩を生じさせるべきでない．

結果は以下の通り：

——オーステナイト系鋼製被覆管とラッパ管の密な燃料集合体に対し，それらの浸漬が大きな困難を引き起こすことは無い．水汚染 (pollution of water) は並の水準 (moderate level) に留まり，かつ制御は容易である．腐蝕反応速度は非常に制限されたものに留まる，しかしながら被照射材中のフェライト化層の存在がこの腐蝕を増加させる．このフェライト化

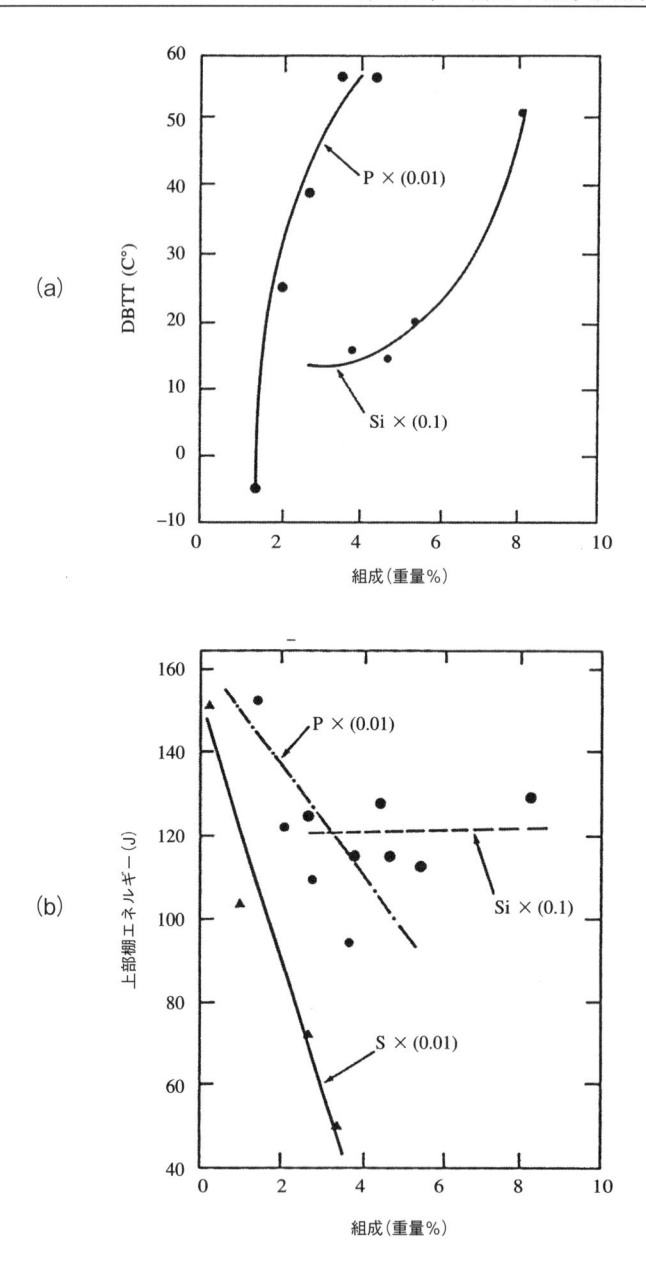

図 20.48　照射 12Cr-1Mo 合金の (a)DBTTs と (b) 上部棚エネルギーへの添加合金元素効果 [141]

層の溶解速度は年 0.2 μm と計算されている，実施試験から；時間に対して線形であると考えられた．さらに，実施試験は示す：洗浄はほとんどのナトリウムを除き，残留ナトリウムを激しい腐蝕 (caustic corrosion) に発展する全てのリスクを除くために炭酸塩/重炭酸塩 (carbonates/bicarbonates) に変化させる．貯蔵中，集合体を完全に水没させておくことも必要である，その反対の場合には腐蝕が水・空気境界で発達する．

一方，ナトリウム浸入破損ピンの挙動は，幾つかの付加的困難を導く，特に長寿命放射性セシウム (radiocaesiums) による貯蔵水汚染である．この放出をさらに有効に評価するための試験が実施された．

—フェライト系鋼とマルテンサイト系鋼の水挙動において，一般化された腐蝕厚さはオーステナイト系鋼に比べて僅かに高い．その増加はもしも塩素 (chlorine) 濃度を 0.2 ppm 以下の値に制限されているならば許容される．実施された研究開発試験は，腐蝕が均質の時その溶解速度は最初の 1 年で 1.2 μm と推定し，貯蔵の 2 年目と 3 年目で年約 0.3 μm に低下することを示した．

しかしながら，マルテンサイト系鋼とオーステナイト系鋼の接触領域では心配事が残り，注意深い研究が行われている．実際，ガルヴァーニ対（電極対）(galvanic couple) 形成によりまたは溶接の場合における熱影響領域 (heat-affected zone) の組成変化により，それら領域では特異な挙動を有することが出来る．[*9]オーステナイト系被覆管を有するマルテンサイト系ラッパ管の場合，幾つか脆弱点 (vulnerable points) の検討がなされている：ワイヤとラッパ管間の結合点，上部とラッパ管間の据付および溶接しなければならないラッパ管足部の結合部分．

20.6.3 硝酸腐蝕

FR 燃料の再処理工程において，1 つは貯蔵タンクの腐蝕を除くために，もう 1 つは核分裂生成物溶液のガラス化 (vitrification) を許すために硝酸溶解での溶解相内の鉄濃度を制限することが重要である．

硝酸中の異なる溶解試験は，この条件がオーステナイト系鋼と照射ニッケル合金に対し守られることを示した：鋼の腐蝕は PUREX 工程の運転条件で制限値に留まる．しかしながらフェライト系鋼製燃料ピン被覆管の場合，鉄濃度制限値は ODS に対しオーステナイト系鋼の値より約 1 オーダー高い，さらに EM12 の値よりも高い．この問題はしかしながら解決が可能であり，これら材料の最適化の研究が行われており，耐硝酸性の実証が進行中である．

20.7 結論

結論として，FR 燃料集合体の材料研究はそれらの挙動に関する膨大なデータ収集を我らに許していると強調出来る．これら結果の解析はさらに高性能の新材料開発を導く，そして今日 EM10 のようなマルテンサイト系鋼が将来の FR 原子炉のラッパ管の目標にきっ

[*9] 訳註： ガルヴァーニ電池 (galvanic cell)：ガルヴァーニ電池は電気化学における最も基本的な系であって，ふつうの化学電池や電気分解系で両電極が異種のものは，一方の電極に他方の電極と同種の物質を接触させることによって，ガルヴァーニ電池とすることができる．

と到達するだろう．被覆材に対して，CW15-15Ti 鋼またはそれの派生鋼が短期では満足できるだろう．しかしながらこれら材料はより野心的経済目標を達成することが出来ない，幾つかの異なる可能性が開かれたままである，その中には先進オーステナイト系鋼と ODS 鋼が含まれる．

参考文献

[1] N. Van Doan, Y. Adda, Quelques aspects théoriques de l'évolution des défauts d'irradiation dans les solides. *Journal de Microscopie* 16, 2 (1973) 125.

[2] J.O. Stiegler, L.K. Mansur, Radiation Effects in Structural Materials. *Ann. Rev. Mater. Sc.* 9 (1979) 405.

[3] P.J. Maziasz, C.J. Mc Hargue, Microstructual evolution in annealed austenitic steels during neutron irradiation. *International Materials Rewiews* 32 4 (1987) 190.

[3b] V. Levy *et. al.*, Evolution microstructurale des aciers austénitiques irradiés aux neutrons. *Annales de Chimie Françaises*, 9 (1984) 439.

[4] Radiation Induced Voids in metals. Proceedings Int. Conf. Albany 9-11 June 1971, J.W. Corbett, L.C. Ianello Editors (1971) (CONF-71061).

[5] Radiation damage in metals. Proceedings ASM, N.L. Peterson, S.K. Harkness Editors (1975).

[6] Radiation Effects in Breeder Reactor Structural Materials. Proceedings AIME, Proceedings International Conference Scottsdale 19-23 June 1977, M.L. Bleiberg, J.W. Bennet Editors (1977).

[7] Comportement sous irradiation des matériaux métalliques et des composants des coeurs de réacteurs rapides. Proceedings Int. Conf. Ajaccio 4-8 Juin 1979. J. Poirier, J.M. Dupouy Éditeurs.

[8] Effects of Radiation on Materials. Proceedings Int. Conf. Scottsdale 28-30 June 1982. ASTM STP 782 (1982). H. Bragger, J. Perrin Editors.

[9] Dimensional stability and mechanical behaviour of irradiated metals and alloys. Proceedings Int. Conf. Brighton 11-13 April 1983. Proceedings BNES (1984). J.W. Davies, D.J. Michel Editors.

[10] Effects of Radiation on Materials. Proceedings 12th Int. Symp. Williamsburg 18-20 June 1984. ASTM STP 870 (1985). F.A. Garner, J.S. Perrin Editors.

[11] Influence of Radiation on Materials Properties. Proceedings 13th Int. Symp. Seattle 23-25 June 1986. ASTM STP 955-56 (1986). F.A. Garner, N. Packan Editors.

[12] Materials for Nuclear Reactor Core Applications, BNES Proceedings Int. Conf. Bristol 27-29 October 1987.

[13] Effects of Radiation on Materials. Proceedings 14th Int. Symp. Andover 27-30 June 1988. ASTM STP 1046 (1988). N. Packan, R. Stoller, A. Kumar Editors.

[14] Effects of Radiation on Materials. Proceedings 15th Int. Symp. Nashville 19-21 June 1990. ASTM STP 1125 (1990). R. Stoller, A. Kumar, D. Gelles Editors.

[15] Topical Conference on Ferritic alloys for use in Nuclear Energy. AIME Proceedings Int. Conf. Snowbird 13-23 June 1983. J.W. Davis, D.J. Michel Editors (1984).

[16] Corrosion of Zirconium. ASTM STP 368 (1964). Proceedings ANS Symposium New-York 20 November 1963.

[17] Application related phenomenon in Zirconium and its alloys. ASTM STP 458 (1969). Proceedings Symposium Philadelphia 5-7 November 1968.

[18] D.L. Douglas, The Metallurgy of Zirconium, Atomic Energy Review IAEA Vienna (1971).

[19] Zirconium in the Nuclear Industry. ASTM STP 551 (1974).

[20] Zirconium in the Nuclear Industry. Proceedings 3th Int. Conf. Quebec 10-12 August 1976. ASTM STP 633 (1976). A. Lowe, G. Parry Editors.

[21] Zirconium in the Nuclear Industry. Proceedings 4th Int. Conf. Stratford Upon Avon 26-29 June 1978. ASTM STP 681 (1978).

[22] Zirconium in the Nuclear Industry. Proceedings Int. Conf. Boston 4-7 August 1980. ASTM STP 754 (1980). D. Franklin Editors.

[23] Zirconium in the Nuclear Industry. 6th Int. Symp. Vancouver 28 June-1rst Jully 1982. ASTM STP 824 (1982). D. Franklin, R. Adamson Editors.

[24] Creep of Zirconium and its alloys. ASTM STP 815 (1983). D. Franklin, G. Lucas, A. Bement Editors.

[25] Zirconium in the Nuclear Industry. 7th Int. Symp. Strasbourg 24-27 June 1985. ASTM STP 939 (1985). R. Adamson, L. Van Swam Editors.

[26] Proceedings of the 8th Int. Conf. on fundamental mechanisms of radiation induced creep and growth. *J. Nucl. Mat.* 59 (1988).

[27] Zirconium in the Nuclear Industry. Proccedings 8th Int. Symp. San Diego 19-23 June 1988. ASTM STP 1023 (1988). L. Van Swam, C. Encken Editors.

[28] Zirconium in the Nuclear Industry. Proccedings 9th Int. Symp. Kobe 5-8 November 1990. ASTM STP 1132 (1991).

[29] International Topical Meeting on LWR Fuel Performance. Proceedings Int. Conf. Avignon 21-24 April 1991.

[30] G.H. Kinchin, R.S. Pease, The displacement of atoms in solids by radiation.

Rep.Progr. Phys. 18 (1955) 1.

[31] M.T. Robinson, I.M. Torrens, Computer simulation of atomic displacement cascades in metals. *Phys. Rev.* B 9 (1974) 5008.

[32] M.J. Norgett, M.T. Robinson, I.M. Torrens, Une méthode de calcul du nombre de déplacements atomiques dans les métaux irradiés. Rapport CEA-R-4389 (1972). *Nucl. Eng. Design* 33 (1975) 50.

[33] N. Van Doan, Molecular dynamics and defects in metals in relation to interatomic force laws. *Phil. Mag.* A 58 (1988) 179.

[34] N. Van Doan, F. Rossi, Computer simulations. *Solid State Phenomena*. 30-31 (1992) 75.

[35] Y. Quéré, Défauts ponctuels dans les métaux. Masson et Cie Éditeurs.

[36] C. Cawthorne, H. Fulton, Voids in irradiated stainless steels. *Nature* 216 (1967) 575.

[37] D.R. Harries, Irradiation creep in non fissile metals and alloys. *J. Nucl. Mat.* 65 (1977) 157.

[38] F.A. Nichols, Effects of neutron exposures on properties of materials. *Ann. Rev. Mater. Sci.* 2 (1972) 463.

[39] K. Erhlich, Irradiation creep and interrelation with swelling in austenitic stainless steels. *J. Nucl. Mat.* 100 (1981) 149.

[40] W.G. Wolfer, M. Askin, Stress induced diffusion of point defects to spherical sinks. *J. Appl. Phys.* 46 (1975) 547.

[41] W.G. Wolfer, M. Askin, Diffusion of vacancies and interstitials to edge dislocations. *J. Appl. Phys.* 47 (1976) 791.

[42] P.L. Heald, M.V. Speight, Steady-state irradiation creep. *Phil. Mag.* 29 (1974) 1075.

[43] P.L. Heald, M.V. Speight, Point defect behaviour in irradiated materials. *Acta Met.* 23 (1975) 1389.

[44] R. Bullough, J.R. Willis, The stress induced point defect-dislocation interaction and its relevance to irradiation creep. *Phil. Mag.* 31 (1975) 855.

[45] G. Wolfer, Correlation of radiation creep theory with experimental evidence. *J. Nucl. Mat.* 90 (1980) 175.

[46] L.K. Mansur, T.C. Reily, Irradiation creep by dislocation glide enabled by preferred absorption of point defects. Theory and experiment. *J. Nucl. Mat.* 90 (1980) 60.

[47] J.H. Gittus, The theory of dislocation creep due to the Frenkel defects of interstitialcies produced by bombardement with energetic particles. *Phill. Mag.* 25 (1972) 345.

[48] L.K. Mansur, Irradiation creep by climb enabled glide of dislocations resulting from preferred absorption of point defects. *Phill. Mag.* A39 (1979) 497.

[49] J.L. Straalsund, Irradiation creep in breeder reactor materials. Radiation Effects in Breeder Reactor Structural Materials. Proceedings AIME. Proceedings Int. Conf. Scottsdale 19-23 June 1977, M.L. Bleiberg, J.W. Bennet Editors (1977) 191.

[50] E.E. Bloom, Irradiation strengthening and embrittlement. Radiation damages in metals. Proceedings ASM, N.L. Peterson, S.K. Harkness Éditeurs (1975) 295.

[51] G.M. Hood, Point defects diffusion in α Zirconium. J. Nucl. Mat., 159 (1988) 149-175.

[52] A. Miquet, D. Charquet, C. Michaut, C.H. Allibert, Effect of Cr, Sn and O content on the solid state phase boundary temperatures of Zircaloy-4. J. Nucl. Mat., 105 (1982) 142-148.

[53] R. Tricot, Le zirconium et ses alliages, Métallurgie et applications au génie nucléaire, Rev. Gén. Nucl. Jan Fév 1990. 8-20.

[54] L. Moulin, S. Reschke, E. Tenckhoff, Correlation between fabrication parameters, microstructure and texture in Zircaloy tubing. 6th. Inter. Conf. Zirconium in Nucl. Ind., Vancouver, June 28-Jul. 1. 1982; ASTM STP 824, 225-243.

[55] J.P. Gros, J.F. Wadier, Percipitate growth kinetics in Zircaloy-4. Proc. Tech. Com. Meet. IAEA on "Fundamental aspects of corrosion in Zirconium base alloys in water reactors environments", Portland, OR. (1989), Sept 11-15, 211-225.

[56] D. Charquet, E. Stenberg, Y. Millet, Influence of variations in early fabrication steps on corrosion, mechanical properties and structure of Zircaloy-4 products. Zirconium in the nuclear industry. 7th Int. Conf. ASTM STP 939 (1987), 431-447.

[57] E. Tenckhoff, Deformation mechanisms, texture and anisotropy in zirconium and Zircaloy's. ASTM STP 966 (1988).

[58] J. Sénevat, J. Le Pape, J.F. Deshayes, Establishing statistical models of manufacturing parameters: Zircaloy-4 cladding tube properties. Zirconium in the nuclear industry 9th Int. Conf., ASTM STP 1132 (1991) 62-79.

[59] D. Gharquet, E. Alheritiére, G. Blanc, Cold rolled and annealed textures in Zircaloy-4 strips. Zirconium in the nuclear industry 7th Int. Conf., ASTM STP 939 (1987) 663-672.

[60] J. Godlewski, J.P. Gros, M. Lambertin, J.F. Wadier, H. Weidinger, Raman spectroscopy study of the tetragonal to monoclinic transition in zirconium oxide scale and determination of overal oxygen diffusion by nuclear microanalysis of O^{18}. 9th Inter. Conf. Zirconium in Nucl. Ind., ASTM STP 1132 (1991) 416-436.

[61] P. Billot, P. Beslu, A. Giordano, J. Thomazet, Development of a mechanistic model to assess the external corrosion of the Zircaloy claddings in PWR's. 8th. Inter. Conf. Zirconium in Nucl. Ind., ASTM STP 1023 (1989) 165-184.

[62] D. Pêcheur, F. Lefebvre, A.T. Motta, C. Lemaignan, J.F. Wadier, Precipitate evolution in the Zircaloy-4 oxide layer. *J. Nucl. Mat.,* 189 (1992) 318-332.

[63] D. Khatamian, F.D. Manchester, An ion beam study of H diffusion in oxides of Zirconium and Zirconium Nb 2.5 %. I: Diffusion parameters for dense oxides. *J. Nucl. Mat.,* 166 (1989) 300-306.

[64] J.B. Bai, C. Prioul, S. Lansiard, D. François, Brittle fracture induced by hydrides in Zircaloy-4. *Scripta Met. and Mat.,* 25 (1991) 2559-2563.

[65] *a)* G. Brun, J. Pelchat, J.C. Floze, M. Galimberti, Cumulative fatigue and creep fatigue damage at 350 °C on recrystallized Zircaloy-4. 7th Int. Symp. on Zirconium in Nucl. Ind., ASTM STP 939 (1987) 597-616.
b) A. Soniak, S. Lansiart, J. Royer, J.P. Mardon, N. Waeckel, 10th Int. Symp. on Zirconium in Nucl. Ind., ASTM STP 1245 (1994) 549-558.

[66] B. Cox, Pellet-clad interaction (PCI) failures in Zirconium alloy fuel cladding. A review. *J. Nucl. Mat.,* 172 (1990) 249-292.

[67] M. Griffiths, A review of microstructure evolution in Zirconium alloys during irradiation. *J. Nucl. Mat.,* 159 (1988) 190-218.

[68] W.J.S. Yang, R.P. Tucker, B. Cheng, R.B. Adamson, Precipitates in Zircaloy: Identification and the effect of irradiation and heat treatment. *J. Nucl. Mat.,* 138 (1986) 185-195.

[69] A. Motta, F. Lefebvre, C. Lemaignan, Amorphisation of precipitates in Zircalloy under neutron and charged particle irradiation. 9th Int. Symp. on Zirconium in the Nucl. Ind., Kobe Japan, Nov. 1990, ASTM STP 1132 (1991) 718-739.

[70] P. Morize, Irradiation effects in Zirconium alloys. *Ann. Chim. Fr.,* 9 (1984) 411-421.

[71] K. Petterson, Evidence for basal or near-basal slip in irradiated Zirconium. *J. Nucl. Mat.,* 105 (1982) 341-344.

[72] V. Fidleris, The irradiation creep and growth phenomena. *J. Nucl. Mat.,* 159 (1988) 22-42.

[73] L. Murty, S. Mahmood, Effect of recrystallization and neutron irradiation on creep anisotropy of Zircalloy cladding. 9th Int. Symp. on Zirconium in the Nucl. Ind., Kobe Japan, Nov. 1990, ASTM STP 1132 (1991) 198-217.

[74] R.A. Holt, Mechanisms of irradiation growth of a Zirconium alloys. *J. Nucl. Mat.,* 159 (1988) 310-338.

[75] M. Griffiths, R.W. Gilbert, G.J.C. Carpenter, Phase stability, decomposition and redistribution of intermetallic precipitates in Zircaloy-2 and -4 during neutron irradiation. *J. Nucl. Mat.,* 150 (1987) 53-66.

[76] J. Hillairet, C. Mairy, J. Espinasse, V. Levy, Etude des lacunes de trempe dans le Mg.

Acta Met., 18 (1970) 1285-1292.

[77] M.O. Marlowe, J.S. Armijo, B. Cheng, R. Adamson, Nuclear fuel cladding localized corrosion. Proc. ANS Top. Meet. on "Light Water Reactor Performance", Orlando, Fl. April 21-24 (1985) 3-73, 3-90.

[78] C. Lemaignan, Effect of β radiolysis and transient products upon irradiation enhanced corrosion of Zirconium alloys. *J. Nucl. Mat.*, 187 (1992) 122-130.

[79] E. Porrot, G. Éminet, C. Baudusseau, C. Lemaignan, Link between in pile instrumentation and hot cell measurements for fuel behavior analysis. (1991) IAEA Tech. Com. Meet. on "Post Irradiation Evaluation Techniques for Reactor Fuel", Workington, England, Sep. 11-14 (1990) IWGFPT/37, 77-82.

[80] K. Konashi, Estimation of irradiation induced iodine pressure in a LWR fuel rod. *J. Nucl. Mat.*, 125 (1984) 244-247.

[81] J. Joseph, R.M. Atabek, M. Trotabas, IAEA specialist meeting on "Power ramping and cycling behavior of water reactor fuel". Petten, Sept. 8-9 1982, IWGFPT 14, 36-4.

[82] I. Schuster, C. Lemaignan, Influence of texture on iodine-induced stress corrosion cracking of Zircaloy-4 cladding tubes. *J. Nucl. Mat.*, 189 (1992) 157-166.

[83] H. Rosenbaum, R.A. Rand, R.P. Tucker, B. Cheng, R.B. Adamson, J.H. Davies, J.S. Armijo, S.B. Wiesner, Zirconium-barrier cladding attributes. 7th Int. Conf. Zirconium in Nucl. Ind., ASTM STP 939 (1987) 675-699.

[84] P. Billot, P. Beslu, J.C. Robin, Conséquences de l'incorporation du Li dans les films d'oxyde, effets d'irradiation. ANS-ENS Int. Topical Meeting on LWR fuel performance, Avignon, Fr. April 21-24 1991, 757-776.

[85] D. Gilbon, C. Simonot, Effect of irradiation on the microstructure of Zircaloy-4. 10th Int. Symp. on Zirconium in Nucl. Ind., ASTM STP (1994) 521-548.

[86] L. Le Naour *et al.*, Effect of dose and dose rate on the microstructure of solution annealed 316 steel irradiated around 600 °C. Effects of Radiation on Materials. Proceedings Int. Conf. Scottsdale 28-30 June 1982, ASTM STP 782 (1982) 311, H. Bragger, J. Perrin Editors.

[87] J.L. Séran, J.M. Dupouy, The swelling of solution annealed 316 cladding in RAPSODIE and PHENIX. Effects of Radiation on Materials. Proceedings Int. Conf. Scottsdale 28-30 June 1982, ASTM STP 782 (1982) 5, H. Bragger, J. Perrin Editors.

[88] J.L. Séran *et al.*, The swelling behaviour of titanium stabilized austenitic steels used as structural materials of fissile subassemblies in PHENIX. Effects of Radiation on Materials. Proceedings 14th Int. Symp. Andover 27-30 June 1988, ASTM STP 1046

(1988) 739, N. Packan, R. Stoller, A. Kumar Editors.

[89] J. Bramman *et al.*, Void swelling and microstructural changes in fuel pin cladding and unstressed specimens irradiated in DFR. Radiation Effects in Breeder Reactor Structural Materials. Proceedings AIME, Proceedings Int. Conf. Scottsdale 19-23 June 1977, 479, M.L. Bleiberg, J.W. Bennet Editors (1977).

[90] W.J.S. Yang, F.A. Garner, Relationship between phase development and swelling of AISI 316 during temperature changes. Effects of Radiation on Materials. Proceedings Int. Conf. Scottsdale 28-30 June 1982, ASTM STP 782 (1982) 186, H. Bragger, J. Perrin Editors.

[91] J.L. Séran, J.M. Dupouy, Effect of time and dose on the swelling of 316 cladding in PHÉNIX, Dimensional stability and mechanical behaviour of irradiated metals and alloys. Proceedings Int. Conf. Brighton 11-13 April 1983, Proceedings BNES (1984) 25, J.W. Davies, D.J. Michel Editors.

[92] W.M. Johnston *et al.*, The effect of metallurgical variables on void swelling, Radiation damage in metals. Proceedings ASM (1975) 227, N.L. Peterson, S.K. Harkness Editors.

[93] F.J. Bates, W.G. Johnston, Effect of alloy composition on void swelling, Radiation Effects in Breeder Structural Materials. Proceedings AIME, Proceedings Int. Conf. Scottsdale 19-23 June 1977, 625, M.L. Bleiberg, J.W. Bennet Editors.

[94] M.L. Bleiberg *et al.*, The effect of irradiation on swelling and microstructural stability of precipitated strengthened alloys, Radiation Effects in Breeder Structural Materials. Proceedings AIME, Proceedings Int. Conf. Scottsdale 19-23 June 1977, 667, M.L. Bleiberg, J.W. Bennet Editors.

[95] K. Ehrlich, J. Anderco, Development of materials for LMFBR elements of high burn up. Fast Breeder Reactor Experience and Trends. Proceedings IAEA-SM-284/7, 1, 231.

[96] J.F. Bates, R.W. Powell, Irradiation induced swelling in commercial alloys. *J. Nucl. Mat.*, 102 (1981) 200.

[97] J.L. Séran *et al.*, Swelling and microstructure of neutron irradiated titanium modified type 316 SS, Effects of Radiation on Materials. Proceedings 12th Int. Symp. Williamsburg 18-20 June 1984, ASTM STP 870 (1985) 232, F.A. Garner, J.S. Perrin Editors.

[98] P. Dubuisson *et al.*, Effect of phosphorus on the radiation induced microstructure of stabilized austenitic stainless steels, Effects of Radiation on Materials. Proceedings 15th Int. Symp. Nashville 19-21 June 1990, ASTM STP 1125 (1990) 995, R. Stoller, A. Kumar, D. Gelles Editors.

[99] D. Gilbon *et al.*, Swelling and microstructure of neutron irradiated titanium stabilized austenitic steels, Materials for Nuclear Reactor Core Applications. BNES Proceedings Int. Conf. Bristol 27-29 October 1987, 307.

[100] A. Mailard *et al.*, Swelling and irradiation creep of neutron irradiated 316 Ti and 15-15 Ti steels. Proceedings 16th Int. Symp. Denver 23-25 June 1992, ASTM STP 1175 (1994) 824, A. Kumar, D. Gelles, R. Nanstad, E.A. Little Editors.

[101] J.M. Dupouy *et al.*, Mechanical properties of irradiated solution anneled 316 cladding. Dimentional stability and mechanical behaviour of irradiated metals and alloys. Proceedings Int. Conf. Brighton 11-13 April 1983, Proceedings BNES (1984) 157, J.W. Davies, D.J. Michel Editors.

[102] J.L. Séran *et al.*, Behaviour under neutron irradiation of the 15-15 Ti steels used as standard materials of the PHÉNIX fuel subassembly. Effects of Radiation on Materials. Proceedings 15th Int. Symp. Nashville 19-21 June 1990, ASTM STP 1125 (1990) 1209, R. Stoller, A. Kumar, D. Gelles Editors.

[103] A. Fissolo *et al.*, Influence of swelling on irradiated titanium modified 316 embrittlement. Effects of Radiation on Materials. Proceedings 14th Int. Symp. Andover 27-30 June 1988, ASTM STP 1046 (1988) 2, 700, N. Packan, R. Stoller, A. Kumar Editors.

[104] A. Fissolo *et al.*, Tensile properties of neutron irradiated 316 Ti and 15-15 Ti steels. Proceedings 16th Int. Symp. Denver 23-25 June 1992, ASTM STP 1175 (1994) 646, A. Kumar, D. Gelles, R. Nanstad, E.A. Little Editors.

[105] D.R. Harries, The UKAEA fast reactor project research and development on fuel element cladding and subassembly wrapper material. Radiation Effects in Breeder Reactor Structural Materials. Proceedings AIME. Proceedings Int. Conf. Scottsdale 19-23 June 1977, 27, M.L. Bleiberg, J.W. Bennet Editors (1977).

[106] J.J. Laidler *et al.*, US programs on reference and advanced cladding/duct materials. Radiation Effects in Breeder Reactor Structural Materials. Proceedings AIME. Proceedings Int. Conf. Scottsdale 19-23 June 1977, 41, M.L. Bleiberg, J.W. Bennet Editors (1977).

[107] H. Bohm, K.D. Class, Effect of strain rate on high temperature mechanical properties of irradiated incoloy 800 and hasteloy X. Radiation Effects in Breeder Reactor Structural Materials. Proceedings AIME. Proceedings Int. Conf. Scottsdale 19-23 June 1977, 347, M.L. Bleiberg, J.W. Bennet Editors (1977).

[108] A.F. Rowcliffe *et al.*, Swelling and irradiation induced microstructural changes in nickel base alloys. Proceedings Int. Conf. Gattlinburg 11-13 June 1982, ASTM STP 570 (1975) 565.

[109] F. Garner, D.S. Gelles, Neutron induced swelling of commercial alloys at veru high

exposures. Effects of Radiation on Materials. Proceedings 14th Int. Symp. Andover 27-30 June 1988, ASTM STP 1046 (1988) 673, N. Packan, R. Stoller, A. Kumar Editors.

[110] C. Brown, G. Linekar, Variability in the swelling behaviour of solution treated and aged PE16. Materials for Nuclear Reactor Core Applications. BNES Proceedings Int. Conf. Bristol 27-29 October 1987, 1, 219.

[111] J.S. Watkin *et al.*, The influence of alloy constitution on the swelling of ausrenitic stainless steels and nickel based alloys. Radiation Effects oin Breeder Reactor Structual Materials. Proceedings AIME. Proceedings Int. Conf. Scottsdale 19-23 June 1977, 467, M.L. Bleiberg, J.W. Bennet Editors (1977).

[112] D.R. Harries, Void swelling in ausrenitic stainless steels and nickel base alloys. Effects of alloy consutitution and structure. Rapport AERE-R 7939, 287.

[113] F. Le Maour *et al.*, Swelling and microstructure of neutron irradiated Inconel 706. Materials for Nuclear Core Applications. BNES Proceedings Int. Conf. Bristol 27-29 October 1987, 211.

[114] D. Mosedale *et al.*, Irradiation creep in fast reactor component materials. Radiation Effects in Breeder Reactor Structual Materials. Proceedings AIME. Proceedings Int. Conf. Scottsdale 19-23 June 1977, 209, M.L. Bleiberg, J.W. Bennet Editors (1977).

[115] B.A. Chin, R.J. Puigh, Analysis of the high fluence creep behaviour of two percipitation strengthenned alloys. Effects of Radiation on Materials. Proceedings Int. Conf. Scottsdale 28-30 June 1982, ASTM STP 782 (1982) 122, H. Bragger, J. Perrin Editors.

[116] G.W. Lewthaite, D. Mosedale, Irradiation creep of Nimonic PE16 alloys in DFR. Comportement sous irradiation des matériaux métalliques et des composants des coeurs de réacteurs rapides. Proceedings Int. Conf. Ajaccio 4-8 June 1988, 399, J. Poirier, J.M. Dupouy Editors.

[117] S. Vaidyanathan *et al.*, Irradiation embrittlement in some austenitic superalloys. Effects of Radiation on Materials. Proceedings Int. Conf. Scottsdale 28-30 June 1982, ASTM STP 782 (1982) 619, H. Bragger, J. Perrin Editors.

[118] B. Cauvin *et al.*, Mechanical properties of irradiated Inconel 706. Materials for Nuclear Reactor Core Applications. BNES Proceedings Int. Conf. Bristol 27-29 October 1987, 1, 187.

[119] R. Bajaz *et al.*, Tensile properties of neutron irradiated Nimonic PE16. Proceedings 10th Int. Symp. Savannah 3-5 June 1980, ASTM STP 725, 326, D. Kramer, H. Bragger, J. Perrin Editors.

[120] T.T. Claudson, Effect of neutron irradiation on the eleveted temperature mechanical

properties of nickel base and refractory metal alloys. ASTM-STP 426, 68.

[121] S.B. Fischer *et al.*, Microstructural characterization of irradiated Nimonic PE16. Effects of Radiation on Materials Properties. Proceedings 15th Int. Symp. Nashville 19-21 June 1990, ASTM STP 1125, (1990) 667, R. Stoller, A. Kumar, D. Gelles Editors.

[122] Fan-Hsiung Huang, Post irradiation fracture properties of precipitated strengthend alloy D21. Influence of Radiation on Materials Properties. Proceedings 13th Int. Symp. Seattle 23-25 June 1986, ASTM STP 955-56 (1986) 141, F.A. Garner, N. Packan Editors.

[123] E. Albertini *et al.*, Mechanical properties at low and high strain rates of PE16 alloy irradiated to 9.2 dpa. Influence of Radiation on Materials Properties. Proceedings 13th Int. Symp. Seattle 23-25 June 1986, ASTM STP 955-56 (1986) 151, F.A. Garner, N. Packan Editors.

[124] Fan-Hsiung Huang, R.L. Fisher, Ring ductility of irradiated Inconel 706 and Nimonic PE16. Effects of Radiation on Materials. Proceedings 12th Int. Symp. Williamsburg 18-20 June 1984, ASTM STP 870 (1985) 72, F.A. Garner, J.S. Perrin Editors.

[125] W.J.S. Yang, Grain boundary segregation in solution treated Nimonic PE16 during neutron irradiation. *J. Nucl. Mat.* 108-109 (1982) 339.

[126] K.Q. Bagley *et al.*, European development of ferritic martensitic steels for fast reactor wrapper applications. Materials for Nuclear Core Reactor Core Applications. BNES Proceedings Int. Conf. Bristol 27-29 October 1987, 2, 37.

[127] E.A. Little, Void swelling resistance of ferritic steels. Current data trends and mechanisms. Materials for Nuclear Core Reactor Core Applications. BNES Proceedings Int. Conf. Bristol 27-29 October 1987, 2, 47.

[128] E.A. Little, Void swelling in irons and ferritic steels. *J. Nucl. Mat.* 87 (1979) 11.

[129] G.R. Odette, On mechanisms controlling swelling in ferritic and martensitic alloys. *J. Nucl. Mat.* 155-157 (1988) 921.

[130] P.J. Maziasz, R.L. Klueh, Void formation and helium effects in 9Cr 1Mo V Nb and 12Cr 1Mo V W steels irradiated in HFIR and FFTF at 400 °C. Effects of Radiation on Materials Properties. Proceedings 14th Int. Symp. Andover 27-30 June 1988, ASTM STP 1046, (1988) 1, 9, N. Packan, R. Stoller, A. Kumar Editors.

[131] D.S. Gelles, Neutron irradiation damage in ferritic Fe Cr alloys. Effects of Radiation on Materials. Proceedings 14th Int. Symp. Andover 27-30 June 1988, ASTM STP 1046 (1988) 1, 73, N. Packan, R. Stoller, A. Kumar Editors.

[132] P. Dubuisson *et al.*, Microstructural evolution of ferritic-martensitic steels irradiated in the fast reactor PHÉNIX. *J. Nucl. Mat.* 205 (1993) 178.

[133] D.S. Gelles, Microstructural examination of several cormmertial alloys neutron irradiated to 100 dpa. *J. Nucl. Mat.* 148 (1982) 136.

[134] F.A. Garner, R.J. Puigh, Irradiation creep and swelling of the fusion heats of PCA HT9 and 9Cr 1Mo irradiated to high neutron fluence. *J. Nucl. Mat.* 179-181 (1991) 577.

[135] K. Herschbach *et al.*, Irradiation creep of the martensitic 1.4914 between 400 and 600 °C (MOL 5B). Dimensional stability and mechanical behaviour of irradiated metals and alloys. Proceedings Int. Conf. Brighton 11-13 April 1983, Proceedings BNES (1984) 1, 121, J.W. Davies, D.J. Michel Editors.

[136] R.J. Puigh, G.L. Wire, In reactor creep behaviour of selected ferritic alloys. Topical Conference on Ferritic alloys for use in Nuclear Energy. AIME Proceedings Int. Conf. Snowbird 13-23 June 1983, 601, J.W. Davis, D.J. Michel Editors (1984).

[137] C. Wassiliev, K. Herschbach, Irradiation behaviour of 12Cr martensitic steels. Topical Conference on Ferritic alloys for use in Nuclear Energy. AIME Proceedings Int. Conf. Snowbird 13-23 June 1983, 607, J.W. Davis, D.J. Michel Editors (1984).

[138] B.A. Chin, Analysis of the creep properties of a 12Cr 1Mo V W steel. Topical Conference on Ferritic alloys for use in Nuclear Energy. AIME Proceedings Int. Conf. Snowbird 13-23 June 1983, 593, J.W. Davis, D.J. Michel Editors (1984).

[139] C. Brown *et al.*, Cladding and wrapper development for FBR high performnce. Proceedings 7.5-1 Int. Conf. on Fast Reactors and related Fuel Cycle.

[140] N. Scott *et al.*, Simulated transient behaviour of HT9 cladding. Effects of Radiation on Materials. Proceedings 14th Int. Symp. Andover 27-30 June 1988, ASTM STP 1046 (1988) 2, 729, N. Packan, R. Stoller, A. Kumar Editors.

[141] S.H. Rou *et al.*, Impurety element effects on the toughness of 12Cr 1Mo steels. Influence of Radiation on Materials Properties. Proceedings 13th Int. Symp. Seattle 23-25 June 1986, ASTM STP 955-56 (1986) 123, F.A. Garner, N. Packan Editors.

[142] J.J. Huet *et al.*, Ferritic steel strengthening for nuclear applications. *ATB Métallurgie* XIX 42 (1979) 37.

[143] L. De Wilde *et al.*, Pilot scale fabrication of ODS ferritic alloy components for fast breeder reactor fuel pins. Materials for Nuclear Reactor Core Applications. BNES Proceedings Int. Conf. Bristol 27-29 October 1987, 1, 271.

[144] A. Alamo *et al.*, Effects of processing on textures and tensile properties of ODS ferritic alloys obtained by mechanical alloying. Advances in Powder Metallurgy and Paticular Materials (1992) 7, 169.

[145] J.M. Dupouy *et al.*, Radiation Effects in Breeder Reactor Structural Materials. Proceedings AIME. Proceedings Int. Conf. Scottsdale 19-23 June 1977, 229, M.L.

Bleiberg, J.W. Bennet Editors (1977).

第 V 部

加圧水型原子炉用燃料集合体

主要著者：
A. BERTHET, B. KAPUSTA, R. TRACCUCCI
共著者および協力者：
P. COMBETTE, F. COUVEREUR, D. GOUAILLARDOU,
J.-C. LEROUX, J. ROYER, M. TROTABAS

第 21 章

燃料集合体概要

　加圧水型原子炉システムはアメリカ合衆国（PWR）で最初に開発され，その後フランス（REP）にて開発された（第 I 部，1.3.2 節参照）．それ故に異なる燃料集合体設計が存在している，その各々は建造社名により知れ渡っている．1985 年まで，WESTINGHOUSE 社の米国設計（インコネル製格子または AGIs による組立）に類似した集合体をフランスはその原子炉に装荷していた，なぜならその時に第 I 部（3.1 節参照）で概要を説明したフランス FRAMATOME 社設計の集合体（新型燃料集合体：Advanced Fuel Assemblies, AFAs）がそれらのプラントに導入されたからである；最初にフランスの 900 MWe と 1300 MWe 原子炉に AFAs を徐々に装荷し，その後現行仕様の第 2 世代（AFA2G）を装荷した：本第 V 部では従ってこれらの集合体に焦点を当てた説明をしよう．

21.1　はじめに

　PWR 燃料集合体は以下から構成される（図 21.1）：

　—燃料棒 (fuel rods) は核エネルギーを生成させる核分裂性物質 (fissile material) を有している．燃料棒は 17×17（289 箇所）の正方格子からなり燃料棒 264 本がその中に配置される．

　—支持骨格 (support structure) は以下のもので構成される：

　・上部ノズルと下部ノズル，

　・正方格子の 24 個の位置に取り付けられた 24 個の案内管で，これらの案内管は随伴されるクラスタ棒の場所として使用される，

　・正方格子の中心にある 1 個の計装用案内管 (instrumentation tube) である，それは中性子束シンブル (flux thimble) が挿入されることを許す．この中性子束シンブルは中性子検出器の必要性から設置されている，

　・集合体の高さに沿って分配された支持格子は案内管と計装用案内管に接合 (welded to

第 21 章　燃料集合体概要

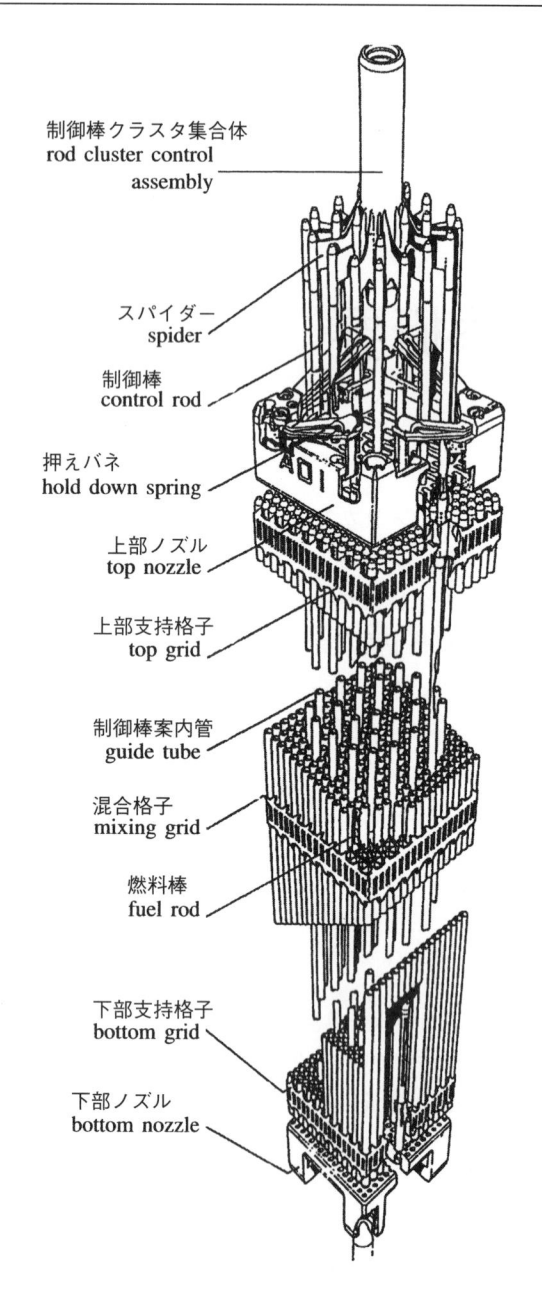

	900 MW	1300 MW
number of rods 棒の数	264	264
number of grids 支持格子数	8	10
length 全長	4.00 m	4.80 m
cross-section 断面積	21.4 x 21.4 cm	
total weight 全重量	670 kg	765 kg
uranium weight ウラン重量	461 kg	538 kg
number of assemblies	157	193

図 21.1　17×17 型 PWR 集合体と制御棒クラスタ

21.1 はじめに

the guide tubes and the instrumentation tube) されている. [*1]

製造中，棒両端と両ノズル間のギャップ——そのギャップは設計者によって定義される——を残すようにして燃料棒が格子に挿入される.

—移動可能な"**随伴要素**" (associated elements) が集合体案内管へ挿入される．これらには：

・中性子吸収棒（第 VII 部を参照せよ）より成る制御クラスタ（出力制御と安全棒のクラスタ）で組み立てた移動可能クラスタ，

・固定クラスタ，これには以下のものを含む：

—バーナブル・ポイズン（可燃性毒）棒 (burnable poison rod) クラスタ，

—混合ポイズン・中性子源棒クラスタ，

—プラグ・クラスタ (plug clusters).

制御クラスタ，バーナブル・ポイズン・クラスタおよび混合ポイズン・中性子源棒クラスタは，原子炉起動，負荷追従，制御および停止のために使用されている．プラグ・クラスタ機能は集合体のバイパス (bypass) 流量速度を制限している．

個々のクラスタはスパイダー (spider) または板（プレート）形状部分によって互いに連結された棒（またはプラグ）で組み立てられている．この部分には，固定クラスタでは集合体の上部ノズルと上部コア・プレート間の位置を保持するための機械システムが組み込まれている．

制御クラスタの中央ハブ (hub) には，その下部の衝撃吸収用機械システムが含まれる．[*2]

PWRs 内で照射されている時の AGI 型集合体が出くわす主要引き上げ (drawback) は，これらの集合体が振り落とされないように事実その一部分が連結されている，他方支持格子用材料（インコネルまたは Fe-Ni-Cr 合金）と関連している：

—支持格子の高さで中性子束が低下する，これはインコネルの大きな中性子吸収が理由である，

—インコネルの腐蝕生成物による 1 次冷却水系の汚染，その腐蝕生成物は原子炉内を放射化し，取扱中の照射源となっている．

FRAMATOME に促された AGI 型集合体による経験の集積は，ジルカロイ製支持格子（第 IV 部参照）およびノズルと連結している案内管が解体可能な新型集合体を開発させた：これが基準集合体 (reference assembly) となった，図 21.1 に示す AFA 集合体である．

長期に渡る AFA 集合体改良の中には性能向上も含み，1991 年からフランスの原子炉に

[*1] 訳註： 支持格子はインコネルの薄板を格子状に組み上げロウ付けしたものである．燃料集合体の上部および中間部に用いられる支持格子には，制御棒案内管と炉内計装用案内管を接合固定するためのステンレス鋼製スリーブがロウ付けされ，下部に用いられる 1 個の支持格子には，制御棒案内管を固定するためのインサートが溶接されている．

[*2] 訳註： 制御棒と制御棒案内管との間には充分な間隙があり，容易に挿入，引抜ができる．制御棒案内管の下部は径を小さくして内部の水によるダッシュポット効果により制御棒落下時の衝撃を吸収する構造としている．

装荷された AFA 2G 集合体（第二世代）について本章で述べよう．AFA に施された改良点は：

— 下部ノズル内の抗破片装置 (anti-debris device) を有する，

— 操作中の摩擦問題 (friction problems) 発生を防ぐ支持格子幾何学寸法の改良，

— 耐食性を改良するためのジルカロイ-4 の強化．

同一の集合体設計に対し（AFA 2G），それらの集合体を装荷する原子炉出力（900 MWe または 1300 MWe）に応じてさらに 2 つの構造型が有る．

これら 2 つの構造型は，主にその高さが異なる（900 MWe 炉用で約 4 m，1300 MWe 炉用で 4.8 m）ことと支持格子数の違い（8 個および 10 個）である．

21.2 支持構造部材の説明

21.2.1 案内管と計測管

案内管 (guide tubes) は照射成長を最小化するために再結晶化したジルコニウム合金（ジルカロイ-4）で造られる；緊急炉停止時に制御棒が移動端へ達する際，制御棒クラスタ衝撃の水力学的緩衝の一部を担うためそれら案内管の内径は集合体底部でさらに細くしている．

案内管は上部ノズルおよび下部ノズルと切り離すことが可能な機械仕掛けにより連結している；万一，必要とするなら，その棒を引き抜くために上部ノズルの切り離しをすることが出来る：欠陥が観察された被照射棒の年次炉停止期間中における交換又は欠陥的構造材の交換である，それらの棒を新支持構造部材へ積み替えることにより行われる．

最終的に，案内管下部（径がさらに細くなっている円錐状の遷移領域内）に校正されたオリフィスが穴あけされ，定格運転中に冷却材の循環を許し，棒落下の際は冷却材を噴出させ，最後は移送の際の案内管のドレインに用いられる．

炉心計装を含む格子中央に位置する炉内計装案内管はジルカロイ-4 製である；その直径は一定である．その炉内計装案内管は案内管と同じ方法で支持格子と連結している，しかし上部ノズルおよび下部ノズルの高さで移動が単純にガイドおよび停止されるようになっている．

21.2.2 支持格子（グリッド）（図 21.2）

高さ毎に配置された支持格子によって，棒は保持され，さらに原子炉内に滞在する期間それら棒を正しい空間位置に保持する．

それらは応力除去 (stress-relieved) ジルカロイ-4 製であり，その表面にインコネル 718（鉄-ニッケル-クロウム）製板ばね (bow springs) が設置されている．

AFA 2G 集合体には 2 種類の支持格子（グリッド）が用いられている：

21.2 支持構造部材の説明

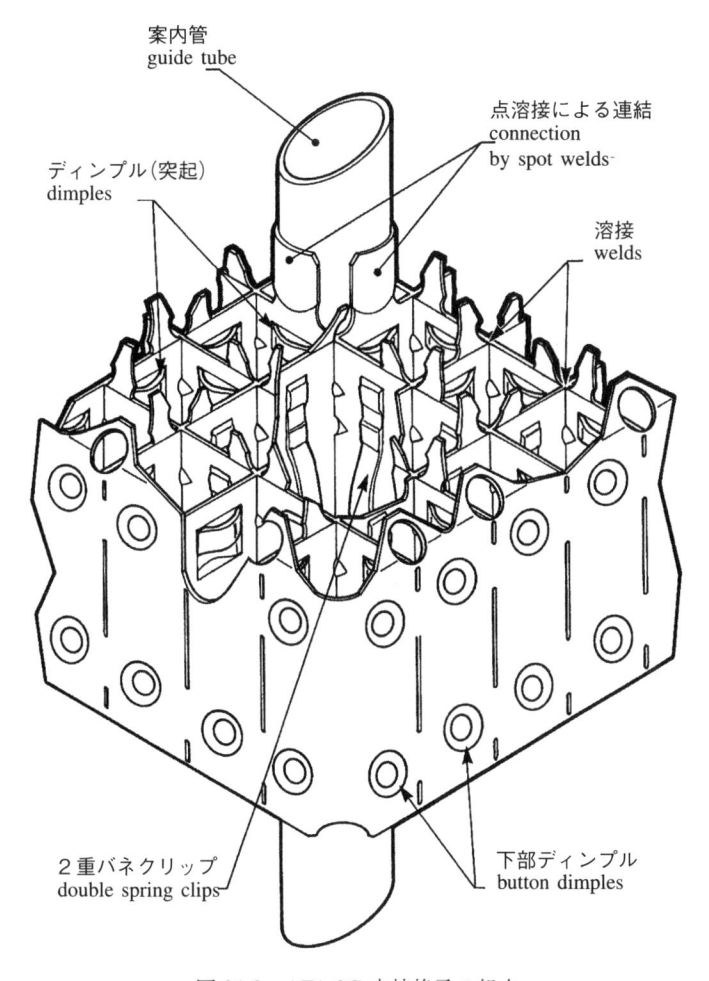

図 21.2 AFA 2G 支持格子の組立

——棒の位置決めとその空間に維持するための 2 個の上部支持格子と下部支持格子（それらは混合翼を有していない）．

——混合翼 (mixing vanes) を有する 6 個の混合支持格子 (mixing grids) が上部に取り付けられている．これらの翼は集合体内側の流れの混合を改善し，それらの熱水力性能（臨界熱流束：critical flux）を向上させる．[*3]

格子薄板 (grid straps) は正方格子セル状に組まれ，それらの 264 セルが燃料棒のために用いられる．セルの高さで各々の棒はバネと突起（ディンプル）のシステムにより位置決

---

*3 訳註： 臨界熱流束 (critical flux)：原子炉の燃料冷却において注意すべき重要な問題は，伝熱面の熱流束が高いため，冷却材の相変化，すなわち沸騰が生ずることである．PWR では高熱負荷時には局所的なサブクール沸騰を起こす可能性をもっている．沸騰現象は核沸騰領域から膜沸騰領域に移行する．この臨界熱流束を超えた膜沸騰領域では伝熱表面温度が非常に高くなり被覆材の劣化により燃料破損に至る可能性がある．そのためこのような状態にならないように設計限界を設けている．

めされ，それらのバネとディンプル (dimples) は垂直面上の2点として働く．ディンプルはジルカロイ-4製格子薄板を打ち出しする (stamping) ことによって得られる．

支持格子薄板の寸法（厚さと高さ）は，（地震時においての）支持格子挫屈抵抗性の要件，圧力低下要件および可能な限り材料の最小使用によってインコネル製曲がりバネ (bow springs) の設置を許す幾何寸法要件の全てを満足するように定められる．

最後に，各々の周辺部支持格子薄板は翼を持ち，それは流れの混合に加えて，操作時の組立のガイドとなっている．

21.2.3　ノズル

これらは集合体の両端に位置する金属製部品である．

下部ノズル (the bottom nozzle)

下部ノズルは集合体に入る冷却材の配分を行い，その案内管を通じての構造から負荷される垂直荷重を支える．これは集合体の基礎となっている．この下部ノズルは AISI 304L ステンレス焼鈍鋼製である．

1次流体が集合体に侵入するのを許す円状の穴（円孔）を有する，厚肉正方形板材で製作されており，板材の角の4個脚で持ち上げられている．これらの脚の2つには，下部炉心板 (lower core plate) の位置決めピン (alignment pins) のはいる穴があいている．下部ノズルにはまた，燃料棒破損の主な原因の1つである移動物体 (migrant objects) を止めるための抗破片装置 (anti-debris device) を有する．

案内管はネジで下部ノズルと接続される，これらのネジはこのシステムの分解を許容する．

集合体内の流体流れは棒間の空間内のチャンネル面に置かれたオリフィス (orifices) のネットワークを通じて行われる．

上部ノズル (the top nozzle)（図 21.3）

運転中，この上部ノズルは冷却材が集合体から出ることを許し，かつ付随要素組立品 (assembly-associated elements) のための保護ケーシング (protective casing) として用いられている．運転停止において，装荷，取り出しおよび再処理のための輸送の際の集合体の操作にこの上部ノズルが用いられる．

集合体の頂部は，取付板材 (adaptor plate) と薄板囲いと接続している枠組 (frame) および4個の板バネ (multi-leaf springs) とその他の連結要素で作られている．その4個のバネとそれらの押えボルトは時効インコネル718製である．その他の全ての要素は AISI 304L ステンレス鋼で出来ている．

取付板材には水循環のための丸くかつ長円形 (round and oblong) の穴（細長孔）を有する．24個の丸穴（円孔）はノズルが案内管と連結できるようにしている．21.2.1節で述べたように，これらの連結は分解可能であり，原子炉に滞在した後にそれら燃料棒を引き抜

21.3 燃料棒の説明

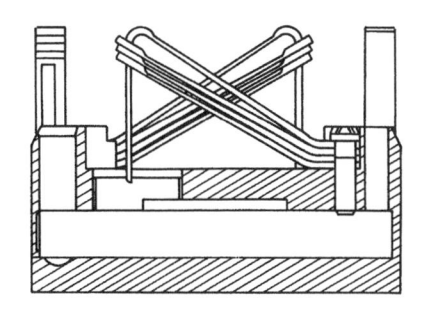

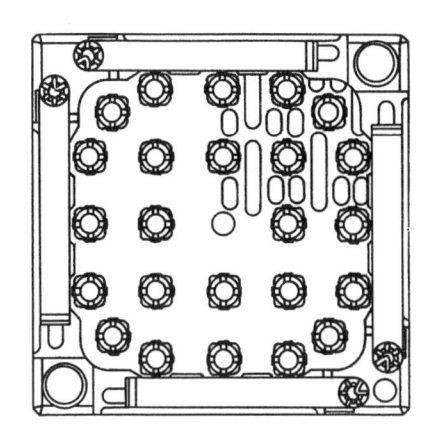

図 21.3 AFG 2G 集合体の上部ノズル

くことが出来る．取付板材の役目は案内管の軸方向荷重の分散および燃料棒の軸方向変位を可能な限り制限することにある．

その枠組は反対方向に位置する 2 個のパッド (pads) を有する，それらは上部炉心板の中心合わせピンを収容するためであり，その結果炉心内の集合体位置取りがなされる．4 個の板バネは冷却材水力学力と反対方向の力を及ぼす．それらバネは，2 つの角度で取り付け可能な位置の円形穴にネジを用いて枠組に取り付けられる．上部の炉内計装機材の装荷中において，その板バネの曲がりによる力が炉心板間の位置にそれら集合体を保持させている．

21.3 燃料棒の説明 [1,2]

燃料棒 (fuel rod) は，加圧水型原子炉 (PWR) の基本要素である．40000 本を超える棒（燃料棒 264 本組の燃料集合体 157 体）が 900 MWe 原子炉の炉心に永久的に存在しており（1300 MWe 原子炉で 51000 本），それらの安全な滞在期間は平均して 3 年から 4 年で

ある.

21.3.1 燃料棒の構成

900 MWe 原子炉の公称長さ 3852 mm を有する現行棒および 1300 MWe 原子炉の公称長さ 4488 mm を有する（第 I 部，表 3.1 参照）現行棒は（図 21.4），以下に示す減数化した単純構成物で作られている（第 I 部，3.1.1 節参照）：

―直径 9.5 mm，肉厚 0.6 mm を有する被覆管 (cladding tube),

―原子炉心管理の種類に依存する核分裂性物質（^{235}U または ^{239}Pu）の初期濃縮されたウラン酸化物 (UO$_2$) または混合酸化物 (U,Pu)O$_2$ のペレットの積み重なり（スタッキング：stacking），

―燃料棒上端部にあるガス貯め（プレナム：plenum）空間を形成するバネ (spring),

― 2 個の端栓 (end plugs).

21.3.2 被覆管

現在原子炉廃止措置（デコミショニング）された最初の Chooz 原子炉，その燃料棒の被覆材は 304L ステンレス鋼であった，を除きフランス国内で稼働中の全ての PWR はジルカロイ-4 被覆材による棒から組み立てられた集合体が装荷されている.[*4]

このジルコニウム基礎合金に含まれる合金元素は錫（Sn, 0.07 から 1.7 %），鉄（Fe, 0.28 から 0.37 %），クロム（Cr, 0.07 から 0.13 %），(Fe+Cr, 0.28 から 0.37 %) および酸素（O, 0.10 から 0.15 %）である（化学組成の単位は重量 %）．これらの合金元素と含有率は機械的性質と耐腐蝕性を強化するための理由から選択された．その製造，炉外での性質および原子炉内でのふるまいについて第 IV 部（第 19 章参照）で説明した．

被覆管材としてのジルカロイ選択は，以下に示すジルコニウム基礎合金の 3 つの主要な性質から正当化される：

―ジルコニウムの中性子吸収断面積 (neutron absorption cross section) の小ささ，それは原子炉内中性子の収支を改善する；さらにジルコニウムは僅かに放射化するだけ；中性子捕獲を通じて生成する主要同位体元素は表 21.1 に示す短寿命生成物 (short-lived products) である，

―それらの良好な機械的強度,

―最後に，ジルカロイは標準条件下で穏やかに腐蝕される唯一のものである．

ジルカロイ-4 族の材料には，それらの化学組成（とりわけスズと酸素の含有率）と種々の熱処理――それらの熱処理の後，最後に冷間圧延される――に因って幾つかの種類が

[*4] 訳註： デコミショニング（停止：decommissioning）：任務を終えること．原子炉を停止して，以後その活動を打ち切ること．

21.3 燃料棒の説明

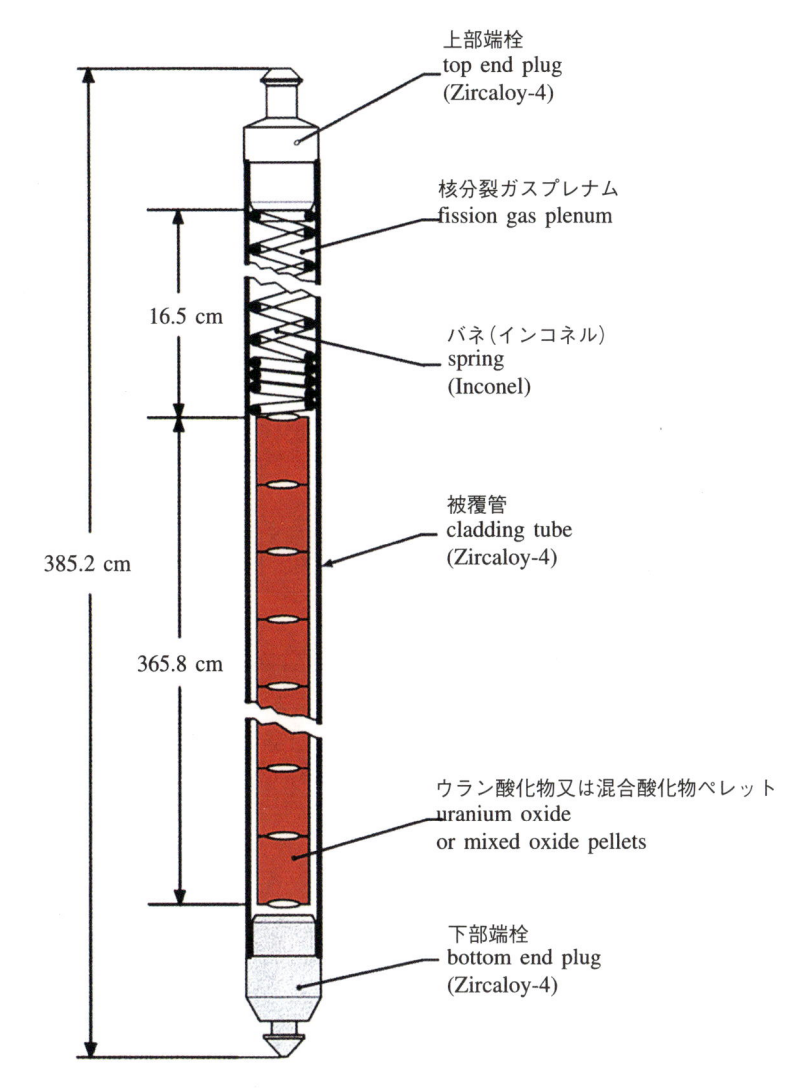

図 21.4 900 MWe PWR 燃料棒断面（単位 cm の値は公称値）

有る．

現行集合体には応力緩和 (stress-relieved) ジルカロイ製被覆管を使用している．冷間加工の部分的回復 (restoration) を通じて得られるこの合金は，細長結晶粒と高密度転位により特徴付けられる；これらの特徴がこの応力緩和合金に高機械強度を与えている．

その他のタイプのジルカロイ-4 は再結晶合金であり，実験目的で照射された．その合金は低機械強度とクリープ高抵抗性が特徴である（図 21.5）．

ジルカロイ-4 は，それが最密六方晶構造（α 相で，862 °C に達するまで安定）であるとの理由から，大変大きいと断言される異方性 (a very pronounced anisotropy) を呈する．この熱的・機械的変態 (thermomechanical transformations) の下，管（または支持格子薄

表 21.1　ジルコニウム放射化生成物

同位体	相対存在比	反応	生成物	期間
90	51.46	n, p	^{90}Y	64 時間
91	11.23	n, p	^{91}Y	58 日
94	17.4	n, γ	^{95}Zr	64 日

板）として得られた材料には，選択的配向（テクスチャー）を生じせしめ，後にある種の性質に顕著な異方性を導く．このテクスチャー（集合組織）は水素化試験により観察される：与えられた領域で，水素化物 (hydrides) の方位は f_N 指数で特徴づけられる，その指数は規格管で 45° よりも小さい角度で水素化物形成比率と等価である（図 21.6）．

酸素存在下でジルカロイは酸化し，ジルコニア層を形成する（第 IV 部，19.3.2 節参照）．原子炉内で，この現象は被覆管の腐蝕として観察出来る：

— 1 次冷却系内の水による外面腐蝕（主要な現象），

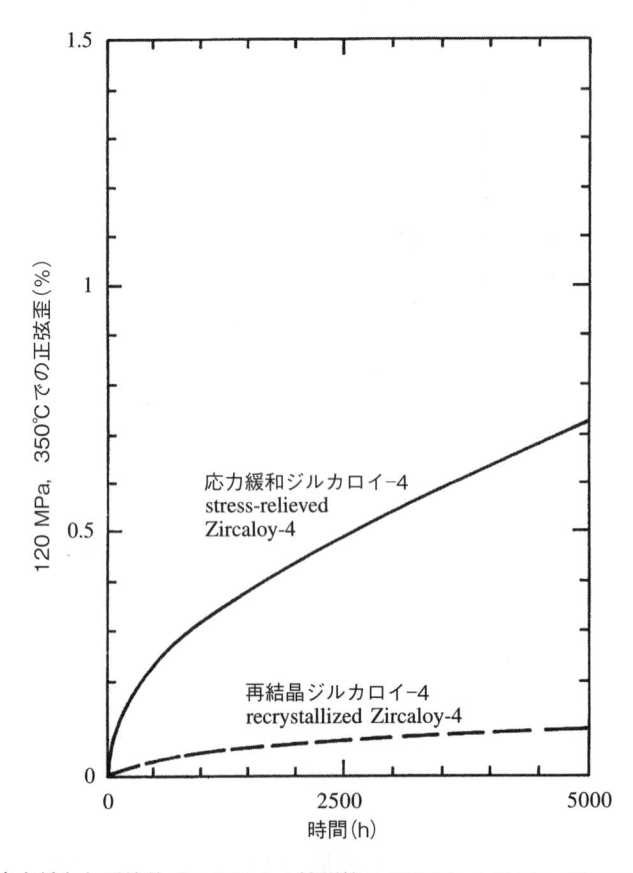

図 21.5　応力緩和と再結晶ジルカロイ-4 被覆管の 350 ℃，120 MPa 下での熱クリープ

21.3 燃料棒の説明

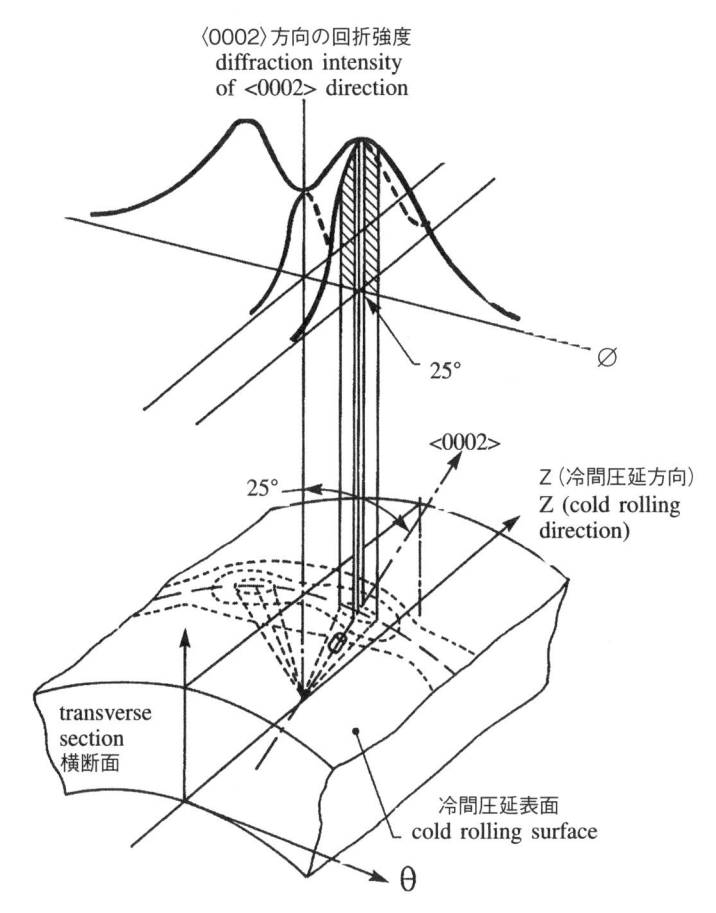

図 21.6 被覆管材のテクスチャー．25° で優先方位を有するテクスチャーの例

——ウランの核分裂によって放出された酸素による内面腐蝕．

水によるジルカロイの酸化（外面腐蝕）を通じて，水の還元は水構成の一部である水素を放出させ，その被覆管内へ編入させてしまう：被覆管の水素化物に沿った腐蝕の発生である（第 IV 部，19.3.2 節参照）．周囲環境温度において水素溶解度は低く，水素化物が板状に析出する，その析出方位は結晶基底面と平行である．適切になされた冷間圧延管では，その平面は供用中に被覆管にかかる応力負荷と平行に方向付けすることが出来る．

水素濃度が増加した際，図 21.7 に示すように被覆管の水素化物占有速度 (occupation rate) も増加する；適切に冷間圧延され僅かに水素化物化した被覆管断面を図 21.8.a に示す；被覆管の低温側外縁上の高濃度水素化物の被覆管断面を図 21.8.b に示す．

低温環境に戻っての水素化物析出がジルカロイの延性を低下させる．非常に高い水素含有は炉運転停止条件へ戻る間に被覆管脆化を引き起こすことが可能である．同様の現象は案内管に対しても考慮されなければならない．

照射下において，ジルカロイ-4 の機械的性質が変化し（第 IV 部，19.4.3 節参照），腐蝕

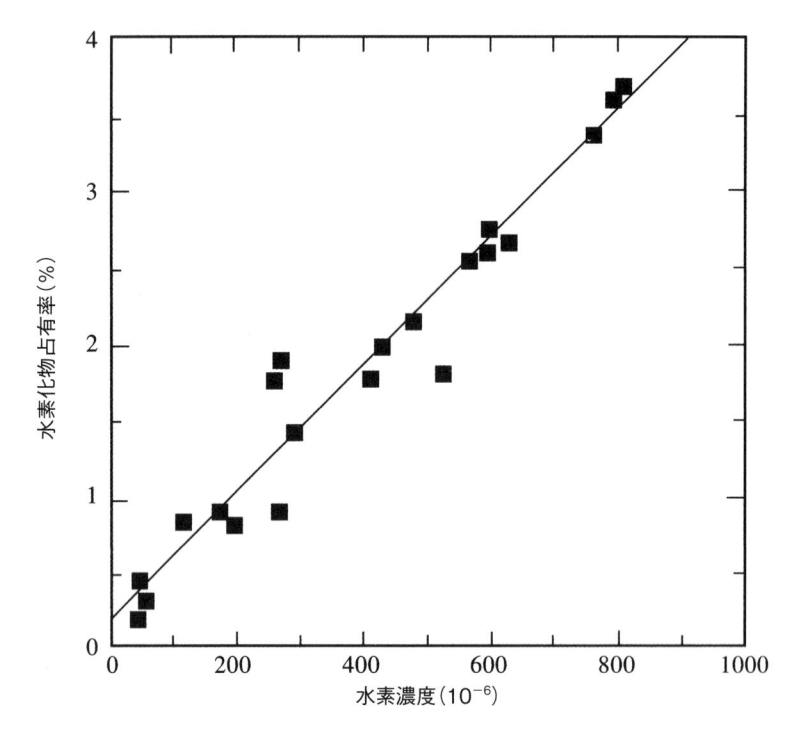

図 21.7　Fessenheim と Bugey 発電所で照射された照射被覆管の水素濃度と水素化物占有速度間の相関（定量測定は Saclay の CEA 研究所で行った）

挙動は変化を受ける：

—ジルカロイ-4 は照射されて硬化する：照射開始からわずか 3 ないし 4 ヶ月で達する中性子フルエンス 10^{21} n cm^{-2} 以下において，その引張り強さが増加し，破断までの伸びは約 1 ％ に減ずる．フルエンスに対する典型的なジルカロイ-4 伸びの進展を図 21.9 に示す．

—中性子束下で，照射クリープ成分が熱クリープ成分に加えられる．この現象は被覆管とペレット間初期ギャップの急速閉鎖に寄与する（冷間条件下で半径約 85 ミクロンのギャップ，第 III 部，表 13.1 参照）．しかしながら，積算照射量の増加に伴って，材料の硬化とクリープ低下によって変形されやすくなる．

—1 次循環水中のジルカロイ-4 の腐蝕反応速度は中性子束下で加速する（第 IV 部，19.4.5 節参照），それは大きな被覆管腐蝕を引き起こしてしまう：実験目的用に 5 サイクル照射された集合体に対し，厚さ 100 μm に達した，これは被覆管肉厚の 10 ％ 以下の酸化に相当する．

—ペレット・被覆管相互作用の状況下において，燃料内に形成された腐蝕性核分裂生成物の影響のもとジルカロイ-4 は応力下で腐蝕されがちになる（SCC，第 IV 部，19.4.6 節参照）；この腐蝕は割れ (cracking) を引き起す，一部は粒界割れおよび一部は粒内割れで

a)   *b)*

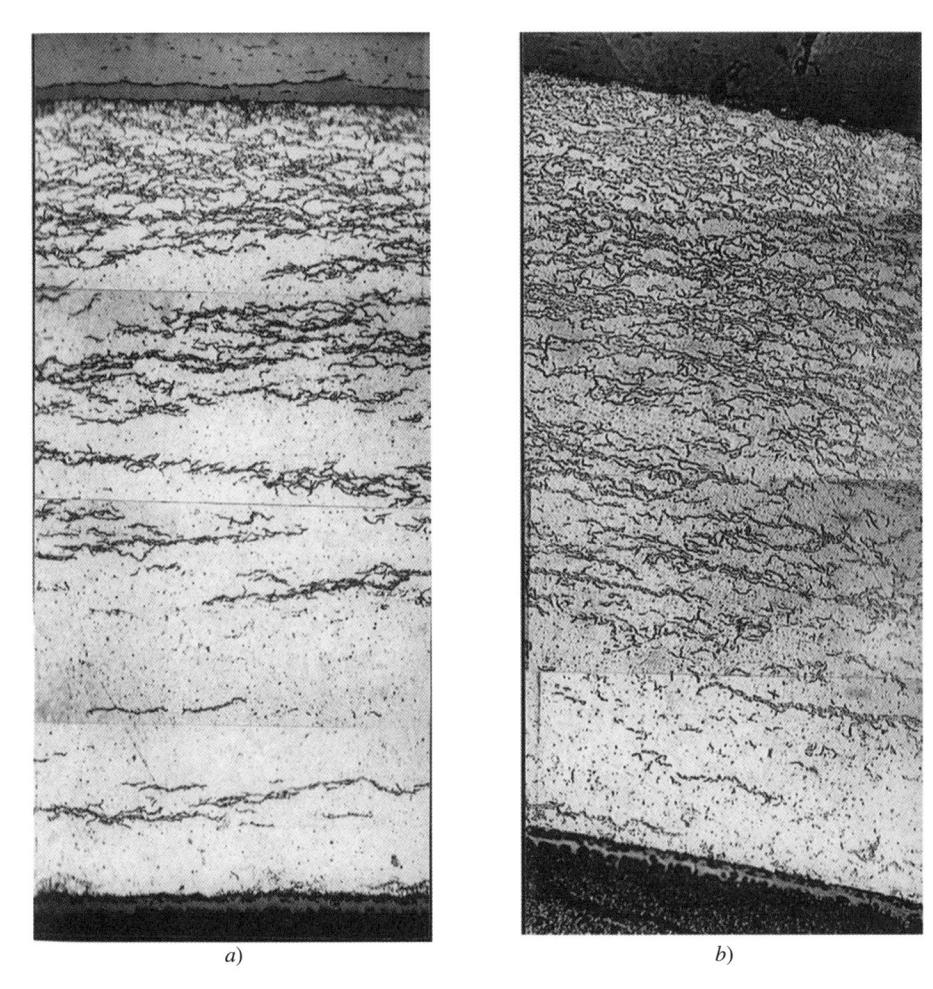

図 21.8 PWR で照射した水素化物化した被覆管の金相写真
a) 僅かに水素化物化した被覆管（PWR で 4 回の年間運転サイクルの後）
b) 非常に多く水素化物化した被覆管（PWR で 5 回の年間運転サイクルの後）：水素化物は被覆管の低温側外縁に集中している

ある．

21.3.3 燃料（UO_2 ペレット）

二酸化ウランは理論密度 10.96 g/cm^3 を有するセラミック (ceramic) である．製造後の気孔率（ポロシティ：porosity）5 ないし 6 ％ を有し，この値は設計者によって仕様として指定されている．

900 MWe 加圧水型原子炉で使用されている通常燃料は，全長 3.65 m となる約 265 個のペレット柱（スタック：stack）で作られる．

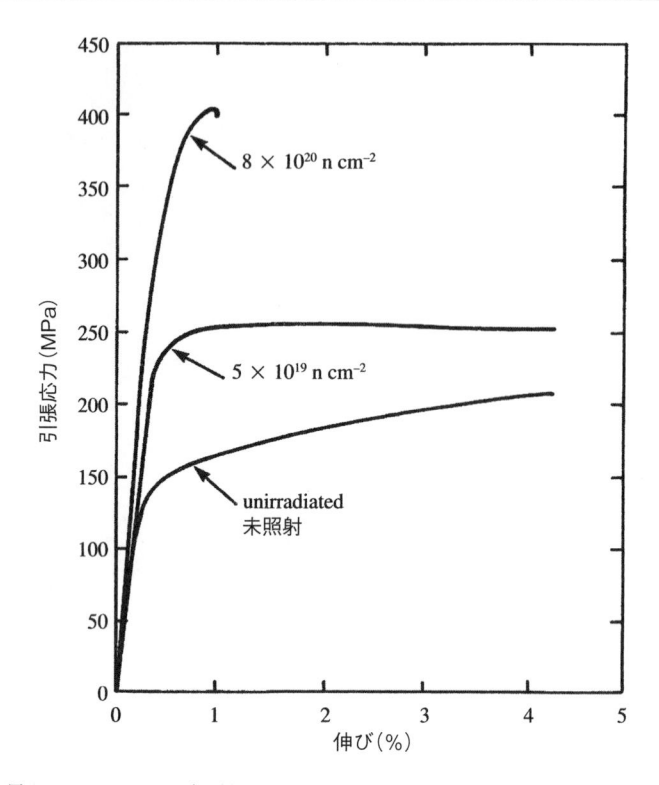

図 21.9 異なるフルエンス（中性子エネルギー 1 MeV 以上）でのジルカロイ-4 の引張り応力曲線
高フルエンスでのこれらの曲線は以下のことを示す：
―破断に到る伸びの減少
―降伏応力の増加

　その燃料は微濃縮ウラン酸化物粉末から，またはグリーンペレット (green pellets) の焼結が最終相に合致させる粉末冶金によってウラン酸化物とプルトニウム酸化物との混合から得られる．これらペレットの公称直径は 8.19 mm，高さ 13.5 mm である．それら両端部には半球形デッシュ（皿：dishing）を有す．ディッシュは周縁に比べてペレット中央の膨張過剰分を相殺させ，かつ燃料カラム内で結合している高温ペレットを支持する目的がある．
　これらのペレットは通常チャンファ（面取り）されている（図 21.10)，それは被覆管内への挿入を容易にする．[*5]

[*5] 訳註：　　チャンファ (chamfer)：コーナー部の鋭いエッジ部を切り落とすことをいう．燃料ペレットの場合は，照射による半径方向の温度勾配によってつづみ (鼓) 形に変形した場合に生じるリッジを防ぎ，ペレットと被覆管の相互作用を軽減させる．

21.3 燃料棒の説明

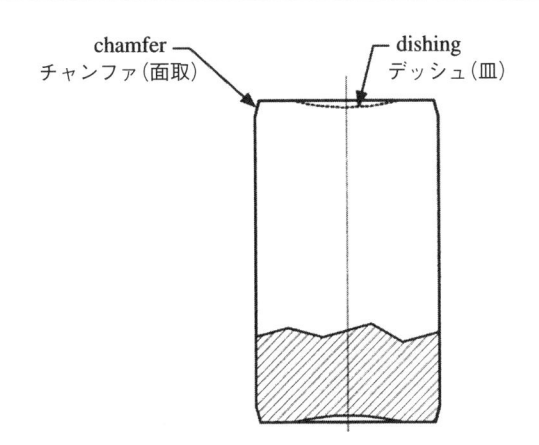

図 21.10 燃料ペレットの断面

UO$_2$ ウラン酸化物

IDR (Integrated Dry Route) と時々呼ばれる乾式工程および ADU（重ウラン酸アンモン：Ammonium Di-Uranate）と AUC（炭酸ウランアンモニウム：Ammonium Uranyle Carbonate）の湿式工程のこれら 3 つは，UO$_2$ 粉末製造のために UF$_6$ を UO$_2$ に転換するために用いられている最も一般的な製法である（第 II 部，7.1.1 節の IDR 参照工程および 7.1.2 節の ADU 工程と AUC 工程を参照せよ）．

この操作の後，フランスで一般的に用いられている燃料ペレット製造は DCN（順二重サイクル：Double Cycle Normal）と呼ぶ工業的工程に従って行われている（第 II 部，7.1.1 節参照）．この工程の様々な変種が CEA でしばしば用いられた，例えば DCI（逆二重サイクル：Double Cycle Inverse）などである（第 II 部，7.1.2 節参照）．

混合，プレス，焼結の各段階において，工程毎に具体的に定められ，かつ酸化物粉末の特性が与えられる．両者ともに良好な熱的安定性を有するが，DCI 燃料は約 4 ％ とより多くの開口ポロシティ（空洞：porosity）を有す（図 21.11），一方 DCN 燃料では通常 0.5 ％ にも満たない．しかしながら DCI 燃料のほうがクラック発生に対する抵抗性がより強いように見える．

900 MWe の EDF 原子炉で使用される公称ウラン濃縮度は燃料管理戦略 (fuel management strategy) に依存しつつ長期に渡り進展してきた（22.1.2 節）．1980 年まで，3 サイクル（燃料集合体 52 体）でのその参照燃料管理は，平均取出し燃焼率 33 GWd/t の取替燃料 (reloadings) の初期濃縮度が 3.25 ％ に等しいことを意味する，言い換えるなら燃料集合体当り年 3 回の標準照射サイクルである（290 EFPDs）．[*6]

第 1 期（1983 年-1986 年）中，サイクル長さを増加するために（330 EFPDs），ウラン

[*6] 訳註： EFPD (effective full power days)：全出力換算日．

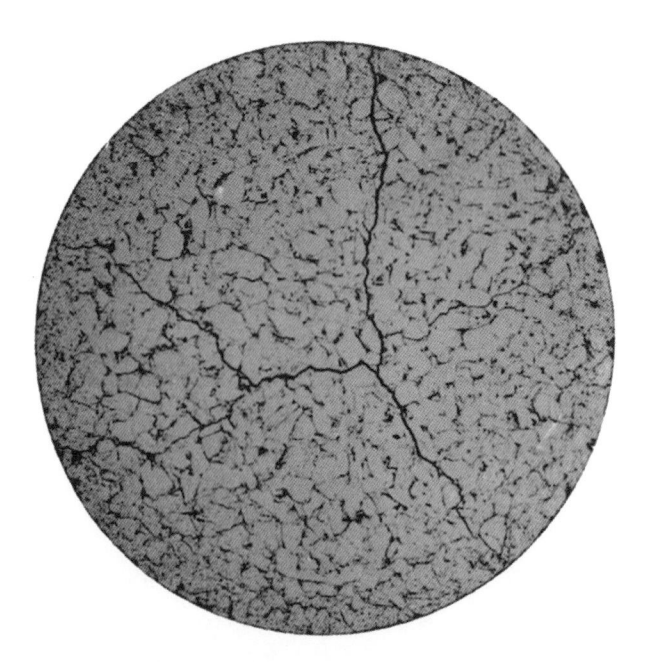

図 21.11　照射 UO$_2$ 棒の断面金相写真：上が DCN 型酸化物，下が DCI 型酸化物

21.3 燃料棒の説明

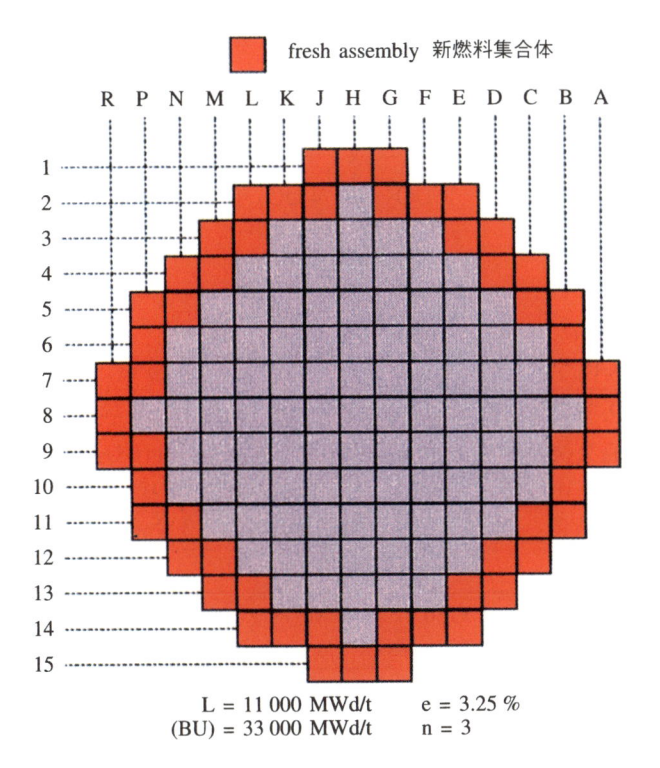

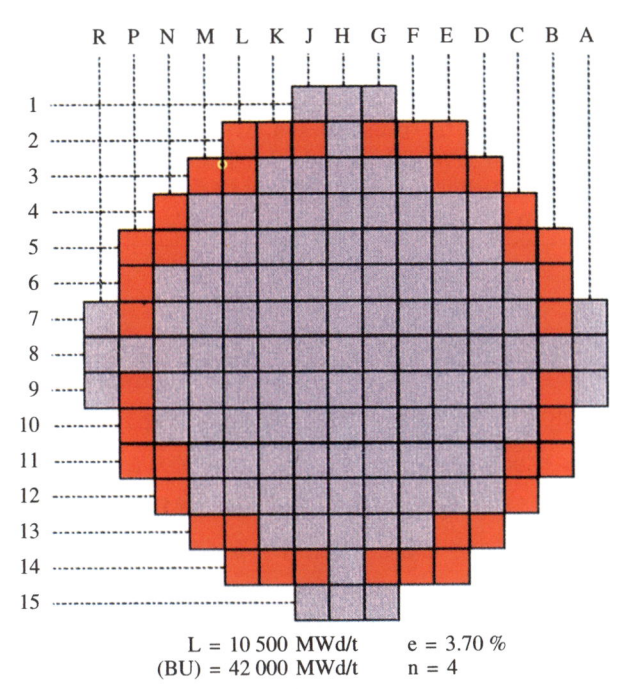

L = 11 000 MWd/t   e = 3.25 %
(BU) = 33 000 MWd/t   n = 3

L = 10 500 MWd/t   e = 3.70 %
(BU) = 42 000 MWd/t   n = 4

図 21.12 異なる燃料管理スキームに対する 900 MWe PWR 炉心装荷配置：
—3 バッチの燃料サイクル：$n = 3$（上部）；
—4 バッチの燃料サイクル：$n = 4$（下部）；
L = サイクル長さ；e = ^{235}U 濃縮度；(BU) = 燃料取出し燃焼率；n = 炉心装荷数

表 21.2　燃料サイクル管理の発展

I. JAN, 1995: 54 基の運転中の PWRs					
	管理形式	3 UO$_2$ サイクル	4 UO$_2$ サイクル	3 UO$_2$ + MOX サイクル	ハイブリッド 4 UO$_2$ + 3 MOX サイクル
900 MWe PWR	基数 —CPo* —CPy*	3 21	3	1	6
	UO$_2$ 濃縮度	3.25 %	3.70 %	3.25 %	3.70 %
	燃料交換当りの集合体数**	52 (UO$_2$)	40 (UO$_2$)	36 (UO$_2$) 16 (MOX)	28 (UO$_2$) 16 (MOX)
1300 MWe PWR	20 基　^{235}U 3.10 % にて 3 サイクル				
短期間内					
900 MWe PWR	CPo - CPy (UO$_2$)　：4 サイクル—^{235}U 3.7 % CPy MOX　：ハイブリッド				
1300 MWe PWR	長期サイクルへ変更　：3 サイクル—^{235}U 4 %				
中期間予想：研究中					
900 MWe PWR	CPo　　　　長期サイクル CPy MOX　UO$_2$ と MOX の 4 サイクル				
1300 MWe PWR	3 サイクル—^{235}U 4 %				
* CPo 型：Fessenheim 1 と 2, Bugey 2, 3, 4, 5. 　CPy 型：その他の 900 MWe PWRs（図 22.1 参照） ** 読者は 900 MWe PWR 炉心集合体の総数は 157 体であり，1300 MWe PWR 炉心集合体の総数は 193 体であることを思い起こすべし（第 I 部，表 3.1 参照）.				

　を 3.7 % へ濃縮して使用した，常に 3 バッチの燃料サイクルで炉取出し燃焼率 39 GWd/t に達する．

　1988 年以来，炉取出し燃焼率 42 GWd/t へ増加させる濃縮ウラン 3.7 % を使用した年 4 バッチの燃料サイクル（280 EFPDs）が許された（22.1 節および図 21.12 参照）．

　1300 MWe 原子炉に対し，炉心寸法効果が 3 バッチの燃料サイクルおよび年間サイクルに対して濃縮度 3.10 % に減少させることを許容する（表 21.2）．

　他の濃縮度もまた用いられている，新原子炉の初装荷炉心に対し，炉心中央部に装荷した燃料集合体の中性子消耗 (neutronic depletion) の程度が低いことを勘案し，特に 2.1 % と 2.6 % が使用される．この過程はホウ酸塩ガラス (borated glass) を含んでいる可燃性毒

21.3 燃料棒の説明

物 (burnable poison)*7 棒の一時的挿入によって完了する．さらに施設者はとりわけ経済的効率化を理由とし，さらに高い燃焼率燃料の炉心取出サイクルを得るためにこれを使用することが出来る．この場合，初期濃縮度は 4 % を超え，かつそのために付与される過剰反応度 (over-reactivity) は可燃性毒物の使用によって補償される，それらは U と Gd の混合酸化物（UO_2-Gd_2O_3）の可燃性毒物棒クラスタ (burnable poison rod clusters) または集積可燃性毒物棒 (integrated burnable poison rods) の形態で用いられる．

混合酸化物燃料 (Mixed oxide fuel: MOX)

PWRs におけるプルトニウム・リサイクルに対する技術的，産業的，経済的方面からの研究が行われた後，EDF は幾つかの原子炉で再処理から得られたウランとプルトニウムのリサイクルを行うことを決定した．

このリサイクルの結果，幾つかの原子炉で MOX タイプの集合体が使用されている，言い換えると集合体は親物質として支える劣化ウラン酸化物 (depleted uranium oxide)*8 と核分裂性プルトニウム酸化物の焼結によって得られた燃料ペレットで構成される．

プルトニウム燃料燃料交換の認可はフランス国内で炉心の 30 % と制限している，これは 900 MWe 原子炉心での年あたりの燃料交換を形成する 52 体中，MOX 燃料集合体 16 体に相当する；1995 年以来 MOX 燃料を伴い燃料交換されるこれらのユニットが負荷追従 (load follow) 運転のために認可された（22.2.1 節参照）．

MOX 燃料集合体のプルトニウム平均濃度は 5 % 近傍であり，これは UO_2 燃料中のウラン-235 の濃縮度 3.25 % と等価である（表 21.2）．その濃度は酸化物製造で使用するプルトニウム同位体組成に従って変化する．1990 年代の再処理から得られれるプルトニウム同位体品質に対応する平均含有率は 5.3 % である：

^{238}Pu:	1.83 %	^{241}Pu:	11.06 %
^{239}Pu:	57.93 %	^{242}Pu:	5.60 %
^{240}Pu:	22.50 %	^{241}Am:	1.08 %

ウランのみの集合体と MOX 集合体の並列が後者の周縁の中性子束増加を引き起す．この局所出力過剰を防ぐために，集合体内のプルトニウム含有率を変化させている：周縁から中心部へプルトニウム含有率が増加する 3 領域となっている．プルトニウム平均含有率

---

*7 訳註：　可燃性毒物 (burnable poison)：核燃料に固定または混入して核燃料の燃焼に伴って損耗することにより反応度の補償を行う核毒物．核燃料の燃焼による反応度低下を毒物の損耗によって生まれる正の反応度によって補うことができ，同時に中性子束平坦化も兼ねて行うことができる場合もある．B が代表的なものであるが，このほか Sm, Dy, Hf, Gd などもある．

*8 訳註：　劣化ウラン (depleted uranium)：使用済燃料中のウランの ^{235}U 含有率は，新燃料中のそれに比べて大分低くなっている．このウランのことを劣化ウランという．ただし，濃縮工程の廃棄材である減損ウランのことを劣化ウランと呼んだり，逆に，使用済燃料中ウランのことを減損ウランと呼んでいることもある．

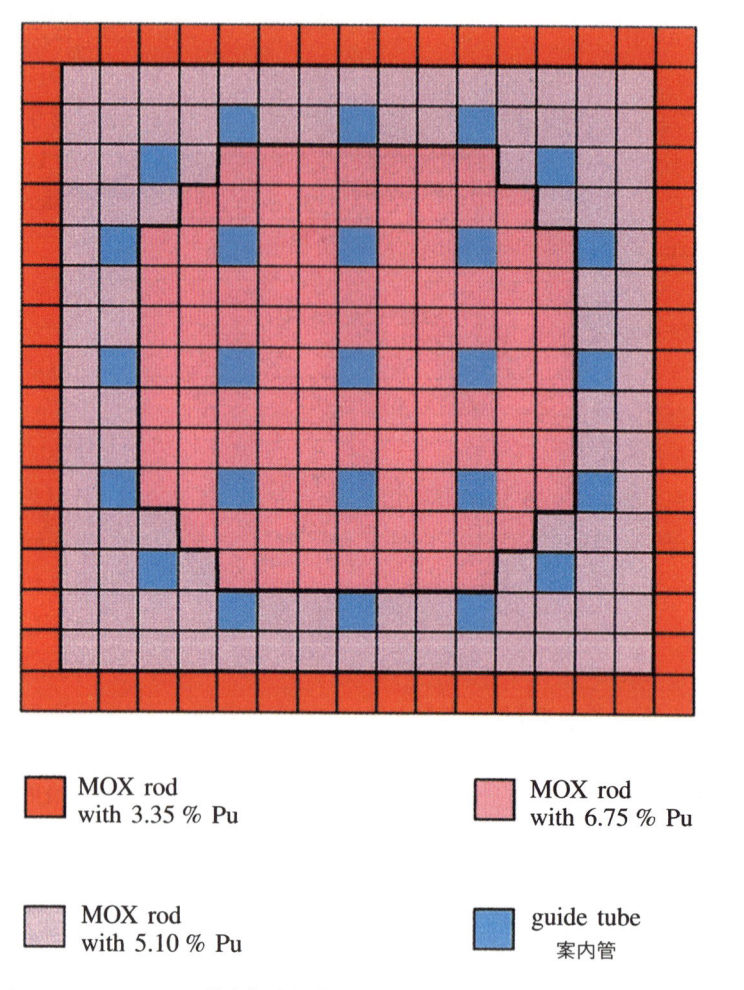

| MOX rod with 3.35 % Pu | MOX rod with 6.75 % Pu |
| MOX rod with 5.10 % Pu | guide tube 案内管 |

図 21.13　UO$_2$-(U,Pu)O$_2$ の混合炉心装荷に対するプルトニウム平均含有率 5.3 % を持つ MOX 集合体中の燃料棒配置図

5.3 % を持つ MOX 集合体中の燃料棒位置を図 21.13 に示す．

　この種の集合体の特徴の 1 つは，低いプルトニウム含有率の母相内にあるプルトニウム富裕集塊 (plutonium-rich agglomerates) の存在である，それは幾つか不利益をもたらす：

　—それらは局所核分裂密度ピークを生みだす，そのピークが核分裂ガス放出増加を引き起しがちである，

　—それらは再処理における燃料溶解度減少を引き起こす．

　MOX 燃料製造工程は徐々に発展した：

　● 1985 年までに，PuO$_2$-UO$_2$ 直接混合の（BELGONUCLEAIRE 工程）が使用された，それは局所的に 100 % PuO$_2$ の塊状粒子が混在する非均一燃料 (heterogeneous fuel) の結果を招いた（第 II 部，7.2.1 節参照）．この種類の燃料要素は CAP と BR3 原子炉内で 50

GWd/tU+Pu に達している（第 I 部，5.2 節参照），しかしながらこの工程は再処理問題（溶解性の悪さ）の理由によって使用されなくなった．

- "参照" (reference) 工程の発展は，BELGONUCLEAIRE から MIMAS 工程 (MIcronized MASter blend process) へ導いた，その MIMAS 工程は最大 30 % のプルトニウム含有率での PuO_2-UO_2 混合の粉砕 (comilling) の後，この混合物に UO_2 を加えて所要の含有率を得る工程より成る（第 II 部，7.2.1 節参照）．

MIMAS MOX は常にある程度非均質的なプルトニウムの分散を保持する，それでも"参照 MOX"と比べれば大幅な改善をしている（プルトニウム含有率最大 30 % の塊，大きさ $< 100\,\mu m$）．

この種の燃料は BR3 および PWRs で照射された；動力炉に現在装荷されている殆んどの MOX 燃料がこの工程で製造されている．Dessel に在る BELGONUCLEAIRE の P0 工場で使用されているこの MIMAS 工程は，Marcoule に在る COGEMA 社 MELOX 工場における製造工程のさらなる選択であった．

- COCA 工程は CEA 工程である，それは Cadarache に在る COGEMA 施設で用いられており，FR 燃料製造から得られた成果である．この工程において設計された含有率の全 PuO_2-UO_2 配合物を直接粉砕 (direct comilling) する．幾つかの燃料交換 MOX/COCA 燃料がフランスの PWRs で照射された．

21.3.4　スプリング (バネ) と端栓

現在，冷間加工鋼のスプリングは燃料上端部に置かれたプレナム (plenum)[*9]内に設置されている；このスプリングは燃料棒の移送中において燃料柱（カラム）の位置を保持し，さらに照射中の局所被覆管の扁平化 (collapse)[*10]に抗する保障を与える．

CEA の特許によれば，冷間加工ハフニウム製スプリングを用いることも可能である，例えば区画棒 (sectioned rods) の場合のように局所的中性子束増加を防ぐために用いる（第 I 部参照）．[*11]

その棒は両端を端栓にて閉じられる．これらの端栓は 2 個の中心性円柱状案内表面 (centring cylindrical guiding surfaces) によって被覆管中に咬み合わされ，その側面継ぎ目が TIG (Tungsten-Inert-Gas) を用いて溶接される．

[*9] 訳註：　プレナム (plenum)：核分裂気体および揮発性不純物の発生による燃料棒内の内圧上昇を緩和するために，燃料棒内に設けられた空間．プレナム内でのペレットの移動を防ぐために，通常スプリングを挿入しペレットを押えている．同時に，プレナムは燃料ペレットの軸方向の熱膨張の逃げにもなっている．

[*10] 訳註：　扁平化 (collapse)：ペレット密度が低い核燃料では，照射中のペレット焼締りのため，燃料棒内のペレットスタック中にギャップが発生することがある．ジルカロイ被覆管で未加圧燃料にこのギャップがあると照射中この部分の被覆管が扁平化することがあり，この現象をコラプスと呼ぶ．

[*11] 訳註：　ハフニウム (hafnium)：原子番号 72 の元素．中性子吸収断面積が大きく，耐熱性に富むので原子炉の制御材として用いられる．

製造中の位置決めを行い，また解体が必要な時に集合体から欠陥棒を取りだすことが出来るように，通常この端栓は掴み溝 (gripping groove) を有する．

21.3.5 冷間での内圧

製造中に，ヘリウム気圧 25 バールまたはそれ以上の圧に冷間加圧される，被覆管表面に冷却材より誘起された圧縮周応力 (hoop compression stresses) に対する部分的相殺およびそれによるペレット・被覆管のギャップ閉塞を遅らすための加圧である；実際，1 次循環系の加圧によって引き起こされる外側圧力は粗く見積もって 155 バールにもなる．さらに，燃料カラム中のボイド（空洞）形成による非常に大きなペレット焼締りの場合における被覆管の扁平化を避けることが出来る（24.1.6.b 節参照）．被覆管と燃料間の熱伝達を適切に行うために良好な熱伝導率を有するヘリウムが選択されている．

実際には，上部端栓の軸上に予め穴あけされた部分からの充填が，密封溶接を用いて行われる．この密封溶接によって，棒は要求圧力下のヘリウムが入っているタンクと連結し，大気圧を超える測定が行われる．この密封溶接は溶接によって閉じられる．棒の初期内圧には，したがっておよそ 3 ないし 4％の空気が含まれている．

第 22 章

原子炉の運転

22.1 燃料の管理

22.1.1 燃料管理の目的

本書の執筆時期において，PWR 型の原子炉 54 基が稼働しフランス国内電気エネルギーの 3/4 を供給している（図 22.1）．可能な限り有益な投資を形成する明白な利益の生成をそれが説明している．

これらの原子炉を運転している EDF は，それゆえ技術的または経済的環境（エネルギー需要，技術的変更，新規則など）の進展に合わせるようにこれらの原子炉を定常的に管理している，厳格に原子力安全規則を遵守しながらさらに kWh 当りの発電コストを可能な限り低く抑えるよう試みてきた．

核燃料——それ自身の性能と使用に適合させている——はこの経済的目標に大きく寄与する [3]．実際，「原子力 kWh」(nuclear kWh) コストにおいて，燃料費は約 20 % であり，EDF の燃料予算は年に 15 億と 20 億フランの間にある．

性能 (performance) という用語において，幾つかの目標が考慮されている，特定の目標を同時に達成することが不可能な時に妥協の必要性を時々伴いながらも：

—新燃料の取扱操作と装荷で必要となる原子炉運転停止期間 (spacing out of unit shut-downs) は，操作員達の管理と被曝の低減化を適切に導くことと同様，現実的経済関心事である，

—柔軟性要求 (requirements in manoeuvrability)，需要量に発電を不断に一致させるために，

—燃焼率の向上，燃料集合体により生産されるエネルギーが経済上重要な影響を有するからである，

—良好な燃料サイクル管理は核分裂物質に対し最も経済的でもある．集合体の明確な炉心管理または中性子吸収をそんなにしない材料を集合体組立に用いることが，ウランから

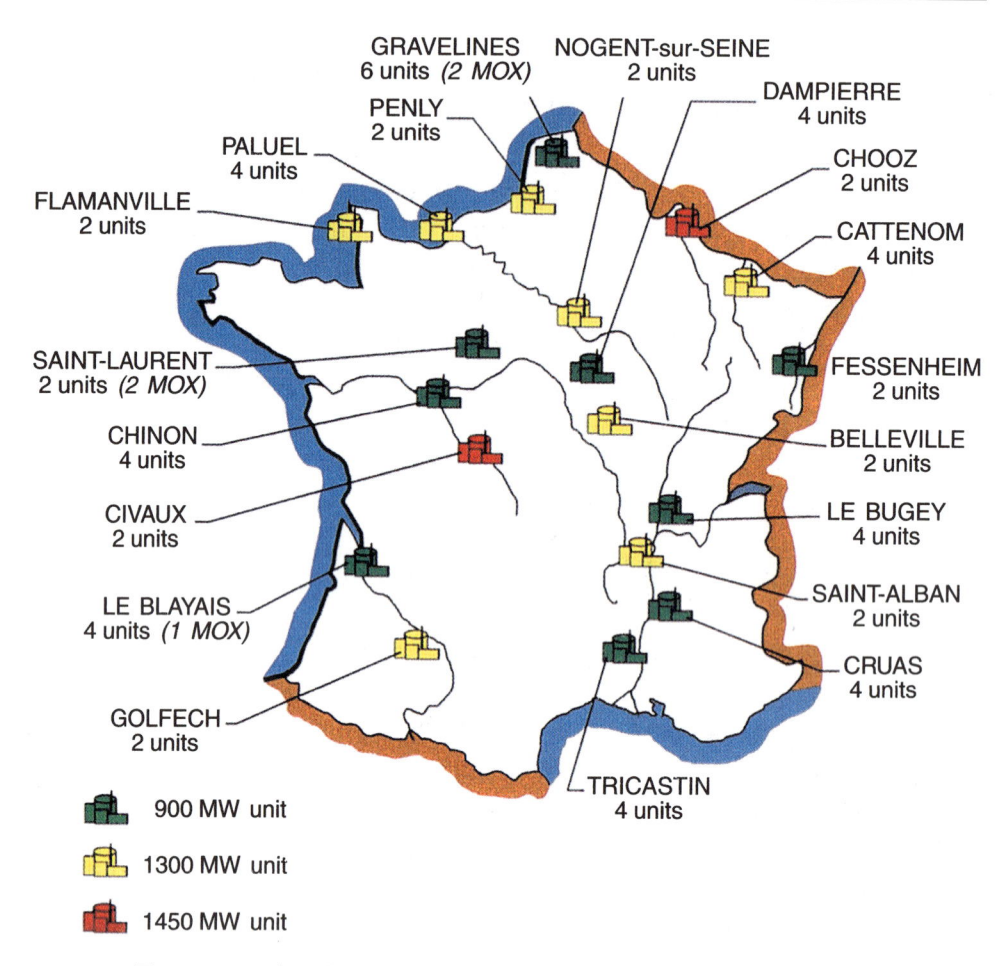

図 22.1　1995 年 1 月 1 日におけるフランス国内の加圧型軽水炉（EDF 情報）

最大のエネルギーを得ることに寄与する，

—原子炉容器の照射を最小にする管理モードが意図されるべきである，それは発電プラントの寿命を延ばすことになる，なぜなら今日，原子炉容器が交換不可能な唯一の構成部材であるからだ，

—照射された燃料の再処理から得られたある種の生成物の使用は，非常に巨大なエネルギー・ポテンシャルを示す．再処理の結果得られたウランは天然ウランのエネルギー的性質と似た性質を有する．プルトニウムに関して，同位体 235 を濃縮したウランと置換することが出来る（MOX 燃料）．

EDF では多くの発電所——異なる原子炉タイプが少数含まれているが——を有していることから，燃料サイクル管理モードの標準化の試みもまた成さねばならない．

稼働中または建設中のその異なる標準プラントのシリーズに関しての研究が，1995 年

22.1 燃料の管理

フランスで実施された：

— 900 MW PWR に対して，燃料の原子炉内滞在時間の延長化に関する実行可能性の研究 (feasibility studies) が実施されている，

— 1300 MW PWRs に対して，1996 年中に 18 ヶ月の燃料交換間隔で行った GEMMES と呼ぶ開発計画の枠組み内での研究が実施された．

— N4 標準プラントのシリーズに関して，その最初の炉 CHOOZ B1 では 1996 年 11 月に開始したが，その管理は約 18 ヶ月の 2 つの燃料交換の間の期間を長くする方向に導くことである，

— さらに，将来の原子炉についての研究は，この間隔を結局 2 年となるであろうことを目指している．

22.1.2 燃料管理の戦略

短期間および中期間の発展予想と同様 1995 年初めに，該当する多数のユニットを伴い各々の標準プラントのシリーズに燃料サイクル管理のタイプが適用されたことを，表 21.2 に示す．

N4 シリーズのユニットも，1300 PWRs と同じようにそれと同一の方法で管理が行われるであろう．

a) UO_2 装荷 EDF 炉 900 および 1300 MWe PWRs の燃料管理の進展

900 MWe PWRs の初期管理は，年燃料交換間隔に対応していた．毎年，原子炉は取扱操作と燃料の 1/3 を新たにするために停止していた．各燃料交換は濃縮ウラン 3.25 % の燃料集合体 52 体から成る．その取出し燃料の平均照射量は約 33 GWd/t である．

1980 年代初期において，動力炉の有効性を改善し，運転停止中の作業員の被曝集積線量の低減のため，この運転期間の長期化が決定された．燃料のふるまいに関するより良い知識が，取出し燃料平均照射量の新たな設定値を導いた．この平均照射量，およそ 39 GWd/t，は燃料を 3.7 % に濃縮して達成され，16 ヶ月毎の 3 バッチ交換に改められた．この反応度平衡制御のためにガドリニウム酸化物の使用が求められた，それは同一棒内のウラン酸化物と混合された可燃性毒物 (burnable poison)[*1]である．この期間中に，ガドリニウム含有率 7 と 9 % との間において，この中性子毒の良好な実験結果が獲得できた，それは劣化ウラン，天然ウランまたは 2.4 % まで濃縮されたウランをサポートしている．

1986 年初め，新要素が出現し，さらに前例の変更を迫る決定が引き起こされた．操作お

[*1] 訳註：　　　可燃性毒物 (burnable poison)：核燃料に固定または混入して核燃料の燃焼に伴って損耗することにより反応度の補償を行う核毒物．核燃料の燃焼による反応度低下を毒物の損耗によって生まれる正の反応度によって補うことができ，同時に中性子束平坦化も兼ねて行うことができる場合もある．B, Sm, Dy, Hf, Gd などである．

よび燃料取替えのための運転停止期間の短縮という大きな進歩がなされた．燃料の進展：支持格子製造におけるジルカロイからインコネルへの転換，この結果 1 次循環水の放射能強度低下と結局作業員の被曝集積線量の低減をもたらした．しかしながら，全体として電力消費を徐々に低下させた事実が需要に関連した長期過剰生産容量の予測をさせることになった．このような状況のもと，燃料取替えのため PWR が運転停止した時，既に停止してしまっていた他の供給可能な PWR がしばしばエネルギー生産に用いられる．サイクル・コストの最小化は，燃料交換までの期間延長化に比べて一層興味が湧く経済目標となる．

なぜ，1988 年に EDF は 900 MWe PWRs に濃縮度 3.7 % を維持しながら，年間隔に戻して 4 バッチの燃料交換とすることを決定したのかが，その理由である．その結果サイクル・コストの利益は初期の管理に比べて約 10 % 向上している．今日に至るまで，燃料サイクル管理は UO_2 燃料のみを用いている発電所で用いられている．

1300 MWe PWRs に対しても同様のアプローチが行われた．900 MWe と同じように，1300 MWe PWRs でも——その中の最初の原子炉（Paluel 1）の臨界は 1984 年であった——最初は年毎の 3 バッチ交換で管理されていた．1300 MWe PWR の中性子仕様は濃縮度 3.1 % で運転期間の延長を許容するものであった（900 MWe PWR の濃縮度 3.25 % と比較して）．

しかしながら，消費 (consumption) および特に電力の輸出が予測を超過したため，1980 年代中期に起案された計画の実現は 1988 年初めにおいて確証されなかった．

需要 (demand) に対する原子力動力プラントの適合——これは予想よりも早く行われた——は，数あるファクターの中でも，燃料交換と操作のために行う停止期間増加が最も密接に関連している．この期間は 1986 年の 7 週間平均から 1991 年の 12 週間へと移行した：長期 5 年毎ないし 10 年毎の供用検査 (in-service inspection) の出現，特にメンテナンス（保守）作業（容器頂部，蒸気発生器など）は一般的にこれら期間をさらに長くした．

現時点での経済性研究で，1300 MWe RWR の燃料交換間隔をさらに延ばすことが有利であると結論された．1993 年に入るとすぐに 18 ヶ月間隔を導くための研究が遂行された．

その濃縮度は 4 % であり，これは集合体の燃焼率性能に見合ったものである．

この燃料管理（18 ヶ月間隔での 3 バッチ燃料交換）が 1996 年に最初の 1300 MWe PWR で実施された．平衡状態に達している現時点での観点において，全ての 1300 MWe PWRs が 18 ヶ月間隔となるのは 2000 年以前には有り得ないだろう．

さらに先では，4 バッチ燃料交換管理が 1300 MWe PWRs に適用されるだろう．

b) MOX の使用 [4]

1987 年 11 月 28 日，Saint-Laurent B1 炉の最初の原子炉が，核分裂物質としてウランとプルトニウムの混合酸化物（MOX）を内蔵した集合体 16 体を装荷した運転を開始した．

22.1 燃料の管理

これはフランスの PWRs で MOX 燃料を工業的に適用開始した出来ごととして記録された．

PWRs でプルトニウム・リサイクルを開始することは既に 1985 年 6 月に決定されていた．この決定の様々な理由の中から，我々は以下のことを述べることが出来る：

—La Hague での使用済燃料に対する再処理工場の操業開始，その工場から再処理により，1980 年代末期に入るやいなや，大量のプルトニウムとウランが供給される，

—プルトニウム利用を最初に予定していた FR（高速炉）システムの進捗の減速．

初期段階の設計である 900 MWe PWR が 16 基存在する事実を見据えて，燃料サイクル全体の技術的および経済的分析を行った後，PWRs でのプルトニウム・リサイクルは実現できるとの意思決定が講じられた．主な利点を以下のように要約できる：

—操業の総合経済利益 (global economic advantage)，

—核分裂物質の節約 (economy on fissile material)（濃縮ウラン），

—燃料集合体生産容量と炉内可能使用量に再処理容積に合致させる使用（プルトニウムの無備蓄），

—使用済燃料集合体貯蔵数の縮小，

—使用済 MOX 燃料集合体から取出したプルトニウムの使用が可能な FR システムの将来に向けた開発に対する無負担 (no incidence).

この意思 (will) が核分裂物質の可能な最良使用の燃料サイクルに迫るものであることを，この意思決定が確証した．

MOX 燃料を取り入れた 900MWe PWRs の完全最新版安全教本 (safety book) をもって開始した．安全解析および原子炉性能評価において全て異なる教科・規則 (disciplines) が使用された（中性子学，熱力・水力学，力学，放射線防護など）．

フランスにおける 900 MWe PWR での最初の MOX 使用は初期の管理（濃縮度 3.25 % の年間隔 3 サイクル）から開始した．MOX 集合体 30 % を含む燃料交換，言い換えれば 16 集合体，その他の 36 体は 3.25 % に濃縮した UO_2 から成る．この条件で達する最大燃焼率（集合体）は MOX 集合体で約 39 GWd/t であり UO_2 集合体で約 36 GWd/t であった．

この燃焼率を超えて MOX を使用するには，現在進行中の研究開発の結果に依存している．しかしながら，UO_2 集合体を集合体平均燃焼率 47 GWd/t まで燃焼することが認可されている．1994 年に「ハイブリッド」(hybrid) 管理の履行によるこの性能から利益を生むことが出来た：それは，MOX を原子炉内で 3 サイクル滞在させ，他方 3.25 % に濃縮された UO_2 集合体は全て UO_2 集合体使用の燃料管理で用いられたような 4 サイクル滞在させたものである [5]．1990 年代末までに全ての集合体が 4 バッチ燃料交換で管理される可能性に依りながらも，このハイブリッド管理が広まり続けている．

900 MWe PWRs の MOX の完成 (integration) は，燃料生産容量（MELOX 工場）の進捗に沿って行われるだろう．安全当局からの要求に基づき最初に認可された 16 基を超える MOX 装荷に対する認可の手配が行われた．

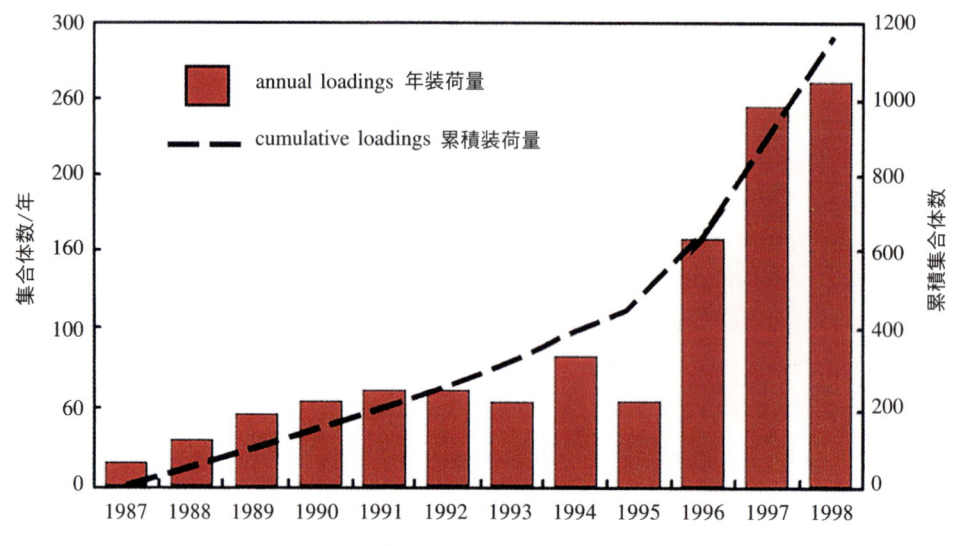

図 22.2 フランス原子炉内の MOX 集合体：実績および 1995 年の予測

図 22.2 に MOX 集合体の原子炉装荷の現状と進展予測を示す．

集合体の炉心配置を具体的要求に合致させなければならない．UO_2 炉心に食い違い (交互) 配列 (staggered arrangement) にして MOX 集合体が設置される，「アウト・イン」(out-in) と呼び，言い換えるなら新集合体は炉心の外縁に置かれる，既に照射された集合体は中央部で組まれる．しかしながら，プルトニウムの核分裂が最もエネルギッシュな中性子を発生して原子炉容器への照射量増加を引き起さないため，MOX 集合体は原子炉容器の近傍に装荷すべきでは無い．

22.1.3 燃料に要求される品質

燃料に要求される品質の中で，我々自身でその技術的面に限定するとしたならば，以下に示すのは最も重要である：パワー・ポテンシャルである燃焼率，発電所運転の操縦柔軟性と燃料棒の信頼である．

この燃焼率は燃料管理を一般的に条件付ける．

現在，UO_2 燃料集合体の認可燃焼率は 47 GWd/t であり，MOX 燃料集合体は今日まで 43 GWd/t に達する照射を受けている．

UO_2 燃料集合体は燃焼率 52 GWd/t に達するまで使用出来ることを実験結果と研究開発が示している．照射増加に関するこのファイルは安全・規制当局ら (Safety Authorities) によりレビューされている．

これと並行して MOX の燃焼率を UO_2 の燃焼率に可能な限り近づけるための研究が行われている．

集合体平均燃焼率 60 GWd/t を EDF が供給仕様の目標として決めた；これは 2000 年までに到達するかもしれない．

正常時および事故時環境で計算された炉心の物理学的パラメータを伴う，燃料性能が基礎負荷 (base load) または負荷追従運転 (load follow operation) に対する原子炉の出力容量を定義する上で助けとなる（22.2 節参照）．後者の運転において負荷追従需要は定格出力の毎分 5 % の炉心出力変動が可能であることを要求する．

燃料棒の信頼性は重要な項目である，なぜなら燃料棒内の被照射物質が外側の人間環境へ出ることを防いでいる第 1 番目の障壁がこの被覆管——気密 (be tight) であらねばならない——であるからだ．フランスの PWRs で観察された被覆管破損確率は年約 10^{-5} であり，言い換えるなら毎年 2 つの原子炉に対して 1 つの破損が観察されるということである．

最後に，この他に 2 つの最も重要な特徴を述べよう：

—集合体の「修繕容易性」(repairability) である，それは寿命末期まで達していない集合体 1 体に比べてむしろ損傷した燃料棒 1 本の交換を許容できること，

—再処理される集合体の可能力 (ability)．

22.1.4　まとめ

1996 年にフランスでは 54 基の PWRs が運転された，その内訳は 900 MWe PWRs が 34 基，1300 MWe PWRs が 20 基と 1450 MWe N4 PWR が 1 基である，他の表現で総電力は 58.6 GWe であった．フランスはさらに 1450 MWe N4 PWR 3 基を建設中で，それらは 1997 年から 1999 年までの間に運開する予定である．

1997 年当初には，900 MWe 原子炉の全てが 4 バッチ管理のもとにあった．これら 34 基の原子炉の中で，10 基は MOX 燃料を装荷し，ハイブリッド管理のもとで運転された．

1300 MWe 原子炉は UO_2 燃料のみを使用している．それらが開始して以来，年サイクルの燃料管理を行ってきた，そのは集合体をおよそ平均 35 GWd/t の燃焼率で炉からの取出す結果となっている．1996 年中期に，900 MWe での集合体と同様の環境下で燃料交換期間延長の実施が 1300 MWe 原子炉集合体の使用について認可された．

FRAGEMA 供給の取出集合体の結果を取出燃焼率と共に図 22.3 に示す．

22.2　原子炉運転のクラス

このテーマは本書の主題を取り扱った部分ではないが，燃料集合体設計の基礎として存在しているところの原子炉運転条件の考え方を把握するものとして有益である．例えばこれらの運転条件は燃料棒被覆管上に機械負荷 (mechanical loads) を引き起す（PCI: Pellet Cladding Interaction：ペレット・被覆管機械的相互作用），もしもその負荷があまりにも大

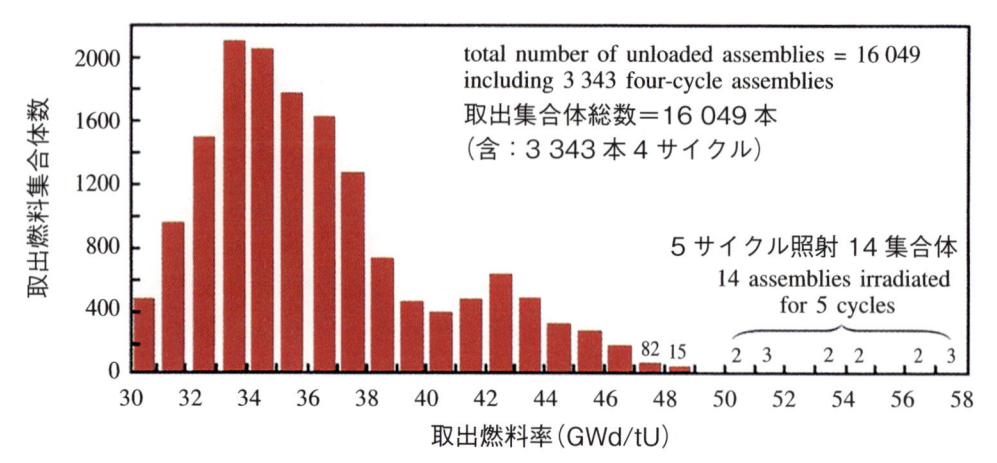

a) 燃焼率を関数としたFRAGEMA供給17×17集合体のヒストグラム
（1994年12月31日時点）

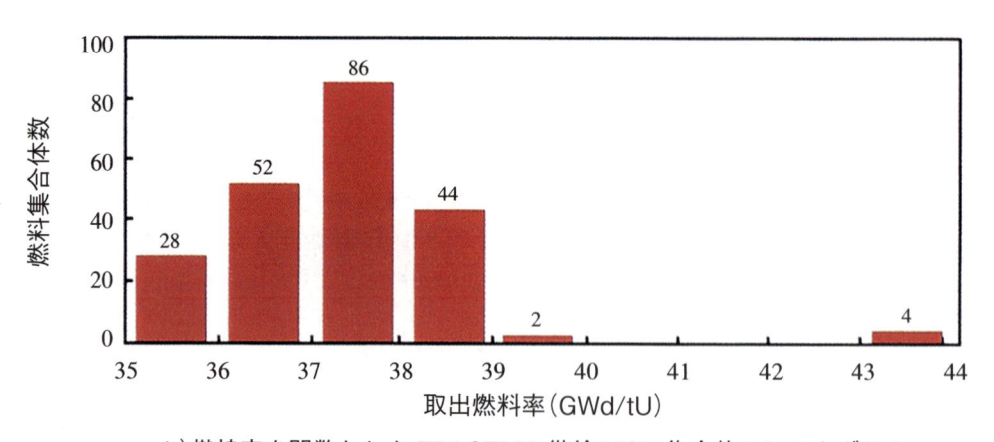

b) 燃焼率を関数としたFRAGEMA供給MOX集合体のヒストグラム
（1995年3月末時点）

図22.3　燃料集合体製造におけるFRAGEMAの経験実績

きい場合，被覆管を破損させることが出来る相互作用である．

原子炉運転条件を4クラスに区分する．

22.2.1　クラス1：定格運転

燃料棒の気密性(tightness)が想定されている；しかしながら1次循環系純化システム性能は数本の非気密燃料棒(nontight rods)を伴う原子炉運転を可能にしている．

22.2 原子炉運転のクラス

a) 基礎負荷運転 (Base load operation)

サイクル中の炉心出力は準定常 (quasi-constant) を維持している．しかしながら，原子炉制御に伴う局所的中性子パラメータ差異効果の下で，その炉心出力は軸方向で単調な規模 (monotonic way) で進展する．サイクル初期において燃料上部方向にてピークを示すこの軸方向出力分布 (axial power profile) は，残りサイクルの期間中に直ちに変化し平坦となる，これは炉心高さが非常に高いことによるものである．これらの局部出力変動は非常に大きなものではなく，被覆管への機械負荷を軽く作用させるのみである．

b) 負荷変更 [2] (Load change)

原子炉は，事前確定の性能ダイアグラム (functional diagram) に沿うある種の柔軟性を伴う運転が出来なければならない．支持格子 (grid) 仕様は，定格過渡運転条件 (transient operating conditions) において燃料を設計通りに留まらせることである．これらは3つのクラスに区分される．

- 定常安定状態より出力上昇中の過渡変化 (Transient during power increase from stable state)

燃料交換のための炉運転停止中，燃料棒がより高い中性子束を有する炉心領域へ再配置することが出来る，そしてより一層大きな出力密度を受けることになる．起動時においてこの出力上昇はペレット酸化物中の温度上昇を引き起す，そして被覆管上への酸化物の突出推力 (thrust) を生じさせる；この力は被覆管とペレット間で機械的相互作用を導くことが出来る，それは後で述べる（PCMI，24.3 節参照）．

出力減運転に続き全出力への急激な出力上昇を伴う拡張運転の場合には同一負荷現象が生じる．

- 負荷追従 (Load following)

日中毎（午前と午後），出力変動幅は非常に大きい（定格出力の 30 から 70 %）が，しかしその変化は比較的遅いものである．

- 自動制御 (Remote control)

支持格子（グリッド）の必要性が要求されるところの，これは原子炉制御である．これらの出力変動は高速だが，その変動幅は非常に小さい（平均出力の近傍で ±5 %）．

これら後者 2 つの運転条件は燃料棒に負荷を与える被覆管疲労損傷 (cladding fatigue damage) を導くことが可能である，その程度は被覆管・酸化物の接触度，出力上昇の幅およびその速度に依存する．

後者 2 つの運転条件では，制御棒クラスタの局所的効果と中性子のフィードバック効果を通じて，局部出力変動の幅が原子炉の全体出力変動に比べて大きくなることが可能であることを明記しておく．例えば原子炉の ±5 % の変動が燃料棒上での局部出力変動 50 % に変換させることが可能な場合がありうる．

22.2.2　クラス2：中間頻度の前事故（インシデント）

　安全系誘発の機能不全 (malfunction) が伴うインシデント的運転条件 (incidental operating conditions) は，大きな局部出力変動を引き起こすことが出来る．クラス1の過渡と同じように，この種のインシデントにより，被覆管が該当している「第1番目の障壁」(first barrier) 破損に到ることは決してない．

　この種の過渡現象下における酸化物温度は，塑性 (plasticity) またはクリープ (creep) により及び照射下で酸化物内に生成される核分裂ガス気泡の凝集 (coalescence) による酸化物スエリングにより，変形閾値を局所的に超えさせることが可能となる．

　酸化物と被覆管の塑性及びクリープは酸化物中の温度上昇に起因する被覆管上の応力増加を緩和する，一方過渡出力によって生じた酸化物と被覆管の異なる膨張率によって被覆管上に負荷される引張応力を酸化物スエリングが増加させる．

22.2.3　クラス3：低頻度の事故

　これらは1つまたは幾つかの障壁（燃料被覆管，原子炉冷却材圧力境界，原子炉格納容器）の損傷を引き起こすことができ，その結果工学安全保護系 (engineered safeguard systems) の作動を伴う放射性生成物の放出を導く事象である．

　クラス3事故に伴い，原子炉は小数の破損燃料棒を伴うのみの安全停止状態 (safe shutdown state) に戻すことが出来る．定格運転に向け直ちに原子炉を起動することは要求されない．

22.2.4　クラス4：重篤および仮想事故

　これらは前者に比べてさらに過酷な事象であり，それらは安全停止状態に引き戻されかつ臨界未満状態 (subcritical state)[*2]に維持される炉心の原子炉であることが出来た結果で，その間この炉心が冷却・熱除去されることを許す幾何学的形状が維持されていることである．制御棒クラスタ挿入は可能であり，格子の幾何学的形状は炉心の冷却を許す．

[*2] 訳註：　　臨界未満 (subcritical)：原子炉が臨界の状態に達していないこと．すなわち，実効増倍率が1以下の状態にあること．この状態では，核分裂連鎖反応は維持されない．

第 23 章

設　計

23.1　燃料集合体の設計

本章は燃料集合体（支持構造物）設計の定め方，寸法および正当化 (to define, size and justify) に用いられる手法の説明にあてられる．

燃料集合体設計と寸法化は材料強度（応力，歪み，振動評価，疲労抵抗）の古典的解析計算とモデリングの両者を要求する，このモデリングは炉外確性試験 (qualification tests) の結果，研究炉での部材照射試験及び動力炉で得た実験的結果のようにしばしば経験的 (empirical) である．

23.1.1　集合体設計の基礎

a) 軸方向設計の基礎 (Axial design basis)

以下に示すように異なる物理学現象を考慮する：

—定格出力中の引抜応力 (lift forces) 効果（上昇流）下における集合体押えバネ（スプリング）(hold-down springs) の圧縮，

—照射下における案内管の成長，

—燃料棒の成長と支持格子を通じて案内管へ伝えられる引張応力（第 IV 部，19.4.1 節参照），

—案内管のクリープ，これは集合体押えバネの圧縮応力と上述した燃料棒の引張応力の必然的帰結である，

—照射下における格子セル内の燃料棒押え力（据付力）解放，それは燃料棒に因る引張応力を低下させる（図 23.1），

モデルと電子計算機コードは，これら種々の現象を模擬し，燃料棒と燃料集合体が原子炉中に滞在している期間中のそれらの軸方向の成長を減ずる助けとなる．それらの校正はサイクル毎の終わりに実施される試験から得られる．

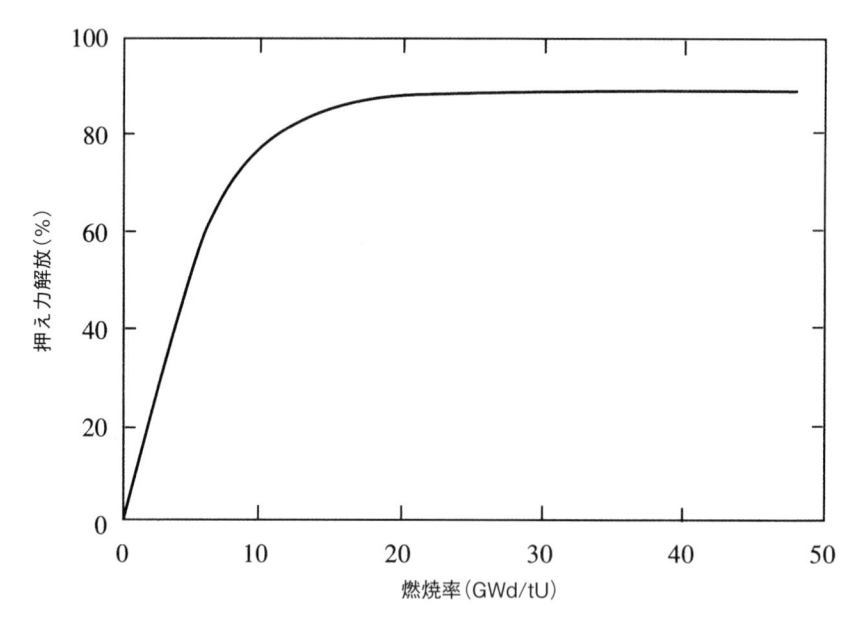

図 23.1　燃料棒の押え力解放；実験結果より

これらの解析結果から導かれた定義は以下の通り：

—集合体全長とノズル間の距離，

—押え込みシステムと取扱操作の具体的要求を考慮して，異なる上部ノズル部品の高さと押え込みシステム (hold-down system) の高さ，

—案内管に沿った支持格子の位置，特に端部支持格子の位置．

b) 横方向設計の基礎 (Lateral design basis)

この研究は主にノズルと支持格子に関するものである．具体的に言うならば，その許容量と照射下での支持格子の成長の観点から，集合体間または集合体と横方向炉心劈（邪魔板集合体：baffle assemblies）間に最小隙間（ギャップ）を残しておくことを確実にさせることである（第 IV 部，19.4.1 節参照）．

炉心の集合体の横方向変形を敬遠することは出来ない，なぜなら構造設計における横剛性 (transverse rigidity) が弱いためである．緊急停止時において起きる制御棒クラスタ落下時間のいかなる増加も避け，かつ集合体取扱の困難さを最小化するため，この変形を最小にするように集合体は設計されている．さらに，例えば支持格子曲縁部改造のようなことで，燃料取出または装荷中の隣接集合体支持格子間でのいかなる障害も回避されることが追加規準となっている．

23.1.2 押え込みシステム

押え込み (hold-down) 装置設計は，幾何学的束縛 (geometrical constraints) とそれに要求される作用力 (efforts required) 間の妥協の結果である．それは1つの交互過程 (interative process) であり，それは先行設計の基礎になっている．この初期設計では設計基準を満足する性能の確認のため解析される；必要となればその設計は改訂される．この設計が満足しているものと認識された時，試験から得られた報告書類 (leaf pack) の特性に基づき，最終の研究が行われる．

この設計の主な段階は以下の通り：

―寿命初期における運転曲がり (operation bowing) の計算，

―高温 (hot) または低温 (cold) 条件下での押え込み装置特性の決定，

―供用期間中 (during lifetime) の押え込み力の進展（照射下における燃料集合体案内管の成長と押え込み装置の応力緩和の影響の下で）．

23.1.3 支持格子（グリッド）

燃料棒設計を伴う支持格子 (grid) の設計は，正に最も決定的 (critical) である．

燃料集合体支持格子の設計は，全ての機能的要求に合致させようとして考慮した異なる技術解の間における妥協の産物である．

互いの支持格子配置及び設計段階において，一定の特性が定められ，それは中性子，熱水力学，力学性能及び製作容易性の相互に影響を及ぼすことが出来る．しばしば起きる相反する機能要求の様相は，交互過程 (interative process) と呼ぶ最適化段階を要求する．

この主な要求は以下の機能と連関されている：

- 支持格子セル高さ (level) における燃料棒の支持 (押え込み力，棒振動)，
- 支持格子薄板 (grid straps) の特性（圧損，押出能力），
- 支持格子の熱・水力学性能（限界流束）[*1]，
- 操作性．

上述した現象を模擬した解析モデルおよび以下に示す項目の適格性試験 (qualification tests) を用いてこの支持格子設計が確証される：

- 支持格子になされる圧力低下（圧損）試験（HERMES ループ），
- 5×5 棒クラスタ上での熱水力学試験（限界流束の決定）の実施（OMEGA ループ），
- 圧壊 (crushing) 試験（座屈），

[*1] 訳註：　限界熱流束 (critical heat flux)：沸騰水炉の場合，核燃料の伝熱表面と冷却液体との間の温度差に対する局所的熱流束密度の関係を示す曲線において，核沸騰から境膜沸騰へ移るところで現れる熱流束密度の最大値．加圧水炉の場合も，多少の局部沸騰を認めており，同様な現象を DNB(departure from nucleate boilling) 熱流束と呼んでいる．焼損熱流束ともいう．

● 水力学ループ内で完全な姿の集合体1体で行われる振動試験（支持格子前面の棒押え込みと無摩耗棒の箇所）および耐久 (endurance) 試験（冷却材流速，圧力および温度を代表として：HERMES ループ），

● 上述の耐久試験中に実施される，全体的な集合体圧力低下（圧損）試験，

● 完璧な集合体を用いた操作性能試験（燃料装荷および燃料取出しを模擬して）．

23.1.4 案内管

PWR 緊急停止において，案内管の中でクラスタは炉心中へ重力により滑りながら落下する．この落下でそれらクラスタは限界速度に達する，それらが意図した速度に合致するのは粘性 (viscous) と機械的擦過 (fretting：フレティング) に依る．落下末期にそれら制御棒は案内管の下端部に挿入することによって減速される．スパイダー上に取り付けられたバネの動程端での衝撃を伴い，この減速段階 (deceleration phase) を終える．

移動クラスタの急速挿入と動程末期でのクラスタ減速の両者に対し，これら案内管は斟酌しなければならない．案内管の設計は従って高い挿入速度と低い衝撃速度の間での折衷の結果である．

制御棒クラスタの急速挿入が出来るように案内管上部の円環断面は制御棒より充分大きくなければならない，かつ後者を妨害しないことの保証を有しなければならない，集合体が照射により変形された時においてさえも保証されなければならない．

案内管下部は縮小径を有する，これが案内管と制御棒間の隙間（ギャップ）をさらに細くし，制御棒クラスタを減速に導く．クラスタ保持リングと上部ノズル接続盤 (adaptor plate) の間での衝撃力はそのため制限され，それらの健全性を保証している．クラスタが落下した時，下部の縮小径案内管はその健全性を害する，また全落下時間（挿入から上部ノズル上のクラスタ・ハブの衝突まで）の有意な増加を成すような過加圧は決して起こさない．

ダッシュ・ポット (dash-pot) 内の落下は，各々の制御棒/案内管の組，炉心の熱水力学条件などのような様々なデータに依存している．

最後に，案内管設計は水素化物形成 (hydridization) によるジルカロイ-4 の脆化を考慮している，それは炉内寿命期間における主題と成りえるものである（第 IV 部，19.4.4 節参照）．

23.1.5 上部ノズル

この設計では流量配分の熱水力学的要求に答えることが必要である：

―圧力低下の最小化，

―上部炉心盤 (upper core plate) 方向への均一流形成，

23.1 燃料集合体の設計

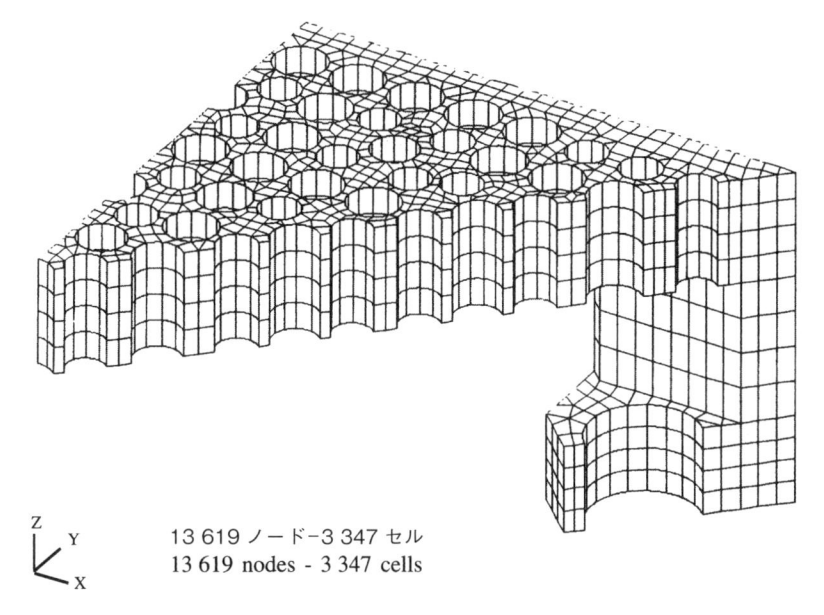

13 619 ノード-3 347 セル
13 619 nodes - 3 347 cells

図 23.2 下部ノズルの有限要素モデル

—ノズル接続盤 (nozzle adaptor plates) 下での集合体間の横断流制限．

これらの要求は，円孔 (holes) と細長孔 (slots) の適切な配置を伴う接続盤内の通過水の最大表面積を定めることによって達成される．

この接続盤の細長孔——それは冷却材をドレインするために必要なもの——は，各棒上の索 (ligaments) でそれらの突出し (ejection) を防ぐため制限される．

下部ノズル盤と同様，上部ノズル穴あき盤の肉厚は，その索上の応力が機械強度規準に関して許容されていることにより決定される．これらの応力は有限要素モデル (finite-element model) を用いて計算されている（図 23.2）．

23.1.6 下部ノズル

下部ノズル (bottom nozzle) は，流量配分の熱水力学的要求に合致している：
—圧力低下の最小化，
—集合体の方向への均一流形成．

これらの要求は，各棒の周りに均一流量を形成させるための円孔 (holes) の配置（円孔軸間は等間隔）を伴う貫通孔盤 (perforated plate) 内の通過水の最大表面積を定めることによって達成される．

冷却材の流れに必要とするこの貫通孔盤穴の配置は，各棒下の索 (ligaments) を残すことによって製作される，そのためそれらの棒がその盤を通り抜けてしまうことを防いでいる．

下部ノズル高さは，核分裂カラム (fissile column) と下部炉心盤 (lower core plate) 間の距離が充分であるようにして決められている．

23.1.7 事故の様相

a) 設計基準 (design criteria)

この通常規準は以下の通り：

―事故負荷時（地震 + 冷却材喪失事故 (loss-of-coolant accident) または LOCA）に支持格子の永久変形が無いこと，

―事故負荷時（主に LOCA）中において案内管軸方向が安定であること．

―負荷中に構造健全性が保持されること，これを応力基準 (stress criteria) と言い換えることもできる．．

支持格子の変位制限 (grid deformation limit)

もしも支持格子の形状それ自身が変わらないかぎり，冷却形態 (cooling geometry) は変更されない．支持格子への圧縮力が永久変形を生じさせない程度ならば，その条件は確実となる．この支持格子の健全基準は，したがって定格運転温度で支持格子の降伏応力をその圧縮力が超えないことになる．

案内管軸の安定性 (axial stability of guide tube)

事故条件下において，下部炉心盤上の集合体の軸方向衝撃によって導入される軸方向圧縮を案内管は同時に被ることになる，また燃料集合体の横方向変位の結果横方向の変形を被る，それらは軸方向動的曲がり (axial dynamic buckling) により案内管の破壊 (ruin) を引き起こすことが出来る．

案内管軸の安定性基準は，その応力が動的不安定化限界荷重 (dynamic instability critical load) に比べて低くなければならないということになる．

b) 解析方法 (analysis method)

冷却材喪失事故（LOCA）または設計地震（DE: design earthquake）下での燃料集合体の負荷重定義は，異なる研究の結果である．主な解析段階を以下にまとめる：

原子炉の荷重決定 (determination of load on a reactor)

LOCA に対して（NSSS 製造者による解析）：

a) 1 次系配管上に予想される種々の破損のなかで最も損傷の大きい破損の選択，

b) 熱水力応力の減圧計算．

DE に対して（産業建築者による解析）：建屋対応研究結果から破損の最も大きな地震荷重の決定．

原子炉閉塞の動力学的ふるまい解析 (analysis of dynamic behaviour of reactor block)

（NSSS 製造者による）

23.1 燃料集合体の設計

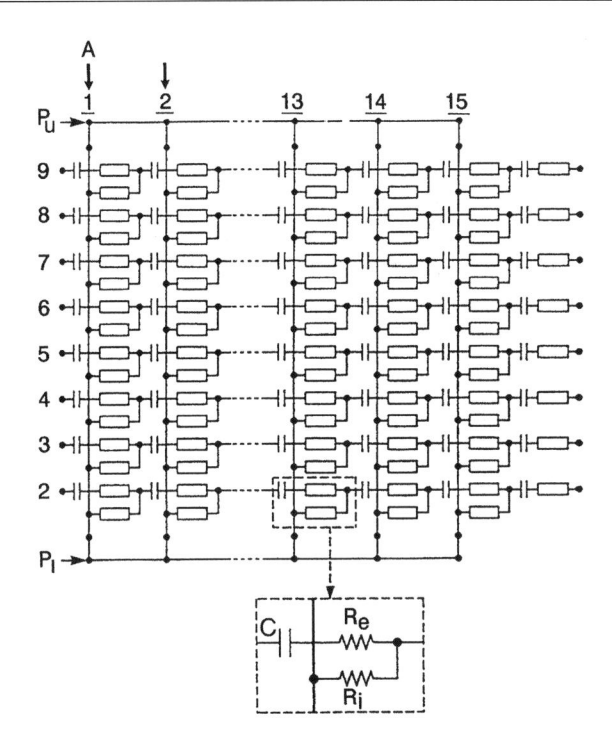

A	:	fuel assembly 燃料集合体
C	:	clearance between assemblies 集合体間隙間
P_l	:	lower core plate 下部炉心板
P_u	:	upper core plate 上部炉心板
R_e	:	external rigidity of grid 格子外側剛性
R_i	:	internal rigidity of grid 格子内側剛性
1 to 15	:	assembly number 集合体番号
2 to 9	:	grid level 格子位置

図 23.3　900 MWe 原子炉の燃料集合体列の動力学的ふるまいモデル [12]

冷却材喪失事故（LOCA）に対して：燃料，内部装置および原子炉容器の横方向と垂直方向の非線形動力学的ふるまい研究．

設計地震（DE）に対して：燃料，内部装置および原子炉容器の横方向の非線形動力学的ふるまい研究，地震による垂直方向効果は 2 次的なものとして考慮される．

燃料集合体解析 (fuel assembly analyses)

これまでの研究から，LOCA および DE に対し炉心胴体 (core barrel)，上部炉心盤及び下部炉心盤の変位量と変位速度の結果が得られている．これらのデータは燃料集合体の最長列の非線形側面ふるまい (lateral behaviour) 研究が使用されている（図 23.3）．特にそれらは地震時の集合体支持格子にかかる圧縮力を決定するのに役立つ．図 23.4 は 15 秒間における 900 MWe 原子炉集合体の中間支持格子で得られる典型的な結果を示す．

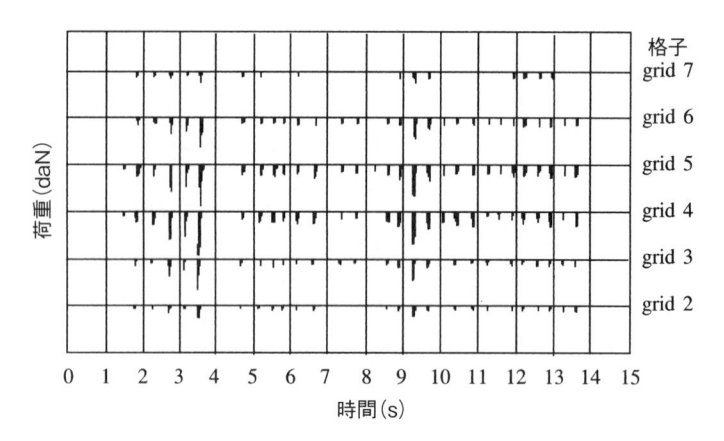

図 23.4　耐震研究．典型的結果．900 MWe 集合体

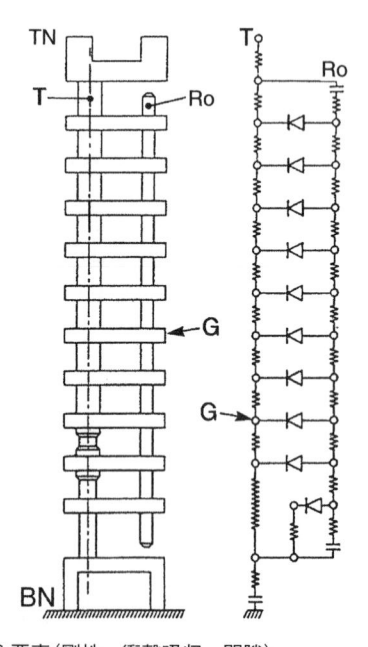

バネ要素(剛性，衝撃吸収，間隙)
○—ᴡᴡ—||—○ spring element (rigidity, shock absorption, clearance)

○—◁—○ slip element (slip force and threshold)
滑り要素(滑り力と閾値)
Ro　：rods 棒　　　　　　G　：grids 格子
BN　：bottom nozzle　　　T　：guide tubes 案内管
TN　：top nozzle 上部ノズル

図 23.5　1300 MWe 原子炉用燃料集合体の軸方向動力学的ふるまいモデル [12]

これらの研究は，LOCA 時の燃料集合体の軸方向変位を通じてノズル上に働く最大応力値を得るためにも有益である．軸方向モデルからの集合体内の応力と最大力の決定にそれらは用いられる，そのモデルは燃料集合体の軸方向動力学的ふるまいの解析を許容するように実施されている（図 23.5）．

これらの研究に必要なモデリングは解析的実験から得られる：

―力学的（集合体剛性の決定，支持格子曲がり抵抗力，集合体の振動挙動，振動台上での地震振動実験：TAMARIS），

―流体と力学 (hydraulics and mechanics) 間における相互作用の模擬実験；例えば，流れの存在下の内部衝撃吸収係数 (internal shock absorption coefficient) の決定または水中での耐震実験 (seismic test in water) など．

23.2 燃料棒の設計 [6,7]

PWR 燃料集合体に適用される設計と製造規則に沿って [6]，引き続きレビューを行おう：

―安全性および設計の基礎 (safety and design bases),

―考慮されなければならない事象，

―設計基準 (design criteria).

23.2.1 燃料棒設計と安全性の基礎

燃料集合体に対して，3 つの事象が考慮される：

原子炉が稼働していない時：

集合体操作時，移送時および再処理するまでの貯蔵期間において，燃料棒の気密性 (tightness) は担保されている．

クラス 1 またはクラス 2 の条件下：

―燃料棒の気密性 (tightness) が保証されなければならない．

―被覆管は適切に冷却されなければならない；言い換えれば，最大負荷炉心燃料棒上の臨界熱流束 (critical heat flux) に達しないことに対する少なくとも 95 % の信頼確率を有しなければならない．この臨界熱流束（または臨界熱流束密度）は，壁面のバーンアウト (burnout) またはドライアウト (dryout) のいずれかに対応する，濡れ加熱壁（本件の場合，燃料棒被覆管）を通過する熱流束密度値によって定義される．[*2]

[*2] 訳註： バーンアウト (burnout)：熱焼損という．熱伝達のよい沸騰から悪い沸騰へと沸騰の様式が急に変化すること．このとき発熱体（燃料）の温度は急激に上昇し，場合によっては焼損に至るため，バーンアウトと呼ばれる．バーンアウトには，大別して 2 つの種類が存在する．1 つは核沸騰から境膜沸騰への遷移によるもので，プール沸騰やサブクール強制対流沸騰で生じ，発熱体の急激な焼損に至ることが多いので高速バーンアウトとも呼ばれる．ほかの 1 つはクオリティーの高い強制対流沸騰において環状の液

―酸化物（UO$_2$ または MOX）が熔融してはならない．酸化物熔融（未照射 UO$_2$ では $T_m = 2847 \pm 30$ °C）を引き起こさない線出力の最大値の少なくとも 95 % の信頼確率を有しなければならない．

事故時条件下（クラス 3 ないしクラス 4）：

LOCA 型事故に対し，例えば被覆管温度，被覆管酸化，水素生成，損傷炉心の炉心形状と冷却に関する 5 つの基準．

23.2.2　現象論的考察 [9]

燃料棒破損を引き起す機構については 3 つに分類することが出来る：

熱的現象：

―被覆管の過熱 (overheating).

力学的現象：

―被覆管とペレット間の力学的相互作用.

―被覆管の疲労.

―被覆管周方向曲がり (buckling).

―被覆管破裂 (bursting).

―被覆管腐蝕摩耗 (fretting wear).

物理化学的現象：

―被覆管の酸化.

―被覆管の水素化物化 (hydridization).

―応力腐食割れ (stress corrosion cracking).

原子炉燃料棒の寿命中における出力変動により，冷却水の圧力と温度により，燃料集合体から起因される力学的現象（例えば振動）によって，ここれらの現象が引き起される．

23.3　設計基準 [10,11]

これらは，被覆管の健全性を担保する燃料棒設計に必要な最小限要求を集めた．

幾つかの合理化の試みにもかかわらず，燃料棒設計は材料のふるまいの法則に基づく規則によって規制されてはいない，また構造設計における ASME コードのような明確に定義された安全裕度 (welldefined safety margins) を含んだ規制となっていない．しかしながら，その設計は実験結果（炉内ふるまい）から実証された多くの経験などの使用結果に基づく基準組 (a set of criteria) を基礎としている．

膜の破断によって生ずるもので，ドライアウトと名付けられている．この場合には発熱体の温度上昇は比較的ゆるやかなため，低速バーンアウトとも呼ばれる．

ドライアウト (dryout)：水滴を含む水蒸気が伝熱面に接触している場合に，水滴が熱を吸収して蒸発していく現象をいう．

23.3 設計基準

この基準組は神聖・不可侵規則 (inviolable rule) ではない；蓄積される経験および境界条件の再定義に従い進化・発展をする傾向を有する．

酸化物温度

燃料の最高温度はその融点を下回らなければならない（未照射 UO_2 では 2847 °C ±30 °C）．被照射酸化物に対して母相内への核分裂生成物の蓄積効果の下，枯渇を伴う温度低下 (temperature decreases with depletion) となる：さらに最近の測定でこの減少値は過大であることを示しているが，燃料棒設計において 10 GWd/t 当り約 32 °C の値が共通的に使用されている．

この設計限度は他の異なる不確定の因子を考慮している．

被覆管の応力と歪み (cladding stresses and strains)

温度効果，照射効果および腐蝕効果を考慮して求めた，燃料棒の包蔵性 (tightness) 喪失の値よりも，これら応力と歪みは低く維持しなければならない．

被覆管疲労 (cladding fatigue)

照射中に与えることが出来る疲労変形累積サイクル数に比べ，疲労変形サイクル許容数はさらに大きくなければならない．実験限度の比較では，20 倍のサイクル数，2 倍の大きさの応力を考慮することも可能である．

被覆管周方向曲がり (circumferential cladding buckling)

照射中のペレットの焼締り (densification) によって引き起こされるペレット間のギャップ部でのクリープ効果におけるペレット間ギャップ (interpellet gap) の形成または被覆管の扁平化 (cladding collapse) のいずれか一方を防ぐための燃料棒設計がなされなければならない．

さらに被覆管扁平化および破損の結果を導く，ペレットに接する被覆管の即時変形は避けられなければならない．この基準はそれ自体で独立している (free-standing) と呼ばれている．

内圧 (internal pressure)

燃料棒の内圧はクリープ (creep)，わん曲 (buckling) およびふくれ (ballooning) の抵抗に影響を及ぼす．これが製造時になぜ加圧されるのかという理由である．

原子炉の通常運転条件下で，寸法の不安定化または熱伝達の悪化を導く限度に比べてより低い圧力でなければならない．

例えば通常運転状態下で被覆管・ペレット間の径方向ギャップの再形成，被覆管の引張クリープによって生じる内圧によって生じる圧力に比べ，新燃料棒での充填ヘリウム圧お

よび照射中の核分裂ガス圧の蓄積に因る高温内圧は低いという基準である．

この基準の目的は熱塑性 (thermoplastic) の不安定化，ペレット柱の加熱によるギャップ増大およびそれによる核分裂ガスの蓄積を避けること，従って燃料棒内圧の異常な増加を防ぐことである．

この基準は徐々に発展してきた：燃料棒の高温内圧は初期において冷却流体圧力以下に留めるべきである，これはそれ故，制限しすぎのように見える．

被覆管温度 (cladding temperature)

ジルカロイの過熱または加速腐蝕によって被覆管破損を避けるために，被覆管温度は水温を「著しく」(significantly) 超えてはならない．

より詳細に言うなら，核沸騰熱流束 (nucleate boiling heat flux) と局所有効熱流束 (local effective heat flux) 間の限界過熱比 (critical overheating ratio) は，最も好ましくない条件下（クラス 2 の前事故）で統計学的不確かさを考慮した値に比べてさらに大きくなければならない．

被覆管温度のようなその他の基準として，酸化および脆化が用いられている．

擦過摩耗：フレッティング摩耗 (fretting wear)

支持格子内に燃料棒を押さえ付ける装置は被覆管の気密性または運転負荷に抗する能力の減少に影響する被覆管の"過剰フレッティング"を引き起してはならない．

炉内燃料棒曲がり (in-reactor rod bowing)

照射下で燃料棒は曲がる，この曲がりが隣接棒間の空間を減少させる．最大曲がり限度が計算され，それを超えることは許されない．

燃料棒成長 (rod growth)

照射下での燃料棒成長は，燃料棒とノズル間の累積隙間が炉内滞在期間内で閉じることのないようにしなければならない．

腐蝕 (corrosion)

腐蝕は燃料棒の気密喪失を避けるために制限されている．

腐蝕を導くジルカロイ酸化および水素化物化を"考慮しなければならないかつそれらの存在が許容されることを実証しなければならない"．現在，被覆管内の水素限度として 500 ppm から 600 ppm が一般的に許容される．

水素化物化 (hydridization)

主要水素化物化機構，言い換えるなら燃料棒内部に含有しがちな水素，を通じての被覆管気密性の喪失を避けるために，製造中において予防措置を行いかつその手順が適用される．

23.4　設計正当化手法 [7,12]

　設計基礎 (design bases) と設計要求 (design demands) が守られていることの実証に使われている方法の概要をここで述べる．これらの方法には運転結果または原型試験に基づく解析的予測および実験的検証が含まれる．

　物理学的モデル，研究室実験および原子力施設の運転経験に基づく計算コードを使用し，燃料設計が正当であり (be justified) かつ管理されている (are conducted) ことを解析的研究で認める．

　異なる物理学的モデル，熱力学的モデル，化学的モデルが燃料棒のふるまいに影響する現象の進展を計算するため開発された．これらのモデルは新材料または照射材を用いた実験で決定されている．それらは構造のタイプ毎に区分されている．

　被覆管に対し，この決定を助ける実験は：

　―力学的性質（降伏応力 (yield stress)，最大歪 (ultimate strain)，クリープ），

　―疲労 (fatigue) または応力腐食割れ損傷 (stress-corrosion cracking damage)，

　―１次流体に因る外部腐蝕 (external corrosion) 効果．

　ペレットに関して，炉内焼締り現象 (densification phenomena) の効果をコントロールするために，代表サンプルを用いた熱的安定性試験 (thermal stability test) が系統的に製造中に行われている．

　被照射燃料棒は検査期間中に集合体から特別に抜き取り，ホット・セル内で検査される．試験用燃料棒もまた研究炉内で照射されている．照射下での燃料棒部材の性質および状態の進展をさらに精確に決定するためには照射後試験 (post-irradiation examination) が助けとなる；燃料棒検査に使用されている異なる技法を第 X 部付録の II で述べる．

　さらに，幾つかの非破壊試験 (non-destructive examinations) を運転末期の炉停止中に施設内（オンサイト）で実施することが出来る：外観検査，燃料棒間隔，燃料棒上の腐蝕によって形成された酸化物層厚さ，破損棒の検出と同定．

　燃料棒に行われた全ての試験は経験的に調整させかつ物理的解釈を与える変数部分モデルの作成に役立つ．これらの様々なモデルは，FRAMATOME (COCCINEL)，EDF (CYRANO) および CEA (METEOR, TRANSURANUS, TOUTATIS) らによって開発された計算コードとして統合された；熱力学的，物理化学的および中性子の燃料棒の発展により，これらのコードは燃料棒と集合体の設計および性能の正当化の助けになるか，または

運転条件下での広範囲でのそれらの挙動を予測することの助けとなる．

さらに複雑なモデル開発とその妥当性評価のため，研究炉での解析的実験が小さな燃料棒——熱伝対，歪ゲージおよび放出された核分裂ガス捕集用管を備えた計測線付き——で実施しなければならない．

他の工業分野と同様，原子力工学の他の分野で用いられている（または開発中の）解析方法の幾つかは燃料棒の特定の挙動に適合された．多年に渡り，構造計算コード開発（SYSTUS, CASTEM など）において FRAMATOME, EDF および CEA での燃料研究チーム間では継続的協力が存在した．これらのコードは異なる運転条件下での被覆管と燃料の温度と荷重の詳細計算のために使用されている．新方法として損傷の異なるタイプ（疲労，応力腐食割れ (SCC)，クリープ，水素化物化）の解析に関する開発が行われている．

第 24 章

燃料棒の原子炉内でのふるまい

24.1 ウラン酸化 (UO$_2$)

24.1.1 超ウラン元素の形成 [14]

エネルギー生成の駆動部である，熱中性子による ^{235}U 核分裂事象のみならず，中性子捕獲とそれに続く β^- 崩壊によりウランの消滅処理 (transmutation)[*1]反応が PWR 燃料内で起きている（第 I 部，1.2 節参照）．実際，^{235}U または ^{239}Pu のような核分裂性核種による熱中性子吸収で常にこの核種の核分裂を引き起す結果になるとはかぎらない．中性子は単に原子核に捕獲されてしまうだけの反応も可能である：^{235}U では 16 % の割合が，^{239}Pu では 27 % の割合が捕獲されるだけである [13].

PWR の UO$_2$ 燃料内での中性子捕獲の大部分は ^{238}U で生じる（入射中性子の 25 % がこの同位体に捕獲される）；これらの捕獲は核分裂性プルトニウム同位体（^{239}Pu から ^{241}Pu）の形成を導くことから特に重要である（第 III 部，14.4.1 節参照）：

$$^{238}_{92}\text{U} \xrightarrow{(n,\gamma)} {}^{239}_{92}\text{U} \xrightarrow{\beta^-} {}^{239}_{93}\text{Np} \xrightarrow{\beta^-} {}^{239}_{94}\text{Pu} \xrightarrow{(n,\gamma)} {}^{240}_{94}\text{Pu} \xrightarrow{(n,\gamma)} {}^{241}_{94}\text{Pu}$$

親物質　　　　22 分　　2.3 日　　核分裂性　　　　　　核分裂性

核分裂以外の中性子捕獲 (neutron capture) または放射能崩壊 (radioactive decay)——典型的には β^-（または β^+）崩壊——によってウランから生じる全ての重い核種は，超ウラン元素 (transuranic elements) と呼ばれる．この超ウラン元素の形成を図 24.1 に図式で示す，ここで原子核の陽子数を水平軸上に，原子核当りの核子 (nucleon)[*2]数を垂直軸上に示す．

[*1] 訳註：　　消滅処理 (transmutation)：通常，長半減期核種を，核反応によって，短半減期核種または安定核種（非放射性核種）に変換すること，の意味で使われる．高レベル廃棄物中に含まれるアクチノイド等の超長半減期核種の長期管理の負担軽減するために考えられており，原子炉や加速器を用いる方法が提案されている．本文の用法は，中性子捕獲反応と β^- 崩壊を繰り返して順次質量数の大きい同位体および高い原子番号の元素が生成する反応：超ウラン元素の生成を言っている．

[*2] 訳註：　　核子 (nucleon)：原子核を構成する陽子，中性子およびこれらの反粒子（反陽子，反中性子）の総称．

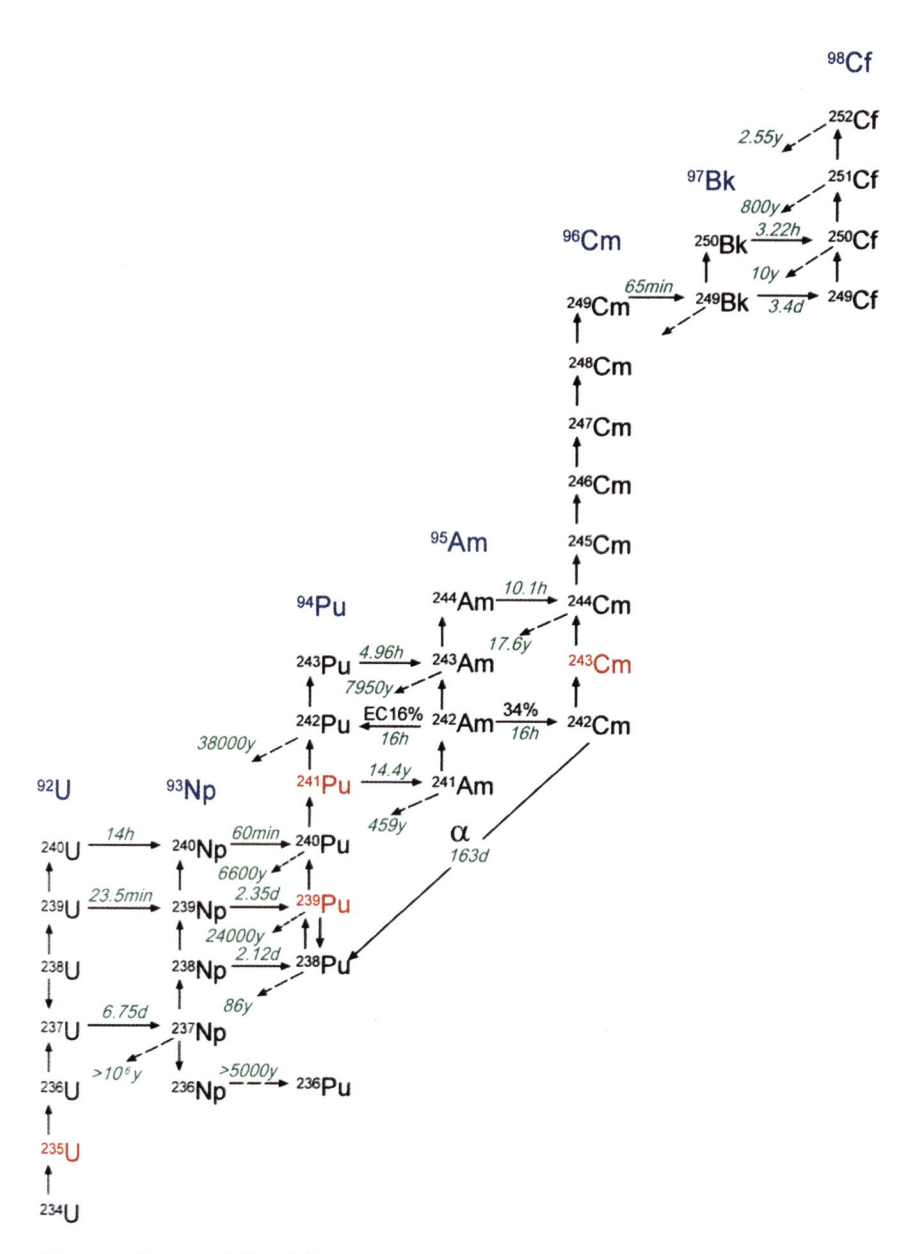

図 24.1　超ウラン元素の形成
水平軸：陽子数；垂直軸：核子数
↑　中性子捕獲 (n, γ)　　　↓　(n, 2n) 反応
→　β⁻ 崩壊　　　　　　　←　β⁺ 崩壊または電子捕獲 (EC)
↙　α 崩壊

24.1 ウラン酸化

表 24.1 超ウラン元素の生成

原子炉停止時の元素	質量 (kg)	放射能 (Ci) 原子炉停止時	放射能 (Ci) 3 年後
ウラン	955.7	23.2×10^6	0.69
ネプツニウム	0.55	23.2×10^6	0.31
プルトニウム	9.8	1.40×10^5	1.22×10^5
アメリシウム	0.13	1.49×10^2	7.57×10^2
キュリウム	0.04	45.2×10^3	2.40×10^3
総　計	966.1	46.6×10^6	1.25×10^5

APOLLO 1/REFACTN コード（CEA）を用いた主要超ウラン元素の質量および放射能量.
初期濃縮度 3.25 %，燃焼率 33 GWd/tU まで照射された PWR 燃料のウラン 1 トンに対して.
（1 キューリー ＝ 3.7×10^{10} 崩壊毎秒 ＝ 1 グラムのラジウム-226 の放射能）

超ウラン元素は 7 個の化学種に区分出来る（ウラン，ネプツニウム，プルトニウム，アメリシウム，キュリウム，バークリウム，カルフォルニウム），その中で図 24.1 に赤字で記載した 4 個の同位体が核分裂する：^{235}U，^{239}Pu と ^{241}Pu 並びに ^{243}Cm である.

これらの同位体に由来する核分裂の重要な部分として，この 2 つの核分裂性プルトニウム同位体は，それらの量が相対的に高い (relative abundances) ことから，照射下での燃料進展の主要部分 (a specific part) を演じる（第 III 部，14.4.1 節参照）．濃縮度 3.25 % UO_2 燃料に対して，PWRs ではプルトニウムの核分裂寄与は燃焼率 12 GWd/tU（これは大雑把に言うなら 1 照射サイクルに相当する）で 30 % である；60 GWd/tU（5 照射サイクル後）では，その割合は 80 % に達する．

PWR で燃焼率 33 GWd/tU（これは大雑把に言うなら 3 照射サイクルに相当する）まで照射された濃縮度 3.25 % UO_2 の 1 トンに対し，炉から取出した時点での超ウラン元素の質量および炉停止時と 3 年間の燃料棒冷却期間後の放射能を表 24.1 に示す．

PWR での 3 照射サイクル後において，プルトニウムの相対比はほぼ 1.1 % であり，一方プルトニウムに続く最も多量な超ウラン元素であるネプツニウムは照射燃料質量の 0.5 % に過ぎない．

局所燃焼率を関数としたウラン，プルトニウム，ネオジムの燃料ペレット中の濃度を，図 24.2.a に示す．ネオジム (neodymium)[*3] は核分裂数のマーカである（24.1.3.c 節参照）；

[*3] 訳註：　ネオジム (Nd)：原子番号 60 の元素．銀白色の金属．融点 1021°C, 沸点 3074°C. 燃焼率上昇に伴い線形増加する，高温安定で温度勾配による拡散移動がしにくいことから局所燃焼率測定用の指針元素として用いられている．

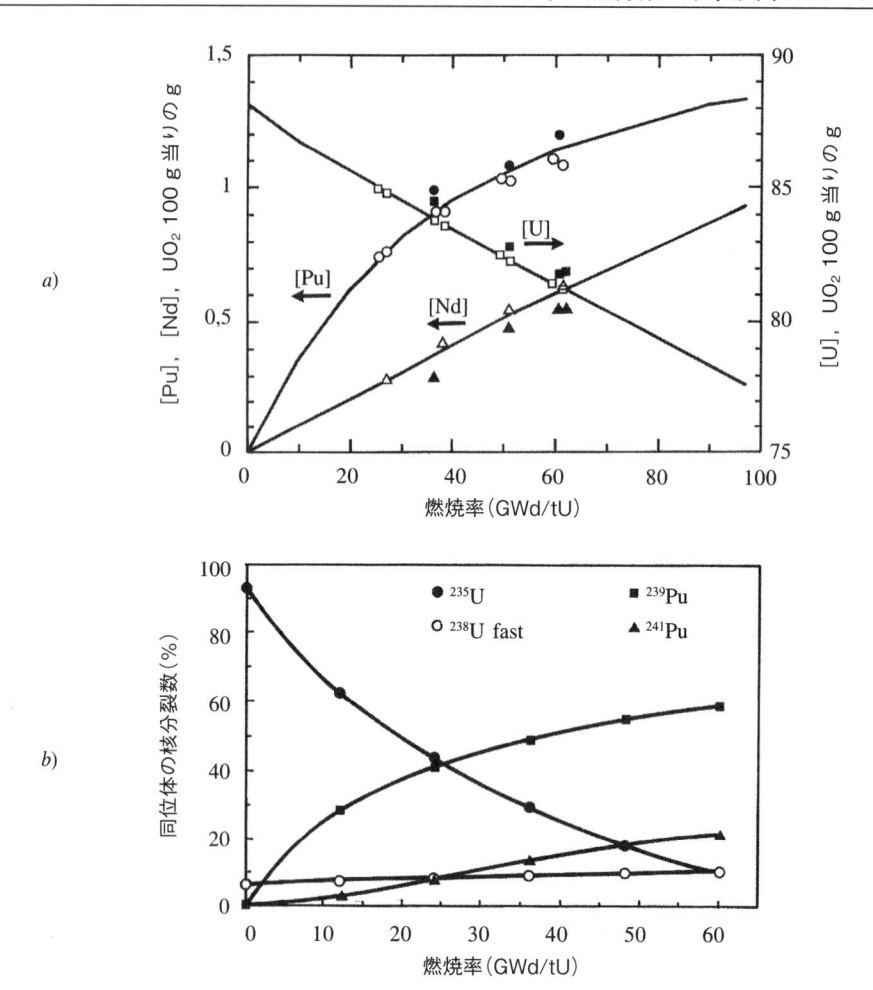

図 24.2 核分裂性同位体とネオジムの濃度
a) 燃焼率を関数としたウラン，プルトニウム，ネオジムの燃料ペレット中の濃度．
●，▲：電子プローブ微小分析による測定値；　○，△：同位体線量による測定値；
実線：APOLL 2 中性子計算コード (CEA) を使用した計算値．
b) 種々の核分裂性同位体におけるその核分裂寄与割合．

燃焼率の上昇に伴いその Nd 濃度は線形増加し，プルトニウム濃度の変動を分析するための基礎比較に用いられる．40 GWd/tU の燃焼（PWRs において，ほぼ 3 サイクル照射に相当）に達するまで，プリトニウム生成速度はネオジムの生成速度に比べ一層早く増加する．さらに高い燃焼率ではプルトニウムの生成と消滅の過程が拮抗する傾向を示す．

照射中における種々の核分裂性同位体におけるその核分裂寄与割合を，その相互関係状態として図 24.2.b に示す．

24.1 ウラン酸化

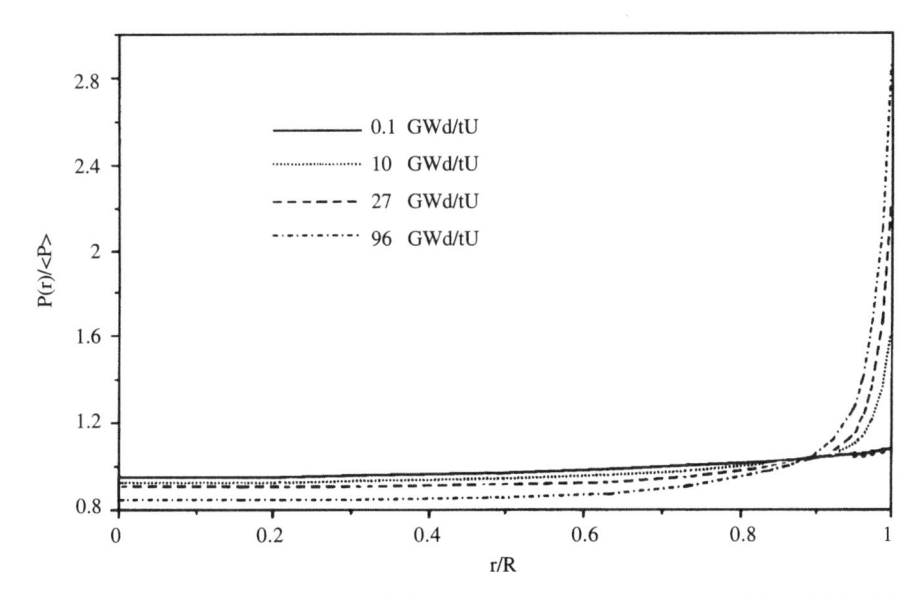

図 24.3 照射初期および種々の燃焼率水準に対する UO_2 ペレット内の径方向出力曲線分布

24.1.2 プルトニウムの分布

PWRs で照射されたウラン酸化物の電子プローブ微小分析 (EPMA)（第 X 部付録の II 参照）は，プルトニウム濃度がペレット周縁で他の領域に比べて高いことを示している（第 III 部，図 14.12）．これは ^{238}U による準熱中性子捕獲 (epithermal neutrons capture) の高確率の結果であったことを読者は思い起こしてほしい，そしてこれらの中性子の殆どが燃料に侵入したとたんに吸収されてしまうことを（第 III 部，14.4.3 節参照）．このことが巨大な局所燃焼率の増加を引き起す，このことはペレット周縁上にネオジム (neodymium) の高い含有およびペレット周縁上の多大な気孔 (great porosity) を伴う特有の微細組織が観察されることによって判る．この効果を"リム効果" (rim effect) と呼ぶ（第 III 部，14.4.3 節および第 V 部，24.1.8.a 節にて記述）．

原子炉内で，ペレット周縁部の高濃度プルトニウムは，ペレット径に沿って中性子束の不均一分布を導く．周縁の発生出力はしたがってその他の残りのペレット部分に比べはるかに高く，^{235}U の初期濃縮度が低い時にはこの効果はさらに大きい（^{238}U の中性子捕獲によってプルトニウムが生成する結果）．種々の燃焼率水準に対し図 24.3 から判るように，濃縮度 3.25 % ペレット内の径方向出力曲線の沈下は，最初の 2 サイクル照射で出力曲線の沈下が急速に生じ，その後の照射サイクルでより穏やかに進展することを示している．

24.1.3 核分裂生成物（FPs）[14]

　直接核分裂から生じた結果の全ての核 (nuclei) およびそれらの放射性娘核種を核分裂生成物 (FPs) と呼ぶ（核分裂片：fission fragments とも呼ぶ）．

　初期の重い核と同様，核分裂片は過剰な中性子を有する．この理由により，それらは β タイプの放射能でかつ引き続く幾つかの崩壊までそれらの安定は回復しない．運転中の原子炉の燃料内には数百の核（700 を超える）——そのうち幾つかは非常に寿命が短い——が存在していると説明される．

　核分裂性核が与えられると，核分裂生成物は図 4.1（第 I 部）の ^{235}U と ^{239}Pu のそれぞれ 2 つのピークを有する曲線に沿った質量に従って分布する，既知の確率を伴って出現する（第 III 部，15.1 節参照）．各々の FP 同位体に対する生成量はこの同位体の核分裂収率 (fission yield)——1 核分裂に対してこの同位体生成物の数が示される——によって決定される．

　中性子計算コードは，中性子データの組（断面積，放射性物質崩壊期間，核分裂収率.....）によって，あらゆる時間における核分裂性核種 (fissile nuclei)，親核種 (fertile nuclei) および核分裂生成物の濃度の計算を許す．APOLLO 2 中性子コードは重い核種（プルトニウムのような）および幾つかの核分裂生成物の径方向分布をも提供する．

　PWR 燃料，初期濃縮度 3.25 %，33 GWd/tU 照射された金属ウラン 1 トンに対し生成する主要 FP の炉停止時点における質量を表 24.2 に示す．この濃縮度と燃焼率において，全 FP 生成量は質量 33.9 kg に達する，これは被照射燃料質量の 3.4 % に相当する [14]．最も多量の元素は大きなオーダーで減少する：キセノン (xenon)，ネオジム (neodymium)，ジルコニウム (zirconium)，モリブデン (molybdenum)，セシウム (caesium)，セリウム (cerium)，ルテニウム (ruthenium)，バリウム (barium)，パラジウム (palladium)，ランタン (lanthanum)，プラセオジム (praseodymium)，セシウム (caesium)，セリウム (cerium)，ルテニウム (ruthenium)，バリウム (barium)，パラジウム (palladium)，ランタン (lanthanum)，プラセオジム (praseodymium)，ストロンチウム (strontium)，テクネチウム (technetium)，サマリウム (samarium)，テルル (tellurium)，イットリウム (yttrium)，ロジウム (rhodium)，クリプトン (krypton)，ルビジウム (rubidium)，ヨウ素 (iodine)，プロメチウム (promethium) およびユーロピウム (europium)．

　核分裂生成物は通常僅かだけ中性子に対し枯渇する，それらは超過中性子を有するがごとくに：それらの捕獲断面積 σ_a（それは入射中性子が FP 核に捕獲される確率によって特徴付けられる）は通常大変低い．しかしながら，多量に生成される 2 つの同位体，キセノン (xenon)135（$\sigma_a = 2.8 \times 10^6$ バーン）とサマリウム (samarium)149（$\sigma_a = 4 \times 10^4$ バーン）は特別扱いであり，それらは連鎖反応をそれらの巨大な中性子吸収によって騒乱させるものとして，炉計算で考慮しなければならない．^{135}Xe と ^{149}Sm はこの理由から天然毒

表 24.2 核分裂生成物質量

Cu	2.0×10^{-10}	Tc	774	La	1198.6
Zn	2.1×10^{-5}	Ru	2448.5	Ce	2743.5
Ga	3.2×10^{-3}	Rh	417.8	Pr	1075.3
Ge	0.4	Pd	1158.6	Nd	3593.7
As	0.1	Ag	78.8	Pm	191.1
Se	53.2	Cd	79.6	Sm	637.8
Br	19.8	In	1.38	Eu	170.8
Kr	367.5	Sn	48.8	Gd	76.1
Rb	337.5	Sb	16.3	Tb	2.3
Sr	896.8	Te	457.6	Dy	0.9
Y	472.4	I	224.3	Ho	7.1×10^{-2}
Zr	3541.7	Xe	5376.5	Er	2.4×10^{-2}
Nb	43.6	Cs	2758.9	Tm	3.8×10^{-4}
Mo	3206.2	Ba	1413	Yb	1.1×10^{-4}

合計：33.9 kg

初期濃縮度 3.25 % で 33 GWd/tU 照射された PWR 燃料 1 トンから生成される主要核分裂生成物質量（単位：g）（CEA の APOLLO 1/PEPIN コードを用いた炉停止 0.1 秒後の計算値）

物 (natural poisons) と呼ばれる.[*4]

核分裂生成物は燃料内の物理的状態により区分できる：核分裂生成物のおよそ 17 % がガス, 11 % が高温で揮発する, それらの残り 72 % は固体である.

a) ガス状元素はキセノンとクリプトンであり, それらは燃焼率に依存して 7 から 11 の間の質量比率で生成する（濃縮度 3.25 % UO$_2$ 燃料の 12 GWd/tU で 7.4, 60 GWd/tU で 10.4 である）. これらのガスについては, 第 III 部 14.2.1 節で既に詳細に説明した. それらは熱力学的に二酸化ウラン中に溶解しないものとして, これらのガスが照射下の燃料の進展の重要な部分を演じていたことを思い出そう. このことは一方で酸化物スエリングを導く燃料中のガス気泡の形成, それによる酸化物熱伝導率の低下を伴わせる. もう一方で, これらのガスは温度に依存し, 燃料棒内の自由空間へ放出されがちになる. 充填ヘリウムに比べ ($\lambda_{He} \approx 20\lambda_{Xe}$), 低熱伝導率のキセノンである理由から, このガス放出は酸化物・被覆管ギャップ内の熱伝達悪化を引き起こす. 核分裂ガスはそれ故燃料の熱的ふるまいへ直接影響する.

この観点から, ガス生成量を知ることは重要である. 共通的な濃縮度に対し (^{235}U が 3.25 %, 4.5 % で), PWR で平均燃焼率 τ 照射した金属ウランの 1 g で生成されるキセノ

[*4] 訳註： 毒物 (poison)：中性子をむだに吸収し, 原子炉の反応度を低下させるような中性子吸収断面積の大きな物質.

表 24.3　ガス状核分裂生成物の体積

τ (GWd/t)	12	24	36	48	60
濃縮度 3.25 % UO$_2$	3.03×10^{-5}	3.03×10^{-5}	3.01×10^{-5}	3.03×10^{-5}	3.03×10^{-5}
濃縮度 4.5 % UO$_2$	2.97×10^{-5}	2.99×10^{-5}	2.99×10^{-5}	2.99×10^{-5}	2.99×10^{-5}
Pu 含有率 5 % MOX	2.77×10^{-5}	2.79×10^{-5}	2.81×10^{-5}	2.83×10^{-5}	2.85×10^{-5}
Pu 含有率 10 % MOX	2.63×10^{-5}	2.63×10^{-5}	2.63×10^{-5}	2.65×10^{-5}	2.67×10^{-5}

種々の燃料に対する，年間照射サイクル末期における V/τ 比の値
（= 燃焼率 GWd/t 対燃料 1 g 当り生成する体積 cm^3）

ンとクリプトンの総 STP 体積は以下の法則によって古典的に推定する[*5]：

$$V = 3 \times 10^{-2} \tau$$

ここで τ は燃焼率 GWd/tU であり，V は標準温度および圧力（T = 20 °C および p = 1 気圧）下で単位 cm^3 の生成ガス（キセノン＋クリプトン）体積である．

密度が 10.4 に近い製造後の UO$_2$ ペレットの金属ウランの質量は，大雑把に言えば 9.2 g/cm^3 になる．

従って 10 GWd/tU 照射された燃料の各々 cm^3 当り大雑把で 2.7 cm^3 のガスが生成する，言い換えるならペレット 1 個でおよそ 1.9 cm^3/10 GWd/tU のガス（キセノン＋クリプトン）を生成する．

UO$_2$ においておよび通常の濃縮度に対し，ガス状 FP 生成量は燃焼率上昇に伴い線形増加する；プルトニウムからの寄与による核分裂比率の増加にも関わらず，核分裂で放出される平均エネルギーでのキセノンとクリプトンの核分裂収率の γ/E 比が，照射を通じて一定値を保つという事実に由来している．

異なる燃料（MOX や高濃縮度 UO$_2$）において，その γ/E 比は一般的に照射中に進展する，それは V と τ 間での非線形関係を導く．これらの燃料に対し，平均 γ/E 比の中性子計算が生成ガス体積の精確な推定に役立つ；異なる濃縮度またはプルトニウム含有燃料に対する，GWd/tU+Pu 当り単位 cm^3 の V/τ 比を表 24.3 に示す．得られた値は以下のことを示す：

— UO$_2$ 内で生成される体積はほとんど濃縮度に依存しない，そしてこれは通常濃縮度に対してである，

— MOX 燃料ではガス生成量対燃焼率は高燃焼率において増加する，しかし UO$_2$ によって生成される値に比べて低く維持される，

—与えられた燃焼率に対し，プルトニウム含有率が高まるほど，ガス生成量が低くなる．

[*5] 訳註：　　STP（標準温度と標準圧力）：一般には T = 0 °C(273K) および p = 1 気圧を言う．本書では標準環境温度と圧力 (SATP) の T = 25 °C(298 K) および p = 1 気圧に近い意味で使用されている．

24.1　ウラン酸化

b) **揮発性核分裂生成物**はセシウム，ヨウ素，テルル，ルビジウム，臭素 (bromine)，セレン (selenium)，カドミウム (cadmium)，アンチモン (antimony) およびそれらで作られた化合物である．燃料内でのこれら元素の化学状態の詳細な記述は，第 III 部（第 16 章）で与えられている．

核分裂生成物の中で，揮発性 FPs の質量の中で大部分を占めるセシウムが特別な部分を演じる：セシウム同位体の 1 つは照射後試験での燃料棒燃焼率を推定するために使用されている（24.1.4 節参照）．

標準の PWR 運転温度（言い換えるなら約 200 W/cm の燃料棒線出力）において，γ 線分光器 (spectrometry) でも電子線プローブ微小分析 (EPMA) においてでも，セシウム移動は観察されないことを付け加えておこう：セシウムの径方向プロファイル（図 24.4）はネオジムのプロファイルに従っている．UO_2 では，セシウム移動は 300 W/cm 近傍で観察されたのみである，動力炉の正規運転下でそれより高い燃料棒出力には達しえない．

c) **固体核分裂生成物**には以下のものが含まれる：

— 金属元素，
— UO_2 母相中の不溶解酸化物，
— UO_2 母相中に溶解している酸化物．

燃料中の固体 FP の化学状態のさらなる情報は，第 III 部，16.2 節で与えられている．

固体 FP の多くを占めるネオジム (neodymium) が，それが生成された場所の燃料内に局在することで，特別な役割を演じる；事実，結晶格子内のウランと置換し，その結果固溶体を形成する．ネオジム濃度，それは燃料中に生じた核分裂数に比例している，はそれ故に局所的燃焼率を表す．

ネオジム同位体の 1 つが燃焼率決定のために使用されることが，これらの性質から許される（24.1.4 節参照）．

さらに電子線プローブ微小分析 (EPMA) によって得られる（第 X 部付録の II 参照），ネオジムおよび特定 FP の濃度プロファイル比較によって，この FP が燃料内で移動したか否かを知らしめてくれる；その FP が移動してなければ，[FP]/[Nd] 濃度比は観察領域内で一定値を維持しなければならない．その結果，図 24.4——ペレット直径に沿うネオジム，キセノンおよびセシウムの濃度プロファイルを示す——はセシウムが移動してなかったことを示している，一方キセノン濃度はペレットの中央と周縁部で動揺している．

24.1.4　特定の燃焼率または出力によって決定される FPs の法則

核燃料の燃焼率 τ は核分裂性同位体の減損測定値である．燃焼率は，金属燃料（言い換えれば UO_2 燃料に対するウラン金属）の単位質量当りの照射開始以来発生した総エネルギーとして定義されている．

燃焼率 (burnup)——照射開始以来燃料中で生じた核分裂数に比例している——は適切に

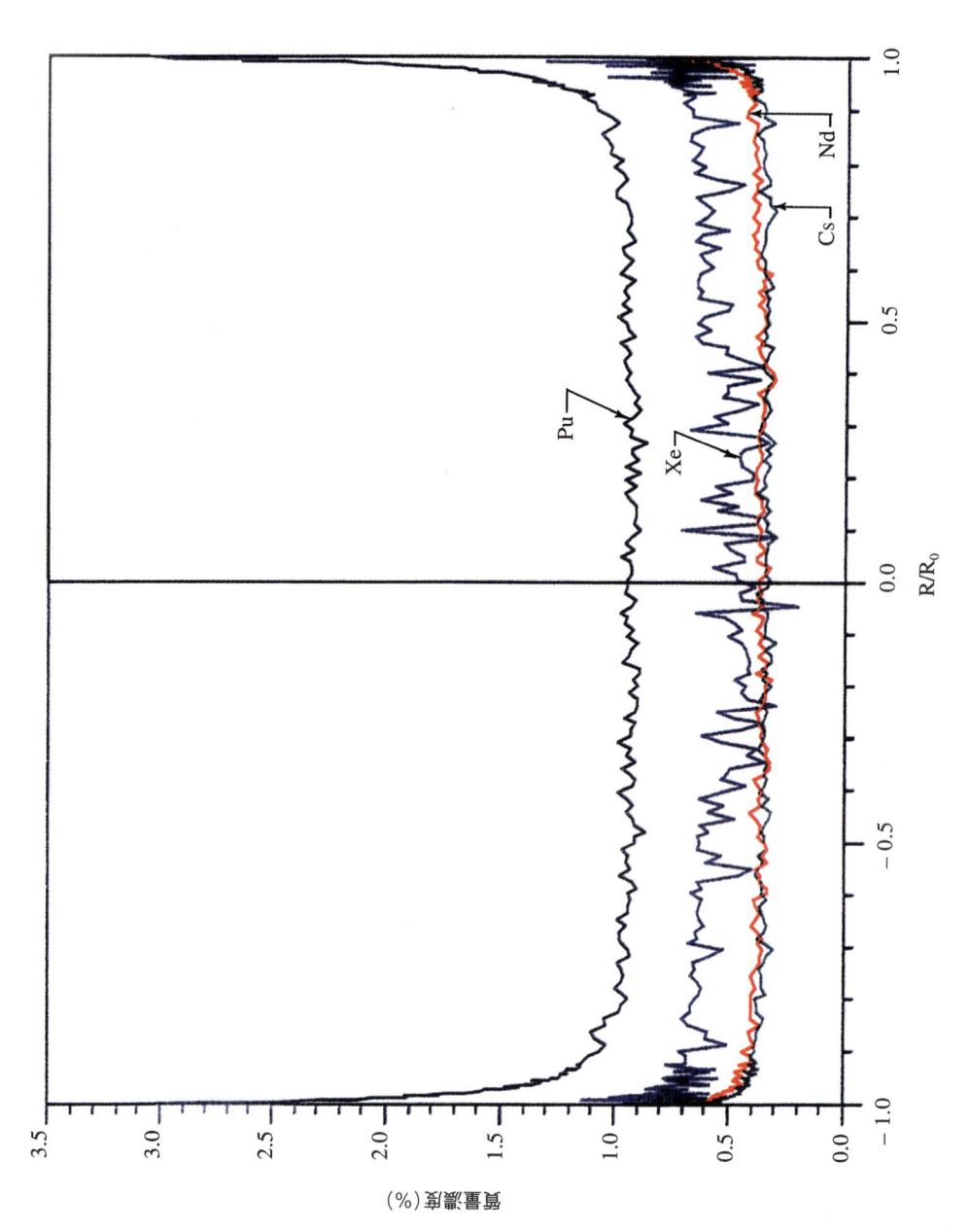

図 24.4 4サイクル年照射された UO₂ ペレット中の Nd, Pu, Xe, Cs の径方向分布；これらの濃度プロフィールは電子線プローブ微小分析 (EPMA) で測定された．

24.1　ウラン酸化　　　　　　　　　　　　　　　　　　　　　　　　　　　　　　　　　　　　　　355

選択した FP 濃度測定，言い換えれば以下に示す基準に合致させること，により推定することが出来る：

—選択する同位体は安定であることまたは炉内滞在期間に比べてより長い放射性崩壊期間を有すること，

—局所的核分裂速度を代表しているものの測定のため，それは燃料内で移動してはならないこと，

—それは燃料中に，放射性同位元素としてこの同位体の放射線量 (dosage) またはその γ 放射能の測定を許すに充分な量が存在すること．

a) 線量計による絶対燃焼率測定

燃料要素区画の絶対燃焼率は，ネオジム 148 の同位体放射線量により決定される．この同位体は核分裂から直接由来したネオジム 147 の中性子吸収による転換 (transmutation) の結果である．^{148}Nd は安定な核分裂生成物であり，数年後に原子炉から取り出したとしても，この同位体の線量を測ることが容易である．この同位体の核分裂収率は，プルトニウムの核分裂とウランの核分裂に対しほぼ同じである．

一般に用いられている技法は，照射燃料棒の部分をフッ化水素酸 (hydrofluoric acid) を加えた硝酸中で溶解し，質量分析器と ^{148}Nd 同位体の放射線量により溶液の同位体分析を行うことで成り立っている．

この方法は，標準の品質に依存する γ 線分光器による τ の決定に比べ，より精確である，しかしその操作はさらに困難である．

b) γ 線分光器による燃焼率または出力の測定

照射燃料棒へ行う γ 線分光器が，燃料から放出される γ 線のエネルギー・スペクトルを供給する．殆んどの FPs は β^- 崩壊により活性化 (active) しているので，それらは γ 線を放射する．

原子炉内での燃料棒滞在時間に比べて長い半減期 (half-lives) を有する同位体は蓄積し，それらの測定は全照射期間に亘る核分裂速度を供給する：長寿命 (long-lived) 同位体は従って燃料棒の燃焼率の情報を与える．

照射初期に生成された短寿命同位体は，その燃料棒が炉から取出された時，燃料中では既に崩壊してしまっている．この同位体の全期間の中で，粗く言うなら照射末期に生成したそれらの同位体のみが検出されることが可能である．この短寿命同位体は従って照射末期の燃料棒中の核分裂速度の情報を与える：それらは特に照射末期における軸方向出力分布の推定の助けとなる．

幾つかの核分裂生成物はそれ故に，それらの半減期に応じて，燃焼率または出力の決定において重要な部分を成す．

30 年を超す半減期を有する ^{137}Cs は燃焼率の決定に使用されている．標準の放射能と

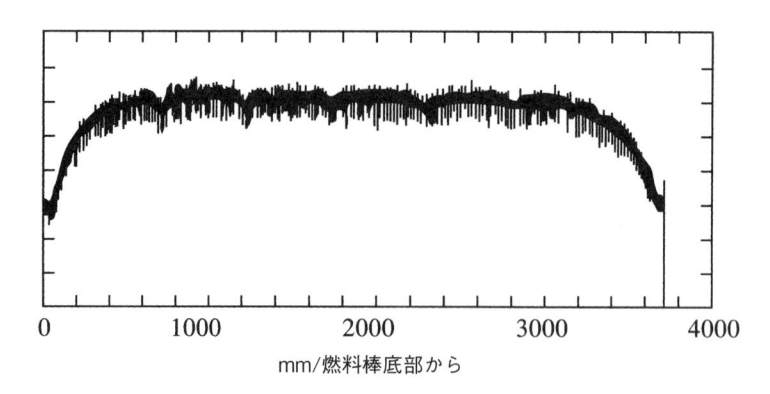

図 24.5 PWR 燃料棒に沿った ^{137}Cs の放射能プロフィール

比較した，この同位体のガンマ線分光放射能測定は燃料棒の平均燃焼率の推定評価を助ける．

燃料棒に沿った ^{137}Cs の放射能測定は——図 24.5 に 1 例を示す——完全な照射期間を通じての平均化した中性子束軸方向分布の決定に用いられる（支持格子の場所に対応している規則的間隔で観察される中性子束沈下）；この測定は，燃料棒平均燃焼率との関係において，燃料棒の与えられた位置における局所的燃焼率を入手するのに用いられる．しかしながら，この方法は高出力（およそ 300 W/cm を超える）で照射された燃料棒に使用出来ない，燃料棒に沿ってのセシウムの軸方向移動の理由により，軸方向中性子束分布に間違いを生じさせるからである．

^{95}**Zr** と ^{140}**La**，それらはそれぞれ半減期 64 日と 40 時間を有する，は照射末期の軸方向出力分布の推定に用いられている（^{95}Zr では最後の 2 ないし 3 ヶ月間，^{140}La では最後の 2 ないし 3 日間）．

24.1.5 燃料の熱的ふるまい

核分裂性元素，^{235}U と ^{239}Pu の核分裂は熱の源であり，かつそのことが PWR 動力プラント運転の基礎原理である．

核分裂は平均約 200 MeV のエネルギーを放出するとの知識で，毎秒約 10^{20} の核分裂数で 1000 MW の熱出力が得られることを，このことは示す．

その結果生み出されたこの熱エネルギーは冷却材（燃料棒底部の入口温度およそ 290 °C の 155 バール (bars) に加圧された水）によって除去され，そしてこの冷却材は中性子の減速材 (moderator) としても働く．

酸化物が低熱伝導率（UO_2 の熱伝導率は，700 から 2000 °C の間で 4.5 から 2.5 W/m °C に変化する）である理由から，ペレット内に大きな熱勾配 (thermal gradient) が現れる（図 24.6, [2]）．この図は 2 つの核心点に対する温度分布を示す，その点とは正規運転に

24.1 ウラン酸化

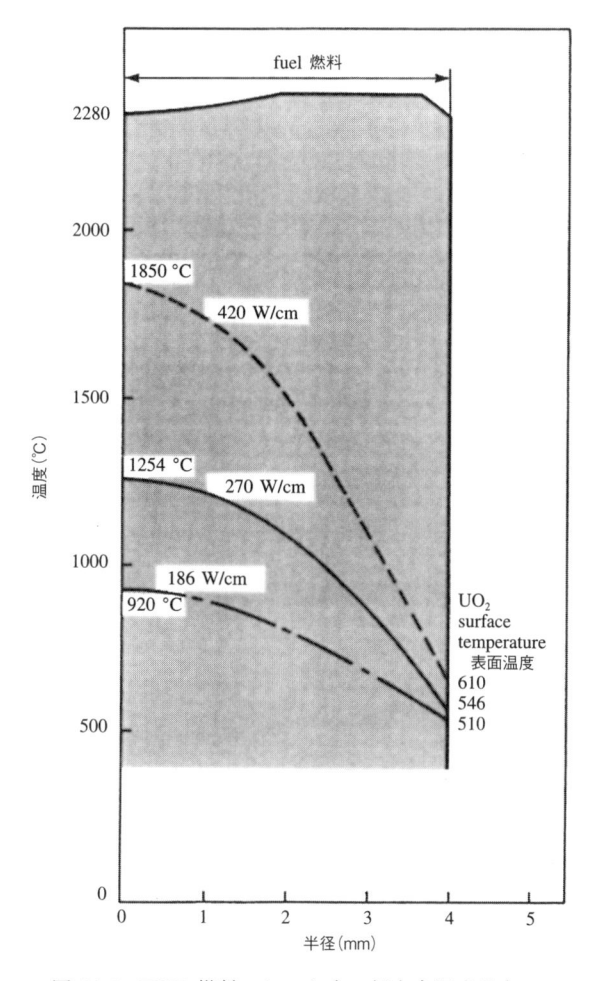

図 24.6 PWR 燃料ペレット内の径方向温度分布 [2]

対応するもの（186 W/cm と 270 W/cm）および運転領域での許可限度（炉心の最高温度点における 420 W/cm，この制限値は最近 435 W/cm に引き上げられた）の 2 つである．この酸化物中心温度は 920 ℃- 1850 ℃ の範囲内で変化する，一方被覆管平均温度は約 345 ℃ である．この熱勾配は照射に伴って変化する，なぜならば，それは被覆管表面に形成されるジルコニアの厚さ，ペレット・被覆管ギャップ，ガスおよび燃料の熱伝導率に依存するからである．この熱勾配は，大変良くは知られていない多くのパラメータに依存する理由から，燃料内の温度計算は照射中の温度変化の結果に不精確さをもたらす（第 III 部, 12.2 節および第 IX 部付録の I）．

最後に，原子炉内での燃料寿命期間中において，燃料が熱的状態（2 サイクル間での停止，支持格子追従，自動制御効果など）の様々な変化に遭遇することも心に留めておかなければならない．

24.1.6 燃料の幾何学的寸法変化

a) 熱膨張および破砕 (thermal expansion and fracturation)

ウラン酸化物は低い熱膨張係数（室温で 9.7×10^{-6} K^{-1} [15]）を有する．それにもかかわらずペレットの寸法変化が，照射下における燃料棒の進展における主要部分を演ずる．ペレットの熱膨張がペレット・被覆管ギャップ値に直接影響を及ぼし，そして燃料表面温度に影響を及ぼすことを読者は思い起こそう（第 III 部，13.1.1 節参照）．

さらにこの熱勾配が，半径関数とする燃料の示差的膨張 (differential expansion) と関連し，径方向燃料ペレット内に大きな応力を発生させる（第 III 部，13.1.2 節参照）：350 °C で，酸化物の膨張は僅か $\Delta l/l_0 = 3.4 \times 10^{-3}$ である，一方 1200 °C では 1.3×10^{-2} に達する．これらの応力影響下，加熱中にペレットが放射状に割れる（図 24.7.a）さらに概略 450 W/cm の高出力の場合，冷却中に周方向に割れることが可能となる（図 24.7.b）．

熱勾配下，燃料ペレットは"鼓状"(hourglass) 形状を形成する傾向を有する（図 24.36.a および第 III 部，13.1.3 節参照）．

燃料破砕のモデル化は次章 25.3 節で詳細に説明する．

b) 焼締り (densification)

燃料内の核分裂ガスの蓄積に因るスエリング制限のため，体積保存の部分を行うことが可能なように，酸化物はある程度の初期気孔 (porosity) を有するように勧告されている．しかしながら燃料中の微細気孔の存在は，この初期気孔の早すぎる消失によって引き起こされる焼締り現象を増進させる．

低温での照射によって誘起される焼結および微細で不安定な気孔（$< 2\mu$m）の存在によって増進される焼結として，焼締りを記述することが出来る（第 III 部，14.1.1 節参照）．

焼締りは燃料の生涯にとって重要な現象の1つである．1970 年代の初めにおいて，PWR 燃料棒の初期劣化 (early deterioration) の源であった．事実，酸化物の大きな焼締りは燃料カラム（柱）の収縮による不連続性を引き起すことが可能となる，この水準においてこれは一方で中性子束ピークを生じさせ，他方で被覆管扁平化 (cladding collapse) を誘発させる．

1970 年代中期以降に，DCN（2 サイクル標準：Double Cycle Normal）と呼ぶ通常のペレット製造工程がなぜ改良されたのかという理由はこれである：製造途中ポア（気孔）形成剤 (pore-forming agent) を添加し，主に $10\,\mu$m と $40\,\mu$m の近傍を中心とする気孔スペクトラムおよび低い比率の微細気孔（$< 2\mu$m）を伴う最終密度に調整するためにこのポア形成剤が使用される；このポア形成剤添加が照射下での燃料の安定性を保証する粗大気孔を形成させ，さらにまたガス状スエリングが限定されることを許容する（24.1.6.c 節参照）．

1700 °C，24 時間の再焼結から成る，"熱安定性"試験 (thermal stability test) が製品サン

24.1 ウラン酸化

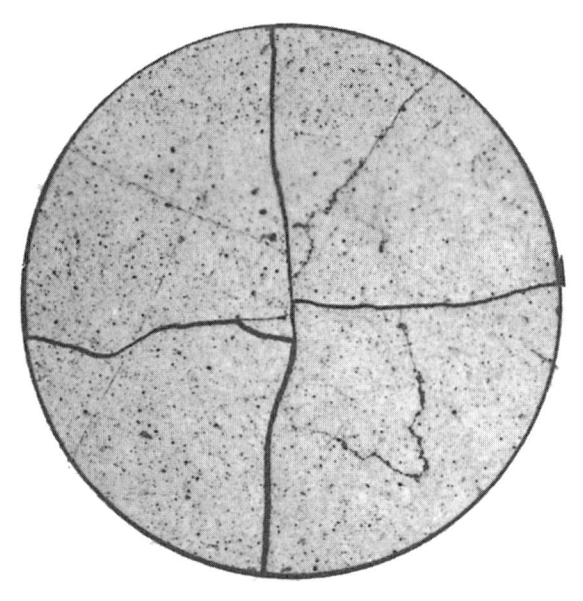

(a) PWR で1年照射後:半径方向クラック

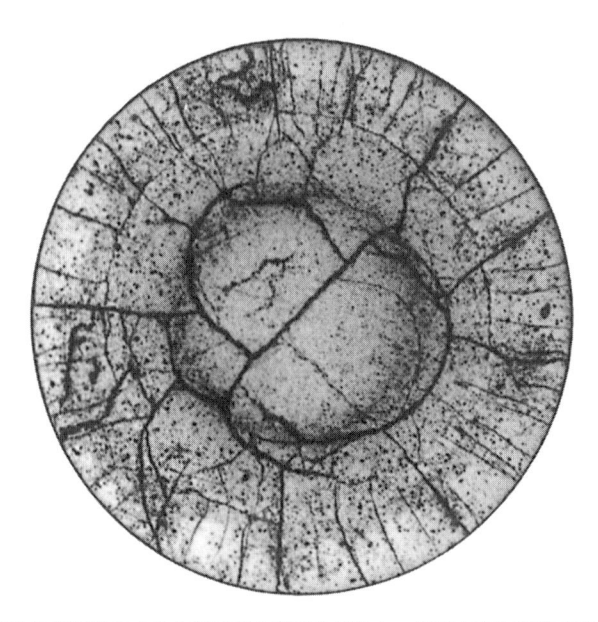

(b) PWR で2年照射サイクル後に出力急昇を受けた:半径方向と円周方向クラック

図 24.7　PWR で照射された UO_2 燃料のマクロ金相写真:燃料の割れ

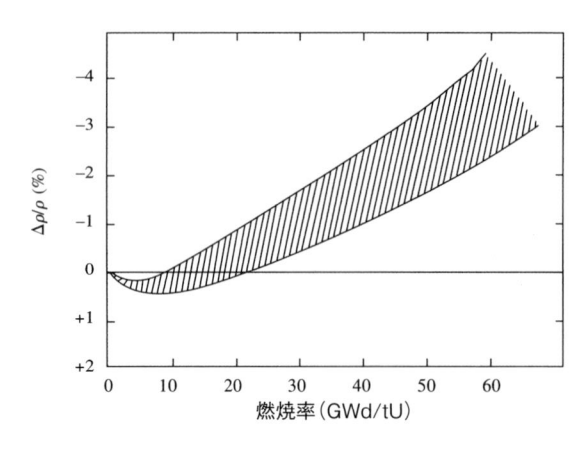

図 24.8 安定 UO₂ 燃料における燃焼率を関数とした燃料水密度 ρ の相対変動

プルで行われる，これは炉内最大焼締りを代表させている：DCN 燃料では製造バッチに応じて，その熱安定性試験による体積の相対的減少が 0.2 % から 0.6 % の間で変動する．

　この試験で与えられた値は照射の初めの週で観察される僅かな焼締りの模擬および保証と成す：炉内で，その相対密度はそれゆえに 2000 時間（3 GWd/tU）において 94.5 % から 95 % へ進む，これは 0.1 % と 0.2 % の間の燃料カラム収縮 (a fuel column contraction) に対応する．これに付随する径方向の変動は約 10 μm から 15 μm である．炉内でこの酸化物収縮は，照射下でのスエリングによる燃料体積の増加と競合する：この酸化物は燃焼率，ほぼ 10 GWd/tU で焼締り前の初期体積へ戻る．図 24.8 に第 1 番目の照射サイクル中に見られる焼締りを示す．

　焼締りの熱的影響は 1975 年以降に製造された燃料（再焼結試験の焼締り速度 0.6 % 未満である）に対し非常に穏やかな範囲 (moderate) に留まる：万一焼締りが単独で生じたとするならば，ギャップを開きペレット平均温度をおよそ 10 ℃ 上昇させる．しかしながら，この効果は大きなマグニチュード (magnitude) の他の現象により隠されてしまう：ペレット上の被覆管クリープによるギャップ閉じ（24.2.2.a 節参照）．

　焼締りはまたペレットと被覆管との接触時間の僅かな遅延を引き起す．

c) スエリング (swelling)

　スエリングは照射下での燃料のふるまいに負の効果を与える：
　―スエリングは燃料棒自由体積減少とその結果内部圧力上昇に関係する，
　―スエリングは，ペレット・被覆管相互作用を導くギャップの閉鎖に関係する，
　―スエリングは酸化物熱伝導率を減少させる，その結果温度上昇を引き起す．

　酸化物中の初期気孔の導入は，それが充分に大きな時に，スエリングを制限する：この関数はペレット製造中のポア形成剤により確実となる（24.1.6.b 節参照）．

　核分裂生成物――それは格子定数に影響を及ぼす（溶解性 FPs）およびそれらが非溶解

24.1 ウラン酸化

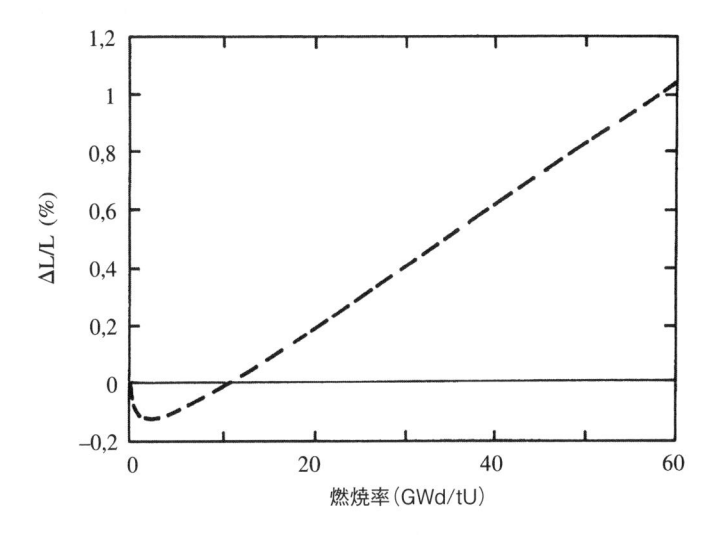

図 24.9 PWR 燃料棒の燃料カラム伸び

性である時に，第 2 相（固体またはガス）を形成し，全体として燃料体積の巨視的増加を引き起こす——の燃料内の出現によりスエリングが生じる．

スエリングは従って生成 FPs の量，言い換えれば燃焼率に直接関連する．さらに与えられた燃焼率において，スエリングは，照射開始以降（または燃料棒の出力履歴）の温度変化に依存する，それは FPs の物理化学状態を決定するのが温度であるからだ．

PWR の標準環境下で照射された燃料棒は，10 GWd/tU でその体積の 0.6 % から 0.7 % 膨張すると通常推定される；これは核分裂性カラム長さを中性子線写真 (neutronographic) 測定によって推論された値である；さらに異なる燃焼率の水密度 (hydrostatic density) 測定は，この値を保証し，さらにスエリングがほぼ等方的 (isotropic) であることを示している（図 24.8）．照射中，カラム長さは焼締りの理由から短くなり始める，その第 1 サイクル中に最小を通過し，その後スエリングの影響下 10 GWd/tU 当り約 0.2 % の速度で線形増加する（図 24.9）．燃料カラム収縮は第 1 サイクル中のモデル曲線として提供されるのだが，この燃料カラム収縮は実験炉内で短尺燃料の低速照射を行った測定により確認される．

核分裂生成物が全体のスエリングに寄与する性質は，それらの物理的状態に依存する：ガス状 (gaseous)，揮発性 (volatile) または固体 (solid)．

固体スエリングとガス状スエリングは，ほぼ同じ規模 (magnitude) であり，標準運転条件下で大変低く維持される．しかしながら出力急昇 (power ramps) を被る燃料の場合，ガス状スエリングが卓越 (predominant) する．

固体スエリング (solid swelling)

固体核分裂生成物の形成はその反跳エネルギーを UO_2 結晶格子に与え，それらを格子

間 (interstitials) 内に置き，その結果平衡な結晶格子を掻き乱す．後日，それらの酸素ポテンシャルに依存し，幾つかが金属性介在物または酸化物の形態で析出し，他は燃料格子内 (FPs 酸化物) に固溶する．酸素ポテンシャルは酸化物相の熱力学的安定性を決定している（第 III 部，15.2 節参照）．2 つの微視的構造変更が従って固体スエリングに寄与する：結晶格子定数 (lattice parameter) の進展と第 2 次固相 (secondary solid phases) の出現である（第 III 部，15.4 節参照）．

酸化物の酸素化学量論 (stoichiometry) 変動または α 線自己照射 (self-irradiation)（プルトニウムおよび超ウラン元素の α 崩壊による欠陥形成）のような他の現象も同様に結晶格子定数へ影響を与える．燃焼率に伴い格子定数増加を導く α 線自己照射は，原子炉から既に取出された燃料の後のスエリングに影響を及ぼす．数年貯蔵された燃料に行ったスエリング測定は，従って少々過剰推定される．α 線自己照射に因るスエリングは貯蔵して 2 年から 3 年後に水平状態 (plateau) に達する；飽和状態でこのスエリングは MOX 燃料で体積の 0.2 % から 0.4 % に達する [16]，その値は小さいままに留まるが全スエリングと比較して有意である．5 照射サイクル後，測定された全スエリングはほぼ体積の 3.5 % に達している（図 24.9），さらに燃料棒貯蔵期間のバラツキがスエリング測定の統計的不確定さを増加させる．

結晶格子内に固溶する全 FPs の全体的効果は，燃焼率に対する格子収縮である（第 III 部，15.4.1 節参照）．しかしながら固体スエリングは正値を有す，なぜなら照射欠陥および第 2 次相によって形成された付加体積が UO_2 格子の収縮と大きな競合をするからである．

ガス状スエリング (gaseous swelling)

生成したガス状核分裂生成物（キセノンとクリプトン）は，燃料母相内で熱力学的に不溶解である．この理由から，結晶粒の内側に微視的気泡 (microbubbles) の形態で粗大化する傾向を有する．この気泡内のガス濃度は，気泡による原子の吸収および核分裂破砕片衝突による照射効果下におけるこれら気泡の固溶体 (solution) への再溶け込み（気泡再溶解と呼ぶ）という事実の間の平衡の結果に由来している．照射下，気泡再溶解は燃料母相内でのガスは非ゼロ溶解度を有することを示す：これを"動力学的"(dynamic) 溶解度と呼ぶ，これは核分裂速度に伴い上昇する．

粒界合体 (coalescence) 過程に沿って，ガスは原子状態で気孔と結晶粒界――その場所でそれらもまた合体しつつ――へ移動する．ペレット中心領域のような高温において，粒界気泡は移動性を有し，結晶粒界へ移動する．ガス状スエリングは従って 2 つの因子の結果として出現する：

―粒界気泡の集積に因る結晶粒スエリング；
―結晶粒界での気泡集積に因る結晶粒界スエリング．

結晶粒界での気泡濃度が高くなる時，これらの気泡は"数珠繋ぎ"(strings of beads) 状と成り，そのスエリングは最高となる．これらの気泡が開口気泡 (open pore) または割れ (fracture) に連結した時，これらの気泡の相互連結，それは"トンネル"(tunnels) を形成，

24.1 ウラン酸化

は燃料棒の自由空間へガスの放出を許す．

ガス状スエリングは従って燃焼率に依存し——燃焼率は形成される FPs 量を決定する——かつ温度に依存する——温度は気泡合体運動論に働きかける（温度は原子状態のガス拡散および気泡移動をコントロールしているからだ）．

従ってガス状スエリングはペレット中心領域で最も大きい，そこが最も温度が高いからだ．高燃焼率まで照射したペレットまたは出力急昇試験を行ったペレットの金相写真上で，このスエリングをペレット中心部に出現した暗部領域 (dark area)——それはきわめて多数の気孔の存在を示す（図 24.10.a および図 24.10.b）——として観察することが出来る．この微視的構造は閾値温度を超えた時にだけ現れる，この閾値はほんの少し照射した燃料では 1250 °C に近く，燃焼率に伴いほんの少し低下する．

温度が低く，燃焼率の高い（100 GWd/tU を超えることが可能である）周縁部では燃料組織 (morphology) が異なる（リム効果：24.1.8 節参照）．[*6]

24.1.7 ガス放出

照射によって形成されたガスの一部は燃料から放出し，プレナム (plenum) 内に蓄積される．照射開始期以降放出されるガス体積は様々な手法を用い測定出来る（第 X 部付録の II 参照）．計算で求めた生成ガス総体積の比較を通じ（24.1.3 節参照），放出された総比率，F ％とし，その推定に用いられる．PWR の標準出力条件下で照射された UO_2 において，この比率は低い値で留まる：最終サイクルでおよそ 160 W/cm の平均出力において，その 5 サイクル年後の比率は，ほぼ 2.5 ％に達する．

しかしながら，この現象を制御することが重要である：

——それは内圧上昇に関係する：例えば，初期内圧 25 バールの，5 回の年照射サイクル後において，燃料棒の内圧が低温状態で約 60 から 80 ％上昇し，この放出ガスはこの内圧上昇の 45 ％を占める（残り 55 ％は最初の 3 照射サイクルで形成される自由空間の減少に依る）．

——キセノンとクリプトンは充填ガスの熱伝導率を悪化させる：5 回の年照射サイクル後，初期加圧 25 バールの UO_2 燃料棒の内部雰囲気の 20 ％近くがそれらに占められるまでに達する．MOX 燃料棒の場合，この比率はさらに高い（図 24.11）．

このガス放出には幾つかの異なる源を持つ：この放出過程の間に，基本的に 3 つの機構が存在している：無熱機構 (athermal mechanism)，これは温度に依存しないかまたは温度

[*6] 訳註： ペレット周縁部の燃焼：軽水炉は核分裂で発生した高速中性子を水によって減速した熱中性子によって核分裂連鎖反応を制御している．従ってペレットに侵入した熱中性子はペレット表面付近の核分裂性核種に捕獲され核分裂を生じる．このためペレット表面近傍；周縁部での燃焼率が高くなる．一方，高速中性子炉は冷却材に Na 等の重い元素を使用して中性子を減速させずにペレット内の核分裂性核種との連鎖反応を行わしている．高速中性子の捕獲断面積は熱中性子に比べて小さく，このためペレット中心部まで浸入し，このためペレットの燃焼率は中央部と周縁部でほぼ均一となる．

(a)

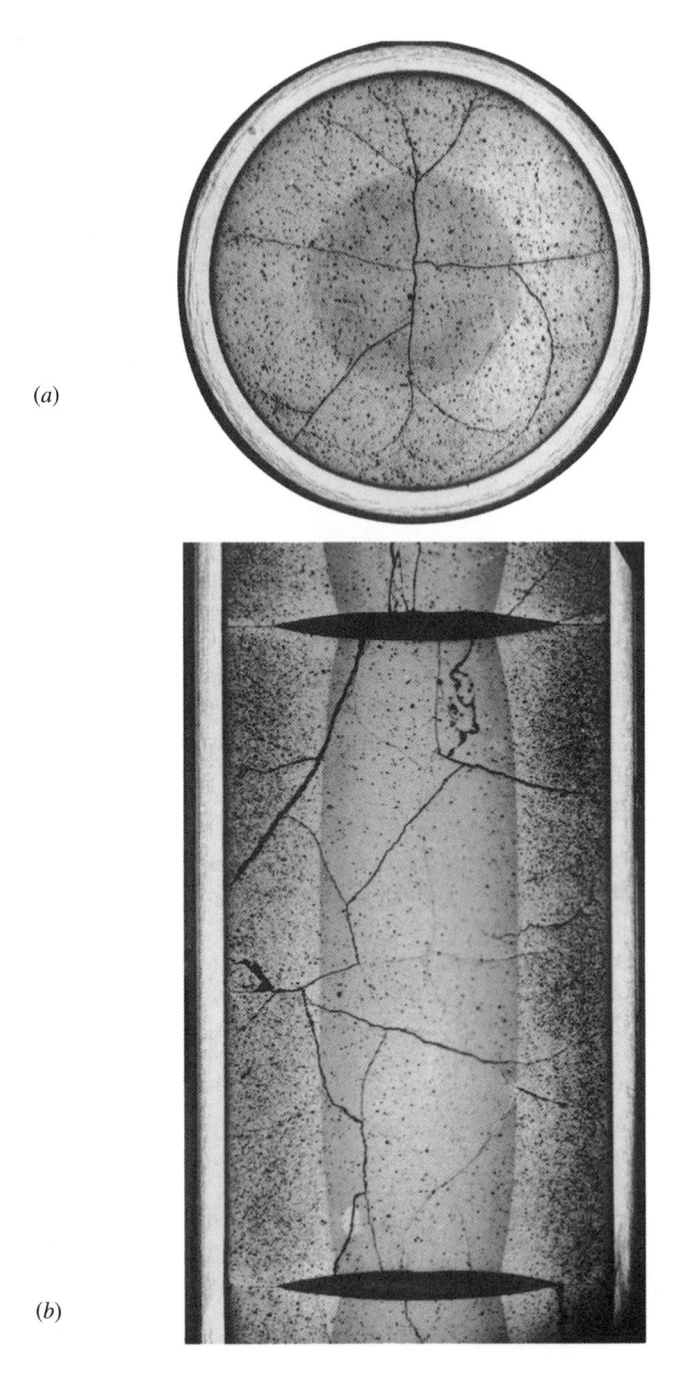

(b)

図 24.10　5 サイクル年照射された UO$_2$ 燃料のマクロ金相写真：暗部領域を示す．
(a) 径方向断面，(b) 縦断面

24.1 ウラン酸化

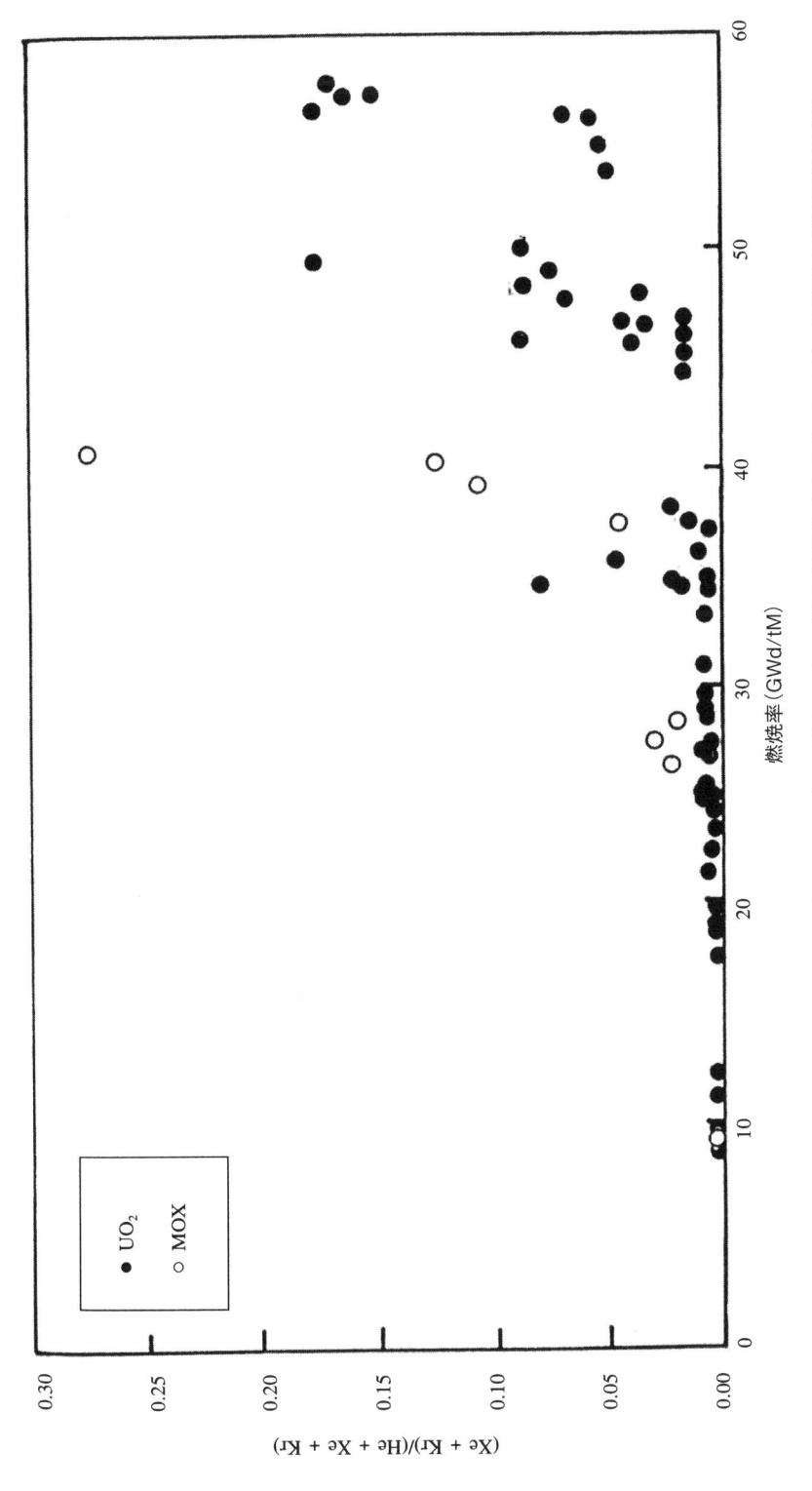

図 24.11 PWR 燃料棒の自由空間内総ガス (He+Xe+Kr) に対するガス (Xe+Kr) (低熱伝導率を有する Xe+Kr) 放出率の照射期間中変化

に依存していないと推定されるものを言う，および熱活性化に因る熱励起機構である（第III部，14.2.2 節および 14.2.3 節参照）．

この無熱放出は，核分裂に付随する反跳 (recoil) と弾き出し (ejection) 現象に因るものである．

熱励起放出は，気泡形態での，燃料外側へのガス移動の帰結である．これは 2 段階で行われる：

—熱励起により，粒界ガスは結晶粒界へ移動し，そこで気泡を形成する（24.1.6.c 節参照），

—境界内に集積されたガス量が充分である時，この気泡が連結しチヤンネル (channels) を形成する，それらの出口が割れまたは開気泡に接している時，そのガスがペレットから逃れることを許す（第III部，14.2.3 節参照）．

この現象生起のためには，充分な核分裂ガスのみでなく，高温もまた存在しなければならない．

実際，3 回の年照射サイクル（ほぼ 36 GWd/tU に対応する）に達するまで（図 24.12），その放出比率は燃焼率に比例し，1 % より低く，僅かに出力に依存する（少なくとも標準運転条件において）：この放出は基本的に無熱である．

3 回の年照射サイクル以降は，放出加速が明瞭に観察されている（図 24.12）：放出の熱的部分が徐々に支配的になる．3 回の年照射サイクル以降における放出率の大きなバラツキは，恐らく放出されるであろう燃料棒内に蓄積されたガス量はその結果最高値として，運転出力の差，さらにとりわけ最後の照射サイクル中の出力の差によって説明することが出来る．第 3 番目のサイクル開始で，放出率は最終運転サイクル中の燃料棒に供給された出力増加に伴いその放出率が上昇すること，およびこの出力効果が高燃焼率ほどさらに明瞭になることを図 24.13 は示している．

24.1.8 微視的構造の変化

a) 周縁領域：リム効果 (peripheral area: rim effect)

燃料ペレットの最端周縁面上の核分裂性プルトニウムの形成および引き続き起こる高い核分裂密度は，この領域内に微視的構造の発達を直接導く（第III部，14.4.3 節参照）：核分裂ガス蓄積と高密度の核分裂スパイクが酸化物組織 (oxide morphology) の重大な変更を導く．結晶粒が光学顕微鏡で見ることが出来なくなり（図 14.6.a），その中に非常に多くの気泡（10 % 以上）が存在する"カリ・フラワー"(cauliflower) 構造にとって替わる；このリム中の気孔寸法はマイクロメータに達する．この現象は，走査型電子顕微鏡によって得られる破断面写真上で取分け良く見える（図 24.14）．

X 線蛍光測定（図 24.15）および酸化物中に吸蔵されたガスの放射線量が示すように（ガス放射線量は $T \approx 2400\ °C$ で燃料ペレット・リング加熱によって捕集されたガス），こ

24.1 ウラン酸化

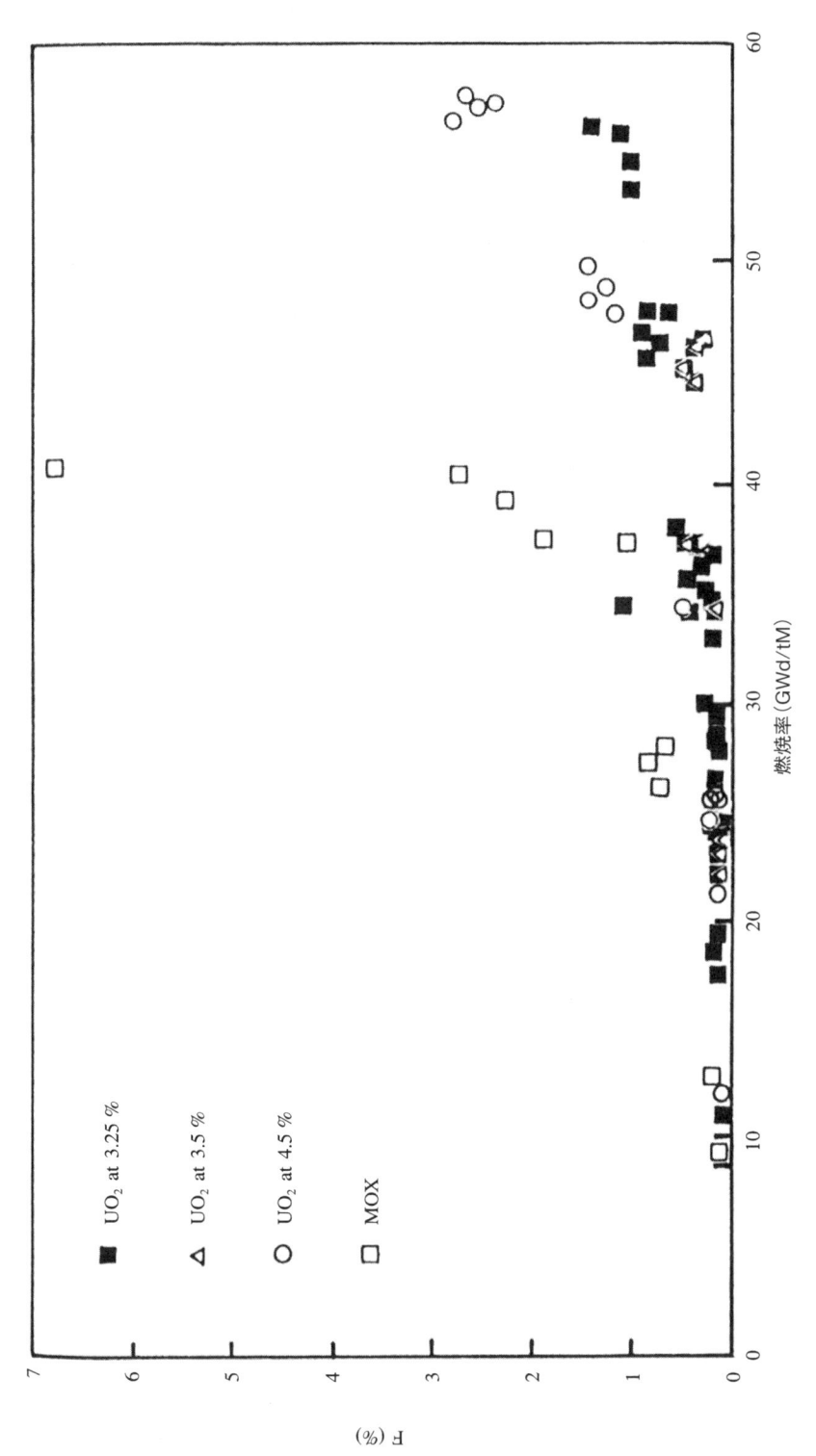

図 24.12 燃焼率を関数とした総核分裂ガス対燃料棒プレナム内放出核分裂ガス比の変動

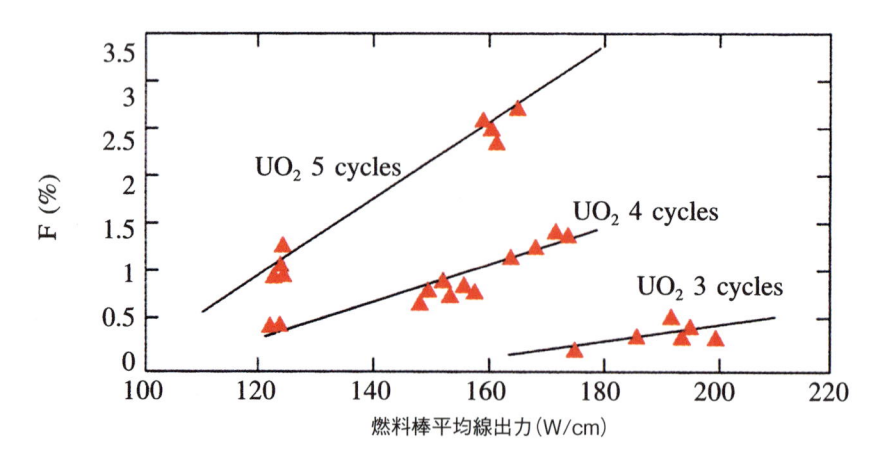

図 24.13 PWR の最終照射サイクルにおける平均燃料棒線出力を関数とする核分裂放出ガスの変動

の不安定かつ多孔質構造にもかかわらず大部分のガスは従来通り存在している [17].

　電子線プローブ微小分析（EPMA）で得られる濃度プロフィールを使用して推定された周縁部リムの幅は，周縁部局所燃焼率 60 GWd/tU での 50 μm と 100 GWd/tU でのほぼ 200 μm の間で変動する．結晶粒消失の光学顕微鏡の視覚化を通じて，より小さなリム幅が得られている [18].

b) 中心領域 (central area)

　高燃焼率の被照射ペレットの金相マクロ写真上では暗部に見える（図 24.10 および 24.1.6.c 節），この領域は照射中温度が最高になる；大きな気孔率を有す（図 14.6）：マイクロメータを超える寸法を伴う高濃度の粒内気泡 (intragranular bubbles) がここでは観察することが出来る．さらにしばしばトンネル (tunnels) 形成の粒界気泡の"数珠繋ぎ"を観察することが出来る．

　光学顕微鏡下で，この組織は標準 PWR 燃料では第 4 番目の照射サイクル末期でのみ観察することが出来る；しかしながら第 3 番目のサイクル末期で EPMA で得られるキセノン濃度プロフィールとして現れる：これらのプロフィールが中心領域で大きな気泡の欠乏を示す（図 14.7 と図 24.4，第 III 部，14.2.3 節参照）[19].

　高燃焼率に達した燃料中心領域内で，第 III 部（13.2.2 節参照）で説明した機構による結晶粒の僅かな粗大化も観察することが出来る：結晶粒の平均直径は 5 回の年運転サイクルで一般に 12 から 15 μm 増加する．

c) 中間領域 (intermediate area)

　中心領域と周縁領域の間，酸化物の微視的構造は照射によって僅かに影響されるだけである．電子顕微鏡を用いて，焼締り現象からの結果，この領域でのサブ・ミクロンの気孔

24.2 被覆管

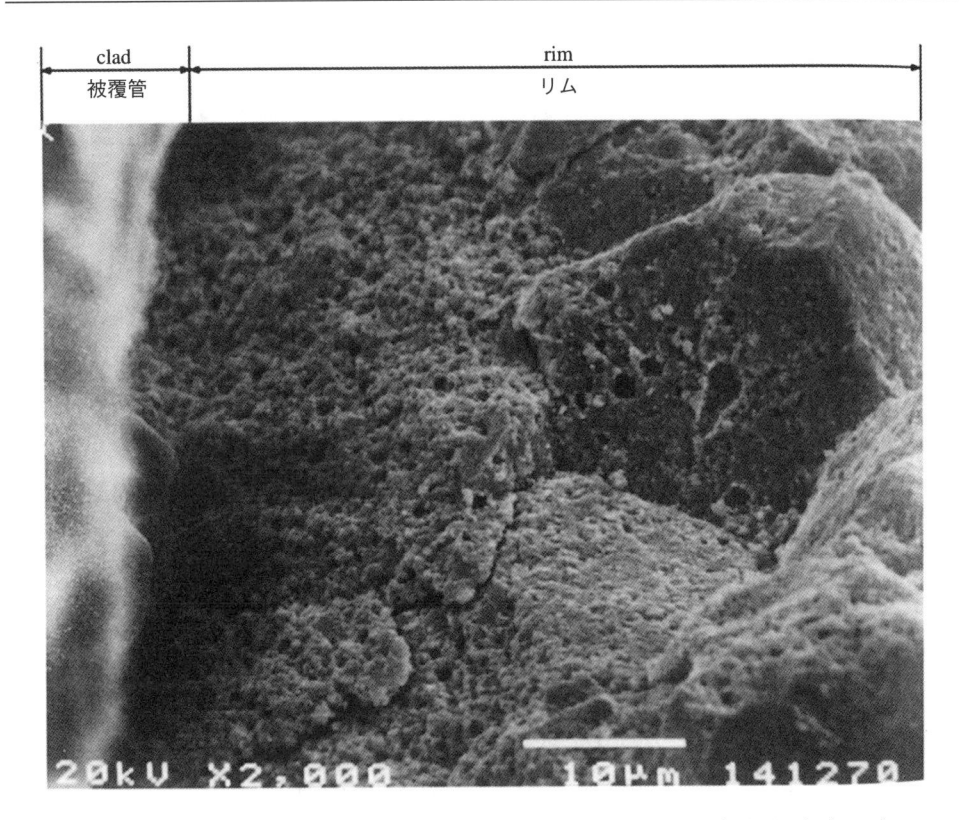

| clad | rim |
| 被覆管 | リム |

図 24.14 PWR で 5 サイクル年照射された UO_2 ペレット周縁部の破断面写真（SEM），結晶粒が見えない場所であるリムの「カリ・フラワー」構造を示す

（ポロシティ）消失を見ることが出来る．結晶粒組織の無変化が観察される（図 14.6.b）．

24.2 被覆管

24.2.1 被覆管の法則

　被覆管材料はジルコニウム基合金であると既に述べた．この材料は中性子透過性 (neutron transparency)，良好な機械的性質および高温冷却材からの良好な耐腐蝕性を理由に選択されている．既に述べたように，燃料棒は，核分裂生成物と周囲環境間の≪第 1 番目の障壁≫である．そのため，その健全性が最も重要であり，設計者の仕事は，原子炉内に燃料棒が滞在する全期間を通じてさらにそれを超えた期間まで，その健全性を保証することである．数多くの原理 (principles) が設計基準 (design criteria) として決定されたことを覚えておくこと．照射下で，重要な微視的構造変化が被覆管に生じる（第 IV 部参照）．これらの変化が微視的構造変化の結果をもたらす，これらの基準が維持されていることを明確にするよう考慮しなければならない．照射の結果，幾何学的 (geometrical) 性質およ

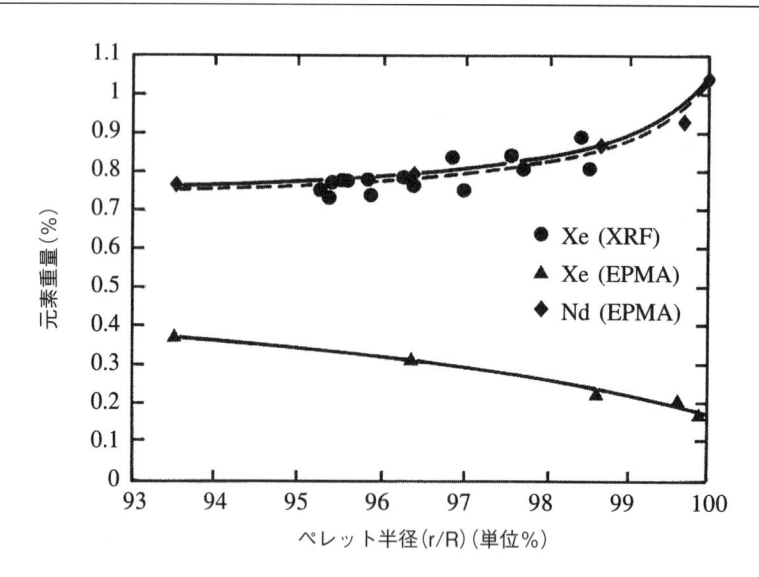

図 24.15 PWR で 83 GWd/tU 照射ペレット周縁領域の X 線蛍光分析（●）と EPMA（▲）による径方向 Xe 濃度プロフィール [18]．径方向燃焼率分布比較のために EPMA で得られたネオジウム濃度プロフィール（◆）を加えた

び粘性学的 (rheological) 性質の変更を引き起す．

24.2.2 照射下での寸法変化

a) 径方向クリープ (Radial creep)

クリープ覚書 (Reminder on creep)

材料クリープは，定荷重下における斬進性変形 (progressive deformation) が特徴で，それに同時弾性変形または同時塑性変形が加わる．クリープ変形は永久（非可逆）変形であり，高温ほど，この効果は速くなる：これを熱クリープ (thermal creep) と呼ぶ．

照射下，中性子束は欠陥の移動に加わり，そのためクリープ速度を高める．この中性子束寄与を照射クリープ (irradiation creep) と呼ぶ．低応力下で（< 100 MPa），この照射クリープが支配的である：これは全クリープ歪みの 80 % を占める．高応力下で――ペレット・被覆管力学的相互作用事象において――熱クリープが支配的になるとの傾向を熱・力学計算は示す：照射クリープの割合はクリープ歪みの 20 % 程度にすぎない．

クリープは通常，変形速度が顕著に減少する第 1 次 (primary phase) クリープおよびそれに続く，最も長く，安定な変形速度を有する第 2 次 (secondary phase) クリープで特徴付けられる（図 24.16）．高応力下で現れる第 3 次 (tertiary creep phase) クリープは炉内運転条件下では生じない．

24.2 被覆管

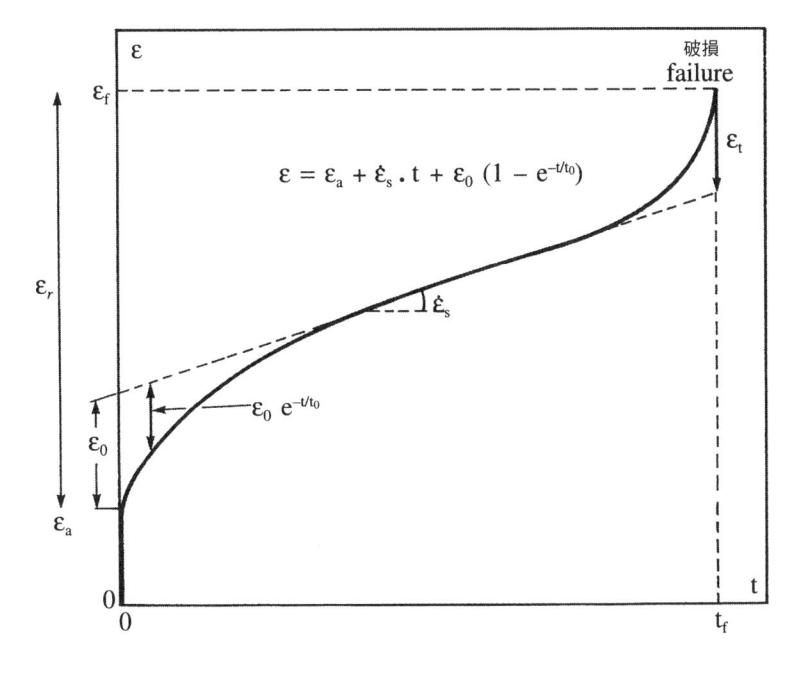

$$\varepsilon = \varepsilon_a + \dot{\varepsilon}_s \cdot t + \varepsilon_0 (1 - e^{-t/t_0})$$

ε = 時間 t における全歪み　　$\dot{\varepsilon}_s$ = 2次クリープ速度
ε_a = 瞬時歪み　　　　　　　ε_t = 3次クリープ歪み
ε_0 = 1次クリープ歪み　　　　ε_r = 最終クリープ歪み

図 24.16　クリープ曲線モデル

その巨視的表明 (Its macroscopic manifestation)

冷間状態から熱間状態への移行までに，寿命初期における燃料棒（空気＋ヘリウム）初期圧が上昇し，ほぼ60バールの値まで到達する．この値は初期圧に依存するばかりでなく，燃料内の異なる自由体積（ギャップ，プレナム，燃料ポア (pores)，幾つかのケースにおける中心空孔 (central hole) など）にも依存する．核分裂ガス放出の理由によって，その初期圧は燃料棒の寿命期間中に増加し，冷却材圧力よりも通常低い値または幾分高めの値まで上昇する（23.2.3節参照）．

差圧に曝されて，被覆管は円周圧縮応力 (hoop compression stress) を被る．この応力が初めに被覆管を扁平化しがちである．照射中，被覆管の平均直径は照射クリープによって主に縮小する．ペレットは膨れ（スエル）その結果，管断面の楕円 (ellipse) 短軸上での最初のペレット・被覆管接触が起きるまで，その初期ギャップが狭くなる．軸方向で，この接触はペレット間位置 (interpellet level) で生じる．なぜならペレットは円柱形状を維持せずに鼓形状 (shape of an hourglass) を取ることによる（図24.36.a）．その瞬間から，またはより正確に言うならば後に，砕かれたペレットが変形させる能力を有することから，扁平化は安定化し減少する，一方ペレット周囲に合わせたように，被覆管はそのペレット形

状を取る．この直径減少を図 24.17 に示す：燃料棒両端は他の部分に比べて僅かながら中性子束が低い，照射クリープはその場所でより低くなり，被覆管変形はより少ない．プレナムの位置で，その径は殆んど変化しない；したがって照射前に計測していない燃料棒の場合，そこを参照値として使用される．

このクリープ変形と同時期に，被覆管外表面が腐蝕することを明記しておくことは重要である．最初のサイクルでは極僅かなこの腐蝕は，全照射サイクル間で増加し，5 年照射サイクル後には概略 100 μm の局所厚さに達する（使用された被覆管と合金のタイプに依存して）．形成されたジルコニア層密度は初期金属密度に比べて低く，直径の直接測定変化はクリープ変形の過小評価を導く．予備結果の解析において，実際のクリープ変形を決定するためにこの外側ジルコニア層の存在を考慮した補正を行なわなければならない．

b) 被覆管応力の進展：コンディショニング (Cladding stress evolution: conditioning)

ペレット・被覆管ギャップの閉鎖は，被覆管が受ける応力システムの変更を引き起す．

照射初期におけるペレット・被覆管接触の前，被覆管肉厚の最大周応力 (maximum hoop strss) は圧縮応力（負値）であり，その絶対値は燃料棒内部圧力の増加に伴い減少する．

ギャップが閉じた時，この圧縮応力（絶対値で）は減少し消滅し，その後スエリングによるペレットの推圧 (thrust) 効果の下で引張応力（正値）が現れる．図 24.18 で観察される勾配変化はペレット・被覆管の"強い"接触が生じた時期に対応する；その瞬時は燃料棒の初期幾何学的特徴と照射環境に依存する；それは通常第 1 サイクルの末期または第 2 サイクル中に起きる．

ペレット・被覆管接触後に生じた出力低下は，被覆管周応力減少を引き起す，それはギャップが開いた時には再び負応力に成り得る．

被覆管が被る応力は漠然と増加するもので無く，UO_2 ペレットの固体スエリング（10 GWd/tU 当り 0.6 % と 0.7 % 体積の値）と被覆材の 2 次クリープ速度間の動力学的平衡に対応した値で安定する [20]．標準燃料棒において，この値は低くほぼ 10 から 40 MPa である．この準静的平衡状態 (quasi-static equilibrium state) の燃料棒は"慣らし"(conditioned) と呼ばれる．このコンディショニング応力出力値に対して過敏では無いことを明記しておく（図 24.19）．中間出力において拡張運転の帰結を試験する時，このことが重要なポイントとなる．

ペレット・被覆管接触は被覆管上の隆起 (ridges) の出現として物質化される，しかしその振幅は定格運転条件下で適度に留まる：径方向最大 20 μm である（図 24.20）．

"強固な"ペレット・被覆管接触の発生時期から，ペレット・被覆管相互作用 (pellet-cladding interaction: PCI) 感度は有意に成り得る．実際，後に述べるように (24.3 節参照)，いかなる出力変動でもペレットの熱的分野の変更を引き起し，被覆管と燃料間の異なる膨張歪を通じて被覆管内応力変動を引き起す；それらが有意になる時（クラス 2 の前事故過渡事象: class 2 incidental transients），これらの変動は燃料棒の工学的限度 (technological

24.2 被覆管

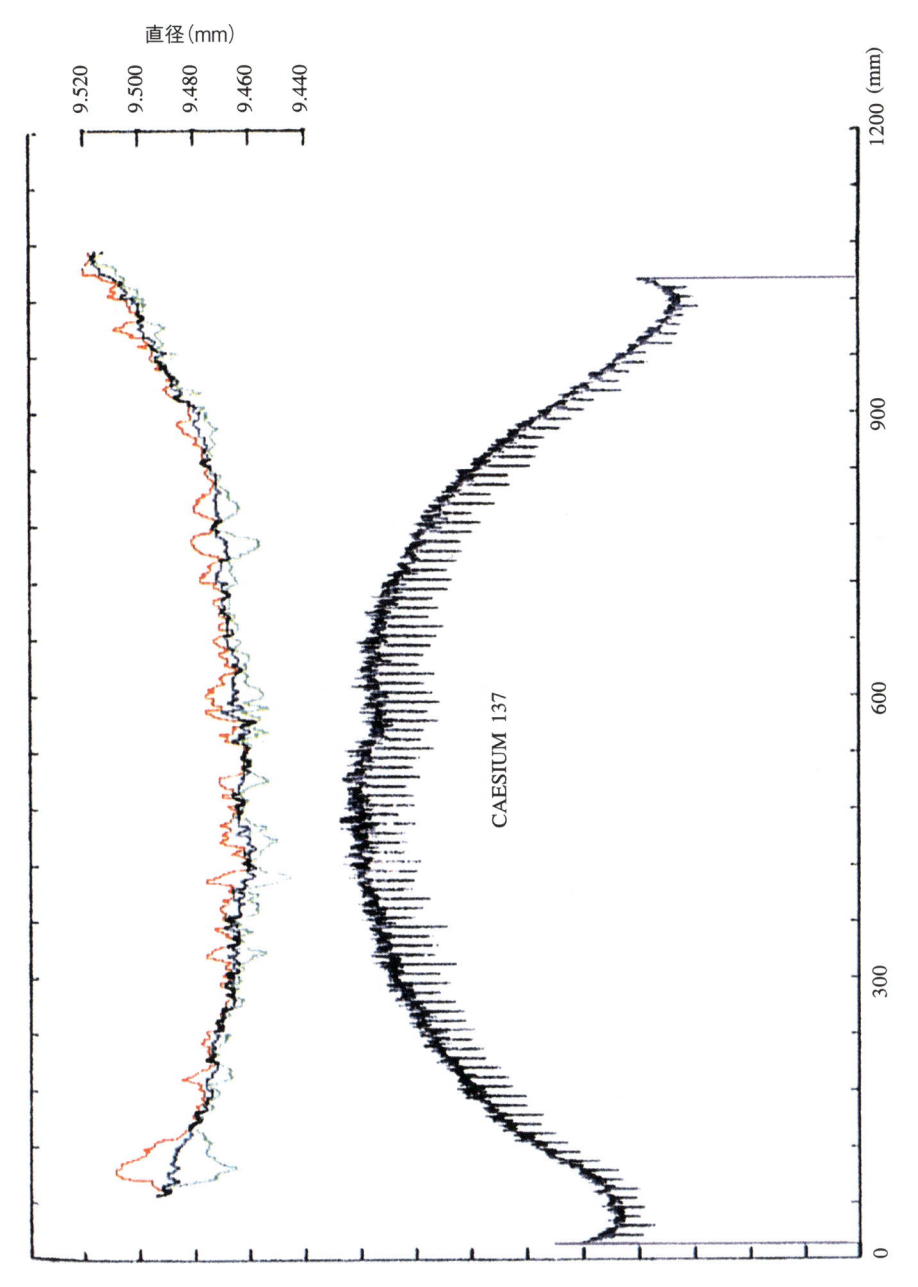

図 24.17　BR3 炉で 18.2 GWd/tU 照射した短尺燃料棒軸方向外径測定とセシウム 137 分布（黒）
　　最大径：赤，　　平均径：青，　　最小径：緑

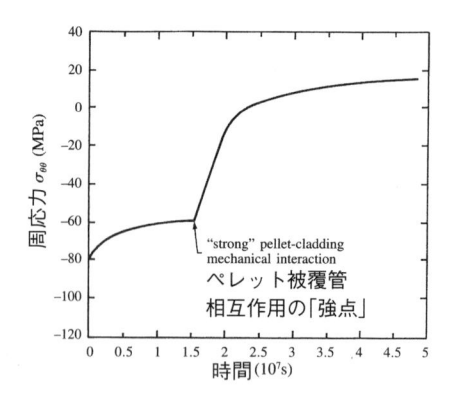

図 24.18　2 サイクル年，線出力約 235 W/cm を仮定した燃料被覆管の最大中性子束領域での計算周応力変化

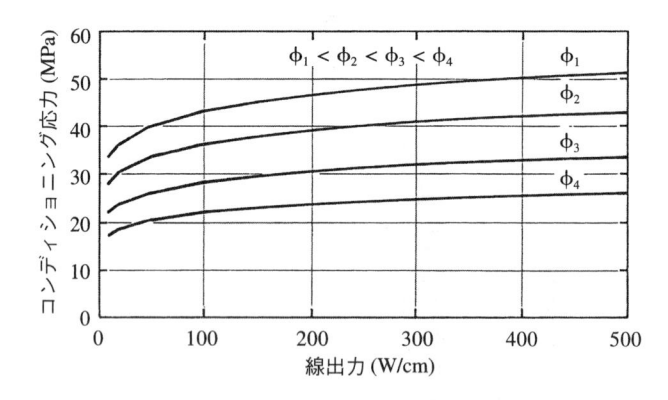

図 24.19　異なる高速中性子 Φ に対する線出力を関数とする被覆管の平衡応力変化（$\Phi_1 < \Phi_2 < \Phi_3 < \Phi_4$）

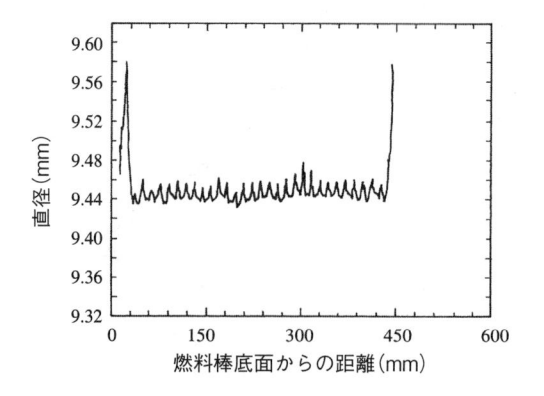

図 24.20　2 サイクル年照射 PWR 燃料棒領域より再組立した短尺棒の軸方向直径プロフィール：被覆管は高さ約 10 から 15μm の隆起を示す

24.2 被覆管

limits) に達することが可能となる，さらに局所的にはそれらの限度を超える．この実用上重要なポイントについては 24.3 節で詳述する．

c) 成長 (Growth)

照射中および実験観察下において，燃料棒は伸長する．この伸長 (elongation) は軸方向クリープと成長 (growth) の組合せの結果である．被覆材の異方性に依存し，これら 2 機構は反対方向に作用することも可能である．成長は，結晶学的異方性と配向 (texture) を有する燃料集合体に使用されるジルコニウム合金のような材料に影響を及ぼす特有現象である．この基本的微視機構は第 IV 部（19.4.4 節参照）で説明済み．図 24.21 は PWRs で照射された燃料棒の被覆管成長の試験計測を示す．燃焼率依存のこの全体的進展は準線形でかつ第 IV 部で述べた異なる様相の出現は明確でない，これはあまりにも多くの現象が共存しているためである（純粋成長，軸方向クリープ，接触後の酸化物カラムからの寄与）．

全体的に，この現象は燃料棒と集合体ノズル間の間隔の減少を引き起す．集合体設計を考える際（23.1.1 節参照），燃料棒過剰成長に因る棒とノズル間の接触は回避される，棒の軸方向曲がりおよび冷却材通過のためのチャンネル断面積収縮を導き，その結果冷却異常事象（インシデント）を引き起すことになるからである．この成長現象は案内管にもまた存在することを指摘できる；しかしながら炉心盤 (core plates) 間の軸方向圧縮応力としても存在する．この荷重は集合体上部バネを通じて案内管に伝わり，その結果それらの成長を大きく抑える．

24.2.3 機械的性質

a) 即時塑性 (Instantaneous plasticity)

被覆管材料の性質を変化を制御する微視的機構についての詳細を第 IV 部（19.4 節参照）で述べた．即時塑性（引張り応力とバースト）下で，照射開始 1 ヶ月中に機械強さ増加および被覆管延性の顕著な低下によって顕在化する材料硬化が観察できる（図 21.9）．即時塑性，この硬化は飽和するように見える，言い換えれば照射初期に観察された進展が全照射期間を通じ同じ速さで維持されることは無い，しかし 2 照射サイクル後に大きな減速が通常観察される．注釈を加えるなら，その強度増加は無視できない：中性子束 8×10^{20}n/cm^2 照射においてジルカロイ最大引張強さの 2 倍掛けになる．

b) 粘塑性 (Viscoplasticity)

定常運転下でのクリープ

照射もまたクリープに影響を及ぼす．我々は既に照射クリープと熱クリープを区分している，照射クリープが被覆管変形――時々卓越した様相で――を引き起すことも加えた（24.2.2.a 節参照）．しかしながら照射が大きくなればなるほど，クリープ下での変形に対

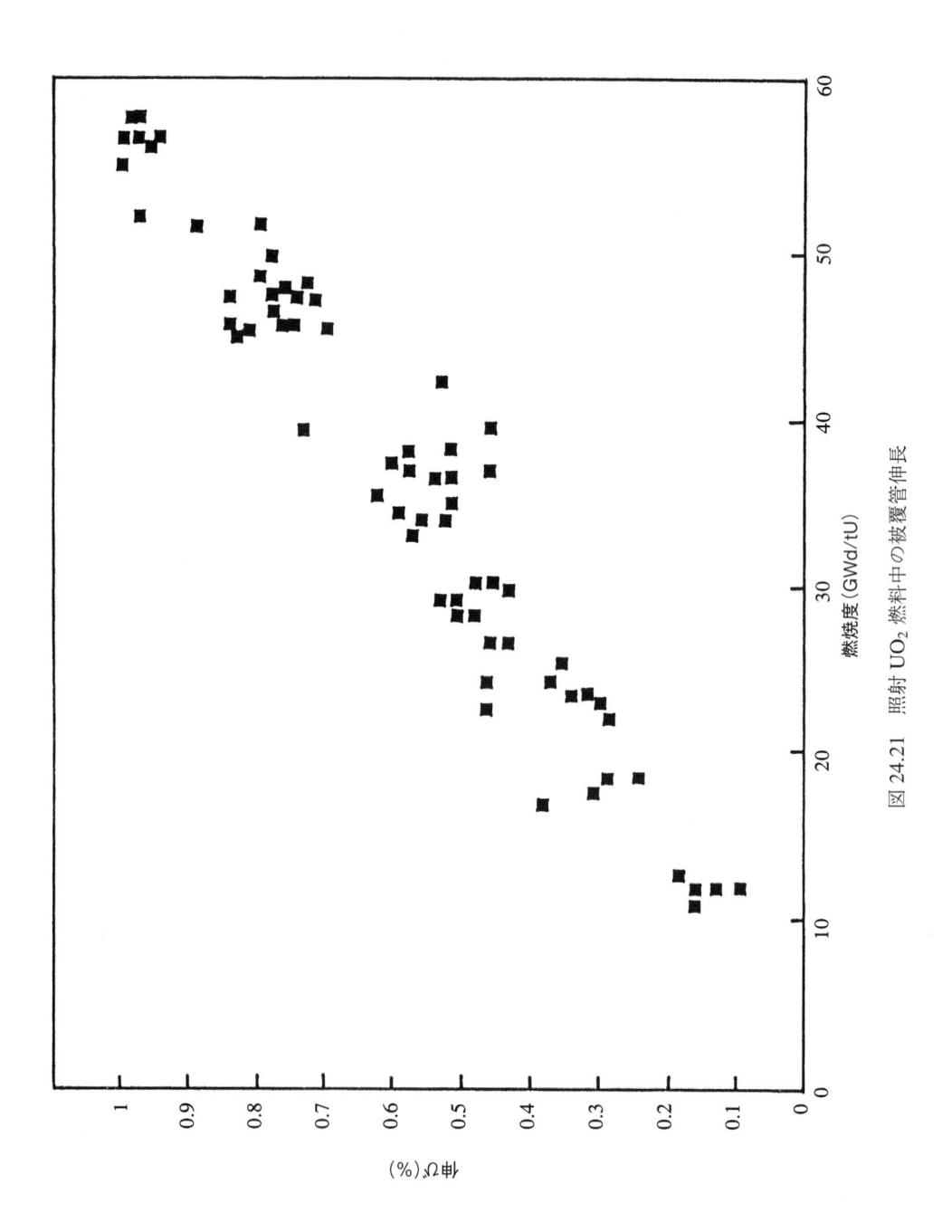

図 24.21　照射 UO$_2$ 燃料中の被覆管伸長

24.2 被覆管

し硬化することが材料に見られる，積算照射量増加の際に，それはクリープ速度減少として実験的に観察される：熱的変数のみと比較した時，瞬間的中性子束はクリープを加速させるが，積算中性子束は材料を硬化し，長期間において材料クリープを減速させる．小さな応力範囲内（150 MPa から 200 MPa 未満）に留まる間および瞬間的塑性の性質はそれとは反対に，飽和現象の明確な証拠は現在まで得られていない；照射量がさらに多ければ，その材料のクリープ速度はさらに低下する．

出力急昇下での応力解放

ペレット・被覆管相互作用現象を一層悪化させる出力急昇 (power ramps) 間での挙動に舞い戻ろう．ここでは被覆管に生じる有意な応力の力学的対応にのみ我々の興味を有する．

ある種の前事故的環境（incidental conditions）下において，燃料棒の局所出力急昇が可能となる（典型的なのは 2 分ないし 3 分内で 180 W/cm から 400 W/cm へ）；高出力において，被覆管内の巨大局所応力および被覆管内部表面上の高濃度の腐蝕性核分裂生成物との組合せにより，数分内に被覆管破損となる割れ (cracking) を引き起すことが出来る．これは閾値過程 (threshold process) であり，その過程内での応力値は最も重要である．そのような状況での挙動モデルにおいては，従ってその応力に影響する全ての機構が勘案されている．クリープは応力の進展を支配する基本的な因子である，しかしそれは応力緩和 (stress relief) という異なる形態となり，ここでは部分的なふるまいを演じる．

万一，静的荷重下（例えば重り）にこの材料を置くことによる材料クリープは比較的容易に示せる，しかし試験片の変位を目的とした応力緩和では，さらに複雑な装置が要求される．応力緩和は総合かつ定変位を維持するために必要とする応力の期間を通じての減少という事実の観察として得られる（図 24.22）．言い換えれば，一定負荷変位に対し材料の反応が期間中減少することである．我々は弾性変形から永久変形への漸近的変態を観察出来る；除荷時における"弾性反跳"(elastic recoil) は漸近的に減少する．

応力緩和は従って非常に重要である：時間を伴う応力除去が充分に速いならば，割れの開始と伝播の条件はもはや共存しえない，さらに被覆管は気密を維持する；応力除去があまりにも遅すぎるならば割れが発達し開口する，この結果第 1 障壁 (the first barrier) の損傷を導く．

大きな応力——例えばおよそ 400 MPa を超える——下において，非常に数少ない研究からは照射クリープに比べて熱クリープが大きく支配しているように見える，この事実から現行モデルはそれを第 1 の特権として認めている．これは技術的進歩に沿った将来に向かって発展しえる普遍的な許容され得るアイデアである．事実，この分野における非常に僅かな信頼性のある実験結果が存在している事実によってその現状が正当化されている；それは計測線付き照射を行う際の実験的困難さに因るものである．

限定的でかつ理路整然となるには不十分な文献データの結果，高応力（高温部材）下におけるクリープ・モデルを確立する目的として異なる実験的プログラムが存在してい

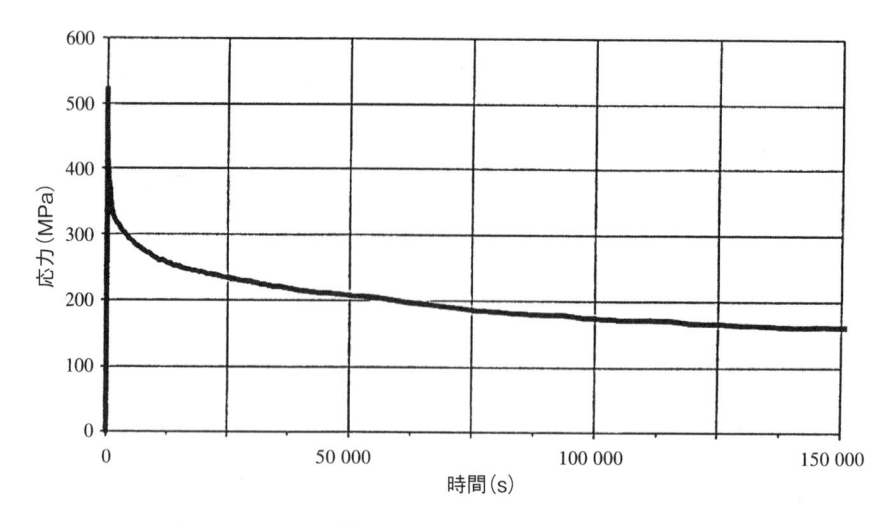

図 24.22　PWR 燃料棒ジルカロイ被覆管の応力緩和曲線

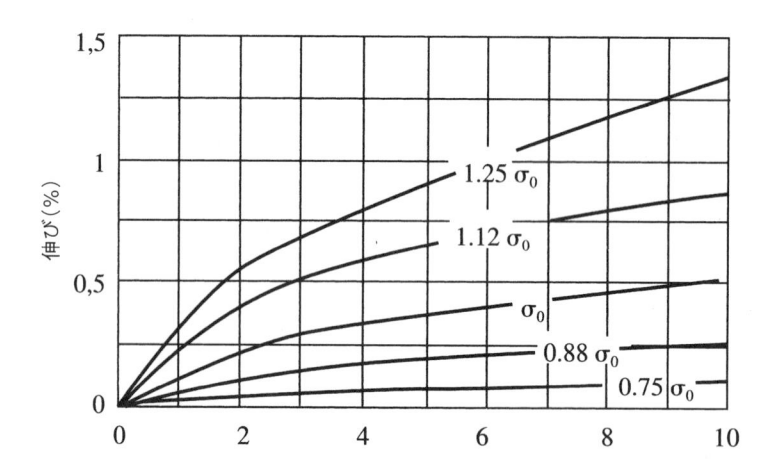

図 24.23　2 サイクル年照射したジルカロイの高応力における主クリープ

る．例えば，図 24.23 のバースト (burst) 試験における熱クリープ変位の進展曲線が示す通り，正弦応力値に対し最初の瞬間 (the first minutes) で荷重に追従している．この結果はクリープ速度が応力に対して非常に敏感であることを示している．

　実験の設定がより容易であるクリープ試験を用いることにより，出力急昇時における燃料のふるまいを説明するために要求される応力緩和則を確立することが出来る．

24.2 被覆管

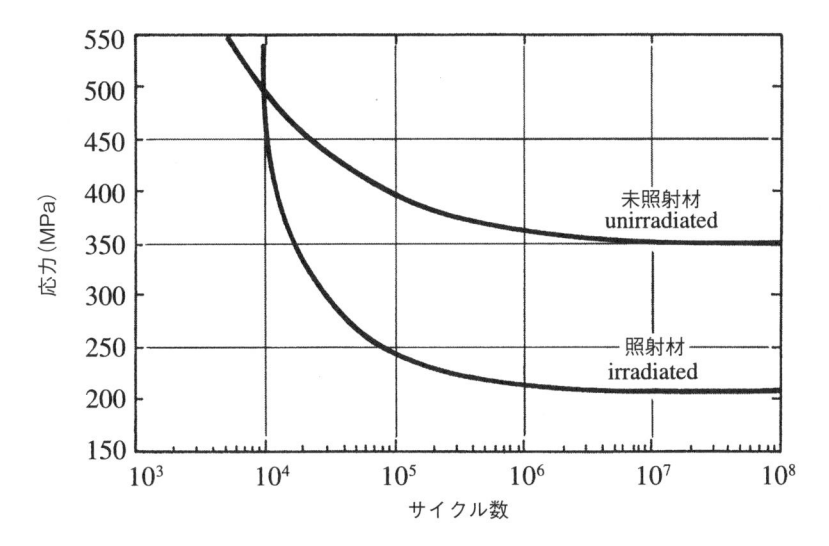

図 24.24 種々の照射量に対するジルカロイの "Wöhler カーブ"

c) 疲労 (Fatigue)

負荷追従運転は，電気出力需要に合致させるためにプラント出力の連続的変動を導く [21]．これらの連続的変動が被覆管に対しある種の疲労損傷 (fatigue damage) 結果を引き起すことが出来る．この損傷は疲労蓄積により直接的にまたは，例えば出力急昇（割れの局所化促進によって）のような他の応力タイプに遭遇した時さらに潜行的な材料損傷による潜在的被覆管破損リスクを有する．900 MWe 原子炉全てが運転許可を与えられる前に，運転側は数多くの検証を行いかつそのリスクが皆無であることの正当化に関し問いただしたフランス安全当局によって，その重要点が提起された．

材料疲労に関する法則は極端に限定的 (extremely restrictive) である．通常，疲労試験は交番応力（$-\sigma$ max から $+\sigma$ max まで）で行われる．疲労下の応力への材料応答は"Wöhler カーブ"と呼ぶ曲線（図 24.24）によって単純に輪郭化出来る，それは破損までのサイクル数を横座標軸に，最大荷重を縦座標軸取って表現される．この結果，ある与えられた応力に対し≪多分≫破損に至るサイクル数を決定出来る．しかしながらその結果は本来非常にバラつくものなので，この可能サイクル数は多分に不精確である．安全側に立って，我々は以下のように進める：

—荷重解析の後に，破損に対応するサイクル数 N_1 と同様に運転下の最大荷重 σ_1 を決める．破損のサイクル数上に安全係数は 20 と等しいと置く．

—2 倍荷重：$\sigma_2 = 2\sigma_1$ に対応する数 N_2 を探す．

安全規則により通常認められている，そのサイクル最高数は 2 つの数（$N_1/20$, N_2）の最小値である．図 24.24 の場合，250 MPa の値におけるサイクル数として多分 100,000

サイクル許容されるにもかかわらず，我々は 10,000 サイクル（500 MPa の対応値）又は 5,000 サイクル（= 100,000/20）に制限するだろう．

被覆管疲労挙動の研究のため大きな試験計画が設定された．炉内照射中に被覆管が遭遇する実荷重に近いと見なせる条件には，残念ながらこれらの試験計画は限定的である．特に運転下で，その応力は最小値および最大値間の非対称の振動をして，それは非ゼロ平均値を導く．このような条件下で疲労効果に因る損傷は有意では無く被覆管の機械的性質に殆んど影響を及ぼさないとの結論を得ることが出来た [22]．

24.2.4　照射下での被覆管腐蝕

a) 外面酸化 (External oxidation)

PWR 運転条件下で，燃料棒のジルカロイ-4 被覆管外面は酸化する：ジルコニウム酸化物（ジルコニア：zirconia）層が被覆管外表面上に徐々にかつ滑らかに形成される（24.3.2 節参照）．ジルカロイ合金腐蝕中に起きている機構は第 IV 部で述べた．

ホットラボで行われた——透磁率計 (permascopy) による非破壊測定（第 X 部付録の II 参照）または金相顕微鏡による破壊測定のいずれかで——燃焼率 60 GWd/tU に達するジルコニア厚さ測定は，外面酸化が PWR 燃料棒の気密性を失わせる原因にはならないことを実証した．しかしながら最も重要なことはジルコニア厚さ増加を制御出来ることである，ジルコニア厚さ増加は被覆管の機械的性質を損傷させ，かつその熱伝導率を徐々に悪化させる，さらに前事故（インシデント）的運転の場合にさらに害を被りやすくする．

このジルコニア層の存在による熱的帰結は穏やかなものに留まる：厚さ 80 μm のジルコニア——これは PWR 4 サイクル照射された場合における最大酸化の水準に相当——でおよそ 30 °C の上昇を引き起こす．しかしながら，このような温度差はジルカロイの機械的性質に重大な結果を及ぼすことが出来る（25.3.1.a 節参照）．

温度効果 (Temperature effects)

図 24.25 は燃料棒の被覆管上のジルコニア厚さの軸方向分布を示す．この厚さは被覆管外面温度の関数である，その温度は熱流束と冷却材温度の両者に依存する（900 MWe 原子炉内では底部から頂部までは 286 °C から 323 °C に昇温）．ステージ 6（これは支持格子 6 と支持格子 7 の間の領域，この支持格子番号は底部から頂部に番号付けされたもの）は，被覆管表面最高水温度および最も酸化される領域に相当している．時間および温度効果を集積させた図 24.26 は，燃焼率（2 サイクルより先において）が何であろうとも，このことは確実であり，かつ長期間使用した燃料程，この現象は明確にさえなるであろう．

支持格子（グリッド）は熱中性子を吸収する．従って無視できない出力低下が有り，その結果これらの支持格子位置で温度低下する，これが酸化の減少をもたらす：ジルコニア厚さプロフィール上では，支持格子位置での低下の存在として現れる（図 24.25）．支持格子

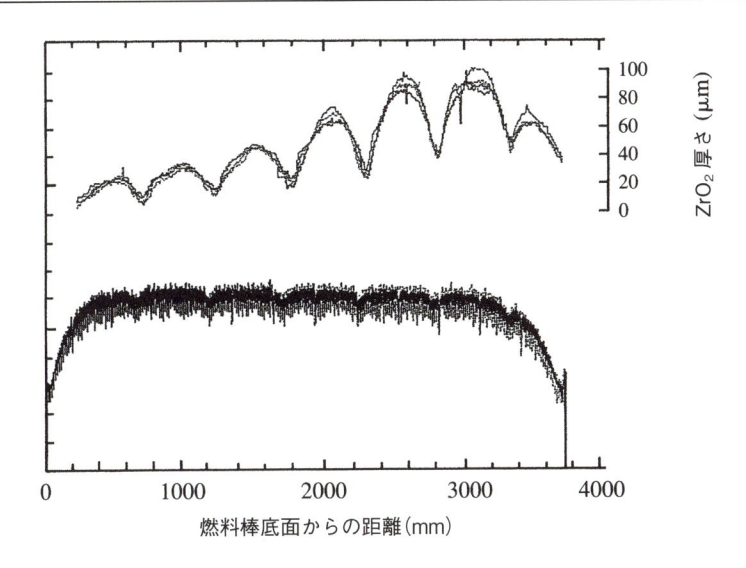

図 24.25 PWR 5 サイクル年照射燃料棒 4 代の軸方向ジルコニア厚さプロフィール：単位 μm．凹みは支持格子位置に対応している

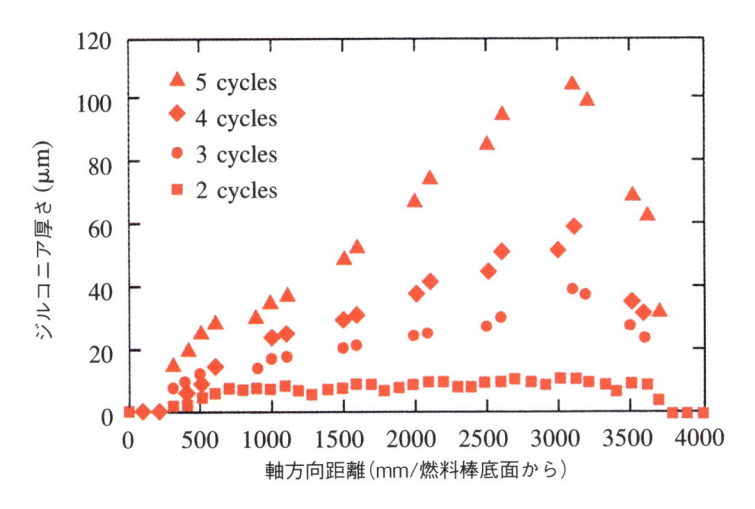

図 24.26 様々な燃焼率水準における軸方向燃料棒上のジルコニア厚さ

下流直近においてもまた酸化の相対的減少が観察される，これは支持格子による水の混流効果の結果である：支持格子から離れると，チャンネル内の径方向温度勾配が存在する，一方で支持格子下流直近において燃料棒表面の水温はチャンネルの平均温度に近ずく．

さらに腐蝕反応速度論 (corrosion kinetics) は，殆んどの部分がジルカロイ/ジルコニア界面の温度によって制御されている．オートクレーブ (in-autoclave)（従って等温: isothermal）腐蝕の場合，酸化中は一定温度であり，その反応速度は——初期段階の $\sqrt[3]{t}$ 後における——時間を関数とした直線則に従う（図 24.27 の曲線 1）．燃料棒が温度勾配

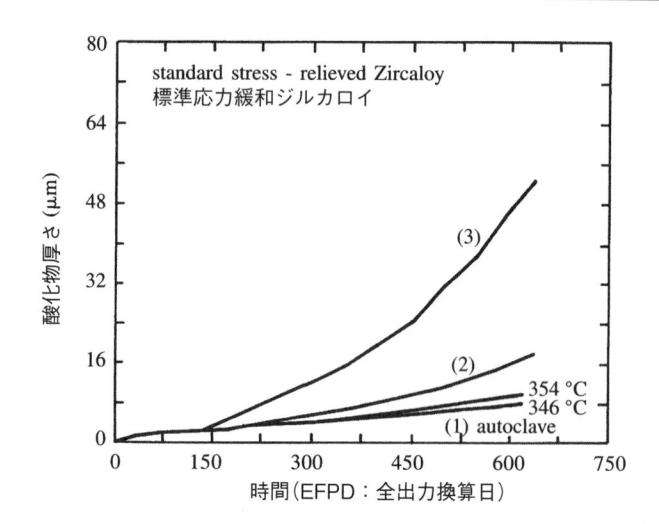

図 24.27　ジルカロイ腐蝕反応速度論：熱的条件効果の証拠 [23]
　　　　　(1) オートクレーブ内の等温条件（346 °C および 354 °C）
　　　　　(2) 346 °C の試験ループ
　　　　　(3) 346 °C の PWR（熱的条件と中性子束の結合効果）

に曝されている時，熱的障壁となるジルコニア肉厚増加に伴いその界面温度は上昇する．PWR の熱的環境下（図 24.27 の曲線 2）において，ジルカロイの酸化反応速度は時間を関数とした指数則に従う．PWR の熱・水力学条件下での加速腐蝕が中性子効果ではなく，熱模擬したジュール効果によって加熱された燃料棒で観察された．

照射効果 (Irradiation effects)

もしも PWR で照射効果が加わるなら（図 24.27 の曲線 3），ジルコニア肉厚進展の滞在時間を関数とした反応速度はさらに増加する．照射はそのため腐蝕への加速力を有する．この現象の源は未だ明確に理解されておらず，幾つかの仮説が提案されている：水放射線分解効果 (water radiolysis effect)，Zr(Fe,Cr) のアモルファス化（非晶質化：amorphization）析出など（第 IV 部，19.4.5 節参照）．

1 例として，PWR で標準条件下で試験的に 5 サイクル年照射された被覆管に対して，ジルコニア層が第 6 段階で 100 μm に達する，一方で同一温度，同一圧力および同一水化学環境では 40 μm を超えない．

剥離破砕 (Spalling)

最も重畳酸化された水準での 4 ないし 5 サイクル後において（第 5 および第 6 段階），ジルコニア層は金属/酸化物界面において密でありかつ密着している，しかし酸化物/水界面においては多数のポア（空洞）を示す．これら 2 つのジルコニア組織界面において，そ

24.2 被覆管

の酸化物脆化を示す円周割れが時々見られる．

この外側多孔質層の剥離に対応する剥離破砕 (spalling) は既に周囲割れによって内側稠密層から分離されている（図 24.28）．

引き続き（24.2.4.b 節参照），この現象が被覆管の熱的ふるまいに局所的な影響を及ぼすことが出来ることについて述べよう．

b) 水素化物化 (Hydridization)

酸化と水素化物化はジルカロイ水腐蝕時に密接に関連する 2 つの現象である（第 IV 部，19.3.2 節参照）．[*7]水成分（約 15 %）から来る水素の少ない割合のみがジルカロイによって吸収される，そのジルカロイ中に 340 °C でほぼ 100 ppm の水準が可溶である；しかし室温では実用的には不溶である（< 1 ppm）．従って，燃料棒が冷める時にジルカロイ中に水素化物の析出物が存在する，それは水素が移動する最冷領域内に優先的に析出する．

この水素化物はジルカロイを脆化し，その被覆管をさらに脆くなさしめる，そのことは例えば燃料棒取扱操作中のように，燃料棒上への大きな荷重がかかる場合に問題を引き起す．水素化物形成量を確認することは，それ故に大変重要である．

これを成し遂げるため，高放射能セル内で 2 つの実用的技法が使用されるだろう：

―被覆管加熱後の水素含有量（第 X 部付録の II 参照），

―光学的金相写真上での定量的画像解析 (quantitative image analysis).

ジルコニア肉厚と水素含有率の相関

被覆管中の総水素とジルコニア肉厚は相関を有する；[H] と ZrO_2 肉厚間の関係は準比例である．

水素化物組織および分布 [24]

水素化物の組織（大きさ，構造および空間）および方位（方向）はその材料，熱処理，水素含有率および冷却速度の関数である．さらに水素化物の観察が照射後に室内圧および室温下で実施されることを心に留めておかなければならない．

PWRs 内で使用されているジルカロイ-4 合金の場合，冷却速度が遅いところで（≪1.3 °C/min）水素化物 δ 相――室温で安定――が形成する．この相は末端同士が一緒になって集合する傾向を有し複合板 (composite plate) を形成して現れる．

水素化物方位に影響する 3 つの因子を重要な順から示す：

―材料配向 (material texture)：この源は析出の優先方位面の存在に起因している：ジル

[*7] 訳註： 水素化物 (hydride)：水素とほかの元素との 2 元化合物をいう．ジルカロイの主成分である Zr は，H の溶解度が高く，表面における腐蝕反応で生じた H は被覆管内に吸収される．この水素吸収が進むと水素化物が析出し，ジルカロイ結晶の配置に応じて，方向性をもって線状に連なって並ぶ性質がある．この析出配向が被覆管肉厚方向に走ると，被覆管の強さを損なうことになる．

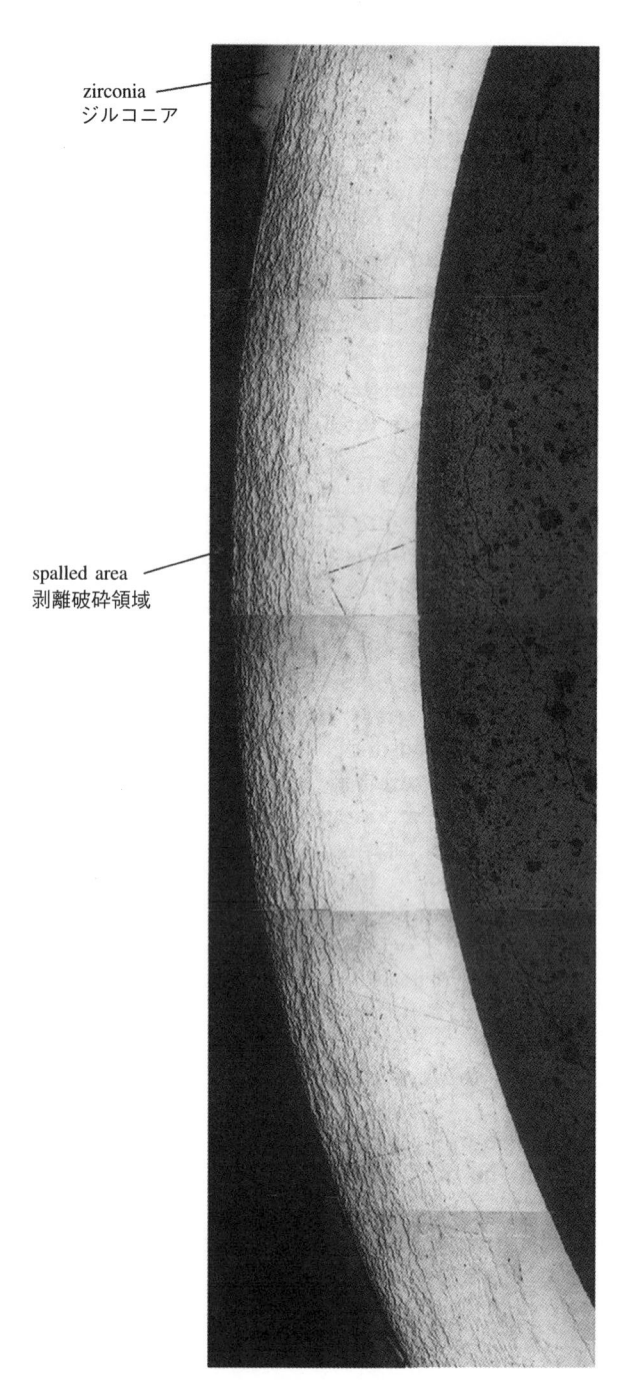

図 24.28　5 サイクル年照射されたジルカロイ-4 被覆管の剥離破砕領域（円周割れに沿って外側ジルコニア層の剥離が見られる）を示すマクロ金相写真

24.2 被覆管

カロイの α 相からの基礎面 {10$\bar{1}$0} およびそれと同様な {10$\bar{1}$7} 面である．

—結晶粒界の方向性 (orientation of the grain boundaries)：水素化物は粒界に優先的に析出する，それらの方向性はこれらの粒界の方向性によって影響を受ける，

—応力 (stresses)：その板 (plates) は負荷応力に垂直な面に発達する傾向を有する；周応力を受けている運転中の燃料棒被覆管において，しかしながらこれら応力の都合悪い効果は，ジルカロイ配向の重大な影響に比べて次点として残る．

被覆管の適切な機械的ふるまいを得るため，水素化物が周方向に配向することが好まれる（第 IV 部，19.3.2 節参照），これは供用中の応力と平行であることを意味する：応力緩和ジルカロイ-4 被覆管において，これは配向（テクスチャー）の適切な方向性により正規運転環境下で得られる．再結晶化ジルカロイでは，この周方向性の明瞭性は劣る（図 24.29）．

水素の被覆管外側へ向かう移動結果から導かれる，水素化物の径方向分布の異種混交 (heterogeneity) が画像解析を通して明確になる（図 24.30）：この技法では水素化物占有率の測定が可能である，その率は水素化物によって占められた表面の比率で表現される．その後に 2 つの方法が被覆管肉厚中の水素濃度プロフィール推定に用いられる：

—水素濃度既知の標準内での水素化物占有率の測定，

—水素全てが水素化物の形態で析出したとの仮定のもと，被覆管中に含まれる全水素量を決定（第 X 部付録の II, E.5 節）．

燃料棒に沿って流れる水による熱勾配および例えばペレット間のような局所的低温領域に関連し，軸方向水素化物分布もある程度の異種混交を示す．

水素化物分布における剥離破砕の影響

3 つの可能性が観察され得るだろう：

剥離破砕区域の位置における異常高濃度水素化物 （図 24.31）

この場合，剥離破砕は運転環境下または冷却中に発生する．ジルコニアが熱障壁となるため，その局所的消失が冷点を出現させる．水素はその点に移動する傾向を有し，このことが被覆管内剥離破砕領域の最前線における超濃縮水素化物の説明となる．

剥離破砕区域の位置における異常低濃度水素化物 （図 24.32）

この場合，照射期間中にジルコニア内に周方向割れが見られる．水がその割れに浸入し，沸騰を開始するかもしれない，その結果被覆管の局所過熱を引き起す．この地点での水素化物はこの領域の外側へ移動する．剥離破砕に関して，それは遅れて発生するのみだろう，多分燃料棒取扱時に．

剥離破砕区域の位置における濃度影響を受けない水素化物 （図 24.28）

この場合，水は周方向割れに浸入することが出来なくて，剥離破砕は燃料取扱時にのみ発生する．

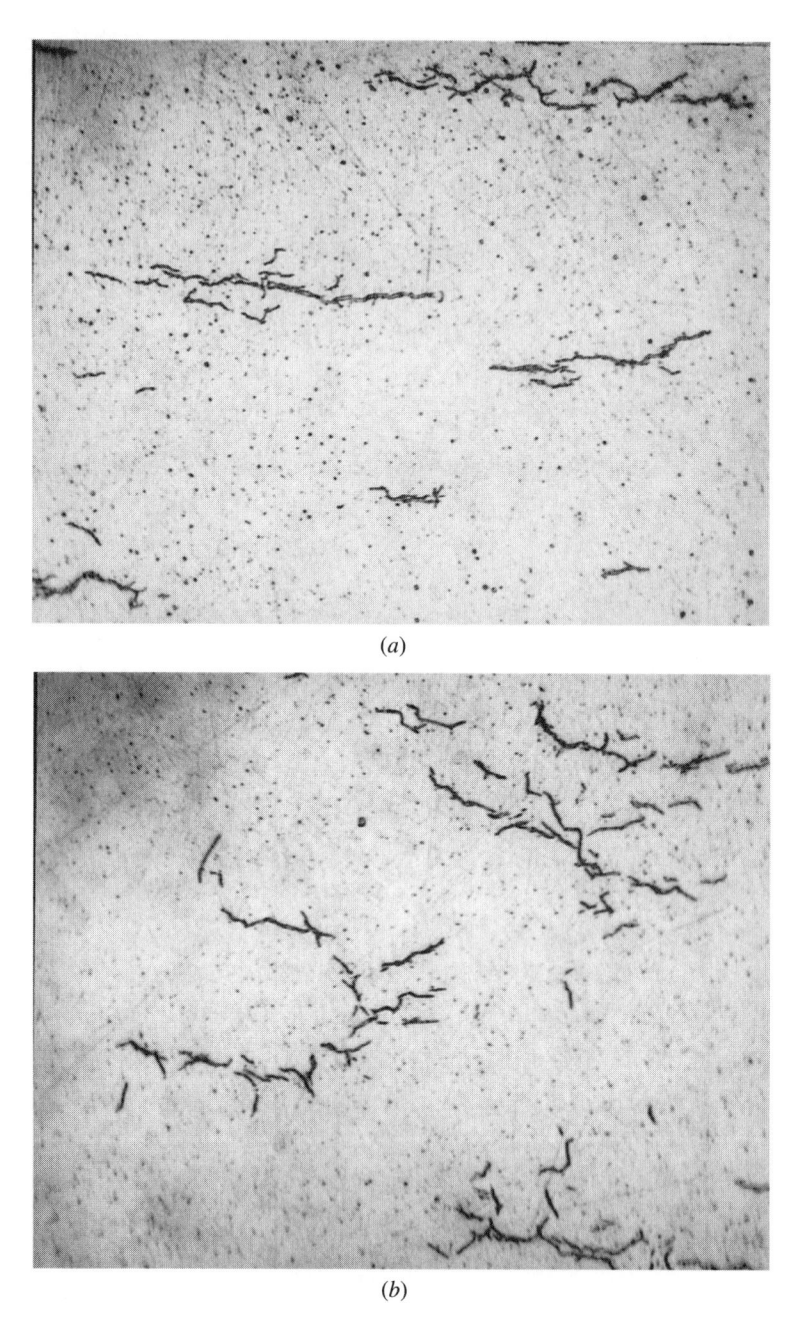

図 24.29　1 サイクル年照射されたジルカロイ-4 被覆管の水素化物の方向性
(a) 応力緩和ジルカロイ-4：周方向配向
(b) 再結晶化ジルカロイ-4：明確な方向性無し

24.2 被覆管

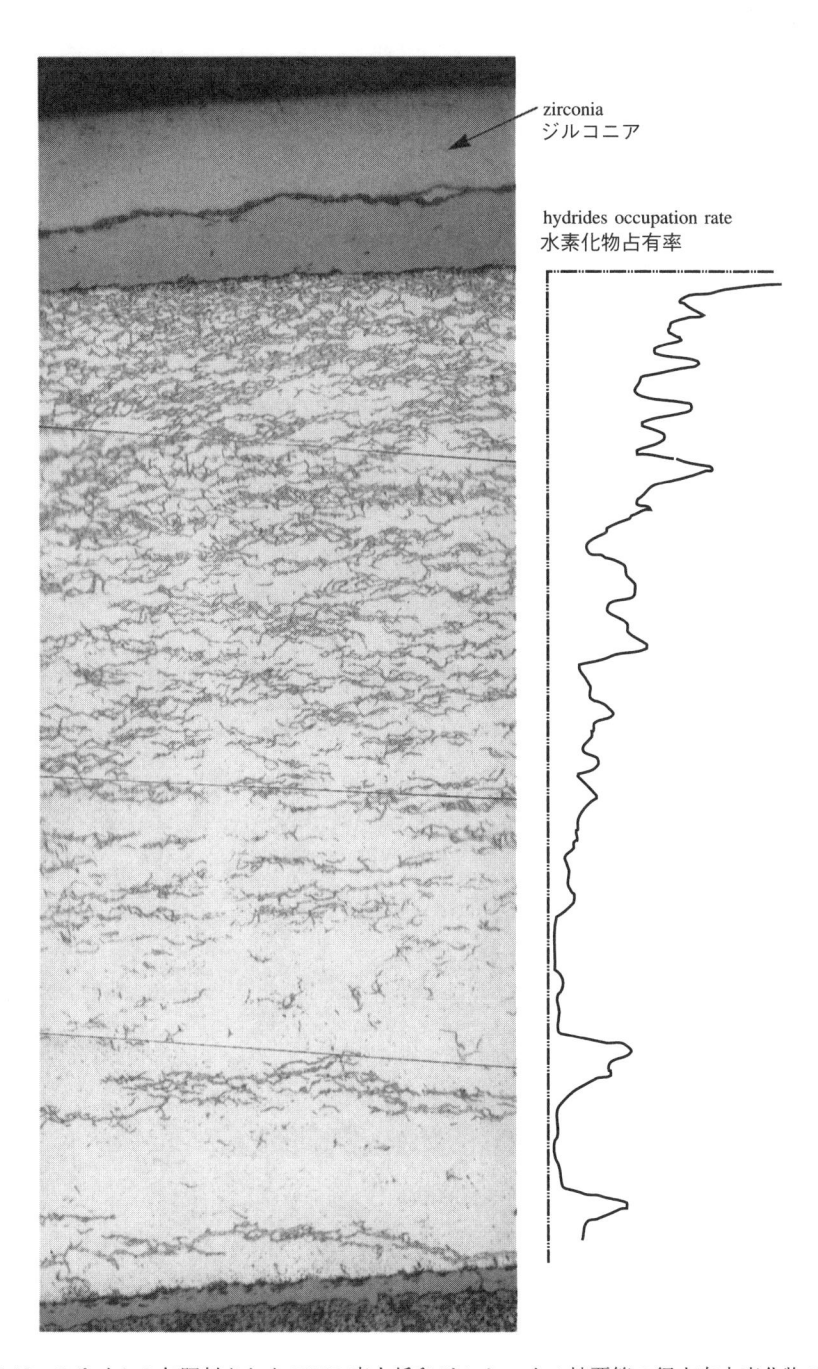

図 24.30 5サイクル年照射された PWR 応力緩和ジルカロイ-4 被覆管の径方向水素化物の分布

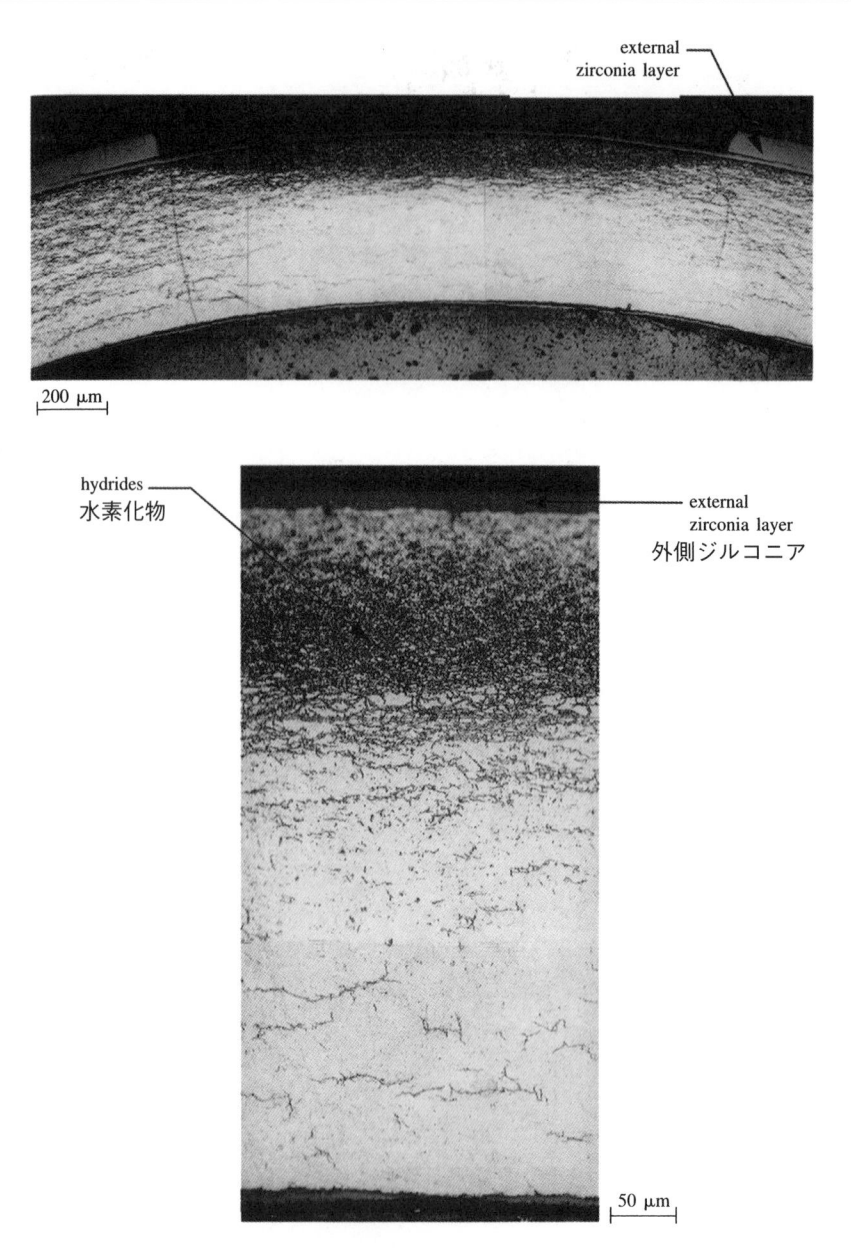

図 24.31　5 サイクル年照射された PWR 応力緩和ジルカロイ-4 被覆管のマクロ金相写真：剥離破砕区域の位置における被覆管の水素化物濃度
(a) 剥離破砕区域の位置における高濃度水素化物

c) 内部酸化 (Internal oxidation)

核分裂は酸化である．実際，核分裂生成物の平均価数 (valeance) は UO_2 のウラン価数 4 よりも低い価数で形成される．酸素の一部が放出され被覆管内部を酸化しがちとなる

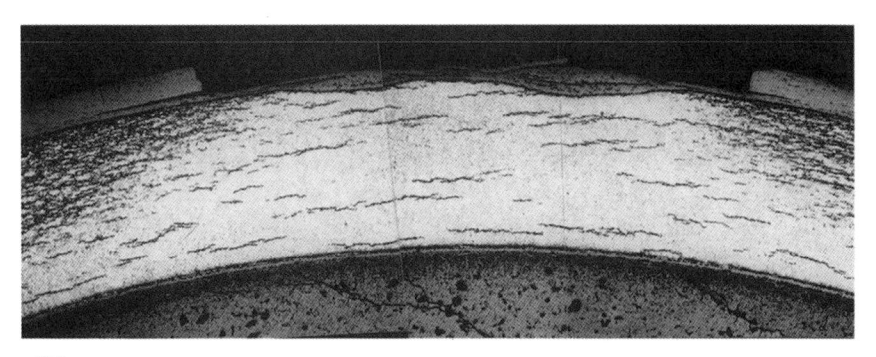

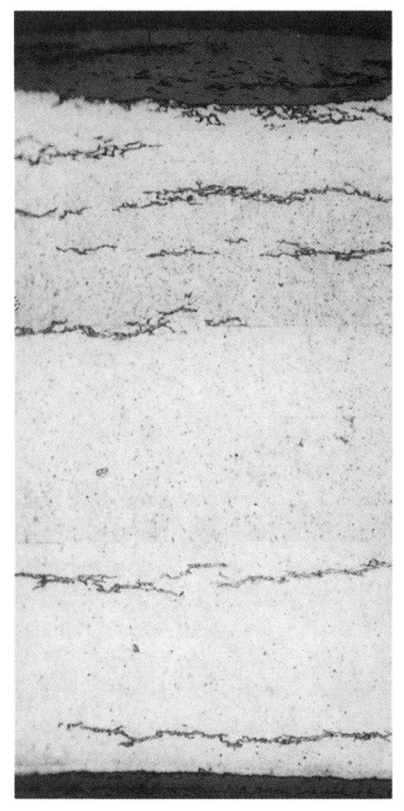

24.2 被覆管

図 24.32　5サイクル年照射された PWR 応力緩和ジルカロイ-4 被覆管のマクロ金相写真：剥離破砕区域の位置における被覆管の水素化物濃度
　　　(b) 剥離破砕区域の位置における低濃度水素化物

(図 24.33)．形成されたジルコニア層は 5 サイクル年照射後において厚さ 10 μm を超えな

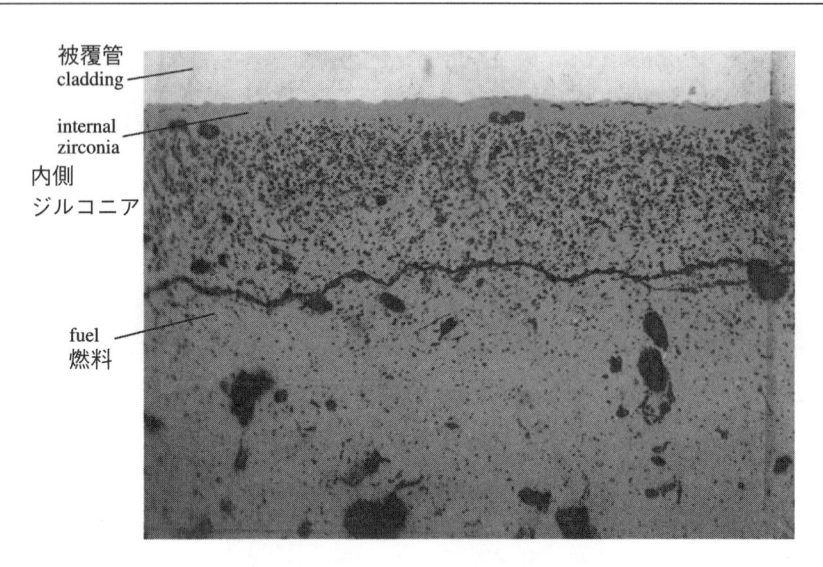

図 24.33　PWR で 5 サイクル年照射された UO_2 棒被覆管（応力緩和ジルカロイ-4）の内部酸化

い．定格照射条件において，この層の存在がのいかなる害も燃料棒へ及ぼすことは無い．腐蝕性を有する核分裂生成物（ヨウ素）による遅れ腐蝕 (delaying attack) による被覆管をこの層が保護しているとさえ推測された [25]：しかしながら，高温においてテルルとセシウム化合物によるジルカロイ上の腐蝕は酸素の存在によって促進されることを幾つかの研究が示している [26]．

24.2.5　漏洩．原因，検出および帰結

原子炉内燃料の現行信頼度 (present reliability) は素晴らしいものだ (excellent) と考えられている．しかしながら，製造検査およびとりわけ品質保証システム分野での実行の重要さにもかかわらず，数は非常に少ないとはいえども，原子炉内燃料棒のリーク（漏洩）が幾つか観察されている，その数は毎サイクル年で約 5×10^{-5} の割合に相当している．

1 次冷却材の放射能測定により，定格運転中にこれらの漏洩は検知されている．殆どの場合，それら漏洩が運転困難および/または安全規制当局による運転停止限度を超えるような放射能増加を引き起さない，それらは被覆管中の微細割れ (microcracks) または微小孔 (microholes) の形態で出現し，進展せず，殆どの場合非常に少数であるためだ．この欠陥燃料棒（または複数棒）を含む集合体は，装荷のために必要な浸透検査 (permeation testing) によるサイクル末期の工程で検出され，その後プール内のシッピング容器試験 (sipping test container) で検査される．[*8]

[*8] 訳註：　　シッピング：燃料の取替えに先立って，燃料の健全性をチェックするための検査が行われ，欠陥ある燃料は取出される．燃料検査は炉内または燃料プール内で，I, Cs, Xe の検出によって行われる．

フランス国内では，この検査は定量的であり，定められた微小孔の等価寸法が許容されている．定められた寸法限度を超えたなら，その燃料集合体は取出される．この値よりも低いなら，その集合体は通常再装荷され，原子炉内でその寿命まで継続される．

欠陥燃料棒を示す集合体に対し外観検査 (visual examination) も実施される，さらにそれらの幾つかに対してさらに詳細な検査 (in-depth inspections) が行われる（サイトでまたはホット・セル内で）．これらの試験および検査は，観測された漏洩源を決定するために許可されている．これらの欠陥の大部分（83 %）は被覆管摩耗 (cladding wear) に因ると見ることが出来る，その摩耗は1次冷却水の循環によってこの支持格子に遮られて集積した金属性デブリの振動により集合体の下部側支持格子の前面に生じている．[*9]欠陥の他の源は製造時に起因するもの（約 10 %）またはまったく判らないものである．下部ノズル位置に比較的最近追加された非デブリ装置付き AFA 2G 集合体は（21.2.3 節参照），通常漏洩率が有意に減少していることが認められている．

検知され検査されて原子炉に再装荷される欠陥性集合体は，通常，引き続くサイクル中にその欠陥がいかなる進展も無いことをそれら寿命を通じて追跡される．

大きな欠陥のみ——その源がデブリによって引き起こされた被覆管摩耗に通常関連している——発生当初から1次冷却系の放射能の有意上昇をもたらすことが出来る．取出し後にこれら燃料棒の専門的査定はその初期欠陥に加え他の欠陥の存在についてほぼ系統的な調査が行われる．これらの追加的欠陥は，引き続き起きる浸水のために"2次"水素化物化されることに因る．

近未来における設計上（非デブリ装置）および製造（新製造と検査の工程）上のたゆまぬ改良が漏洩率を毎サイクル 100 000 本燃料棒中の1本以下に減少することが見込まれるだろう．

24.3 ペレット・被覆管相互作用（PCI）

24.3.1 現象の概要

定常運転条件下で，高温条件と被覆管（圧力差異に依る内側へのクリープ）とペレット（破砕とその破片群の再分布）の幾何学的進展に依って，低温下でペレットと被覆管の間に存在していた初期ギャップ（間隙）は部分的に閉じる．照射被曝（被覆管のクリープ，ペレットのスエリング）および運転 10 000 時間後（これは通常第2照射サイクル年の初期に対応する）に伴うこの進展過程がペレットと被覆管の間に「強固な」接触を引き起こし，

この検査方法をシッピングと呼んでいる．このほか，水中テレビ，ペリスコープなどが補助的に利用される．

[*9] 訳註： デブリ (debris)：破壊の跡，残骸，岩石の破片をいう．デブリベッドとは動力炉の炉心損傷事故時においては，溶融または崩壊した燃料棒などが，冷却材中で急速に冷却され，廃石（デブリ）状となって炉心下部などに堆積すると推定される．この堆積物をデブリベッドという．

被覆管内に引張応力と局所歪みを導く（24.3.2 節参照）．

この時点で，ペレット・被覆管機械的相互作用段階に達する．ある与えられた局所出力に対し，被覆管の引張応力が増加し，外部圧力の応力とペレットのスエリングに応じた平衡値に達する．被覆管（または棒）がこの出力水準で慣らす（コンディション化）ことを要求する．

燃料棒が慣らされたときの出力よりもさらに高い局所出力によって導かれる過渡事象 (transient) で，被覆管の引張応力は増加する．技術的限界として参照された，ある応力閾値を超えると，これら応力と腐蝕性核分裂生成物（一定量の存在と過渡時における増加）との複合効果の下，応力腐食の典型的な割れ (SCC) がペレットの径方向割れの先端に最初に出現するかもしれない，その精確な場所は応力値と腐蝕性核分裂生成物量が最も高いところである．これらの割れは内部表面から広がり，破損を引き起こすかもしれない．この複合現象，化学的および機械的ペレット・被覆管相互作用 (chemical and mechanical pellet-cladding interaction) を一般に PCI と呼ぶ．被覆管が破損した時，PCI または PCI/SCC 機構に因る破損だと言われる．

PWRs で，定格運転過渡は PCI に起因する被覆管破損を導く事態を引き起こすことは無い，このことはしかし BWRs では全く正反対である．一方，クラス 2 のインシデンス（前事故）に相当し，空間占有分布成長 (spacial distribution growth) および/または出力水準成長 (power level groth) を通じての局所出力上昇を導く過渡事象は，この PCI を導くことが出来る．PCI を考慮している事故防止装置システム (safeguard systems) 設計では，そのようなリスクが除去されていることで許可されている．

さらに，取出・装荷の運転停止後，計算で予測出来ない他の現象が生じるかもしれない，例えばペレットと被覆管の間にペレット小片が挟まり，この使用済燃料が次の運転のために炉心に戻されるような場合である．予防措置 (precaution) として，被覆管の局所応力集中緩和のために，起動時において制約された出力上昇 (limited power increase) が考慮されていなければならない．

24.3.2　詳細な記述と解説

前節までの筋との一貫性を維持するため，我々は以下の 2 つに区分する：

―定常運転の動力炉で観察される現象，

―クラス 2 のインシデント（前事故）過渡事象を模擬した実験炉での出力急昇試験 (ramp tests) で観察される現象．

a) 定常運転で観察される現象

ペレット有限軸方向次元を除く記述

原子炉内でその燃料の寿命のまったくの初期において，出力上昇後，燃料ペレットは破

24.3 ペレット・被覆管相互作用（PCI）

砕する．初期のペレット・被覆管ギャップによって形成された自由空間の存在は異なる破砕片 (fragments) の変位を許し，外側ギャップと割れの間の空間への再配置を許す．この現象はペレット径の増加を誘発する（寿命の初期に観察される焼締り現象はギャップ寸法増加という逆傾向に寄与する）．

この現象に併発して，原子炉内での寿命の非常に初期の段階から，被覆管は圧力差によって起きる内部へ向かってクリープする：1次冷却水圧力（約150バール）は燃料製造時に付加した燃料棒の初期内部圧力（高温環境下で約60バール）によって減殺される．この圧力差はさらに被覆管の扁平化 (ovality) を促進させる．

焼締り現象後，照射下でペレットはスエル（膨らみ）し 10 GWd/tU 当り約 0.2 % 径が増加する．

ペレット・被覆管ギャップは徐々に減少し，第1照射サイクル年末期にペレットと被覆管の間で接触が生じる．この時に，機械的相互作用によって生じた応力に因り，破砕片は内側方向へ位置変換する（再配置）．被覆管外径は連続的で緩慢に減少し，その後安定する．連続的に膨らんでいるペレットは被覆管上への全推力 (full thrust) を加える（"強力な"接触)，引張応力の作用下でその径は増加する．

ペレット有限軸方向次元を含む記述

上述の複雑な現象を検討するため有限軸方向次元 (finite axial dimension) を用いよう．

ペレットの巨大な温度勾配が鼓状 (hourglassing) の形状を導く（図 24.34）．このことに因って，ペレット・被覆管の最初の接触が対面同士のペレット境界平面で生じ，その後ペレット中央部まで到達する．

事実ペレットが被る放射線状の熱的場により，その酸化物の割れが引き起こされる．それ自身の破砕はペレット全体に起因するもの（図 24.35.a）に比べて非常に明白な大変形となっている（図 24.36.a）．それらは被覆管とさらに早期に接触する [27]．ペレット径の増大によるだけではなく，被覆管中の"角ばった点"(angular points) の固定化 (anchoring) によっても被覆管の応力と歪みを激化させることから，この現象は重要である．

この"強固な"接触が一旦成されると，ペレットの変形は被覆管変形を導き，ペレット・ペレット界面位置での1次リッジ出現を引き起す（図 24.34）．このリッジ高さは，2 サイクル年で約 10 μm（半径方向）に達する；2サイクルを超えると，その進展は非常に小さくて約 200 W/cm で運転された燃料棒において 20 μm を超えていない．被覆管は，前節で述べたようにコンディショニング状態下である（24.2.2.b 節参照）．

b) 過渡事象または出力急昇で観察される現象

これらの現象は，クラス2の前事故（インシデント）での燃料棒のふるまいを模擬した出力急昇試験中の実験炉内でのみ観察される．"1次"リッジ間に発達した，ペレットの中間平面位置に"2次"リッジの出現が観察される．これらのリッジは，燃焼率が高い時に1次リッジに比べてさらに大きくなるかもしれない，しかし低燃焼率においてそれらは

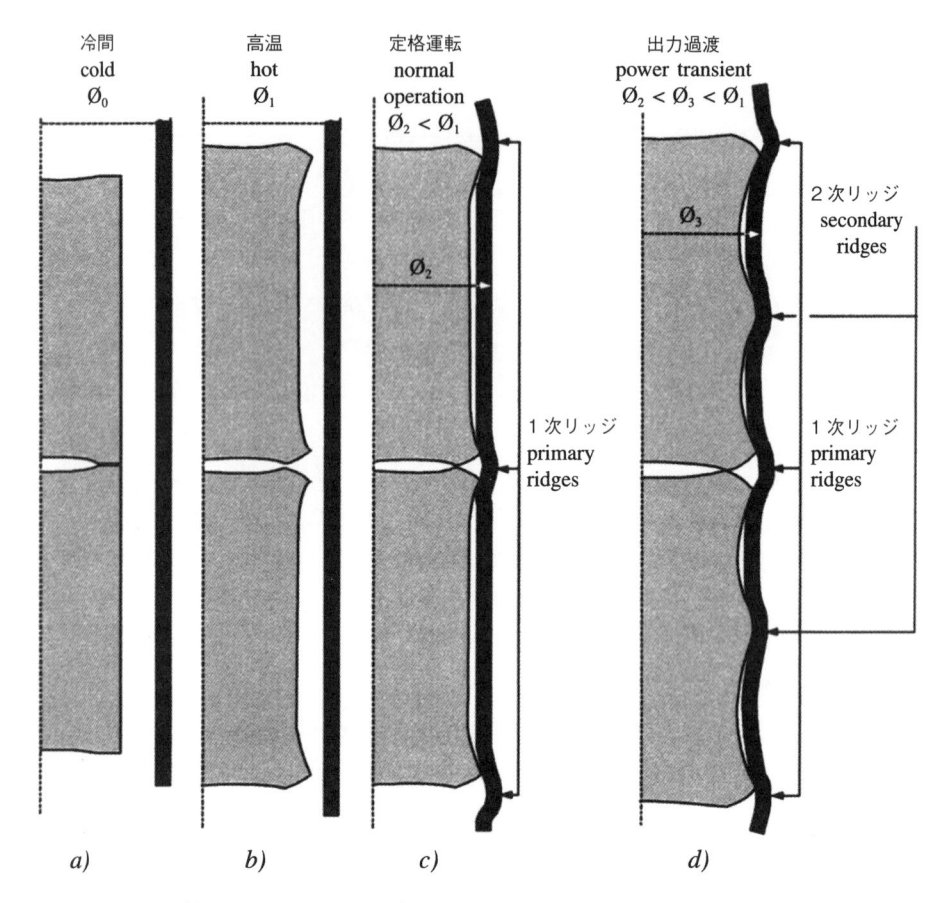

図 24.34 照射中のペレット・被覆管ギャップと 1 次リッジ，2 次リッジの形状変化
a) 照射初期,
b) 第 1 サイクルと第 2 照射サイクルの初期,
c) 第 2 サイクルの第 2 番目半：ペレットと被覆管の最初の接触；1 次リッジの出現,
d) 出力急昇に伴い：2 次リッジの出現.

実用上存在しない．それらの大きさは到達出力と出力水準の定常高さと期間に伴い成長する．線出力が 450 W/cm に比べて大きい場合には 25 μm に達することが可能である．

　それらの起源について未だ僅かしか理解されていないのだけれど，それらはペレット・クリープに関連しているように見える．ペレットの中心部は容易にクリープし，ディシュが急昇・末期温度 (end-of-ramp temperatures) に到達するのと同様に横断割れを満たす．

　出力急昇の時間において，他の半径方向割れがクリープを起こさない低温領域のペレット周縁に現れる．この出力急昇後の低温環境へ戻る時間において周方向割れが形成される，その半径方向の位置は急昇の最終出力に依存している．

　急昇中，被覆管応力は，ペレットの半径方向割れと向かい合った 1 次リッジの位置でより大きくなる（図 24.37）．PCI/SCC が発生することに因る割れの場所がこれである．

24.3 ペレット・被覆管相互作用（PCI）

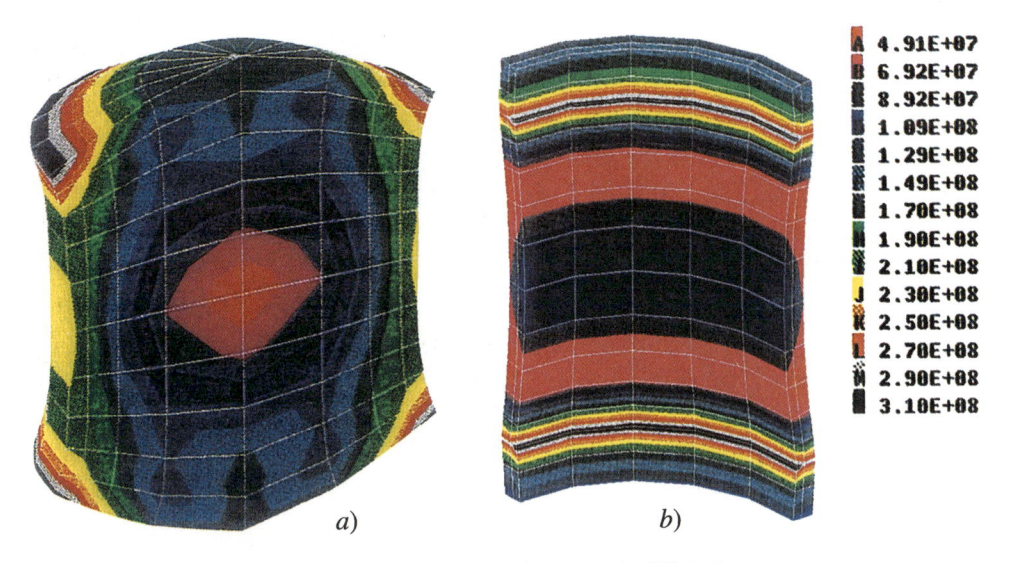

図 24.35　a) 熱勾配下での鼓状 UO$_2$ ペレット半面：この変形量は，"Laboratoire d' études et de modélisation" (CEA) が燃料棒の熱機械的挙動モデルとして開発した TOUTATIS コードによる有限要素計算結果である．色別領域は燃料内での Von Mises の等価応力強度（単位：Pa）に対応している．
b) 非破砕 UO$_2$ ペレットにおけるペレット・被覆管相互作用を仮定した被覆管部分（4 分割ペレットに対応）の変形量．

他の現象がこれらの出力急昇時に生じる．

ペレットとの重篤な機械的相互作用状況下の被覆管歪みは粘塑性歪 (viscoplastic strain) である，これは 1 次クリープによって引き起こされる弾塑性歪 (elastoplastic strain) と歪み間のカップリングと言われる．この粘塑性歪は特にペレット・被覆管接触領域（1 次フリンジ）で発達する．

温度上昇時に粗大化するキセノンとクリプトン気泡の活動下では，ペレット・スエリングが加速する．

前に述べたように，粘塑性（クリープ）は，強い応力または高温に曝された領域内にあるペレット内部での支配的挙動でもある．ここでペレット端（高応力が生じている鼓状ペレットの角部）と中央部領域（高温部）について特別に触れてみよう．

核分裂ガス放出は出力急昇中にかなり増加する．それは内圧の増加とギャップ（核分裂ガスが存在する領域）内の熱伝導率低下をもたらす．さらに揮発性でかつ腐蝕性核分裂生成物（主にヨウ素）の放出がペレットの半径方向割れの先端で特に加速される．

高燃焼率で酸化物の残りの部分から大きく隔たった性質を有する，ペレットの周縁領域の存在（"リム"効果）は，ペレット・被覆管接触に影響を与えることが出来る（24.1.8.a 節参照）；この領域内の高気孔率 (high porosity) に依り，5 照射サイクル年後にほぼ 100 μm の厚さ達する周縁部の酸化物の熱的性質と機械的性質を悪化させる．

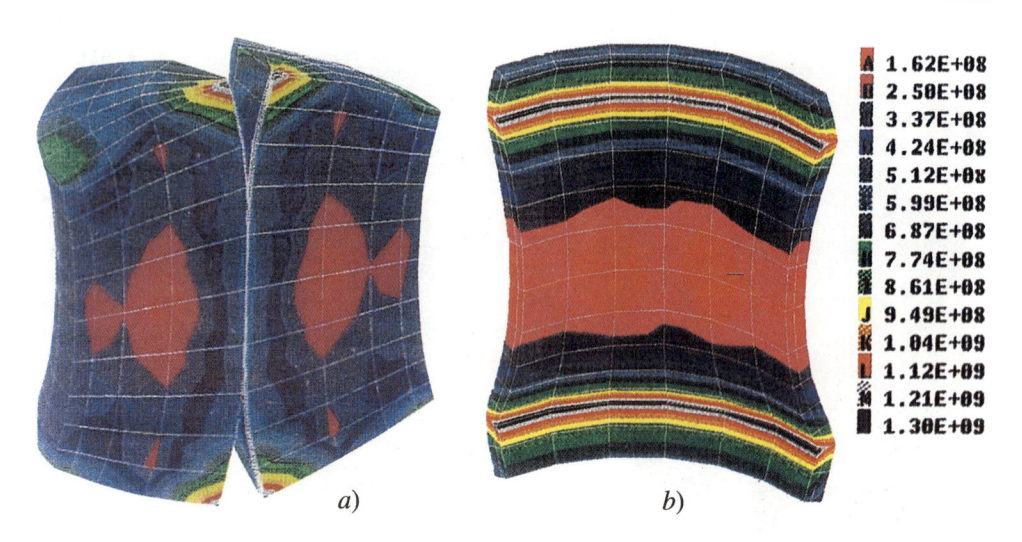

図 24.36　a) 熱勾配下で径方向に割れ，変形した UO_2 ペレット半面；この変形量は，TOUTATIS コードを使用して計算された．色別領域は燃料内での Von Mises の等価応力強度（単位：Pa）に対応している．
b) 4 分割に破砕した UO_2 ペレットにおけるペレット・被覆管相互作用を仮定した被覆管部分（4 分割ペレットに対応）の変形量．被覆管のゆがみは，否破砕ペレットの場合に比べて非常に大きい．

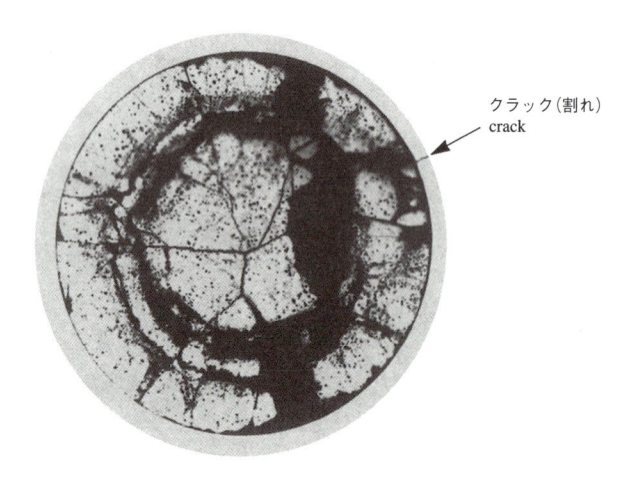

図 24.37　出力急昇後の UO_2 棒断面マクロ金相写真．注記：燃料内破砕先端部の被覆管に割れが存在

このリム内低熱伝導率に依りペレット内温度は上昇し，ペレット変形を促す，それに反して多孔質な特徴を有する周縁部領域内で，被覆管上のペレット破砕の角ばった点 (angular points) によって生じた局所応力は通常消失する．

24.3.3 PCI の技術的な限度

これらは急昇試験 (ramp tests) によって決定される．それらの目的は，燃焼率，急昇時刻で到達する出力，急昇時の出力上昇速度および出力跳躍幅に応じた破損限度を定義すること．

充分巨大な応力が被覆管が破損するまでの充分長い時間被覆管に作用しているに違いない，さらにこの事態の全てにおいて化学的攻撃環境 (chemically aggressive environment) の存在下に在る．この技術的な限度はそのためしばしば応力限度によって表現される．原子炉定格運転を表現する出力に対して，この限度は到達最大出力として表現されるかもしれない．PCI/SCC に依る被覆管破損のリスク以外で適用出来うるこの最大出力は，250 W/cm のコンディショニングと毎分 100 W/cm の出力変動に対応するものに対し，約 420 W/cm である．燃焼率が 10 から約 25 GWd/tU に増加した時，その値は減少する．この燃焼率範囲で，被覆管破損を導く出力は，急昇 (ramp) 前のペレット・被覆管システムの力学的平衡状態に依存する．さらにこの状態は燃料棒の照射履歴に極めて自然に依存する．

30 GWd/tU（第 3 照射サイクルの初期））を超えると，PCI/SCC に依る被覆管破裂 (cladding rupture) の燃料棒抵抗は増す [28]．この結果は被照射酸化物の粘塑性的性質の変化——さらに塑性的になる——によると基本的説明が出来る．

24.3.4 PCI の除去

以前に述べたように，PCI 機構は未だ明確には理解されていないものの，PCI 除去を目論むことが出来る，それは広いマージンとより高い技術限度を許容するかもしれない．

これらの除去法 (remedies) の幾つかは既に応用されている，特に BWRs のケースで応用され，そこでは PCI に依る被覆管破裂リスクが運転上極端に厳しい束縛を課している．これら除去法の幾つかの有効性は未だ不明確なままであり，依然として実証中である．

目論まれたかまたは適用されたかのいずれかの除去法の網羅的では無いリストを以下に示す：

—燃料棒線出力削減（集合体当りの燃料棒本数増加が BWRs で応用された），

—高さ/直径比減と棒両端部の周囲のチャンファー成型による燃料棒形状の改良，

—核分裂生成物と応力の局所的集中を避けるための溝付表面 (grooved surface) に加工した被覆管内面壁改良，

—燃料管内に延性ジルコニウム障壁の導入（BWRs のケースで採用），

—潤滑剤 (lubricant) として，薄い保護皮膜被覆材 (thin protective coating serving) の導入 [29]（重水炉で採用）．

24.4 燃料棒挙動のまとめ

炉内で寿命期間中，燃料棒のふるまいを支配している全ての現象とそれらの程度（それはフランス内での最近の燃料管理に対応している）のまとめを試みよう，読者は PWR 棒の水平断面図を参照できよう（第 X 部付録の I, 図 A.3），この図は時間の流れに沿って種々の現象を明瞭に模式図化していて理解の助けになるだろう．

24.4.1 定常出力運転条件

原子炉に温度と圧力をもたらし，かつ照射開始前の間に，僅かな修正 (a few modifications) が燃料棒に作用する：1 次循環冷却材内の静水圧の影響下における，直径の減少傾向と扁平化の増加である．原子炉の温度上昇もまた燃料棒内の圧力上昇をもたらす，このことは 2 重または 3 重の依存を特定種類の燃料棒設計に及ぼすかもしれない．高温環境下で，燃料棒内圧は 50 から 75 バールの範囲値と推定することが出来る．

起動時，ペレット内温度勾配は，ペレットを変形させて鼓状形状 (hourglass shape) と成す．熱膨張の差異により，ペレットと被覆管の半径方向ギャップ（低温の時，そのギャップはおよそ 80 から 85 μm）が高温の時に狭くなり，出力 175W/cm で 55 から 60 μm の間のいずれかの値に達する．ペレット中央の高温に大きな引張り周応力が課せられる，それはペレットの幾つかの領域内に半径方向の割れ——定格運転条件下で通常 4 から 6 程度——をもたらす．その破砕片はギャップの中へ移動する傾向を有す．しかしながら，何が実際なのかの保証を単純化する努力のために，これら破砕片の再配置については，以下の節では考慮しない．

第 1 照射サイクル中，ペレット・被覆管ギャップは徐々に閉じる，基本的には冷却材圧力の効果に依る被覆管クリープを通じて閉じる．さらに小さな幅（ペレット焼締り）またはさらに低速な機構（酸化物スエリング）に伴う他の現象が，被覆管クリープに加えて発生してギャップ閉鎖速度を変化させる．

照射第 1 週間中に，燃料ペレットが焼締まる．全体として，酸化物のスエリングを考慮し，安定な燃料に対し最初の 2 ヶ月間でペレット直径が約 10 から 15 μm 消失することは通常許容される（その値は，$\Delta V/V$ 焼締り試験での範囲 0.2 % と 0.6 % に相当すると言える）．もしも焼締りが単独事象なら，焼締りはペレット・被覆管ギャップを広げる結果となる，その拡大は熱伝達の劣化を通じて，ペレット平均温度の僅かな上昇を引き起こす（安定なペレットで約 10 °C）．クリープによる被覆管変形の急速な反応機構が与えられるなら，ペレット焼締りと被覆管クリープの同時作用が照射中のギャップを狭める働きをする．同時に，酸化物カラム（柱）の焼締りと被覆管の長尺化に依ってプレナム高さ（長さ）が増加する．全体として，酸化物の焼締り期間に，ギャップの閉鎖に依る自由体積の減少

24.4 燃料棒挙動のまとめ

とプレナム体積の成長を通じた自由体積の増加が互いに相殺し，燃料棒内圧の変化は僅かである．

完全な焼締りを伴う，この期間を超えると，燃料スエリングはペレット直径増毎月約 2 μm 速度の新しい増加を導く．ペレットが焼締り前の初期直径に回復するのは，照射量約 10 GWd/tU の後になる．同時期に，被覆管は圧力差の影響下でクリープを継続する；その直径は照射初期において毎月約 10 μ 減少し続ける，その後自由体積減少に依る燃料棒の内圧増加，97 % を超えて，に応じてさらに減少が緩やかになる（第 1 サイクル中の核分裂ガス放出は無視できる）．スエリングによる燃料カラム伸長と大きな違いの無い速度での成長による同時的な被覆管伸長が生ずる．プレナム高さはしたがって僅かしか変化しない，その自由体積はギャップ閉鎖を通じて基本的に消滅する．ギャップ閉鎖および酸化物温度とガス温度の相互作用の結果によって，熱伝達が改善する，そのため内圧増加を低める．この段階は第 1 サイクルを通じて，かつギャップが完全に閉じる第 2 サイクルの一部までの期間継続する．

この期間中，ペレットの微視的構造進展は僅かに留まり，核分裂ガス放出は基本的に無熱 (athermal) で極めて穏やかである（生成ガスの ≤ 0.2%）．これら放出ガスの結果による充填ガスの熱伝導率崩壊を恐れる必要は無い，なぜなら初期加圧で充分なヘリウムが支配的に留まるようにしているからである：その放出ガスは 2 照射サイクル年後においてプレナム内の存在ガス中の 1 % 以下にすぎない．被覆管は徐じょに腐食する（2 照射サイクル年後，最高温度段階で最大 20 μm），しかしジルコニア層の存在に依るペレット内温度上昇は穏やかな状態に留まる（この照射段階において $\Delta T < 10\ °C$）．

ギャップが閉じ，"強固な"接触が確立してしまうと（24.3.1 節参照），被覆管中の応力は反対となる；圧縮応力が引張り応力となる．被覆管はペレットからの駆動力に依って伸長し続ける（スエリングは体積的であるから 3 方向全てに影響を与える）；ペレット境界間に対応するリッジが被覆管上に現れ始める；第 2 サイクル末期に，その高さはおよそ 10 μm に達する．ギャップは完全に満たされ，照射初期の運転温度でのその値に対応して，内圧は約 15 から 55 %（燃料棒設計に応じて）上昇する；初期加圧燃料棒で運転時に 60 バールに対し，第 2 サイクル末期でその内圧は 70 バールと 95 バールの間に入る．

第 3 サイクル年の間に，核分裂生成物の蓄積効果下で燃料の均一性 (uniformity) の喪失が始まる：周縁部領域内で，その場所では燃焼率が局所的に高い値に達する（3 サイクル後で 80 GWd/tU 近傍），核分裂生成物蓄積（リム効果）およびこの領域内の高い気孔率 (porosity) によって，その微視的構造 (microstructure) は大きく乱される；中心領域内で，そこは最高温度となるが，粒界でのガス濃度が有意となりこの領域内にガスが凝集する，それは照射開始が移動開始となるからである．このことは自由体積に入り込む熱的放出ガスの僅かな増加の結果を導く：3 照射サイクル後，その放出比率は 0.5 % に達することが出来る，この比率は第 3 サイクル中に燃料棒によって生成される出力に依存することになる．

第4サイクル年の間に，フランスではこれが現時点における最終燃料管理サイクルである，同一現象が観察されている，それらは高燃焼率によって一層はなはだしく成る．ペレット微視的構造は影響を受ける：中心で，その高温燃料はある程度の核分裂ガスを失う．周縁では有意な核分裂密度がプルトニウムの高い生産と核分裂ガスが多量に充填された結晶粒を導く．ペレットと被覆管の接触は密接になり，内部反応相 (internal reaction layer) が局所的に形成される．燃料棒直径は酸化物スエリングに依って増加する，しかしリッジの高さは次の第2サイクルまで一定に保たれる（直径で 20 μm）．被覆管腐蝕が有意になる（最高温度位置で 70 μm）．放出ガスは生成ガスの 1 % を超えることが出来，燃料棒で生成される出力に強く依存して増加する；これらガスの放出に依る高温条件下での圧力上昇は 10 バールよりもさらに大きい．出力一定で，ギャップが閉じるやいなや，全ての現象がペレット内の温度上昇に寄与する燃料棒に影響を及ぼす：酸化物スエリング，熱伝導率劣化の誘起，被覆管腐蝕およびリム効果．実際，燃料枯渇は最終サイクル中での集合体出力縮小を導く，上述現象の重大な減少が伴う．

第5サイクルの間に（幾つかの実証用集合体で実施した），燃料微視的構造は大きく搔き乱され熱的放出が顕著となる：その放出比率は 160 W/cm で約 2.5 % に達する，これらガス放出に依る運転温度での内圧は約 20 バールである．この燃料棒圧力は冷却材圧力（155 バール）に接近する：燃料棒設計と運転条件に依存し，その圧力は 70 バールと 140 バールの間の値に達する．燃焼率の上昇に伴って，ガス放出は大きく加速し，これが PWR 燃料棒の寿命の限界因子を形成することになる．

外側のジルコニウム厚さは局所的に 100 μm に達することが出来る，これは被覆管肉厚約 10 % 減少に相当する．100 μm を超えると，被覆管の薄肉化がその機械的強度の落下を導く，これは燃料棒の寿命の限界因子となる．

24.4.2　中間出力水準運転

EDFにとって重要な視点から，取分け重要な運転モード，および幾分かフランス原子動力炉施設の特徴に少々の時間，目を向けることが必要である：拡張された中間出力水準運転 (extended intermediate power level operation)．幾つかの場合，とりわけ夏季に，要求される全容量は，EDFに必要ならばいつでもラインに戻れる可能性を維持する幾つかの"待機"(standby) 発電所の設置を導く．運転モードは炉出力低減とそれゆえ燃料棒出力の低減によって得ている．中間出力での長期運転中，炉心出力をその定格水準の 30 % に低下させることが出来る．

ペレットと被覆管の収縮差 (differential contraction) の結果は被覆管上に働く周応力 (hoop stress) を明らかに減少させる；それはギャップを再び開くことさえ可能とする．これらの条件下で，燃料棒はもはや"コンデション化"(conditioned) されてはいない．それに続く自然な進展が，クリープ下で，出力低下前の漸近水準 (asymptotic level) に近い周

応力に対応した新平衡状態を確立するため，ペレットに対する被覆管の再度の扁平化を導く．この応力水準は低出力に達するであろう時までこのリスクは残る．万一，負荷を戻した後，同時に事故的過渡事象 (accidental transient) が発生したなら，大きな過剰応力が作りだされ，ペレット・被覆管相互作用 (PCI) に依る相当な数の被覆管破損が見られることになる．このリスクを制限するため，中間出力での拡張された運転継続期間は制限されている（サイクルの段階および中間出力継続期間中の出力水準に応じて2ヶ月から2週間）．

24.5 加圧水型原子炉でのMOXのふるまい

24.5.1 はじめに

二酸化ウランはフランスのPWRsで使用されているもはや唯一の燃料では無い．事実，1987年以来，プルトニウム低含有率のMOX燃料（ウラン酸化物とプルトニウム酸化物の混合体）がPWRsに導入されている，再処理から取出されたプルトニウムおよび高速中性子炉で使用されていないプルトニウムの価値を高めるためにPWRsに使用されている[30,31]．

原子炉内におけるこの燃料の使用とその燃料のふるまいについて 21.3.3 節で述べた．

UO_2 燃料と比較しながら，PWRsでの今日までの実験を通して，ここではその特殊な性質とMIMAS型MOX燃料の性能に関する記述に限定しよう [32,33]．

24.5.2 低富化プルトニウム混合酸化物と二酸化ウランの性質の比較

a) 化学組成

隣接している UO_2 燃料集合体との境界における出力ピークを減じるため，MOX燃料は周縁から中央に向かって上昇する3つのプルトニウム富化度水準を伴う3つの同心円状領域で構成されている．これらプルトニウムの水準は3％，4.5％と6％のオーダーである，プルトニウムのオリジン（起源）に起因する使用されるプルトニウム同位体品質の関数として，これら富化度を進展させることが出来る．

UO_2 粉末と PuO_2 粉末の混合により製造されるMOX燃料，そのプルトニウムを微視的尺度 (microscopic scale) で完全な均一分布にすることは出来ない．他の物理学的性質（開気孔率の程度，結晶粒の大きさおよび幾何学的安定性）と同様に，その分布は製造工程に大きく依存する．

MIMAS工程で得られるMOX燃料は，その平均値に比べてさらに高いプルトニウム濃度の集塊物 (agglomerates) を形成させる，しかしその値は約25％であるそのマスター・ブレンド濃度を超えない．その集塊物の大きさは $100\,\mu m$ に達することが出来る（図24.38）．実用的には純粋な UO_2 母相内に，これら集塊物は分布している．照射下で，これは微視的尺度における非均一な核分裂分布 (heterogeneous fission distribution) 結果を導くことに

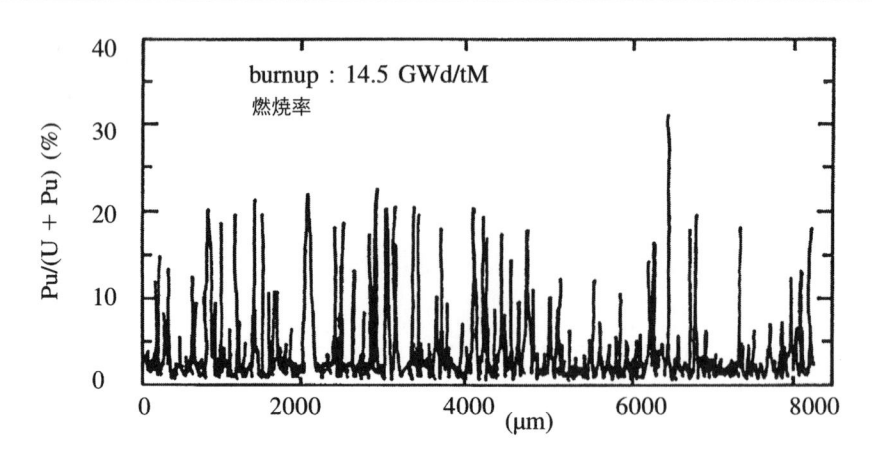

図 24.38　MIMAS 工程で製造した混合酸化物 (MOX) の直径に沿ったプルトニウムの分布

なる．

b) MOX 燃料の微細構造

MIMAS MOX の微細構造はその局所的プルトニウム分布によって影響される．微視的尺度において，含有プルトニウム最大の集塊物は，さらに小さな結晶粒サイズ（ほぼ 4 μm である，UO_2 の 12 μm と比べて）と非常に多数の気孔（ポア）を展示する．

c) MOX の物理的性質

混合酸化物燃料は高速中性子炉開発の範疇で詳細な研究が行われた，しかしそれは高含有率のプルトニウムに対してである（> 15 %）．

酸化物の熱伝導率は，原子炉内での満足される性能を保証するための最も重要な因子として認識されている．実験的照射が行われ，同一気孔率の UO_2 に比べた時，MOX 燃料の熱伝達は少々劣化していることが確認されている．MOX 燃料中心の到達温度は少々高めであり，200 W/cm でほぼ 50 °C 高めとなる [34]．

この僅かな差異は，未照射燃料での炉外熱拡散 (thermal diffusivity) 測定と熱容量 (heat capacity) 測定によって確認されている [35]．

熱伝導率の差異範囲が制限されているように見える，熱伝導率の差異よりも，他の，高温（> 1600 °C）での MOX のクリープ速度が，UO_2 に比べてさらに高いように見受けられる．温度関与領域を考慮するなら，この性質は出力過渡 (power transients) 事象中の挙動に対して有益な結果をもたらすだろう．

24.5.3 PWRs での UO$_2$ と MOX 燃料のふるまいの比較

MOX 燃料の全体的挙動についての進展は，出力過渡中の挙動観察試験と同様に，燃焼率が 9 GWd/tM と 52 GWd/tM の間の水準となる，PWR 内で 4 サイクル（毎サイクルは約 1 年）まで照射した燃料要素の照射後試験 (post-irradiation examination) に基づいている [35]．

その比較はプルトニウムの存在によって影響されるこれらの現象に関連付けられる：

a) 燃料カラムの幾何学的進展，

b) プルトニウムの分布，

c) 核分裂生成物の分布，

d) 核分裂ガスの放出，

e) 出力過渡中の全体的挙動，

f) 被覆管漏洩後のふるまい．

a) 燃料カラムの幾何学的進展 [36]

照射中の燃料カラム (fuel column) の幾何学的進展は 2 つの反対の現象によって影響される：核分裂生成物形成によって引き起こされるスエリング（24.1.6.c 節にて記述）および原子炉内での燃料寿命の開始期における焼締りである，この焼締りは照射誘起焼結 (irradiation-induced sintering) として定義することが出来る（24.1.6.b 節参照）．

焼締りは燃料カラムを短くし，ペレット径を減じ，そのため燃料・被覆管ギャップを増大させる．初期酸化物の熱的安定度は——それは燃料の炉内焼締りに制約を課す——従って燃料・被覆管ギャップの閉じる瞬間を決定する．MOX 製造所使用のある種の UO$_2$ 粉末では，ペレット焼締りはさらに大きく，燃料・被覆管ギャップの閉鎖が UO$_2$ 燃料に対してよりもさらに遅れて生じる．

この焼締りは MOX 燃料カラムの長尺化開始を 20 GWd/t 以降とし，一方 UO$_2$ 燃料の長尺化は 10 GWd/t 以降の開始とする．続いて起こる長尺化の速度は燃料の種類によらず同一である．

b) プルトニウムの分布 [37]

PWR MOX 燃料は，^{238}U 核の中性子吸収によりプルトニウム生成する限りにおいての UO$_2$ 燃料と同じ現象の場所である．集塊物内および母相内のプルトニウム含有率の照射中変動を図 24.39 に示す，それらは異なる燃焼率の MOX 燃料のマイクロプローブ (microprobe) 分析によって測定されたものである：集塊物内では，近傍の母相へ拡散することにより，同様に核分裂によるプルトニウム消費でプルトニウム含有率が低下する．これと反対に，母相中のプルトニウム含有率は照射開始時にゼロであり，^{238}U 核の中性子捕

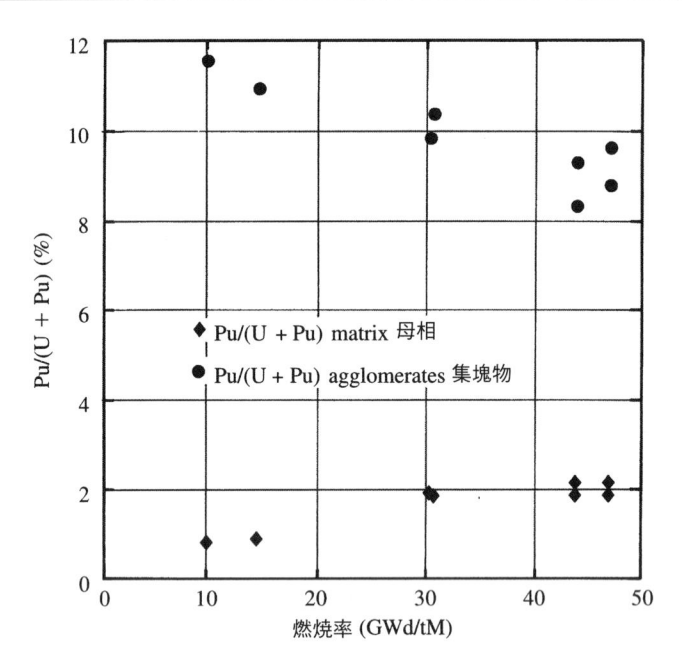

図 24.39　燃焼率を関数としたプルトニウム集塊物内および MOX 燃料母相内の Pu/(U+Pu) 比の変動

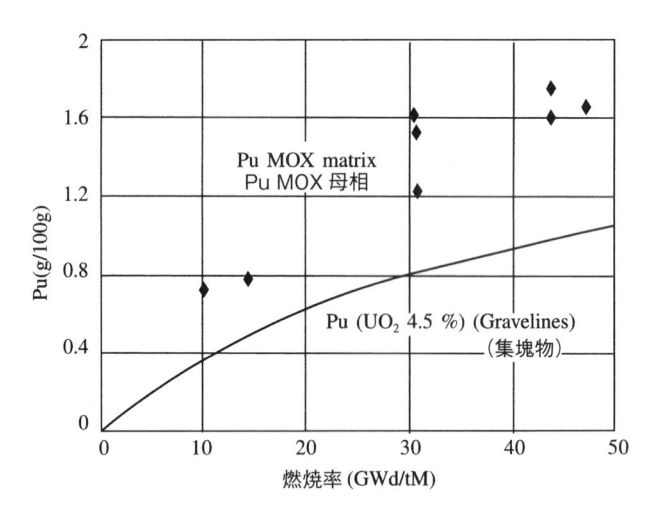

図 24.40　燃焼率を関数とした MOX 燃料母相内のプルトニウム含有量の変動；UO$_2$ 燃料との比較

獲に依り増加する，さらに 2 次的には上述した拡散現象に依って増加する．

　MOX 燃料の UO$_2$ 母相のプルトニウム含有率は従って UO$_2$ 燃料に比べて一層速く増加する（図 24.40）．これらの現象は，高照射（3 サイクル後）に曝される燃料周縁領域で特に顕著になる，この領域ではプルトニウム集塊物の輪郭の明瞭さが劣化する．

24.5　加圧水型原子炉でのMOXのふるまい

MOX燃料のプルトニウムが多い集塊物は，ペレット平均に比べて非常に高い局所燃焼率の場所である．その結果，UO_2燃料の周縁部で観察されるものと類似点のある，集塊物内の新微視的構造が出現する：小さな結晶粒と数ミクロンの大きさに達するポア（気孔）が観察される（図24.41.aおよびb）．ペレット中心領域，最高温度領域で，この局所的高出力は直径数十ミクロンに達する空洞（キャビティ：cavities）形成を引き起す（図24.41.c）；この領域内にその大きさが$5\,\mu m$にも成り得る金属介在物 (metallic inclusions) もまた観察される．

c) 核分裂生成物の分布 [38]

プルトニウム分布の異質性は核分裂生成物の異質形成に起因している：核分裂性プルトニウムにおいて，核分裂生成物は母相に比べて集塊物内に一層凝集する．1サイクル年照射されたMOX燃料のプルトニウム含有率および核分裂生成物NdとCsの径方向進展を図24.42に示す．ネオジムは定格燃料運転条件 (normal fuel operating conditions) 下で移動しないことから，燃焼率の良好な指針になる．

核分裂生成物の非均一分布は，燃料からのガス放出または温度勾配下でのある種の核分裂生成物移動の研究を検討するために必要である．

中心領域で，燃料の最高温度で，出力が充分であるならば，キセノンは燃料から放出され得る．UO_2において，この現象は燃料棒の内圧増加に寄与する．

異なる局所出力で3サイクル年照射したMOXペレット内のキセノン径方向分布の2例を図24.43に示す：等温線で領域化された中心領域においてペレット内240 W/cm近傍の局所出力でキセノンガス放出が開始される．

セシウム濃度および温度が充分に高い時に，UO_2燃料のように，セシウムもまた温度勾配の中で移動出来る（図24.44）．

d) 核分裂ガスの放出

核分裂ガス放出は以下のパラメータによって支配されている：
- —燃焼率　　　　　（母相内のガス濃度），
- —到達最大出力　　（燃料内の温度場），
- —出力履歴　　　　（最高温度時間と温度変化履歴），
- —S/V比　　　　　（燃料表面積対燃料体積）．

UO_2と比較したMOX燃料の核分裂ガス放出の測定結果を図24.12に示す．30 GWd/tMを超えた燃料棒でMOXからの放出は分散するように見える，それらは同一燃焼率であったにもかかわらず．この異なるふるまいは，出力履歴と特に最終照射サイクル中の到達出力水準を考慮することにより説明出来る（図24.45）．

いくつかのMOX燃料集合体（および適用されるマネジメント）の示差的特徴は，第3照射サイクル中の平均出力が，この段階で通常UO_2で達する出力に比べて高いことであ

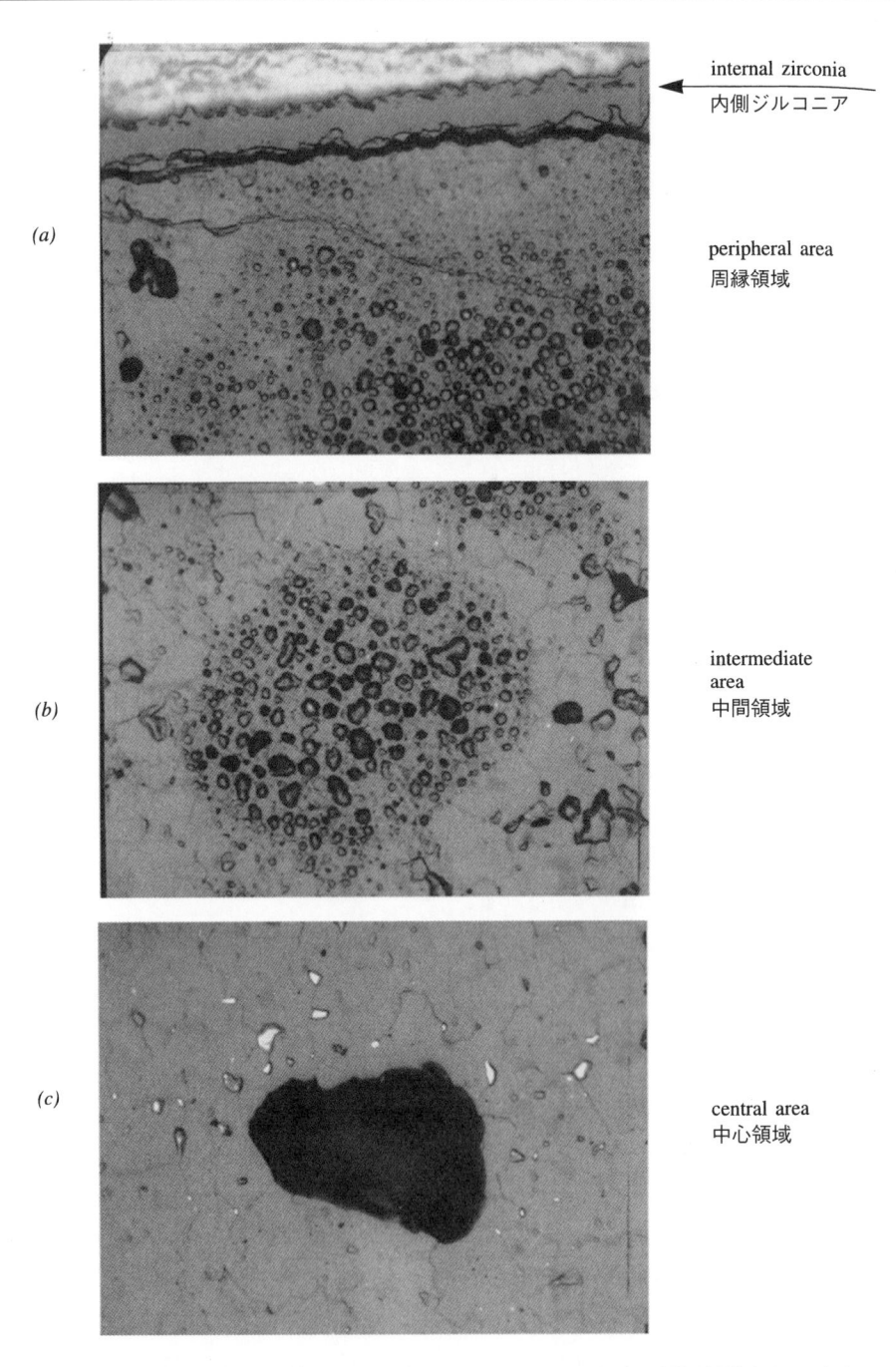

406　　第 24 章　燃料棒の原子炉内でのふるまい

(a) internal zirconia / 内側ジルコニア

peripheral area / 周縁領域

(b) intermediate area / 中間領域

(c) central area / 中心領域

図 24.41　46.5 GWd/tM 照射 MOX 燃料ペレットのマクロ写真：周縁領域内およびプルトニウム集塊物内の微視的構造が示す類似点
a) リム内のポア・クラスタ．
b) 中間領域でのプルトニウム集塊物内のポア．
c) 中心領域での空洞と金属介在物．

24.5 加圧水型原子炉での MOX のふるまい

る：それは出力範囲が 200 W/cm から 220 W/cm に相当する，この出力はガス放出加速閾値を超えた温度に対応している．

3 照射サイクル後，MOX からの巨大放出はそれでもなお適度に維持される．これを超えると補足的寄与が現れる，これは明らかにプルトニウム富化集塊物の存在に依る．しかしながら 4 サイクル後の放出量の測定からは，いかなる加速も示されてはいない．

e) 出力過渡中の全体的挙動

30 GWd/tM と 45 GWd/tM 照射した MOX 燃料要素がクラス 2 のインシデント（前事故）の出力過渡を受けた．これら過渡は PCI（24.3 節参照）により被覆管破断を導くことが出来る．これら出力過渡を受ける MOX のふるまいは UO_2 と比較して良好と思われる．

標準ランプ（傾斜）速（100 W/cm/min）および 2 ないし 3 照射サイクルに該当する被照射量において，UO_2 棒の破断限界は 420 W/cm 近傍である，一方 MOX 棒のランプにおけるそれら健全性は 480 W/cm に達するまで維持される．

このふるまいの差異はより大きい MOX 固有塑性 (intrinsic plasticity) の寄与によって出来るものである．

高温での MOX と UO_2 ペレットの機械的性質の比較測定が，このふるまいの差異を定量化出来るよう計画されている．さらに設計の異なる MOX 燃料で行うランプ実験はこれらの結果を確証する．

f) 被覆管漏洩後のふるまい [40]

照射中に主循環系に入り込むガスと揮発性核分裂生成物の放出運動論 (release kinetics) 研究のため，SILOE 実験原子炉のループで解析的実験が行われた．漏洩燃料棒が使用された．EDITHMOX と呼ぶ実験は MOX 棒と過去に研究された UO_2 燃料間において，いかなる有意な差異も示されなかった．

1993 年，PWR MOX 燃料棒上に観察された最初の漏洩（リーク）の時，この結果はフル・スケールで実証されてしまった．流れの解析と定量化の後に，欠損燃料棒を含む集合体は再装荷され定格照射をつづけることが出来る．

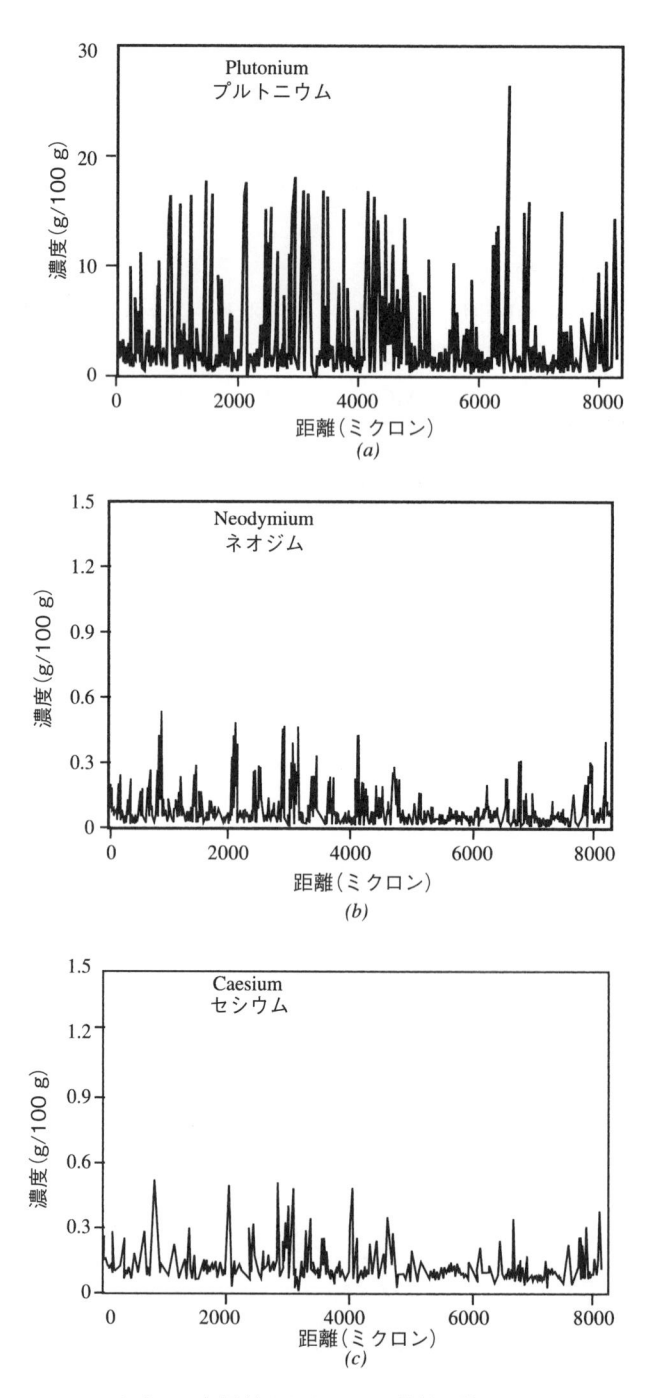

図 24.42 PWR で 1 サイクル年照射された MOX 燃料の核分裂生成物 Nd, Cs およびプルトニウムの径方向濃度プロフィール

24.5 加圧水型原子炉でのMOXのふるまい

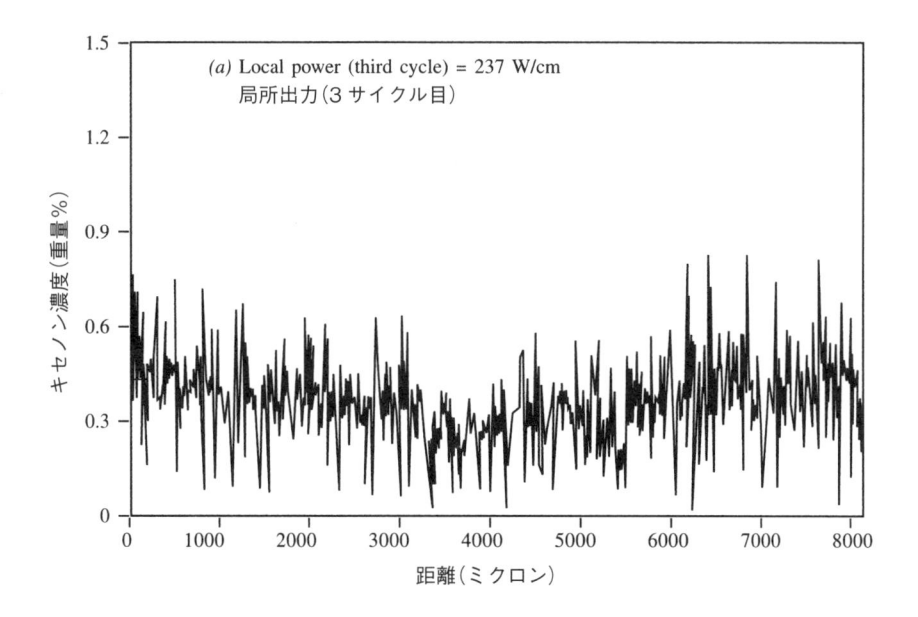

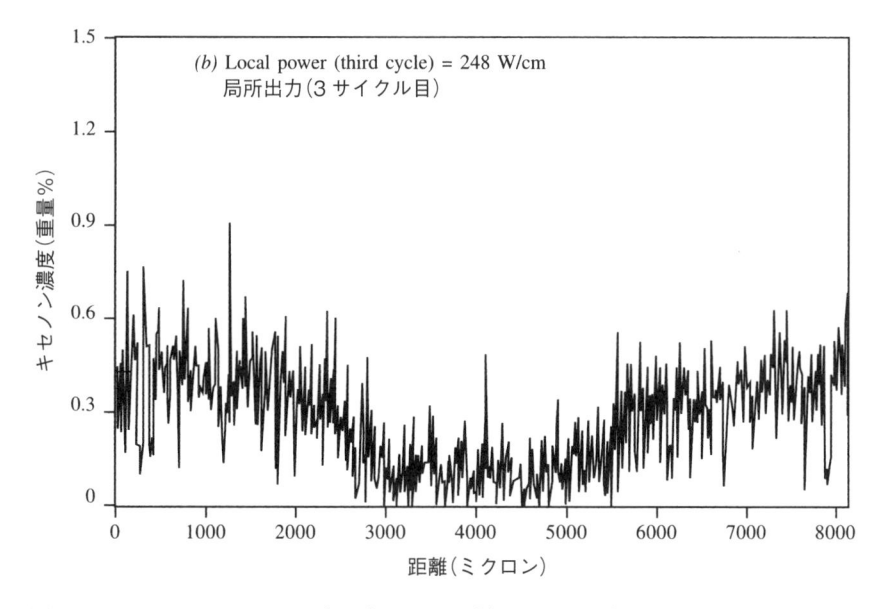

図 24.43 PWRで3サイクル年照射し，かつ異なる中心温度で運転したMOXペレット2個内のキセノン径方向濃度プロフィール（電子プローブ微細分析機により測定）の比較

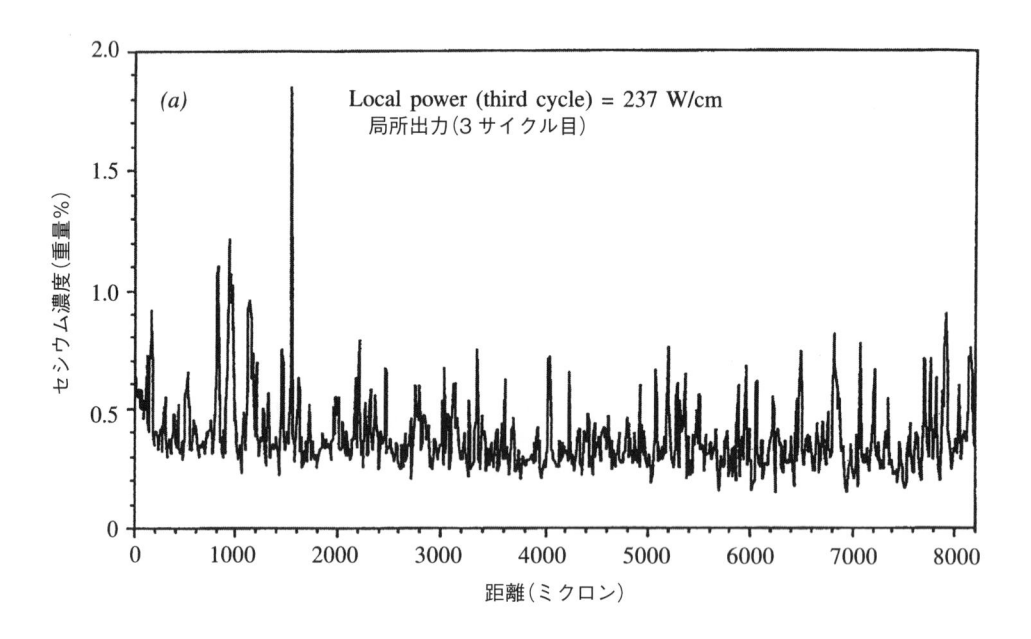

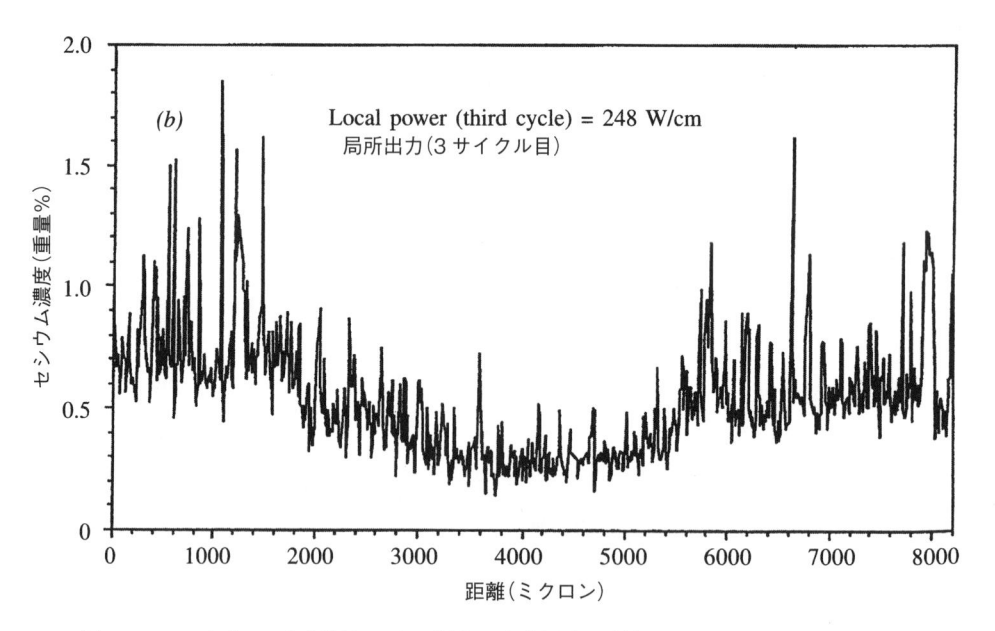

図 24.44 3サイクル年照射し，かつ異なる中心温度で運転した MOX ペレット 2 個内のセシウム径方向濃度プロフィールの比較：ペレット中心部（最高温度）でセシウムの移動

24.5 加圧水型原子炉での MOX のふるまい

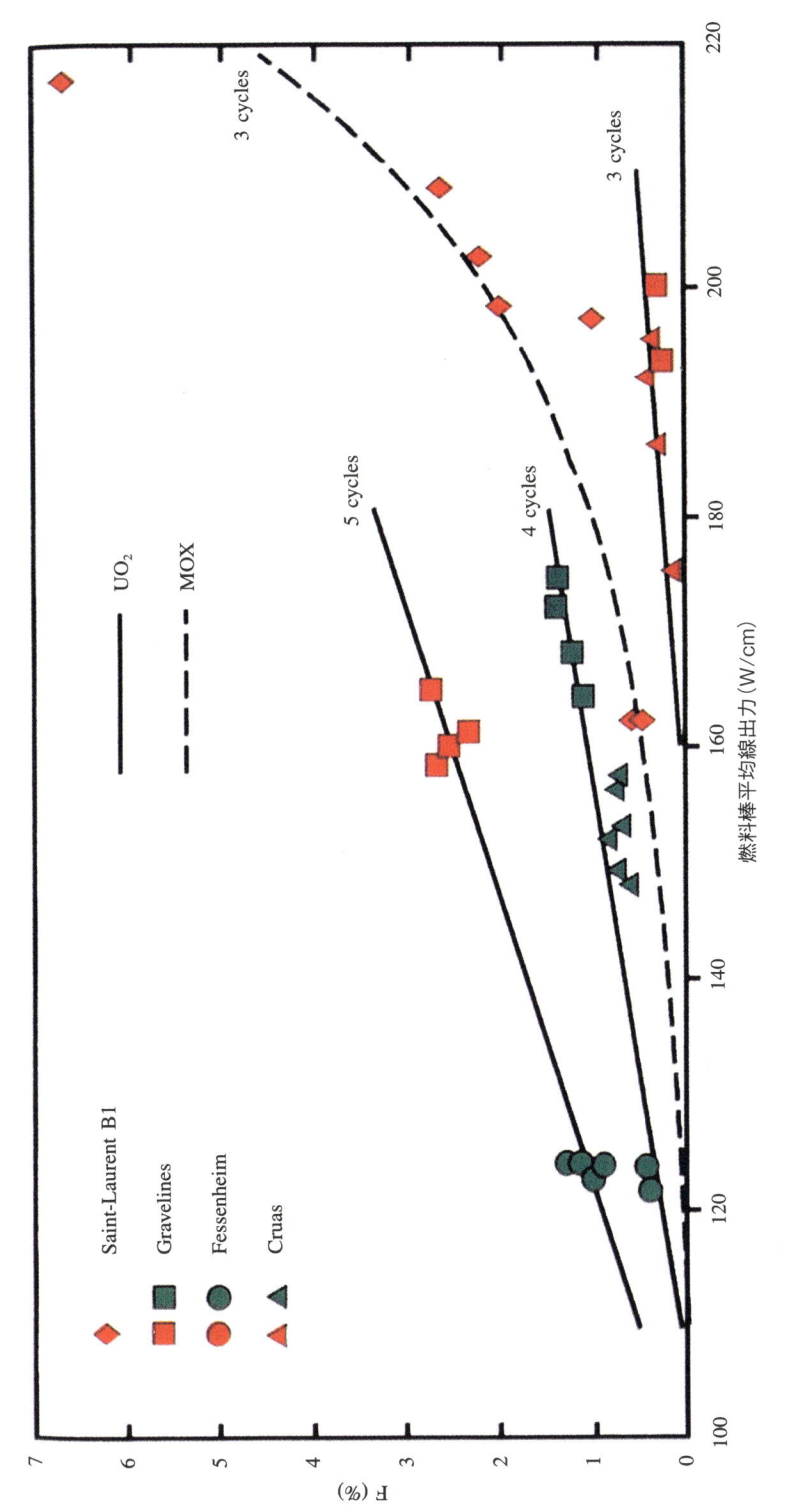

図 24.45 最終照射サイクルにおける線出力対核分裂ガス放出率：MOX 燃料棒と UO_2 燃料棒の比較

第25章

モデル

25.1 核分裂ガス放出のモデル化

非熱放出機構（反跳 + 射出 + 照射誘起拡散），それは低温で優位，は約1％を超えない放出に対応している（24.1.7節および第III部，14.2節参照）．この値を超える放出の全ては熱放出機構に伴うものである，そのためこの機構がモデルでの支配的役割を演じている．

生じる機構には大きな差異があるため，モデルでは通常，反跳 (recoil)，射出 (ejection) と独立に熱放出は取り扱われる．しかしながら原子拡散によって熱放出を記述したあるモデルは，拡散方程式中に照射誘起（およびそれゆえ非熱）拡散項を含んでいる．

熱拡散モデルは物理的または経験的アプローチを基礎とする範疇へ分類することが出来る．それらは3つの主要範疇に区分されている：

—経験的モデル，

—準経験的モデル，

—物理的モデル．

25.1.1 経験的モデル

経験的モデルは放出されたガスの割合を，本質的に物理的意味を有していない調整可能なパラメータを用いた，ガス放出の測定可能な影響を有する変数（温度，燃焼率，気孔率など）の関数として計算する．

PWR棒で行った放出測定は，その閾値を超えるとガス放出が強く加速されるという，閾値燃焼率の存在を示している（図24.12）．熱的に放出されたガスの割合が支配的となり，最終サイクル内の燃料棒によって生成される出力に強く依存することになる（図24.13）．1つの経験的基準はVitanza[41]により，HALDEN（ノルウェー）で照射した燃料棒および圧力トランジューサーの計装付きを基礎とした放出閾値（F > 1％）に対して確立さ

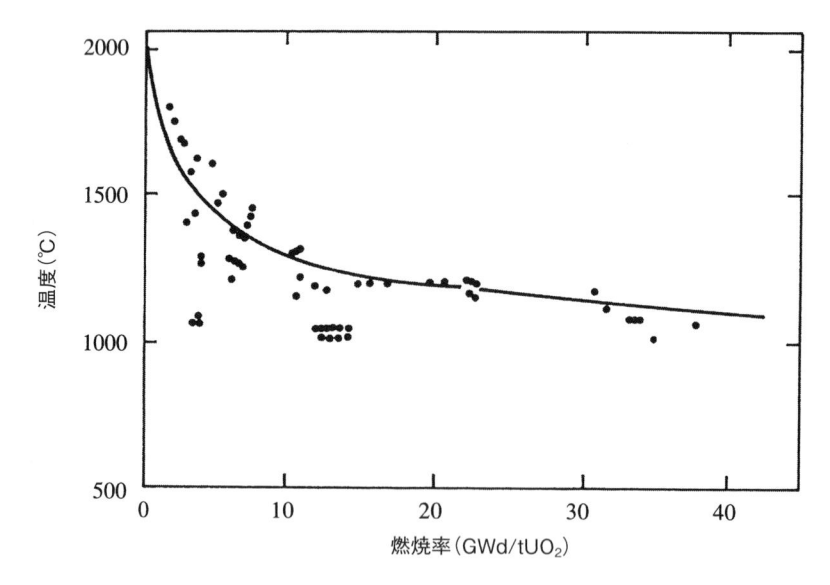

図 25.1 平均燃焼率対最高温度と計算された燃料中心温度，非常に僅かなガス放出（≤ 1 %）の棒に対して；この曲線は VITANZA により与えられた熱放出閾値に対応している [41]

れた：

$$\tau_{\text{threshold}} = 0.005 \exp\left(\frac{9800}{T_c}\right)$$

ここで $\tau_{\text{threshold}}$ の単位は GWd/tU であり T_c の単位は °C である．

Vitanza のグラフ（図 25.1）は，棒平均燃焼率関数として 1 % を上回るガス放出の燃料棒の中心温度を与えている．

巨大な数の燃料棒から取った測定と一致させている理由から，経験的モデルは一般的に放出の正しい値を与える．主な困難さは燃料温度推定である，なぜならこの温度がガス放出へ考慮すべき影響を及ぼすからである．

燃料の個々のタイプと特定運転条件（温度と燃焼率）に合致させた，これらのモデルは標準の製造と照射条件を外れたところでのふるまい予測に使用することは出来ない．

このモデル分類内で，Westinghouse が提案したモデル，ANS，Battelle 研究所 [42] と KWU [43]（異なる製造からの燃料棒を合致させる定数）および FRAMATOME の先行モデル [44] と同様，CEA によって開発された最初のモデル，SOPHIE（調整可能パラメータの 1 つ）[42] と言及されることが出来る，FRAMATOME の先行モデルの定格運転での概略を以下に述べる．

定格出力条件下の放出（FRAMATOME モデル）[44]

ガスの総放出割合は非熱放出 F_1（反跳と射出）と熱放出 F_2 との和になる．

25.1 核分裂ガス放出のモデル化

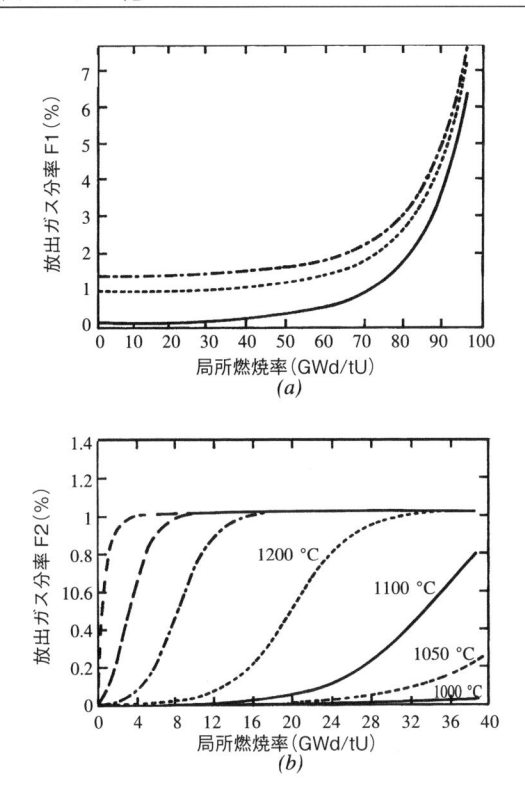

図 25.2 核分裂ガス放出計算用に先行経験的 FRAMATOME モデルで使用された関数 [44]
　a) 開気孔率の異なる値に対して計算された無熱核分裂ガス放出
　b) 種々の温度で計算された熱核分裂ガス放出

F_2 の計算において，安定運転条件下での結晶粒界の飽和と核分裂ガス放出間に存在する関連をこのモデルは活用している：その放出確率は，結晶粒界を満たすレベルで定義される局所温度依存する関数と結びつかられている．これにより公式は F_2 に対し双曲線正接 (hyperbolic tangents) システムを基礎としたものに帰する．

F_1 と F_2 は，55 GWd/tU まで照射した膨大な数の PWR 棒に対して測定したガス放出率によって調節した，局所燃焼率，局所温度および開気孔率の関数である．F_1（無熱的：athermal）と F_2（熱的：thermal）の放出率の一般的形態を図 25.2.a と b に与える．

25.1.2 物理的および準経験的モデル

物理的および準経験的 (semi-empirical) ガス放出モデルは，これらの機構を仲介する物理的定数を用いて燃料棒自由体積へのガス輸送機構を考えてみることである．ペレット内で微視的尺度で起きる機構のモデル化ではあまり既知とは言えないパラメータを導入している．さらに原子的尺度での現象モデルでは時にはあまりにも複雑すぎるモデルを要求す

る．それで，幾つかの微視的現象取扱における常道である単純化に頼る．

物理的モデルにおいて，このことは使用されている実験データに合致しているモデルを許す調節可能な幾つかのパラメータを導入させている．これを準経験的モデルと呼ぶ．

これらのモデル中に，棒自由体積へのガス放出は2段階で構成される：

—ガスの粒界への移動，

—粒界にトラップされたガスの自由体積への放出．この放出は粒界がガス飽和した時のみ発生する；この飽和に対し異なる基準が使用されている（気泡重なりの最大比，粒内気泡の到達臨界圧力など）．

物理的または準経験的モデルは，粒内ガスの粒界への移動を考慮した機構に従い主に2種類に分類される：

—熱励起化学拡散 (thermally-driven chemical diffusion) による原子状態でのガス移動；

—粒内気泡は熱活性化拡散 (thermally-activated diffusion) によって動きやすくなりかつ移動する．

定格 PWR 棒運転（安定状態で < 1200 °C）において，多くのモデルはガスが原子状態で移動すると考えている．気泡は事実，熱的勾配の効果に依り主に移動し又は熱力学的平衡（過加圧気泡）では移動しない．これらの条件は温度が非常な高温に達する時の出力過渡前事故 (power transient incidents) 中に取分け観察されている．

このモデルで，原子的拡散と気泡拡散を同時に勘算して計算するには，方程式を解く際の連結困難性 (coupling difficulty) へ突き当たる．この分野で試験が進行中である．

a) 原子的拡散モデル：等価球

酸化物燃料からの放出計算の最も単純な方法が1957年 Booth により紹介された [41]：理想的大きさの理論的硬球に焼結により得られた燃料とこれらの球からの放出したガスの割合の計算とを結びつけることで，それが構成されている．

等価球 (equivalent sphers) の平均半径 a は燃料の面積対体積の比率量で定義されている，それがその等価球である．

$$\frac{3}{a} = \frac{燃料総面積}{燃料体積}$$

燃料総面積は，ガスが自由体積へ放出され得ることの出来る面積の合計で表現される．等価球半径は，その結果実験的に容易に受け入れられるパラメータである．

この"等価球"タイプのアプローチで，ガス放出計算は球に対する拡散方程式を解くことに帰着する．多数の物理的モデルに従い，等価球モデルでは，複雑性を3水準に分類することが出来る：

—Booth モデルのような球内の単純拡散，[*1]

[*1] 訳註： Booth モデルに対する反論：Hj. Matzke, Science of Advanced LMFBR Fuels, North-Holland Physics Publishing (1986). 第9章 Swelling and Gas Release の 9.3 Fission gas diffusion and release の脚注

25.1 核分裂ガス放出のモデル化

—転位および結晶欠陥において気泡内原子のトラッピングによって修正された拡散,

—照射影響下の燃料母相内のこれら気泡の再溶解によって，および気泡内原子のトラッピングによって修正された拡散.

拡散方程式を考慮した多数の項は，そのためモデルの複雑性に伴い変化する．単純な場合での計算された放出ガス比率と同様に，拡散方程式の異なる項を第 XI 部付録の III に収録している．原子的拡散によるガス放出の幾つかのモデル例は文献図書に在る [46-50].

b) 気泡移動モデル

燃料中の可動性気泡を考えたモデル間で，気泡移動の幾つかの機構を区分することが出来る：

—燃料がポテンシャル勾配 (potential gradient) の場所に在ると推定される時，気泡は外部からの力 (external force) を受けており，かつ移動は指向的 (directional) である,

—反対の場合，気泡はいかなる外部からの力も受けず，かつ移動はランダムである,

これらモデル化の同族の両方で，異なるモデルを気泡の変位に作用する微視的機構に従って区分することが出来る：

—気泡近傍における燃料原子のバルク (bulk) 拡散：気泡によって原子空孔の放出と吸収がその巨視的移動を導く,

—気泡表面上の酸化物分子の表面拡散,

—気泡内での固体分子の蒸気相輸送 (vapour-phase transport)（この機構は超高温度でのみ有意である）.

気泡移動に依る放出とガス状スエリングの幾つかのモデル例が文献図書で与えられている [60-64]. これらモデルの一般的理解に必要な幾つかの概念を第 XI 部付録の III に載せている [52]：気泡上に働く力，気泡速度，塊状集積作用速さ.

この節では，最初にランダム移動と指向性移動について述べる．CEA により開発された最初のモデル，METEOR TRANSURANUS コードで出力過渡中の放出とガス状スエリングを記述している，を例としてここでの紹介としよう.

ランダム移動（無外力）

バルク拡散と表面拡散の場合，その移動機構は熱活性化原子拡散 (thermally-activated

に booth モデルに対する反論が記載されている.

Booth モデルは均一な半径 a を有する球状で構成された固体で，その球形内でのバルク拡散によって放出が律速されると推定している．このことは非現実で単純化しすぎている．なぜなら全ての粒が同じ大きさであるわけでも無いし，それらは球状でもない．粒界がプレナムに直ちに移行するための完全な吸い込み場所でもない．もしこのモデルを用いたコードを使用する場合，このような単純なコードでは，非定常運転条件下（例えば核分裂速度の急激な変化や温度変化など）での記述に失敗するであろう．このような場合には，核分裂速度での気泡内の FP ガスの分離反応（再固溶によって）とその温度での固溶相内の FP ガスの分離反応（拡散によって）とを考慮しなければならない.

atomic diffusion)である．燃料内にポテンシャル勾配（温度，応力または化学ポテンシャル勾配）が存在しない時，原子はランダムに移動し，その結果の気泡の動きもまたブラウン運動である．ランダムな気泡移動に対し，表面拡散係数とバルク拡散係数を計算することは可能である．

表面拡散機構により，半径 R の気泡拡散係数 D_b は，R^4 に逆比例することを示すことが出来る [52]．

バルク拡散機構により，半径 R の気泡拡散係数は，R^3 に逆比例することを示すことが出来る [52]．

これらの表現に従って，小さな気泡は大きな気泡に比べてより多く移動すべきであるが，何かこのことは実験的に観察されていない．実際，定格運転条件で照射した燃料に対して，その気泡径は最大 10 nm に達し，これらの気泡は金属性核分裂生成物の小さな析出物を伴うことが示された [65]；出力過渡後，数 10 ナノメータの気泡は転位網 (dislocation networks) 上に位置し，かつ金属性核分裂生成物の大きな析出物を時々伴う [65]．小さい気泡は結晶欠陥（転位，固体核分裂生成物の析出物，点欠陥）との相互作用によって移動出来なくなってしまうことをこれら観察が確証している．

指向性移動（ポテンシャル勾配下）

核燃料内で，種々の源の力が気泡上に働くことが出来る：温度勾配，応力勾配，原子空孔濃度勾配など．

燃料ペレット内の有意な温度勾配は，気泡移動の卓越した駆動要素として現れる．

気泡が熱拡散に曝されるだけでなく外部からの力 F_b を受けている時，気泡速度計算をさせる気泡移動度の一般解析を Nichols が開発した [66]．

気泡移動度 M_b は単位力に曝された時の気泡到達速度として定義される：

$$M_b = \frac{v_b}{F_b}$$

各々の気泡へ熱拡散と反対方向に働く力 F_b を考えることにより，さらに熱拡散によって燃料から放出された気泡フラックスが，外部からの力 F_b（システム内で定常状態）に依る反対方向フラックスによって正確に釣り合っていることを考慮するなら，気泡拡散係数 D_b，気泡上に働く力 F_b と温度 T を関数とした気泡平均速度が得られる：

$$v_b = \frac{F_b D_b}{kT}$$

出力過渡でのガス放出とスエリングの METEOR コード (CEA) モデル

Karisruhe の TUI で開発した TRANSURANUS から派生し，CEA で開発した METEOR コードは，水原子炉燃料ペレットの熱機械的ふるまいをモデル化したものである．METEOR コード内のモデルは出力過渡時の核分裂ガス放出とスエリングを記述するため

25.1 核分裂ガス放出のモデル化

に開発された．このモデルは高速中性子炉燃料ピン内に出力過渡（試験炉内）で主に観察された現象を基礎にしたCOSAGコードのモデルをオリジンとしている．

METEORコードの重要な特徴は，粒界の気孔率（端，粒コーナー）を考慮している，照射開始からの正確な位置，粒間ガスへの取り込み，粒面上のレンズ状気泡としての存在，粒界に沿った気泡流動機構による移動を取り入れている．結晶粒からガスが逃げる時，モデルで成長する粒間ガス気泡と対照的に，この多孔性の形状 (geometry) は照射中に変化しない．

この多孔性 (porosity) は，実験的に実証されたように，そのモデルがガスのトラッピングの再形成することを許す：ポア（気孔）から逃れ棒内自由体積中に入り込むガスは，小トンネル（通洞）と類似した開気孔網 (network of open pores) 経由の浸出 (percolation) 機構によって生じる．

粒界へのガス移動

METEORモデルにおいて，粒内ガス (intragranular gas) は全部が球状気泡の形態を取っている．粒内に溶解ガスは存在していない．

粒界気泡の初期濃度は入力パラメータである：生成段階はこのモデルにおいて考慮していない．

粒内気泡の粒界への移動をモデル化した機構は，温度勾配下の表面拡散である（指向性移動）．表面自己拡散係数 D_s (cm^2/s) は以下の通り：

$$D_s = 2 \times 10^4 \exp\left(\frac{-4.5 \times 10^4}{T}\right)$$

粒内ガス濃度の進展は，核分裂によって生成されたガスと粒界への気泡移動によって起こる；粒内気泡の平均速度は $1/R^\delta$ に比例する，ここで δ は調節パラメータである（第XI部付録の III, G.1 節参照）．結晶粒から放出されるガス量計算は，気泡半径の計算と通常組合せられている（パラメータ δ がゼロであると選択された時を除き）．

粒内スエリング

粒内スエリング計算は，粒内気泡の濃度と平均半径から演繹的に推論される．粒内気泡濃度は，合体と粒界への気泡移動によって，時間的に進展する．

粒内気泡の寸法計算のため，モデルでは合体が一定体積で生じると仮定している；気泡は従って近傍燃料母相に対して相対的量 ΔP だけ過加圧されている．この過剰圧力が化学ポテンシャル勾配および物質フラックスと気泡への原子空孔の反フラックスとの競合を造り出している．原子空孔の供給を受ける気泡体積は時間と共に増加する，さらに気泡が平衡に達する——それは過加圧気泡への原子空孔フラックスから演繹的に推論される——平均時間は粒内気泡の半径の2乗に比例する．平衡状態の気泡で，ガスは理想気体則 (ideal gas law) に従うと推定される．

気孔（ポア）への粒界ガスの流れ

粒界ガスを気孔（ポア）へ輸送する駆動力は結晶粒境界と気孔度 (porosity) 間の圧力の差異であると，このモデルは仮定している．その境界でのガス原子濃度の変動は，したがってこの圧力差異に比例している．

そのガスは気泡内と同様ポア内でも完全気体であると仮定している．[*2]

ポアから自由体積へのガス散逸

ポア（気孔）からプレナムに入り込むガス放出は開気孔網を通じた濾過 (percolation) 機構に依り生じている．このトンネル内ガス流速は Darcy の式 [67] として与えられるガス流速 u に比例している：

$$u = \frac{\kappa}{\mu} \operatorname{grad} P$$

ここで μ はガス粘性 (viscosity)，κ は媒体の透過性 (permeability)，P は気泡圧力である，それらは燃料中に付加された応力に依存している．

気泡内含有ガス量は境界から供給されるガス集積と自由体積への放出との間の収支 (balance) の結果から決まる．

モデルの適用

1 例として，局所温度が 160 秒で 700 °C から 1600 °C へ上昇し，引き続き燃料にかかる応力 250 MPa，1600 °C の平坦で 6 時間経過中のこのモデルを用いて計算したガス濃度の時間変動を図 25.3 に示す．図 25.3 に示す 4 つの濃度プロフィールは，粒内ガス，粒界ガスおよび気泡内ガス，プレナム内ガスの各濃度に対応する．

METEOR TRANSURANUS に実装されたモデルで計算した異なる局所温度での濃度曲線は，高温であればあるほど，その放出がさらに速くなることを示す．1800 °C を超えると，1500 秒後には全てのガスが自由体積へ放出される；約 1200 °C 未満では，ガス放出はゼロである．

さらに，燃料への応力付加は粒境界の飽和を遅らせ，その結果粒界ガスの気泡への入り込みの放出を遅らす．

25.2 腐蝕モデル

初期に採択された選択基準はナトリウムと燃料間の両立性および機械的挙動の古典的基準であった．非常な速さで出現した新基準は，高速中性子による照射効果に関連している．前述したように（18.4 節），照射は 2 つのタイプの現象を引き起す：

[*2] 訳註： 完全気体 (perfect gas)：状態方程式 $pV = nRT$ に従う流体をいう．理想気体 (ideal gas) ともいう．

25.2 腐蝕モデル

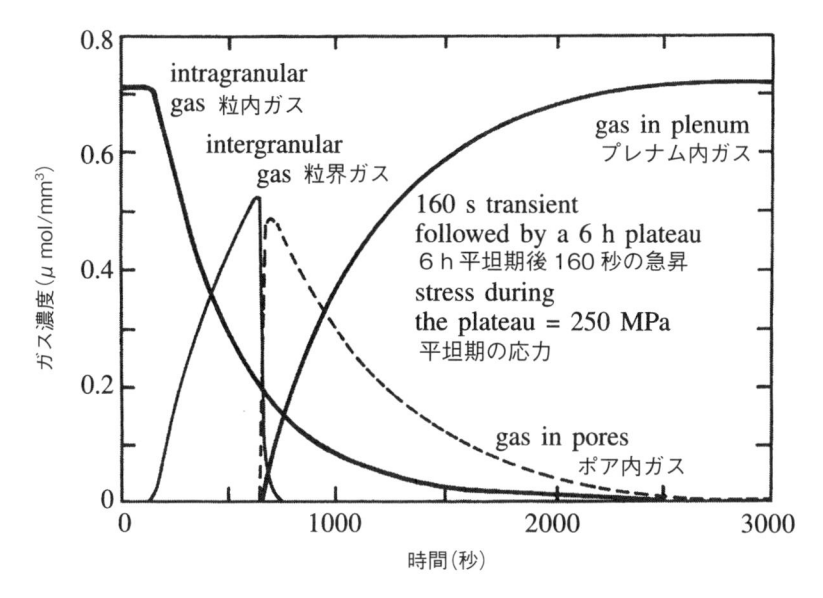

図 25.3 出力過渡での METEOR-TRANSURANUS ガス放出モデルを用いて計算したガス濃度の時間変動：160 秒で 700 °C から 1600 °C への温度上昇，引き続き 250 MPa の応力，1600 °C の平坦で 6 時間

25.2.1 物理則

a) 拡散則

PWRs 運転中ジルカロイ表面で形成するジルコニア層の成長速度論 (groth kinetics) では，2 つの別個な状況を伴う（図 25.4）[68]．最初の相において（前遷移条件），高密度 ZrO_2 形成層は低い酸化速度を伴う，構造は主に正方晶系である．第 2 番目の相において（後遷移条件），腐蝕速度は加速し，形成酸化物は主に単斜晶 (monoclinic) 結晶構造を伴い，より多孔質である．両相ともに，そのジルカロイ腐蝕は拡散現象に支配されているものと考えられている [69]．

酸化物形成の体積と初期金属の体積比が約 1.46 であるため，明らかに高圧縮応力によるものと，ジルコニアの成長がそのこと自身を明らかにしている．これら応力は酸素を求めて結晶粒境界へ向かう拡散通路を減少させがちである．マイクロ割れが結晶学的遷移 (crystallographic transition) で出現する，これは応力を緩和し，酸素が酸化物への拡散することを一層活性化させる．

アレニウスの式の形で酸化反応速度論が記述されている：

前遷移条件：

$$\frac{dS^3}{dt} = K_{\mathrm{pre}}\, e^{-\frac{Q_{\mathrm{pre}}}{RT_i}}$$

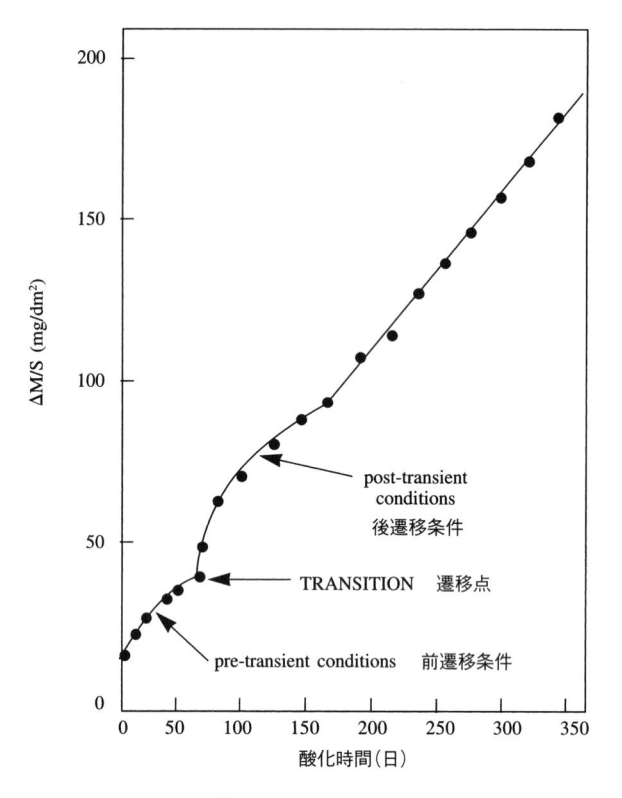

図 25.4 PWR 運転条件下でのジルカロイ-4 の酸化速度論 [68]

後遷移条件：
$$\frac{dS}{dt} = K_{\text{post}} e^{-\frac{Q_{\text{post}}}{RT_i}}$$

ここで S は酸化物（ジルコニア）の厚さ (m),

　　　T_i は金属・ジルコニア境界の温度 (K),

　　　t は時間 (s),

　　　K_{pre} と K_{post} は振動因子 (m^3/s と m/s),

　　　Q_{pre} と Q_{post} は活性化エネルギー (J/mol),

　　　R は完全気体普遍定数 (J/K/mol).

前遷移条件と後遷移条件間の遷移において，ジルコニア厚さ S_i が以下の式によって得られる：

$$S_t = S_0 \, e^{-\frac{Q}{RT_i}}$$

ここで S_0 と Q は定数である．

金属・ジルコニア境界での温度 T_i は以下の関係から計算されている：

$$T_i = T_{ox} + \frac{\phi S}{\lambda}$$

25.2 腐蝕モデル

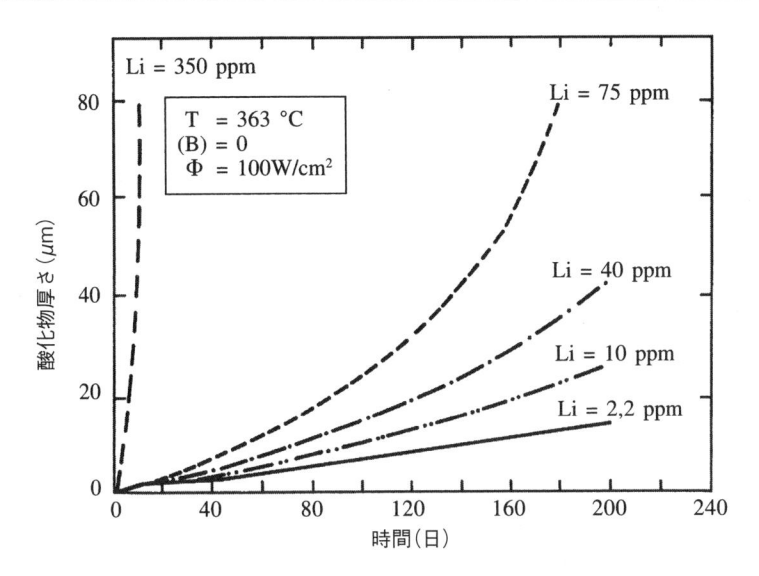

図 25.5 PWR のジルカロイ-4 酸化反応論上でのリチウム効果 [70]

ここで T_{ox} はジルコニア表面温度,
　　　λ はジルコニア熱伝導率 (W/mK),
　　　ϕ はジルコニア層を通過する熱流速 (W/m^2).

オートクレーブ内または試験ループ内で酸化したサンプルを用いてこれら腐蝕則を導き，その後 PWRs からの腐蝕されたサンプルに適用した．

計算結果と実験結果との比較で，単純拡散則とは程遠く，腐蝕のモデル化のためには他の因子を考慮しなければならないことが示された：

―冷却水化学，特にリチウムやホウ素含有の，

―被覆管と酸化物層内の熱勾配（熱流速），

―照射の役割．

b) リチウムとホウ素の効果 [70,71]

リチウムの存在はジルカロイ腐蝕を加速する（図 25.5）．リチウム濃度は活性化エネルギーと振動因子 (frequency factors) を使って腐蝕則へ導入されている．

前遷移条件と後遷移条件の両者の活性化エネルギーはリチウム濃度に伴い線形変動する．

この振動因子はリチウム濃度の指数関数である．

この化学反応速度論方程式は以下の通り（等温条件下）：

前遷移条件：

$$\frac{dS^3}{dt} = e^{(a+b[\text{Li}])} e^{-\frac{c+d[\text{Li}]}{RT_i}}$$

後遷移条件：
$$\frac{dS}{dt} = e^{(\alpha+\beta[\text{Li}])} e^{-\frac{\gamma+\delta[\text{Li}]}{RT_i}}$$

ここで a, b, c, d は K_{pre} と Q_{pre} を表現する係数である，
$\alpha, \beta, \gamma, \delta$ は K_{post} と Q_{post} を表現する係数である．

ホウ素の役割

ホウ素の存在は腐蝕反応速度を減速する．このモデルでは乗法的に因子 f_{boron} が $\frac{dS^3}{dt}$ と $\frac{dS}{dt}$ の項に導入されている：
ホウ素が存在しない場合は $f_{\text{boron}} = 1$，
ホウ素が存在する場合（PWR 条件）は $f_{\text{boron}} = 0.64$ である [70,71]．

c) 熱流効果

酸化物層を通過する熱流 Φ の存在が陰イオン拡散 (anionic diffusion) を加速させる（PWR 内燃料棒または試験ループ内の加熱棒の場合），そのため通常，酸化反応速度の大きな増加が見られる（図 25.6）．

この加速は振動因子の変形によって説明される，さらに腐蝕表現式は両者で以下の通りとなる：

前遷移条件：
$$\frac{dS^3}{dt} = e^{(a+b[\text{Li}])} \left(1 + \frac{Q^*_{\text{pre}}([\text{Li}])S}{RT^2} \frac{\Phi}{\lambda}\right) f_{\text{boron}} e^{-\frac{c+d[\text{Li}]}{RT_i}}$$

後遷移条件：
$$\frac{dS}{dt} = e^{(\alpha+\beta[\text{Li}])} \left(1 + \frac{Q^*_{\text{post}}([\text{Li}])S}{RT^2} \frac{\Phi}{\lambda}\right) f_{\text{boron}} e^{-\frac{\gamma+\delta[\text{Li}]}{RT_i}}$$

これらの式で，Φ は熱流速 (W/m^2)，λ は酸化物の熱伝導率 (W/mK)；Q^* は被覆管と冷却材組成のタイプに依存するエネルギーを表す．

これらの式を用いて計算した結果を図 25.7 に示す．これらは，5-10 μm を超えた酸化物層厚さに対し，熱流速の効果だけが実際に顕著であることを示している．

d) 照射効果 [70,71]

炉内照射はジルカロイ腐蝕を非常に大きく加速させる．この加速を主に引き受けているのは高速中性子束 (flux of fast neutrons) であると著者らは考えている．この現象は，ある酸化物臨界厚さに達した後にのみ出現する [69]．

照射効果は，K_{post} パラメータの調節による腐蝕モデル化で説明される．CEA モデル（COCHISE コード）で，K_{post} は高速中性子束と独立で単純である：

K_{post}（炉内）= 2.15 K_{post}（炉外）

ABB モデルおよび EPRI モデルで，K_{post} は以下の表現に従い高速中性子束に依存する：

25.2 腐蝕モデル

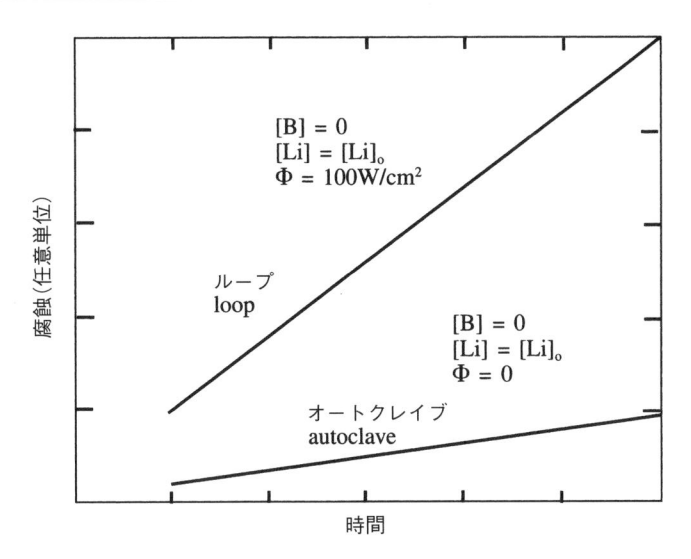

図 25.6 高含有リチウム冷却水内での後遷移腐蝕反応速度への熱流 Φ の効果：オートクレイブの Φ = 0 とループの Φ = 100 W/cm² [69]

$K_{\text{post}} = K_o + U(M\varphi_n)^{0.24}$ EPRI モデルに対して，

$K_{\text{post}} = K_o[1 + (1 + u\varphi_n)(S - S_c)]$ ABB モデルに対して，

ここで φ は高速中性子束，

K_o は等温条件下の炉外振動因子，

S_c はある厚さを超えると炉内腐蝕が加速される臨界酸化物厚さ，

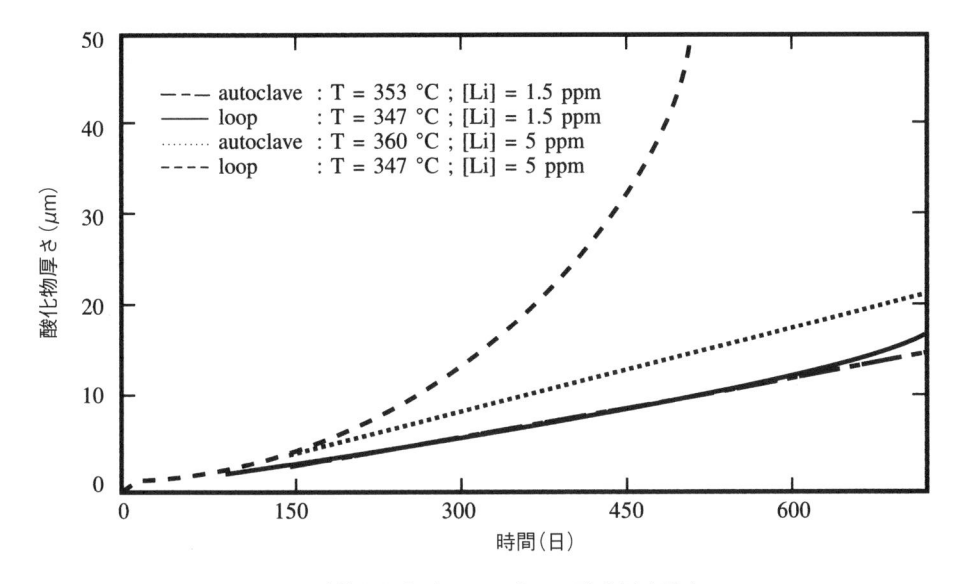

図 25.7 計算されたジルカロイ-4 の酸化反応速度 [71]

U, u, M は一定の数値である．

照射下でのこの腐蝕速度増加は異なる方法で解説されることが出来る：

―微視的構造変態：原子空孔と気泡濃度増加，準金属析出物の非晶質化と再固溶，方形相と単斜晶相分布の進展，

―酸化物内または気泡内の水の放射線分解 (radiolysis)．

25.2.2　モデルと実験結果の比較

a) モデル比較

モデルに現れた数値データは，等温オートクレイブ内（ABB と EPRI）または被覆管横断温度勾配を伴う試験リグ内（CEA）で酸化した試料のジルコニア厚さ測定から導いたものである．これらの値は，従って PWR 棒の全長に沿って渦電流 (eddy current) 法（第 X 部付録の II，D.4 節参照）または金相写真によって測定したジルコニア厚を用いて検査され確認されている．

現存コードの中で，最も代表的なものは以下の通り：

―CEA の COCHISE コード [72]，

―EPRI コード（Garzarolli モデル）[73]，

―ABB モデル [74]，

―Westinghouse の CHORT コード [75]．

これらモデルは照射を説明するそれら方法と異なり，この 2 つの種類の条件が生じる間の遷移後の期間と同じように，それら前遷移および後遷移条件の活性化エネルギー値は異なる．

異なるコードで使用される数値の例を表 25.1 に集めた．

CEA, EPRI と ABB コード計算結果と共に，PWR 棒からの酸化物の測定比較を図 25.8 に示す．それら平均誤差は COHISE モデルの 18 ％ から ABB モデルの 30 ％ まで変動している．

b) 結果の考察

全ジルコニア厚さ測定（酸化物厚さ 30-50 μm に対し渦電流法[*3]で 10-15 ％）および金属・酸化物界面温度 T_i の決定が実験の不確かさに関係する．その温度は熱・水力学コードを用いて得られる，そのコードには冷却材の流速，入口温度と出口温度を入力しなければならない．

[*3] 訳註：　　渦電流法 (eddy current method)：コイルに高周波電圧を印加すると交流磁界が発生し，その磁界の中の金属材料に渦電流 (eddy current) が発生する．渦電流は材料の材質，欠陥，異種金属，形状変化などによって発生状態が異なるため，検出用コイルに得られた信号成分を解析することにより材料の非破壊検査が可能である．

25.2 腐蝕モデル

表 25.1 数値例

コード	EPRI/Garzarolli	ABB	COCHISE CEA	CHORT WH 社
K_{pre} ($\mu m^3/d$)	18.9×10^9	4.0×10^{10}	11.4×10^{10}	6.36×10^{11}
Q_{pre} (cal/mol)	32289	32289	34119	27095
S_t (μm)	2.14×10^7 $[\exp(\frac{-10763}{RT_i})$ $-1.17 \times 10^{-2} T_i]$	-	-	1.87
t_t (h)	-	$6.5 \times 10^{11} \cdot \exp$ $(-0.035\, T_i)$	$8.857 \times 10^{10} \cdot \exp$ $\left(\frac{1830}{RT_i} - 0.035 T_i\right)$	-
λ (W/cm °C)	0.016	0.022	0.016	
K_{post} ($\mu m^3/d$)	$8.04 \times 10^7 + 1.054$ $\times 10^5 \times (\varphi_n)^{0.24}$	$1.04 \times 10^8 \times$ $(1 + 5 \times 10^{-14}$ $\times (S-6)(\varphi_n))$	4×10^{11}	-
Q_{post} (cal/mol)	27354	27354	36542	-

温度効果

前遷移条件下，2つの計算パラメータは独立である：壁温および遷移時間，それらは ABB と EPRI モデルでオートクレーブ結果から得られ，CEA モデルで試験リグ結果から得られたものである．

EPRI, ABB と CEA コードを用いて計算された壁温間差異は 1 °C から 2 °C である．

遷移時間の差異は，著者たちが振動因子 K_{post} を高速中性子束へ調整する，さらに最大酸化ピークで燃焼率 30 から 40 GWd/tU における試験の上での関数因子へ調整することで生じる．

低燃焼率で（図 25.9），ABB と EPRI モデルは棒全長に対する酸化を過小推定する，他方 COCHISE コード低温部（燃料棒の下部）のみが過小推定している．

高燃焼率で（図 25.10），ABB と EPRI モデルは酸化の過大推定している．

熱流効果

熱流効果を ABB と EPRI モデルでは考慮していない．計算酸化厚さと炉内厚さ間の一致は振動因子 K_{post} の値によって説明される，その因子は照射を考慮した調整が成されており，それには暗黙のうちに熱流効果を含んでいる．

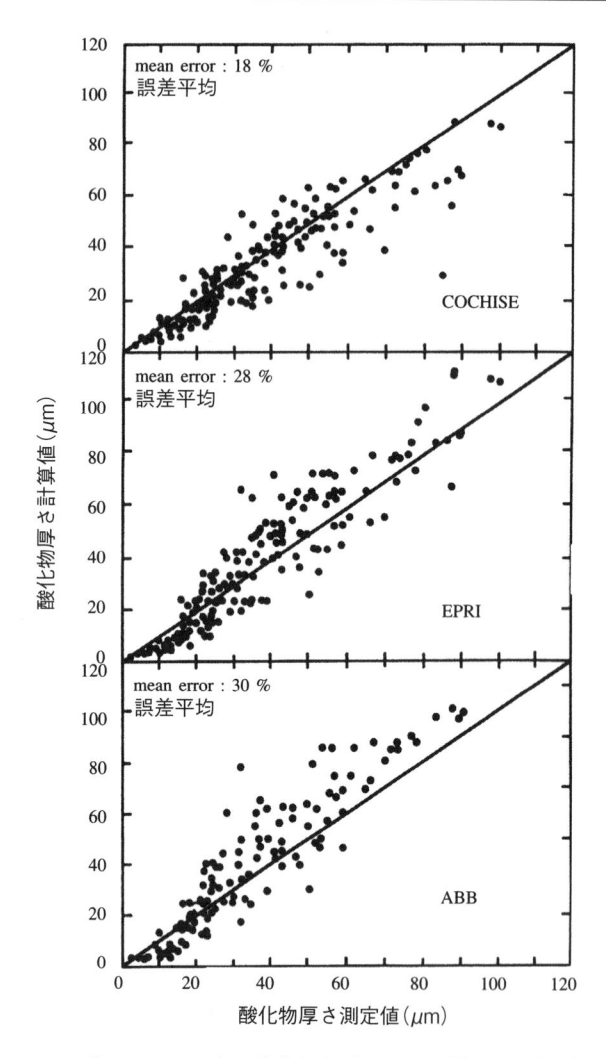

図 25.8　CEA, EPRI と ABB コードで計算したジルコニア厚さと測定厚さとの比較 [69]

照射効果

　照射下での腐蝕加速は高速中性子束に依るかもしれない，しかしプレナム位置（推定高速中性子束は 10^{13}n/cm^{2}s）での酸化物厚さと燃料カラム（高速中性子束は約 10^{14}n/cm^{2}s）での酸化物厚さ比較は ABB と EPRI によって提案されたモデルの限界を示す（図 25.11）．

　核分裂性カラム先端での位置に関する予測は正しいことを実証したが，計算酸化物厚さはプレナム位置で過小推定している．

　炉内燃料棒上に形成される酸化物の全長にわたり正確な予測が得られるために，照射下での腐蝕加速に対応する機構の理解の必要性を，このモデル化不足分が明確に強調している．

25.2 腐蝕モデル

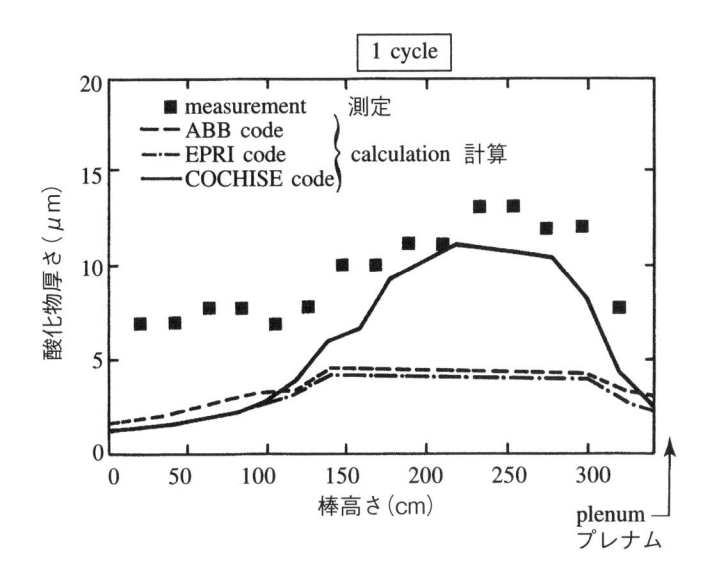

図25.9 PWRで1サイクル年照射した棒に沿った異なるコード (ABB,EPRI,COHISE) で計算した酸化物厚さと測定厚さとの比較 [69]

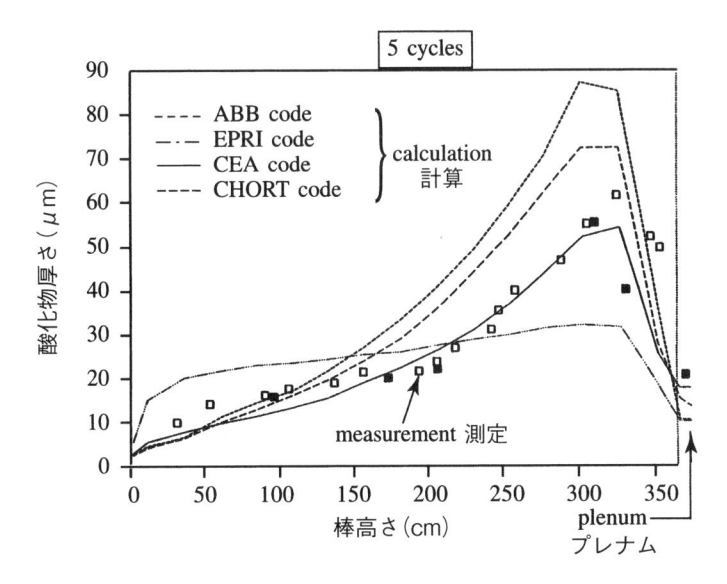

図25.10 PWRで5サイクル年照射した棒に沿った異なるコード (CHORT,ABB,EPRI, CEA) で計算した酸化物厚さと測定厚さとの比較 [69]

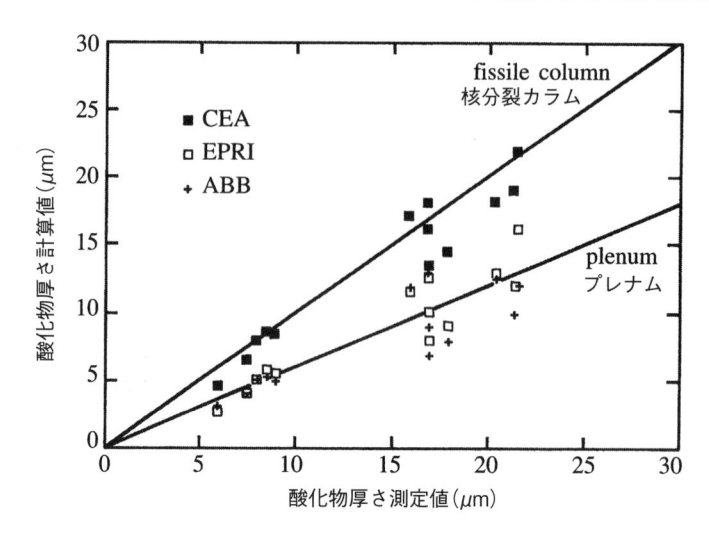

図 25.11　CEA,EPRI と ABB コードで計算した酸化物厚さへの高速中性子束効果 [69]

25.3　ペレット・被覆管相互作用（PCI）の数値シミュレーション

　酸化物とジルカロイのふるまい表現または棒内で起きる事象を記述する単純な物理学モデルを要求する種々の物理現象の全範囲について予知が PCI モデル化である．これらモデルは例えば METEOR プロジェクトで CEA によって開発されたような計算機コードと結び合わさっている：METEOR/TRANSURANUS，これは一定円筒幾何学形状を有する棒の全体的熱機械的ふるまいおよび 2 次元または 3 次元有限要素 (finite-element) コード,TOUTATIS, METEOR のモジュール――これは局所 PCI を描く――で記述されている．

　いくつか単純モデルの特別な要点レビューの後，それら集合体の挙動が説明されるだろう．

25.3.1　モデルまたは現象論的表現

a) 被覆管と酸化物に対する熱的モデル

　被覆管と燃料の温度計算は熱流方程式 (heat flow equations)（第 IX 部付録の I 参照）および部材の伝導性質を用いて実行される．ペレットでは第 III 部で示した式 (expressions) が用いられている（第 III 部，13.3 節および図 12.3 参照）；被覆管熱伝導率では，ジルカロイ-4 の化学組成とテクスチャー（配向）の僅少差異に伴い異なる式が提案されている．平均熱伝導率に対する 1 つの式が共通に用いられている [76]．酸化物の割れ（クラッキン

25.3 ペレット・被覆管相互作用（PCI）の数値シミュレーション

グ）は，それが半径方向の時，燃料温度場にいかなる影響も与えないと推定されている．この割れが円周方向である時，ガス通路面を通過するものとして扱われた割れ中の熱伝達によって，その温度は修正される．

さらに，被覆管温度場は外側のジルコニア層により影響を受ける，そのジルコニア層厚さは4サイクル照射した燃料棒で80ミクロンまで達することが可能である．この結果による被覆管の温度は約30 °C 上昇する，温度上昇は1次クリープ速度を増加させる；過渡条件下で被覆管が高応力を受けている時（$\sigma > 300$ MPa），この効果は取分け顕著である．

b) 被覆管粘塑性則

粘塑性 (viscoplasticity) 則の使用は不可欠である．それは塑性——それは応力水準限度である——とクリープ——これらの応力の解放を許す——の両者を使用するために必要である．

—定常条件下，クリープによる被覆管変形は，熱クリープからのと照射クリープからとの2つの寄与の和である．定常条件下で照射約1ヶ月後，クリープ速度は B 値で安定化する，その値は時間に独立であり，応力 σ，高速中性子束 φ と温度 T の関数である：

$$\dot{\varepsilon} = B(\sigma, \varphi, T)$$

ジルカロイのある品位に対し，B の式は以下の通り：

$$B = \beta \varphi^n \sigma^p \exp\left(-\frac{4500}{T}\right)$$

ここで β, m と p は定数．

—過渡条件下，熱クリープのみを考慮する必要が有る，その現象は最後の数時間のみであるとの理由から基本的に1次段階において考慮される．この1次クリープ速度は中性子束に依存しない．このクリープ速度の形は：

$$\dot{\varepsilon} = A(\sigma, T) \exp(-Ct) + D(\sigma, T)$$

ここで関数 A, C と D は以下の形で記述出来る：

$$\gamma \sigma^n \exp\left(-\frac{Q}{T}\right)$$

ここで Q と σ は定数および n は 1 から 6 の変数である．

この被覆管塑性は，線形 $\sigma = A + B\varepsilon$ である運動学的冷間加工 (kinematic cold working) を仮定する，

c) 被覆管と酸化物に対する熱的モデル

燃料クリープの記述に用いられる式は未照射材料に用いられるものと同じ種類である．クリープによる酸化物の変形速度は，図 25.12 に示すアレニウス型則に従う．図

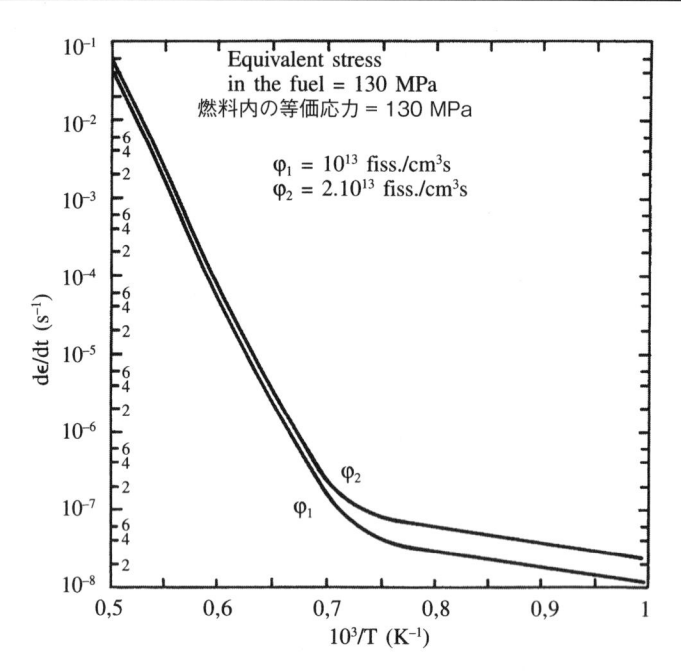

図 25.12　2 つの高速中性子束値に対する酸化物クリープ速度対温度の逆数；過渡条件下で酸化物の高温領域（ほぼ 1150 ℃ より高温）のみがペレット間の空間へクリープすることが出来る

25.12 は，2 つの核分裂速度 φ；約 1100 ℃ 以上，酸化物のクリープ速度は低く留まり（$\varphi < 2\times 10^{13}$ fissions/cm^{3}s において $\dot{\varepsilon} < 10^{-7}\,\text{s}^{-1}$）ほとんど温度に依存しないことを示す．クリープ速度はしかしながら核分裂速に敏感である：この分裂速が 2 倍になると，クリープ速度も 2 倍となる．

d) 酸化物スエリング

定常条件で，酸化物のスエリング速度 $\Delta V/V$ は 10 GWd/t 当り約 0.6 ％ に等しい．機械的ペレット・被覆管相互作用が存在する時，この速度が被覆管の応力を決定する．被覆管のフォン・ミーゼス (Von Mises) 相当応力は，被覆管クリープ速度 ($\dot{\varepsilon}_{\theta\theta}, \dot{\varepsilon}_{zz}$) の要素を酸化物の線形スエリング速度に等しいとして計算する．[*4] この計算の仮定に依って（特別な考慮下でまたはペレットが被覆管に突き刺さらず，燃料棒軸に沿ったいかなる相対的移動も起こらない），クリープに依る被覆管フォン・ミーゼス相当変形速度は，酸化物の線形

[*4] 訳註：　フォン・ミーゼス (Von Mises) 相当応力：塑性変形は相当応力が材料の降伏応力に等しくなったときに起こるという仮説で塑性変形に関する静水圧仮説を矛盾なく説明することが可能である．最大ひずみエネルギー説で鋼材などの延性材料に用いられる：$\sigma_{\text{VM}} = \sqrt{\frac{1}{2}[(\sigma_1 - \sigma_2)^2 + (\sigma_2 - \sigma_3)^2 + (\sigma_3 - \sigma_1)^2]}$ ここで σ_1 は最大主応力，σ_2 は中間主応力，σ_3 は最小主応力で，σ_y は材料の降伏応力である．降伏条件は：$\sigma_{\text{VM}} \geq \sigma_y$ である．

25.3 ペレット・被覆管相互作用（PCI）の数値シミュレーション

スエリング速度の 1 倍と 2 倍の間で等しいとセットされる：

$$\dot{\varepsilon}_{eq} = B(\sigma_{eq}) \approx \dot{\varepsilon}$$

　　　クリープ　　　　スエリング

　　　（被覆管）　　　（酸化物）

ここで $B(\sigma_{eq})$ は上記 b) 節で与えられた 2 次クリープ速度である．

　相互作用段階前のそれは負の値（圧縮応力）であった被覆管の応力はゼロに近づく，そして正値（引張り応力）となる；定常状態条件下で，この引張り応力は定常値になる傾向を有する，これは被覆管の応力緩和速度が酸化物スエリングによって作り出される応力増加速度に比べ相対的に高いことがその理由である．被覆管の引張り応力は低く維持され（$\sigma < 100$ MPa），ペレット・被覆管機械的相互作用は被覆管破損を導くリスクを有しない．これがコンディショニング段階である（24.2.2.b 節参照）．

　核分裂気体に依るスエリングは，燃料棒によって作り出された出力に伴い大きく増加する，さらにそのスエリングは全期間での出力の進展に依存している．過渡条件で，スエリング速度は非常に高くなることが可能となる．この酸化物スエリングが被覆管応力速度増加を引き起す，それは被覆管応力緩和速度に比較して同等になるかまたは非常に大きくなる．時間に伴う被覆管応力の連続的増加を予想することが出来る，それは出力過渡が充分長い時に被覆管破損を不可避的に導く．被覆管応力の正確な計算は従ってスエリングと核分裂気体放出に対するモデルの導入を促す（25.1 節参照）．

　TOUTATIS 有限要素コードで，酸化物スエリングで形成された変位場は，仮想温度場 (fictitious temperature field) によって生じた熱膨張により模擬されている．このコードは，それ自身仮想である応力場形成によって作り出された等価機械的荷重へ温度効果を組み込んでいる．そのため熱機械的効果とスエリングを共に計算するための場に由来する疑似熱的荷重によって生み出された仮想場を除くことによって，現実の応力と変位へ戻す必要がある．

e) 燃料棒内圧

　過渡条件下，もしもペレット内に形成された核分裂気体がペレットから逃れてプレナムに入り込むならば外側冷却材圧力（155 バール）に比べて燃料棒内圧は非常に高くなり，かつ被覆管が燃料から分離することが可能となる．この現象はモデルで考慮している．

f) ペレット破砕

　その状態が与えられたなら，ペレット破砕 (fragmentation) はその現象の単純化によってモデル化された：クラック（割れ）は平らな表面に沿った不連続面 (discontinutities) を形成するものと仮定している．それはまた 200 W/cm の定常期間 (steady regime) において，クラックは放射状（半径方向）でかつ燃料棒の z 軸に対称に発達するかまたは横断

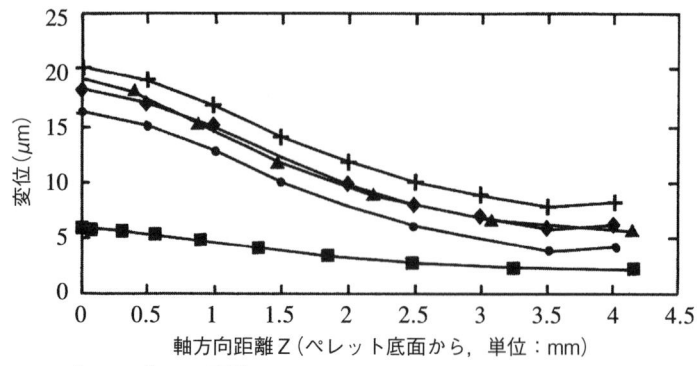

図 25.13 400 W/cm で 2 時間の過渡出力を受けた実験棒被覆管の半径方向変位：横座標ゼロはペレット間の空間に対応し，横座標最大はペレット中間高さに対応している
これら曲線は剛体ペレットでの 2D モデルの限界を示す；破砕ペレットの 3D モデルのみが測定された変位に対し完全な説明が可能である．

するかのいずれかであり，それは z 軸に垂直な平面上に存在する．過渡条件下で，その割れもまた円周状 (circumferential) である：これは臨時的過出力に伴うその冷却に依ってペレット内に形成される高半径方向応力 σ_{rr} からの結果である．出力過渡試験で特徴付けされた（図 24.7.b），これらクラックは σ_{rr} がセラミック最大引張強さ（耐力：ultimate tensile strength）を超えた時に現れる．

ペレット内の半径方向クラック数が増加するほど，ペレットの変形が増加する．クラック数の増加に伴うペレット変形の線形増加はしない：それらは一種の漸近線的 (asymptote) 傾向を有する．割れたペレットは常に被覆管に比べさらに剛体であるため，結果的に被覆管応力と歪みを増加させる．

被覆管内応力と歪みへのクラッキング効果の研究を通じ，この効果は実証されている；単一片ペレットの場合に対して計算された歪みはその測定値に比べてはるかに低く，その差異はペレットのクラッキングを考慮することによってのみ説明が可能である [77]．この効果もまた図 25.13 に示される，この図は 400 W/cm で 2 時間の過渡出力を受けた実験棒内の UO_2 ペレット正面の被覆管の半径方向変位 u_r を表している；冷却後の測定変位と計算変位が半分のペレットに沿って測定された高さ z の関数として示されている．クラックが無くかつ無破砕ペレットがペレット端部で最大 6 μm に達する場合の 2 次元計算（r と z）の TOUTATIS コードを用いて値 u_r が得られる，一方 4 片に破砕したペレットの 3 次元計算において u_r はほぼ 20 μm に達する，この値は実験的に測定されたペレット直径に一致している．

このクラッキングは従って PCI 発生を決定する因子である．その状況，その明晰さの選

25.3 ペレット・被覆管相互作用（PCI）の数値シミュレーション

択は勿論，PWR 燃料棒の全寿命の計算を通じて見出される，それは実際，期間変動する出力水準におけるこの基礎的シナリオの反復に過ぎないものである．

g) 応力腐食割れ (SCC) に依る被覆管破断

ペレット・被覆管相互作用において，被覆管は 2 つの対抗する現象に遭遇する．

—**第 1 番目，被覆管を危機に曝す**，は被覆管内面上の割れ形成から来るものである；膨張燃料の被覆管押出によって生じた応力と燃料からの核分裂生成物（Te, I）に依る腐蝕との結合効果の下で，これら割れは被覆管壁内を伝播することが可能となる．応力が最も高い場所，言い換えればペレット間の位置（鼓状ペレットに依り），で被覆管破損をこれは導く．その場所は核分裂生成物集積の最適場所でもある．

—**第 2 番目，被覆管健全性に寄与する**，は上述応力の解放から成る；ペレットからの一定変位に曝されている被覆管応力は時間と共に減少する，このことが割れの伝播を停止させることが出来る．

応力腐食割れに依る PWR 被覆管破損は，被覆管内の割れ成長と応力緩和のこれら 2 つの現象間の競争の結果である．これら 2 つの現象の速度の差異がクラックの進展を決する．

ペレットのクラッキング現象は連続する 2 段階で発生する：

1) 限界値に比べて高い被覆管周応力で始まる粒界（結晶粒間）での**割れ開始**，その限界値は照射量増加に伴って減少し [78]，燃料棒中のヨウ素濃度増加に伴って減少する [79]．未照射ジルカロイ-4 に対し，この極小応力は 300 MPa に近い [80]．初期様相，すなわち最遅様相 (phase) において，割れ成長速度は応力 σ の増加関数である：閾値応力に達するまで，その閾値は被フルエンス（積分中性子束）に依存し，この速度は殆んど変化しない（da/dt = 30 から 40 Å/s），そしてこれを超えると，応力増加に伴い指数関数的に上昇する．充分に高い応力において，その "a" 割れサイズが時間と共に増加し臨界値 a_c に達すると，第 2 様相が開始される；もしも応力緩和速度が充分高い——1 次クリープに対応している——ならば，言い換えると温度が充分に高い（なぜならクリープ速度は温度上昇に伴い急激に増加するため）ならば，この臨界値に到達する前にこの第 1 様相は終わる．

2) 粒内割れ伝播から成る第 2 段階は，殆んど被覆管の瞬時破断を導く；この伝播は被覆管緩和 (relaxation) に比べ実際的に非常に速く，停止させることはそのため不可能である．この段階下で，割れ成長速度は典型的に毎秒 1 ミクロン近傍である [81].

その第 1 段階中，周応力 $\sigma_{\theta\theta}$ が充分高く，その割れ（サイズ a）が充分大きくて以下の関係が正ならば [82]，この破壊的の伝播のみが起こる：

$$\alpha\, \sigma_{\theta\theta} \sqrt{\pi a} \geq K_{Ic}$$

ここで K_{Ic} はクラック端部での応力集中係数 (stress concentration factor)，α は幾何学に依存している無次元定数（$\alpha \approx 1$）．主にジルカロイ配向（テクスチャー）[83, 84] に依存す

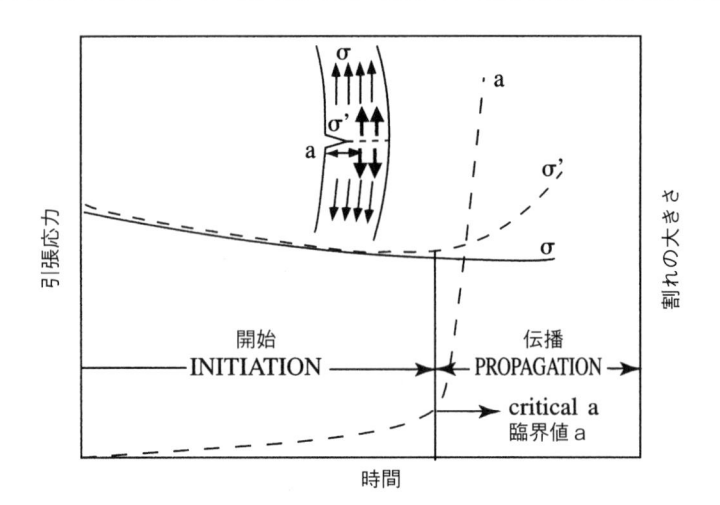

図 25.14　応力腐食割れに依る被覆管破損：クラックの開始と伝播
σ = 開始区分に関連している応力
σ' = 残りの領域に関連している応力．

る応力集中係数は，350 ℃ における未照射の標準ジルカロイ-4 で約 3 MPa m$^{1/2}$ である [83, 85]；その値は照射損傷に伴い減少する [85].

　このことについて他の方法で述べるなら，与件応力に対し，その第 1 段階中に臨界寸法 a_c にクラックが達するや否や殆んど瞬時に粒内破断が生じると言うことが出来る．

　この状況を図 25.14 に描いた，それは割れ大きさ a と被覆管の引張り応力の時間に伴う進展を示している：数分後に割れ長さが臨界値 a_c に達する時に——被覆管は初期応力 σ_0 を受けている——割れ長さ破損を導く指数関数的成長を開始する．この初期段階中 $(a < a_c)$，被覆管間膜残留応力 σ'(remaining cladding ligament) は緩和に依って減少する；しかしながらこの応力緩和は，この場合に破損を避けるのに充分速くは無い．引き続く段階中 $(a > a_c)$，その σ' は被覆管断面積の減少に依り急激に増加する，一方クラッキング前の初期被覆管断面積に働く応力はこの効果を形成させない．

h) "出力急昇" への適用 (Application to "power ramps")

● 燃料が急速出力上昇に曝される時（数分間未満），被覆管応力は引張り強さへ向かって高くなる；しかし緩和効果の下，応力は低下し，被覆管肉厚内に発達する SCC 割れに対する充分な長さの応力を与えない．その燃料棒はその健全性を維持する．

● その出力変動が遅い時（数時間），被覆管内応力はゆっくり上昇し，徐々にジルカロイ緩和を活性化させる．この緩和は，SCC による割れを発達させる閾値より低い値の応力を維持させる．従って破断は存在しない．

● 最後に，出力変動の中間的速度において（数分間程度），その応力水準は割れ開始閾値

25.3 ペレット・被覆管相互作用（PCI）の数値シミュレーション　　437

を超えかつその割れが被覆管破損に達するに充分な時間この水準に留まることが出来る．

この局所的出力変動は，したがって PCI/SCC による被覆管破損のリスクに関連して認識されている．

25.3.2 METEOR プロジェクトの TOUTATIS・3 次元コード

燃料棒の幾何学的単純さが以下によって生じる現象の事実を隠す：
―きわめて多数の (numerous)，
―複雑さ (complex)（核分裂ガス生成，被覆管割れ，燃料割れ，他のもろもろ），
―強い結合 (strongly coupled)，
―非線形 (nonlinear)（局所応力評価のためのペレット・被覆管接触の検討に伴う粘塑性），
―平衡の外 (out of equilibrium)，
―非軸対称的 (not axisymmetric)（例えば燃料の割れ）．

これを例証するために，出力急昇経験を有する燃料棒は，それが破損するか否かが，たった数十ミクロンの初期状態（変位に関して）で異なってしまうことに思い起こそう．棒の力学的状態はしたがって非常に精密な方法で，しかし既知パラメータを考慮し実用的に評価しなければならない．

強力で最適である，現行の方法は有限要素を用いている．METEOR プロジェクトの中で，CASTEM 2000，必要な計算出力と能力を備えた有限要素ツールから形成される，2 次元および 3 次元（2D および 3D 版）の TOUTATIS コードを CEA がなぜ開発しているかということのこれが理由である．

発展に対する許容能力がこのコードの特徴である，その主要アルゴリズムと独立なサブルーチンである手順の構成に関するモジュール性 (modularity) が実証されている．

FRAMATOME と EDF もまた，同じ原理でしかし産業での適用へ向けたモデルと計算機コードを開発している．

結　論

燃料の主要特性は，大変異なる性質間における極端に強力な相互作用の存在である．非常に単純な，1 例はペレット熱伝導率へのクラッキングの影響である．もっと複雑な，他の例は核分裂ガス放出と機械的効果間の関連である：1 つが応力水準であり，もう 1 つが割れのネットワークである，これら放出ガス量としたがってギャップ熱伝導率と内圧に影響を与える明らかな因子である，それら自身が熱的環境を修正させ，それ故にガスを放出させる．我々はその物質およびスエリング内での応力間の関係についても述べることが出来た．複雑な実験および数値的シュミレーション，モデル化と遡及現象 (retroative phenomena) と新たな実験の定義の両者を数量化する実験の解釈のために 2 次元および 3 次元計算の必要性をこれらの例全てが実証している．

第 26 章

事故時条件下での燃料のふるまい

　本書のはじめにで示したように，本章の目的は原子炉事故を詳細に取り扱うことでは無い．幾つかの典型的事故および事故時の燃料の進展の様相の概要のみがここでは与えられる．

　さらに，以下の 26.1.1 節で説明するように，事故条件は稀である（米国のスリー・マイル・アイランド (TMI) 事故およびウクライナのチェルノブイリ (Chernobyl) 事故にもかかわらず）ことを明記しておくことが必要だ；この分野で行われている研究は，したがって仮想過酷事故 (probable severe accident) を記述することではなく，事故の"前兆 (precursor)"事象を追跡することおよび原子炉の設計または運転手順草稿を考慮した適切な計測により，最良の方法でその帰結を管理することである，

26.1　原子炉設計に対応する事故区分

　この様相は第 V 部の初めで，原子炉運転の異なるモードについて述べた時に，既に考察されている．このことについて，只今から安全の観点で継続しよう．

　炉の安全解析は，定格 (normal)，前事故 (incidental) および非定格 (off-normal) 事態の全ての範囲を考慮することによって行われている，それらは炉寿命を通じて生じる事態である．

　原子炉を設計する一般的原理は，事態発生の確率が高ければ高いほど，考慮された事態での放射線学的帰結はより低く，と言うような方法である．これはリスクを最小にしている，このリスクはその事態帰結と確率との積である．この確率は年次事故頻度数 (annual accident frequency) f として表現されている．

　複雑さを示すリスク計算のため，以下の方法論が適用される．3 つの事故クラスを考慮する：

—設計想定事故 (design basis accidents),
—設計想定を超えた事故 (beyond design basis accidents),

—考慮外の事故および残余リスクと呼ばれている危険性が棄却された事故，そのリスク水準が無視できるものであることを示しているとの理由によって．

26.1.1　設計想定事故

モードに従い原子炉運転を4クラスに区分する，クラス1からクラス4まで通過する（過酷さが増加する）度に，年次頻度数 f の低下を伴いながら，そこでは前事故（インシデント）または事故が起こり得る．第22章で述べたように，これらは原子炉の運転モード，**定格運転**（クラス1, $1 \leq f$）から**前事故**（クラス2, $10^{-2} < f < 1$；出力変動の大きな振幅）そこでは被覆管によって構成された第1障壁が維持されている，さらに**非定格事態**（クラス3とクラス4）の最後までを記述する．設計想定事故は，したがって主に後者のクラス3とクラス4に関係している．

第3番目の区分（$10^{-4} < f < 10^{-2}$）は，修理および免許の後，その原子炉が供用に復帰出来なければならないと考える事態をカバーする．

これとは反対に，**第4番目の区分**（$10^{-6} < f < 10^{-4}$）の場合，その物質の損傷は修復不可能であると認識される；炉心冷却の可能性が維持されている間，放射線学的影響度の適切な限度を伴う安全状態に原子炉は置かれているだけと考えられている．この頻度のさらに低い領域は，以下の方法によりフランス内で定められた全体的対象と関連している："1事業所 (a station) の設計の基礎は，例えばこの事業所の許容されない重大結果の発生が年 10^{-4} を超えないという全体的確率 (global probability) でなければならない"．

この許容されない重大結果に対する閾値は，敷地境界での放射線学的放出が公的当局によってその測定が要求されるような値（例えば住民の避難）を超える場合と想定することができる．

26.1.2　設計想定を超えた事故

上述頻度（$10^{-6} < f$）に比べてさらに低い確率の状況は，設計想定を超えた事故 (beyond design basis accidents) の領域 (realm) を構築する，率直に言って原子炉設計においてそれらは考慮されていないが故に，設計想定を超えた事故と呼ばれている．

設計想定領域を超えた考えられる対象は原子炉設計中に完全に計測され，それは非常に稀な，しかし過酷事故 (severe accident) の場合に，その重大帰結は公衆にとって許容することが不可能である．この非常に起こりそうもない領域の相補的解析は，設計想定解析の網羅性 (exhaustiveness) に関する絶対的な確実性 (absolute certainty) の欠如によって正当化されている．

さらに，Three Mile Island 第2号原子炉および Chernobyl 第4号原子炉で発生した事故は，原子炉格納建屋へ砂床フィルター (sand-bed filters) のような装置の設置を考慮しなけ

26.2 大規模な研究がなされた事故

ればならない設計想定を超えた事故を導いた.

これらの条件下で,設計想定と設計想定を超えた,これら2領域分離に予め使用されている境界線は,記録された低下の傾向である.これは,設計想定を超える帰結の全てまたは1部について特に原子炉の包蔵性を考慮されることを意味する.この方法で,炉心熔融に結びついた過酷事故を含む,標準的様相が解析される；特定の建設的手配および法令に定められた運転手順 (statutory operating procedures)(最小の帰結を目論んで),並びに最終的に,それらは潜在的公衆当局介在計画戦略 (potential public authorities intervention plan strategies) と関連させられ.

26.2 大規模な研究がなされた事故

燃料冷却は,生成出力とその出力除去の間の平衡によって支配されている.この平衡が崩れ,手短に述べるような異なる状況の2つのタイプに分かれる.

26.2.1 冷却材喪失事故

冷却材事故は,例えば1次冷却系の冷却不足 (cooking deficiency) による結果である.それは数十分または数時間で終了する低速度事故に関連している.検討されるこの基礎的事故は"冷却材喪失事故 (Loss-Of-Coolant Accident: LOCA)"である,この事故では,炉心の永久ドライアウト (dryout)[*1]および燃料熔融を避けるための炉容器底部への水注入手段である,1次冷却系の冷間部 (cold leg) 大破損を伴う.この1次冷却系(初期に150バールに加圧されている)破断は,被覆管の温度上昇を伴う相当量の冷却材蒸発を引き起す,これは冷却の欠乏状態になっていることを意味する.冷却材の減速効果の欠乏およびそれに引き続く緊急運転停止に因って連鎖反応が破綻するにもかかわらず,燃料内蓄積エネルギーを除去することが実際に必要である,さらにその崩壊熱出力は有意な大きさが残つている(1分後で定格出力の5％).加えて,ジルカロイと水蒸気間の発熱化学反応 (exothermic chemical reaction)——温度上昇に伴いその反応速度は増加する——を減速させねばならない.温度の低下は1次系の冷間部への注水によって,および炉心の下部からの再冠水によって得られる,

このタイプの事故に対して,フランスおよび海外で非常に多くの研究がなされている.

a) 解析的実験の使用

照射および未照射材料を用い,燃料内で生じる基礎的現象に光を当てる目的で行われた(被覆管の熱機械的安定性：EDGAR プログラム [91]；被覆管酸化基準；炉心再冠水間で

[*1] 訳註： ドライアウト：水滴を含む水蒸気が伝熱面に接触している場合に,水滴が熱を吸収して蒸発していく現象をいう.

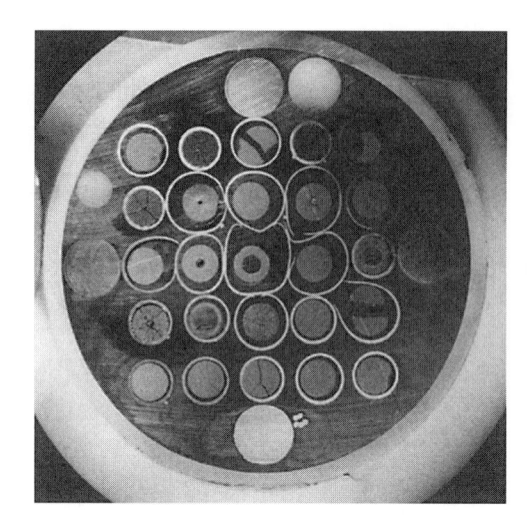

図 26.1　PHEBUS-LOCA 試験後のクラスタ断面

の被覆管の焼入れ（クエンチング）挙動：TAGCIS と TAGCIR 試験；核分裂生成物放出：CEA の試験炉 SILOE での FLASH プログラム [86]）．

b) 炉内統合試験の使用 [87]

　フランス内で，これらの試験は CEA の安全性試験に供せられている実験炉 PHEBUS で実施された．以下の試験と比較し，これらの試験は熱・水力学的観点から実際の事故をより良く代表する；この試験は熱伝対およびその他の計測線付きの約 25 本燃料バンドルで行われた；棒間の相互作用および破断モードを評価することが可能である（図 26.1）[88-91]．このタイプの全ての試験は共通点を有する：被覆管破断は延性である（図 26.2）．その破断変形は 12 % から 54 % の間で変動する．

　熱・水力学的観点から，重要な結論は，燃料棒変形およびそれらの幾つかの破断 (rupture) 後，燃料棒束全断面に対して 50 % を超え，サブチャンネルに対してほぼ 100 % にもなる可能性のある場合を通じて，燃料棒束の閉塞 (blockage) が全体からかけ離れてしまうことである．その燃料棒束 (bundle) は従って緊急注水システム (emergency injection system) の作動によって生じる再冠水を通じて冷却能力が維持される．

　最後に，被覆管酸化に関し，酸化した被覆管厚さは，全体的として被覆管全肉厚の 17 % 未満であると言うことが出来る．これは超えてはならない限界を設定 (constitutes) している，さらにこの値を超えると被覆管は脆化し，破損する（この 17 % 厚さは，被覆管に吸収された酸素の計算から求められたものである）．

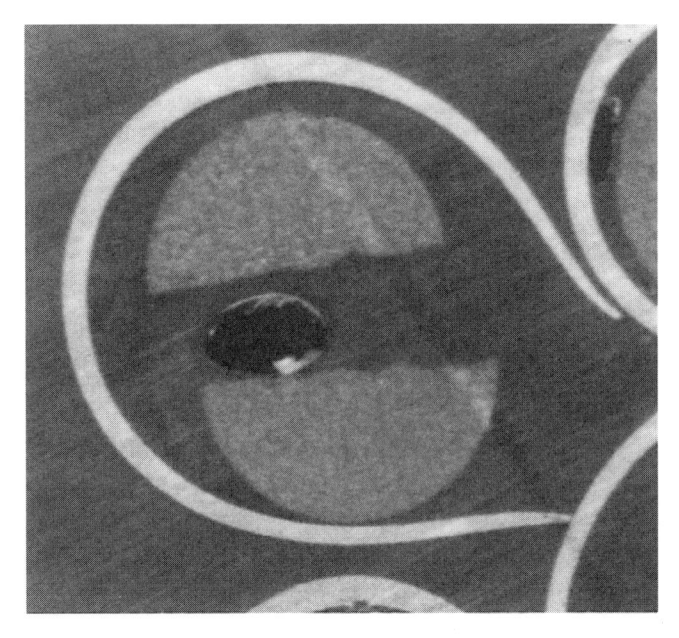

図 26.2　被覆管の延性破断

26.2.2　反応度起因事故

　反応度起因事故 (reactivity-initiated accident: RIA) は，破裂的性質 (disruptive nature) を有する出力エクスカーション (power excursion) によって特徴付けられる [92-97]．[*2]

　Chernobyl 事故後，反応度事故の徹底的再評価が行われた．これは，それ以外の事故シナリオの同定を許容している，1 次冷却系ポンプが稼働しない時，ゼロ出力で生じる無ホウ酸水によるホウ酸水の事故的希釈である．

　加圧水型原子炉の設計で考慮されている最大多数の限定的反応度事故は，制御クラスタの飛び出しである，それは炉心反応度の急激な上昇および数十ミリ秒内でエネルギーの有意量が燃料内へ蓄積されることを導く．

　二酸化ウランへのエネルギー蓄積は，燃料中に集積された核分裂ガスに依る燃料スエリングおよび破砕を，その結果ごく小さい破片形状の燃料の分散を引き起す．このことは，万一脆化した被覆管が破損したなら，冷却材との突然の機械的相互作用が生じる可能性を有することである．LOCA と比べた時，これは最速の事故である．

　この事故は反応度エクスカーションの再現実験の主題であり，制限基準を確立させる

　[*2] 訳註：　　出力エクスカーション：核的な臨界超過による急激な原子炉出力上昇をいう．通常エクスカーションは負の温度係数など原子炉の自己制御性あるいは自動制御系の作動により速やかに制御される．

ためのものである．数多くのプログラムを引用することが出来る：USA での SPERT と PBF，日本での NSRR．フランス内で，高燃焼率の燃料に偏った実験プログラムが CEA の CABRI 原子炉で行われている，そこでは 63 GWd/tU まで照射した燃料棒の 10 から 100 ミリ秒の最終出力エクスカーションが主題となっている．現時点において，最初の CABRI 実験から明確な結論を引き出すには，あまりにも早計過ぎる [98]．

26.2.3 過酷な炉心崩壊

率直に述べるなら，ここでは事故が問題では無く，炉心の 1 部または全体熔融を媒介する重大な炉心損傷を引き起す制御出来ない事故（LOCA, RIA など）の結果が問題なのである．そのような事故によって帰結する最終段階の事故群は，前段階状況で遭遇したものとは異なる新しい現象を生成させる，なぜならその温度が非常に高くなるためである（材料を熔かすに充分な程）．

1979 年 USA で発生した TMI 2（Three Mile Island）の冷却材事故は，相当量の炉心熔融 (considerable core melting) と気密性を維持した原子炉容器を導いた（図 26.3）．この事故は非常に多数の世界的規模での炉心崩壊の研究モードを立ち上げた（PBF, ACRP, NRU, CORA, LOFT）．例えば，フランスでは燃料バンドルが PHEBUS 施設を使用した事故時条件に供された（PHEBUS SFD-過酷燃料損傷（Severe Fuel Damage)-試験 [99-101])，その PHEBUS 施設は過去に LOCA タイプ（21 本の未照射燃料棒を冷却不足に因る高温，1200 °C から 2500 °C，へ導きそのため部分的に熔融させる）の冷却事故の研究に使用されていた．これらの試験以外に数カ国で相当量の評価努力が行われた，とりわけフランスでは TMI 2 の損傷炉心から引き抜かれたサンプルに関した評価努力が行われた．

これら全ての研究は理解度の進捗を許した [102]：

—高温でのジルカロイ被覆管酸化，吸収材料（銀-インジウム-カドミウム）による鋼腐蝕またはジルカロイ腐蝕のような化学現象，

—共晶形成（ジルカロイ-UO_2，格子板からのインコネル-ジルカロイ）を伴う物理化学現象およびそれゆえの早期熔融，

—機械的現象または熔融物質の緩やかな流れ，およびそれらの冷却，

—熔融炉心"マグマ"(magma) 内での化学元素（特に核分裂生成物）の移行と分布，

—共晶形成分析による熔融炉心の異なる部分での到達温度，

最後に，照射燃料を用いた PHEBUS-FP と呼ぶ新たな実験プログラムが PHEBUS 施設で進行中である．その目的は，過酷事故中に生じる全ての現象集積を可能にすることと [103, 104]，とりわけ原子炉の異なる部分における核分裂生成物とそれらのエアロゾルの移行によって形成される"ソースターム"(source term)[*3] の評価である．この高価なプロ

[*3] 訳註： ソースターム：炉心損傷事故時には，燃料が熔解し，FP が炉心から放出される．このとき，1 次系や格納容器の健全性が損なわれていなくとも一定の漏れ率で FP などが環境へ放出されることにな

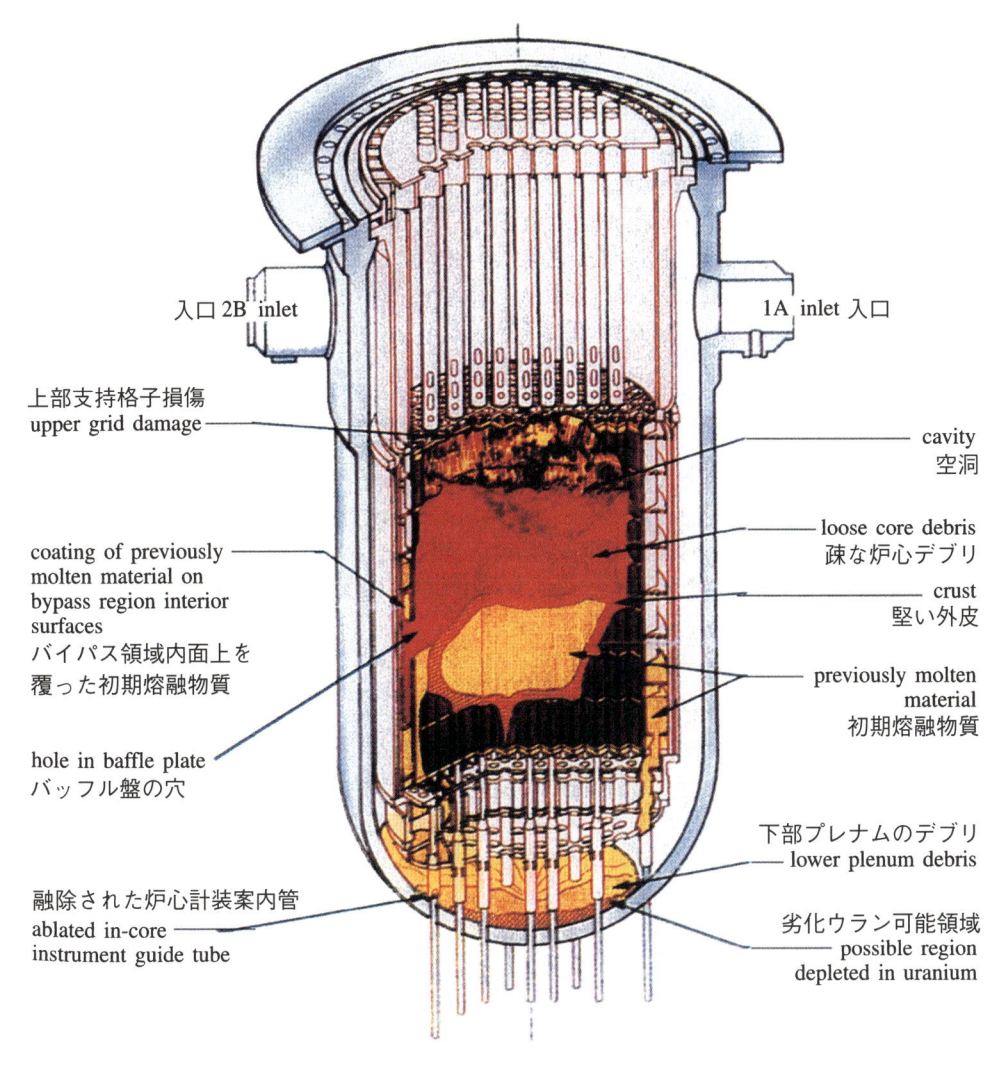

図 26.3　最終状態下の TMI-2 炉心

グラムは，もっと単純な解析実験により支援されている．

26.3　事故シナリオにおける燃料の役割

　この節では，このテーマをなぞる幾つかのアイデアが見出される；読者は，さらに詳細なことに対する専門書が参照出来る．

る．環境への影響を評価するには，炉心から放出される FP などの種類，化学形，放出量を明らかにする必要があるが，これらを総称してソースタームと呼ぶ．

燃料内に生じている現象は，主に燃料集合体の異なる構成物が到達できる，ほぼ3000 °C に達する高温と関連付けられている．前述した3つの事故は，ある種の物理現象が3つのシナリオで共通であるとしても，各々分離して取り扱われる．

26.3.1 冷却材喪失事故

このケースで，緊急システムによって冷却が許容され得るよう可能な限り集合体の幾何学形状を維持するための試みが行われる．核分裂生成物の放出以外に，2つの主要な現象が研究され，その研究が安全基準の確立を導いた [105-107]．

a) 被覆管酸化

これは冷却事故および重篤な炉心崩壊のケースに関連する現象である．この酸化現象は定格運転期間にも存在するが，この場合の被覆管酸化率は低い（24.2.4 節参照）．

ジルカロイ酸化は，ジルコニアの形成と水素生成を引き起す大きな発熱反応 (exothermic reaction) である：

$$Zr + 2H_2O \rightarrow ZrO_2 + 2H_2$$

この酸化は水素を生成し，さらにもしも非常に多量ならば，引き続く炉心の再冠水時のクエンチング (quenching) 中に被覆管脆化を引き起す．結局，クエンチングに伴うこの反応および強靭性試験 (toughness tests) の研究が以下に示すような基準の確立を許した [108,109]：

1) 被覆管に対して計算した総酸化が酸化前の被覆管総肉厚の 0.17 倍を超えてはならない，もしも全ての酸素が吸収されたなら酸化物に変換された，および被覆管と局所的反応を有する被覆管材の肉厚として定義される総酸化はジルコニアへ変換する．

2) 被覆管温度は 1204 °C を超えてはならない（この温度を超えると，ジルカロイ酸化速度が急速に増加する）．

3) ジルカロイに関連する反応によって生成される水素量は，もしも被覆管の全てのジルカロイが反応した場合に造り出される量の 1 % がその限度である（水素と格納建屋内の空気中の酸素間の酸化反応に因る爆発リスクを避ける目的で）．

b) 内圧による被覆管変形 [110]

1 次循環系の減圧は，燃料棒内部で，棒内の初期ヘリウムおよび核分裂ガス生成に因る内圧を形成する．被覆管の温度上昇で，燃料棒の相当数に局所膨らみ (ballooning) が起こり得る，これが集合体を通過する冷却材流路の断面積を減少させる．これが緊急システムによる集合体冷却を危うくする可能性がある．

これらの関係が，事故条件の温度で確定された被覆管の許容機械的性質を生み出した．これらは事故コードの入力データとして使われている [111]．

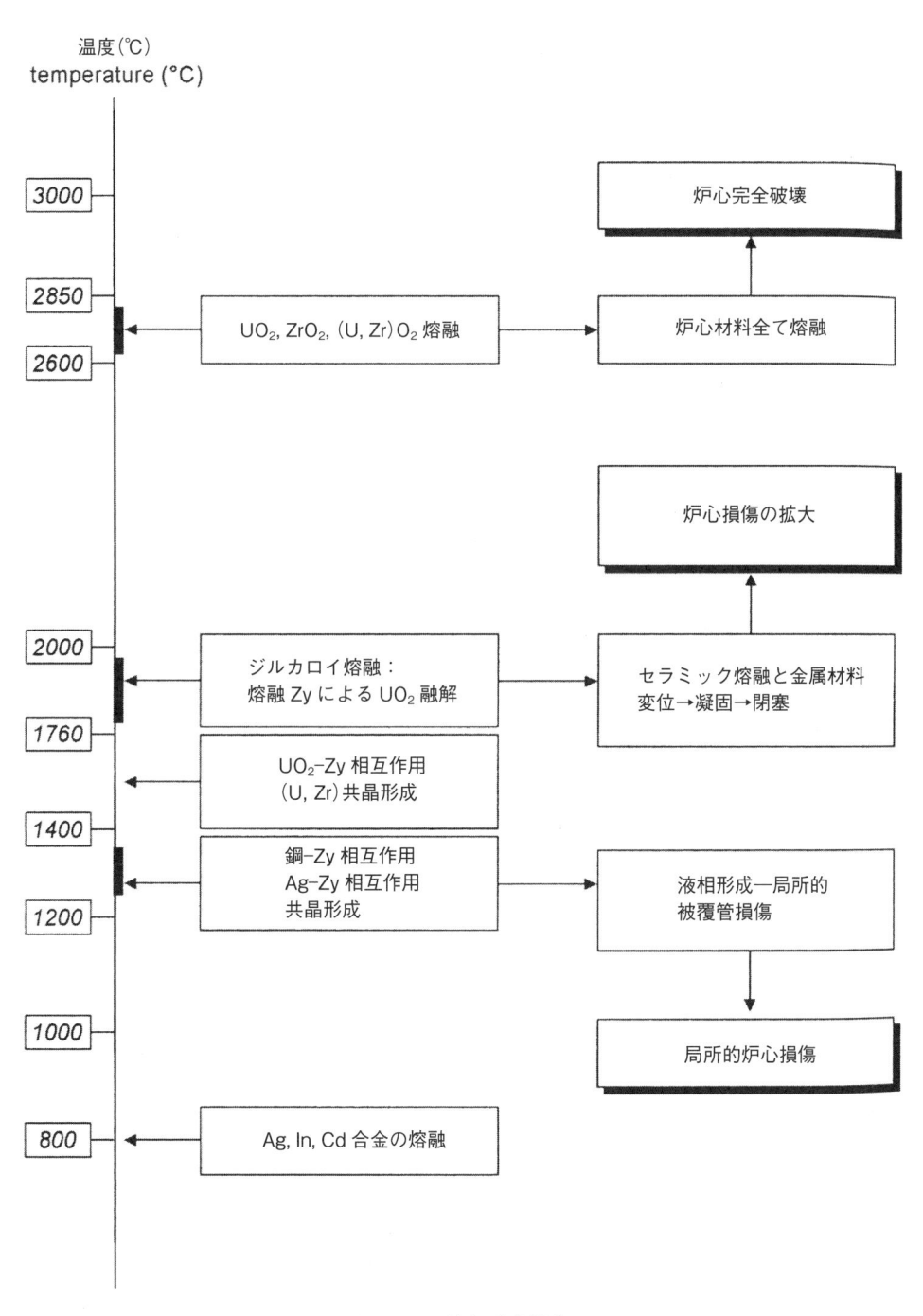

26.3 事故シナリオにおける燃料の役割

温度(℃)
temperature (°C)

- 3000
- 2850 ← UO₂, ZrO₂, (U, Zr)O₂ 熔融 → 炉心材料全て熔融 → 炉心完全破壊
- 2600
- 2000 ← ジルカロイ熔融：熔融 Zy による UO₂ 融解 → セラミック熔融と金属材料 変位→凝固→閉塞 → 炉心損傷の拡大
- 1760 ← UO₂-Zy 相互作用 (U, Zr) 共晶形成
- 1400
- 1200 ← 鋼-Zy 相互作用 Ag-Zy 相互作用 共晶形成 → 液相形成―局所的被覆管損傷 → 局所的炉心損傷
- 1000
- 800 ← Ag, In, Cd 合金の熔融

図 26.4 液相形成温度

26.3.2 反応度起因事故

このような事故を，ここでは単純化した模式図的手法で述べる．

a) 核分裂ガス：事故の駆動力

PWRs で相対的に低温度で運転されている燃料は，二酸化ウラン中の核分裂ガス高保持が特徴である（＞生成量の95％）．燃料中に前もって調整された核分裂ガスは，反応度事故のような，高温に上昇した燃料の崩壊の過程において主要な役割を演じる．そのような事故中に，燃料の全体的なスエリングが閉じ込められたガス気泡および粒界ガス気泡，粒界に沿って燃料割れを導く何物かに依る内部過加圧によって生じる．結局，燃焼率が上昇するほど，燃料中に閉じ込められたガス量は大きくなる，従ってこの現象の支配がさらに巨大となる．この現象はペレット周縁部領域の高燃焼率到達部によって強調される（リム効果，24.1.8.a 節参照）．

b) 被覆管破損

被覆管と燃料間の機械的相互作用は，被覆管破損を導く主要な現象である，その被覆管は事故前の照射中に酸化によって脆化され得る．

燃料の膨張推圧 (expansive thrust) は以下の影響下でこの機械的相互作用の原因となる：
— 燃料の熱膨張，
— 核分裂ガスによるスエリング（照射燃料の場合に），
— 起こりうる燃料熔融，この熔融には約 10 ％の体積増加を伴う．

c) 燃料中の熱エネルギーから機械的エネルギーへの転換

被覆管が破損する時，燃料は 1 次系の水と接触することになる．続行する段階において結晶粒界でバラバラにされた粒界ガス気泡に依って最終的に分割された状態となる．この大変高温の燃料粒は，それらの熱を非常に急速で水中へ放出させる，その水は従って蒸発する；蒸気膨張に依り，炉心構造物および容器に対してさえも重篤な変位を導くことが可能となる．事故中の被覆管破断時間は根源的である，なぜならそれが機械的エネルギーに移行する燃料内のエネルギーを決定しているからである．

この種類の事故は最近フランスで研究されている，さらに燃料内に閉じ込められた核分裂ガスが最も高い，高燃焼率を有する集合体への関心がとりわけ強い．

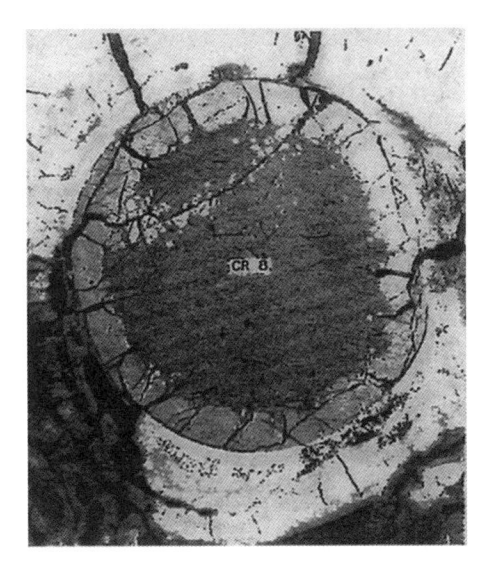

26.3 事故シナリオにおける燃料の役割　　　　　　　　　　　　　　　　　　　　　449

図 26.5　液化ジルカロイによる UO$_2$ の融解

26.3.3　過酷な炉心崩壊

もしも事故の進展が適切に制御されなかったなら（TMI 2 の場合のように），到達する温度水準は炉心のある割合での崩壊（熔融）を導く．

炉心崩壊に続く事故展開の最初の段階において，前述した現象が生じている．これらは事故初期の崩壊の種類に依存している．

このように，全ての炉心材料，特に熔解しているもの，は図 26.4 に示すような相互作用を受けやすい．

以下の点はこの図中に明記されている．

a) 制御棒の吸収材は最初に熔ける；その合金（Ag, In, Cd）は約 800 °C で熔ける；

b) 約 1800 °C で熔けるジルカロイは，融点が 2800 °C に近い固体 UO$_2$ に熔解する；これは UO$_2$ 融点よりもさらに低温で炉心損傷を増加させることが出来る（図 26.5）．UO$_2$ 熔解量は局所的には 40 ％ の高さまで達することが可能である [112]．[*4]

[*4] 訳註：　本書のはじめにで示したように，本書の目的は原子炉事故を詳細に取り扱うことでは無い．従って過渡事象・前事故（インシデント）までが本書の範囲である．
　補足の意味で，欧州の原子炉で使用されている酸化物燃料の事故中の挙動についての英国原子力公社 (UKAEA) および Harwell 研究所の研究者たちのレビューを紹介しておく：
　前半のパートで UO$_2$ 燃料を使用している水炉に関して，事故時の燃料のふるまいについて詳細に取り扱う．後半のパートで混合酸化物燃料とナトリウム冷却原子炉について取り扱う．各々のパートでは以下のことについて言及する：燃料の化学組成，燃料のふるまいと破損限界，破損した燃料のふるまい，事故時の燃料のふるまいと仮想事故後の瓦解した炉心内での相互作用および欧州での燃料安全性研究の将来の研究方向についての検証である：J.H. Gittus, J.R. Matthews, P.E. Potter, "Safety Aspects of Fuel Behaviour during Faults and Accidents in Pressured Water Reactors and in Liquid Sodium Cooled Fast Reactors." *J. Nucl. Mater.,* 166, 132-159 (1989).

参考文献

[1] G. Drevon, Les réacteurs nucléaires à eau ordinaire (chap. 10). Collection CEA, série Synthèses, Eyrolles, (1983).

[2] D. Baron, P. Bouffioux, Le erayon combustible des réacteures à eau pressurisée de grande puissance (Tranches 900 et 1300 MWe). Rapport EDF-HT.M2/88-27A, (1989).

[3] P. Melin, B. Gautier, P. Combette, Behaviour of FRAGEMA fuel in Power Reactors, ANS-ENS Topical Meeting on LWR Fuel Performance, Avignon 21-24 (avril 1991).

[4] A. Gloaguen, EDF Experience and Development Programme for Plutonium Recycling, OECD/AIER/JAEC Conference, Tokyo, (avril 1989).

[5] B. Estève, A. Gloaguen, REP U and MOX : EDF's view and current policy, Nuclear Europe Worldscan 3/4 (1995), p. 49.

[6] Règles de conception et de construction applicables aux assemblages de combustible des centrales nucléaires REP. Collection Règles de conception et de construction des centrales électronucléaires (RCC-C). AFCEN, (édition 1984 modifiée en 1986).

[6*bis*] J. Weisman, R. Eckart, Basic elements of light water reactor fuel rod design. *Nucl. Technology,* 53, N°3, 326-343 (juin 1981).

[6*ter*] M.H. Rand, R.J. Akermann, F. Gronvold, F.L. Oetting, A. Pattoret, The thermodynamic properties of the urania phase. Rev. int. hautes tempér. réfract., 15, 355-365 (1978).

[7] J. Weisman, Element of nuclear reactor design. Elsevier Scientific Publishing Company, (1977).

[8] M. Gauthron, P. Mottet, Comportement des matériaux dans le cœur d'un réacteur nucléaire. Techniques de l'ingénieur, Génie nucléaire, tome B8 II, B3760, (février 1993).

[9] P.H.S. Winterton, Thermal design of nuclear reactor. Pergamon Press, (1981).

[10] R.Traccucci, J. Leclercq, Thermomécanique du combustible des réacteurs à eau sous pression. Techniques de l'ingénieur, Génie nucléaire, tome B8 I, B3060, (novembre

1993).

[11] M. Gauthron, Introduction au génie nucléaire - Neutronique et matériaux. CEA, collection enseignement de l'INSTN, tome 1, chap.12, (1986).

[12] M. Benedict, T. Pigford, H.W. Levi, Nuclear chemical engineering. McGraw-Hill series in nuclear engineering, éd.2, chap.8 : Properties of irradiated fuel and other reactor materials, (1981).

[13] Gmelin Handbuch der Anorganischen Chemie. Springer-Verlag, U suppl., vol.C5, (1982).

[14] B. Clavier, Etude de l'évolution du paramètre cristallin des combustibles MOX irradiés en REP par la méthode de diffraction des rayons X. Thèse en métallurgie, CNAM, Paris, FRANCE, (1995).

[15] C.T. Walker, T. Kameyama, S. Kitajima, M. Kinoshita, Concerning the microstructure changes that occur at the surface of UO2 pellets on irradiation to high burnup, *J. Nucl. Mater.,* 188, 73-79 (1992).

[16] J.O. Barner, M.E. Cunningham, M.D. Freshley, D.D. Lanning, Relationship between microstracture and fission gas release in high burnup UO2 fuel with emphasis on the rim region. International Topical Meeting on LWR Fuel Performance, Avignon, FRANCE, (21-24 avril 1991).

[17] P. Guédeney, M. Trotabas, M. Boschiero, C. Forat, P. Blanpain, FRAGEMA fuel rod behaviour characterization at high burnup. International Topical Meeting on LWR Fuel Performance, Avignon, FRANCE, (21-24 avril 1991).

[18] A.R. Massih, T. Rajala, L.O. Jernkvist, Analyses of pellet-cladding mechanical interaction behaviour of different ABB Atom fuel rod design. *Nucl. Eng. Design,* 156, 383-391 (1995).

[19] S.F.E.N. - S.E.E., Conférence nationale sur l'adaptation des Centrales Nucléaires aux besoins du réseau électrique, Paris, France, (8 et 9 décembre 1981).

[20] A. Soniak, S. Lansiard, J. Royer, J.P. Mardon, N. Waeckel, Irradiation effect on fatigue behaviour of Zircaloy 4 cladding tubes. ASTM, 10th Int. Symp. on zirconium in the nuclear industry, Baltimore, Maryland, USA, (21-24 juin 1993).

[21] J.H. Zhang, Hydruration du Zircaloy-4 et étude de la distribution de l'hydrogène dans une gaine de combustible REP. Thèse de doctorat, Ecole Centrale de Paris, FRANCE, octobre 1992. Rapport CEA-R-5634, (1993)..

[22] P. Hofmann, J. Spino, Stress corrosion cracking of Zircaloy-4 cladding at elevated temperature and its relevance to transient LWR fuel rod behaviour. *J. Nucl. Mater.,* 125, 85-95 (1984).

[23] R.J. Pulham, M.W. Richards, D.R. Kennard, Chemical reactions of Zircaloy-4 and zir-

conium with (i) dicaesium tellurium, Cs2Te, (ii) caesium tellurite, Cs2TeO3, and (iii) tellurium, under different oxygen potentials. *J. Nucl. Mater.,* 223, 277-285 (1995).

[24] C. Bernaudat, Mechanical behaviour modelling of fractured nuclear fuel pellets. *Nucl. Eng. Design,* 156, 373-381 (1995).

[25] B. Cox, Pellet-clad interaction (PCI) failures of Zirconium alloy fuel cladding - A review. *J. Nucl. Mater.,* 172, 249-292 (1990).

[26] M. Gärtner, G. Fischer, Survey of the power ramp performance testing of KWU's PWR UO2 fuel. *J. Nucl. Mater.,* 149, 24-40 (1987).

[27] M. Galimberti, M. Ponticq, The EDF strategie of U and Pu recycling in PWR's. IAEA Technical Committee Meeting on Recycling of Pu and U in Water Reactor Fuel. Cadarache (1989).

[28] C. Golinelli, J.L. Guillet, MOX in France. Status and Prospects. IAEA Technical Committee Meeting on Recycling of Pu and U in Water Reactor Fuel. Windermere (GB) (1995).

[29] A. Chotard, Y. Musante, P. Guédeney, M. Trotabas, B. Gautier, X. Thibault, PRO-MOX : The French R&D Programme on MOX Fuel. IAEA Technical Committee Meeting on Recycling of Pu and U in Water Reactor Fuel. Cadarache (1989).

[30] J. Basselier, T. Maildague, M. Lippens, Validation of MOX Fuel through recent BELGONUCLEAIRE International Programmes. IAEA Technical Committee Meeting on Recycling of Pu and U in Water Reactor Fuel. Windermere (GB) (1995).

[31] L. Caillot, M. Charles, C. Lemaignan, A. Chotard, F. Montagnon, Analytical Measurement of Thermal Behaviour of MOX Fuel. International Topical Meeting on LWR Fuel Performance. Avignon (1991).

[32] P. Blanpain, M. Trotabas, P. Menut, X. Thibault, Plutonium Recycling in Franch Power Reactors. MOX Fuel Experience and Behaviour. IAEA Technical Committee Meeting on Recycling of Pu and U in Water Reactor Fuel. Windermere (GB) (1995).

[33] L. Caillot, M.J. Gotta, A. Chotard, J.C. Couty, Thermal and In-pile Densification of MOX : Some recent Results. IAEA Technical Committee Meeting on Recycling of Pu and U in Water Reactor Fuel. Windermere (GB) (1995).

[34] C.T. Walker, M. Coquerelle, W. Goll, R. Manzel, Irradiation Behaviour of MOX Fuel : Results of an EPMA Investigation. *Nuclear Engineering and Design.* 131, 1-16 (1991).

[35] H.U. Zwicky, E.T. Aerne, A. Hermann, H.A. Thomi, Radial Plutonium and Fission Product Isotope Profiles in MOX Fuel Pins evaluated by Secondary ion Mass Spectroscopy. *J. Nucl. Mater.,* 202, 65-69 (1993).

[36] D. Parrat, C. Leuthrot, A. Harrer, D. Dangouleme, Behaviour of Defective MOX Fuel

in a PWR. IAEA Technical Committee Meeting on Recycling of Pu and U in Water Reactor Fuel. Windermere (GB) (1995).

[37] C. Vitanza, E. Kolstad, U. Graziani, Fission gas release from UO_2 pellet fuel at high burn-up. ANS Topical Meeting on Light water reactor fuel performance. Portland, Oregon, USA, (29 avril - 3 mai 1979).

[38] Modèles de relâchement des gaz de fission - Etude bibliographique de 4 modèles. Rapport FRAMATOME CE/PC/81/919/BRD/DBN, (1981).

[39] W. Hering, The KWU fission gas release model for LWR fuel rods. *J. Nucl. Mater.*, 114, 41-49 (1983).

[40] D. Baron, C. Forat, E. Maffeis, FRAGEMA experience on fission gas release under base and transient operating conditions. ANS Proceedings of the international topical meeting on LWR fuel performance. Williamsburg, Virginia, USA, (17-20 avril 1988).

[41] A.H. Booth, A method of calculating fission gas diffusion from UO_2 pellet fuel and its application to the X-2-f loop test. Canadian report CRDC-721, (septembre 1957).

[42] R. J. White, M.O. Tucker, A new fission gas release model. *J. Nucl. Mater.*, 118, 1-38 (1983).

[43] M.J.F. Notley, I.J. Hastings, A microstructure-dependent model for fission product gas release and swelling in UO_2 fuel. *Nucl. Eng. and Design*. 56, 163-175 (1980).

[44] J.R. Matthews, M.H. Wood, An efficient method for calculating diffusive flow to a spherical boundary. *Nucl. Eng. and Design*. 56, 439-443 (1980).

[45] R. Hargreaves, D.A. Collins, A quantitative model for fission gas release and swelling in irradiated uranium dioxide. *J. Br. Nucl. Energy Soc.*, 15, No 4, 311-318 (1976).

[46] C. Ronchi, H.J. Matzke, Calculations of the in pile behavior of fission gas in oxide fuels. *J. Nucl. Mater.*, 45, 15-28 (1972/73).

[47] S.D. Beck, The diffusion of radioactive fission products from porous fuel elements. Rapport BATTELLE Memorial Institute, BMI-1433 (1960).

[48] D.R. Olander, Fundamental Aspects of Nuclear Reactor Fuel Elementa, chap.13 et 15. Technical Information Center, Energy Research and Development Administration (1976).

[49] J.A. Turnbull, A review of irradiated induced re-solution in oxide fuels. *Rad. Effects*, 53, 243-250 (1980).

[50] R.S. Nelson, The stability of gas bubbles in an irradiation environment. *J. Nucl. Mater.*, 31, 153-161 (1969).

[51] Hj. Matzke, Gas release mechanisms in UO_2 - A critical review. *Rad. Effects*, 53, 219-242 (1980).

[52] J.A. Turnbull, C.A. Friskney, Diffusion coefficients of gaseous and volatile irradiation

of uranium dioxide. Rapport CEGB-RD/B/N-4892 (1980), 39 p.

[53] W. Miekeley, F.W. Félix, Effect of stoechiometry on diffusion of xenon in UO_2. *J. Nucl. Mater.*, 42, 297-306 (1972).

[54] R. Lindner, H.J. Matzke, Diffusion von Xe-133 in Uranoxyd verschiedenen Sauerstoffgehaltes. *Z. Naturforschg,* 14a, 582-584 (1959).

[55] J.R. Macewan, W.H. Stevens, Xenon diffusion in UO_2 - Some complicating factors. *J. Nucl. Mater.,* 11, 77-93 (1964).

[56] E.E. Gruber, A generalized parametric model for transient gas release and swelling in oxide fuels. *Nucl. Technology,* 35, 617-634 (1977).

[57] J.R. Matthews, M.H. Wood, Modeling the transient behaviour of fission gas. *J. Nucl. Mat.,* 84, 125 (1979).

[58] J. Rest, S.M. Gehl, The mechanistic prediction of transient fission gas release from LWR fuel. *Nucl. Eng. and Design,* 56, 233 (1980).

[59] L. Väth, Modelling transient fission gas behaviour for solid, melting and molten fuel in the computer program LAKU. *Nucl. Technology,* 98, n°1, 44-53 (avril 1992).

[60] J. Rest, S.A. Zawadzki, Mechnistic model FASTGRASS for the prediction of Xe, I, Cs, Te, Ba and Sr release from nuclear fuel under normal and severe-accident conditions. Rapport NUREG/CR 5840 (1992).

[61] I.L.F. Ray, H. Thiele, H.J. Matzke, Transmission electron microscopy study of fission product behaviour in high burnup UO_2. *J. Nucl. Mater.,* 188, 90-95 (1992).

[62] F.A. Nichols, Kinetics of diffusional motion of pores in solids - A review. *J. Nucl. Mater.,* 30, 143-165 (1969).

[63] P.C. Carman, L'écoulement des gaz à travers les milieux poreux. Bibliothèque des Sciences et Techniques Nucléaires. INSTN, Press universitaires de France (1961).

[64] J. Godlewski, Oxydation d'alliages de zirconium en vapeur d'eau : Influence de la zircone tétragonale sur le mècanisme de croissance de l'oxyde. Thèse de doctorat, Compiègne, FRANCE (1990).

[65] Ph. Billot, A. Giordano, Comparison of Zircaloy corrosion models from the evaluation of in-Reactor and out-of-pile loop performance. Ninth international symposium on zirconium in the nuclear industry, Kobe, JAPON, 5-8 novembre 1990, ASTM STP 1132 (1991), p.539-564.

[66] D. Pécheur, A. Giordano, E. Picard, Ph. Billot, J. Thomazet, Effect of elevated lithium on the wateride corrosion of Zircaloy-4 (experimental and predictive studies). AIEA Technical Meeting on Influence of Water Chemistry on Fuel Cladding Behaviour, Rez, RÉPUBLIQUE TCHÈQUE (4-8 octobre 1993).

[67] Ph. Billot, J.C. Robin, A. Giordano, J. Peybernes, J. Thomazet, H. Amanrich, Ex-

perimental and theretical studies of parameters that influence corrosion of Zircaloy-4. Tenth International Symposium on Zirconium in the Nuclear Industry, Baltimore, Maryland, USA (21-24 juin 1993), ASTM.

[68] Ph. Billot, Development of a mechanistic model to assess the external corrosion of the Zircaloy cladding in PWRs. 8th International Symposium on Zirconium in the Nuclear Industry, San Diego, Californie, USA (19-23 juin 1988), ASTM STP 1023 (1989).

[69] F. Garzarolli et al., Progress in understanding PWR fuel rod wateride corrosion. ANS topical meeting on light water reactor fuel performance, Orlando, Floride, USA (21-24 avril 1985).

[70] K. Forsberg, A.R. Massih, A model for uniform Zircaloy clad corrosion in PWR. IAEA Technical commitee meeting on fundamental aspects of corrosion on zirconium base alloys in water reactor emviroments, Portland, Oregon, USA (11-15 septembre 1989).

[71] J.C. Clayton, Corrosion and hydriding of irradiated Zircaloy fuel rod cladding. ANS topical meeting on light water reactor fuel performance, Orlando, Floride, USA (21-24 avril 1985).

[72] D.L. Hagrman, G.A. Reymann, A handbook of materials properties for use in the analysis of light water reactor fuel rod behavior. MATPRO-version 11, page 217, EG&G Idaho, Inc., NUREG/CR-0497, TREE-1280 (février 1979).

[73] L. Caillot, B. Linet, C. Lemaignan, Transaction of the 12th international conference on structual mechanics in reactor technology, C04/2, 69-74 (1993).

[74] F.L. Yagge, R.F. Matta, L.A. Neimark, Characterization of irradiated Zircaloys : susceptibility to stress corrosion cracking. Rapport EPRI-NP-1115 (1979).

[75] S.W. Sharkawy, F.H. Hammad, A.A. Abou-Zahara, K. Videm, Influence of some factors on the susceptibility of Zircaloy-2 tubes to iodine stress corrosion cracking. *J. Nucl. Mat.,* 165, 184-192 (1989).

[76] P. Jacques, Contribution à l'étude de l'amorçage des fissures de corrosion sous contrainte dans le zirconium et Zircaloy-4. Thèse de doctorat, Grenoble, FRANCE, (1994).

[77] L.O. Jernkvist, A model for predicting pellet-cladding interaction-induced fuel rod failure. *Nucl. Eng. and Design,* 156, 393-399 (1995).

[78] I. Schuster, C. Lemaignan, Characterisation of Zircaloy corrosion fatigue phenomena in an iodine environment. *J. Nucl. Mat.,* 166, 357-363 (1989).

[79] L. Brunisholz, C. Lemaignan, Iodine-induced stress corrosion of Zircaloy fuel cladding : initiation and groth. 7th International Symposium on Zirconium in the

Nuclear Industry, Strasbourg, FRANCE, ASTM STP 939, p.700-716 (1987).

[80] I. Schuster, C. Lemaignan, Influence of texture on iodine-induced stress corrosion cracking of Zircaloy-4 cladding tubes. *J. Nucl. Mat.*, 189, 157-166 (1992).

[81] I. Schuster, C. Lemaignan, J. Joseph, Testing and modelling the influence of irradiation on iodine-induced stress corrosion cracking of Zircaloy-4. *Nucl. Eng. and Design,* 157, 343-349 (1995).

[82] M. Bruet, C. Lemaignan, J. Harbottle, F. Montagnon, G. Lhiaubet, High burn up fuel behavior during a LOCA type accident. The FLASH 5 experiment. IAEA Technical Committee Meeting on Behavior of Core Material and Fission Products Release in Accident Conditions in LWR's. Cadarache, (16-20 March 1992).

[83] J. Duco, R. Del Negro, J. Pelce, M. Réocreux, M. Chagrot, J.C. Janvier, Comportement du combustible en situation accidentelle. Le programme PHÉBUS. Revue Générale Nucléaire - (Année 1982) -N°4 - Juillet - Août.

[84] J. Duco, M. Réocreux, A. Tattegrain, Ph. Berna, B. Legrand, M. Trotabas, In-pile investigations at the PHÉBUS facility of the behavior of PWR-type fuel bundles in typical L. B. LOCA transients extended to and beyond the limits of ECCS criteria. 5th International meeting on Thermal Reactor Safety, Karlsruhe, Sept. 9-13, (1984).

[85] J. Duco, M. Réocreux, A. Tattegrain, PHÉBUS program : main results and status for severe fuel damage studies, 4th European Nuclear Conference and 9th Foratom Congress on Nuclear Energy of Today and Tomorrow (ENC'86). Genève, (June 1-6, 1986).

[86] E.F. Scott De Martinville, C.R. Gonnier, Thermomechanics of nuclear fuel bundle submitted to an L. B. LOCA evaluation transient : lessons drawn from the PHÉBUS LOCA program. 9th SMIRT Conference. Lausanne, (August 1987).

[87] M. Réocreux, E.F. Scott De Martinville, A study of fuel behavior in PWR design basis accident : an analysis of results from the PHÉBUS and EDGAR experiments. *Nucl. Eng. and Design,* 124 (1990).

[88] M. Ishikawa, S. Shiozawa, A study of fuel behavior under reactivity irradiated accident conditions. Rewiew. *J. Nucl. Mat.,* Volume 95, n°1 et 2, (Nov. 1980).

[89] P.E. Mac Donald, S.L. Seiffert, Z.R. Martinson, P.K. Mac Cardell, D.E. Owen, S.K. Fukuda, Assessment of light - water fuel damage during a reactivity initiated accident. *Nuclear Safety,* Vol. 21, n°5, (September-October 1980).

[90] R.K. Mac Cardell, Z.R. Martinson, P.E. Mac Donald, Damage and failure of previously irradiated fuel rods during a reactivity initiated accident. Reactor Safety Aspects of Fuel Behavior. Sun Valley, (August 2-6, 1981).

[91] T. Fujishiro, K. Yanagisawa, K. Ishijima, K. Shiba, Transient fuel behavior of preir-

radiated PWR fuels under reactivity initiated accident conditions. *J. Nucl. Mat.*, 188 (1992).

[92] W.G. Lussie, The response of mixed-oxide fuel rods to power burst. IN-ITR-114, Idaho Nuclear Corporation, (April 1970).

[93] M.D. Freshley, E.A. Aitken, D.C. Wadekamper, R.L. Johnson, W.G. Lussie, Behavior of discrete plutonium dioxide particles in mixed-oxide fuel during rapid power transients. *Nuclear Technology,* Vol. 15, (August 1972).

[94] C. Gonnier, G. Geoffroy, B. Adroguer, PHÉBUS severe fuel damage program. Main results. Safety of Thermal Reactors. Portland, (July 21-25, 1991).

[95] C. Gonnier, G. Repetto, G. Geoffroy, PHÉBUS severe fuel damage program. Main experimental results and instrumentation behavior. Seminar of the PHÉBUS-FP Project. Cadarache (5-7 June, 1991) (Elsevier).

[96] B. Adroguer, P. Villalibre, Review of B9+ benchmark results. Seminar of the PHÉBUS-FP Project. Cadarache (5-7 June, 1991) (Elsevier).

[97] TMI-2. Materials behavior. *Nuclear Technology,* Vol. 87, n°1, (August 1989) (ce numéro est entièrement consacré la tenue matériaux au cours de l'accident de TMI-2).

[98] C. Gonnier, S. Fabrega, E. Scott De Martinville, R. Geoffroy, In pile investigation at the PHÉBUS FACILITY on the behavior of PWR-type Fuel bundle in severe accident conditions beyond the design criteria. NUCSAFE 88. International ENS/ANS Conference on Thermal Reactor Safety. Avignon, (2-7 octobre 1988).

[99] A. Arnaud, A. Markovina, Objectives, test matrix and representativity of the PHÉBUS-FP experimental programme. Seminar of the PHÉBUS-FP Project. Cadarache (5-7 June, 1991) (Elsevier).

[100] L. Baker, L.C. Just, Studies of metal-water reactions at high temperetures III. Experimental and theoritical studies of the Zirconium water reaction. ANL 6548, (May 1962).

[101] J.V. Cathcart, R.E. Pawel, R.A. Mac Kee, R.E. Drunschel, G.J. Yurek, J.J. Campbell, S.H. Jury, Zirconium metal-water oxidation kinetics IV. Reaction rate studies. ORNL/NUREG-17, Oak Ridge National Laboratory, Oak Ridge, Tenn, (August 1977).

[102] V.F. Urbanic, T.R. Heidrick, High temperature oxidation of Zircaloy 2 and Zircaloy 4 in steam. *J. Nucl. Mat.,* Volume 75 (1978).

[103] D.O. Hobson, P.L. Rittenhouse, Embrittlement of Zircaloy clad fuel rods by steam during LOCA transients - ORNL 4578, (Jan. 1972).

[104] D.O. Hobson, Ductile brittle behavior of Zircaloy fuel cladding. Topical Meeting of Water Reactor Safety. Salt Lake City, (26-28 March 1973).

[105] P. Morize, H. Vidal, J.M. Frenkel, R. Roulliay, Programme EDGAR. CSIN Meeting. Spatind (13-16 September 1976).

[106] B. Houdaille, A. Fillatre, P. Morize, Development and qualification of the LOCA analysis system Cupidon-Demeter - CSIN/IAEA Specialists Meeting on Water Reactor Fuel Safety. Risö, (16-20 May 1983).

[107] H.E. Rosinger, K. Demoline, R.K. Rondeau, The dissolution of UO_2 by molten Zircaloy-4 cladding. Fifth International Meeting on Thermal Nuclear Reactor Safety. Karlsruhe, (September 9-13 1984).

[108] F. Schmitz, RIA test program for high burn-up PWR fuels in the CABRI test reactor. Nuclear Europe Wordscan. *Journal of ENS,* N°3/4 (march/april 1995).

第 VI 部

高速原子炉用燃料集合体

主要著者：
P. MILLET
共著者および協力者：
J.-L. PATIER, A. RAVENET, J. TRUFFERT

第 27 章

燃料集合体設計

27.1 燃料集合体の主な特徴 [1-8]

高速中性子原子炉（FR）燃料集合体 (subassembly)[*1]の特徴は以下の通り：

—高富化プルトニウム：例えば PHENIX, SUPERPHENIX(SPX) 炉心および欧州原子炉計画 (European fast reactor: EFR) では 15 % から 30 % である，

—(U,Pu)O_2 酸化物の中実 (solid) または中空 (annular) 形状ペレット（2 次固溶体 (second solution) への強い選択性を有する）燃料（その他の燃料タイプとして，(U,Pu)N 窒化物または金属性 UPuZr 燃料など，これらは将来の可能性または研究中のものとして我々は取り扱う），

—大きなプレナム（その体積は燃料カラムの体積と同じ大きさである），これは照射中に酸化物からの高放出率の核分裂ガスによるピン内圧を制限するために必要とされる，

—燃料ピンの周囲を螺旋状に巻いたワイヤによって形成されるピン間の空隙（英国 PFR 原子炉内での集合体照射によって実証されているように，グリッド・スペーサのような異なる解を排除しているわけではない），

—ピン束を囲み，かつそのピン束がナトリウム冷却材によって有効に冷却されるためのラッパ管（普通ラッパ：wrapper と呼ぶ），

—構造部材としてオーステナイト鋼，フェライト鋼またはニッケル合金が使用されている．

所見：

プルトニウムの高消費 (high plutonium consumption) が目的の時には，このプルトニウム元素のさらに高い含有率（≥ 40 %）を見込まなければならず，現在進行中の研究を考慮しなければならないことを明記しておく．

同様の検討として，古典的燃料集合体内の UPu 燃料に添加するか，または不活性母

[*1] 訳註： 燃料集合体 (subassembly)：燃料棒を含む構成体で，高速炉の場合にこのサブアセンブリーが一般的に使用されている．したがって燃料集合体（アセンブリー）と同義．

材 (inert matrices) に添加する形態かのいずれかによる，マイナー・アクチニド (minor actinides)（Np, Am など）の高速炉での燃焼が構想されている．

これら2つの概念——それらはいずれも研究途上にある——についての概要は本章の最後で述べる．

この照射の主な特徴は：

—最大中性子束面で線出力はおよそ 450 W/cm である,

—高い被覆管温度（燃料カラム頂部で約 620 ℃ から 630 ℃，被覆管の中間壁で，定格条件下で）および冷却材としてのナトリウム (sodium) の存在,

—燃料サイクル・コスト最適化のための高燃焼率 (high burnup)．従って EFR のような計画では最大中性子束面で 170 GWd/t を目指している，これは構造材料に対して高線量値（約 180-200 dpa に相当する）を意味するものである．

FR 集合体の性能を特徴付ける単位の覚書（第 I 部参照）

—主要特性は燃焼率 (τ) である，これは考慮期間中に核分裂した重原子 (U+Pu) の百分率に対応するものである．この単位は at. % で表現される．

—燃料単位質量当りのこの期間中における放出エネルギー量は FRs の酸化物のトン当たりの GWd で表現される（GWd/t）．

—これら2つの特性の関係は以下の通り：1 at. % ≅ 8.5 GWd/t oxide.

—鋼損傷は照射中の積算中性子束 (neutron flux integrated) によって表現される（単位 n/cm^2 で表す）．物質内に損傷を生成させるものとしての単位の1つである，原子当たりの変位数 (displacements per atom: dpa) がより一層用いられている．

—本章および他に指示がない場合，これらの値の全ては，最大中性子束平面に対応した値である．

—最後に，時間は日数で表現されている．カレンダー日数が使用されるより，むしろ EFPDs（全出力換算日：Equivalent Full Power Days）が頻繁に用いられる．この値は原子炉運転とは独立である．

1例として，第 I 部で紹介した SPX の炉心1と炉心2で使用された燃料集合体設計の模式図を図 27.1 に示す．図 27.2.a に幾つかの照射特性を示す．しかしながら，事実は FR 集合体設計の最終段階からかなり隔たっている．Pu 消費またはマイナー・アクチニド燃焼のような新たな目標に合致させるための検討を除外しても，新計画（例えば EFR の軸方向非均質燃料）の研究を通じておよび稼働中の原子炉に新たな再装荷をすること（例えば SPX の将来炉心用フェライト鋼ラッパ管）によって，異なる解を考慮することが出来る．同様の応用が照射条件で成される；なぜ燃焼率，照射時間（EFPD）および dpa 値の関係が一定でなく，図 27.2.b の幾つかの例が示すように炉心特性に依存していることの理由である．集合体の正確な設計は客観的組立 (objectives set) と達成された知識の水準

表 27.1　覚書：燃料集合体のふるまい，支配的パラメータ

物理的現象	それらの帰結	キー・パラメータ 設計	キー・パラメータ 照射
鋼スエリング	歪・応力環境	鋼種選択	dpa，被覆管温度，ラッパ管温度
鋼照射クリープ	歪・応力緩和	鋼ピン・ラッパ管の幾何形状選択	dpa
鋼熱クリープ	歪破損	鋼ピンの幾何形状選択	燃焼率，時間，被覆管温度
燃料スエリング	機械的相互作用，酸化物熱挙動	スミア密度	燃焼率，線出力
核分裂ガス放出	内圧	ピン設計	燃焼率

（the state of knowledge achieved）に依存している．

　燃料集合体のふるまい，それらの帰結およびそれらを支配するパラメータについて第 III 部および第 IV 部で既に述べた．そこで触れた主な点の覚書を表 27.1 に示す．[*2]

　信頼性と安全性の言葉で集合体のふるまいの解析によって，その設計研究はこれらの異なる現象を支配するパラメータの働きによって性能を改善する機会を設計者たちへ与える．

27.2　主な要求事項

　定常的性能改善の追求のためには炉内挙動の安全性/信頼性および燃料サイクルの両立性（製造，再処理）の両者に対する数多くの要求事項を考慮しなければならない．

[*2] 訳註：　スミア密度 (smear density)：被覆管内面積に占めるペレットの割合をいう．ペレット・被覆管機械的相互作用 (PCMI) は被覆管スエリングがまだ潜伏期間内でかつ燃料ペレットのスエリングが顕著となる中程度の燃焼率で発生する可能性が高い．大きな PCMI の発生は燃料被覆管の破損を引き起こす可能性があるため，スミア密度を適切に設定することが大切である．いままでの各国の FBR での燃料使用経験から，スミア密度を 85 % 以下に設定すればよいと言われている．この低下方法には 2 通りある．中実ペレットの場合，MOX 粉末に結合剤と有機材系のポア形成剤を添加してからグリーン・ペレットへ成型する．焼結工程でポア形成剤は熱分解して散逸，焼結ペレット内に分散したポア（空洞）が残り，その焼結ペレット密度を 85 % T.D（理論密度）にする方法．もう 1 つは，グリーン・ペレット成型時に中心部にニードルを差し込み中空穴を形成後，焼結して中空ペレットを製造する方法．そのペレット焼結密度は 90 % を超えるが，中空ペレットであることから，そのスミア密度を 85 % 以下にすることが出来る．ただし細径燃料ピン設計の場合，中空径が細くなりすぎて，中空ペレットの製造は困難となる．

466　第 27 章　燃料集合体設計

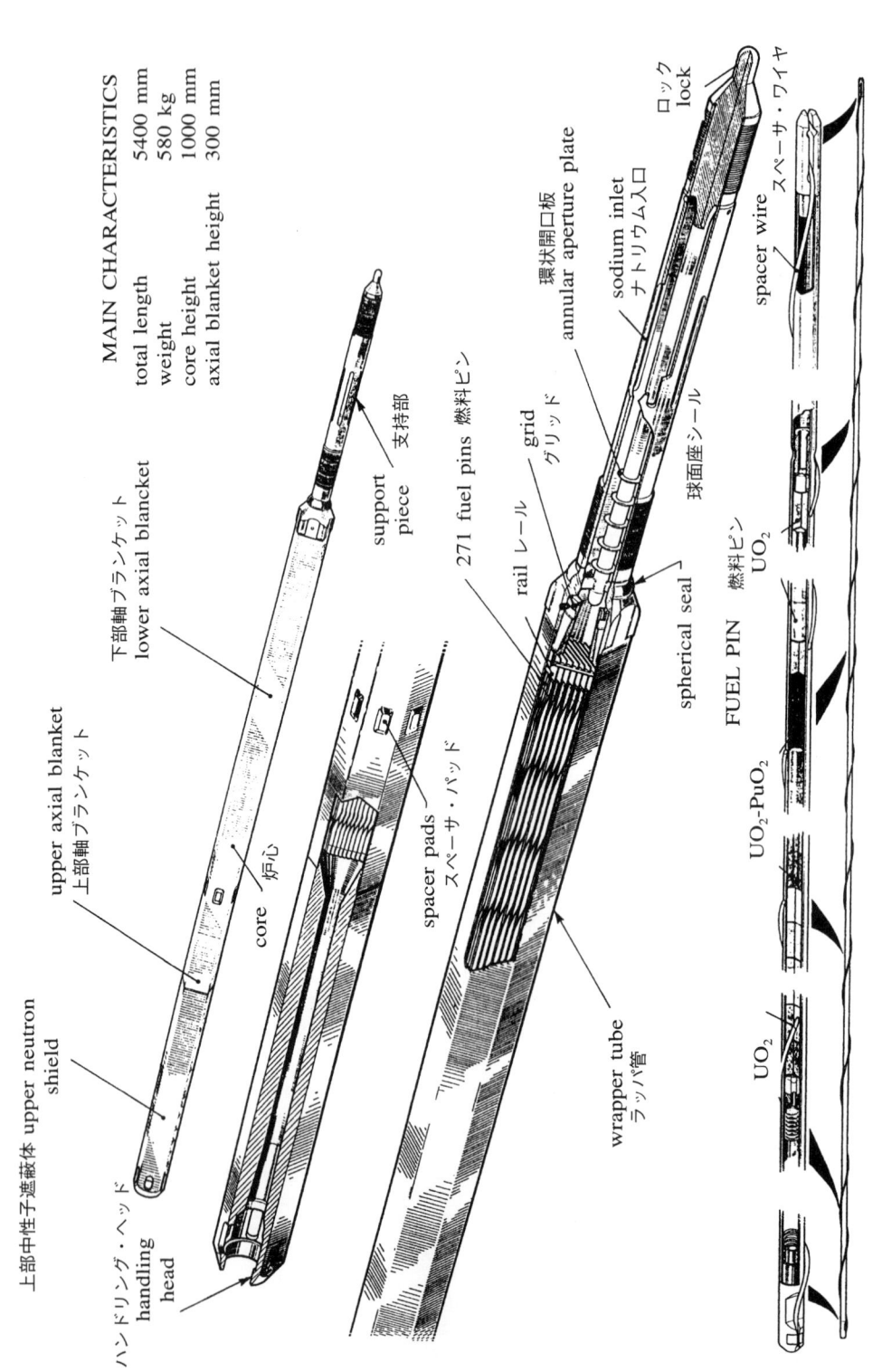

図 27.1　SUPERPHENIX 燃料集合体

27.2 主な要求事項

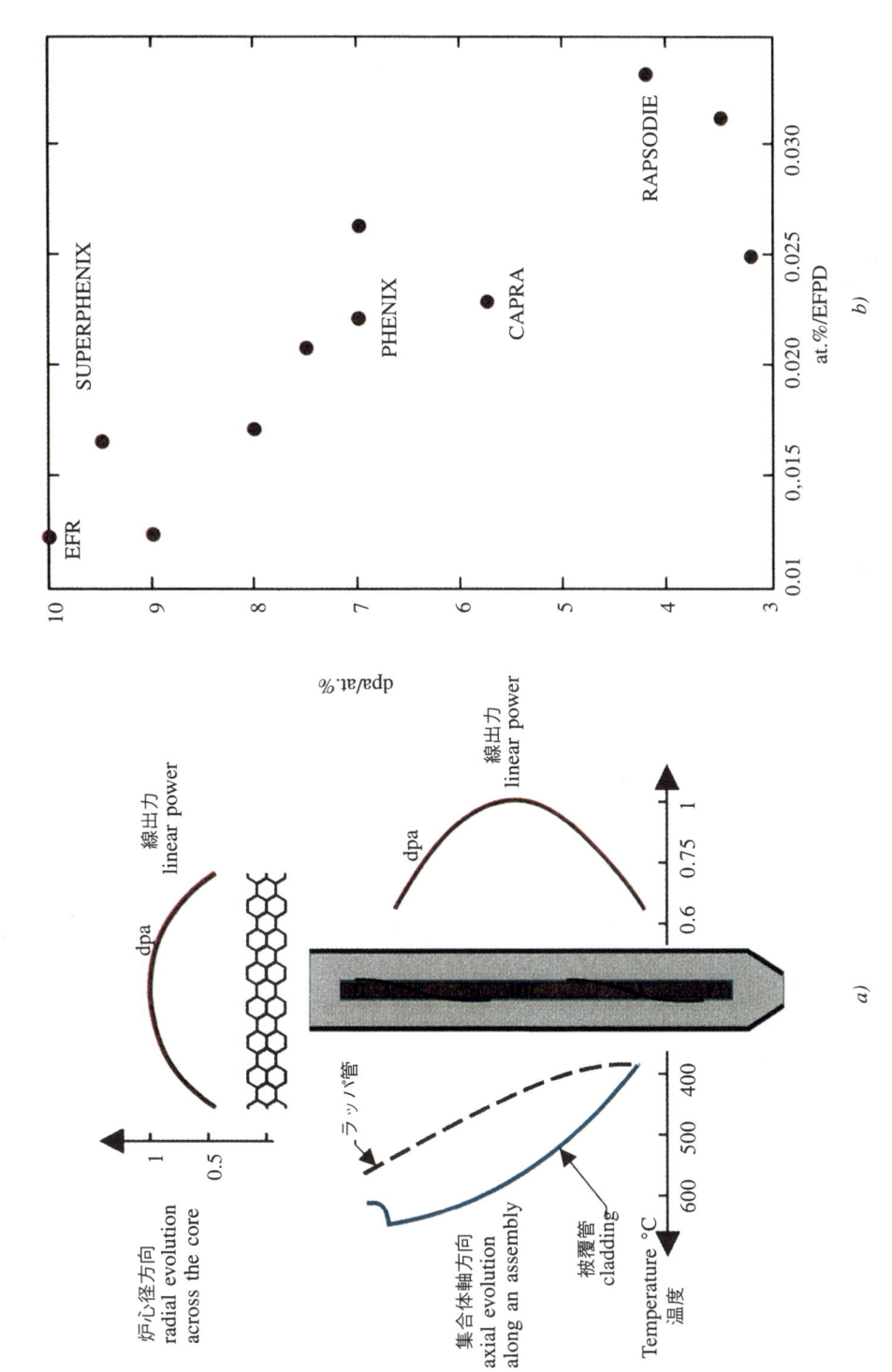

図 27.2 FR 燃料集合体の主な照射特性：a) 照射量，温度および線出力の分布，b) 種々の FR 炉心における dpa/at.％と at.％/EFPD

27.2.1 炉内挙動の安全と信頼性

幾つかの点は，最大の注意を伴って研究されなければならない．これらの中で，以下のことについて述べることが出来る：

—**酸化物熔融が無いこと**．混合酸化物の貧弱な熱特性は，ペレット中央でおよそ 2000-2400 °C の温度を導く（定格運転条件下），その融点はおよそ 2700 °C である．定格運転およびある前事故連鎖 (incidental sequences) の両方において，燃料熔融が無いことは，高い信頼性水準で満足すべき基準である．この高い信頼性水準とは不確定性を考慮に入れた充分な安全性のマージンが要求される．この基準は燃料ピンの線出力制限を要求する．

—**ピン束の冷却**．幾つかの構造部材（被覆管，スペーサ・ワイヤ）変形は集合体水力学特性を変え，ナトリウムと被覆管の付加加熱を導く．この現象を許容値限に収めるため，これら部品の歪みは低く留めなければならない（数 %），ある種の材料はそのための寿命制限（許容 dpa 数を通じて）が導かれる．

—**被覆管健全性の維持**．被覆管破損の確率は，定格出力条件下で低く（約 10^{-5}）維持されなければならない；その値を前事故（インシデント）運転条件下では多少高くすることが出来る．製造の仕様と工程の注意深い考慮に加え，この低い破損確率を達成するための正確な被覆管負荷解析と設計基礎方法論 (design basis methodology) の定義が要求されている（27.3 節参照）．この基準尊重はある種の照射パラメータを限度する（特に寿命を）．

—**ラッパ管の変形**．これらの変形は許容できる水準へ制限されていなければならない，そのため炉内集合体間の隙間は確保され，照射末期に炉心からの集合体取出しで何の問題も生じない．これは寿命の限度を必然的に伴わせることが出来る（dpa 数を通じて），しかしながらその限度の大きさは集合体設計と取出し装置（機械）の設計に依存する．

27.2.2 サイクル

サイクルに関して，その要求事項は当該国での使用可能な工程と施設に一般的に依存しており，それ故に普遍的な価値を有してはいない．しかしながら，全ての場合で，設計段階中において集合体製造，使用済集合体貯蔵および集合体再処理によって発生する全ての問題が調べられていなければならない．最も共通的被調査問題は以下の通り：

—**製造**：構造部材（被覆管，ラッパ管，スペーサ・ワイヤ）選択または燃料定義（例えば，ペレット中心空孔径）に対し製作可能性（精巧さ，工程）および溶接性能が考慮され，さらに集合体に装荷するための許容最小ギャップ値（燃料・被覆管ギャップ，ピン束・ラッパ管隙間，など）の決定がなされる．

—**照射後貯蔵**：構造材（被覆管，ラッパ管，など）選択の下で考慮すべき環境（水，空気，など）との両立性の達成．

―再処理（PUREX 工程）：硝酸中での容易な燃料溶解の要求（例えば，酸化物中の Pu 含有率の制限）および被覆管（材料の選択）の非溶解性要求．

設計研究の最終段階は，種々の部材特性の仕様と許容公差マージン (acceptable tolerance margins) となる．お互いのパラメータに対し，その仕様書は，不確実性を考慮に入れた時にあまりにも保守的で設計に窮するマージンとその複雑性を考慮に入れた時に製造が窮するあまりにも狭すぎるマージンとの間での折衷案になる．

27.3 設計手法

設計研究の目的は，上述した要求事項に合致する集合体性能を増進させることである．この達成のために，各々の現象を考慮した詳細な手法，部材挙動に対する設計規則（計算の種類，不確定さの処理，など）および合致すべき基準 (criteria)（定格運転条件又は前事故運転条件，など）が必要であり，開発された．挙動コードを素早くレビューした後，部材の力学（機械）に関することと燃料の熱的ふるまいに関する 2 つの応用について簡単に述べよう．

27.3.1 挙動コード

集合体の熱・水力学 (thermal-hydraulics)，構造部材の応力と歪み，燃料の熱的ふるまいなどが他と独立では無い．しかしながら，各々の特性を計算出来るグローバル・コードは存在しない（かつ，使用するには全く大きな困難が伴うだろう）．一方で，異なる集合体部品の取り扱いに良く合致し，設計手法と整合性を有し，使用が比較的容易な，一連のコードが開発された．それらはその時点での現状 (the state of the art) を示すものとして，それらは固定された道具では無く，我々の知識の進捗に従って進展する（新たな結果を考慮し，新たな概念を適合させる）．使用されている主な道具は：

―ラッパ管力学（応力/歪み）：FLUAGON/DILAGON,
―ピン束熱・水力学（被覆管温度）：CADET,
―ピン束機械的ふるまい（ピン同士およびピン・ラッパ管の相互作用における応力と歪み）：DOMAJEUR,
―孤立した 1 ピンの熱・力学（酸化物の熱的ふるまい，被覆管の応力と歪み）：GERMINAL．燃料と独立な被覆管のふるまいによって起きる特定の問題のために，MARS コード（使用がさらに簡易）が開発されたことを明記しておく，MARS コードは被覆管の応力と歪みを計算するが，燃料との機械的相互作用は含んでいない．

これら異なるコードと考慮された現象のモデリングについては，28 節と 29 節で述べられるだろう．しかし孤立したピンの熱・力学に関する FR ピンと PWR 棒で共通な部分（特に記述的方程式において）は第 IX 部付録の I でグループ化されている．

27.3.2 構造部材の機械設計 [9]

鋼のふるまいにおける照射効果（脆化，スエリング，クリープ）は，既に第 IV 部で述べた．構造の機械設計と解析の古典的規則（ASME によって勧告された規則のように）は延性材料に適用され，スエリングおよび照射クリープを考慮してはいない．それ故にそれらを FR 集合体の構造部材設計に使用することは出来ない．RAMSES2（RAMSES = Règles d' Analyse Mécaniques des StructureS）と呼ぶ新規則が仕上げられている．RCC-MR（Règles de Conception et de Construction des Mateériels pour réacteurs Rapides）表現形式に基づき，それらは一定の方法，照射によって脆化した材料への拡張された改訂版として存在している．

これら規則は，異なる種類の負荷下での繰返し応力の制限として，通常入手可能である，これら制限は，最小機械的材料特性の基礎であり，考慮している運転条件（定格または前事故）に依存する変数である安全係数を検討する上での基礎となる．

それらは以下の原理に従い，形成されている：

— 2 次荷重概念の制約．塑性またはクリープ下で，延性が低下する時，これら荷重が 1 次荷重として損傷を与えることが出来る．この現象を考慮して，2 次荷重概念が維持される，しかし 1 次および 2 次応力間の等価係数（材料の脆化度に依存して 1 または 1 未満）は総等価応力の中で考慮されなければならない．[*3]

—あらゆる場所，あらゆる時間における真応力の計算．これは，一方において幾何学的形状と荷重の正確なモデル化を（幾何学的な特別形状，部材の不連続性，動的荷重，など），もう一方において照射クリープ（それは損傷的でないと推定されている）のような現象とそれらが導く特に 2 次応力の再分布の考慮を要求する．Von Mises 基準に従う等方的 (isotropic) で等容積 (isovolumic) 流量モデルを伴う照射クリープを考慮した粘弾性解析 (viscoelastic analysis) を勧告する．

—全ての運転条件をカバーしている，部材特性の知識を要求する．応力パラメータ（速度，温度，など）を伴う古典的方法で，しかし照射のような古典的方法を欠いたものでも，多くの特性が導き出された，この最近の進展は負の効果のみを有しているわけではない（例えば，引張強さ (UTS) および降伏強度 (YS) の大きな増加）．運転分野をカバーするに充分大きな範囲内での照射材料の機械的性質を決定することが従って必要である．

例として，水準 A（通常運転条件）の基準──脆化材料に適用されている──を表 27.2 に示す．[*4]

[*3] 訳註： 1 次応力 (primary stress) と 2 次応力 (secondry stress)：内圧とか自重のように荷重が加わって，それに対応して応力が発生するものを 1 次応力という．これに反して熱応力で代表されるように変形拘束の結果，生ずる応力を 2 次応力という．

[*4] 訳註： 膜応力 (membrance stress)：外力が作用した時，それと釣合う内力（応力）の部材内における分布状態から考えて，膜応力，曲げ応力，局部応力に分類出来る．膜応力は，部材に生ずる一様応力で

27.3 設計手法

表 27.2 脆化材料に適用される基準

一般 1 次膜応力強さ	$\overline{P_m} \leq Min[\frac{1}{3} R_m^{min}(\theta_m); R_{p0}^{min}]$
1 次等価膜応力強さ	$\overline{(P_L + P_B)} \leq Min[\frac{K}{3} R_m^{min}(\theta_m); R_{p0}^{min}]$
等価応力総和	$\overline{\sigma} = \overline{(P_m + P_B + Q + F)} \leq R_{p0}^{min}$
有意な熱クリープに対する比率和	$U_{A,C}(K_1 \Omega \overline{\sigma}) \leq 1$

ここで：

$\overline{P_m}, \overline{P_L}$：一般 1 次膜応力と局所 (local) 膜応力，

P_B：1 次曲げ (bending) 応力，Q：2 次応力，F：ピーク応力，

$\overline{\sigma}$：総局所等価応力強さ，U：クリープ使用比率，

K：考慮断面積に対する区分因子，K_1：安全余裕度（力学的），

Ω：Max（1, 正の最大主応力/総応力強さ）

R_m^{min}：最小引張強さ，R_{p0}^{min}：塑性変形 0.01 % を伴う最小降伏応力．

表 27.3 燃料ペレットの中心線温度に適用されるパラメータ例

パラメータ	形状	標準偏差 (σ_p)	不確定さ $\sigma_p \left\| \frac{\delta Tc}{\delta p} \right\|$ （℃）
被覆管内径	矩形	0.01732 mm	26.56
ペレット径	矩形	0.04041 mm	63.32
酸素/金属比	矩形	0.01155	22.52
スミア密度	矩形	1.155 %	23.67
酸化物伝導率	矩形	5.774 %	55.43
被覆管温度	ガウス	11 ℃	8.8
プルトニウム含有率	ガウス	1.667 %	18.67
中性子	矩形	2.309	25.87
最終不確定さ			$\sigma_{Tc} = 99.75$

構造物の全体的な変形と密接に関連しており，許容応力は最も厳しく押えれている．曲げ応力成分は一般に部材の表面において応力（または歪み）が最大となるが，部材の表面が若干塑性変形しても内部が弾性挙動するかぎりにおいては，まだ十分に健全性が確保されていることがある．

局部（ピーク）応力は構造物の局部に生ずる集中応力で，部材の全体的挙動とは関係はないので，さらに大きな許容応力（許容歪み）が認められている．

27.3.3 酸化物の熱的ふるまい

異なる運転条件（定格または前事故）下での燃料の熱的ふるまいは，GERMINAL コードを用いて決定される．それは最確値に関してだけでなくその異なるパラメータの不確定さも考慮されていなければならない：製造公差，運転条件など．これら不確定さは，第 1 次近似として酸化物中心温度が以下の標準偏差を伴い平均値の回りに正規分布していると考えることを許容するような幾つかの特徴（独立性，加法性，数など）を有している：

$$\sigma^2_{Tc} = \sum_{parameters} \left(\sigma_p \left| \frac{\delta Tc}{\delta p} \right| \right)^2$$

これら特性（平均値と標準偏差）を用いて，考慮する運転条件（定格または前事故）分類に対する許容基準以下に維持されている温度が，それを超えてしまう確率を明確にすることが出来る．反対のケースとして，この種の解析はそのパラメータが許容される状態（制限された公差，線出力の減少など）へ戻るために活動しなければならないパラメータの適切な計画案を許容する．

各々のパラメータに対し，随伴する不確定さの注意深い吟味が特徴付けのために行われる：

—その値と形状（ガウス分布，矩形分布），
—その標準偏差 σ_p，
—中心線温度での影響を表すその敏感性 (sensitivity)．

燃料ペレットの中心線温度に適用される処置の上記タイプの例を表 27.3 に示す．

第 28 章

混合酸化物燃料ピン

28.1 はじめに

第 27 章で説明した SPX の炉心 1 と炉心 2 の燃料ピンの模式図を図 28.1.a に示す．以下のコメントはこの設計に当てはまる：

—使用されている燃料は $(U,Pu)O_2$ 混合酸化物である．他の燃料，例えば理論的に可能であると考えられている $(U,Pu)N$ については第 32 章で述べる．

—EER プロジェクトとしての SPX に対し，その燃料は高密度（95 % 理論密度）の中空ペレット (annular pellets) 形状である．しかしながら中実ペレット (solid pellets) もまた，同じような密度の酸化物（標準 PHENIX 燃料）か，またはさらに低密度の酸化物（日本

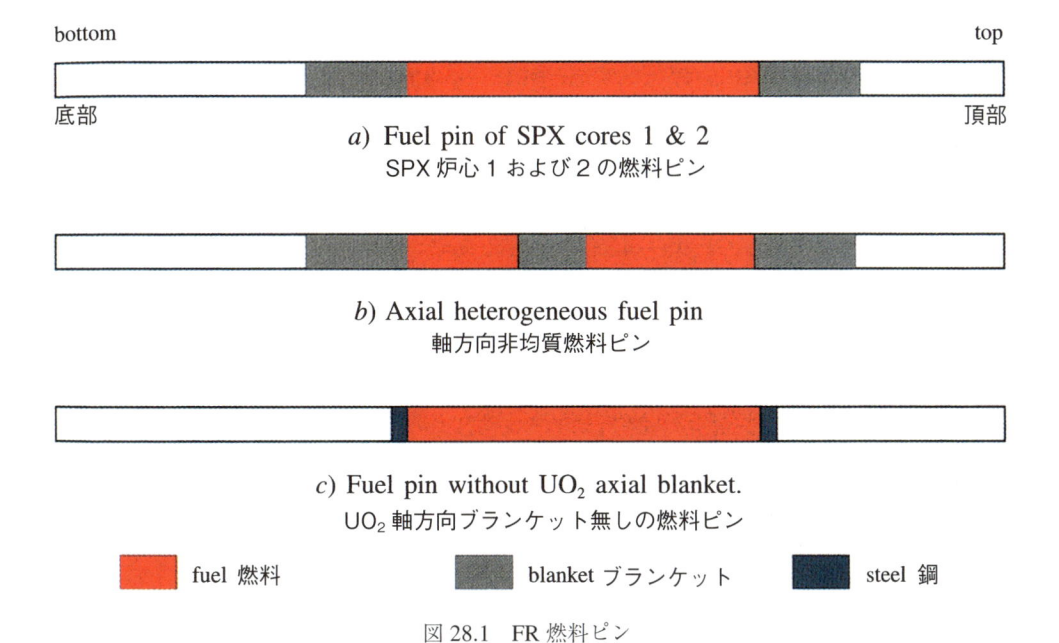

a) Fuel pin of SPX cores 1 & 2
SPX 炉心 1 および 2 の燃料ピン

b) Axial heterogeneous fuel pin
軸方向非均質燃料ピン

c) Fuel pin without UO_2 axial blanket.
UO_2 軸方向ブランケット無しの燃料ピン

fuel 燃料   blanket ブランケット   steel 鋼

図 28.1 FR 燃料ピン

表 28.1　主な元素の組成（15-15Ti 鋼と PE16 鋼）

元素\合金	C	Cr	Ni	Mo	Si	Mn	Ti	Fe
15-15Ti	0.1	15	15	1.2	0.8	1.5	0.4	残部
PE16	0.13	16.5	43.5	3.3	0.2	0.1	1.3	残部

の原子炉もんじゅの初期炉心）のいずれかで使用されている．

―燃料ペレットは，2 つのウラン酸化物 (UO$_2$) 製軸方向ブランケットに挟まれた均質な円柱（カラム）として充填されている．これらには少なくとも 2 つの変種が存在する：

* 核分裂カラム中に UO$_2$ カラムを挿入して組立てた非均質炉心（図 28.1.b）．この設計は EFR の検討で被覆管内面腐蝕低減のために勧告された（28.4.2 節参照）．

* これと対照的に，UO$_2$ を軸方向ブランケットとして用いない（図 28.1.c），これは集合体当りのプルトニウム消費を増加させ，増殖率をさらに低めるために SPX の将来炉心 3 に対して勧告されている．

―被覆材はオーステナイト・ステンレス鋼である．EFR 用として SPX に対し，最新の開発は，フランス・ドイツ共同研究の枠組みの中で開発された AIM1（オーステナイト系改良材：Austenitic Improved Material）と呼ぶ仕様の被覆管として冷間加工 15-15Ti 鋼使用の勧告を導いた．しかしながらニッケル基合金は可能であることを明記しておかねばならない，最も良く知られているケースは英国 PFR で使用された PE16 合金である，またそれらは EFR でも使用されるものである．被覆管材としてフェライト鋼の使用はある条件下においてのみ検討されている（28.4.1 節参照）．15-15Ti 鋼と PE16 鋼の組成の主な元素を表 28.1 に示す．

この炉心寿命期間中，既に燃料物質に対して第 III 部で，被覆管材料に対して第 IV 部で述べたように，燃料ピンは物理的，機械的および物理化学的現象の中心になっている．そのピンのふるまいに関し，これら現象は応力発生または被覆管内面腐蝕と同様に幾何学的形状の変更または熱的変更を導く．これらの出来ごとは同時的に発生せず，照射期間中に分散している，その数例を図 28.2 に示す．

実際，重要パラメータは，照射時間（それは有効時間または EFPD で表現されている）それ自身ではなく，それと関連する 2 つの量である：燃料に影響を及ぼす現象としての燃焼率，および被覆管に関する現象としての照射量（dpa 数）である．ピン全体のふるまいはこれらパラメータの各々の値にだけ依存しているわけではなくそれら群にも依存する，それ故に異なる現象間の相互作用の幾つかは考慮されなければならない．結局，燃焼率，時間および dpa 間の関係は，そのシステムにおける一定値とはならない，しかし図 27.2.b で例示したように，検討下の炉心の中性子特性に依存する．

28.1 はじめに

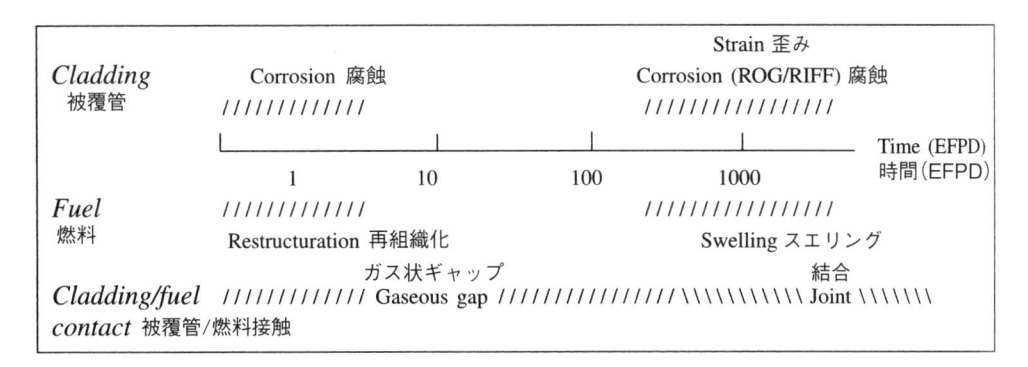

```
                                    Strain 歪み
Cladding    Corrosion 腐蝕          Corrosion (ROG/RIFF) 腐蝕
被覆管       ////////////            ////////////////
                                                              Time (EFPD)
            1      10      100      1000                      時間 (EFPD)
Fuel        ////////////            ////////////////
燃料         Restructuration 再組織化   Swelling スエリング
                    ガス状ギャップ                     結合
Cladding/fuel ///////////// Gaseous gap //////////////\\\\\\\\\ Joint \\\\\\
contact 被覆管/燃料接触
```

図 28.2 燃料と被覆管に生じる現象の推移

　これら現象とそれらの必然的結果の詳細に入る前に，その問題の複雑性の理由から（現象の相互作用，パラメータの数，高勾配など），ピン挙動解析は計算コードを用いてのみ可能であることを強調しておくことが重要である．フランス内で GERMINAL コードが開発された [10,11]．定格運転条件または前事故過渡時中に対し，そのコード記述は：
　—酸化物燃料の熱的ふるまい，
　—核分裂生成物の生成，放出およびトラッピングと同様この燃料の幾何学形状と構造の進展，
　—被覆管のふるまい（歪み，応力）．
　GERMINAL コードはピンを回転円筒体 (a cylindrical body of revolution) と見なしている．軸方向，このピンは独立に薄片 (slices) に切断し，各々のスライスはそれ自身均質な放射状環 (radial rings) である．時間の観点から，照射は特性（線出力，流速，中性子束など）が定義された期間の系列として記述される．各々の期間内での計算安定性は自動時間ステップ・プロセスによって確保されている．
　コード管理には，例えば瞬間的物理現象，またはそれらの推定（膨張，クラッキングなど）が考慮されていることと時間とともに変化する同時刻現象およびそれらの運動速度論が記述されていなければならない．
　被覆管と燃料の熱的および機械的ふるまいは，第 IX 部付録の I で与えられた構造方程式を用いて決定されている．第 III 部と第 IV 部で詳細に述べた知識を基礎に，異なる現象の物理的モデリングは，選択された方程式に関して計算コード固有の制約に従わねばならない．
　単独の被覆管ふるまい（燃料との相互作用を含まない）は最も早いコード (MARS) で計算されている，このコードは被覆管がこれらの現象：鋼のスエリングと照射クリープ，核分裂ガス圧，の影響下に被覆管が曝されたものの歪みと応力を決定する．

28.2 寿命初期のふるまい（装荷から 4-5 at.％）

この期間中，および寿命初期に生ずる典型的腐蝕（フランスでは "corrosion de jeunesse：発育期腐蝕" と呼ぶ）——これは本節末で述べられる——を考慮しない範囲で，被覆管のふるまいは，いかなる顕著な進展も示していない．唯一の応力は，厚さ内の熱勾配に関連する熱的荷重に由来する．古典的に計算された，これら応力の大きさは限定的である（最大フラックス面で数 10 MPa）．

しかしながら燃料は酸化物の幾何学的形状，構造および物理的性質の観点から有意な進展がある．

この進展は以下に依って生ずる：

—高熱運転条件が，FR システム下で使用される高線出力によって燃料に賦課される．これら高熱運転条件は平均温度をカバーするだけでなく，ペレット内の半径方向勾配もカバーする，

—照射それ自身，一方において酸化物の性質（拡散，クリープなど）に影響を与え，他方において燃料内部にガス生成と核分裂生成物を導入する．

28.2.1 酸化物の熱的ふるまい

寿命初期での燃料の進展（幾何学形状，構造）は，図 28.3 と第 IX 部付録の I で発展させたものを示すように，その熱的ふるまいにおいて有意な結果を及ぼす．この照射段階での温度低下は以下からの結果である：

—燃料・被覆管熱伝達の大変明確な増進（製造時ギャップの閉塞），

—酸化物熱伝導率の進展，

—プルトニウム半径方向再分布，

—幾何学的形状の変更，初期中実ペレットの中心空孔形成のような．

これら異なる進展は，GERMINAL コードにより局所的（輪として認識）に考慮されている．これら進展の源泉であるこの現象（第 III 部で詳細な説明がなされた）はこれ以降に記述する：

28.2.1.1 燃料・被覆管熱伝達率の進展

この係数 h は第 IX 部付録の I で与えられる関係を用いて計算されているのでここでは触れない．

ピンが原子炉内に装荷される時，その燃料と被覆管の間隙はヘリウムで満たされた直径で約 0.2 mm の製造時ギャップが存在している．この時期，熱伝達 (heat transfer) は，基本的にガス層伝導 (gas layer conduction) によって起きている．燃料・被覆管ギャップはこ

28.2 寿命初期のふるまい

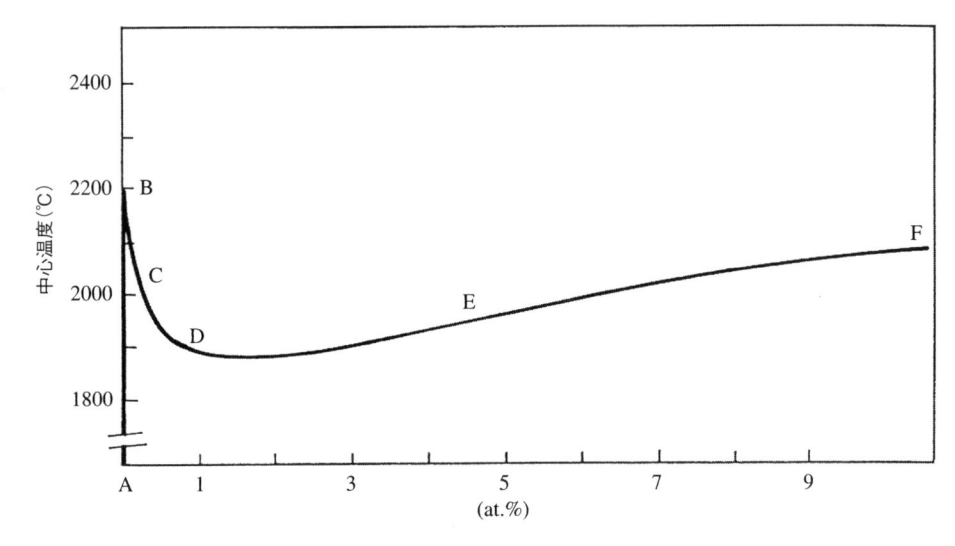

図 28.3 寿命初期におけるペレットの熱的ふるまい

れら 2 つの部材間で接触するまで閉じ続け，その結果他の熱伝達モードが導入される．

この結果からの熱伝達率 (heat transfer coefficient) 改善では，しかしながら組成が変化するガス層伝導率の劣化を考慮しなければならない．

a) 燃料・被覆管ギャップ閉塞 (Fuel-cladding gap closing)

燃料・被覆管ギャップ閉塞は，単純な熱膨張に対応するものに比べて顕著な膨張を有するペレット直径の変化に関連している．この主要機構は：

燃料の割れ *(Fuel cracking)*

これは熱除去の避けがたい帰結の 1 つである．燃料は貧弱な熱伝導性セラミックである．この熱は従って大きな半径方向温度勾配の代価によって除去される，その温度勾配が高熱応力を導く（これらはペレット表面温度とペレット中心温度との間の差異に比例している）．さらに，また再び我々はセラミックを取り扱っているとの理由から，この物質は低温で脆い．

これがペレットの割れを導く，中心線温度が 1200 ℃ を超えない時に，出力が上昇するやいなや割れが発生する．それ故に他の現象が生じるのを許し，その対応する出力に達するに要する時間の前に割れは生じる．

ペレットの外面幾何学形状は，高温であるその中心領域によって賦課されている（外径は周縁領域のみの外径に比べて大きい）．

燃料密度の低下 *(Fuel density drop)*

この現象（第 III 部参照）は酸化物の形態学上の変化（構造，気孔率など）と関連している．この密度低下の帰結の 1 つに燃料の径方向膨張の増大が在ることを注意しておくべ

表 28.2　短時間照射後のピン中のガス組成比

元素	H₂	He	Xe	Kr	N₂	O₂	Ar
ガス体積 %	0.15	46.7	47.8	3.7	1	0.2	0.4

きであろう，その結果燃料・被覆管ギャップの閉塞を引き起す．

燃料カラムの軸方向クリープ *(Fuel column axial creep)*

軸方向において，各々のペレットは，燃料カラム上部重量および上部プレナム内に配置されたバネ（スプリング）からの圧縮力に曝されている．およそ1300-1500 °Cを超えるところで，ペレットの伸びは熱膨張による結果に比べて劣るものの，酸化物クリープ値が可能性のある値となる．これは，しかしながらギャップ閉塞に寄与する燃料の半径方向膨張を導く．

所見：

軸方向クリープに依る圧縮は，各々のペレットの最高温度の中央領域に関係している，その結果各平端面を有する *FR* ペレットの単純真円柱状形状 *(simple orthocylindrical shape)* の適合を許容する（*PWR* ペレットに有るディッシングが無い）．

b) ガス層伝導率の崩壊 (Degradation of gas layer conductivity)

ピン中に初期に注入したヘリウムが，酸化物からの放出ガス汚染と並行して，**製造不純物（アルゴン，水分，炭素など）***(Fabrication impurities)* によって汚染されることから，ギャップ中のガス伝導率の崩壊が生じる．

初期において，これら不純物は燃料中に気孔（ポア）内にトラップされたガス状形態および酸化物中に吸収されるか又は析出した揮発性元素の形態で存在している．これらガスの大部分は寿命のかなり早い時期に放出される．

核分裂ガス *(Fission gases)*

核分裂は直接的にまたは不安定化合物を通じてガスを生成させる（基本的にキセノンとクリプトン）．前述ガスに関して，酸化物から非常に速く放出してしまう；その汚染物質 (pollution) はそれらの生成と照射時間の増加に関係している．

1例として，短時間照射後（およそ 1.5 at.%）の燃料中に存在しているガス組成を表 28.2 に示す．

28.2.1.2 熱伝達率 λ の進展

この伝導率は第 IX 部付録の I で与えられた方程式に基づき計算されている．この伝導率を生じさせる主要現象は以下のもので変化している：

酸化物気孔率 (Oxide porosity)

これは初期の製造時気孔率と核分裂ガス生成物に関連する気孔率の両者からの来歴になる．温度とその温度勾配の影響下で，この気孔率は有意に進展する：

— FR ペレット内で生じた高温度勾配が，気孔（ポア）のペレット中央への移動を導く．この移動は蒸発・凝固機構 (evaporation-condensation mechanism) に依るものである（ポアの高温面上に在る酸化物が蒸発し，その低温面上に凝縮する）；この運動論は勾配値に依存するのみだけでなく局所温度にも依存する．この現象は酸化物内側にトラップされたガスの殆どの放出によって生じ，かつペレットの姿と構造の重大な変更を生じさせる：初期中実ペレットに対する中心空孔 (central hole) の形成，最初の出力上昇中に形成されるクラックの充満，等軸酸化物結晶粒の伸長結晶粒（コラムナー：columnar）（柱状晶）による置換．温度滴定参考文献 (thermometric reference) によりこれら伸長粒の限度が使用されるならば（およそ 1800 °C の等温線に対応している），この参考文献は寿命初期にのみ使用されることが出来る，なぜならこの現象の出現の温度限度はよく理解されていない過程で照射中に進展するからである．

— 局所温度は，ポアによって占有された体積変化を引き起こす（ポア中に存在しているガスとその環境間の平衡圧力）．焼結または密度低下現象は，運転条件変化時に生じることが出来る（炉内装荷，線出力の修正など）．

これらの異なる機構は，競合状態になることが可能である．したがって高線出力において，ポア移動の運動は速く，酸化物内で生成される核分裂ガスはそれらが形成されるやいなや放出される．より低い線出力において（例えば，定格出力よりも低い原子炉の運転），これら運動速度は非常に遅くなる；核分裂ガスはその結果トラップされて酸化物内に留まる．定格運転状態に戻ると，この移動の運動は再び活性化し，そのトラップしていたガス放出を導く．しかしながら出力が急昇した時の過渡状態では，最初の温度上昇が酸化物密度低下（ポア成長）を導く状況を出現させる，結果としてペレットの熱的領域内の非常に有意な増加をもたらす．

酸素の半径方向移動 (Oxygen radial migration)

酸化物は，初期においてペレット内に均等に分布する O/M 値がおよそ 1.97 から 1.99 を有する亜化学量論的 (hypostoichiometric) 組成である．径方向温度勾配および超高速の運動の影響下において（瞬間的な現象と見なされることを許す），酸素は再分布される．大きな亜化学量論組成（劣化伝導率の存在）である最高温度領域から低温領域——，そこでは化学量論組成（伝導率の改善化）に近づく——へ酸素の移動が行われる．モデルの間では，ガス相内の CO/CO_2 対のクラックまたは開気孔（ポア）を通じた熱的移動が採用されている．

燃焼率 (Burnup)

照射は酸化物中に欠陥 (defects) を造り出す，特に核分裂生成物の形態にて．母相内に溶け込むか分離相として観察することの出来る，これら欠陥は酸化物伝導率の劣化を導

く，この劣化は燃焼率に依存している項を通じて全体的に考慮されてる．

28.2.1.3 プルトニウム再分布

上述した蒸発・凝縮現象の速度論は，温度およびその勾配に依存するだけでなくポア表面上に存在する種（ウラン酸化物またはプルトニウム酸化物）にも依存する．ウラン酸化物はプルトニウム酸化物に比べて容易に移動する，ペレット中のプルトニウム含有率は径方向一定に留まらない：その含有率は中央部でより高く，周縁部でより低くなる．

28.2.1.4 幾何学形状変化

酸化物中心線温度はペレット幾何学形状に依存する．照射期間中，28.2.1.1 節で述べたように外径増加が加わることで（それはギャップ閉塞に寄与する），その変化がペレット中央に影響を与える．これらには中心空孔の形成（中実ペレット）またはその寸法の変化（中空ペレット）より成る．気孔率（ポロシティ）管理からこれら幾何学形状変化がモデル化されている．全体的には，以下の結果を引き起す：酸化物気孔率の体積減少（焼結）は中心空孔径の増加を導く，これとは反対の結果，気孔（ポア）体積増加（密度低下）が完全に消失することが可能な中心空孔の収縮によって観察することが出来る．

28.2.1.5 寿命初期の熱的挙動の計算

これら要素全ての各瞬間における酸化物の熱的ふるまいの計算が GERMINAL コードで考慮されている．酸化物組成（プルトニウムと FP の含有率，化学量論性）の変化の観点から局所的酸化物熔融温度の推定も行える．

このコードはその計算値と実験結果の比較によって評価されている：

・FR 原子炉内定格条件で照射されている燃料ピンに対し，一方で，幾何学的と構造的性質および核分裂ガス収支（酸化物中にトラップされているガスとピン内に放出されたガス体積の測定）に関わるものとして（図 28.4），

・他方で，未照射および前照射ピンを用いた CABRI 原子炉試験（高単位線出力での熔融試験）後の熔融断面の計算・測定比較が加えられた（図 28.5）．

28.2.2 被覆管腐蝕

極めて初期の寿命期（装荷から 10 日間の照射）の酸化物の熱的ふるまいに関連している被覆管内面腐蝕現象が観察され得る（図 28.6.a）．粒界型腐蝕は限定領域の点形状である（局所腐蝕），しかしながら非常に深く侵入することが出来る（それらは被覆管貫通に導くことが出来る）．これは照射開始の早い時期に高線出力運転（酸化物の高温時期）した燃料ピンの特徴である．この現象（フランスでは"発育期腐蝕：corrosion de jeunesse"と呼ぶ）は，鋼腐蝕に適する熱的および熱力学的条件の存在下で，被覆管と接触している

28.2 寿命初期のふるまい

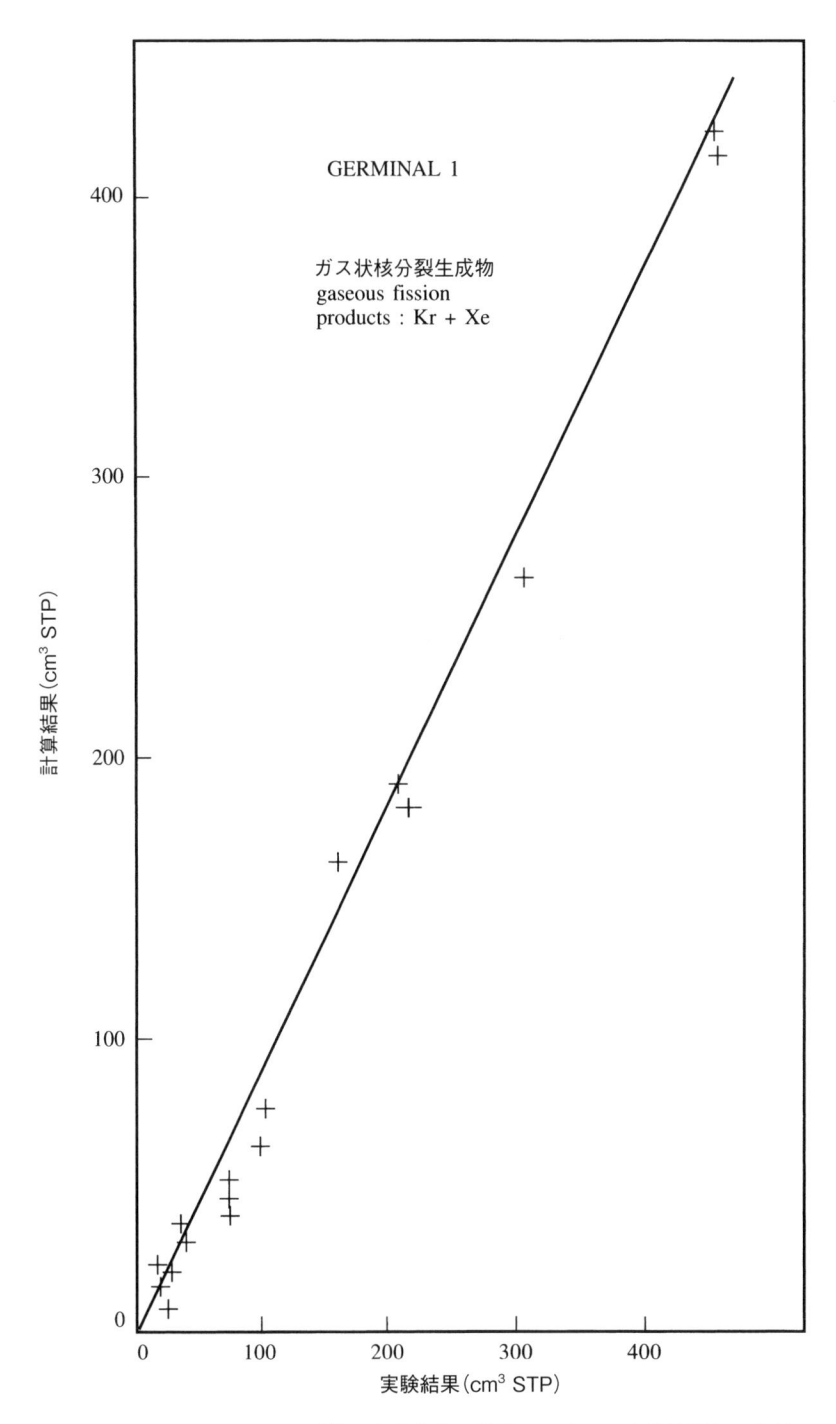

図 28.4 GERMINAL コードで計算した酸化物の熱的ふるまい：実験結果との比較；FP ガスのふるまい

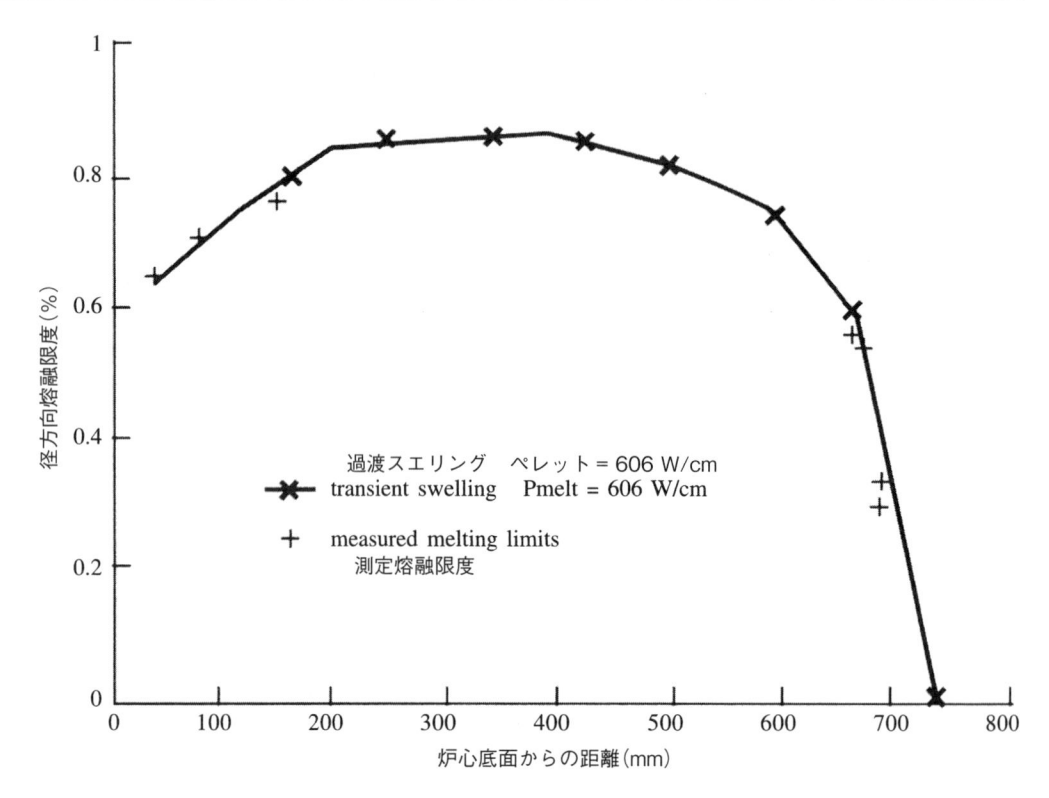

図 28.5 GERMINAL コードで計算した酸化物の熱的ふるまい：実験結果との比較；CABRI 試験後の熔融断面図

腐食性核分裂生成物（I, Te）の蓄積と関連付けられている．この過程は以下の通り：

—核分裂生成のヨウ素とテルルは不安定元素である，それは放射能崩壊を通じてセシウム（Cs）とルビジュウム（Rb）を生起させる．これら元素は一緒になり Cs_2Te 型化合物を形成する．しかしながら，Rb と Cs の形成に時間を要する理由から，その I と Te 元素は照射開始のかなり早い時期であるおよそ 10 日間過剰となり，そのため鋼腐蝕を引き起させることが出来る．

—高い熱的状態（高線出力）の影響下，これら核分裂生成物は移動する．軸方向的には，それらは核分裂性カラム中央からこの部分の両端に凝集する（図 28.6.b）．

—もし，これら領域内で，酸素ポテンシャルと被覆管温度が充分高いなら，腐蝕が発達する．この後者（被覆管温度）は，2 つの FP 集積領域の存在にもかかわらず，上部部分にのみ鋼腐蝕がなぜ生じるのかを説明している．

この腐蝕の出現を防ぐための最も単純な解は，照射開始のおよそ 10 日間，核分裂生成物移動を制限することである．これを実施するため，この期間中酸化物の高温領域が充分低くなければならない；もしも必要ならばピン線出力の一時的制限が勧告されなければ

28.2 寿命初期のふるまい

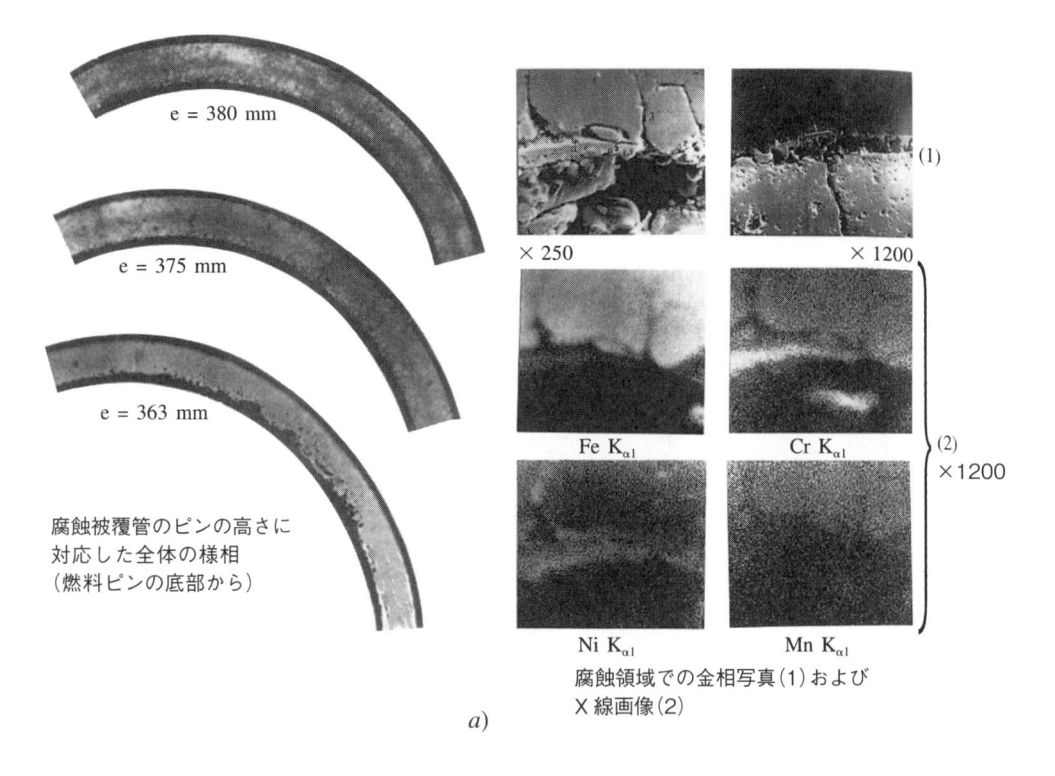

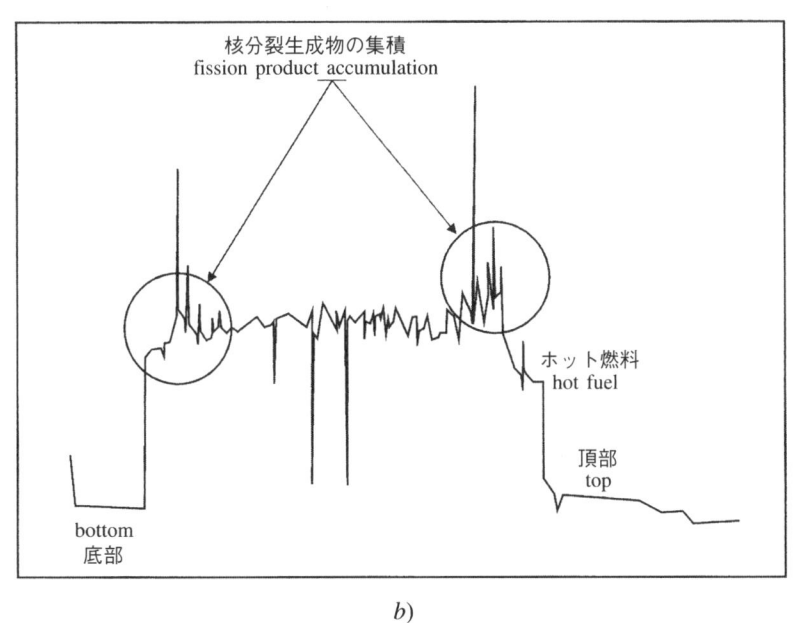

a)

e = 380 mm
e = 375 mm
e = 363 mm

腐蝕被覆管のピンの高さに
対応した全体の様相
（燃料ピンの底部から）

× 250   × 1200 (1)

Fe K$_{α1}$ Cr K$_{α1}$
Ni K$_{α1}$ Mn K$_{α1}$

(2) ×1200

腐蝕領域での金相写真(1)および
X線画像(2)

b)

核分裂生成物の集積
fission product accumulation

ホット燃料
hot fuel

頂部
top

bottom
底部

図 28.6 被覆管の寿命初期腐蝕：a) 腐蝕の様相（金相写真），b) 核分裂生成物のふるまい（γ線分光計）

ならない.

28.3 中燃焼率でのふるまい (7-8 at. %)

この期間中，重要な点は燃料と被覆管の接触型の変化である.

約 5-6 at. % で，燃料・被覆管ギャップがほぼ閉じてしまう．数ミクロンの残留ギャップはプルトニウム核分裂に起因する混合ガス（Xe, Kr など）で満たされている．貧弱な熱伝導体であるこれらガスは初期ヘリウムを汚染する．

照射が 7-8 at. % に達すると，燃料の外表面は再び被覆管から離れてしまう，しかしこのギャップ内ガスはモリブデンやセシウムなどのような核分裂生成物から形成される化合物によって置換されてしまう．したがってこの初期ギャップは酸化物と被覆管の間の継ぎ手 (a joint) によって置換される（フランスでは，JOG = Joint Oxyde-Gaine と呼ぶ）[12, 13].

照射のこの段階において，被覆管は歪みを受けない，さらに図 28.7 に示す幾つかの特性のように，この現象は燃料の進展に関連しているように見える．この酸化物の進展には，ペレット断面積の減少および揮発性核分裂生成物（Cs, Mo）の燃料・被覆管ギャップへの移行を伴う．

この進展は重要である，なぜならそれが酸化物の熱的領域の限界に寄与しているからである，貧弱な熱伝導体混合ガスで作られたギャップ核分裂生成物の化合物の混合物で形成された JOG によって置換され，その伝導率が非常に高いので，酸化物と被覆管の間の熱伝達率を改善する．この JOG の存在が——JOG の無歪み被覆管への顕著な寄与について既に触れたが——万一被覆管歪みが酸化物から離れたギャップの増加に顕著な寄与をするとしても，酸化物・被覆管熱伝達条件を許容可能範囲に維持していることの説明になっている．

この現象およびこれを支配する機構の正確な知見は，比較的最近得られたものである．数多くの仮定（ガスと揮発性核分裂生成物間のふるまいの類推，低温での酸化物周縁部分でのガス含有率の飽和など）に基づくモデリングは GERMINAL コードに取り入れられている．運転条件の全範囲に渡るこれらモデルの適格性については進行中である．

28.4 高燃焼率でのふるまい (> 12 at. %)

この期間において，酸化物は次節で述べる工程に従った進展が継続する．特に，酸化物の熱伝導率低下とその体積増加が継続する．後者の現象は被覆管内の応力を誘起する機械的相互作用の源になっている，この現象の詳細は本節の終わりに述べられる．

ピン内に存在する核分裂ガス体積は大変有意な量となる．SPX タイプのピンの 12 at. % で，生成されるガス体積は，ほぼ 750 cm^3 になる．通常，酸化物からの放出率は常に大変高い（生成ガス体積の 80 % から 100%）ので，充分大きなプレナム (plenums) がピ

28.4 高燃焼率でのふるまい

JOG幅の変化（最大中性子束領域内での）

柱状結晶粒内の金属性介在物の理論的 Mo/Ru 比の変化

theoretical ration
理論的反応

燃料と JOG 内のセシウム配置

× intergranular Cs 粒界 Cs
＋ intra + intergranular Cs 粒内＋粒界 Cs
● fuel Cs + JOG Cs 燃料 Cs＋JOG Cs

Production
生成

燃焼率(at.%)

図 28.7　JOG 出現後の燃料特性の変化

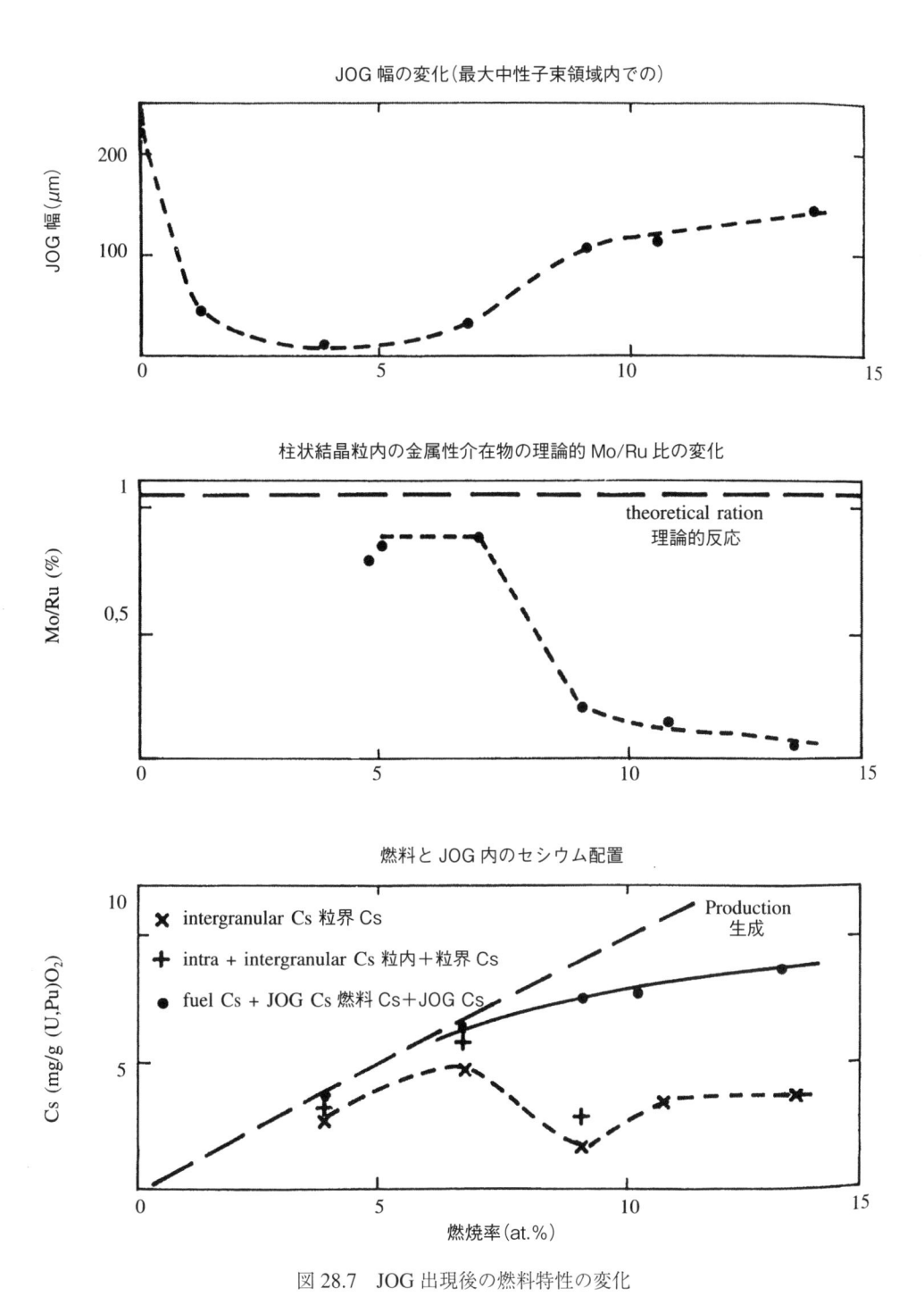

ン内圧制限のために要求されている．酸化物からの準・瞬間ガス放出 (quasi-instantaneous release of gases) が通常である場合，さらに低い線出力での一時的運転（28.2.1.2 節で既述）は，この現象の運動を顕著に減速させることが出来る．そのガスは酸化物中にトラップされて残り，次節で述べる燃料・被覆管機械的相互作用による応力水準と酸化物の熱的挙動の帰結を伴う，ペレットの追加的スエリングの原因となる（過渡的運転中に特に顕著となる）．

しかし最も大きな変形を被るのは被覆管である：形状の変化，腐蝕されかつ過酷な応力増加に曝される．被覆管歪みは数年に渡る現象であり，この現象がピンの照射期間を制限している．産業用原子炉に対し，この照射期間の制限値は dpa で表現される，この照射期間はあまりにも短すぎて他の現象が有意な部分を占めるまでに至らない．このことは，もはや真実ではない．耐スエリング改良鋼仕様を行った改善はピンの許容 dpa 値の顕著な増加を許し，相関的なものの性能を一層引き上げた（燃焼率，寿命など）：ピン全体のふるまいとしての他の現象（腐蝕，応力など）は，けっして省くことはできない，かつ考慮しなければならないものである．

28.4.1　被覆管の幾何学的変化 [14-16]

被覆管の幾何学形状は 2 つの機構の影響下で進展する：照射下における鋼のスエリングと核分裂ガス圧力の影響下での照射クリープである．

28.4.1.1 これら現象に関する注意

これら機構およびそれらを支配するパラメータ（因子）は第 IV 部で述べられている；したがってそれらについて以下に概略を述べるにとどめる：

- **照射下での鋼スエリング** *(Swelling of steels under irradiations)*

これは，少なくとも初期から導入される等方性歪み現象である：この歪みによる結果である直径増加 ($\Delta d/d$) は長さ増加 ($\Delta L/L$) に等しい．この変化を制御している主なパラメータは温度と被照射線量（dpa で表現される）である．

冷間加工 15-15Ti 型オーステナイト鋼では，これらパラメータの各々の影響は図 28.8.a に示され，さらにこの影響は以下のタイプの公式化によって考慮されている：

$$s = \dot{s}_0 \times \delta \times \ln\left[\frac{1 + \exp\left(\frac{D-\Delta}{\delta}\right)}{1 + \exp\left(-\frac{\Delta}{\delta}\right)}\right]$$

ここで

$$\dot{s}_0 = a_2 \times \exp\left[-\left(\frac{\theta - a_3}{a_4}\right)^2\right] \quad \text{（スエリング速度）},$$

$$\Delta = b_1 \times \exp\left[-\left(\frac{\theta - b_2}{b_3}\right)^2\right] + b_4 \text{（潜伏線量）}, \quad \delta = c_1 + c_2 \times \theta \text{（遷移）}$$

28.4 高燃焼率でのふるまい

および s は体積スエリング，$\dot{s}_0$ は体積スエリング速度，D は線量 (dose)，Δ は潜伏線量 (incubation dose)，θ は温度，a_n, b_n, c_n は係数である．

温度依存の所与線量（潜伏線量と呼ぶ）に達するまで，このスエリングは制限される；この値を超えると，スエリングは一層速度を増す（CW 15-15 Ti SS タイプで 20 dpa 当りほぼ 1 % の速度）．

被覆管の所与の位置において，スエリングは局所中性子束と温度の値に依存する．CW 15-15 Ti SS（冷間加工 15-15 Ti ステンレス鋼）では，ピンに沿った軸方向スエリング外形に最大が存在する．

- 照射クリープ *(Irradiation creep)*

照射下では，新たなクリープ機構が考慮されている．それは古典的な熱クリープと異なるものである，なぜならその歪みは以下のように導入されるからである：
―実用的には温度と独立である，
―線量 (dose) に依存し，時間に依存しない，
―高い値（数 %）であっても材料損傷に関与しない．
このタイプの式は以下のように表現される：

$$\frac{d\varepsilon}{dD} = K\sigma + 2K\alpha\sigma^2 + \alpha\sigma\dot{S}$$

ここで ε は歪み，D は線量 (dose)，σ は応力，$\dot{S}$ はスエリング速度，K, α は材料依存の定数である．

燃料ピン内の核分裂ガス圧力の影響下において，照射クリープは被覆管変形を引き起こし，その最大振幅は最大中性子束面の領域内に局在する．この負の要素とは反対に，照射クリープは大変良好な要素を有することを明記しなければならない，それは応力緩和によって 2 次応力水準の減少を助けるからである．

28.4.1.2 被覆管変形

2 つの機構が有意な被覆管変形 (cladding deformations) を引き起すことが出来る（数 % 変位），この変形は以下の状態として顕われる：
―鋼スエリングのみによる全長増加，
―スエリングと照射クリープに依る歪み総和である直径の歪み．照射後およびその総歪みからスエリング（これが支配的な機構である）と照射クリープの寄与を分離させた，CW 15-15 Ti SS PHENIX 被覆管の典型的直径方向歪み幾何学的形状 (profile) を図 28.8.b に示す．

熱クリープが生じる時（高被覆管温度），上述したものに比べて有意でない歪みを導入させるだけであることを明記しておこう．それが急速破損を引き起すのは，この機構が極く低い延性値（1 % よりさらに低い）を示すからである．

以降の節で述べるスエリングとクリープの方程式より，照射始め期間中の被覆管歪み計

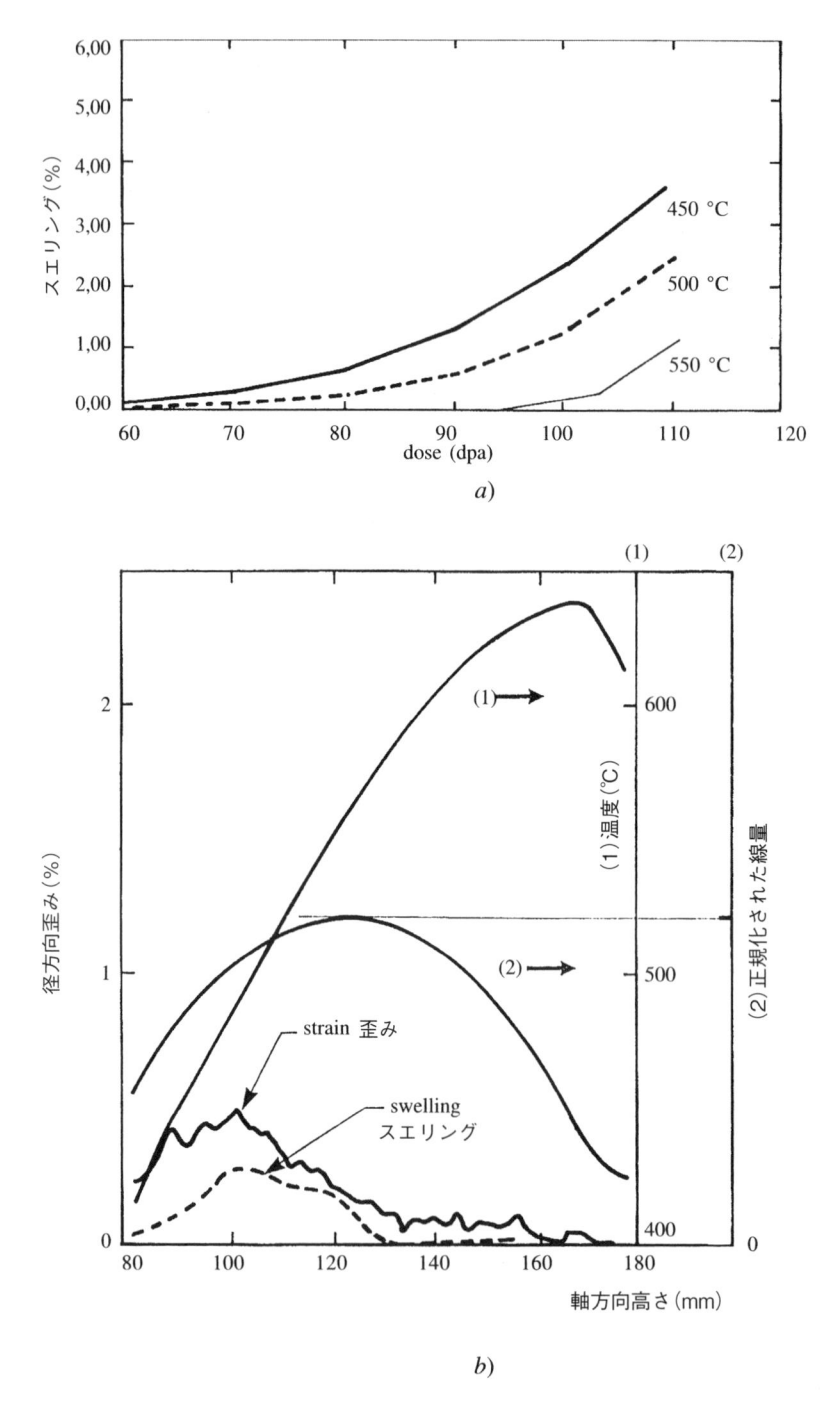

図 28.8　CW 15-15 Ti 鋼被覆管歪み
a) 温度と線量のスエリングへの効果
b) PHENIX 被覆管歪み（スエリングと照射クリープの各部分）の軸方向分布

28.4 高燃焼率でのふるまい

算は，照射を温度一定の段階 (steps) へ分割することを要求する．これら段階の各々に対し，その歪みを考慮する被覆管断面積中の平均温度に基づくか，またはさらに正確な方法，被覆管を等温リングに分割しこれらリングの各々の要素歪みから開始する機械的平衡計算の実行によるか，そのいずれかでその歪みは計算される．後者の方法は被覆管肉厚内でのスエリング勾配に依る 2 次応力の計算も出来る（次節で観察する），それは MARS 被覆管コードと同様に GERMINAL ピン・コードで使用されている．

28.4.1.3 歪み制限解

照射クリープに依る歪みは，内部圧力と関連するプレナム (plenums) の寸法に依存している．このタイプの歪みは従ってピンの適切な設計によって制限されている．

しかしながら，材料本体の活動のみが（化学組成，熱的機械的処理），スエリングに対する被覆管耐性改善を助けることが出来る．この研究は非常に大きな研究開発計画の主題であった（新材料の製造と物性評価，試料または被覆管形状での照射など），異なる角度から研究が継続中である．この研究の主な領域およびその最適化について以下に示す，それらは引き続き検討中であるが：

- オーステナイト・ステンレス鋼 *(Austenitic stainless steels)*[*1]

このクラスの材料に対して，最も多くの研究がなされた．これら研究が 1970 年代初めに RAPSODIE-FORTISSIMO 用に使用された最初の被覆管の許容線量 30-40 dpa から EFR プロジェクト被覆管のおよそ 160 dpa の値への増加を許した．例として，図 28.9 に標準 PHENIX 集合体性能の進展を対応する被覆管歪み形状と共に示す．

— 1976 年から 1980 年の間，溶体化焼鈍 (solution-annealed) 316 被覆管（17 % Cr, 13 % Ni 組成のオーステナイト・ステンレス鋼）製の最初の集合体の目標線量はおよそ 55 dpa であった，

— 1980 年，同一組成であるが冷間加工状態を選択することで，この線量を 70 dpa に引き上げることができた，

— 1984 年，冷間加工 (cold-worked) 316 鋼への Ti 添加でこの線量は 100 dpa に達した，

— 1990 年，316 Ti 鋼から 15-15 Ti 鋼（クロムを 17 % から 15 % へ減少させ，ニッケルを 13 % から 15 % へ増加させた）への変更および他の異なる合金元素と不純物に関する極めて詳細な仕様と熱的・機械的処理の詳細な定義によって（AIM1 処理）およそ 160 dpa の線量に達することが許されるようになった．

AIM1 処理での CW 15-15 Ti SS が現時点での我々の標準被覆材である．オーステナイト鋼に対応するそれらの耐スエリング性の最適化は依然として可能であり（さらに低いクロム含有率の母相，2 重安定化など），研究中である．被覆材としてのオーステナイト鋼の

[*1] 訳註： オーステナイト：1 種類以上の元素を含む γ 鉄固溶体．γ 鉄は 911 ℃-1392 ℃ の温度範囲での純鉄の安定な状態で，その結晶構造は面心立方である．

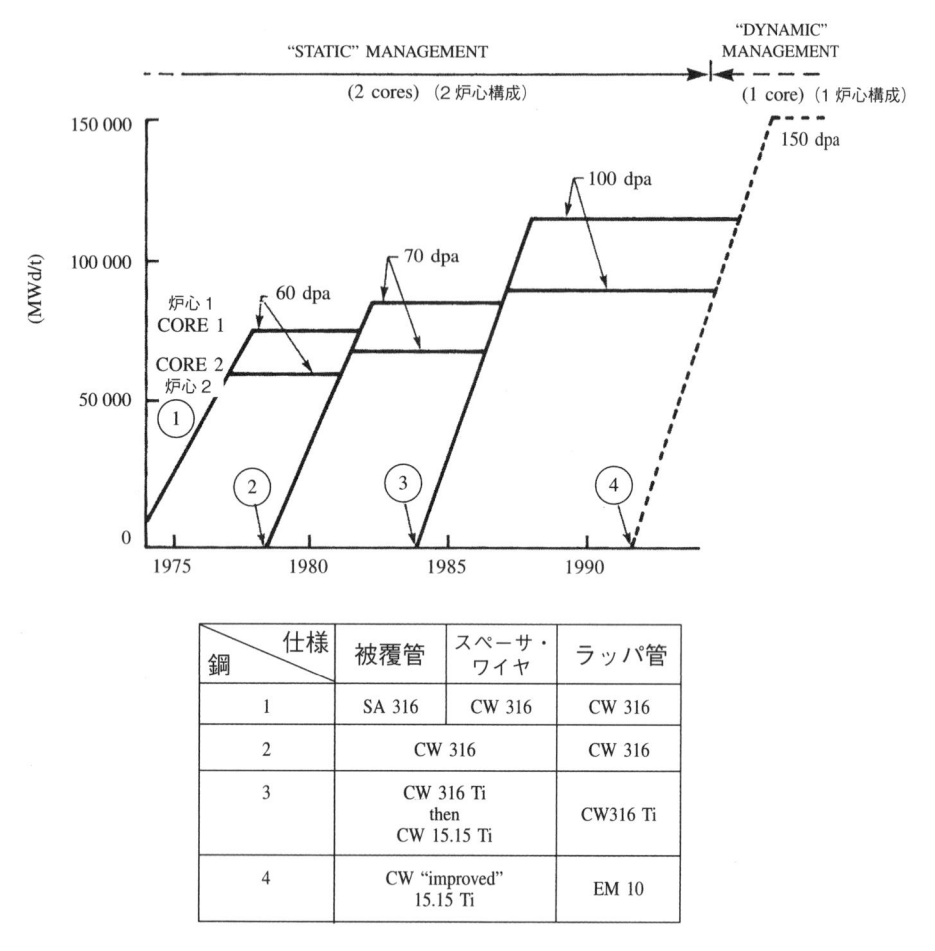

仕様 鋼	被覆管	スペーサ・ワイヤ	ラッパ管
1	SA 316	CW 316	CW 316
2	CW 316		CW 316
3	CW 316 Ti then CW 15.15 Ti		CW316 Ti
4	CW "improved" 15.15 Ti		EM 10

図 28.9　PHENIX 標準集合体の性能の進展．被覆管とラッパ管材料の選択による影響 [8]

線量限界は現実的には 200 dpa 近傍である．

- ニッケル合金 (Nickel alloys)

これらは潜在的な魅力を有している，なぜならオーステナイト・ステンレス鋼に比べて低スエリングを示し，高温領域で高い機械的強度を有しているからである．しかしながら，PHENIX と PFR で試験したこの種の被覆管（特に INCONEL706 と PE16）が，照射によって非常に有意な脆化を引き起こすことを示した．この延性欠如はそれらを被覆材として用いるには被覆管破損の場合，原子炉内および照射後における燃料サイクル内での異なる段階においての両者で，大変デリケートな問題をもたらす．このクラスの材料はもはや研究は行っていない．

- フェライト・マルテンサイト鋼 (ferritic martensitic steels)[*2]

[*2] 訳註：　フェライト：1 種類以上の元素を含む α 鉄又は δ 鉄固溶体．α 鉄は 911 ℃ よりも低い温度

28.4 高燃焼率でのふるまい

フェライト・マルテンサイト鋼は素晴らしい耐スエリング性を有する．残念ながら，高温（650-700 °C）でのそれら機械的強度は低く，被覆材としては不充分である．しかしながら29.2.5節で見るように，ラッパ管材として使用の可能性は非常に大である．

酸化物分散（イットリウムなど）による鋼の強化は高温での良好な機械的強度の回復を許す．最初の照射はこれらの性質を実証した，しかし製造の困難性（鋼生産および変態）を飛び越えて，試験された合金は照射下で許容出来ない脆性を示した．ODS（酸化物分散強化：Oxide Dispersion Strengthening）と呼ぶこれら鋼は依然として改善に対する大きな潜在性を有しており，従って研究開発プログラムの範疇にある．

28.4.2 被覆管内面腐蝕

寿命初期に現れがちで，鋼の粒界腐蝕として観察出来る被覆管内面腐蝕については28.2.2節で述べた．照射中，一般化された鋼腐蝕の結果，新しいタイプの内面腐蝕について検討しよう．この腐蝕は2つの様相下で観察が可能である：燃料・被覆管反応，フランスではROG（Réaction Oxide Gaine）と呼ぶ，および核分裂性物質・親物質界面反応，フランスではRIFF（Réaction à l'Interface Fissile-Fertile）と呼ぶ，の2つである，それらの典型的な例を図28.10と図28.11に示す．それらはおよそ5 at. %から6 at. %で開始し，照射が10-12 at. %に達する時に有意な深さに達する．

ROGは，核分裂性カラム頂部から1/3高さ付近の位置の比較的大きな領域（およそ80 mm）に影響かつ様々な幅の被覆管肉厚欠損へ帰する．最も損傷的な腐蝕に対して（およそ200 μm の深さに達することが出来る），被覆管の局所的変位が現れる，またその変位は一方で被覆管厚さの減少を，他方で燃料と被覆管の間のギャップを埋めた腐蝕生成物に依る圧力とに繋がっている．

RIFFは一般的に被覆管肉厚欠損を導くが，多孔性領域(porous area)の様相を示すことも可能である．もしもその最大深さがROGのものと同じオーダーならば，RIFFは核分裂性カラム(fissile column)の頂部近傍の位置または核分裂性カラムと上部親物質カラム(upper fertile column)間の界面の前面におけるさらに局所化された領域（およそ1 mm）に影響する．

渦流(eddy currents)による照射後ピン試験での非破壊技法の発達は，これら現象の研究にとって特に重要な手段を与えた．RAPSODIEとPHENIXで照射したピン数千本がこの試験に供され，一方でこれら腐蝕の出現条件を定義し，他方で影響を受けた深さ決定および関わり合う機構の調査のために必要な破壊試験の実施をこの非破壊技法が可能としている．

での純鉄の安定な状態で，その結晶構造は体心立方である．δ鉄は1392 °Cから融点までの温度範囲での純鉄の安定な状態で，その結晶構造は体心立方である．

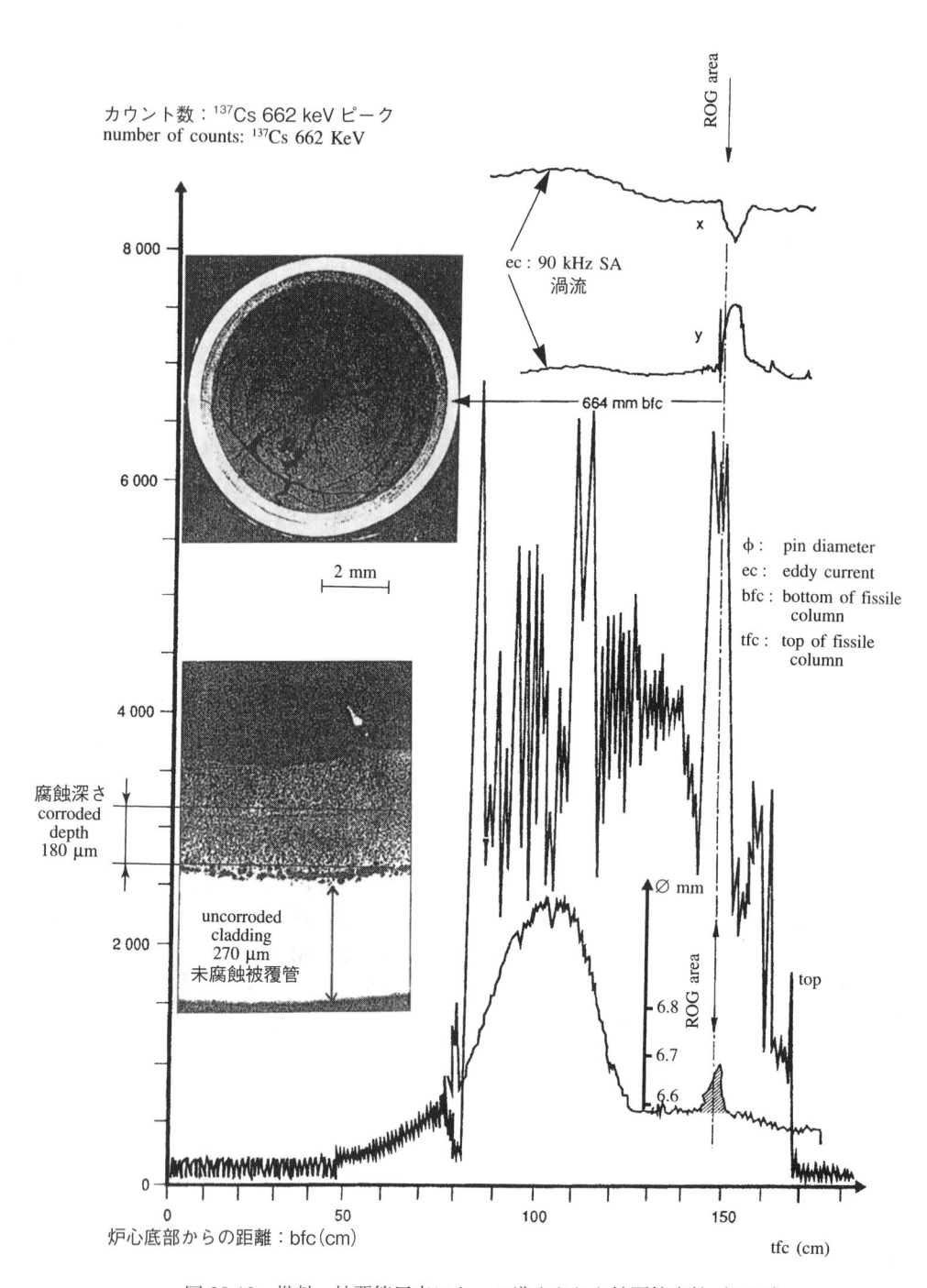

492　　第 28 章　混合酸化物燃料ピン

図 28.10　燃料・被覆管反応によって導入された被覆管腐蝕（ROG）

28.4 高燃焼率でのふるまい

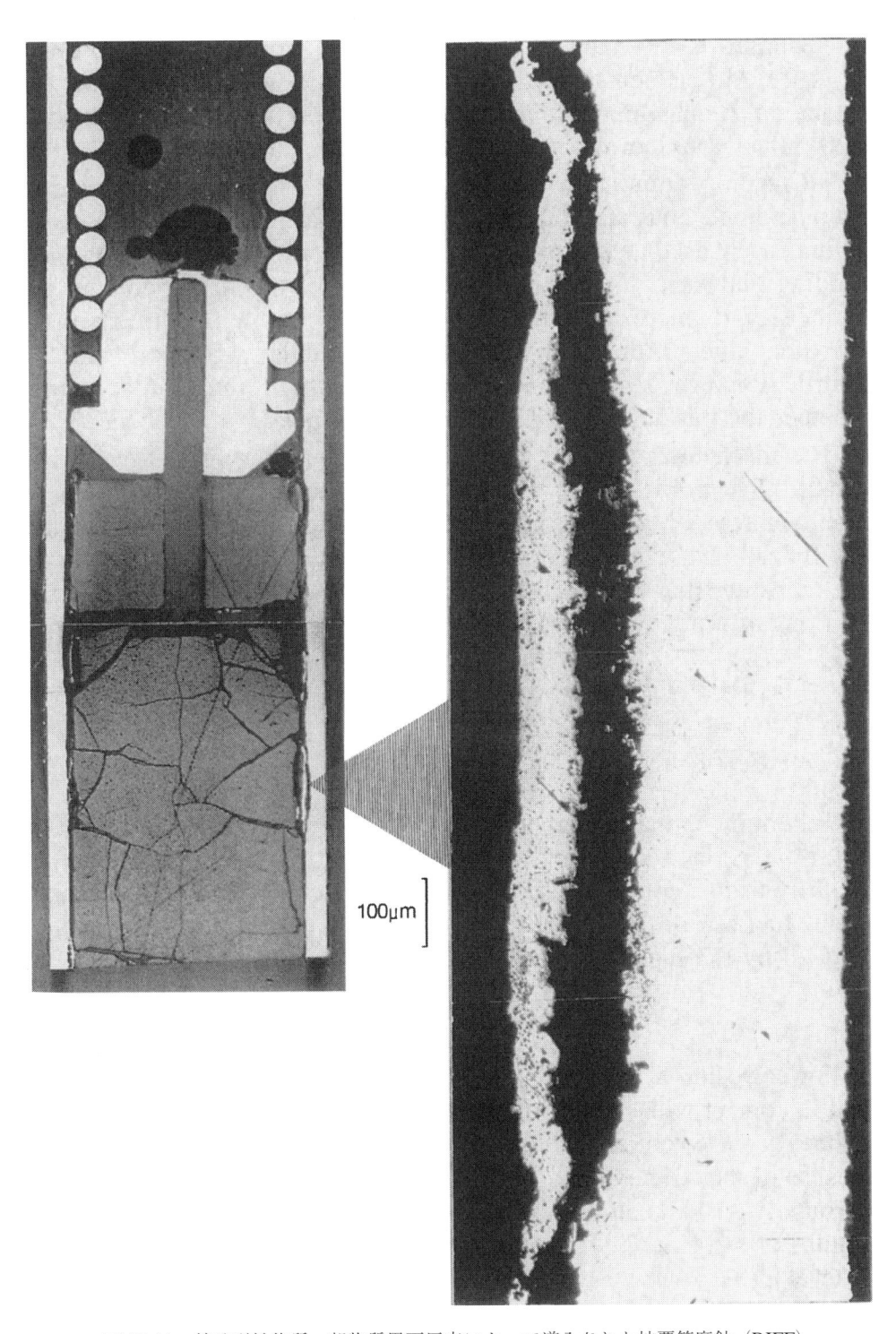

図 28.11 核分裂性物質・親物質界面反応によって導入された被覆管腐蝕 (RIFF)

28.4.2.1 燃料・被覆管反応 (ROG)

　この種の腐蝕の発達で重要な役割を2つのパラメータが演じる：燃焼率 (burnup) と被覆管歪みである．それが無意味であるとしないものの，たとえば燃料線出力または被覆管温度のパラメータへの影響は明確性で劣る（全ての場合，運転条件は ROG の発達に対し，上述のそれらが要求されているからが多分その理由であろう）．さらに詳細化のため，図 28.12 は以下のことを示す：

- 燃焼率は主要因子である．Cs, Te, Mo 元素の生成と照射に伴う酸化物の酸素ポテンシャルの上昇は驚くべきことではない．腐蝕による影響を受けた被覆管最大深さと燃焼率の間に準線形関連が存在する（上部側曲線）．

- 被覆管歪みはさらに複雑な役割を有している．15-15 Ti 鋼被覆管上（核分裂性カラムの下半分部での大きな径方向歪みと上半分部での径方向歪みの欠如）で遭遇する，核分裂性カラム全長に沿ったより均等な変位形状 (more uniform deformation profiles) を伴う被覆管上に観察されるものに比べてさらに急速な腐蝕速度を導くように（そのピンの変位が重要か否かのいずれか），核分裂性カラムに沿って径方向歪みの非均一な分散を実験は示している．

　これら腐蝕機構は現時点において，少なくとも定性的観点から，相対的には良く理解されている．それは酸化物・被覆管のギャップの自由テルル (free tellurium) の存在が重要な役割を演じることを示す．事実，このテルルは，以下のタイプの反応に従って鋼の成分，鉄，ニッケル，クロムの化合物を形成させることの出来る腐蝕薬剤 (corroding agent) である：

$$Fe + 0.9Te \Leftrightarrow FeTe_{0.9}$$
$$Ni + (1-j)Te \Leftrightarrow NiTe_{(1-j)} \quad ここで \quad (1-j) \approx 0.6$$
$$2Cr + 3Te \Leftrightarrow Cr_2Te_3$$

他の元素（Cs, Mo, Ba など）と同様，テルルは被照射燃料の核分裂によって生成される，そしてセシウムとの化合物を形成する：Cs_2Te．この化合物の揮発性が，その生成場所から燃料・被覆管界面への移動を許す，その界面において燃料から供給される酸素の存在下で，以下のタイプの反応によって化合物からの分割が可能となる：

$$Cr_2Te + Cr + 2_2 \Leftrightarrow Cs_2CrO_4 + Te$$

　腐蝕の発達に対し，充分高い活性度のテルルが被覆管に接触して存在していなければならない．この要求は酸素ポテンシャルの充分に高い値がテルル化セシウム (caesium telluride) の分解を許す．局所的に到達した温度で，ΔGO_2 の値はおよそ- 100 kcal/mol が必要であることから，その値は燃焼率 5-6 at. % で得られる．これが腐蝕の発達開始の照射値である．

　腐蝕影響深さは照射に伴い増加する，しかしその進展速度は被覆管歪みに依存している．以下の反応機構を描くことが出来るであろう：

28.4 高燃焼率でのふるまい

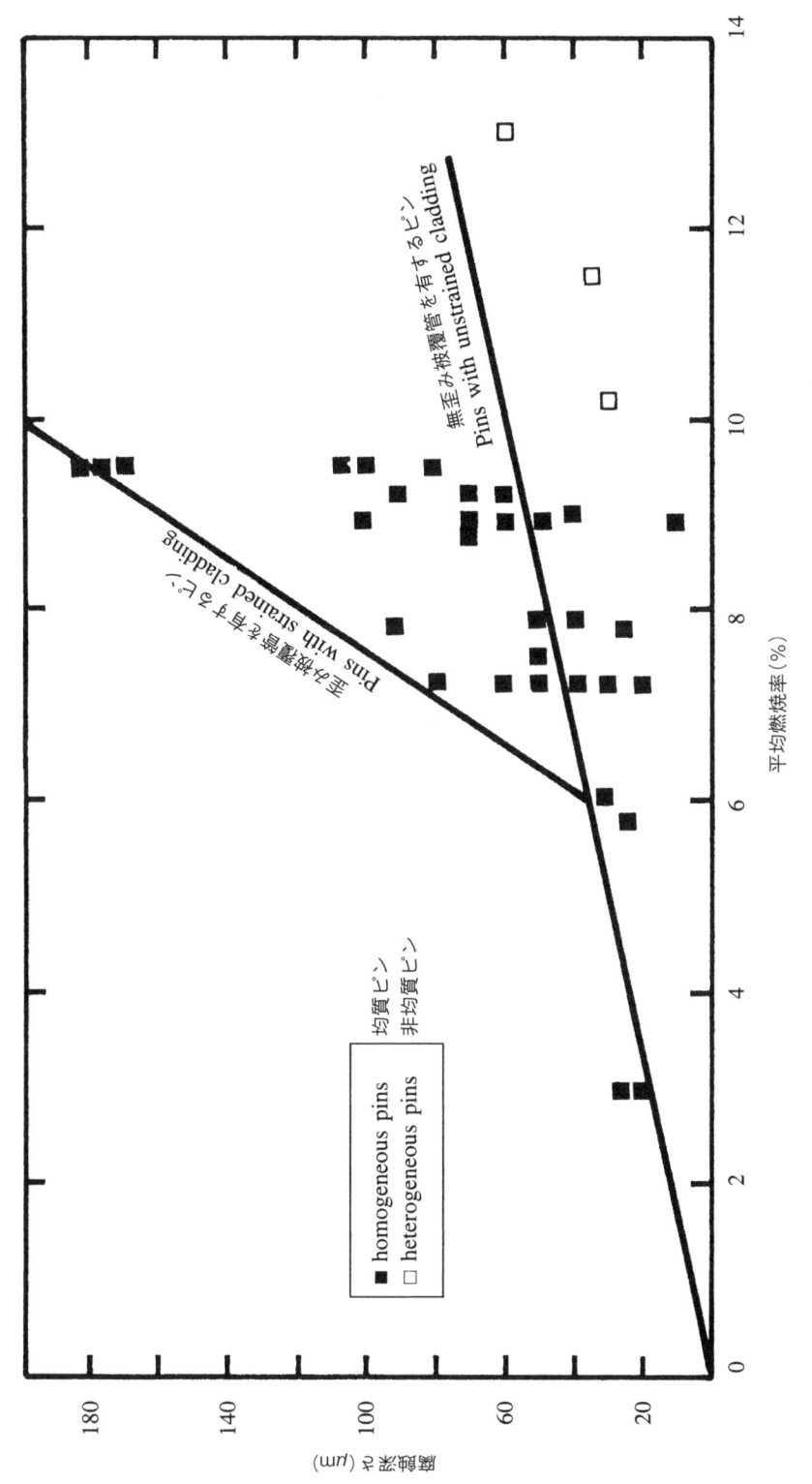

図 28.12 ROG によって影響を受けた被覆管深さへの照射効果．被覆管歪みとピン設計の効果（均質/非均質）

- 歪みが低く維持されている被覆管において（$\Delta d/d < 1\%$），酸素ポテンシャルは照射に伴い増加し続ける．およそ- 90 kcal/mol に達する 7-8 at. % で，燃料・被覆管界面での最も安定な化合物はもはや上記の反応で形成された 2 クロム酸セシウム (caesium dichromate) ではなくなる，しかし燃料中に存在しているモリブデンに伴い 2 モリブデン酸セシウム (caesium dimolybdate) が以下の反応を通じて形成される：

$$Cr_2Te + 2Mo + 7/2O_2 \Leftrightarrow Cs_2Mo_2O_7 + Te$$

これら条件下での腐蝕現象をコントロールしている，この反応は，いくらか緩慢な腐蝕速度を導く（図 28.12 の下部側曲線）．

- 15-15 Ti 鋼上で見られるのと同様な被覆管歪みは（核分裂性カラムに沿った非均一歪みはこのカラム下部で大変形を，カラム上部で変形の欠如を導く），核分裂性カラムに沿った燃料内温度分布を掻き乱す．この現象は高温酸化物領域（核分裂性カラム下部）から低温領域（核分裂性カラム上部）への揮発性核分裂生成物移動の便宜を与える．反応性薬剤の十二分な供給で，前行ケースに比べて腐蝕がさらに速い速度を示す（図 28.12 の上部側曲線）．被腐蝕領域内で，その酸素ポテンシャルは非常に低いレベル（< -90 kcal/mol）に留まっていることを明記しておく，このポテンシャルはクロウムによるテルル化セシウムの分解およびモリブデンとの反応を拒む状態に匹敵している．

万一，現在，そのような腐蝕によって影響を受けた体積の計算または破壊された被覆管深さを無モデリングが許容されるとしても，上述した機構の解析はその特性——各々の現象（ROG と RIFF）で共通である——の正確な情報を与え，異なる運転パラメタの影響へのアプローチとこれら腐蝕の量限界の解を与える．さらなる正確さのためには，局所熱的条件と他元素の存在（Ba, Pd など）に依存する酸化物・被覆管界面に存在している異なる相または化合物の存在を熱力学的計算が述べる．

28.4.2.2 核分裂性物質・親物質界面反応 (RIFF)

これは上部親物質燃料カラムの界面の位置する被覆管内面腐蝕の 1 つである．ROG に比べてさらに局在化しており，しかしその影響は類似深さである．もしも上述の機構が依然として有効に思われるなら，その現象記述は ROG に対してのもの（この種の腐蝕はつい最近になって明らかになったせいかもしれない）に比べて高級さが劣る (less advanced)．

試験されたパラメータ間で，最も重要な役割を演じると見られるのは被覆管温度である：閾値温度 620-630 °C が RIFF 出現のために要求されている．

28.4.2.3 腐蝕・限度の解

幾つかの解は，腐蝕のこれら種の限度について予測することが出来る：

- トラップまたはゲッター．この目的は Cr_2Te 分解のために要求される酸素をトラッピングによってテルル生成を阻止することにある．この目標に到達するため，Ti, V などのような元素の添加（例えば核分裂性カラムの端部にペレット形状で）が検討された．それ

28.4 高燃焼率でのふるまい

らの有効性について未だ実証されていないが，これら解は，燃料の熱的ふるまいの多少の劣化の帰結を伴う酸化物の O/M 比を低めに戻す．

- **被覆管**．被覆管それ自身の物質は腐蝕の程度上において無視できない影響を受けるようには見えない．このことは，なぜ被覆管内面コーティングが充分に研究されてはいないか——その達成は困難である——を説明している．しかしフェライト系被覆管またはニッケル合金被覆管に対して，被覆管歪みはさらに小さく，燃料カラムに沿った歪み分散はさらに均一的であるため，CW 15-15 Ti SS の腐蝕に比べて腐蝕量は少ない；15-15 Ti 被覆管の特定歪み曲線 (specific strain profile) に関連している腐蝕速度の加速は，このケースでは最早存在しない．．

- **軸方向非均質燃料要素**[18,19]．これは図 28.1.b に示したように，燃料ピンの特殊な設計である，その設計では $(UPu)O_2$ の核分裂性カラムが 2 つの部分に分かれ，燃料柱の中央に長さ数 10 cm の酸化ウラン（UO_2）ペレット・カラムが詰まっている．オーステナイト・ステンレス鋼被覆管を用いて，実施された照射後試験で，均一スタッキングの古典的設計ピンで得られた結果に比べ，この設計では腐蝕深さが極めて有意に制限されることが観察された（図 28.12）．核分裂性カラムの上部と下部の分離により，中央の酸化ウラン・カラムは腐蝕上の非均一歪み曲線の負の効果を制限することが出来る（前節を参照）．さらに，軸方向非均一設計ピンの照射下での全体的なふるまいは，極めて満足しえるものであった．とりわけ，燃料ピン中央の高中性子束領域内に在る核分裂性カラムとブランケット・カラム間界面の存在に関連する問題は無いことを計算と実験が示した．

28.4.3 ナトリウムによる外側被覆管腐蝕

オーステナイト鋼（および特に 15-15 Ti 鋼）はナトリウムと良好な両立性を示す．それでも，少量の外部腐蝕（20-30 μm）が被覆管の高温部で観察されている（図 28.13）．

この腐蝕の結果は：

—被覆管肉厚減少を導く非常に僅かな厚さ破壊（数ミクロン），

—直下層での鋼組成の変化．ナトリウムと僅かに溶解性を有するニッケルがこの領域から消失し，鋼の構造的な変質を導く（フェライト化）．

この現象の振幅は，温度および照射に伴い増大する．それでも FR ピンの運転条件下で（被覆管温度 $\leq 650\ °C$，照射期間 ≈ 1500 EFPD），この腐蝕は制限内に留まり，僅かな影響をピン強度へ与えるだけである．

28.4.4 照射中の被覆管負荷

被覆管を通じ，異なる源および可変な大きさの負荷 (loads) が考慮されている．局地的に，その結果の応力 (resulting stresses) が加えられることが出来る，機械設計（27.3.2 節

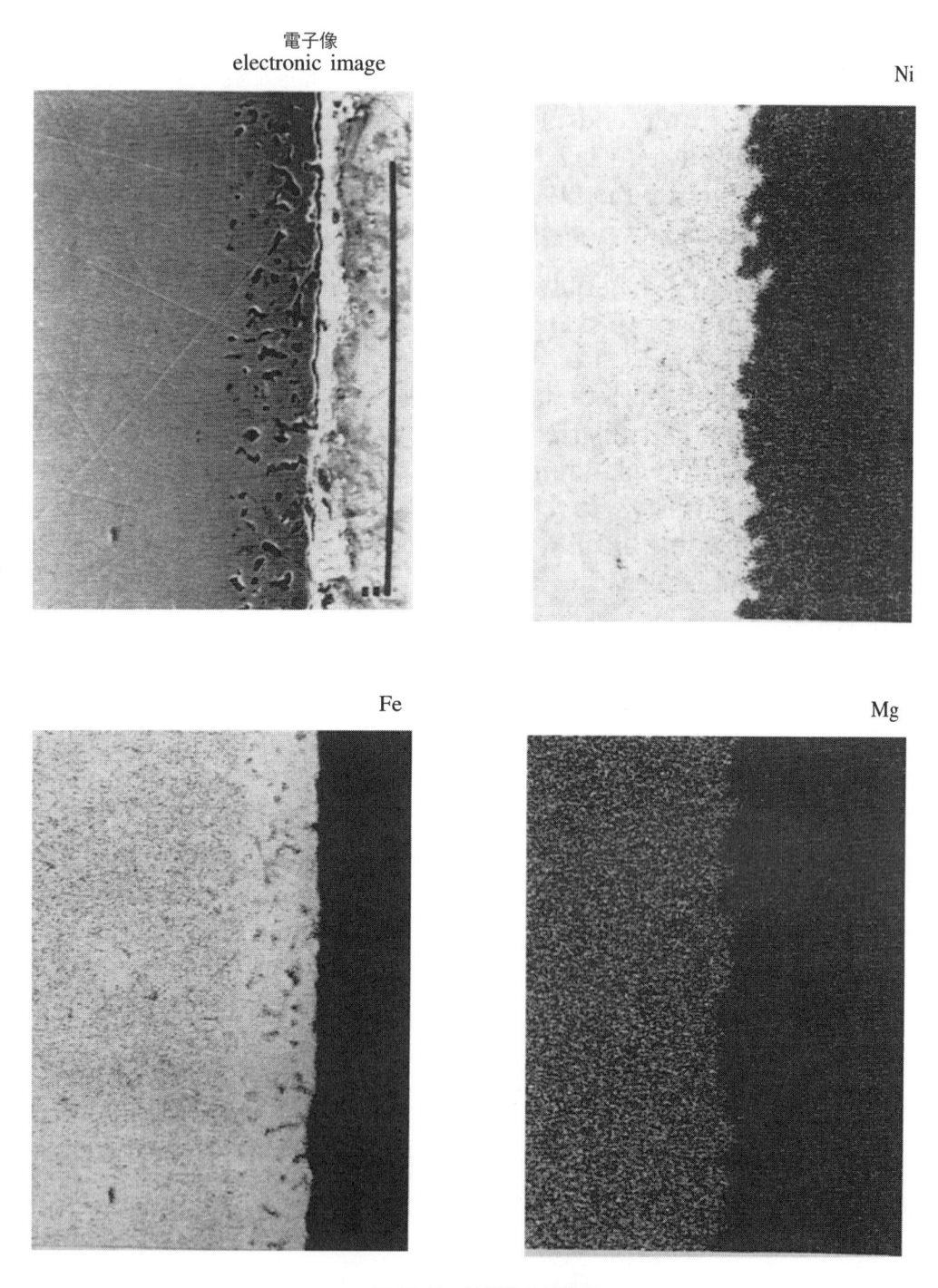

電子像
electronic image

Ni

Fe

Mg

図 28.13 被覆管外部腐蝕

28.4 高燃焼率でのふるまい

参照）に合致する基準に基づく被覆材の性質と比較されなければならないことが想定されている．これら応力は以下に示すものからから来る：

核分裂ガス圧 (Fission gas pressure)

これは FR 被覆管にとり重要な応力源である，なぜなら前述したように燃料中に形成される核分裂ガスの殆んど全て（80％から100％）がピン内に放出されるからである．この圧力は燃焼率上昇に伴い線形増加する．

その結果としての応力は古典的方法（内圧に曝される管）で計算される．この値は，管に沿って一定であることから程遠い；腐蝕のために高温側領域でその値はより高い，とりわけ前述した ROG と RIFF 現象は被覆管厚さの局所的減肉および幾分か有意な応力のピークをもたらす．

幾つかの合金は興味ある特徴を有しているが，この核分裂ガス圧力の応力を考慮して，被覆管としての選択では，高温領域（650-700 °C）で充分な機械的強度を伴う合金としての制約を受ける．この基準に基づき，良好な耐スエリング性を有する古典的フェライト系合金（EM10, EM12 のタイプ）は被覆管材として使用出来ないのに，それらは六角ラッパ管として利用可能である．

被覆管肉厚内のスエリング勾配 (Swelling gradient in cladding thickness)

照射下での鋼スエリングは温度依存であり，被覆管厚さ内でスエリング勾配が存在しえる，それは温度勾配と関連している．この現象は被覆管の内側と外側繊維 (internal and external fibres of the cladding) 上で有意な応力の出現を生じさせる．

特に CW 15-15 Ti SS において，もしもスエリング速度があまり温度・依存でないならば，これは温度に伴う大きな変動を有する潜伏線量のケースにならない（28.4.1 節参照）．与件水準において，被覆管の内側と外側繊維間の温度勾配は潜伏線量の差異を導く；局所的線量が最小潜伏線量に達した時に応力が現れる．この示差的スエリング (differential swelling) に関連した応力は空間と時間に伴って進展する．

この応力水準計算は，等温と見なされるリング状に被覆管を切ることを要求する．これは MARS または GERMINAL コードでコード使用のために行われている，さらにスエリングを考慮するし，照射クリープによる応力除去の可能性も考慮している．その結果は，これら異なる規則の正確な公式化に大変敏感である．特に，幾人かの著者たちが勧告している，スエリング上の応力の影響を考慮することは，28.4.1 節で与えられた古典的公式によって得られた値に関して計算された応力の水準を有意に減少させることを許す．このセンスで言うなら，鋼スエリング規則の正確な公式化は，研究の主題として残っている．

燃料・被覆管機械的相互作用 (Fuel-cladding mechanical interaction)

照射下での燃料スエリングは at. ％ 当りおよそ 0.62 ％ である．ある運転条件下で，ペ

レット外径のその結果としての増加は，核分裂性カラムの全部または一部の表面に在る被覆管のスエリングによる径増加よりも大きくなることが可能である．その結果被覆管は機械的相互作用を通じての燃料によって歪まされる．安定な運転条件下にこの応力が発達する時，この応力は酸化物・被覆管機械的相互作用 (oxide-cladding mechanical interaction) と呼ぶ（フランスでは IMOG）．低出力運転期間の後に出力上昇が起きたなら，示差的燃料・被覆管膨張に依るの付加的応力の出現が——出力上昇による機械的相互作用と呼ぶ（フランスでは IMAP）——考慮されている．その歪み速度はさらに高いので，照射クリープによるいかなる応力除去をも妨げる，この後者の機構が安定な時期における相互作用に比べてさらに高い応力を導入させている．

　この種の応力計算には，運転条件の良好な知識のみではなく，各部材（燃料と被覆管）の個々のふるまい（歪み，熱的挙動など）の正確な決定，そして最終的に与えられた時間におけるそれらの機械的カップリングのモデリングを要求する．このモデリングは GERMINAL ピン・コードによって確証された．相互作用状況でのピンのふるまい予測には，取扱意図でケース・バイ・ケース，各々可能な運転条件での一連の計算を要求する．事実，先験的に全体のケースを定義することは不可能である，なぜなら異なる段階間のカップリングのためである．

　これら機械的相互作用の値は，空間（ピンの軸方向位置），時間（燃焼率と線量）に伴い変化している．IMAP タイプ相互作用中の被覆管上の応力分布の例を図 28.14 に示す，それはとりわけ過酷なケースとして示した，なぜならそれは被覆管破損を引き起したからである．

　しかし，設計と運転条件上で演じることによる良好な被覆管のふるまい（破損が無いこと）を両立できる値に，これら応力を制限することが可能であることをその計算と実験が示した：

　—設計水準において，ピン内の燃料スミア密度 (smear density) の制限および脆性の大きすぎる被覆管材の排除によって，

　—運転条件水準において，低出力での長時間運転後における出力上昇速度制限によって（または中間段階の設定によって）．

28.4 高燃焼率でのふるまい

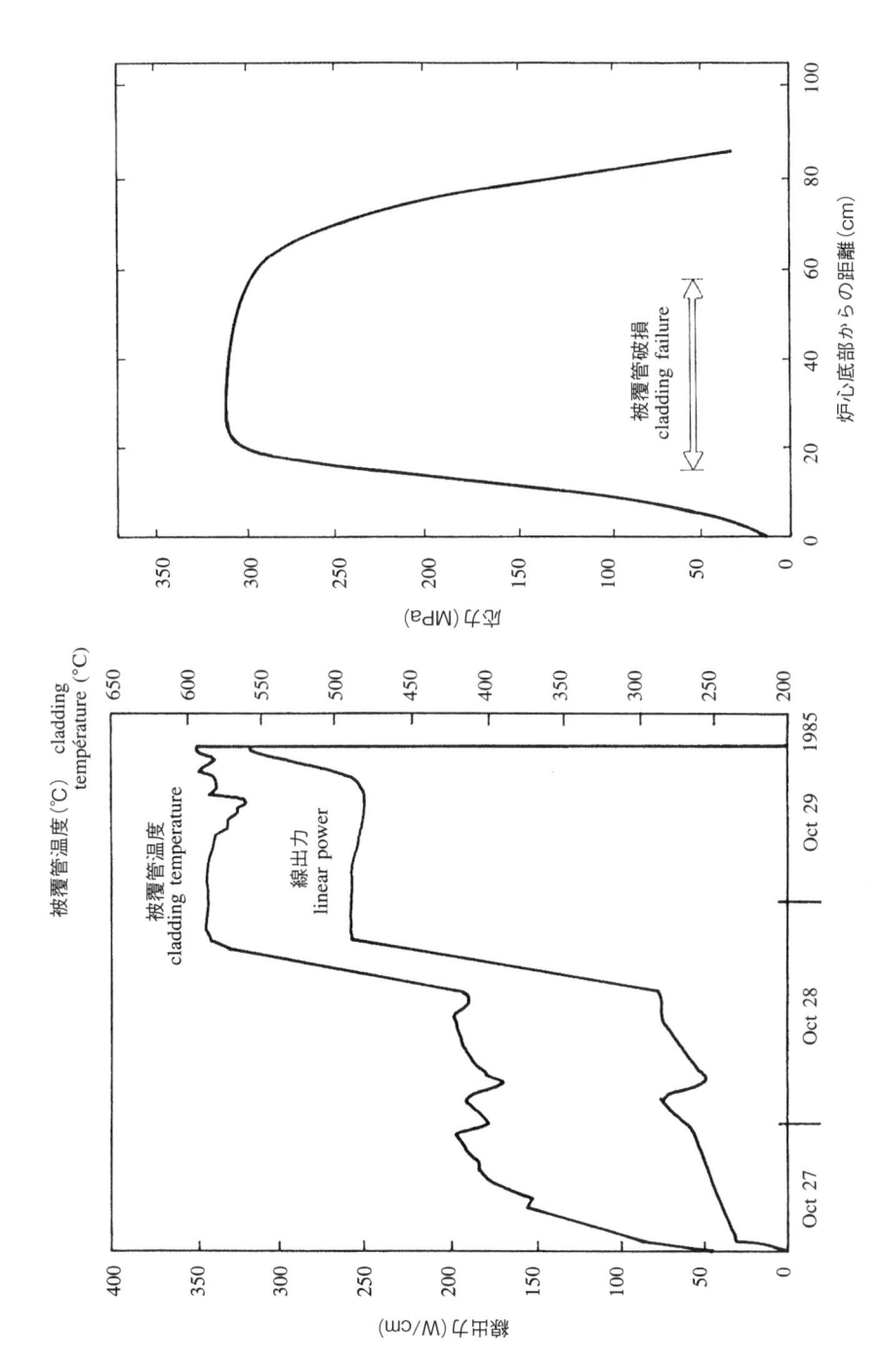

図 28.14 IMAP タイプ相互作用に依る被覆管内軸方向応力分布と被覆管破損

第 29 章

燃料集合体

29.1 はじめに

第 1 番目の SPX 炉心用燃料集合体のレイアウトを図 27.1 に示す．この設計に関して，以下のコメントを行うことが出来るだろう：

- ピン間の隙間は，ワイヤを螺旋状に巻きつけることおよび各上部端栓と下部端栓にワイヤを固定することによって確保されている．ワイヤの引張りとピンとの両立性を達するために，同一組成で同様な加工熱処理の履歴を有する鋼が両者の部材として使用されている．FRs に対し，スペーサ・ワイヤのシステムが通常採用されているが，支持格子（グリッド）集合体概念は可能でありことを強調しておかなければならない，英国の Dounreay に在る PFR（高速原型炉）ではそのような集合体が明確に使用されていた．

- ピンはバンドル内でグループに分けられている．第 1 番目の SPX 炉心でのこれらに対して，そのバンドルは 271 本のピンから成る，しかしこの最初の FR が運転して以降，この本数は常に増加したことを明記しておかなければならない：RAPSODIE-FORTISSIMO 集合体は 61 本のピンで造られた，PHENIX 集合体は 217 本のピンを有する．331 本のピンまたはそれを超えるピンを含むプロジェクトが現在予想されている．

- 六角形のラッパ管がピン・バンドルを囲んでいる．第 1 番目の SPX 炉心用として，CW 316 Ti ステンレス鋼が選択された．オーステナイト・ステンレス鋼のこのタイプは，被覆管用として使用されている 15-15 Ti タイプよりも好まれている，その理由はそれが照射クリープに対して最良の抵抗を示すからである，それはラッパ管歪みに対して重要な現象（後で示される）である．しかしながら，EM10 タイプのマルテンサイト系またはフェライト・マルテンサイト系鋼の使用は普及しかつこの鋼の最高運転温度（およそ 550 °C）があまりにも高すぎない時に，特にこの部材の耐スエリング性の改善が可能である．表 29.1 にこれら 2 つのタイプの鋼の化学組成を重量 % で示す．

- 2 つの端部（頭部と足部）は，集合体内のナトリウム流を律することを可能にする，同様に格縁 (diagrid) 上の集合体のアライメント (alignment) と集合体の取扱を許す．ラッ

表 29.1　2 種の鋼の化学組成（wt. %）

元素 鋼種	C	Cr	Ni	Mo	Si	Mn	Ti	Fe
316Ti	0.05	16	14	2.5	0.6	1.7	0.4	残余
EM10	0.1	9	0.2	1	0.3	0.5	/	残余

パ管と集合体の頭部および足部間の連結は溶接または機械的接合によって行うことが出来る．

　● 底部から高さのおよそ 2/3 の位置の各々のラッパ管面に突き出たパッド (pads) の存在は，集合体を最小距離に維持し，かつ運転中全炉心の剛性 (stiffness) を維持する．

　● ある与えられた原子炉に対して，その製造とふるまいの両者の観点よりその集合体設計を最適化するため，異なる設計パラメータ（ワイヤの径とピッチ，初期ラッパ管・ピン束の公差など）が詳細に研究されなければならない．特に，ピン束の水力学的抵抗，振動現象が無いこと，製造と組立の実現性を考慮しなければならない．

　中性子束の影響下，構造材と呼ばれる鋼製部材（スペーサ・ワイヤ，ラッパ管）は，被覆材で既に述べたスエリング，照射クリープおよび脆化現象に曝される．その最も重要なパラメータは，製造に関しては鋼組成と加工熱処理 (thermomechanical treatments) であり，照射条件に対しては線量（dpa で表現される）と温度である．これら現象の主な帰結は，一方でラッパ管それ自身のふるまい（歪み，応力）に関し，他方で（被覆管，スペーサ・ワイヤ，ラッパ管全体を考慮して）ピン束のふるまいに関するものである：水力学の改訂，被覆管内応力の出現．

　これら帰結全体をさらに調査する前に，これらふるまいの精確な解析には異なる計算コードの使用が要求されることを示すことが必要である．

　ラッパ管のふるまいに対して，DILAGON コードと FLUAGON コードはラッパ管上の応力と歪みそれ自身を計算することを可能にしている．比較的使用が容易なこれらコードは，鋼のスエリング機構，照射クリープおよび動力学的ナトリウム圧に依る応力が考慮されている．この歪みと応力の推定には，さらに完全な計算要求がありえる，特にスエリング勾配のような勾配に関連する 2 次応力を考慮する時には；この場合，CASTEM コードのような有限要素計算プログラムが必要になる．

　ピン束のふるまいに対して，そのコードはさらに複雑化する，なぜならば個々の部材のふるまいとそれらの可能性の有る相互作用について考慮しなければならないからである．これら道具を相対的柔軟性をもたせ使い勝手を容易にするために，単純化したある程度の数の仮定が適用されている，最も重要なものの 1 つはピン束の配列 (ordering) に関するものである；スペーサ・ワイヤの変位または緩み，ピン間の接触などのような不規則性は取

り扱わない．これを基礎とし，集合体の熱・水力学記述（CADET）および部材間の相互作用結果の機械的応力記述（DOMAJEUR）を目的とした2つのコードが開発された；

- このCADETコードは，集合体の熱・水力学を決定出来る．与えられた軸方向位置で，ナトリウム冷却材および構造部材要素（被覆管，ワイヤ，ラッパ管）の局所温度の計算がこのコードでは出来る．これを行うために，各々の冷却流路（チャネル：channel）を幾何学的に定義されたサブ・チャネルへ分割することが選択される．断面積内の熱的カップリングによって構成された1次元モデルに従って，その冷却材温度が計算される．公称幾何形状において，CADETコードは異なるタイプの集合体の広い範囲をカバーしている（7本ピンから331本またはそれ以上のピン束を有する，実験的照射を受けるための中央流路の可能性のある存在の古典的集合体，など）．歪みが中庸な時（数％），かつ上述した規則的ピン束仮説を立てることによって，CADETコードも歪み配置を（照射の影響）カバーしている．
- 異なる部材間の機械的相互作用の結果による応力と歪みの計算がDOMAJEURコードで出来る．特に，上述した規則的ピン束仮説を適用し，ピン束とラッパ管間の相互作用に関係する応力と同様，被覆管とスペーサ・ワイヤ相互作用から来る応力が考慮されている．ピン束軸に垂直な1平面内の1次元で，その計算はピン列で実施される．このコードは異なる段階でのピン束・ラッパ管相互作用を考慮している，特に，各々の段階で被覆管にかかる歪み（曲げ，扁平化）とその結果の応力を計算する．上述の規則性基準(regularity criterion)を守る多数の照射燃料集合体で観察された局所的歪み値（ねじれ，扁平化）と計算結果との比較によって検証されている．

さらに複雑なコードは各々の部材ごと（例えば各々のピンごとに）のふるまいを考慮している．ベルギーで開発されたSWAMBコードは，照射後試験で局所的な不規則性の存在が観察された幾つかの集合体で試験された．それは，大部分相対的に正確であることが認められた，その歪みは各々の部材に適用された，しかし入力データとして，その特異性(singularities)を考慮した仮定で供給出来たものである（集合体のふるまい予測を目的とした計算に対して殆んど稀なケースである）．これらコードは試験結果の解析に追加的な情報を供給することが出来るものの，それらは前節で述べた簡易コードに比べて予測的ふるまい計算に殆んど僅かな新データを付け加えるに過ぎない．

29.2 ラッパ管のふるまい [20,21]

被覆管と同様に，中性子束の影響下においてラッパ管は変化を被る．その進展を支配する機構はスエリングと照射クリープである．もしもこれら機構が温度，応力および線量と被覆管とに対して与えた機構（28.4.1節）と相似な系統的説述 (formulations) に従うとしても，これら規則の係数値は異なる可能性があることを明記しておかなければならない．とりわけ，このことはスエリングの公式化の場合においてである，というのはラッパ管上

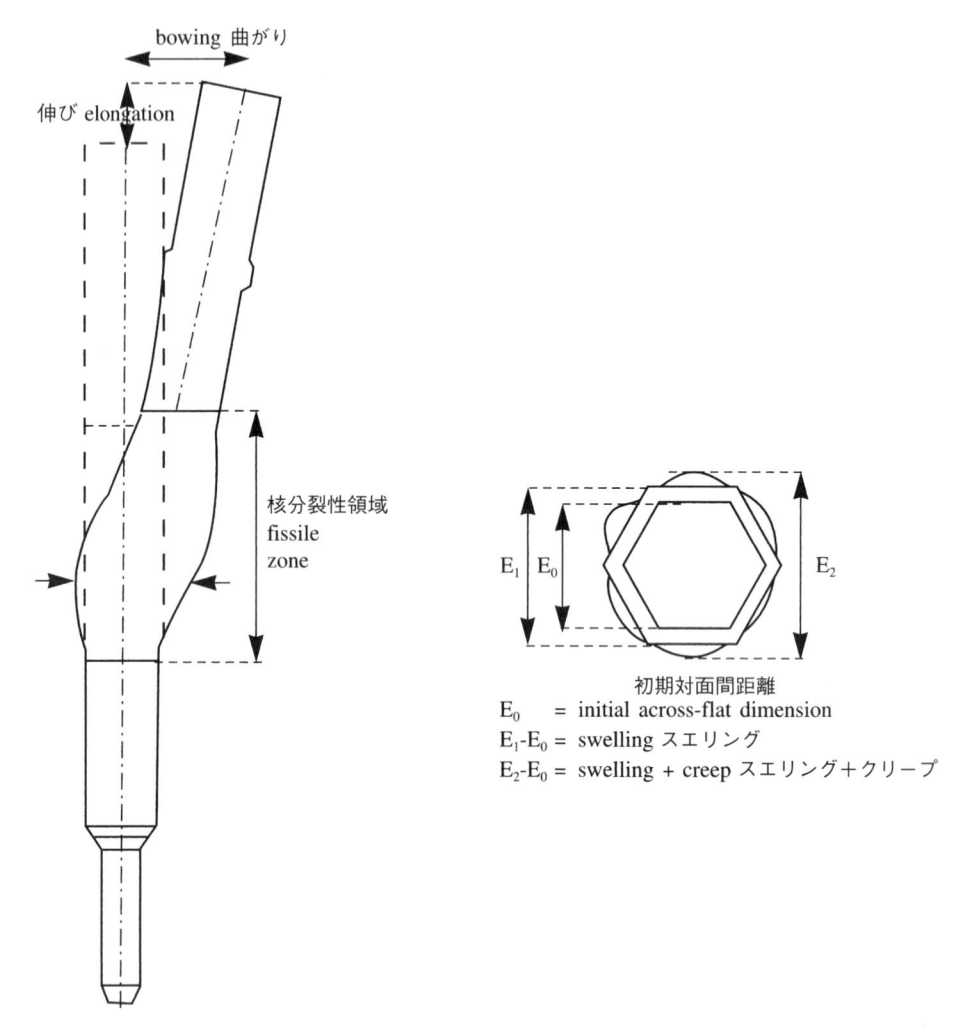

図 29.1 ラッパ管の幾何学形状変化：伸び，対面間距離および曲がり

E_0 = initial across-flat dimension
E_1-E_0 = swelling スエリング
E_2-E_0 = swelling + creep スエリング＋クリープ

で測定されるスエリングが被覆管で観察されるものより低いからである．

　その源について現在のところ説明できていない；最も有りうる仮説は壁肉内の熱勾配の影響とするものである，ラッパ管内の熱勾配（数 °C/mm）に比べ被覆管内の非常に高い熱勾配（数 10 °C/mm），それが被覆管スエリングを増加させるのであろう．

　これら機構および力学上のナトリウム圧力の影響下，ラッパ管は幾何学的形状変化を行い――その特徴（伸び，対面間距離および曲がり）を図 29.1 に示す――，および応力を及ぼす．さらに高スエリング値（6-8 ％を超える）が材料脆化を導く，これはラッパ管が原子炉内でまたは燃料サイクルのバック・エンド部分（洗浄，取扱など）で被る応力と両立することが出来ないことである．

29.2.1 伸び

被覆管において，この長さ増加は照射下での鋼のスエリングに依る．この伸び (elongation) がラッパ管全長に渡り積分して計算され，この伸びが局所スエリングに依るものであることが解かった．

29.2.2 対面間距離の増加

この歪みは，鋼スエリングと力学上のナトリウム圧力影響下の照射クリープによる平面の膨らみ (bulging) の両者に依るものである；対面間距離 (across-flat dimension) の増加はこれら 2 つの現象に依る歪みの合計である．例として，ラッパ管に沿った六角断面の対面間距離のプロフィールおよびスエリングと照射クリープ間のこの歪みの分布を図 29.2.a に示した．

- 第 1 近似において，スエリングは六角形 (hexagone)（相似点）の膨張によって観察される．上述の公式を使用して計算されたその六角形の振幅を図 29.2.b に示す．事実，この実体 (reality) は少々複雑で，スエリングがその断面部分で一定では無いからである．従って，ある与えられた位置において，スエリングの差異が出現可能である：

—面間．炉心内に存在する径方向中性子束の勾配は，炉心周縁部で照射された集合体に対して，その六角形の 2 つの対面上に異なる dpa 数を誘起させる．この現象は，後に判るように，集合体曲がりの源である．

—六角形の角および面間．集合体製造条件（管引抜）の理由から，耐スエリング性の変化を導く，角近傍領域の材料の構造的特徴は残りの面で観察される特徴とはむしろ異なっている（特に冷間加工のレベルで）．

この断面の全体的歪みに対し，第 1 番目のポイント（中性子束勾配の影響）だけが検出可能な重要点であり，計算コードで考慮されている．しかし第 2 番目のポイント（角度レベルでの鋼構造の影響）は，応力の計算でも考慮されている．

- 動力学的ナトリウム圧力影響下での照射クリープは，"膨らみ (bulging)" と呼ぶ固有歪み導入による各面の曲がりを通じて観察される．集合体の異なる位置に存在している圧力低下（流量制限仕切板 (diaphragms)，ピン束，上部ノズルなど）と関連する，この動力学的ナトリウム圧力は集合体設計に依存し有意な変化が可能である．SPX 型集合体（集合体底部に仕切板設置）に対し，その動力学的ナトリウム圧力値は，図 29.2.c に示すように，ラッパ管の底部から頂部へと減少している．図 29.2.c にその局所的線量 (dose: dpa) と圧力値を考慮した各面の歪みの計算値を示す．

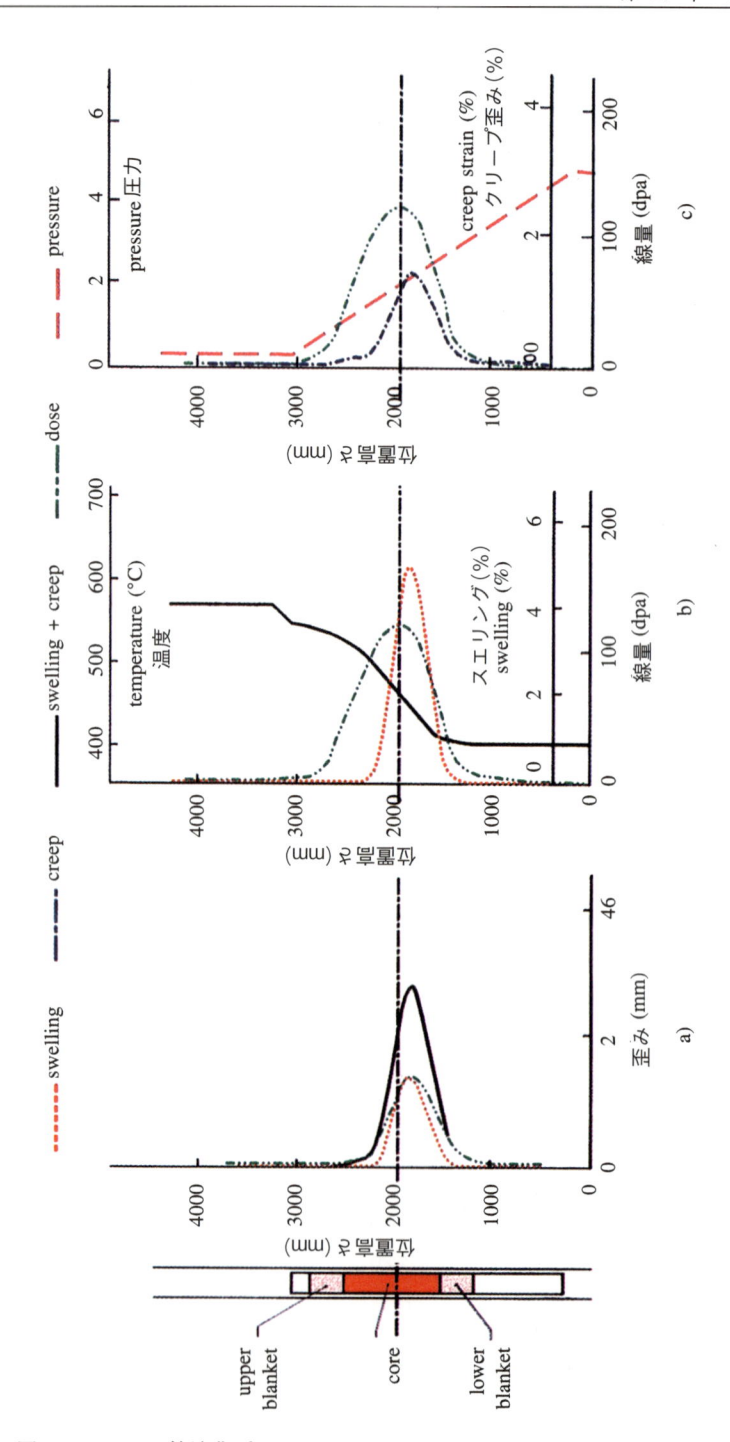

図 29.2　ラッパ管湾曲プロフィール：
a) スエリングと照射クリープ間の全体的湾曲と分布
b) スエリングのプロフィール
c) 照射クリープのプロフィール

29.2.3 曲がり

曲がり (bowing) は，集合体底部と比較した集合体頂部とのミス・アライメント (mis-alignement) として観察される．これはラッパ管対面間のスエリング差異による結果である，その差異は炉心に在る径方向中性子束の勾配に関連している．熟考された鋼スエリング規則と各々の面で到達した線量 (dose) を用いて，差異的膨張 (differential expansion) 型の古典計算（**FLUAGON** と **DILAGON** コードが含まれる）は，集合体曲がりの決定を可能としている．しかしながらこの計算は炉内曲がりを表すには時には不十分である，というのは炉心の全集合体の力学的平衡 (mechanical equilibrium) が互いの曲がりと反応しているからである．これら相互作用は塑性歪み——部分的に照射クリープと競合している——を通じて観察出来る，その相互作用は各々の集合体頂部のミス・アライメント値（増加または減少）を有意に変化させる．周囲の集合体間相互作用と炉心領域限の条件（起こりうる炉心拘束，反射体の有無，ブランケット集合体の有無など）を考慮した完全な計算は従って必要であり，ここでは触れないが例えば **CRAMP** または **HARMONIE** コードで研究されている．

29.2.4 応力

基本的に動力学的ナトリウム圧力に依る 1 次応力——その 1 次応力は面の曲がりを引き起す——に戻ることはしない．

前述したスエリング勾配は 2 次応力を生じさせる．これら勾配はラッパ管の異なる面間で（炉心での径方向中性子束勾配の影響），または面と角間で（製造中の冷間加工勾配の影響）のいずれでも存在出来る．一連の有限要素計算はこれら負荷推定を行い，照射クリープにより応力の一部が解放されることによりそれら負荷が低く維持されることを示す．例として図 29.3 に PHENIX 集合体のこのような計算結果を示す．

29.2.5 歪み制限解

ラッパ管変形（全長増加，対面間距離増加，曲がり）は，被覆管変形と同じように，重要な現象の 1 つである．その変形は集合体寿命に限界をもうける．もしも集合体設計（隔離板の位置，ラッパ管壁厚など）の慎重な研究が平面曲がりに依る歪み部分を最小にすることを助けることが出来るなら，充分な耐照射クリープを有す耐スエリング・ラッパ管材の選択を通じてその寿命の顕著な増加が得られる．サンプルまたはラッパ管として多くの材料が照射下で試験に供された：

- オーステナイト・ステンレス鋼

PHENIX および SUPERPHENIX 集合体用ラッパ管材料として CW 316 Ti SS が選択さ

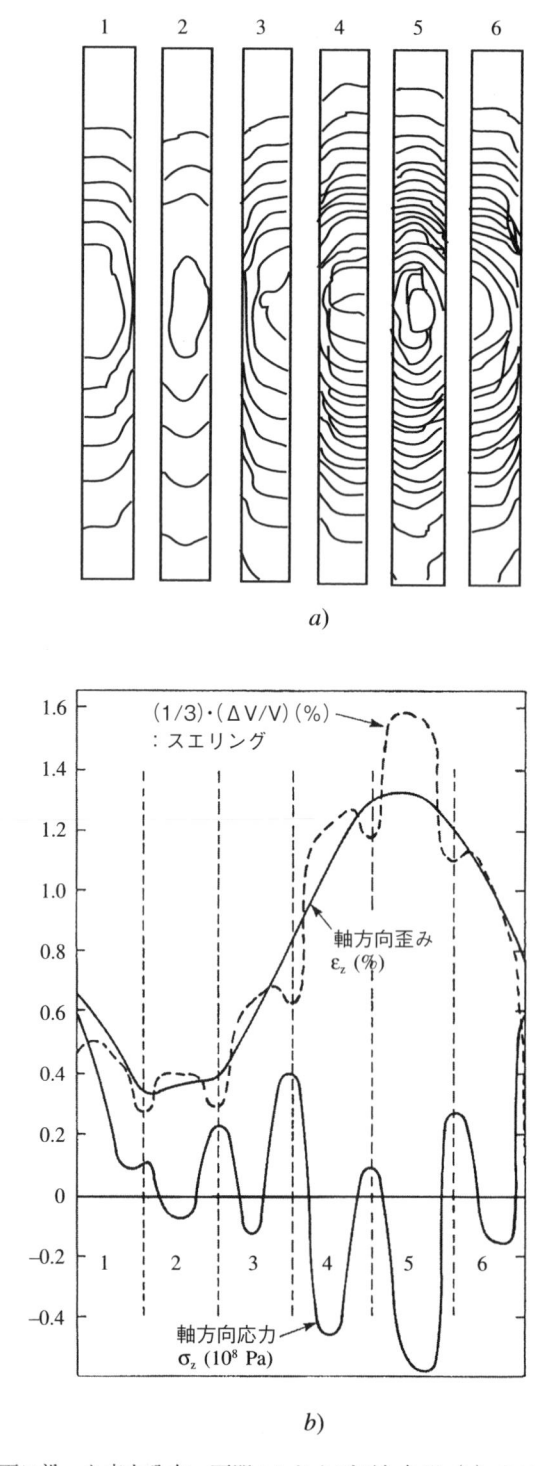

図 29.3 ラッパ管面に沿った応力分布．面間 (a) および面と角間 (b) のスエリング勾配の効果

れた，これは RAPSODIE-FORTISSIMO 集合体および PHENIX の第 1 炉心用として用いられた CW 316 SS と比べて良好な耐スエリング性を有していたからである．被覆管の場合，図 28.9 に示したように，この鋼の組成および加工熱処理製造の研究で得られた改良で集合体寿命（dpa で表現）増加およびおよそ 130-150 dpa の予想線量が達成される．

被覆管として使用される CW 15-15 Ti SS がたとえより多くの耐スエリング性を有していたとしても，その照射クリープ挙動の脆弱性によってラッパ管用としての選択は行われなかった．

- フェライトおよびマルテンサイト鋼

素晴らしい耐スエリング性と合理的な照射クリープ特性を有する鋼種内に入るものとして，その線量はおよそ 200 dpa に達しかつ超えることが出来るラッパ管材料が見出されなければならない．被覆管に比べてより低温の運転温度であるこの部材に対し，この鋼種の高温機械強度（620-650 °C から）は除外する基準とはならない．

検討された鋼の中で，EM10——この組成は 29.1 節で与えられている——が最良の候補であることが示された（図 29.4）：優良な耐スエリング性，脆化無し（延性・脆性遷移温度の発生がほとんど無し），燃料サイクルのバック・エンド部分での両立性（水中貯蔵）．この鋼は EFR 計画のラッパ管用の基準解 (reference solution) となるし，将来の SPX 炉心で選択されえるだろう．

- ニッケル合金

これら合金は良好な耐スエリング性と耐照射クリープ性を有する．残念ながら，PE 16 または INCONEL 706 で実施した照射後の機械試験で，ラッパ管材として使用するには不可能な程の顕著な脆化が示された．

29.3　ピン束のふるまい [22-24]

一方で被覆管とスペーサ・ワイヤ，他方でラッパ管は異なる歪みを示すことが出来る，なぜなら材料と照射条件が同一では無いからである．この節では，これら歪みの集合体熱・水力学上への帰結と同様，これら部材間の異なる歪みの結果である機械的相互作用について述べる．

29.3.1　ピンとスペーサ・ワイヤの対

製造時，スペーサ・ワイヤは，一定の張力で燃料ピンに螺旋状に巻きつけられ，上部端栓と下部端栓に溶接またはクリッピングにより固定される．各々のピンのレベルにおいて，もしも被覆管の無拘束歪み (free strains) とスペーサ・ワイヤの無拘束歪みが類似しているならば，このセット自身に対してのふるまいに関する問題は無い（図 29.5.a）．この状態は PHENIX と SPX ピンの現状に対応しており，この 2 つの部材——被覆管とスペー

a)

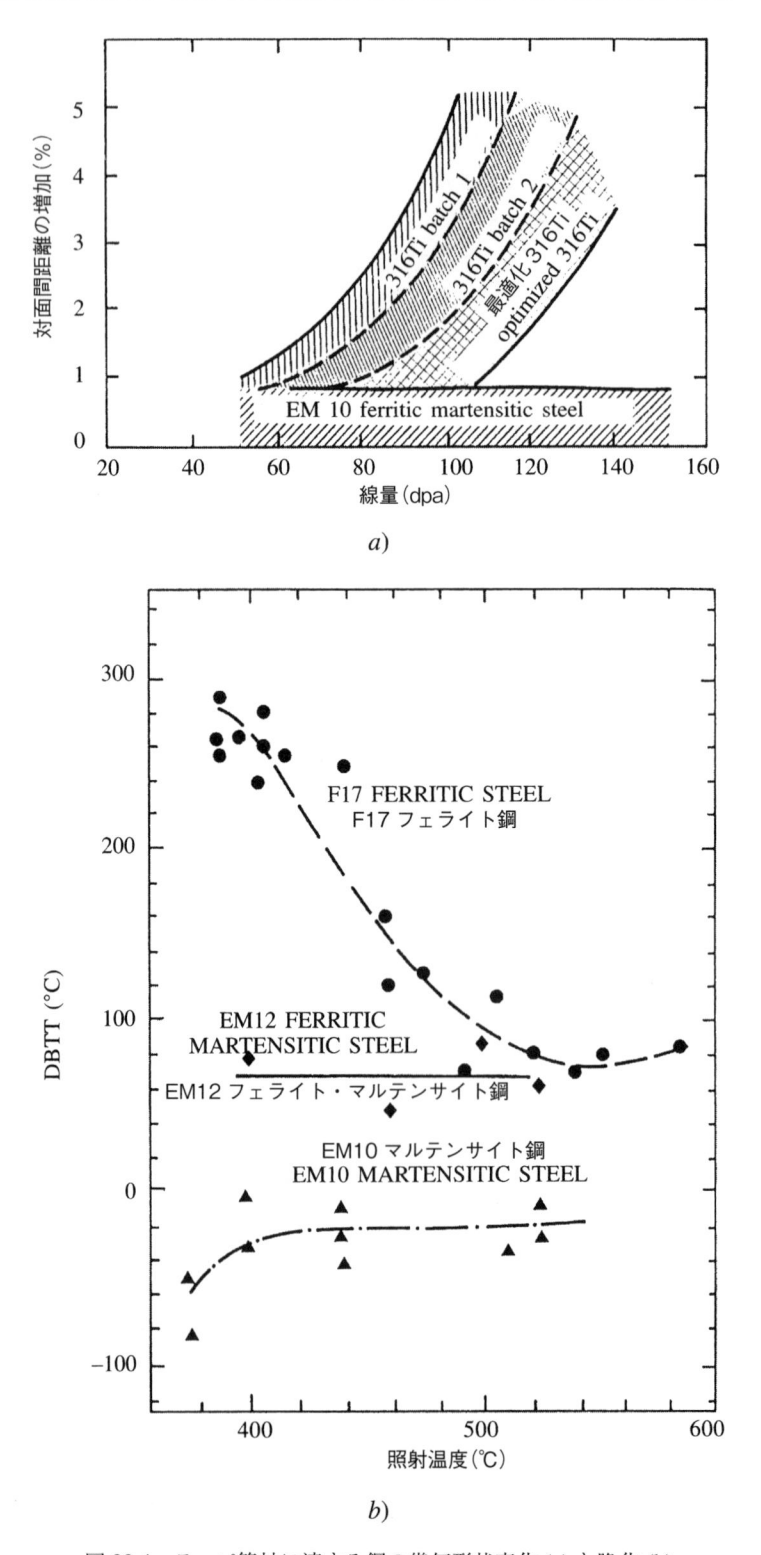

b)

図 29.4 ラッパ管材に適する鋼の幾何形状変化 (a) と脆化 (b)

29.3　ピン束のふるまい

ス・ワイヤ——の仕様のコントロールによって達成されたものである．この段階に達する以前，PHENIX で照射された集合体は相対立する2種類のふるまいを示した．

被覆管の変位がスペーサ・ワイヤに比べて大きい時，後者のスペーサ・ワイヤが被覆管内応力を引き起す，この応力はピン曲がり（この曲がり面が固定されずピンの周囲を回転するとしてねじり (twist) としばしば不適切に呼ばれる）とワイヤ下で被覆管のならし加工 (flattening) 結果を招くことが出来る．もしも幾何学形状に合致する理由より，被覆管のならし加工は常に限度で留まるものの，ピン曲がりは有意なものと成り得る（スペーサ・ワイヤ直径に比べてさらに大きい）．図 29.5.b は，溶体化焼鈍 (solution-annealed) 316 鋼製被覆管と冷間加工 316 鋼のスペーサ・ワイヤで製作されたピンに関するこのタイプの相互作用例を示す．これら曲がりおよびならし加工現象は，幾何学的特徴およびその材料で確立したスエリングと照射クリープ規則からこれら歪みの大きさを予測出来るためのモデル化と公式化がなされている（図 29.6）．

これと反対の場合（被覆管の歪みに比べてより大きな歪みを示すワイヤ），ワイヤはもはや直線的に留まる事ができず，被覆管を張ることも無い；ピンに沿ったワイヤ・被覆管の角度はもはや一定とならない．CW 316 Ti 鋼被覆管と CW 316 鋼ワイヤとに関するこの種のふるまい例が図 29.5.c に与えられている．

これら最後の2つの状況はピン束の水力学攪乱——重要と成り得る，基本的に2番目のケースで——を引き起す．

29.3.2　ピン束・ラッパ管相互作用

集合体製造はピン束とラッパ管の間の組立公差 (assembling allowance) を求める．このギャップ値は，ラッパ管内ピン束組立中被覆管またはスペーサ・ワイヤに機械的応力が現れることを防ぐに充分な程に大きくなければならない，しかし集合体内のナトリウム流に依りピン束位置での振動現象出現を防ぐためにその大きさが制限されていなければならない．

ある位置で，ピン変形がラッパ管変形に比べて大きくなる可能性がある．この状況は，材料の選択および局所線量と温度の値に依存している．それが通常3位相に区分されるピン束・ラッパ管相互作用を導く．ピン列を考慮し，これら3位相 (phases) を図 29.7 で図解している．

第1位相：ギャップ閉塞 (図 29.7.a)

この位相で，ピン束はラッパ管内で自由を維持し，それらピンのふるまいは隔離されているかのようだ：ピン曲がりは，それが起きる時，29.3.1 節で述べたピン・スペーサワイヤ相互作用に依るものである．このピン束・ラッパ管集合体ギャップはこの第1位相中に減少する，この位相はラッパ管の内部断面積がピン束によって埋め尽くされた時に終わ

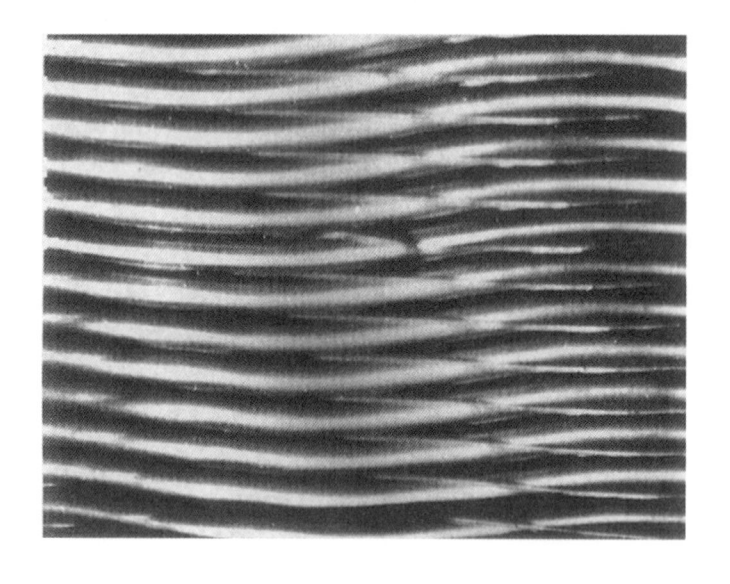

図 29.5　ピン・スペーサワイヤ相互作用
a) ピン・スペーサワイヤ相互作用無しまたはスペーサワイヤの秩序破壊無し
b) ピン・スペーサワイヤ相互作用に依るピン曲がり
c) スペーサワイヤの秩序破壊

29.3 ピン束のふるまい

change in length
長さの変化

螺施曲がり
helical bending

ovalization under the wire
ワイヤ下での扁平化

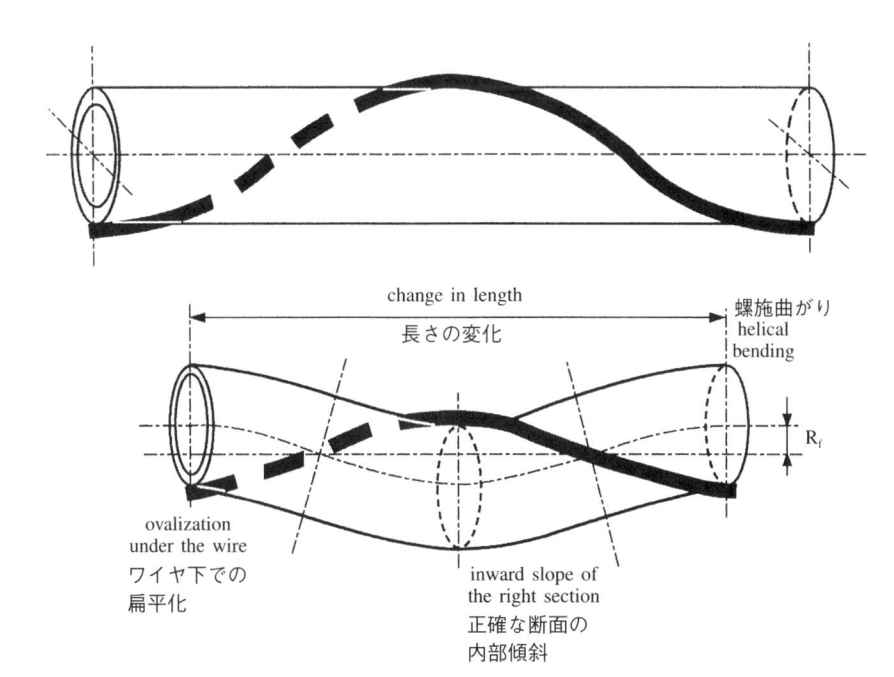

inward slope of the right section
正確な断面の内部傾斜

曲がり半径率	扁平化率
$R'_f = \left(\dfrac{P}{2\pi}\right)^2 \dfrac{8H}{D^2} A_s\, \delta\, \dfrac{s}{S}\, \sigma_f$	$\Delta D' = \dfrac{A_g \delta}{2}\left(\dfrac{D}{e}\right)^3 \left\| \dfrac{3\pi^2}{p^2}\left(\dfrac{\pi}{2}-1\right)(H-R_f)s\sigma_f - q\Delta D \right\|$

with :

$$\sigma_f = \frac{G'_g - G'_f}{\dfrac{A_f}{A_g} + \dfrac{s}{S}\left(1 + \dfrac{4H}{D}\right)} * \frac{1}{A_g \delta}$$

S and s : cross sectional areas of cladding and wire, 被覆管およびワイヤの断面領域
D : mean cladding diameter, 平均被覆管径
P : wire pitch, ワイヤ・ピッチ
H : distance between wire and cladding axes, ワイヤ軸と被覆管軸間距離
G_g and G_f : wire and cladding swelling rate, ワイヤと被覆管のスエリング率
q : internal pressure, 内圧
A_g, A_f : cladding and wire irradiation creep modulus, 被覆管とワイヤの照射クリープ単位
δ : dose rate (dpa/s), 線量率
e : cladding thicknesse, 被覆管厚さ
ΔD : ovalization rate, 扁平化率
ΔD : ovalization, 扁平化
R_t : cladding helical bending radius, 被覆管螺施曲がり半径
R_t : rate of change of bending radius, 曲がり半径の変化率
σ_t : bending stress. 曲がり応力

図 29.6 ピン・スペーサワイヤ相互作用のモデル化

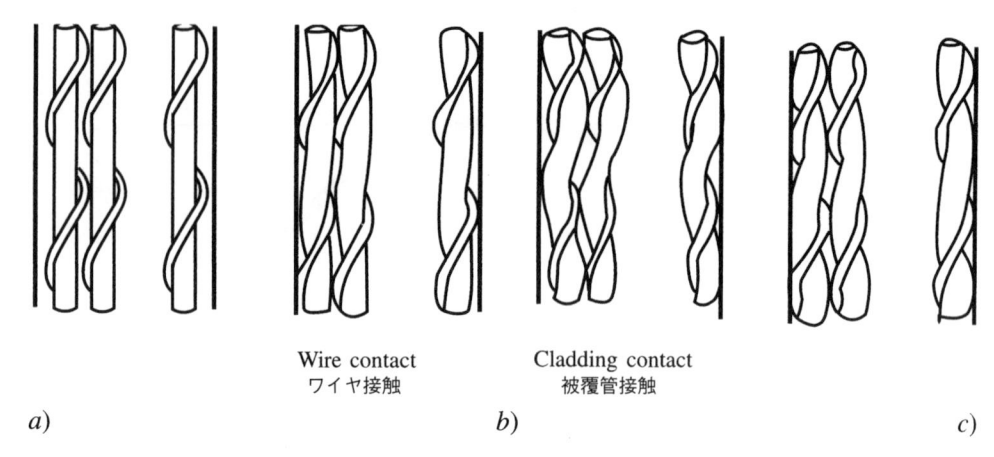

Wire contact
ワイヤ接触

Cladding contact
被覆管接触

a) *b)* *c)*

図 29.7　ピン束・ラッパ管相互作用の位相
a) 第 1 位相：ギャップ閉塞　　b) 第 2 位相：適度な相互作用　　c) 第 3 位相：強い相互作用

る．一般的に，六角ラッパ管と周縁ピンのスペーサ・ワイヤ間での接触として観察することが出来る（このふるまいをもと先ではタイプ 1 と呼ばれるだろう）．しかしながら，ピン・スペーサワイヤ相互作用に依るピン曲がり (bending of the pins) が重要な時（スペーサ・ワイヤ直径よりも大きな曲げ (bowing)），この位相末期は周縁ピン被覆管と六角ラッパ管との間での接触として特徴付けられる（このふるまいはタイプ 2 と呼ばれるだろう）．この被覆管・ラッパ管接触は局所被覆管温度を数度上昇させる．

第 2 位相：適度な相互作用 (図 29.7.b)

これはピン束とラッパ管の実際的な相互作用の始まりである．被覆管歪み順応は，ピン曲がりおよび扁平化の結果となる応力の出現を導く（事実，これら応力はタイプ 1 のピン束に対するピン曲がりの出現を引き起こし，およびこれとは反対にタイプ 2 ピン束に対して第 1 位相末期に存在する曲がりを減少させる）．

これら順応機構 (accommodation mechanisms) 間の競合のために，曲がり値と扁平化値の決定は記述方程式 (descriptive equations) で取り行われる，この記述方程式は静的平衡（ピン束幾何形状に伴う歪み両立性）条件と運動学的平衡（結合力の影響下での物理学的システム要素の平衡）条件を説明している．これら方程式は幾つかの単純化した仮定――特にピン束の均一性と規則性（ピンの同一特性，ピン列の独立性，スペーサ・ワイヤの規則的位置取り，など）――を考慮し確立されたものである．ピン束の特性とピン束幾何学形状，最も重要なパラメータであるワイヤの巻きピッチ，ワイヤ径とピン径，に依存する各々の機構から採用された部分をそれらは示している．さらにこれらの計算で得た曲がり値と扁平化値は，図 29.8.a に示すように，ピン列に沿って一定であることから相当かけ離

29.3 ピン束のふるまい

れた値になる．

相互作用のこの段階において，図 29.8.b は，幾つかの幾何学上の直線に沿ったピン輪郭線（プロフィール）の特徴を示している．このような研究で測定された特徴と特にその扁平化値は，前述した公式化に基づく計算と良く一致することを示す．

この第 2 位相末期に，ピン束の全てのタイプは，それら前のふるまいのいずれもが，同一状況になる：ワイヤと周縁ピン被覆管は六角ラッパ管と接触する（曲げ幅がスペーサ・ワイヤと等しくなる）．1 束と他の束との差異が極めて大きくなる，この扁平化 (ovalization) は数百ミクロンに達することが出来る．

第 3 位相：強い相互作用 (図 29.7.c)

この位相下，ピンの追加的変形は，非常に明確な局所応力上昇を引き起こしながら．被覆管の扁平化によってのみ順応出来る．並行して，温度の全体的上昇を引き起す，ピン束内ナトリウム流量断面積が減少する．これら異なる現象の結合は急速な被覆管破損を導く．この第 3 位相の相互作用に入ったピン束は，したがって可能な限り被覆管歪み限度，結局照射時間限度によって回避されなければならない．集合体の各々の出口に設置された熱電対 (thermocouple) によるナトリウム温度計測が，この相互作用の進展が伴うことを許容している．万一，実際の進展が予測から大きく外れているなら，その対処が出来る．

現実：不規則ピン束

燃料集合体製造固有のバラツキ（材料の性質，幾何形状など）および照射固有のバラツキは，前述したピン列の独立性と同様，ピン束の均質性と規則性の仮定に対する疑問を呈することが可能である．局所的水準で，これはピン位置またはワイヤ位置の位置変え (shift) の結果となる．図 29.9 は，第 2 相互作用位相下の PHENIX で照射された集合体の断面を示している．全体的に見て，規則的ピン束を基礎として確立された図形であると検証されたなら，しかしながら局部的な不規則性の存在を許容し，さらにとりわけ隣同士のピン接触の存在を許容するならば，前述の均質性と規則性仮定の限度を示すものとして，この観察が示される．

ピン同士のこれら接触（機構およびその帰結）が全般に渡り研究されてきた．それらは，第 2 種のピン束（ピン自身のスペーサ・ワイヤの影響下でのピン曲がり）内のスペーサ・ワイヤの 1 つの位置変えによってのみ起きうる，ピンの 1 つの曲がり平面からの角度位置変えによって生じる．これら接触は被覆管温度の局所的上昇を引き起す（およそ 80 °C と推定）．

518　　第 29 章　燃料集合体

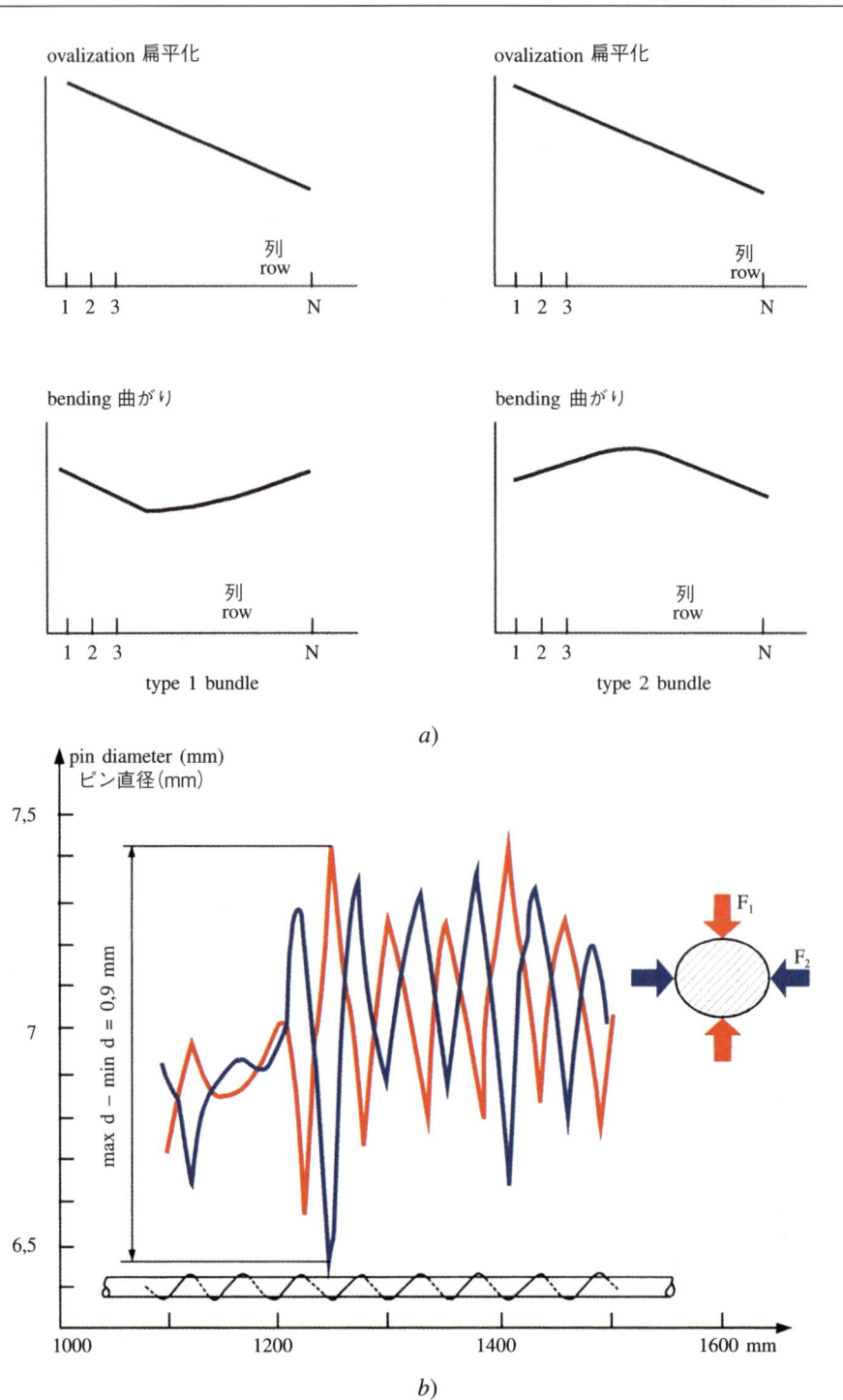

図 29.8　第 2 位相（適度な相互作用）におけるピンの曲がりと扁平化
a) ピン列に沿ったピンの曲がりと扁平化
b) 幾つかの幾何学上の直線に沿ったピンの測定輪郭線

29.3　ピン束のふるまい

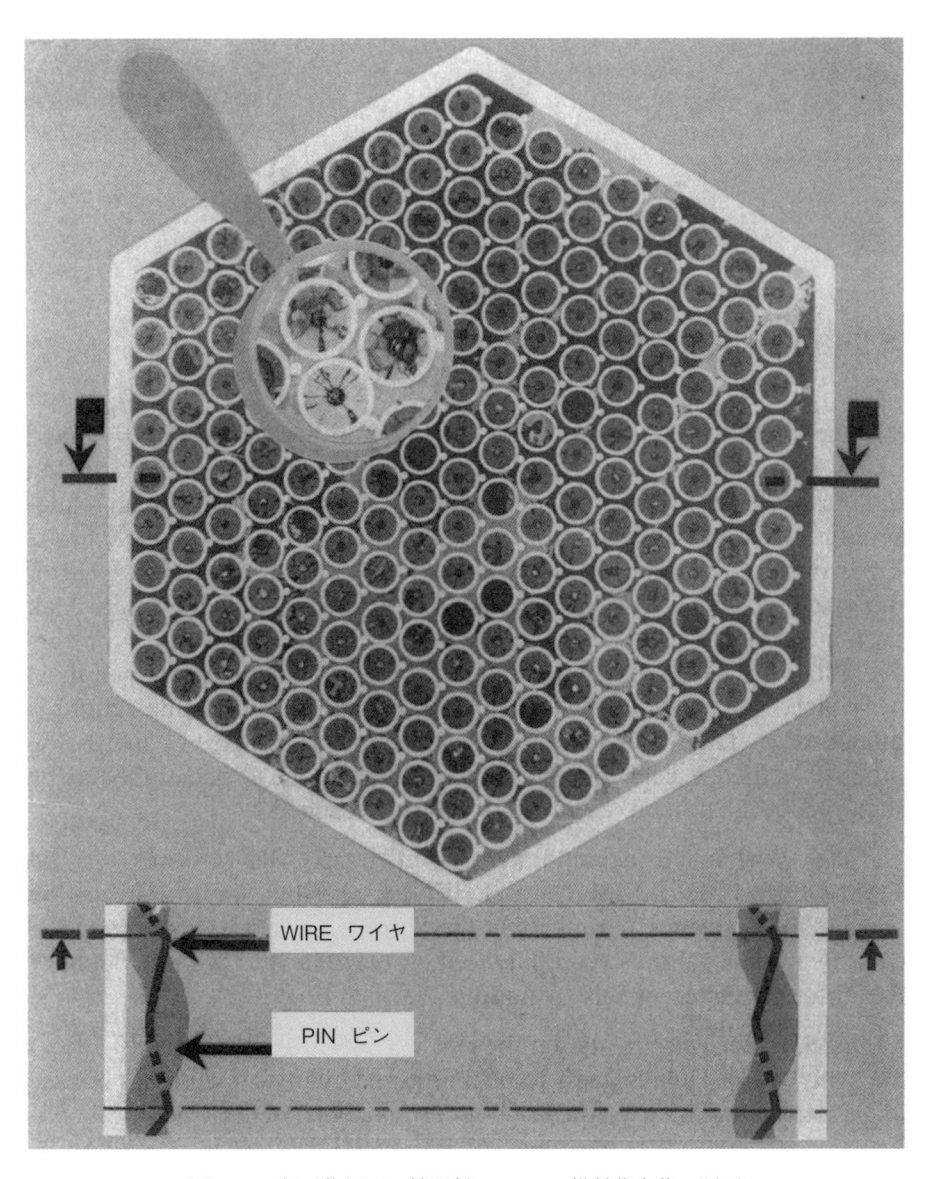

図 29.9　相互作用下の被照射 PHENIX 燃料集合体の断面

第 30 章

被覆管破損

30.1　はじめに [25,26]

　基本的な点は，広範な温度範囲での (U,Pu)O$_2$ 混合酸化物のナトリウムとの非両立性である．被覆管の気密性喪失に従い，ピンに浸入したナトリウムが酸化物・ナトリウム反応を結果として引き起す．この生成されたウラン・プルトニウム酸ナトリウム (sodium uranoplutonate)——これは初期の酸化物に比べて低密度を有する——は被覆管の応力水準を増加させ，初期漏洩の寸法増加または 2 次漏洩の発生を引き起こすことが出来る．この進展の最後の段階で，核分裂性物質がピンから離れることが出来る，その状況は避けなければならないものである．これを防ぐために，被覆管破損の進展は DND（ピンから逃れた核分裂生成物によって放出される遅発中性子の検出：detection of delayed neutrons）によって監視され，その結果その段階に達する前に集合体を炉心から移すことが許される．

　RAPSODIE-FORTISSIMO と PHENIX 炉で 80 本近くの破損の集積された経験——それに加えて SILOE 炉での約 15 の実験——は，それらの源とこの進展の異なる段階に対する適切な同定に従う破損の分類を可能とした．

　それにまた，これら原子炉内に存在している計測器は，DND 信号で監視されているだけでなく，核分裂ガス放出の検知も出来る．被覆管が漏洩するやいなや，この放出は観測される．ピンの最終状態と一緒にガスと DND 信号進展の 2 例を図 30.1 で述べている．

　図 30.2 は，時間スケール上で，ピン上に生じる現象とガスと DND 信号の進展との間の関連を示したものである．T1, T2, T3 時間は信号のタイプの出現とその進展を特徴付ける，同様に T'1, T'2, T'3 時間は破損出現とその進展を特徴付けている．これら時間は破損の源に依存し大きく異なる．この点について戻ろう．

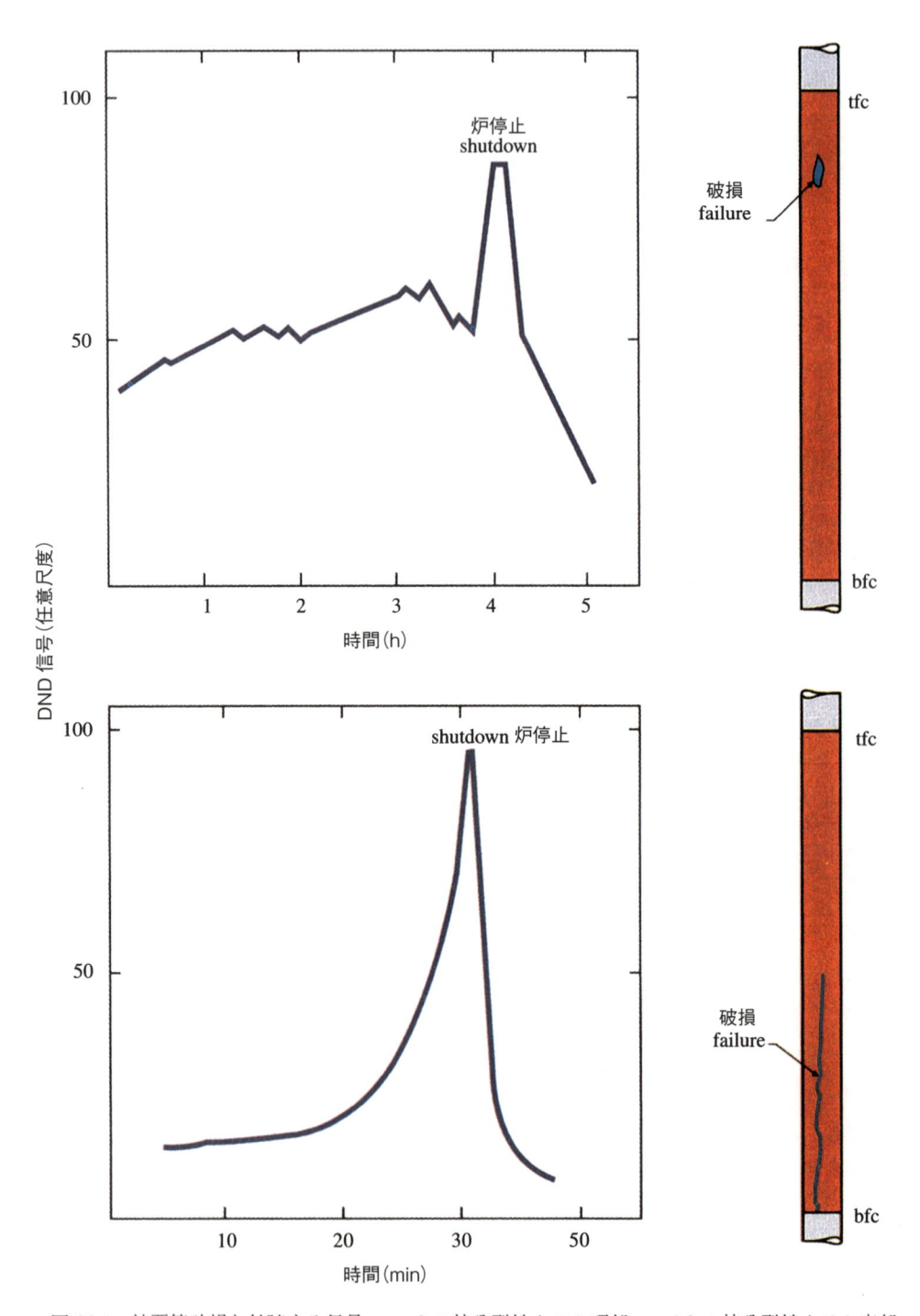

図 30.1 被覆管破損と付随する信号　　tfc：核分裂性カラム頂部．　　bfc：核分裂性カラム底部

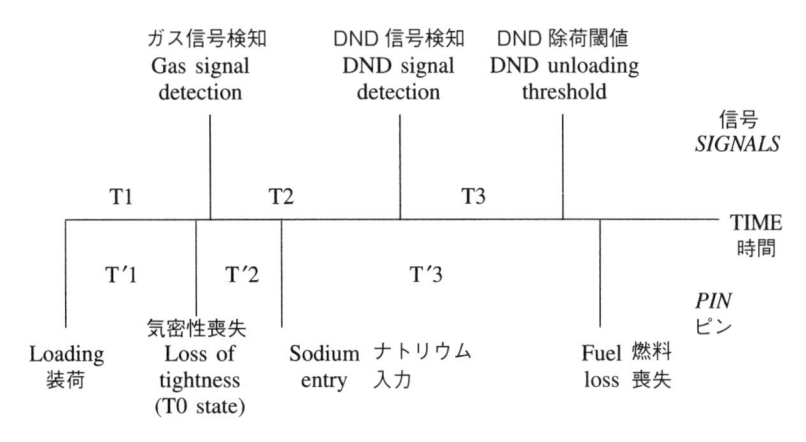

図 30.2 時間スケールでのガスと DND 信号の進展

30.2 漏洩前のピン状態 T0

　この状態——特に被覆管の負荷と機械的性質について，酸化物の熱的ふるまいと物理化学について，酸化物・被覆管界面についてなど——の良好な説明を有することが重要である，それは初期漏洩のサイズ（ピン内へのナトリウム浸入となる）および酸化物・ナトリウム反応の可能性はこれらパラメータによって大きな影響を受けているからである．破損の最初の分類は，図 30.2 の T'1 時間値に従って行われる，結局は破損の源に従ってなされる．表 30.1 にこの可能な状況の多様性を示す．

　設計研究の目的が原子炉寿命の全てに渡る被覆管の気密性を担保させることにあるとしてさえも，上述の全ての状況が考慮されていなければならない，というのはそれらは例えばピン内への不適切な雰囲気の充填または被覆鋼の熱処理の間違いのような製造欠陥によって起こされることも有り得るからである．

30.3 ガス放出とナトリウム浸入

　核分裂ガス放出は，実質上，気密喪失と同時に起きる：T1 と T'1 の時間は極めて接近している．ピンの内外圧力差によって，このガス放出は一般的に爆発 (burst) と似ている（T'1 = 0 のケースを除く）．

　ピンへのナトリウム浸入はさらに複雑な機構によって支配されている，その機構は特に漏洩のサイズと位置，酸化物・被覆管ギャップの存在およびギャップ値が考慮されてなければならない．

表 30.1　ピン破損の可能な状況

T'1	原因 （制限無し）	状態 被覆管	状態 酸化物	状態 界面
皆無	製造時漏れ	無応力	未照射	開ギャップ
低 1-2 at %	腐蝕	低応力	組織変化	ギャップ閉塞
中 8-10 at %	腐蝕＋ 核分裂ガス圧	高局部応力		ギャップ閉塞 と酸化物・被 覆結合形成
高 > 10 at %	—酸化物・被覆， ピン束・ラッパ 相互作用 —核分裂ガス圧	—スエリング と高応力 —被覆管脆化 —腐蝕	—高 O/M と ΔGO_2 （線出力 に依存）	酸化物・ 被覆結合

　ナトリウム浸入機構は漏洩サイズに依存する．大きな割れ目はナトリウム浸入を容易にする，そこでは，数ルーセック（1 lusec (μHg·l/s) = 0.001 Torr·l/s）の漏洩に対して毛細管現象が含まれる．ピンへのナトリウム浸入の速度論から離れて，この結果により，次節で詳細に述べる重要点は酸素ポテンシャル値である：小さな割れ目に対し，この値は酸化物と関連している（閉鎖系），一方大きな割れ目に対し，原子炉ナトリウムを考慮しなければならない（開放系）．

　漏洩位置は，ピンの充填と酸化物・ナトリウム接触の容易さまたは困難さを決める．その結果：

 ● 端栓・被覆管溶接の欠陥が一般的に参照される，T'1 = 0 の状況（製造時の気密性無し）；核分裂性カラム全体を濡らすことが許される程，燃料・被覆管ギャップは幅広く開いている，しかしそのふるまいは下部端栓（潜水鐘：diving bell の状況，T'2 時間は長くなるだろう）または上部端栓（直接充填，短時間の T'2）の位置かによって非常に異なる．

 ●T'1 > 0 に対し，初期割れ目位置は一般的に核分裂性カラムの位置で起きる，酸化物とナトリウムの直接接触を許す（T'2 時間はしばしば無視される），しかしこの接触は局所的な状態に維持される，それはギャップが閉じているためであり，または酸化物・被覆管結合の存在によるからである．

　ピンが燃料・被覆管開口ギャップを有する時（寿命初期），酸化物と被覆管の間を直ちに満たしたナトリウムは，このレベルにおいて熱伝達係数を改善し，その結果，酸化物温度領域を低める．

30.4 酸化物・ナトリウム反応およびその結果

30.4.1 熱力学的考察

ナトリウム・混合酸化物反応は以下の通り：

$$3Na + (U,Pu)O_{2-x} + O_{2+x} \Leftrightarrow Na_3(U,Pu)O_4$$

酸素ポテンシャルによって特徴付けされた，この熱力学条件がこの反応を直接決定する．図 30.3.a は寿命初期における $(U,Pu)O_{2-x}$ に対応する液体 Na・混合酸化物平衡および O/M = $f(\theta)$ 平衡曲線によって表現出来ること（図 30.3.b）を表す．

これらの図を用いて，閉鎖系（小漏洩サイズ）での酸化物・ナトリウム反応に対する熱力学条件を決定することが出来る，さらに図 30.4 に示すように，酸化物中の到達温度を考慮した区画内での反応量とその進展を推定することが出来る．

大きな割れ目に対しては，この平衡が非常に大きな変更を受ける．図 30.5 に示すように，実際に炉のナトロウムは還元剤または酸化剤のいずれか一方に，その純度水準と反応の温度に応じて成り得る．このシステムはしたがって開放系である，ピン内の供給可能酸素量を考えて供給可能なナトリウムは，ほとんど無限に近い酸素供給源または酸素消費源に成りうる．その進展中に，その破損は閉鎖系（気密性欠損）から開放系（2次割れ）に向かうことが可能であることを，最後に明記しておく．

30.4.2 運動論的考察

酸化物・ナトリウム反応の運動論 (kinetics) は幾つかの因子と個別温度に依存している．その大きさのオーダーを与えると，この速度は温度が 600 °C から 800 °C へ上昇した時，50 に近いファクターが積算される．ナトリウムがピン内を自由に通る時（ギャップの存在），その気密性損失が局所的であった場所において最も重要な反応が必ずしも起きるわけではない．

この因子の他に，この総合的な運動論はこの反応に寄与出来る他の現象を考慮しなければならない：ナトリウム浸入速度，燃料内の酸素移動運動論など．高温においてさえも，この反応が瞬時的現象から程遠いものであることは興味深いことであると明記しておこう．これは原子炉内での失敗をマネジすることを許す．

30.4.3 反応の様相

この反応は体積的か粒界型のいずれか一方，または両者混合の特徴を有することが出来る．総じて，この体積的特徴は酸化物が僅かに照射され，ピン内へのナトリウム浸入速度（運動）が遅いならばさらに顕著である．反対にこの粒界型特徴は高照射酸化物と広く開

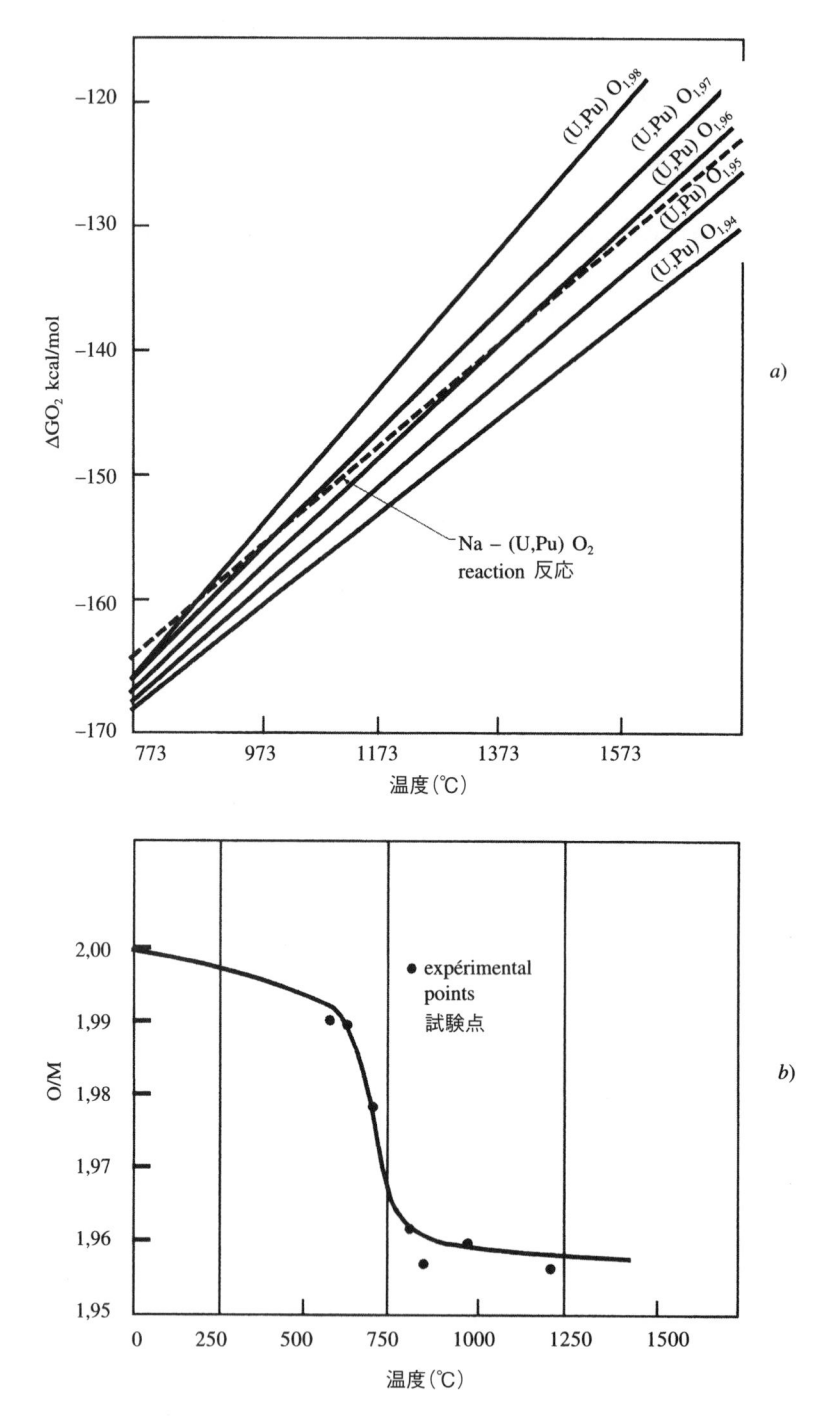

図 30.3　酸化物・ナトリウム系の熱力学とその帰結
a) 温度を関数とした酸化物とナトリウムの ΔGO_2 の変化
b) ウラン・プルトニウム酸塩 (uranoplutonate) と平衡している酸化物の O/M 変化

30.4 酸化物・ナトリウム反応およびその結果

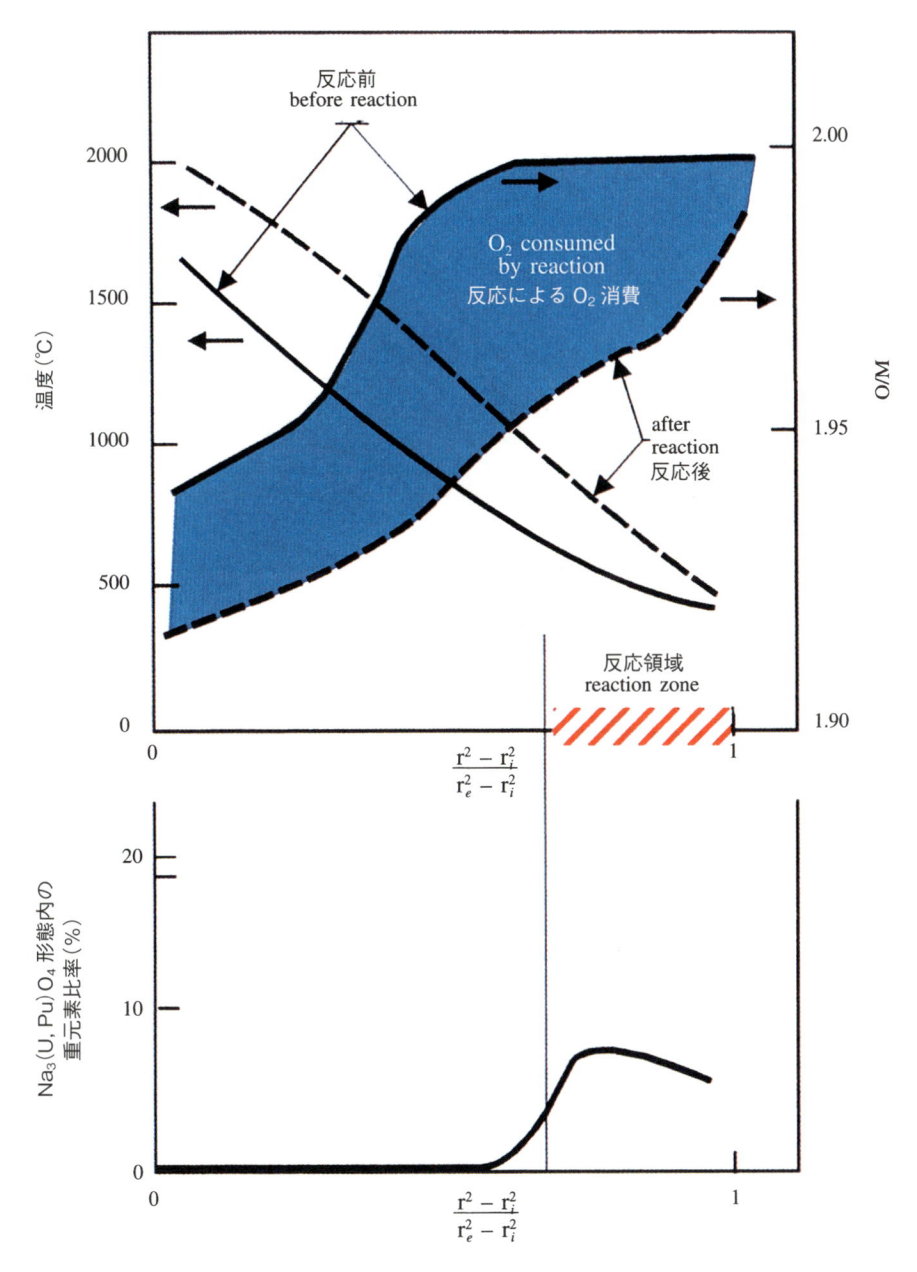

図 30.4 酸化物・ナトリウム系の熱力学とその帰結
c) 小漏洩に対する断面積中の酸化物・ナトリウム反応の重要性

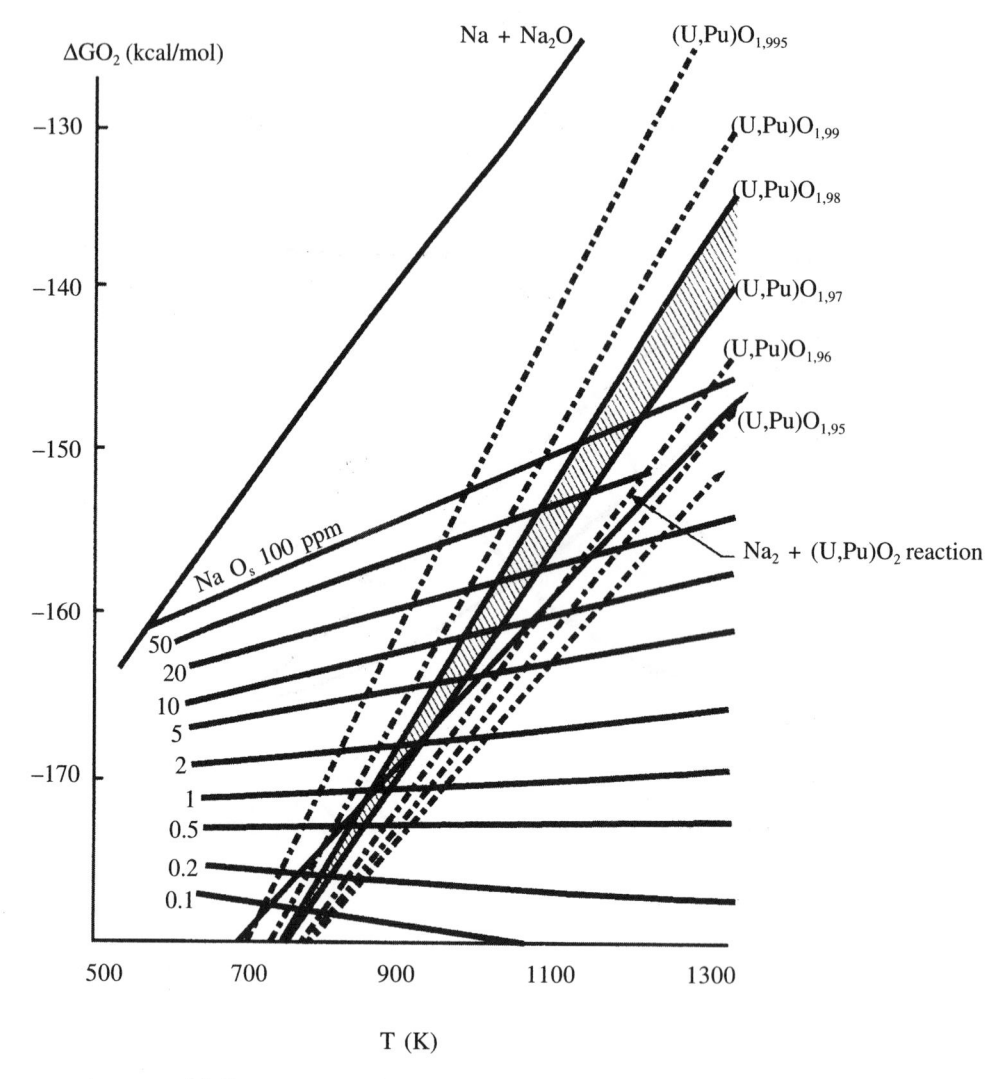

図 30.5 酸化物・ナトリウム系の熱力学とその帰結
d) 酸化物とナトリウムの $\Delta G O_2$ の変化．ナトリウム中の酸素含有率の影響

いた割れ目によって好都合となる；この種の反応の 1 例が第 III 部で示されている．この中間の様相は，小さな割れ目を伴う高照射ピンにその殆んどが関係している．

30.4.4 潜在的重大性

この酸化物・ナトリウム反応の潜在的重大性は以下の通り：

―ウランプルトニウム酸塩 (uranoplutonate) 形成を通じた燃料体積の増加．この増加が，ギャップが存在している時には酸化物・被覆管ギャップ値減少を引き起す，その他の

ケースでは被覆管内の応力増加を引き起す．

—初期割れ目段階で発達したウラン酸塩の原子炉のナトリウムによる還元の可能性．この逆反応（それは閉鎖系から開放系に移行する時も可能である）は燃料崩壊を伴い，酸化物粒子をピン外に放出させるリスクを伴う．

—酸化物の熱伝導率の減少．酸化物・ナトリウム反応中の燃料の酸素が移動する時，その結果としての O/M 比低下は酸化物内の熱伝導率低下を引き起す．酸化物の熱的ふるまい計算において，この現象は酸化物と被覆管の間に介在しているナトリウムからの結果である熱伝達率の改善と結合させなければならない．

30.5　被覆管破損および DND 信号

30.5.1　被覆管破損の発生

ウランプルトニウム酸塩の形成は，燃料体積の増加を引き起す．この体積増加は燃料中心空孔を満たすことによって（高温挙動に依る酸化物の塑性ふるまい），または被覆管の変形によって順応出来る，さらに一般的にはそれら両者の機構の結合によって順応出来る．被覆管上の結果としての負荷増加は，初期欠陥の発達または"2 次破損：secondary failure"と呼ばれる新たな割れ目の出現であるが，初期の気密性を喪失させピン破損への進展を導く．

この破損の位置と大きさ (the localization and the size) は，与えられた水準においてその応力と被覆管の機械的性質に依存する：

—大きな非均一性応力または機械的性質の大きな非均一性が短時間破損を導く．例として，その破損が局所的腐蝕（被覆管の局所的減肉）内に源を有する時またはピン束・ラッパ管相互作用（スペーサ・ワイヤの押しに依るまたは被覆管・被覆管接触を通じての応力の局所的増加または温度の局所的上昇）に源を有する時がこれである．

—これとは反対に，応力または機械的性質の良好な均等性はさらに長時間の破損を起こす；被覆管材が非常に低い延性を有する時，このケースがより多くなる．この状況の例を図 28.14 に示す：被覆管が照射下で非常に脆化してしまった実験用ピンでのはるかに大きな出力上昇中における被覆・燃料機械的相互作用による破損．

被覆管破損の発生はセシウムのような核分裂生成物の放出を伴う．その破損が拡大する時，ピン内部とナトリウム間での核分裂生成物交換が増加する，しかし照射条件にも大きく依存している．従って，ピン内部と外部間でのナトリウムの優先的移行によるおよび酸化物の熱的状況の改善による，出力変動が時々核分裂生成物の顕著な放出を導く．

ピンからの最初の遅延中性子放出はしたがって被覆管開口の初期および破損発生の真の始め (truly marks) に対応している．T2 時間——それはガス放出と最初の DND 信号出現の間の経過時間で特徴付けられる——は大きく異なることが可能である；我々の実験で，

表 30.2 幾つかの基準に基づく T2 値分類の例

T2	照射	被覆管	例
短時間 (T2 < 1 h)	―高燃焼率 ―出力過度	―脆化 ―均一応力	燃料・被覆管 相互作用
中間 (1 h < T2 <数日)	中間の 燃焼率	均一応力	ピン束・ラッパ 管相互作用
長時間 (T2 >数日)	低燃焼率	延性	製造時の気密性 無し

この時間は 10 分から 100 日まで変化出来ることが示されている．

それにもかかわらず，前述の考慮を含む幾つかの基準に従い T2 値を分類することは可能である．幾つかの例を表 30.2 に示す：

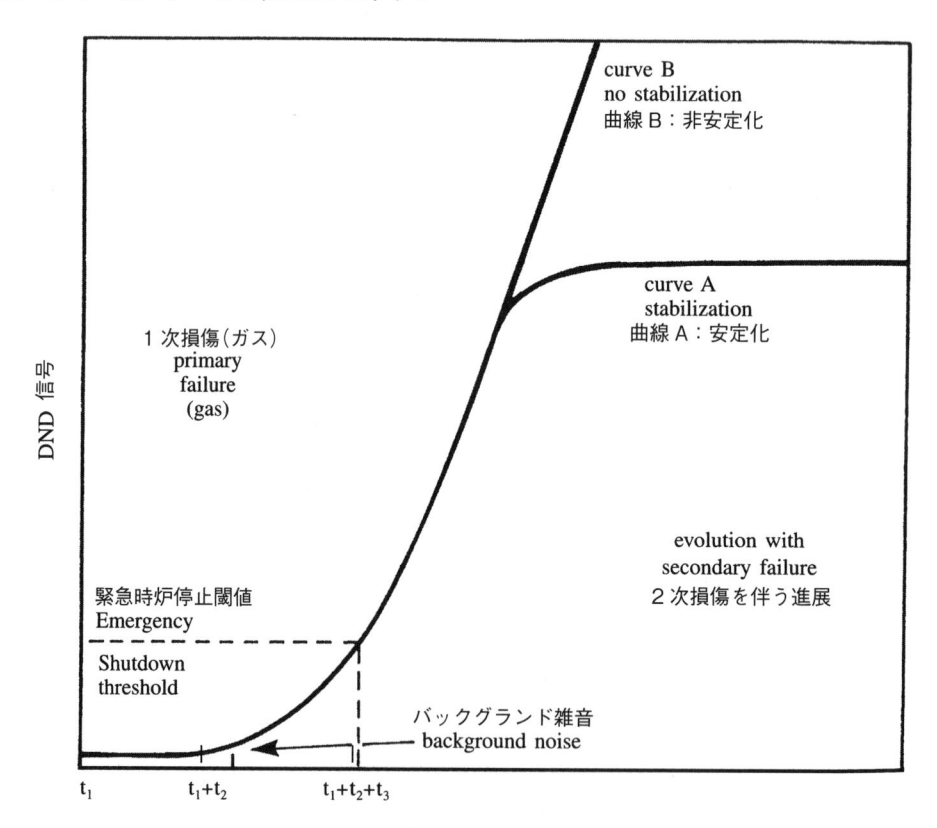

図 30.6 DND 信号の進展および閾値の撤去

30.5.2 被覆管破損の進展

これは先行段階の次に来る．現象学の水準において，酸化物・ナトリウム反応で発達する基礎現象である，ナトリウム浸入と核分裂性物質放出の間での不連続性は存在していない．それがなぜ単一 T'3 時間段階によって表せるかの理由である．この段階の終わりは大変良く理解されているわけではない，というのは破損集合体は DND 信号が，核分裂性物質放出のいかなるリスクも避けるために低い値に設定した閾値に達するや否や直ちに取出されてしまうからである．

この DND 閾値を顕著に超える，ループ実験だけが（フランスの SILOE 炉，米国の EBR2），この進展を完全に記述することが出来る．図 30.6 に 2 つの例を示す：高 DND 水準への高速進展後，この信号の安定化（曲線 A）が起きることが出来るかまたは起きない（曲線 B）．

最も頻度の高いケースは曲線 A に対応する．この運動論の変化はウランプルトニウム酸塩生成を多かれ少なかれ保護的規則として振舞うことによる反応の進展を制限する事実と解釈する；核分裂性物質の放出は低く留まる．しかしながら，幾つかの実験は曲線 B に従った，可変条件（出力，温度）を伴う変動運転 (disturbed operation) に明らかに起因する非安定化である．この実験末期での核分裂性物質の放出はしたがって顕著なものに出来た．

全てのケースで，図 30.6 は，フランスで適用されている現在のその炉取出し閾値は，避けなければならない現象（核分裂性物質の放出）に対して大きな防護を確保していることを示している．T3 時間——それは最初の DND 信号と閾値の間の経過時間として特徴付けられる——は一般的に制限されている（10 分から数時間），この結果原子炉が運転停止し，集合体を取出すことが許容されるように．

第 31 章

事故時条件下でのふるまい

31.1　はじめに

　これまでの章では，定格運転条件に対応している照射条件でのピンと集合体のふるまいを扱ってきた．さらに顕著な過酷照射条件 (severe irradiation condition) は仮想事故時運転条件 (hypothetical accidental operating conditions) からの帰結である：

　—例えば制御棒の突然引抜と関係している反応度の上昇，

　—例えばポンプ・格縁（ダイアグリッド）相互連結配管の破断または集合体閉塞 (subassembly blockage) に伴うピン束内の冷却材流量の一部喪失または全喪失，

　—震動 (shocks)，特に地震の影響下で．

　これら過度条件がピンおよび集合体のふるまいの顕著となる劣化 (degradation) を引き起す：酸化物または被覆管の熱的状況 (regime) の増大，被覆管上への追加的応力など．

　この種の各々の状況は直接的帰結（被覆管破損，燃料または被覆管の熔融）および結果を及ぼす媒介事象（同時発生被覆管破損を伴う冷却材流路のドライアウト (dry-out)，1つのピンから他のピンへの燃料噴出 (fuel ejection) と伝播，その結果1つの集合体から他の集合体への燃料噴出と伝播など）の両者の観点から注意深く探求されなければならない．

　そのような状況の研究のために適合するアプローチは，PWRs のために前述したアプローチ（第 V 部参照）と同一である．それが，なぜざっとしかその原理を説明しないのかという理由である：

　—そのような状況の発生確率が高ければ高い程，より一層それらの帰結を抑えなければならない，

　—この非定格状況 (off-normal situations) は，それらの生起確率に従って区分されている：設計基準事故 (design basis accidents)[*1]（この頻度は年当り 10^{-2} と 10^{-6} の間に含ま

[*1] 訳註：　　設計基準事故 (design basis accidents)：設計想定事故とも呼ぶ．原子力施設の安全特性の検討や安全設備を設計するとき，事故時においても公衆の健康と安全が確保されるための機器を，必要に応じて設計の中に組み込むことになる．このような目的のために一定の規則に従って故意に機器の破損や故

れる）および設計基準事象を超えたもの（この頻度は年当り 10^{-6} よりも低い）に分けられている．

—ピンと集合体に対する設計研究でのこの最初のタイプ（設計基準事故）の統合 (integration)．この枠組み内にある 4 個の区分——等価対"確率と重大性 (probability-seriousness)"によって定義された——が考慮され，各々の状況に対して，設計はその状況に伴う等価対を尊重しなければならない，

—設計研究での第 2 番目のタイプ（非設計基準事故）の，厳密な意味で，非統合．それにもかかわらず，探求と積極的な整理はそのような状況の帰結を最小化するために遂行されている．

そのキイ・パラメータの 1 つの事象から他の事象とでは異なるのだが，しかしながら全てのこれら状況に共通の幾つかの特徴について強調されなければならない，その理由は定格運転条件を記述した前節で説明されたとは異なるアプローチまたは探求をそれらが包含しているからである．従って以下の 2 つの特徴を強調することが出来る：

a) 事故時におけるピン状態または集合体状態の重大さ（"初期条件状態または T0 状態"）．定格運転下で前節で強調したようにピンの性質は照射中に顕著に変化する，これらの非定格状況における帰結の研究は以下のことを要求する：

—照射期間全ておよび可能性の有る全ての運転条件（出力，温度など）の両者を含めた全ての T0 状態を取り扱うこと．定格条件を下回る（出力と温度が定格運転条件に比べて低い）短時間照射または運転条件の考慮は，いくつかのケースにおいて，寿命末期のピンに対する定格運転条件の結果から来る制限に比べてさらに窮地制限 (penalizing limits) を導く，

—各々の T0 状態を完全に特徴付けることが出来る（被覆管内応力，酸化物の熱的ふるまい，核分裂ガスのふるまいなど）．

b) 過渡時運動論．秒の数分の 1 から数分間で（さらに稀ではあるが数時間），これら速度 (kinetics) は定格運転条件下での出力変動の速度に比べてさらに速い．この特徴は，以下のことを考慮されなければならない：

—モデルおよびコードに対しては，大変大きな高速現象と多分に平衡状態からの外れを取り扱うことが出来なければならない，

—参照材料の規則とデータに対しては，それらの幾つかは過度の進展速度に顕著に依存する．

これら事故位相 (accidental phases) 間でのピンと集合体のふるまい解析は，従って具体的規則と具体的データの全てを考慮した適合コードの使用を要求する，しかし予想される

障の組合せを想定する事故を設計基準事故と呼ぶ．

31.1 はじめに

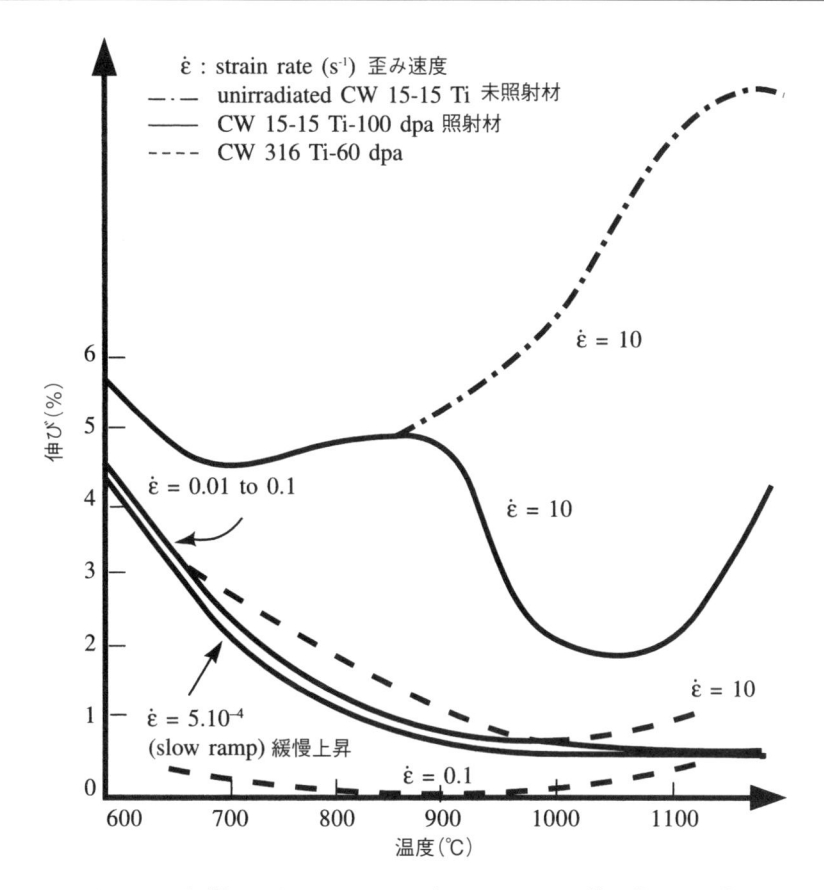

図 31.1 照射された CW 15-15 Ti と CW 316 Ti の均一伸びの比較

条件をカバーした実験によってその計算結果の調節をも要求する：

―挙動コードでは，T0 状態は前述のピンコード (GERMINAL) およびピン束コード (DOMAJER) で計算されている；これらのコードは事故時連鎖 (accidental sequences) 中に生じる幾つかの現象が考慮されている (GERMINAL の例では，反応度事故の場合での酸化物熔融の重要性)．非定格条件下での集合体ふるまいの完全な記述は，この効果を特別に計算するためのコード使用を要求する（フランスで開発された PHYSURAC, SURFASS, 海外で開発された FRAX, SAS4A, SIMMER）；

―規則とデータに対しては，進展速度の影響を考慮した固有のプログラムが開発されている．その例として，SILOE 炉で照射した小試料によって燃料内の核分裂ガスのふるまい研究 (CEA/VALDUC) と同様に，種々の歪み荷重速度に伴う構造材料（被覆管材とラッパ管材）の機械的性質の研究について触れることが出来る（図 31.1）；

―燃料ピンの試験に関して，CABRI 炉と SCARABEE 炉（ベルギー CEN MOL 炉で行われた実験を加えねばならない）で行われた大規模なプログラムで，過出力または流量喪

失のような非定格状態下でのピンまたはピン束のふるまい研究が行われた．これらプログラムは，新燃料または燃焼率およそ 12 at. % に達した被照射燃料で実際に行われた，一方で過酷な照射条件（基本的にはさらに高い燃焼率），もう一方で異なる設計のピン束（先進燃料の枠組みの範囲内で，第 32 章参照）を考慮し，遂行されている．これら実験の基礎である各々の非定格状態（過出力または流量喪失）に対応するシーケンスは，定義付けされ計算結果が実験と比較される，その結果，これら状況下でのふるまいモデルとコードの開発および性能が認められる；

—最終的に，異なる炉外実験の達成によって，流量喪失シーケンス中の集合体水力学を明示すること，または震動下でのピン束中のピン列ふるまいを明示することが許容される．

第 I 部で示したように，非定格条件下での集合体のふるまいの詳細な研究は本書で記述しない．我々は，これ以降で幾つかの例を与えるだけである，考慮する非定格条件の第 1 段階および酸化物の熱的ふるまい（熔融のリスク）および被覆管のふるまい（破損のリスクと種類）へのこれら条件の帰結を特に述べてみよう．

31.2 反応度事故 [27-30]

全出力増加は燃料ペレットの温度上昇をもたらす，その温度上昇は最も過酷な事故では酸化物熔融を導くことが出来る．[*2]

従って，考慮下の各々のシーケンスに対して，熔融開始に対応する出力値はまず初めに決定されなければならない．定格運転条件下で成された熱的ふるまい計算比較から，考慮しなければならない重要なパラメータは酸化物中にトラップされている核分裂ガスのふるまいである．28.2.1 節で既に述べたように酸化物内部気孔 (porosity) の中心空孔へ向けての移動を促す蒸発・凝縮機構 (evaporation-condensation mechanisms)——この機構はこの種の事故状況下で放出されるトラップされたガスが放出することを許す速度論としてはあまりにも遅すぎる——として，トラップされたその点がここでは大変重要である．燃料温度上昇の結果はこれら気孔内の内部圧力上昇となる．

燃料内にトラップされている核分裂ガスは 3 つの集団に区分することが出来る：細かい粒内球状気泡，細かいレンズ状粒界気泡（$1\,\mu m$）とさらに大きな粒界気泡（$\approx 10\,\mu m$）である．これら気泡 (bubbles) と気孔 (pores) のふるまいは運動論に依存する：

—むしろ遅い運動論 (kinetics) を伴う事故中（制御棒引抜タイプ），中心領域内に存在している粒内気泡は粗大化する傾向を有し，トラップされたガス量が多量でその燃料温度が充分高温の時，塑性歪みによって中心空孔の閉鎖を引き起す．図 31.2 は，同一ピンのト

[*2] 訳註： 反応度事故 (reactivity initiated accidents)：原子炉に予定外の大きな反応度が加わることによって生じる事故．反応度がある値を超えると即発臨界となり，機械的な制御ができないような急激な出力上昇を起こすので，反応度事故が起きないような設計がなされる．

31.2 反応度事故

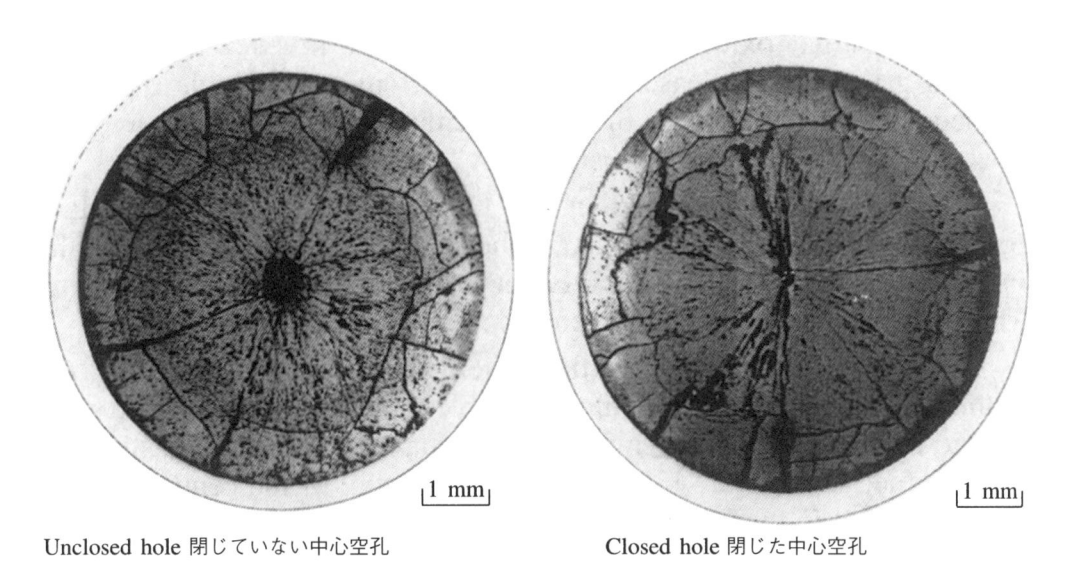

Unclosed hole 閉じていない中心空孔   Closed hole 閉じた中心空孔

図 31.2 未熔融燃料の中心空孔閉塞

ラップ・ガス含有量の異なる2つの断面を示す：1つは（低保持）中心空孔を維持，他方では（さらに高保持）非定格シーケンス中に閉じる．この幾何学的変化は注意深く評価されなければならない，なぜならそれは明らかに熔融出力値に影響を与えるからである．

—さらにもっと急激な反応度印加では，粒界気泡内過圧の影響下で未再組織化領域 (non-restructured zone) 内で燃料破砕 (fuel fragmentation) が生じる．これには酸化物の熱的ふるまいと被覆管応力の推定が考慮されていなければならない．

次の段階は燃料熔融である，その例を図 31.3 に示す．この熔融では，およそ 10 % の酸化物体積増加を伴っている．さらに，その熔融領域がガス高保持燃料部分へ影響を与える時，大きな粒界気泡内にトゥラップされたガスによって熔融マグマ (melted magma) は加圧されている事実が考慮されていなければならない；高圧力値（およそ 100 MPa の）がこれら領域内で計算されている．これらの現象が被覆管に新たな負荷を導入するという事実と並んで，それらはピン内の熔融燃料移動の原因ともなる．

出力過度のみの影響下，被覆管温度の変化は僅かである．しかしながら，前節で述べたように燃料・被覆管機械的相互作用負荷は顕著に増加することが出来る（燃料の熱膨張，ガスと核分裂生成物に依る燃料スエリング，熔融領域の加圧など）および被覆管歪みと破損の原因となることが出来る．さらに幾つかのケースにおいて，核分裂性コラム中心部の熔融部燃料を中心空孔を通じてプレナムへ自由流下（この現象は"噴き出し効果：squirting effect"と呼ぶ）を許すピン設計は大変に有益とすることが出来る，特に被覆管応力に関して．

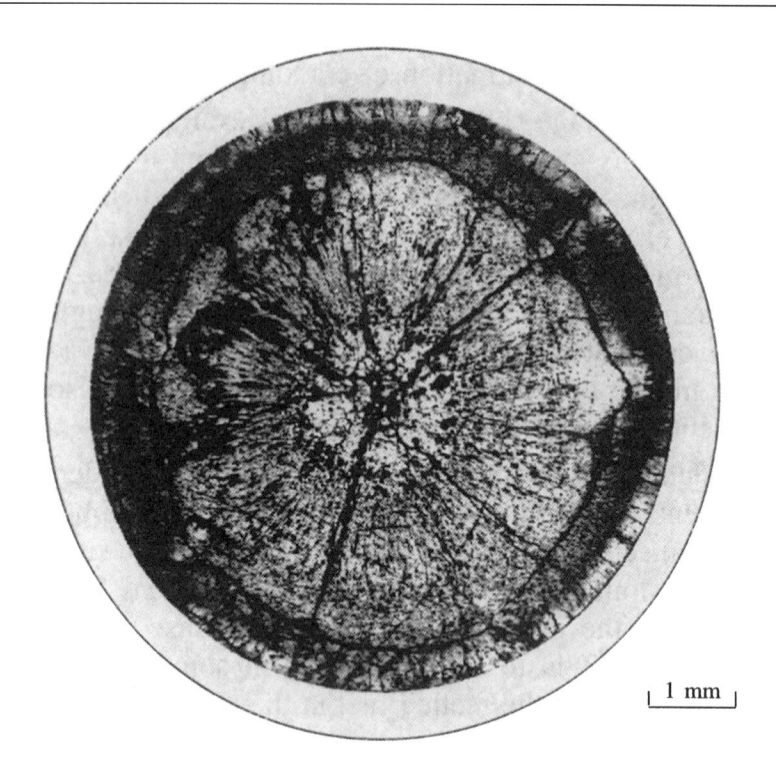

図 31.3　熔融領域を伴う燃料金相マクロ写真

31.3　流量低下または流量喪失事故

　それらが被覆管温度の顕著な上昇を導く．
　LIPOSO 損傷（LIaison POmpe-SOmmier = pump-diagrid connection：ポンプ・格縁連結）または DCNEP（Disparition des Circuits Normaux d'Evacuation de Puissance = normal power extraction circuits disappearance：定格出力除去循環喪失）のような緩やかな過酷事故に対し，この温度上昇は降伏点を超える応力または被覆管材のクリープ延性を超える変形によって被覆管破損を導くことが出来る．この破損は，ピンの内部圧力が高い時（従って高燃焼率），事故シーケンスの初期に生じることを明記しておく．
　さらに，ナトリウム沸騰や 2 次チャンネル冷却材ドライ・アウト発生となる過酷な事故（例えば，集合体閉塞）に対し，その運動論の進展は非常に速く，被覆管熔融がその破損前に生じることも可能となる．
　前述した通りこの 2 種類の事故（反応度および流量喪失）対の発生が可能である．CABRI 炉での損傷実験を通じて得られた全ての結果は，2 つのパラメータ関数としてのピンのふるまいを与えている模式図の図 31.4 に纏めている：この 2 つのパラメータとし

31.3 流量低下または流量喪失事故

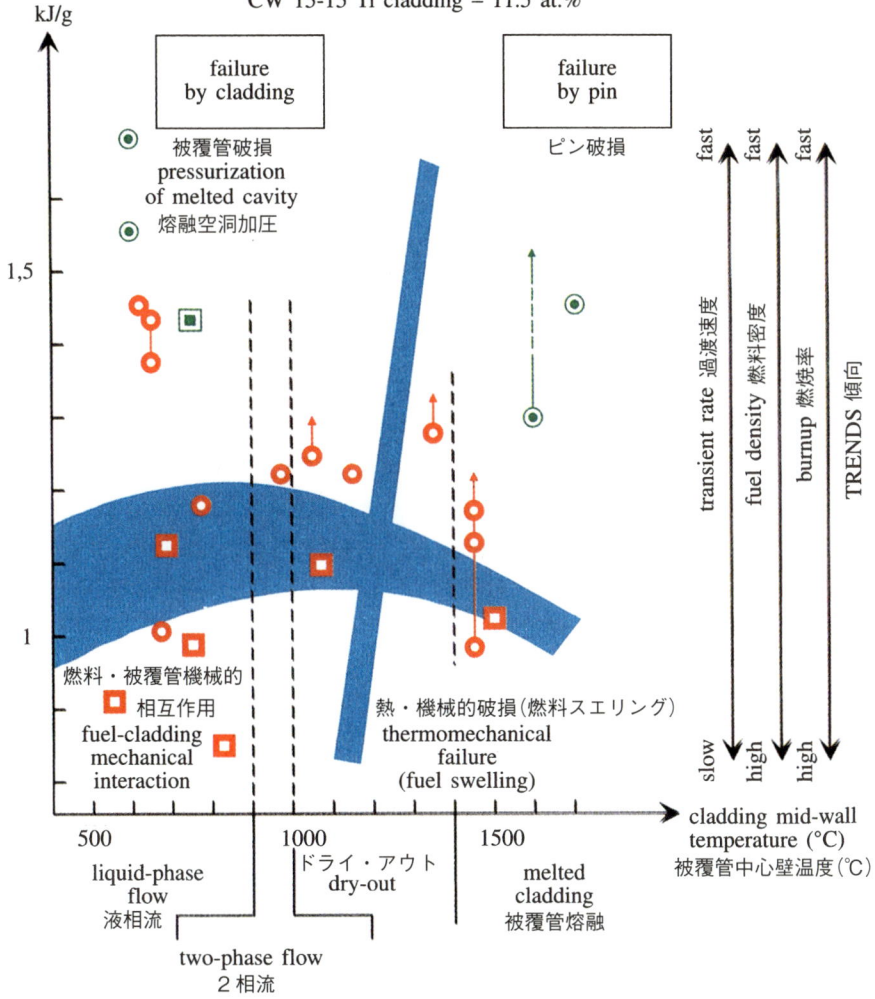

図31.4 CABRI実験での破損マップ

て横軸に破損時刻における被覆管温度を，縦軸に燃料の総エンタルピー（実験前の初期エンタルピーと出力過度時に生じたエンタリピーの総和）を取っている [31]．この模式図上において異なる種類の破損が生じる領域はゾーンによって分離されている．そのゾーンは実験の特別条件または燃料ピンの特徴と関連した追加的なパラメータの影響を示している．したがって，この図において，3つのパラメータの影響が同定される（傾向として）；燃料密度分布と燃焼率が高い時および過度時運動速度が遅い時，被覆管破裂またはピンの

完全破壊を導くエネルギー水準は最低となっている．[*3]

31.4 地震

これはピン束に関連する．加速の影響下，同一列の全てのピンは，ラッパ管の1面から圧縮され，その後その加速方向が変わった時，反対側から圧縮される．各々のサイクルで，被覆管はならし加工応力 (flattening stress) にさらされる，その振れ幅はラッパ管に対して並でいるピンにおいて最大となり，そのピン列間の間隔距離増加に対し減少する．各々のピンでは，これら応力──事故前に存在していたそれら応力と結合して──は被覆管破損を引き起こすことが出来る．ピン束内での同時的多数ピン破損を避けるため，これら応力は全体として RAMSES 機械設計基準──考慮下の非定格状態に対応している──を守らなければならない．

地震に対応する応力は有限要素コード (finite-elements codes) で計算されている．さらに全体的な実験的制御のため，PHENIX 集合体を用いてホット・ラボラトリィで実施された衝撃実験 (shock tests) について触れるべきであろう [32]：それらの実験はピンとラッパ管の良好なふるまいを示した，計算結果と選択された基準とその実験結果とで良好な一致が見られた．さらに精密化するには，計測線付き集合体モックアップで計算値/測定値の調節プログラム (adjustment programme) が実行されなければならない．

[*3] 訳註： 本書のはじめにで示したように，本書の目的は原子炉事故を詳細に取り扱うことでは無い．従って過渡事象・前事故（インシデント）までが本書の範囲である．
　補足の意味で，欧州の原子炉で使用されている酸化物燃料の事故中の挙動についての英国原子力公社 (UKAEA) および Harwell 研究所の研究者たちのレビューを紹介しておく：
　前半のパートで UO_2 燃料を使用している水炉に関して，事故時の燃料のふるまいについて詳細に取り扱う．後半のパートで混合酸化物燃料とナトリウム冷却原子炉について取り扱う．各々のパートでは以下のことについて言及する：燃料の化学組成，燃料のふるまいと破損限界，破損した燃料のふるまい，事故時の燃料のふるまいと仮想事故後の瓦解した炉心内での相互作用および欧州での燃料安全性研究の将来の研究方向についての検証である：J.H. Gittus, J.R. Matthews, P.E. Potter, "Safety Aspects of Fuel Behaviour during Faults and Accidents in Pressured Water Reactors and in Liquid Sodium Cooled Fast Reactors." *J. Nucl. Mater.*, 166, 132-159 (1989).

第 32 章

先進燃料

32.1 はじめに．何故に先進燃料なのか？

前章で述べた酸化物燃料集合体は，異なる原子炉内（RAPSODIE-FORTISSIMO, PHENIX, SPX）および燃料サイクル内での異なる段階（製造，洗浄・貯蔵，再処理）でその良好なふるまいを証明した．

構造材料に関しては（被覆管，スペーサ・ワイヤ，ラッパ管），PHENIX 炉で得られた線量はおよそ 150 dpa であり，現時点の選択において 160-180 dpa に達することを我々に許すであろう．この線量を超えては，照射下でさらに耐スエリング性を有する材料が使用されるであろう，そのため酸化物分散強化を施したフェライト系またはマルテンサイト系鋼（ODS 鋼）が最も有望な材料として出現した．この件については前章および第 IV 部で述べているため，繰り返すことはしない．

燃料に関しては，得られた実績・経験は，プルトニウム含有率が 15 から 30 % 変化している $(U,Pu)O_2$ 混合酸化物である．150 GWd/t に近い照射は PHENIX で得られている，一方，およそ 200 GWd/t の値（RAPSODIE-FORTISSIMO で数ピンが達している）が可能である．

しかしながら，酸化物は燃料要素の設計または燃料管理上の帰結となる幾つかの欠点（drawbacks）を有している：

―不充分な熱伝導率，これはペレット熔融の許容制限値を結果として招く，

―被覆管破損制限管理の遂行を導く，ナトリウムとの不充分な両立性，

―大きなプレナムを要求する，核分裂ガスの高放出率，

―全炉心の中性子経済を，およびさらに具体的に言うとその増殖ポテンシャルを不利にする，重原子の低密度．

これら欠点を埋め合わせるために，ウランとプルトニウムを基礎とした異なるタイプの燃料の使用についての研究がなされている．その，炭化物，窒化物と金属が研究され，照射に供された．窒化物燃料と金属燃料の概略を以下の節で述べよう．

しかしながら，新たな目的が FRs に対して定められ，もはやプルトニウムの生産（増殖）ではなく，プルトニウムの消費（燃焼）とマイナー・アクチニド（Am, Np など）の燃焼である．これら新目的の研究が開始された，特に CAPRA および SPIN プロジェクトにおいて．それらは 2 タイプの燃料のもくろみを導いた．

現在の燃料要素と似た設計を有する最初のタイプは，さらに高い Pu 含有率（およそ 45 %）および/またはネプツニウムの制限量（数 %）を考慮した，$(U,Pu)O_2$ 混合酸化物を使用する．

第 2 番目の族で，その設計は現時点でよく定められていないが，燃焼または灰化する元素（Pu, Am など）は不活性マトリックス (inert matrix)（MgO, $MgAl_2O_4$ など）内に分散されている．

32.4 節でこれら新開発を扱っている．

32.2　窒化物燃料要素 [33,34]

混合炭化物 (mixed carbide) は世界中で最も研究されてきた燃料であるけれども，燃料サイクル内でのそのふるまいにより，PUREX 再処理工程との良好な両立性に基づき窒化物 (nitride) 優先が導かれている．事実，その主な理由は照射集合体の洗浄と貯蔵作業での水と窒化物との両立性にある，炭化物は水の存在する中に置くことは出来ないのに対して，窒化物の場合はそうならないからである．

32.2.1　ピン設計および炉内ふるまい

窒化物燃料ピン設計では，異なる因子を考慮しなければならない．その最も重要な因子は次の通り：

・照射下での窒化物スエリング速度は酸化物のスエリング速度に比べて高い，そのため被覆管内のスミヤ密度制限が要求される．スエリング速度が at. % 当りおよそ 1.1 から 1.6 % と仮定して（酸化物の at. % 当り 0.6 % に替わって），およそ 150 GWd/t 照射に達するためにはスミヤ密度を 75-78 % に制限することが必要である．これは燃料密度または燃料・被覆管ギャップ値のいずれかを調整することによって得ることが出来る．現在の標準解としては，古典的径方向燃料・被覆管ギャップがおよそ 200 ミクロンを有する低密度（≈ 80 % 理論密度）燃料使用を推奨している．

・高熱伝導率および高融点が，低スミヤ密度 (low smear density) 選択にもかかわらず，ペレットの熱的ふるまいの改善を許す．中庸な線出力運転（酸化物燃料の線出力に近い）で燃料熔融に関する重要な安全裕度を与えるかまたは，酸化物の融点に近い融点での安全裕度を保ちながら燃料線出力の顕著な上昇のいずれかをこの高熱伝導率が許している．

この後者の場合，ヘリウム充填窒化物ピン（"ヘリウム結合：with helium joint"と呼ばれ

32.3 金属燃料要素

るピン）に対して出力およそ 700 W/cm が可能となる．製造時にナトリウムをピン内に充填することによって 900 W/cm まで出力を高めることが出来る，寿命初期の燃料と被覆管の間の熱伝達改善のための設計である（"ナトリウム結合：with sodium joint"と呼ばれるピン）．現在，ヘリウム結合ピンのみが研究されている；さらに熔融に関する安全裕度概念研究が奨励されており，その標準はおよそ 450-500 W/cm の線出力を基準としている．

・窒化物燃料がナトリウムとの両立性を有することを指摘しておこう，これが被覆管破損管理の単純化および前述のナトリウム結合ピンのような新概念設計を導入する．結局，その重原子密度は酸化物に比べて高く，増殖高速炉の総合的視野において炉心中性子利得を上げることを許す．

進行中の研究開発計画の目的は，とりわけ実験的照射を通じて，基礎データの評価（例えばスエリング速度）およびピン設計提案に対する解（例えばスエリング緩和が得られる気孔率）を得ることにある．

特別な注意が高温（1500 °C を超える）時の (U,Pu)N 化合物の安定性に注がれた，この水準における充分でない強度は，熔融に関する基準を窒化物分解に対するさらに制約的な基準へとその安全裕度変換を導く．

32.2.2 窒化物燃料の製造と再処理

それぞれ異なる工程が，CEA，超ウラン研究所（ITU: Institute for Transuranians）および Paul Scherrer 研究所（PSI）で用いられ，(U,Pu)N 燃料ペレットが造られている，これを図 32.1 に示す．

CEA では，窒化物燃料は乾式工程で造られている．UPu 窒化物粉末は，適合温度サイクルを伴う以下のタイプの反応を通じての熱炭素 (carbothermia) を用いて得られる：

$$(U,Pu)O_2 + 2C + 1/2N_2 \rightarrow (U,Pu)N + 2CO$$

この転換サイクルは，炭素や酸素のような不純物を除去する水素・窒素混合ガスを用いた最終吹きつけで終わる．古典的方法で粉末は成型および焼結される．

(U,Pu)N 混合燃料は硝酸に大変良く溶けるので，この燃料が PUREX 再処理工程で問題となるこちは無い．しかし廃棄において，照射下で ^{14}N 捕獲で生成された ^{14}C が再処理工程で放出される．この問題を解決するために提案されている解は，非常に高レベルな（> 90 %）高濃縮 ^{15}N の窒化物から (U,Pu)N を製造することである．この濃縮運転の工業化の妥当性について検証する課題が残されている．

32.3 金属燃料要素

FR 燃料要素として UPu 基礎合金を使用する枠組内で，これらの研究は CEA において 1960 年代から研究されてきた．得られた結果は，特に運転条件に近い温度で出現する燃

544　第32章　先進燃料

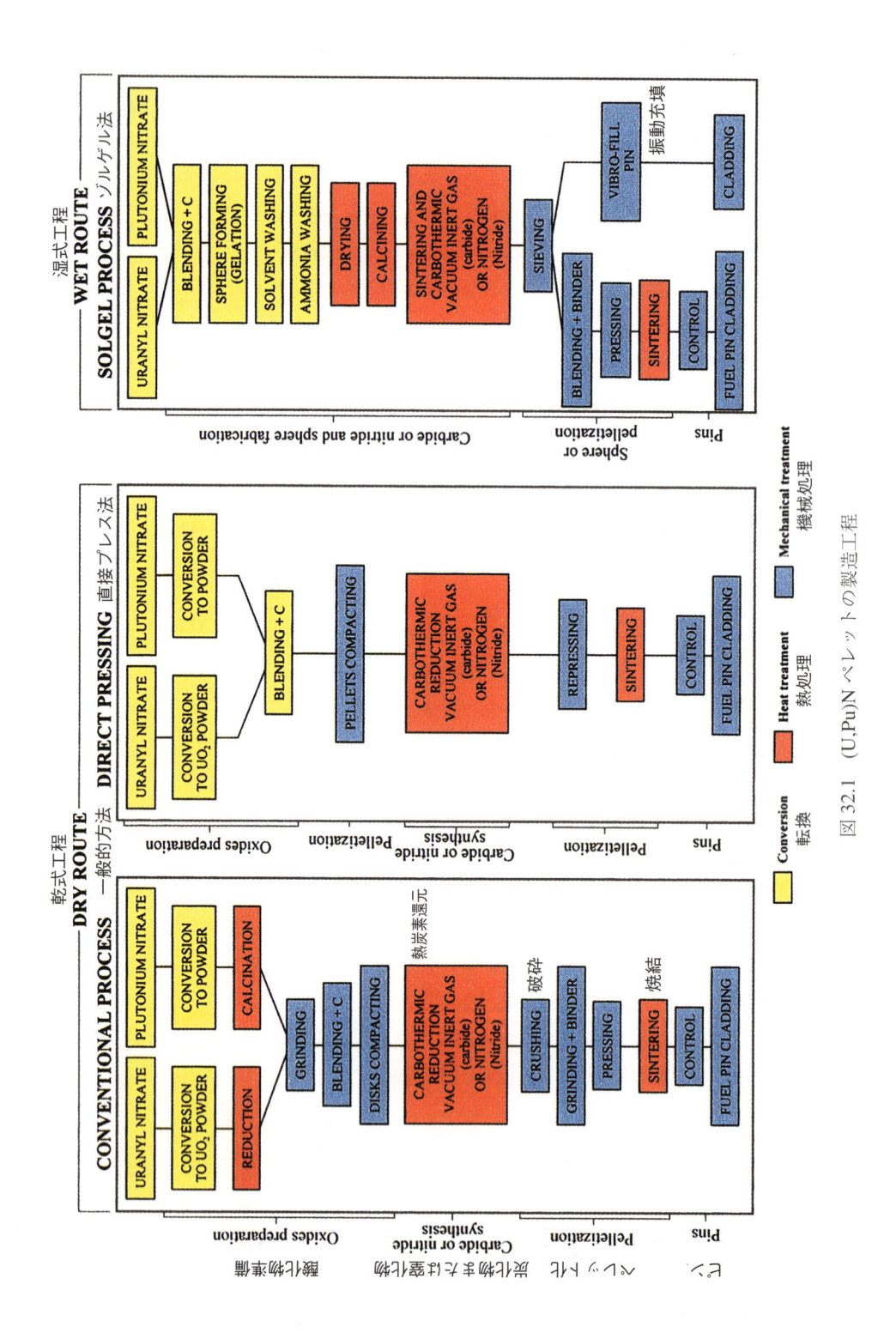

図 32.1　(U,Pu)N ペレットの製造工程

料・被覆管の共晶 (eutectic) の存在を理由としてこの解は捨てられた．

米国において，このタイプの要素に対する研究が推進された．その燃料・被覆管の共晶物温度を 750 °C へ押し上げた UPuZr 合金開発（Zr 含有率がおよそ 10 % である）は，このタイプの要素の設計および 炉内試験という結果を残した．並行して，同一ユニット内での乾式冶金法（pyrometallurgy）による再処理と燃料製造を伴うこの燃料に対する燃料サイクルの開発が行われた．現在，大量のピンが EBR2 で 20 at. % まで照射され，この要素の安全ファクターの実証（被覆管破損，出力急昇または温度急昇の場合のふるまい）を目的とする試験が行われている．その再処理・製造工程は EBR2 炉の隣接施設内で研究された．

さらに詳しく言うなら，その燃料要素設計では異なる因子を考慮しなければならない，最も重要な因子は以下の通り：

● 合金の高速スエリング速度．窒化物に対して，この現象は被覆管内のスミア密度の制限を導く．金属燃料に対して，これは初期燃料・被覆管ギャップの顕著な増加が達成されるだけである，従って合金製造中に気孔（ポア）を導入しないことが可能となっている．

● 素晴らしい熱伝導率，しかし比較的低い熔融温度．大きなギャップの理由に因って，燃料と被覆の間のレベルでのナトリウムの存在が，熱伝達の改善および熔融に関する充分な安全裕度を許すために必要である．金属燃料要素はしたがってナトリウム結合の要素である．

さらに窒化物と同様，UPuZr 合金はナトリウムと両立性および重原子の高密度を有していることを記しておく．

米国内で満足すべき結果が得られたが，可能性のある全ての運転条件を考慮した，照射下でのそのふるまいに関する大規模性能試験が要求されている．特に，ピンのふるまいにおいて負の効果を及ぼさないという合金構造確認が必要である，その構造は照射下で非常に複雑化する（Zr 移動，同一断面内での異なる結晶構造相の出現など）．

32.4 アクチニド燃焼燃料とターゲット

プルトニウム燃焼またはマイナー・アクチニド（ネプツニウム，アメリシウムなど）燃焼の研究は前述の成熟した計画とは同じではない．しかしながら設計，炉内でのふるまい，製造および再処理を考慮しながら，これら生成物は色々な形態で既に概略または精密に定義された高速中性子炉内で照射することが出来る（燃料要素，ターゲットなど）．幾つかの解決策が実施され，幾つかの試験照射がひき続き行われた．

32.4.1 プルトニウムの燃焼（CAPRA 計画）

この目的に対し，第 1 段階は集合体中のプルトニウムを生産するいわゆる"親（ファータイル：fertile）"ウラン酸化物（径方向ブランケット集合体または燃料ピンの軸方向ブランケット）の抑制，物質の変更によっても確保されているべき原子炉構造物の中性子遮蔽任務，または設計変更から成る．図 28.1.c は軸方向ブランケット無しの燃料ピン設計例を示す，その中性子遮蔽任務は集合体の位置（頂部と底部）へ移管されている．

プルトニウム燃焼は UPu 化合物のプルトニウム含有率上昇に伴い増加する，その第 2 段階はその燃料組成の変更から成る．FR によって毎 TWh 電気出力を出力する例では，この消費が 20 % Pu 含有率に対する 20 kg から 100 % Pu 含有率（ウラン無しのプルトニウム）に対するおよそ 110 kg の間で変わり得る．研究の 2 つの大きな分野は：

Pu 含有率およそ 45 % の混合酸化物燃料

この解により，プルトニウム燃焼はおよそ 80 kg/TWh 電気出力と成る．このピンの設計は古典的 FR 要素設計から直接的に得られる．さらに詳細化するなら：

—燃料は高密度（95 % 理論密度）酸化物の中空形である．混合酸化物のプルトニウム含有率は 45 % に制限されている．それより高い値は不可能であり，これは PUREX 再処理工程の第 1 段階に該当する硝酸中での酸化物溶解と両立しえないことが理由である．

—ペレット形状は SPX の形状と僅かながら異なる（外径はより細く，中心空孔径はより大きい），線出力は 450 W/cm に制限され，これは燃料の熱的ふるまいに関連する基準に相当する．

ラッパ管形状は SPX の形状に近く，ピン外径の減少はピン束のピン数増加をもたらし（271 本から 331 本への増加）またピン冷却と両立し得る値に集合体出力を制限するために燃料無しのピンが幾つかの核分裂性ピンと置き換えられている．図 32.2 にピン設計およびピン束設計の全般的な様相を示す．

現時点の知見に基づき，この解によって，炉内でのふるまいおよび燃料サイクル（製造，再処理）に関しいかなる大きな問題も生じてはいない．しかしながら，幾つかの点は依然として確認されなければならない，熱・水力学システムによって影響される現象（酸化物・ナトリウム反応など）と同様に，特に照射下でのプルトニウム再分布（28.2.1.3 節で述べた）の再処理での帰結についてである．設計の全体的確証を離れて，その現在遂行中の研究開発計画はこれらの問いに答えを供給するべきである．

Pu 超高含有燃料およびウラン無し Pu 燃料

前述したように酸化物形態での UPu 燃料使用は，45 % より高い含有率でもはや不可能である．しかしながら，Pu 含有率 60 % の (U,Pu)N 燃料が予見されうる（これは 100

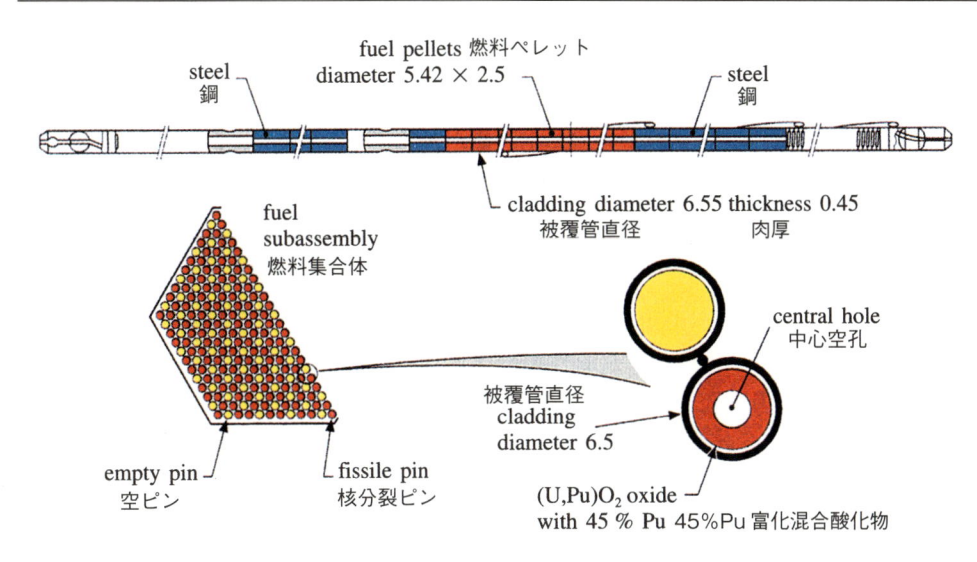

32.4 アクチニド燃焼燃料とターゲット

図 32.2 CAPRA 燃料ピンおよびピン束の模式図

kg/TWh 電気出力に相当），それは最初の指示として硝酸中への混合窒化物溶解の良好な両立性を示すように見えること，残りの性質が担保されていることによる．さらに 32.2 節で述べた，窒化物燃料の製造とふるまい上の質問が残っており，もしもこのような選択が魅力的な場合，研究開発計画が要求される．

プルトニウム消費 110 kg/TWh 電気出力の達成が可能な，ウラン無しの Pu 燃料の選択は魅力的な解決策である．不活性セラミック (inert ceramic) または金属性母相中の分散プルトニウム（PuO_2，PuN などの形態）より成るこの設計は，再処理の異なる段階での両立性の問題を別様に生じさせる，それは PUREX 工程の調節がさらに必要か必要でないかの理由に因る．その異なる可能解の評価を目的とした最初の研究が現在進行している．

32.4.2 マイナー・アクチニドの燃焼 [35]

再処理からの廃棄物管理に関して，SPIN 開発計画（SéParation/INcinération）の目的は長寿命元素の分離であり，その結果それらを短寿命元素に変換 (transmute) させる．この開発計画の研究が進行中である（および本書の主題）との理由により，FR 炉での燃料（またはターゲット）とマイナー・アクチニド（ネプツニウムとアメリシウム）の消滅処理 (transmutation) の部分のみがここで触れられる．

これらアクチニドは 2 つの異なる方法で使用されることが出来る：

—"均質"燃料として．アクチニド少量（数％）が古典的燃料 $(U,Pu)O_2$ に添加されて，炉心で照射される．

—"非均質"燃料として．アクチニド多量（数十％）を不活性マトリックスに添加し，炉

心周縁で照射される．

　中性子基準を考慮しての，第1番目の方法はネプツニウム燃焼用に選択した参照解であり，第2番目の方法はアメリシウム燃焼用に選択した参照解である．

均質モードでのネプツニウム燃焼

　ネプツニウム少量の混合酸化物燃料添加は，古典的FRピンまたはプルトニウム高含有の"CAPRA"ピンとして可能である．このオプションでは，ネプツニウム酸化物はウランとプルトニウムの混合工程で添加され，燃料は古典的に製造されている．

　PHENIXで照射したSUPERFACTの結果が既に示されているように，マイナー・アクチニド少量添加した燃料要素のふるまいは通常使用の燃料要素と異なるいかなる問題も発生していない．その研究開発計画のフォローアップの目的は基本的にはより多くの燃料ピン数とより高い燃焼率(burnups)（また燃焼速度: burning rates）で実証することである．

非均質モードでのアメリシウム燃焼

　アメリシウム酸化物が不活性マトリックス中に分散している要素を見つけ出されなければならない．現在の研究はマトリックスの選択である：製造，ナトリウムとの両立性，照射下でのふるまい，および再処理．それらの製造能力とナトリウムとの両立性試験を基礎に，最初の選択が行われ，MgO, MgAl$_2$O$_4$など幾つかのマトリクスの選択が認められた．第1番目にこれら材料の性能評価をし，定め，選択された灰化する要素(incinerating element)の設計を評価する研究開発計画の目標が決まられた．

　さらに，大量のアメリシウムの取り扱いは，古典的燃料の取扱いに比べて，大きな生物学的放射線防護(biological protection)問題を引き起した：この課題に製造施設を適合させるための研究課題が残されている．

参考文献

[1] R. Lallement, H. Mikailoff, Fuel performance and reliability. The current status of knowledge and future requirements, Keynote address, International Conference on Reliable Fuel For Liquid Metal Reactors. Tucson 1986.

[2] R. Lallement, H. Mikailoff, J.P. Mustelier, J. Villeneuve, Fast breeder reactor fuel design principles and performance, *Nuclear Energy*, 28, 1 (1989), 41-49.

[3] J. Leclère, P. Millet, C. Berlin, P. Chénebault, Y. Guérin. V. Lévy, Expérience acquise sur les combustibles CEA, Colloque International sur les réacteurs surgénérateurs rapides. Lyon, 1985.

[4] J. Leclère, P. Millet, L'élément combustible des réacteurs à neutrons rapides et son comportement global, Annales de chimie, 9 (1984), 423-431.

[5] G. Marbach, P. Millet, Optimization of FBR fuel element for high burn-up, Nuclear fuel performance Stratford upon avon, 1985.

[6] P.F. Cecchi, R.B. Jones, P. Millet, D.I.R. Norris, A. Pay, H. Tobbe, Life limiting features and technical problems to reach high burn-up in fast reactor fuel, International Conference on Reliable Fuels For Liquid Metal Reactors. Tucson, 1986.

[7] J.L. Ratier, A. Chalony, G. Clottes, P. Chanton, P. Courcon, Behaviour of PHENIX standard fuel, International Conference on Reliable Fuels For Liquid Metal Reactors. Tucson, 1986.

[8] P. Millet, P. Courcon, R. Marinot, C. Brown, G.C. Crittenden, Improvement of fuel subassembly endurance in the prototype fast reactors PHENIX and PFR, International Conference on fast reactors and related fuel cycles. Kyoto, 1991.

[9] GROUPE DE TRAVAIL RAMSES 2, Règles d'analyse mécanique des structures irradiées, Rapport CEA R.5618.

[10] J.C. Mélis, L. Roche, J.P. Piron, J. Truffert, GERMINAL - A computer code for predicting fuel pin behaviour, Conférence E-MRS-Strasbourg, 1991, *J. Nucl. Mater.*, 188, 303-307 (1992).

[11] J.C. Mélis, J.P. Piron, L. Roche, Fuel modeling at high burn-up: recent development

of the GERMINAL code, *J. Nucl. Mater.*, 204, 188-193 (1993).

[12] M. Tourasse, M. Boidron, B. Pasquet, Fission product behaviour in PHENIX pins at high burn-up, Conférence E-MRS-Strasbourg, *J. Nucl. Mater.*, 188, 49-57 (1992).

[13] M. Tourasse, M. Boidron, B. Pasquet, Effect of clad strain on fission product chemistry in PHENIX pins at high burn-up, Materials Chemistry'92 - Tsukuba, March, 12-13, 1992.

[14] J.L. Séran, H. Touron, A. Maillard, P. Dubuisson, J.P. Hugot, E.Le Boulbin, P. Blanchard, M. Pelletier, Comportement en gonflement des aciers austénitiques stabilisés au Ti comme matériaux de structure de l'assemblage combustible rapide PHENIX, Int. Symp. ASTM - Andover, 27-29 Juin 1988.

[15] J.L. Séran, V. Lévy, P. Dubuisson, D. Gilbon, A. Maillard, A. Fissolo, H. Touron, R. Cauvin, A. Chalony, E.Le Boulbin, Behaviour under neutron irradiation of the 15-15 Ti and EM10 steels used as standard materials of the PHENIX fuel subassembly, 15th International Symposium on effects of radiation on materials. Nashville, 1990.

[16] A. Maillard, H. Touron, J.L. Séran, A. Chalony, Swelling and irradiation creep of neutron irradiated 316 Ti and 15-15 Ti steels, Effects of Radiation on Materials 16th. Int. Symp. ASTM, STP 1175. Philadelphia, 1993.

[17] J.L. Ratier, Phénomènes de corrosion des gaines d'éléments combustibles de réacteurs à neutrons rapides, EUROPCOR, Juin 1992 - Finlande.

[18] M. Boidron, C. Berlanga, In pile behaviour of axially heterogeneous fuel elements, International Conference on Reliable Fuels For Liquid Metal Reactors. Tucson, 1986.

[19] J.P. Pagès, C. Brown, B. Steinmetz, A. Languille, Development of the axially heterogeneous fuel concept in Europe, International Conference on fast reactors and related fuel cycles. Kyoto, 1991.

[20] A. Bernard, P. Ammann, Comportement du tube hexagonal des assemblages soumis au flux neutronique dans un coeur de réacteur à neutrons rapides de la filière française, Conférence d'Ajaccio, 4-8 Juin 1979.

[21] G. Mrbach, Contraintes et déformations dans les tubes hexagonaux de PHENIX résultant des gradients de gonflement, Conférence d'Ajaccio, 4-8 Juin 1979.

[22] J. Rousseau, J.L. Boutard, C. Courtois, P. Lemoine, Déformation des aiguilles avec fil espaceur en présence de gonflement et de fluage d'irradiation, Conférence d'Ajaccio, 4-8 Juin 1979.

[23] G. Marbach, P. Millet, P. Blanchard, R. Huillery, Comportement d'un faisceau d'aiguilles PHENIX sous irradiation, Conférence d'Ajaccio, 4-8 Juin 1979.

[24] G. Marbach, P. Millet, J. Robert, A. Languilie, Behaviour of fast bundles under irradiation, SMIRT. Berlin, 1978.

[25] A. Mathiot, J.P. Hairion, H. Plitz, P. Weimar, P. Cecchi, Failure evolution in sodium loops. Results of the SILOE experimental program, International Conference on Reliable Fuels For Liquid Metal Reactors. Tucson, 1986.

[26] J. Rouault, J. Girardin, J.P. Hairion, B.De Luca, Behaviour of failed oxide fuel pins in FBR peripheral storage position, International Conference on Reliable Fuels For Liquid Metal Reactors. Tucson, 1986.

[27] F. Schmitz, M. Haessler, D. Struwe, CABRI and SCARABEE tests results as contribution to the data base of LMFBR fuel pin development, International Conference on fast reactors and related fuel cycles. Kyoto, Oct. 28-Nov. 9 1991.

[28] J.L. Faugère, P. Menut, F. Daguzan, F. Schmitz, F. Barbry, New results on fission gas release and molten fuel pressurization studies in the French pulsed reactor SILÈNE, Science and technology of fast reactor safety BNES Guernsey, May 12-16 1986.

[29] F. Duguzan-Lemoine, M. Balourdet, F. Schmitz, H. Steiner, I. Sato, M. Mignanelli, The fission product behaviour in CABRI 1 experiments, International Fast Reactor Safety Meeting. Snowbird, August 12-16 1990.

[30] R. Cameron, F. Daguzan, W. Pfrang, I. Sato, Transient fuel pin behaviour up to failure in CABRI 1 experiments, International Fast Reactor Safety Meeting. Snowbird, August 12-16 1990.

[31] D. Struwe, W. Pfrang, R. Cameron, M. Cranga, N. Nonaka, Fuel pin destruction modes. Experimental results and theoretical interpretation of the CABRI 1 programme, International Conference on Fast Reactor core and fuel structural behaviour BNES. Inverness, June 4-6 1990.

[32] M. Pelletier, P. Blanchard, T. Martella, A. Ravenet, Mechanical tests on an irradiated PHENIX subassembly, International Conference on Fast Reactor core and fuel structural behaviour BNES. Inverness, June 4-6 1990.

[33] C. Prunier, P. Bardelle, J.P. Pagès, K. Richter, R.W. Stratton, G. Lederberger, European collaboration on mixed nitride fuel, International Conference on fast reactors and related fuel cycles. Kyoto, Oct. 28-Nov. 9 1991.

[34] J.L. Faugère, M. Pelletier, J. Rousseau, Y. Guérin, K. Richter, G. Lederberger, The CEA helium bonded nitride fuel design, ANP'92. International Conference on design and safety of advanced nuclear power plants. Tokyo, 1992.

[35] C. Prunier, A. Chalony, M. Boidron, M. Coquerelle, J.F. Gueugnon, L. Koch, K. Richter, Transmutation of minor actinides - Behaviour of américium and neptunium based fuels under irradiation, International Conference on fast reactors and related fuel cycles. Kyoto, Oct. 28-Nov. 9 1991.

第VII部

吸収体要素

主要著者：
B. KRYGER
共著者：
J.-M. ESCLEINE

第33章

はじめに

　異なる反応度制御システムが，中性子吸収核種 (neutron-absorbing nuclides) を含む物質と伴に運転されている（中性子増倍体 (neutron-multiplying) である燃料と対照的に）．

　通常，固体であるこれら核種の物理化学形態に関する**吸収材料**(absorber material) およびその吸収材料を含む要素部材を**吸収体要素**(absorber elements) と表現する，時々**吸収棒**または**吸収ピン**として引用される，それらは反応度制御装置 (reactivity control devices) のグループとして分類されている．

　この第 VII 部の目的は，PWRs の可燃性毒物集合体と**可燃性毒物棒**と同様に，制御棒（または制御クラスタ）として使用される吸収体要素の照射下でのふるまいの記述と全般的考察を与えることにある．

　フランス国内で生産されている原子力パワーの全ては，2 つの主要吸収材料によって制御されている加圧水型原子炉による：炭化ホウ素（B_4C）および銀・インジウム・カドミウム（Ag-In-Cd）合金，通常"AIC"として引用されている．この第 VII 部は基本的にこれらの開発について述べる．

第 34 章

加圧水型炉制御装置 [1,2]

この種の原子炉において，反応度の値 (reactivity value) は以下に示す装置にて調節することが出来る：制御棒クラスタ，水に溶けているホウ酸 (boric acid) および可燃性毒物棒 (burnable poison rod) クラスタ．

この制御クラスタ（出力制御棒集合体と安全棒集合体）は原子炉の起動および停止に供せられる，さらに温度によって引き起こされる負荷変化と反応度変化に追従する．重力によるそれらの落下は，緊急炉停止のトリガーとなる．ホウ酸濃度は，燃料の継続的消費および発電所での負荷変化の結果生じるキセノン毒物変化に因る反応度変化を調節する．可燃性毒物棒集合体について，新燃料の存在に因る余剰反応度をバランスさせるために第 1 番目の炉サイクル初期において可燃性毒物棒集合体が挿入される．

34.1 制御棒クラスタ

各制御棒クラスタは 24 本の制御棒の束で構成され，"スパイダー：spider"と呼ばれる多枝分かれ状腕によって上端は保持されている（第 I 部の図 3.1）．それらは全長に渡る吸収材料を含み，化学制御と一緒になって，定格運転とゼロから全負荷までの範囲の出力変更中の反応度調整を行う．さらにそれらは定格運転と出力過渡中の反応度負荷変化の平衡を確保する，また核反応を停止させるためにいつでも炉心に挿入されるかもしれない反・反応度マージン (anti-reactivity margin) を与える（安全棒集合体）．900 MWe 炉で 53 体，1300 MWe 炉で 65 体のクラスタがある．

1300 MWe 原子炉では吸収材料として炭化ホウ素 (boron carbide) と AIC 3 元系合金が使用されている．900 MWe 原子炉では AIC のみが用いられている．これら材料はペレット柱（B_4C）および/または棒（AIC）の形状で，気密性ステンレス鋼製被覆管にて覆われ，吸収棒として構成されている．その棒の全長はつり上げ高さと同じであり，案内管内に留まる．

様々なクラスタは以下に示す機能を遂行する：安全機能（"S"棒, 起動・停止用:start-

表 34.1　900 MW と 1300 MW の PWRs 制御棒の機能と配置

機能	特性	900 MW	1300 MW
安全 起動/停止	S 棒の数 吸収材料 クラスタ当り棒数	17 AIC 24	28 AIC/B$_4$C 24
出力制御 高速度 大振幅 負荷追従	G 棒の数 吸収材 クラスタ当り棒数 B 棒の数 吸収材料 クラスタ当り棒数	12 AIC 8 16 AIC 24	12 AIC/B$_4$C 8 16 AIC/B$_4$C 24
温度調節	R 棒の数 吸収材料	8 AIC	9 AIC/B$_4$C

up-shutdown），出力制御（大きく変化できる振幅と速度を伴う"G"灰色:grey 棒と"B"黒色:black 棒）および温度調節:regulation（"R"棒）．中性子束の露出水準に応じ，それらクラスタの"grey"（強照射）または"black"（低照射）の一方が関係してくる．表 34.1 に 900 MWe と 1300 MWe 原子炉の制御棒クラスタ配置とそれらの異なる機能を示す．図 34.1 に 1300 MWe 原子炉心内の制御棒集合体および安全棒集合体の詳細な配置を示す．原子炉容器頭部に溶接された誘導管（アダプター）上に配置された，磁気・ジャッキ型機構 (magnetic-jack type mechanisms)（制御棒駆動機構：CRDMs）がその棒集合体の位置を維持し，段階的な挿入または引抜を引き受ける．外部供給電源喪失の場合，CRDMs は非活性化し，それ全てのクラスタは炉心中へ落下する．

　中性子吸収棒は，高さ約 4.3 m，外径 9.7 mm，肉厚 1 mm の 304 ステンレス鋼製円筒形状管で造られている．それらの中には，高さ 4 m の吸収材カラムがその上部に配置されたバネによって押えられ挿入されている．吸収材と被覆管の間の径方向ギャップは数/10 mm 有る．その棒の両端は，同一鋼種の端栓溶接により気密性を保つ：下部の砲弾形状 (bullet-shaped tip) 端栓は案内管への挿入が容易になるようにと設計されている．照射中のいかなる吸収カラムの移動（材料の膨張とスエリング）および炭化ホウ素によって発せられたヘリウム放出（ボロン-10 の核反応，この章で述べられる）によっても被覆管の許容圧力水準を維持するため，吸収材カラム上部に大気圧の空気を含有する自由体積（バネで占有されている空間）が設けられている．

　1300 MWe 原子炉の制御棒集合体として使用されている中性子吸収棒の 2 つの異なるタイプを図 34.2 に示す：

　—"grey"集合体からの棒は，AIC で造られた吸収材を有する，

　—"black"集合体からのハイブリッド棒は，下部側が AIC，上部側が B$_4$C で造られた吸

34.1 制御棒クラスタ

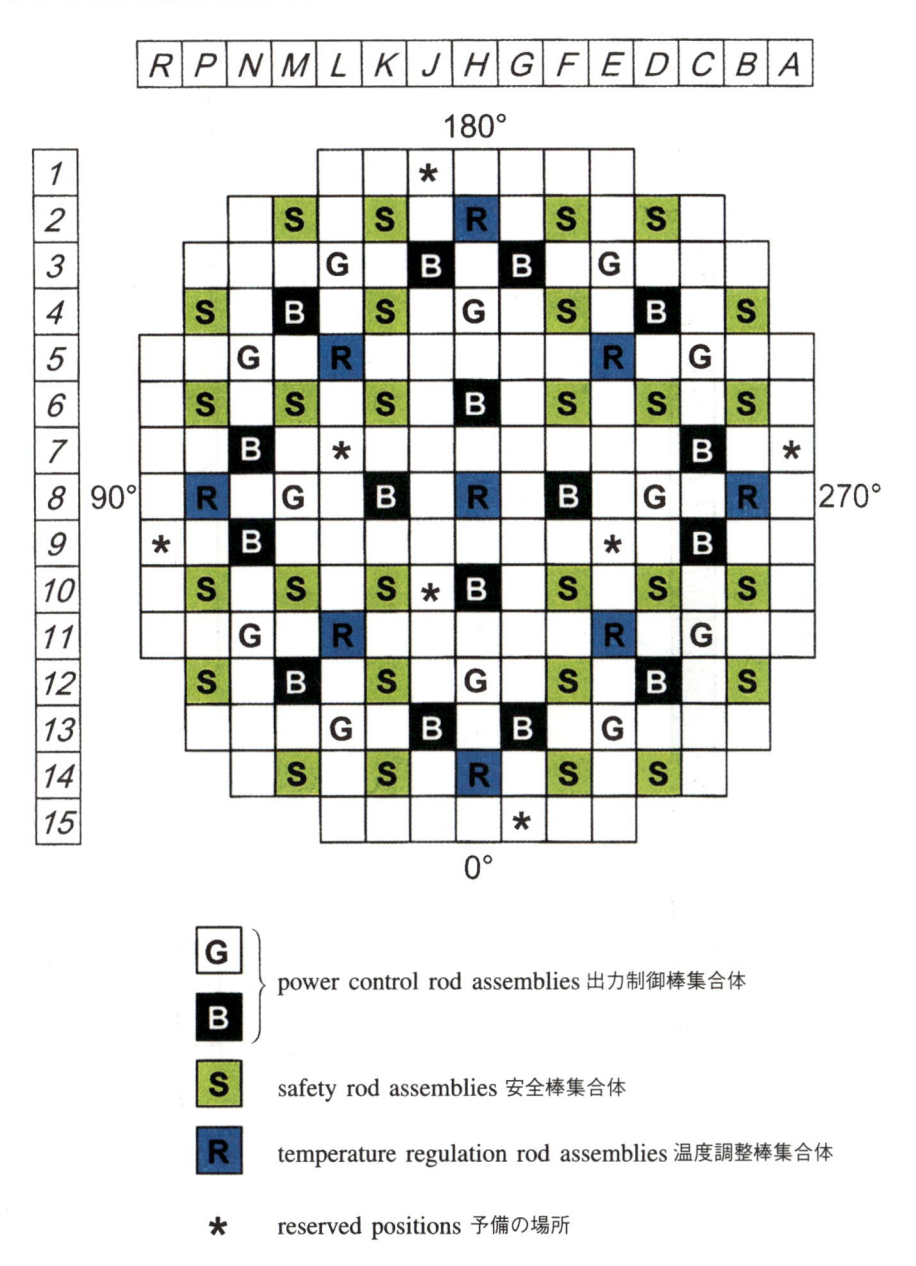

| G | power control rod assemblies 出力制御棒集合体 |
| B | |

S	safety rod assemblies 安全棒集合体
R	temperature regulation rod assemblies 温度調整棒集合体
*	reserved positions 予備の場所

図 34.1 PWR 1300 の制御棒集合体および安全棒集合体の配置(EDF 提供)

収カラムを有する.

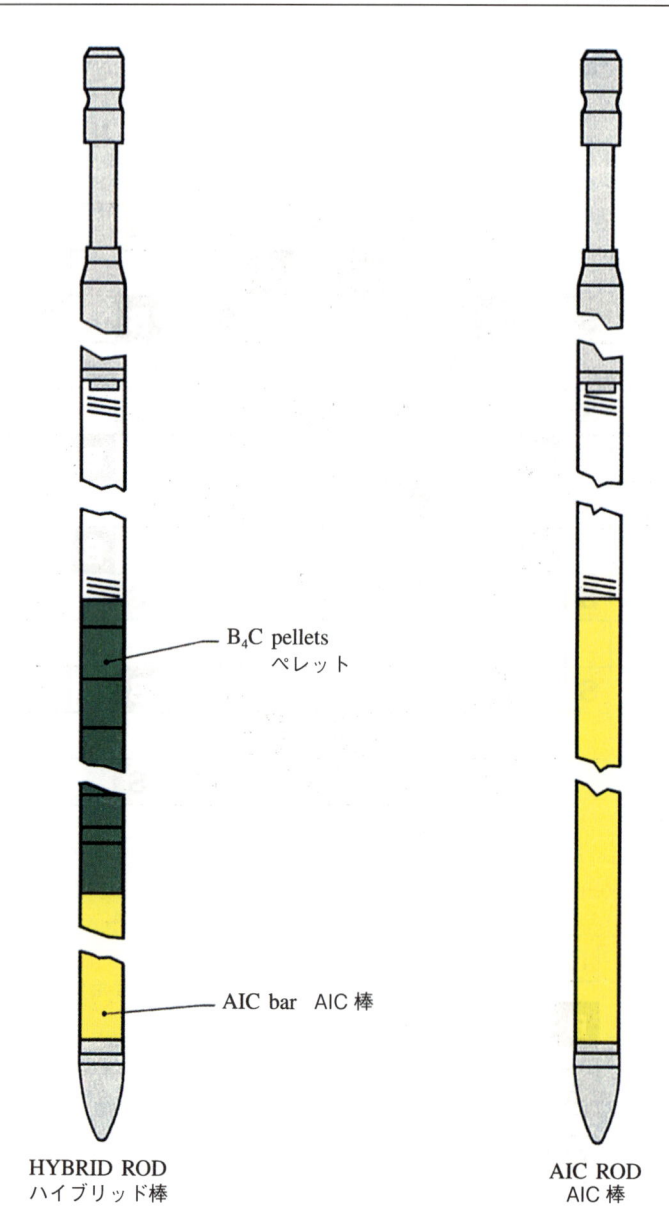

図 34.2　PWR 1300 制御クラスタ内の吸収棒（EDF 提供）

34.2　化学的制御

化学的制御 (chemical control) は，1 次冷却系水中にホウ酸溶液で造った毒物を均一に分布させることで確保される．化学的および体積制御システムを通じて，添加および希釈

操作が行われる．実際これらの操作が緩慢であるとの観点から，出力および温度変化に依る影響の制御は，最初，制御クラスタによって行われ，ホウ酸による調節が徐々に行われ，それらクラスタは初期の配置に戻る．

ホウ酸毒物は均質性という長所を有し中性子束をゆがめない，炉心内の燃料温度分布形状や温度分布形状に影響を与えない．一方，1次冷却系のホウ酸がある濃度を超過することは出来ない，なぜならこの場合減速材の温度係数が正値になるからである：このような状況では，出力増加に依る水の温度上昇が反応度上昇を引き起こし，さらに大きな出力上昇を引き起こすことになる．そのような状況に至ることは公的に禁止されている．そのホウ素濃度限度は 1200 ppm のオーダーである．

極めて柔軟性が有るという付加的長所を持つこの制御モードは，しかしながら多量の廃棄物を生みだす．出力減少は常に制御クラスタの挿入を伴う．削減出力の平坦化の計画期間に従い，さらに均一な燃料消費を確保するためにホウ素化キャンペーン開始によって (by launching a boration campaign)，その集合体はその後炉心から引き上げられるかもしれない．

34.3　毒物（ポイズン）

長期間キャンペーンでの反応度最適化のため（これは EDF 炉心に当てはまる）または燃料消費のさらなる均一化を図ることを目的として，第 1 炉心サイクルの初期に挿入される可燃性毒物棒 (burnable poison rod) 集合体または燃料集合体中に挿入された消耗性毒物 (consumable poison) の関係を説明する．

新しい原子炉の場合

第 1 サイクル中，非制御クラスタである可燃性毒物棒クラスタが集合体内に挿入されている．第 1 サイクルは，全てが新燃料であることに依り他のサイクルに比べてより高い余剰反応度を示す．万一，可溶性ホウ素が制御の唯一の手段であるならば，減速材の温度係数は正値となる．これはある種の過渡中に有害な影響を引き起こすことになる．これら毒物棒クラスタの目的は，サイクル全てを通じて減速材の負の温度係数を確保することである．

この毒物棒には Pyrex ガラス形状のホウ素 (boron) が含まれている．使用された Pyrex は 12.5 % B_2O_3 のホウ酸塩で処理されている．外径 8.5 mm，肉厚 0.5 mm を有する管形状である；その外側被覆管は 304 ステンレス鋼管から成り，同一鋼種で造られたスペーサ管によって内部が支持されている．この棒は炉心の全アクティブ部分を貫通している．

ホウ素-10 による中性子吸収が，発熱と同様にヘリウムを生成させる．放出されたヘリウムは，棒内に閉じ込められて留まりかつスペーサ管内で膨張出来る．制御クラスタ用中性子吸収棒と異なり，耐照射性が決定パラメータとはならない，これらクラスタが第 1 サ

イクル末期に引き抜かれるからである．

サイクル期間延長化

全ての 1300 MWe 原子炉に対する 12 ヶ月から 18 ヶ月へのサイクル期間延長——近い将来，この決定を EDF が行うことが検討されている——は，ガドリニウム (gadolinium) 毒物集合体の使用を要求するであろう．炉心集合体のある比率（約 1/3）で，幾本かの棒はガドリン化天然ウラン酸化物（8 % Gd_2O_3 を有する UO_2）で造られる．最初の媒体のホウ素濃度増加よりもむしろ，ガドリニウムの選択は，最大許容濃度を超えたホウ素増加が減速材の温度係数劣化だけでなく水中のリチウム含有量増加への補正（pH 値維持への要求）を要求する事実に起因している．このリチウム増加はジルカロイ被覆管の加速腐蝕のリスクを増大させる．

CEA で行われた研究では，ガドリニウム含有燃料のふるまいに影響する物理的性質は純粋な UO_2 のものと比べて有意な差異は存在しないことを示した [3]．しかしながら炉外および炉内の両者の測定において熱伝導率値は純粋な UO_2 の値に比べて劣化している，さらにその Gd_2O_3 含有率増加によって一層劣化する [4]．

毒物としてガドリニウムは極めて好都合な固有の性質を提供している：

— 2 つの非常に吸収能のある天然同位体（質量 156 と 158），それらは照射下で同じ元素の殆ど吸収能の無い同位体（質量 157 と 159）に変換する，その状況は残余不利益の減少を引き起すだけである，

— PWR スペクトルでの捕獲確率——これは消耗速度である——を 1 年と 2 年の間で変化するサイクル期間に適応させることが出来る，

—使用において大きな柔軟性を有する．出力分布の過大な変形を伴わずに，幾つかの集合体内に少数の毒物棒を分散させて挿入することにより望む効率を得ることが出来る．

—標準燃料と比べて制限された攪乱——熱的または物理化学的オーダーで——の導入だけでガドリニウム酸化物がウラン酸化物と固溶体を形成できる能力．この毒物棒は照射および再処理の全ての段階を標準管理で行うことを許容する．

第 35 章

高速中性子炉制御装置．SUPERPHENIX の場合

　これらの原子炉のどんなタイプであれ，タンク・タイプ (integrated type) またはループ・タイプ (loop type)，反応度制御装置の設計は殆んど変えられない．それらは炉心上部に配置された機構によって垂直に駆動する吸収ピン集合体で造られている，調節の異なる機能の結果，短期補償および長期補償，計画停止および緊急停止が行われる．

　工業規模で最初に建設された SUPERPHENIX は 2 つの制御棒集合体システムを有している：

　―主制御 (main control) 集合体，これは安全 (safety)，調節 (regulation) および補償 (compensation) 機能を保証する，

　―完全停止 (complementary shutdown) 集合体，これは緊急停止制御動作を二重化している．炉心形状に影響を与える過酷事故の場合に原子炉停止が可能なようにこれら集合体は設計されている（地震）．

35.1　制御棒集合体設計

　これら集合体設計の主要な考え (leading concept) は，最小数集合体の炉心を有することが到達点である中性子効率の最大化達成である，その結果炉心寸法が制限される．

　同位体-10 原子を 19.8 % 含む天然ヨウ素を濃縮して 99 % ^{10}B としている．吸収材として炭化ホウ素 B_4C の形態で用いられている．第 36 章に示されているのと同様，^{10}B は実際，高速中性子束下で最良吸収性能を有する核種の 1 つである．

　主制御集合体は以下に示すものから成る：

　―可動ユニット (moving unit)，吸収ピンの束である制御棒は B_4C ペレットを積み上げた形状の吸収材を含むステンレス鋼管で造られている．制御機構と永久に結合されている

グリッパ頭部と連結している棒によって，その制御棒は継ぎ足されている．
　—固定ユニット (fixed unit)，集合体スリーブ，頂部から底部にかけて以下のように構成されている：
　●グリッパ頭部 (gripper head)，ハンドリング制御棒頭部を支持する役割である，
　●パッド支点 (bearing pads) を有するスリーブ鞘 (sleeve casing)，制御集合体を挿入する際にその棒鞘の案内を意図して，
　●土台 (base)，それは流量調節治具により集合体冷却を意図したナトリウムの供給を行う．
　SUPERPHENIX 吸収ピン（ピン 31 本）および主制御集合体の図面を図 35.1 に示す．
　完全停止集合体 (complementary shutdown subassembly) もまた可動ユニットと固定ユニットを有している．
　—可動ユニットには以下のものが含まれる：
　●リングによって配置され，吸収ピンで構成された 3 個の吸収クラスタ，
　●ナトリウム排出のダッシュポット (dashpot) 装置，これは可動ユニットが作動する時に減速させることを意図している，
　●磁性グリッパ頭部．
　これら全ての集合体はそのスリーブが重篤な事故変形を被る場合においても（地震），その集合体挿入を許容させるために球状・コーン組合 (sphere-cone coupling) の手段によってお互いを連結している．
　—固定ユニット，スリーブ，は他の炉心集合体と同じ幾何学形状をしており，頂部から底部まで以下のものが含まれる：
　●グリッパ頭部 (gripper head)，その底部に，可動ユニット用落下停止として設置したリング，
　●隣接する制御集合体の調節を意図した，パッド (pads) 付き六角形の棒鞘 (casing)，
　●足 (foot)，格縁 (diagrid) 上で集合体を支え，かつ流量調節治具によりナトリウムの供給を行う．
　SUPERPHENIX にはこの種の集合体が 3 体設置されている，それら各々の棒には 4 本から 8 本のピンが含まれる．

35.2　吸収体要素設計

　FR 炉心寸法縮小のために制御棒集合体数を最小化する要求は，可能な限り最も有効な中性子吸収体の選択を導く．ホウ素が選択され PHENIX（48 % に濃縮した B-10 原子）および SUPERPHENIX（90 % に濃縮した B-10 原子）では炭化ホウ素ペレットが用いられている．
　B_4C が提供する取り分け大きな中性子捕獲速度が，高熱出力（燃料出力と比較できる）

35.2 吸収体要素設計

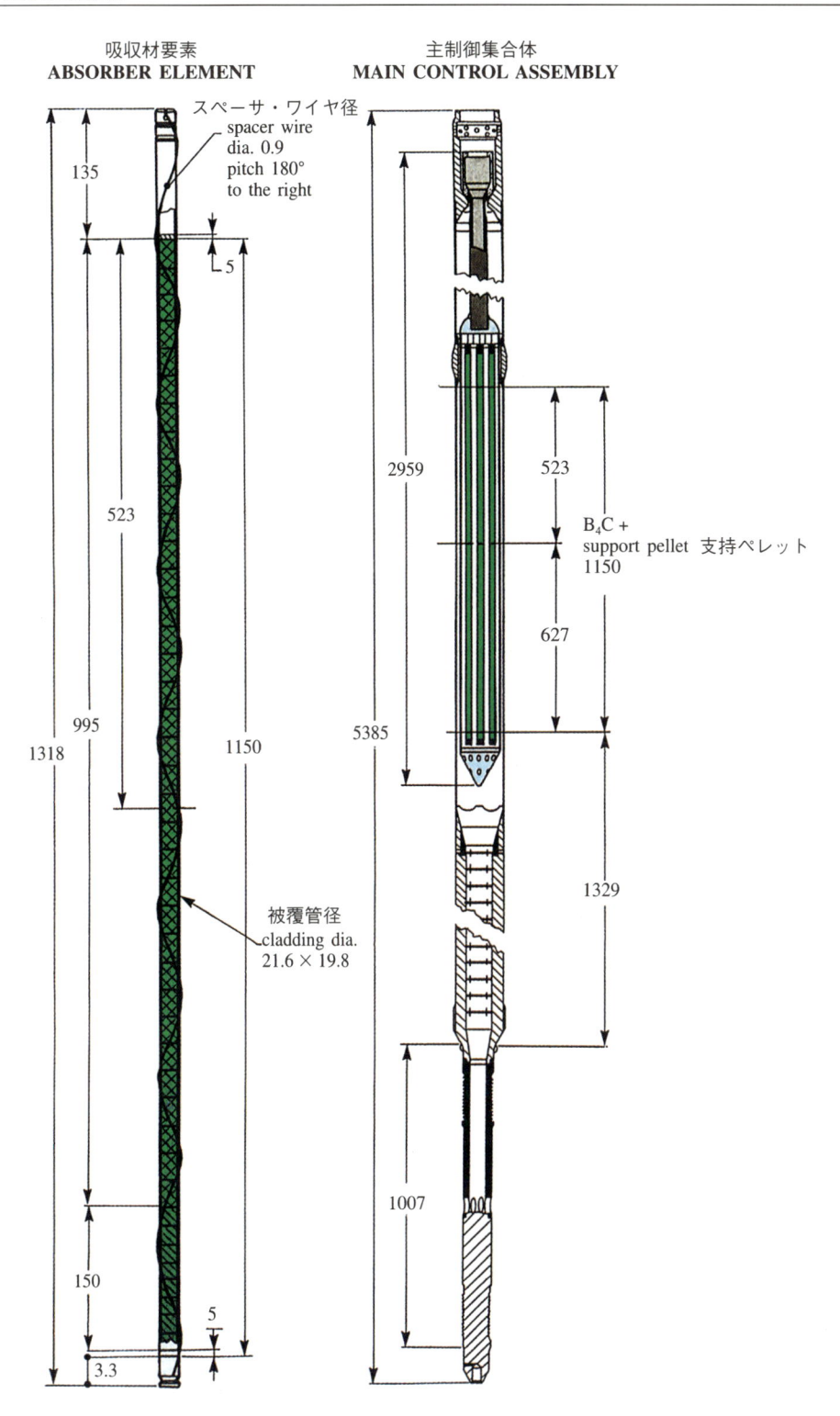

図 35.1 SUPERPHENIX の主制御集合体と吸収ピン

を引き起し，付随する高ヘリウム生成が加わる．

　その吸収体要素はステンレス鋼製被覆管に内蔵された B_4C ペレット・カラム（円柱）で造られている．その吸収カラム，その残りは反射ペレット，はその上部に設置された螺旋状バネで保持される．その両端を，多孔質鋼ブロックを当て嵌めた端栓によってそのピンは溶封される；ベント (vent) として引用されている，この治具（多孔質鋼ブロック）は以下に示すこれら基本機能を遂行している：

　―ピン外側へのヘリウム放出，それにより含有ガス圧力からのピン内部の体積膨張形成を避ける，

　― B_4C 閉じ込め，それが破砕した場合，そのベントの気孔 (porosity)（数/10 ミクロン）を通過して逃れることが出来ないように機能する．

第 36 章

吸収材料の選択基準 [5]

まず最初に，主な吸収材料選択の基準は：

—有意な大きさの吸収断面積 (sufficient absorption cross section)：熱中性子に対して原子当たり平均で最小 100 バーン (barns) を有すること．高速中性子に対しては 1 バーン (1 barn = 10^{-24} cm^2)．[*1] 可能性の有る化学元素の中性子性能のリストである表 36.1 にその吸収断面積を示す．実際，中性子運動エネルギーの関数として変化する断面積の様相は制御安定性において重要な役割を演じている；^{10}B 核種においては熱中性子から高速中性子までの全てのスペクトルに渡って規則的である，しかし考慮される他の核種の多くは中性子運動エネルギーの値に対し数多くの共鳴 (numerous resonances) を有している．この明白な事実がホウ素およびとりわけ炭化ホウ素を含む材料を好む，それが熱中性子に対しさらに大きな断面積を有するものの，それでも好ましくないエネルギー・スペクトルを有している．

—総コスト (total cost)：基礎材料コストおよび製造コスト，それら両者共に寿命期間と直接的関連をしている（コストを決定する因子）．

さらに考慮しなければならない因子には，以下のものが含まれる：

—核変換生成物の性質 (the nature of the transmutation products)：それらもまた吸収材であるとしたならば（それがハフニウム，ユーロピウムである場合）制御棒の寿命は延長される；もしもガスが生成されるならば（それがホウ素の場合）それらの寿命は短縮される．

—燃料サイクルに合致した消耗速度（消耗させえる毒物），

—吸収材の化学的両立性，基本的に被覆材および冷却材（被覆管破損の場合）との間での，

[*1] 訳註：　　巨視的断面積の単位が [cm^{-1}] になるのはつぎのように考えればよい；[cm^2/cm^3] = [cm^{-1}]．通常，原子核反応の断面積（微視的）は原子核の幾何学的大きさと同じ程度の断面積をもつ．原子核の幾何学的大きさはだいたい $(10^{-12})^2 = 10^{-24}$ cm^2 程度である．それで反応断面積として 10^{-24} cm^2 を単位として使用し，それを 1 バーンという．アボガドロ数（$\sim 6 \times 10^{23}$）はほぼ 10^{24} であるから，1 バーンの原子核を 1 mol 集めると，その断面積の総和は約 1 cm^2 になる．

―機械的，熱的および物理的性質，中性子照射下でのそれらふるまいを含む．

炭化ホウ素 B_4C および 3 成分系合金 Ag-In-Cd（AIC として引用される）はこれら基準を満足し，ほとんど全ての原子力動力炉（PWR および FR）で最も適する材料として明らかとなっている．

表 36.1 吸収材として見なされる元素の核的性質 [5]

元素	質量	同位体の存在比	吸収断面積（熱中性子）微視的 (barns)	巨視的 (cm^{-1})	積分共鳴吸収	中性子吸収生成核種	新核種の吸収断面積 (barns)
B	10.82 10.00	... 0.198	755 ± 2 3813	104.0	280	^{7}Li	0.033 ± 0.002
Co	59.00	1.00	37.0 ± 1.5	3.37	48	^{60}Co	6 ± 2
Ag	107.88 107.00 109.00	 0.5135 0.4865	63 ± 1 31 ± 2 87 ± 7	3.63	700 80.6 1870	^{108}Ag ^{108}Cd ^{110}Ag ^{110}Cd	 0.2
Cd	112.41 113.00	 0.1226	2450 ± 50 20000 ± 300	118.00 ...	 ...	^{114}Cd	1.2
In	114.82 113.00 115.00	 0.0423 0.9577	196 ± 5 58 ± 13 207 ± 21	7.30	2700 891 2294	^{114}In ^{114}Sn ^{116}In ^{116}Sn	 0.006
Sm	150.35 147.00 149.00 152.00	 0.1507 0.1384 0.2363	5600 ± 200 87 ± 60 40800 ± 900 224 ± 7	166.00	1790 <1350 ... 2850	^{148}Sm ^{150}Sm ^{153}Sm ^{153}Eu	 420 ± 100
Eu	152.00 151.00 153.00 154.00	 0.4777 0.5223 	4300 ± 100 7700 ± 80 450 ± 20 1500 ± 100	92.50	 <3000 ... 1280	^{152}Eu ^{154}Eu ^{155}Eu ^{156}Gd	5500 ± 1500 1500 ± 400 14000 ± 4000
Gd	157.26 155.00 157.00	 0.1473 0.1568	46000 ± 2000 61000 ± 5000 240000 ± 12000	1390.00	67	^{156}Gd ^{158}Gd	 4 ± 2
Dy	162.51 164.00	 0.2818	950 ± 50 2600 ± 300	35.00 ...	... ...	^{165}Gd ^{165}Ho	5000 ± 2000 64 ± 3
Hf	178.58 174.00 176.00 177.00 178.00 179.00 180.00	 0.0018 0.0515 0.1839 0.2708 0.1378 0.3544	105 ± 200 87 ± 5 1500 ± 1000 15 ± 15 75 ± 10 65 ± 15 14 ± 5	4.81	1860 ... ... 15.7	^{175}Hf ^{177}Hf ^{178}Hf ^{179}Hf ^{180}Hf ^{181}Hf ^{181}Ta	 380 ± 30 75 ± 10 65 ± 15 14 ± 5 21.3 ± 1

第 37 章

炭化ホウ素

炭化ホウ素 (boron carbide) は，その高いホウ素含有率，化学安定性 (chemical stability) および耐火性 (refractory character) に因り，頻繁に使用されている中性子吸収材である．

37.1 中性子特性

炭化ホウ素の中性子吸収は以下の主要捕獲反応であるヨウ素-10 の存在に頼る：

$$^{10}_{5}B + ^{1}_{0}n \rightarrow ^{4}_{2}He + ^{7}_{3}Li + 2.6 \text{ MeV}$$

この反応断面積——それは熱中性子の 3850 バーンから高速中性子の数バーンまで変化する（$1/\sqrt{E}$ タイプの法則，ここで E は中性子のエネルギー）——は原子炉制御用として天然同位体組成（19.8 ％ の ^{10}B）の炭化ホウ素の使用を許す．

高速中性子との 2 次反応が存在する（$E > 1.2$ MeV）：

$$^{10}_{5}B + ^{1}_{0}n \rightarrow 2\,^{4}_{2}He + ^{3}_{1}H$$

しかしながらこの反応は前述の反応に比べて約 1/1000 倍低い確率を有するために制御装置の適切な運転において無視しうる，それにもかかわらず原子炉廃棄物の観点からは非常に重要である，その第 3 番目の核分裂で炉心で生成するトリチウム (tritium) の主要源の 1 つを構成しているからである．

37.2 定義と構造

大多数の著者たちによって最近認められている平衡状態図は Eliot によるもので [6]，それを図 37.1 に示す；炭化ホウ素内に β で表示する炭素原子 8.8 ％ から 20 ％ の組成範囲の単相が存在することを示す．炭化ホウ素の工業的労作 (industrial elaboration) は常に炭素原子 20 ％ の相限界に迫まる製品を供給している，したがって B_4C の公式により近いものとなっている；その製品には 1 ％ に上る"自由：free"炭素質量（このことは 2 相となっている）を含有出来るのであるが．$B_{10}C$ のようにさらにホウ素が豊富な組成は，中性子

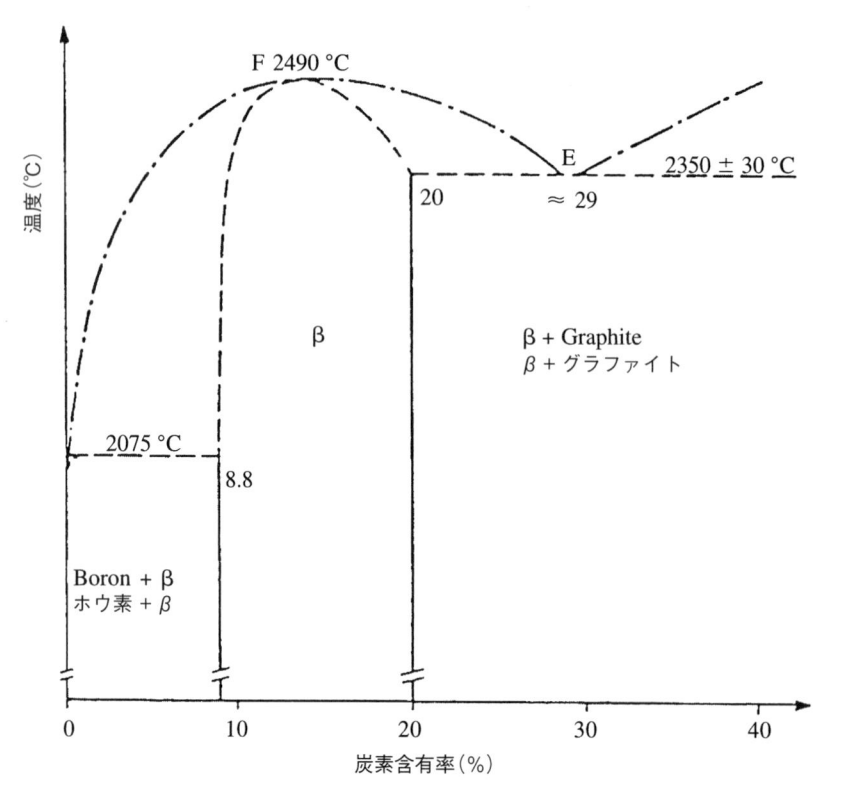

図 37.1 ホウ素－炭素系相図 [6]

効率の有利さのみならず（B_4C を $B_{10}C$ に換えるとホウ素原子濃度で 13 % の利得となる），FRs の被覆管炭化を顕著に減ずることに寄与する．導入研究において $B_{10}C$ に対応して $B_{10}C$ 内の炭素の化学活性が大きく消滅し，一方ホウ素の活性は僅か上昇するのみであることを示した [7]．これら研究は現時点で研究室レベルでの成果である．

菱面体晶型 (rhombohedral type) である，炭化ホウ素の単位格子 (unit cell) は六方晶系 (hexagonal system) としばしば記述されている．B_4C 組成の格子定数は各々：

$a = 5.162$ Å　および　$\alpha = 66°68'$；菱面体晶系において，

$a = 5.599$ Å　および　$c = 12.075$ Å；六方晶系において．

ホウ素原子は単位格子の頂点群の中央に位置する B_{12} 正 20 面体群で，その主要対角線は理論的構造の C-B-C の 3 原子連鎖によって占められている，それが"理想：ideal"固溶体 $B_{13}C_2$ を導く：この化学式が最も安定な熔融点 (congruent melting) での β 相の組成に対応している（図 37.2）．[*1]

[*1] 訳註：　炭化ホウ素 (boron carbide)：空間群 $R\bar{3}m$ に属し，正 20 面体の 12 の頂点に B 原子が位置したかご型の B_{12} があり，これと線状の C_3 群とが食塩型構造をとったものである．

図 37.2 は菱面体晶型を上部から見たもので，その対角線上の 3 個の白球と黒球が炭素原子（C-C-C）で

37.2 定義と構造

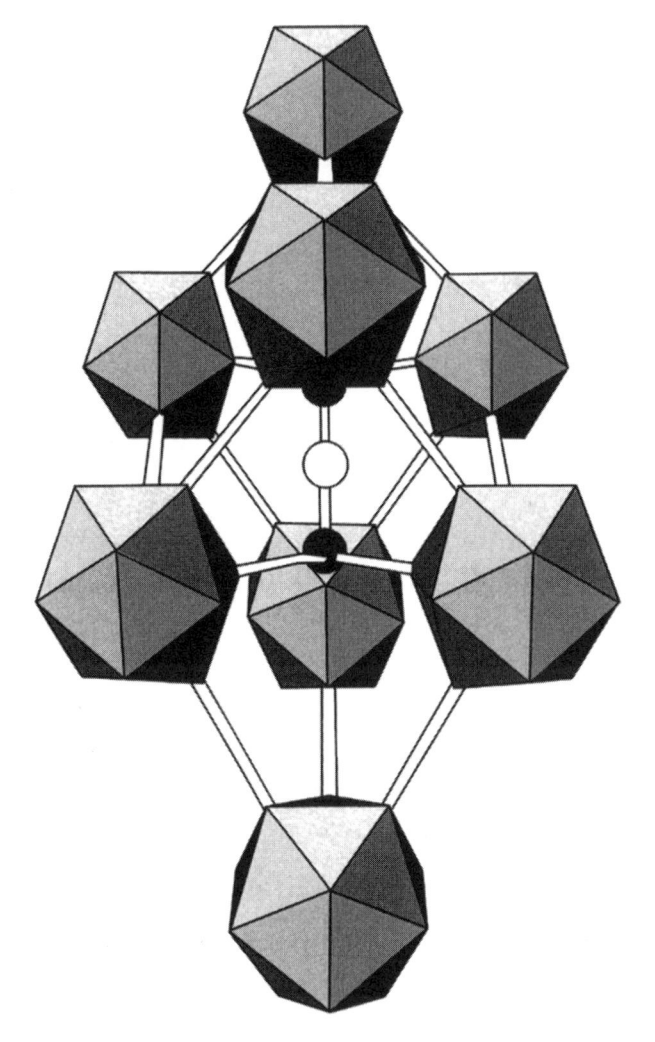

図 37.2 炭化ホウ素の菱面体晶系結晶構造透視図

単相内でこの理論的組成からいかにして他の組成に移行するかが今も論争の主題である：仮説を進めるなら，中央の炭素原子がホウ素原子による部分的置換により B_{12} (C-C-C) 組成を導くか，もしそうでなかったらその B_4C を明瞭に示すと．しかしながら最近の研究では実際の β 相は単純では無いことが示された：正 20 面体 (icosahedrons) 上の置換を考慮しなければならず，さらに主対角線内のある種の"無秩序：disorder"の存在を考慮しなければならないことが立証されている．

ある．菱面体単位格子の核頂点にホウ素の正 20 面体を形成している．しかし，対角線上の炭素連鎖の中央部は特にホウ素によって置換されやすく（$B_{13}C_2$ の組成となる），また 20 面体のホウ素が逆に炭素によって一部置換することも起こり得るなどのことが見出されている．

37.3 製造

B₄C 吸収体要素は粉末から焼結した円柱状ペレット・スタックで造られている．これらスタックはステンレス鋼製被覆管に挿入される（PWRs では 304 鋼，FRs では 316 鋼または 15-15 Ti 鋼）．

—粉末の準備：粉末を得るための 2 つの主要工程は：
- マグネシウム還元法，炭素存在下でマグネシウムによってホウ素酸化物 B_2O_3 を還元：

$$2B_2O_3 + 6Mg + C \rightarrow B_4C + 6MgO$$

この反応は，顕著な発熱 (very exothermic) を示し，焼結性の良い微細な粉末を直接造る（粒子径は 1 μm のオーダー）．マグネシア（酸化マグネシウム）は塩酸 (hydrochloric acid) バスで除去される．

- 炭素還元法，以下の反応による炭素によるホウ素酸化物の還元：

$$2B_2O_3 + 7C \rightarrow B_4C + 6CO$$

この反応は，吸熱 (endothermic) を示し，より上位品質の製品を生産するものの凝集形成物となるために焼結性の良い粉末を得るために粉砕しなければならない．

—コンディショニング：これは原子炉の種類により異なる：
- PWR 吸収材：ペレット直径は 7.7 mm，相対密度 70 % でホウ素同位体組成に関しては天然ホウ素である，言い換えると ^{10}B が 19.8 % である．ペレットは 2000 °C 近傍での焼結工程により製造されている．
- FR 吸収材：SUPERPHENIX の主制御集合体の最大ペレット径は 17.4 mm であり，完全停止集合体で最大ペレット径は 47.6 mm である．ホウ素の同位体組成に関して，初装荷の主制御集合体の吸収要素は 90 % ^{10}B の濃縮 B₄C から成る，一方それ以降の装荷では混合濃縮度を有するペレット・カラムで造られている（下部での 48 at.% ^{10}B と上部での 90 %）．高密度の捕獲原子を得る必要性もペレット高密度（理論密度の 96 %）を割り当てる；これらはグラファイト母相内 1900 °C でホット・プレス（熱間圧延：hot-pressing）を用いて製作されている．

37.4 物理的性質

密度(density)：B₄C 組成の炭化ホウ素の理論密度は以下の式で表現される：

$$\rho_{th} (g \cdot cm^{-3}) = 2.5561 - 0.1818 \times e$$

ここで e は，$0 < e < 1$ である ^{10}B 同位体含有率．

実用材料に対して，この表現は以下のようになる：

$$\rho (g \cdot cm^{-3}) = \rho_{th} \times d_{rel}$$

37.4 物理的性質

ここで d_{rel} は相対密度 $= \dfrac{\rho}{\rho_{th}}$.

ヤング率（縦弾性係数）(Young's modulus)：高密度（> 85 %）の微細結晶粒試料では：

$$E\,(\text{GPa}) = 460 \times \frac{1-p}{1+3\times p}$$

ここで $p = 1 - d_{rel}$ は材料の総気孔率 (porosity) である．

さらにヤング率は温度に伴い僅かな変化をする；それは室温と 2000 °C の間で約 6 % の減少を引き起こす．

硬さ(hardness)：Knoop 硬さは 4790 ± 300（100 g 下で）に達する．[*2] 僅かにダイヤモンドと立方晶系窒化ホウ素だけが B_4C に比べてさらに硬い．この B_4C の巨大な研磨力 (abrasive power) は，非常に重要な原子炉機器，例えば 1 次系ポンプへの如何なる材質の破片散逸も避けるために，吸収材の設計において考慮されなければならない性質である（PWRs では密封された鋼製被覆管の棒および FRs では校正されたベントを有する端栓と結合された被覆管を伴うピン）．

最大引張強さ（曲がり）(ultimate tensile strength)：微細結晶粒製品（5-10 μm）に関する単純な記述が以下の通り提案されている：

$$\sigma_r\,(\text{MPa}) = \frac{400}{1+0.15\times p}$$

ここで p（単位 %）は材料の総気孔率 (porosity) である．

結晶粒の寸法は非常に重要であると見える：結晶粒の寸法が増加する時，その最大引張強さの応力は 400 MPa の値から急速に低下する，結晶粒寸法が 100 μm の場合に約 100 MPa に落ちてしまう．ヤング率と同様，最大引張強さは温度に対し緩慢な変化をし，少なくとも 1000 °C に上昇するまで実用上で一定値を維持する．

ポアソン比 (Poisson's ratio)：許容されるポアソン比の値は 0.14 と 0.18 の範囲である．

融点(melting point)：B_4C の融点は 2375 °C（$B_{13}C_2$ 含有熔融組成 (congruent melting composition) では 2490 °C）．B_4C/ステンレス鋼対の共晶 (eutectic) 融点は 1200 °C 近傍である．

熱伝導率 (thermal conductivuty)：気孔率ゼロ，温度 T(K) での B_4C の熱伝導率 $k(0,T)$ が，CEA が確立させた実験式として与えられている：

$$k(0,T) = a + \frac{b}{T} + \frac{c}{T^2} + \frac{d}{T^3} \quad (\text{W·m}^{-1}\text{·K}^{-1})$$

ここで $a = 8.7950,\ b = 0.2434 \times 10^3,\ c = 7.0711 \times 10^6$ および $d = -1.5525 \times 10^9$．

[*2] 訳註：　ヌープ硬度 (Knoop hardness)：工業材料の硬さを表す尺度の 1 つであり，押し込み硬さの 1 種である．モース硬度に比べると，数値の増加と硬さの増加とが，より連続的に対応するため，硬度の定量的指標として用いられる．
例：金；69，石英；820，炭化ケイ素；2480，高圧相窒化ホウ素；4700，ダイヤモンド；8000．

気孔率 p が与えられるなら，熱伝導率は以下の式から推論する：

$$k(p, T) = k(0, T) \times [1 - a(T) \times p]$$

$$a(T) = a_1 + b_1 \times (T - 273) + c_1 \times (T - 273)^2 + d_1 \times (T - 273)^3$$

ここで $a_1 = 1.960$, $b_1 = 2.689 \times 10^{-5}$, $c_1 = -1.939 \times 10^{-7}$ および $d_1 = 5.094 \times 10^{-11}$ で，300 K から 1300 K の温度範囲で適用される．

熱膨張 (thermal expansion)：CEA で実験的に決定された規則，この規則は文献と良く一致している [8]，は以下の形式で表現されている：

$$\Delta L / L_0 = a_2 \times (T - T_0) + b_2 \times (T - T_0)^2 + c_2 \times (T - T_0)^3$$

ここで T はケルビン (K)，$a_2 = 3.8310 \times 10^{-6}$, $b_2 = 1.6484 \times 10^{-9}$ および $c_2 = -1.7256 \times 10^{-13}$ ならびに L_0 は $T_0 = 300$ K での初期長さ．ΔL は温度 T での伸び．300 K から 2300 K の温度範囲で適用される．

比熱容量 (specific heat capacity)：B_4C 化合物用として用いられている King のデータ [9] に合致させた規則，たとえ濃縮されていようとも同一値と推定する．この規則は：

$$C_p = a_3 + b_3 \times \frac{1000}{T} + c_3 \times \left(\frac{1000}{T}\right)^2 + d_3 \times \left(\frac{1000}{T}\right)^3 \quad (\text{J·kg}^{-1}\text{·K}^{-1})$$

ここで T はケルビン (K)，$a_3 = 3.1203 \times 10^3$, $b_3 = -1.5922 \times 10^3$, $c_3 = 0.6641 \times 10^3$ および $d_3 = -0.1203 \times 10^3$．300 K から 1300 K の温度範囲で適用される．

放射率 (emissivity)：1800 °C で測定された放射率は $\varepsilon = 0.91$ である．

37.5　化学的性質

B_4C は大きな化学的不活性を有している．無機性の酸 (mineral acids) によって分解されない．酸素が存在すると，600 °C から以下の反応によって酸化する：

$$B_4C + 4O_2 \rightarrow 2B_2O_3 + CO_2$$

この酸化媒体としては水または空気のいずれでも可能である．

B_2O_3 として形成された酸化物は高い揮発性を有し，その反応を不動態化 (passivated) することは不可能である，このことが中庸温度で酸化性雰囲気中の B_4C 使用を制限する．

第 38 章

AIC 合金

以下の節で纏められているこの材料に関する全ての情報は，アメリカ合衆国で実施された評価計画 (evaluation programme) から得られている [10].

38.1　組成と構造

吸収材料として選択された AIC 合金は以下の質量組成を有する：80 % Ag，15 % In と 5 % Cd の合金である．研究が最終的に PWRs 用としてこの合金選択を導いたとその文献 [10] は記述している．中性子効率，機械的性質と水腐蝕のふるまい間での互譲を基礎としこの選択が行われた．この選択組成は 3 成分系状態図の単相領域に属する．この結晶構造は体心立方晶 (body-centred cubic) である．

38.2　製造

製造工程が文献に記載されている [10]．合金は真空または制御された雰囲気中でグラファイト坩堝で熔解され，押出成形される．

製造手順は以下のように纏めることが出来る：

―熔解およびインゴットに鋳造，

―連続的焼鈍および引抜段階を通じての設計寸法への棒押出 (rod extrusion).

38.3　物理的性質

密度：10.17 g·cm^{-3}.

融点：800 °C ± 17 °C.

PWR 炉心に存在している材料の中で，この特定材料が最低の融点を有することを明確に指摘しておかなければならない．

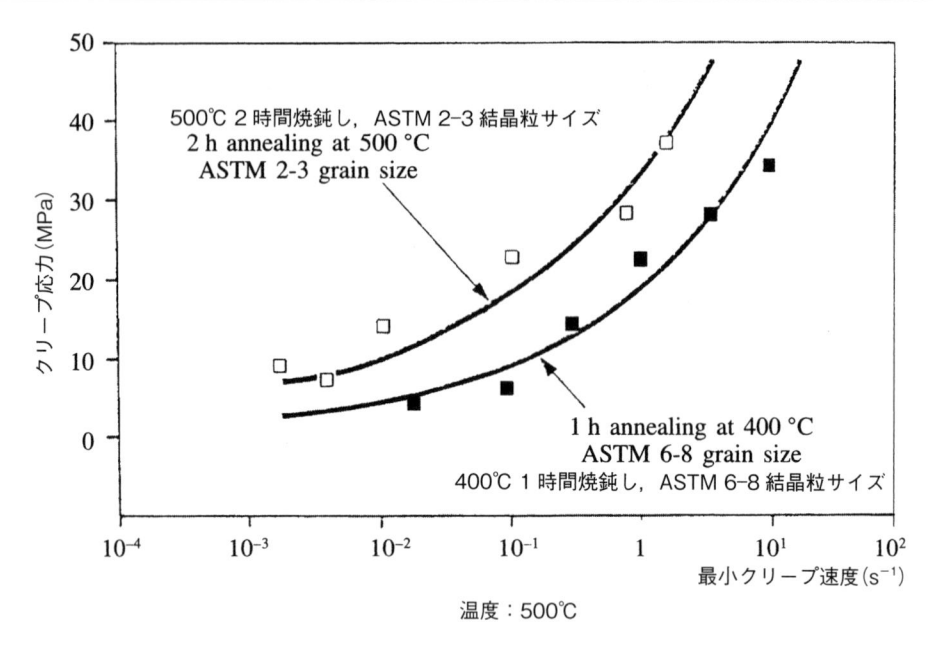

図 38.1 押出および焼鈍 AIC のクリープ応力への結晶粒のサイズ効果 [10]

熱伝導率：これは室温での 55 $Wm^{-1}K^{-1}$ から 600 °C での 90 $Wm^{-1}K^{-1}$ まで変化している．

降伏応力：これは 295 °C から 600 °C の温度範囲で 70 MPa と 100 MPa の範囲にある，一方，微細結晶粒合金（ASTM 4-8）で同一温度範囲内において最大引張強さは 300 MPa から 100 MPa へ低下する．結晶粒成長は，その延性に対して非常に僅かな影響しか与えないものの，その降伏応力低下を導く．

クリープ：これは図 38.1 に示すように結晶粒のサイズに大きく依存する；結晶粒サイズ増加に伴いクリープ速度は上昇する．

38.4 化学的性質

酸素を僅かに含む水中での供用温度で AIC は極めて貧弱な腐食抵抗性を有する．これが現在なぜ，電着 (electrodeposition) によるニッケル板の AIC 棒の使用の試みの後に，この AIC 棒が――円柱上の 304 または 316 ステンレス鋼製被覆管に挿入された――普遍的モデルになったのかを説明している．

第39章

PWR内でのAIC吸収棒のふるまい

本章では，1300 MWe原子炉のハイブリッド棒内に存在するB_4Cが定常運転条件で材料への僅かな損傷を引き起こす非常に低い中性子束に従わせてるだけとの実際的な観点から，AIC棒のふるまいのみを説明する．

39.1 AICの同位体の進展

中性子捕獲によって銀はカドミニウムへ，インジウムはスズへ，カドミニウムは同じ同位体へ以下に示す変換が生じる：

$$^{107}Ag \rightarrow {}^{108}Cd$$
$$^{109}Ag \rightarrow {}^{110}Cd$$
$$^{115}In \rightarrow {}^{116}Sn$$
$$^{113}Cd \rightarrow {}^{114}Cd$$

インジウムのスズへ，銀のカドミニウムへの変換は熱外中性子(epithermal neutron)捕獲（$0.6\,eV < E < 0.8\,MeV$）で生じる，一方カドミニウム-113からカドミニウム-114への変換は主に熱捕獲（$E < 0.6\,eV$）に依る．中性子捕獲は基本的にAIC棒の周縁で生じるため，図39.1で観察できるように，Ag, In, CdとSnの濃度は吸収材の心から周縁にかけて相当変化する．この組成の進展が最終的にスズが豊富な，稠密六方晶系第2相(second compact hexagonal phase)を導く，これが初期構造の等方性(isotropy)を破壊する．

39.2 スエリング

スエリングには2つの源がある：

—照射効果に依るスエリング：これは高速中性子によって引き起こされるもので限定的である，なぜなら原子炉運転温度（320 °C）が――AICの再結晶温度（275 °C）に比べて高温度である――その構造の再結晶化を許す連続焼鈍しを導くからである．

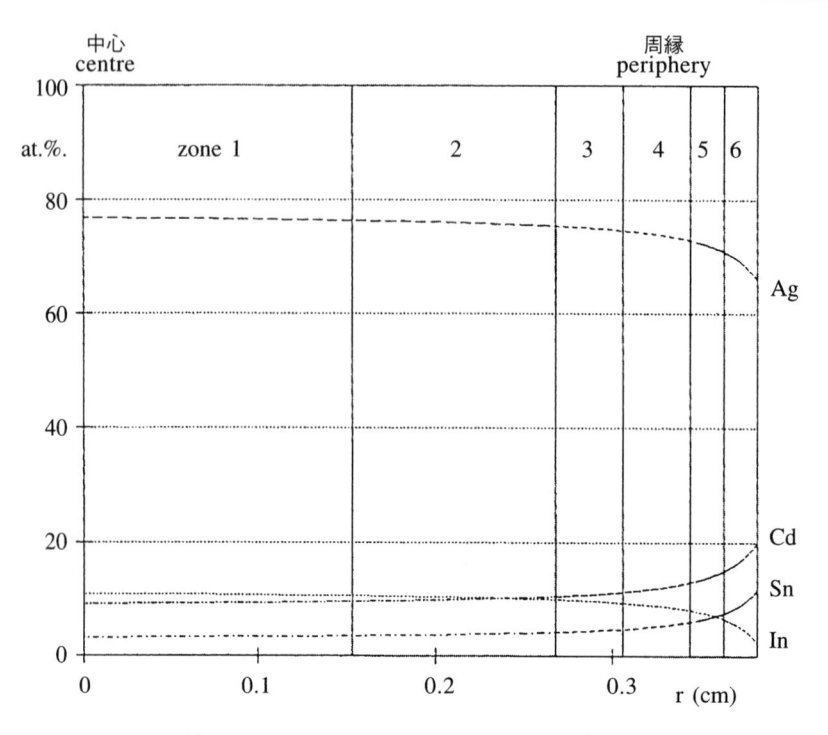

図 39.1 AIC 棒中の銀，カドミウム，インジウム，スズの径方向濃度分布

―稠密六方晶系相形成に依るスエリング：前述したように，スズの存在に依るこのスエリングは熱外中性子から来る多数の捕獲によって条件付けられている．従って考慮中の原子炉の中性子スペクトルの性質に極めて依存する．2％オーダの体積スエリングが 5×10^{21} n·cm^{-2} オーダのフルエンスで記録された [11]．

39.3　機械的ふるまい

機械的性質上の主な照射効果は第 2 相形成に依るものである．表 39.1 に示した結果のように最大引張強さが増加する一方で僅かながら延性が低下している．

さらに，クリープ耐性への照射効果に関する入手可能なデータは無い．

39.4　運転経験

1 次冷却系内に放射性銀の存在が 1988 年に発見されたため，900 MWe から 1300 MWe の原子炉より取出した制御クラスタ全てについて，オンサイトで系統的な検査を EDF は実施した．AIC が水と接触する場合に吸収棒の被覆破損が検出されることをこの検査が認めた．CHINON のホット・ラボで実施された追加専門調査研究はこのような損傷に異

39.4 運転経験

表 39.1 アメリカ合衆国での AIC 適性試験 [11]

照射条件 (1)	試験温度 (K)	降伏応力 (MPa)	最大引張強さ (MPa)	断面積減少比 (％)
未照射		52	266	55
低照射	297	48	276	42
高照射		50	294	50
未照射		51	188	44
低照射	588	57	261	36
高照射		51	211	21

(1) 低照射：0.4×10^{24} n·m^{-2}
　　高照射：4×10^{24} n·m^{-2}

なる2つの原因が有ることを突き止めた [12]：

—振動の影響下で——制御クラスタは通常それに曝されている——被覆がある種の部材（案内板）と接触する時，被覆の局所的摩耗が生じる．この摩耗 (wear)——それは被覆貫通後の AIC 棒にも影響を与える——が水中の ^{110}Ag 同位体の存在に依る1次冷却系の放射能量増加を引き起す．

—吸収材によって引き起こされる，棒底部（最大照射領域）での他の種類の被覆破損が観察されている．スエリングとクリープの影響下，被覆破損を導く変位の発生を通じ，AIC は被覆管と機械的相互作用を成す．

この状況が EDF に損傷制御クラスタを新しいものへの交換を促した．

制御クラスタ寿命を延ばすために，幾つかの改良が FRAMATOME によって吸収棒設計で実行された，以下に示すの改良も含んでいる [13,14]：

—外側被覆表面の窒化処理による被覆の抗摩耗処理 (antiwear treatment)，

—被覆管内でより大きなギャップを許すための AIC 棒下部端径の減少，

— AISI 304L 鋼に比べてより高い機械的性質に依る AISI 316L 被覆管鋼の採用，AISI 316L 鋼は AIC との機械的相互作用の場合に被覆破損を遅らせる．

1988 年以降，この設計による 300 以上の制御クラスタが EDF のプラントで装荷されてきた．

第 40 章

FRs 内 B$_4$C 吸収体のふるまい

1300 MWe 軽水炉の制御クラスタのハイブリッド棒（AIC/B$_4$C）を見ている，その B$_4$C は，その棒を高い位置に置くことに依り，低中性子束に曝されるのみとなっている．一方，PHENIX や SUPERPHENIX の FRs では，ピン底部が最大中性子束面に位置し，その B$_4$C はしたがって極端に高い中性子捕獲速度に曝されている．

40.1 捕獲反応とホウ素の消費

断面積 σ_1 の主要中性子吸収反応 ^{10}B$(n,\alpha)^7$Li は，^{10}B 同位体の分裂から安定なヘリウムとリチウム同位体の生成という結果をもたらす．第 2 次反応の断面積 σ_2 は σ_1 に比べてかなり低いが（$\sigma_2 \ll \sigma_1$），^{10}B$(n,2\alpha)$ T 反応にしたがい低目のヘリウムとトリチウム生成を導く．主要反応を考慮し第 2 次反応を無視することにより，^{10}B 同位体の時間に対する濃度変動は以下に示す微分方程式で表現される：

$$\frac{dN_B}{dt} = -N_B \varphi \sigma_1$$

この解は：

$$N_B = N_B^0 \exp(-\varphi \sigma_1 t)$$

ここで N_B は時間 t における ^{10}B 同位体の濃度，N_B^0 は ^{10}B 同位体の初期濃度，φ は中性子束である．

ヘリウムとリチウム濃度 N_{He}，N_{Li} は以下に示す式により表される：

$$\frac{N_{Li/He}}{N_B^0} = 1 - \frac{N_B}{N_B^0} = 1 - \exp(-\varphi \sigma_1 t)$$

ホウ素-10 の燃焼は以下のように表現してもよい：
—ホウ素-10 の消費速度，$\tau = 1 - \exp(-\varphi \sigma_1 t)$ か，
—または B$_4$C の立方 cm 当りの捕獲密度のいずれかで，

$$N_\alpha = N_B^0 [1 - \exp(-\varphi \sigma_1 t)]$$

さらに，トリチウム濃度 N_T の時間変動は以下の微分方程式により記述される：

$$\frac{dN_T}{dt} = N_B \varphi \sigma_2 - \lambda N_T$$

この解は：

$$N_T = N_B^0 \frac{\varphi \sigma_2}{\lambda - \varphi \sigma_1} [\exp(-\varphi \sigma_1 t) - \exp(-\lambda t)]$$

ここで λ は放射性トリチウムの崩壊定数

$$\left(\lambda = \frac{0.693}{T_{1/2}} \right)$$

ここで $T_{1/2}$ = 12.3 年である．

40.2　ヘリウム生成，B_4C のスエリングと割れ

　高線出力（燃料の値に近い 500 Wcm^{-1}）の影響下，貧弱な熱伝導率を有する B_4C は強力な径方向熱勾配 (radial thermal gradient) の源となる（典型的には 1000 °C·cm^{-1}，これはペレット中心で 1400 °C，表面で 600 °C である場合），それはその材料の最大引張強さを超える引張り膜応力を発生させる．B_4C ペレットは炉に挿入されるやいなや熱源割れ (cracking of thermal origin) を被る．

　1 年間運転の後，SUPERPHENIX 制御棒はピン底の B_4C で 10^{22} cap.cm^{-3} に達する捕獲密度を有する．これが B_4C の 1 cm^3 当り，ヘリウム 380 cm^3（標準圧力および温度条件へ減じている），リチウム 0.12 g およびトリチウム 0.4 Ci（0.7 cm^3）の生成を導く．

　生成されたヘリウムの巨大な量（同時期に燃料中に生成する核分裂ガス——キセノンとクリプトン——に比べほぼ 20 倍大きい），その温度効果に依る材料外側への拡散比率 (50-80 %)，が B_4C のスエリングを生じさせる．

　図 40.1 はホウ素消費を関数とした B_4C 内のヘリウム生成と残留濃度の変動を示す．B_4C 内に大きさ数十オングストロームのレンズ状気泡 (lenticular bubbles) 形状で留まるヘリウムが，材料の等方的スエリングを引き起す．PHENIX で照射された，SUPERPHENIX タイプ B_4C で行ったスエリング測定は，スエリングは材料の所与密度に対して消費を関数とした線形で変化することを確定した．その結果，基準 SUPERPHENIX B_4C に対して（96 % 理論密度），その線形スエイング速度は 0.05 %/10^{20} cap.cm^{-3} で上昇する（または他の表現で，体積スエリング 0.15 %/10^{20} cap.cm^{-3} で），図 40.2 に示すように，この図はまた低密度 B_4C がスエリング削減を有することが出来ることを示している (84 % TD)．

　ヘリウム気泡は捕獲密度を伴う B_4C の進行性崩壊を導く結晶粒界および結晶粒内の微細クラック両者のネットワークを形成することが，最近の研究で示された [15, 16]．

40.3 被覆管損傷

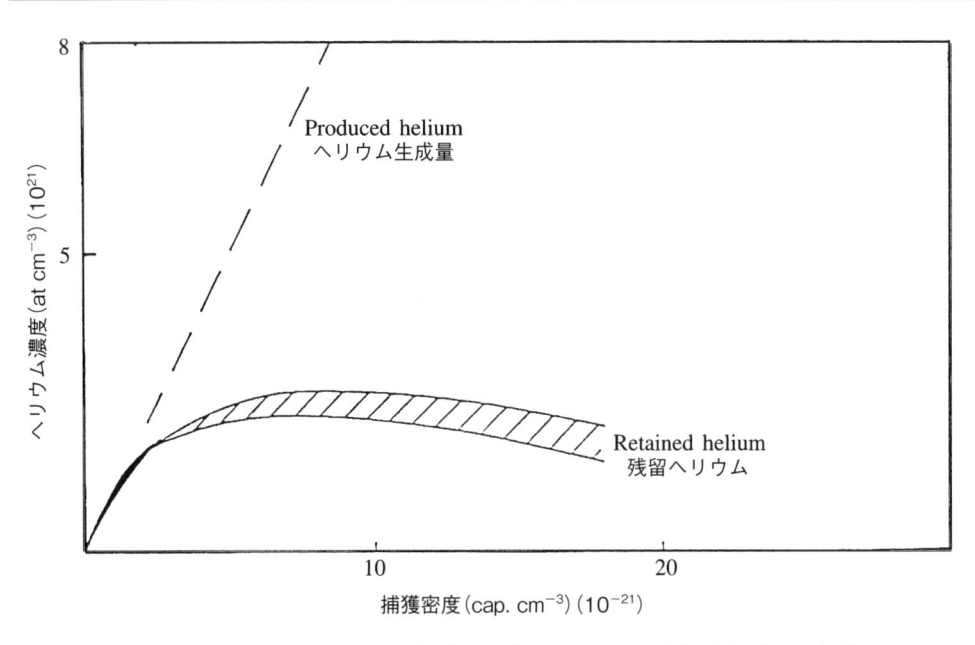

図 40.1 SUPERPHENIX タイプ炭化ホウ素のヘリウム生成と残留（CEA 提供）

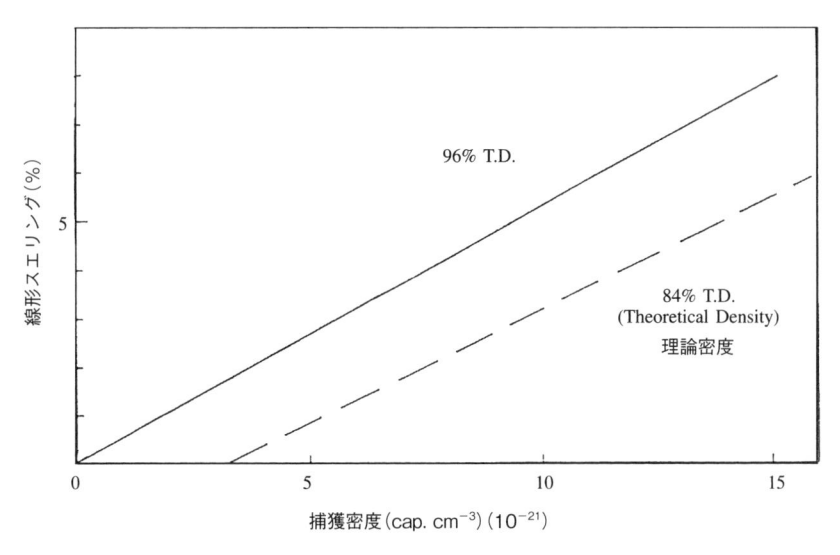

図 40.2 炭化ホウ素スエリング対初期密度（CEA 提供）

40.3 被覆管損傷

重照射下で（$> 10^{22}$ cap.cm^{-3}），その材料のスエリングと割れ（クラッキング）の結合効果は，被覆管破損に導くかもしれない吸収材と被覆管との機械的相互作用を引き起す．

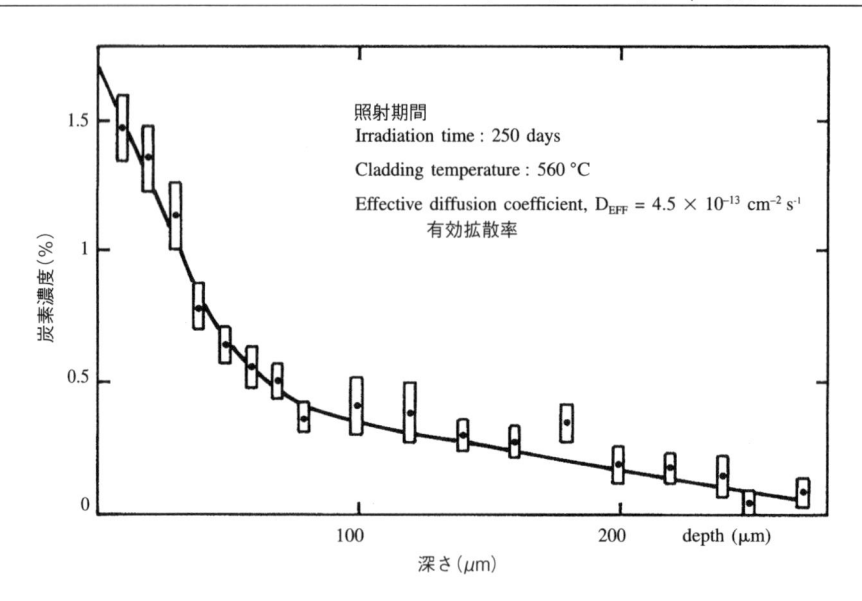

図 40.3　PHENIX で照射した実験吸収要素の 316 鋼被覆管への炭素の拡散的浸入（CEA 提供）

高速中性子照射により被覆管自身脆化している，同様に B_4C から来たある量の炭素とホウ素の拡散により脆化する．

PHENIX で照射した吸収材の被覆管に行った X 線微細分析（マイクロアナリシス）の局所測定が鋼中の濃度分布と炭素拡散係数を確定させた [17]，これを図 40.3 に示す．炭素濃度が重量で 0.3 % に達するやいなや被覆管の機械的強度の下落が起きる．浸炭 (carburization) 対温度と時間による損傷被覆管の最大厚さが以下の式で与えられる：

$$X_{(0.3\%)max} = \left[2.8 \times 10^{-8} t \exp\left(-\frac{5850}{T}\right)\right]^{1/2}$$

ここで $X_{(0.3\%)max}$ は損傷厚さ (cm)，T は被覆管平均温度 (K)，t は照射時間 (s) である．

この式は被覆管温度が 450 °C から 700 °C の範囲で有効である．

40.4　SUPERPHENIX 吸収ピン設計の発展

1980 年以降 PHENIX 炉で執り行われた照射プログラムにおける一連の開発段階を経て，SUPERPHENIX 吸収ピンが開発され実証されてきた．ピンの究極的寿命 (ultimate lifetime) 決定から成るこれら実験——それらはキャプセルを用いて（PRECURSAB, ANTIMAG）または制御棒を用いて（HYPERBARE）行われた——でこの寿命は B_4C/被覆管接触発生後の時間として定義されている．これは，B_4C スエリングに続く被覆管破損によりピン健全性喪失を避けるために吸収材/被覆管機械的相互作用条件下でのピンの運転を排除する設計基準の問題である．

40.4 SUPERPHENIX 吸収ピン設計の発展

PHENIX 炉で実施した照射は，大きな径方向ペレット・被覆管ギャップ（ペレット初期径の 12 %）——自由な B_4C スエリングを許容する意図で——がその材料の早期割れに依る B_4C の小破片 (chips) がギャップを埋める事実により失敗であることを示した．早期被覆管破損はしたがってスエリングと B_4C 割れの結合効果下で生じたものである．これら検知から第 1 期装荷 SUPERPHENIX 主制御集合体の寿命に 240 EFPD の制限が課された，これは捕獲密度 130×10^{20} cap.cm^{-3} に相当する．

実験プログラムのフォローアップは，ピンの基礎設計を適格とする重要な改良を許した．第 1 番目に，ホウ素-10 濃縮度を吸収カラムの底部で 48 at. % に落とした（上部の 90 at. % と比較せよ）．このことは底部のホウ素消費を減少させ，ピンで最も過酷な影響を受ける領域の損傷を減じることを可能とした．図 40.4 はこの修正に依る利得の推定である，これは SUPERPHENIX の第 1 再装荷の初期に導入された，その寿命は 320 EFPD に延びた．

標準被覆管内の吸収材カラムに"シュラウド（かこい板）：shroud"として引用される薄肉鋼被覆管を挿入させる第 2 番目の改良をもたらした．その役割は吸収材カラムの健全性維持であり，B_4C スエリングのみのためにギャップを維持することである．この"シュラウド"解決法が極めて有効であることが分かった；シュラウドが破損した後でさえも，図 40.5 に示すように，その延性が B_4C 破砕を適切に保持することを実証した．

基礎ピン設計へのこれら 2 つの改良によりもたらされた有益な効果は，第 2 再装荷制御棒の寿命が 640 EFPD に達することを許した．

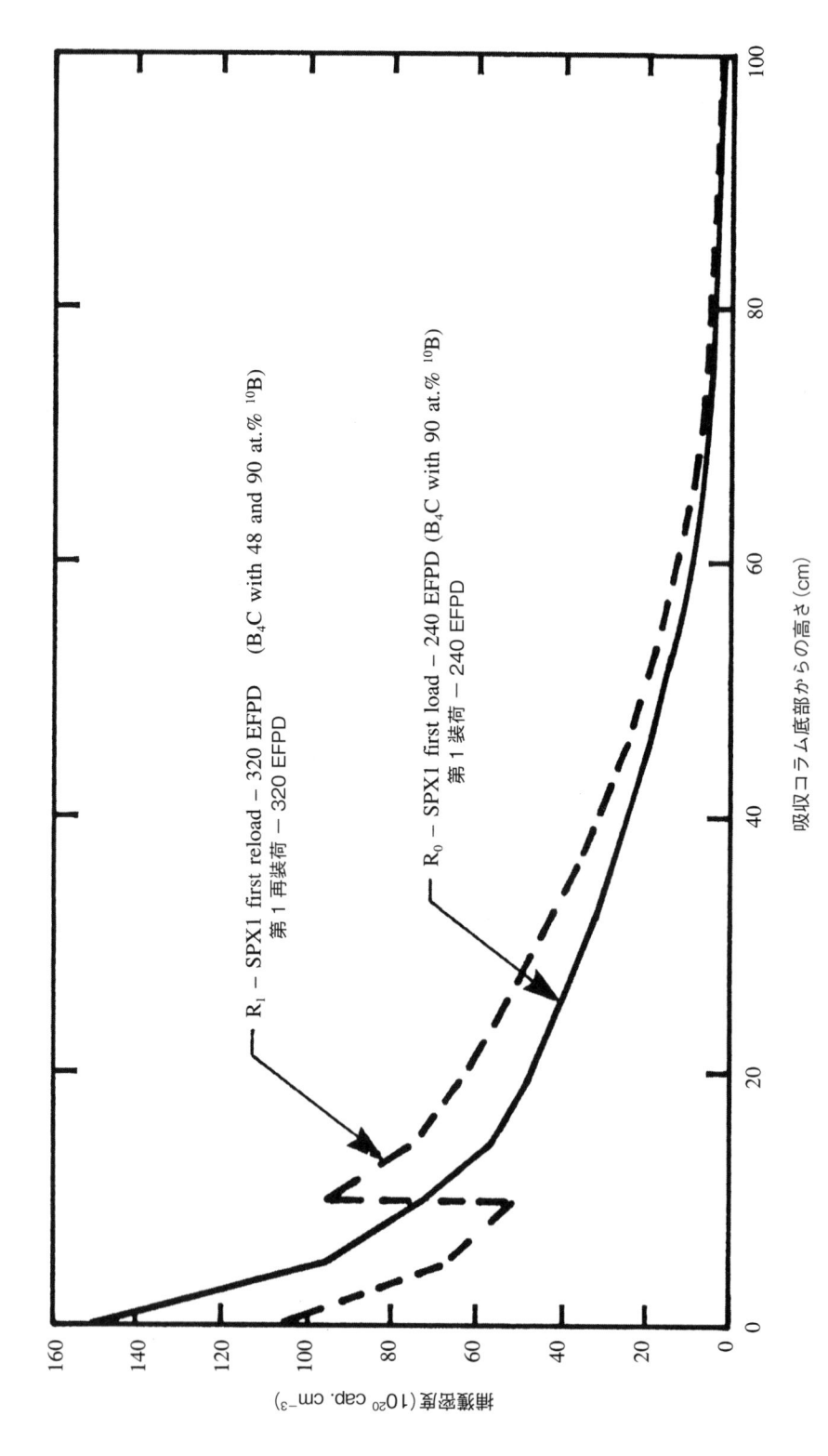

図 40.4　SUPERPHENIX の第 1 装荷 R_0 吸収ピン（240 EPD）と第 1 再装荷 R_1 吸収ピン（320 EPD）の推定捕獲密度

40.4 SUPERPHENIX 吸収ピン設計の発展   589

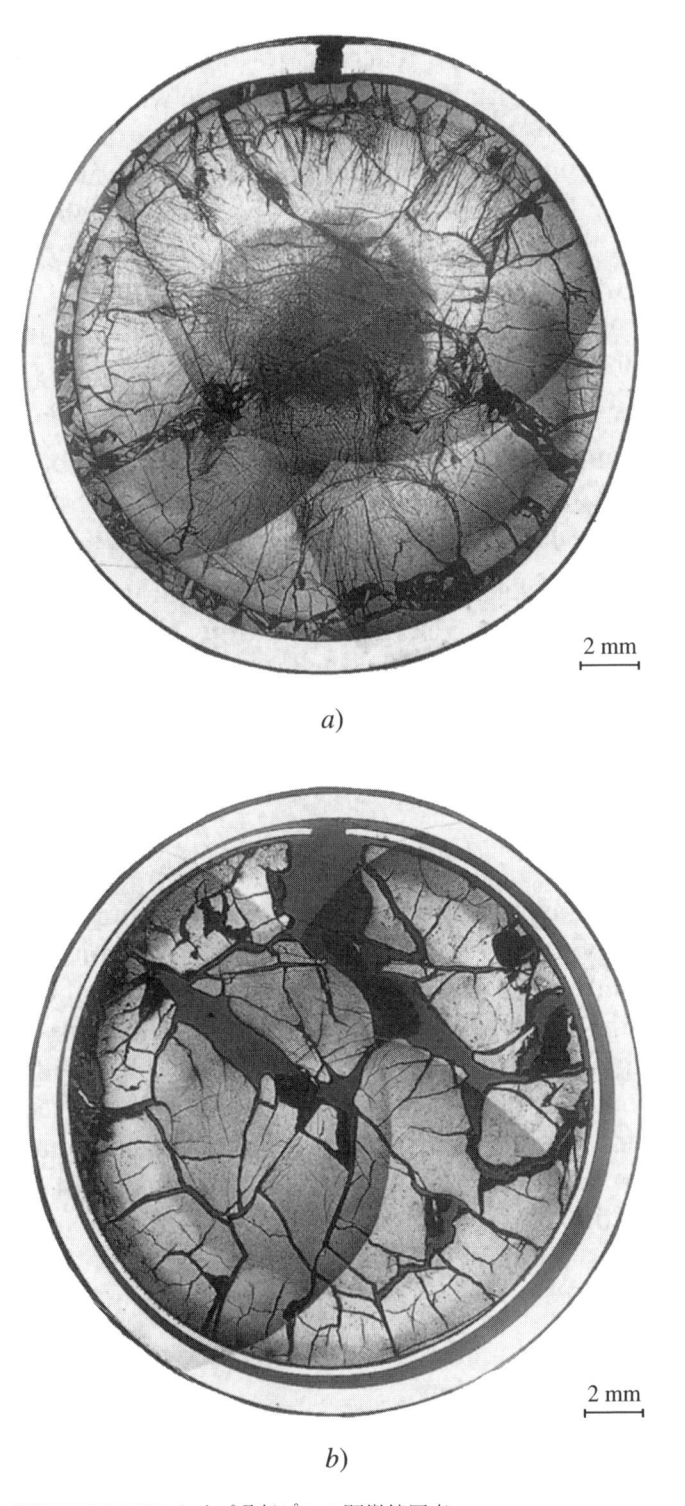

a)

b)

図 40.5 SUPERPHENIX タイプ吸収ピンの顕微鏡写真
a) スエリングおよび B_4C・被覆管ギャップ内の B_4C 小破片の存在に依る被覆管破損.
b) B_4C 小破片の分散を回避するシュラウドの有益な効果に依る B_4C・被覆管機械的相互作用の欠如.

第 41 章

吸収材の将来動向

　第 VII 部の終わりに振り返り，これより将来の吸収材料研究に対する幾つかの道筋について述べよう．実際，新 PWR の運転条件または将来世代 PWRs の特定束縛 (specific restraints) が反・反応度マージンの増加を要求するかもしれない，また新しい吸収棒の開発を開始するかもしれない．

ハフニウムの使用

　ハフニウム，ジルコニウム冶金の副産物，は大いに約束された吸収材である，と大部分の専門家たちが認めている [18]．事実，我々は再発見しただけである，というのは 1950 年代にハフニウムはアメリカ合衆国の原子炉で使用されていたのだ．しかし民事動力炉への使用拡大は，その当時，その供給制約に依って制限された，これがジルコニウム産業の発展に依り，今日においてもはや該当しない状況となった．この金属の潜在的利点の中で以下のことが引用出来る：

　—核の観点から，ハフニウムは 6 種の同位体で構成され，n, γ 捕獲反応を通じ，それ自身中性子吸収材である他のハフニウム同位体を形成する（表 36.1 参照），さらにその変換は吸収材としての有効性を延長する．変換生成物中，たった 2 つだけが放射性物質（^{175}Hf と ^{181}Hf）であり，さらにそれらは急速に安定核種を生成する（各々 45 日後と 70 日後）．これらハフニウムの核的性質はそれを使用するには 2 つの極めて都合の良い結論を有している：全てのうちの第 1 番は，それがスエリングの欠如に依る照射下での大きな寸法安定性を示すこと，これに加えて低レベル放射性廃棄物の生成（AIC とは反対），これは照射後の管理を容易にする．

　—物理的性質に関して，ハフニウムは非常に高い融点を持つ（2200 °C），AIC に比べて（800 °C）．安全の観点から，このことは真に価値の有る利点である．

　その欠点に関して，それらは本当にハフニウム使用に関し落胆させはしない．これらの中で，しかしながら，水素化物現象 (hydridization phenomenon) に触れるべきであろう，しかしこれは非常に有効な外面酸化処理 (efficient superficial oxidation treatment) の手段

により避けることが出来る．

将来の吸収材

吸収棒の将来研究 (prospective studies) は PWRs でのプルトニウムのリサイクル率（フランスでは現時点で MOX 燃料は約 30 % に制限されている）を 50 % を超え 100 % に達するような，率増加の要求を満足させる目的で開始されている．100 % MOX 燃料装荷の 1300 MWe 炉では等価の大きな効率を有する制御棒クラスタ集合体が要求されることを中性子経済計算が示している．性能の予想される水準を導く幾つかの解が検討された——例えばホウ素-10 同位体，HfB_2 ペレット，濃縮ホウ素-10 の使用——または吸収材減少の消費を許すハフニウム製吸収被覆管さえ検討された．

実験プログラムがこれらの解の実行可能性 (viability) を評価するために開始された．

参考文献

[1] J. Bébin, R. Durand-Smet, Réacteurs à eau ordinaire sous pression. Techniques de l'Ingénieur, Génie nucléaire, Vol. B8-1, B3100 (1985).

[2] P. Boiron, Mécanismes de contrôle de la réactivité. Techniques de l'Ingénieur, Génie nucléaire, Vol. B8-1, B3271 (1985).

[3] J.M. Bonnerot, M. Guèry, M. Bruet, J. Michel, IAEA Specialist's meeting, Vienna, 13-17/10/1986.

[4] M. Bruet et al., «Analytical out-of -pile and in-pile experiments on gadolina bearing fuels », Conference ENC 86, Genève, 1-6/06/1986.

[5] M. Colin, Matériaux absorbants neutroniques pour le pilotages des réacteurs nucléaires. Techniques de l'Ingénieur, Génie nucléaire, Vol. B8-2, B3720 (1989).

[6] R.P. Eliot, *Constitution of binary alloys, 1st suppl.*, Mc Graw Hill Book Co. Inc., New-York (1965) p. 110-113.

[7] K. Froment, «Détermination de l'activité thermodynamique du bore et du carbone dans la phase carbure du système bore carbone », Rapport CEA-R-5500 (1990).

[8] S. Touloukian et al., *Thermophysical properties of Matter,* Vol. 13, IFI/Plenum, New-York Washington (1970).

[9] S. Touloukian et al., *Thermophysical properties of Matter,* Vol. 5, IFI/Plenum, New-York Washington (1970).

[10] I. Cohen, «Development and properties of silver-base alloys as control rod materials for pressurized water reactors », WAPD-214 (1959).

[11] A. Strasser, W. Yario, «Control rod materials and burnable poisons; an evaluation of the state of the art and needs for technology development », EPRI contract TPS 79-708, NP 1974 (1981).

[12] X. Thibault, «Overview on EDF approach concerning RCCA problems », Technical Commitee Meeting on Advances in Control Materials for Water Reactors, Vienna, 29 novembre au 2 décembre 1993, TEC DOC IAEA en 1994.

[13] S. De Perthuis, «RCCA's life limiting phenomena: causes and remedies », Technical

Commitee Meeting on Advances in Control Materials for Water Reactors, Vienna, 29 novembre au 2 décembre 1993, TEC DOC IAEA en 1994.

[14] D. Hertz, M. Monchanin, «Nouveau concept de grappe de commande », Revue Générale Nucléaire, 6 (1993) 398-402.

[15] T. Stoto, «Etude par microscopie électronique des effets d'irradiation dans le carbure de bore », Rapport CEA-R-5382 (1987).

[16] T. Stoto, N. Housseau, L. Zuppiroli, B. Kryger, «Swelling and microcracking of boron carbide subjected to fast neutron irradiations », *J. Appl. Phys.* 68 (7), (1990).

[17] B.T. Kelly, B. Kryger, J.M. Escleine, P. Holler, International Conference on Fast Reactors and Related Fuel Cycle, Kyoto (Japon) - 1991.

[18] Recommendations of the Technical Commitee Meeting on Advances in Control Materials for Water Reactors, Vienna, du 29 novembre au 2 décembre 1993, TEC DOC IAEA en 1994.

第 VIII 部

使用済燃料管理

主要著者：
H. BAILLY, C. PRUNIER, J. ROUAULT
協力者：
L. BAILLIF

第 42 章

はじめに

　たとえ本書の基本は炉内燃料のふるまいに関することであるにしても，使用済燃料管理についてざっと考察すべきである．使用済燃料管理は，燃料サイクルのバック・エンド (back-end) の各々異なる段階――言い換えれば燃料が取出された後――での燃料のふるまいの観点から考察される．

　使用されている核燃料管理戦略の観点から，原子力動力炉を有する諸国には2つの姿勢が存在する，それら管理のタイプのいづれもまだ選択していない諸国も在る：

――フランスのように使用済燃料を再処理している，またはドイツのように再処理してしまった国，

――スエーデンのように使用済燃料を貯蔵し，最終処分 (final disposal) は未定 (pending) の国．

　フランスで用いられている用語に従い，**中間貯蔵** (interim storage) は，再処理または最終処分へ移送される廃棄物のための一時的貯蔵の用語として用いる，用語：**廃棄物最終処分** (final waste disposal) は再移送されない廃棄物に使用する．

　廃棄物最終処分に対する評価基準解は，適切な地質学的地層 (geological stratum) 中の核貯蔵所 (nuclear repository) である．再処理で発生する，使用済燃料のまたは長寿命元素含有放射性廃棄物の最終処分は工業的実証の段階にまだ達していない．

　2種類の可能な戦略間での選択，再処理か再処理をしないか，は経済および政治要件，エネルギー源としての技術的可能性と有効性を含む幾つかの要因に依存する．

　今世紀末において，世界中の動力炉から酸化物ベースでおよそ200,000トンの使用済燃料が取出され，そのうちたったの20％が再処理され，残りの膨大な量の使用済燃料が貯蔵施設に置かれるであろう――このことは再処理を選択した国々にとっても再処理前のバッファーとして利用するために必要な施設となるであろう――と推定されている [1]．

　本第VIII部では，燃料が原子炉から取出された以降の，燃料サイクルのバック・エンド中の異なる段階における燃料のふるまいについて述べ，さらに再処理ケースにおける他の異なる戦略についても触れる．

第 43 章

照射集合体の状態

これまで各部・各章で見てきたように，原子炉内において，燃料集合体およびその種々の部品は幾つかの機械的，冶金学的，化学的および物理化学的変化をこうむる．

43.1 物理学的状態

燃料の物理学的変化は：割れ（クラッキング），結晶粒成長，気孔（ポア）生成と進展，FRs における中心空孔 (central hole) の形成．

被覆管と集合体構造物に関し，炉内運転の必然的結果が述べられている：被覆管外側腐蝕（PWR）と被覆管内側腐蝕（特に FR），硬化，延性の喪失，成長（Zy），スエリングと伸び（鋼，FR），曲がり（棒，ピン，FR ラッパ管）など．

集合体全て，ほとんどの被覆管，棒，およびピンに対し，これらの変化は機械的ふるまいを損なわないし，炉から取出した後での操作においてその健全性を損なうことは無い．

被覆管破損率は全ての原子炉で，今や非常に低い値に減じられている（第 I 部，4.2 節参照）．

今日，PWRs に対して，運転中の気密性の稀な喪失に対応する被覆管欠陥は小さい：小さな穴，小さな割れ（クラック）．

FRs に対して，ナトリウムと混合酸化物との反応は初期欠陥の限定された進展を引き起すことが出来る（第 VI 部，第 30 章参照）．

43.2 放射化学状態

ここでは，使用済燃料の組成および核分裂で生成された元素の局部化 (localization) について焦点を当てよう．これまで見てきたように，核分裂は重原子（U, Pu）の核分裂から燃料中に核分裂生成物および重原子の中性子捕獲によりアクチニド系列（Np, Am, Cm でこれらをマイナー・アクチニド：minor actinides と呼ぶ）である超ウラン元素 (transuranic

表 43.1　900 MW PWR 照射燃料の組成（炉取出 3 年後）（単位：kg/t 初期重金属）

元素	平均燃焼率 35 GWd/t 初期 3.25 % ^{235}U	平均燃焼率 60 GWd/t 初期 4.95 % ^{235}U
ウラン	**952.8**	**9523.5**
内訳：U-235	8.2	7.6
U-238	940.4	908.7
プルトニウム	**10.1**	**12.8**
内訳：核分裂性 Pu	7.0	8.0
マイナー・アクチニド	**0.8**	**1.6**
内訳：Np-237	0.5	0.9
Am-241	0.2	0.3
Am-243	0.1	0.3
Cm-244	0.03	0.1
他のアクチニド（Th, Pa）	4×10^{-6}	7×10^{-6}
核分裂生成物	**35.8**	**61.3**

elements) を創生する．これらのガス状または揮発性元素の 1 部は燃料から離脱し，棒内に留まる．最終的に，燃料中のある種の元素または不純物および燃料集合体構造部材（鋼，インコネル）は中性子捕獲によって放射性生成物が創生される．

濃縮ウラン・ベースの PWR 燃料を平均 35 GWd/t または 60 GWd/t 照射し，炉取出し後 3 年経過した燃料組成を表 43.1 に示す．

使用済燃料組成は達成された燃焼率に依存していることが見てとれるであろう，その組成増加には以下のものを含む：

―プルトニウム含有率の僅かな増加，

―マイナー・アクチニド（U と Pu を除く）含有率の上昇，この含有率は 35 GWd/t での 0.08 % から 60 GWd/t での 0.16 % へ上がる，

―核分裂生成物含有率の上昇，この含有率は 35 GWd/t での 3.6 % から 60 GWd/t での 6.1 % へ上がる．

異なる元素の同位体組成は燃焼率に依存し，ウランとプルトニウムに対する組成比を各々表 43.2 と表 43.3 に示す．

ウランおよびプルトニウムの両者ともに，燃焼率増加は，核分裂性同位体（^{235}U，奇数質量数のプルトニウム同位体）減少によって，および放射性元素（これは ^{232}U，^{241}Pu の娘核種の ^{241}Am）からの放射線の結果，放射線防護計測値の上昇によって観察される．

使用済燃料の放射能は，核分裂生成物放射性同位体，プルトニウムのようなアクチニド

43.2 放射化学状態

表 43.2 900 MW PWR 照射取出し 3 年後のウラン同位体組成比（単位：重量 %）

燃焼率	^{232}U	^{234}U	^{235}U	^{236}U	^{238}U
33 GWd/t (初期 3.25 % ^{235}U)	$\approx 10^{-7}$	0.020	0.86	0.43	98.7
60 GWd/t (初期 4.95 % ^{235}U)	$\approx 10^{-7}$	0.024	0.83	0.75	98.4

表 43.3 900 MW PWR 照射取出し 3 年後のプルトニウム同位体組成比（単位：重量 %）

燃焼率	^{238}Pu	^{239}Pu	^{240}Pu	^{241}Pu	^{242}Pu
33 GWd/t	1.7	57.2	22.8	12.2	6.0
60 GWd/t	3.9	49.5	24.8	12.9	8.9

表 43.4 幾つかの核分裂生成物およびアクチニドの半減期（単位：年）

核分裂生成物	^{90}Sr	29.12
	^{93}Zr	1.53×10^6
	^{99}Tc	2.13×10^5
	^{106}Ru	1.017
	^{125}Sb	2.73
	^{129}I	1.57×10^7
	^{135}Cs	2.3×10^6
	^{137}Cs	30.14
	^{144}Ce	0.78
	^{147}Pm	2.62
	^{154}Eu	8.8
アクチニド	^{237}Np	2.14×10^6
	^{238}Pu	87.75
	^{239}Pu	24390
	^{240}Pu	6537
	^{241}Pu	14.34
	^{242}Pu	3.87×10^5
	^{241}Am	433
	^{243}Am	7400
	^{242}Cm	0.446
	^{243}Cm	32
	^{244}Cm	18.1

および放射化生成物 (activation products) に依るものである．燃料中に存在している幾つかの放射性元素の半減期 (half-lives) を表 43.4 に示す．

半減期 5 年以下のものを短寿命 (short-lived) 放射性核種，5 年から 100 年の半減期をも

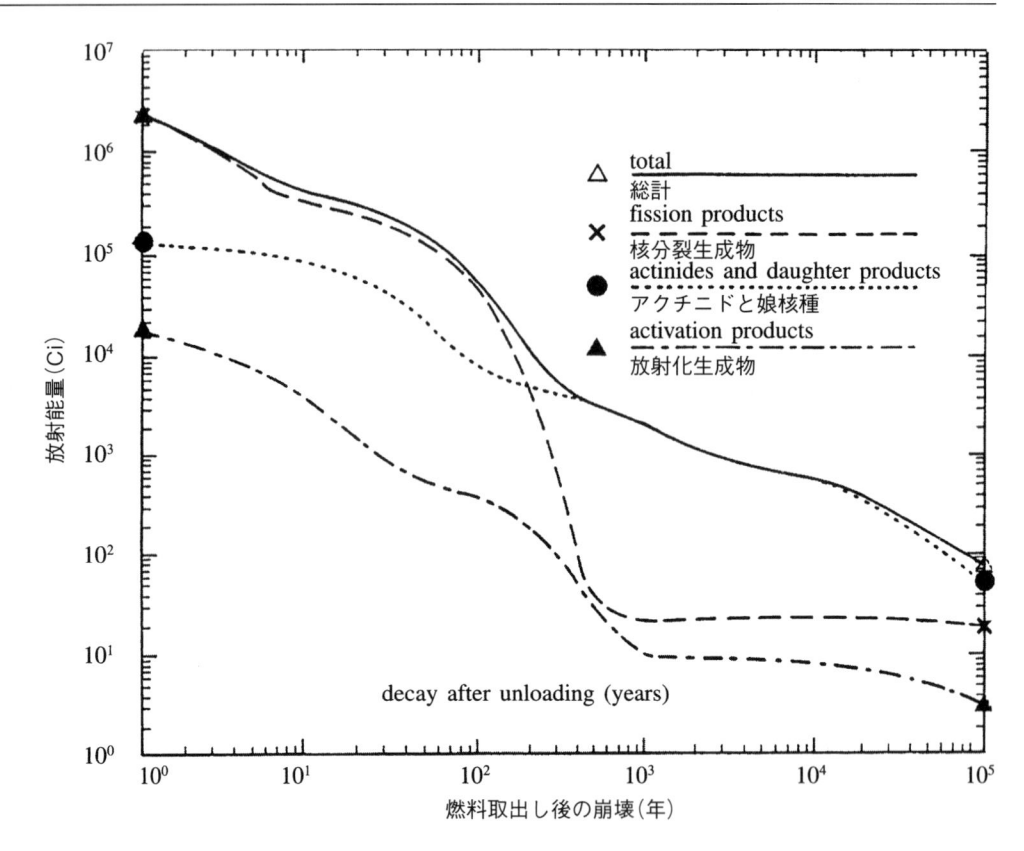

図 43.1　33 GWd/t 照射 PWR 集合体の放射能量の時間変化（重金属トン当り）[2]

つときにそれらを平均寿命放射性核種 (average-lived radionuclides), 100 年を超えるものを長寿命 (long-lived) 放射性核種と一般的に呼ばれる．Tc-99（213,000 年）または I-129（1.57×10^7 年）または Cs-135（2.3×10^6 年）のような僅かな元素を除き，核分裂生成物のほとんどが短寿命または平均寿命元素（≪30 年）である．アクチニドの殆どが Pu-239（24,390 年）や Np-237（2.14×10^6 年）のように長寿命である．幾つかは短寿命核種が親子関係を通じて (through filiation) 長寿命核種を生み出す：これが崩壊して Np-237 を生じさせる Am-241 のケースである．

　図 43.1 に示すように放射能量は時間と伴に減少する，アクチニドおよびその娘核種の低下に比べ核分裂生成物の低下はさらに急速である，その理由はそれら 2 つの元素族の半減期差異から来るものである．

　照射 PWR 棒中の核分裂生成物およびアクチニドの分布を図 43.2 に示す．燃料の内部で，核分裂生成物は析出物（金属，酸化物または他の化合物）の形態を取るかまたは母相

43.2 放射化学状態

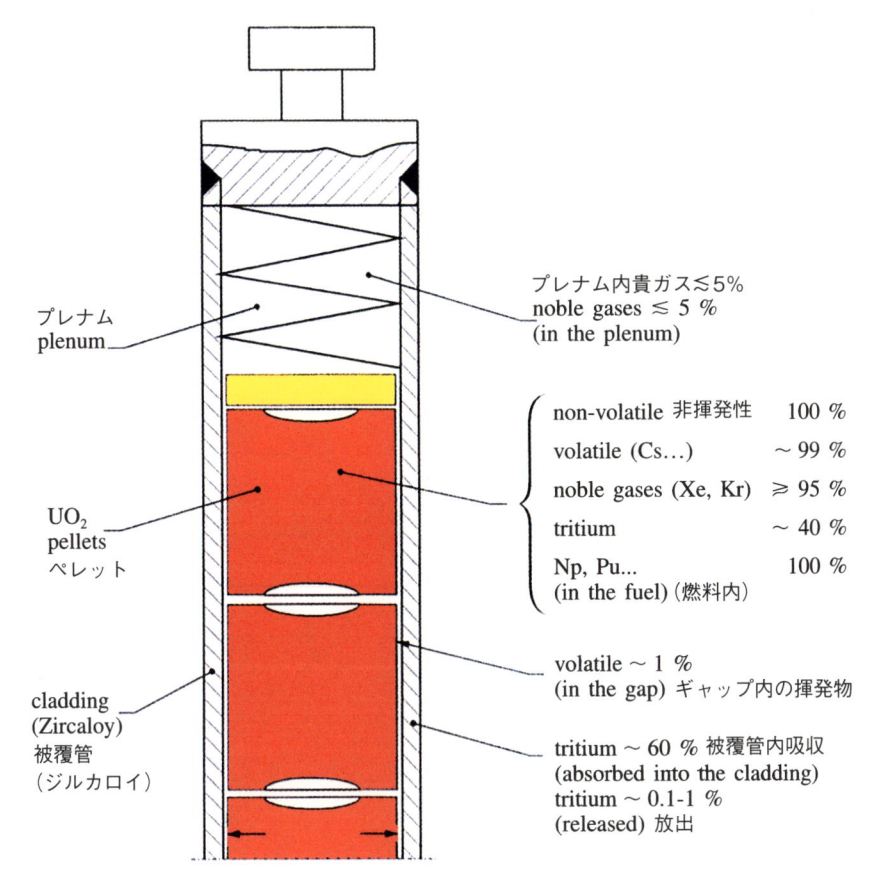

図 43.2　PWR燃料棒中の放射性元素 [3]

中に酸化物として固溶している，アクチニドと同じように [4]．*1

---

*1 訳註：　核分裂生成物の希ガスおよび揮発性元素はプレナムおよびギャップへ燃料中から移動，放出される．非揮発性元素の殆んどは燃料内に留まる．トリチウムの1部が被覆管を通過して燃料棒外へ放出される．

第 44 章

貯蔵サイトへの燃料の取出し

44.1 燃料の取出し

44.1.1 加圧水型原子炉

1次冷却系を減圧し，原子炉容器を開口し，その原子炉容器頭部を取り除く作業を伴う原子炉停止中に，使用済燃料が取出される．その作業の全ては水中で行われる（ホウ素およそ 2000 ppm となるホウ酸水を伴う）．集合体は最初に炉心からその上部に在る原子炉プールに行く，その後に使用済燃料プールに向かう．

その燃料取扱施設を図 44.1 に示す．

原子炉プール上のレールに沿って移動し取扱マストを有するコンベアー車，集合体上部ノズルに達して集合体を垂直に移動させる移動グリッパを内装する配管，より成る燃料移送装置 (refuelling machine).

オン・ライン設備 (on-line facility) は，取扱マストで移送中に被覆管破損を有する集合体を同定する [5]．集合体を高さ約 9 m に上げて集合体を覆う水圧を低下させ，被覆管破損の可能性の有る被覆管の両側に圧力差異を生じさせる．この欠陥から放出されるガス状核分裂生成物は空気供給で除去される，それはマストの基礎から空気を射出しガンマ線分光計 (spectrometry) にて検知される．フランスの EDF 原子炉全てにこの装置が設置され，この装置が燃料取出し中の早急で完全な検知を許す．

制御棒クラスタ（または他のクラスタ）を取り除いた後，集合体は水平位置へ回転させ，両プールを接続している移送管を通じて使用済燃料が移送され，垂直に起こされ，使用済燃料プール内の貯蔵台 (storage stand) に配置される．

全体として，集合体取出しでは，構造材の脆化の場合を除き，いかなる問題も生じない．なぜ強度研究が燃焼率上昇に伴う水素吸蔵および酸化の評価として行われたことの理由がこの脆化である，それらが低温で脆性を引き起すことになる．

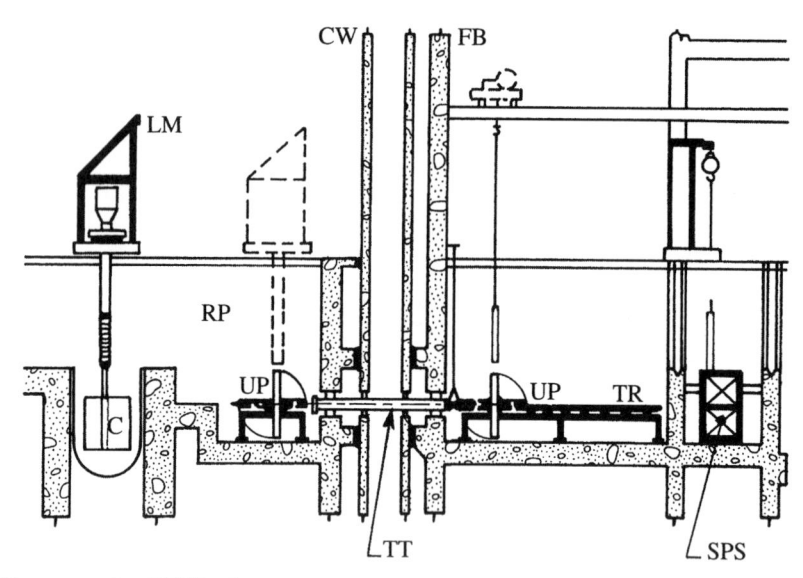

UP : upender 垂直起こし   LM : loading machine 装荷装置
FB : fuel building 燃料建屋   RP : reactor pool 原子炉プール
C   : core 炉心   SPS : spent fuel storage 使用済燃料貯槽
TR : trolley トロリー   TT : transfer tube 移送管
CW : containment wall 格納容器壁

図 44.1　PWR からの使用済燃料の取出し

44.1.2　高速中性子型原子炉（第 I 部の文献 [6]）

PWRs に比べて，FR 燃料取出しは幾つかの理由により異なっている：

―燃料の長期間貯蔵について湿式 (wet) または乾式 (dry) 環境を目論むことが出来る；ナトリウムで運転された燃料は環境の 1 つのタイプから他のタイプへ変化させなければならない．

―FR 集合体の残留熱は高い，

―幾つかの被覆管破損は，ピンへのナトリウム浸入に伴う被覆管の大開口化を引き起す可能性が有る；関連するその集合体は分離して取り扱われている．

数ヵ月を要する残留熱低下のため，2 つの解が有る．

それらの 1 つは内部貯蔵 (internal storage) である（図 44.2）．この場合，中性子束から外れ，使用済燃料集合体を置くのに充分な数（例えば 1/2 炉心分）の幾つかの場所が在る周縁部がその炉心に含まれている．各々のサイクルの終わりに，これら集合体は中央部から周縁へ移動させられる．それらは残留熱が充分に減衰した後にのみ取出される．

その他の解は原子炉区画の外側にナトリウムの一時貯蔵区域 (temporary storage area) を有するもの，その貯蔵区域内で集合体の残留熱を減少させる（図 44.3）．

44.1 燃料の取出し

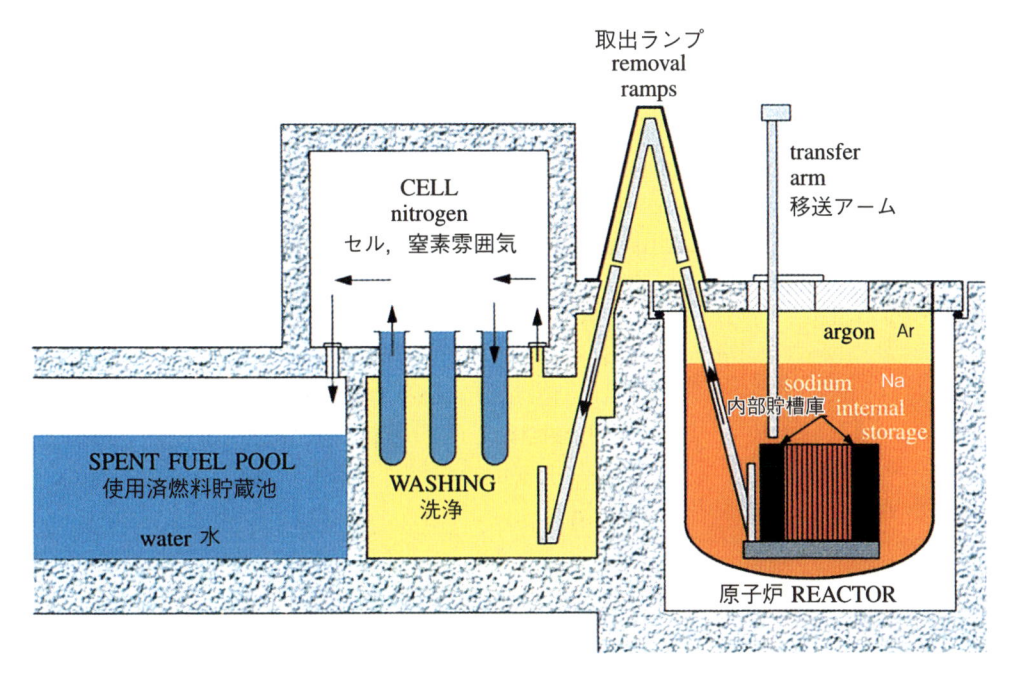

図 44.2　FR 使用済燃料の取出し（内部貯蔵）

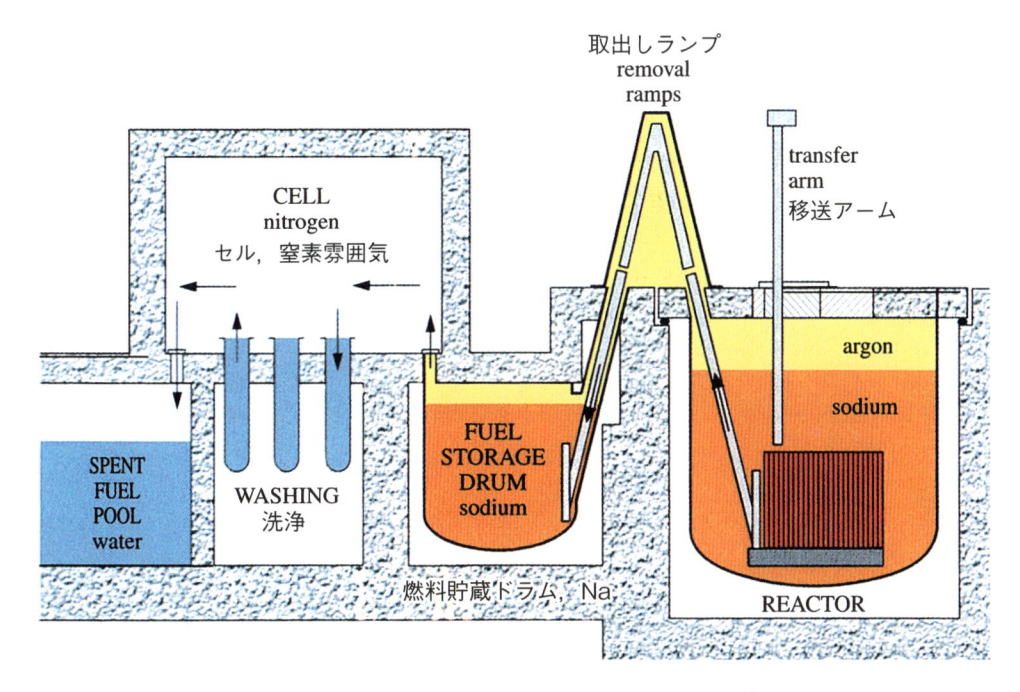

図 44.3　FR 使用済燃料の取出し（燃料貯蔵ドラム）

内部貯蔵は現時点で，例えば EFR (European Fast Reactor) プロジェクトのような将来計画に対する参照解である．第2番目の解——燃料貯蔵ドラム (fuel storage drum) 内の外側最終廃棄物から成る——が SUPERPHENIX に対し選択された，しかし続いてその燃料貯蔵ドラムからのナトリウム漏洩により，アルゴン雰囲気での単純な燃料移送場所となってしまった．内部貯蔵が存在しないため，SUPERPHENIX は全炉心が取出されることになろう，集合体の残留熱減衰の要求のため数カ月間原子炉は停止されている．

集合体の取出しには以下の段階が含まれる（図44.2および図44.3）：

—ランプ・システム (ramp system) を伴う原子炉ブロックの除去，アルゴン雰囲気下でナトリウム充填コンテナへの集合体配置，

—あるケースでは，燃料貯蔵ドラムを経由しての通過，

—異なる取扱および移送操作の実施によるガス環境下での通過，

—集合体洗浄による残留ナトリウム除去，

—湿式または乾式貯蔵区域への移転．

工業用窒素雰囲気（2％酸素）で行われるガス中取扱で，被覆管温度は洗浄前でナトリウムによる酸化物腐食を防ぐためにおよそ450 ℃に制限しなければならない，洗浄後ナトリウム酸化物が洗浄によって消失し，被覆管機械的強度を確保するために650 ℃に制限しなければならない．

これら条件は残留熱の減少によって得られる，もし必要なら集合体グリッパ頭部を通じての空気供給が可能である．

洗浄 (cleaning) には幾つかの段階が含まれる：

—湿り CO_2 注入によるナトリウム中和（炭酸塩形成），

—水による洗浄（炭酸塩分解），

—水によるすすぎ (rinsing)，その後の乾燥．

操作中に検知された被覆管破損を有し，開口破損として同定され，燃料が露出されている集合体は洗浄されずに特定施設へ移送される，そこで集合体が取出された後に，被覆管破損のピンが検出される．他のピンは通常通り洗浄し貯蔵される．

SUPERPHENIX の場合，貯蔵は水プールで行われている，洗浄済みの集合体は水で満たされたシャトル・コンベア (shuttle conveyor) 内に置かれ，使用済燃料プールへ移送される．

44.2 サイトから他のサイトへの輸送

原子炉サイトに在る使用済燃料プール容量には制限が有るため，他のサイトへ移送される．フランスにおいて PWR 燃料は La Hague 再処理プラントの異なる使用済燃料プール内に貯蔵されている．

輸送は，水中または空気中の集合体輸送を確保する輸送容器で行われる．水中での輸送

44.2　サイトから他のサイトへの輸送

は平均燃料温度をより低く出来る，しかしながら放射線分解に関連するリスクを伴う．

　フランス内では，集合体 12 体を乾式空気中の移送キャスク内に収め，原子炉と再処理プラント間を PWR 集合体が輸送されている．

第 45 章

中間貯蔵

使用済燃料の湿式貯蔵は使用されている貯蔵の最初のタイプであった，さらに依然として最も広く用いられている．乾式貯蔵——最初は照射後試験施設のような幾つかの研究開発施設に制限されていた——は1970年以降，世界中で実際に検討されてきた，貯蔵能力に対する増強要請に依って．

湿式貯蔵と比べ，乾式貯蔵は幾つかの制約が除かれる：液体廃棄物の生成，プール水の処理のために要求されるイオン交換樹脂の交換．しかしながら自然対流冷却の場合に乾式貯蔵集合体の残留熱は制限されていなければならない．例えば，33 GWd/t 照射 PWR 燃料に対して5年間の先行冷却が必要になる．

45.1 湿式貯蔵 [6-8]

軽水炉使用済燃料の湿式貯蔵は，アメリカ合衆国のような幾つかの国々において30年を超えて使用されている，一方フランスにおいては15年を超える．1994年1月1日におけるフランス，La Hague 使用済燃料プールの貯蔵能力は 14,500 トン重金属であった，そしてそこにはフランスと外国からおよそ 8,700 トン（重金属）貯蔵されていた．

水は以下の2つの機能を保証している：

—被覆管の健全性を維持するための燃料冷却，

—作業員に対する放射線防護．

水温は 40 °C 以下でなければならない．その温度は通常，冬季の 20 °C から夏季の 40 °C の間で変化している．

集合体はホウ素入り鋼 (borated steel) 製逆さ枠 (upending frames) に配置されている（9 PWRs または 16 BWRs），ホウ素入り鋼製枠自身が臨界未満の平方格子 (subcritical square network) の場となっている．

包蔵性欠損集合体は原子炉のサイトで同定され，La Hague プラントへ輸送する前に，気密性≪ボトル≫内に収納し貯蔵される．

水中の核分裂生成物の測定が取り出し後に実施されている．

集合体湿式貯蔵に関する集合体のふるまいについて，その観察から通常その湿式貯蔵期間においてジルカロイ製被覆管の集合体の変化は無いとの結論が導かれている．

この良好なふるまいは，被覆管と燃料の低温度によるものと説明されている．被覆管温度は 40 ℃ を超えない，そのため原子炉内での多大な高温で生じた被覆管腐蝕に水による被覆管腐蝕が加わることは無い．

機械的なふるまいに関して，内圧誘起の応力が被覆管に損傷を与えることはありそうもない．このことは炉内腐蝕から来る被覆管の水素吸蔵に依る低温での脆化についても同様である．

同様にプラスの結論が最初のステンレス鋼製被覆管に対して実証されている，そのステンレス鋼製被覆管は多数あるわけではないが．

気密性欠損のピンに対し，その酸化物燃料温度は U_3O_8 のような酸化物の大きな形成を導くのにあまりにも低すぎる．これにもかかわらず，既に述べたように，リーク集合体は気密容器に入れ，プール内に置かれる．

水は定常処理されて，その放射能は 10^{-3} Ci·m^{-3} 未満に維持されている，そのほぼ 90 % は ^{60}Co に依るものである．この放出比は水温上昇に伴い増加し，水化学に依存している．

長期湿式貯蔵では，どのような大きな問題も引き起さない，少なくとも数十年間において．

この結論の有効性がどれほど延長できるのかを観察することが残されている，それはもしかして 60 GWd/t に達するまでの燃焼率上昇の燃料ケースで変更されるのかもしれない．被覆管外側の沈着および外側ジルコニア層のふるまいを注意して観察するべきである．水素吸蔵効果，それは燃焼率上昇に伴い増加する，は機械強度試験を用いて評価される，その試験は貯蔵中のそのふるまいに対し，いかなる損傷影響も及ぼさないことを実証するものである．

高速中性子炉使用済燃料の湿式貯蔵の経験は，まだ限られているままである．[*1]

照射ステンレス鋼製被覆管ピンの湿式貯蔵の最長経験は最初の軽水炉型原子炉からの燃料棒によって得られたものである．上述したように，燃料棒のふるまいは，すばらしいものである．

SUPERPHENIX 集合体用湿式貯蔵の有効性確認のため，10 年の期間直接プール内または水充填コンテナ内のいずれかによる照射 FR 燃料ピンおよび照射ラッパ管の貯蔵試験がフランスで行われた．

[*1] 訳註： フランスの高速炉は現時点で全て運転終了した．その履歴を参考のため掲載しておく：
　実験炉 RAPSODIE（ループ型，40 MWt）：1967 年臨界，1983 年閉鎖．
　原型炉 PHENIX（タンク型，250 MWe）：1973 年 8 月 31 日臨界，1974 年 2 月運転開始，2010 年 2 月 1 日運転終了．
　SUPERPHENIX（タンク型，1200 MWe）：1985 年 9 月 7 日臨界，1986 年本格的稼働，1998 年 12 月 31 日運転終了．

その結果は非常に低い腐蝕を示した：その腐蝕速度はオーステナイト鋼で平均 1 μm/年以下と推定されている．フェライト・マルテンサイト鋼の腐蝕速度はさらに高くなるが，その腐蝕厚さは 10 年後で 20 μm より低い．

実行された試験は，またリーク・ピンを有する集合体の水中貯蔵が可能であることを示している，その集合体は洗浄され，洗浄後に行われた被覆管破損検出試験でそのリークが発見されたものである．水の汚染は低く維持されている．

1 本ないし数本が貯蔵中に包蔵性を喪失してしまった集合体にそれと同一のことが適用され，それからは小さな割れ（クラック）による燃料と水間における交換が制限されたものに導かれることのみであることが示された．

45.2　乾式貯蔵 [8-12]

乾式貯蔵は空気中または不活性ガス中で実施出来る．

考慮されなければならない問題は：

—被覆管に対して：内圧によるクリープ，内面の応力腐食（ヨウ素の影響），外側の腐蝕（空気貯蔵の場合），

—燃料に対して：気密性に欠陥がありかつ空気貯蔵の場合，酸化，その結果被覆管破損および燃料漏出を導くことが可能な膨張．

これら現象の全ては温度に大きく依存する．

45.2.1　空気中での貯蔵

貯蔵環境は漏洩集合体に対しても適合していなければならない．実際，取出し中にか，空気貯蔵の前に用いられた貯蔵によるのか，操作によって引き起こされるかのいずれにおいても検知されていない欠陥である，貯蔵された集合体は気密性の欠陥を持つことが可能であると推定されている．

他の諸国で（アメリカ合衆国，カナダ，ドイツなど），照射燃料または新燃料，グリーン・ペレット，破砕燃料棒，人工的に製作されたかまたは炉内時間中に発生した気密性欠陥 (tightness defects) を有する燃料棒に対する，空気中での UO_2 酸化試験が実施された．

図 45.1 に示すように，酸化反応は温度によって非常に大きく活性化される，その酸化速度は数千時間後に低下する．

UO_2 酸化はより高い酸化物を形成し U_3O_8 を導く（高温では UO_3），これは中間酸化物（U_3O_7，U_4O_9）を通じて形成される．UO_2 から U_3O_8 への完全移行によって重量は 4 % 増加する，また被覆管破裂および粉末形態の生成物散布を引き起こすことが出来る酸化物膨張を起こす．

現時点での結論は空気貯蔵での最高温度が 140 °C と 150 °C の間を超えないことであ

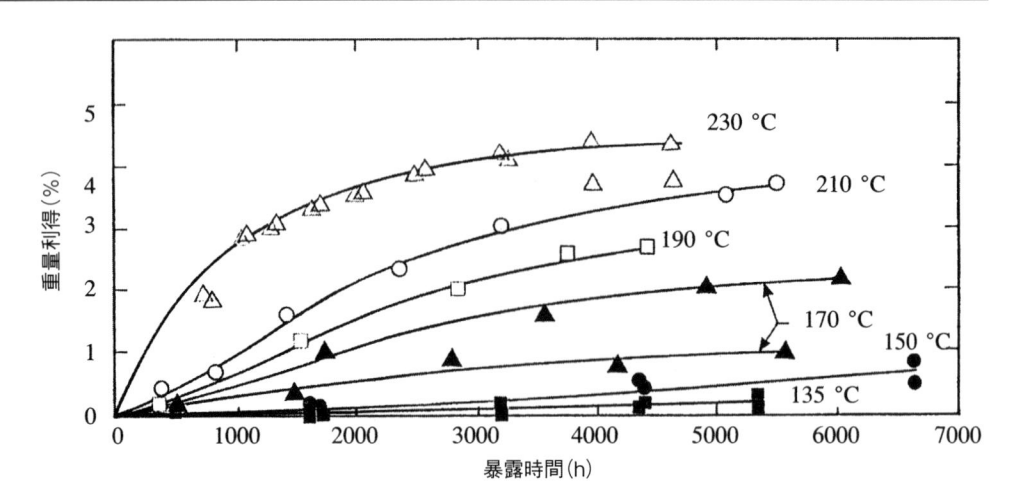

図 45.1　空気中暴露時間対 PWR 欠陥照射燃料破片の重量利得 [10]

る．これら温度で，ジルカロイ被覆管の追加的酸化は炉内で生じる酸化に比べてはるかに低い：50 年を超えても 10 μm 以下と推定される．

45.2.2　不活性ガス中での貯蔵

ドイツでは 450 °C まで上昇した照射ジルカロイ製被覆管棒に対して，アメリカ合衆国では 570 °C で不活性ガス試験が実施された．被覆管破損到達試験も実施され，この破損は PWR 燃料棒に対して 750 °C と 800 °C の間で生じることが確認された．

この試験結果と被覆管歪み計算が，内圧によるクリープのリスクと被覆管内面腐蝕を防ぐためには，不活性ガス貯蔵での被覆管最高温度が 350 °C から 400 °C であるとの勧告を導いた．

空気貯蔵に比べ，不活性ガス貯蔵はより高温を許すものの，その雰囲気の品質は空気や湿気——気密性欠損の場合での燃料酸化と同様に被覆管酸化を引き起す——の浸入を防ぐように維持しなければならない．

45.2.3　乾式貯蔵技術

世界中において，乾式貯蔵方法または設計に幾つかの種類が存在している [1]：

——梱包容器 (packing)：金属性壁を有する金属またはコンクリート製，可搬性，殆んどの場合気密シールで制御された雰囲気を保証している，

——サイロ (silo)：重い継ぎ目なし構造，殆んどが非可搬性または短距離のみ，一般的にコンクリート製，気密性金属容器による閉じ込め，

——貯蔵庫 (storage bunker)：地面上に位置するコンクリート構造，貯蔵ピットのネット

45.2 乾式貯蔵

ワークを含む，自然対流または強制対流による熱除去，

　—ピット (pit)：地下レベルのくぼみ，気密性内張り．

第 46 章

再処理

46.1 PUREX 工程を用いた再処理

46.1.1 工程の概要

　工業規模（フランス，イギリス，日本）で用いられている唯一のプロセスは PUREX (Plutonium Uranium Refining by EXtraction：プルトニウム・ウラン溶媒抽出）と呼ぶ湿式工程である．グラファイト・ガス炉（UNGG, MAGNOX）の金属燃料に対して最初に適用され，その後に他の酸化物ベース燃料（PWR, BWR, AGR, FR）に適用し，応用されている．

　この PUREX 工程は 4 つの部分に分けることが出来る：

機械的操作 (mechanical operations)
　一連の操作の最初は，大きな集合体部品を取り除くことから成る：PWR 集合体の上部ノズルと下部ノズル，FR 集合体のラッパ管，上部と下部．

　FR 集合体の場合，上部と下部を取り除いた後，中心線に沿ったラッパ管開口をミルで行う．その開口にレーザを用いている国々も在る．

　全バンドル（PWR）または分離ピン（FR）——FR ピンの螺旋状ワイヤを最初に除去してしまう場合もある——に対して，それら燃料棒（ピン）は剪断される．

溶解 (dissolution)
　燃料は沸騰濃硝酸により，不連続操作（装填単位毎の溶解）または連続操作（連続溶解装置）で溶解される．その酸に溶けないハル (hulls)（被覆管断片）はすすぎ (rinsing) 後に溶解装置から取り除かれる．

　燃料——特に不溶解核分裂生成物または溶けにくい核分裂生成物を含むもの——から来るか，プルトニウムの場合，不溶解混合酸化物 $(U,Pu)O_2$ または構造材料（切断細粒）の

いずれかの細かい粒子の形態で，幾つかの不溶解生成物が溶液中に見出すことができる．

溶解で得られた溶液は，不溶解要素を分離するために遠心機で区分され，抽出サイクル (extraction cycles) へ送られる．

ウランとプルトニウムの抽出と精製 (extraction and purification of uranium and plutonium)

清澄溶液には，硝酸塩 (nitrates) 形態の，ウランとプルトニウム，マイナー・アクチニドとほぼ全部の核分裂生成物が含まれる．

ウランとプルトニウムのために特別に選択された有機溶媒による，硝酸環境下で溶媒抽出法 (method of extraction with soluvent) が使用されている．ウランとプルトニウムは一緒に抽出され，大部分の核分裂生成物とマイナー・アクチニドは水溶液中に残る．ウランとプルトニウムの精製のため，幾度かの除染サイクル (decontamination cycles) が行われる，その後に還元を通じプルトニウムを非抽出性に変えることでそれらを分離する．

Pu と U の最終製品工程 (processing of Pu and U final products)

硝酸プルトニウム (plutonium nitrate) 溶液を濃縮した後，プルトニウムはシュウ酸 (oxalic acid) によりシュウ酸塩として析出させる．[*1] シュウ酸塩煆焼 (calcination) を用いてプルトニウム酸化物 PuO_2 を得る．

硝酸ウラン (uranyl nitrate) 溶液は，蒸留によって濃縮されて貯蔵されるかまたは燃料製造サイクルで使用するために転換用化学施設に送られる．

これら工程の 4 段階に加え，廃棄物調整作業 (waste conditioning operations) が存在する，それには使用済燃料中に，とりわけガラス固化に含まれているウランとプルトニウム以外の生成物に対するものである．

ガラス固化 (vitrification)

ウランとプルトニウムを抽出した後に残る溶液には，核分裂生成物とアクチニドが含まれる．蒸留と煆焼の後，これら生成物は微粒子溶解としてガラス母相 (glass matrix) へ混合される．得られたガラスは気密性ステンレス鋼製コンテナー内にブロック形状で鋳込まれ，そのコンテナーは未定である最終廃棄物処分まで貯蔵される．

46.1.2 燃料の溶解性

U と Pu の良好な回収効率 (retrieval efficiency) を得るためと廃棄物中のプルトニウムの存在を最小化するために，燃料の溶解性は可能な限り顕著であることが要求されている．

[*1] 訳註： シュウ酸 (oxalic acid)：エタン2酸に相当するカルボン酸（カルボキシル基-COOH をもつ有機化合物 RCOOH の総称，R は炭化水素基）．無水シュウ酸 $(CO)_2O$ は存在しない．

46.1 PUREX 工程を用いた再処理

酸化物の溶解性については照射および未照射物質について研究されている．

a) 未照射物質に対する研究

未照射物質：UO_2，PuO_2，$(U,Pu)O_2$ の硝酸による溶解の様々な研究が行われた．その結果は以下の通り：

— UO_2 は HNO_3 中で完全に溶解する，

— PuO_2 は HNO_3 中で僅かに溶解する，そして工業的条件下では不溶解と見なされている．

— 理想固溶体 $(U,Pu)O_2$ 固有の溶解性能 (inherent solubility) によって，および混合酸化物の製造工程に起因する (U,Pu) 非均質性に基本的に関連している物理化学的因子によって $(U,Pu)O_2$ の溶解が支配されている．

文献 [13] から取った図 46.1 で，沸騰硝酸中の溶解についてプルトニウム含有率 $\left(\frac{Pu}{U+Pu}\right)$ がほぼ 35 % までは完全であることが観察出来る．この含有率を超えると，少なくとも通常の工業的条件下において，非溶解の割合が顕著となる．溶解は 5N（規定）硝酸溶液で約 55 %，10N 硝酸溶液で約 65 % のプルトニウム含有率以上ではほぼ溶解不能となる．[*2]

現行の FR および MOX/PWR 燃料のプルトニウム含有率は 35 % 未満であり，そのため溶解問題は存在してない，しかし製造工程（粉末の機械的混合，粉砕，焼結）が平均値より高いプルトニウム含有率の塊の存在を導くことに依ってある種の非均質性を形成させる．

FR 燃料のプルトニウム含有率上昇（プルトニウム燃焼炉——47.1 節参照）については多分，溶解条件に適合すべきと要求されるであろう．

b) 照射物質のふるまい

フランス国内において，我々は照射 UO_2 燃料再処理の非常に多くの経験を有している（1995 年末においておよそ 8500 トン）．

この燃料に対する溶解問題は無かった．不溶解粒子として発見されたプルトニウムの量は，照射燃料中に含まれているプルトニウムの 0.05 % 未満である．

FR または MOX/PWR のような混合酸化物ベースの再処理について，我々は少ない経験しか有していない．

フランスにおいて，FR プルトニウム燃料から重金属で約 14 トンが，FR 燃料用工業規模再処理工場で用いられるであろう条件下で再処理された [14]．その不溶解プルトニウムの比率は 0.1 % 未満である．

プルトニウムのリサイクルはフランスで開始したばかりであり，今日において世界中で

[*2] 訳註： 規定 (normal：N)：溶液の濃度を示す単位で，ノルマルともいう．溶液 1 リットル中に溶質の 1 グラム当量を含むとき，この溶液の濃度を 1 規定と定める．

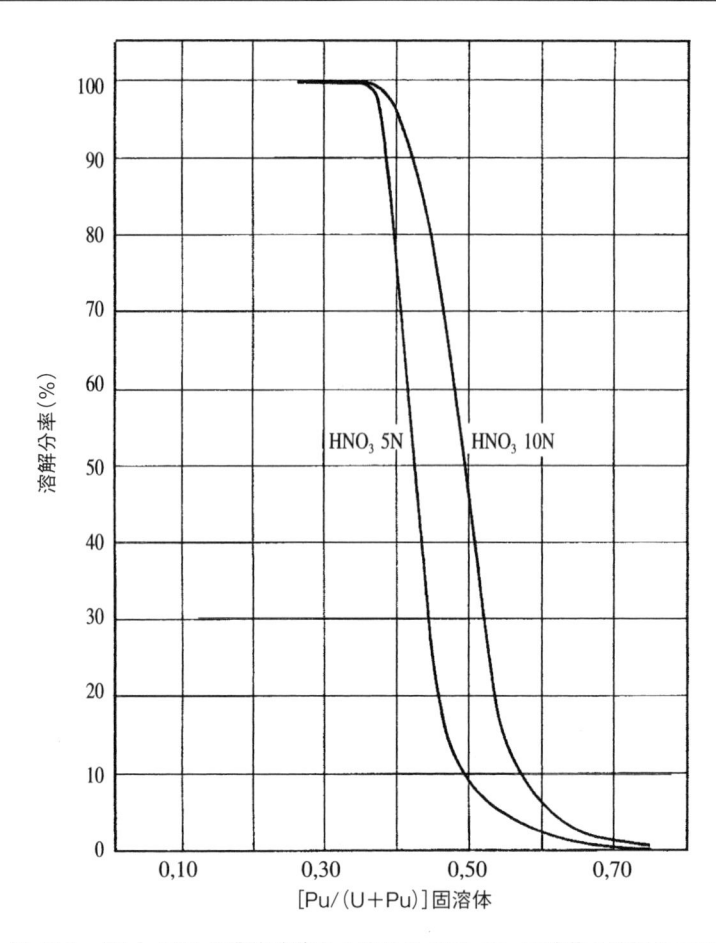

図 46.1　5N と 10N の沸騰硝酸中 6 時間の (U,Pu)O$_2$ 固溶体の溶解性 [13]

完全に開発されてしまったわけでも無いことより，MOX/PWR 燃料再処理で取得される経験は UO$_2$ 燃料から取得されるものに比べて少ない．

　MOX/PWR 燃料は工業規模で再処理しなければならないため，製造後にそれらは充分な溶解性を保証するための"溶解性"検査に合格していなければならない．[*3]

[*3] 訳註：　PNC 大洗工学センター照射燃料試験室（AGS）在勤中に電力共研の受託研究としてプル・サーマル燃料の溶解試験を行った．海外再処理工場で得られた単体 PuO$_2$ 粉末と UO$_2$ 粉末の直接機械混合焼結 MOX ペレット燃料と PNC・マイクロ波加熱直接脱硝法（MH 法）で得られた転換粉（Pu:U = 1:1）と UO$_2$ 粉末の機械混合焼結 MOX ペレット燃料をそれぞれ美浜炉と敦賀炉で試験照射に供されたものである．東海再処理工場の溶解運転条件を参照し，その硝酸濃度と温度で溶解した．文献で報告されていたように，2 種類の MOX 燃料ともに，未照射燃料に比べて照射燃料のほうがその溶解度は高く，さらに PNC・MH 法転換粉混合 MOX ペレットの溶解性が未照射と照射ともに優れていることを確認した．単体 PuO$_2$ 塊は溶解しにくいという文献データとも一致した．CEA で開発された MIMAS 法は，この直接機械混合法による PuO$_2$ 粉末塊形成の欠点を改良した MOX 燃料製造法である．

46.2 他の燃料および他の再処理工程

窒化物 (nitride)

未照射窒化ウランおよび混合窒化物 (U,Pu)N の溶解試験では非常に良好な溶解性を示した：急速溶解および 100 % の効率.

窒化物再処理の問題はその ^{14}C の高い含有率に在る，^{14}C は照射中に窒素との (n,p) 反応によって形成される．半減期 5600 年を有するこの放射性元素は溶解中に $^{14}CO_2$ の形態で放出され，これはトラップされるべきものである．

炭化物 (carbide)

炭化物は高濃度硝酸でのみ急速溶解が可能である．さらに抽出操作を妨害する有機化合物を溶解中に形成されることが出来る（プルトニウムの複雑な効果がそれを増加させる）．PUREX 工程はこのためにその溶解条件を修正しないかぎり炭化物に適用することが出来ない．

解の 1 つとしては炭化物を酸化物へ転換する酸化であろう．ガス相での酸化の場合，放射性生成物を細かくする操作とガス化する工程が含まれる追加段階の導入がなされるだろう．

金属合金 (metallic alloys)

アメリカ合衆国で FR 燃料として検討されている UPu 10 % Zr 金属燃料に対して選択された標準工程 (reference process) は，熔融塩環境 (melted salt environment) 下での電気製錬 (electro-refining) を基礎としたものである．実験室規模で研究された，この工程は EBR II 高速中性子炉からの UPuZr 燃料再処理に対し Idaho Falls で履行されたものである [15]．この工程には再処理操作セル内ホット・セルでの燃料の"再製造" (re-fabrication) も含まれている．

第 47 章

再処理戦略 [16]

現行条件で実施される再処理の末期において，基本的に3つの製品グループが存在する：
—再処理からのウラン，
—プルトニウム，
—ガラス・コンテナー内に密封された核分裂生成物とマイナー・アクチニド．

エネルギー物質 (U,Pu) の経済を考慮するのか，または長寿命廃棄物の削減かに依って，再処理工程と最終製品の破壊 (destruction of final products) に対する幾つかの可能な段階が存在しえる．

47.1 プルトニウムおよびウランの使用

再処理ウラン (reprocessed uranium: RU) を軽水炉燃料として使用するためには再濃縮 (ERU) が必要となる．濃縮しないなら，プルトニウム燃料製造で用いることも出来る．RU および当然 ERU も幾らかのマイナー・ウラン同位体 (^{232}U, ^{234}U と ^{236}U) を含んでいる，それらは中性子防護 (^{234}U と ^{236}U は中性子吸収核種) および放射線防護の帰結 (^{232}U) を促す．*1 しかしこれら2つの欠点 (drawbacks) は克服され得ることが，その燃料製造から照射 [17] までと ERU 使用が工業規模で満足され得たと，その燃料に関するフランスでの実行可能性試験 (feasibility experiment) で示されている．

プルトニウムに関して，その使用は高速中性子炉への供給と思われるが，余剰に生産されたプルトニウムは熱中性子炉によって生産されたものを加え FR システム開発を助ける，それは ^{238}U 同位体の増大により天然ウラン節約を達成する．*2 化石燃料不足が無い

---

*1 訳註： 中性子吸収と β 崩壊により；^{236}U→ ^{237}U→ ^{237}Np→ ^{238}Np→ ^{238}Pu へ変換される．^{232}U は γ 線放出核種である．質量数が偶数であるプルトニウム核種は α 崩壊および自発核分裂 (SF) 核種である．したがって中性子の高発生源である．

*2 訳註： 軽水炉用プル・サーマル燃料用にプルトニウムと混合するウランとして RU またはウラン濃縮の際に生じる廃品ウラン（劣化ウラン）を利用する場合，FR 用 MOX 燃料用のウランに RU または劣

し，エネルギーは昔よりもさらに安くなっているため，現在の状況はそのような戦略を開発するのに好都合とは言えない．

　FRs は今日最も注目されている，照射燃料中に含まれているエネルギー物質（基本的にはプルトニウム）増大の理由から，フランスでは年当りほぼ 8 トンのプルトニウムがウラン燃料再処理を通じて生産されていることを心に留めておくこと；もしも何も行わないならば，2000 年に向けて，数 10 トンのプルトニウムが蓄積されることになるであろう．プルトニウムは基本的に素晴らしい核分裂性物質である．燃料照射から生じる生成物の放射性毒 (radiotoxicity) に大きく寄与している元素の在庫を減らすために，それを燃料（エネルギー物質の節約）としてリサイクルすることはそれ故に賢明であると言える．

　プルトニウムのリサイクルは，現在ある原子炉またはこれら原子炉——フランスでは PWRs のことになる——から直ちに導かれるもので，まず最初に検討されなければならないし出来ることでもある．したがって 1994 年に，16 の PWR プラント・ユニットのうち 7 ユニットでプルトニウム（30 %）含有 MOX 燃料での運転が認可された．プルトニウムが PWRs でリサイクルされる程度は MELOX 工場の製造手段により制限される，その公称能力は 120 トン/年で，1997 年に 100 トン/年に達した．標準ウラン燃料の性能へ MOX 燃料性能を向上させるべく，および全 MOX 燃料とはならなくとも，さらに多く MOX 燃料を装荷出来る PWR 設計の提案をするがための研究が現在進行している．しかしながら PWRs でのプルトニウム・リサイクルには限界が有る：炉内で生成されるマイナー・アクチニド量の増加に起因して，その同位体品質が悪化してしまう．PWRs で数回用いた後では，プルトニウムの再使用に他の原子炉が乞われる，"プルトニウム燃焼" (plutonium-burning) 炉である．プルトニウム燃焼炉として稼働する FRs は，この任務の遂行を可能とする品質，特に全てのプルトニウム同位体を核分裂させる能力とこの生成した過剰なマイナー・アクチニドを含まない非常に悪化したプルトニウムのタイプが使用出来る品質を備えている．

　1993 年当初に，CEA は CAPRA (Consommation Accrue de Plutonium par les RApides：高速炉でのプルトニウム消費) 計画を立ち上げることによってプルトニウム燃焼探査の意思決定を行った．第 1 期（1993-1994）での目的は，FR のプルトニウム正味消費が在庫を有効的に調節するのに充分高い FR であり，さらにそこで導入された原子動力プラント・システムは電力生産平均コストに小さな影響を与えるのみであることの実用可能性を確立させることにある．

　事実，FRs は最初からプルトニウム生産および燃焼の能力を有している：増殖 (breeder)

化ウランを用いる場合に天然ウランの消費を抑えることができる．高速増殖炉用ブランケット燃料に劣化ウランを用いると天然ウランに比べて ^{238}U から ^{239}Pu への転換効率が高くなる．これらにより天然ウランの消費を抑制することが出来る．軽水炉と FBR とのバランスを取りながら軽水炉から発生するプルトニウムを FBR 燃料として供給するならば，ほとんど天然ウランを消費せずに，FBR のみでの単独燃料サイクル・システムを最終的には構築することが出来る．このシステムの経済性は本書で述べられたように，化石燃料の枯渇および他のシステムで生産される電力コストとの競合関係に依存する．

47.1 プルトニウムおよびウランの使用

において，その炉心――相対プルトニウム含有率が 15 から 30 % であるウランとプルトニウムの混合酸化物燃料 (U,Pu)O$_2$ である――は劣化ウラン (depleted uranium) 酸化物のブランケットと呼ぶゾーンに取り囲まれている；ブランケット内のウラン-238 から生産されるプルトニウムは，炉心内のプルトニウム燃焼に比べて多い．1 例として，SUPERPHENIX 炉は初期増殖バージョンで年間 250 kg のプルトニウムを生産する．その径方向ブランケットと軸方向ブランケット無しでは，この原子炉は僅かながらプルトニウム燃焼炉となる（100 kg/年）．さらなる消費のためには，炉心の燃料部分の物理的構造への処置が必要となる；これが CAPRA 計画の研究分野である．

FR 炉心のプルトニウム正味消費は，2 効果間における競合の結果である：核分裂を通じてのプルトニウム消失，およびウラン-238 の中性子捕獲反応を通じてのプルトニウム生産．高水準の消費を求めれば，結局生産項の最小化に帰着する，したがってプルトニウム高含有率燃料で動かすことになる．消費とプルトニウム含有率との関係は，CAPRA 計画によって実行された 2 つの主要アプローチを示唆している．

こうして，プルトニウム含有率が 20 % を超え（高速中性子炉での一般的な値）50 % に達する間において，プルトニウム消費は非常に急速に増加する．これが既に集積されていた全ての知識を利用し，プルトニウム含有率の範囲から，酸化物，すなわち古典的燃料使用の限界をこのことが正当化している．現行燃料サイクル技術（製造法と再処理法）との両立性の理由により，混合酸化物プルトニウム含有率 45 % を超えてはならない，これはおよそ 70 kg/TWhe のプルトニウム消費に相当する（1500 MWe 炉でおよそ 800 kg/年）．

プルトニウム含有率 50 % を超えると，消費の低い増加は，プルトニウムが核分裂のみの消失に対応する理論値に近接しているウラン無し燃料の限界ケースをむしろ導く，言い換えればおよそ 110 kg/TWhe（1500 MWe 炉でおよそ 1200 kg/年）．

この研究目的は，燃料使用に対する正しい特性と炉心安全を維持しながら，なるべく高いプルトニウム含有率を有する燃料に対して実施する実用的手段を発見することである．

これらの解の 1 つは希釈 (dilution) である．燃料中のプルトニウム含有率上昇――これは大量に炉心燃焼プルトニウム形成の上で必要とする――は，集合体の一部が不活性物質 (inert material) を充填した無燃料ピンから成る集合体で，炉心体積内の燃料量の大きな減少によるものを補償する．

PHENIX と SUPERPHENIX での大規模実験計画は，検討中の異なる選択肢の適性を確認するものである（プルトニウム高含有率のウラン・プルトニウム燃料，ウラン無しのプルトニウム燃料など）．

その CAPRA 研究は，最適化 FRs でのプルトニウム燃焼の実用性を実証するための第 1 段階として許可された．多大な柔軟性を FRs が有するとの想定される追認を超えて，その実証試験――燃焼炉は古典的 NSSS（核蒸気供給システム：Nuclear Steam Supply System）と統合されており，増殖配列に戻ることが引き続き可能である――は，標準期間 (average term) 中においてこの種の原子炉に対する道を開き，一方ウラン市場の進展が増殖を要求

する時に，増殖に向けての変更も依然として可能であることを実証した．

47.2　長寿命廃棄物の燃焼

　長寿命廃棄物の分離 (separation) および消滅処理 (transmutation) は，1991 年 12 月 30 日にフランスで制定された放射性廃棄物管理法遵守のための研究の 1 つである．

　高放射能および長寿命廃棄物，C と称される（表 43.1），はマイナー・アクチニドと核分裂生成物の両方を含んでいる．

　この法律によって勧告されている戦略要求――長寿命放射性廃棄物の毒性 (toxicity) の減少――に合致させるため，CEA は SPIN（SéParation-INcinération：分離・焼却）計画を立ち上げた．

　この計画の目的は，地層貯蔵区域 (geological storage area) 内に埋設が可能なようにするための長寿命廃棄物の減容と放射能減衰であり，長寿命廃棄物の分離およびそれを非放射能または短寿命のいずれかの元素へと消滅処理することを基礎としている計画である．

　この研究開発は，核燃料の主題と直接的な関連は無いが，それについて触れることには興味が有る，その帰結としてある種の燃料または化合物（ターゲット：targets）が原子炉内に導入されるからである．この計画に関連した研究が導くアイデアについてのレビューの後，幾つかの指示が可能性のあるものとして与えられるであろう．

a) マイナー・アクチニド

　マイナー・アクチニドは，原子炉内で核分裂を通じてか，短寿命元素への消滅処理のいずれかで破壊することが出来る．PWR，FR または高中性子束・核分裂原子炉を使うことが出来る [18]．

　しかしながら，充分な余剰中性子を得ることが出来るとの理由から，FRs での運転がより容易となる．

　マイナー・アクチニド（Am と Np）の炉内燃焼は，均質モードまたは非均質モードで行うことが出来る．この最初のケースにおいて，標準燃料はサイクル（製造，原子炉，再処理）の変更が無いように，アクチニドの限定的追加（数 % 重量）でもって使用される．この概念はネプツニウムへ良好に適用され得る．第 2 番目のケースにおいて，不活性マトリックスが使用される，それにはウランが含まれずアクチニドの破壊を支持するものとして用いられている．アクチニドを数十 % の比率で含むターゲットが造られている．

　PWRs でのマイナー・アクチニドのリサイクルは，全燃料棒に希釈した均質形態の下および特定のターゲット棒での非均質形態の下で研究されている [19]．均質モードで，MOX 燃料に混合されたアメリシュウムとネプツニウムの含有率――炉心特性から帰結される最大値として考えられている――は，1450 MWe の PWR においておよそ 1 % 重量で

47.2 長寿命廃棄物の燃焼

ある．これら条件下で，初期に存在する Am または Np アクチニドの燃焼比率はそのサイクル末期で 40 % に近くなる．非均質モードで，その研究は，案内管内または集合体内の燃料棒を取り換えてのターゲット装荷の実用化評価に関連している．

均質モードでの FRs によるマイナー・アクチニド消滅処理では，炉心の物理的パラメータ（取り分けボイド効果）に関連するマイナー・アクチニドの許容最大含有率は，炉心寸法とデザインに依存し，2 重量 % から 5 重量 % の間で変わる．

初期含有率 2.5 重量 % に設定された，EFR タイプの FR でのリサイクルの場合，その燃焼比率は 50 % に近くなる．非均質モードで，ターゲット内に埋め込んだアメリシウムで 40 % の比率のシナリオ，EFR タイプの径方向ブランケットの第 1 列内で，標準燃料の 3 倍の照射期間でほぼ 60 % の燃焼比率を与える．

PHENIX の試験で SUPERFAC は── 一方で高速中性子束の照射下での良好な冶金学的ふるまい，他方で自己吸収無しの燃料全ての消滅処理を実証した── 4 at. % から 6 at. % の制限された燃焼率に対し，Np と Am アクチニド消失比率を 25 % と 30 % との間に導く [20]．

Np と Am を基礎とした燃料において，もしも消滅処理が正値ならば，これはマイナー・アクチニドの消失を意味する，しかしながら燃料ペレット内にプルトニウム同位体の出現を導く．

工業規模の燃焼適用のさらに現実的な燃焼の外挿には，開かれた 2 つの路が有る：

──均質モードでの消滅処理への燃料の最適化，それにより製造・照射・再処理サイクルを変更しない，

──非均質設計のターゲット開発（またはウランおよびプルトニウム無し燃料）──ネプツニウムと対立するものとして主にアメリシウムが──は，新たなプロセスおよびそれを実施するため，分離，製造および除去のための施設を要求する [21]．

b) 核分裂生成物

我々は基本的にテクネチウム-99（^{99}Tc）にたずさわる，その生成物が有意な量（フランスのシステムではおよそ 900 kg/年，半減期 2×10^5 年を持つ元素である）を示しかつ高い放射性毒を有するためである．

テクネチウムの消滅処理はルテニウム（Ru）を導く，このルテニウムは安定元素である．熱化された高強度中性子束下で消滅処理の準期間 (pseudo-period) が大きく減少する．計算結果によれば，高速中性子炉内の径方向ブランケット内にそのテクネチウム元素を配置し，水素化カルシウム (calcium hydride) を通じて中性子の熱化を行うことによって 5 年間でテクネチウムの 50 % を消滅させることが出来る．[*3]

[*3] 訳註： 水素化カルシウム (calcium hydride)：CaH_2．金属カルシウムを水素気流中 250-300 ℃ に熱して得られる無色の結晶．

燃焼用燃料とターゲット

 幾つかの照射試験が，異なるタイプの原子炉で開始したか，または将来開始する予定である：試験（Petten での OSIRIS, HFR），FR（PHENIX, SUPERPHENIX）．これらの試験は，燃料（均質リサイクリング）またはターゲット（非均質リサイクリング）のいずれかに関連している．

 もし長寿命廃棄物のリサイクリングを適用すべきであるならば，工業規模燃料の大部分はその影響を受けないであろう，廃棄物の破壊はこのために用意された原子炉で実施されるであろうから．

 これらの原子炉に対して，均質リサイクリング用の相対的に低い含有率（数％）の破壊される生成物（マイナー・アクチニド）を含む燃料でなければならない．ネプツニウムではいかなる大きな問題も生じない．それらを供給する **MOX** 燃料（**PWR** または **FR**）製造の既存施設で，グローブ・ボックス内の照射に対する遮蔽の追加およびネプツニウム（Np）の娘核種とネプツニウムによって導入される照射の主要原因，プロトアクチニウム（Pa）含有率を制御することで，製造出来る．アメリシウムの使用は一層問題を大きくする．

 もし廃棄物高含有率のリサイクルを伴う均質サイクリングが行われるなら，これは燃料とは関係無しのターゲットとなる，そのなかでは廃棄物が主要構成物である．

 廃棄物を支える物質は，熱的，化学的，機械的および中性子経済的（プルトニウム元素生成の）性質の慣性的な一般的特徴に合致している不活性マトリックスの最初の選択が行われた．これらマトリックス (matrices) は試験照射で検査に供されるであろう．ターゲット製造は燃料製造工場とは異なる特別の施設が要求されるであろう．

第 48 章

廃棄物の最終処分 [1,2]

　再処理しない使用済燃料貯蔵または他の放射性廃棄物に関連するそのいずれかにせよ，既に述べたように，廃棄物最終処分 (final waste disposal) が現時点において工業規模で稼働しているところは無い.

　廃棄物最終処分は，異なる種類と成りえる地質学上の深層 (deep geological strata) 内へ在るとみなされている：結晶質岩石 (crystalline rocks)，塩 (salt)，粘土 (clay)，結晶片岩 (schist).

　自然または意図的に加えた幾つかの障壁が放射性元素の移行を妨げるかまたはその移行を遅らすであろう：

　—適当な状態にされた廃棄物のマトリックス，燃料貯蔵の場合には UO_2 または $(U,Pu)O_2$ 酸化物のいずれか（被覆管の健全性は長期間において維持できない）または再処理から発生する廃棄物貯蔵の場合のガラス，これらを含む廃棄梱包物，または金属性または非金属性物質の中間で満たされた金属製コンテナーまたはセラミック・コンテナー，

　—貯蔵環境を形成する築造障壁および機械的または化学的なコンテナーの保護，

　—最終的に，地質学上の環境.

　貯蔵された放射性元素の生物圏 (biosphere) へのリターンは，4 つの主要パラメータに依存する：

　—サイトの種類，特にその物理化学的性質（還元環境または酸化環境），

　—放射性元素と強く結合するか弱く結合するか，および浸透性が強いのか弱いのかを示す岩石 (rock) のタイプ，

　—形成された化学種の性質（特に固溶度），これは環境の酸化・還元ポテンシャルに依存している，

　—ソースターム (source term) の重要性，言い換えれば廃棄梱包物からの放射性元素の放出，これは地下水による滲出速度に依存している.[*1]

[*1] 訳註：　ソースターム (source term)：炉心損傷事故時には，燃料が溶解し，核分裂生成物 (FP) が炉

照射燃料の場合とガラスの場合とでは幾つかの点で大きく異なる：
—組成：ガラスはプルトニウムを含んでいない（またはほんの僅かのみ），
—組織：照射燃料は非均質，ガラスは均質，
—母相のタイプ：燃料は UO_2，ガラスは SiO_2．

ガラスとは対照的に，照射燃料は水と接触した場合に容易に受け入れる非常に多量の核分裂生成物――燃料・被覆管ギャップ内（Cs, I）および燃料の結晶粒界内（Cs, I, Sr, Tc）に――を含んでいる．

長期間における，アクチニドと核分裂生成物の放出はその母相，UO_2 または SiO_2 内の溶解速度によって支配されている．

ガラスの場合，異なる元素の溶解は一致 (congruent) している，それは溶解がそれら元素濃度に比例することを意味する；したがって全ての元素は非常に低い滲出速度を伴い，同じ速度で放出される．

照射燃料の場合，溶解モードは環境の酸化・還元ポテンシャルに依存する：還元条件はその一致を妨げる．

UO_2 およびガラスに関するデータを用いたモデリング研究で，人々が被る線量または潜在的毒性を縮小させるというガラスの明白な利点が示されている [22]．さらに再処理は，使用済燃料の直接貯蔵と比較して高レベル放射能廃棄物の体積を減少させる．

心から放出される．このとき1次系や格納容器の健全性が損なわれていなくとも一定の漏れ率で FP などが環境へ放出されることになる．環境への影響を評価するには，炉心から放出される FP などの種類，化学形，放出量を明らかにする必要があるが，これらを総称してソース・タームと呼ぶ．

参考文献

[1] Concepts for the conditioning of spent nuclear fuel for final waste disposal, IAEA-Technical Report Series N° 345 - Vienna, 1992.

[2] Evaluation of spent fuel as a final waste form, IAEA-Technical Report Series N° 320 - Vienna, 1991.

[3] H. Stehle, Performance of oxide nuclear fuel in water - cooled power reactors -, *J. Nucl. Mater.* 153, 1988.

[4] H. Kleykamp, The chemical state of the fission products in oxide fuel, *J. Nucl. Mater.* 131, 1985.

[5] M. Bordy, D. Parrat, On-line sipping system. Poolside inspection, repair and reconstitution of LWR fuel elements. Techinical Commitee Meeting, Lyon, 21-23 October 1991 - IAEA, March 1992.

[6] Long term wet spent fuel storage, IAEA-TECDOC 418, Vienna, 1987.

[7] Final report of a co-ordinated reserch programme on the behaviour of spent fuel assemblies during extended storage (1981-1986), IAEA-TECDOC 414, Vienna, 1987.

[8] Survey of experience with dry storage of spent nuclear fuel and update of wet storage experience, IAEA-Technical Report Series N° 290 - Vienna, 1988.

[9] D.J. Wheeler, Application of the UO_2 oxidation data to the interim storage of irradiated fuel in air environment - Chemical Reactivity of Oxide Fuel and Fission Product Release, Gloucestershire, April 1987.

[10] E.R. Gillbert, T.K. Campbell, C.K. Thornhill, G.F. Piepel, Progress of air oxidation tests on spent light water reactor fuel in an imposed gamma field - Chemical Reactivity of Oxide Fuel and Fission Product Release, Gloucestershire, April 1987.

[11] T.K. Campbell, E.R. Gilbert, C.K. Thornhill, B.J. Wrona, Oxidation behavior of spent UO_2 fuel, *Nuclear Technology,* Vol 84, Feb. 1989.

[12] E.R. Gilbert, W.J. Bailey, A.B. Johnson, M.A. Mc Kinnon, Advances in technology for storing light water reactor spent fuel, *Nuclear Technology,* Vol 89, Feb. 1989.

[13] D. Vollath, H. Wedemeyer, H. Elbel, E. Gunther, On the dissolution of $(U,Pu)O_2$ solid

solutions with different plutonium contents in boiling nitric acid, *Nuclear Technology*, Vol 71, No 1, October 1985.

[14] J.J. Fabre, F. Rouches, FBR fuel design, manufacture and reprocessing experience in France. Int. Conf. on Fast Reactors and Related Fuel Cycles (FR'91), Kyoto, October 28 - November 1, 1991.

[15] C.E. Till, Y.I. Chang, Progress and status of the Integral Fast Reactor (IFR) fuel cycle development. Int. Conf. on Fast Reactors and Related Fuel Cycles (FR'91), Kyoto, October 28 - November 1, 1991.

[16] J. Bouchard, Influence des stratégies du cycle du combustible sur le choix des réacteurs de nouvelle génération. Conférence ENS TOPNUX'93, La Haye, 25-28 Avril, 1993.

[17] R. Combescure, M. Galimberti, M. Soldevilla, Les aspects techniques du recyclage de l'uranium de retraitement pour une compagine d'électricité, Revue Générale Nucléaire, N° 5, Septembre-Octobre, 1989.

[18] J. Tomman *et al.*, Long lived waste transmutation in reactors. GLOBAL'93, Seattle (USA), September 12-17, 1993.

[19] A. Puill, J. Bergeron, Incineration of actinide targets in PWR - SPIN project. GLOBAL'93, Seattle (USA), September 12-17, 1993.

[20] C. Prunier, F. Boussard, L. Kock, M. Coquerelle, Some specific aspects of homogeneous Am and Np, based fuels transmutation through the outcomes of the Superfact experiment in PHENIX F.R. GLOBAL'93, Seattle (USA), September 12-17, 1993.

[21] C. Prunier, M. Salvatores, Y. Guérin, A. Zaetta, First results and future trends for the transmutation of long-lived radioactive waste. SAFEWASTE'93, Avignon (F), June 14-18, 1993.

[22] J.Y. Barré, Nuclear Waste Processing, Forum on Electricity beyond 2000, Washington, Oct. 1-4, 1991.

＝ 第49章

結 言

　フランスの原子炉，PWRs と FRs の両者，の燃料および吸収体に対して行った解説は，広範な設計，これら部材の特徴および運転条件をカバーしている．

　これら原子炉は多くの類似点を有している，取り分けそれらを構成している核分裂性物質の性質および照射下でのふるまいに介在している物理学的現象において．

　共通な他の点は，フランスて検討されたシステムの全てに対し，それらの開発，設計とその確証化 (validation) に適用された厳格な手法 (rigorous methodology) である．この信頼性の結果および安全性はフランス原子炉の運転によって説明される，非常に早い時期から，炉心構成部材——それらは高い水準で照射を受けているとしても——は，いかなる大きな規模 (any significant way) でも負荷因子 (load factor) を変化させないし，それらが事故的状況の反応開始物と成り得ることを示していない．

　本書の記述を終えた時期において（1996 年），世界中に存在する 441 基の原子炉中で 250 基の PWRs と 6 基 FRs が稼働している．

　大部分の原子炉は PWR システムに属しているのが判る，このことは炉心に印象的な数 (impressive number) の集合体または燃料棒をそれらが保持していることを表している．

　1997 年当初，フランスでは 55 基の PWRs が稼働している，その内訳は 900 MWe が 34 基，1300 MWe が 20 基，450 MWe が 1 基である，これに 2 基の FRs（PHENIX と SUPERPHENIX）を加えるべきであろう，これら 2 つの原子炉は酸化物燃料を使用するタイプである．

　PWRs に関して，20 年以上前に戻れば，UO_2 燃料が最も信頼のおけるものと断言することが出来る．

　実証された安全な条件下での重大な経済効果的を有する燃焼率上昇，この種の燃料で 60 GWd/t を超える運転容量を得ることを，最近の研究は目的としている．

　MOX 燃料の経験，これはさらに最近のことであるものの，は既に EDF と安全当局によって最終的なものとして検討されている．実際，900 MWe の 16 基で既に MOX 燃料使用が認可されており，さらに 12 基がそれを使用するための技術的な設計が成されている．

FRs の混合酸化物燃料の製造と照射の集積された経験によって蓄えられた知識のおかげで，PWRs でのプルトニウムのリサイクリングは急速に実証化された．さらに運転パラメータの変更無しにプルトニウム含有率を上昇させうることについて，これら燃料の柔軟性と適合性を示している．

研究開発の担当機関でかつ燃料の設計，運転および再処理の担当機関であるフランス・CEA（原子力庁）の長年に亘る協力，しばしば傑出した (outstanding) 協力，を最後に強調しておく．

第 IX 部

付録の I

燃料要素計算の基礎

著者：
N. CHAUVIN

付録 A

はじめに

　本付録の目的は燃料要素，言い換えれば FR の場合の燃料ピンと PWR の場合の燃料棒，の計算の基礎を与えることである．多数の科学専門分野が燃料内で起きている現象の研究に介在する．

　燃料と被覆管の温度はそのなかでも最も重要な値である；この熱的現象は異なる物質（燃料，ガス層と被覆管）内の伝導方程式を用いて記述されている．時間を伴うその物質の進展および原子炉の運転パラメータに依存しての変化によって，この計算はしばしば複雑となる．

　大きな荷重に曝される棒やピンの良好なふるまいを確保する時，燃料と被覆管の機械的現象の知識は大変重要である．連続体力学 (continuum mechanics) の力学方程式の応用が問題を解くのに役立つ．

　燃料要素の熱的ふるまいと機械的ふるまいは関連し，お互いに依存しており，これらは方程式の組（カップリング）を導入する．さらに，その材料の性質は核分裂生成物と中性子の効果によって影響を受け，原子炉内で生じている全体としての物理化学的現象によって影響を受ける．

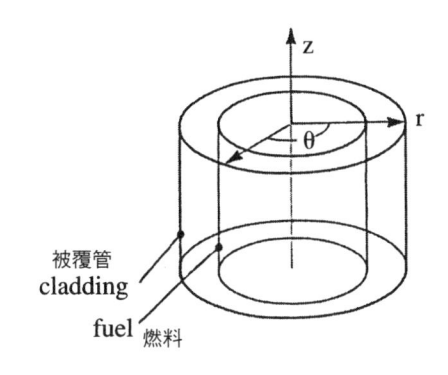

図 A.1　燃料と被覆管の表現

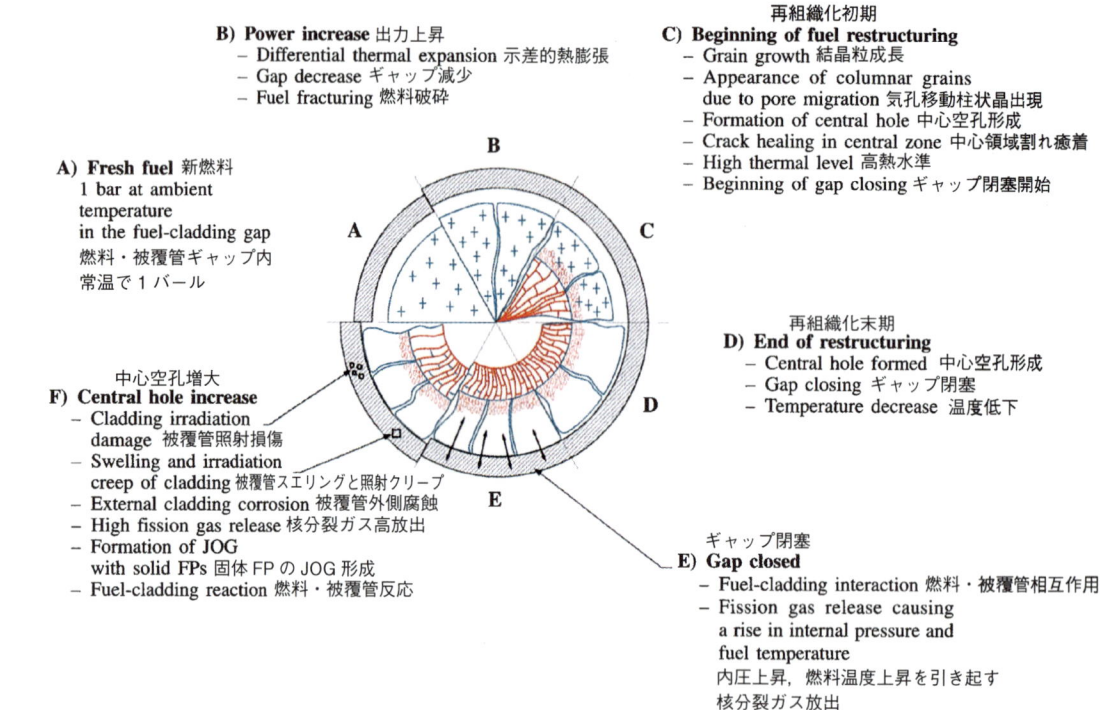

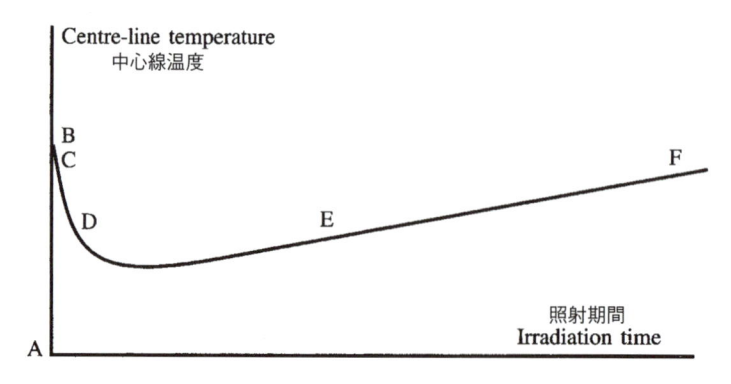

B) Power increase 出力上昇
– Differential thermal expansion 示差的熱膨張
– Gap decrease ギャップ減少
– Fuel fracturing 燃料破砕

再組織化初期
C) Beginning of fuel restructuring
– Grain growth 結晶粒成長
– Appearance of columnar grains due to pore migration 気孔移動柱状晶出現
– Formation of central hole 中心空孔形成
– Crack healing in central zone 中心領域割れ癒着
– High thermal level 高熱水準
– Beginning of gap closing ギャップ閉塞開始

A) Fresh fuel 新燃料
1 bar at ambient temperature in the fuel-cladding gap
燃料・被覆管ギャップ内 常温で1バール

再組織化末期
D) End of restructuring
– Central hole formed 中心空孔形成
– Gap closing ギャップ閉塞
– Temperature decrease 温度低下

中心空孔増大
F) Central hole increase
– Cladding irradiation damage 被覆管照射損傷
– Swelling and irradiation creep of cladding 被覆管スエリングと照射クリープ
– External cladding corrosion 被覆管外側腐蝕
– High fission gas release 核分裂ガス高放出
– Formation of JOG with solid FPs 固体FPのJOG形成
– Fuel-cladding reaction 燃料・被覆管反応

ギャップ閉塞
E) Gap closed
– Fuel-cladding interaction 燃料・被覆管相互作用
– Fission gas release causing a rise in internal pressure and fuel temperature
内圧上昇，燃料温度上昇を引き起こす核分裂ガス放出

図 A.2　FR ピンの一般的ふるまい

A) **Fresh fuel (out-of-reactor)** 新燃料（炉外）
 – 30 bars at ambient temperature 燃料・被覆管内 30 バール，室温 in the fuel-cladding gap
 – External pressure 150 bars (at operating temperature) 外部圧 150 バール（運転温度にて）

B) **Power increase** 出力上昇
 – Differential expansion 示差膨張
 – Restructuring 再組織化
 – Gap decrease ギャップ減少

D) **3rd cycle** 3 サイクル
 – Cladding corrosion and hydridization 被覆管腐蝕と水素化
 – Rearrangement of fuel fragments 燃料小片再配置
 – The cladding induces a stress on the fuel 被覆管の燃料応力励起
 – Appearance of porous zone on the periphery of Pu-enriched fuel (rim effect) Pu 富化周縁の多孔性領域出現

C) **1st and 2nd cycle** 1 および 2 サイクル
 – Creep of cladding towards fuel 燃料への被覆管クリープ
 – Ratcheting effect ラチェット効果
 – Densification 焼締り
 – Gap closing ギャップ閉塞
 – Appearance of primary ridges 隆起の出現
 – Hourglassing 鼓状形状

図 A.3　PWR 燃料棒の一般的ふるまい

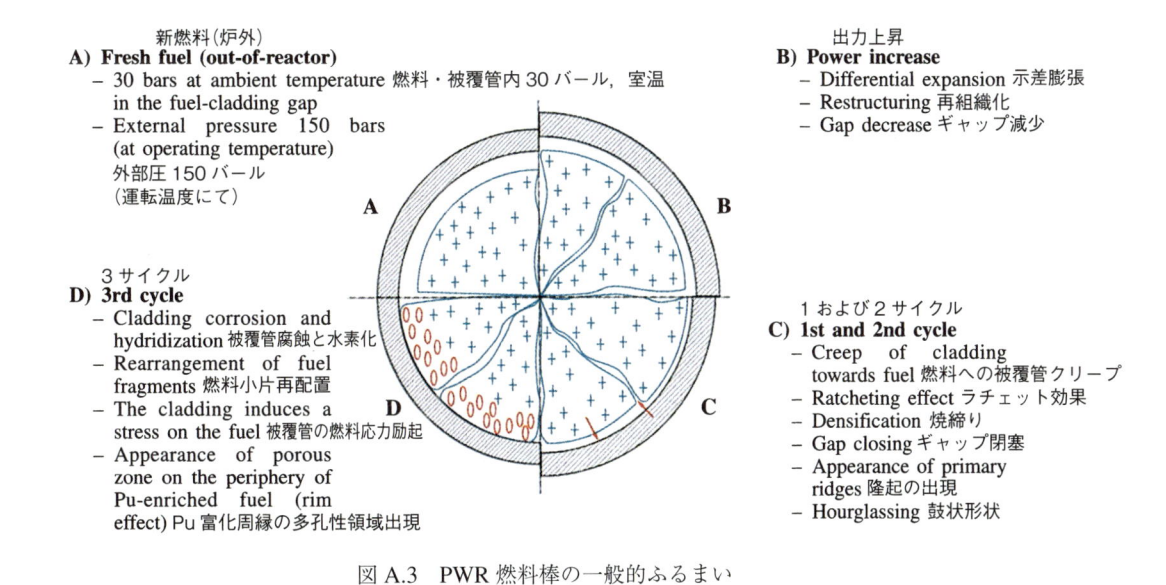

　本付録においては，我々は燃料要素の計算基礎に限定して説明する．最初の部分で温度プロフィールを与えてくれる**熱的ふるまい**に関する方程式について述べよう；第 2 の部分では**機械的ふるまい**に関する方程式に充てよう，言い換えるなら燃料要素を主題とした機械的負荷に依る応力と歪みの表現である．

　PWRs と FRs の燃料要素のみが取り扱われるであろう．

　これら要素は円筒幾何学形状を有している：円柱形状の燃料ペレット（中空または中実）は被覆管内に詰められている．燃料と被覆管の全体は以下に示す極座標 (polar coordinates) 法で定義される（図 A.1：円柱座標系）：

　以下に示す 2 つの図（図 A.2 と図 A.3）は照射下での燃料要素のふるまいに影響する主要な現象を示すものである．

付録 B

熱的ふるまい

B.1　基礎的関連

B.1.1　フーリエの法則

フーリエの法則 (Fourier's law) は，考慮される固体の体積要素内の熱流束密度対温度勾配（グラジェント）で表現される：

$$q = -\lambda \operatorname{grad} T \tag{B.1}$$

ここで
- q = 熱流束密度 (W m^{-2})
- λ = 物質の熱伝導率 (W m^{-2} °C^{-1})
- T = 温度 (°C)

B.1.2　熱方程式

エネルギー収支を行うことで**熱方程式** (heat equation) を演繹出来る．

内部熱源 + 外部供給熱 = 温度上昇に使われる熱

$$P_v + (-\operatorname{div} q) = c_p \rho \frac{\partial T}{\partial t} \tag{B.2}$$

ここで
- P_v = 出力密度 (W m^{-3})
- c_p = 比熱容量 (J g^{-1} °C^{-1})
- ρ = 密度 (g m^{-3})

過渡運転条件 (transient operating conditions) での熱方程式は以下の通り：

$$P_v + \operatorname{div}(\lambda \operatorname{grad} T) = c_p \rho \frac{\partial T}{\partial t} \tag{B.3}$$

定常運転条件 (steady-state operating conditions) $\left(\frac{\partial T}{\partial t} = 0\right)$ および軸方向と偏角方向の温度勾配はゼロと仮定するならば，以下の式が得られる：

$$P_v + \frac{1}{r}\frac{d}{dr}\left(\lambda r \frac{dT}{dr}\right) = 0 \tag{B.4}$$

B.1.3 熱伝導率積分

物質の熱伝導率 λ は一定値で無い；これは温度と伴に変化する，特にウラン酸化物およびウランとプルトニウムの混合酸化物において．我々はしたがって定常運転条件での熱方程式を解くことが出来るように熱伝導率積分 (conductivity integral) を定義する：

$$I = \int_{T_1}^{T_2} \lambda(T)\, dT \tag{B.5}$$

ここで T_1 と T_2 は，それぞれ内側温度（ペレットが中実ならその中心温度）と燃料の外側温度である．

燃料の径方向断面は図 B.1 のように記述される．

—**中空燃料要素**に対して (hollow cylindrical fuel element)

出力密度が r に対して一定であり，径方向出力密度の変動が無いとして，定常運転条件下での T_1 と T_2 間の熱伝導率積分は以下の式で表現される：

$$I = \int_{T_1}^{T_2} \lambda(T)\, dT = \frac{P_1}{4\pi} \left| 1 - \frac{2R_1^2}{R_2^2 - R_1^2} \ln\left(\frac{R_2}{R_1}\right) \right| \tag{B.6}$$

ここで P_1 は出力 (W cm^{-1}) である．

—**中実燃料要素**に対して (solid cylindrical fuel element)

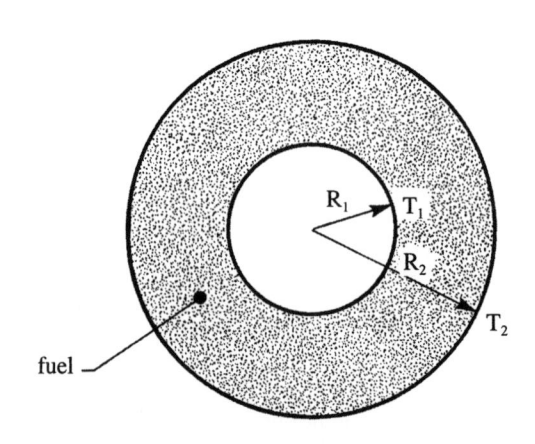

図 B.1　燃料ペレットの径方向断面図

B.2 熱的ふるまい関連方程式

前述のケースと同じ仮定で，$R_1 = 0$ とすると，I は以下の通りとなる：

$$I = \int_{T_{\text{centre}}}^{T_2} \lambda(T)\, dT = \frac{P_1}{4\pi} \tag{B.7}$$

注釈：径方向中性子束に充たされていることを考慮し，形態因子 (form factor) には線出力が適用されるであろう．この因子は FRs の場合に 1 に等しい，これは中性子束が径方向で平らであることによる．PWRs において，この因子は通常 0.95 と 1 との間に在る；この値は半径，ペレットの幾何学形状，初期濃縮度，燃焼率および原子炉に依存している．

B.2 熱的ふるまい関連方程式

以下に示す全ての方程式は定常運転条件に対して記載されたものである．

B.2.1 基礎チャンネル内冷却材温度

燃料要素およびそれに伴う冷却材の熱水力学研究のために，ピンまたは棒の位置により幾何学形状で決まる基礎（仮想）チャンネルが定義される（図 B.2 参照）：

この基礎チャンネルは，FRs の場合にピンの半分から，PWRs の場合は 1 本の棒から放出されるパワーによって加熱される．簡略式ではサブチャンネル間での熱交換は考慮しない．

反応エネルギーは以下の通り：($z = $ 軸座標)．

$$\text{放出熱} = \text{回収熱 (retrieved heat)}$$

$$\alpha\, P_1(z)\, dz = Q_m\, c_p\, (T_{\text{cool}}(z+dz) - T_{\text{cool}}(z)) \tag{B.8}$$

ここで α は基礎チャンネルが受け取るピンまたは棒から供給される熱の割合（FRs では

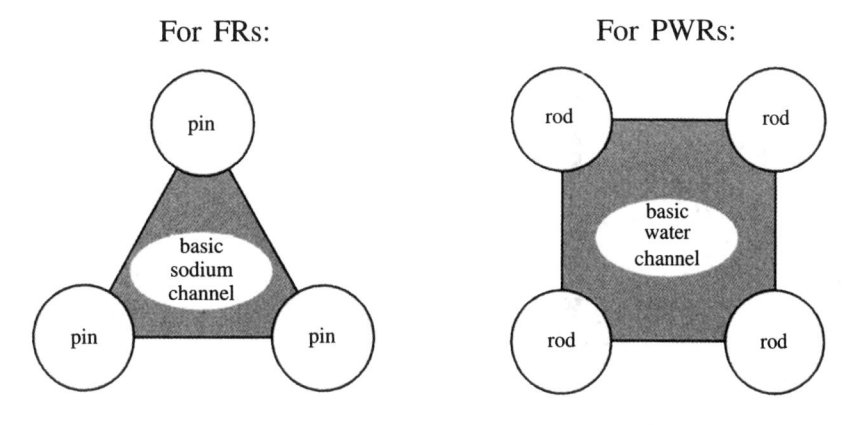

図 B.2 基礎チャンネルの定義

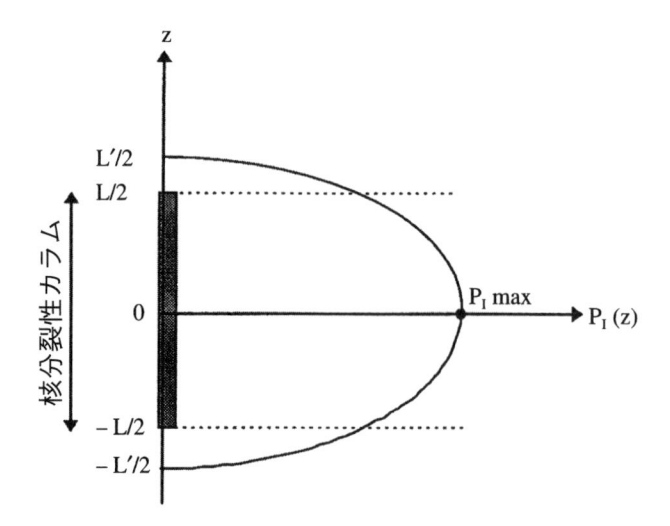

図 B.3 燃料線出力の軸方向プロフィール

$\alpha = 1/2$, PWRs では $\alpha = 1$), Q_m は冷却材の質量流速（g s^{-1}）, c_p は冷却材の比熱容量（定圧および定温での）, $T_{\text{cool}}(z)$ は z 高さでの冷却材温度である．

これより，

$$T_{\text{cool.}}(z) - T_{\text{cool.entry}} = \frac{\alpha}{Q_m \cdot c_p} \cdot \int_{-\frac{L}{2}}^{z} P_1(z)\,dz \tag{B.9}$$

ここで $z = -L/2$ は温度 $T_{\text{cool.entry}}$ の冷却材が炉心に入るところの高さである，$z = 0$ は燃料要素が充填された核分裂性カラムの軸方向中央である．

PWRs の場合，このフラックスの軸方向プロフィールは全体として平らである．FRs を考える場合，この線出力は近似的にコサイン法則 (cosine law) のタイプに従っている：

$$P_1(z) = P_{1\text{max}} \cos\frac{\pi z}{L'} \tag{B.10}$$

ここで L は核分裂性カラム長さ，L' はコサイン・カーブの外挿長さである．

図 B.3 にこの出力プロフィールを示す．

実際には，その最大出力は，高さ $z = 0$ より上で観察される；特に，制御棒挿入に依存する線形項，そのフラックス・プロフィールを摂動させる因子を $P_1(z)$ のコサイン項に加えなければならない．

第 1 近似では，その最大フラックス面が高さ $z = 0$ で観察出来ると見なす，言い換えれば核分裂性カラム中央で観察出来る．

温度分布の第 1 近似はこの結果，以下の式として得られる：

$$T_{\text{cool.}}(z) = T_{\text{cool.entry}} + \frac{\Delta T}{2}\left(1 + \frac{\sin\frac{\pi z}{L}}{\sin\frac{\pi}{2}\frac{L}{L'}}\right) \tag{B.11}$$

B.2 熱的ふるまい関連方程式

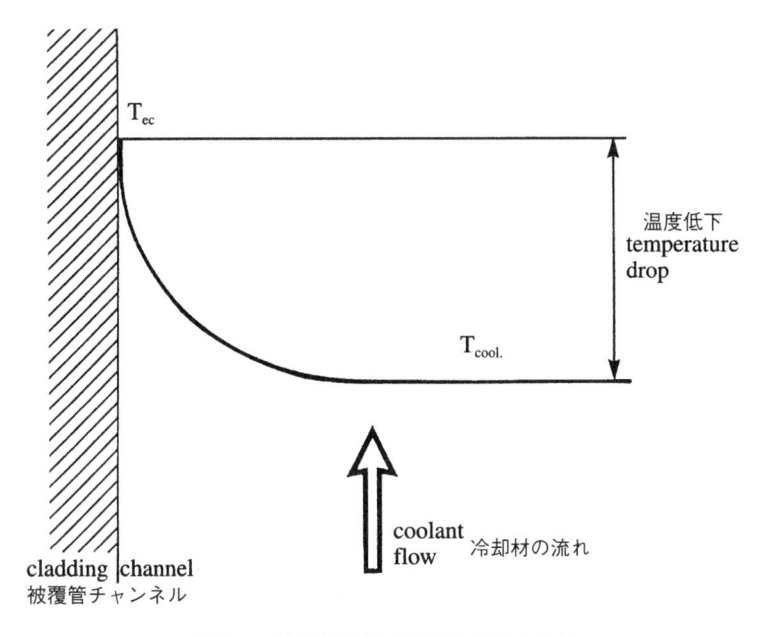

図 B.4 被覆管近傍の冷却材温度の上昇

ここで ΔT は，以下の式で定義された冷却材の温度総上昇分である：

$$\Delta T = \frac{2L'\alpha P_{1\max}}{\pi Q_m c_p} \cdot \sin \frac{\pi L}{2L'} \tag{B.12}$$

B.2.2 被覆管外側温度

被覆管外側温度 T_{ec} は被覆管と冷却材間温度の低下による流体温度上昇と等しい（図 B.4）．

$$T_{ec} = T_{\text{cool.entry}} + \frac{\alpha}{Q_m c_p} \int_{-\frac{L}{2}}^{z} P_1(z)\,dz + \frac{P_1(z)}{\pi D h} \tag{B.13}$$

上式の第 1 項と第 2 項が $T_{\text{cool.}}(z)$ で，第 3 項が被覆管と冷却材間温度の低下に対応している．ここで h は熱伝達率 ($\text{W m}^{-2}\text{K}^{-1}$)，$D$ は被覆管外径，$T_{ec}(z)$ は高さ z での被覆管外側温度である．

もしフラックスが上述と同じコサイン法則にしたがっているとするなら，以下の式が得られる：

$$T_{ec}(z) = T_{\text{cool.entry}} + \frac{\Delta T}{2}\left(1 + \frac{\cos\left(\frac{\pi z}{L'} - \beta\right)}{\sin\left(\frac{\pi}{2}\frac{L}{L'}\right)\sin\beta}\right) \tag{B.14}$$

ここで

$$\tan\beta = \frac{\alpha \cdot L' D h}{Q_m c_p}$$

である．

熱伝達率 h は対流のタイプ（強制または自然）に依存して，または冷却材のタイプ（ガス，液体または液体金属）に従って決定される．

被覆管最高温度は，以下の式で定義される：

$$T_{\text{ec max}} = T_{\text{cool.entry}} + \frac{\Delta T}{2}\left(1 + \frac{1}{\sin\left(\frac{\pi}{2}\frac{L}{L'}\right)\sin\beta}\right) \tag{B.15}$$

B.2.3 被覆管内温度 — 径方向の計算

定常運転条件下での被覆管内の熱方程式は以下のように記述される：

$$\frac{d^2 T}{dr^2} + \frac{1}{r}\frac{dT}{dr} = 0 \tag{B.16}$$

ここでは，被覆管の熱伝導率（λ_c）は一定，被覆管内に内部熱源が無いものと仮定している．

その解は以下の形態となる：$T(r) = a \ln r + b$

r_{ec} と r_{ic} は，それぞれ被覆管の外半径と内半径である．
・$r = r_{\text{ec}}$ では，$T(r_{ec}) = T_{\text{ec}}$（既知）
・$r = r_{\text{ic}}$ では，熱フラックス（流束）密度は燃料に負う．

$$q = \left(-\lambda_c \frac{dT}{dr}\right)_{r_{\text{ic}}} = \frac{P_1}{2\pi r_{\text{ic}}}$$

この問題の解は，したがって：

$$T(r) = T_{\text{ec}} + \frac{P_1}{2\pi\lambda_c}\ln\left(\frac{r_{\text{ec}}}{r}\right) \tag{B.17}$$

これから演繹して：

$$\Delta T = T_{\text{ic}} - T_{\text{ec}} = \frac{P_1}{2\pi\lambda_c}\ln\left(\frac{r_{\text{ec}}}{r_{\text{ic}}}\right) \tag{B.18}$$

ここで T_{ic} は被覆管内側温度である．

B.2.4 被覆管・燃料間ガス層の温度低下

T_{ef} を酸化物表面温度とするならば，以下の式が書ける：

$$T_{\text{ef}} = T_{\text{ic}} + \frac{P_1}{\pi h\, 2 r_{\text{ef}}} \tag{B.19}$$

B.2 熱的ふるまい関連方程式

ここで r_{ef}：燃料外半径，h：燃料被覆管熱伝達率である．

この熱伝達率 h は以下の3項で表現されている：

$$h = h_C + h_R + h_{cond.} \tag{B.20}$$

ここで h_C：接触熱伝達率（ギャップが閉じた時の0からの異なる値），h_R：放射熱伝達率，$h_{cond.}$：ガス層の伝導率に代わるものとして表現された，伝導的熱伝達率である．

1) **接触熱伝達率** (contact heat transfer coefficient)：

$$h_C = \frac{\lambda_m p}{a_0 \sqrt{RH}} \tag{B.21}$$

ここで λ_m は接触伝導率（$\lambda_{cladding}$ および λ_{fuel} の関数），a_0 は物質（被覆管と燃料）に関連した定数，p は接触圧，R は接触粗さ，H は最柔軟固体の平均硬さである．

2) **放射熱伝達率** (radiative heat transfer coefficient)：

$$h_R = \frac{\sigma}{\frac{1}{\varepsilon_f} + \frac{1}{\varepsilon_c} - 1} \frac{T_{ef}^4 - T_{ic}^4}{T_{ef} - T_{ic}} \tag{B.22}$$

ここで ε_f は燃料の輻射率 (emissive power)，ε_c は被覆管の輻射率，σ はステファン・ボルツマン (Stefan-Boltzmann) 定数，T_{ef}, T_{ic} はケルビン温度 (K) である．

3) **伝導的熱伝達率** (conductive heat transfer coefficient)：

$$h_{cond.} = \frac{\lambda_{gas}}{g} \frac{T_{ef}^n - T_{ic}^n}{n(T_{ef} - T_{ic})} \tag{B.23}$$

ここで λ_{gas} は酸化物・被覆管ギャップ内混合ガスの伝導率，g は半径方向酸化物・被覆管ギャップ，$n = 1.79$ は Kampf-Karsten 法則を使った計算値である．

B.2.5 燃料内温度

$$P_v + \frac{1}{r} \frac{d}{dr}\left(\lambda_f r \frac{dT}{dr}\right) = 0$$

ここで P_v は出力密度．

この方程式を解くためには，B.1.3節で説明した熱伝導率積分を用いる．

定常運転条件および方程式を簡略化するために，$\lambda_f = $ 一定と径方向 P_v 一定の下で，熱方程式は以下の通りとなる：

$$\frac{d}{dr}\left(r \frac{dT}{dr}\right) = -\frac{P_v}{\lambda_f} r$$

ところで，

$$r \frac{dT}{dr} = -\frac{P_v}{2\lambda_f} r^2 + A$$

であるから,
$$T(r) = -\frac{P_v}{4\lambda_f}r^2 + A \ln r + B \tag{B.24}$$
となる.

— 中空円柱の場合: (hollow cylinder)

・$r = r_\text{ef}$ 燃料の外半径では,
$$T = T_\text{ef}（既知）$$

・$r = r_\text{if}$ 燃料の内半径では, フラックスがゼロなので,
$$q = \left(-\lambda_f \frac{dT}{dr}\right)_\text{if} = 0$$

この問題の解はしたがって：
$$T(r) = T_\text{ef} + \frac{P_v}{4\lambda_f}\left((r_\text{ef}^2 - r^2) + 2r_\text{if}^2 \ln\left(\frac{r}{r_\text{ef}}\right)\right) \tag{B.25}$$

である.

中心温度：
$$T_\text{centre} = T_\text{ef} + \frac{P_v}{4\lambda_f}\left((r_\text{ef}^2 - r_\text{if}^2) + 2r_\text{if}^2 \ln\left(\frac{r_\text{if}}{r_\text{ef}}\right)\right)$$

である.

— 中実円柱の場合: (solid cylinder)
$$T(r) = T_\text{ef} + \frac{P_v}{4\lambda_f}(r_\text{ef}^2 - r^2) \tag{B.26}$$

である.

中心温度：
$$T_\text{centre} = T_\text{ef} + \frac{P_v}{4\lambda_f}r_\text{ef}^2 \tag{B.27}$$

である.

B.3　応用：温度プロフィールの事例

— 径方向計算 (図 B.5, 図 B.6)

線出力の違いにより, 被覆管. 燃料ギャップ間の温度差は FR のほうが PWR に比べて大きい. これらの温度差はギャップが閉じると縮小する.

— 軸方向計算 (図 B.7)

軸方向温度分布 (プロフィール) は出力最大が炉心中央面に位置するのに対して, その最高温度は炉心中央面よりも上側にシフトしている.[*1]

[*1] 訳註： 本付録のなかでも述べられているように, 熱伝達率や熱伝導率は温度の関数であり, 接触熱

B.3 応用：温度プロフィールの事例

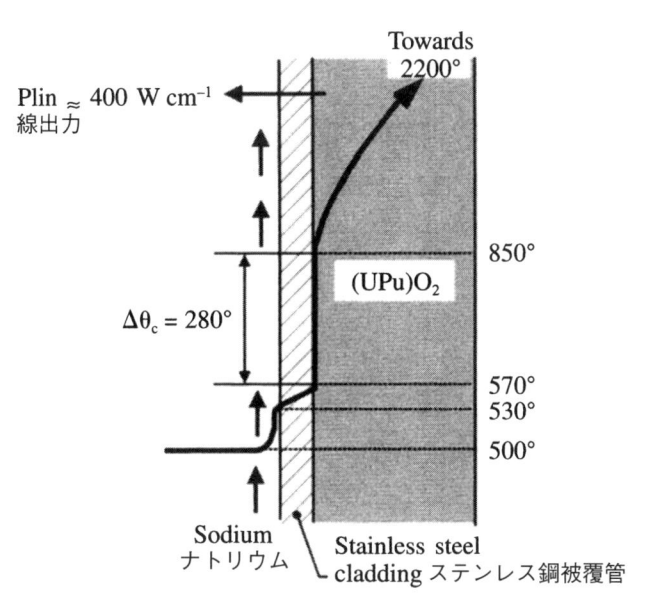

図 B.5　FR の径方向温度プロフィール

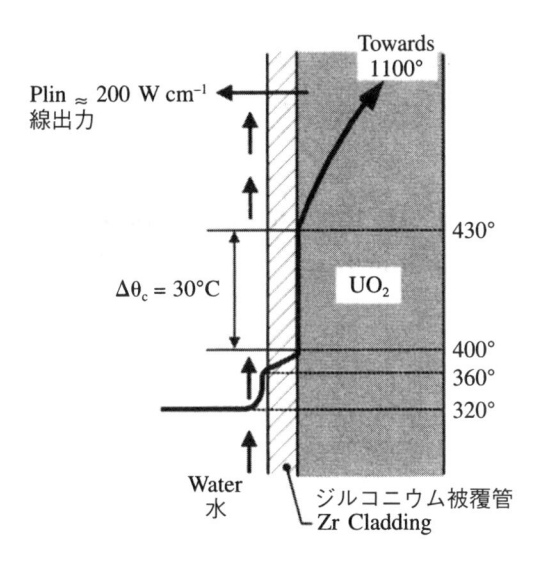

図 B.6　PWR の径方向温度プロフィール

　　伝達率やギャップ熱伝達率は温度およびギャップ幅，ガス組成，接触圧に依存する．このため熱計算方程式では繰返し計算が要求される．また制御棒による出力調整が行われる場合や BWR のように再循環ポンプによる出力制御の場合，中性子束のコサイン・カーブが歪むことになる．したがって，熱計算はコード化され，定常および非定常用コードの開発と実証試験を繰り返すことで，その計算コードの信頼性を高めている．

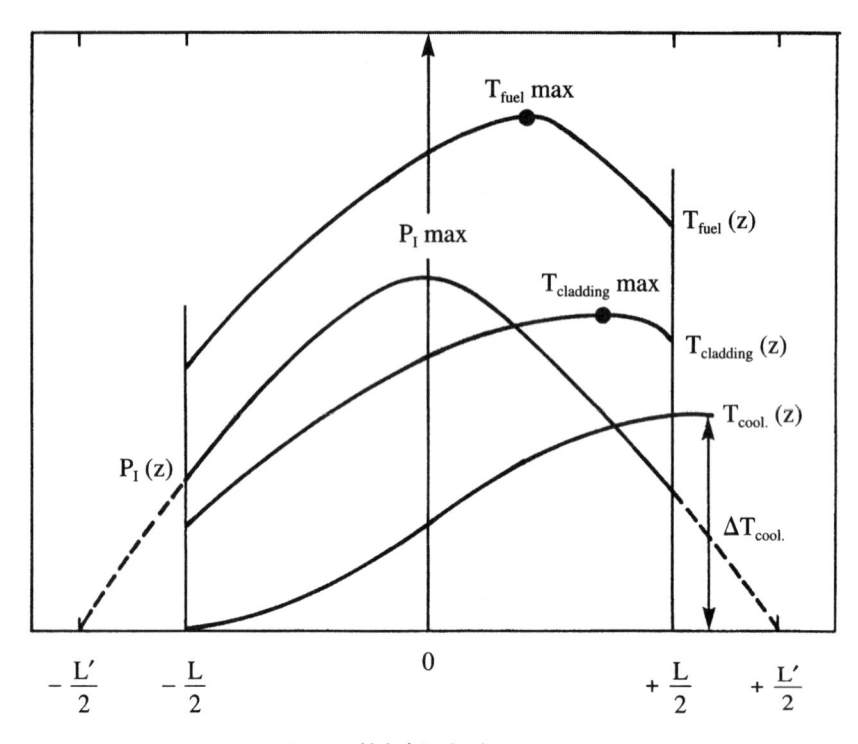

図 B.7 軸方向温度プロフィール

付録 C

機械的ふるまい

C.1 基礎的関連

フックの法則 (Hooke's law) に従い，弾性固体が引張り応力を受ける時に，以下のような同一方向への可逆的 (reversible) 歪み (deformation) が生じる[*1]：

$$\varepsilon_i = \frac{\sigma_i}{E}$$

ここで ε_i は i 方向の歪み（変形）（i = r, θ または z），σ_i は i 方向の応力，E はその物質のヤング率である．

我々は，その時に他の方向（i' と i"）で以下に示すその物質への**圧縮**を観察する：

$$\varepsilon_{i'} = \varepsilon_{i''} = -\nu \frac{\sigma_i}{E}$$

ここで ν は，その物質のポアソン比 (Poisson's ratio) である．

等方性物質が r, θ と z の 3 方向に引張り応力を受けている時，1 方向の歪みはその方向の引張り応力に依存する，しかしそれと垂直でかつその方向に圧縮を引き起す応力にも依存している．

$$\begin{aligned}
\varepsilon_r &= \frac{\sigma_r}{E} - \nu \frac{\sigma_\theta}{E} - \nu \frac{\sigma_z}{E} = \frac{1}{E}(\sigma_r - \nu(\sigma_\theta + \sigma_z)) \\
\varepsilon_\theta &= \frac{1}{E}(\sigma_\theta - \nu(\sigma_r + \sigma_z)) \\
\varepsilon_z &= \frac{1}{E}(\sigma_z - \nu(\sigma_r + \sigma_\theta))
\end{aligned} \quad \text{(C.1)}$$

この付録において，計算は燃料ペレットの**軸対称** (axisymmetric) 変化の仮説を基礎としている．$\varepsilon_r, \varepsilon_\theta, \varepsilon_z$ 歪みは角度 θ に依存していない．また，他では，与えられた高さで r

---

[*1] 訳註： ひずみ (strain, deformation)：物体に外力を加えたときに現れる形や体積の変化をいう．仏語：déformation である．歪みとも書き，変形ともよばれる．応力が弾性限度内であれば弾性ひずみであって，外力をのぞけばもとにもどるが，応力が弾性限度をこえると，塑性変形がおこって永久ひずみが残る．

に依存しないという**平面歪み仮説**(hypothesis of plane deformations)：ε_z で計算が実行される．

C.2　基礎応力と基礎歪み計算

被覆管と燃料の機械的ふるまいは同じ方法で取り扱われている，ただ物質に適する定数 (E, ν) が適用されるだけである．

我々は，均質と見なされる体積要素のi方向の時間 t における**総歪み**のタイプを以下の通り記述できる：

$$\varepsilon_i = \varepsilon_i^{e.} + \varepsilon_i^{t.} + \varepsilon_i^{f.} + \varepsilon_i^{s.} \tag{C.2}$$

ここで $\varepsilon_i^{e.}$ は弾性歪み，$\varepsilon_i^{t.}$ は熱膨張，$\varepsilon_i^{f.}$ は弾塑性流動に依る歪み：瞬時塑性変形 + 照射および熱クリープ，$\varepsilon_i^{s.}$ はスエリング（焼結は負のスエリングと見なしてこのスエリング項に組み入れることが出来る）である．

歪み・変位の間係：
径方向，軸方向の基礎歪み (elementary displacements) をそれぞれ U, W としよう．
この問題の対称性より，これら歪みは θ とは独立である：

$$\frac{\partial U}{\partial \theta} = \frac{\partial W}{\partial \theta} = 0 \tag{C.3}$$

さらに，円周歪み（V）はゼロである．
これら歪みは以下の両立性間係を通じて変位と関連付けられている：

$$\varepsilon_r = \frac{\partial U}{\partial r}, \quad \varepsilon_\theta = \frac{U}{r} \tag{C.4}$$

もしも平面歪み仮説を取るならば，$\varepsilon_z = \dfrac{\partial W}{\partial z}$ = 径方向定数，である．

基礎歪みの異なる成分は，これ以降拡張されている：

C.2.1　弾性項

弾性歪みはフックの法則 (Hooke's law) に従う；この弾性歪み構成物は式 (C.1) によって記述される (elastic term).

C.2.2　熱膨張

温度変化に依る材料の膨張 (thermal expansion) は，熱膨張率 α および温度変化量に比例している．

$$\varepsilon_i = \alpha \, \Delta T \tag{C.5}$$

C.2 基礎応力と基礎歪み計算

この熱膨張率 α は材料と温度の変化に依存する．

C.2.3 粘塑性項

この $\varepsilon_i^{f\cdot}$ 項は，瞬時塑性歪みとクリープによる歪みより構成された永久歪みに変換される (viscoplastic term)；

$$\varepsilon_i^{f\cdot} = \varepsilon_i^{pl} + \varepsilon_i^{cr} \tag{C.6}$$

ここで pl は塑性 (plastic)，$i = r, \theta$ または z であり，cr はクリープ (creep) である．

- 永久歪みが時間に独立であるのに，クリープ歪みは t に依存する．
- さらに一定の体積で起きる，永久歪みまたはクリープ歪みにおいて，この歪みの成分は非圧縮体条件に従う：

$$\varepsilon_r^{f\cdot} + \varepsilon_\theta^{f\cdot} + \varepsilon_z^{f\cdot} = 0 \tag{C.7}$$

（したがって $\nu = 1/2$）．

- 塑性領域内では，プラントル・ロイス (Prandtl-Reuss) の流れ法則または Soderberg 方程式で記載される：

$$\begin{aligned}
\varepsilon_r^{f\cdot} &= \frac{\varepsilon_{eq}}{\sigma_{eq}}\left(\sigma_r - \frac{1}{2}(\sigma_\theta + \sigma_z)\right) \\
\varepsilon_\theta^{f\cdot} &= \frac{\varepsilon_{eq}}{\sigma_{eq}}\left(\sigma_\theta - \frac{1}{2}(\sigma_r + \sigma_z)\right) \\
\varepsilon_z^{f\cdot} &= \frac{\varepsilon_{eq}}{\sigma_{eq}}\left(\sigma_z - \frac{1}{2}(\sigma_r + \sigma_\theta)\right)
\end{aligned} \tag{C.8}$$

ここで ε_{eq} および σ_{eq} は，静水圧拘束を用いたフォン・ミーゼス (Von Mises) の相当（等価）歪み (equivalent deformation) と相当応力である，[*2]

$$\bar{\sigma} = \frac{1}{3}(\sigma_r + \sigma_\theta + \sigma_z) \tag{C.9}$$

この偏差応力成分は以下の式によって定義される：

$$\begin{aligned}
S_r &= \sigma_r - \bar{\sigma} \\
S_\theta &= \sigma_\theta - \bar{\sigma} \\
S_z &= \sigma_z - \bar{\sigma}
\end{aligned} \tag{C.10}$$

この相当拘束は：

$$\sigma_{eq} = \sqrt{\frac{3}{2}(S_r^2 + S_\theta^2 + S_z^2)} \tag{C.11}$$

[*2] 訳註： 相当応力 (equivalent stress)：複雑な多軸応力状態の応力テンソル値を単軸引張り状態の応力に換算したスカラー値を相当応力，または等価応力という．

この式は以下のようにも表現出来る：

$$\sigma_{eq} = \frac{1}{\sqrt{2}} \sqrt{(\sigma_\theta - \sigma_r)^2 + (\sigma_r - \sigma_z)^2 + (\sigma_z - \sigma_\theta)^2} \tag{C.12}$$

これによって塑性歪みとクリープ誘起歪みに対する ε_{eq} と σ_{eq} 間の関係を見出した．[*3]

C.2.3.1 クリープ誘起歪み

時間間隔 Δt での定常クリープによる歪み速度を考えよう．塑性歪みまたはクリープ誘起歪み (creep-induced deformation) に対する各々の時間ステップ Δt 毎に Soderberg 関係式が使われている：

$$\begin{aligned}
\Delta \varepsilon_r^{cr.} &= \frac{3}{2} \frac{\dot{\varepsilon}_{eq}^{cr.}}{\sigma_{eq}} S_r \Delta t \\
\Delta \varepsilon_\theta^{cr.} &= \frac{3}{2} \frac{\dot{\varepsilon}_{eq}^{cr.}}{\sigma_{eq}} S_\theta \Delta t \\
\Delta \varepsilon_z^{cr.} &= \frac{3}{2} \frac{\dot{\varepsilon}_{eq}^{cr.}}{\sigma_{eq}} S_z \Delta t
\end{aligned} \tag{C.13}$$

ここで $\varepsilon_i^{cr.}(t + \Delta t) = \varepsilon_i^{cr.}(t) + \Delta \varepsilon_i^{cr.}$, $i = r, \theta$ または z である．

我々は 2 種類のクリープを区分する：熱クリープおよび照射クリープである．

実験データを用いて得られた相当歪み速度 $\dot{\varepsilon}_{eq}$ を計算する：

被覆管に対して：

— 熱クリープ $\dot{\varepsilon}_{eq}^{cr.} = f(\sigma_{eq}, 温度)$，応力に対して顕著な非線形,

— 照射クリープ $\dot{\varepsilon}_{eq}^{cr.} = f(\sigma_{eq}, 温度, PWR では中性子束, FR では線量速度 (dpa/s))$ である．[*4]

燃料に対して：

— 熱クリープ $\dot{\varepsilon}_{eq}^{cr.} = f(\sigma_{eq}, T, 気孔率, Pu 含有率, 結晶粒の大きさ)$,

— 照射クリープ $\dot{\varepsilon}_{eq}^{cr.} = f(\sigma_{eq}, 燃焼率, T, 核分裂密度, 気孔率)$ である．

C.2.3.2 塑性歪み

クリープに対して用いられたもの（式 (C.13)）——この式で歪み ε_{eq} は実験カーブ $\varepsilon_{eq} = A(T) \sigma_{eq}^{n(T)}$ の形から演繹され，その物質に適合される——と同一の関係を用いる (plastic deformation)．

[*3] 訳註： ミーゼスの降伏条件（最大せん断歪みエネルギー説）：せん断歪みエネルギーが一定値になったときに降伏するものでその降伏条件式は，式 (C.12) となる．
単軸引張り試験を行い，その降伏応力を Y とするなら，2 次元や 3 次元応力状態では $\sigma_{eq} \geq Y$ で降伏が起こると考える．

[*4] 訳註： dpa (displacement per atom)：原子当たりの弾き出し数．照射損傷の程度を表す尺度の 1 つ．dpa/s は 1 秒当りの原子の弾き出し数で，弾き出し損傷速度を表す．

各々の新しい歪み（変形）計算において，前述した時間ステップでの計算された歪みが考慮されている．

C.2.4 スエリング

スエリング (swelling) は等方的であると仮定する．

燃料に対して：

$$\varepsilon_r^s = \varepsilon_\theta^s = \varepsilon_z^s = \frac{1}{3} e_s$$

$$= \frac{1}{3}\left(\left(\frac{\Delta V}{V}\right)_{\text{solid FPs}} + \left(\frac{\Delta V}{V}\right)_{\text{gaseous FPs}} - \left(\frac{\Delta V}{V}\right)_{\text{sintering}}\right) \quad \text{(C.14)}$$

ここで $\frac{\Delta V}{V}$ は体積スエリング．

一項 $\left(\frac{\Delta V}{V}\right)_{\text{solid FPs}}$ は燃焼率に比例する，

一項 $\left(\frac{\Delta V}{V}\right)_{\text{gaseous FPs}}$ は核分裂ガス気泡濃度とその大きさ，対温度に比例する，

一項 $\left(\frac{\Delta V}{V}\right)_{\text{sintering}}$ は焼締り（焼結）によって気孔（ポア）体積の縮小に転換される．

被覆管に対して：

$$\varepsilon_r^s = \varepsilon_\theta^s = \varepsilon_z^s = \frac{1}{3} e_s \quad \text{(C.15)}$$

応力上でのスエリング勾配（グラジェント）の重要性について明記せねばならない．

このスエリングは，FR の被覆管において特に重要である；この場合，スエリングは温度と照射量 (dpa) に通常，依存している．

C.2.5 割れの機械的解釈

燃料ペレットの中央と端間の大きな温度差の理由から，その熱膨張差が大きな応力を引き起す原因となるであろう．その応力がある閾値（良く理解されていない）を超えた時，割れ（クラッキング：cracking）が出現する．

接線方向または軸方向に垂直な平面に割れは出現する．

接線または軸割れの結果はそれぞれ接線応力または軸応力が $-P$ と等しい，ここで P は圧力である．

軸対称および平面歪み仮説を伴う前述方程式はもはや有効では無くなる；この現象に対するモデル化がそのために必要となる．

計算コードに従って，歪みの構成要素または弾性定数（E と ν）の修正によるもののいずれかによって，燃料割れを考慮することが出来る．

歪み項による割れの表現例：ε_i^{crack}

我々は，酸化物のタイプ，基本的な製造のタイプ（欠陥，気孔率，結晶粒の大きさなど）および温度に依存する破裂応力 (rupture stress) σ_{rup} を定義する．

新計算毎に，引張り応力 σ_r, σ_θ および σ_z が σ_{rup} と比較される；これら応力の1つが σ_{rup} と比べて大きいならば，この応力を緩和する割れによる変形を導入し以下のように表現する：

$$\varepsilon_i^{crack} = \frac{\sigma_i}{E}, \quad i = r, \theta, z \tag{C.16}$$

通常，この割れは燃料ペレットの径方向断面内または径方向平面に向かって優先的に形成される．

$\varepsilon_i^{crack} = \varepsilon^{crack}$ に達するまで以下に示す時間ステップを刻む：

— もし $\sigma_i > 0$ なら，我々はその割れを $\dfrac{\sigma_i}{E}$ で拡大させる，

— もし $\sigma_i < 0$ なら，その割れを $\dfrac{\sigma_i}{E}$ で縮小させる．

燃料粗さから，それら割れは完全には閉じることが出来ないという事実を考慮して計算される．FR 燃料では，再組織領域 (restructured zone) 内でその割れは完全に閉じることが可能であると考えることが出来る（$\varepsilon_{i\,residual}^{crack} = 0$）．

C.3 問題の一般方程式

式 (C.2) および前節の結論の幾つかを再び採用し，以下の式を得る：

$$\begin{aligned}
\varepsilon_r &= \frac{1}{E}\left(\sigma_r - \nu(\sigma_\theta + \sigma_z)\right) + \alpha T + \frac{e_s}{3} + \varepsilon_r^{f.} \\
\varepsilon_\theta &= \frac{1}{E}\left(\sigma_\theta - \nu(\sigma_r + \sigma_z)\right) + \alpha T + \frac{e_s}{3} + \varepsilon_\theta^{f.} \\
\varepsilon_z &= \frac{1}{E}\left(\sigma_z - \nu(\sigma_r + \sigma_\theta)\right) + \alpha T + \frac{e_s}{3} + \varepsilon_z^{f.}
\end{aligned} \tag{C.17}$$

スエリング（e_s）および粘塑性項（$\varepsilon_r^{f.}, \varepsilon_\theta^{f.}, \varepsilon_z^{f.}$）は説明され得ない，なぜならそれらは材料に依存し被覆管または燃料について考慮するかによって変化するためである．

これら方程式は一般的であり，被覆管および燃料に適用される．

総歪みは以下の式に等しい：

$$e_T = \varepsilon_r + \varepsilon_\theta + \varepsilon_z = 1 - \frac{2n}{E}(\sigma_r + \sigma_\theta + \sigma_z) + 3\alpha T + e_s \tag{C.18}$$

これら方程式から歪み依存の応力を演繹できる：

$$\sigma_r = \frac{E}{1+\nu}\left(\varepsilon_r \frac{\nu}{1-2\nu}e_T - \frac{1+\nu}{1-2\nu}\alpha T - \frac{1+\nu}{3(1-2\nu)}e_s - \varepsilon_r^{f.}\right)$$

$$\sigma_\theta = \frac{E}{1+\nu}\left(\varepsilon_\theta \frac{\nu}{1-2\nu}e_T - \frac{1+\nu}{1-2\nu}\alpha T - \frac{1+\nu}{3(1-2\nu)}e_s - \varepsilon_\theta^{f.}\right) \quad \text{(C.19)}$$

$$\sigma_z = \frac{E}{1+\nu}\left(\varepsilon_z \frac{\nu}{1-2\nu}e_T - \frac{1+\nu}{1-2\nu}\alpha T - \frac{1+\nu}{3(1-2\nu)}e_s - \varepsilon_z^{f.}\right)$$

円柱幾何学システムの**平衡方程式**は：

$$\frac{\partial \sigma_r}{\partial r} + \frac{\sigma_r - \sigma_\theta}{r} = 0 \quad \text{(C.20)}$$

我々は以下のことも既知である：

$$e_T = \varepsilon_r + \varepsilon_\theta + \varepsilon_z = \frac{\partial U}{\partial r} + \frac{U}{r} + \varepsilon_z \text{ および } \frac{\partial \varepsilon_z}{r} = 0$$

我々は前述のように s に関連した 2 重積分の後に，径方向変形（歪み）の表現式を得る：

$$U(r) = \frac{1+\nu}{3(1-\nu)}\frac{1}{r}\int r e_s dr + \frac{1+\nu}{1-\nu}\frac{1}{r}\int r\alpha T dr$$
$$+ \frac{1-2\nu}{2\cdot(1-\nu)}\left(\frac{1}{r}\int r(\varepsilon_r^{f.}+\varepsilon_\theta^{f.})dr + r\int \frac{1}{r}(\varepsilon_r^{f.}-\varepsilon_\theta^{f.})dr\right) + C_1 r + \frac{C_2}{r} \quad \text{(C.21)}$$

定数 C_1, C_2 は境界条件によって決められる．

この境界条件については，機械的ふるまいのコードを用いてこれらの方程式を数値的に解いて得る．

C.4 境界条件

C.4.1 径方向

C.4.1.1 酸化物・被覆管無接触

この場合，多くの単純化が可能である．

——中空在り：

燃料の内面上（中空）の応力および外面上（ギャップ）の応力はガス圧と等しくならねばならない；被覆管の外側圧力は冷却材の圧力である．

——中空無し：

中央で，径方向 (radial) 歪みと接線方向 (tangential) 歪みが等しいとの事実を用いる．

C.4.1.2 酸化物・被覆管相互作用

燃料・被覆管通路 (passage) での応力に対する連続方程式を記述して燃料および被覆管の全体を形成する．

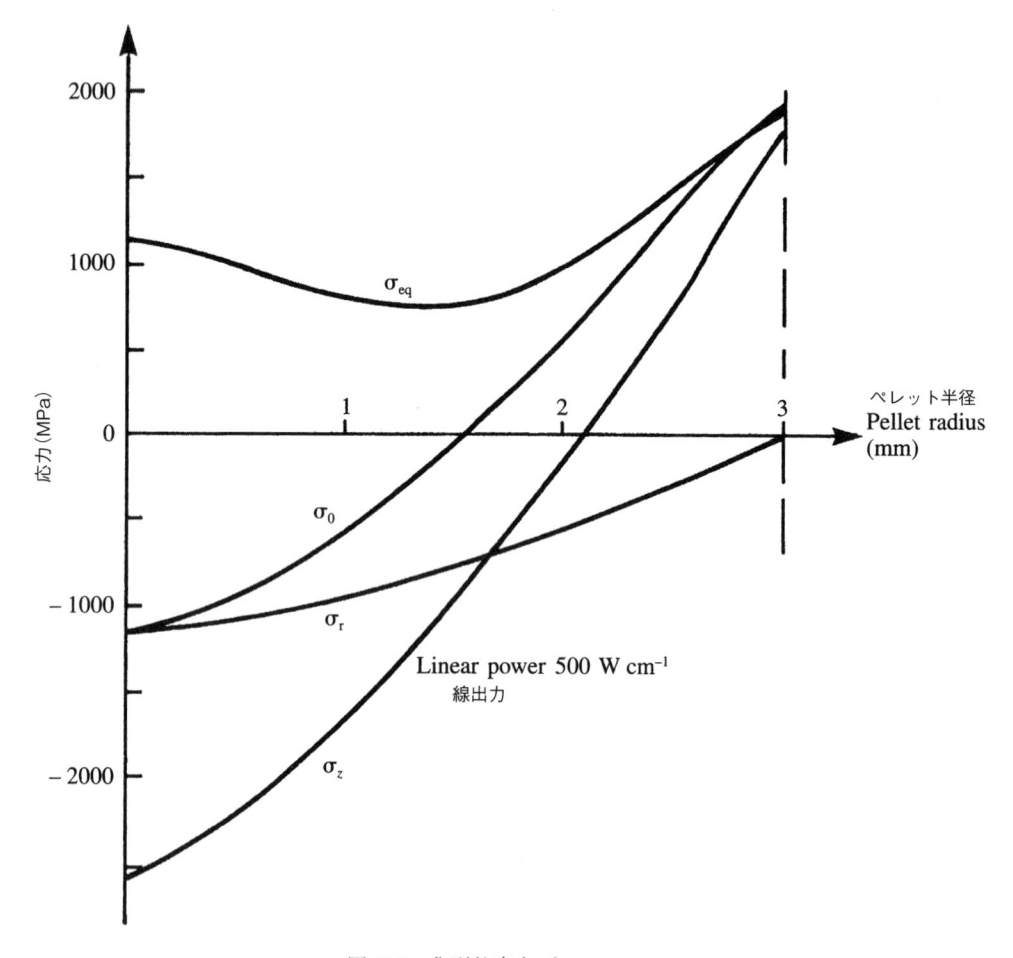

図 C.1　典型的応力プロフィール

被覆管内で燃料の繋ぎ止めが無い時，言い換えれば被覆管内での燃料のスライドが自由である時，これは：

$$\sigma_r^{oxide} + 被覆管の内圧 = \sigma_r^{cladding}$$

もしも，繋ぎ止め (anchoring) が有る場合は：

$$\sigma_r^{oxide} = \sigma_r^{cladding}$$

C.4.2　軸方向

一般的に使用されている平面歪み仮説において，軸歪み ε_z は，z 軸に垂直な平面で一定である．この歪みは軸限界条件 (axial limit condition) を用いて決定される：この軸応力は燃料と被覆管上に及ぼす外側軸力と正確に相殺しなければならない．これら外力にはガス

圧，バネ圧，燃料カラムの重さおよび燃料が被覆管内で繋ぎ止められている場合の摩擦力が含まれる．

C.5 応用

典型的な応力のプロフィール：図 C.1 の通り．

第 X 部

付録の II

燃料棒と燃料ピンの照射後試験

著者：
Th. BREDEL, B. GIANNETTO

付録 D

非破壊試験

　照射材料の試験には，重大な制約を伴う．試験は，サンプルの大きさに従い，コンクリートまたは鉛セル内の高放射能研究室内で行われる．放射線環境下と遠隔操作での作業のために標準検査材料は大きな変更を加えることが必要となる．

D.1　PWR 棒または FR ピンの γ 線スペクトルメトリィ

目的

　燃料要素に沿ったガンマ線放出スペクトルの記録は，核分裂生成物を定性的に，および定量的に分析することが出来る．

　この技法は以下のことを可能とする：

―揮発性核分裂生成物（例えば Cs）のいかなる移動も観察，

―燃料要素の平均燃焼率を推定すること，

―燃料棒による出力の観察から出力過渡時を推定する．

原理

　検出器（通常，純粋な Ge）の前面で燃料棒または燃料ピンを移動させることで研究される．コリメータ (collimation system) が燃料棒と検出器の間に設置され，燃料棒の選択された制限体積からの放射を検出できるようになっている．この検出器から得られる情報は増幅され，エネルギー項で区分され，分析される．

　定量測定において，線源（^{60}Co，^{226}Ra など）を用いるか，または標準燃料棒を用いて事前に校正が行われる．

D.2　PWR 棒または FR ピンの径測定

目的

　1 つまたは幾つかの直径測定を伴う燃料棒に沿った直径測定は，照射前の測定値との比

較によって被覆管クリープと燃料スエリングの結合効果の状態の確認を可能とする．この測定は，燃料棒の扁平化 (ovalization) 評価を可能とし，いかなる幾何学的異常をも検出する．

原理

この測定は通常，予め計測された直径の範囲内にある認定標準で校正された電磁誘導変換器 (inductive transducers) を用いて行われている．

D.3　渦電流変換器を用いた被覆管検査

目的

渦電流 (eddy currents) は被覆管内に存在する欠陥——割れ，肉厚変動，腐蝕など——を直接検知出来る．

原理

コイルの交流場によって検査部分に励起される渦電流の多様な研究からこの手法は成り立っている．被覆管内のいかなる幾何学的非均質性または構造的非均質性（割れ，腐蝕など）も渦電流の通路を修正させる．標準欠陥から得られた信号とこれらの信号との比較から被覆管で観察された異常のタイプを決定することが出来る．[*1]

D.4　PWR 棒被覆管のジルコニア層の測定

目的

この非破壊測定では，ジルカロイ製被覆管表面上の水の活動により炉内で形成されるジルコニア層厚さの確認が出来る．

原理

高周波渦電流が使われる．この原理は覆い (coating)/基層 (substrate) 結合体 (associations) の測定に適している（非磁性体/強磁性体，絶縁体/伝導体）．

磁力線が強磁性体 (ferromagnetic material) 近傍（材料内の集中場）で修正を受ける現象をこの原理は基礎としている．この集中量 (amount of concentration) は強磁性体と検出器 (probe) との距離によって変化する．

測定される値を含む異なる厚さのマイラー・シート[*2]で覆われた，燃料棒被覆管と幾何学形状および性質が同一の管上で，この機器は予め校正される．

[*1] 訳註：　　渦電流探傷 (eddy-current testing)：コイルに高周波電圧を印可すると交流磁界が発生し，その磁界の中の金属材料に渦電流が発生する．渦電流は材料の材質，欠陥，異種金属，形状変化などによってその発生状態が異なるため，検出コイルに得られた信号成分を解析することにより材料の非破壊検査が可能であり，燃料被覆管や蒸気発生器伝熱管の非破壊検査法として用いられる．

[*2] 訳註：　　マイラー・シート (mylar sheets)：米国 DuPont 社製の磁気テープ・フィルム・繊維などに用いる強化ポリエステルフィルム．商標名がマイラーである．

付録 E

破壊試験

E.1 燃料要素の断面金相学

目的

金相学 (metallography) は以下の特性付けを行う：
―酸化物の組織（結晶粒成長，気孔率の分布，割れ，ガス気泡の大きさと分布など），
―酸化物・被覆管の接触，
―被覆管の内面と外面腐食および水素化物，これらの組織 (structure)，
―端栓および溶接部の状態．

原理

研磨および化学またはイオン食刻（エッチング）による試料準備の後，検査がマクロスコープ (macroscope)（×10 倍率）およびミクロスコープ (microscope)（×1000 倍率まで）を用いて行われる．

画像解析は，定量的な特徴付け（結晶粒の大きさ，気孔，水素化物の分布など）のためにこの検査と組み合わせることが出来る．

E.2 燃料棒の穿孔

目的

この測定は内圧の計測を可能とする，燃料棒内の放出ガス量および自由体積が決められる．

原理

燃料要素内の内部雰囲気を構成しているガス（基本的に He, Xe, Kr）は，被覆管穿孔 (is punctured) の後，標準体積へと漏れだす．これらガスはガス・クロマトグラフィー (gas chromatography)[*1]または質量スペクトロメトリィ (mass spectrometry) による分析のため

[*1] 訳註： ガス・クロマトグラフィー：流量が一定に保たれるキャリヤーガスは試料送入部を経て分離

に集められる．

この自由体積は穿孔後に既知体積のガスを棒内に注入することによる同一法により測定されている．

E.3 燃料中の妨害ガス調査

目的
この測定は，燃料中の防害ガス (occluded gas) の量が推定出来る．

原理
燃料の昇華 (sublimation) を生じさせる高温加熱によってガス抽出が達成される．この処理中，その体積測定と質量スペクトロメトリィによるその組成の分析のためにガスは捕集される．

E.4 燃料中の静水圧密度測定

目的
この測定では，燃焼率を関数とする燃料スエリングを決定することが出来る．

原理
この測定では，空気中とその濡れ能力に従い選択された溶媒中と，2 度の重量測定を伴う．[*2]

E.5 被覆管内の水素調査

目的
この測定では，燃料棒被覆管内に存在している水素量の定量化を可能とする．

原理
被覆管内に存在するガスは断面加熱（アルゴンまたは真空中で 1500 °C 近傍）により抽出される．水素は，捕集ガスの体積測定と定量分析によって決定される．

管を流れ，検出器を通って外部に放出される．分離管を通過する間に試料中の各成分は，管内充填物に対するそれぞれの吸着性（気固）または溶解性（気液）の差異によって移動速度に差異を生じて分離され，検出器につぎつぎに到達する．時間的に成分量の大小を記録紙上に記録させると，各成分に対応する一連のピークをもつクロマトグラムが得られる．

[*2] 訳註： 液浸法 (immersion method)：密度測定方法の 1 つ．被測定体をばね秤に吊り下げて重量を測定し，次に比重が正確に求められている液中に被測定体を吊り下げ，液体の浮力による重量変化を求め，これらの値から物体の密度を得る．

E.6　電子線プローブ微小分析

目的

この検査は以下のことが出来る：

―酸化物の母相内の可溶性核分裂生成物の定量的分布の決定，

―酸化物の母相内のプルトニウムの定量的分布の決定，

―介在物形成核分裂生成物の定性分析および定量分析，

―酸化物・被覆管接触領域の定性分析および定量分析．

原理

約 1 ミクロンの単一エネルギーの電子線で，試料は照射される．この結果，そこに存在する元素の特性 X 線が放射される．この X 線は波長分散スペクトロメータ (WDS: wavelength-dispersion spectrometers) によって分析される．

定量分析は標準での校正の後，Z > 5 の元素に対して行われている．

E.7　走査型電子顕微鏡

目的

燃料または被覆管の破断面金相学 (fractographs) の研究のため，および付随する被覆管破損（出力急昇）の検査が出来る．

波長分散スペクトロメータは，観察された相の定性分析および定量分析を許容する．

原理

単一エネルギーの電子線で，試料は照射される．その電子線と物質との相互作用の間に，異なる放射が生起される：

―2 次電子，これは"レリーフ，浮彫り：relief"の電子的画像を提供する，

―後方散乱電子 (back scattered electrons)，原子番号コントラスト画像を提供する，

―存在元素の特性 X 線．

これら異なる放射は検出器またはスペクトロメータを使用して分析されている．

画像解析 (image analysis) は，定量物性検査（Pu 凝集の大きさ，燃料気孔率のスペクトル）にも用いられている．

E.8　X 線結晶学

目的

この検査は以下のことを許容する：

―研究中の物質内に存在する相の面間距離 d (interreticular distance) の計算，

—腐食生成物（例えばジルコニア）の形成，燃料酸化または核分裂生成物の形成に依る相変化の研究，

—固溶体の組成または燃料の化学量論 (stoichiometry) 決定のための結晶格子定数 (lattice parameters of a crystalline system) の計算．

原理

波長 0.1 nm から 0.2 nm 間の X 線入射ビームは，原子面の格子によって回折される．結晶系において特徴とする，この回折ピークは固体シンチレーション計数器 (scintillation counters) またはガス・シンチレーション計数器を用いて，アナログ的または数値的に記録される．

ブラッグ関係 (Bragg relation) は，考慮する平面の面間距離と入射角を伴う波長と関連付けられる（$\lambda = 2d\sin\theta$）．

第 XI 部

付録の III

核分裂ガス放出モデルの方程式

著者：
B. KAPUSTA

付録 F

原子拡散に依るガス移動

F.1 単純な拡散モデル

原子拡散に依る熱的移動はフィックの式 (Fick's equations) を用いて記述されている．放射性ガスの拡散 (diffusion) に対し，この拡散方程式には放射能減衰の追加項が含まれる．円柱座標系において，以下のように記載する：[*1]

$$\frac{\partial C}{\partial t} = B + D \frac{1}{r^2} \frac{\partial}{\partial r}\left(r^2 \frac{\partial C}{\partial r}\right) - \lambda C$$

ここで C は溶解原子 (dissolved atoms) 濃度，t は時間，B は原子の生成速度（または発生源の項），D は母相内原子の拡散係数，λ は当該同位体の崩壊定数である．

安定同位体（$\lambda = 0$）と放射性同位体（$\lambda \neq 0$）に対して，この式の解は，Beck によって与えられている [V.47]．[*2] 放出ガスの瞬時割合はガス原子のフラックス（流束）J から推定される，それは等価球 (equivalent sphere) 表面を横断している；その固体の単位体積当たりの放出速度を R として定義すると（単位：$s^{-1}cm^{-3}$），以下の関係式が得られる：[*3]

$$R = \frac{3}{a} J = -\frac{3D}{a}\left(\frac{\partial C}{\partial r}\right)_{r=a}$$

[*1] 訳註： 球座標系のフィック第2法則である；記号表のラプラス演算子と拡散則を参照のこと．

[*2] 訳註： 等価球：FP ガス拡散と放出に関して A.H.Booth モデルが採用され [V.41]，このモデルは均一な半径 a を有する球状で構成された固体で，その球形内での体積拡散によって FP 放出が律速されると推定している．したがって等価球の定義は燃料ペレット結晶粒の「表面積/体積」比を同じくする球体（半径 a）を意味する．この Booth モデルについての Hj.Matzke の反論は以下の通り：

　このことは非現実的で単純化しすぎている．なぜならば全ての粒が同じ大きさであるわけでも無いし，それらは球状でもない，粒界がプレナムに直ちに移行するための完全な吸い込み場所でもない．もしこのモデルを用いたコードを使用する場合，このような単純なコードでは，非定常運転条件下（例えば，核分裂速度の急激な変化や急激な温度変化など）での記述に失敗するであろう．このような場合には，核分裂速度での気泡内の FP ガスの分離反応（再固溶によって）とその温度での固溶体内の FP ガスの分離反応（拡散によって）とを考慮しなければならない；Hj. Matzke, *"Science of Advanced LMFBR Fuels"*, North-Holland Physics Publishing (1986).

[*3] 訳註： $\dfrac{S}{V} = \dfrac{4\pi a^2}{\frac{4}{3}\pi a^3} = \dfrac{3}{a}$ となる．

ここで a は等価球の半径である．

放出ガスの瞬時割合 (instantaneous fraction) H はこの放出速度をガス原子の生成速度 B で割ることで得られる：

$$H = \frac{R}{B}$$

実際問題として，照射開始から放出されるガスの累積割合 (accumulated fraction) F に我々は興味が有る；これは瞬時割合 H の時間積分によって計算されている．原子力産業界で用いられているこのモデルでは，総核分裂収率を用い，安定ガス（λ を 0 に定める）のそれと等価なものとして，キセノンとクリプトン（核分裂生成ガス）を全体として取り扱う．

この拡散方程式は以下の初期条件と境界条件を用いて解かれている：[*4]

$$C(r, 0) = 0$$
$$C(a, t) = 0$$
$$C(0, t) \text{ は有限値．}$$

短期間限度の近似では——これは $Dt/a^2 < 0.1$ のことである（PWR 条件下で数年の照射期間で有効性確認がされる）——累積放出ガスの割合 F を以下のように記述出来る：

$$F = \frac{4}{\sqrt{\pi}} \left(\frac{Dt}{a^2}\right)^{1/2} - \frac{3}{2} \frac{Dt}{a^2}$$

低放出では，第 2 項が省略できて，その放出されたガスの割合は $\sqrt{Dt}$ の時間関数として変化する．

F.2 母相内での気泡トラッピングと再溶解を伴う拡散モデル

F.2.1 気泡トラッピング速度

気泡 (bubble) によるガス原子の吸収計算では，準定常仮定 (quasi-stationary assumption) が用いられる：母相内の全ての場所で $\frac{\partial C}{\partial t} = 0$ とする．母相内で生成されたガスがガス原子の気泡への拡散とバランスしている時，このことは充分な高温で有効である．

[*4] 訳註： フィックの式をこれらの境界条件で解くと，

$$F = 1 - \frac{6a^2}{90Dt} + \frac{6a^2}{\pi^4 Dt} \sum_{n=1}^{\infty} \frac{1}{n^4} \exp\left(-\frac{n^2\pi^2 Dt}{a^2}\right)$$

が得られる．$F < 57\%$ に対する近似で，かつ $Dt/a^2 < 0.1$ の場合，いわゆる短期間限度の近似式が成り立つ．燃料の単位体積当りの粒界面積は $\frac{S}{V} = \frac{4\pi a^2/2}{\frac{4}{3}\pi a^3} = \frac{3}{2a}$ と 1/2 因子が加わる，これば各々の粒界が隣接する 2 つの結晶粒よりガスが供給されることによる．

F.2 母相内での気泡トラッピングと再溶解を伴う拡散モデル

この仮定および気泡の半径 R は気泡間距離に比べて小さいことを考慮し，気泡によってトラッピング（捕獲）速度は溶解原子濃度, C に比例することを示すことが出来る [V.48]：$\partial C/\partial t = -kC$ ここで $k = 4\pi RD$ である．

単位体積当たり N 個の気泡を含む燃料内で，その気泡による捕獲速度は下記式によって与えられる：

$$\frac{\partial C}{\partial t} = -gC \qquad ここで \quad g = kN = 4\pi RND$$

である．

F.2.2 母相内での気泡再溶解速度

照射下での気泡再溶解 (bubble re-solution) に対応する項の計算において，このモデルを2つの異なるアプローチに区分することが出来る：

- **巨視的再溶解** (macroscopic re-solution)，これは単一核分裂片による部分的または全ての破壊を考える．この気泡の破壊速度は気泡濃度，N に比例している：$\partial N/\partial t = -b'N$. ここで b' は気泡の巨視的再溶解速度である；これは気泡半径，R，と核分裂片の反跳距離，μ_{ff} および核分裂速度，$\dot{F}$ を関数として表現される [V.48,V.49]：

$$b' = 2\pi R^2 \mu_{ff} \dot{F}$$

この原子の再溶解はしたがって以下の式で与えられる：

$$\frac{\partial C}{\partial t} = b'M$$

ここで M は気泡中に存在するガス濃度である．

- **微視的再溶解** (microscopic re-solution)，これは核分裂片の衝撃による（1個または数個の原子の）気泡の部分的再溶解を考える．この気泡原子の再溶解速度は気泡内のガス原子数，m に比例している：

$$\frac{\partial C}{\partial t} = bm$$

ここで b は原子の微視的再溶解速度である；これは核分裂速度，$\dot{F}$．核分裂片から静止ガス原子への移行エネルギーに対する衝突断面積 σ および入射核分裂片のエネルギーの関数である [V.48,V.50]．

燃料母相内での微視的再溶解速度はしたがって：

$$\frac{\partial C}{\partial t} = bM \qquad ここで \quad M = mN$$

である．

F.2.3 拡散方程式

この捕獲と再溶解の予備計算 (preliminary calculation) から，両者の現象を考慮したモデルにおいて安定ガスに対する拡散方程式は下記のように記述出来ることが判る：

$$\frac{\partial C}{\partial t} = B + D\nabla^2 C - gC + bM$$

気泡による気泡再溶解と捕獲の2つの現象は，互いに競合している．

この結論は，PWRでのある期間照射の後，気泡内に閉じ込められたガスの量，M がもはや増加出来ないということである；それは最大値に到達する：そのことは燃料がガスで飽和していると言われる．炉内で，この飽和は照射最初の数ヵ月中に達してしまう．

この方程式で，飽和現象は下式によって表現される：

$$\frac{\partial M}{\partial t} = gC - bM = 0$$

この場合，拡散方程式を簡略形態へ変更出来る：

$$\frac{\partial \Psi}{\partial t} = D'\nabla^2 \Psi + B$$

ここで Ψ は総ガス濃度，溶解および気泡内の（$\Psi = C + M$），D' は気泡による原子の捕獲を考慮した有効拡散係数 (effective diffusion coefficient) である：

$$D' = D\left(\frac{b}{b+g}\right)$$

この式を解いて，我々は，それ故に単純な拡散モデルのケースに戻ることになる．

燃料母相が飽和していない時，短期間限度でのこの拡散方程式の解はさらに複雑となる．この理由に依って，多くのモデルでは，良く定義された気泡母集団を伴う初期状態での燃料として，飽和した燃料のみしか取り扱わない．照射初期における気泡核生成計算の要求をも除いている．これらのモデルにおいて，気泡濃度とそれらの初期サイズは入力値（実験結果に基づく）かまたは計算（核生成理論に基づく）によることが出来る．

F.3 拡散係数の影響

等価球モデルの全ては原子拡散原理に基づいている；したがって用いられているそれらは拡散係数およびその温度の進展に極めて敏感である．数多くの実験研究が二酸化ウラン内の貴ガスの拡散係数について実施されてきた．これら測定の結果は，しかしながら無視できない程の分散を示している [V.51]：幾人かの著者たちによって出版された D 値には数オーダ（時々 10^6 に達する）の差異がしばしば存在する．この分散は，一方で試料の可変的物理化学状態の寄与とみなされ，他方で実験条件の差異によるとみなされている．

F.3 拡散係数の影響　　　　　　　　　　　　　　　　　　　　　　　　　　　　　　675

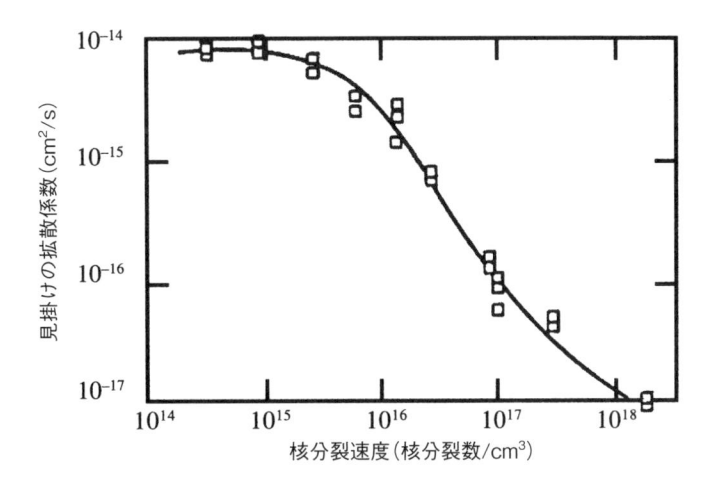

図 F.1　核分裂速度を関数とした前照射 UO_2 単結晶内の核分裂ガスの見掛けの拡散係数 D_{trap}^{lab} の変動；D_{trap}^{lab} は 1400 ℃ アニリングの照射後試験を通じて測定されている．

F.3.1　実験的条件

通常，放出ガスの比率の測定結果から D は決定される．この測定は以下の項目で実施出来る：

—照射下で [V.52]，

—照射後のアニリング（焼鈍し：annealing）を通じて，

—または放射性ガスを人工的に注入した新 UO_2 燃料のアニリングを通じて（これは貴ガスの注入によって，または UO_2 製造中にガスを発生させる同位元素を合体させることである）．

引き続く気泡成長モデル上の調整を伴い，UO_2 母相内のガス気泡のサイズ測定によって拡散係数も決定されている．

これらの技法全てによって測定された拡散係数は，それらは異なる機構で特性を表現していることより，比較出来るものではしたがって無い．何が測定されたのかを定義した Matzke (1980) によって，拡散係数の分類が確立された [V.51]：

—完全 UO_2 格子内の孤立原子の真の拡散に対する D，

—トラップに存在する原子——しかし炉外——の拡散に対する D_{trap}^{lab}，

—照射下でトラップに存在する原子の拡散に対する $D_{trap}^{in-reactor}$：これは核分裂ガス気泡間のガス移動度 (gas mobility) と記述される，

—$D_{eff} = D_{trap}^{in-reactor}\left(\dfrac{b}{b+g}\right)$ は，気泡による捕獲を考慮した有効ガス移動度として記述される．

F.3.2　試料の物理化学状態

UO$_2$ 内の貴ガスの拡散係数は，試料の化学量論 (stoichiometry) と燃焼率に強く依存している [V.53,V.54]．

照射中に UO$_2$ 内に形成される欠陥（転位，核分裂生成物）でのガスの捕獲がガス放出遅れを引き起す．

この結果として，照射初期の数日中に達してしまう飽和値へと向かう見掛けの拡散係数，D_{trap}^{lab} の減少が存在している（図 F.1）；UO$_2$ の単結晶内を研究室の条件で 1400 °C でアニリングし，その見掛けの拡散係数が照射初期と燃焼率 70 MWd/tU——PWR では 1 ないし 2 日の照射に対応する——の間で 1000 倍のファクターで減少する [V.55]．この D_{trap}^{lab} の飽和値は炉内測定値 $D_{trap}^{in-reactor}$ に比べて低い，なぜなら照射中，結晶欠陥で捕獲されているガスが再固溶するからである．

UO$_2$ 内の貴ガス拡散は結晶の化学量論 (stoichiometry) に極めて敏感である；ガス拡散は UO$_2$ に比べて超化学量論的 UO$_2$ (UO$_{2+x}$) のほうがより速い：1000 °C で，O/U = 2.005 を O/U = 2.12 に変化した時，著者によれば D が 10^2 から 10^4 のファクターへ増加する．

試料に対して出版された拡散係数値の膨大な分散は，その試料の化学量論を確認してこなかったこと説明している．

照射下での化学両論 UO$_2$ で，核分裂形成貴ガスの拡散係数 $D_{trap}^{in-reactor}$ は，1000 °C で約 10^{-16} cm^2/s であり，1400 °C で 5×10^{-14} cm^2/s である [V.51]．照射中，核分裂は酸化なので O/M 比が増加する；この効果は無視すべきでは無い．

付録 G

ガス気泡の移動

G.1 熱勾配下で気泡に働く力の計算

力，F_b に依り燃料内の気泡が移動する時，固体の原子はその気泡をその反対方向に横断する．F_b の計算は，固体の個々の原子に働く微視的力，f によって推定することが出来，その仕事量によって下記の通り記載される：

$$F_b = -\left(\frac{4\pi R^3}{3\Omega}\right) f$$

ここで Ω は UO_2 分子体積であり，R は気泡半径である．

力 F_b はしたがって気泡半径の立方体に伴い増加する，さらに欠陥に捕獲された気泡が臨界の寸法に達した時それら気泡はこの力によって無理に引き離なされて移動し始める．

この微視的力，f の計算において，熱勾配に依る移動機構が考慮されている，それはこの機構が気泡移動の支配的機構であるからだ．温度勾配下，固体原子は冷温領域に向かって拡散する；したがってこれら原子と反対方向に動く気泡は燃料の高温領域に向かって移動する，言い換えれば温度勾配を昇る．

- もしも気泡移動が気泡の内部表面上の UO_2 分子の**表面拡散**に依るのであれば，下記式で表現出来る：

$$f = -\frac{Q_s^*}{T}\left(\frac{dT}{dx}\right)_b$$

ここで Q_s^* は原子の表面移動エネルギーであり，$\left(\frac{dT}{dx}\right)_b$ は気泡の温度勾配である．

気泡の熱伝導率がその周囲の媒体の熱伝導率に比べて大変低い時，球と仮定された気泡内の熱勾配は固体中の熱勾配と以下の式によって関連付けられる：

$$\left(\frac{dT}{dx}\right)_b = \frac{3}{2}\left(\frac{dT}{dx}\right)$$

気泡上に働く力，F_b は以下の式で与えられる：

$$F_b = \left(\frac{2\pi R^3}{3\Omega}\right)\frac{Q_s^*}{T}\left(\frac{dT}{dx}\right)$$

それとこの平均気泡速度は：

$$v_b = \frac{3D_s Q_s^*}{RkT^2}\frac{\Omega}{s}\left(\frac{dT}{dx}\right)$$

ここで D_s は UO_2 の表面自己拡散係数である．

この表現において，気泡速度，v_b はその半径 R に反比例している．事実，この気泡速度は未知であり幾つかのモデルでは調節パラメータ，δ を導入している，その気泡速度が $1/R^\delta$ に比例する表現されている．このパラメータ δ の導入は放出ガス量の調節を許す：$\delta < 1$ で気泡速度を低下させるか，または $\delta > 1$ で気泡速度を上昇させる．

- もしも**気泡移動が周囲の母相内の空孔 (vacancy) の体積拡散**に依るのであれば，温度勾配に依り各々の空孔に働く力 f は：

$$f = -\frac{Q_v^*}{T}\left(\frac{dT}{dx}\right)$$

ここで Q_v^* は空孔拡散のための移動エネルギー，体積拡散機構に対して考慮される温度勾配 $\left(\dfrac{dT}{dx}\right)$ は気泡の周囲母相に存在する温度勾配である．

気泡上に働く力，F_b および気泡速度，v_b は以下のように表現出来る：

$$f_b = \left(\frac{4\pi R^3}{3\Omega}\right)\frac{Q_v^*}{T}\left(\frac{dT}{dx}\right)$$

$$v_b = \frac{a_0^3 D_{vol}}{\Omega}\frac{Q_v^*}{kT^2}\left(\frac{dT}{dx}\right)$$

これらの表現で，原子体積 Ω は時々 a_0^3 で近似される，空孔移動のエネルギー Q_v^* は UO_2 内のウラン自己拡散に対する活性化エネルギーと等しいと通常見なされている．

体積拡散による気泡移動の場合，気泡速度は気泡半径に独立であることを明記しておこう．

G.2 気泡凝結速度の計算

モデルが気泡移動を認めるやいなや，気泡凝結 (bubble coalescence) を考慮しなければならない，何故ならこの凝結の影響は放出ガスの割合（気泡速度がその気泡の大きさの関数である時）のみではなくガス・スエリングにも及ぼすからである．周囲母相と熱力学平衡な気泡集団に対する凝結中，その気泡の体積は事実に保存されない，保存されるのは気泡の表面積である．

この凝結現象はしたがってガス・スエリングのモデル化にとって極めて重要である．

G.2 気泡凝結速度の計算

ランダム気泡移動に対し，指向的移動として，各々半径 R_i と R_j を有す 2 つの気泡集団間の衝突速度は $k_{ij}C_iC_j$ で与えられることを示すことが出来る，ここで C_i と C_j は各々サイズ i と j の気泡濃度であり，k_{ij} はその半径と気泡速度に依存する係数である [V.44].

- **ランダム移動**に対して，表現 k_{ij} は拡散方程式を解くことにより演繹される．

k_{ij} は以下の表現形になっている [V.48]：

$$k_{ij} = 4\pi(R_i + R_j)(D_{bi} + D_{bj})\left\{1 + \frac{R_i + R_j}{[\pi(D_{bi} + D_{bj})t]^{1/2}}\right\}$$

ここで D_{bi} と D_{bj} は各々サイズ i と j の気泡の拡散係数である．多くのモデルで，第 3 番目の中括弧の第 2 項量は無視される，なぜなら気泡移動距離はその気泡半径に比べて非常に大きいからである．表現 k_{ij} はこのため以下のようになる：

$$k_{ij} = 4\pi(R_i + R_j)(D_{bi} + D_{bj})$$

- **指向的移動**に対して，それらのサイズに応じた異なる速度で，全ての気泡は同一方向（それは熱勾配に沿う）へ移動する．

時間間隔 Δt 中に，サイズ j の気泡と衝突するサイズ i の気泡の数は，定常状態を仮定して，半径 $(R_i + R_j)$ で長さ $(v_{bi} - v_{bj})\Delta t$ の円柱内にその気泡中心が含まれている気泡数に等しい，言い換えれば $\pi(R_i + R_j)^2(v_{bi} - v_{bj})\Delta t C_i$ である．

気泡サイズ j の濃度，C_j に対し，単位時間当たりサイズ j の気泡と凝結するサイズ i の気泡数は以下の式で与えられる：

$$\pi(R_i + R_j)^2(v_{bi} - v_{bj})C_iC_j$$

凝結速度はしたがって気泡サイズ i と j 間の速度差 $v_{bi} - v_{bj}$ の関数である：

$$k_{ij} = \pi(R_i + R_j)^2(v_{bi} - v_{bj})$$

モデリングとその結合のために考慮しなければならないこの現象の複雑性を勘案し，多くのモデルでは簡略性に免じて，気泡の均一サイズ (homogeneous bubble size) を仮定している．指向的気泡移動 (directional bubble migration) の場合（温度勾配に依る），その気泡速度も均一である：$v_{bi} = v_{bj} = v_b$；このアプローチは凝結速度ゼロを導く，気泡サイズの実際の分布の理由から幾らかこれは非現実的である．

モデルが均一速度を伴う指向的気泡移動を基礎としている時，気泡速度 v_b（このことはもはや速度差異が無いことを意味する）に比例する凝結速度がそれゆえに一般的に選択されている．しかしながら，このアプローチは凝結速度と気泡サイズの過大評価を導く．この困難性は，凝結速度を表現している気泡速度 v_b を v_b より低い擬制 (fictious) 速度 $v_b^{'}$ に交換することによって忌避出来る：

$$k_{ij} = \pi(2R)^2 v_b^{'}$$

純粋凝結による気泡成長モデルは一般的に気泡サイズを過大評価する．粒間気泡の凝結が照射燃料寿命のある段階でのみ介在干渉するのを，これは確証している．

訳者あとがき

　核燃料サイクルのほぼ全過程（ウラン濃縮工場，MOX燃料製造工場，FBR開発本部，高速実験炉「常陽」，照射後試験施設，保障措置に関連しての再処理工場内SG分析所）に在籍し，物性研究やMOX燃料体検査，物質会計（計量管理）に従事してきた．またそのサイクルを繋ぐ新燃料と照射燃料ピンの輸送容器開発とその許認可申請業務に携わった．バルク取扱施設（ウラン加工施設，MOX燃料製造施設，再処理施設）では，核物質の計量管理のために，物質会計評価，検定理論および検定の際に用いられる測定誤差分散の推計に関する文献を調査し，それらを適用してきた [1-2]．この測定誤差分散推計および偶然誤差（精度）分散成分と系統誤差（正確さ）分散成分に分け，その大きさを推定する方法については，Jaechとの約束も有り彼の著書「測定誤差の統計解析」を翻訳した [3]．「物質収支原理」に基づく「物質会計手法とその検定方法」をバルク施設に適用・評価解析を行ったが，その専門書としてAvenhausの著書「物質会計：収支原理，検定理論，データ検認とその応用」を翻訳した [4]．

　燃料物性研究やMOX燃料体検査では，「核燃料工学」のリテラシー（素養）が必要である．これら核燃料物性研究や高速炉燃料・制御棒材料の開発の参考書として使い，さらに核燃料取扱主任者受験教科書としても役立ったのが三島良績編著「核燃料工学」[5]および三木良平著「高速増殖炉」[6]である．高速炉および高速炉燃料に関する専門書が「基礎高速炉工学」[7]として出版されている．原子炉主任技術者受験の軽水炉燃料設計参考書は，原子力研究所東海研究所原子炉研修所一般課程に1975年10月から半年間派遣された時に用いられた教科書：「原子核工学基礎」[8]と「原子炉物理」[9]を本棚の奥から引張り出し，さらに「軽水炉燃料のふるまい」[10]と「原子力発電技術読本」[11]を用いた．これらの教科書・専門書の全てが絶版となり，理学・工学系の大学図書室で探すしかないであろう．このため，軽水炉から高速炉までを包含した核燃料工学の入門兼専門書を手軽に若い研究者，技術者が入手できる必要を感じていた．

　動力炉・核燃料開発事業団(PNC)大洗工学センター燃料材料試験部照射燃料集合体試験室に配属された訳者は，入社3年目に高速増殖炉開発本部燃料Gr.へ異動となり，英国高速実験炉DFR，フランス高速実験炉RAPSODIE，高速原型炉PHENIXでの燃料ピンおよび制御棒(濃縮B_4C)の照射の日本側窓口として照射試験および照射後試験の取りま

とめを担当した．「もんじゅ安全性照射試験」としての RAPSODIE で予備照射した短尺 MOX 燃料ピンを CEA・Grenoble に送り SILOE 炉で流路閉塞模擬試験 (LFB) と冷却材喪失模擬試験 (LOC) を行った．照射済み燃料ピンを大洗工学センターの照射燃料集合体試験施設 (FMF) または照射燃料試験施設 (AGF) に返却して詳細な照射後試験を行うための輸送キャスク開発と国内輸送容器許認可申請をも担当した．その輸送キャスクの概念設計を CEA のホットラボからの搬出を考慮しフランスの TN 社に依頼した．本書査読検討委員会の Jean-Paul Pagès は，当時のフランス・CEA 側の窓口責任者であった．このようにフランス CEA および TN 社の研究者，技術者達と交流があったものの，英国や米国と異なりフランスでは研究論文や技術報告書の公開論文作成についてはあまり盛んでは無いと感じていた．従って，CEA が中心となって軽水炉燃料と高速炉燃料を主眼とした核燃料工学の総合成果報告書に纏め，かつ英語版まで作成したことに驚いた．作成動機としては，CEA の再編，これまでの高速増殖炉開発路線に対する見直しの機運，CEA 傘下の組織体の民営化等の事情が重なり，その時点での核燃料工学の到達点をまとめる必要性にかられたものと推察される．「照射 MOX 燃料の融点に関する研究」の学位請求論文作成においても本書を参照し引用した．高速炉開発の最先端を邁進してきたフランスの最新の成果を反映させた本書を広く学徒，若い技術者，研究者達が手軽に利用できるようにしたいと感じたことが本書を翻訳・上梓した動機の 1 つである．

　緒言で述べられているように，各部は比較的独立であるため，読者はどの部から読み始めても良い．また PWR と FR の燃料とが対比的に記述されているので各々の長所・短所を学ぶことで相互に理解が深まると思う．索引からアクセスして学ぶことも可能である．本書を核燃料取扱主任者および原子炉主任技術者受験のための「核燃料工学」参考書としても役立ててほしい．

　翻訳中，2011 年 3 月 11 日に起きた東日本沖大地震による大津波によって多くの犠牲者を出した．釜石市で生まれた訳者にとり登山や野外活動に引率して下さった小学校の恩師：佐々木幸雄先生と夫人，同級生の 1 人が亡くなり残念でならない．それにも増して，東京電力福島第 1 原子力発電所事故は原子炉の多重防護の包蔵性が破れ，放射性物質を大気中に放散させ，住民の避難を余儀なくさせてしまい，原子力技術者として痛恨の極みである．

　本書にも記述されているように，軽水炉用燃料棒の被覆管として用いられているジルカロイは高温水蒸気下で酸化して水素を発生させる．これを防ぐには，燃料集合体の水位を保つこと，その基本は冷却水の熱交換が基本である．全電源喪失で冷却水ポンプが稼働しない場合に次策として真水または海水の注入が先決である；また水素は空気や窒素ガスに比べて通過しやすい；原子炉や核融合炉でトリチウムまたはトリチウム水の透過が課題となっているのもその透過性による．原子炉容器内から水素ガスの漏洩が有るものとして格納容器のベント弁の開放措置を早期に行うべきであった．格納容器建屋についても同様である．ベント弁の開閉コントロールを風向きを考慮して対応できたであろう．菅直人首相

は福島第 1 原子力発電所事故の衝撃から閣議に諮らず「脱原発路線」を記者会見で表明し，その後の原子力政策・エネルギー政策について国論を 2 分させる役割を演じた．これとは対照的な経営者の行動を身近で経験したので紹介しよう．なお，ドイツのメルケル首相は，福島事故直後に「原発推進路線」から「脱原発路線」へと大きく舵を切った．その決断の背景とドイツの政治環境について，詳細な分析を行った熊谷徹の著書を参考にしてほしい [12]．

私は 1979 年 3 月 28 日に発生した米国スリーマイル島原子力発電所 2 号炉 (TMI-2：B & W 社製 PWR) の炉心熔融事故の余韻が冷めやらぬ 1982 年 8 月から 1 年間，カルフォルニア州 Sunnyvale 市に在った GE 社新型炉システム部 (ARSD) に滞在し，「もんじゅ安全性照射試験」のコーディネイトと解析の 1 部を行った．当時，高速増殖原型炉 CRBR 建設のメインコントラクターとして GE 社は WH 社に敗れたため，ARSD では TMI-2 事故の教訓を踏まえた中央制御室のマン・マシン・インターフェイスの設計改良・開発と工場量産型小型 FR の設計開発（所謂 self-sustain 型原子炉）が行われていた．

その若さから世間を驚かしたジャック・ウエルチ会長兼最高経営責任者が就任してちょうど 2 年目の年に当り，彼の経営の歯車が回り出した時に遭遇した (1935 年 11 月 19 日生まれ：1981 年就任 - 2001 年引退)；ウエルチ会長は社内報で 21 世紀に先鞭を付ける事業として 3 つの円の概念を打ち出していた：(1) コア・ビジネスの円：照明，大型家庭電機，モータ，輸送，タービン，(2) サービス部門の円：クレジットコーポレーション，情報サービス，建設エンジニアリング，原子力部門，(3) ハイテクの円：電子工学，医療システム，エンジニアリング素材，航空宇宙と航空エンジン，である．原子力分野では TMI-2 事故の影響，米国内の景気低迷からエネルギー需要増加は望めず，ここ 10 数年間での BWR を含む原子炉（軽水炉）の新規建設申請は望めない状況である．TMI-2 事故を 2 度と起こしてはならず，そのため現行稼働中の原子炉の改良，年次定期検査およびメンテナンス等の業務は継続して発生している．GE 社はベンダーとして製造した原子炉 (BWR) のメンテナンスサービスを行っているが，これらの業務は原子炉が稼働している間，継続的に発生してくるビジネスである．したがってこのメンテナンスサービスから利益を上げる構造に変革することが必要である．設計部門，エンジニアリング部門の縮小とサービス部門への配置転換を行い，人員をこれまでの 2/3 に縮小し原子力分野での収益が達成されるように構造改革を行う，と方針を明らかにした [13]；技術者や研究者たちは WH 社が主体となって建設が始まった CRBR プロジェクト（結局，建設は中止）や地元の原子力発電所の技術者として転職した者も多い．

この時のウエルチ会長の見通しでは 10 数年間，原子力発電所の新規建設は望めないだろうと語っていたが，彼が引退した後の 2012 年 2 月 9 日に米国 NRC が WH 社製新型 PWR：AP1000 の建設・運転許可を出すことが承認された（ボーグル原子力発電所 3, 4 号機）；実に 34 年ぶりの承認である．しかし，事故の翌年，1980 年-1996 年にかけて 52 基，つまり世界最多 104 基の現有原子力発電所の半数が運転開始に入ったことである．TMI-2

事故以前に建設あるいは許認可などの段階にあり，これらの計画が事故後も粛々と前進していた．過去34年の空白とは許認可の空白に過ぎなかったのである．申請熱が冷めた背景ももっぱら，電力需要が見通しを下回り，TMI事故などによる安全性の見直しで建設コストが一段とかさみ，シェールガス開発もありガス火力が競争力を増す，といった経済的事情の変化によるものであったが，この事実はあまり報道されていない．米国はこの間，既存原子力発電所の運転期間を40年から60年へ20年間延ばすなどして目下，需要の20％を原子力発電で賄っている．

原子力発電所や原子炉施設のような巨大技術では各専門家たちの学際的協力と設計から製作までの各過程・各工程での信頼性の上に，この巨大技術の信頼性が確立される．1998年4月22-24日にCEAカダラッシュ研究所にて開催された「先進技術協力に基づくPNC/CEA専門家会議」に出席し炉物理，窒化物燃料，マイナーアクチニド(MA)含有燃料および不活性母材（セラミックス）の分野の成果および開発の現状について討議した．開催期間中に未臨界試験施設MASURCAを見学した．金属Puで構成された装置であるが従来の金属Naを挟むことから，今後の研究で鉛(Pb)を挟んだ炉心構成で炉物理実験が行われようとしていた．コーディネーター（炉物理が主担当）のDr. M. Salvatoresに質問したところ，Na冷却からPb冷却の炉物理研究への移行作業中であるとの回答であった[14]．CEAの燃料・材料の研究者たちにNa冷却をPb冷却に変更する真意が理解出来ないと質問したところ，彼らもNa冷却路線に同意した．しかしRAPSODIE，PHENIX，SUPERPHENIXからのNa漏洩に業を煮やしたCEA首脳がNa冷却をPb冷却に変更することを決め（ちょうどロシアからPb冷却のオファーがあった），その意見を変えないために困っているとの話であった．

一方，日本では原子炉容器や配管の溶接部からのNa漏洩は生じて無い．もんじゅ2次系冷却配管からのNa漏洩事故は段差付き温度計の鞘管の共振破断で生じた；段差付きとした設計ミス（常陽ではテーパー鞘管）と新知見の対称渦による共振解析が行われなかったためである．一方，フランスでは運転後に炉容器や燃料貯蔵ドラムからのNa漏洩に悩まされ続けたためである．この点から，日本の溶接施工技術・溶接士の技量と非破壊検査技術者の検査水準の高さが窺える；これらの力量と信頼性を維持しなければならないことも明白であろう．ちなみにASME Boiler and Pressure Vessel Code Section Ⅲ では「**溶接部の性能が母材と同等であることをコードは強く要求している**」；これを保証するには鋼種選定，溶接条件，溶接士，非破壊検査技術者の力量に依存する．本書を通じて，核燃料工学の理論面のみではなく，設計の現場，製造の現場の苦労を読み取り，「核燃料サイクル技術」のより一層の信頼性の確立に向かって，若い技術者・研究者たちの参画を願う．

東京電力福島第1発電所事故の深刻な影響は，国民に大きな衝撃を与え，世論は脱原発に大きく傾いている．日本原子力学会誌の特別企画：河田東海夫の「日本の核燃料サイクル：その意味と歴史的重み」が掲載された．本書で触れられていない日本の核燃料サイクル開発史とその核燃料サイクル選択の意味について纏った論文でその抜粋を紹介し，本書

の補足とする [15]：

　1953 年 12 月の国連総会で米国のアイゼンハワー大統領が「Atoms for Peace」演説を行った 3 ヵ月後の 1954 年 3 月 2 日，改進党の青年将校といわれた当時 30 歳の中曽根康弘議員は，予算委員会最終日の採決直前に，2 億 3500 万円の原子力予算を盛り込む予算修正案を急遽提出し，これを認めさせることに成功した．日本の原子力は，こうして産声をあげ，エネルギー資源小国における「技術力を資源とする電力生産システム」構築に向けての努力が開始された．1973 年の第 1 次オイルショックは，技術産業立国として生きる日本におけるエネルギー安全保障の重要さを再認識させ，発電部門では，石油依存を低下させ，「ベストミックス」を目指すべく，原子力利用拡大が加速された．わが国では，2010 年末時点で 54 基の軽水炉が稼働，総設備容量は約 4,900 万 kW(49 GW) に至り，総発電の約 3 割を支える基幹電源へと成長した．下図に，発電容量の歴史的変遷を，関連する主要な核燃料サイクル事業の展開とともに示す．

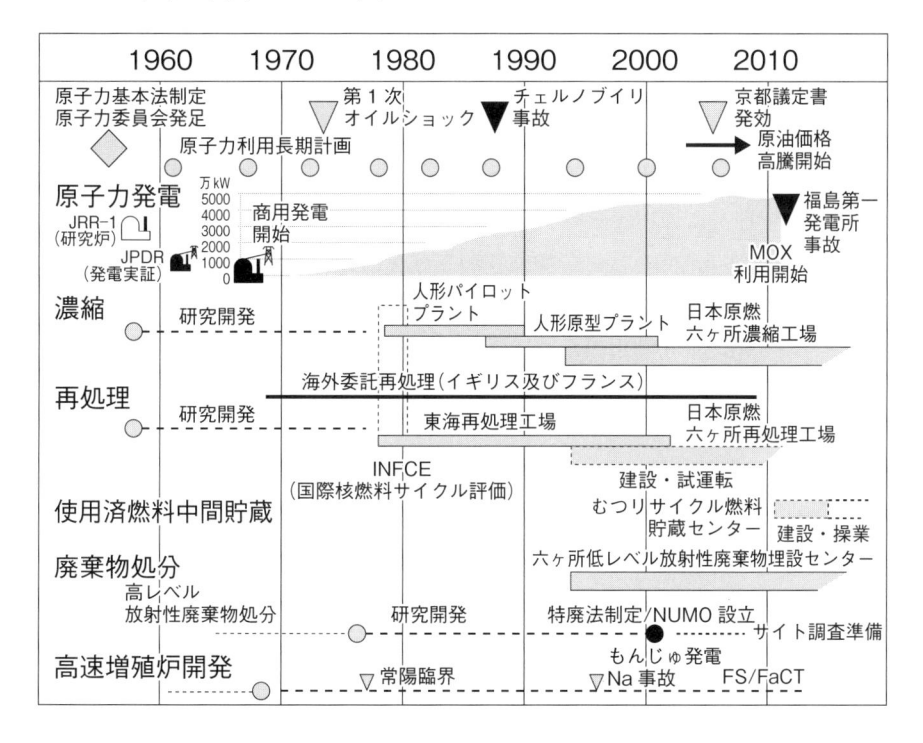

　1977 年に発足した米国のカーター政権は，核不拡散対策を最重視する立場から，米国における再処理と高速増殖炉開発を凍結する劇的な原子力政策変更を発表した．当時，日本は PNC の再処理工場がホット試験開始直前であり，日米原子力協定で米国籍の燃料の再処理は事前協議対象であったことから，試験開始の是非をめぐり，日米政府間で厳しい対立が起きた．

その後，原子力技術と核不拡散規範との両立に関する議論は，カーター大統領の提言で発足した国際核燃料サイクル評価 (INFCE) というさらに大きな舞台に移された．検討結果を 1980 年 2 月に 2 万ページを超える報告書にまとめ，「保障措置技術の改良を進めるとともに，国際制度の整備や核不拡散に有効な技術代替手段の確立を図ることによって，核不拡散と原子力の平和利用は両立しうる」との結論を公表した．日本は，この大きな国際検討の場においても，英国と共に再処理やプルトニウム利用を検討する第 4 ワーキンググループの共同議長国を務めるなど，積極的な貢献を行った．この大事な時期に再処理工場の運転をすでに開始しており，自主技術による濃縮パイロットプラント施設の稼働を間に合わせたという実績によって，わが国は，非核兵器国でありながら，再処理や濃縮など，核燃料サイクルの要となる事業を自ら行える国としての特異な地位を確保することに成功した．

　日本は核拡散防止条約 (NPT) 加盟国であり，NPT 下の非核兵器国として再処理を含む核燃料サイクル事業全体を推進する唯一の国家であるが，この特異な地位は決して容易に得られたものではない．早くから自主的な核燃料サイクル実現に努めてきた先人の先見性と，日米再処理交渉とその後の INFCE における挙国一致体制による奮闘によって獲得した，国際政治上きわめて貴重な地位であり，一旦放棄すれば 2 度と回復不能な，日本国民の重要な無形資産である．

　世界で最初に原子力発電を行ったのは，米国の高速増殖炉 EBR-I である．アルゴンヌ国立研究所の初代所長となったウォルター・ジンが，アイダホに建設した実験炉で，小型発電機を持ち，1951 年 12 月 20 日にはじめて 4 個の電灯を灯した．原子力の黎明期，ウランは希少資源と考えられており，フェルミらのグループは，原子力の本格的平和利用のためには，非核分裂性の ^{238}U をプルトニウムに転換して燃やせる高速増殖炉 (FBR) が不可欠であると考え，戦後早い時期から開発に着手した．

　その後，低濃縮ウランの民生利用の道が拓けたことや，世界各地でウラン資源開発が進んだことから，構造的により簡単で経済性に優れる軽水炉が世界的に普及した．

　しかしながら，軽水炉利用体系の根本問題は，基本的に天然ウラン中に 0.7 % しか存在しない ^{235}U の核分裂を利用するシステムであることから，ウラン資源の利用効率が 1 % に満たない，極端な「資源浪費システム」である．使用済燃料を再処理し，リサイクル利用することは可能であるが，それでもウラン資源の節約は 10-20 % に留まる．軽水炉体系のみに依存し続ける限り，地中のウラン資源も，化石燃料とさほど変わらない時間オーダーで消耗してしまう．

　長い人類史の中で，現代の我々はエネルギー消費の面で「極めて異常な過渡状態」の中に住んでいる．第 1 次オイルショックの後遺症が残る 1976 年，米国地質学研究所の M. King Hubber は下図に示すように，人類が長い歴史の中のほんの数

百年で化石燃料を使い尽くすデルタ関数状の曲線を示し,「長い夜の1本のマッチの輝き」と呼んだ. 石油資源の将来には既に陰りが見え始めている中, 2つの人口大国中国とインドの急速な経済成長が重なり, 世界的なエネルギー争奪戦が始まっており, 我々は,「マッチの輝き」が永遠でないことを実感として感じられる時代に入ってきている.

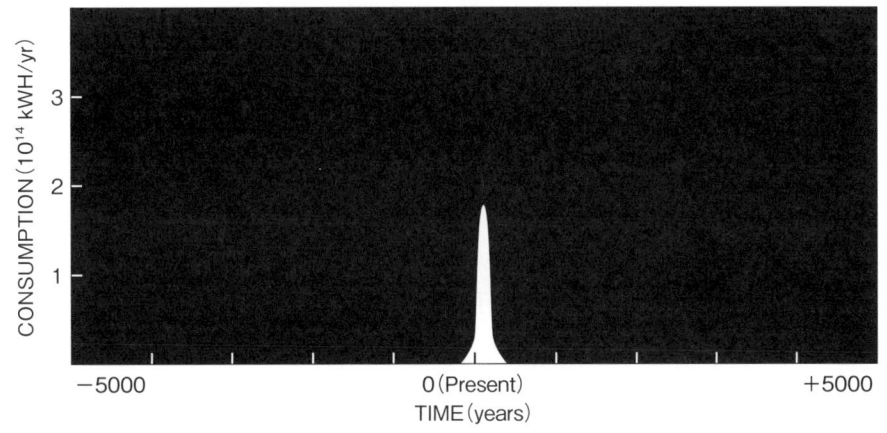

The rise and fall of the world's rate of consumption of fossil-fuel resources is like the flame of one match in the long night—a delta function in the darkness.

　今日の大量の化石燃料消費は地球温暖化を招き, この問題からも人類は「省エネ」とエネルギー生産における「低炭素化」に向け待ったなしの対応を迫られている. こうした中, 今後, 新エネルギーを含む再生可能エネルギーの利用拡大が進むと期待されるが, 枯渇に向かう化石エネルギーの全てを代替できるわけではない. エネルギーの問題をエネルギー安全保障の観点で見るときには, 50年以上先への大局的な目配りも重要であり, その点から, 特に基幹電源用大規模発電手段としての原子力の役割を決して軽視すべきではない.

　本書で充分に触れられなかった原子力開発の黎明期と TMI 原子力発電所2号機事故に関するエピソードを福島事故後の観点から補足しよう. 本書のメインテーマである PWR と FBR 開発の端緒の1つは, 米国海軍 Hyman Goerge Rickover 大佐 (1900-1986) による原子力潜水艦推進のための原子炉開発計画に対して, WH 社が開発提案した加圧水型熱中性子炉 (PWR) と GE 社が開発提案した中速中性子 Na 冷却炉であった. リッコーヴァー大佐は並行開発を承認し, 各々地上に原型炉を建設した; 加圧水型軽水炉「STR Mark1: Submarine Thermal Reactor」と中速中性子炉「SIR Mark1: Submarine Intermediate Reactor」である. STR Mark1 は 1950 年 8 月に開発が始まり 1953 年 3 月には臨界に達した. STR Mark2 を搭載した潜水艦ノーチラス号は 1954 年 12 月 30 日に臨界達成. 1958 年 8 月 3 日潜航状態で北極点の氷下を潜航のまま初めて通過. 原子力潜水艦と濃縮ウラン燃料による PWR での商業発電への路を開いた. 一方, SIR Mark1 も開発を終え, 同型

のSIR Mark2を搭載した潜水艦シーウルフ号は1956年，港内に係留された状態で臨界に達した．しかし冷却材の金属Naが腐蝕のため漏れだして7名の乗員が被曝した．漏洩個所の修理が困難な場所であったためその部分を塞ぎ出力を計画の80％程下げて運転された．しかし性能面と安全面に重大な問題があるとして，後にSIR Mark2原子炉を下しSTR Mark2に交換された．STR Mark2は正式名称をS2Wと改名され原子力潜水艦の原型となった．WはWH社のWである．第6世代の原子炉はWH社製に代わって数10年ぶりにGE社製S6Gとなって60隻以上の原子力潜水艦が建造された．S7G，S8G炉は21世紀に対応する最新の原子力潜水艦に使われている．民需産業になって消滅したWH社に取って代わりGE社になったが型式は全てPWRである[16]．

1950年の初め頃までは軽水炉であっても，原子炉容器の中で沸騰を生じさせる原子炉は，水と蒸気の混じった状態での中性子のふるまいが不明で，制御が困難で設計できないと考えられていた．それにもかかわらず，沸騰水型の原子炉のアイデアを具体化していったのは，アルゴンヌ国立研究所の技術者たちであった．彼らはBORAX (Boiling Reactor Experiment) という装置を組み立て問題をひとつひとつ解決していき，実際にウラン燃料を装荷したBORAX-IIIで，沸騰炉心でも原子炉の核暴走は起きないことを実証した．1953年のことであった．これはボイド（気泡）効果と呼ばれる現象によるものであった．[*1] またBORAXを改良して1955年7月に初の発電実験を行い，その電力は近くのアルコという町に送電された．原子力発電が市民生活に役立ったという意味で，これがアメリカでの最初である[17]．GE社BWRへと進展して行く．しかし，世界で最初に原子力発電を行ったのは，前述のように，ウォルター・ジンらの高速増殖炉EBR-Iである．

その**原子力潜水艦開発の父：リッコーヴァー提督**の逸話を福島事故を経験した観点から引用する[18]：

　　（1986年1月28日スペースシャトル・チャレンジャー打上で，モートン・シオコール社からの「ケネデー宇宙センターは極寒となるので打上げを断念するように」との働きかけを受けたものの，NASA首脳は，「**打上スケジュールというプレッシャー**」に負けてしまい，予定通り打上げた．Oリング部からの燃料漏洩により引火・爆発事故に至った事例紹介の後）事態を正すためにプロジェクトを即時停

[*1] 訳註：　　ボイド（気泡）効果：BWRの冷却材は原子炉内で沸騰しているので，増大する熱エネルギーに比例して冷却材中の蒸気の泡(ボイド)の量も増えてゆく．これは結果として冷却材の密度を低下させるが，軽水炉の冷却材は減速材でもあるため，冷却材の密度が減ると減速される中性子が少なくなり，そのため核分裂反応が減少していく．逆に核分裂反応が減少すると熱エネルギーが減って蒸気泡が減り，減速される中性子量が増えていくため，核分裂反応が増えていく．このような現象は負の反応度係数によるフィードバックといい，BWR固有の自己制御性であり，核分裂反応の極端な増減を自ら抑えている．

　BWRでは，この自己制御性を利用して原子炉出力の短期的な制御を行っている．原子炉出力を上げたい時は冷却材再循環ポンプの出力を上げる．原子炉内を循環する冷却材の流量が増え，運び出される熱量が多くなる結果として蒸気泡の量が少なくなり，原子炉出力が上昇する．原子炉出力を下げたい時は再循環ポンプの出力を下げると蒸気泡が多くなって原子炉出力が低下する．

止させた人物は，米国科学技術史において何人か見られる．米国初の原子力潜水艦ノーチラス号に原子炉が取り付けられた後，岸壁の試運転で蒸気パイプに小さな破断が発見された．潜水艦原子力化計画の長だったハインマン・G・リッコーヴァーが耳にしたのは，パイプの素材が本来のものとはちがっており，道路のガードレールのパイプ程度の強度しかないという事実だった．リッコーヴァーは造船所の品質管理記録を調査させたが，問題の箇所以外の蒸気システムのも，まちがったパイプが使用されていないかはっきりしなかったので，同じ径の蒸気パイプ——延べ何百メートルにもなる——をすべて除去し，正しいものと取り替えるように命令した．彼の補佐役だったテッド・ロックウエルによれば，リッコーヴァーは全員に告知をし，この日を記念すべき日として，品質管理を推進する強力な一撃として記憶してほしい，と述べた．もちろんそれには多くの費用を要したが，これによって，リッコーヴァーはほんとうに期日よりも安全性を重視しているのだというきわめて明確なメッセージが，海軍とその契約者のすみずみまで伝わったのだった．こうした費用構成改革は海軍にとって迷惑だっただろうか．リッコーヴァーにしてみればそうした質問はばかげていた．「科学技術の規律」と彼が呼ぶものは，まさにそのことを要求していたのだ [pp. 137-138].

　リッコーヴァーの7つのルール：リッコーヴァーは，TMI-2原子炉熔融事故から学ぶべき組織運営上の教訓について証言するように招請されたとき，原子炉の安全運用に関する7つの原則について説明した：

・第1原則：時間が経過するにつれて品質管理基準をあげていき，許認可を受けるために必要な水準よりもずっと高くもっていく．

・第2原則：システムを運用する人びとは，さまざまな状況のもとでその機材を運用した経験者による訓練を受けて，きわめて高い能力を身につけていなければならない．

・第3原則：現場に居る監督者は，悪い知らせがとどいたときにも真正面からそれを受けとめるべきであり，問題を上層部にあげて，必要な尽力と能力を十分につぎこんでもらえるようでなければならない．

・第4原則：この作業に従事する人びとは，放射能の危険を重く受けとめる必要がある．

・第5原則：きびしい訓練を定期的におこなうべきである．

・第6原則：修理，品質管理，安全対策，技術支援といった職能のすべてがひとつにまとまっていかなければならない．その手だてのひとつは，幹部職員が現場に足をはこぶことだ．ことに夜間当直の時間帯や，保守点検のためにシステムが休止しているとき，あるいは現場が模様替えしているときに．

・第7原則：こうした組織は，過去の過ちから学ぼうとする意思と能力をもっていなければならない [pp. 411-412].

こうした意味から，核燃料工学技術者は福島第 1 原子力発電所事故から教訓を得て，一層の「安全」のために役立たせねばならない．「福島原発事故独立検証委員会：調査・検証報告書」から特に印象に残った部分を引用する [19]；

深層防護に関する誤解 (1) 第 1 層：「通常運転からの逸脱を防止し，システムの故障を防止すること」，(2) 第 2 層：「予期される運転時の事象が事故状態に拡大するのを防止するために，通常運転状態からの逸脱を検知し，阻止することにある」，(3) 第 3 層：「工学的安全施設の設置によって，先ず発電所を制御された状態に導き，更には放射性物質の閉じ込めのための少なくとも 1 つの障壁を維持すること」，(4) 第 4 層：「設計基準を超える事故，すなわち，シビアアクシデントを対象にしており，放射性物質の放出を限りなく低く抑えるためのものである．このレベルの最も重要な目的は，閉じ込め機能の防護である」，(5) 第 5 層：施設外で「事故に起因する放射性物質の放出による放射線の影響を緩和すること」．

深層防護は，各階層が互いに独立しているべきである．ある階層の効果が，前後の階層に依存すべきではない．つまり，各階層は自分が最後の砦になったつもりで，対策を行わなければならない．こうした思想の下，5 つの階層すべてを強化していくことにより，始めて深層防護と呼べるのである．

原子力の危険性を指摘する議論の中には，前段の階層の対策が不十分であるから，防災対策等の後段の階層が必要になるのだ，と考える向きがある．しかし，この議論は，深層防護という工学的アプローチの理解不足に起因するものである．

一方，原子力関係者の中にも，深層防護に関する誤解が散見される．典型的なものは，原子炉の安全な制御に必要な 3 つの機能のうち，「止める」機能が第 2 層，「冷やす」機能と「閉じ込める」機能を第 3 層のみにあるかのような記述である．政府事故調の中間報告書にすら，こうした記述が見られる．

実際には，第 1 から第 3 の防護レベルには，それぞれに「止める」「冷やす」「閉じ込める」ための設備が置かれている．また，アクシデント・マネジメントにおいても，「止める」「冷やす」「閉じ込める」ための対策が考慮されている．

電力事業者には，アクシデント・マネジメントや防災対策を強化すると，地元住民が不安に感じ，原子炉の運転に否定的な感情を持つのではないか，との懸念がある．事故以降は社会全体からこれらの対策が軽視されたのではないか，との疑いが持たれている．もし，深層防護に関する正しい理解が社会全体に広く普及していれば，この懸念は生じなかったであろう．しかしながら，原子力関係者の間ですら，深層防護の意味や重要性が正しく理解されていたか疑わしい点があり，深層防護に関する正しい理解が広く普及するには至っていなかった [pp. 255-256].

福島事故以降に書かれた一般図書でサイエンス作家の竹内薫（超弦理論で理学博士）の本の中から「自主開発」の重要性を指摘し，同感した部分を引用する [20]：

1970年にアメリカの「技術」を輸入して運転を開始した福島第1原子力発電所は，ある意味，明治の精神のままのことが，再び行われたといえるでしょう．原子力委員会に名を連ねていた故・湯川秀樹（1949年度のノーベル物理学賞受賞）は，アメリカから技術を輸入するのではなく，日本でじっくりと基礎研究を行った上で，自前の技術で原子力発電所を建設すべきだと主張していましたが，一刻も早く原子力発電を開始したい政府の意向により，アメリカからの直輸入が決まったのです．

　他人が開発した科学技術を，その根っこの部分を無視して，便利な結果だけ輸入した結果，地震と津波という自然災害を抱えている日本に必要な安全対策が欠如した原子力発電所が建設されてしまったのです．大津波に襲われ，電源を喪失した際，最後の砦である「電源車」を接続しようとしたところ，あろうことか，日米で規格がちがうためにつながらなかった，という話は，ゼロから自国で開発しなかったためのツケとしか思えません．

　東京電力の人災を責める人がいます．しかし，第2次世界大戦後の世界の構造（戦勝国＝国連安全保障理事会・常任理事国＝核兵器保有国）や，戦後に政府の強い後押しでアメリカから直輸入してしまった経緯などを考慮に入れれば，東電だけを責めることは，東日本大震災のやり場のない怒りと哀しみをぶつけるスケープゴートをつくっているようにしか見えません．

　私自身，幼子を抱えており，原子力事故による放射能汚染の問題は，他人事ではありません．原発事故の前，私は乏しいエネルギー資源しかない日本において，経済だけでなく，安全保障上の問題も含めて考えれば，原子力政策に大きな誤りはないと考えていました．

　しかし，原子核物理学の専門的な知識を持っていながら，実は，福島第1原子力発電所が導入された歴史的な経緯や，技術上の脆弱性などについて，あまりにも自分が無知であったことにショックを覚えました [pp. 197-198].

　2冊目 [4] の訳者あとがきで諸先輩の方々への謝辞を申し上げたが，その時に触れなかった以下の方々に感謝申し上げます．物性論の興味を起こし大学院に進学する切っ掛けをつくり卒業研究で指導していただいた，故・千早正教授（茨城大学名誉教授），浦尾亮一助手（茨城大学名誉教授），熱力学に関し，学部2年生の鉄冶金の講義で相馬胤和助教授（東京大学名誉教授）は Moore, ムーア新物理化学（上），藤代亮一訳，東京化学同人 (1964) を用いて，丁寧な講義と計算尺の訓練にもなると問題を1つ1つ計算尺で解いてみせてくれた．大学院では応用物理専攻の固体物性第二で Swalin, 固体の熱力学，上原邦雄ら訳，コロナ社 (1965) および Darken, Gurry, *Physical Chemistry of Metals*, McGraw-Hill (1953) を使用した丸山健三郎助教授（北海道大学名誉教授）の講義を聴講し熱力学を違和感無く学べた．照射 MOX 燃料の融点論文第3報のドラフトを査読者のプルトニウム燃料

センター技術主席長井修一朗博士に提出したところ，可能な限り熱力学アプローチでまとめるようにとの指導を受け [21]，学生時代以降遠ざかっていた熱力学の再学習に取りかかれたのも，これら諸先生がたのご指導によるものと感謝する次第です．またこの熱力学アプローチにより，照射 MOX 燃料の液相線変化を計算することが可能となり融点論文第 4 報を投稿することが出来た [22]．その後，長井博士による化学熱力学のゼミナールに参加した．退勤時刻後 2 時間のゼミナールで彼の講義および宿題の問題演習の解答発表を若手研究者に交じって出来たことは熱力学の本質の理解に留まらず，学位請求論文作成の際の手引ともなった [23]．私が FBR 開発本部に異動した時の上司，燃料 Gr. リーダーの故・植松邦彦主任研究員（PNC 元副理事長）には，Gr. 最年少であった私の業務遂行を「ひやひや」しながらも見守り，自由裁量を与えてくれたことに感謝する次第です．さらに多くの諸先輩からの支援・援助および指導をたまわったが紹介を省略させていただきます．後輩に残すものとして，本書を上梓したことを，これらの恩返しの 1 つとしたい．

　本書の核燃料工学および原子力に関する訳語および訳註解説は，主に「原子力辞典」[24]，「理化学辞典」[25] および前述の参考書・教科書を参照した．また疑問や確認したい場合に便利なよう英文も併記したので，活用願いたい．

　1 冊目 [3] を上梓する起因となった丸善出版事業部編集部角田一康さんは，TeX の呼び方さえ解らなかった訳者に，これからの理工図書は TeX や LaTeX でなければならないと解説してくれた．その言葉で TeX の本 [26-30] を勉強し，数式の複雑な本書を翻訳することができた．特に，フランス人名やフランス語の参考文献名称で LaTeX の実力が認識できた．また丸善プラネット編集の戸辺幸美さんには懇切丁寧な支援を受けた．版権取得は営業・総務の水越真一さんにしていただいた．

　核燃料工学も各分野の協力によってつくりあげて行く総合技術の 1 つである．同様に，保障措置における「物質会計」で統計学を応用・適用することも，各分野の協力による総合技術の 1 つと言える．このため，上梓した 2 冊目 [4] の訳者あとがきにシュハート博士からの言葉を引用した．その引用文の「統計学」を「核燃料工学」と読み替えるものとし，シュハート博士からの引用を再掲載し終わりの言葉とする [31]：

> 大量生産に統計家が将来どのくらい寄与するかということは，今日統計家にはありふれたものとなっている問題を解くことにあるというよりは，仕様，生産および検査の諸段階を調整統合することに協力するということにかかっている．統計学の長期間にわたる寄与は，高度に訓練された沢山の統計家を産業の中に送りこむことにかかっているというより，何らかの方法で明日の生産工程を開発し指導してゆくことに関係するであろう物理学者，化学者，工業技術者およびその他の統計学に関心を持った世代をつくりあげてゆくことにかかっているのである [pp. 79-80]．

2012 年 8 月　青森県六ケ所村にて

今野　廣一

参考文献

[1] IAEA, IAEA 保障措置技術マニュアル パート F 統計概念と技術 第 3 巻 （ドラフト版翻訳），情報管理部情報解析課訳，核物質管理センター，東京，1989：IAEA Safeguards Technical Manual Part F *STATISTICAL CONCEPTS AND TECHNIQUES Volume 3*, IAEA-TECD-261, IAEA, Vienna, 1982 の改定ドラフト版を情報解析課員が中心となった輪講形式で翻訳，発表および討議を進めた．IAEA の D. Perricos から許可を得て 100 部印刷し関係者に 6,000 円で頒布した．A4 版，p. 327. しかし，この改定版は将来の改定，検討用とし，ルーズリーフ方式 (the fourth revised edition, IAEA/SG/SCT/4, Vienna, 1989) に整えられ，パート F の専門書 (TECD) としての製本出版はなされなかった．その後，1995 年より再び改定作業を開始し，現在の姿となって発行された：IAEA, *Statistical Concepts & Techniques for IAEA Safeguards*. Fifth Edition, IAEA/SG/SCT/5, IAEA,Vienna, 1998. 英語が得意な読者は，IAEA/SG/SCT/5 を参照されたい．

[2] 今野廣一，統計手法と保障措置，PNC PN9100 95-009, 動力炉・核燃料開発事業団大洗工学センター，1995：1995 年 6 月-7 月に東海事業所で行ったバルク取扱施設の核物質計量担当者を対象とした講義録である．第 1 章統計の基礎，第 2 章測定誤差について，第 3 章誤差伝播，第 4 章 *MUF* 分散計算手法，第 5 章サンプリング理論からなり，実際の査察で行われている手法と物質会計での誤差伝播による分散計算手法の解説を行っている．A4 版，p. 257.

[3] J.L. Jaech, 測定誤差の統計解析，今野廣一訳，丸善プラネット，東京，2007：N 個の異なる測定法または N 人で各々 n 個測定したアイテムに対する測定誤差の推測統計書である．最尤法による測定誤差推定量と他の推定法によるものとの短所，長所を比較する．容易に応用できるような多数の実例題と計算プログラムが載せてある．B5 版，p. 254.

[4] R. Avenhaus, 物質会計：収支原理，検定理論，データ検認とその応用，今野廣一訳，丸善プラネット，東京，2008：物質収支原理に基づく物質会計（計量管理）の統計検定理論，データ検認方法とその応用事例を解説した応用統計学入門書である．本書は核燃料工学において，あまり触れられていない国際保障措置と核物質会計に関

する統計学的入門書なので，特にバルク取扱施設の核燃料技術者は熟読してほしい．B5版，p. 225.

[5] 三島良績編著，核燃料工学，同文書院，東京，1972：内容は古くなったが，燃料の固体物理学，物理化学，結晶固体の照射効果，原子炉の核熱設計，燃料体設計，核燃料サイクル，ウラン濃縮，燃料製造，燃料再処理，核燃料の照射下のふるまい等をコンパクトにまとめている．核燃料工学入門書としての意義は失われていない．

[6] 三木良平，高速増殖炉，日刊工業新聞社，東京，1972：高速増殖炉に関する日本で最初の専門書であり，その時点までの知見および海外炉の緒元をコンパクトにまとめている．

[7] 基礎高速炉工学編集委員会編，基礎高速炉工学，日刊工業新聞社，東京，1993：「原子力工業」誌に3年余にわたり連載した「高速炉工学基礎講座」をもとに単行本としてまとめたものである．著者達は動力炉・核燃料開発事業団で20年以上の期間を高速炉および核燃料サイクルの研究開発に従事してきており，その意味で「基礎」とうたっているものの，基礎研究から応用研究までの一端を垣間見ることができる．

[8] 石森富太郎編，原子炉工学講座1 原子核工学基礎，培風館，東京，1972：原子物理の基礎と放射線計測の原理と装置の仕組みを簡潔丁寧に解説している．原子力工学分野以外の者が基礎から入門する上での最適なガイドブックである．原子炉工学講座全6巻は日本原子力研究所において十余年に亘る原子炉関係の技術者・研究者の養成・研修に使用されたテキストを数回に亘る改訂推敲を重ねた結果をまとめて刊行されたものである．原子炉研修所の1975年後期一般課程に入所．本原子炉工学講座刊行直後となり，これらのテキストの著者たちから直接，講義，演習，実験の指導を受けた．

[9] 石森富太郎編，原子炉工学講座3 原子炉物理，培風館，東京，1973：原子炉物理学入門の教科書としては最適である．著者の葛西峰夫，杉輝夫の両氏から直接学び，その丁寧な講義に感謝している．また杉輝夫著「原子炉物理演習」原子力弘済会，1973.を使用しての演習で原子炉物理の真髄を理解できたように思う．

[10] 燃料安全特別専門委員会，軽水炉燃料のふるまい（コンサイス版），NEN-ANSEN No.13，東京，（財）原子力安全研究協会，1981：軽水炉燃料の設計から照射燃料のふるまいまでを要領よく纏めたコンパクトな成書である．

[11] 豊田正敏，湯原豁，水野勝巳，桑島謙臣 共編，原子力発電技術読本（改訂2版），東京，オーム社，1976：原子力技術の基礎的事項および実際面を中心に極力数式を用いず，平易な軽水炉型発電所の解説書となっている．軽水炉の概要と運転・保守を知る上で参考となる．

[12] 熊谷徹，なぜメルケルは「転向」したのか，日経BP社，東京，2012：「ローマは1日にして成らず」と言われるが，ドイツの原発廃止も突然決まったわけではない．そこには約40年に及ぶ推進派と反対派の戦いがあった．ドイツの脱原発政策を生んだ

のは緑の党で，その脱原子力政策を初めて実行したのは，首相のゲアハルト・シュナイダーが率いた SPD と緑の党の左派連立政権 (1998-2005) である．キリスト教民主同盟 (CDU) 党首が CSU と FDP との連立政権の首相となつたアンゲラ・メルケル首相である．理論物理学を専攻したメルケル首相は前政権の「脱原発政策」を推進政策に戻す対策を進めていたが，福島の事故がドイツ国民の座標軸の変化をもたらすことをいち早く察知し，純粋に市民の健康や財産に対するリスクを減らすためだけでなく，政治的な生き残りのためにも，彼女は心の中で原子力発電所を廃止することを固く決意した，と著者は述べている．

[13] 私信メモ；今野廣一，"メンテナンスサービスは利益を生む"，JNC 東海・Pu センター核物質管理室，4 月 30 日，1999．

[14] 今野廣一，石川真，檜山敏明ら，先進技術協力に基づく PNC/CEA 専門家会議出張報告，PNC PN9600 98-006，動力炉・核燃料開発事業団大洗工学センター，1998．

[15] 河田東海夫，"日本の核燃料サイクル：その意味と歴史的重み"，日本原子力学会誌，pp. 235-242, Vol. 54, No.4, 2012．

[16] 五代富文，"論壇：宇宙開発と原子力 (4)"，宙の会，12.14. 2011（http://www.soranokai.jp/pages/space_ nuclear_ 4.html）．

[17] 日本原子力学会編，原子力がひらく世紀，日本原子力学会，東京，pp. 22-25, 1998：初等・中等教育の副読本として，および一般市民の原子力に関するリテラシー向上のために編集・出版された．核分裂の発見とそのエネルギーの利用から原子力の平和利用，原子炉の原理，放射線の解説まで平易ながらその学問的水準を維持しており，核燃料工学技術者においても座右の書として度々参照すべき書の 1 つ．

[18] ジェームズ・R・チャイルズ，最悪の事故が起こるまで人は何をしていたのか，高橋健次訳，草思社，東京，2006 年 10 月（原書は 2001 年発行）：過去に発生した 50 あまりのケースを紹介しつつ巨大事故のメカニズムと人的・組織的原因に迫るノンフィクション・ドキュメント．

[19] 福島原発事故独立検証委員会，調査・検証報告書，ディスカヴァー・トゥエンティワン，東京，2012：事故最大の特徴は，「過密な配置と危機の増幅」に在る．問題は「危機時の情報共有——官邸による現場指揮とエリートパニック」，「日本の原子力安全維持体制の形骸化」，特殊な「原子力コミュニティ」であると指摘している．核燃料工学技術者の必読書の 1 っとして加えるべきもの．

[20] 竹内薫，科学予測は 8 割はずれる 半日でわかる科学史入門，東京書籍，東京，2012．

[21] K. Konno, T. Hirosawa, *J. Nucl. Sci. Technol.*, **39**, 771 (2002).

[22] K. Konno, *J. Nucl. Sci. Technol.*, **39**, 1299 (2002).

[23] 長井修一朗，化学熱力学入門及び燃料への応用，JNC TN8410 2001-022, 核燃料サイクル開発機構プルトニウム燃料センター，2001：化学熱力学の講義録，演習問題とその解答および酸化物燃料に対する熱力学の適用例と物性が纏められている．

[24] 安成弘監修，原子力辞典，日刊工業新聞社，東京，1995．

[25] 玉虫文一ら，岩波 理化学辞典 第3版，岩波書店，東京，1971．

[26] 奥村晴彦，LaTeX 2ε 美文書作成入門 改定第4版，技術評論社，東京，2007：版を重ねているだけに，初心者にも解るよう懇切丁寧な解説を行っている．著者の「美文書」サポートページも大変役だつ．

[27] M. Goossens, F. Mittelbach, A. Samarlin, The LaTeX コンパニオン，アスキー出版局，東京，1998：「美文書入門」の補足用図書．

[28] H. Kopka, P.W. Daly, *Guide to LaTeX* Fourth Edition. Addison Wesly, New York, 2004：「美文書入門」の補足用図書．

[29] 生田誠三，LaTeX 文典，朝倉書店，東京，1996：著者自身が作成した具体的例文が記載されており，「美文書入門」と併用すると応用力が増す．

[30] 今井豊，LaTeX エラーマニュアル，カットシステム，東京，1994：エラーをなおし，エラーから学ぶ本格的解説書．役立ち重宝した．

[31] W.A. Shewhart, *STATISTICAL METHOD FROM THE VIEWPOINT OF QUALITY CONTROL*, The Graduate School, The Department of Agriculture, Washington, USA, p. 79, 1939：品質管理の基礎概念—品質管理の観点からみた統計的方法—，坂元平八監訳，岩波書店，東京，pp. 79-80, 1960；1938年春に「管理図」の創始者である著者が招かれて米国農務省大学院で行った講演の内容をデミング (W.E. Deming) 博士が編集の労をとり，これを公刊した．統計的管理操作と統計的管理状態の概念，公差限界の設定方法，測定の表示，正確度と精度の規定の4つからなり，内容はいわゆる「シュハートの哲学」で貫かれている．品質管理担当者にとり必読書の1つ．

索　引

15-15Ti 鋼, 239
316 鋼, 239, 509
316 SS, 239

absorber material, 555
absorber subassembly, 34
accidental transient, 401
actinide ions, 165
actinides, 3
adjustment programme, 540
ADU, 71
advanced fuels, 171
affinity, 205
age-hardened alloys, 263
agglomerates, 74
AIC 合金, 577
alignment pins, 304
allotrope, 206
alpha autoradiography, 76
ammonia di-uranate, 71
amorphization, 224, 382
amorphous, 188
analytical experiments, 48
anion, 124
anisotropy, 82, 307
ANL: Argonne National Laboratory, 79
annealing, 82
annular pellet, 39
anti-debris device, 302, 304
antiwear treatment, 581
arc-welded seal, 87
assembling allowance, 513
associated elements, 301
athermal mechanism, 363
athermal phenomena, 129
attrition mill, 77
AUC 工程, 72, 77, 313
austenitic stainless steels, 489
austenitic steel, 85, 240
austenitizing treatment, 271
autoclaves, 48
axial gamma-ray spectrometry, 55

back-end, 281
ballooning, 341
barn, 567
basalt grains, 116
base load, 327
beginning of life, 100, 109

beginning-of-life corrosion, 155
beyond design basis accidents, 439
billet, 82, 83
binary collision model, 188
blanket, 8, 33
body-centred cubic, 206, 577
body-centred cubic structure, 238
Booth モデル, 416
boration, 203
boric acid, 557
boron carbide, 557
bottom nozzle, 34
bow springs, 302
breeding ratio, 8
brittle mechanical behaviour, 110
bromine, 144
bubble germination, 136
bubbles, 536
buckling, 340, 341
buffer, 150
buffer role, 165
bulging, 253, 507
bulk diffusion, 126, 131
Burgers vector, 214
burnable poison, 31, 316, 323, 557
burnable poison rod, 301, 561
burnup, 44
burst test, 54
bursting, 340
BWR, 10

caesium chromate, 163
calcination, 69
CANDU, 13
capture, 138
capture cross section, 129
carbide, 78, 171
carbiding, 173
carbonates/bicarbonates, 282
carbothermic reduction, 78
carburization, 203
carriers, 105
cascade efficiency, 189
casting, 173
cation, 124
caustic corrosion, 282
central hole, 113, 116
ceramic, 110, 311
cercer, 25

cermet, 25
chain reaction, 6, 99
channel fracture, 203
channels, 130
chemical and mechanical pellet-cladding interaction, 392
chemical control, 560
chemical fuel-cladding interactions, 173
chloride, 212
chlorine, 283
circular section, 24
circumferential stresses, 232
circumferential temperature gradient, 100
cladding, 3, 20
cladding collapse, 341, 358
cladding fatigue damage, 329
cladding rupture, 397
cladding rupturing, 45
cladding tube, 306
cleanliness, 64
climb-enabled glide, 200
closed system, 168
clusters, 197
coalescence, 136, 362
cold drawing, 84
cold transformations, 83
cold-worked, 198
cold-worked materials, 202
cold-working rate, 86
collapse, 197, 319
collisions, 187
column, 29
columnar grains, 113, 116
compensation, 563
Compton electrons, 231
concentricity, 86
conditioned, 372
conditioning, 372
conduction band, 105
conductivity integral, 101
consumable poison, 561
convection, 103
conversion ratio, 8
coolant, 5
corrosion, 342
corrosion kinetics, 381
cracking, 111
creep, 118, 126, 199
creep modulus, 202, 266, 276
criteria, 62
critical, 99
critical overheating ratio, 342
criticality, 64
cross section, 187
crystallographic texture, 214
cyclic flux models, 119

damage, 45
DCI 工程, 72, 313
DCN 工程, 69, 313

decay chains, 144
decommissioning, 16
defect-solute interactions, 243
defective assemblies, 45
defects, 105
degradation, 259
delayed neutron, 144
delaying attack, 390
densification, 41, 71, 126, 157, 341, 358
densification phenomena, 343
depletion, 139
design basis accidents, 439, 533
destructive examination, 54
detection of delayed neutrons, 521
diagrid, 503, 564
differential thermal expansions, 128
dimples, 304
dioxides, 149
direct pressing, 78
dish, 37
dishing, 128, 312
dislocation network, 190, 418
dislocation slip, 214
dislocations, 126, 186
displacement threshold, 188
displacement threshold energy, 223
dissolution, 228
divacancies, 124
diving bell, 524
DND 信号, 521, 529
dose, 45
Double Cycle Inverse, 313
Double Cycle Normal, 313
dpa: displacements per atom, 45, 189
dry, 606
dry conversion process, 67
dryout, 441
ductile-brittle transition, 203
ductile-brittle transition temperatures, 277
ductility, 62
ductility loss, 41
during thermal transients, 277

echnological materials, 196
eddy current, 54
EDF, 14
EFPDs, 464
ejection, 366
elastic collision, 187
elastic recoil, 377
elastoplastic strain, 395
electron beam welding, 85
electron probe microanalysis, 131
electronic conductivity, 105
elementary cell, 206
elongation, 375
embrittlement, 202
emergency injection system, 442
end grids, 29
end plug, 306

endothermic, 574
engineered safeguard systems, 330
epitaxy, 221
epithermal neutron, 579
eutectic, 575
evaporation-condensation, 131
evaporation-condensation mechanism, 115, 479
exothermic reaction, 446
extraction cycles, 618
extrusion, 577

fatigue, 343
fatigue damage, 379
fatigue test, 54
ferritic martensitic steels, 238, 490
ferronickel, 22
fertile elements, 7
fertile material, 33
fertile uranium atoms, 171
final disposal, 597
final waste disposal, 629
finite axial dimension, 393
finite-elements codes, 540
fissile stacks, 100
fission, 99
fission gases, 20
fission product recoil, 123
fission products, 3, 143
fission spike, 99
fission yield, 128
flat-to-flat distance, 236
flattening stress, 540
fluence, 45, 224
fluidized bed, 72
fluorite structure, 123
flux, 212
flux thimble, 299
foreign atoms, 185
FR fuel subassemblies, 235
fractographs, 130
fracturation, 358
fracture mode, 203, 256
fragments, 6
FRAMATOME, 14, 299
Frenkel pairs, 99, 186
fretting wear, 340, 342
friction problems, 302
FR 燃料集合体, 235
fuel, 5
fuel assembly, 4, 23
fuel cycle, 14
fuel element, 4
fuel fragmentation, 537
fuel management strategy, 313
fuel pin, 4
fuel subassembly, 33

galvanic couple, 283
gap, 29
gap closing, 118

gas bubbles, 118
gas segregation, 130
gas-swelling, 135
geological stratum, 597
glove boxes, 65
grain boundaries, 187
grain boundary degradation, 268
grain growth, 116
green pellet, 69, 312
grey oxide inclusion, 150
grids, 222
gripping groove, 320
growth, 194, 197, 375
guide tubes, 29, 222, 302

half-lives, 355, 601
halogens, 129
hardening, 41
heat flux, 102
heat transfer coefficient, 102
helium, 128
heterogeneity, 385
heterogeneous core, 33
heterogeneous fuel, 318
heterogeneous nucleation models, 195
hexagona lattice, 24
hexagonal close-packed, 206
hexagonal system, 572
homogeneous core, 33
homogeneous nucleation models, 195
hot conditions, 109
hot extrusion, 82
hot forging, 83
hot glass extrusion, 83
hot laboratories, 54
hot resistance, 62
hot spots, 63
hourglassing, 393
hub, 301
hulls, 617
hydraulic multi-punch presses, 69
hydride, 62
hydrofluoric acid, 68
hydrogen pick-up, 203
hydrolysis, 67
hyperstoichiometric, 120, 124, 159
hypostoichiometric, 119, 124, 159, 479
hypostoichiometry, 106
hypothetical accidental operating conditions, 533

icosahedrons, 573
ideal gas law, 419
IDR 工程, 313
IFR, 79, 173
in-autoclave, 381
in-reactor, 46
in-reactor creep-rupture time, 260
incidental sequences, 468
INCONEL706, 238
incubation dose, 487

incubation period, 196, 240
inelastic collisions, 187
inert ceramic, 547
inert matrix, 542
ingot, 81
initially ductile materials, 203
insoluble gases, 129
inspections, 64
instantaneous plasticity, 375
Institute of Transuranians of Euratom, 78
instrumentation tube, 299
integrated dose, 45
integrated neutron flux, 45
interconnection, 136
intergranular corrosion, 155
intergranular fracture, 203
intergranular way, 167
interim storage, 597
intermediate grids, 29
interstitials, 186
intragranular bubbles, 368
intragranular gas, 419
inverse Kirkendall effect, 192
iodine, 144
ionized fission fragments, 99
irradiation capsules, 49
irradiation creep, 42, 173, 370
irradiation effects, 123
irradiation-induced precipitations, 192
irradiation-induced resolution, 136
irreversible processes, 119
isothermal, 381
iteration, 103

jet mill, 77
JOG, 153
Joint Oxyde Gaine, 153

kinetics, 113
knock-on, 129
krypton, 128

laser welding, 85
lattice parameter, 155
leaktight, 167
length-to-diameter ratio, 23, 100
lenticular pores, 114
limited power increase, 392
linear density power, 31
linear power, 101
linear power density, 39
liquidus temperature, 159
LMFR, 13
load follow operation, 327
load following, 329
LOCA, 336, 441
local effective heat flux, 342
loss-of-coolant accident, 336
low tolerance, 62
low-alloy uranium balls, 74

lubricant, 69
LWRs, 10

martensitic steel, 85
martensitic type transformation, 220
master blend, 74
material texture, 383
maximum surface heat flux, 24
Maxwell-Eucken 関係式, 106
mean free path, 103
mechanical alloying process, 278
mechanical coherence, 220
mechanical interaction, 128, 172
membrance stress, 470
Mendeleev's table, 206
metal, 171
metallic fuel, 173
metallic substrate, 220
method of extraction with soluvent, 618
microcracks, 106
MIcronized MASter blend process, 319
microstructure, 41, 113
microwave heating, 77
milling, 74
MIMAS 工程, 74, 319
mixing grids, 303
mixing vanes, 303
moderator, 5, 6, 356
moist atmosphere, 162
morphology, 113
Mott insulator, 105

Nabarro creep diffusion controlled, 199
Nabarro type, 126
nanocrystallites, 221
necking, 255, 259
network of open pores, 419
neutrinos, 99
neutron absorption cross section, 306
neutron balance, 7
neutron bombardment, 123, 138
neutron dose, 34
neutron flux, 39
neutronography, 55
Nickel alloys, 490
nickel and iron telluride, 163
nitride, 78, 171
nitriding, 173
non-destructive examination, 54, 343
non-restructured zone, 537
normalizing, 86
nuclear reaction, 5
nuclear repository, 597
nucleate boiling heat flux, 342
nucleus, 99

ODS, 491
out-of-reactor, 46
oxalate, 74
oxalic acid, 74, 618

oxide-dispersed steels, 271
oxide-dispersion steels, 238
oxidizing water, 231
oxygen potential, 162
oxygen vacancies, 106

pads, 504, 564
PAG(Preferred Absorption Glid) クリープ, 201
PAG 機構, 252
partial pressure of oxygen, 162
PCI, 223, 372, 392
PCI: Pellet Cladding Interaction, 327
PE16 鋼, 238
pellet, 37
pellet-cladding interaction, 223, 372
percolation, 419, 420
permascopy, 380
perovskite-structured, 150
phonons, 104
phosphides, 248
phosphorus, 248
PHWR, 13
pilger-rolling mills, 214
PKA: Primary Knocked-on Atom, 188
plane strain approximation, 110
plastic deformation, 233
plastic flow, 220
plenum, 22, 36, 306, 319
plug clusters, 301
plutonium-burning, 25
plutonium-burning cores, 107
point defects, 106, 185, 186
Poisson's ratio, 575
polarons, 105
pollution, 478
pollution of water, 281
pore-forming powder, 69
pores, 536
porosity, 101, 106, 311, 313, 358
porous, 220
post-irradiation examination, 46, 116, 120, 343
power density, 39
power excursion, 443
power ramps, 48
pre-irradiated, 51
precaution, 392
precise, 63
Preferred Absorption Glide, 252
probable severe accident, 439
pseudo-cleavage, 233
PUREX, 617
PWR, 10, 299
pyrolytic carbon, 22
pyrometallurgy, 173, 545
pyrophoric, 78

QA, 64
qualification, 64
quality assurance, 63, 64
quasi-static equilibrium state, 372

quenching, 82

radial temperature gradient, 100
radiative conductivity, 106
radiocaesiums, 283
radiolysis, 151, 167, 231, 426
radiotoxicity, 64, 624
rare earth, 149
rare gases, 123
RCCA, 31
reactivity, 6
reactivity control, 5
reactivity initiated accidents, 536
reactivity-initiated accident, 443
rearrangement, 32
recoil, 129, 366
recoil fragments, 231
recovery, 202
recycling, 21
reduction, 67, 162
refractory materials, 22
regulation, 563
relocation, 112
reserch reactors, 8
resistance spot welding, 85
restructuring, 113
rhombohedral type, 572
RIA, 443
RIFF: Réaction à l'Interface Fissile-Fertile, 491
rim effect, 123, 349
rod growth, 342
ROG: Réaction Oxide Gaine, 491
rotating kiln, 67
rotating presses, 69
roughness, 103
rupture stress, 110

safeguard systems, 392
safety, 563
safety test reactors, 8
SCC, 153, 232
Schottky trio, 124
second oxide phase, 149
second transition series, 206
segregation, 192, 228
self-irradiation, 362
separation, 626
sesquioxides, 149
severe accident, 440
shell electrons, 105
short-lived nuclides, 143
short-lived products, 306
shroud, 587
sieve, 74
simulated fuels, 47
simulated oxides, 108
sinks, 126, 190
sinterability, 68
sinusoidal power distribution, 109

SIPA(Stress Induced Preferred Absorption) クリープ, 200
SIPA 機構, 252
sipping test container, 390
skeleton, 222
smeared density, 173
sodium bond, 173
softening, 202
solgel processes, 77
solid pellet, 39
solid-solid contact, 104
solidus temperature, 159
solution-annealed condition, 263
solution-annealing temperature, 251
source term, 444, 629
sources, 126
spacer pad, 35
spacer wire, 86, 236
spalling, 220, 383
spalling phenomenon, 231
specific surface, 68
specifications, 63
spheroidizing operation, 69
spider, 31
spray-drying, 72
square lattice, 24
squirting effect, 537
stabilized steels, 239
stacking, 306
stacking fault, 224
stainless, 219
steel hexagonal wrapper tube, 35
stiffness, 222, 504
stochastic manner, 131
stoichiometric, 119
stoichiometry, 68
stress corrosion cracking, 153, 340
stress corrosion phenomenon, 223
Stress Induced Preferred Absorption, 252
stress relaxation, 199, 200
stress relief, 377
stress-corrosion cracking, 232
stress-corrosion cracking damage, 343
stress-relieved, 302
stress-relieving treatment, 215
subassembly, 463
subassembly blockage, 533
subcritical state, 330
sublimation, 135, 138
supercritical state of the gases, 131
supersaturation, 131, 190
support structure, 299
surface diffusion, 131
surveillance programme, 52
susceptibility, 233
swelling, 19, 37, 41, 156, 360
swelling inhibitors, 247
swelling variability, 265
swelling-inhibitors, 242

synergetic effects, 246

TAMARIS, 339
temperature threshold overshoot, 131
ternaly fissions, 143
tetragonal phase, 220
texture, 82, 198, 207, 375
theoretical density, 68
thermal conduction, 102
thermal conductivity, 100
thermal creep, 173, 370
thermal diffusion, 119
thermal expansion, 109, 358
thermal gradient, 356
thermal migration, 119
thermal neutron absorption cross section, 206
thermal radiation, 102
thermal stability test, 126
thermally activated mechanisms, 131
thermally activated phenomena, 123
thermo-mechanical treatment, 202
thermomechanical equilibrium, 232
thermomechanical transformations, 307
thermoplastic, 342
theromechanical transformations, 214
thrust, 329
TIG, 319
tightness, 339
top nozzle, 36
total elongation, 259
traceability, 64
training, 64
transformation phase, 220
transgranular, 260
transient, 392
transient operating conditions, 329
transmission electronmicrography, 130
transmutation, 138, 345, 547, 626
transmutation atoms, 189
transuranic elements, 345
transverse rigidity, 332
tube blank, 82
tubular blank, 83
twinning, 214

ultimate strain, 343
ultrasonic, 83
uniform elongation, 256
unit cell, 185, 572
upper shelf energy, 203, 277
uranium-free, 171
uranoplutonate, 528

vacancies, 186
vacuum arc melting, 213
valeance, 388
valence band, 105
valencies, 159
vent, 566
very exothermic, 574

viability, 592
viscoplastic strain, 395
viscoplasticity, 431
vitrification, 283
void nucleation, 195
void swelling, 194

water passages, 89
water radiolysis effect, 382
water storage, 281
WESTINGHOUSE, 299
wet, 606
wrapper tube, 235

X-ray microanalysis, 55
xenon, 128

yield stress, 343

zinc stearate, 69
Zircaloy, 22, 81
zirconia, 31, 219
zirconium hydride precipitates, 82
zirconium sponge, 213

アーク溶接封, 87
亜化学量論, 106, 159
亜化学量論的, 119, 124, 479
アクチニド・イオン, 165
アトリション・ミル, 77
アモルファス, 188
粗さ, 103
アルゴンヌ国立研究所, 79
アルファ・オートラジオグラフィー, 76
安全, 563
安全性試験炉, 8
安定化鋼, 239
案内管, 29, 222, 302

イオン価, 159
イオン化核分裂片, 99
閾値を超えた温度, 131
異種原子, 185
異種混交, 385
板ばね, 302
位置決めピン, 304
一次はじき出し原子, 188
一体型高速炉, 79, 173
異方性, 307
陰イオン, 124
インゴット, 81
インシデント, 468

渦電流, 54
ウラン無し, 171
ウランプルトニウム酸塩, 528

液相線温度, 159
液体金属高速炉, 13

X線マイクロアナライザー, 55
塩化物, 212
円形断面, 24
円周応力, 232
円周方向温度勾配, 100
延性, 62
延性・脆性遷移, 203
延性・脆性遷移温度, 277
延性喪失, 41
塩素, 283

応力緩和, 199, 200, 377
応力緩和処理, 215
応力除去, 302
応力腐食現象, 223
応力腐食割れ, 153, 232, 340
応力腐食割れ損傷, 343
応力誘起優先吸収クリープ, 200
オーステナイト化処理, 271
オーステナイト鋼, 85, 240
オーステナイト・ステンレス鋼, 489
オートクレーブ, 48, 381
遅れ腐蝕, 390
押出, 577
汚染物質, 478
親ウラン原子, 171
親元素, 7
親物質, 33
音量子熱伝導率, 104

加圧水型原子炉, 10, 299
開気孔網, 419
解析的実験, 48
回転キルン, 67
回転成型機, 69
回復, 202
化学的制御, 560
化学量論, 68
化学量論的, 119
核, 99
核貯蔵所, 597
殻電子, 105
核反応, 5
核沸騰熱流束, 342
核分裂, 5, 99
核分裂ガス, 20
核分裂収率, 128
核分裂スタック, 100
核分裂スパイク, 99
核分裂生成物, 143
核分裂反跳, 123
核変換, 138
核融合, 5
確率的挙動, 131
過酷事故, 440
煆焼, 69, 74
加水分解, 67
価数, 388
ガス気泡, 118
カスケード効率, 189

ガス・スエリング, 135
ガスの超臨界状態, 131
ガス偏析, 130
仮想過酷事故, 439
仮想事故時運転条件, 533
合体, 362
価電子帯, 105
過渡運転条件, 329
過渡事象, 392
可燃性毒, 301
可燃性毒物, 31, 316, 323, 557
可燃性毒物棒, 561
下部ノズル, 34
過飽和, 131, 190
ガラス化, 283
カラム, 29
ガルヴァーニ対, 283
還元, 67, 162
乾式, 606
乾式製錬, 173
乾式転換工程, 67
乾式冶金法, 545
監視計画, 52
感受性, 233
間隙, 29
緩和作用, 165

機械合金工程, 278
機械的粘着力, 220
希ガス, 123
気孔, 358, 536
気孔率, 106
基準, 62
キセノン, 128
基礎負荷, 327
希土類, 149
気泡, 536
気泡発生, 136
気密性, 339
逆カーケンドール効果, 192
ギャップ閉塞, 118
キャリア, 105
吸収材料, 555
吸収集合体, 34
球状化操作, 69
吸熱, 574
凝結, 136
共晶, 575
凝離, 228
局所有効熱流束, 342
均一核生成モデル, 195
均一伸び, 256
緊急注水システム, 442
均質炉心, 33
金属, 171
金属性基質, 220
金属燃料, 173

空洞, 101
くびれ, 255, 259

組立公差, 513
クラスタ, 197
クラック, 111
クリープ, 118, 126, 199
クリープ係数, 202
クリープ単位, 266, 276
グリーンペレット, 69, 312
繰返し, 103
グリッド, 222
クリプトン, 128
グローブボックス, 65
クロム酸セシウム, 163
訓練, 64

軽水型原子炉, 10
蛍石型構造, 123
計装用案内管, 299
形態, 113
径方向温度勾配, 100
欠陥, 105
欠陥集合体, 45
欠陥・溶質相互作用, 243
結晶学的配向, 214
結晶粒界, 187
結晶粒界崩壊, 268
限界過熱比, 342
研究炉, 8
検査, 64
原子当たりの変位, 189
原子空孔, 186
原子炉廃止措置, 306
減速材, 5, 6, 356
減損, 139
顕著な発熱, 574
顕微鏡破面観察, 130
玄武岩結晶粒, 116

高温抗力性, 62
高温条件, 109
硬化, 41
工学安全保護系, 330
格子, 222
格子間原子, 186
格子定数, 155
格子伝導率, 104
剛性, 222, 504
抗破片装置, 302, 304
降伏応力, 343
格縁, 503, 564
抗摩耗処理, 581
固相線温度, 159
固体・固体接触, 104
コラプス, 197
混合格子, 303
混合ポイズン・中性子源棒, 301
混合翼, 303
コンディショニング, 372
コンプトン電子, 231

サーベイランス計画, 52

サーメット, 25
最終処分, 597
再循環, 21
最大表面熱流束, 24
最大歪, 343
最密六方, 206
材料配向, 383
酸化水, 231
酸化物スエリング, 118
酸化物分散型鋼, 238, 271
酸化物分散強化鋼, 491
酸素原子空格子, 106
酸素分圧, 162
酸素ポテンシャル, 162
三体核分裂, 143
三二酸化物, 149

ジェット・ミル, 77
資格認定, 64
軸方向ガンマ線スペクトロメータ, 55
時効硬化合金, 263
自己照射, 362
事故的過渡事象, 401
事故防止装置システム, 392
示差熱膨張, 128
支持骨格, 299
実行可能性, 592
湿式, 606
湿潤雰囲気, 162
シッピング容器試験, 390
実用材料, 196
自然性, 78
重ウラン酸アンモン, 71
集塊, 74
集合体閉塞, 533
シュウ酸, 74, 618
シュウ酸塩, 74
臭素, 144
出力エクスカーション, 443
出力急昇, 48
出力密度, 39
寿命初期, 100, 109
寿命初期腐蝕, 155
シュラウド, 587
潤滑剤, 69
循環流束モデル, 119
準静的平衡状態, 372
準劈開, 233
昇華, 135, 138
焼結性, 68
照射キャプセル, 49
照射クリープ, 42, 173, 370
照射効果, 123
照射後試験, 46, 47, 116, 120, 343
照射誘起析出, 192
照射誘起分解, 136
仕様書, 63
上昇賦与滑り, 200
衝突, 187
焼鈍, 82

蒸発・凝固機構, 115, 479
蒸発・凝集, 131
上部棚エネルギー, 203, 277
上部ノズル, 36
消滅処理, 345, 547, 626
消滅点, 126
消耗性毒物, 561
初期延性材料, 203
ジョグ, 153
ショットキー三幅対, 124
ジルカロイ, 22, 81
ジルコニア, 31, 219
ジルコニウム水素化析出物, 82
ジルコニウム・スポンジ, 213
シンク, 190
真空アーク熔融, 213
浸出, 419
浸炭化, 203
伸長, 375
振動充填法, 77
振動台上での地震振動実験, 339
親和性, 205

水素化物, 62
水素吸蔵, 203
随伴要素, 301
スエリング, 19, 37, 41, 156, 360
スエリング可変性, 265
スエリング抑制剤, 242, 247
スタッキング, 306
ステアリン酸亜鉛, 69
スパイダー, 31
スプレイドライ, 72
スペーサーパッド, 35
スペーサ・ワイヤ, 86, 236
スミア密度, 173, 465

脆化, 202
正確, 63
制御棒クラスタ集合体, 31
正弦出力分布, 109
清浄, 64
成長, 194, 197, 375
正20面体, 573
正方格子, 24
正方晶系の相, 220
制約された出力上昇, 392
積層欠陥, 224
積分線量, 45
積分中性子束, 45
設計基準事故, 533
設計想定事故, 439
超設計想定を超えた事故, 439
セラミック, 110, 311
全出力換算日, 464
線出力密度, 23, 31, 39, 101
先進燃料, 171
潜水鐘, 524
全体の伸び, 259
潜伏期間, 196, 240

潜伏線量, 487, 507
線量, 45

相互連結, 136
双晶化, 214
増殖比, 8
ソースターム, 444, 629
素管, 83
即時塑性, 375
組織変化, 113
塑性変形, 233
塑性流動, 220
損傷, 45

ターゲット原子当りのはじき出し数, 45
耐火材料, 22
体心立方, 206
体心立方構造, 238
体心立方晶, 577
体積拡散, 126, 131
第二酸化物相, 149
対面間距離, 236
対流, 103
多孔質, 220
多軸水力学成型機, 69
たどることができること, 64
種混合物, 74
単位格子, 185, 206, 572
炭化, 173
炭化物, 78, 171
炭化ホウ素, 557
炭酸塩/重炭酸塩, 282
端支持格子, 29
短尺燃料棒, 23
短寿命原子核, 143
短寿命生成物, 306
弾性衝突, 187
弾性反跳, 377
端栓, 306
弾塑性歪, 395
炭素熱還元, 78
断面積, 187

地質学的地層, 597
窒化, 173
窒化物, 78, 171
遅発中性子, 144
チャンネル, 130
チャンネル割れ口, 203
鋳塊, 81, 82
中間支持格子, 29
中間貯蔵, 597
中空ペレット, 39
中実ペレット, 39
抽出サイクル, 618
柱状晶, 113, 116
中心空孔, 113, 116
中性子吸収断面積, 306
中性子衝撃, 123, 138
中性子線量, 34

中性子束, 39
中性子束シンブル, 299
中性子の収支, 7
中性子ラジオグラフィー, 55
中性微子, 99
鋳造, 173
超ウラン元素, 345
超音波, 83
超化学量論, 159
超化学量論的, 120, 124
調節, 563
調節プログラム, 540
直接成型, 78

鼓状, 393

低許容公差, 62
低合金ウランボール, 74
抵抗点溶接, 85
ディッシュ, 37, 128, 312
ディンプル, 304
デコミショニング, 306
テルル化ニッケル鉄, 163
転位, 126, 186
転位滑り, 214
転位網, 190, 418
転換比, 8
点欠陥, 106, 185, 186
電子線溶接, 85
電子伝導率, 105
電子プローブ微小分析, 131
伝導積分, 101
伝導帯, 105

等温, 381
透過型電子顕微鏡写真, 130
等価球モデル, 416
透磁率計, 380
同心性, 86
同素体, 206
突出推力, 329
共に働く効果, 246
ドライアウト, 441

長さ・直径比, 23
長さ対直径比, 100
ナトリウム結合, 173
ナノ結晶子, 221
ナバロ・クリープ拡散制御, 199
ナバロ・タイプ, 126
慣らし, 372
ならし加工応力, 540
軟化, 202

二酸化物, 149
2 次転移系, 206
二重空格子点, 124
2 体衝突モデル, 188
ニッケル合金, 490

熱移動, 119
熱外中性子, 579
熱拡散, 119
熱塑性, 342
熱活性化現象, 123
熱過渡下, 277
熱間押出, 82
熱間ガラス押出, 83
熱間鍛造, 83
熱機械平衡, 232
熱クリープ, 173, 370
熱勾配, 356
熱中性子吸収断面積, 206
熱的安定性試験, 126
熱的・機械的変態, 214, 307
熱伝達率, 102
熱伝導, 102
熱伝導率, 100
熱分解炭素, 22
熱放射, 102
熱膨張, 109, 358
熱・力学的処理, 202
熱流束, 102
熱励起機構, 131
燃焼, 44
粘塑性, 431
粘塑性歪, 395
燃料, 5
燃料管理戦略, 313
燃料サイクル, 14
燃料サブアセンブリー, 33
燃料シャフリング, 32
燃料集合体, 4, 23, 33, 463
燃料破砕, 537
燃料・被覆管化学的相互作用, 173
燃料ピン, 4
燃料棒成長, 342
燃料要素, 4

ノックオン, 129

バーガース・ベクトル, 214
バースト試験, 54
バーナブル・ポイズン棒, 301
バーン, 567
廃棄物最終処分, 629
配向, 82, 198, 207, 375
配向成長, 221
廃止措置, 16
灰色酸化介在物, 150
配置変換, 32
バイ・パック法, 77
破壊応力, 110
破壊試験, 54
破壊モード, 256
剥離, 220
剥離現象, 231
剥離破砕, 383
激しい腐蝕, 282
破砕, 358

破砕破片, 6
弾き出し, 366
歯付円板粉砕機, 77
バック・エンド, 281
発生源, 126
パッド, 504, 564
発熱反応, 446
バッファー, 150
バッファー作用, 165
ハブ, 301
ハル, 617
破裂, 340
破裂試験, 54
ハロゲン, 129
半加工品管, 82
半減期, 355, 601
反跳, 129, 366
反跳破砕片, 231
反応機構, 113
反応度, 6
反応度起因事故, 443
反応度事故, 536
反応度制御, 5

非均一核生成モデル, 195
非均一燃料, 318
非均質炉心, 33
微細構造, 41, 113
菱面体晶型, 572
非晶化, 224, 382
非弾性衝突, 187
非等方性, 82
非破壊試験, 54, 343
比表面積, 68
被覆, 20
被覆管, 306
被覆管破裂, 397
被覆管疲労損傷, 329
被覆管扁平化, 358
被覆破裂, 45
表面拡散, 131
ピルガー式圧延機, 214
ビレット, 82, 83
疲労, 343
疲労試験, 54
疲労損傷, 379
品質保証, 63, 64

フェライト・マルテンサイト系鋼, 238
フェライト・マルテンサイト鋼, 490
フェロニッケル合金, 22
フォノン, 104
不可逆過程, 119
負荷追従, 329
負荷追従運転, 327
不活性母相, 542
噴き出し効果, 537
ふくれ, 253, 341
不銹, 219
腐蝕, 342

腐食反応速度論, 381
腐食摩耗, 340
フッ化水素酸, 68
不活性セラミック, 547
沸騰水型原子炉, 10
不溶解性ガス, 129
プラグ・クラスタ, 301
ブランケット, 8, 33
篩, 74
フルエンス, 45, 224
プルトニウム・ウラン溶媒抽出, 617
プルトニウム専焼炉心, 107
プルトニウム燃焼, 25
フレッティング摩耗, 342
プレナム, 22, 36, 306, 319
フレンケル対, 99
分離, 626

平均自由行程, 103
閉鎖系, 168
平面歪近似, 110, 112
ヘリウム, 128
ペレット, 37
ペレット・被覆管機械的相互作用, 327
ペレット・被覆管相互作用, 223, 372
ペロブスカイト型構造, 150
変位閾値, 188
変位エネルギー閾値, 223
変換原子, 189
偏析, 192
変態相, 220
ベント, 566
扁平化, 197, 319, 341

ポア形成粉末, 69
ポアソン比, 575
ボイド核生成, 195
ボイド・スエリング, 194
崩壊, 259
崩壊系列, 144
ホウ酸, 557
ホウ酸塩化, 203
放射性セシウム, 283
放射性毒, 624
放射線分解, 151, 167, 231, 426
放射伝導率, 106
放射毒性, 64
ポーラロン, 105
捕獲, 138
捕獲断面積, 129
補償, 563
ホット・スポット, 63
ホットラボ, 54
骨組み状, 222
ポロシティ, 311, 313

マイクロ・クラック, 106
マイクロ波加熱, 77
前事故, 468
前事故連鎖, 468

曲がり, 340
膜応力, 470
摩擦問題, 302
マルテンサイト型変態, 220
マルテンサイト鋼, 85

未再組織化領域, 537
水汚染, 281
水貯蔵, 281
水通過, 89
水放射線分解効果, 382
ミリング, 74

無熱機構, 363
無熱現象, 129

メンデレーエフ表, 206

模擬酸化物, 108
模擬燃料, 47
モット型絶縁体, 105
漏れない, 167

焼入れ, 82
焼締り, 41, 71, 126, 157, 341, 358
焼締り現象, 343
焼きならし, 86

有限軸方向次元, 393
有限要素コード, 540
融剤, 212
優先吸収滑りクリープ, 201
ユーラトム超ウラン研究所, 78

陽イオン, 124
溶解, 228
ヨウ素, 144
溶体化・焼鈍温度, 251
溶体化・焼鈍条件, 263
溶媒抽出法, 618
横剛性, 332
予備照射, 51
予防措置, 392

ラッパ管, 235

力学的脆性の性質, 110
力学的相互作用, 128, 172
理想気体則, 419
リム効果, 123, 349
粒界に沿って, 167
粒界腐蝕, 155
粒界割れ, 203
粒成長, 116
流動層, 72
粒内, 260
粒内ガス, 419
粒内気泡, 368
リロケーション, 112

理論密度, 68
リン, 248
臨界, 64, 99
臨界未満状態, 330
リン化物, 248

冷間加工, 186, 198
冷間加工材料, 202
冷間加工率, 86
冷間引抜, 84
冷間変形, 83
冷却材, 5
冷却材喪失事故, 336, 441
レーザ溶接, 85
連鎖反応, 6, 99
レンズ状ボア, 114

濾過, 420
炉外試験, 46, 47
六方格子, 24
六角形ラッパ鋼管, 35
六方晶系, 572
炉内クリープ破断時間, 260
炉内試験, 46, 47

割れ口モード, 203
わん曲, 341

訳者略歴

今野　廣一(こんの　こういち)

1950年3月　岩手県釜石市生まれ.
1972年3月　茨城大学工学部金属工学科卒業.
1974年3月　北海道大学大学院工学研究科修士課程（金属工学専攻）修了.
1974年4月　動力炉・核燃料開発事業団入社．大洗工学センターおよび高速増殖炉開発本部にて核燃料物性研究，核物質計量管理，制御棒材料開発，核燃料輸送容器の開発に従事．その後，核燃料サイクル開発機構プルトニウム燃料センターおよび大洗工学センターにて核燃料品質検査，核物質計量管理，輸送容器許認可申請，核燃料物性研究に従事.
1987年4月～1990年3月：(財) 核物質管理センター情報管理部情報解析課にて，在庫差検定のための測定誤差分散伝播コード，測定誤差評価プログラム開発と統計解析・評価作業に従事.
2002年4月～2005年3月：宇宙開発事業団安全・信頼性管理部招聘開発部員として非破壊検査装置開発およびロケットエンジン，フェアリング等の工場監督・検査に従事.
2005年4月～2007年3月：(財) 核物質管理センター六ヶ所保障措置センターにて再処理工場保障措置，核物質計量管理の査察・検査に従事.
2007年4月～2008年7月：日本原子力研究開発機構大洗研究開発センター高速実験炉部にて保障措置査察対応および核物質計量管理業務に従事.
2008年8月より日本原燃濃縮事業部に出向．10月より核燃料取扱主任者として濃縮工場の安全管理に従事する.

工学博士，核燃料取扱主任者，第1種放射線取扱主任者，原子炉主任技術者筆記試験合格，一般計量士合格者，非破壊試験技術者（RT, UT, PT: Level 3），中小企業診断士
専門分野：核燃料物性，統計解析，核物質会計，保障措置，品質管理，品質工学

フランス原子力庁
加圧水型炉，高速中性子炉の核燃料工学

2012年11月23日　初版発行

監修者　Henri BAILLY, Denise MÉNESSIER, Claude PRUNIER

ⓒ 2012

訳　者　今　野　廣　一

発行所　丸善プラネット株式会社
　　　　〒101-0051　東京都千代田区神田神保町 2-17
　　　　電　話　(03)3512-8516
　　　　http://planet.maruzen.co.jp/

発売所　丸善出版株式会社
　　　　〒101-0051　東京都千代田区神田神保町 2-17
　　　　電　話　(03)3512-3256
　　　　http://pub.maruzen.co.jp/

印刷／三美印刷株式会社・製本／株式会社 星共社

ISBN978-4-86345-145-2　C3058